TRAITÉ

DES MALADIES CONTAGIEUSES

ET DE LA

POLICE SANITAIRE DES ANIMAUX DOMESTIQUES

[illegible]

TRAITÉ

DES

MALADIES CONTAGIEUSES

ET DE LA

POLICE SANITAIRE DES ANIMAUX DOMESTIQUES

PAR

M. V. GALTIER

PROFESSEUR DE POLICE SANITAIRE A L'ÉCOLE VÉTÉRINAIRE DE LYON

2ᵉ Édition, revue, corrigée et augmentée

AVEC FIGURES INTERCALÉES DANS LE TEXTE

TOME DEUXIÈME

PARIS

ASSELIN ET HOUZEAU

LIBRAIRES DE LA FACULTÉ DE MÉDECINE

et de la Société Centrale de Médecine Vétérinaire

PLACE DE L'ÉCOLE-DE-MÉDECINE

1892

MALADIES CONTAGIEUSES

SECONDE PARTIE

(Suite.)

II.

CHAPITRE VIII

Définition. — Synonymes. — Considérations générales. —
La rage est une maladie virulente, contagieuse, transmissible aux animaux et à l'homme. Démocrite la comparait à un incendie des nerfs,
et Celse la définissait « *Miserrimum genus morbi, in quo simul œger et
siti et aquæ metu cruciatur, quo oppressis in angusto spes est.* » Elle est
transmise presque toujours par les morsures, et quelquefois par les lèchements des animaux enragés, des chiens principalement. Après l'introduction du virus dans l'organisme, elle ne se dévoile par aucun
signe durant un temps relativement long, et qui varie d'ailleurs de
quelques jours à plusieurs mois. Elle se traduit, quand elle fait son apparition, par des troubles nerveux, par des troubles sensitifs, par l'hyperesthésie des sens, par des hallucinations, par de la fureur, par des
troubles des fonctions des nerfs moteurs, par des spasmes des muscles
qui président à la déglutition et à la respiration, par des convulsions et de
la paralysie. Ses symptômes sont la conséquence de l'action du virus rabique sur les centres nerveux, sur le bulbe, sur la protubérance annulaire
et sur la moelle ; ils ont pour point de départ une lésion primordiale,
que l'agent morbigène détermine dans l'appareil de l'innervation, et qui
s'accompagne bientôt de lésions congestionnelles ou asphyxiques, ainsi
que l'annonce l'apparition de certaines manifestations de l'état rabique.
La maladie est facilement inoculable, même dès son début ; et son virus
existe dans la bave, dans la salive buccale, dans les centres nerveux.

La *rage* (*rabies*, du verbe *rabere*, qui signifie errer, tournoyer), ainsi
dénommée parce qu'elle détermine des mouvements insolites ou désordonnés et souvent des accès de fureur chez les malades, ne s'accompagne pourtant pas toujours de ce symptôme, qui, dans les cas où il
se montre, n'apparait d'ailleurs jamais dès le début, alors que cependant
l'individu enragé est dangereux et peut transmettre l'affection, en lèchant et en déposant de la sorte sa salive sur des excoriations ou des
plaies, qui peuvent exister à la surface des mains ou sur le visage.
D'autres dénominations nombreuses ont été employées pour désigner

cette maladie, basées les unes sur la prédominance fréquente de tel symptôme, les autres inspirées par l'idée qu'on s'était faite du mode d'action du virus rabique ou motivées soit par la virulence de la salive, soit par l'intervention ordinaire du chien pour transmettre le germe rabigène. C'est ainsi que l'affection rabique a reçu parfois les appellations d'*Aérophobie*, d'*Hydrophobie*, de *Pantophobie*, de *Toxoneurose*, de *Sialocyniose*, de *Cynolysson*, etc. Le synonyme le plus fréquemment usité est celui qui traduit l'horreur que l'eau inspire au malade dans certains cas de rage ; on dit communément d'une personne enragée qu'elle est atteinte d'*Hydrophobie*, et on applique aussi couramment la même dénomination pour désigner la rage des animaux. Mais, l'horreur de l'eau manquant presque toujours parmi les symptômes que présente l'animal enragé quel qu'il soit, cette appellation doit être absolument délaissée en pathologie vétérinaire ; d'ailleurs, en ce qui concerne la rage de l'homme, l'expression *Hydrophobie* n'est pas le synonyme exact du mot *Rage*, attendu que l'horreur qu'elle traduit se montre dans de nombreux cas en dehors de cette affection, et peut faire défaut chez les personnes enragées, pendant certaines phases de la maladie ou même pendant toute sa durée.

La rage est une des maladies les plus graves ; son évolution est rapide une fois que les premiers symptômes se sont montrés ; et sa marche, fatalement progressive, se termine promptement par la mort. Elle inspire à l'homme la terreur et l'effroi plus qu'aucune autre affection. Pourtant la mortalité, qu'elle occasionne annuellement dans l'espèce humaine, est bien inférieure à celle que déterminent beaucoup d'autres maladies ; mais, si l'affection rabique ne fait qu'un nombre relativement restreint de victimes, les personnes, que le hasard désigne à ses atteintes, sont en proie à des préoccupations, à des inquiétudes, à des angoisses, à des souffrances atroces. L'homme mordu par un animal enragé, inquiet désormais sur le sort qui lui est réservé, est condamné à souffrir pendant de longs jours le tourment, que lui inflige à chaque instant la perspective de l'apparition sans cesse imminente de la maladie. Resté sain et sauf pendant dix, vingt, trente, quarante jours, deux mois, trois mois..., il n'est pas encore assuré de son lendemain ; et, quand la rage se déclare, quelles souffrances, quelles angoisses, quelles tortures ; le malade, livré au plus atroce des supplices, conserve son intelligence, apprécie toute la gravité de son état, compte les instants qu'il lui reste à vivre, et voit, tout en endurant les plus horribles souffrances, venir l'heure de la mort à laquelle il sait qu'il appartient déjà.

Étant donnés la gravité de la maladie, qui a été à bon droit réputée jusqu'à présent la plus incurable de toutes, et le supplice qu'elle occasionne ; étant reconnu d'ailleurs qu'elle n'est pas transmise de l'homme à l'homme, mais que c'est presque toujours la morsure d'un animal carnivore, du chien ordinairement, qui inocule le virus rabique aux personnes comme aux animaux, il importe de bien connaître l'expression symptomatique de la rage des animaux, de la rage canine notamment; il importe de savoir diagnostiquer ou au moins soupçonner l'affection à son début, alors que, sans s'accompagner de fureur, elle peut néanmoins déjà se transmettre. Il faut de plus inspirer la prévoyance et susciter une saine méfiance dans les populations : en vulgarisant les connaissances acquises sur la rage ; en appelant l'attention sur les symptômes, qui permettent de la reconnaître, principalement sur ceux du début, ordinairement trop peu connus des personnes exposées aux caresses et aux morsures du chien; en dissipant certains préjugés, certaines croyances fausses, qui peuvent être funestes à ceux qui les ont, notamment celles qui consistent à ne pas voir la rage tant que l'animal mange, boit, n'a pas horreur de l'eau, ne mord pas, n'entre pas en fureur. Il faut également vulgariser les précautions et les moyens les plus propres à conjurer le danger des morsures faites par les animaux enragés. Il faut enfin appliquer rigoureusement les mesures sanitaires édictées par les lois et les règlements, et rechercher d'ailleurs en dehors des dispositions légales tous les moyens propres à prévenir la propagation de la rage.

SYMPTOMES.

La rage, bien que irrégulièrement répartie à la surface du globe, et bien que inégalement fréquente suivant les années, suivant les saisons, sévit néanmoins dans de très nombreux pays ; elle apparaît peu ou prou toutes les années et pendant chaque saison. Dans ces dernières années elle est même devenue beaucoup plus fréquente en France. Elle se montre du reste sur les diverses espèces animales comme sur l'homme ; elle est cependant beaucoup plus fréquente chez le chien, qui est, avons-nous déjà dit, le principal agent de sa propagation. Elle n'éclate pas aussitôt après l'infection ; et, quand elle apparaît, elle est ordinairement précédée d'une période de malaise plus ou moins facile à apprécier. Son éclosion et sa marche peuvent d'ailleurs être accélérées par les traumatismes, les émotions, etc.

SYMPTOMES DE LA RAGE DU CHIEN.

L'expression de la rage chez le chien varie beaucoup suivant les cas, suivant les races, suivant les individus, suivant les conditions de leur existence avant et pendant la maladie. Elle varie surtout suivant les parties des centres nerveux qui sont les premières envahies par le virus. La rage canine, avons-nous dit, ne débute pas par la fureur, quelles que soient d'ailleurs la race et les conditions d'existence des animaux ; elle peut avoir fait son apparition depuis plusieurs jours déjà, quand l'envie de mordre se manifeste. Du reste, dans beaucoup de cas, la fureur ne se montre à aucune période de la maladie ; et cependant la rage sans fureur est contagieuse, elle peut être transmise par le léchement du chien. Enfin la fureur, quand il y a rage furieuse, varie à l'infini dans ses degrés, suivant les individus et les tracasseries dont ils sont l'objet. Les symptômes initiaux, qui consistent invariablement dans une anomalie des habitudes de l'animal, dans un changement d'humeur, dans une modification du caractère, passent malheureusement inaperçus dans beaucoup de cas, soit parce qu'ils sont trop peu connus et rarement interprétés à leur juste sens par les personnes qui les observent, soit parce qu'ils sont peu remarqués, soit parce qu'ils sont parfois peu accusés et peu significatifs.

La rage du chien affecte deux formes principales, identiques quant à leur essence, mais différentes à une certaine phase par quelques particularités dominantes de leur expression. Le plus souvent elle s'accompagne d'aboiements particuliers et de fureur (rage furieuse) ; d'autres fois elle ne s'accompagne pas de fureur, ni même d'aboiements (rage non furieuse, rage mue, rage muette, rage silencieuse, rage paralytique). Au début de la maladie les symptômes sont généralement de même ordre et se ressemblent toujours à l'intensité près, soit que dans la suite la rage doive devenir furieuse, soit qu'elle doive affecter la forme silencieuse, soit qu'elle affecte une des formes multiples qu'elle peut revêtir et qui se rapprochent plus ou moins de la forme furieuse ou de la forme paralytique.

La rage canine débute donc par un changement notable dans le caractère de l'animal, par une anomalie dans ses habitudes. Le plus souvent le chien devient triste, sombre, inquiet, taciturne ; il cesse d'aboyer comme à son habitude ; il se montre moins attentif et moins vigilant ; il recherche la solitude et l'obscurité ; il s'isole, il se cache dans les coins, sous les meubles, il se retire au fond de sa niche. Il reste parfois abattu, somnolent, inattentif, paresseux, et grogne quand on le dérange. Le plus souvent il paraît non seulement inquiet mais agité ; il ne peut rester en repos, il change souvent de place, il va et vient, il se couche et se contourne sur lui-même comme pour s'abandonner au sommeil, mais il se relève presque aussitôt en sursaut pour se livrer de nouveau à la même série de mouvements. Il n'a encore aucune propension à mordre, il est docile, surtout envers ses maîtres ; cependant il obéit avec moins d'empressement ; et, en se présentant devant la personne qui l'a appelé, il reste préoccupé, triste, inquiet, mélancolique ; il n'imprime pas à son corps les mêmes mouvements que dans l'état de santé, il agite moins vivement la queue, sa physionomie reste sombre, anxieuse et son regard étrange ; il s'empresse ensuite de retourner à sa solitude, dès qu'il n'est plus retenu. Non seulement le chien enragé ne mord pas au début de la rage, mais parfois même il devient plus affectueux pour ses maîtres et pour les personnes qu'il connaît; il les lèche activement aux mains, au visage, et peut ainsi leur transmettre la maladie, quand les parties léchées sont le siège de plaies propres à absorber le virus que sa salive contient déjà. D'autres fois, en se présentant devant son maître, il semble l'implorer du regard, avec une physionomie pleine de tristesse et de mélancolie.

En résumé, et sauf des variations presque infinies dans l'intensité des symptômes, le début de la rage chez le chien est annoncé par de la tristesse, de la mélancolie, de l'inquiétude, de l'impatience, de l'agitation, de l'insomnie, quelquefois par de l'irascibilité, d'autres fois par une véritable exagération du sentiment affectueux, mais jamais par l'envie de mordre. Dans quelques cas l'animal semble devenir capricieux, à cause de la succession brusque qui se produit dans ses manifestations affectives, par lesquelles il témoigne de temps à autre d'une irascibilité plus ou moins marquée succédant sans cause à des démonstrations d'une affection plus vive.

Le début de la maladie s'accompagne dans quelques cas, mais non dans le plus grand nombre, de certaines modifications, qui apparaissent dans la région où la morsure inoculatrice avait été faite. Les plaies résultant chez le chien de morsures d'animaux enragés, ou d'inoculations expérimentales, se cicatrisent comme les plaies non virulentes; et, si on a vu parfois la morsure donner suite à une plaie suppurante et d'aspect ulcéreux, cela ne saurait être considéré que comme une conséquence de l'action irritante de la bave, et non point comme un effet du virus rabique. Mais, à l'apparition de la rage, la cicatrice devient quelquefois prurigineuse, « *præpatitur ea pars quæ morsu vexata fuerit* », ce qui dénote un travail local de congestion ou d'inflammation; et le malade traduit ce changement, cette hypéresthésie, en se léchant, en se grattant ou même en se mordant. Aussi arrive-t-il parfois que la cicatrice se boursouffle, se déchire, se transforme en une plaie saignante, qui continue à s'accroître par suite des frottements ou des morsures réitérées que le patient s'inflige.

Du reste l'inquiétude et l'agitation vont en s'accusant de plus en plus; l'animal semble bientôt ne plus pouvoir trouver désormais aucun repos; il va et vient, il se couche pour se relever aussitôt. Il gratte son lit avec ses pattes, il le retourne et le bouleverse, il l'arrange et le dérange aussitôt; il éparpille sa litière, il l'amoncelle en tas et s'y couche un instant dessus, puis il se redresse brusquement et rejette tout loin de lui. Il change fréquemment de position; il se livre à un mouvement continuel. Il gratte le sol, et flaire çà et là dans les coins, sous les portes, comme s'il était sur une piste ou à la recherche d'un objet perdu. Il tourne constamment dans sa niche et se porte d'un coin à l'autre; il fouille les coins et les recoins de l'appartement dans lequel il se trouve. Il devient de moins en moins vigilant, moins obéissant, moins docile et parfois irritable. On observe souvent des alternatives d'agitation et de calme, d'abattement, de somnolence même ; l'agitation est cependant parfois continue et ordinairement croissante. L'anomalie des habitudes et le changement d'humeur, qui caractérisent le début de la rage, doivent éveiller le soupçon et inspirer la prudence. Ces signes initiaux sont plus ou moins accusés suivant les individus, suivant les circonstances, suivant la forme que la maladie doit revêtir à sa seconde période ; ils sont moins prononcés quand la rage doit rester muette, non furieuse.

L'irritabilité des malades est très variable suivant les divers chiens et suivant leurs habitudes de vie. Certains sont devenus seulement moins dociles, moins attentifs, moins obéissants ; d'autres sont facilement irritables, et bien qu'ils ne soient pas encore agressifs, ils grognent dès qu'on les agace, dès qu'on les dérange ; d'autres, au contraire, font des caresses plus vives à leurs maîtres et aux animaux, éprouvant surtout le besoin de les lécher ; d'autres sont tristes, sombres, fuient la famille, cherchent la solitude et l'obscurité ; d'autres se montrent abattus et restent somnolents. Il y a en quelque sorte, je le répète, une variabilité presque infinie dans les symptômes initiaux résultant de la modification du caractère et des habitudes ; aussi doit-on d'une manière générale se méfier du chien, chez lequel on voit survenir un changement quelconque dans ses habitudes, surtout si l'on sait ou si l'on soupçonne qu'il a été mordu ou qu'il a pu l'être.

La voix du chien enragé ne tarde pas à se modifier ; son timbre s'altère ; l'animal pousse de temps en temps, même sans y être provoqué, un hurlement particulier, sorte de cri de détresse très caractéristique et très important pour le diagnostic. Le hurlement rabique, qu'on reconnaît toujours après l'avoir bien entendu une première fois, est composé d'une note grave et d'une note aiguë ; il imite quelque peu le cri du chien courant enroué par la fatigue ; il est émis en deux temps ; le chien assis ou campé sur ses quatre membres, portant le museau en l'air, commence par donner à pleine gueule un aboiement rauque, et termine par un son aigu, sorte de hurlement qu'il pousse en tenant la gueule entr'ouverte. Ce cri particulier, qui tient de l'aboiement et du hurlement, est lugubre et sinistre, surtout quand il est entendu pendant la nuit ; à lui seul il peut permettre de diagnostiquer la rage. Mais, outre qu'il ne se montre pas toujours dès le début de la maladie, il peut faire défaut dans des cas assez nombreux. Quelques chiens, au lieu de faire entendre un hurlement rabique, donnent, quand on les provoque, un simple aboiement rauque, voilé, sourd, à timbre de pot fêlé, moins long et moins articulé que l'aboiement normal ; et, en aboyant ainsi, ils ne s'acharnent pas ordinairement, comme le font les animaux en santé. D'autres restent absolument muets, silencieux, même quand on les excite. D'autres, mais ce sont les moins nombreux, conservent plus ou moins complètement leur aboiement ordinaire pendant la plus grande partie ou même pendant toute la durée de la maladie. D'autres enfin font entendre par moments des cris plaintifs, analogues à ceux d'un chien qui est violemment blessé ou maltraité. En résumé, il faut se méfier de tout chien qui vient à présenter un changement de caractère, une modification des habitudes, un prurit dans quelque région, une surexcitation ou une indifférence insolite, une modification de la voix, une faiblesse dans certaines régions, etc.

La sensibilité, l'impressionnabilité, l'excitabilité et la fonction digestive éprouvent des modifications de la plus grande importance.

La sensibilité cutanée semble parfois exaltée ; certains malades sont très impressionnables au froid, aux courants d'air ; on observe quelquefois des frissons sur toute l'étendue de la peau ; dans quelques cas on constate des démangeaisons plus ou moins vives sur certains points, au nez, aux pattes, aux oreilles, à la queue. Ces démangeaisons sont parfois si vives que les animaux se grattent continuellement et se mordent même à s'emporter la chair. Bientôt la sensibilité de la peau s'émousse et fait place à une véritable anesthésie plus ou moins accusée ; bientôt, en effet, quand la maladie est assez avancée, le chien enragé ne perçoit qu'incomplètement ou ne perçoit plus les sensations douloureuses ; il endure souvent, sans se plaindre, les coups, les blessures, les piqûres, les brûlures ; il se mord parfois et se déchire, sans paraître ressentir le mal qu'il se fait ; il mord quelquefois sur une barre de fer qu'on lui présente, après l'avoir chauffée au rouge. Il n'a pourtant pas perdu l'instinct de la conservation, car il fuit le feu qu'on allume devant lui et la pince qu'on avance pour le saisir.

Il y a exagération de l'impressionnabilité et de l'excitabilité ; d'où résultent l'agitation du début, l'irritabilité, et plus tard l'envie de mordre, la fureur, les mouvements agressifs. Mais une semblable manifestation manque plus ou moins complètement, nous le savons déjà, chez de nombreux malades, qui ne deviennent jamais irritables ni agressifs. Les chiens, chez lesquels se produit cette exaltation de l'excitabilité centrale, se montrent fortement impressionnés par la vue d'un animal de leur espèce, surtout s'ils ne le connaissent pas ; ils deviennent subitement agressifs contre lui. On a vu des chiens s'attaquer brusquement à leurs congénères et les mordre, alors qu'ils n'avaient encore présenté rien d'insolite, et tout en respectant pendant un jour ou deux ceux avec lesquels ils avaient l'habitude de vivre. On a conseillé de soumettre les individus suspects à l'épreuve, qui consiste à les placer en présence d'un chien inconnu, afin de hâter les manifestations agressives et de faciliter le diagnostic ; mais il faut bien se garder de voir dans cette tentative, qui peut être utile, un moyen absolument sûr d'arriver à la découverte de la vérité ; il faut surtout se garder de considérer, comme n'étant point atteint de la rage, l'animal qui n'est pas devenu agressif, car il arrive fréquemment que des chiens enragés n'entrent pas en fureur à la vue d'un de leurs semblables; il en est même qui restent doux et caressants avec les animaux de leur espèce.

L'orgasme génital est plus développé; le chien enragé lèche l'anus et les parties génitales des autres chiens ainsi que les siennes avec une ardeur particulière ; il a un instinct génésique plus accusé; il entre en érection et quelquefois cet état persiste de longues heures. Chez la chienne le sentiment maternel semble exalté; elle lèche fréquemment ses petits, les allaite, puis elle en arrive à les mordre, à les tuer et parfois à les dévorer.

On ne tarde pas à observer du délire, des hallucinations, qui résultent de l'aberration des sens, et que les malades traduisent par des gestes, par des attitudes et des mouvements insolites. Le chien enragé se comporte de temps en temps comme s'il voyait, comme s'il sentait, comme s'il entendait, comme s'il percevait certaines sensations, alors que rien ne peut faire penser que ses sens aient été impressionnés réellement. La vue et l'ouïe sont à la fois plus impressionnables et perverties. L'œil s'injecte, la conjonctive devient rouge ; le regard est triste, sombre, fixe et vague, quelquefois brillant et menaçant; il y a photophobie; l'axe de l'œil est parfois déplacé et engagé sous la paupière supérieure. L'animal semble par moments attentif et demeure immobile, l'œil fixe; on dirait qu'il est aux aguets et qu'il suit un objet dans l'air; puis il s'élance brusquement et happe dans le vide, comme pour saisir une mouche au vol. L'oreille est quelquefois douloureuse ou prurigineuse; l'ouïe, souvent exaltée et surexcitée, perçoit les moindres bruits; parfois elle est affaiblie, fréquemment elle est pervertie. On voit par intervalles l'animal prêter l'oreille, écouter, puis s'élancer tout à coup en hurlant contre le mur, comme s'il avait entendu un bruit et deviné un ennemi de l'autre côté. L'odorat est également perverti ; le chien enragé flaire le sol, renifle, se gratte parfois le nez avec les pattes, comme s'il était gêné par la présence d'un corps étranger; le chien de chasse se montre déconcerté sur la piste, il fait des arrêts imaginaires et fournit quelquefois des courses désordonnées. Après les hallucinations et le délire vient un moment de repos, de calme ou même de somnolence; le malade ferme les yeux, penche la tête, fléchit des membres de devant et semble dormir debout; puis brusquement il se réveille, redresse la tête, retombe dans le délire et se livre de nouveau aux gestes, aux mouvements, aux attitudes, qui traduisent ses hallucinations et l'aberration de ses sens.

Au début de la rage le chien boit et mange; parfois même il continue à boire et à manger dans le cours de la maladie; l'appétit et la soif sont donc conservés contrairement à ce que croient beaucoup de personnes du monde. Le chien enragé n'est pas *hydrophobe* au début de son mal ; et il ne le devient pas davantage dans la suite, sauf de très rares exceptions ; il ne recule pas épouvanté devant l'eau ; il boit et il déglutit au début et quelquefois durant toute sa maladie. Dans certains cas la soif est exagérée, et elle ne se calme pas toujours même vers le déclin de la rage ; car, alors que la déglutition est devenue difficile ou impossible, on voit le patient essayer encore de boire, plonger son museau dans le vase, quand il ne peut plus faire usage de sa langue, ou laper, pour le laisser retomber aussitôt, le liquide qu'il ne peut plus déglutir. D'ailleurs on a vu des chiens enragés se jeter résolument à l'eau et traverser une rivière à la nage, quand ils étaient poursuivis, ou quand leur attention était attirée de l'autre côté. En résumé tous ou presque tous ont soif, boivent ou cherchent à boire même alors qu'ils ne peuvent plus déglutir. Il n'y a pas davantage inappétence dans les premiers moments de la rage ; les malades mangent encore ; il en est même, je le répète, qui ne cessent pas de manger pendant la plus grande durée de l'affection. Que de fois n'en a-t-on pas observé, qui continuaient à prendre leur repas, bien que ayant déjà donné des signes de rage, bien que ayant déjà présenté même des tendances agressives ; et d'ailleurs, le chien enragé, qui mange et boit malgré son mal, n'en a que plus de chance de vivre un plus grand nombre de jours. On en a vu enfin qui étaient d'abord d'une voracité extraordinaire. Bientôt cependant l'animal, après avoir mangé d'abord gloutonnement ses aliments ordinaires, est pris de dégoût, mange moins, se borne parfois à flairer sa nourriture ou en prend peu et encore laisse retomber ce qu'il a pris. L'appétit diminue généralement, puis disparaît avec les progrès du mal.

Très souvent, presque toujours, le goût et l'appétit se dépravent ; et cette dépravation, qui se montre d'ailleurs en dehors de la rage sur des chiens atteints de névrose de l'estomac, de gastrite, d'affections intestinales, voire même sur des chiens en santé, se déclare parfois rapidement, pour devenir ensuite plus prononcée à une période plus avancée de la maladie. L'animal lèche les objets froids, les pierres, le fer, etc. ; il mord et déglutit toute sorte de corps étrangers à son alimentation, tels que de la litière, de la paille, du bois, de la laine, des poils, du linge, du plâtre, de la terre, du gravier, etc. ; il lape son urine et mange ses excréments, ceux des autres animaux ou de l'homme. A l'autopsie on trouve très souvent dans l'estomac les diverses matières ingérées sous l'influence de cette dépravation.

La muqueuse buccale se congestionne ; et la sécrétion salivaire, non exagérée au début, devient plus active, quand le malade ingère des corps étrangers, qui lèsent et irritent les premières voies digestives, Pourtant l'hypersalivation est loin d'être constante ; certains chiens enragés ont la bouche plus ou moins sèche ; d'autres salivent et laissent échapper de leur gueule une bave plus ou moins abondante, parfois sanguinolente.

Mais l'écoulement salivaire, qui se montre d'ailleurs dans d'autres maladies, dans la pharyngite, dans la stomatite, dans l'obstruction du pharynx par un corps étranger, n'apparaît pas au début de la rage ; quand il survient, il n'offre pas les caractères que lui attribue parfois la crédulité publique ; la bave, qui s'échappe de la gueule, est visqueuse et filante, mais non point écumeuse ou floconneuse comme celle du cheval qui goûte le mors.

Il se produit quelquefois du vomissement ; et, comme la bouche, le pharynx, l'estomac peuvent être lésés par les corps indigestes et vulnérants que l'animal ingère, les matières vomies sont souvent sanguinolentes, mêlées d'un liquide noirâtre ; parfois même le malade vomit du sang en nature, liquide ou coagulé.

Le spasme de la gorge s'observe aussi chez certains chiens enragés, qui, poussés par la sensation douloureuse qu'ils éprouvent dans la région, font avec les pattes de devant les gestes auxquels se livre l'animal qui a un os arrêté dans le pharynx.

La dysphagie devient bientôt manifeste ; puis survient fréquemment la paralysie de la gorge à une période plus avancée ; la déglutition devient alors difficile, impossible, et les malades cessent de manger et de boire. La paralysie gagne souvent les masséters dans une phase plus avancée, et c'est alors que la gueule devient béante et laisse écouler d'abord une bave filante ; puis la muqueuse buccale se dessèche et devient violacée. On a vu cependant des chiens enragés manger et boire jusqu'à leur mort ; d'autres, avons-nous vu, bien que ne pouvant plus déglutir, témoignent de la soif et font des tentatives pour boire.

Le chien enragé est ordinairement constipé ; il rend peu d'excréments et ceux qu'il rend sont noirâtres et fétides ; quelquefois il y a une véritable diarrhée à une phase déjà avancée de la maladie, ainsi que je l'ai constaté.

La circulation est très manifestement troublée ; elle s'accélère, elle est irrégulière ; les battements cardiaques deviennent parfois intermittents. Les muqueuses, la pituitaire, la buccale, la conjonctive, se congestionnent et prennent une coloration de plus en plus foncée. Il y a de la fièvre ; la température s'élève pour baisser ordinairement aux approches de la mort. Les organes internes se congestionnent. La pupille se dilate. La respiration s'accélère et devient irrégulière ; quelquefois il y a une dyspnée très accusée, et j'ai même constaté sur deux chiens une respiration plaintive. La polyurie précéderait souvent, au dire de M. Gibier, la plupart des autres symptômes chez les animaux inoculés. Les urines sont bientôt plus foncées, plus odorantes, plus denses, plus riches en urée et en principes salins, en phosphates et en sulfates ; elles contiennent de l'albumine et les matières colorantes de la bile. La locomotion, normale au début, devient ensuite raide, trottinante ; plus tard survient la faiblesse du train postérieur, et quelquefois une incoordination des mouvements, comme je l'ai eu observé.

La rage peut être reconnue d'après les symptômes qui viennent d'être énumérés ; mais il ne faut pas perdre de vue qu'il y a une variété presque infinie dans les manifestations initiales de la maladie. Aussi le diagnostic est-il singulièrement facilité par la manifestation de l'envie de mordre, par l'apparition de la fureur. Très souvent même le premier signe de rage, qui est remarqué par le vulgaire, est l'envie ou la propension que manifeste le chien enragé à mordre les objets inanimés, les animaux ou les personnes, soit que les symptômes initiaux fassent trop peu d'impression sur l'esprit de ceux qui les observent, soit qu'ils s'accompagnent parfois très rapidement de la fureur.

Outre que de très nombreux chiens enragés ne deviennent jamais furieux et ne cherchent même pas à mordre, parce qu'ils n'en éprouvent nulle envie ou parce qu'ils sont dans l'impossibilité de rapprocher leurs mâchoires paralysées, la fureur, quand elle survient, est plus ou moins prompte à se déclarer et plus ou moins prononcée suivant les cas, suivant les individus, suivant les excitations et les tracasseries dont ils sont l'objet. Les chiens dociles, ceux qui sont habitués à la société de l'homme, deviennent moins promptement furieux et témoignent généralement d'une propension modérée à mordre, surtout quand on ne les irrite pas. Il en est même qui ne mordent pas, bien qu'ils en aient la possibilité et l'occasion. Combien de fois n'a-t-on pas vu le chien rester affectueux pendant la période furieuse de la rage, respecter ses maîtres et ses amis, se laisser aborder même par des étrangers tant qu'il était sous les yeux des personnes qu'il connaissait, rester inoffensif au milieu de nombreuses personnes tant que son maître était présent, pour ne manifester sa fureur et sa propension à mordre qu'après son départ. Combien de fois n'est-il pas arrivé que des chiens enragés ont vécu plus ou moins de temps, dans la maison où ils étaient habitués, sans s'attaquer à aucune des personnes de la famille. Cependant, même avec de pareils malades, on ne saurait avoir trop de prudence ; car à un moment donné ils peuvent mordre l'enfant qui les taquine, le domestique qui les attache ou les réveille, le maître qui les caresse. Les chiens naturellement irritables, tels que les chiens de garde, les dogues, etc., deviennent promptement furieux et sont beaucoup plus dangereux ; au début, alors qu'ils ne mordent pas encore les personnes amies, ils sont néanmoins irascibles, ils entrent facilement en colère, ils mordent les objets dont on se sert pour les agacer, ils tournent parfois même leurs dents contre leur maître, et présentent dans la suite, surtout quand ils sont excités, des accès terrifiants.

En résumé on peut diviser en trois catégories les chiens enragés, quand on prend en considération leur propension à mordre : beaucoup de malades ne deviennent pas furieux, n'ont ni accès de fureur, ni envie de mordre, certains restent même doux et caressants pendant toute la maladie; les plus nombreux deviennent agressifs, les uns manifestant une propension modérée à mordre, les autres devenant réellement furieux. D'ailleurs le plus souvent la fureur des chiens enragés est provoquée ou exagérée par les excitations et les tracasseries auxquelles ils sont exposés. Le chien non surexcité, abandonné à lui-même, loin du bruit et des tracasseries de toute sorte, loin des aboiements des autres, loin des animaux et de l'homme, ne se livre pas à des accès de fureur; il reste mélancolique, agité, halluciné; il va et vient, il poursuit des fantômes, puis il se calme, sommeille et recommence encore les gestes, les mouvements qui expriment son agitation et ses hallucinations. On a vu des malades se retirer dans un coin obscur et y mourir en deux ou trois jours.

Le chien, chez lequel l'envie de mordre et la fureur ne doivent pas tarder à se montrer, devient souvent querelleur par moments et plus hardi; il perd plus ou moins le sentiment de la crainte; il prend une physionomie étrange. Son regard devient triste, sombre, cruel, menaçant; son œil laisse échapper par intervalles des reflets fulgurants à travers la pupille plus ou moins dilatée, et redevient ensuite terne, sombre et farouche. L'animal est facilement irritable, il prend entre les dents la main qu'on étend pour le caresser ou le saisir; il mordille les chaussures; il mord, ronge et déchire les tapis, la paille, les meubles, etc.; il devient sournois, hargneux et traître; il répond avec peu d'empressement à l'appel et aux caresses de son maître, et parfois il se laisse aller à le mordre. Il est surtout excité par la présence d'un de ses semblables; à la vue d'un autre chien et quelquefois à la vue d'un autre animal, ou même à la vue d'une personne étrangère, il entre en fureur. Le chien en liberté, qui commence à éprouver l'envie de mordre, s'attaque d'abord aux animaux. Le chien de berger attaque, poursuit sans être commandé et mord les moutons, les bœufs et les vaches; le chien de garde mord les oiseaux de la basse-cour, les porcs, les autres animaux; le chien d'appartement mord les chats et les autres chiens; le chien de chasse mord de préférence les autres chiens, qu'il ne connaît pas et avec lesquels il se trouve accidentellement lancé ou accouplé, il broie les chaumes, les arbrisseaux, il déchire et dévore le gibier, il mord le chasseur qui s'approche pour le corriger. Bientôt l'animal enragé devient plus furieux et mord les personnes qu'il ne connaît pas ou même celles qu'il connaît, quand elles le contrarient, le taquinent ou le corrigent; mais déjà il s'attaque aux animaux, aux chiens notamment, et même aux personnes étrangères sans être autrement provoqué que par leur seule présence; il saisit et mord silencieusement, ou en hurlant, l'objet qu'on lui présente.

Quand on enferme, dans une niche, le chien, qui est reconnu dans cet état de rage furieuse, on le voit agité, aller, venir, rôder, tourner, chercher, flairer, lécher le fer, la pierre, hurler contre le mur, happer

dans le vide, poursuivre des fantômes, ronger les portes, dévorer sa
litière. Il entre dans des accès de véritable fureur quand on l'excite;
c'est surtout alors que ses yeux deviennent sombres, cruels, fulgurants;
il s'élance à la vue des objets qu'on lui présente pour l'agacer, ou à
la vue des animaux et des personnes qui se placent devant lui. Il fait
entendre alors son hurlement rabique, il mord les objets qu'on lui
tend; il donne un coup de mâchoire, en hurlant ou en restant silencieux,
mais sans s'acharner, et il se montre prêt le plus souvent à regagner le
fond de sa niche. Toutefois il s'acharne et devient de plus en plus
furieux quand on continue à l'exciter; il hurle et aboie de sa voix
rauque; il bondit contre les parois de sa loge; il mord avec acharnement et violence les barreaux qui l'arrêtent, au point de se briser
parfois les dents et la mâchoire. Il tourne souvent sa fureur contre sa
litière, qu'il mord avec frénésie; il se mord quelquefois lui-même; il
s'attaque à tout ce qu'on lui présente et n'hésite pas à mordre même
sur du fer rouge. La chienne, à qui on a laissé ses petits, en arrive à les
mordre dans un de ces moments où elle est surexcitée. Quand on
donne un autre chien pour compagnon à l'animal enragé, on voit
souvent le malade mordre d'emblée le nouveau venu pour le caresser
ensuite; parfois aussi, quand il n'a pas été trop surexcité, au lieu de
le mordre d'emblée, il témoigne d'abord d'une excitation génésique
plus ou moins vive, il le flaire et lui lèche les oreilles, les parties génitales, puis soudainement il entre en fureur et le mord sans pousser
un cri, tandis que l'autre aboie et se plaint sans se défendre ordinairement, en se retirant dans un coin de la loge et en cachant sa tête.
Pourtant quelquefois il y a lutte, et on a vu plus d'une fois des chiens
prendre leur parti de la société qui leur était infligée, se défendre et
même attaquer; mais alors le chien enragé endure les morsures sans
pousser une plainte. Après avoir mordu sa victime, l'animal enragé la
caresse encore, pour entrer ensuite de nouveau en fureur contre elle,
jusqu'à ce que, fatigué, il se laisse aller au sommeil; mais il se relève
bientôt et recommence ses attaques. J'ai vu des chiens rabiques qui
ont tué leur compagnon et qui ont ensuite déchiré son cadavre. L'envie de mordre et la fureur, faciles à provoquer, quand on tracasse les
malades, n'enlèvent pas au chien enragé tout sentiment d'affection
envers son maître; on le voit encore se montrer sensible à sa parole et
contenir sa fureur, quand il s'entend appeler par la voix qu'il connaît.
Si les chiens enfermés, qu'on tracasse constamment, semblent
en proie à un accès de fureur persistant, il n'en est pas ainsi quand
on les abandonne à eux-mêmes; on constate bien de l'agitation,
du délire, des hallucinations par intervalles, le malade hurle, mord
sa litière; mais les accès de fureur sont alors moins fréquents, moins
prolongés et moins accusés. Pendant les intermittences ou rémissions, qui séparent les accès, le chien se repose, sommeille, mais la

moindre excitation extérieure provoque un accès de véritable fureur.

Ordinairement le chien enragé, qui commence à devenir furieux ou qui va le devenir bientôt, est dominé par un ardent désir de s'échapper, de fuir loin du logis, de courir, de vagabonder; il fait des absences, il découche, il s'en va plus ou moins loin (on en a vu qui ont parcouru jusqu'à 100 kilomètres en 24 heures). Il mord parfois, avant de s'échapper, les animaux du logis, les personnes étrangères ou même les personnes de la maison. Souvent il s'éloigne avant d'avoir fait aucune victime. S'il est retenu, enfermé dans une loge, dans un appartement, dans une cour, on le voit rôder, flairer, chercher, hurler, aller, venir, ronger son attache et les portes, s'attaquer à tout ce qui lui fait obstacle. Il s'échappe dès qu'il en trouve l'occasion, il fuit loin de sa demeure, il court à l'aventure et franchit en peu de temps des distances considérables. Son allure n'est pas encore modifiée; il porte la tête et la queue comme d'habitude. Il va devant lui; il se précipite sur le chien qu'il rencontre et le mord en silence; il devient plus furieux et s'acharne contre sa victime, qu'il roule et qu'il mord encore, quand elle résiste, crie ou se défend, il reste silencieux ordinairement tandis que l'autre gronde. Il ne donne qu'un coup de mâchoire, quand celui qu'il attaque prend la fuite, et il se remet à marcher, mordant de nouveau tous les chiens qu'il peut atteindre, poursuivant et mordant les autres animaux qu'il rencontre, s'attaquant pareillement aux personnes, qu'il respecte cependant quand il peut assouvir sa fureur sur des animaux, principalement sur des chiens. C'est ainsi que la maladie est disséminée; parmi les chiens mordus souvent à l'insu de leurs maîtres, un certain nombre, devenant enragés à leur tour, transmettront ensuite la rage comme ils l'ont reçue; en sorte qu'il aura suffi d'un seul malade pour répandre le fléau et exposer la vie de nombreuses personnes. Après une absence plus ou moins longue, le chien enragé, dans un moment de rémission, retourne souvent au logis, et se montre encore parfois affectueux, caressant, docile, craintif; très souvent cependant, surtout quand son absence a été prolongée, il revient misérable, amaigri, sali de boue, de poussière et de sang, et répond aux caresses non point par des caresses, mais bien par des morsures. Si, au début de sa fuite, l'allure du chien enragé n'est pas modifiée, il se produit bientôt des changements frappants; l'animal, épuisé par la maladie, par les accès, par la fatigue, par la faim et la soif, ralentit peu à peu sa marche, qui devient parfois mal coordonnée; il s'affaiblit, fléchit sur ses membres, s'avance en trottinant, vacille, chancelle, porte la tête basse, la gueule entr'ouverte, la langue sortante, violacée et couverte de poussière, la queue pendante entre les jambes. Il va encore, il marche droit devant lui, il mord les animaux et les personnes qu'il rencontre sur son passage, sans se détourner pour aller attaquer l'animal ou l'homme qui n'est pas immédiatement à sa portée.

D'ailleurs sa vue s'obscurcit, son flair s'émousse, son excitabilité s'épuise ; il s'arrête enfin exténué, se laisse tomber, se couche, sommeille, entre de nouveau en fureur si on le dérange et reprend sa marche pour aller tomber plus loin.

La *Rage furieuse*, quand les malades ne meurent pas dans un accès, amène plus ou moins vite l'affaiblissement, l'épuisement, la paralysie et la mort. Les accès deviennent moins intenses, mais plus longs ou presque continus ; les rémissions sont moins évidentes. Les malades maigrissent rapidement. Les yeux s'enfoncent et deviennent chassieux ; le regard s'éteint ; la cornée se trouble, devient opaque et présente des taches, des plaies ; il y a parfois convergence des yeux, strabisme. La physionomie prend un aspect sinistre et repoussant ; la peau du front se plisse ; l'œil perd son éclat et s'enfonce de plus en plus ; les poils se piquent ; les flancs se creusent ; le malade reste triste et abattu. La paralysie envahit progressivement les masséters, le train postérieur, d'autres régions, débutant tantôt par les mâchoires, tantôt par le train de derrière. La bouche devient sèche ; salie de poussières et de débris divers, elle est bleuâtre et reste le plus souvent béante. Elle présente parfois des blessures, des ecchymoses, des plaies occasionnées par les corps auxquels l'animal s'est attaqué, ou qu'il a ingérés. La langue est sèche, bleuâtre, sortante, pendante, inerte. Le hurlement devient faible, voilé ; puis il fait place à un mutisme complet. La faiblesse et ensuite la paralysie gagnent en intensité et en étendue ; la démarche devient vacillante, titubante, et la station difficile ; puis les membres postérieurs deviennent inertes et le malade ne peut parfois se dresser et marcher que du train de devant. Dans cet état le chien enragé n'a pas perdu l'envie de mordre ; quand il est excité, il cherche à mordre, mais il n'y réussit plus qu'incomplètement ou pas du tout, à cause de la paralysie des masséters. D'ailleurs l'excitabilité du malade est alors considérablement amoindrie ; à l'agitation, aux hallucinations, aux mouvements désordonnés, aux accès de fureur succèdent l'épuisement, l'abattement, l'embarras de la respiration et de la circulation, la paralysie plus ou moins généralisée, les convulsions et parfois la tétanisation de certains muscles, le coma et enfin la mort précédée ordinairement d'un abaissement notable de la température.

On a vu parfois la rage débuter par la paralysie du train postérieur, par la paralysie d'un membre, s'accompagner ensuite de paralysie plus ou moins généralisée, de hurlements plaintifs, de convulsions et de l'envie de mordre. J'ai eu constaté sur des chiens reconnus rabiques par l'inoculation les seuls symptômes suivants : aboiement inusité, tendances agressives peu accusées, démarche chancelante, incoordination des mouvements, ventre levreté et douloureux, mouvements insolites de rotation en tonneau, dyspnée très accusée. Certains chiens enragés, d'abord irritables, puis modérément furieux, perdent plus ou moins vite la propension à mordre et succombent à la paralysie.

Un grand nombre de chiens enragés, avons-nous dit, ne deviennent jamais furieux, n'éprouvent pas l'envie et n'ont d'ailleurs pas la possibilité de mordre. Pendant la première période ils présentent les mêmes symptômes que ceux qui doivent devenir furieux, mais la surexcitation cérébrale est moins prononcée, l'agitation est moins marquée; ils n'ont pas de tendance à s'échapper, ils sont plus tranquilles et plus tristes; la paralysie se déclare vite, soit d'emblée, soit progressivement; généralement localisée d'abord aux masséters, elle gagne ensuite le train postérieur et d'autres régions. Dans cette forme, qu'affecte la rage chez un grand nombre de chiens et qu'on appelle *Rage mue, Rage paralytique, Rage silencieuse, Rage tranquille*, l'envie de mordre ne se manifeste pas et le rapprochement des mâchoires devient bientôt impossible. On voit cependant fréquemment des cas où la maladie participe de la forme furieuse et de la forme paralytique, où la rage, après avoir eu une période de fureur, se transforme plus ou moins vite en rage mue. C'est ce qui arrive très souvent en effet, quand la paralysie de la mâchoire apparaît et rend vaines désormais les tentatives de mordre que fait encore le malade; mais alors l'envie de mordre n'en persiste pas moins, malgré l'impossibilité dans laquelle se trouve l'animal de rapprocher complètement ses mâchoires. Aussi les caractères de la rage mue ou paralytique varient-ils suivant les cas, suivant qu'il y a déjà eu ou non une période de fureur, suivant qu'elle a succédé à la forme furieuse ou selon qu'elle s'est montrée d'emblée. Le signe le plus saillant est fourni par l'état de la bouche; la paralysie des masséters est plus ou moins complète et la gueule plus ou moins béante; la langue devient ensuite inerte et reste pendante; une bave plus ou moins abondante s'écoule de la bouche; les animaux ne peuvent ni mordre ni prendre les aliments. Certains, conservant un reste d'excitabilité, arrivent encore à rapprocher incomplètement leurs mâchoires, lorsqu'ils essaient de mordre à la suite de tracasseries qu'on leur fait subir; et plus tard, quand la paralysie est complète, ils conservent quand même l'envie de mordre, malgré l'impossibilité absolue de rapprocher leurs mâchoires. Ceux chez lesquels la paralysie s'est montrée et a débuté tantôt par les masséters, quelquefois par un membre ou par le train postérieur, sans être précédée de la fureur, ne témoignent d'aucune propension à mordre. La muqueuse buccale, d'abord rouge et humide, se dessèche, se congestionne, devient bleuâtre, se couvre de poussières; la langue se montre bientôt revêtue d'une sorte d'enduit grisâtre. Le regard est fixe, morne, triste, atone; il reste parfois normal tout d'abord et ne se modifie que plus tard. L'animal demeure immobile, tantôt sensible et tantôt indifférent aux caresses, peu ou pas excitable par la présence d'un autre chien, le plus souvent indifférent à tout, sans excitation génésique, sans tendance à fuir. Il fait entendre quelquefois un hurlement faible, ou un léger aboiement rauque, et devient d'un mutisme absolu ordinairement, quand la paralysie est complète. Il n'y a pas d'hydrophobie; l'appétit est d'abord conservé, la soif persiste; le malade plonge par moments son museau dans l'eau, mais il ne peut plus laper ni déglutir. Le mal progresse rapidement; la faiblesse d'abord et la paralysie ensuite envahissent le train postérieur, puis tout le corps; la prostration devient extrême, et tout se passe dès lors comme dans la forme furieuse arrivée à la période paralytique.

Le chien enragé peut vivre de deux à dix jours après l'éclosion de la maladie; ordinairement il succombe le troisième, le quatrième ou le cinquième jour; on en a vu vivre jusqu'à douze et même quatorze jours.

Sans examiner pour le moment la question de la *curabilité* de la rage, il importe de signaler, pour compléter l'étude symptomatique de l'affection chez le chien, certaines particularités qui ont été observées parfois dans son évolution. *On a cité des cas, heureusement fort rares, dans lesquels des chiens auraient transmis la rage par des morsures qu'ils auraient faites plusieurs jours avant de devenir manifestement enragés.* A plus forte raison le danger de transmission est réel et grave, quand les morsures sont faites au début de la maladie, qui peut, avons-nous vu, avoir parfois pour première manifestation bien appréciable pour le vulgaire l'envie de mordre provoquée brusquement par la vue d'un animal inconnu. On cite même des cas où la rage aurait été transmise par la morsure d'un chien, qui n'aurait présenté d'ailleurs aucun symptôme de la maladie, et qui aurait survécu, tandis que sa victime succombait. N'est-il pas admissible qu'il peut y avoir, bien que très exceptionnellement chez le chien, comme chez l'homme du reste, des rages non mortelles, des rages incomplètes, des rages ébauchées, des rages latentes, que le malade peut néanmoins transmettre? Certains faits, ainsi que nous venons de le voir, semblent autoriser une pareille croyance. On a signalé des faits plus étranges encore; on a observé, entre deux accès de fureur, des périodes de rémission de plusieurs heures, durant lesquelles le malade semblait avoir récupéré tous les signes de la santé; on a signalé en outre des rémissions de un à deux jours et de huit jours; on a même vu un chien rendu rabique par trépanation et inoculation intra-crânienne présenter les symptômes de la rage furieuse, puis se rétablir en apparence pendant quatre ou cinq jours, pour mourir ensuite brusquement. On a enfin relaté des faits plus singuliers : un cas de rage canine (Perrin), dont le premier accès a été suivi de guérison, c'est-à-dire du rétablissement complet de la santé, et dont le second accès, survenu un an après la morsure et six mois après le premier, a été mortel; un second cas de rage canine (Bergeon), dont le premier accès, constaté le soixante-dixième jour après la morsure, s'est terminé par la guérison au bout de huit jours, mais a été suivi d'un second accès survenu deux mois après le premier, et qui s'est encore terminé par la guérison au bout de douze jours, pour être enfin suivi à son tour d'un troisième accès se manifestant un mois après le second et entraînant la mort au bout de cinq jours. Dans ses expériences, M. Pasteur a observé des cas de guérison spontanée de la rage et des cas de « disparition des premiers symptômes rabiques avec reprise du mal après un long intervalle de temps (deux mois) » et avec terminaison mortelle à la suite de la seconde apparition des manifestations de la maladie. Ainsi donc les accès de rage peuvent être parfois séparés par une période de rémission plus ou moins longue. Reste à savoir si pendant la rémission l'animal ne peut pas transmettre la maladie.

Quelles que soient la multiplicité de ses formes, la variété de ses symptômes et les particularités de son évolution, la rage canine est une dans son essence ; elle procède toujours du même virus ; elle est transmissible sous ses diverses formes ; et les caractères de la maladie transmise accidentellement ou expérimentalement dépendent, nous l'établirons dans la suite, non point de la forme observée sur le malade, qui a fourni le virus, mais uniquement des localisations de l'agent morbigène dans tels ou tels points du système cérébro-spinal. En effet, le virus de la rage paralytique peut provoquer la rage furieuse, et réciproquement celui de la rage furieuse peut donner lieu à la rage muette. Ainsi, d'après les expériences de M. Pasteur, l'inoculation du virus rabique par trépanation « donne le plus souvent la rage furieuse », tandis que l'inoculation par injection sous-cutanée provoque ordinairement la rage muette et paralytique, à moins toutefois de n'injecter que de très petites quantités de virus, cas où l'on a d'autant plus de chances de voir la maladie se manifester par de la fureur, qu'on aura employé de plus faibles doses de matière virulente. On observe souvent la forme paralytique, quand la morsure inoculatrice a été faite aux membres postérieurs, et on peut l'obtenir en inoculant le virus dans le nerf sciatique. La rage paralytique sans fureur ni aboiement, celle qui est provoquée par l'injection sous-cutanée, ou l'inoculation dans le nerf sciatique, s'explique par la localisation et la multiplication du virus dans la moelle ; car, en sacrifiant le malade aussitôt qu'apparaissent les premiers symptômes de paralysie, M. Pasteur a reconnu « que la moelle pouvait être rabique alors que le bulbe ne l'était pas encore. »

La description qui précède est loin de convenir à tous les cas. Il arrive assez souvent que la rage canine, comme celle des autres animaux et celle de l'homme, s'accompagne de manifestations qui ne sont pas pathognomoniques ; j'ai eu vu des chiens enragés chez lesquels les troubles respiratoires étaient prédominants, d'autres chez lesquels c'étaient les troubles de la motilité, la faiblesse de certaines régions musculaires, l'incoordination des mouvements, etc. Le diagnostic peut donc être parfois très difficile, surtout quand les renseignements font défaut et quand les lésions ne sont pas caractéristiques, ce qui arrive souvent.

SYMPTÔMES DE LA RAGE DU CHAT.

La rage est rare chez le chat, qui est moins exposé aux morsures que le chien ; elle est aussi moins connue, parce que le chat enragé est plus difficile à observer à cause de ses mœurs, à cause de sa sauvagerie, qui le porte à s'enfuir ou à se cacher. Le chat enragé a en effet, dès le début de la maladie, de la tendance à fuir, à s'échapper ; souvent il se retire dans quelque coin obscur et disparaît pour ne plus reparaître. Mais il revient parfois, après avoir disparu, et distribue des morsures aux animaux et aux personnes.

Chez le chat, comme chez le chien, la maladie s'annonce par un changement dans le caractère, dans les habitudes et dans la physionomie, par de la tristesse, par de l'inquiétude, par une excitabilité excessive, par de l'agitation. La physionomie devient sombre ; l'animal prend des attitudes inaccoutumées et fait des mouvements insolites, fréquents et sans cause apparente ; il s'agite, va et vient, rôde, au lieu de se livrer au repos et au sommeil selon ses habitudes. Le goût se déprave, le malade ingère des substances étrangères à son alimentation, l'appétit diminue et disparaît ; les aliments et les boissons sont bientôt refusés. La voix s'altère et prend un caractère spécial ; le chat enragé fait entendre des miaulements plaintifs, parfois analogues à ceux qu'il donne à l'époque du rut. Les sens sont surexcités ; l'impressionnabilité est exagérée ; les yeux deviennent fulgurants et menaçants. L'animal se livre à des bonds désordonnés, il sort ses griffes et cherche à attaquer, à mordre ; il salive abondamment ; il entr'ouvre la gueule ; il vousse le dos et hérisse son poil ; il gratte le fond de sa niche ; il mord ce qu'on lui présente ; il devient d'une férocité excessive. Il s'élance contre les objets, contre les animaux et contre les personnes, surtout quand il est dérangé dans la retraite qu'il s'est choisie ; il bondit avec l'impétuosité du tigre ; il attaque souvent traîtreusement sa victime ; il vise la figure ou les mains, et fait des morsures qui sont en général plus graves que celles du chien. Nous avons vu, il y a deux ans, une personne qui avait été mordue par un chat, et dont le cas peut être donné comme exemple de ce que peut faire cet animal devenu enragé. Elle passait sur une route bordée d'une haie, lorsque soudainement un chat bondit vers elle, cherchant à l'attaquer à la figure ; instinctivement l'individu fit un mouvement de tête en arrière et essaya de parer l'attaque avec son chapeau ; mais, en tombant, l'animal s'accrocha au niveau du mollet et y mordit sans désemparer à pleines mâchoires. Immédiatement la victime saisit l'animal et le tua en lui tordant la colonne vertébrale ; mais il n'avait pas lâché prise, et il était mort en gardant entre ses mâchoires un morceau du pantalon à travers lequel il avait fait la morsure.

Bientôt l'amaigrissement se produit ; la faiblesse et puis la paralysie surviennent ; la démarche devient titubante, l'œil hagard ; la fureur fait place au coma ; la paraplégie se complète et la mort arrive en peu de temps, ordinairement dans deux, trois, quatre jours. La rage affecte quelquefois chez le chat la forme paralytique ; on aurait constaté chez lui quelques cas de rage-mue.

En résumé la rage du chat se caractérise, à peu de choses près. par des symptômes de même ordre que la rage canine. Cependant les symptômes prémonitoires passent plus souvent inaperçus, et la propension à mordre est généralement le premier indice du mal.

Non seulement la rage a été transmise à l'homme par des chats enragés, mais elle lui a été communiquée aussi parfois par des morsures de certains carnivores sauvages, tels que le loup, le renard, le chacal. Lorsque ces animaux sont pris de la rage et deviennent furieux, ils sortent de leurs repaires, pour aller errer à l'aventure dans les campagnes ; ils mordent les animaux qu'ils rencontrent ainsi que les personnes. Les loups notamment font des morsures d'un extrême gravité ; ils se montrent d'une férocité inouïe et s'attaquent, quand ils en ont l'occasion, à de nombreuses victimes.

SYMPTOMES DE LA RAGE DES ANIMAUX SOLIPÈDES.

La maladie s'annonce, chez les solipèdes, par des changements d'humeur et de caractère : les chevaux deviennent tristes, quelquefois abattus. souvent inquiets et agités. Ils manifestent parfois de la douleur ou du prurit à l'endroit de la morsure, une claudication ou une faiblesse du membre mordu. Ils se mordent parfois, se frottent ou se lèchent au point de déterminer la réouverture de la cicatrice. Ils deviennent d'une sensibilité exagérée, ils se montrent très irascibles et très impressionnables aux influences extérieures, au bruit, à la lumière. Les sens sont exaltés ; l'ouïe est surexcitée ; l'œil est plus sensible à la lumière, il est anxieux, parfois flamboyant ; la pupille est dilatée ; le regard est fixe. par moments féroce et menaçant ; l'animal se regarde en tous sens avec un air étonné et inquiet. La lumière, le bruit, les attouchements provoquent des mouvements désordonnés. des mouvements de défense. Les désirs vénériens sont fréquemment augmentés, l'étalon entre souvent en érection, et, d'une voix rauque, appelle la jument ; celle-ci prend parfois, sous l'influence de la maladie, les attitudes de la jument en chaleur. On constate quelquefois des frémissements cutanés, du prurit dans certaines régions.

Les malades s'agitent, se livrent à des mouvements insolites, vont, viennent, se déplacent constamment, piétinent, font des mouvements désordonnés, poussent des hennissements voilés, se campent, se montrent impatients, ruent, agitent la tête, frappent du pied. grattent le sol, se couchent, se relèvent, se roulent, regardent leur flanc, prennent

des attitudes insolites et une physionomie étrange, ont des hallucinations, dressent les oreilles, fixent les yeux, semblent écouter et regarder,
secouent la tête et la redressent, raidissent l'encolure, reniflent, ronflent,
s'ébrouent, paraissent étonnés ou effrayés par moments, relèvent la
lèvre supérieure comme l'étalon qui flaire la jument. Les mâchoires et
les lèvres se montrent parfois animées de mouvements spasmodiques;
on entend des grincements de dents; on constate des tremblements
dans diverses régions. La tête est fréquemment agitée de mouvements
d'oscillation convulsifs; l'agitation et l'excitabilité vont croissant.

Les malades sont souvent impressionnés par la présence d'un chien ou
la vue de tout autre animal et même d'une personne qu'ils ne connaissent
pas; ils entrent en fureur et deviennent agressifs, ils s'élancent pour
poursuivre et pour mordre; cependant ils n'attaquent pas encore
les personnes qu'ils ont l'habitude de voir, et souvent même ils ne deviennent agressifs que contre le chien ou contre les animaux de leur
espèce.

On observe ordinairement, avec les symptômes précédents, d'a-
bord la diminution et puis la perte de l'appétit, le dégoût, la dépravation du goût, qui porte l'animal enragé à manger ses excréments, des
corps étrangers, de la terre, du fumier, etc.; cependant l'appétit peut
être conservé d'abord, pour devenir ensuite capricieux et disparaître
plus tard. Il n'y a pas hydrophobie, le malade boit et agite l'eau avec
ses lèvres; mais il y a bientôt dysphagie; la déglutition devient difficile, puis impossible; les aliments triturés et les boissons reviennent
quelquefois par le nez; la gorge est sensible et douloureuse à la pression, quelquefois elle est prurigineuse et le malade cherche à la frotter
contre la mangeoire; on a vu cependant des malades boire encore aux
approches de la mort. La langue et les lèvres sont agitées d'un mouvement presque continuel; une bave écumeuse apparaît sur les lèvres.

Bientôt les malades deviennent furieux et agressifs; l'impatience,
l'agitation, l'inquiétude, l'irascibilité vont croissant. L'œil devient par
moments flamboyant, féroce et menaçant, sans que le malade ait été
soumis à aucune excitation, ou plutôt à l'approche d'un animal quelconque ou d'une personne; le bruit, la lumière, les excitations extérieures redoublent d'ailleurs l'intensité des paroxysmes. Le cheval enragé, qui entre en fureur, est dangereux à cause de sa grande énergie
musculaire; il commence à mordre des objets inanimés, sa mangeoire,
son râtelier, son attache; il est irrité par le voisinage d'un autre animal et s'élance vers lui pour l'attaquer, le frapper ou le mordre; il
lance parfois soudainement des ruades sans provocation. Il est mis tout
à fait en fureur par la vue d'un chien; il s'élance contre lui, le saisit s'il
le peut et le déchire ou le broie à coups de mâchoires; il s'exalte aux
cris poussés par sa victime et s'acharne même après son cadavre, qu'il
continue à broyer et à déchirer. L'homme, qui a l'habitude de le soi-

gner et qui ne l'a pas maltraité, est encore épargné même durant les paroxysmes pendant lesquels la fureur est si marquée. Mais le malade attaque les personnes étrangères et celles qui l'ont jadis maltraité: il les attaque avec ses membres et avec ses dents; il ouvre la bouche pour les mordre ; il les frappe de ses membres antérieurs qu'il lance en avant.

Dans cette période de la rage, de même que dans la phase du début, le cheval n'est pas hydrophobe; cependant le bruit de l'eau, qu'on agite ou qu'on fait couler près de lui, l'irrite et le met en fureur. Ne pouvant assouvir leur rage contre d'autres animaux, dont on a soin de les tenir éloignés, les malades tournent leur fureur contre eux-mêmes et contre les objets inanimés, qui sont à leur portée ; ils se mordent, se déchirent et s'arrachent parfois des lambeaux de chair. Ils mordent avec une violence excessive les objets les plus résistants, au point d'y briser parfois leurs dents et leurs mâchoires.

La respiration s'accélère, devient bruyante, ronflante. Les crottins sont secs, les urines foncées, la miction douloureuse. Les muqueuses se congestionnent. La moiteur et puis des sueurs apparaissent. Les pupilles se dilatent ; les yeux sont fulgurants et pirouettent dans l'orbite. Les lèvres rétractées laissent voir les incisives ; la bouche reste par moments béante; une bave écumeuse et parfois sanguinolente s'en échappe, mais ce symptôme peut faire défaut ; la voix devient de plus en plus rauque et voilée; le malade fait entendre quelquefois des plaintes, des cris de détresse, tantôt aigus, tantôt rauques et voilés.

La durée des paroxysmes est variable suivant les cas et suivant les excitations extérieures auxquelles sont condamnés les malades. Pendant les moments de rémission un calme relatif se produit. Ordinairement, surtout quand le cheval enragé est soumis à des excitations répétées, les accès sont d'abord de plus en plus fréquents et la propension à attaquer, à mordre, à se déchirer, est de plus en plus marquée ; mais celui qui est préservé des excitations extérieures offre des accès moins violents et des rémissions, pendant lesquelles il est calme et docile envers ses amis. Quelques rares chevaux restent absolument calmes et inoffensifs, et n'offrent qu'un délire tranquille, sans manifestations agressives d'aucune sorte; on constate chez eux des hallucinations, du coma, de l'hébétude, la raideur ou l'hyperesthésie du rein, de la tristesse, de l'abattement, de l'indifférence, de la prostration, de la faiblesse, de la paralysie, etc. On a vu la rage débuter par la paralysie, ou la boiterie d'abord et la paralysie ensuite du membre mordu, pour se continuer par la paraplégie, par des envies de mordre, par des alternatives de coma et d'agitation, etc.

Quelle que soit d'ailleurs la forme de la rage à cette seconde période, la faiblesse et la paralysie se montrent vite. Les animaux dépérissent rapidement et s'affaiblissent en quelques heures. Ils présentent en-

core des paroxysmes, mais ces accès deviennent plus courts et plus
rares. La paralysie du train postérieur se déclare ; la station devient
difficile ; le décubitus est presque constant ; le relever, d'abord difficile, finit par être bientôt impossible. La sueur inonde le corps. Les
paupières se tuméfient par suite des contusions que le malade se fait ;
les yeux s'altèrent, la pupille reste dilatée, la cornée devient opaque
ou même s'ulcère. Dans cet état d'épuisement le cheval enragé éprouve
encore l'envie de mordre ; il s'attaque aux objets qui se trouvent à sa
portée ; il relève la tête pour essayer de mordre ce qu'on lui présente,
et il se mord par moments les membres antérieurs. La paralysie ne
tarde pas à se généraliser ; elle envahit progressivement le train postérieur et le train antérieur. La mort arrive dans des accès convulsifs ; en
deux, trois, quatre jours ordinairement, cinq, six jours par exception,
la rage des solipèdes accomplit son entière évolution et amène la
mort.

SYMPTOMES DE LA RAGE DES BÊTES BOVINES.

La rage des bêtes bovines affecte des formes diverses : tantôt elle
s'accompagne de manifestations agressives plus ou moins accusées ;
tantôt elle laisse les malades tranquilles ; quelquefois même elle est
promptement accompagnée de paralysie. Les symptômes initiaux sont
plus ou moins prononcés d'ailleurs, suivant la forme que doit revêtir
ensuite la maladie. Au début on constate toujours chez la vache une
diminution notable de la sécrétion lactée, qui néanmoins dans beaucoup
de cas de rage persiste dans une certaine mesure pendant les premières
phases de la maladie. Il y a souvent hyperesthésie dorso-lombaire et
quelquefois hyperesthésie dans d'autres régions, accélération de la respiration et de la circulation, élévation de la température ; mais ensuite
tout cela change. Quelquefois il se déclare un prurit plus ou moins
intense dans la région de la morsure ou dans d'autres parties ; on voit
alors les animaux se lécher avec persistance aux points prurigineux,
jusqu'à transformer en plaies certaines places par suite de la destruction progressive du derme. On a eu constaté d'ailleurs (Ladague) une
boiterie de plus en plus manifeste du membre mordu. Le poil se pique
et est moins luisant. On observe dans certains cas des tremblements
généraux.

Les malades mangent encore et ruminent par moments ; la défécation et la miction sont d'abord peu modifiées ; mais ordinairement l'appétit diminue, puis disparaît, rarement il se déprave, rarement
il y a ingestion de corps étrangers à l'alimentation ; la rumination cesse
bientôt également. La soif persiste ; il n'y a pas hydrophobie ; les malades recherchent l'eau, y plongent le nez, boivent et déglutissent ou
essayent de boire et de déglutir, agitent l'eau avec leurs lèvres. Parfois le bruit de l'eau qu'on agite provoque des contractions spasmo-

diques de l'encolure, et une sorte d'effroi, qui porte l'animal à faire un mouvement en arrière. Quelquefois on constate, dès le début, de légères coliques, les animaux se couchent et se relèvent fréquemment. Souvent on observe des symptômes pharyngiens : l'hyperesthésie de la région des parotides ; la sensibilité exagérée de la gorge ; la difficulté et puis l'impossibilité de la déglutition ; le retour par le nez de l'eau ingurgitée ; l'agitation de la langue et des lèvres ; la présence d'une bave abondante et mousseuse, qui s'échappe de la bouche et s'étale sur les lèvres.

Certains animaux deviennent plus affectueux, recherchent les caresses, et lèchent les mains des personnes qui les approchent ; d'autres restent abattus, tristes, et tombent bientôt paralysés. Le plus souvent on constate, au début, de l'inquiétude, de l'exaltation des sens, de l'excitation, de l'agitation, de l'irritabilité ; les animaux portent la tête haute, se livrent à des mouvements insolites, font des gestes et prennent des attitudes qui annoncent chez eux des hallucinations ; ils vont et viennent, regardent en tous sens, donnent des coups de tête et des ruades contre des objets imaginaires, se mettent à courir comme s'ils se croyaient poursuivis, puis font volte-face après s'être arrêtés brusquement, baissent la tête, présentent les cornes, grattent le sol, frappent des pieds de devant, mugissent, marchent à la rencontre d'un ennemi imaginaire. Les yeux deviennent alors plus saillants et plus brillants, plus vifs, plus animés et plus menaçants : la conjonctive est plus rosée, plus foncée, infiltrée, larmoyante ; les pupilles sont dilatées et les paupières rétractées ; le regard devient fixe, sauvage, féroce, puis morne ; il se rallume à la moindre excitation, ou simplement sous l'influence d'une hallucination nouvelle.

On remarque souvent des excitations génésiques ; le taureau entre en érection, mugit, se dresse sur les membres postérieurs ; la vache flaire et lèche ses compagnes, leur monte dessus comme si elle était en chaleur. On a vu des vaches avorter à la fin de la période d'incubation ou pendant la maladie.

Il se produit très souvent, chez les bêtes bovines enragées, des symptômes du côté de l'appareil digestif : le mufle se dessèche ; la muqueuse buccale se congestionne et devient de plus en plus foncée ; il y a parfois des grincements des dents, des bâillements. La constipation est fréquente au début, la défécation plus rare, plus difficile ; beaucoup de malades éprouvent du ténesme, des contractions spasmodiques des muscles abdominaux, et se livrent à de fréquents efforts d'expulsion, qui restent souvent sans effet ou qui amènent parfois le rejet de gaz et de matières brunâtres, d'abord fermes, dures, couvertes de mucus brun-jaunâtre, sanguinolentes, ensuite ramollies ou liquides et consistant plutôt en mucosités mousseuses. Il y a quelquefois des douleurs abdominales intenses ; les animaux s'agitent, se couchent, se relèvent, grattent le sol, rassemblent les membres, se voussent et se livrent à de nouveaux et violents efforts d'expulsion. Les troubles intestinaux, accompagnés de faiblessse très marquée dans le train postérieur, ont été relatés par plusieurs vétérinaires comme constituant souvent « un symptôme dominant dans la rage des bêtes bovines. »

Le plus ordinairement les malades font entendre des beuglements insolites, surtout quand ils sont excités ou hallucinés. Ces beuglements sont répétés un certain nombre de fois ; ils sont sonores, rauques, forts, sinistres et terrifiants.

L'agitation et l'irritabilité, qui font défaut chez quelques malades, et qui se montrent à des degrés divers chez les autres, sont d'autant plus accusées que les animaux doivent devenir plus furieux et plus agressifs. Les malades, même ceux qui ne doivent pas devenir agressifs contre l'homme, sont néanmoins souvent irritables à la vue d'un chien, à la vue d'un autre animal et même à l'aspect d'une poule ; ils entrent en fureur, fondent sur l'animal, dont la présence les irrite, l'attaquent des pieds et de la tête, et ouvrent parfois la bouche pour essayer de le mordre ; souvent aussi ils sont effrayés à la vue du chien, cherchent à fuir et poussent des beuglements rauques. Ceux qui doivent devenir réellement furieux et véritablement agressifs ont une physionomie plus égarée et plus sauvage, l'œil plus fulgurant, la bave plus abondante, les beuglements plus fréquents et plus retentissants. Ils sont irrités par la moindre excitation, par le moindre bruit, par la lumière, par le son de la voix, par les menaces, par la présence du chien, des autres animaux ou des personnes. Au pâturage ils s'isolent d'abord et sont quelque temps occupés ou dominés par leurs hallucinations ; ils poursuivent et attaquent des objets imaginaires ; puis ils se tournent contre les animaux de leur espèce, contre les moutons, contre les chiens, contre l'homme même, qu'ils attaquent avec leurs pieds et avec leurs cornes, qu'ils renversent et qu'ils cherchent parfois mais rarement à mordre. Enfermés, ils deviennent agressifs dès qu'on les approche, dès qu'ils aperçoivent un animal, dès qu'ils sont tracassés, surexcités, et même sans aucune excitation extérieure ; ils beuglent, ils grattent le sol, ils s'élancent, ils frappent de la tête contre les objets qui les arrêtent, et se brisent quelquefois les cornes contre les murs ou contre les obstacles qui leur résistent ; ils mordent leur mangeoire, leur râtelier, leur attache et se mordent eux-mêmes. Ordinairement cependant les bêtes bovines enragées mordent peu ; et, bien qu'on ait signalé, comme ayant eu lieu, la transmission de la rage à l'homme par la morsure directe du bœuf, le principal danger pour les personnes réside dans l'exploration de la bouche avec la main déjà excoriée ou qui se blesse pendant l'opération. Certains malades présentent des signes de vertige, poussent au mur, se cabrent, montent dans leur mangeoire et peuvent se renverser.

Ordinairement les accès d'agitation ou de fureur sont séparés par

des moments de rémission, pendant lesquels les malades deviennent
somnolents, hébétés, indifférents, sont frappés de stupeur et restent
plongés dans un coma plus ou moins profond; il y a, en un mot, alter-
native d'agitation et de coma, mais il est facile de les faire sortir de cet
état particulier et de provoquer un nouveau paroxysme en les excitant par le bruit, par un rayon de lumière, par la vue d'un chien ou
d'un autre animal. D'ailleurs le réveil arrive subitement à défaut de
toute excitation extérieure. Les animaux redeviennent furieux et
agressifs par moments; ils s'agitent, s'animent, prennent un regard
menaçant, piétinent, agitent la queue, grattent le sol, beuglent, se
mettent dans l'attitude du combat, bavent, ruent, frappent de la tête,
essayent de mordre, s'attaquent aux objets inanimés, aux animaux, aux
personnes. Les beuglements deviennent de plus en plus rauques, cassés,
et vont en s'affaiblissant. En les faisant entendre, le malade rapproche
les quatre membres, vousse le dos, baisse l'encolure, relève la tête, tire
la langue, écume.

Bientôt la sensibilité s'émousse, la colonne vertébrale et la région
mordue deviennent insensibles, l'animal ne sent plus les coups qu'on
lui porte; la respiration et la circulation se ralentissent, la température
baisse. L'amaigrissement se produit très vite; la sécrétion lactée se
tarit plus ou moins complètement; l'appétit est perdu, la faiblesse et
ensuite la paralysie ne tardent pas à se montrer, il y a bientôt de la
raideur dans le train postérieur. La démarche, d'abord raide et automatique, devient chancelante, titubante; la station est pénible, difficile;
les membres fléchissent sous le poids du corps; les malades font des
chutes et se relèvent brusquement; des contractions se produisent dans
certaines régions musculaires. L'insensibilité, la faiblesse, la paralysie,
l'épuisement vont en progressant; la paralysie débute ordinairement
par le train postérieur et se généralise vite; le relever devient difficile,
impossible; le malade, étendu sur le sol, fait encore des efforts pour
se remettre sur les membres, mais il ne peut plus y parvenir; il agite
la tête, l'encolure, les membres antérieurs et contribue ainsi à hâter
l'épuisement que la maladie entraîne. A ce moment les yeux sont enfoncés, le regard sans expression, la voix d'abord affaiblie et ensuite
éteinte, la bave mousseuse et abondante. Les beuglements deviennent
rares, puis cessent; les yeux pirouettent, la conjonctive est infiltrée,
larmoyante, chassieuse; des tremblements convulsifs agitent le corps;
des coliques et quelquefois des vomissements se produisent; les excréments sont ramollis, noirâtres, brunâtres, mousseux, mêlés de mucosités; les urines sont fétides et parfois teintées de sang. L'épuisement
arrive promptement à ses derniers degrés, et la mort vient vite mettre
un terme aux souffrances du malade; elle survient avec ou sans agitation, avec ou sans convulsions, avec ou sans tétanisation.

Quelquefois la rage entraîne dès le début la paralysie soit du train postérieur, soit du membre mordu, soit de toute autre région, et s'accuse seulement par les symptômes suivants : diminution de la sécrétion lactée, inappétence, irrumination, troubles digestifs, paresse, propension au décubitus, faiblesse générale, coma, paralysie promptement généralisée, excitation faible ou nulle à la vue d'un chien, voix affaiblie et rauque, beuglements rares ou mutisme, déglutition impossible, etc...

Il y a d'ailleurs une très grande variabilité dans l'expression et dans la marche de la maladie. La salivation peut se montrer au début, ou apparaître plus tard, ou faire défaut. La paralysie ne s'observe pas, quand, la mort arrivant pendant un paroxysme, elle n'a pas eu le temps de se produire. L'excitabilité est variable ainsi que la fureur ; certains malades sont agressifs pour tous les animaux et même pour l'homme ; d'autres ne sont excitables et ne deviennent agressifs que contre le chien ; d'autres enfin, absolument inoffensifs, ne sont même pas excitables par la présence du chien. Dans certains cas la fureur se déclare sur des malades qui semblaient d'abord peu excitables et peu agités. Les beuglements peuvent faire défaut, se montrer dès le début, ou seulement vers la fin avec ou sans excitation provocatrice. Quoi qu'il en soit de l'excessive variété de l'expression de la rage des bêtes bovines, il demeure établi que, dans la majorité des cas, ces animaux ne s'attaquent pas à l'homme et qu'ils mordent plus rarement encore.

On a eu observé (Ladague) une véritable intermittence dans la manifestation des symptômes : sur 27 animaux devenus enragés dans un troupeau de 80 têtes à la suite de morsures faites par un chien, on constata une intermittence de 36 jours chez un malade et de 27 jours chez un autre, durant laquelle ils recouvrèrent tous les signes de la santé après avoir présenté pendant deux ou trois jours des symptômes de la maladie, puis ils rechutèrent et succombèrent tous les deux. De pareilles intermitences ont été signalées d'autre part.

Les malades sont emportés du premier au septième, huitième, neuvième jour ; ordinairement ils meurent en trois, quatre, cinq jours ou même plus promptement.

SYMPTÔMES DE LA RAGE DES PETITS RUMINANTS.

La rage des petits ruminants, du mouton et de la chèvre, se caractérise, à peu de choses près, comme celle des animaux bovins ; elle est furieuse ou paralytique. Au début on constate souvent, ainsi que je l'ai remarqué sur les moutons et les chèvres mordus ou inoculés, un prurit plus ou moins intense au point de la morsure ou de l'inoculation, et quelquefois une démangeaison irradiant sur une étendue considérable. Les autres symptômes du début sont les suivants : une agitation insolite, une physionomie étrange, des hallucinations, des modifications fonctionnelles, etc. Les malades sont inquiets ; ils portent la tête haute et l'agitent en signe d'impatience, ils grimacent, ils frappent et grattent le sol avec leurs pieds antérieurs, ils cessent bientôt de manger et de ruminer. Les paupières s'écartent ; la pupille se dilate ; l'œil devient plus luisant et laisse échapper des reflets insolites; la physionnomie prend un air de sauvagerie inaccoutumé. Les désirs vénériens s'exaltent, les malades flairent, lèchent leurs compagnons, et cherchent à leur monter dessus. Bientôt le délire et les hallucinations se traduisent par des attitudes défensives et offensives que prennent les animaux; on les voit en effet se mettre soudainement en garde contre un ennemi imaginaire, gratter le sol, baisser la tête, se précipiter en avant, frapper du front et des cornes dans le vide ou contre les objets placés devant eux. L'œil s'injecte, la conjonctive se congestionne, le regard devient fixe. Les sécrétions nasales augmentent. Les malades s'agitent, vont et viennent, s'ébrouent, mâchonnent, grincent des dents, piétinent, font entendre des bêlements insolites.

On constate des alternatives d'agitation et de calme, de délire et de somnolence: après un accès survient une intermittence pendant laquelle les animaux deviennent calmes, portent la tête basse, restent immobiles et comme plongés dans le coma ; puis, brusquement, avec ou sans excitation provocatrice, ils redeviennent agités, reprennent des attitudes de défense ou d'attaque, s'élancent contre des ennemis imaginaires et retombent encore dans le coma.

Au milieu du troupeau, soit dans la bergerie, soit aux pâturages, les manifestations sont plus accusées, parce que les causes d'excitation sont plus nombreuses. L'agitation et l'excitabilité vont croissant; les malades deviennent agressifs; ils se livrent à des mouvements désordonnés, font des sauts et des bonds inaccoutumés et attaquent leurs compagnons. Ils deviennent souvent furieux à la vue d'un chien et le poursuivent; ils donnent des coups de tête et des coups de cornes aux animaux, aux personnes et aux objets qu'on leur présente ou qui sont à leur portée. Certains cherchent même à mordre; cette propension semble d'ailleurs plus fréquente chez la chèvre que chez le mouton. Ils mordent les animaux, les personnes, les objets inanimés; ils s'acharnent quelquefois après les objets qu'on leur présente.

L'appétit se déprave parfois, et il y a ingestion de corps étrangers à l'alimentation. La soif persiste ; il n'y a pas hydrophobie. La gorge devient sensible et la déglutition difficile ou impossible. La muqueuse buccale se congestionne, et il y a souvent hypersalivation, écoulement de bave, flux nasal. La voix se modifie. Le plus souvent les malades restent silencieux ; quelquefois ils poussent, même dès le début, des bêlements plaintifs, rauques et entrecoupés. L'amaigrissement, la faiblesse et la paralysie se produisent rapidement. Les animaux restent bientôt couchés la majeure partie du temps; la station debout est difficile, les membres fléchissent; la démarche est vacillante; la paralysie envahit le train postérieur et se généralise vite; des tremblements, des convulsions agitent le corps ; la mort arrive en deux, trois, quatre, cinq, six, sept, huit jours, exceptionnellement en dix, douze, treize jours. J'ai vu la chèvre enragée vivre douze jours et le mouton dix jours.

Voici, à titre de document, une observation empruntée à mon registre d'expériences :

Une brebis, inoculée par injection dans la région parotidienne, est devenue enragée au bout de dix-huit jours. Les premiers signes visibles ont été les suivants : la bête s'est montrée inquiète et essoufflée; elle léchait activement un agneau qui vivait avec elle, et elle sortait fréquemment la langue; elle ne mangeait pas avec les autres; elle flairait ses compagnes comme un bélier qui sollicite sa femelle; elle mâchonnait et grinçait des dents et elle avait de la diarrhée. Après avoir présenté ces signes pendant une journée et demie, en même temps qu'elle se livrait à des efforts expulsifs, elle accoucha d'un agneau bien portant, le lécha et lui donna à téter ; mais, comme elle avait fort peu de lait, on le sépara de sa mère pour le faire élever artificiellement. Dès cet instant l'état de la malade empira; elle ne tarda pas à se livrer à des mouvements désordonnés et à devenir agressive ; elle piétinait, frappait du pied et donnait de la tête; elle poussait des bêlements plaintifs, bavait, écumait, flairait le sol et les murs, s'agitait et se déplaçait constamment sans jamais se coucher. Sa démarche devint raide et les jointures se fléchissaient brusquement quand elle se déplaçait; la respiration était bruyante et accélérée, le faciès grimaçant, la lèvre supérieure animée de mouvements spasmodiques, les yeux démesurément ouverts et brillants, la physionomie d'un aspect sauvage, les naseaux souillés d'un écoulement séreux et les commissures des lèvres d'une bave filante. Le bêlement devenait de plus en plus rauque, fêlé, sourd et étouffé; la malade était très excitable ; quand on l'agaçait du geste ou de la voix, quand on lui présentait un objet ou un animal, elle prenait de suite une attitude particulière, se mettait en garde, restait un instant immobile, campée, le regard fixé sur l'individu, puis se mettait à trépigner, à frapper des pieds de devant, à bondir sur place pour retomber sur ses membres rigides comme des piquets, ou à s'élancer et à donner de violents coups de tête à la grille qui l'arrêtait. Après un pareil accès elle se retirait vers le milieu de sa loge, tenant la tête haute, les yeux grands ouverts, le regard égaré et hébété, restait un instant dans cet état, puis baissait la tête, flairait sa litière et redevenait calme pour un moment. Elle se livrait à de nouveaux accès analogues toutes les fois qu'on l'excitait; elle ne cherchait pas à mordre. Elle léchait fréquemment un agneau de trois mois qu'on avait mis dans sa loge, elle le léchait à la tête, aux oreilles, aux organes génitaux, puis elle le frappait à coups de tête, le terrassait et continuait à s'acharner après lui dans cette posture; elle s'acharnait de même après les objets qu'on lui mettait devant. Pendant plusieurs jours on assista au même spectacle; peu à peu cependant les bêlements devinrent plus rares, le faciès plus hébété, les yeux moins brillants; les dents se serraient et claquaient par intervalles, la bête prenait des brins de litière qu'elle conservait entre ses dents; on entendait des reniflements, des ébrouements ; la respiration s'accéléra de plus en plus, devint soubresautante, ébranlant tout le corps. Ensuite les mouvements devenaient plus lents et moins brusques; par moments la malade semblait chercher quelque chose dans l'air; les flancs se creusaient et la faiblesse survenait. Alors la bête se couchait; mais elle entrait dans un accès, quand on ouvrait la porte de sa loge;

elle se levait, s'agitait, donnait des coups de tète et essayait de mordre. Les yeux étaient vivement injectés, la cornée devenait terne, il se produisait du larmoiement; la faiblesse s'accusait de plus en plus, mais la fureur persistait. La bête mourut après dix jours de maladie, sans avoir mangé ni bu pendant tout ce temps.

Une autre brebis devenue enragée dans des conditions analogues présenta une notable accélération de la respiration dix jours avant d'offrir les signes de la maladie; elle eut de la diarrhée, elle s'accoucha normalement d'un bel agneau le troisième jour de sa pleine rage ; elle lécha et fit téter son petit ; elle dévora son délivre et présenta une surexcitation génésique très accusée.

Des agneaux de 2-3-4 mois, rendus malades expérimentalement, nous ont présenté des formes diverses, des formes agitées et furieuses, des formes comateuses, choréiques, paralytiques, des formes mixtes ; chez eux la maladie a évolué plus rapidement ; en 1-2-3-4 jours les malades succombaient paralysés, asphyxiés, etc.

La rage des petits ruminants débute d'ailleurs quelquefois par la paralysie, même chez les adultes ; les malades restent alors étendus sur le sol, s'agitent sans pouvoir se relever et s'épuisent rapidement.

La rage a été observée plus d'une fois, en Algérie, sur des chameaux, à la suite de morsures de chiens ou de chacals enragés, après une incubation de vingt à vingt-cinq jours. La maladie se caractérisait par le tremblement et la paralysie des membres postérieurs; elle durait depuis un jour, un jour et demi à dix jours, et se terminait toujours par la mort. Certains malades rejetaient de la bave ; et on a cru que cette bave, laissée par les animaux enragés sur les herbes des pâturages, avait transmis la maladie à d'autres chameaux qui étaient venus les brouter. On a eu interdit pendant trois mois les pâturages où avaient séjourné des malades. Les chameaux enragés ne cherchaient pas à mordre et se montraient peu agressifs contre leurs congénères ; à l'approche de la mort, les propriétaires les égorgaient parfois pour manger leur chair.

En Angleterre on a également observé à des reprises différentes la rage sur les daims. En 1795 on avait signalé une épizootie pendant laquelle les malades étaient étourdis, hébétés, tournaient, etc. ; une épizootie pareille avait sévi en 1798 ; une autre en 1872, et encore une nouvelle en 1880, pendant laquelle on avait remarqué de la fureur, des mouvements agressifs, l'envie de mordre, etc. Il s'agissait vraisemblablement de la rage, bien que la nature de la maladie n'eût pas été soupçonnée. Une nouvelle épizootie a sévi en 1886-87 sur les daims du parc de Richmond ; et cette fois il a été établi, par l'inoculation de la moelle des malades, qu'il s'agissait bien de la rage.

« Au début de la maladie, les animaux portent la tête en arrière sur les épaules, le museau en l'air ; ils ont des tressaillements subits et partent au galop droit devant eux. Bientôt ils s'élancent contre leurs compagnons, se jetant tête baissée sur les poteaux, les arbres et les obstacles qu'ils voient et avec tant de violence qu'ils brisent leurs cornes et s'arrachent des lambeaux de peau. De timides qu'ils sont d'ordinaire, ils deviennent agressifs et mettent le désordre dans le troupeau. Séparés et enfermés dans un endroit clos, ils se précipitent sur les objets et les personnes qui se présentent. A cette période de la maladie, on voit des faons poursuivre audacieusement et mordre de vieux daims. Après quelques jours, des animaux meurent dans une crise ou après avoir montré de la paralysie des membres. Un daim enragé fut isolé et enfermé avec un animal sain; le daim enragé s'élança comme un chien furieux sur son compagnon et le mordit aux oreilles et au cou. Le daim mordu fut isolé et conservé; dix-neuf jours après, il présentait les symptômes caractéristiques de la rage. » Les pâturages occupés par les malades n'ont pas transmis la rage aux animaux sains qu'on y a placés.

Une épizootie de rage a encore sévi sur les daims en Angleterre dans le courant de l'année 1889. La maladie durait deux, trois, quatre jours, après avoir incubé quatorze, dix-neuf jours et plus; elle se montrait tantôt sous la forme furieuse et tantôt avec la forme paralytique; elle se traduisait par de l'excitation, par des mouvements désordonnés et agressifs, par de la faiblesse, des paralysies, etc.

SYMPTÔMES DE LA RAGE DU PORC.

La partie mordue devient ordinairement prurigineuse, et le malade la frotte, la gratte ou la mord, au point de rouvrir la plaie cicatrisée. Le porc enragé devient sauvage, inquiet, peureux. La pupille se dilate; l'œil devient fulgurant, le regard fixe, la physionomie étrange. Le malade est en proie à une agitation extrême; il se livre à des mouvements insolites plus ou moins violents, il se déplace souvent, il bondit, il pousse au mur, il tourne sur lui-même, il fouille sa litière et s'en recouvre, il éprouve du délire, des hallucinations et se livre à des mouvements sans cause apparente. La voix s'altère, devient rauque; le porc enragé reste parfois muet, mais le plus souvent il fait entendre des grognements fréquents, des cris aigus et plaintifs. On observe parfois des tremblements et une très grande impressionnabilité au bruit, à la lumière, aux attouchements, qui provoquent chez le malade des cris, des convulsions, des mouvements désordonnés. La soif est conservée et l'hydrophobie n'existe pas. L'appétit se déprave; les malades refusent leur nourriture et ingèrent des corps étrangers à leur alimentation. La déglutition devient difficile et impossible ensuite; une bave abondante s'échappe parfois de la bouche. La tête et les mâchoires sont animées de mouvements convulsifs. L'envie de mordre les objets inanimés, les animaux et les personnes, est également un des caractères de la rage du porc, qui le plus souvent néanmoins demeure inoffensif, mais qui s'attaque parfois aux autres animaux et à l'homme. Le sentiment maternel persiste chez la truie, qui, si elle mord et dévore quelquefois ses petits. pendant un accès de fureur, les allaite et les caresse pendant les rémissions. L'amaigrissement, la faiblesse, l'épuisement et la paralysie se produisent vite; et la mort arrive ordinairement le second, le troisième ou le quatrième jour, après l'apparition des premiers symptômes. Quelquefois on observe, presque dès le début, de la torpeur, la faiblesse d'une région, du train postérieur, et bientôt une véritable paralysie avec embarras de la respiration.

SYMPTÔMES DE LA RAGE DU LAPIN.

« La rage du lapin, presque toujours expérimentale, est connue depuis peu. C'est à M. Galtier, de l'École vétérinaire de Lyon que revient le mérite d'avoir démontré l'inoculabilité de la rage au lapin et d'avoir fait connaître, le premier et de la façon la plus complète, les symptômes tout à fait spéciaux de l'affection. »

« Cette découverte devait avoir les conséquences les plus heureuses : elle rendait plus faciles et moins dangereuses les recherches sur la maladie et elle permettait à M. Pasteur et à ses élèves d'entreprendre l'étude de la rage et d'aboutir en quelques années aux merveilleux résultats que l'on sait. » (Nocard.)

C'est en 1879 (Acad. des Siences, séance du 25 août) que je publiai les résultats de mes premières études sur la rage et que je fis connaître les caractères de la maladie sur le lapin. Je démontrai « le premier que le lapin est pour la rage un réactif aussi sûr, aussi constamment fidèle que le chien ». J'appris le premier « à reconnaître sûrement la rage du lapin à un ensemble de symptômes » qui n'avaient point été décrits jusque-là. Je montrai « le premier que la rage se développait beaucoup plus rapidement chez le lapin que chez le chien. Toutes ces notions, jusqu'alors ignorées, ont rendu infiniment plus faciles et moins dangeureuses les recherches expérimentales sur cette terrible maladie. » (Nocard.) Voici d'ailleurs comment je rendais compte de mes recherches dans ma communication à l'Académie des Sciences le 25 août 1879 :

Dès le début de mes recherches, j'ai voulu étudier la rage du Lapin. Plusieurs raisons m'ont porté à faire tout d'abord cette étude; il me fallait, pour mes inoculations de virus rabique, un animal autre que le chien, moins dangereux et plus facile à manier, un animal peu coûteux et de plus facile entretien que le mouton par exemple. Mon choix devait donc naturellement se porter sur le lapin; et comme on ne possède que des notions vagues, incomplètes et inexactes sur la rage de cet animal, je devais étudier la maladie chez lui au point de vue de la symptomatologie, de l'étiologie et de l'anatomie pathologique. Je dis qu'on ne possède actuellement que des notions vagues, incomplètes et inexactes sur la rage du lapin, et la démonstration de ce que j'avance ressortira naturellement de l'exposition du résultat de mes expériences, et de la comparaison de ce résultat avec les données que les auteurs nous fournissent. Il me fallait donc dissiper certaines erreurs et combler certaines lacunes; c'est ce que j'ai essayé de faire et ce à quoi je pense avoir réussi. On avait dit : « les lapins contractent peut-être la rage, mais ils meurent subitement, avant qu'on ait pu observer aucun symptôme », et j'en ai conservé avec la maladie parfaitement caractérisée pendant douze heures, pendant un jour, pendant deux, trois et même quatre jours. J'ai déterminé, par de nombreuses expériences, la durée de la période d'incubation, qui est relativement courte chez le lapin inoculé de la rage, et contribue ainsi beaucoup à faire de cet animal un réactif précieux pour vérifier l'état de virulence ou de non virulence des divers liquides organiques provenant d'animaux enragés. J'ai étudié d'une façon assez complète la rage du lapin, tout en cherchant à éclaircir d'autres points plus intéressants et plus ou moins obscurs jusqu'ici dans l'étiologie de cette maladie considérée chez les diverses espèces animales domestiques.

Le lapin, chez lequel la rage se développe, se montre d'abord triste et abattu, souvent somnolent, quelquefois agité et s'effrayant au moindre bruit ou lorsqu'un objet ou un individu quelconque vient à frapper soudainement sa vue. Dès le début on constate une faiblesse très marquée, qui est quelquefois localisée à certaines régions telles que les reins, les membres postérieurs, les membres antérieurs et même la région cervicale. D'autres fois la faiblesse se remarque dans plusieurs régions; et dans tous les cas elle se généralise très rapidement pour faire place à la paralysie. Les mouvements sont gênés, difficiles, irréguliers, saccadés, mal assurés et deviennent promptement impossibles. On voit alors des animaux qui, ayant déjà la partie postérieure du corps paralysée, conservent pendant quelques instants encore l'usage des membres antérieurs et peuvent se mouvoir, les membres de devant fonctionnant seuls et entraînant le déplacement de la partie postérieure devenue inerte. La paralysie, qui arrive pour ainsi dire subitement, ou qui succède au bout de très peu de temps à la faiblesse du début, commence ordinairement dans la région des reins et dans les membres postérieurs; puis elle se prononce de plus en plus et envahit progressivement le tronc, les membres antérieurs, la région cervicale et les masséters, lorsque la maladie arrive à son apogée. Quelquefois la paralysie débute par les parties antérieures et gagne ensuite les parties postérieures; d'autres fois la faiblesse et la paralysie sont d'abord unilatérales et se généralisent rapidement. L'animal paralysé reste étendu sur le côté ou en position sternale; la colonne vertébrale est parfois voussée en contre-bas et la tête est tantôt déviée à droite ou à gauche, tantôt portée dans une extension exagérée ou fortement infléchie.

On constate très souvent, pour ne pas dire toujours ou presque toujours, surtout après quelques heures de maladie, des contractions brus-

ques, convulsives et fréquentes des muscles des membres, du tronc, de la région cervicale, et des muscles des mâchoires. La tête éprouve parfois des mouvements d'oscillation dans le sens de l'extension et de l'inflexion. On observe quelquefois un mâchonnement continuel; d'autres fois les mâchoires sont animées de mouvements rhythmés d'écartement et de rapprochement incomplets, qui se produisent par accès et en même temps que les mouvements convulsifs des autres régions.

La sensibilité générale, peu modifiée en apparence dans le principe, est plus tard considérablement émoussée et souvent presque tout à fait abolie. Il devient en effet impossible, à un moment donné, de déterminer soit un cri, soit une réaction quelconque, en piquant profondément le malade, en pratiquant des injections hypodermiques avec des substances irritantes, en faisant des incisions à la peau et des entailles aux oreilles. La sensibilité spéciale paraît éprouver à son tour certaines modifications; quelquefois le moindre bruit fatigue le malade et provoque des convulsions. Pourtant il n'est pas rare de voir des animaux, qui paraissent être dans un état à peu près constant de profonde léthargie, surtout dans les dernières heures de la maladie; mais cet état de léthargie est encore interrompu de moment en moment par des accès convulsifs. La vue s'affaiblit et se pervertit peut-être; l'œil devient de moins en moins sensible à la lumière et au contact des corps étrangers, la conjonctive se congestionne; le larmoiement et la chassie se succèdent; les milieux du globe et la cornée se troublent; quelquefois il se produit un commencement d'érosion à la surface de la cornée. Ces modifications ne s'observent bien que sur les individus qui vivent deux, trois, quatre jours après les premières manifestations de la maladie. Il n'est pas rare d'entendre certains malades se plaindre et pousser de temps en temps des cris de détresse. On provoque très facilement ces plaintes et ces cris, soit en déplaçant brusquement le patient, soit en le suspendant par les oreilles ou par les membres postérieurs. Le goût semble perverti, car les malades introduisent parfois dans la bouche et jusque dans le pharynx, l'œsophage et l'estomac, des corps étrangers; certains ont une tendance très évidente à lécher le sol de leur loge, surtout quand il est en dalles ou en briques.

Le lapin enragé ne cherche pas à mordre ordinairement; j'en ai vu cependant un qui témoignait manifestement d'une véritable envie de mordre. La salivation est assez abondante, et la bave s'écoule hors de la bouche ou s'étale sur la lèvre inférieure et sur le menton. La soif et l'appétit ont disparu généralement; en sorte qu'on voit des animaux rester ainsi un, deux, trois, quatre jours sans boire ni manger. Quelquefois le malade essaie de manger ou de boire et boit même pendant les premiers instants de l'affection, mais il arrive un moment où il ne peut plus ni déglutir, ni triturer les aliments, qu'il garde alors dans la bouche; et il n'est pas rare de trouver dans ces cas, en faisant les autopsies, des débris alimentaires égarés dans le larynx et le commencement de la trachée.

La respiration reste calme parfois et d'autres fois est accélérée ; la cir-culation s'accélère aussi et devient irrégulière. Les malades rendent peu de matières fécales, et souvent ils n'urinent pas ou n'urinent qu'aux approches de la mort, en sorte qu'à l'autopsie on trouve la vessie quelquefois vide, mais le plus souvent pleine et distendue.

. . . .

1° La rage du chien est transmissible au lapin, qui devient de la sorte un réactif commode et inoffensif pour déterminer l'état de virulence ou de non virulence des divers liquides provenant d'animaux enragés. Je m'en suis déjà servi à ce titre un grand nombre de fois, pour étudier les différentes salives et beaucoup d'autres liquides pris sur le chien, sur le mouton et sur le lapin enragés.

2° La rage du lapin est transmissible aux animaux de son espèce. Il m'est encore impossible de dire si le virus rabique élaboré par le lapin a la même intensité d'action que celui du chien.

3° Les symptômes qui prédominent chez le lapin enragé sont la paralysie et les convulsions.

4° Le lapin peut vivre de quelques heures à un, deux, trois et même quatre jours après que la maladie s'est manifestement déclarée.

5° Le lapin est non seulement susceptible de contracter la rage et de vivre un certain temps après l'éclosion de la maladie, mais il est constant, d'après toutes mes expériences, que la période d'incubation est plus courte chez lui que chez les autres animaux, ce qui, je le répète, contribue à en faire un réactif précieux pour la détermination de la virulence de tel ou tel liquide.

. . . .

. . . .

J'ai entrepris des expériences en vue de rechercher un agent capable de neutraliser le virus rabique après qu'il a été absorbé et de prévenir ainsi l'apparition de la maladie, parce que, étant persuadé, d'après mes recherches nécroscopiques, que la rage une fois déclarée est et restera longtemps, sinon toujours, incurable à cause des lésions qu'elle détermine dans les centres nerveux, j'ai pensé que la découverte d'un moyen préventif efficace équivaudrait presque à la découverte d'un traitement curatif, surtout si son action était réellement efficace un jour ou deux après la morsure, après l'inoculation du virus.

7° La salive du chien enragé, recueillie sur l'animal vivant et conservée dans l'eau, est encore virulente cinq heures, quatorze heures, vingt-quatre heures après. Ce fait, très important à mon avis, est plein de conséquences et d'enseignements, que tout le monde peut entrevoir et sur lesquels je reviendrai ultérieurement en publiant le résultat d'autres expériences. En attendant n'oublions pas que la salive d'un chien enragé peut conserver sa virulence pendant un certain temps, au moins vingt-quatre heures, lorsque, par exemple, le malade en essayant de boire en a laissé tomber une certaine quantité dans l'eau qui se trouve devant lui. Et surtout gardons-nous de croire à l'adage « morte la bête, mort le venin »; la salive du chien enragé, qui a succombé à la maladie ou qui a été abattu, ne perd pas ses propriétés par le simple refroidissement du cadavre; d'où le conseil pour les personnes, qui feront des autopsies dans ces conditions, de ne jamais perdre de vue les mesures de précaution que commande le danger de l'examen de la cavité buccale et du pharynx.

La rage du lapin affecte donc généralement la forme paralytique d'emblée; ce n'est qu'exceptionnellement qu'elle tient d'abord de la forme furieuse.

Je résume ici à titre d'exemple un cas de rage furieuse pris dans mon registre d'expériences :

Un lapin inoculé le 6 mai 1888, par injection dans le nez avec le virus d'un agneau, devient enragé le 19 du même mois ; il est d'abord agité, la respiration est accélérée; l'œil est plus animé, la pupille plus dilatée; bientôt l'animal se livre à des mouvements insolites et désordonnés, faisant des bonds extraordinaires et maladroits, reculant, tournant en cercle tantôt à droite et tantôt à gauche mais le plus souvent à gauche, portant la tête haute et le nez au vent; il est très excitable au bruit et au toucher; les lèvres sont animées de mouvements convulsifs, et on constate un balancement latéral à peu près constant de la tête. Le moindre attouchement aux oreilles ou ailleurs produit l'effet d'un courant électrique; l'animal réagit brusquement, tourne, recule, avance, cherche à se cacher et va frapper de la tête contre la paroi de sa loge. Après cette excitation, il agite la tête, la porte haut et en avant, à droite et à gauche; son regard est très animé; ensuite il devient calme et affaissé sur ses membres; mais un instant après il s'anime de nouveau, se livre aux mêmes mouvements sur place, tourne, recule, agite la tête, etc. Cet état dure pendant toute la journée ; le lendemain il est plus faible, mais encore très excitable quoique plus calme ; au moindre attouchement sur la colonne vertébrale, il bondit et va butter contre la paroi de sa loge, il recule, tourne sur place, tombe sur le côté et exécute un tour de tonneau pour se remettre ensuite sur ses pattes. Le membre antérieur droit commence à être paralysé; le malade a une physionomie très souffrante; il sort fréquemment la langue; les ailes et le bout du nez sont animés de mouvements convulsifs incessants; la faiblesse envahit tout le train antérieur; l'animal fait encore des bonds, poussé par la détente des membres postérieurs; au repos les membres de devant ne le soutiennent déjà plus, surtout le droit. La faiblesse va croissant. Le 21 la paralysie est complète; l'animal reste étendu, il a uriné et rendu des excréments; les membres postérieurs s'agitent convulsivement dès qu'on les touche ; le membre antérieur gauche est paralysé et insensible, tandis que le droit a conservé un reste de sensibilité et se montre par moments animé d'un mouvement choréique. Des frémissements se produisent dans les muscles des épaules, aux membres postérieurs, aux oreilles ; la tête est renversée en arrière. Le malade reste dans cet état et meurt seulement le 22 à 5 heures du soir.

La forme furieuse, qui se caractérise par de l'agitation, de l'inquiétude, des mouvements désordonnés, une grande excitabilité, des cris et parfois de la tendance à mordre, aboutit plus ou moins tôt à la forme paralytique. On observe aussi des formes mixtes; mais c'est la forme paralytique qui est de beaucoup la plus fréquente. D'ailleurs la rage du lapin, quoique paralytique, donne au chien tantôt la rage furieuse et tantôt la rage paralytique. Toutefois, s'il est vrai que cultivée de lapin à lapin et inoculée par trépanation elle est encore plus constamment paralytique, et si on est arrivé de la sorte à l'Institut Pasteur à cultiver la forme paralytique dont l'incubation est plus courte et l'évolution plus rapide, Helman aurait pourtant obtenu à peu près constamment la forme furieuse chez le lapin, en lui inoculant le virus d'un chien atteint de rage furieuse non mélangée et mort sans avoir eu de la paralysie; il aurait ensuite cultivé de lapin à lapin pendant plus de soixante générations cette forme furieuse, ce qui semblerait impliquer que la qualité du virus aurait quelque influence sur la forme de la maladie et que celui de la rage paralytique se développerait plus rapidement dans les nerfs moteurs, tandis que celui de la rage furieuse se développerait plutôt dans les nerfs sensitifs. Et d'autre part, en se servant de deux nerfs différents d'un même individu pour inoculer des lapins, on a pu donner avec l'un la rage paralytique, avec l'autre la rage furieuse qui a pu être ensuite reproduite de lapin à lapin. (Roux.)

La rage s'annonce chez le lapin inoculé par une élévation de température et par une accélération de la respiration qui se montrent quelque temps avant l'apparition des autres symptômes. Chez le lapin, comme chez le chien, on (Pasteur) a rencontré des cas de «disparition des premiers symptômes rabiques, avec reprise du mal assez longtemps après». On a signalé le cas d'un lapin qui se rétablit après avoir présenté les symptômes de la rage et qui tomba de nouveau paralysé au bout de quarante-trois jours, pour mourir rabique le quarante-sixième jour. Généralement l'évolution de la rage chez le lapin est rapide; les malades meurent en 1-2-3-4-5 jours, le plus souvent en 2 ou 3 jours.

SYMPTÔMES DE LA RAGE DU COBAYE.

La rage du cobaye est caractérisée à peu de choses près comme celle du lapin. On constate ordinairement chez lui les mêmes symptômes que chez le lapin, la paralysie sans manifestations agressives et sans propension à mordre, avec une période d'incubation un peu plus courte. Cependant il résulte de mes recherches que la forme furieuse est un peu plus fréquente que chez le lapin, et que le malade devient plus agressif, quand il offre cette forme de la maladie.

Voici, parmi les nombreux faits que j'ai pu recueillir, le résumé de deux cas de rage furieuse observés sur des cobayes devenus malades à la suite d'inoculations par scarifications sur le front :

1° Un cobaye adulte, devenu enragé le neuvième jour après l'inoculation, témoigne d'une agitation extraordinaire, porte la tête haute et le nez au vent, se livre à des mouvements inaccoutumés, bondit, court devant lui en tenant la tête renversée sur le cou, se heurte contre les objets qui l'environnent, fait des chutes, se roule en tonneau, se relève et repart en sautillant. Les accès alternent avec des moments de prostration, après lesquels il se redresse comme effrayé, poussant des cris plaintifs et grinçant des dents. Il bave et rend des spumosités par le nez ; il a des spasmes, il se frotte la gorge avec les pattes de devant ; il a du prurit sur la tête et une hyperesthésie très manifeste le long de la colonne vertébrale. Il meurt le second jour, sans s'être complètement affaibli, après avoir été secoué pendant quelques instants par de violentes convulsions.

2° Un cobaye, devenu enragé 19 jours après avoir été inoculé par scarifications sur le nez, a présenté les symptômes suivants : vive agitation, exaltation excessive de l'instinct génésique et véritable fureur. L'animal courait constamment après ses congénères et après les lapins vivant avec lui ; il flairait indistinctement les femelles et les mâles aux parties génitales et les y mordait ; il leur montait constamment dessus sans chercher d'ailleurs à s'accoupler ; il cherchait surtout à les mordre principalement à la tête et aux oreilles ; il mordait et rongeait les oreilles des autres cobayes et des lapins ; il s'attaquait indifféremment à ceux qui étaient plus forts que lui et leur inspirait une véritable frayeur. Il était constamment agité, criait, courait, mordait, attaquait sans cesse ; il mordait sur du bois et du linge qu'on lui présentait ; il était d'une agilité extraordinaire ; le bruit et les tracasseries le rendaient encore plus furieux ; il avait perdu tout sentiment de crainte ; il s'arrêtait par moments pour donner un coup de mâchoire à sa nourriture, mais il ne prenait qu'une bouchée et recommençait ses attaques. On mit avec lui dans un compartiment isolé quatre cobayes non inoculés pour s'assurer s'il leur transmettrait la rage par ses morsures ; il les attaqua et les mordit tous plus ou moins, et parmi eux il y en eut plus tard deux qui devinrent enragés. Quand on essayait de l'isoler dans un coin avec une cloison mobile, il criait, se démenait, bondissait en l'air jusqu'à 0^m,40 de haut le long de la cloison, grattait le sol et rongeait la planche. Pendant tout le premier jour, il n'eut pas un moment de repos. Le second jour son état resta absolument le même sans aucune faiblesse apparente. Le troisième jour ce fut encore la même chose jusqu'à quatre heures du soir ; à partir de ce moment il fut plus faible tout en restant aussi furieux ; il avait par moments des étouffements ; il mourut pendant la nuit.

SYMPTÔMES DE LA RAGE DES OISEAUX.

La rage a été quelquefois mais bien rarement observée chez les oiseaux de basse-cour à la suite de morsures faites par des animaux enragés. Renault n'avait pas réussi à transmettre expérimentalement la rage à la poule ; de mon côté je n'ai pas mieux réussi. D'après des recherches récentes (M. Gibier) les oiseaux contracteraient la rage à la suite d'inoculations expérimentales, mais ils en guériraient spontanément. On pourrait cependant surmonter parfois leur résistance par l'abondance du virus inoculé, de même qu'on pourrait les guérir dans certains cas graves par le gavage. Enfin M. Pasteur a également transmis la rage à la poule, et il a constaté chez elle, comme chez le chien et le lapin, des cas de disparition des premiers symptômes rabiques avec réapparition plus tard ; voici du reste comment il s'exprime à cet égard : « Ces faits sont cependant fort rares chez le lapin comme chez le chien, mais nous les avons vus se produire un grand nombre de fois chez les poules ; et, dans cette espèce, la mort peut suivre la reprise du mal ou peut ne pas la suivre et ne pas avoir lieu comme nous en avons signalé un exemple chez le chien... Je ferai observer en passant que la poule qui est prise de rage ne nous a jamais offert des symptômes violents. Ses symptômes se manifestent seulement par de la somnolence, de l'inappétence, de la paralysie des membres et souvent une grande anémie qui se traduit par la décoloration de la crête ». Les symptômes indiqués dans les auteurs diffèrent de ceux observés par M. Pasteur, les oiseaux de basse-cour sont présentés comme devenant furieux et agressifs ; on comprend de la sorte que les expérimentateurs, qui s'attendaient à voir la fureur se déclarer, aient méconnu parfois la rage des oiseaux.

Quoi qu'il en soit, voici en résumé les symptômes qui auraient été observés sur les oiseaux de basse-cour devenus enragés à la suite de morsures faites par des animaux atteints de la maladie : inquiétude, agitation, mouvements étranges, attitudes insolites, plumes hérissées, œil hagard, voix rauque, sauts frénétiques, fuites, mouvements agressifs, propension à attaquer des ongles et du bec leurs semblables, les autres animaux et l'homme même, cris rauques, accès de plus en plus rapprochés, délire, hallucinations, coups de bec dans le vide, poursuite d'objets imaginaires. Bientôt la faiblesse et la paralysie se manifestent, des convulsions se produisent ; les malades restent immobiles les ailes pendantes, se tiennent difficilement debout et se meuvent avec peine, se retirent dans les coins obscurs et y meurent paralysés. Les poules et les pigeons rendus enragés par M. Gibier n'ont présenté que des signes peu accentués de faiblesse musculaire. M. Gibier a d'ailleurs constaté que les oiseaux ne contractent pas deux fois la rage et que cette maladie, en s'acclimatant chez l'oiseau, paraît augmenter de virulence pour celui-ci et s'atténuer pour les mammifères, surtout pour les chiens.

SYMPTÔMES DE LA RAGE CHEZ L'HOMME.

Chez l'homme, comme chez les animaux, la plaie résultant de la morsure inoculatrice n'offre ordinairement rien de particulier dans sa marche ; et les ganglions voisins ne présentent aucune modification appréciable pendant la période d'incubation. D'ailleurs la cautérisation, qui est ordinairement employée, suffirait le plus souvent à dénaturer l'accident local, s'il devait offrir des caractères particuliers. On a cependant signalé quelques cas où la plaie serait devenue ulcéreuse et réfractaire à la cicatrisation, ce qu'explique l'action irritante de la bave inoculée par la morsure; mais c'est principalement la cicatrice, qui offre assez souvent des modifications au début de l'affection. Elle devient douloureuse et prurigineuse au moment où la maladie va se déclarer. La douleur irradie autour de la cicatrice, dans la région qui a été le siège de la morsure, et se fait sentir d'une manière continue ou par intervalles. On a vu la rage débuter par une douleur dans la main, qui avait été mordue; puis la douleur s'étendait dans le bras, ainsi que dans le côté correspondant de la poitrine, et ensuite la main se paralysait. De nombreux médecins ont signalé les phénomènes, qui se produisent dans les plaies ou les cicatrices des morsures rabiques, et qui consistent dans la douleur, la lividité, la turgescence, la consistance indurée de la partie, la réouverture de la plaie, le gonflement et le renversement de ses bords. Certains médecins auraient également vu se former, au siège de la morsure, des vésicules, des phlyctènes, surtout à la suite de plaies légères et superficielles. Il peut arriver qu'aucun signe ne soit fourni par la partie mordue, la douleur, le prurit, les autres modifications surtout, faisant complètement défaut. On a signalé l'apparition de fourmillements dans le membre opposé à celui de la morsure.

On constate, chez l'homme atteint de la rage, des symptômes de même ordre que chez les animaux; et ces symptômes se succèdent avec la même régularité. La maladie se caractérise au début par de la mélancolie; puis surviennent l'excitation, les spasmes, les accès furieux, l'hydrophobie, les émotions extrêmes et délirantes, l'exagération de la sensibilité sous toutes ses formes, la pantophobie, les troubles moteurs, les actes désordonnés de la période confirmée. Enfin la dépression succède à l'excitation, et la paralysie se produit, puis la mort survient; mais beaucoup de malades succombent avant d'en arriver à cette troisième période.

Outre les douleurs, qui se font quelquefois sentir dans la région mordue, outre le prurit et l'hypérémie, qui se produisent du côté de la cicatrice dans quelques cas, la rage s'annonce donc par de la mélancolie, de la tristesse, de la folie, de l'agitation maniaque, qui sont intermittentes ou continues. D'ailleurs, si les premiers symptômes apparaissent soudainement dans certains cas, notamment quand la rage éclate brusquement à la suite d'une perturbation résultant d'une émotion, d'un excès ou d'un traumatisme, il est des cas assez nombreux dans lesquels la période d'incubation, ou tout au moins la fin de cette période, s'accompagne déjà de certains signes avant-coureurs, tels que accès de tristesse, insomnies, céphalalgies. Une fois la maladie déclarée, le patient recherche l'isolement et la solitude; il se sent dominé par un sentiment de lassitude et de fatigue, le travail lui devient insupportable; il est tourmenté par des fantômes; son sommeil est agité, des rêves effrayants l'interrompent; il éprouve une violente céphalalgie et un sentiment de pression sur les tempes; il y a parfois de l'incohé-

rence dans les idées, des terreurs chimériques, des idées de persécu-
tion et quelquefois de la tendance au suicide. Celui qui a conscience du
danger est sans cesse tourmenté par la pensée toujours présente de
la terrible maladie ; il est anxieux, agité et tremblant ; il n'a plus de
repos, il ne dort plus. il éprouve d'épouvantables cauchemars. Cet état
du début peut durer un, deux, trois, six, huit et dix jours ; il cesse parfois brusquement pour faire place à un accès d'hydrophobie, aux
spasmes, au délire, etc. Ces prodromes, qui annoncent que l'écorce
grise du cerveau est intéressée, peuvent d'ailleurs faire défaut, n'avoir
pas le temps de se produire, quand l'évolution de la maladie est précipitée par quelque émotion violente, par un excès, une fatigue excessive.
Du reste ces signes initiaux, quand ils existent, s'accompagnent bientôt
d'une certaine angoisse due à la difficulté de la respiration. Dans quelques cas, au lieu de la folie, au lieu du dérangement des facultés, au
lieu des prodromes sus-indiqués, on a constaté une véritable exaltation de l'intelligence, une exagération de l'activité musculaire, une tendance à marcher et même une propension au vagabondage. Dans
d'autres cas on a observé une plus grande irascibilité.

Peu à peu la maladie se caractérise mieux. La sensibilité générale et
spéciale s'exalte ; et l'hyperesthésie. la photophobie, l'hypéracousie,
déjà manifestes, vont dans la suite en s'accusant de plus en plus. La
respiration se trouble, devient difficile, se modifie dans son rhythme,
devient irrégulière, est entrecoupée par des soupirs ; l'inspiration se fait
par secousses ; le malade éprouve un sentiment d'oppression et de
l'anxiété précordiale. Bientôt apparaissent le délire, les accès furieux,
les spasmes du pharynx et du larynx, l'hydrophobie. La mélancolie dégénère en manie active, en délire tantôt furieux, tantôt tendre ou exta-
tique ou loquace. Les moments de lucidité deviennent plus rares. Certains malades, craignant de faire des morsures ou de commettre des
violences sur ceux qui les entourent. les préviennent, quand ils en
éprouvent la tendance ; il en est qui, durant leurs accès furieux, font
des mouvements désordonnés, se débattent, se lèvent, crient. voci-
fèrent, hurlent parfois, essaient de rompre leurs liens et de s'enfuir, se
mordent, se montrent méchants, injurient les personnes qui leur
parlent ; après ces accès, le patient est épuisé et tombe dans un état
comateux ou dans un excès de tendresse. Les sens sont exaltés à un
tel point que l'excitation de chacun d'eux amène souvent des accès ; les
moindres sensations sont douloureuses. La peau est hyperesthésiée ; il
y a aérophobie, le moindre courant d'air, le moindre souffle provoquent
des crises spasmodiques ; il en est de même du contact d'une goutte de
liquide et de la chute des larmes ; le malade se plaint du froid au plus
fort de l'été. Les yeux deviennent plus brillants et s'injectent ; la pupille
se dilate ; il y a photophobie, la lumière, les objets brillants provoquent
des crises et même des accès de rage. L'ouïe devient d'une finesse

extrême ; il y a hypéracousie, le moindre bruit est perçu par le malade et le fait tressaillir. Du reste, la vue et l'ouïe sont ordinairement perverties, il y a du délire et des hallucinations ; les malades voient des objets et entendent des bruits imaginaires. L'odorat, comme l'ouïe, devient excessivement fin ; les odeurs les plus faibles sont perçues par le patient, l'incommodent, le font éternuer, provoquent des crises. La déglutition devient difficile ou impossible ; la langue, sèche au début, devient ensuite humide, et la bouche se remplit d'écume blanchâtre un peu mousseuse, qui est rejetée par un crachottement continuel (sputation). Le malade est tourmenté par la soif, mais il a horreur de l'eau, ou pour mieux dire des liquides. A l'approche d'un vase contenant du liquide, il éprouve une crise qui dure quelques secondes ; il repousse la potion qu'on lui présente ; son corps est pris de frissons ; ses membres tremblent et se raidissent ; son visage exprime la terreur, ses yeux sont fixes, ses traits contractés ; la respiration s'arrête, et parfois des sons rauques s'échappent du larynx ; le cœur est agité de palpitations violentes ; l'asphyxie est imminente dans cet état de spasme, qui résulte des contractions désordonnées du pharynx, du larynx, du diaphragme, et des muscles respiratoires en général. Le calme vient ensuite ; mais de nouvelles crises de plus en plus fortes se reproduisent, quand on renouvelle la tentative qui a provoqué l'hydrophobie. D'ailleurs, la vue d'un objet brillant, le bruit de l'eau qu'on agite ou qui coule, le conseil de boire et même la seule pensée des liquides peuvent déterminer le spasme hydrophobique. Certains malades peuvent commencer de boire, mais le spasme se déclare aussitôt et les force à s'arrêter. D'autres peuvent déglutir par moments un peu de liquide ; d'autres enfin, mais ils sont rares, ne sont pas hydrophobes ; en sorte que l'hydrophobie est un des caractères les plus constants de la rage de l'homme.

Les sentiments affectifs sont exaltés et portent par moments les malades à des élans de tendresse inaccoutumée. L'intelligence, ordinairement déprimée au début, peut s'exalter ensuite passagèrement, pour s'amoindrir pendant les accès et s'éteindre vers la fin de la maladie. On a observé des cas où cette exaltation passagère de l'intelligence a été véritablement remarquable. D'ailleurs, le malade même qui ignore la nature de son mal, a en quelque sorte l'intuition du danger de ses caresses et de ses mouvements. La motilité, comme la sensibilité et l'intelligence, est surexcitée. Beaucoup de personnes enragées sont tourmentées du besoin de remuer, de s'agiter, de courir dans leur demeure, de s'échapper et de se précipiter dans les champs. La voix se modifie, elle devient rauque, surtout pendant les accès ; la parole est brève, saccadée, entrecoupée par des éclats de voix, impérieuse par moments, ordinairement douce et affectueuse pour la famille et les amis. Chez l'homme on observe fréquemment du satyriasis, des érections doulou-

reuses s'accompagnant parfois d'éjaculations, de sensations volup-
tueuses et d'un penchant marqué aux plaisirs vénériens. Certaines
femmes, mais elles sont rares, ont des accès de nymphomanie.

Les accès convulsifs et les accès de rage, qui sont d'abord provoqués
par les excitations sensorielles ou par les tentatives de boire, se montrent
ensuite spontanément, et les spasmes sont plus généralisés. L'anxiété
précordiale et la dyspnée sont telles qu'il y a menace de suffocation.
La respiration est suspendue ou se fait par sanglots ; des frissons agitent
les membres ; les muscles de la face sont animés de mouvements convulsifs ; les mâchoires restent serrées. Certains malades se précipitent
contre les objets environnants, se frappent la tête contre les murs, se
blessent sans paraître sentir la douleur, mordent et déchirent leurs
draps, se mordent eux-mêmes. La voix est alors rauque et convulsive ;
elle imite parfois l'aboiement du chien ou le hurlement du loup ; la bave
s'échappe plus abondante de la bouche. Les personnes enragées mordent
quelquefois leurs semblables, mais cela arrive très rarement ; ordinairement, avons-nous dit, elles préviennent les assistants, quand elles ne
se sentent plus maîtresses de leurs mouvements. On en a vu qui éprou-
vaient le désir de s'attaquer aux animaux et qui mordaient ceux qu'elles
pouvaient saisir. Les accès rabiques, provoqués ou spontanés, sont
d'abord rares et courts ; mais bientôt ils se rapprochent et deviennent
plus longs. Le plus souvent c'est pendant un accès violent que l'asphyxie
se produit et que la mort arrive subitement. Du reste la fréquence et la
violence des accès sont en raison directe des excitations auxquelles les
malades se trouvent exposés. L'intelligence est profondément altérée
pendant les accès, elle revient pendant les moments de calme ; mais les
rémissions deviennent de plus en plus rares et courtes, et l'intelligence
ne revient bientôt plus qu'incomplètement. Pendant les moments de
calme, le malade est abattu ; son regard est triste, sa pensée et ses dis-
cours sont dominés par l'idée d'une mort inévitable et prochaine. Le
sommeil est rare et interrompu par des rêves effrayants. Les alternatives de fureur et de douceur mélancolique se succèdent ; puis survient
le coma entrecoupé encore par quelque hallucination ou par quelque
crise convulsive. La circulation s'accélère, le pouls devient fréquent et
souvent intermittent.

La température s'élève à la période prodromique, reste élevée à l'apparition des symptômes rabiques, subit parfois un abaissement momentané pour s'élever encore aux approches de la mort. Des sueurs se
montrent à la figure, aux membres, sur tout le corps pendant les accès.
Il y a souvent dysurie et quelquefois strangurie ; les urines sont moins
abondantes ; elles sont albumineuses et contiennent quelquefois du
sucre ; elles renferment moins d'urée et de chlorures, mais elles sont
riches en acide urique, en phosphates alcalins, en graisse, en leucine et
en acide margarique, ce qui accuse une dénutrition active des centres

nerveux. On observe généralement de la constipation et quelquefois des vomissements même sanguinolents.

La mort est la terminaison fatale de la rage chez l'homme; elle arrive le plus souvent du deuxième au quatrième jour, quelquefois plus tôt et d'autres fois plus tard, entre le premier et le huitième, le douzième ou le treizième jour. Elle est la conséquence de l'épuisement et de l'asphyxie, qui se produisent graduellement. Souvent elle survient brusquement, sans agonie et sans paralysie, par l'arrêt subit du cœur dans le cours de la maladie, pendant un accès. Quelquefois la paralysie se produit; mais il est rare que la mort épargne assez longtemps les malades, pour que la rage en arrive chez l'homme à cette dernière phase de son expression symptomatique; en tous cas la période paralytique est de courte durée. L'intelligence disparaît plus ou moins complètement. La sensibilité générale et la sensibilité spéciale s'affaiblissent et s'émoussent; la motilité est profondément atteinte, la faiblesse et la paralysie succèdent aux spasmes et aux contractures; l'excitation fait place au collapsus. Le corps se couvre de sueur; le pouls devient filiforme; la bouche laisse échapper de la salive écumeuse; les pupilles restent dilatées; l'œil est terne et vitreux et la vue quelquefois perdue; la peau est insensible; la paralysie devient générale et la mort arrive.

Tout ce qui précède s'applique surtout à la forme excitée ou violente. Or la rage paralytique d'emblée peut se montrer chez l'homme; elle est plus rare que l'autre, pour des raisons que nous déduirons tout à l'heure, mais elle a été observée, et il n'est pas téméraire d'ajouter que sous cette forme la maladie a dû être méconnue souvent. La rage paralytique de l'homme se caractérise par les signes suivants : fièvre, malaise général, courbature, céphalalgie, vomissements, surélévation de la température; douleurs dans le membre mordu et à diverses hauteurs de la colonne vertébrale; puis engourdissement, contractions fibrillaires, ataxie, parésie, paralysie plus ou moins complète des muscles primitivement atteints; d'abord persistance et puis disparition de la sensibilité; paralysie progressive, précédée ou accompagnée de douleurs, gagnant les autres membres, le tronc, le rectum, la vessie, les muscles du visage, de la langue, des yeux, etc., etc. La paralysie se montre d'abord de préférence sur le membre mordu; et il est acquis, grâce aux données de l'observation et de l'expérimentation, que la forme paralytique, abstraction faite de l'aptitude individuelle et du lieu d'inoculation, est produite par une grande quantité de virus. Il semble aussi que le siège de la morsure (membre inférieur) et l'état de nervosisme, de névropathie, d'alcoolisme, etc., de la victime constituent une prédisposition vis-à-vis de cette forme.

Chez l'homme, comme chez les animaux, les symptômes rabiques pourraient disparaître, pour ne plus se montrer, ou pour reparaître dans la suite, si l'on en croit certaine relation faite à propos d'un zouave, qui aurait eu des accès de rage (?) chaque année, durant les trois ans qui suivirent la morsure. On aurait vu (Massmann) un homme, qui, mordu en mai, devint rabique le 19 décembre, se rétablit complètement le 28 décembre, pour redevenir rabique le 21 janvier suivant et mourir le lendemain. D'ailleurs des médecins ont décrit, sous le nom de rage chronique, une affection dont les accès ont été séparés par des intervalles de quelques semaines, de plusieurs mois, de plusieurs années, et qui se manifestaient chez des personnes qui, après avoir été mordues, avaient présenté un premier accès et étaient guéries de cette première attaque.

En résumé la rage, quelle que soit l'espèce sur laquelle on l'observe, parcourt ordinairement trois périodes : une période initiale ou prodromique ; une période d'état (phase d'irritation nerveuse) qui se caractérise par de l'excitation, des spasmes, des accès ; et une période finale ou paralytique. Le système nerveux est le milieu où se localise l'action primordiale du virus rabique. Ordinairement cette action initiale se produit sur l'encéphale, sur le bulbe et sur la protubérance, dont les fonctions sont modifiées. Quelquefois le virus rabique concentre, principalement sur la moelle, son action initiale, ainsi qu'en témoigne l'apparition prompte des phénomènes paralytiques. Les formes si diverses de la maladie s'expliquent par la localisation et la pullulation des germes rabigènes dans telles ou telles parties du système nerveux cérébral ou médullaire, dans tel ou tel point du système cérébro-spinal. La protubérance annulaire est le centre perceptif des impressions sensitives, elle préside à la sensibilité générale et à certaines sensibilités spéciales, à la sensation auditive et gustative ; elle est le foyer excitateur des organes émotionnels et devient le point de départ d'excitations motrices. Or les phénomènes successifs d'excitation et de dépression de la sensibilité sous toutes ses formes, qui se produisent dans le cours de la rage, témoignent de l'altération de ce centre d'activité. Du reste, le virus rabique agit sur tous les organes nerveux qui président à la sensibilité, ainsi que le prouvent l'hyperesthésie, l'hyperacousie, la photophobie, la pantophobie, les hallucinations, la perversion des sens. Il atteint principalement les fonctions du bulbe, d'où partent les nerfs facial, hypoglosse, spinal, glosso-pharyngien, pneumo-gastrique, dont les fonctions se troublent. La moelle allongée est le centre d'où partent les influences motrices, elle est l'agent excitateur et régulateur des mouvements respiratoires ; elle préside au mécanisme de la déglutition par l'intermédiaire des nerfs glosso-pharyngiens, hypoglosses et faciaux ; elle exerce son action sur le cœur par l'intermédiaire des nerfs vagues et elle renferme les centres vaso-moteurs. La difficulté qui survient dans la respiration, dans la déglutition et dans la circulation, montre combien le virus rabique agit sur le bulbe.

Pendant la phase d'irritation nerveuse les réflexes sont augmentés ; il y a d'abord des phénomènes spino-bulbaires provoqués par l'action du virus sur la moelle allongée et sur la moelle épinière, tels que agitation, accélération de la circulation et de la respiration, dyspnée, excitabilité et impressionnabilité anormales, etc ; puis l'irritation gagnant l'écorce du cerveau, surviennent le délire, les hallucinations, etc. Pendant la phase de déclin les réflexes sont diminués ; on voit d'abord se produire des faiblesses, des troubles de la motilité, des paralysies, etc. ; puis l'irritabilité disparait, et on voit survenir l'hypersalivation, les convulsions, etc. Le virus rabique agit donc d'abord sur le système nerveux central, sur la moelle allongée et sur la moelle épinière, puis sur le cerveau, amène la surexcitation et ensuite l'épuisement de leur action.

La rage affecte tantôt une forme violente ou furieuse, tantôt une forme paralytique et tranquille, tantôt une forme mixte. Abstraction faite des autres influences et en ne tenant compte que de celle de l'espèce, on est conduit à conclure que la forme violente s'observe surtout chez le chien et les carnivores, chez le cheval, les petits ruminants, le porc et chez l'homme, qu'elle est assez fréquente chez les grands ruminants et chez le cobaye, qu'elle se montre quelquefois chez le lapin ; tandis que la forme paralytique se montre assez souvent chez le chien, quelquefois chez l'homme, le plus souvent chez le lapin et le cobaye, presque toujours chez la poule. Dans la forme paralytique la paralysie domine, mais la phase d'irritation, qui est généralement très courte et passe souvent inaperçue, est parfois bien appréciable. D'ailleurs les manifestations de la rage, surtout celles de la période d'irritation nerveuse, varient beaucoup suivant que le virus a atteint d'abord telle ou telle portion des centres nerveux. Quand la morsure siège aux membres antérieurs ou à la tête, on observe généralement la rage bulbaire avec augmentation de l'irritabilité réflexe ; lorsqu'elle siège aux membres postérieurs, on voit se développer une myélite ascendante aiguë ; quand on inocule le virus à l'extrémité d'un membre, dans un nerf ou autrement, on voit généralement la paralysie se montrer dans le membre inoculé, etc.

La rage entraîne la mort dans un laps de temps ordinairement court, variable suivant les espèces, mais compris le plus souvent entre un et dix jours, et n'atteignant fréquemment que le deuxième, le troisième ou le quatrième jour. Cette affection entraîne-t-elle toujours fatalement la mort et n'est-elle pas susceptible de se terminer quelquefois par la guérison ?

CURABILITÉ.

Certains faits, déjà assez nombreux, semblent démontrer que la rage des animaux et celle de l'homme peuvent guérir spontanément ou à la suite (?) de l'administration de certains remèdes. On a à maintes reprises signalé des cas de guérison de la rage de l'homme et de la rage canine. Reder cite cinq cas de guérison chez l'homme. Les cas de guérison, signalés à propos de la rage manifestement déclarée, doivent pourtant être pesés plutôt que comptés, car ils n'offrent pas tous les garanties désirables d'un diagnostic infaillible. Souvent c'est une des affections nombreuses, qui simulent la rage, que l'on a prise pour elle, et que l'on a vu se terminer heureusement; les erreurs de diagnostic expliquent, en effet, le plus grand nombre des guérisons relatées et mises à tort sur le compte de la rage. Les faits, que la science a enregistrés sur la curabilité de la maladie rabique, se classent naturellement en deux grandes catégories : les uns n'ont qu'une signification vague et ne font guère naître que des présomptions en faveur de la curabilité, ce sont ceux dans lesquels le diagnostic n'a été établi que d'après l'expression symptomatique de la maladie; les autres, et ce sont les moins nombreux, ont une signification précise, parce que la nature de l'affection a été diagnostiquée d'après son origine bien connue, ou mieux d'après sa transmissibilité.

Ainsi on a vu (Rainard, Youatt, Decroix, C. Leblanc, Rey, Bourrel, etc.) des animaux, qui présentaient des symptômes plus ou moins accusés de rage, revenir à la santé ; on en a vu qui ont présenté des symptômes rabiques, deux, trois... semaines après avoir été mordus et qui se sont guéris; malheureusement on n'a vérifié par l'inoculation ni la nature de la maladie des animaux, qui avaient fait les morsures, ni celle de la prétendue rage de ceux qui avaient été mordus. On cite chez l'homme de nombreux cas de guérison avec ou sans traitement. Un chien et un homme, ayant été mordus par un chien rabique, devinrent enragés à leur tour et l'homme seul guérit ; Michu relate l'observation d'une dame mordue (par une chatte), qui ressentit des symptômes de rage et n'en mourut pas; James cite le cas d'un homme mordu par un chien enragé, qui éprouva des symptômes de la maladie et qui se rétablit; Piorry parle d'une jeune femme, qui guérit aussi après avoir présenté, comme les deux précédents, une éruption à la région mordue; Urban, ayant contaminé une écorchure qu'il avait à la main, avec le produit des phlyctènes rabiques d'un malade, eut une éruption ainsi que d'autres symptômes de rage, mais il guérit ; Fiévée cite encore le cas d'une femme qui se guérit après avoir présenté des symptômes de rage. Enfin de nombreux cas de guérison auraient été obtenus, dans certains pays et par certains médecins, voire même par des personnes étrangères à la médecine, en détruisant, en ouvrant, en extirpant ou en cautérisant les vésicules qui se formeraient sous la langue. A côté des cas de guérison spontanée se placent des cas non moins nombreux de guérison par l'emploi de certaines médications : ainsi un homme, devenu enragé après une morsure, a été guéri à la suite d'un traitement au chloroforme, à la morphine et à la fève de Calabar ; un jeune homme de 16 ans, traité par le mercure, a été guéri de la rage contractée par morsure, alors que un homme, une vache, un porc et un chien mordus comme lui ont succombé à la maladie ; d'autres personnes, manifestement enragées à la suite de morsures, ont été guéries, qui à la suite d'un traitement au curare, qui après un traitement hydrothérapique, qui avec tel ou tel agent thérapeutique. Mais, sans critiquer un à un les faits relatés, et sans nous demander pour le moment si tel ou tel remède est efficace, il importe de remarquer le peu de précision que présentent les divers cas observés ; dans aucun le diagnostic ne se trouve complètement à l'abri de la critique, dans aucun la nature de la maladie guérie n'a été exactement constatée par des inoculations révélatrices. Et, quand on songe combien il est facile de s'égarer, surtout avec l'homme préoccupé et inquiet à la suite d'une morsure, même non rabique, mais qu'il croit telle, quand on songe à ces cas de guérison annoncés avec tant de précipitation et qu'ensuite on apprend que le malade n'était qu'un ivrogne atteint de délirium tremens, on ne peut s'empêcher de douter de l'authenticité des cures, qui ont été obtenues dans les conditions déjà indiquées.

Le docteur Ménecier a vu guérir spontanément un chien devenu enragé à la suite d'une inoculation expérimentale ; et ce chien, soumis à l'observation pendant plusieurs mois, n'a pas présenté de nouveaux accès de rage. Ici le diagnostic semble avoir été exact, car la salive de l'animal, inoculée à un lapin et à un chien, les a fait mourir enragés. M. Decroix a pareillement vu guérir spontanément, en huit ou dix jours, deux chiens devenus enragés à la suite d'une inoculation expérimentale. Cette fois encore le diagnostic semble avoir été exact, bien que la salive des deux malades n'ait pas été inoculée. Les cliniciens ont vu plus d'une fois se rétablir des chiens qui présentaient des signes de rage mue ou même des signes de rage furieuse.

Les expériences de Renault avaient démontré que tous les animaux inoculés ne deviennent pas enragés ; j'ai de mon côté fait souvent la même constatation ; mais de ces faits négatifs on ne saurait induire sûrement que certains individus sont réfractaires à l'action du virus rabique ; d'autant plus que les inoculations restées infructueuses ont été faites le plus souvent avec la bave, produit impur, comme on le verra plus loin, et dont les effets sont loin d'être toujours sûrs. Cependant mes expériences sur le mouton démontrent que cet animal résiste à l'action du virus rabique, injecté même à fortes doses dans le torrent

circulatoire. Après que cette constatation avait été faite par moi,
M. Pasteur a aussi vu des cas de guérison spontanée se produire, il a
vu se rétablir définitivement des poules rendues malades expérimentalement et un chien, qui s'est guéri, après avoir présenté les premiers
symptômes de la maladie à la suite d'une inoculation ; il a de plus
trouvé des chiens, qui ne sont pas devenus manifestement enragés à la
suite d'inoculations réitérées, soit qu'ils n'aient eu qu'une maladie
bénigne qui aurait passé inaperçue et qui se serait guérie, soit qu'ils
fussent naturellement réfractaires à la rage. Enfin M. Pasteur est arrivé,
en atténuant la puissance du virus rabique, à ne donner au chien
qu'une rage bénigne, dont il guérit, et qui lui confère l'immunité.
M. Gibier de son côte affirme, d'après ses expériences, que les oiseaux
de basse-cour, rendus enragés par l'inoculation, guérissent spontanément. A l'Institut Pasteur et ailleurs on a vu guérir spontanément des
chiens devenus rabiques à la suite de l'inoculation ; et récemment
Hœgyes de Buda-Pest aurait aussi vu guérir spontanément, non seulement des chiens vaccinés qui avaient présenté des signes de rage, mais
aussi des chiens (6) rabiques qui n'avaient reçu que l'inoculation du
virus naturel.

Tel est l'état de la question : la rage, quoique fatalement mortelle
dans presque tous les cas, est curable parfois ; elle se termine, dans
quelques très rares cas, par la guérison définitive qui survient spontanément et sans médication adjuvante. Nous rechercherons plus loin, à
propos du traitement à mettre en usage, quelle est l'efficacité réelle des
principaux agents, qui ont été préconisés, et auxquels on a attribué
certaines guérisons

LÉSIONS.

. Les altérations anatomiques, qui se produisent dans le cours de la
rage, et qui expliquent les symptômes, qu'on observe pendant la vie
des malades, sont de deux ordres ; les unes sont primordiales, se
forment dans les centres nerveux, se produisent les premières,
intéressent les éléments nerveux et sont la condition *sine quâ non* de
toutes les autres. Les lésions secondaires se montrent partout, principalement sur les organes les plus vasculaires ; elles sont la conséquence
de la congestion et de l'asphyxie, que la rage entraîne toujours. En
réalité le virus rabique porte son action principalement sur les centres
nerveux, ainsi qu'en témoignent les phénomènes anormaux de la sensibilité, de la motilité et de l'intelligence, que l'on observe chez les malades ; il agit d'abord sur le bulbe et la protubérance, quelquefois sur
la moelle : il excite d'abord et épuise ensuite la région bulbo-mésocé-
phalique ; il détermine ainsi l'excitation initiale, les convulsions, la dépression générale, la paralysie ; il irrite les éléments des centres ner-

veux et provoque de la sorte l'affaiblissement puis la paralysie des nerfs vaso-moteurs, la dilatation réflexe des vaisseaux, le relâchement de leurs parois, la congestion des organes. L'amélioration passagère, obtenue par le docteur Mennesson sur le vétérinaire Moreau atteint de rage, au moyen de la faradisation, vient à l'appui de cette manière de voir.

Les lésions secondaires étant celles qu'on observe le plus facilement, il convient de les passer d'abord en revue, pour arriver ensuite à l'étude des lésions primitives.

Le cadavre de l'animal mort de rage est plus ou moins amaigri, suivant que la maladie a duré plus ou moins longtemps. Les poils sont plus ou moins en désordre; une bave, plus ou moins desséchée et parfois mêlée de boue, adhère autour de la bouche et des narines. L'œil est enfoncé, quelquefois chassieux, la conjonctive est fortement injectée, la cornée parfois enflammée et même ulcérée. La rigidité cadavérique est très prompte et très accusée, surtout quand la mort est arrivée avant que la paralysie ait eu le temps de se montrer. La putréfaction se produit vite dans la plupart des cas. Souvent les chairs sont foncées, alors même que l'animal a été saigné au moment de la mort. Les veines superficielles sont gonflées, remplies d'un sang noirâtre. M. Bourrel affirme que le sang veineux du chien enragé est plus rutilant que celui de l'animal sain et se coagule plus rapidement; cette affirmation semble un peu hasardée devant l'opinion générale des médecins et des vétérinaires, qui ont vu le sang des individus morts de la rage, noirâtre, foncé, incoagulé, diffluent. On a quelquefois observé des taches hémorrhagiques dans l'épaisseur du cœur. Il n'est pas rare de rencontrer des ecchymoses plus ou moins nombreuses et plus ou moins étendues sur l'endocarde et sur les valvules auriculo-ventriculaires, principalement dans le cœur gauche. Ces ecchymoses sont fréquentes, et nous les avons rencontrées même sur les animaux sacrifiés et saignés avant la mort naturelle, ainsi que sur ceux que la police nous apporte après les avoir tués sur la voie publique; aussi leur attribuons-nous une certaine importance diagnostique en pareil cas, surtout en les rapprochant d'autres lésions et des commémoratifs. A l'examen microscopique on a constaté une richesse anormale en globules blancs, et parfois l'altération des globules rouges devenus crénelés, déchiquetés; on a également signalé la présence de micrococues, de corpuscules incolores. Les muscles sont parfois hypérémiés et beaucoup plus foncés en couleur, même sur les chiens gardés en cage et saignés au moment de la mort; on a avancé qu'on les aurait trouvés (Peron) en voie de dégénérescence granulo-graisseuse. La plaie ou la cicatrice de la région mordue est quelquefois irritée, congestionnée.

L'appareil digestif présente souvent de nombreuses altérations, principalement chez les animaux qui ont ingéré des corps étrangers à leur alimentation. La muqueuse buccale est hypérémiée, foncée, bleuâtre,

violacée, parfois excoriée, souvent recouverte de bave, de poussière et
de débris de corps étrangers. La langue est hypérémiée, bleuâtre, recouverte d'un enduit épais. Fréquemment, chez le chien tout au moins,
on constate des traces de traumatismes, des morsures que l'animal s'est
faites, des excoriations, des plaies sur les lèvres, à la langue, dans la
bouche, au pharynx. Les morsures et les lésions, occasionnées par les
corps vulnérants sur lesquels l'animal s'est acharné et qu'il a déglutis,
se présentent sous des formes et avec des caractères divers : tantôt ce
sont des plaies d'un rouge vif, qu'on remarque surtout à l'entrée de la
bouche et sur la partie antérieure de la langue; tantôt ce sont des ecchymoses plus ou moins étendues qu'on rencontre à la face inférieure de la
langue et sur le frein; tantôt ce sont des vésicules, qui ont succédé aux
ecchymoses et qui se montrent entourées ou non d'une zone rouge,
alors que leur partie centrale est grisâtre ou blanchâtre; tantôt enfin ce
sont des plaies offrant un petit pertuis creusé par la dent, entouré d'une
zone grisâtre en saillie, à laquelle fait suite une zone excentrique rougeâtre, et ces sortes de plaies se montrent à la face inférieure de la
partie libre de la langue. J'ai eu l'occasion, comme tous ceux qui les ont
cherchés, d'observer assez souvent, et en plus ou moins grand nombre,
ces accidents chez le chien atteint de rage furieuse avec dépravation
du goût.

On a signalé, à la face inférieure de la langue chez l'homme, chez le
chien et chez le loup enragés, l'existence de vésicules, de phlyctènes,
de pustules, d'érosions, que l'on a considérées comme des lésions propres à la rage, et auxquelles on a donné le nom de *Lysses*. Voyons l'importance qu'il faut attribuer à cette prétendue découverte des lysses,
qu'une tradition populaire ancienne, et répandue dans divers pays éloignés les uns des autres, a amené divers médecins à observer sur l'homme,
et à prétendre même que la cautérisation de ces accidents pouvait prévenir le développement de la rage. Les vésicules ou phlyctènes rabiques
sublinguales seraient des lésions éphémères, qui se montreraient généralement avant tout accès de rage, qui s'ouvriraient et se détruiraient
promptement, en sorte que, à l'autopsie pratiquée sur des individus
morts de la rage, on ne rencontrerait généralement que des traces de
l'éruption ou même aucun vestige. Anciennement on avait cherché des
lésions dans la bouche, et on avait signalé la présence d'un ver situé
sous la langue, qui annonçait l'apparition de la rage. Les lysses étaient,
semble-t-il, connues de temps immémorial en Grèce, en Thrace, en
Turquie, en Moldo-Valachie, en Espagne, au Brésil. En Russie, Ka-
ramsin et Salvatori avaient fait, avant Marochetti, le récit de la découverte des lysses sublinguales, qui était due à des paysans et avait été
transmise par eux. Quoi qu'il en soit, en 1820, un paysan de l'Ukraine,
descendant d'une famille dans laquelle depuis un temps immémorial se
transmettait de père en fils un secret pour traiter la rage, apprit au

médecin piémontais Marochetti, établi en Russie, qu'il apparaissait des vésicules sous la langue des hydrophobes. Marochetti, disposé à tirer profit de cette confidence, aurait lui-même vérifié l'exactitude de la révélation du paysan de l'Ukraine ; en tous cas il a fait le récit, quelque peu romanesque, de cette découverte. Il aurait vu les tumeurs ou vésicules rabiques sublinguales chez des personnes, mordues par des animaux enragés, pendant la période d'incubation, du troisième au quarante-troisième jour et surtout du troisième au neuvième jour. Il a décrit ces tumeurs comme étant tantôt solides et charnues, tantôt pustuleuses ou vésiculeuses, et comme se formant sur les deux côtés du frein de la langue à l'extremité des canaux excréteurs des glandes sous-maxillaire et sublinguale. En sorte qu'il est permis de croire, d'après la vague description qu'il donne des lysses, qu'il ne les a pas vues et qu'il a pris pour des vésicules rabiques les excroissances ou saillies que forme l'appareil glandulaire sur les côtés du frein de la langue. Les lysses auraient cependant été observées dans la suite par divers médecins, en Prusse et en France, notamment par Magistel et Calvy. Ce dernier cite le cas d'une femme morte de la rage, qui présentait un peu au-dessus du frein et à droite une petite vésicule paraissant contenir un liquide hyalin ; au centre de cette vésicule existait un point noir ; à côté se montraient cinq ou six petites élevûres sous forme de granulations. Quoi qu'il en soit, et malgré les efforts tentés jadis par Auzias-Turenne pour les réhabiliter, les lysses sublinguales n'ont été vues que par un très petit nombre de médecins ; et aujourd'hui on ne croit pas généralement dans le monde médical à une éruption rabique sous la langue. Les vésicules, les boutons qui peuvent parfois exister dans cette région, n'ont pas la signification que leur attribuait Marochetti, car on ne les observe pas en général sur les hydrophobes, et on les a vus sur des individus qui avaient été mordus et qui ne sont pas devenus enragés.

Les lysses sublinguales se forment-elles chez les animaux enragés ; et, quand elles existent, sont-elles la conséquence d'une véritable éruption rabique ou d'un simple traumatisme ?

Il importe de faire observer tout d'abord que les lysses, qui, d'après leurs inventeurs et leurs défenseurs, se produiraient pendant l'incubation, ont été observées sur les animaux, sur les chiens enragés et sur le loup, lorsque la maladie a accompli son évolution. Il est parfaitement exact que des lysses, consistant en ecchymoses, plaies, vésicules, boutons, ont été vues par certains observateurs à l'autopsie d'animaux morts de la rage ; mais pour sûr la signification de ces accidents a été méconnue. Barthélemy aîné les aurait vues plusieurs fois ; et de plus, ayant inoculé un jour à plusieurs chevaux le liquide recueilli dans quatre lysses ou vésicules trouvées sur le frein de la langue d'un chien mort de la rage, il les aurait rendus enragés. Une des vésicules était grosse comme un haricot, les trois autres étaient plus petites; toutes contenaient un liquide séreux, blanchâtre, limpide, Ce fait, auquel on se plaît à attribuer une grande importance, ne démontre qu'une chose, à savoir que des aphtes, résultant du soulèvement de l'épithélium, peuvent se former sur le frein de la langue du chien enragé. Mais on peut observer le même phénomène en dehors de la rage, et il est loin d'être fréquent dans cette maladie. Quant à la virulence du produit des aphtes, elle n'est point propre à nous surprendre, à supposer même que l'éruption ait été provoquée, ce qui est fort probable, par l'irritation qu'avaient pu déterminer les corps étrangers pris par le malade; en effet ces aphtes étant baignés constamment par la bave. la virulence a pu se communiquer de celle-ci à leur contenu, soit au moment où il a été recueilli, soit avant.

Des lysses, consistant en boutons, vésicules, plaies, ecchymoses, ont été observées à l'École d'Alfort et à l'École de Lyon à diverses reprises. On les a trouvées principalement chez le chien atteint de rage furieuse, plus souvent d'un seul côté que des deux côtés du frein, sur le frein, sur la face inférieure de la langue, voire même et surtout dans sa partie libre; elles sont ordinairement en petit nombre; on les a également observées sur un loup atteint de rage furieuse. Ce sont des *ecchymoses* punctiformes ou en traînée de peu d'étendue, des *vésicules*, des *phlyctènes*, des *boutons* miliaires, quelquefois gros comme une lentille, avec ou sans zone rouge à la périphérie, des *élevûres* plus

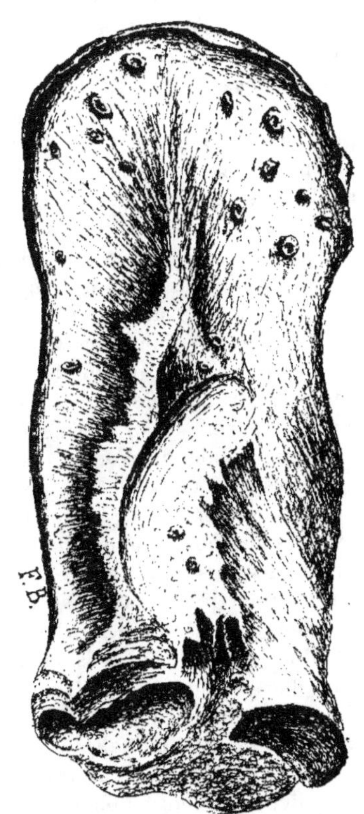

Fig. 51. — Face inférieure de la langue d'un chien rabique sur laquelle se voient des lésions traumatiques (lysses).

étendues avec un pertuis central, des *plaies* superficielles résultant de l'enlèvement de l'épithélium. Il faut vraiment une grande complaisance pour voir dans ces accidents, qui peuvent n'être parfois que l'expression de l'hypertrophie des glandules salivaires, autre chose que des lésions traumatiques. On a beau dire qu'on les rencontre dans des points où les dents ne peuvent pas agir, il n'en est pas moins vrai qu'on ne les remarque ordinairement que chez des animaux, qui se sont acharnés sur des corps étrangers et qui se sont blessés de la sorte là même où les dents ne pouvaient atteindre. Quand on trouve, égarés en dessous de la langue et dans les divers coins de la bouche, des débris de corps vulnérants; quand on songe que le chien furieux mord les objets qui sont à sa portée, tels que la paille, la terre, etc., avec un acharnement et une frénésie qui expliquent les mouvements désordonnés de ses mâchoires et de sa langue; quand on réfléchit que la muqueuse du frein et de la face inférieure de la langue ne présente ordinairement pas de lysses chez les animaux, qui ne se sont pas mordus et qui ne se sont pas attaqués à des corps vulnérants, on est naturellement et invinciblement amené à conclure, pour le présent, à l'absence de lésions spécifiques sur la muqueuse buccale des individus enragés, et à regarder comme de simples accidents traumatiques celles qu'on a qualifiées du nom de *Lysses*.

Les amygdales, ainsi que la base de la langue, sont souvent gonflées, hypérémiées, et d'un rouge foncé. On a eu signalé, comme un des prodromes de la rage, le gonflement des veines sous-linguales. La muqueuse pharyngienne est souvent irritée, hypérémiée, rougeâtre, violacée, et parfois excoriée ou souillée de corps étrangers chez le chien; son appareil glandulaire est manifestement hypertrophié. Les glandes salivaires, les parotides, les maxillaires, les linguales, les molaires, sont congestionnées, surtout les submaxillaires et les linguales. On a observé dans ces dernières (submaxillaires et linguales), chez le chien enragé, les altérations suivantes : infiltration de cellules ou globules blancs dans le tissu conjonctif interstitiel, au pourtour des canaux d'excrétion moyens et petits, au pourtour des capillaires et des nerfs, au pourtour des vésicules de la glande; distension des petits vaisseaux; passage de leucocytes dans les acini; hypertrophie des cellules épithéliales, qui ensuite se troublent et deviennent granuleuses. Les ganglions de la gorge sont toujours plus ou moins altérés à la fin de la maladie; ils sont congestionnés; certains présentent un ramollissement central, et il n'est pas rare de constater de la congestion dans le système ganglionnaire en général.

Dans l'estomac, et jusque dans l'intestin parfois, on rencontre, chez beaucoup de chiens enragés, des corps étrangers à leur alimentation, dont l'ingestion a été la conséquence de la dépravation du goût et de l'appétit. L'estomac, plus ou moins distendu, contient parfois une masse plus ou moins considérable de corps divers, tels que de la paille, du foin, des poils, du bois, des chiffons, des excréments, des loques, etc., etc. Ce symptôme, constaté post mortem, quoique n'ayant pas toujours une signification univoque, et bien que ne se présentant que sur une bonne moitié (ou un peu plus) des chiens enragés, est cependant fort souvent d'une grande valeur pour établir le diagnostic de la rage. Il peut d'ail-

leurs permettre de diagnostiquer la rage sur le cadavre enfoui depuis
un certain temps, aussi bien que sur le cadavre frais. Il a surtout une
valeur diagnostique réelle, quand il se montre sur un chien, qui, pour
un motif quelconque, est soupçonné de rage, pourvu qu'on rencontre
alors dans l'estomac un mélange étrange de corps divers et disparates,
de paille, de foin, de laine, de poils, d'excréments, d'étoffe, de terre,
de gravier, de cuir, de bois, etc., associés avec de la bave et le plus
souvent avec un liquide noirâtre, sans matières alimentaires. Cette particularité est, quoi qu'on en ait dit, d'une grande utilité pour le diagnostic
de la rage canine. Que si l'estomac est rempli d'aliments en voie de
digestion, sans mélange de substances étrangères, il conviendra
d'exclure l'idée de rage, à défaut d'autres signes importants et jusqu'à
plus ample démonstration. Il en sera de même, si on ne rencontre dans
l'estomac qu'une seule variété de corps étrangers à l'alimentation, soit
de l'herbe, soit du bois, soit de la corne, soit de l'étoupe, soit des che-
veux, soit de la paille, etc., mélangés avec des aliments, et surtout
s'il existe d'autres lésions se rapportant à une autre affection. D'ailleurs
chez beaucoup de chiens enragés l'estomac est trouvé plus ou moins
vide ; et quelquefois il contient des aliments associés ou non avec des
corps étrangers.

La muqueuse stomacale du chien enragé est souvent irritée, enflammée, rougeâtre, plus foncée sur les plis ; elle présente parfois des
ecchymoses, des marbrures, des plaques foncées, surtout au voisinage du pylore ; elle est baignée souvent par un liquide visqueux,
composé de bave, de bile et même de sang, plus ou moins foncé et
ressemblant par sa couleur à une décoction plus ou moins concentrée
de café ; elle offre quelquefois de véritables érosions résultant ou d'un
travail d'ulcération, qui succède à la stagnation du sang, ou plus ordinairement de l'action vulnérante des corps ingérés. Chez les bêtes bovines on a également observé la tuméfaction de la muqueuse de la
caillette, accompagnée parfois d'ecchymoses, de marbrures, d'érosions,
d'ulcérations avec ou sans eschare noirâtre. On a aussi signalé parfois
des modifications de la muqueuse stomacale chez l'homme mort de la
rage ; on l'a eu trouvée injectée, congestionnée, ecchymosée, violacée
et baignée d'une bouillie noirâtre.

Des corps étrangers se retrouvent, chez le chien enragé, non seulement sur la muqueuse buccale, dans le pharynx, dans l'œsophage et
dans l'estomac, mais même jusque dans l'intestin, principalement dans
le duodénum et le jéjunum, et même parfois jusque dans le rectum où
ils se montrent mélangés souvent avec des excréments d'un noir de suie.
L'intestin grêle contient parfois un liquide foncé, brunâtre ou noirâtre,
analogue à celui de l'estomac ; et il se montre le plus souvent vide de
matières excrémentitielles dans la plus grande partie de son étendue.
Sa muqueuse peut se montrer irritée, enflammée, foncée, ecchymosée

et quelquefois érodée superficiellement. Chez les [bovins on a signalé aussi la vacuité des intestins, la congestion de la muqueuse et la présence d'un liquide noirâtre ou de mucosités dans les parties postérieures. Le foie et la rate sont congestionnés; leurs vaisseaux sont distendus, oblitérés parfois par des caillots, rupturés; on y constate çà et là des foyers hémorrhagiques de très faibles dimensions. Les cellules hépatiques sont plus granuleuses et le tissu de l'organe est devenu plus friable. La rate présente parfois de véritables foyers apoplectiques.

On rencontre assez souvent des altérations plus ou moins notables dans l'appareil génito-urinaire. Les reins sont toujours modifiés, congestionnés, pointillés de taches hémorrhagiques, surtout dans leur couche corticale. En les étudiant au microscope, on trouve, comme dans le foie, des vaisseaux distendus, des vaisseaux oblitérés par du sang coagulé, des vaisseaux rupturés; le sang passe en nature dans les tubes urinifères. Il y a aussi très souvent de la néphrite parenchymateuse; on rencontre des tubes, qui ont perdu leur épithélium, d'autres dont les cellules épithéliales sont en voie de dégénérescence, d'autres, qui sont oblitérés, remplis d'une matière grenue. La vessie est souvent vide et ratatinée; parfois elle est pleine et même distendue; sa muqueuse est quelquefois congestionnée, ecchymosée. L'urine est fétide, chargée, parfois sanguinolente, albumineuse et glycosurique. Étant donné que les reins sont malades et qu'ils n'accomplissent pas leur rôle normalement, étant donné d'autre part que les urines même normales sont toxiques, n'est-il pas admissible que les symptômes rabiques sont parfois quelque peu dus à la non excrétion de l'urine? On a signalé également quelquefois la congestion et l'inflammation de la muqueuse utérine, de ses glandes, du placenta et des organes du fœtus. Dans certains cas on constate chez le chien une tuméfaction plus ou moins accusée du pénis.

Les organes de l'appareil respiratoire présentent souvent les signes de l'asphyxie. Les muqueuses pituitaire, laryngienne, trachéale et bronchique sont congestionnées, rougeâtres, violacées, quelquefois noirâtres; mais le plus souvent elles sont arborisées, ecchymosées, tachetées de suffusions sanguines. Il n'est pas rare de rencontrer, chez le chien, des corps étrangers égarés dans les voies respiratoires. Des mucosités spumeuses et plus ou moins abondantes, parfois sanguinolentes, recouvrent la muqueuse pituitaire, celle de l'arrière-bouche, et surtout celles du larynx, de la trachée et des grosses bronches. Des érosions, des excoriations, des taches hémorrhagiques se montrent dans quelques cas sur l'épiglotte et la glotte. Le poumon est souvent un peu congestionné, engoué, dans certains points; il présente çà et là des ecchymoses, des infarctus hémorrhagiques, des points de pneumonie, des traces d'emphysème. L'endocarde et le péricarde offrent quelquefois, ainsi qu'on l'a déjà vu, un pointillé ecchymotique. Du côté de l'œil existe souvent de la conjonctivite, de la kératite, parfois des plaies à la cornée, de l'ophtalmie générale, de l'amaurose.

C'est dans le système nerveux qu'on rencontre les altérations les plus importantes, quand on les recherche attentivement à l'œil nu et surtout au microscope. Elles s'y montrent dans les nerfs, sur les méninges, dans la moelle, dans la moelle allongée, dans le cerveau, dans le cervelet. Elles sont de deux ordres : secondaires, consécutives, congestionnelles; primordiales, existant sur les éléments nerveux.

A l'œil nu on observe des lésions de congestion dans les divers organes de l'appareil de l'innervation. On a eu constaté de la congestion sous forme de trainées ou d'ecchymoses dans les nerfs de la région mordue, dans l'hypoglosse et le lingual, dans le grand sympathique, dans ses ganglions cervicaux et thoraciques, dans le pneumogastrique, dans certains nerfs cervicaux, dans les nerfs lombaires et sacrés, dans ceux des membres postérieurs; on a vu parfois l'infiltration accompagner la congestion dans certains nerfs, dans ceux de la région mordue, dans les nerfs lombaires et sacrés; on a signalé aussi l'existence d'hémorrhagies punctiformes à l'origine des nerfs spinaux et pneumogastriques.

Chez les diverses espèces, les méninges spinales et cérébrales, principalement ces dernières, se montrent injectées, épaissies, congestionnées; on remarque souvent des exsudations, des extravasations sanguines dans les mailles de la pie-mère, des ecchymoses, des hémorrhagies et même de l'œdème, une infiltration de sérosité opaline dans les espaces sousarachnoïdiens. Les vaisseaux des méninges sont dilatés, et les méninges spinales se montrent surtout injectées au point d'émergence des nerfs; il y a quelquefois surabondance de liquide céphalo-rachidien dans le cerveau, dans le cervelet.

Dans la moelle allongée et dans la moelle, il existe toujours une hypérémie très manifeste, qui peut s'accompagner d'induration, mais qui le plus souvent est suivie de ramollissement, surtout quand la maladie a duré un certain temps; et le ramollissement est principalement évident, sous forme d'ilots, dans tel ou tel point de l'axe cérébrospinal. Il y a aussi des hémorrhagies punctiformes dans la substance cérébrale et médullaire, un aspect pointillé sur les coupes, de l'œdème, des exsudations, parfois de l'hydrocéphalie avec injection et hypertrophie des plexus choroïdes. En résumé, il se produit dans le cours de la rage une congestion générale et des hémorrhagies dans les centres nerveux, dans leurs enveloppes et dans les nerfs, des exsudations, des infiltrations et des foyers de ramollissement disséminés dans la substance grise de la moelle avec des hémorrhagies plus ou moins étendues. Ces lésions congestionnelles sont ici, comme dans les autres organes, plus évidentes encore, quand on se livre à une étude micrographique des parties malades.

A l'examen microscopique, on trouve dans les nerfs altérés, dans la moelle, dans la moelle allongée, dans le cervelet et dans le cerveau, les lésions consécutives à la congestion et des lésions plus importantes, qui se montrent dans les éléments nerveux, dans les cellules et dans les tubes nerveux, et qui sont considérées comme des lésions primordiales de la rage. Les lésions congestives et dégénératives, qui ont été étudiées par divers observateurs, se présentent principalement dans les ganglions vertébraux et dans ceux du sympathique, dans le bulbe, dans la protubérance, çà et là dans la moelle, ainsi que dans le cerveau, surtout dans certaines de ses parties. Elles consistent dans des apoplexies capillaires, dans la stase du sang, dans la diapédèse des globules blancs, dans l'aspect moniliforme et la rupture des vaisseaux, dans des hémorrhagies, dans la formation de cristaux, dans la compression, la déformation et l'altération des éléments nerveux.

La diapédèse peut d'ailleurs avoir lieu à des degrés divers, et se traduire sous forme d'infiltration des parois vasculaires, sous forme d'infiltration des tissus périvasculaires, et sous forme de foyers loin des vaisseaux. On rencontre çà et là, dans le cerveau, dans la moelle, surtout dans le bulbe et dans la protubérance, principalement dans le plancher du quatrième ventricule, des hémorrhagies capillaires, résultant de ruptures vasculaires, et des vaisseaux distendus, dilatés là et rétrécis ailleurs, remplis de sang ou de leucocytes. Les hémorrhagies, visibles souvent à l'œil nu, se présentent sous forme de petits amas ou foyers d'hématies plus ou moins décolorés et granuleux, entremêlés parfois de cristaux d'hématoïdine et de masses hyalines, résultant de la décoloration et de la dégénération des globules rouges. Le pourtour de ces amas est formé d'ilots de nécrose contenant des détritus de tissu, des gouttes de myéline, des cellules et des leucocytes plus ou moins granuleux, etc. Les vaisseaux se montrent tantôt distendus par du sang non encore altéré, ou par des leucocytes et quelquefois par un coagulum fibrineux, tantôt remplis par une matière hyaline, par des cristaux d'hématoïdine et par des leucocytes, le tout ayant l'aspect plus ou moins granuleux. Ils sont entourés d'un manchon de leucocytes mêlés avec des globules rouges, avec de l'exsudat fibrineux parfois, et souvent avec de petites masses hyalines, rondes ou ovoïdes, réfringentes, sans structure apparente. Ils présentent les mêmes éléments infiltrés dans leurs parois. Leur gaîne lymphatique est dilatée, distendue par l'accumulation de leucocytes, qui forment un manchon continu. La matière hyaline, dont il vient d'être question, et qui existe dans les vaisseaux, dans leurs parois et en dehors, se montre parfois agglomérée en plus ou moins grande quantité dans certaines parties des centres nerveux, au pourtour des vaisseaux, qu'elle comprime et étrangle de distance en distance; d'autres fois elle est déposée en couche régulière autour des vaisseaux; elle ne se colore pas et résiste aux acides et aux alcalis. Les parois des vaisseaux se montrent parfois dégénérées ou en voie de dégénérescence amyloïde. Dans la substance, qui soutient et entoure les cellules nerveuses, on trouve des exsudations d'hématies et de leucocytes, qui se montrent disséminés ou réunis en foyers granuleux, légèrement jaunâtres. On y trouve aussi de très nombreuses et de très petites granulations moléculaires. Les altérations de la moelle, l'injection, l'infiltration, les hémorrhagies, etc., sont surtout marquées dans le segment qui est en liaison nerveuse avec la région de la morsure.

Parfois on voit des cellules nerveuses entourées par le produit de l'exsudation ou de l'hémorrhagie, comprimées par les cristaux et la matière hyaline, pénétrées par les leucocytes, prendre un aspect excavé déprimé, se déformer par suite du déplacement de leur noyau, et même se détruire pour laisser la place aux leucocytes ou à une matière granuleuse. On trouve des concrétions amyloïdes dans la substance blanche et surtout dans la substance grise de la moelle le long des vaisseaux, et surtout là où l'émigration leucocytaire est la plus active. On rencontre de nombreux leucocytes dans le canal central de la moelle. Dans le bulbe ce sont les mêmes lésions que dans la moelle.

Les altérations éprouvées par les éléments nerveux sous l'influence de l'action propre et directe du virus rabique sont encore mal connues. On a cependant constaté de l'opacité, du trouble et un état granuleux plus ou moins accusé du protoplasma des cellules nerveuses, qui paraissent renfermer de nombreux éléments granuliformes semblables à des micrococques, et dont le contour devient plus incertain. On a également observé le même aspect nuageux, l'opacité et l'état granuleux des fibres nerveuses, et même la destruction du cylindre-axe et la fragmentation de la myéline. On a signalé (Schaffer) diverses altérations des éléments nerveux : la dégénérescence granuleuse du protoplasma ; la dégénérescence granuleuse du noyau ; la dégénérescence de la cellule, accompagnée de petites vacuoles dans le plasma périnucléaire ; la dégénérescence hyaline de la cellule : la dégénérescence fibrineuse, donnant au protoplasma une apparence fibrillaire et s'accompagnant de l'altération du noyau et du nucléole qui se colorent faiblement ; l'hypertrophie et un état granuleux des cylindres axes ; la dégénérescence de leurs gaînes ; la fragmentation de la myéline ; la dénudation des cylindres axes. Les altérations sont moindres dans la couche corticale.

On a encore signalé d'autre part (Popow) les altérations suivantes dans le système nerveux central : une tuméfaction variqueuse des fibres nerveuses au début de l'affection, due probablement à un gonflement irrégulier de la myéline ; l'hypertrophie des cylindres-axes ; des modifications dans le protoplasma et le noyau des cellules nerveuses ; des amas de pigment jaunâtre granulé dans le protoplasma, l'envahissement de tout le protoplasma et du noyau par ce pigment, la déformation et la destruction des cellules qui sont remplacées par des amas de pigment libres ; l'irrégularité du contour des noyaux, leur envahissement et leur remplacement par un amas de pigment. Ces altérations, qui seraient la conséquence d'un processus inflammatoire, se montreraient surtout dans certaines parties des centres nerveux, de préférence dans celles qui président aux fonctions motrices.

Les divers symptômes, qui se montrent dans le cours de la rage, s'expliquent donc par l'action du virus sur les éléments nerveux, dont l'altération est le point de départ des troubles nerveux et la cause des phénomènes congestionnels et asphyxiques qui apparaissent ensuite. Il y a dans la rage une myélite aiguë, affectant la substance blanche et surtout la substance grise, s'étendant à toute la moelle et au bulbe, (ce qui explique l'irritabilité réflexe et les phénomènes spinaux), et aboutissant à la nécrose des parties atteintes (ce qui explique la diminution de l'irritabilité réflexe et la paralysie).

ÉTIOLOGIE.

On ignore à quelle époque la rage a commencé ses ravages; mais son développement a été attribué et l'est encore par quelques personnes à des causes autres que la contagion. L'apparition de la maladie à la suite de certaines influences, l'éclosion de son virus dans des organismes, qui ne l'avaient pas reçu par un mode de transmission quelconque, ont été et sont encore aujourd'hui considérés, par un certain nombre d'observateurs et de pathologistes, comme une vérité scientifique parfaitement établie. L'apparition de la rage en dehors de la contagion n'est cependant admise que dans de très rares cas et seulement chez les animaux carnivores, notamment chez le chien, le loup, le chat, le renard, etc. On s'accorde à admettre que les autres animaux et l'homme n'en sont atteints qu'autant que le germe leur en a été transmis; du reste on reconnaît que la rage des carnivores, apparue sans qu'il y ait eu contagion, est transmissible, comme celle qui dérive de l'inoculation, de la contagion. Pourtant, s'il est vrai que les médecins considèrent la rage de l'homme comme dérivant toujours de la contagion, il en est encore quelques rares, qui, à l'exemple de quelques-uns de leurs devanciers, croient que l'homme peut devenir enragé sans avoir reçu le virus de la maladie; Morgagni lui-même avait bien cru que la morsure d'un chien non enragé pouvait donner la rage. Mais il faut se hâter d'ajouter que la maladie ainsi éclose chez des personnes, à la suite de la frayeur causée par des morsures de chiens non enragés, à la suite de la terreur et des préoccupations enfantées par l'imagination des individus mordus, n'est pas la vraie rage contagieuse. Il faut en dire autant de l'état rabiforme, qui s'est montré parfois chez des personnes mordues depuis très longtemps, depuis des années, sous l'influence de la frayeur et des angoisses morales qu'a fait naître chez elles à un moment donné le souvenir de leur morsure d'autrefois. Il ne s'agit pas là de la rage proprement dite, mais d'une maladie qui, tout en ayant plus ou moins son expression symptomatique, n'est en réalité ni contagieuse, ni virulente, ni inoculable, ni incurable. L'erreur, commise par certains médecins et certains vétérinaires, qui niaient l'existence du virus rabique, et attribuaient la maladie à une irritation du système nerveux consécutive à l'irritation des nerfs de la partie blessée, s'explique par la confusion qui a été faite plus d'une fois, dans les deux médecines, entre cet état rabiforme et la rage proprement dite. Que si on a vu parfois des chiens qui ont transmis la rage, tout en ne paraissant pas réellement enragés, que si on a vu ensuite ces chiens continuer à vivre tandis que leurs victimes succombaient, il faut en conclure qu'ils étaient réellement atteints de la vraie rage au moment où ils l'ont transmise, mais qu'ils se sont rétablis.

La croyance au développement possible de la rage sans contagion s'est propagée et a été entretenue par la relation de faits incomplètement observés ou mal interprétés ; et d'ailleurs quelques événements, qui se sont produits à certaines époques, ont semblé l'étayer et la fortifier. Ainsi, en 1803, on a observé au Pérou, indemne de rage jusque là, dit-on, une maladie frénétique, d'apparence rabiforme, qui s'était montrée spontanément, pendant les fortes chaleurs, chez les animaux et chez des personnes, et qui était transmissible par les morsures des malades. Mais il n'est pas démontré que ce fut la rage : et, si la maladie a paru se transmettre par morsure, on n'est pas pour cela autorisé à l'affirmer, car les individus mordus étaient, eux aussi, soumis à l'influence des mêmes causes, qui avaient fait apparaître l'affection sur les premiers. D'ailleurs, à supposer qu'il s'agissait bien de la rage, il y aurait lieu de se demander si elle n'aurait point été introduite d'une manière qui serait passée inaperçue. En Amérique, on a parlé encore d'une maladie rabiforme, qu'on appelle rage méphitique, et qui serait provoquée par la morsure du putois. Mais, cette fois encore, il ne s'agit pas de la rage ; et cet exemple montre combien il est utile de recourir aux renseignements pour établir le diagnostic de la vraie maladie rabique. Enfin, à diverses époques et en divers pays, on a assez souvent observé des recrudescences de rage, pendant lesquelles la maladie se montrait beaucoup plus fréquente et parfois épizootique. Ces faits sont exacts, et leur explication se trouve, non dans l'action exclusive de telle ou telle influence atmosphérique, mais dans la contagion, qui n'a pas été entravée par l'application de mesures préservatrices convenables, ou qui a été plus intense parce que la maladie a été accélérée dans sa marche, parce que les malades ont fourni peut-être un virus plus actif et fait des morsures plus nombreuses et plus graves. D'ailleurs on a toujours remarqué que ces recrudescences s'atténuaient et disparaissaient devant l'application raisonnée des mesures préservatrices, malgré la persistance des conditions météorologiques ou autres, considérées à tort comme causes déterminantes. Dans les grandes villes les épizooties de rage chez les chiens sont fréquentes, quand on se relâche dans l'application des mesures prophylactiques; mais, là encore, l'extension de la maladie est la conséquence de la contagion.

Les climats ne semblent en réalité avoir aucune influence sur l'apparition de la rage, qui se montre dans les pays les plus disparates, et qui n'apparaît pas dans les pays froids ou chauds sans y avoir été introduite. La maladie sévit surtout dans les pays tempérés de l'Europe; mais elle sévit d'ailleurs dans des pays très froids et dans des pays très chauds; d'un autre côté elle semble encore inconnue dans des pays, dont les conditions météorologiques sont diverses et opposées; enfin des pays froids, comme des pays chauds, sont restés indemnes jusqu'au jour où la rage y a été introduite avec des chiens importés. De tout cela il faut conclure que les conditions météorologiques ne font pas naître la rage, dont l'apparition dans les pays jadis indemnes et les recrudescences observées si souvent dans les divers pays ne doivent être attribuées qu'à la contagion.

Il en est des saisons comme des climats; elles ne jouent certainement pas le rôle de causes efficientes, malgré les résultats donnés par de nombreuses statistiques, qui nous montrent que la rage est tantôt plus fréquente pendant telle saison et tantôt moins rare durant telle autre saison. La rage se montre en toute saison, elle semble surtout fréquente au printemps, puis en été et en hiver; elle serait plus rare en automne. Cependant les plus nombreux cas sont parfois constatés en été pendant les fortes chaleurs, d'autres fois c'est l'hiver qui est la saison la plus riche en cas de rage. La chaleur de l'été peut abréger la durée de la période d'incubation, et rendre ainsi les animaux contaminés plus vite aptes à transmettre la maladie. D'un autre côté la fréquence de la rage en été peut s'expliquer dans une certaine mesure par le vagabondage des chiens, qui est plus actif pendant cette saison que pendant l'hiver. La fréquence des cas de rage observés pendant le printemps s'explique également par le vagabondage des chiens, qui courent après les chiennes en rut. La chaleur, malgré une croyance assez accréditée chez le vulgaire, n'est donc pas une cause efficiente de rage, ainsi qu'en témoignent l'inexistence de la maladie dans des pays très chauds et sa rareté dans d'autres pays où la température de l'été atteint un degré très élevé. Le froid, pas plus que la chaleur, ne fait naître la rage, qui est inconnue dans des pays dont la température est très basse. Il faut donc chercher ailleurs que dans l'action des climats et des saisons les causes de l'apparition spontanée de la rage.

On a accusé de produire cet effet, des influences multiples et diverses, telles que la faim, la soif, la mauvaise hygiene, l'alimentation avec des matières altérées, putréfiées, la peur, la souffrance physique, le musellement, les affections morales, le chagrin, l'enlèvement des petits à la mère, les excitations génésiques non satisfaites, la colère, les morsures des chiens en colère ou en chaleur, la race, le sexe, l'âge.

Les cas de rage sont plus fréquents chez certaines races, chez les individus du sexe mâle, et cela se comprend sans peine; il doit en être ainsi, non pas que la race et le sexe soient des causes de la maladie, mais tout simplement parce que les représentants de telle race et du sexe mâle, étant plus nombreux et plus vagabonds, il s'ensuit qu'ils sont plus fréquemment et en plus grand nombre exposés à la contagion. Le jeune âge a une influence sur la durée de la période d'incubation, qui est ordinairement plus courte chez les jeunes que chez les adultes.

Les aliments altérés, la mauvaise hygiène, la faim, la soif, ne font pas davantage éclore la rage sans la contagion. Les animaux tels que le porc, l'hyène et les chiens dans les villes de l'Orient, à Constantinople, à Smyrne, etc., mangent des matières corrompues, des viandes putréfiées, etc.; cependant ni le porc, ni l'hyène ne deviennent enragés de ce chef; et à Constantinople, à Smyrne, etc., la rage est rare chez les chiens. Bien qu'on ait cru voir la maladie se déclarer sur des animaux exposés aux tourments de la faim et de la soif, l'observation et l'expérimentation démentent cette manière de voir; la rage est encore inconnue ou rare dans des pays où les chiens sont exposés souvent à la faim et à la soif; enfin les physiologistes, qui ont étudié l'abstinence et l'inanition chez le chien, n'ont jamais obtenu la rage, en le privant plus ou moins longtemps d'aliments ou de boissons.

Les souffrances physiques, la douleur, la colère, la peur, le chagrin, peuvent-ils déterminer la rage?

On aurait vu un chat devenir enragé à la suite d'une brûlure douloureuse (Tardieu) et transmettre ensuite sa rage par morsure; mais il n'a pas été démontré que l'animal n'avait pas été mordu antérieurement par un chien enragé; et il y a tout lieu de croire que la douleur, occasionnée par la blessure, n'avait fait que hâter l'éclosion du mal, en abrégeant la durée de l'incubation. Que de chiens sont fréquemment torturés dans les expériences de laboratoire; et pourtant aucun d'eux n'est jamais devenu enragé par ce seul fait. Comment comprendre d'ailleurs que le musellement puisse être plus efficace par la contrainte qu'il impose aux animaux. Le musellement semble si peu une cause de rage que, en Allemagne, dans le grand duché de Bade et à Berlin, où il est pratiqué rationnellement et d'une manière permanente, les cas d'hydrophobie sont devenus excessivement rares.

On a soutenu que la colère peut engendrer la rage, que le chien en colère et furieux peut, quoique non enragé, communiquer, ou pour mieux dire, provoquer la maladie par sa morsure. On a cité (Rozier) le cas d'un homme devenu enragé, après s'être mordu lui-même à la main dans un accès de colère; on a cité pareillement le cas d'un soldat devenu enragé, après avoir été mordu par un de ses camarades, et celui d'une femme, qui contracta la maladie, pour avoir été mordue au sein par son nourrisson. On croit lire des contes, en prenant connaissance de semblables histoires, et on se sent disposé à passer outre, sans essayer de réfuter des assertions, qui ne semblent pouvoir être acceptées de personne. Cependant d'autres faits plus vraisemblables, sinon plus vrais, ont été publiés en vue de démontrer que la morsure faite par un chien en colère ou en chaleur peut déterminer la rage. On a admis que la salive du chien pouvait devenir virulente momentanément, sous l'influence de la colère, et donner la rage mortelle. On invoque, à l'appui de cette opinion, le cas d'un homme qui mourut enragé neuf mois après avoir été mordu par un chien, qui était resté en liberté chez son maître, et qui était encore bien portant au moment où la mort vint frapper l'individu qu'il avait mordu. Le Dr Putégnat a vu mourir hydrophobe un enfant de neuf ans, à la suite d'une morsure faite par un chien, qui poursuivait une femelle en rut, et qui ne devint pas lui-même enragé. M. Piétrement a pareillement vu devenir enragé, à la suite d'une morsure faite par un chien, qui ne devint pas enragé, un animal de son espèce, qui transmit ensuite à un cheval la rage ainsi contractée. M. Decroix cite de son côté le cas d'un chien, qui devint enragé, pour avoir été mordu par un de ses congénères, qui n'eut pas la maladie. Le Dr Hermann Strahl a observé un cas d'hydrophobie mortelle, à la suite d'une morsure faite par un chien sain. M. Bourrel, tout en donnant aux faits qu'il signale la signification qu'ils comportent, a relaté des cas analogues aux précédents, dans lesquels il s'agit de chiens devenus enragés à la suite de morsures reçues de la part d'autres chiens non enragés. M. Serres croyait que les morsures faites par les chiens, pendant l'époque du rut, pouvaient faire naître la rage.

Que penser de ces faits et que déduire de ces assertions? Il est parfaitement établi que l'homme peut présenter des cas d'hydrophobie non rabique suivie de mort; et il est reconnu que l'hydrophobie non rabique peut succéder à des morsures faites par des animaux non enragés. Ainsi s'expliquent à coup sûr certains cas d'hydrophobie observés chez l'homme après des morsures d'animaux non enragés, quand il s'agit de personnes qui s'effrayent, qui se frappent ou qui ont éprouvé une grande frayeur. Quant à l'homme qui mourut neuf mois après la morsure, n'est-il pas permis de penser qu'il avait pu, pendant ce long laps de temps, être mordu ou léché par un chien enragé? L'enfant dont l'histoire est relatée par le Dr Putégnat avait-il réellement la rage; et, si oui, n'avait-il pas été léché ou mordu par un autre chien? Le fait observé par M. Piétrement laisse de même la question dans le doute, car le cheval, dont il est parlé, a présenté une période d'incubation de dix mois, pendant laquelle il a pu être mordu par un chien réellement enragé. Quant au chien dont parle M. Decroix, il était déjà sous le coup de la rage, au moment de la morsure, car la maladie a fait son apparition trop brusquement.

En résumé les faits observés pèchent tous par quelque côté, et aucun d'eux n'apporte une démonstration réelle ; ils ne prouvent pas que la colère, la souffrance, etc., rendent passagèrement le chien enragé, ils n'établissent pas que la maladie puisse apparaître sous leur influence. Les morsures faites par des animaux en colère et non rabiques peuvent à la rigueur déterminer une sorte d'intoxication, mais non point la vraie rage transmissible. D'ailleurs, étant aujourd'hui avéré que la rage peut guérir spontanément, il est permis de penser qu'il ait pu arriver parfois qu'un chien réellement enragé ait transmis sa maladie pendant un accès de fureur et qu'ensuite il se soit rétabli, tandis que sa victime devenait plus tard enragée et succombait. Il a ainsi pu arriver qu'on ait mis sur le compte de la spontanéité, sur le compte de la colère, ce qui en réalité était une preuve de plus de la contagion. Mais, dans tous les cas, l'individu, dont la morsure a fait apparaître la rage véritable, avait lui-même la maladie et en avait reçu les germes d'un autre qui en était atteint.

Les cas de rage spontanée ont été attribués encore à l'influence de la peur, du chagrin et surtout à l'influence des excitations génésiques non satisfaites. Si la peur et la frayeur peuvent, comme nous l'avons établi, provoquer chez l'homme un état rabiforme, il ne s'agit pas là de la rage contagieuse. On a aussi prétendu que la peur pouvait faire éclore la rage chez le chien ; mais le cas rapporté à l'appui par M. Bourrel n'a, comme il le fait du reste remarquer lui-même, aucune valeur scientifique. Il s'agit en effet d'un chien qui devint enragé six mois après avoir lutté avec un autre chien non enragé, et qui éprouvait une frayeur marquée chaque fois qu'il se trouvait en présence du maître de l'autre animal ; ici encore il n'a pas été démontré que le chien en question n'avait pas reçu la morsure de quelque autre chien enragé. La peur, la frayeur, les émotions, pas plus que la colère, ne font naître la rage ; mais elles peuvent, comme elle, abréger la période d'incubation et faire apparaître brusquement les manifestations de la maladie préalablement transmise. Ainsi on a vu l'immersion dans un bain froid faire apparaître brusquement les symptômes de la rage chez un chien antérieurement mordu.

La surexcitation, résultant de désirs vénériens non satisfaits, a été souvent accusée d'engendrer la rage chez les chiens mâles ; la continence forcée des chiens mâles, excités par la présence ou le voisinage d'une femelle en rut, serait, au dire de nombreux observateurs, une des principales causes de la rage canine spontanée. Des faits nombreux ont été publiés, en vue d'établir le rôle de cette cause ; les ardeurs génésiques des mâles, d'autant plus excitées qu'ils sont élevés dans de meilleures conditions de bien-être, ne peuvent, dit-on, être satisfaites dans bien des cas, soit parce que ces animaux sont maintenus plus ou moins séquestrés par leurs propriétaires, soit parce que le nombre des femelles est inférieur à celui des mâles ; d'où il suit que, pour une chienne en chaleur, on voit souvent à sa poursuite un nombre considérable de mâles qui se la disputent. Il est vrai que le nombre des mâles est plus grand que celui des femelles ; il est pareillement vrai que les cas de rage sont plus fréquents chez les mâles que chez les femelles, et cela se conçoit aisément sans faire intervenir l'inassouvissement des désirs vénériens, un chien enragé qui passe dans les rues mordant naturellement plus de mâles que de femelles, qui d'ailleurs sont moins exposées à être mordues parce qu'elles fuient souvent la lutte. Ayant vu apparaître la rage après des excitations génésiques inassouvies, on a cru que son développement était déterminé par cette cause, parce qu'on a ignoré les antécédents des malades, ou parce qu'on a été dupe de déclarations mensongères. En effet les observateurs invoquent ordinairement l'affirmation des propriétaires, qui disent souvent, sans le savoir, que leurs chiens n'ont pas été mordus ; or, il a été reconnu plus d'une fois que ces affirmations n'étaient pas conformes à la vérité : les chiens les mieux surveillés peuvent être mordus à l'insu de leurs maîtres. Si l'on en croyait les affirmations des propriétaires des chiens devenus enragés, on aurait plus souvent à constater la rage spontanée que la rage communiquée. Les cas sont nombreux d'ailleurs d'exaltation génésique non satisfaite, où la rage ne s'est pourtant point déclarée : aussi est-il admis aujourd'hui à peu près généralement que les excitations génésiques même inassouvies sont sans effet au point de vue de la production de la maladie.

Des expériences tentées par Toffoli sembleraient démontrer pourtant que le chien mâle peut devenir enragé, sans avoir reçu le germe de la maladie, quand ses ardeurs génésiques sont excitées par la vue d'une chienne en rut dont on ne le laisse pas approcher, et qu'on fait couvrir devant lui par un autre mâle. Ces expériences, ainsi que les faits analogues qui ont été observés, ne peuvent entraîner la conviction, parce que les animaux devenus malades avaient pu être mordus antérieurement, ou parce que l'état rabiforme observé chez eux n'était point la vraie rage. D'ailleurs des expériences tentées par d'autres personnes n'ont pas donné les résultats obtenus par Toffoli. C'est assurément la lecture des observations relatives à l'influence des excitations génésiques inassouvies, qui a amené l'auteur d'une brochure publiée dernièrement sur « le principe et le traitement de la rage » à écrire la phrase suivante : « le principe de la rage, celui qu'il faut traiter si l'on veut avoir raison du mal, n'est autre que le sang génital de la race canine amené à l'état de décomposition par une surexcitation inflammatoire des organes de la génération, dont la vie, trop activée et retenue en même temps, produit une surabondance de sucs génitaux, lesquels ne trouvant pas d'issue pour faire irruption au dehors passent dans le sang à l'état de décomposition morbide, lui intoxiquant ainsi le virus de la rage, lequel n'est à son tour que ces mêmes sucs à l'état de fermentation maladive. » Voilà à quelle singulière conception conduit la croyance au développement spontané de la rage à la suite de désirs vénériens inassouvis.

M. Bourrel a relaté des cas de rage attribués par les propriétaires au chagrin, qu'auraient éprouvé les animaux de la perte d'un commensal, ou du départ d'une personne de la maison; mais, comme l'a fait justement observer l'auteur qui a relaté ces faits, les animaux ainsi devenus enragés, n'avaient-ils pas été mordus antérieurement à l'insu de leurs propriétaires ? Le chagrin ressenti par la chienne ou par la chatte, à qui on enlève ses petits, a été et est encore accusé de pouvoir faire naître la rage ; on a vu la maladie apparaître chez des chiennes à la suite de l'enlèvement de leurs petits, et c'était bien la rage, car les malades l'ont transmise par leurs morsures ; on a contaté le même fait chez des chattes, qui sont devenues enragées, après qu'on leur a eu enlevé leurs petits, et qui ont ensuite transmis la maladie. Ces faits ne prouvent pas le développement spontané de la rage, vu qu'il n'est pas démontré que les animaux n'avaient pas été mordus antérieurement ; ils prouvent une fois de plus que la rage en incubation peut éclater brusquement chez les animaux à qui on inflige un chagrin, une émotion, etc.

En résumé, toutes les causes invoquées, pour expliquer le développement de la rage sans contagion, sont sans effet ; il n'est pas démontré, à l'heure qu'il est, que la maladie puisse apparaître spontanément, sans qu'il y ait eu transmission de son virus. Des faits invoqués, aucun n'a une portée véritablement scientifique, aucun n'est de nature à forcer la conviction. Ceux qui ont accusé les influences météorologiques, hygiéniques, morales, physiques, individuelles, se sont trompés, soit qu'ils aient pris des états rabiformes pour la vraie rage, soit qu'ils n'aient pas su, soit qu'ils n'aient pas pu, soit qu'il aient négligé de se renseigner exactement sur les antécédents des animaux devenus enragés. Il est, d'ailleurs, encore des pays où la maladie n'existe pas ; et pourtant les chiens y sont soumis, comme partout ailleurs, aux diverses influences, qui ont été accusées de faire naître la rage. Que si ces diverses causes pouvaient avoir une influence sur l'apparition de la rage, il faudrait que ceux sur qui elles agissent, en aient pris les germes d'une manière quelconque dans le monde extérieur,

CONTAGION DE LA RAGE.

La contagion est la seule cause capable de faire apparaître la rage chez les animaux quels qu'ils soient, comme chez l'homme. La rage est d'ailleurs transmissible, quelle que soit la forme sous laquelle elle se montre ; la forme paralytique, muette et tranquille est inoculable, comme la forme furieuse, et donne tantôt la rage furieuse, tantôt la rage mue : de même que l'inoculation de la forme furieuse peut donner indifféremment la rage mue ou la rage furieuse ; néanmoins les malades, qui présentent la forme furieuse, sont plus dangereux à cause de leur propension à attaquer et à mordre. La rage de tout animal enragé, comme celle de l'homme, est transmissible. Celle du chien et des autres carnivores est transmissible aux autres animaux et à l'homme, ainsi que cela est péremptoirement démontré par de très nombreux faits d'observation et d'expérimentation. Le chien, étant l'animal chez lequel on observe le plus souvent la maladie, est aussi celui qui la transmet le plus ordinairement à l'homme et aux animaux. Le loup transmet pareillement la maladie aux animaux et à l'homme, ainsi que le prouvent d'assez nombreux faits d'observation ; et il semble même, comme nous l'avons déjà dit, que sa morsure est plus dangereuse que celle du chien, soit qu'elle inocule mieux le virus, soit que la bave du loup ait des propriétés plus énergiques ; les personnes mordues par des loups enragés deviennent hydrophobes dans la proportion de 6, 7, 8, 9 sur 10. Le chat enragé a aussi transmis quelquefois la rage à l'homme ; on a enfin observé des cas de transmission par le renard, le chacal, l'hyène, le blaireau et la marte. Du reste rien ne prouve mieux la contagion de la rage et sa propagation par l'intermédiaire du chien que l'introduction de la maladie dans des pays où elle n'existait pas. C'est, en effet, avec des chiens européens, qu'elle a été importée en Amérique, à la Plata, à l'île Maurice, à Malte, à Hong-Kong, à Shanghaï, etc.

Il arrive rarement que les animaux herbivores transmettent la rage, parce qu'ils ne mordent pas habituellement, ou parce que, s'ils mordent, ils produisent une contusion ou une plaie contuse, qui ne se prête guère à l'absorption du virus. Youatt, Delafond, Tardieu, ont signalé pourtant des cas de transmission à l'homme par la morsure d'un cheval, d'une vache et d'un mouton. Mais la virulence de la bave des herbivores était jadis contestée par Huzard et Dupuy, qui croyaient à la non transmissibilité de la rage de ces animaux ; et des expériences faites à Alfort, à Lyon et à Toulouse, par Girard, Vatel, Renault, Rey et M. Lafosse confirmaient d'abord cette manière de voir. Cependant Berndt avait démontré en 1822 que la rage du bœuf est inoculable au mouton ; et Breschet avait, au dire de Rochoux, inoculé fructueusement la rage des solipèdes et celle des grands ruminants. Eckel avait aussi probablement, dans une expérience dont il sera question plus loin, transmis la rage du bouc au mouton; il avait, en outre, transmis au chien la rage des hervivores. Renault et Rey, qui avaient eu d'abord des insuccès, réussirent dans la suite. Rey mocula (1842) fructueusement, par piqûres pénétrantes, la rage du bélier au bélier et au mouton et la rage du mouton à l'âne; après Rey, Renault réussit à son tour et transmit la rage du mouton au chevreau, au cheval; il transmit aussi, comme l'avait fait Eckel, la rage des herbivores au chien. Dans les expériences de Rey, tous les chiens, au nombre de neuf, inoculés avec la bave du bélier ou du mouton enragé, restèrent indemnes, alors que les moutons inoculés de même devinrent enragés. M. Bourrel avait transmis (1845) la rage du taureau à la brebis, en se servant de la bave. J'ai de mon côté de nombreuses fois transmis la rage du mouton, de l'agneau, de la chèvre, au mouton, à la chèvre et au lapin; et M. Pasteur a également obtenu la maladie en inoculant par trépanation la matière cérébrale d'une vache enragée: M. Ladague l'a aussi fait naître en inoculant la bave, la substance cérébrale et médullaire, le liquide encéphalorachidien de bovins enragés. La rage du porc, bien qu'il y ait à ce sujet peu d'observations et peu d'expériences, doit être considérée comme transmissible par inoculation et par morsures; on l'a eu transmise expérimentalement. Celle du lapin est transmissible par inoculation; celle des oiseaux est également inoculable de même que celle du cobaye, du rat, du singe; et on aurait même observé un cas de transmission par le rat à l'enfant, et plusieurs cas de transmission par les oiseaux de basse-cour.

En résumé la rage des divers animaux, qui sont susceptibles de la contracter, doit être considérée comme transmissible dans tous les cas: le chien transmet la maladie aux divers animaux et à l'homme, il en est de même des autres carnivores; quant aux animaux non carnivores, s'ils ne transmettent qu'exceptionnellement leur rage aux animaux et à l'homme, cela tient à ce qu'ils ne mordent pas ou ne font pas des morsures inoculatrices, mais leur rage est virulente et transmissible, ainsi que le prouvent l'observation et les inoculations expérimentales. Cependant, comme nous l'établirons plus loin, le virus rabique n'a pas la même activité dans toutes les espèces; celui qui est fourni par les herbivores se montre plus souvent infidèle, ainsi qu'en témoignent les insuccès nombreux qu'on a notés dans les expériences d'inoculation avec la salive; et d'ailleurs il semble résulter des expériences qui ont été faites avec la salive des herbivores, que la rage de ces animaux se transmettrait difficilement au chien. Quoi qu'il en soit, il est admis que la rage des animaux herbivores, surtout celle des ruminants, est moins communicable que celle des carnivores, soit que leur salive plus visqueuse gêne davantage l'absorption des germes virulents, soit surtout parce que ces animaux mordent peu ou inoculent mal le virus.

L'homme, de même que les animaux, contracte la rage seulement à la suite d'une inoculation par morsure ou par léchement; et sa rage est également virulente, transmissible. Bien qu'on ait vu parfois des personnes enragées faire des morsures à d'autres personnes, on n'a cependant jamais signalé, peut-être grâce à la cautérisation hâtive des blessures, aucun cas bien avéré de transmission de la rage de l'homme à l'homme. Les tentatives de transmission expérimentale par inoculation de la salive de l'homme au chien sont souvent restées infructueuses; pourtant Magendie et Breschet ont fait naître la maladie sur le chien, en lui inoculant la salive d'un homme enragé, et le même résultat a été obtenu par d'autres expérimentateurs; on a également transmis, en se servant de la salive, la rage de l'homme au lapin et au cobaye; mais on admet généralement que la salive de l'homme est moins virulente que celle des carnivores; la rage a été obtenue aussi en inoculant au lapin (Pasteur) la matière cérébrale d'une personne morte de la maladie.

Nous venons de voir que la transmission de la rage aux animaux et à l'homme est le fait presque exclusif d'individus appartenant à certaines espèces. Or toutes les espèces ne semblent pas également prédisposées, et tous les individus ne sont pas pareillement aptes à contracter la rage. Outre que diverses conditions défavorables peuvent empêcher l'absorption du virus, la prédisposition à contracter la rage varie suivant les espèces et suivant les individus; elle semble moindre chez l'homme et chez les ruminants que chez les carnassiers; certains chiens ont résisté pendant des années à toute tentative d'inoculation; enfin, d'après Renault, un quart des animaux inoculés expérimentalement avec la bave échapperait à la rage, mais cela tient plutôt aux qualités du produit inoculé qu'au défaut de réceptivité des individus, bien qu'on en rencontre parfois qui se montrent réellement réfractaires.

En résumé l'intensité du virus rabique semble varier suivant les espèces et même suivant les individus, au moins en ce qui concerne la bave, car il est fréquent de voir certains chiens transmettre moins souvent la rage par leurs morsures que d'autres animaux de la même espèce. De même que l'intensité virulente, la prédisposition à contracter la maladie varie aussi suivant les espèces et les individus. Ces deux faits, surtout le premier, trouveront leur explication dans la suite.

Siéges de la virulence. — La rage est toujours transmise par l'inoculation de la bave, dont la virulence est démontrée par de nombreux faits d'expérimentation, par ceux qu'ont obtenus Grüner et le comte de Salm (1813), Magendie, Hertwig, Renault, Rey, etc., etc., et par les faits encore plus nombreux d'observation relatifs à l'apparition de la maladie à la suite de morsures d'animaux enragés. La bave de tous les animaux enragés quelle que soit leur espèce, et celle de l'homme, possèdent la virulence; et des faits authentiques prouvent qu'elle devient virulente avant la période de fureur, avant l'apparition des signes de la rage confirmée. Mais, outre que ce produit est toujours impur et contient des germes divers, qui, pour n'être pas ceux de la rage, peuvent néanmoins occasionner une mort rapide, quand on expérimente avec la bave, il y a lieu de se demander si la virulence appartient à tous ou seulement à quelques-uns des liquides qui se mélangent dans la bouche et forment par leur ensemble la salive buccale. La bave est en effet un produit complexe, formé par le mélange des salives parotidienne, maxillaire, linguale, etc., des mucus buccal, pharyngien et trachéo-bronchique.

Quelle est la sécrétion qui apporte avec elle la virulence?

Les uns ont fait venir le virus de la sécrétion salivaire, d'autres ont localisé la formation du contage rabique dans la sécrétion des voies respiratoires. Si la bave ou salive buccale est inoculable expérimentalement de l'avis unanime des expérimentateurs, il semble encore difficile de tirer une conclusion inattaquable des résultats divers, qui ont été obtenus par l'inoculation respective des produits qui la composent. Renault n'avait pas obtenu la rage en inoculant le produit de la glande parotide; Hertwig au contraire a fait naître la rage, en inoculant la salive pure extraite de la parotide d'animaux enragés. P. Bert, en inoculant comparativement à des chiens le suc des diverses glandes salivaires (parotide, maxillaire, linguales) et le mucus pris dans les bronches, n'a jamais obtenu la rage avec les liquides salivaires, mais bien avec le mucus des voies respiratoires. De mon côté j'ai inoculé un grand nombre de fois le produit de la parotide et celui de la maxillaire sans obtenir un résultat positif. J'ai procédé de diverses façons : J'ai inséré sous la peau des fragments de glande; j'ai inoculé ou injecté sous la peau, le produit obtenu par le raclage ou la compression; et jamais je n'ai fait apparaître la rage. M⁰ᵉ Reynaud avait prétendu transmettre la rage au lapin, en lui inoculant le produit de la glande maxillaire d'un autre lapin enragé ; mais il est avéré que les lapins de cet expérimentateur, qui succombaient en quelques heures, ne mouraient pas de la rage.

P. Bert dit n'avoir rien obtenu, en inoculant le produit des glandes de la langue. J'ai de mon côté inoculé le suc ou des parcelles de ces glandes ; et, dans cinq expériences, j'ai obtenu une maladie rabiforme une fois chez le mouton, une fois chez le chien et trois fois chez le lapin. Le mouton avait été inoculé au plat de la cuisse; vingt jours après la région inoculée devenait prurigineuse, puis la paralysie envahissait le membre correspondant et se propageait rapidement à tout le train postérieur d'abord, ensuite à tout le corps; la salivation était abondante; le malade resta dans cet état pendant deux jours en proie à des convulsions. J'ai obtenu un cas de rage mue, avec frissons, mouvements convulsifs et paralysie chez un jeune chien, qui est tombé malade dix-sept jours après l'inoculation. Malheureusement le chien en question était en observation depuis trop peu de temps, pour qu'il me soit permis d'affirmer qu'il n'avait pas reçu les germes de la maladie antérieurement. Quant aux lapins c'était bien la rage que l'inoculation leur avait donnée.

Barthélemy aîné obtint la rage chez le cheval, en lui inoculant le produit des lysses trouvées sous la langue d'un chien enragé ; mais ce fait ne prouve pas que le virus soit élaboré dans la lésion, d'ailleurs hypothétique, qu'on appelle lysse ; car, du moment qu'il existe dans la bave, il peut facilement se mélanger avec le contenu d'une vésicule, qui se formerait sur la buccale ; et d'ailleurs il semble bien difficile d'admettre que l'expérimentateur ait pu recueillir le produit de la lysse sans s'exposer à recueillir en même temps la matière virulente qui imprégnait la muqueuse. Enfin M. Pasteur a constaté, sur des chiens rendus enragés par inoculation intra veineuse ou intra-crânienne, ainsi que sur des chiens atteints de rage contractée par morsure, la virulence de la salive et des glandes salivaires. J'ai de mon côté provoqué la rage, en inoculant le produit obtenu par le raclage de la muqueuse bucco-pharyngienne préalablement lavée et raclée à plusieurs reprises ; en sorte que je suis porté à penser que cette muqueuse élabore ou excrète et contient le virus rabique.

De tout ce qui précède il résulte que l'on doit, malgré les résultats négatifs obtenus par divers expérimentateurs, considérer, comme véhicules du contage rabique, la salive buccale, les salives parotidienne, maxillaire et linguale, ainsi que le mucus bucco-pharyngien, etc. On doit également considérer comme source du virus rabigène la muqueuse des voies respiratoires.

Depuis longtemps on avait soupçonné l'existence du virus dans le mucus bronchique et prétendu même que la virulence de la salive buccale était due à l'arrivée de ce produit dans la bouche. P. Bert, ayant vu la rage se déclarer sur un chien trois ou quatre mois après lui avoir inoculé le produit pulmonaire d'un individu mort de la maladie, avait donné un appui à cette manière de voir, bien qu'il ne tirât de ce fait aucune conclusion définitive, attendu que le chien dont les antécédents étaient inconnus pouvait avoir déjà, au moment de l'inoculation, le germe de l'affection. Mais plus récemment le même expérimentateur s'était montré plus affirmatif, en donnant à ses expériences la conclusion rapportée plus haut ; d'après lui le virus proviendrait des voies respiratoires ; et ainsi s'expliquerait l'inégalité d'action des baves des chiens enragés.

Comme nous l'avons annoncé, la bave est non seulement un produit complexe dont l'activité virulente varie avec les espèces et les individus ; elle est surtout un produit impur dans lequel le virus se trouve associé à des germes divers. La salive buccale, inoculée par morsure ou autrement, ne donne pas la rage à coup sûr, soit que l'absorption du virus se trouve empêchée par une circonstance quelconque, soit que la portion de bave inoculée se trouve dépourvue de germes rabiques, soit que

des germes morbides autres que ceux de la rage fassent périr les sujets
d'expérience avant que l'affection rabique ait eu le temps d'évoluer.
Dès 1878, P. Bert avait reconnu que les salives des chiens enragés ont
des propriétés septiques très accusées ; il avait remarqué, que, si elles
n'amènent pas la rage, elles occasionnent « très fréquemment la mort
des animaux auxquels on les inocule, en produisant des accidents
locaux graves, de vastes décollements cutanés. » J'avais à mon tour
constaté plusieurs fois les propriétés septiques de la bave rabique ; dans
quatre expériences, sur des chiens inoculés avec ce produit, j'avais
obtenu des accidents locaux, des décollements et la mort en quelques
jours. Des lapins inoculés avec de la salive de personnes enragées ont
souvent succombé en quelques heures, par suite d'une maladie spéciale
engendrée par des germes non rabigènes, alors qu'on croyait parfois
à tort qu'ils mouraient de la rage, dont l'incubation est beaucoup plus
longue. M. Pasteur, en inoculant la salive d'un enfant hydrophobe à
des lapins, les a vu mourir en quelques heures d'une maladie occasionnée par un microbe spécial, qu'il a trouvé dans le produit inoculé,
dans la salive des personnes hydrophobes et dans celle des personnes
indemnes de rage ; il a retrouvé ce microbe dans le sang des lapins, il
l'a isolé, il l'a cultivé et il l'a atténué au point de le rendre inoffensif
pour le lapin, auquel il confère l'immunité contre le même microbe
non atténué. La découverte de ce microbe, qui n'a rien de commun
avec la rage, explique l'action septique de la salive rabique.

En résumé, l'inoculation de la salive buccale d'une personne hydrophobe ou d'un animal enragé peut rester sans résultats ou occasionner
de simples accidents locaux ou produire la mort de trois manières, surtout chez le lapin : 1° par le microbe, dont il vient d'être question, et qui
fait mourir très rapidement ; 2° par la formation de désordres purulents
et septiques, qui entraînent la mort en quelques jours, et quelquefois
seulement au bout de plusieurs semaines ; 3° par le développement de
la rage, qui se montre après une période d'incubation assez longue,
qui s'accompagne de paralysie et dure de un à trois, quatre et parfois
cinq jours. Dans les expériences à entreprendre, et surtout quand on
aura recours à l'inoculation pour établir le diagnostic des cas douteux,
il faudra s'adresser à un produit moins impur et plus fidèle que la
bave, afin d'obtenir des résultats plus sûrs, plus clairs et plus démonstratifs.

On a affirmé que les autres produits de sécrétion et d'excrétion sont
virulents. Pourtant Renault n'a pas réussi à faire naître la rage en inoculant l'urine, les différentes sérosités, le mucus des animaux enragés.
J'ai de mon côté inoculé, sans résultat positif, l'urine, l'humeur aqueuse
de l'œil, le suc de la glande lacrymale, celui du pancréas, celui des
ganglions pharyngiens, celui du foie, celui de la rate, celui du poumon.
Dans une expérience j'ai vu mourir trois animaux, qui avaient été ino-

culés avec la chassie d'un lapin enragé; mais M. Ladague n'a pas transmis la rage, en inoculant les larmes de bovins enragés. On aurait toutefois réussi, au laboratoire Pasteur, à constater l'existence du virus dans la glande lacrymale et dans le pancréas, de même que dans les glandes salivaires; et les glandes mammaires elles-mêmes pourraient le contenir (Roux). D'autre part, il semble avéré que le foie et la rate ne deviennent pas virulents. De mon côté *dans un certain nombre d'essais tentés avec le rein, j'ai réussi une fois à produire la rage sur le lapin avec le suc de cet organe.* Pour me rendre compte si la manipulation des matières contenues dans l'estomac, qui ont entraîné avec elles de la bave, offrait quelque danger, je les ai soumises à la pression ainsi que la muqueuse stomacale d'un chien qui venait d'être sacrifié en pleine rage, et j'ai inoculé à plusieurs animaux le produit ainsi obtenu; le résultat a été encore négatif. M. Ladague a pareillement obtenu des résultats négatifs, en inoculant le mucus intestinal et la bile de bovins enragés. J'ai hâte d'ajouter que les faits, que je viens de signaler, ne sont pas assez nombreux pour permettre une conclusion définitive, et qu'il y a lieu de se livrer à de nouvelles recherches sur le point en question comme sur bien d'autres.

Relativement au sperme et au lait, qui sont également des produits de sécrétion, on a des données plus nombreuses et plus importantes, notamment en ce qui concerne le lait. On a cité le cas d'une femme qui serait devenue enragée, pour avoir cohabité avec son mari le jour où il avait été mordu; mais les faits de ce genre laissent la question sans solution, car si réellement il y a eu transmission on peut accuser tout autre mode que les rapports sexuels. D'ailleurs on cite le cas de femmes ayant continué leurs rapports sexuels avec des hommes qui avaient été mordus, jusqu'à l'éclosion de la maladie, sans devenir hydrophobes. Bien plus, on peut lire, à propos de la rage de l'homme, qu'on a eu vu un individu accomplir un grand nombre de fois l'acte du coït pendant le cours de la maladie; et pourtant il n'est pas dit que la femme ait contracté l'affection. Enfin j'ai, à plusieurs reprises et tout dernièrement encore, inoculé à des lapins, par injection hypodermique, le produit obtenu en exprimant les testicules de chiens enragés, et la rage ne s'est pas développée. Il me semble donc qu'il n'y a pas lieu de considérer comme suspectes les vaches qui ont été saillies par un taureau chez lequel la maladie est en incubation. (Voir pourtant ci-après le fait relaté par M. Mathieu.)

Quant au lait, malgré une certaine contradiction apparente entre les faits, il ne semble pas non plus virulent, dans la pluralité des cas, ni pendant la maladie, ni pendant la période d'incubation. Delafond a relaté un fait emprunté à Baudot, dans lequel il s'agit du père, de la mère, des enfants et d'autres personnes étrangères à la famille, qui devinrent enragés pour avoir bu du lait de vache enragée; le père et un des enfants guérirent; la mère, quatre enfants et six autres personnes moururent. Ce fait ne saurait être pris en sérieuse considération, à cause de la guérison de deux des malades, car on ne voit pas ordinairement la maladie guérir dans cette porportion. Fleming a rapporté le cas d'une négresse, qui, devenue enragée à la suite d'une morsure de chien hydrophobe, aurait transmis la maladie à l'enfant qu'elle allaitait; mais dans ce cas, à supposer que l'enfant ait contracté véritablement la rage, ce qui est fort douteux, attendu qu'il mourut très rapidement et avant sa nourrice, la maladie pouvait fort bien lui avoir été transmise par la salive que celle-ci déposait involontairement sur sa figure en le caressant, en l'embrassant. On a également vu devenir enragés des chiens, qui avaient été allaités par une mère hydrophobe; mais, ici encore, on peut accuser les léchements et les morsures que la chienne a prodigués à ses petits. En sorte que les faits d'observation cités, pour démontrer la virulence du lait, n'ont pas une valeur sérieuse.

Par contre, de nombreux faits ont été observés, dans lesquels le lait de femelles enragées n'a produit aucun accident. On est généralement d'accord pour admettre que la femme enragée ne transmet pas, à l'enfant qu'elle allaite, la rage dont elle est atteinte; et cette opinion est basée sur les faits qui ont été observés. Baudot cite le cas d'un enfant, qui a pris impunément le lait d'une vache enragée, et celui d'un autre enfant, qui fut allaité sans conséquences fâcheuses par une chèvre jusqu'au jour où elle fut reconnue enragée. On a vu des personnes se nourrir plus d'un mois avec le lait de vaches mordues, qui devenaient ensuite enragées, et on n'a signalé aucun cas de transmission. Gellé a vu plusieurs personnes boire du lait d'une vache enragée, pendant toute sa maladie, sans accidents. Baudot a constaté plusieurs fois l'innocuité du lait et du beurre de vaches enragées sur des familles entières. De nombreuses personnes ont, à des époques diverses, bu, sans le savoir et sans être incommodées, du lait de vaches mordues ou enragées. Baumgarten et Valentin en Allemagne, et Renault en France, ont démontré expérimentalement l'innocuité du lait. Renault a observé plus d'un an des chiens, qui avaient tété leur mère enragée avant et pendant la maladie; il a également observé pendant deux ans un chevreau, qui avait été allaité par sa mère en pleine rage; et il n'a vu la maladie apparaître sur aucun de ces animaux. Enfin on a vu, non seulement des personnes rester indemnes après avoir bu du lait de vache, de chèvre, de brebis mordues et tirées jusqu'au moment de l'apparition des premiers symptômes de la maladie, mais même des veaux élevés avec du lait de vache enragée, sans contracter la maladie. Il n'y a pas bien longtemps encore que M. Reul, de l'École de Bruxelles, a vu trois chiens prendre impunément le lait de vaches enragées. Malheureusement tous ces faits, bien que nombreux et observés un peu partout, ne sont pas de nature à établir que la virulence n'existe pas dans le lait; ils démontrent que l'ingestion de ce produit n'a pas occasionné des cas de transmission et rien de plus. Or, quand on songe que l'ingestion d'une matière très virulente, telle que la bave, peut n'offrir parfois aucun danger, on se demande si le lait ne contiendrait pas des germes morbigènes, qui, restant sans effet, quand ils sont introduits dans les voies digestives, pourraient produire la maladie s'ils étaient placés dans de meilleures conditions pour être absorbés.

Il fallait donc vérifier les propriétés du lait en procédant autrement que par la méthode qui avait été adoptée; c'est ce que j'ai fait. J'ai inoculé, par injection hypodermique et à doses massives, le lait d'une chienne enragée, à quatre lapins, qui n'en ont été nullement incommodés. M. Ladague a aussi constaté par l'inoculation la non virulence du lait de vaches enragées.

Mais, à côté de ces faits négatifs, sont venus se groupper un certain nombre de faits positifs, dont-il faut désormais tenir le plus grand compte. Perroncito et Carita ont cité un fait d'observation tendant à faire admettre la transmission de la rage par l'allaitement chez le cobaye. On a d'autre part (Bardach) rendu quatre lapins rabiques, en leur inoculant le lait d'une femme enragée. Parmi des tentatives restées infructueuses avec le lait de la lapine et de la chienne, M. Nocard à cependant réussi une fois à produire la rage avec le lait d'une chienne rabique. En résumé, il semble bien que le lait devient rarement virulent et que, lorsqu'il le devient, il contient peu de matière virulente.

Puisque les lésions primordiales de la rage se produisent dans les centres nerveux, il était tout indiqué de rechercher si le virus existe dans les nerfs, dans la moelle, dans la moelle allongée, dans le cerveau, dans le cervelet et dans le liquide céphalo-rachidien. Rossi de Turin avait obtenu la rage, en insérant sous la peau d'un chien un fragment de nerf de la cuisse extrait d'un chat enragé ; mais des expériences analogues, faites en Allemagne et en France, étaient restées sans résultat. M. Pasteur a transmis la rage en inoculant le bulbe rachidien, la portion frontale d'un hémisphère cérébral, le liquide céphalo-rachidien, la moelle, les nerfs pneumogastrique et sciatiques. Il a reconnu que le bulbe rachidien de l'homme et des animaux morts enragés contient toujours le virus, ainsi que toutes ou diverses parties de l'encéphale et de la moelle. Il a constaté que le virus rabique pouvait exister dans le liquide céphalo-rachidien, qui cependant ne le contient pas toujours, et qui peut donner la rage lors même qu'il a une apparence limpide, tandis qu'il peut ne pas la faire apparaître quand il est opalescent. Il a reconnu d'ailleurs que la virulence peut ne pas apparaître simultanément dans les diverses parties des centres nerveux : qu'elle peut exister dans certaines parties de la moelle, en cas de rage paralytique, avant de se montrer dans le bulbe ; qu'elle peut enfin se concentrer plus particulièrement dans telle ou telle partie de l'encéphale ; qu'elle existe sûrement dans les centres nerveux de l'animal mort de rage et notamment dans la moelle allongée ; qu'elle peut n'être pas arrivée au cerveau ni au bulbe, quand les animaux sont sacrifiés dans le cours de la rage. Tous les expérimentateurs ont pareillement, à la suite de M. Pasteur, constaté la virulence de la moelle et de l'encéphale des animaux enragés. Sur l'individu, qui a vécu jusqu'à la dernière phase de la rage, on rencontre le virus dans toutes les parties des centres nerveux ; tandis que, sur ceux qui sont sacrifiés pendant le cours de la maladie, on peut ne le trouver que dans certaines portions. Ainsi donc il est aujourd'hui parfaitement démontré que la virulence existe dans l'encéphale, dans la moelle et dans les nerfs. « Tout le système nerveux, du centre à la périphérie, est donc susceptible de cultiver le virus rabique. On se rend compte de la surexcitation nerveuse, qui se manifeste dans une foule de cas de rage, et qu'on voit se traduire si souvent chez l'homme par l'étrange symptôme de l'aérophobie » (Pasteur).

Le virus semble se porter sur le cerveau, la moelle allongée, etc., sur les centres nerveux en un mot ; et la diversité des manifestations rabiques tient, avons-nous vu, à ses localisations dans l'encéphale et dans la moelle ; mais il y aussi, semble-t-il, irradiation de la virulence des centres nerveux par les nerfs, ainsi que le supposait M. Duboué dans sa théorie sur l'action du contage rabique. Le virus rabique existe en effet dans les nerfs des individus qui meurent de la rage ; il a été trouvé dans les nerfs du membre mordu et dans ceux du membre opposé quoique en moins grande quantité (Roux) ; il est surtout abondant dans la portion des nerfs qui est voisine du cerveau et de la moelle, mais il y est néanmoins en plus faible quantité que dans les centres ; il a été trouvé dans le nerf pneumogastrique et dans les nerfs sciatiques du chien enragé, dans les nerfs du membre mordu des personnes mortes de la rage, dans les nerfs des animaux rendus rabiques par trépanation, etc. En tout cas il est moins abondant dans les nerfs que dans moelle et le bulbe, aussi est-il utile pour l'y déceler d'inoculer de fortes doses.

Contrairement à la bave, qui, bien que virulente, est un mélange chargé d'impuretés, la matière des centres nerveux contient le virus à l'état de pureté ; aussi est-ce là qu'il faudra le puiser, quand on voudra faire des expériences, et surtout quand il s'agira de recourir à l'inoculation pour établir le diagnostic des cas douteux, tout en ne perdant jamais de vue que certaines portions des centres nerveux peuvent seules, à l'exclusion des autres, être virulentes, quand la maladie n'était pas arrivée à une phase assez avancée. Enfin il découle de ce qui précède, qu'on ne saurait être trop prudent en pratiquant l'autopsie des centres nerveux, afin d'éviter toute inoculation, soit par les plaies ou excoriations existantes, soit par les piqûres que l'on peut se faire avec les instruments ou avec les os.

Le sang et la chair des animaux atteints de la rage sont-ils virulents ? Hertwig et Roll ont affirmé que le sang était virulent; Virchow avait semblé admettre que le virus était surtout dans le sang des jugulaires et des cavités droites du cœur, et il avait appelé l'attention sur des cas où la rage aurait été transmise par les instruments qui avaient servi pour ventouser ou saigner des hydrophobes, voire même par des épées teintes de sang desséché de chien enragé. D'ailleurs on a relaté certains faits d'observation qui ne semblent pouvoir être compris que si l'on admet que la virulence peut exister au moins à certains moments dans le sang. Ainsi Canillac a rapporté le cas d'une vache, qui, mordue pendant la gestation par un chien enragé, devint malade à son tour quarante jours après et donna pendant sa maladie un veau, qui fut pris de la même affection trois jours après sa naissance ; on a bien soutenu que le jeune animal avait été léché par sa mère et que la rage avait pu lui être transmise de la sorte ou par la litière, sur laquelle il était couché et que la vache avait souillée de sa bave ; mais j'estime, vu la brièveté de l'incubation après la naissance, qu'il s'agit bien là d'un cas de contagion intra-utérine ; le fœtus, qui faisait en quelque sorte corps avec sa mère au moment où celle-ci fut contaminée, participa à la distribution des germes ; quand le sang de la victime les dissémina dans les centres nerveux, ceux du fœtus comme ceux de la mère, en reçurent leur part, le placenta ne les ayant pas arrêtés au passage. On aurait également vu une vache, qui, mordue à la fin de la gestation, resta indemne, alors que son veau devint enragé quinze jours après sa naissance. A côté de ces faits s'en placent d'autres, dont la signification est moins précise peut-être, mais dont certains ont pourtant une réelle importance. Mathieu cite le cas d'une chienne, qui, couverte par un chien chez lequel la rage était en incubation, aurait donné le jour à quatre petits avant de devenir enragée ; trois d'entre eux furent sacrifiés en même temps que la mère, quand le père devint enragé, et le quatrième fut plus tard reconnu hydrophobe. Ainsi un mâle, au commencement de la période d'incubation de la rage, aurait transmis cette affection à un de ses petits ; la mère, contaminée par le sperme du mâle, aurait transmis par son sang le contage à son produit. Ce fait démontrerait, s'il était bien authentique, que le virus existe dans la sécrétion des organes génitaux, qu'il peut être transmis par le coït du mâle à la femelle pendant la période d'incubation, et que la mère peut par son sang contaminer à son tour son fœtus ; malheureusement le cas, dont il s'agit, n'est point relaté avec des détails assez précis, et l'on peut se demander si le jeune chien, qui est mort d'une affection analogue à la rage, était réellement enragé et s'il n'avait pas été contaminé autrement que par le sang de sa mère. Mathieu cite encore le cas de vaches, qui avortent pendant la période d'incubation de la rage ; et il y a lieu de se demander si cet accident n'est pas dû à la maladie du fœtus, chez lequel elle évoluerait plus rapidement. Marochetti parle d'un cas qui tient du merveilleux, et qui à ce titre est plus que suspect : il s'agit d'une chienne, qui, mordue pendant la gestation, ne devint point malade, mais donna naissance à six petits, qui à l'âge d'un an devinrent tous enragés le même jour. On cite encore le cas d'un élève de l'école de Copenhague, qui, en pratiquant une autopsie, s'inocula la rage ; mais ce fait ne prouve pas absolument en faveur de la virulence du sang, car la salive ou la matière des centres nerveux avait pu être absorbée aussi bien. M. Gibier a affirmé, d'après ses expériences sur de petits animaux, que la rage peut se transmettre de la mère au fœtus ; et depuis d'autres expérimentateurs ont constaté l'existence du virus rabique dans les centres nerveux de fœtus ou de jeunes provenant de femelles (lapines) rabiques.

Des inoculations faites avec le sang ont donné ou semblé donner des résultats positifs entre les mains de certains expérimentateurs. Eckel de Vienne a obtenu chez le mouton une maladie mortelle, à nature mal déterminée, mais ayant de l'analogie avec la rage, en lui inoculant le sang d'un bouc enragé ; il a vu mourir enragé, soixante-deux jours après avoir été inoculé avec le sang d'un homme hydrophobe, un chien qu'il avait inoculé quatre mois auparavant avec la bave d'un goret atteint de rage ; il est impossible de tirer une conclusion quelconque de pareils faits. M. Lafosse de Toulouse, ayant inoculé le sang d'un chien enragé à trois autres animaux de la même espèce, en a vu mourir un le trente-sixième jour, après onze jours d'une maladie mal déterminée ayant quelque analogie avec la rage. F. Lussona dit avoir obtenu la rage chez le chien, en lui injectant dans les veines le sang d'un homme hydrophobe. Enfin M. Pasteur a obtenu la rage chez le chien en lui inoculant le sang d'un lapin mort de la maladie. Tels sont les principaux faits qu'on peut invoquer pour établir la virulence du sang.

A côté de ceux-là il en est une série de tout à fait contraires. En médecine humaine on ne croit pas à la virulence du sang des personnes hydrophobes ; on ne croit pas à la transmission de la maladie par le sang de la mère pendant la vie intra-utérine de l'enfant ; on cite le cas d'une femme qui accoucha deux jours avant l'apparition de la rage, et dont l'enfant vécut sans présenter ultérieurement aucun symptôme d'hydrophobie. Berthold, Breschet, Magendie, Dupuytren, Renault, Jolly, n'ont jamais obtenu la rage dans leurs expériences avec le sang des animaux enragés ; on a pu faire ingérer, inoculer, et transfuser même, sans résultat, à un animal le sang d'un autre animal atteint de la rage. J'ai à mon tour pratiqué de très nombreuses inoculations avec le sang des chiens enragés ; je l'ai recueilli sur les malades encore vivants ou sur des cadavres et je l'ai inoculé de différentes manières, par piqûres, par injection hypodermique, etc., jamais je n'ai réussi à transmettre la rage.

P. Bert, ayant « opéré, d'un chien en pleine rage furieuse à un chien sain, la transfusion réciproque de la totalité du sang », et ayant gardé le chien sain « pendant près d'une année », n'a pas vu apparaître la maladie; et le chien enragé a semblé éprouver une amélioration dans son état. M. Pasteur, qui a réussi à inoculer une fois la rage au chien, en se servant du sang du lapin, et qui a d'ailleurs constaté cette virulence dans d'autres conditions, si on en juge par le passage suivant que l'on lit dans une de ses communications, « Par des inoculations de sang d'animaux rabiques... je suis arrivé à simplifier beaucoup les opérations de la vaccination... » M. Pasteur, dis-je, ayant fait des expériences plus nombreuses que M. Gibier, en vue de vérifier si la transmission intra-utérine de la rage par le sang de la mère s'effectuait de celle-ci au fœtus, n'a obtenu que des résultats entièrement négatifs. De nombreuses observations et de nombreuses expériences témoignent d'ailleurs de la non transmission de la rage de la mère au fœtus. Enfin M. Liard a observé dernièrement le fait suivant : une jument pleine de cinq à six mois, ayant été mordue par un chien enragé, devint elle-même enragée huit mois après, et le poulain, qu'elle avait mis au jour avant l'éclosion de la rage, ne devint pas malade. De mon côté j'ai élevé plusieurs fois des agneaux nés de mères rabiques sans jamais les avoir vu devenir enragés. M. Nocard, lui aussi, n'a jamais pu inoculer la rage avec le sang, et il a constaté que l'animal qui l'avait reçu n'avait pas été doté de l'immunité; et M. Ladague n'a pas non plus réussi à la faire naître avec le sang d'animaux bovins enragés. Que conclure de ces faits en apparence contradictoires, sinon que le sang des animaux enragés et celui des personnes hydrophobes ne contiennent le virus qu'à certains moments, et vraisemblablement en quantité si petite qu'il est difficile de le mettre en évidence, tandis que le plus souvent pendant le cours de la maladie la virulence semble localisée ailleurs, dans les centres nerveux surtout.

La viande étant toujours plus ou moins imprégnée de sang, il faut admettre que ce qui vient d'être dit à propos de ce dernier doit s'appliquer à celle-là. Voici néanmoins les données particulières, qui ont été recueillies sur la nocuité ou l'innocuité de la viande des animaux enragés. On a vu plus d'une fois des personnes manger impunément de la chair d'animaux atteints de la rage; de nombreux faits démontrent que la viande des animaux enragés n'est pas dangereuse; elle a été consommée assez souvent, après la cuisson, il est vrai, sans qu'on ait jamais observé aucun accident, car il faut considérer comme une fable le fait d'avoir vu la rage se déclarer sur des personnes, qui avaient consommé de la chair cuite d'animal enragé. Mais la viande crue aurait donné la maladie dans des circonstances exceptionnelles; Gohier observa deux fois la rage sur des chiens, à qui il avait fait ingérer de la viande d'animaux atteints de la maladie; cependant il y a lieu de faire des réserves au sujet de ces deux cas, attendu que les deux chiens, qui devinrent enragés l'un en dix-neuf et l'autre en soixante-dix jours, pouvaient avoir été mordus antérieurement. M. Lafosse, ayant fait manger de la chair crue d'animal enragé à huit chiens et à une brebis, vit mourir au bout de cent cinquante jours un des chiens d'une maladie, qui était peut-être une des formes de la rage, mais dont la nature n'a pas été déterminée exactement. On invoque encore à l'appui, pour établir que la chair est virulente, le fait cité plus haut de l'élève de l'École vétérinaire de Copenhague qui contracta la rage en pratiquant une autopsie, et cet autre fait d'un anatomiste qui fut atteint de la maladie après s'être blessé en faisant une dissection ; nous savons déjà comment il faut interpréter les faits de ce genre. Delafond et Renault n'ont jamais provoqué l'affection en faisant ingérer de la chair crue d'animaux enragés : le premier a vu un chien manger impunément la langue d'un cheval enragé ; le second a donné à des chiens, à des moutons et à des chevaux, la bave. le mucus buccal, le sang, la chair crue d'animaux enragés et jamais il n'a réussi à transmettre la rage par ingestion. M. Decroix a ingéré, dit-on, de la viande crue d'animal enragé trempée dans la bave, sans en éprouver aucun malaise. M. Bourrel a fait manger plusieurs fois à des animaux de la viande de chien enragé sans voir se produire aucun cas d'inoculation. M. Thouvenin de Pont-à-Mousson, pour rassurer des personnes, qui avaient mangé de la viande de vache enragée, prit lui-même en guise de bifteck saignant un morceau de viande extrait du cadavre d'une autre bête, qui venait de succomber à la rage, et il n'en éprouva non plus aucun malaise. M. Reul de Bruxelles a fait manger pendant trois jours de la chair de vache enragée à deux chiens, qui ne sont pas pour cela devenus malades. D'après Delafond, Renault, Reynal. Decroix, etc., la viande des animaux enragés ne serait pas virulente, ou, si elle l'était, son virus serait annihilé par les sucs digestifs. *J'ai plusieurs fois tenté de faire développer la rage en inoculant au lapin le suc raclé ou exprimé de certains muscles et j'ai toujours échoué. Ces essais méritent d'être renouvelés et faits avec de très fortes doses de suc.*

On s'accorde généralement pour admettre que le virus n'est entraîné ni par la sueur, ni par l'air expiré ; mais il serait à désirer cependant que des expériences fussent faites à cet égard. Quoi qu'il en soit, on n'a jamais vu la maladie se propager par l'intermédiaire de l'un ou de l'autre de ces agents.

A quel moment apparait la virulence? La rage est-elle transmissible par la voie utérine? — On s'est enfin demandé avec raison si la virulence existe pendant la période d'incubation, et si notamment la maladie peut être transmise par le sperme du mâle et par le sang de la mère. La réponse à cette dernière question se tire des faits qui ont été cités plus haut, et desquels il est permis de conclure que la maladie n'est ordinairement pas transmise (sauf de très rares exceptions) par contagion coïtale pas plus que par contagion intra-utérine. On a vu que les faits recueillis par l'observation et ceux obtenus par les expérimentateurs concordent pour établir que la rage n'est qu'exceptionnellement transmise de la mère au fœtus. D'après Perroncito et Carita, le virus rabique serait parfois transmis de la mère à un ou plusieurs des produits de la même gestation. Au laboratoire Pasteur on n'a pas donné la rage en inoculant les bulbes de jeunes chiens ou de jeunes lapins issus de mères rabiques ; et on a vu des lapins mis bas par une mère rabique être nourris par une autre lapine et ne pas devenir enragés. Ailleurs on a eu constaté la virulence rabique dans les centres nerveux de fœtus retirés de l'utérus de femelles devenues enragées pendant la gestation. Mais, si la transmission héréditaire de la rage a lieu quelquefois, il faut convenir que le fait est rare, ainsi qu'en témoigne l'observation clinique.

Pour mon compte, je n'ai encore jamais observé un seul cas d'hérédité, bien que j'aie eu l'occasion de suivre un nombre considérable de lapins et de cobayes issus de mères inoculées pendant la gestation. Je n'ai pas été plus favorisé dans les tentatives d'inoculation que j'ai faites; et j'ai d'ailleurs reconnu que non seulement le jeune animal né d'une mère enragée pouvait ne pas avoir hérité de la maladie, mais qu'il pouvait aussi n'avoir acquis aucun degré d'immunité, soit qu'il fût né d'une mère rabique, soit qu'il fût issu d'une mère vaccinée. Ayant inoculé à des cobayes et à des lapins des doses massives d'une émulsion préparée avec tous les centres nerveux de tous les fœtus de femelles mortes rabiques, j'ai eu constamment des résultats négatifs. L'expérience a été faite plus de dix fois, soit avec des fœtus de cobayes ou de lapines rabiques, soit avec des fœtus de chienne ou de chatte enragées. Dans tous les cas les animaux témoins inoculés avec la matière des centres nerveux des mères sont devenus enragés. Sur deux agneaux nés de brebis en pleine rage déclarée depuis un et deux jours, j'ai constaté l'absence de toute hérédité rabique et de toute transmission d'immunité ; ces deux agneaux, après avoir été léchés par leurs mères et les avoir tétées pendant un jour, ont été élevés au biberon avec du lait de vache et observés durant trois mois ; puis, inoculés à la fin du troisième mois, ils sont morts rabiques au bout de dix-huit et de vingt-trois jours. Sur deux autres agneaux nés de brebis vaccinées solidement, j'ai reconnu l'absence de toute immunité; l'inoculation les a rendus rabiques, alors qu'elle restait sans effet sur leurs mères.

Depuis longtemps on savait que la salive du chien devient virulente avant l'apparition des symptômes caractéristiques de la rage. On avait vu devenir enragés des animaux et des personnes, qui avaient été mordus par des chiens deux ou trois jours avant que la rage se fût manifestement déclarée sur l'animal qui avait fait la morsure. On avait cité d'assez nombreux cas de rage observés chez l'homme, à la suite de morsures faites par des chiens, qui n'avaient présenté les signes de la rage qu'après avoir mordu. Dans un relevé de Thamhayn on comptait dix-neuf cas de rage survenue chez des personnes dans les conditions qui viennent d'être indiquées. L'expérience a confirmé ce que l'observation avait déjà appris à ce sujet; MM. Nocard et Roux ont constaté que la salive peut devenir virulente trois jours (et peut-être plus) avant toute manifestation rabique. En conséquence il n'est pas douteux que la rage peut être transmise, par les léchements ou les morsures accidentelles, plusieurs jours avant qu'on ait pu reconnaître l'existence de la maladie sur l'animal qui les a faites. D'où la nécessité de se montrer très circonspect dans la pratique, et de ne pas déclarer exempt de rage le chien qui a mordu, avant de l'avoir vu pendant les trois ou quatre jours qui suivent l'accident. On sait d'autre part, grâce aux données de l'expérimentation, que la virulence peut exister dans certaines parties des centres nerveux avant les manifestations qui sont la caractéristique de la maladie: qu'elle peut exister notamment dans les centres respiratoires, chez les lapins inoculés par trépanation, dès les trois, quatre, cinq premiers jours qui suivent l'opération, alors que les symptômes rabiques n'apparaissent que deux ou trois jours plus tard; qu'elle existe dans la moelle épinière avant la manifestation des symptômes que sa pullulation provoquera dans la suite, etc.

Nature, Caractères, Conservabilité et Mode d'action du virus rabique. — Le virus rabique est encore incomplètement connu dans sa nature intime; il est bien à peu près démontré que la rage est causée par un microbe spécial, mais l'isolement et l'étude de ce micro-organisme laissent dans l'obscurité pour le moment la solution de certaines questions que soulèvent son existence et son mode d'action. Hallier, dès 1872, avait signalé dans le sang des animaux rabiques un micrococoque spécial. Klebs admettait la nature parasitaire des éléments granuliformes qui abondent dans les centres nerveux. P. Bert, en filtrant sur du plâtre la salive rabique, avait reconnu que la partie liquide n'était pas virulente, tandis que l'inoculation du résidu retenu sur le filtre donnait la rage. M. Nocard avait aussi séparé la partie liquide de la bave et l'avait trouvée inactive, alors que la partie solide provoquait la maladie. Le professeur Rivolta a répété cette expérience avec de la matière rabique des centres nerveux; ayant dilué la moitié du bulbe rachidien d'un lapin enragé dans de l'eau distillée et stérilisée, il a passé le mélange à travers un filtre en porcelaine; l'inoculation de la matière restée sur le filtre a donné la rage, tandis que celle du liquide qui l'avait traversé est demeurée sans résultats.

Babès (1887), Bouchard (1889), etc., ont aussi reconnu que la substance rabique, filtrée sur porcelaine, ne donne pas la rage et qu'elle ne confère pas l'immunité. On savait donc que la virulence n'est pas inhérente à une des substances liquides que le filtre en plâtre ou en porcelaine n'arrête pas ; et dernièrement (1889) cela a été démontré de nouveau par M. Peuch, qui a répété l'expérience de Rivolta et de Babès, et qui a, comme ce dernier, reconnu que la matière filtrée ne confère pas l'immunité ; en sorte que, s'il y a une matière vaccinante soluble, il faudrait admettre qu'elle est arrêtée par le filtre.

J'avais de mon côté, dès 1880, constaté la présence de microorganismes, sous forme de granulations isolées ou géminées et sous forme de fins bâtonnets dans les glandules linguales et dans la bave du chien enragé. J'avais isolé ces microbes, en 1880, au moyen de cultures faites dans la salive pure et dans l'humeur aqueuse; mais leur inoculation n'avait pas donné des résultats absolument probants. Voici comment je m'exprimais à ce sujet dans une note communiquée à l'Académie de médecine le 25 janvier 1881 :

Pendant les mois d'avril, mai et juin derniers (1880), j'ai cultivé, dans la salive normale, de la bave de chien enragé ; j'ai vu mes cultures se peupler de bactéries sous forme de bâtonnets courts et sous forme de spores isolées, géminées réunies en chapelets plus ou moins longs ou en amas. En inoculant le produit d'une troisième, d'une quatrième et d'une cinquième culture à des cochons d'Inde, j'ai provoqué la mort en huit, douze, vingt-deux jours......

Plus tard, et à diverses reprises, en 1882-83-84-85, et tout récemment j'ai fait de nouvelles cultures, en me servant de bouillon ordinaire, de gélose, de gélatine et de bouillon de cerveau de chien ou de chat comme milieu, et en puisant la semence dans les centres nerveux d'animaux rabiques; j'ai inoculé, après huitaine, le produit de mes cultures à des cobayes et à des lapins sans leur conférer l'immunité contre les inoculations de virus normal et sans les rendre malades. N'est-ce pas là le microbe de la rage, atténué par la culture au point de ne plus provoquer la maladie?

M. Ch. Bouchard et M. Doléris ont aussi isolé des microbes et les ont inoculés à des animaux, sans démontrer que leurs sujets d'expérience mouraient de la rage. M. Gibier, ayant observé des micro-organismes isolés, géminés ou réunis en amas, arrondis sous forme de granulations ou de micrococoques, immobiles quand ils sont emprisonnés dans la substance cérébrale ou médullaire, mobiles quand ils flottent dans le liquide céphalo-rachidien, a considéré la présence de ces éléments comme un signe de rage, et leur a attribué le rôle d'agents pathogènes. « Ces granulations, dit-il, en général peu abondantes dans le liquide ventriculaire, sont souvent reliées deux à deux et unies par un filament plus ou moins long et très mince à sa partie moyenne. Lorsque les granulations sont isolées, quelques-unes d'entre elles paraissent munies d'un cil. Cette disposition est sans doute due à la rupture du filament. La granulation, munie de cet appendice, est légèrement mobile et présente la forme d'un clou, dont la tête serait arrondie et la pointe courte et fine. Dans le plus grand nombre de ces organismes, l'œil ne perçoit que la granulation. Cette disposition se retrouve dans la substance cérébrale, où ces éléments peuvent être mis en évidence au moyen de certains réactifs histochimiques colorants, sur des coupes très fines de bulbe par exemple. Le volume de ces éléments que nous n'avons jamais rencontrés sur des animaux sains, en nous plaçant dans des conditions identiques, peut être évalué au vingtième d'un globule rouge... La certitude scientifique nous manque pour affirmer qu'il s'agit là du microbe de la rage, puisque nous ne l'avons pas encore isolé et cultivé ; mais nous pensons que la présence constante de cet élément figuré, chez les animaux morts de rage, constitue une grande probabilité, et mérite d'être prise en considération. » Ainsi s'exprimait M. Gibier sur sa découverte du microbe rabique, qui serait un micrococoque. M. Pasteur n'a pas réussi d'une manière certaine jusqu'à présent à cultiver et à isoler le microbe rabique, soit en employant, comme milieu de culture, le liquide céphalo-rachidien, soit en se servant d'autres substances et même de la moelle d'animaux sains. Cependant il a affirmé qu'on peut, par l'examen microscopique de la substance du bulbe, reconnaître s'il provient d'un animal rabique, à cause des nombreuses granulations punctiformes qu'on y rencontre, et qui ne ressemblent pas par leur petitesse aux granulations moins nombreuses d'ailleurs et plus volumineuses, qu'on trouve dans le bulbe d'un animal non rabique. Il aurait pu cependant isoler ces éléments, en injectant dans les veines d'un animal enragé, « au moment où l'asphyxie commence, du virus pur emprunté au bulbe d'un animal mort de rage ; en quelques heures, soit que les éléments normaux de la matière nerveuse se fixent dans les capillaires, ou que plutôt le sang les digère, il ne reste dans ce dernier fluide que les granulations infiniment petites dont nous venons de parler ; en outre, dans ces conditions toutes particulières, on peut les rendre colorables aisément par les couleurs dérivées de l'aniline ; nous n'avons pas encore les preuves définitives que ces granulations soient bien le microbe rabique ; nous sommes occupés à les réunir. » A la suite de cette communication sur les granulations rabiques, M. Béchamp vint soutenir que ce n'étaient là que des microzymas morbides, autrement dit des granulations moléculaires devenues virulentes sans changer morphologiquement ; et depuis M. Pasteur semble s'être désintéressé de leur sort et de leur rôle.

M. Hermann Fol de Genève a également trouvé dans la moelle rabique certains éléments qui n'existent pas dans la moelle non rabique : il les a colorés dans des coupes très minces et les a reconnus comme étant des micrococoques ; il les a cultivés sur des géloses et dans des bouillons préparés avec un mélange de matière cérébrale et de glandes salivaires ; il a vu se former dans ses bouillons un léger nuage qui ensuite tombe au fond dès le quatrième jour ; il a inoculé ce dépôt par trépanation ou par injection dans l'œil et a obtenu quelquefois une rage bien caractérisée, sur le lapin et sur le chien, précédée toutefois d'une incubation plus longue qu'avec le virus initial. Avec les cultures datant de plus de six jours, il n'a pas fait développer la maladie. M. Pasteur aurait vérifié ces résultats et aurait réussi à les reproduire. Pour colorer le microbe de la rage, M. H. Fol procède de la manière suivante : la moelle rabique est durcie dans le bichromate de potasse et le sulfate de cuivre ; les coupes sont colorées avec une solution d'hématoxyline à 1 p. 90 d'eau et 10 d'alcool, puis décolorées avec une solution de 2,5 de ferrocyanure de potassium et de 2 de borax dans 100 d'eau ; elles sont ensuite montées dans le baume ; et, en les examinant M. Fol a vu des groupes d'éléments granuliformes colorés en violet dans les lacunes de la névroglie, entre les cylindre-axes et leur gaine, etc. En traitant le dépôt d'une culture desséchée sur une lamelle par le bichromate de potasse (solution précédente), en le colorant ensuite par le violet de méthyle et en le décolorant comme les coupes, il a pu voir les mêmes microcoques que sur celles-ci. MM. Cornil et Babès n'ont pas réussi « à voir les microcoques par le procédé de Fol ».

M. Rivolta, de Pise, a, à son tour, signalé la présence constante d'un microbe spécial dans la rage, en procédant de la façon suivante : Des coupes très minces, faites sur des fragments de centres nerveux durcis dans l'alcool, sont placées dans le chloroforme pendant vingt-quatre heures, pour être remises dans l'alcool, ensuite laissées cinq ou six heures dans un mélange composé de 10 parties d'une solution aqueuse de potasse caustique à 10 p. 100, de 3 parties d'eau distillée et de 3 parties de glycérine, puis plongées quelques minutes dans une solution de bleu de méthylène, enfin lavées à l'eau distillée, séchées sur la lame porte-objet à une douce chaleur et montées dans le baume dissous avec le chloroforme. La préparation ainsi faite offre une coloration diffuse ; mais on décolore le tissu, tout en laissant les microbes colorés, quand on chauffe deux ou trois fois à la flamme d'une lampe à alcool la lame porte-objet de façon à amener le baume à ébullition ; on laisse refroidir, et les microbes apparaissent d'un beau bleu sur un fond presque incolore ; ils sont sous forme de granulations rondes ou ovales, isolés ou réunis en chaînettes ; ils sont abondants dans le bulbe, dans la moelle, moins nombreux dans les hémisphères ; ils existent aussi dans l'épithélium de la parotide ; ils sont rares dans les reins et la rate, mais nombreux dans le foie, dans les cellules hépatiques.

M. Babès a constaté (1887), dans le cerveau et la moelle rabiques, des microbes arrondis, qui se cultivent en se développant lentement sur le sérum sanguin à 37°, sur la gélose et sur la gélatine additionnée de bouillon de cerveau de lapin. La culture se fait lentement ; elle se présente sous forme de taches grisâtres le long de la strie d'inoculation ou de la piqûre ; arrivée à la deuxième et à la troisième génération, elle donne quelquefois, mais non le plus souvent, la rage aux animaux inoculés. Le microbe de Babès se cultive à l'air et dans le vide, à l'étuve et à la température du laboratoire ; il se colore mal par les divers procédés « excepté par la méthode de Gram (consistant : à placer les préparations, déjà colorées, pendant quelques minutes dans la solution suivante, iode 1 gr. $+$ iodure de potassium 2 gr. $+$ eau distillée 300 gr. ; à les décolorer ensuite par l'alcool pur ; à les traiter par l'essence de girofle et à les monter dans le baume), à condition de laisser les préparations plus longtemps que d'ordinaire dans le bain colorant. Les microbes siègent surtout à la surface du cerveau, dans les cellules, qui renferment souvent aussi des granulations graisseuses et protéiques..... Ce microbe est très brillant et forme ordinairement des colonies denses et plates. Il résiste aux acides et aux bases. Il se présente sous la forme de diplococci ou de corps ovoïdes, souvent avec une strie transversale en leur milieu. » A côté de ce microbe, Babès a rencontré aussi des bacilles.

M. Dowsdewel avait signalé (1886) aussi l'existence d'un microcoque difficile à colorer, qui se rencontrerait surtout dans le canal central de la moelle allongée et de la moelle épinière, qui se répandrait ensuite dans le tissu des centres nerveux, formerait des amas autour des vaisseaux, etc.

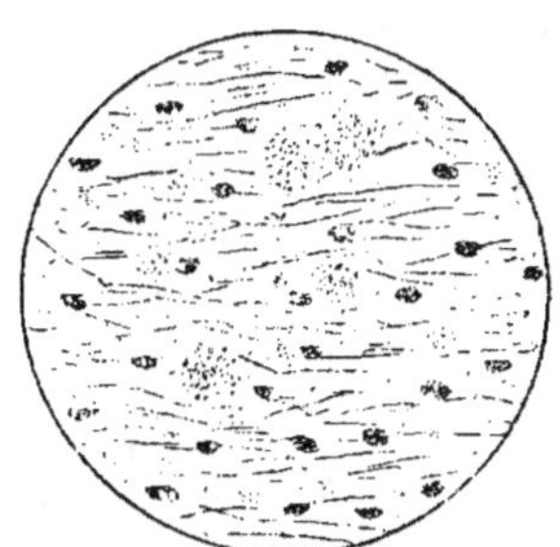

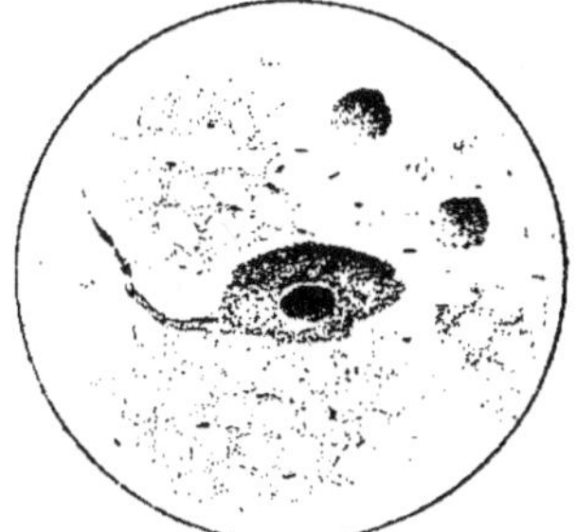

Fig. 52. — Bulbe d'un chien rabique.   Fig. 53. — Bulbe d'un chien rabique.

Mottet et Protopopoff ont trouvé dans les centres nerveux et isolé une *bactérie en fins bâtonnets*, qui se cultiverait bien et vite dans le bouillon de viande à 35°, le rendrait trouble sans flocons dès le second jour et formerait un dépôt à la fin de la deuxième ou de la troisième semaine. Ils n'ont pas réussi à cultiver cette bactérie sur gélatine ni sur gélose ; mais ils auraient donné la rage avec leurs cultures dans le bouillon. J'incline à penser que la bactérie de Mottet et Protopopoff pourrait bien être celle que j'avais déjà cultivée en 1880. Je l'ai retrouvée encore tout récemment dans le bulbe de plusieurs chiens enragés ; et j'en ai obtenu des cultures pures dans le bouillon de viande, sur gélose et sur gélatine. Voici ses principaux caractères : dans la substance nerveuse et dans la culture elle se colore par la fuchsine et le violet de gentiane anilinés ; elle est souvent groupée en îlots dans la substance du bulbe ; elle est aérobie et se cultive rapidement dans le bouillon, le trouble sans donner de flocons, puis forme un précipité pulvérulent, en laissant le milieu clair et limpide ; elle est mobile et elle liquéfie la gélatine à la longue.

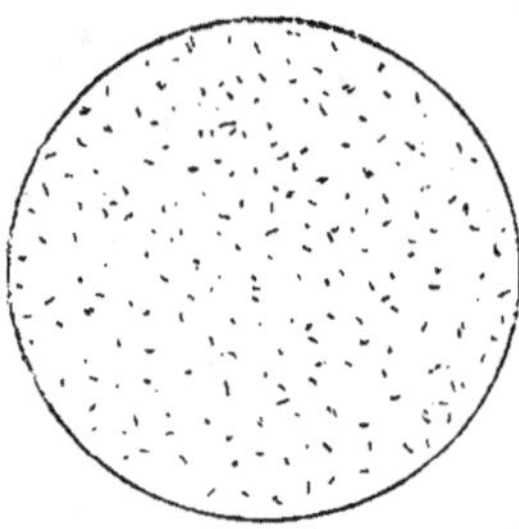

Fig. 54. — Culture de rage datant de deux jours.

Bien qu'on ait cru souvent à la destruction rapide de la virulence des matières rabiques, bien qu'on ait invoqué, à l'appui de cette croyance, l'absence d'effets constatée fréquemment à la suite de blessures faites pendant les autopsies d'animaux enragés, ainsi que l'immunité des écorcheurs et le résultat de certaines expériences tendant à prouver que le virus rabique perd rapidement ses propriétés, il y a lieu de se montrer aujourd'hui moins optimiste ; le virus rabique se conserve un certain temps, et il se conserve d'autant plus sûrement que la température est plus basse. Si l'on en croyait des relations plus ou moins sûres, on aurait vu des personnes contracter la rage pour s'être servies de linge mouillé de bave de chien enragé, on aurait vu aussi des chevaux, des chèvres et des moutons contracter la maladie en mangeant de la paille souillée par un chien hydrophobe. Une couturière aurait, d'après Cœlius Aurelianus, pris le germe de l'affection en se servant de ses dents pour découdre le manteau d'un homme mort de la rage. La maladie aurait été produite par une piqûre faite avec un couteau de chasse, qui avait servi plusieurs années avant pour tuer un chien enragé. Si certains des faits qui précèdent méritent peu de créance, il n'en est pas de même de ceux qui suivent. D'après Boudin et Hertwig, le virus rabique, recueilli sur le cadavre, aurait produit la maladie vingt-quatre heures après la mort. Ayant entrepris des expériences à ce sujet dès 1879, j'avais trouvé la matière rabique virulente le lendemain de la mort, après vingt-quatre heures, quarante-huit et soixante-quinze heures de conservation dans l'eau ; enfin je l'avais inoculée fructueusement une fois sur le cochon d'Inde après l'avoir conservée pendant dix jours dans une cellule recouverte d'une lamelle. M. Pasteur alla ensuite plus loin dans cette voie ; il démontra que la virulence persiste dans le cerveau et la moelle pendant des semaines, pendant trois semaines, quand la putréfaction est empêchée par une température de 0° à 12 degrés ; il constata la virulence, au bout de trois semaines et un mois pendant l'été, de la matière enfermée pure dans des tubes scellés. D'après M. Gibier, un cerveau rabique, mis à l'abri de l'air et maintenu à la température de —5°, aurait conservé sa virulence au moins trente-deux jours, tandis qu'au contact de l'air pur et à la même température il diminuerait d'abord de virulence et la perdrait beaucoup plus vite. Enfin, M. Pasteur a pu conserver avec leur virulence des moelles de lapins durant plusieurs mois, en les plaçant dans l'acide carbonique et en les préservant des microbes étrangers. Malgré les connaissances acquises, il restait encore des recherches à faire sur la conservabilité du virus rabique dans l'eau, à la surface des corps solides, etc. Depuis 1887 j'ai fait un assez grand nombre de recherches expérimentales en vue de déterminer le degré de résistance du virus rabiques à certaines causes de destruction. En voici l'exposé tel que je l'ai publié :

Le virus rabique conserve un certain temps son activité dans les cadavres, il la conserve aussi dans l'eau; et il résiste aux variations de température, ainsi qu'à un certain degré de putréfaction.

Des bulbes de lapins, de chiens et de moutons rabiques, divisés en petits fragments, ont été enfermés dans un linge de mousseline et maintenus dans un ballon plein d'eau, au fond duquel arrivait un tube en verre, qui y amenait incessamment de l'eau nouvelle, pendant que le trop plein s'échappait par le goulot laissé ouvert. Leur inoculation a donné la rage après 5, 10, 15, 20, 23, 25, 30, 38 jours d'exposition dans ce milieu, dont la température a oscillé entre + 3° et + 13°, baissant chaque nuit pour s'élever dans la journée. Ainsi un bulbe de lapin a fait mourir de la rage en 17 jours un chien, à qui il avait été inoculé par trépanation, après avoir séjourné 22 jours dans l'eau à la température de + 3° à + 10°. Ainsi un bulbe de chien conservé pendant 23 jours dans l'eau à la température de + 3° à + 8°, a fait mourir de la rage furieuse, le 39e jour de l'inoculation, le chien, qui l'avait reçu par trépanation. Ainsi encore un bulbe de lapin, qui avait déterminé une belle rage furieuse et la mort, au bout de 13 jours, du chien, qui l'avait reçu par trépanation après une exposition de 7 jours dans l'eau à la température + 5° à 10°, a tué le chien au bout de deux mois et six jours, quand on l'a inoculé, toujours par trépanation, 25 jours après son immersion dans l'eau. Ainsi enfin un bulbe de mouton, qui a tué au bout de 16 jours le lapin, à qui il avait été inoculé par piqûres, a conservé sa virulence pendant plus d'un mois dans une eau, dont la température a oscillé entre + 5° et + 13°; inoculé 20 et 38 jours après son immersion, il a tué le premier chien trépané en 18 jours et le second en 15 jours, sans avoir semblé éprouver aucune atténuation contrairement aux deux précédents, qui au bout de 23 et de 25 jours d'immersion n'ont donné la rage qu'après une incubation prolongée.

Ces faits témoignent suffisamment de la nocuité des matières rabiques, qui ont séjourné dans l'eau, et doivent faire considérer celle qui a reçu la bave des malades ou qui a été souillée de toute autre façon comme présentant un danger prolongé.

Les centres nerveux d'animaux rabiques, exposés entiers ou par fragments à l'action alternante de températures inférieures à zéro et de températures supérieures, conservent leur virulence, de même que dans l'eau, malgré un commencement de putréfaction.

Un bulbe de chien rabique ayant été d'abord placé pendant 16 jours (du 13 au 29 janvier) dans un flacon au sein d'un amas de neige, dont la température a varié de — 2° à 0° jusqu'au 23 et de 0° à + 1° du 23 au 29, a été ensuite exposé sur le rebord extérieur de la fenêtre du laboratoire jusqu'au 14 février, la température de la nuit ayant, pendant ces 16 derniers jours, oscillé entre + 1° et — 7°, et celle de la journée ayant varié de + 1° à + 8; ce bulbe, inoculé par trépanation à un chien, après ces 32 jours d'attente, a fait naître la rage en 15 jours; l'animal trépané a été reconnu rabique furieux le 1ᵉʳ mars et est mort le 4 du même mois.

Les centres nerveux d'un chien rabique, tailladés en tous sens, ont été exposés entre deux soucoupes sur le rebord extérieur de la fenêtre du laboratoire du 23 décembre 1886 au 24 janvier 1887. Durant cette exposition de 32 jours à un froid d'intensité variable, cinq inoculations successives ont été faites, tant en vue de constater le degré d'activité du virus que pour vérifier son état de conservation. Le 25 décembre, après trois jours d'attente durant lesquels la température avait oscillé de + 4° à — 5°, deux lapins ont été inoculés par piqûres; ils sont morts rabiques l'un le 22 et l'autre le 27 janvier. Le 27 décembre, après une nouvelle attente de quarante-huit heures avec les mêmes oscillations de température, un nouveau lapin a été inoculé par piqûres et est mort de la rage le 18 janvier. Du 27 décembre au 31 du même mois, la température de la nuit a varié de — 3° à + 2°, et celle du jour de + 7° à + 8°; un chien inoculé par trépanation le 31 décembre est mort rabique le 17 janvier. Du 31 décembre au 18 janvier la température de la nuit est descendue de 0° à — 8°, — 2°, — 1°, — 3°: celle du jour a varié entre — 2° et + 5°; l'inoculation faite par trépanation le 18 janvier n'a déterminé la rage chez le chien qu'au bout de 34 jours, mais l'animal a présenté pendant 5 jours tous les signes de la rage furieuse la plus caractéristique, et est mort le 26 février. Enfin le 24 janvier, après 6 jours d'une nouvelle et dernière attente, durant laquelle la température diurne s'est élevée de + 1° à + 4° et celle de la nuit de — 5° à + 2°, un dernier chien a été inoculé par trépanation; la rage s'est déclarée le 17 février, l'animal est mort le 20 du même mois, et son bulbe inoculé par trépanation à un second chien l'a rendu rabique en 18 jours.

Un bulbe de chien rabique, exposé durant 25 jours à des variations de température allant de — 4° à — 8°, à 0°, à + 2°, à — 1°, à — 3°, à + 1°, à — 7° pendant la nuit, et de — 3° à + 8°, pendant le jour, a donné la rage au chien trépané, au bout de 33 jours.

Les centres nerveux de lapins rabiques, placés dans les mêmes conditions et soumis aux mêmes variations de température, ont produit des *effets analogues. Ainsi une exposition sur le rebord extérieur de la fenêtre du laboratoire, pendant 7, 18, 40 jours en décembre, janvier et février, n'a pas stérilisé le virus. Un chien inoculé par trépanation avec un bulbe de lapin exposé du 24 au 31 décembre est devenu rabique au bout de 20 jours, et sa rage a été transmise à d'autres animaux. Un chien, inoculé de même avec un bulbe de lapin, resté à la fenêtre du 24 décembre au 24 janvier, est mort rabique au bout de 27 jours ; et cette fois encore sa rage a été transmise à d'autres animaux. Un chien est devenu rabique en 13 jours, à la suite d'une inoculation de bulbe de lapin resté à la fenêtre du 28 décembre au 24 janvier. Un autre l'est devenu en 14 jours, après une inoculation de bulbe exposé aux mêmes variations de température du 6 au 24 janvier 1887. J'ai également obtenu la rage avec la matière des centres nerveux d'un chien restés pendant une nuit exposés à la température de — 10°.*

*Les faits, qui viennent d'être exposés, prouvent donc bien que le virus rabique est doué d'un pouvoir de conservation tel que l'on doit considérer comme vraie la conclusion suivante : **Les matières rabiques mélangées accidentellement ou intentionnellement à l'eau des fontaines, sources, puits, abreuvoirs, mares, ruisseaux, etc., celles qui, exposées au grand air, y éprouvent un commencement de putréfaction et y subissent les variations de température qui se succèdent, celles, enfin, qui sont soumises à l'action du froid, à la congélation, alternant avec des températures diurnes de plusieurs degrés au-dessus de zéro, conservent des semaines, un mois et au delà, leur activité avec ou sans atténuation tardive, et restent dangereuses, si le hasard veut qu'un jour elles soient mises en contact avec une surface absorbante quelconque chez l'homme ou sur l'animal.***

N'est-il pas présumable dès lors que certains cas de rage, considérés comme spontanés, ont pu se développer sans morsure inoculatrice directe et par la seule ingestion ou la simple mise en contact avec une surface absorbante, de matières ou d'objets souillés de virus rabique depuis des jours et des semaines?

Le virus rabique conserve son activité dans les cadavres enfouis, en sorte que, quand des doutes surgissent sur la nature de la maladie qui a déterminé la mort, l'exhumation et l'inoculation du bulbe sont tout naturellement indiquées.

Le 25 novembre 1887 on m'apporta un chien, mort depuis 16 jours, et qui était resté enfoui durant 15 jours au dire du propriétaire. Ce chien avait quitté la maison de son maître, après avoir présenté des signes de rage et avoir mordu un autre chien et une poule. A l'autopsie on trouva la bouche souillée de corps étrangers ; l'estomac était plein de corps disparates (paille, feuilles d'arbre, etc.); il y en avait jusque dans les parties postérieures du tube digestif; une bouillie noirâtre existait en abondance dans l'intestin. Le propriétaire s'adressait à moi pour être fixé sur la nature de la maladie, qui avait fait mourir son chien ; il ne croyait pas à la rage, parce qu'une personne compétente, qu'il avait consultée, avant la fuite de l'animal, lui avait affirmé qu'il ne s'agissait pas de cette maladie, que la diarrhée (le chien avait la diarrhée en outre des symptômes de la rage, qu'il présentait depuis plusieurs jours) devait faire exclure l'idée de rage. Il y avait eu une grave méprise ; le chien était bien réellement enragé, les renseignements fournis sur son compte le montraient tel qu'est le plus souvent l'animal rabique ; brusquement, et sans cause appréciable, il avait changé d'habitudes, était devenu inquiet et agité, son appétit avait diminué, puis était devenu capricieux ; l'animal ne s'était jamais attaqué aux personnes, mais il avait mordillé la paille et les objets qui étaient à sa portée, puis il avait mordu aux lèvres son compagnon de niche et s'était attaqué à une poule dans la basse-cour ; peu à peu la paralysie avait commencé à se montrer et à faire des progrès, et bientôt l'animal en était arrivé à ne pouvoir rapprocher qu'incomplètement les mâchoires ; c'est à ce moment qu'il avait pris la clef des champs, pour aller mourir le lendemain dans une commune voisine. D'après les renseignements et d'après les constatations faites à l'autopsie, la rage n'était point douteuse. Le cerveau fut extrait le jour même et une portion du bulbe fut employée le lendemain 26 novembre, pour faire une inoculation par trépanation à un chien, qui est devenu rabique furieux le 7 décembre et est mort paralysé le 10 décembre. A l'autopsie on a trouvé l'estomac vide d'aliments, mais rempli d'un amas de paille tassée et exhalant une odeur de fumier ; l'œsophage contenait aussi de la paille dans sa partie thoracique ; une matière brunâtre, sorte de bouillie foncée, existait dans l'intestin ; le larynx était vivement injecté, le cerveau était congestionné, mais sans lésions consécutives à la trépanation.

Le bulbe d'un chien, mort de la rage depuis 17 jours, et resté enfoui pendant 15 jours, a donc conservé toute sa virulence, puisque son inoculation a fait naître la rage en 12 jours, et tué le chien le quinzième jour après la trépanation.

Mergel a également transmis la rage au lapin, en lui inoculant la matière du bulbe d'un loup rabique mort et enfoui depuis quinze jours. A l'Institut Pasteur, on a eu souvent l'occasion « de faire exhumer des cadavres de chiens rabiques pour inoculer leur bulbe, et les résultats obtenus s'accordent avec celui que j'ai rapporté. » Toutefois, et bien qu'on ait pensé que la virulence ne se conserve qu'autant que l'encéphale n'est pas envahi par la putréfaction, j'ai démontré, par de nouvelles recherches, que la conservation du virus rabique peut être constatée dans des cerveaux de cadavres enfouis depuis plusieurs semaines.

1° Le cadavre d'un chien, mort rabique le 18 février, est resté enfoui pendant vingt-sept jours ; son bulbe a été inoculé à deux autres chiens et à deux lapins ; l'un des chiens et l'un des lapins inoculés sont devenus enragés au bout de vingt-neuf et de trente-trois jours ; leur rage a été ensuite transmise au cobaye ; le second chien et le second lapin ont résisté ;

2° Quatre lapins et quatre cobayes ayant été inoculés avec le bulbe d'un agneau rabique mort le 19 février et resté enfoui jusqu'au 20 mars, un seul cobaye a contracté la rage ;

3° Le bulbe d'une brebis, morte rabique le 5 mars et restée enfouie jusqu'au 28 mars, a donné la rage à un chien et à un cobaye ;

4° Le bulbe d'une autre brebis rabique a donné la rage au cobaye, après un enfouissement de trente et un jours, et malgré un état de décomposition cadavérique assez avancé ;

5° Deux cobayes inoculés, le 13 avril, avec le bulbe d'un lapin rabique qui était resté enfoui pendant vingt-trois jours, sont devenus tous les deux enragés, l'un le 2 mai et l'autre le 10 mai ; cette fois encore, les centres nerveux étaient mous et putrilagineux au moment de l'exhumation ;

6° Le 2 avril, on a apporté à l'école, sur ma demande, le cadavre d'un chien qu'on avait soupçonné d'avoir transmis la rage à un autre chien qui venait de mourir rabique ; ce cadavre était resté enfoui quarante-quatre jours, du 18 février au 2 avril 1888 ; à l'autopsie, on trouva des corps étrangers dans l'estomac ; les centres nerveux étaient en voie de putréfaction, et néanmoins le bulbe, inoculé à deux cobayes, les a rendus rabiques en vingt-trois et vingt-six jours ; leur rage a été ensuite transmise à d'autres cobayes.

Il est donc bien établi que la virulence rabique peut se conserver quinze, vingt, vingt-cinq, trente, trente-cinq, quarante, quarante-quatre jours dans les cadavres enfouis, et peut-être plus longtemps ; il est, par conséquent, indiqué de recourir à l'exhumation des cadavres et à l'inoculation du bulbe, bien que l'enfouissement remonte à cinq ou six semaines, quand, dans les questions de médecine légale et dans les procès en responsabilité intentés aux propriétaires, on aura des doutes sur la nature de la maladie.

Le virus rabique, comme tant d'autres matières virulentes, conserve son activité un temps plus ou moins long sur les objets qui en ont été souillés, suivant les conditions de milieu dans lesquelles il se trouve placé.

La bave d'un animal enragé, déposée sur des hardes, des meubles ou des objets solides quelconques, et desséchée au contact de l'air libre, conserve-t-elle sa virulence et la conserve-t-elle longtemps ; serait-il dangereux pour l'homme d'opérer le contact de ces objets souillés avec une plaie vive ou une surface absorbante quelconque ?

Les travaux de M. Pasteur et de ses collaborateurs ont démontré que les moelles des lapins rabiques perdent leur virulence en quatorze ou quinze jours par la dessiccation opérée dans des conditions déterminées. Dans la pratique, la virulence rabique doit se détruire plus rapidement à la surface des objets souillés, parce que la matière virulente s'y trouve généralement déposée en couche mince. Toutefois, on ne saurait a priori conclure de l'un à l'autre cas, attendu que les conditions de la dessiccation sont différentes. Sans revenir sur certains faits plus ou moins surprenants, qu'on a quelquefois invoqués pour soutenir que la virulence rabique peut se conserver durant des mois à la surface des objets solides, sur des linges et des vêtements, il convient de rappeler cependant que, de nos jours encore, on a cru parfois au danger de la bave rabique desséchée; on a, par exemple, dans certaines localités, interdit pendant trois mois les pâturages où avaient séjourné des animaux rabiques; on a récemment cru que la bave laissée par les malades sur les herbes des pâturages avait transmis la rage à d'autres animaux, qui étaient venus les brouter quelques jours après. On s'est enfin demandé, et cette question m'a été posée dernièrement, si la bave d'un animal enragé, déposée sur des hardes et des objets divers, conservait sa virulence malgré la dessiccation à l'air libre; s'il y avait quelque danger pour la personne qui aurait opéré le contact de ces objets souillés avec une plaie, et s'il convenait de lui conseiller de se soumettre au traitement préventif par la méthode Pasteur. Pour se faire une idée exacte dans l'espèce, il était indispensable de recourir à l'expérimentation; c'est ce que j'ai fait, et voici le résultat de quelques-unes de mes expériences :

1° Le 16 février 1888, la matière rabique, obtenue en émulsionnant dans de l'eau un bulbe de chien enragé, a été inoculée à un lapin, qui est mort de la rage le 3 mars; deux papiers-filtres, trempés dans cette émulsion, ont été abandonnés à la dessiccation, tous les deux à l'air libre, dans le laboratoire, l'un à l'obscurité et l'autre à la lumière, la température de la nuit ayant oscillé entre 4 et 8 degrés, et celle du jour s'étant élevée de 15 à 22 degrés; le 3 mars, chaque papier a été imbibé d'eau, puis exprimé, et le produit obtenu inoculé à des lapins au nombre de quatre; aucun n'est devenu enragé, et pourtant l'émulsion qui avait servi à imprégner les papiers était très épaisse et formait un enduit à la surface;

2° Le 18 mars 1888, les centres nerveux d'un cobaye rabique sont réduits en pulpe homogène; une parcelle est employée pour inoculer un premier lapin, qui meurt de la rage au bout de dix-sept jours; le reste est divisé en cinq parties égales qui sont soumises à la dessiccation dans des conditions différentes; une partie, étalée en couche mince sur une plaque de verre, reste pendant trente et une heures dans une étagère desséchante à la lumière, en présence de l'acide sulfurique et à la température ambiante qui s'élève jusqu'à 22 degrés, après quoi elle donne encore la rage au lapin; il en est de même d'une seconde, d'une troisième et d'une quatrième partie, qui sont desséchées à la même température et durant le même temps, la seconde sur du papier-filtre à l'étagère, la troisième sur une plaque de verre, et la quatrième sur du papier-filtre, ces deux dernières à l'obscurité et à l'air libre; enfin, une cinquième part, desséchée pendant trente et une heures à 42 degrés, ne donne pas la rage; il est bon de remarquer que la matière soumise à la dessiccation était plus riche en virus et se trouvait étalée en couche plus épaisse que ne peut l'être dans la pratique la bave d'un animal enragé;

3° Le 19 mars 1888, la même expérience est faite avec le bulbe d'un mouton rabique, seulement la dessiccation est continuée pendant soixante-trois heures; cette fois, aucun des animaux inoculés avec la matière desséchée à l'étagère ou à l'air libre, à l'obscurité ou à la lumière, sur une plaque de verre ou sur du papier, ne contracte la maladie; le lapin qui avait reçu le virus frais devient seul enragé;

4° Le 23 mars, une nouvelle expérience est faite dans les mêmes conditions avec les centres nerveux d'un lapin rabique, et la dessiccation est continuée durant soixante-douze heures; nouveau résultat négatif avec la matière desséchée;

5° Le bulbe d'un chien rabique, mort le 28 mars, sert à préparer le jour même une émulsion dans laquelle on trempe deux papiers-filtres qu'on fait ensuite sécher, l'un à l'étagère en présence de l'acide sulfurique et à la lumière, l'autre à l'air libre et à l'obscurité; la dessiccation est continuée pendant cinquante-cinq heures, après quoi le papier desséché à l'obscurité et à l'air libre donne encore la rage, tandis que l'autre ne la donne plus;

6° Des papiers-filtres trempés, le 16 avril, dans une émulsion diluée de substance rabique, et desséchés ensuite à l'air libre ou en présence de l'acide sulfurique, à l'obscurité ou à la lumière, n'ont plus donné la rage au bout de cent dix-neuf heures ni au bout de quatre-vingt-seize heures.

En résumé, la virulence rabique résiste peu de temps à la dessiccation, quand la matière virulente est étalée en couche mince; elle est sûrement éteinte au bout de vingt, quinze, dix, cinq et même quatre jours; il en est ainsi quand on opère sur de la substance nerveuse, et il y a tout lieu de croire qu'il n'en est pas autrement lorsqu'il s'agit de la bave des animaux enragés. Il résulte de ce qui précède : que les objets souillés de virus rabique, les linges ou vêtements, se désinfectent naturellement par la dessiccation à l'air libre; que leur contact avec une plaie cesse d'être dangereux au bout de quatre à cinq jours de dessiccation, et qu'il n'est pas utile de recourir, en pareil cas, au traitement préventif par les inoculations. Il semble pareillement exagéré d'interdire, pendant trois, deux et même un mois, les pâturages fréquentés par des animaux enragés; le virus se détruit rapidement à la surface des herbages; celui-là seul qui s'est mélangé à l'eau des mares, fontaines, sources et abreuvoirs, se conserve quelque temps, et l'interdiction des eaux souillées parera à tout danger. Quant aux pâturages, une interdiction de quatre à cinq jours sera suffisante. Enfin, pour la rage, de même que pour la morve, la dessiccation constitue un moyen de désinfection d'une efficacité incontestable, d'un emploi facile et d'une application très peu onéreuse.

J'ai depuis longtemps constaté l'action antivirulente de l'iode. Ainsi, en triturant 175 centigrammes de matière bulbaire d'un lapin rabique avec

50 centimètres cubes d'eau iodée à saturation, et, en laissant le contact se continuer pendant une heure trois quarts, on a un mélange qui ne donne plus la rage; ainsi encore j'ai constaté qu'en mélangeant 1 partie de matière bulbaire et 10 parties d'eau iodée, il suffisait d'un contact de dix minutes pour stériliser le virus rabique; j'ai également constaté que le même résultat était obtenu en mélangeant 1 partie de virus avec 10 parties d'une solution à 6 p. 100 d'acide citrique.

Depuis des années je recommande et j'emploie avec succès la cautérisation avec la teinture d'iode forte; et je pratique le lavage de la conjonctive, qui a reçu des projections de virus, avec l'eau iodée à saturation.

J'ai maintes fois expérimenté l'action de la chaleur sur le virus rabique, en l'enfermant préalablement dans des tubes très minces, qui étaient ensuite scellés à la lampe et chauffés dans de l'eau portée préalablement à la température voulue. J'ai constaté qu'un chauffage dans ces conditions, continué seulement pendant vingt, quinze, dix ou même cinq minutes à 47°-48°, était suffisant pour faire perdre au virus rabique son activité.

J'ai recherché si la matière rabique mélangée ou incorporée à des corps gras se conservait avec ses propriétés; je l'ai incorporée à de la graisse fondue, graisse de chien, graisse de porc; je l'ai émulsionnée dans de l'huile d'olives; ensuite j'ai, avec ces mélanges, fait des inoculations au bout d'un temps plus ou moins long. Les inoculations ont toujours échoué, quand elles ont été faites avec les mélanges (graisse ou huile) datant de quinze, treize, onze, neuf et sept jours. Il semble donc que les corps gras hâtent la perte de la virulence. Voici, d'autre part, le résumé d'une expérience bien curieuse et qui mérite d'être tentée de nouveau. Le 21 janvier 1889, cinq chèvres furent inoculées de la façon suivante : deux reçurent du virus pur et devinrent enragées plus tard; les trois autres reçurent de la même façon la même dose de virus préalablement émulsionnée dans cinq fois son poids d'huile d'olives une demi-heure avant l'inoculation et chauffée à 38°, elles ne devinrent jamais malades.

Les expériences de M. Roux ont démontré que la glycérine neutre permet de conserver un temps assez long la matière rabique avec sa virulence. Des bulbes de lapins rabiques, gardés ainsi pendant quatre semaines, ont produit la rage comme des bulbes frais; toutefois ce résultat ne s'obtient qu'autant que la température est basse ; avec une température élevée la virulence ne se conserve pas si longtemps.

L'eau oxygénée, même à l'état de concentration, n'aurait aucune action sur le virus rabique d'après M. H. Fol; tandis que, suivant M. Gibier, l'eau oxygénée mélangée avec du virus provenant du bulbe le stériliserait. Le bichlorure de mercure en solution à 1/200 ne suffirait pas pour stériliser la moelle rabique, et la solution à 1/100 n'aurait qu'une action incertaine, tandis que l'essence de térébenthine agirait efficacement à dose faible (II. Fol). Ainsi de l'eau simplement térébenthinée pourrait stériliser la substance nerveuse.

La virulence peut être conservée dans les bulbes ou fragments de moelles placés dans l'alcool tant que le centre du morceau n'a pas subi son action ; on a pu donner la rage avec le bulbe d'un cheval resté trente heures dans l'alcool à 85°. Mais cet agent exerce une action stérilisante, quand la matière rabique, au lieu d'y être immergée en fragments plus ou moins volumineux, y est mise en pulpe. Ainsi une émulsion de moelle dans de l'alcool à 50° est stérilisée en vingt-quatre heures ; mais une émulsion rabique dans l'alcool à 25° est encore active au bout de trois jours ; elle ne l'est plus le cinquième jour : enfin une émulsion dans l'alcool à 15° serait encore active après sept jours (Celli).

D'après Szilaggi des quantités minimes de chlore (eau chlorée) détruiraient le virus rabique en émulsion dans l'eau ; il en serait de même du brome (eau bromée), que j'avais jadis préconisé, de la solution aqueuse d'acide sulfureux à 2 p. 100, de la solution à 1 p. 100 de permanganate de potasse, de l'essence d'eucalyptus ; le thymol serait moins actif que l'eucalyptol.

D'après les expériences de Celli, le virus rabique résisterait bien au froid, ainsi que je l'avais constaté ; il conserverait son activité à — 16° et à — 20° pendant trente heures ; il résisterait à l'air comprimé (7 à 8 atmosphères) pendant soixante heures. Il serait sensible à l'action de la lumière ; sa virulence diminuerait plus vite à la lumière qu'à l'obscurité, la température étant de 35° ; il serait stérilisé par une exposition de quatorze heures à la lumière, la température étant de 37°, et par une exposition de vingt-quatre heures, quand la température n'est que de 35°. Il serait très sensible à un certain degré de chaleur, ainsi que je l'ai démontré moi-même ; il serait stérilisé par un chauffage de vingt-quatre heures à 45°, et d'une heure à 50°. Il serait inactif, quand on l'inoculerait, après l'avoir émulsionné dans une solution de sublimé à 1 1000, dans une solution de permanganate de potasse à 25 p. 100, dans l'alcool à 90°, dans de l'eau acidulée avec de l'acide acétique ou alcalinisée avec le carbonate de soude.

En résumé, le virus rabique peut se conserver un temps variable dans les cadavres et en dehors des cadavres ; il peut rester actif dans les eaux et dans les cadavres enfouis pendant plusieurs semaines ; il craint la dessiccation, surtout quand il est en couche mince ; il ne résiste pas à une température relativement peu élevée ; mais il supporte bien le froid ; il craint la lumière ; il est stérilisé par de nombreux agents chimiques, par les corps gras, par l'iode, le brome, le chlore, les acides, certaines essences, etc.

La résistance du contage rabique, la longueur et la variabilité de la période d'incubation, qui implique une prolifération dans l'organisme avant l'éclosion de la maladie, laissent croire ou forcent à penser comme les découvertes précédemment relatées, que la virulence est due à des germes, à des microbes. L'incubation, nous le verrons dans la suite, est plus courte quand l'inoculation est faite sur des individus à nutrition active et dans des tissus très vasculaires; ainsi le mode d'action du virus semble bien être tel que Polli et d'autres l'avaient supposé. La matière déposée dans la morsure contient des germes, qui se développent dans l'organisme, l'envahissent et se localisent principalement dans les centres nerveux, sur lesquels ils agissent à la façon d'un poison, parce qu'ils déterminent en réalité la formation d'une substance toxique, ainsi que mes expériences l'avaient donné à penser. J'avais en effet obtenu des symptômes nerveux et la mort au bout d'un jour chez deux moutons, à qui j'avais injecté en quantité considérable dans le péritoine, le produit obtenu en exprimant la matière des centres nerveux d'un chien enragé sacrifié pour cette expérience; la salive de ces moutons inoculée à des lapins ne leur avait pas transmis la rage. D'ailleurs la salive de l'homme et celle des animaux, de même que le venin des serpents, contiennent des substances toxiques, ainsi que M. A. Gauthier l'a établi; de la sorte on s'explique la mort occasionnée rapidement chez certains individus mordus par des chiens devenus subitement furieux et revenus ensuite à leur état normal; il s'agit évidemment d'un empoisonnement dû aux substances toxiques (ptomaïnes) renfermées dans la salive ou provoqué par celles qu'ont données des microbes étrangers et non par la rage que l'animal n'avait probablement pas, puisqu'il s'est rétabli, et qui a généralement une incubation d'une certaine durée. Du reste, la salive peut être plus ou moins riche en alcaloïdes toxiques et devenir plus ou moins nuisible, suivant les moments (plus nuisible à jeun), suivant le plus ou moins de surexcitation de l'individu qui la sécrète. Il semble bien que la pullulation du germe rabigène s'accompagne de la formation d e quelque matière toxique, qui a pour résultat de surexciter d'abord et d e paralyser ensuite le système nerveux et de déterminer l'altération de ses éléments.

D'ailleurs Anrepp de Saint-Pétersbourg aurait extrait, des centres nerveux de lapins rabiques à rage convulsive, une substance alcaloïdique d'une toxicité extrême; cent cerveaux lui auraient donné 5 centigrammes de cette ptomaïne, qui, à la dose d'un centième de milligramme, provoquerait des symptômes analogues à ceux de la première période de la rage, et qui, à dose plus forte, jusqu'à cinq dixièmes de milligramme, provoquerait des symptômes semblables à ceux de la période ultime de la rage.

Modes de transmission de la rage. — Fréquence de la maladie à la suite des morsures. — Chez les divers animaux, comme chez l'homme, la rage est toujours le résultat d'une contamination par inoculation, c'est-à-dire par morsure, qui réalise l'inoculation, ou par léchement et imprégnation de bave rabique d'une surface absorbante, telle qu'une excoriation, une éraillure, une plaie quelconque.

L'homme reçoit ordinairement le germe rabique par la morsure d'un chien, d'un chat, d'un loup, enragés, et quelquefois par le léchement de l'animal hydrophobe sur une région où se trouve une plaie ; c'est ainsi en effet qu'on l'a vu devenir enragé pour avoir été léché sur une partie excoriée, sur une dartre des lèvres, par un chien hydrophobe. L'animal enragé peut aussi transmettre la maladie en égratignant avec ses griffes souillées de bave ; enfin, on a observé des cas de transmission chez l'homme, ainsi que nous l'avons déjà vu plus haut, à la suite d'inoculations qu'il s'était faites, en pratiquant des autopsies d'animaux enragés.

Les animaux sont ordinairement, on peut même dire presque toujours, contaminés par des morsures qu'ils reçoivent d'autres animaux enragés ; le léchement peut aussi, chez eux comme chez l'homme, avoir pour résultat d'imprégner de virus une surface absorbante. Il faut donc, pour qu'il y ait transmission de la rage, que le virus soit mis en contact avec des tissus absorbants, tels que celui d'une plaie, d'une morsure, d'une surface dénudée ; cependant M. Bourrel pense que le simple léchement des parties dénudées d'épiderme donne rarement la rage ; il faut une morsure, une plaie, une piqûre, une éraillure, car la peau intacte de l'homme et des animaux ne se prêterait pas à la pénétration du virus.

Le contage rabique n'entrant pas en suspension dans l'air, le malade ne dégageant pas de germes avec l'air qu'il expire, et ceux qu'il rejette dans le monde extérieur avec la bave restant fixés aux corps qu'ils imprègnent, la maladie ne peut guère se propager par l'intermédiaire de l'atmosphère ; mais l'inhalation de particules imprégnées de matière virulente serait dangereuse, ainsi que je l'ai démontré récemment (avril 1890).

Voici comment j'ai résumé le résultat de mes recherches à ce sujet dans une communication à la Société de biologie :

La muqueuse respiratoire est bien peu exposée à recevoir du virus rabique ; et c'est fort heureux, parce qu'elle est bien mieux apte à l'absorber que la muqueuse digestive. En effet, après de nombreux essais de contamination par pulvérisation ou injection de matière rabique dans le nez et dans la trachée, je suis arrivé à considérer ce mode de transmission expérimentale comme très sûr. J'ai de la sorte transmis la rage au cobaye, au lapin et au mouton. Mes essais sur ce dernier animal ont été les moins nombreux ; sur deux moutons inoculés par injection trachéale, il y a eu un résultat positif et un résultat négatif. C'est principalement sur le lapin que mes tentatives ont été fréquentes. Cet animal supporte généralement bien, sans s'ébrouer, l'injection nasale, quand on laisse tomber goutte à goutte la matière virulente dans les cavités du nez, la tête du sujet étant maintenue renversée. Tous les lapins ainsi traités ne deviennent pas enragés, mais ils le deviennent dans une forte proportion, dans la proportion de onze sur quinze, avec des incubations relativement courtes, variant de sept à vingt-deux et vingt-huit jours. Non seulement la contagion semble plus assurée, à la suite de ce mode de pénétration du virus, que lorsqu'il est introduit dans les voies digestives, mais elle paraît également plus facile, quand le virus est adressé à la muqueuse respiratoire que lorsqu'il est appliqué sur la conjonctive. Plus d'une fois en effet j'ai vu, dans la même expérience, les lapins inoculés par injection nasale devenir rabiques pour la plupart, tandis que ceux qui avaient reçu le même virus en instillation sur la conjonctive ne contractaient pas la maladie, ou ne tombaient malades qu'en petit nombre. Sur le cobaye le succès est moins constant; cet animal supporte moins bien les injections nasales, et les résultats négatifs peuvent l'emporter sur les résultats positifs. Toutefois on peut encore obtenir, une fois sur trois et deux fois sur cinq, la rage sur les animaux de cette espèce soumis à l'injection nasale.

L'absorption du virus rabique par la muqueuse respiratoire est donc bien démontrée; et s'il, n'y a pas lieu de s'exagérer la gravité du danger, parce que le virus rabique frais est rarement inhalé, parce que le virus desséché, qui pourrait être inhalé, a perdu généralement son activité, il convient cependant de ne pas méconnaître l'importance des constatations qui précèdent et de ne pas négliger les précautions qu'elles suggèrent.

Quant à la muqueuse digestive, nous connaissons déjà quelques faits qui permettent de soupçonner, sinon d'affirmer, qu'elle peut absorber parfois le virus qui lui est adressé; il est bien vrai que les faits démontrant que l'ingestion du virus rabique est sans suites sont les plus nombreux. Delafond, Renault, M. Reynal, M. Decroix, M. Bourrel, M. Reul n'ont pas réussi, dans leurs expériences, à faire développer la rage, en faisant ingérer de la viande rabique; Renault a pareillement fait ingérer sans résultats de la bave rabique à des chiens, à des moutons et à des chevaux. M. Bourrel a également fait ingérer à des chiens, pendant deux ans, de la viande imbibée de bave rabique, sans obtenir la rage. J'ai échoué ordinairement en faisant ingérer à des animaux des matières rabiques. M. Nocard a fait ingérer à un renard les centres nerveux de 12 chiens ou renards enragés, sans lui donner la maladie et sans lui conférer l'immunité. Pourtant les faits de Gohier, qui a vu deux fois la rage sur le chien à la suite de l'ingestion de virus, bien que donnant, comme nous l'avons vu, prise à la critique, doivent être tenus en considération. Il faut également prendre en considération les faits relatés plus haut concernant des animaux qui se seraient contaminés en mangeant de la paille souillée par des chiens enragés. On cite d'ailleurs le cas de chiens (Girault) rendus enragés, en leur faisant mâchonner une éponge imbibée de liquide virulent. J'ai enfin obtenu une fois la rage chez le lapin en lui donnant de la matière rabique. Que conclure de tout cela, sinon que l'absorption du virus, mis en contact avec la muqueuse digestive, bien qu'ayant lieu fort rarement, peut s'effectuer quelquefois, probablement lorsque, dans la bouche, dans le pharynx ou ailleurs, existent des plaies, des fissures, des excoriations, etc.

Tel était l'état de nos connaissances sur ce point spécial, lorsque récemment (avril 1890) j'ai fait connaître les nouveaux faits qui suivent :

La transmission de la maladie par ingestion est à coup sûr très rare ; cependant elle n'est point impossible. Comme d'autres j'ai échoué souvent dans mes tentatives de transmission par ce mode, en donnant à manger et à boire, à des cobayes, à des lapins, à des chiens et à des moutons, des aliments et des boissons additionnés de matière rabique. Toutefois, outre un cas de contagion obtenu de la sorte sur le lapin jadis, j'ai dans ces dernières années, grâce à des tentatives multipliées, obtenu de nouveaux cas, en badigeonnant la muqueuse buccale avec du virus rabique, et en le faisant ingérer. Sur 30 lapins qui avaient eu la muqueuse buccale badigeonnée, avec la matière bulbaire rabique incorporée à de l'axonge, il y a eu quatre cas de rage. Sur un pareil nombre qui avaient ingéré une émulsion préparée avec des bulbes, deux seulement sont devenus enragés ; et ils avaient tous reçu une forte dose de matière rabique.

Il n'y a pas lieu d'attribuer à ce mode de contagion un rôle bien important ; mais ce qui précède suffit cependant pour montrer que l'ingestion de substances souillées de virus rabique n'est pas exempte de tout danger. Incontestablement tout le monde est d'accord, quand il s'agit de proscrire l'usage d'aliments ou de boissons qui peuvent avoir été infectés de matière rabique, tout le monde est d'avis qu'il faut être sévère, et c'est avec raison qu'on exige la désinfection des objets qui ont été souillés par la bave des animaux enragés. Mais que faudra-t-il décider, quand il s'agira de personnes qui auront ingéré ou qui auront seulement introduit dans la bouche des substances ou des objets imprégnés de bave rabique. Faudra-t-il en pareil cas les engager à se soumettre au traitement ?

La question se présentera rarement ; et d'ailleurs on s'inspirera des circonstances, pour faire la réponse qu'elle comporte ; on tiendra compte de l'état de la muqueuse ; mais sera-t-on bien assuré de son intégrité, et ne concevra-t-on pas quelque inquiétude si on n'a pas conseillé le traitement antirabique. J'ai connu cette inquiétude à la suite d'un fait encore récent ; il s'agissait d'un enfant qui avait introduit dans la bouche, pour y mordre dessus, un objet souillé par un chien enragé ; je n'engageai pas les parents à le faire traiter, et depuis je me suis promis d'agir autrement à l'avenir.

Bujwid aurait de son côté donné une rage authentique à un lapin et à un rat, en leur servant de la matière nerveuse rabique.

Relativement à la muqueuse oculaire, il était utile de faire des recherches pour savoir si elle est ou non susceptible d'absorber le virus rabique; et ce point a une certaine importance, surtout pour les personnes qui approchent les animaux enragés, ou qui pratiquent des autopsies, et qui peuvent recevoir des projections de salive, de sang, etc., dans les yeux. J'ai fait à ce sujet de nouvelles et nombreuses recherches: et voici comment j'en ai rendu compte (avril 1890):

On vient de voir que la conjonctive absorbe moins sûrement le virus rabique que la muqueuse respiratoire; et il est encore fort heureux qu'il en soit ainsi, parce que la muqueuse de l'œil est bien plus exposée à être contaminée. En effet, elle peut recevoir des projections de salive rabique, quand on se trouve en présence d'un chien enragé qui aboie ou d'une personne hydrophobe qui parle; elle peut être contaminée par l'attouchement des doigts, par les éclaboussures qui se produisent pendant les autopsies, etc. Toutefois, s'il est vrai que la conjonctive intacte se prête rarement à l'absorption du virus rabique, il est exact de dire qu'elle peut, même intacte, l'absorber parfois, et qu'elle l'absorbe plus sûrement quand elle est lésée. Mes expériences nombreuses, en vue de déterminer le rôle d'absorption de la muqueuse de l'œil, ont été faites sur le lapin et le cobaye, principalement sur ce dernier animal. Quand je me suis borné à faire couler goutte à goutte, sous les paupières légèrement soulevées, une émulsion virulente très riche, les animaux d'expérience sont devenus enragés dans la proportion de 1, 2, 3 sur 10; on peut doubler aisément la proportion des enragés en lésant la conjonctive.

Dans toutes les expériences que j'ai faites, soit pour déterminer le rôle d'absorption des voies digestives et des voies respiratoires, soit pour apprécier celui de la muqueuse de l'œil, j'ai voulu réaliser la contamination, en imitant ce qui peut se produire spontanément dans les conditions ordinaires de la vie. J'ai fait ingérer le virus, je l'ai fait inhaler, sans déterminer son lieu ni son mécanisme de pénétration intime ou d'absorption; je l'ai instillé sous les paupières, comme il peut y arriver, quand l'œil reçoit des projections de produit liquide d'un animal ou d'une personne qui tousse ou s'ébroue en face de quelqu'un. Toutefois, s'il découle de ce qui précède qu'il peut être dangereux de recevoir dans l'œil, d'inhaler ou d'ingérer du virus rabique, il faut considérer que les résultats positifs, que j'ai obtenus, l'ont été avec des doses beaucoup plus fortes que celles qu'on est exposé à ingérer, à inhaler ou à recevoir sur l'œil dans les circonstances ordinaires. Néanmoins les faits que j'ai exposés méritent d'être médités et commandent une prophylaxie.

Il est inutile de dire qu'il faut se préserver contre toute ingestion de substances souillées de virus, qu'il faut éviter d'inhaler des poussières souillées, qu'il est indiqué de préserver les yeux contre l'introduction de toute matière virulente. Je me suis demandé ce qu'il convenait de faire dans les cas où il y avait eu introduction de virus dans la bouche, dans le nez ou dans l'œil.

Depuis longtemps j'ai appris à apprécier la valeur préservatrice de a ceinture d'iode ; je l'ai expérimentée souvent, et j'ai invariablement constaté ses bons effets, quand elle était employée hâtivement sur des morsures et sur des plaies d'inoculation. Je tiens à attirer l'attention sur le parti qu'on peut tirer de l'iode, dans la prophylaxie de la rage, quand le virus a été introduit dans l'œil, dans le nez ou dans la bouche. Se gargariser avec de l'eau d'iodée à saturation, en aspirer par le nez, en baigner l'œil, voilà ce que je conseille d'autant plus volontiers que cette pratique est courante dans mon laboratoire. Que de fois il m'est arrivé de recevoir dans l'œil des produits rabiques ! En pareil cas je m'empresse, toute affaire cessante, de baigner l'œil atteint dans l'eau iodée et je n'y pense plus. Mes aides et le garçon de laboratoire sont traités de même à l'occasion. Je leur instille de l'eau iodée sous les paupières, comme je le fais pour moi et comme je l'ai pratiqué sur des sujets d'expérience que je voulais préserver. Ce moyen est sûrement bon, à la condition d'être employé de suite. Il a invariablement préservé les animaux sur l'œil desquels il a été appliqué dans les dix minutes qui ont suivi l'instillation du virus. Les yeux des animaux ainsi traités, ceux des personnes auxquelles j'ai appliqué ce moyen, et les miens, qui en ont essayé plus de vingt fois l'emploi, n'ont jamais paru se ressentir défavorablement de son action. On peut donc y recourir sans crainte ; il n'est pas dangereux et il est efficace, pourvu qu'il soit employé de suite.

Je pense que, moyennant ce traitement mis en pratique rapidement, on peut se dispenser de se soumettre à toute autre médication antirabique. Mais que faudrait-il conseiller à la personne, qui aurait reçu de la bave dans l'œil ou tout autre produit rabique, et qui n'aurait eu recours à aucun lavage antivirulent, ou qui aurait subi un lavage tardif ? Pour moi, il n'y a pas d'hésitation à conserver ; le dépôt du virus sur la conjonctive est pour le moins aussi dangereux qu'une morsure à travers les vêtements ; il y a donc lieu, ne fût-ce que pour dégager sa responsabilité, de conseiller en pareil cas le traitement Pasteur.

Il me reste à examiner un dernier mode de transmission de la rage, c'est celui qui peut mettre en jeu le pouvoir absorbant de la muqueuse génito-urinaire. La muqueuse intacte des voies génito-urinaires absorbe rarement le virus rabique, si j'en juge par mes expériences sur les femelles. J'ai, dans une vingtaine d'essais, réussi trois fois à transmettre la rage, en injectant du virus dans le vagin, ou en l'y introduisant avec une éponge ; et, ici encore, les doses employées étaient bien supérieures à celles que la muqueuse est exposée à recevoir dans la pratique. Le rapprochement des sexes est bien peu dangereux à ce point de vue ; car, tant qu'il a lieu, la rage n'est pas encore très avancée généralement, et les produits des organes génitaux ne semblent pas virulents. Toutefois, on peut fort bien concevoir qu'un chien enragé transmette la maladie à sa femelle soit en la léchant, soit en s'accouplant avec elle, après s'être léché le pénis comme les chiens enragés ont de la tendance à le faire au début de *la rage. Et n'est-ce pas par ce mode ou par un des modes précités que des chiens, devenus enragés sans avoir été mordus, avaient contracté la maladie ?*

Quant à l'espèce humaine, elle aussi est exposée parfois à contracter la rage, à la suite d'une absorption de virus par la muqueuse génito-urinaire, autrement qu'à la suite de rapports sexuels. Assez souvent, au début de la rage, le chien devient plus caressant et lèche plus volontiers les personnes connues de lui ; on peut même ajouter qu'il devient plus dépravé. Il y a du danger à subir ses léchements, surtout s'ils portent sur des parties excoriées, sur certaines muqueuses, etc. Que conseiller à une personne qui aurait subi ces léchements ? Un jour, je fus consulté à propos d'un cas de ce genre ; une personne, qui avait subi les léchements de son chien enragé, sur la muqueuse génito-urinaire, désirait savoir si elle devait se soumettre au traitement Pasteur. Après avoir recueilli de sa bouche tous les renseignements qui me semblaient utiles pour me prononcer, je lui insinuai qu'elle n'avait rien à redouter, parce que, m'avait-elle dit, elle n'avait aucune lésion, aucune excoriation, et parce qu'elle s'était lavée aussitôt après. Mais, si les conditions eussent été tout autres, si des soins de propreté eussent fait défaut, si on eût été moins affirmatif sur l'intégrité de la muqueuse qui avait été léchée, je n'aurais pas hésité à conseiller le traitement antirabique. J'ai été consulté une seconde fois dans le courant de la même année pour un cas semblable.

En traitant plus haut la question du siège de la virulence, nous avons résolu, au moins implicitement, la question de la contagion intra-utérine ou de l'hérédité de la rage. Bien qu'on ait avancé que la rage procède peut-être d'un coït infectant et qu'il y a lieu de considérer comme suspectes les vaches saillies par un taureau en incubation de rage, bien qu'on puisse invoquer le fait relaté par M. Mathieu, relatif à un chien qui, étant en incubation de rage, aurait transmis ce mal à un des petits qui devaient naître plus tard de la chienne qu'il avait couverte, il y a lieu de considérer la transmission par le sperme comme insuffisamment démontrée. Quant à la contagion intra-utérine, on a vu qu'elle n'a pas lieu le plus ordinairement, mais qu'elle peut se produire exceptionnellement.

En résumé, la contagion rabique semble s'effectuer à peu près exclusivement par inoculation, par morsure ou imprégnation d'une surface absorbante ; et l'imprégnation a lieu, quand les rabiques lèchent une partie excoriée, blessée, dénudée, etc.; elle peut également avoir lieu, quand un corps quelconque, solide ou liquide, imprégné ou mélangé de virus, est mis en contact avec des tissus absorbants. Le Dr Constantin James relatait dernièrement un cas de rage ainsi contractée par une personne, qui se servait de la même éponge pour sa toilette et celle de son chien.

L'homme et tous les mammifères peuvent contracter la rage ; les oi-

seaux sont susceptibles de la prendre aussi, mais cela est rare ; la grenouille, qui peut cultiver d'autres microbes pathogènes, ne cultiverait pas celui de la rage. Ce sont les carnivores, les chiens surtout, qui
présentent le plus souvent la rage et qui sont les plus dangereux.

S'il est vrai de dire que la transmission de la rage a lieu presque
toujours par morsures, il faut reconnaître que ce sont surtout les plaies
faites par les dents canines et les incisives qui sont inoculatrices ; il faut
également reconnaître que c'est généralement dans la rue que l'inoculation a lieu d'animaux à animaux, tandis que la transmission des animaux
à l'homme a lieu assez souvent dans les maisons, soit par morsure, soit par
lèchement. Il faut enfin reconnaître que toutes les morsures faites par
des chiens ou autres animaux enragés ne sont pas suivies de rage, et
que la fréquence de la maladie à la suite de ces inoculations varie suivant certaines conditions, qu'il nous reste à envisager.

C'est ainsi que les morsures, faites par les carnivores enragés, sont,
comme nous l'avons vu, les plus dangereuses, car elles sont de véritables
inoculations souvent profondes ; tandis que celles des autres animaux,
qui d'ailleurs mordent très rarement, sont infiniment moins dangereuses.
Parmi les carnivores enragés on a remarqué que, toutes choses égales
d'ailleurs, le loup, en mordant, transmet plus sûrement la rage que le
chien ; il en est de même, avons-nous dit, des morsures du chat, qui sont
également très dangereuses. Cependant c'est presque toujours le chien,
qui propage la rage, en la transmettant aux animaux et à l'homme,
parce que le nombre des animaux de l'espèce canine est considérable,
parce que de nombreux chiens vagabondent souvent et s'exposent à se
faire mordre. D'ailleurs le chien enragé ayant ordinairement une tendance
marquée à s'échapper, ce sont ordinairement les chiens libres dans les
rues ou dans les champs qui sont mordus ; et c'est ordinairement un
chien étranger, un chien errant, qui apporte la rage dans une localité.
On a du reste noté que les morsures rabiques et les cas de rage sont
en rapport avec l'accroissement de la population canine, avec le non
musellement, avec l'augmentation du nombre des chiens errants libres
de toute entrave, avec l'inapplication des mesures préventives et sanitaires.

Quoi qu'il en soit, et malgré la fréquence relative des morsures rabiques, la rage ne se montre pas, il s'en faut bien, dans tous les cas, soit
que le virus ait été arrêté par les vêtements de l'homme ou par les poils
des animaux, soit qu'il n'ait pas été absorbé, soit qu'il n'ait pas été inoculé en suffisante quantité ou qu'il ait fait défaut dans certaines inoculations. Il y a 50, 60, 70, 80, 90 chances de non inoculation sur 100
morsures. En sorte qu'il y a ordinairement plus de morsures infructueuses que de morsures suivies d'inoculation positive et de l'apparition
de la rage. D'après Renault, un quart des animaux, inoculés expérimentalement avec la bave, échapperait à la rage ; et depuis, tous les
expérimentateurs ont constaté la même inconstance, qui s'explique par

les considérations présentées plus haut à propos des propriétés de la bave rabique. Si la rage est plus fréquente pendant certaines années, si on observe parfois des recrudescences épizootiques, cela tient, avons-nous dit, au défaut de précautions et de mesures sanitaires.

Qu'il s'agisse de l'homme ou qu'il s'agisse des animaux, les morsures rabiques les plus dangereuses, toutes choses étant égales d'ailleurs, sont : celles qui ont porté sur des parties dénudées, découvertes, privées de poils (mains, cou, visage, bout du nez chez les animaux); celles qui ont peu saigné (celles qui ont été faites par un animal, qui vient d'épuiser son virus momentanément en faisant de nombreuses victimes, sont moins dangereuses); et surtout celles qui sont multiples, étendues, profondes et accompagnées du dépôt d'une forte dose de virus; celles qui ne sont suivies d'aucun soin, qui ne sont ni lavées, ni cautérisées. Les vêtements, les poils, la toison, peuvent essuyer la dent inoculatrice et retenir le virus; l'hémorrhagie peut l'entraîner; les morsures réitérées l'épuisent momentanément; la cautérisation immédiate le détruit.

En résumé, les morsures les plus graves sont : celles des carnivores; celles qui sont étendues, profondes, multiples; celles qui ont été faites sur des parties dénudées, sur le visage et sur les mains chez l'homme, à la face, aux lèvres, aux naseaux chez les animaux; celles qui ont inoculé un virus abondant et actif; celles qui n'ont été l'objet d'aucun soin, etc. D'ailleurs le nombre, la forme, le siège des morsures, la quantité et la qualité de la matière déposée, influent non seulement sur le développement de la rage, mais aussi sur sa gravité, sur la rapidité de son évolution, ainsi que sur la résistance des mordus à l'action préservatrice de la vaccination. Les dangers de l'inoculation se trouvent considérablement atténués, quand les morsures ont été faites à travers les vêtements, sur des régions couvertes de longs poils, etc. Ainsi, chez l'homme, les morsures sur les parties couvertes sont les moins graves; ainsi les morsures sont moins graves sur les animaux, quand elles ont été faites sur une région couverte de poils longs et épais, d'une toison abondante, etc.

Il est difficile d'établir une proportionnalité exacte entre le nombre des cas de rage bien avérée et le nombre des personnes ou des animaux mordus; en effet, outre que certains cas de rage peuvent passer inaperçus ou être méconnus, à cause de l'état latent ou mal caractérisé de l'affection, outre que l'on a pris assez souvent pour de la rage ce qui n'en était pas, il y a encore bien d'autres causes d'erreur dans les statistiques dressées de divers côtés : c'est en premier lieu l'ignorance en quelque sorte forcée du nombre des morsures au moins chez les animaux; c'est en second lieu l'habitude d'abattre les carnivores suspects; c'est enfin la croyance à des morsures rabiques, quand il peut ne s'agir que de morsures ordinaires. Aussi convient-il de n'attacher

qu'une médiocre importance anx statistiques, en vertu desquelles on a
la prétention d'établir la proportionnalité dont nous nous occupons.
D'après certains médecins, un peu moins de la moitié des personnes
mordues mourraient de la rage ; les enfants, à cause de leur impré-
voyance et de leur imprudence, seraient mordus dans une plus forte
proportion que les personnes des autres âges, mais les statistiques
démontreraient qu'il y a chez eux plus de chances d'immunité et peut-
être aussi chez les femmes, qui sont d'ailleurs moins exposées et moins
souvent mordues que les hommes ; la mortalité serait trois fois plus
faible de 3 à 15 ans que de 50 à 60 ans pour un même nombre de
mordus ; elle serait moindre au-dessous de 20 ans qu'au-dessus de
cet âge.

La mortalité par la rage chez les personnes mordues a été tantôt de
une sur deux et même de huit à neuf sur dix (morsures de loup enragé),
de une sur trois (morsures de chien enragé), de une sur cinq, de une
sur vingt, de une sur vingt-cinq, de une sur dix, tantôt de deux sur
trois (morsures aux mains), de sept sur huit (morsures au visage). En
France, il est mort en moyenne chaque année, de 1850 à 1876, vingt
huit personnes enragées. On a constaté chez l'homme 24 cas de mort
sur 108 mordus ; 12 sur 76 mordus ; 5 sur 58 mordus ; 23 sur 156 mor-
dus ; 11 sur 67 mordus ; 6 sur 45 mordus ; 1 sur 6 mordus ; 45 p. 100
des mordus deviendraient enragés d'après certaines statistiques ; d'après
d'autres statistiques, la mortalité aurait été de 94, de 78 p. 100, quand
les morsures n'avaient pas été cautérisées, de 62 et de 66 p. 100 quand
elles avaient été cautérisées tardivement, de 11 à 20 p. 100 quand elles
avaient été cautérisées immédiatement. En Autriche on aurait constaté
que le nombre des cas de rage aurait été tantôt de 11,9, tantôt de 21,6,
tantôt de 11,8, tantôt de 10,4; tantôt de 5,3, etc., p. 100 mordus ; mais
cette proportionnalité serait beaucoup plus faible si on pouvait connaître plus exactement le nombre des mordus. Il convient d'ajouter
toutefois que ce ne sont là que des données probables, car on n'arrive
pas même à connaître la majeure partie des personnes mordues, ni la
moitié de celles qui meurent de la rage.

Chez le chien la transmission de la rage, à la suite de morsures rabiques, serait dans les proportions de 1/3, 1/5, 1 8, 1/2, 3/10; elle serait
de 1/4, de 1/3 et même au-delà parfois chez les bovins et chez les
ovins, etc. ; on a vu même la totalité ou la presque totalité des mordus devenir parfois enragés, quand les morsures étaient multiples,
quand elles siégeaient au bout du nez, aux lèvres.

Nous avons déjà indiqué à plusieurs reprises que la morsure du loup
enragé est plus grave et plus souvent inoculatrice que celle du chien.
Or, c'est là un fait qui est attesté par les statistiques ; de tout temps on a
remarqué que les cas de rage étaient plus fréquents à la suite des morsures faites par les loups. Dans la séance du 8 avril 1886 de la Société cen-

trale de médecine vétérinaire, M. Mathieu a rappelé un fait relaté en 1826, dans lequel il s'agit de 27 personnes mordues par deux louves enragées, dont 18 moururent de la rage ; la durée de l'incubation fut de 19 à 30 jours, de 40 à 42 jours, de 52 jours. Parmi les 27 personnes mordues, 15 l'avaient été à la tête. Dans la même séance, M. Chuchu a rappelé un autre fait observé en 1820, dans lequel il s'agit d'une trentaine de personnes, qui, ayant été mordues par un loup enragé, moururent presque toutes. M. Pasteur, dans une de ses communications à l'Académie de sciences, a appelé d'une manière spéciale l'attention sur la gravité des morsures faites par les loups enragés, en faisant connaître les cas suivants, dans lesquels la mortalité a été élevée relativement au nombre des personnes mordues : dans le 1ᵉʳ cas, il s'agit de 8 personnes mordues par un loup enragé, qui moururent toutes, une des suites de ses blessures et les sept autres de la rage après des incubations variant de 17 à 68 jours ; dans le 2ᵉ cas, sur 9 personnes mordues par un loup enragé, 8 moururent de la rage ; dans le 3ᵉ cas, 19 personnes ayant été mordues, 11 moururent de la rage après des incubations de 7, 13, 15 à 70 jours ; dans le 4ᵉ cas, il s'agit d'une seule personne mordue, qui devint enragée au bout de 32 jours ; dans le 5ᵉ cas, il est question de trois personnes mordues, devenues toutes trois enragées après des incubations de 22, 23, 38 jours ; dans le 6ᵉ cas, il s'agit aussi de trois personnes, mortes toutes les trois, une des suites de ses blessures et les deux autres de la rage, après des incubations de 25, 30 jours ; dans le 7ᵉ cas, quatre personnes mordues par un loup enragé moururent de la maladie après des incubations de 9, 13, 15, 19 jours ; enfin dans le 8ᵉ cas, diverses personnes mordues devinrent toutes enragées. En sorte que, d'après ces faits, qui ont été observés en France, comme ceux relatés par M. Mathieu et M. Chuchu, on « arrive à la proportion de 82 morts p. 100 mordus par loups enragés, et, dans 6 des cas sur 8, il y a eu autant de morts que de mordus. » « Il y a plus : en Russie on s'accorde généralement à dire que toute personne mordue par un loup enragé est vouée à la mort par rage. » Des statistiques dressées par Renault (254 cas), par Wallet (395 cas), par Dumesnil (342 cas), par Bombarda (168 cas) et par Gamaléia (137 cas), il ressortirait que sur 100 personnes mordues par des loups, il en serait mort de 60 à 64. Depuis la mise en pratique du traitement Pasteur, il en meurt beaucoup moins.

« Les faits précédents nous démontrent : 1° que la durée d'incubation de la rage humaine par morsures de loups enragés est souvent très courte, beaucoup plus courte que celle de la rage par morsures de chiens ; 2° que la mortalité à la suite des morsures par loup enragé, est considérable, si on la compare aux effets des morsures du chien » (Pasteur).

Bien que les statistiques en cette matière laissent beaucoup à désirer, bien qu'elles soient plus ou moins défectueuses et incomplètes, bien qu'elles laissent nécessairement de côté un nombre plus ou moins considérable des personnes ou des animaux mordus, alors qu'elles accusent généralement tous ceux qui meurent de la rage, bien qu'elles accusent toutes ou presque toutes une proportion trop élevée de cas de rage relativement au nombre des morsures, il n'en demeure pas moins établi que les morsures des loups enragés font naître plus souvent et plus sûrement la rage que celles des chiens. A quoi cela tient-il? Pourquoi les morsures des loups font-elles développer si souvent la maladie, lorsque celles des chiens ne donnent qu'une proportion de 3, 4, 5, 6 p. 100 de cas de rage? M. Mathieu, et sa manière de voir ne semble pas irrationnelle, croit que « la nocuité du virus rabique chez le loup est supérieure à la nocuité du virus rabique chez le chien de rue », la virulence pouvant être amoindrie chez la plupart des chiens domestiques par suite de certaines influences telles que le régime, etc. M. Pasteur ne croit pas que le virus du loup soit plus actif que celui du chien, l'inoculation de la moelle allongée de personnes mortes de la rage du loup, à des chiens, à des lapins, à des cobayes, lui a démontré que le « virus du loup et celui du chien ont sensiblement la même virulence »; mais ne se peut-il pas que le virus du loup ait éprouvé une certaine atténuation par son passage chez l'homme? Quoi qu'il en soit, et à supposer que la virulence rabique du loup soit plus forte que celle du chien, il faut chercher encore ailleurs l'explication ou le pourquoi de la plus grande proportion des cas de rage que donnent ses morsures. Or cette explication est facile à trouver, elle réside dans la manière dont l'animal se comporte dans ses attaques contre ses victimes, dans le siège, le nombre et la profondeur des blessures qu'il fait. Tandis que le chien se borne souvent à mordre les parties du corps, qui sont le plus facilement à sa portée, le loup est plus furieux, plus féroce, il s'attaque surtout à la tête, au visage, au cou, aux parties découvertes, il s'acharne avec frénésie; il fait des morsures nombreuses, profondes et étendues; il dilacère les tissus, atteint et brise parfois les os, occasionne des délabrements considérables, imprégnant de sa bave virulente les nombreuses blessures qu'il fait, et dont certaines peuvent intéresser des nerfs, des glandes, des ganglions, voire même le cerveau; en sorte que, non seulement il transmet à ses victimes une plus grande quantité de virus que le chien, mais il l'inocule plus profondément et souvent dans des tissus qui se prêtent mieux à son absorption et à sa pullulation. D'ailleurs, je le répète, il ne répugnerait pas à la raison d'admettre que le virus rabique, en passant dans l'organisme du loup ou dans celui de certains chiens, qui se rapprochent le plus de lui, peut y trouver un terrain des plus propices et y acquérir un degré d'intensité supérieur; si l'expérimentation n'a pas encore confirmé le fait, elle n'a pas complètement démontré son impossibilité, et l'observation plaide en sa faveur, d'autant plus que, comme on le verra plus loin, le virus rabique s'atténue sûrement ou s'exalte, suivant qu'on le fait passer dans tels ou tels organismes (herbivores, singes, lapins).

Modes de transmission expérimentale. — Leur influence sur la forme et la rapidité de la maladie. — Dans les expériences entreprises sur la transmission de la rage, on s'est servi de divers produits et on les a inoculés par divers procédés. On a souvent employé la bave rabique, qui est, nous le savons, un mélange impur, capable d'occasionner des accidents mortels autres que la rage ; le meilleur est d'employer désormais la matière du bulbe. On a transmis la rage en faisant mordre les sujets d'expérience par des chiens enragés, en inoculant le virus par piqûres, par injection hypodermique ou intra-séreuse, par injection intra-veineuse, par injection intra-oculaire, par injection intra-crânienne et par injection intra-nerveuse.

Quand on fait mordre les sujets d'expérience, en les présentant à un chien enragé qu'on excite, les morsures administrées sont ordinairement nombreuses ; elles sont rarement inefficaces, et la rage se montre ordinairement plus vite qu'à la suite de morsures faites par les chiens enragés libres. Cependant cette manière de procéder n'est pas celle qui offre le plus de garantie. En inoculant le virus par piqûres ou scarifications, et en employant la bave, on arrive à peu de choses près aux mêmes résultats qu'en faisant mordre les animaux ; des accidents graves se produisent parfois, surtout chez le lapin, et entraînent la mort avant l'apparition de la rage. Ces accidents sont surtout fréquents, même chez le chien, quand on injecte sous la peau ou dans une séreuse la bave rabique ; du reste on peut par ce moyen obtenir la rage, tout comme en procédant par inoculation, et c'est ordinairement la forme paralytique qu'on observe.

L'inoculation par piqûres ou scarifications peut cependant rendre des services, quand on n'a pour la pratiquer que des matières impures, altérées, en voie de putréfaction, telles que la substance nerveuse d'un cadavre exhumé après un enfouissement de plusieurs jours, ou des matières quelconques altérées, etc. En les appliquant sur une surface convenablement préparée, on peut éviter les complications de nature septique, et voir la rage se déclarer si la matière employée avait conservé quelque virulence ; tandis qu'on ne peut guère songer à inoculer de pareilles substances par injection sous-cutanée, par injection intra-séreuse, par injection intra-crânienne, par injection intra-oculaire. Ce procédé m'a rendu maintes fois des services réels ; il convient de le conserver, tout en le réservant pour les cas qui viennent d'être spécifiés. Il est d'ailleurs d'une exécution facile : on prend pour la même expérience plusieurs sujets, trois, quatre ou un plus grand nombre ; on s'adresse de préférence au cobaye et au lapin, surtout au premier ; on tond et on rase le dessus de la tête et l'entre-deux des oreilles ou une certaine surface sur le dos ; on

*lace et on essuie la partie rasée ; on y fait des scarifications superfi-
cielles en tous sens, en ayant soin de les tailler en biseau ; puis on étale
sur la partie ainsi préparée, la matière suspecte, en l'étendant avec une
spatule ou la lame d'un scalpel, et en l'insinuant entre les lèvres des scarifications ; on peut encore faire quelques piqûres, après avoir étalé la
matière à inoculer, et l'opération est terminée. A la suite de l'inoculation
pratiquée comme il vient d'être dit, la maladie se caractérise et évalue
comme à la suite d'une morsure, tantôt avec la forme agitée, et tantôt avec
la forme paralytique.*

L'injection sous-cutanée n'est pas un moyen sûr de faire développer
la rage, alors même qu'elle est pratiquée avec du virus pur tel que celui
qui est préparé avec la moelle ou le bulbe d'un animal qui vient de succomber. J'ai maintes fois constaté, comme bien d'autres, qu'elle pouvait
être souvent accompagnée d'un résultat absolument négatif sur le cobaye
et le lapin quelquefois, mais principalement sur le chien, sur le mouton
et sur la chèvre. On peut donc obtenir la rage par ce mode d'inoculation, mais on peut aussi bien ne pas la donner. Quand l'injection sous-
cutanée est suivie de la rage, c'est après une incubation variable comme
à la suite des morsures, piqûres ou scarifications ; et la forme est tantôt
celle de la rage furieuse, tantôt celle de la rage paralytique. Toutefois,
au laboratoire Pasteur, on a constaté que chez le chien la forme furieuse s'obtient principalement avec l'injection de faibles doses, tandis
que les fortes doses détermineraient plutôt la forme paralytique. Il
semble d'ailleurs qu'on a plus de chances d'obtenir la rage par ce procédé d'inoculation, en employant de faibles doses qu'en se servant de
fortes doses.

Les expériences de Helman ont confirmé ces données. Il a reconnu à
son tour que les chiens adultes prennent difficilement la rage par les
injections sous-cutanées, tandis que les lapins la prennent plus souvent
par ce mode. Il a reconnu d'autre part que l'injection intra-musculaire
donne plus sûrement la maladie au chien, et que les sujets jeunes et
maigres, dont les tissus sont moins gras que ceux des adultes et presque
aussi tendres que ceux du lapin, prennent plus facilement la rage, quand
on leur injecte sous la peau de petites quantités de virus. Il a reconnu
enfin que l'injection intra-cutanée, qui réalise la piqûre ou la scarification dont nous avons étudié les effets plus haut, donne à peu près invariablement la rage, quand elle est faite avec une faible dose de
virus.

L'explication de ces faits doit être cherchée dans la nature du tissu
qui reçoit le virus. L'injection sous-cutanée donne le plus souvent la
rage au lapin, parce que son tissu est délicat, et parce qu'on lèse ordinairement le muscle cutané ; mais elle ne la lui donne qu'exceptionnellement, quand elle est faite dans une région où le muscle cutané
n'existe pas (entre les deux yeux). La localisation dans le tissu cutané

semble dépendre de la structure anatomique du sujet d'expérience et de la façon dont l'injection est faite.

En résumé le virus rabique semble être détruit par le tissu sous-cutané; et, quand il est introduit uniquement dans ce tissu, il ne produit généralement pas la rage. L'injection sous-cutanée n'est donc pas un procédé à employer, quand on veut s'assurer si une matière contient du virus rabique.

L'injection intra-nerveuse est un procédé qui permet d'obtenir à peu près invariablement la maladie. *Dans ma communication du 25 janvier 1881 à l'Académie de médecine, j'avais fait connaître que j'avais obtenu la rage, en inoculant le virus dans le nerf sciatique.* Plus tard (1886), d'autres expérimentateurs (Di Vestea et Zagari, Bardach, De Blasi et Russo-Travalli, etc.), ont également obtenu la rage par ce procédé. La rage déterminée par l'injection intra-nerveuse d'une faible dose d'émulsion rabique varie dans sa forme clinique suivant le nerf inoculé; mais, bien que ce mode d'inoculation soit très sûr dans ses résultats, il peut arriver parfois chez le lapin et plus souvent chez le chien et le mouton qu'il échoue, surtout quand l'injection est faite sous le névrilème; cependant la simple injection sous le névrilème peut donner la maladie, quoique moins sûrement que l'injection qui a fait pénétrer le virus dans la substance même du nerf. L'incubation et les symptômes varient : l'incubation est plus courte et les premiers symptômes sont ceux de la rage furieuse, quand on a inoculé un nerf de la tête; l'incubation est plus longue et les symptômes sont ceux de la rage paralytique, quand l'inoculation a été faite dans le nerf sciatique par exemple. A la suite de l'inoculation de ce nerf on constate, au début de la rage, la parésie et puis la paralysie du membre opéré; ensuite la paralysie envahit le membre correspondant et plus tard l'autre moitié du corps. J'ai constaté plusieurs fois ces phénomènes sur le lapin et sur le mouton. On a d'ailleurs constaté (Di Vestea et Zagari) que l'inoculation nerveuse, faite par simple imprégnation d'un mince filet nerveux lésé ou coupé, donne constamment la rage au lapin et au cobaye, comme l'injection intra-nerveuse, tandis qu'on ne l'obtient généralement pas, en respectant le filet nerveux et en se contentant d'imprégner le tissu ambiant.

On a prétendu que l'injection intra-séreuse ne donnait pas la rage; Helmann ne l'a pas obtenue en injectant le virus dans le péritoine du lapin. *Pourtant, dans ma communication du 25 janvier 1881 à l'Académie de médecine, j'avais fait connaître que j'avais déterminé la rage en injectant le virus dans la plèvre. Depuis cette époque j'ai obtenu un certain nombre de fois la maladie, en injectant la matière rabique dans la plèvre ou dans le péritoine du mouton, de la chèvre et du chien. Les inoculations suivies de résultats positifs ont été faites avec de fortes doses; l'incubation a varié de neuf jours à vingt-quatre jours sur les petits ruminants, et de vingt jours à soixante-dix jours chez le chien. Certaines*

*tentatives sont demeurées sans résultat. Les symptômes, en cas de réus-
site, ont été généralement ceux de la rage paralytique.* Des résultats semblables ont été obtenus plus tard, notamment par Di Vestea et Zagari
qui ont donné la rage au cobaye et au lapin, en leur injectant dans le
péritoine d'assez fortes doses de virus; l'incubation a été de neuf à
quinze jours, et la forme clinique a varié. En résumé, l'injection intra-
séreuse paraît se comporter quelque peu comme l'injection sous-cutanée.

J'ai relaté plus haut les résultats que j'ai obtenus par l'injection nasale, par l'injection trachéale, par le badigeonnage de la muqueuse buccale et par l'imprégnation de la conjonctive et de la muqueuse génito-
urinaire.

*J'ai le premier fait connaître, dans diverses communications, à partir
du 23 janvier 1881, les effets des injections intra-veineuses de virus rabique sur les animaux herbivores. Le 23 janvier 1881 je relatais que
j'avais injecté sept fois de la salive rabique dans la jugulaire du mouton
sans jamais obtenir la rage. J'ajoutais qu'un des sept sujets avait été
soumis à l'inoculation par un autre procédé et qu'il avait résisté, semblant
avoir acquis l'immunité par l'injection intra-veineuse. Le 1ᵉʳ août 1881,
dans une nouvelle communication adressée à l'Académie des sciences, je
relatais sept nouvelles expériences analogues, ayant porté sur dix sujets
et ayant donné toutes le même résultat ; je concluais que les injections de
virus rabique dans les veines des petits ruminants ne font pas apparaître
la rage et qu'elles paraissent leur conférer l'immunité. Depuis cette époque
déjà reculée, où on ne savait encore rien ni sur l'effet des injections intra-
veineuses de virus rabique, ni sur l'immunité, et où j'apportais une
lumière doublement précieuse, j'ai reproduit un nombre considérable de
fois les mêmes expériences, qui m'ont toujours donné les mêmes résultats ;
et j'ai eu l'occasion d'en faire connaître la plupart, dans diverses communications échelonnées jusqu'à ces dernières années. Laissant de côté, pour
le moment, la question d'immunité, il m'appartient de dire que j'ai le
premier démontré de la façon la plus péremptoire l'innocuité des injections intra-veineuses de virus rabique chez les herbivores.* Je dois ajouter
en outre que mes conclusions ont été trouvées irréprochablement exactes
dans la suite par MM. Nocard et Roux, qui ont répété mes expériences
et sont arrivés aux mêmes résultats que moi (1887).

Pourtant ce qui est vrai pour les herbivores ne l'est plus quand il
s'agit du chien et du lapin. L'injection intra-veineuse ne donne pas toujours la rage au chien ni au lapin; mais elle peut la donner tout comme
l'injection sous-cutanée. Au laboratoire Pasteur, après avoir expérimenté souvent ce mode d'inoculation sur les deux espèces précitées, on
est arrivé aux conclusions suivantes : l'injection intra-veineuse de virus
rabique peut faire naître rapidement, en quinze ou dix-huit jours la rage
chez le *chien* et chez le *lapin*, et quand la maladie ne se déclare pa-

l'immunité n'est pas conférée; la rage ainsi provoquée, comme dans le cas d'injection hypodermique, est ordinairement paralytique, silencieuse et sans fureur, et plus ou moins prurigineuse; le virus envahit d'abord la moelle; en sacrifiant des chiens au début de la maladie, on peut en effet constater que la moelle est rabique, alors que le bulbe ne l'est pas encore; on peut cependant (Pasteur) obtenir la forme furieuse par injection hypodermique ou intra-veineuse, en employant de très petites quantités de virus; mais l'emploi de petites quantités de virus peut prolonger la durée de l'incubation ou même ne pas déterminer la maladie, et en ce dernier cas l'immunité n'est pas acquise (1); la virulence ne semble d'ailleurs nullement atténuée par la dilution de la matière rabique.

MM. Pasteur et Roux ont enfin, tout en diminuant et régularisant la durée de l'incubation, rendu la transmission sûre, en inoculant directement dans l'arachnoïde, à la surface du cerveau, après la trépanation. Mais, par ce procédé il ne faut pas employer la bave, car elle donnerait, à cause de son impureté, des accidents non rabiques mortels; il faut se servir de la matière du bulbe qu'on prépare en l'émulsionnant dans de l'eau distillée stérilisée, ou dans une solution légèrement alcaline stérilisée. Le manuel de la trépanation crânienne est très simple : on anesthésie l'animal par inhalation de chloroforme ou par une injection intraveineuse de chloral, ou bien on se contente de le fixer solidement sur un appareil de contention : on incise la peau du crâne au niveau de la ligne médiane, après avoir coupé les poils et lavé la surface avec une solution antiseptique; on met à nu la fosse temporale, en décollant le muscle sur une étendue de 3 à 4 centimètres; on se sert d'un trépan à couronne fine, on l'applique loin de la ligne médiane, on relève la pointe centrale dès que la couronne a tracé son sillon; on enlève une rondelle osseuse; puis, soulevant, ou non, légèrement la dure-mère avec une pince à dents de rat ou une érigne, on la pique avec l'aiguille recourbée de la seringue Pravaz, qui contient le virus, et on pousse le contenu; enfin on lave la plaie avec une solution désinfectante et on suture la peau. La rage se déclare, et la mort survient rapidement, en onze à vingt jours chez le chien et chez le mouton; c'est la forme furieuse qu'on obtient le plus ordinairement. M. Gibier avait conseillé de pratiquer, sur la ligne médiane du crâne, avec un foret, une petite ouverture permettant de faire l'injection sans trépanation, ou de piquer le crâne des petits animaux avec l'aiguille de la seringue; mais cette manière de faire doit être rejetée comme moins sûre et comme donnant la rage avec moins de précision que celle de MM. Pasteur et Roux.

(1) Cette assertion, donnée tout d'abord sans aucune restriction, a semblé en recevoir une dans le passage suivant d'une lettre de M. Pasteur du 27 décembre 1886 : « Toute méthode d'inoculation de la rage, à l'exception toutefois des inoculations de virus sous la dure-mère par la trépanation, donne lieu quelquefois, souvent même, à un état réfractaire à la rage, sans aucune apparence de maladie rabique atténuée. »

M. Gibier a constaté qu'on peut abréger la durée de l'incubation et assurer l'éclosion de la maladie, comme par l'injection intra-crânienne, en injectant, dans la chambre antérieure de l'œil d'un lapin, une petite goutte d'eau stérilisée tenant en suspension de la matière cérébrale virulente; l'animal meurt de la rage le douzième jour. Suivant M. Gibier on obtiendrait le même résultat par l'inoculation dermique ou hypodermique à la région du crâne, tandis que l'incubation peut être très longue à la suite d'inoculations faites dans une région éloignée de la tête, ainsi que l'observation l'a d'ailleurs démontré à propos des morsures rabiques, à la suite desquelles l'incubation est généralement moins longue ou plus longue, suivant qu'elles sont plus près ou moins près de la tête.

Cependant l'injection intra-oculaire, qui donne la rage presque à coup sûr, n'est pas un procédé aussi certain que l'inoculation intra-crânienne pour la brièveté et la régularité de l'incubation. Néanmoins elle mérite d'être employée; elle donne ordinairement la rage furieuse; elle est d'une exécution plus facile et plus à la portée de tous que la trépanation. On prépare une émulsion de matière bulbaire dans de l'eau distillée stérilisée, et on filtre sur un linge fin stérilisé, comme pour l'inoculation intra-crânienne; on charge une seringue à canule fine; on insensibilise l'œil, en laissant tomber peu à peu de huit à dix gouttes d'une solution de chlorhydrate de cocaïne au 1/20 ou au 1/40 sur la cornée, et en maintenant ensuite les paupières rapprochées quelques instants; une fois la cornée devenue insensible, on la traverse avec l'aiguille de la seringue, et on pousse une à deux gouttes d'émulsion dans la chambre antérieure de l'œil.

D'après M. H. Fol, de Genève, l'inoculation intra-crânienne à travers la cavité orbitaire donne la rage plus promptement; il introduit un trocart dans l'orbite et le fait pénétrer dans le crâne à travers l'os qui l'en sépare.

Absorption du virus rabique, sa durée. — Quelles voies suit le virus rabique pour aller de la morsure aux centres nerveux. — Si la contagion rabique résulte d'une inoculation ou de l'imprégnation d'une surface absorbante, il faut, pour qu'il y ait apparition de la maladie, étant supposé que l'organisme n'est pas réfractaire, que les germes virulents soient absorbés et aillent pulluler dans le tissu qui convient à leur culture. Or l'absorption, qui peut, en cas de morsure, être retardée par la viscosité plus ou moins accusée de la bave, a lieu souvent rapidement; conséquemment les cautérisations tardives n'offrent pas une grande sécurité, ainsi que le prouvent d'ailleurs les statistiques précitées. J'ai vu dans le temps devenir enragé un jeune homme mordu à la figure, qui avait été cautérisé cependant au fer rouge une heure après. On a vu la rage se déclarer sur des animaux dont les blessures avaient été cautérisées trois heures après. M. Bourrel a vu devenir enragé un chien, dont il avait cautérisé la morsure au fer rouge une demi-heure après qu'elle avait été faite. M. Inda a vu devenir enragées des vaches qu'il avait cautérisées profondément au fer rouge aussitôt après la morsure. On a d'autre part constaté assez souvent chez les personnes l'inefficacité des cautérisations, même de celles qui avaient été faites au fer rouge et sans retard, soit quelques heures, trois, deux heures, une heure et même moins, après la morsure. Mais comme, dans ces divers cas, quelque plaie ou éraillure avait pu passer inaperçue, surtout quand il s'agissait d'animaux mordus, et échapper à la cautérisation, il était utile de s'assurer par l'expérience si le virus rabique était rapidement absorbé. Les expériences de Renault tendraient à prouver que l'absorption des virus peut avoir lieu en cinq ou dix minutes; mais elles n'avaient pas forcé la conviction en ce qui concerne l'absorption du virus de la rage. Il est certain en effet que l'absolu n'est pas de mise en pareille matière et que l'absorption peut être parfois plus tardive.

Le 25 janvier 1881, dans ma communication à l'Académie de médecine, je résumais ainsi les données que j'avais déjà obtenues sur ce point : on a prétendu que le virus rabique était absorbé très lentement et que par conséquent les cautérisations tardives pouvaient être efficaces; mes expériences m'empêchent de partager cet optimisme. L'absorption semble s'effectuer promptement après les inoculations et probablement aussi après les morsures; en amputant l'oreille inoculée des lapins d'expérience une heure, trois quarts d'heure, une demi-heure après l'inoculation, on n'empêche pas l'éclosion de la maladie. Depuis j'ai constaté que l'amputation de la partie inoculée, pratiquée vingt minutes après l'opération, peut ne pas empêcher le développement de la maladie. J'ai fait la même constatation sur le lapin et le cobaye, qui avaient été cautérisés au fer rouge, à l'acide azotique ou à la teinture d'iode une demi-heure ou vingt minutes après l'inoculation. Cependant l'amputation de l'oreille et la cautérisation, pratiquée quarante, cinquante et soixante minutes après l'inoculation, ont parfois empêché le développement de la maladie.

D'autre part Helman aurait vu des chiens et des lapins échapper à la rage, quand, ayant été inoculées à la pointe de la queue, on leur amputait l'organe douze heures après.

Quelles voies suit le virus rabique pour aller de la morsure aux centres nerveux? Cette question, qui domine la physiologie pathologique de la rage, est aujourd'hui susceptible d'une solution convenable. En 1879 Duboué de Pau, s'inspirant de ce qu'on savait à cette époque, avait nettement établi par le raisonnement que le virus de la rage devait avoir pour siège principal les centres nerveux et les nerfs, et qu'il devait se propager, de la morsure aux centres nerveux, en cheminant le long des fibres nerveuses. Il est aujourd'hui démontré par l'expérience que le virus rabique gagne en effet les centres nerveux en suivant les nerfs; mais il est non moins démontré que son absorption peut se faire autrement, soit par les vaisseaux sanguins ou lymphatiques.

Il est incontestable que le virus de la rage peut envahir les centres nerveux par l'intermédiaire du sang, ainsi que cela résulte des cas de transmission intra-utérine qu'on a relatés, ainsi que le prouvent les faits de rage obtenus chez le lapin et chez le chien par l'injection intra-veineuse, ainsi que l'établissent également les faits de transmission obtenus à la suite de l'injection intra-séreuse, etc. Il est d'ailleurs aisé de prévenir l'objection qu'on pourrait soulever, en disant que dans ces opérations quelque nerf a été intéressé, etc.; en effet M. Pasteur, ayant à diverses reprises inoculé le virus rabique dans une veine de l'oreille du lapin, puis ayant aussitôt coupé l'oreille à l'aide du thermo-cautère au-dessous de la piqûre, n'en a pas moins vu la rage se déclarer. On ne saurait ici prétendre que le virus a évolué sur place ou qu'il a pris la voie nerveuse pour envahir l'organisme.

Deux voies peuvent donc servir au transport du virus et lui permettre de se rendre de la morsure aux centres nerveux : celle de la circulation et celle des nerfs. C'est la première qui semble la moins sûre ; et chez certaines espèces elle paraît même tout à fait insuffisante, ainsi que l'ont établi mes expériences sur l'injection intra-veineuse chez les animaux herbivores, dont le sang paraît détruire le virus rabique qui y est introduit ou dont les vaisseaux ne le laissent pas extravaser. Quand le virus est apporté aux centres nerveux par le sang, et doit provoquer la rage, il peut se localiser d'abord dans telle ou telle portion de l'axe cérébro-spinal, et la forme de la maladie peut varier suivant le siège de cette localisation, être furieuse ou paralytique, etc.

Un nouvel argument en faveur de l'absorption du virus rabique par la circulation se tire de ce fait que dans certains cas l'envahissement des nerfs semble s'être fait du centre à la périphérie, les nerfs du côté non mordu se trouvant aussi virulents que ceux du côté mordu; tandis que dans d'autres cas le virus existe dans les nerfs du côté mordu et non dans ceux du côté opposé.

S'il est bien établi que le virus rabique peut être absorbé par les vaisseaux et être apporté aux centres nerveux par le sang, et si parfois la forme de la maladie, à la suite de certaines morsures ou de certaines inoculations, semble nettement indiquer qu'il n'a d'abord cheminé que de cette façon, il semble non moins démontré : 1° qu'il peut se propager de la partie mordue ou inoculée vers les centres nerveux en suivant les nerfs contaminés ; 2° qu'il se cultive dans les centres nerveux une fois qu'il y est arrivé, et qu'il peut ensuite se propager dans une direction centrifuge à travers les nerfs. L'observation clinique, l'expérimentation et l'anatomie pathologique ont démontré le bien fondé de ces conclusions. En effet l'anatomie pathologique montre que les lésions médullaires sont ordinairement plus accusées dans le segment qui est en relation nerveuse avec la morsure. L'observation clinique a fourni de nombreuses preuves plus ou moins décisives. Ainsi on a constaté que la durée de l'incubation est généralement, et toutes choses égales d'ailleurs, en rapport avec la distance qui sépare le point inoculé des centres nerveux, qu'elle est plus courte quand la morsure siège sur une région plus rapprochée des centres, et qu'elle est plus longue lorsque l'inoculation a intéressé un nerf à long trajet. Ainsi les démangeaisons, le prurit, la douleur ou l'insensibilité qu'on observe dans beaucoup de cas sur la région mordue, ainsi l'éclosion d'une rage furieuse à la suite des morsures de la tête ou des membres supérieurs et d'une rage paralytique à la suite des morsures des membres inférieurs indiquent bien que le virus a cheminé à travers les nerfs de la région mordue ou inoculée; et d'ailleurs il est aisé de reproduire pour ainsi dire à volonté l'une ou l'autre forme par l'expérimentation, la forme paralytique en inoculant le virus dans un nerf sciatique, et la forme furieuse en l'inoculant dans un nerf de la tête ou des membres antérieurs. Une preuve en faveur de la théorie du cheminement du virus à travers les nerfs se tire encore de la plus grande fréquence de la rage à la suite des morsures profondes.

L'expérimentation témoigne à son tour en faveur de cette théorie. On a pu constater la virulence dans les nerfs de la région mordue, à un moment où elle n'existait pas dans les autres; on a remarqué que le virus ne se cultivait pas dans les ganglions, car on ne le trouve pas dans ceux de la région mordue; on a reconnu (Roux) qu'à la suite de l'inoculation par trépanation, l'axe cérébro-spinal s'infecte par étapes successives, et que le virus, après s'être cultivé dans les centres, se répand dans les nerfs; on a établi que le virus inoculé dans un nerf se cultive ordinairement, d'abord dans la partie de la moelle où aboutit le nerf, après s'être cultivé toutefois dans sa propre substance. On a pu (Di Vestea et Zagari) limiter l'envahissement du système nerveux, en sectionnant la moelle; on a pu par exemple, en inoculant le virus dans un nerf sciatique, en sectionnant aussitôt la moelle en avant des lombes et en empêchant le contact des abouts au moyen d'un pansement antiseptique, limiter la virulence à la partie inférieure de la moelle. On a obtenu (*id.*, *id.*) une rage caractérisée d'abord par des troubles respiratoires, circulatoires et digestifs, en inoculant le virus dans le pneumo-gastrique, au niveau du cou; on a constaté (*id.*, *id.*) que si, après avoir inoculé le nerf sciatique, on le sectionne au-dessus du point lésé, la maladie éclate après une incubation plus longue. Le virus progressant le long des nerfs, en se cultivant dans leur substance, ou en cheminant dans le courant lymphatique qui entoure la fibre, il est aisé de suivre sa marche et de comprendre la filiation et la succession des symptômes. Soit un lapin inoculé dans le nerf sciatique ou une personne mordue à la jambe : le virus remonte le long du nerf, gagne la moelle sacro-lombaire, détermine une myélite lombaire accompagnée de la difficulté de la miction et de la défécation, progresse ensuite le long de la moelle, atteint la

moelle cervicale et le bulbe, et détermine des phénomènes spino-bulbaires, gagne enfin le cerveau et provoque du délire ; puis, au bout d'un
certain temps, la substance nerveuse étant nécrosée, surviennent la
diminution de l'irritabilité réflexe et les paralysies, en commençant par
les lombes, etc.

Une fois arrivé aux centres nerveux, et après s'y être cultivé, le virus
se répand, par les nerfs périphériques ou par l'intermédiaire du sang,
dans la salive, dans les glandes salivaires et dans les organes où on le
rencontre. La pie-mère, à la suite de l'inoculation intra-crânienne, et les
capillaires chez les animaux, qui contractent la rage par injection intra-
veineuse, laisseraient passer le virus par les stomata.

Quel que soit le bien fondé de la théorie nerveuse, tout ne prouve
pourtant pas en sa faveur ; et des faits nombreux, outre ceux déjà cités,
témoignent en faveur de la théorie sanguine. Ainsi on a vu (Roux) le
chien, inoculé à la queue, présenter tantôt la rage furieuse, comme à la
suite d'une inoculation à la tête, et tantôt la rage paralytique. Ainsi
M. Brown-Séquard, ayant sectionné les nerfs partant de la région
inoculée aussitôt après l'opération, a vu les animaux devenir enragés
quand même et le devenir plus rapidement que les témoins,

En résumé, il est bien exact de dire que deux voies, celle de la circulation et celle des nerfs, peuvent servir au transport du virus rabique
de la région mordue ou inoculée vers les centres nerveux et des centres nerveux vers les organes. La morsure, en intéressant les vaisseaux,
peut s'accompagner du passage direct du virus dans la circulation, comme
aussi elle peut réaliser une véritable inoculation intra ou péri-nerveuse.

Incubation. — La rage ne se déclare qu'un certain temps après
que son virus a été inoculé ; les individus mordus ne deviennent malades qu'un temps plus ou moins long après avoir été contaminés. La
durée de l'incubation est très variable, non seulement suivant les
espèces, mais encore suivant les individus, suivant le siège et les caractères de la morsure, suivant le mode d'inoculation, suivant la quantité
de virus inoculé, suivant son énergie, suivant l'âge, suivant la taille
et le poids des sujets, et suivant diverses influences qui agissent plus ou
moins puissamment sur l'organisme des individus mordus. On cite des
cas de rage qui se sont montrés un jour après la morsure ; tandis qu'il
en est d'autres, qui se seraient déclarés seulement après un an ou plusieurs années. La durée de la période d'incubation est donc très variable :
et, bien que l'on ne doive accepter que sous bénéfice d'inventaire les
prétendus cas de rage à incubation très courte, de même que ceux dans
lesquels l'incubation aurait été de plusieurs années, il n'en est pas
moins vrai que, à la suite d'une inoculation par morsure, il est impossible de prévoir quoi que ce soit sur la possibilité de l'apparition de la
maladie et sur la durée de son incubation, qui peut osciller entre des
limites de temps quelquefois extrêmes.

Quoi qu'il en soit, il est de remarque ordinaire que, parmi diverses victimes mordues par le même animal enragé, celles qui contractent la rage ne deviennent malades que successivement, les unes dans 20 jours, les autres dans 30, 40, 50 jours et quelquefois même au bout de quelques mois seulement. Parmi les influences qui modifient la durée de l'incubation, les unes l'abrègent manifestement et d'autres la rendent plus longue. La contrainte, les émotions, tout ce qui surexcite et provoque la colère ou les désirs vénériens, les excès, les écarts de régime, l'abus des plaisirs vénériens, les veilles, les fatigues, les changements brusques de température, les troubles morbides, la température élevée, les frayeurs, les impressions morales, semblent abréger la durée de l'incubation chez l'homme. Du reste la contrainte, les impressions morales, la colère, la température et les causes, jadis invoquées pour expliquer le développement spontané de la rage chez les carnivores, peuvent également hâter l'éclosion de la maladie chez les animaux ; ainsi on a vu des chiens en incubation devenir soudainement enragés à la suite d'une forte contrainte, à la suite d'un bain forcé, à la suite de vives émotions. L'état de gestation semblerait, d'après quelques observations, avoir retardé parfois l'apparition de la rage chez la femme et chez la vache ; mais les faits sont ici trop peu nombreux pour autoriser une conclusion, bien qu'on ait cité (Spinola, Henry, Heu) des cas où la rage se serait montrée chez la vache pleine et chez la femme enceinte après des incubations plus longues que celles que l'on constate ordinairement.

D'après M. Bourrel la saignée abrègerait l'incubation chez le chien ainsi que la durée de la maladie. La bonne chère semblerait aussi abréger la durée de l'incubation ; il en serait de même du défaut de taille et de poids, tandis que la taille élevée et la sobriété retarderaient l'apparition de la maladie. Le jeune âge est avec raison considéré, dans les deux médecines, comme ayant une influence manifeste sur la durée de l'incubation ; il est d'observation très ancienne et constante que l'incubation est plus courte chez les enfants que chez les adultes et les vieillards, chez les jeunes animaux que chez les adultes. Ainsi, d'après les documents recueillis de 1862 à 1872 par Tardieu, la moyenne de l'incubation aurait été de 67 jours pour les personnes au-dessus de 20 ans et de 41 jours pour celles âgées de moins de 20 ans. En moyenne la moitié des décès se produit du vingtième au soixantième jour après la morsure. C'est dans le second mois qui suit la morsure qu'il se produit le plus de morts par rage.

Après trois mois les quatre cinquièmes des cas de rage qui doivent éclater ont déjà fait leur apparition.

Nous avons déjà indiqué qu'il y avait lieu de croire que l'énergie du virus peut varier, non seulement suivant les espèces, mais suivant les individus et suivant la période de la maladie ; et cette croyance semble inspirée quelque peu par les effets qu'on observe à la suite des morsures, par la durée plus ou moins longue de l'incubation, qui s'explique d'ailleurs par les raisons déjà indiquées, et le plus souvent par le mode de morsure et la quantité de virus absorbé. A l'énergie plus ou moins puissante du virus correspondent des incubations plus ou moins courtes. Toutes choses égales d'ailleurs, la durée de l'incubation varie encore avec l'espèce et avec l'individu qui reçoit le virus, avec le siège et les caractères des morsures, avec le mode d'inoculation et la quantité de virus absorbée. C'est ainsi, avons-nous vu, que l'inoculation intra-crânienne de la matière rabique donne la rage à brève échéance ; et il en est de même quand on injecte le virus dans l'œil, ou quand on l'adresse au système circulatoire ; dans un cas comme dans l'autre l'incubation est courte et assez régulièrement comprise entre huit, dix et vingt jours, tandis qu'elle varie beaucoup quand l'inoculation a lieu par morsure, piqûre ou injection hypodermique.

Du reste la durée de cette phase, même quand on injecte le virus dans une veine ou dans la cavité arachnoïdienne, varie suivant la quantité inoculée, ou pour mieux dire suivant « les quantités de virus qui arrivent au système nerveux sans diminution ni modification. » C'est ainsi que M. Pasteur, ayant inoculé à un chien dans une veine 10 gouttes d'un liquide obtenu en broyant un fragment de bulbe rabique dans trois ou quatre fois son volume de bouillon stérilisé, a vu cet animal devenir enragé dans dix-huit jours ; tandis qu'un second, inoculé de même avec 1/100 de la quantité injectée au premier, n'est devenu enragé qu'au bout de trente-cinq jours ; un troisième chien n'ayant reçu que 1/200 au lieu de 1/100 n'est pas devenu enragé, bien que susceptible de contracter la maladie. Sur divers lapins inoculés (trépanation), le premier avec 2 gouttes de liquide virulent, le deuxième avec 1/4 de cette quantité, les autres avec 1/16, 1/64, 1 128, 1 152 de cette même quantité, la rage s'est montrée au bout de huit jours chez les deux premiers, de neuf et de dix jours pour le troisième et le quatrième, de douze et seize jours pour les derniers. Et cependant il n'y avait pas eu affaiblissement de l'énergie virulente, car « on retomba sur la durée d'incubation de huit jours en inoculant les rages de tous ces lapins à de nouveaux lapins. »

Grâce à ces données précises, on s'explique pourquoi il y a une variation si constante dans la durée des incubations chez la même espèce ; cela tient en majeure part à la proportion de virus absorbé. Or l'absorption d'une plus ou moins forte quantité de virus tient non seulement au dépôt de cette quantité, mais encore au siège et aux caractères des morsures. Les morsures les plus dangereuses, celles qui permettent le mieux l'absorption, celles à la suite desquelles l'incubation est, toutes choses égales d'ailleurs, la plus courte, sont celles qui ont été faites sur le visage, sur des parties dénudées, à la tête ou près de la tête, celles qui ont été franchement inoculatrices, qui ont entamé la peau au lieu de la contusionner, celles qui ont peu saigné, etc. Les morsures du loup réalisent, avons-nous vu, la plupart de ces conditions ; elles sont nombreuses, profondes, elles siègent sur les parties dénudées, elles inoculent de grandes quantités de virus, elles s'accompagnent presque toujours du développement de la rage et la font apparaître après une incubation souvent plus courte que celle qu'on observe après les morsures d'autres animaux.

D'après les chiffres indiqués par Tardieu, la moyenne de l'incubation aurait été de quarante-huit jours à la suite de morsures au visage, et de soixante-dix jours à la suite de morsures aux membres. Après les morsures à la main l'incubation est un peu plus longue qu'après celles qui ont été faites au bras. En un mot l'incubation semble, d'après les données concordantes de l'observation et de l'expérimentation, devoir être abrégée par cela seul que la morsure ou l'inoculation a été faite sur une région plus rapprochée des centres nerveux.

A cause des diverses influences qui ont été indiquées, et à cause de celles qu'exercent l'espèce et l'individualité, on arrive, d'après les statistiques, à dresser le tableau suivant de la durée des incubations rabiques :

Chez l'homme, la durée de la période d'incubation peut aller de quelques jours à un mois, à deux mois, à trois mois, à quatre mois, etc. ; elle est généralement plus courte au dessous de vingt ans qu'au delà ; elle est ordinairement comprise entre sept, dix, quinze jours et quarante ou cinquante jours ; elle peut aller à soixante, soixante-dix, quatre-vingts, quatre-vingt-dix jours et quelquefois à trois, quatre, cinq, six, sept, huit mois, très rarement à neuf, dix, quinze, dix-huit et dix-neuf mois. On a vu parfois des incubations prolongées, des incubations de dix-neuf mois et de vingt-sept mois sur des personnes qui avaient subi le traitement Pasteur. Ordinairement la rage apparaît pendant le second mois de la morsure ; elle est rare au troisième mois, très rare après le troisième, exceptionnelle après le sixième mois. On a cité des cas où l'incubation aurait été seulement de vingt-quatre heures et d'autres où elle aurait été d'un an, de deux ans, de trois ans ; on a enfin signalé des cas plus invraisemblables où l'incubation aurait duré quatre ans, cinq ans, dix ans, douze ans, dix-huit ans, vingt ans ; mais ces prétendus cas de rage à longue incubation n'étaient vraisemblablement que des états rabiformes, ou bien, s'il s'agissait réellement de la vraie rage, sa cause était moins éloignée et avait pu passer inaperçue.

Chez le chien, l'incubation rabique peut durer de 5 jours à un an, et peut-être au delà ; il est arrivé plus d'une fois que l'incubation a été à tort considérée comme ayant été très courte, parce que la morsure inoculatrice étant restée ignorée, on n'a tenu compte que de celle que l'animal avait reçue alors qu'il était déjà malade. Le plus souvent, la durée de l'incubation est comprise entre 30, 40, 50, 60 jours ; la rage est rare après le second mois, mais elle peut encore se montrer dans le 3e, le 4e, le 5e, le 6e, le 7e, le 8e, le 9e et le 10e mois, bien que de moins en moins probable à mesure qu'on s'éloigne du 3e mois; on l'a vue apparaître très exceptionnellement, il est vrai, pendant le 11e mois, et même au bout d'un an. On cite également de rares cas où elle se serait montrée au bout de 24 heures, de 3 à 10 jours. Rappelons, pour mémoire, les faits signalés à propos des symptômes, dans lesquels la maladie, disparaissant pour reparaître, a eu, en quelque sorte, des incubations successives.

L'incubation varie de même beaucoup chez les animaux solipèdes; elle peut durer de 10, 15 jours à 14, 15 mois; ordinairement, elle est de 30, 40, 50, 60 jours; cependant, il n'est pas rare qu'elle dépasse 2 et 3 mois. On a eu vu un cheval, mordu aux lèvres par un chien rabique, et cautérisé à l'acide azotique cinq heures après la morsure, devenir enragé six mois et demi après. On a vu trois chevaux sur cinq mordus devenir rabiques, l'un en 21 jours, le second en 88 jours, et le troisième en 105 jours. On a, d'autre part, constaté des incubations de 81 et de 134 jours; il semble donc qu'une surveillance de 6 semaines est bien insuffisante.

Chez les grands ruminants, elle est de 20, 30, 40, 50, 60, 70 jours (on a vu devenir rabique, au bout de 64 jours, une vache qui, ayant été mordue à la lèvre par un chien enragé, avait été cautérisée promptement); elle peut dépasser le troisième mois, et durer 5 ou 6 mois, et même 9, 15 mois; en moyenne, elle va de 20 à 40 jours.

Elle oscille entre 10 et 40 jours chez les petits ruminants; elle peut durer jusqu'à 3 mois, et même 4 ou 5 mois, mais c'est très rare.

Chez le porc, elle est de 15, 20, 30 et quelquefois 40, 50, 60 jours; elle peut n'être que de quelques jours, ou même dépasser 3 et 4 mois.

Chez le chat, elle dure 2, 3, 4 semaines, 1, 2 mois.

Chez le lapin et le cobaye, elle est de 5, 10, 15, 20, 30, 40 jours ou même plus. On a cependant vu, exceptionnellement, des incubations plus longues, des incubations de 2, 3, 4, 5, 6, 7, 8, 9 mois et plus.

En résumé, trois fois sur quatre, l'incubation ne dépasse pas le 60e jour, même chez les animaux carnivores, solipèdes, bovins, ainsi que chez l'homme.

Que devient le virus rabique durant l'incubation, se multiplie-t-il immédiatement après son inoculation, pourquoi son effet est-il si long à se produire? Cette question ne comporte pas actuellement une solution précise; il est vraisemblable que les microbes rabiques, en émigrant du terrain où ils se sont développés dans un nouveau terrain, passent par une phase d'accoutumance, durant laquelle leur vie est pour ainsi dire latente, et mettent à germer un temps plus ou moins long, d'autant plus long qu'ils arrivent plus difficilement et plus lentement dans le tissu qui convient le mieux à leur pullulation.

DIAGNOSTIC.

Le diagnostic de la rage offre de sérieuses difficultés dans bien des cas, chez l'homme comme chez les animaux ; non seulement la diversité des formes de la maladie et l'absence de tels ou tels symptômes importants peuvent mettre en défaut le tact et la perspicacité de l'observateur, mais en outre, chez l'homme comme chez les animaux, chez le chien notamment, il peut exister diverses affections, qui simulent plus ou moins la rage, des états rabiformes qui ont été plus d'une fois confondus avec la vraie rage. Chez l'homme, on a confondu la rage avec d'autres maladies, dans lesquelles il se produit de l'hydrophobie ou des convulsions. Le chien peut présenter des symptômes de rage furieuse à la suite de violentes douleurs résultant de lésions intestinales (corps étrangers obstruant l'intestin, affections vermineuses); les états symptomatiques, qui simulent plus ou moins la rage, ne sont pas rares chez cet animal; il peut, d'ailleurs, s'en montrer, bien que plus rarement, chez le cheval et chez les grands ruminants. Il est, cependant, de la plus grande importance de savoir exactement à quoi s'en tenir, quand on se trouve en présence de ces cas douteux.

Le diagnostic ne peut être basé d'une manière exclusive sur tel ou tel symptôme indiqué comme étant plus ou moins caractéristique; il doit être établi d'après l'ensemble ou la succession de certains symptômes. On examinera les malades très attentivement, en s'entourant de toutes les précautions utiles pour éviter tout danger ; on renouvellera, au besoin, cet examen à plusieurs reprises et à divers moments ; on mettra les malades dans l'impossibilité de transmettre les germes de la maladie qu'on soupçonne, mais on se conduira avec circonspection et on évitera de se prononcer à la légère. On recueillera, avec le soin le plus minutieux, tous les renseignements qu'on pourra obtenir sur les antécédents du malade, sur son origine, sur la cause de son état; et on évitera de se laisser induire en erreur par les attestations des personnes qui ont intérêt à cacher la vérité. On tiendra le plus grand compte des antécédents, des phénomènes nerveux, de l'anxiété, des hallucinations, de l'irritabilité, de la perversion du goût, de la modification de la voix, de la dysphagie, des symptômes paralytiques, de l'envie de mordre ou d'attaquer, de l'impression produite par la vue d'un chien ou d'un autre animal, du changement survenu dans le caractère et les habitudes, dans la sensibilité générale et spéciale, des symptômes fournis par l'appareil digestif, des lésions, et notamment de la présence de corps étrangers dans l'estomac, tout en ne perdant cependant jamais de vue que ce dernier symptôme n'a pas une valeur diagnostique absolue, tout en se souvenant qu'il peut exister en dehors de la rage, et faire défaut dans de nombreux cas où il s'agit réellement de la rage. Il ne faudra pas davantage asseoir sa conviction et conclure à l'inexistence de la rage, parce que la présence d'un chien n'aura pas provoqué une entrée en fureur chez l'animal suspect.

Dans les cas douteux, quand il s'agira d'un chien qui aura mordu, il faudra le conserver vivant pour l'observer, tout en le tenant en lieu sûr; on ne doit jamais le tuer. En tout cas, s'il a été tué ou s'il vient à mourir, l'autopsie ne sera jamais négligée; et, tout en évitant de s'inoculer le virus de la rage, le vétérinaire constatera non seulement l'état des voies digestives, mais, de plus, il recherchera les lésions des centres nerveux. Que si le doute persiste, même après l'autopsie, il restera à recourir à l'inoculation, qui constitue le moyen le plus sûr de découvrir la vérité. Mais, en attendant, il faudra prendre un parti, cautériser, s'il en est temps, la personne mordue, et conseiller le traitement anti-rabique.

Pour réaliser convenablement cette opération (l'inoculation), on s'inspirera des détails donnés précédemment relativement aux divers modes d'inoculation, et notamment sur l'injection intra-crânienne ou intra-oculaire. On procédera à l'inoculation le plus tôt possible, afin de ne pas laisser la virulence s'altérer. On écrasera, dans deux ou trois fois son volume d'eau stérilisée, en prenant toutes les précautions pour éviter le mélange de souillures, un fragment du bulbe de l'animal suspect, et on se servira de l'émulsion ainsi obtenue pour l'inoculer dans la cavité arachnoïdienne ou dans l'œil d'un chien, d'un lapin, d'un cobaye, etc.

Quand on n'aura que des matières déjà altérées, telles que celles provenant d'animaux morts depuis quelques jours, ou de cadavres exhumés, il conviendra d'employer le procédé d'inoculation par scarification.

Un chien, qui s'est échappé de chez son maître, qui a mordu des personnes ou des animaux, et qui, à l'autopsie, a des corps étrangers dans l'estomac, doit être considéré comme rabique; la preuve scientifique absolument péremptoire de l'existence de la rage, ne peut être donnée que par l'inoculation, qui, même dans certains cas, peut laisser planer le doute. En effet, si on inocule la matière des centres nerveux d'un animal sacrifié en pleine rage, l'inoculation peut être négative, car le virus n'a pas encore envahi toutes les parties; mais s'il s'agit d'un animal mort de la rage, le virus existe dans tous les centres nerveux, et toujours au moins dans le bulbe, dans la moelle allongée. Il importe, d'ailleurs, de ne pas s'adresser à la bave, quand on peut inoculer une parcelle de moelle allongée. Les inoculations avec la bave, la substance cérébrale ou médullaire, le liquide encéphalo-rachidien, ne réussissent pas toutes, bien qu'il s'agisse de la rage, d'où l'utilité de les multiplier, de les faire sur plusieurs sujets, et de ne pas toujours se prévaloir des résultats négatifs.

En résumé, on devra suspecter, maintenir séquestré et observer tout

chien, dont le caractère et les habitudes auront éprouvé quelque brusque changement; on devra surtout agir avec prudence, quand il s'agira
d'un chien qui aura mordu une personne. On ne devra déclarer exempt
de rage un chien qui a mordu récemment, qu'après l'avoir observé ou
visité trois ou quatre jours; à l'école de Lyon, où on nous présente tous
les jours des chiens qui ont mordu des personnes, nous exigeons, avant
de délivrer le certificat attestant que l'animal est sain, qu'il nous soit
amené pendant quatre jours consécutifs, ou qu'il nous soit laissé en
observation pendant ce délai. Nous nous montrons moins exigeants,
quand la morsure a été faite depuis plusieurs jours. Il est arrivé que des
personnes mordues par des chiens déclarés non rabiques à la suite d'une
seule visite, sont mortes de la rage; or, le vétérinaire engagerait sa responsabilité, en déclarant non rabique un chien mordeur qui serait réellement enragé, sans avoir exigé un délai suffisant pour l'examiner. On
devra enfin, dans tous les cas, tenir compte : des commémoratifs, qu'on
tâchera d'obtenir aussi exacts et aussi complets que possible; des symptômes divers, et surtout de ceux qui sont considérés comme ayant le
plus d'importance; des lésions qu'on aura soin de rechercher dans tous
les appareils, et surtout dans les centres nerveux. En cas de doute persistant malgré toutes ces précautions, on fera prendre toutes les mesures, et on aura recours à l'inoculation.

Chez l'homme, avons-nous dit, la rage peut être plus ou moins
simulée par d'autres affections, dans lesquelles il se produit de l'hydrophobie ou des convulsions. L'hydrophobie s'est montrée quelquefois
chez des personnes qui, ayant été mordues, s'étaient vivement pré-
occupées des suites de cet accident; mais, dans ces cas, les autres
symptômes qui caractérisent la rage faisaient défaut, notamment la difficulté de la respiration. L'hydrophobie peut encore survenir à la suite
d'émotions, d'excitations, à la suite de la péricardite, à la suite d'une
exposition à un froid ou à une chaleur excessifs, à la suite de l'ingestion d'un verre d'eau glacée pendant que le corps est en sueur; mais,
dans ces divers cas, dont la mort peut même être la conséquence, il n'y
a pas eu de morsure ni d'incubation; on ne constate pas l'excitabilité
des sens ni les spasmes respiratoires de la rage. Certaines femmes hysté-
riques ont parfois de l'hydrophobie; mais, outre qu'elles ne présentent
pas les autres symptômes de la rage, elles offrent les signes de l'hys-
térie. L'hydrophobie se montre quelquefois à la suite d'accidents traumatiques, à la suite de morsures faites par des animaux ou des personnes en colère; mais c'est le tétanos (et non la rage) qui se déclare
dans ces conditions, après une incubation ordinairement plus courte que
celle de la vraie rage. Le tétanos est, en effet, une maladie qui ressemble
par beaucoup de points à la rage; il s'accompagne de la dysphagie, il
tue par asphyxie; il se développe à la suite d'une blessure, il peut être
prévenu par la cautérisation; mais les différences sont grandes pour-

tant entre cette affection et la rage, tant au point de vue de la cause que pour les symptômes et l'évolution. L'hydrophobie appartient à une foule de maladies, et ne saurait être considérée à elle seule comme la caractéristique absolue d'aucune. La rage a été confondue avec le delirium tremens qui survient chez les ivrognes, et quelquefois chez des individus qui n'ont commis qu'un ou deux excès; un exemple récent d'une semblable confusion a momentanément fait croire à l'action curative du nitrate de pilocarpine (Dumont). Le delirium tremens s'accuse par des hallucinations de la vue accompagnées d'effroi et de tentatives de s'échapper, par le tremblement de la langue et des lèvres chez l'alcoolique, par l'agitation de tout le corps, par une soif extrême, par la respiration anxieuse, par l'altération des traits, par des sueurs sur la face et sur les membres, par l'élévation de la température, par la fréquence du pouls, quelquefois par la difficulté d'avaler, et par du crachotement, voire même par l'envie de mordre, car le malade de M. Dumont mordait les cailloux de la route. Le diagnostic différentiel est, en pareil cas, facile; les antécédents doivent être pris en très grande considération; et malgré tout, la rage doit être souvent méconnue.

Chez le chien, le diagnostic de la rage a une importance capitale, attendu que c'est lui qui transmet ordinairement la maladie. C'est surtout quand il s'agit de cet animal que le vétérinaire doit se montrer prudent et circonspect. Il ne faut jamais perdre de vue que, à son début, la maladie ne se caractérise pas par de la fureur; il faut accorder une très grande importance aux changements qui se produisent dans le caractère et dans les habitudes, à la tristesse, à l'inquiétude, à l'agitation que l'animal manifeste, aux modifications de l'impressionnabilité et de la sensibilité, à l'altération des sens et de la voix, aux symptômes fournis par l'appareil digestif, etc.; il faut se méfier de tout chien qui devient « drôle », qui présente un changement dans ses habitudes. Le vétérinaire devra toujours se livrer à une enquête plus ou moins circonstanciée, suivant la difficulté des cas à propos desquels il sera consulté; il aura toujours le soin d'éviter de se prononcer sur la nature du mal, si le diagnostic n'est pas définitivement établi, avant de s'être informé si quelque personne de la maison a été mordue; s'il apprend que quelqu'un a été mordu, il recommandera la cautérisation, et fera prendre toutes les précautions et les mesures indiquées en pareille circonstance.

Assez souvent, on présente au vétérinaire, pour en faire l'autopsie, des cadavres de chiens abattus dans les rues, parce qu'on les a crus enragés. Ici encore il faut se livrer à une enquête aussi circonstanciée que possible, car, souvent, les renseignements obtenus auront plus de valeur diagnostique que les lésions observées sur le cadavre; à l'autopsie d'un chien tué en cours de rage, les corps étrangers peuvent manquer dans l'estomac... et l'examen du cerveau ne saurait suffire.

II. 9

Il faut donc enfin, en cas de doute persistant, recourir à l'inoculation comme moyen suprême d'établir le diagnostic, tout en faisant prendre les mesures préventives indiquées à l'égard des animaux ou des personnes mordues, qu'on trompera, néanmoins, sur le danger qui les menace peut-être. Si, des renseignements obtenus, il résulte sûrement que l'animal présentait réellement les symptômes de la rage, et si, à l'autopsie, on trouve des corps étrangers divers dans l'estomac, il y aura de très fortes présomptions pour croire à l'existence de la rage ; et ces présomptions se changeront en certitude, si on apprend que l'animal avait été mordu, flairé ou roulé antérieurement par un chien enragé ou suspect. Mais, à défaut de renseignements précis, le vétérinaire ne peut que concevoir des doutes, alors même qu'il rencontre des corps étrangers dans l'estomac, car il arrive assez souvent que des chiens atteints de pica, de convulsions, de maladie du jeune âge, et même bien portants, ingèrent des corps étrangers à leur alimentation ; et il arrive aussi assez souvent que les chiens enragés n'en ingèrent pas. Aussi est-il à désirer que les chiens suspects soient pris vivants, quand cela est possible sans danger, afin que le vétérinaire les voie et les observe ; cela est d'autant plus à souhaiter qu'il y a eu des personnes mordues, car leur inquiétude se dissiperait vite, si l'animal, qu'on avait cru enragé, se rétablissait ou succombait de toute autre maladie que la rage. Il est également désirable que les chiens reconnus enragés soient conservés, quand ils ont mordu des personnes, car il peut y avoir parfois erreur de diagnostic ; et, d'ailleurs, il peut être bon d'éviter l'influence fâcheuse que pourrait avoir parfois l'occision immédiate sur l'esprit des victimes. Il va sans dire qu'on ne sera pas astreint à ces précautions humanitaires, quand il n'y aura aucune personne en cause. Conserver l'animal qui a fait des morsures, en le mettant dans l'impossibilité d'en faire de nouvelles, est une bonne pratique ; si l'animal suspect vit une quinzaine de jours, s'il se rétablit, ses victimes, hommes et bêtes, doivent être considérées comme hors de danger.

En tout cas, le vétérinaire se montrera prudent, non seulement pour les autres, mais aussi pour lui, dans l'examen des animaux suspects et dans la pratique des autopsies ; il évitera de se blesser et de se laisser mordre ; il cautérisera la moindre écorchure qui pourrait servir de porte d'entrée au virus ; il se renseignera toujours, avant de les aborder, sur les chiens qu'on lui présentera ; il se tiendra surtout en garde à l'égard des chiens qui auront la gueule béante, qui se gratteront le nez. Pierre Bourrel, vétérinaire à Paris, mordu le 3 mai 1880, en visitant un chien hydrophobe, devint enragé le 24 juillet suivant, et mourut après quarante-huit heures d'horribles souffrances. Il y a quelques années, Nicolin, vétérinaire à Lons-le-Saulnier, mourait de la rage contractée en ouvrant la gueule d'une chienne, qui lui avait été présentée comme ayant une inflammation de la gorge. En 1877, Moreau, vétéri-

naire à la Capelle (Aisne), mourut enragé à la suite d'une morsure faite
par un chien amené à sa visite.

Aujourd'hui, grâce à l'inoculation, on peut donc toujours sortir du
doute ; mais, quand on s'en tient à l'observation pure et simple, on est
exposé à commettre des erreurs de diagnostic, ainsi que cela est arrivé
fort souvent ; on est exposé à méconnaître parfois la rage et surtout à
la voir quand elle n'existe pas. Outre que certains symptômes importants peuvent faire défaut chez l'animal enragé, il en est même qui
peuvent se montrer dans d'autres affections. Ainsi on a constaté (Bourrel) l'aboiement entrecoupé, analogue à l'aboiement rabique, et de
véritables accès rabiformes chez la chienne atteinte de délire maternel ;
le même auteur a également observé des accès rabiformes chez le chat
à la suite de violentes excitations génésiques ; ainsi encore le chien
contre lequel s'ameutent les passants devient parfois dangereux, écume,
mord et prend une physionomie sinistre. L'arrêt d'un corps étranger,
tel que aiguille, os, fragment de bois, implanté dans la muqueuse buccale ou pharyngienne, ou bien encore la luxation de la mâchoire, une
violente stomato-pharyngite, une dent sortie de son alvéole forcent
l'animal à écarter les mâchoires et peuvent déterminer un état simulant plus ou moins la rage mue. Ordinairement, quand il s'agit d'un
accident de ce genre, on n'observe pas chez l'animal la physionomie
de la rage ; le chien est agité, inquiet, il fait des tentatives pour rejeter
ce qui le gêne, il se livre à des efforts de vomissement, il se frotte le
gosier ou le nez avec ses pattes de devant ; mais on n'observe à aucun
moment ni délire ni fureur ; dans la rage mue au contraire l'animal est
calme, immobile, et cesse bientôt de faire des gestes avec ses pattes, s'il
en fait tout d'abord, sa muqueuse buccale devient foncée, violacée au lieu
de rester rougeâtre.

Cependant l'arrêt d'un corps étranger dans le gosier peut quelquefois donner le change et faire croire à la rage, à cause de la
difficulté de la déglutition, du refus des aliments et des boissons, de
l'altération de la voix, et à cause d'autres signes qui ressemblent à
ceux de la rage mue. M. Bourrel a relaté deux cas qui montrent en
effet que l'on peut croire à la rage, quand il s'agit d'un simple accident : sur un chien, qui ne mangeait plus depuis deux jours, quand il
lui fut présenté, notre confrère avait diagnostiqué la rage, parce que
l'animal avait la gueule béante et bavait, parce qu'il avait le regard
triste et le globe de l'œil dévié ; au bout de six jours de séquestration,
l'état du malade n'avait pas changé, à l'examen de la cavité buccale
on trouva un os implanté derrière la dernière molaire, on enleva l'os
et la guérison fut instantanée. Sur un autre chien M. Bourrel avait de
même diagnostiqué la rage, parce qu'il y avait béance de la gueule,
écoulement de bave et expression navrante du regard ; et, voyant que la
maladie durait plus que la rage, il avait exploré la bouche, ce qui lui

avait permis de constater que l'état de l'animal était dû au déplacement d'une molaire, qui écartait les maxillaires. M. Bourrel ajoute « si ces deux chiens se fussent débarrassés eux-mêmes, l'un de l'os, l'autre de la dent, qui les gênaient, j'aurais eu la conviction que j'avais assisté à deux cas de guérison de la rage ; de même que s'ils étaient morts d'inanition, parce qu'il leur était impossible de manger, j'en aurais conclu qu'ils avaient succombé à une inoculation du virus rabique. » Voilà donc une fois de plus la démonstration que les erreurs de diagnostic doivent expliquer bien des cas de guérison signalés à propos de la rage. Si l'homme expérimenté a de la tendance à voir la rage quand on lui présente un chien, qui a la gueule béante et se gratte le gosier ou le nez, il est donc possible qu'il se méprenne quelquefois ; et d'ailleurs celui qui n'est pas expérimenté a de la tendance à croire à la présence de quelque corps étranger toutes les fois que l'animal est dans cet état ; aussi est-il ordinairement indispensable que le vétérinaire pratique l'exploration de la bouche pour s'assurer de son état. Par cette exploration, qui sera faite en écartant les mâchoires et tout en évitant de se blesser ou de s'inoculer sur une plaie existante, le vétérinaire sortira facilement du doute, car il lui sera aisé de reconnaître la présence du corps étranger, s'il existe réellement, ou l'existence de quelque lésion accidentelle.

L'épilepsie peut simuler quelque peu la rage, à cause des accès convulsifs qu'elle détermine, à cause de l'écoulement de bave pendant les accès, à cause des cris de détresse et des mouvements convulsifs des mâchoires ; quelquefois même le chien peut mordre pendant ses accès. Néanmoins ce n'est pas là la physionomie ni la marche de la rage ; les antécédents ne sont pas les mêmes, les symptômes passent avec l'accès, et, si la mort arrive, on ne trouve pas des corps étrangers dans l'estomac ; enfin l'inoculation du bulbe ne donne pas la rage.

La maladie du jeune âge, qui s'accompagne souvent de symptômes nerveux, de convulsions, se distingue aisément de la rage, à cause de l'âge des malades, à cause de l'état catarrhal de certaines muqueuses, à cause de l'absence des principaux symptômes de cette dernière affection.

Diverses autres affections, telles que la gastrite, l'entérite, l'angine, certains empoisonnements, certaines affections vermineuses, le coryza parasitaire, l'elhminthiase intestinale, le rhumatisme aigu, etc., peuvent s'accompagner de certains symptômes de la rage. Ainsi l'angine s'accompagne de dyspnée et de l'hyperesthésie de la gorge ; mais les autres symptômes de la rage font défaut. Ainsi la gastrite, l'entérite, la gastro-entérite, l'obstruction de l'intestin par des corps étrangers, l'inflammation des glandes anales peuvent rendre le chien furieux et le déterminer à mordre ; mais alors le chien ne mord que s'il est touché, tracassé ; on observe d'ailleurs des symptômes fébriles, des douleurs

abdominales, des vomissements alimentaires, et les muqueuses ne
deviennent pas violacées. Ainsi certains empoisonnements par des
agents, qui irritent vivement les voies digestives, ou qui agissent comme
excitateurs du système nerveux, ainsi certaines affections vermineuses, telles que celles déterminées par les tœnias échinocoques et par
le pentastôme tœnioïde peuvent faire apparaître de la fureur, des symptômes nerveux. Ainsi l'essence de tanaisie, injectée dans les veines à
doses tolérées par le sujet (lapin), détermine des troubles nerveux, une
excitation génésique et l'envie de mordre semblables à ceux de la rage;
et, quand la dose est toxique, ces troubles se terminent par la paralysie (Peyraud). Ainsi les cas sont fréquents dans lesquelles on a constaté des symptômes rabiformes sur des chiens et des chats, qui
hébergeaient des parasites; il n'est personne qui n'en ait observé, parmi
celles qui sont appelées à visiter souvent des chiens. Ainsi, d'après
Lafontaine, la plique polonaise, maladie cutanée, déterminerait, en
s'attaquant au chien, des symptômes de rage tels que salivation, tendance à mordre, inappétence, obscurcissement de la vue; ainsi une
surcharge de l'estomac, l'existence d'un cancer abdominal, un corps
étranger dans l'oreille, les démangeaisons cutanées, peuvent rendre le
chien furieux; il en est de même des ardeurs génésiques, de l'aberration
maternelle et des affections morales. Mais, dans tous ces cas, outre que
la contagion n'a pas lieu, on ne constate ni hallucinations, ni altération
de la voix, ni anesthésie cutanée, ni physionomie rabique, etc.; d'ailleurs les antécédents et certains symptômes, qu'on n'observe pas dans la
rage, la marche de la maladie, sa terminaison, la constatation de lésions
non rabiques, la présence de parasites permettront ordinairement d'établir le diagnostic différentiel; il resterait en dernier ressort l'inoculation. Il va sans dire que toute maladie rabiforme oblige à une grande
prudence; les malades doivent toujours être mis dans l'impossibilité
d'exercer leur fureur.

Les mêmes règles s'appliquent au diagnostic de la rage des autres
animaux : enquête sur leurs antécédents, observation des symptômes et
des lésions, inoculation révélatrice, doivent être faites conformément
aux mêmes principes. Il faut accorder une certaine importance à la
constatation de la température, qui s'élève brusquement dès le début,
pour baisser ensuite. Il est bon de rappeler, en terminant, que la rage
peut être simulée dans une certaine mesure, chez le cheval et chez les
grands ruminants, par d'autres affections, notamment par le vertige
furieux chez le cheval, par le vertige et la fièvre vitulaire chez les
grands ruminants. Ainsi on a pu prendre quelquefois pour de la rage,
quand le diagnostic a été basé seulement sur la symptomatologie de
l'affection observée, certains cas de vertige, lorsque les malades ont
présenté des signes de fureur, lorsque des taureaux récemment châtrés
ont offert des symptômes nerveux. On a signalé en effet récemment

(Péron) des cas de vertige, chez les animaux bovins à la suite de la castration ou de certains accidents, qui simulaient la rage dans une certaine mesure et par un certain nombre de symptômes, tels que beuglements, diminution ou perte de l'appétit et de la rumination, raideur de la marche, frissons, tremblements musculaires, agitation convulsive des membres et de la tête, troubles de la vision, démarche chancelante, etc. Ainsi encore la fièvre vitulaire, la paraplégie s'accompagnent de symptômes, qui se montrent dans le cours de la rage. On a (Pascault) observé des accidents rabiformes sur des bêtes à corne qui avaient ingéré de l'ail sauvage. Cependant aucune de ces maladies ne ressemble complètement à la rage telle qu'on l'observe le plus souvent chez les herbivores ; la fureur n'a pas les mêmes caractères ; on ne constate pas généralement la même perversion de la sensibilité et des sens, ni la même modification de la voix ; l'origine et la marche de ces affections n'est pas la même, etc. En tous cas, quand le vétérinaire a des doutes, il doit d'abord faire mettre les animaux dans l'impossibilité de nuire ; ensuite, pour asseoir définitivement son diagnostic, il tient compte des renseignements obtenus sur les antécédents des malades, il suit la marche de la maladie, pratique l'autopsie lorsque la mort survient, et au besoin inocule la matière des centres nerveux.

VARIATION DE L'INTENSITÉ DE LA VIRULENCE. — CONSTATATION DE L'IMMUNITÉ. — INOCULATIONS PROPHYLACTIQUES.

Nous avons déjà eu l'occasion de faire remarquer que non seulement la prédisposition à contracter la maladie variait suivant les espèces et suivant les individus, mais que l'activité virulente était différente aussi suivant les espèces, suivant les individus, et peut-être suivant les âges et suivant les phases de la rage. On a, en effet, admis, sans toutefois l'avoir établi expérimentalement, que la virulence était plus marquée pendant les paroxysmes de fureur, probablement parce qu'alors les germes morbides sont excrétés en plus grande abondance avec la bave. On avait d'ailleurs cru reconnaître que le virus s'atténuait et s'épuisait même, en traversant certains organismes (Capello). M. Rey avait constaté que le contage rabique éprouvait une certaine atténuation dans son activité, quand il passait par des organismes différents. Magendie, ayant inoculé la salive d'un enfant hydrophobe à un chien, obtint la rage au bout d'un mois ; deux autres chiens mordus par ce premier sujet devinrent enragés au bout de quarante jours, mais plusieurs autres chiens mordus à leur tour par ces derniers ne devinrent pas malades. Cette expérience ne démontre nullement que l'état réfractaire ait été obtenu, ni que le virus ait été atténué par son passage successif sur deux ou trois générations de chiens ; elle a le tort d'être seule et d'avoir été faite par la mise en œuvre d'un mode de contagion qui est loin d'être toujours sûr.

Auzias-Turenne avait entrevu et prédit qu'un jour on ferait jouer un rôle bienfaisant au virus de la rage : « Il est probable, disait-il, qu'on trouvera ce principe sous une forme assez bénigne pour qu'on puisse s'en servir curativement... J'entrevois, ajoutait-il, briller dans l'arsenal thérapeutique de l'avenir une arme puissante, dont il reste à étudier l'emploi et le maniement... ; il s'agit de l'inoculation. »

Découverte de l'immunité, vaccination antirabique par injection intra-veineuse.

Dans mes recherches sur la rage, après avoir fait connaître la vraie symptomatologie de la maladie du lapin en vue de faciliter les recherches ultérieures, j'ai, depuis 1879, conféré plusieurs fois à des moutons une immunité bien décidée, en leur injectant dans la jugulaire une certaine quantité de virus, qui ne les faisait pas périr. J'ai ainsi le premier établi que l'immunité contre la rage mortelle pouvait être conférée à certains animaux par un procédé particulier d'inoculation ; jusque-là on avait ignoré absolument s'il était possible de donner l'état réfractaire vis-à-vis de la rage.

Dans le mois de janvier 1881, je terminai une de mes communications à l'Académie de médecine par la phrase suivante : J'ai injecté sept fois de la salive rabique dans la jugulaire du mouton sans jamais obtenir la rage ; un de mes sujets d'expérience a été ensuite inoculé avec de la bave de chien enragé, et depuis plus de quatre mois que cette inoculation a été faite, l'animal s'est toujours bien porté, il semble avoir acquis l'immunité. Le premier août 1881, je communiquai à l'Académie des sciences le résultat de sept expériences successives, dans lesquelles neuf moutons et une chèvre, après avoir reçu une injection de virus rabique dans la jugulaire, avaient non seulement résisté (alors que dix animaux témoins inoculés par un autre procédé avec le même virus étaient morts de la rage), mais avaient de plus acquis l'immunité, qui leur permettait de résister ensuite à de nouvelles inoculations faites à la peau et dans le tissu sous-cutané. Je terminai cette communication par cette conclusion : les injections de virus rabique dans les veines du mouton ne font pas apparaître la rage et semblent conférer l'immunité.

C'est grâce à cette découverte importante qu'on a pu songer à vacciner contre la rage ; j'ai donc le premier rendu possible la médication dont parlait Auzias-Turenne, en prouvant qu'on pouvait réellement donner l'état réfractaire.

En 1886 j'affirmais une fois de plus, d'après de nouvelles expériences, l'exactitude de la conclusion que j'avais formulée en janvier et en août de l'année 1881. Entre autres faits que je pouvais signaler, je relatais les suivants :

1° Le 15 août 1881, le suc des centres nerveux d'un chien rabique fut injecté dans le péritoine de deux moutons et d'une chèvre, tandis que la salive buccale fut injectée à dose élevée dans la jugulaire d'un autre mouton ; à la date du 9 septembre les trois premiers étaient morts ; le mouton qui avait reçu le virus dans la veine fut assez fatigué le lendemain et le surlendemain de l'opération, mais son état s'améliora les jours suivants, et le 21 il fut tout à fait rétabli ; il vivait le 20 octobre ; à cette date il reçut en injection intra-péritonéale une dose massive de suc des centres nerveux d'un chien enragé, et il n'en continua pas moins à bien se porter jusqu'au 18 décembre, jour où il fut livré à la boucherie.

2° J'ai gardé pendant trois ans (1882-83-84) quatre moutons, qui, après avoir supporté l'injection intra-veineuse de virus rabique, se sont montrés constamment réfractaires à des inoculations réitérées par piqûres, morsures, scarifications.

3° Cinq chèvres ayant été inoculées le 25 janvier 1886, avec des matières rabiques, une seule a résisté, celle qui avait reçu, après avoir été inoculée comme les autres aux plats des cuisses, une injection intra-veineuse de virus. Cet animal a donc été préservé de la rage, qui lui avait été inoculée le 25 janvier ; et de plus un état réfractaire persistant semble avoir résulté de l'injection intra-veineuse, car une nouvelle inoculation par injection hypodermique faite le 19 avril, ne l'a pas rendu malade jusqu'au 6 juin, jour où il a été tué par une inoculation charbonneuse. Il est donc supposable que, si cette bête eût été mordue par un chien enragé, on aurait pu l'empêcher de devenir malade, en lui injectant sans retard dans la veine du virus recueilli sur le même animal.

4° Quatre moutons, ayant reçu du virus rabique dans la jugulaire le 13 mars 1886, ont ensuite résisté à une injection hypodermique jusqu'au 1ᵉʳ juillet, jour où ils ont été livrés à la boucherie.

En 1887, dans une nouvelle communication, rappelant mes travaux antérieurs je m'exprimais de la façon suivante :

« J'avais donc bien démontré le premier qu'on peut donner l'immunité, contre des morsures rabiques ou des inoculations réalisant à peu près les conditions des morsures rabiques, au mouton et à la chèvre, en leur injectant le virus de la rage dans la jugulaire.

« Dans une communication, faite le 11 décembre 1882, à l'Académie des sciences, par M. Pasteur, on lit : « l'inoculation, non suivie de mort, de la salive ou du sang rabique, par injection intra-veineuse, chez le chien, ne préserve pas ultérieurement de la rage et de la mort à la suite d'une inoculation nouvelle de matière rabique pure faite par trépanation ou par inoculation intra-veineuse. Ces résultats contredisent ceux qui ont été annoncés par M. Galtier à cette Académie le 1ᵉʳ août 1881, par des expériences faites sur le mouton ». Bien que M. Pasteur n'affirmât pas avoir obtenu sur le mouton et sur la chèvre des résultats différents de ceux que j'avais fait connaître, bien qu'en un mot, il me répondît « chien » quand je parlais « mouton et chèvre », on aurait pu croire que mes conclusions étaient erronées ; il n'en était rien cependant, et leur véracité est aujourd'hui pleinement reconnue, non seulement en ce qui concerne le

mouton et la chèvre, mais encore en ce qui concerne les grands rumi-nants.

« *Si je reviens aujourd'hui sur des faits déjà anciens pour la plupart, ce n'est pas seulement pour revendiquer le mérite d'avoir établi le premier qu'on peut conférer l'immunité contre la rage, c'est surtout pour montrer qu'en pratique les inoculations intra-veineuses peuvent être employées chez certains animaux pour les préserver de la maladie, quand ils ont été mordus par des chiens enragés. Restreinte ainsi dans son application, l'injection intra-veineuse n'en a pas moins une certaine importance, diminuant les pertes en animaux, elle contribuera aussi à accroître indirectement la sécurité des personnes.*

« *Les animaux herbivores, suspects de rage, parce qu'ils ont été mordus, ou parce qu'ils sont soupçonnés de l'avoir été, ou parce qu'ils ont cohabité avec des animaux de leur espèce devenus enragés, ou parce qu'ils ont fréquenté les mêmes pâturages, les mêmes abreuvoirs, etc., ne peuvent pas être vendus pendant tout le temps que dure la surveillance à laquelle ils doivent être soumis; et cette surveillance doit durer au moins six semaines; mais ce minimum, fixé par notre législation, peut être prolongé par l'administration sur l'avis du vétérinaire, quand il est jugé insuffisant. Que si le propriétaire veut se dessaisir de ses animaux suspects, il ne peut y être autorisé qu'en vue de les faire abattre et de les faire enfouir ou de les livrer à un clos d'équarrissage; il n'a donc aucun intérêt à adopter un semblable parti, mais il en a un sérieux à empêcher les animaux mordus de devenir enragés, et cela est possible grâce à l'injection intra-veineuse pratiquée le plus tôt possible après la morsure; en sorte que le chien, qui a créé le danger en mordant, peut servir à le conjurer par l'injection intra-veineuse de sa matière cérébrale aux animaux, que sa dent a inoculés,* et devenir le remède *après avoir été* le mal.

« *En effet, dans beaucoup de mes expériences d'injection intra-veineuse je me suis appliqué à contaminer la plaie faite pour mettre la veine à découvert: et dans ces cas, comme dans ceux où je pratiquais une inoculation sous-cutanée, avant ou après l'injection intra-veineuse, la maladie ne s'est pas déclarée.*

« *Dans quelque temps je serai en mesure de préciser le délai qu'on ne doit pas laisser écouler, après la morsure ou l'inoculation, sans recourir à l'injection préservatrice; des expériences en cours d'exécution ont été ordonnées de façon à permettre d'apprécier la durée de la période pendant laquelle l'injection peut être efficace. En tout cas, et alors même que la morsure remonterait à plusieurs jours, l'injection devrait quand même être tentée, puisqu'elle est pour le moins inoffensive. D'ailleurs le virus rabique est un de ceux, dont la conservation est facile, en sorte qu'on peut en tenir des provisions en réserve pour parer aux besoins, que le hasard peut à tout instant faire naître.* »

Le 16 avril 1888, je communiquais encore à l'Académie des sciences la note suivante :

« *Mes expériences sur la rage, remontant à 1880-81, avaient démontré que l'injection de virus rabique, dans les veines du mouton et de la chèvre, ne leur donne pas la maladie, et qu'elle leur confère l'immunité contre les effets du virus introduit postérieurement ou simultanément ou quelques instants avant dans leur organisme par un procédé d'inoculation (piqûres, scarifications, injections hypodermiques) réalisant les conditions des morsures de chiens enragés. Des recherches, faites par MM. Nocard et Roux, ont confirmé le bien fondé de mes déductions, de même que les nombreuses tentatives, que j'ai renouvelées depuis 1881, m'ont invariablement donné les mêmes résultats. Des expériences nouvelles, faites depuis un an sur des moutons, sont venues démontrer que l'injection intra-veineuse de virus rabique, pratiquée quelques heures ou même un jour complet après l'inoculation ou la morsure, qui devait donner la rage, préserve à coup sûr les animaux. Voici, entre autres, le résumé de deux de ces expériences :*

« *Le 13 décembre 1887, un fragment (20 grammes) de moelle allongée d'un chien rabique, mort depuis trois jours, fut trituré et additionné de 100 centimètres cubes d'eau; ce mélange servit à faire les inoculations et vaccinations suivantes :*

1° Un mouton en reçut par trépanation un demi-centimètre cube et mourut rabique neuf jours après;

2° Deux moutons en reçurent chacun 2 centimètres cubes sous la peau du cou, et aussitôt après on leur en injecta 2 nouveaux centimètres cubes dans la jugulaire; à la date du 13 février 1888 ils n'avaient rien présenté d'insolite, ils furent livrés à la boucherie;

3° Deux autres moutons reçurent pareillement le même jour, chacun 2 centimètres cubes du même mélange en injection hypodermique sous le ventre; le lendemain, vingt-quatre heures après cette inoculation, on injecta dans la jugulaire droite de chacun d'eux une dose de 2 centimètres cubes du mélange, qui avait été conservé dans un flacon immergé dans de l'eau ne dépassant pas 10°; cinq heures et demie après cette première injection intra-veineuse, soit vingt-neuf heures et demie après l'inoculation sous-cutanée, on injecta 2 nouveaux centimètres cubes dans la jugulaire gauche de chacun de ces deux sujets; le mélange avait conservé toute sa virulence, car, inoculé le lendemain, 15 décembre, par trépanation à un chien, il le rendait enragé au bout de douze jours.

Les deux moutons, vaccinés une première fois vingt-quatre heures après l'inoculation et une seconde fois entre la vingt-neuvième et la trentième heure, ne sont pas devenus enragés; de plus l'immunité conférée les a protégés dans la suite, car, réinoculés le 10 février 1888 par injection hypodermique, dans la région parotidienne, avec un virus très actif, qui a tué trois autres animaux de la même espèce en dix-neuf, vingt-

cinq et vingt-neuf jours, ils n'ont pas cessé un seul instant de présenter tous les signes de la santé jusqu'au 12 avril, jour où on s'en est débarrassé.

4° Un cinquième mouton, inoculé le 14 décembre par injection sous-cutanée au plat de la cuisse avec 2 centimètres cubes du mélange préparé la veille, mourut rabique le trentième jour.

« Le 10 février trois brebis ont reçu, en injection hypodermique dans la région parotidienne, 1 centimètre cube d'une émulsion de substance rabique très virulente; une a été conservée comme témoin et est morte rabique le 8 mars; les deux autres ont été vaccinées par injection intra-veineuse avec la même matière, une première fois le 11 février, vingt-quatre heures après l'inoculation sous-cutanée, et une seconde fois le 12; elles ont résisté, et le 12 avril on s'en est défait.

« Ces données permettent de concevoir dès aujourd'hui la légitime espérance de préserver contre la rage les animaux herbivores, qui ont été mordus par des chiens enragés. On peut empêcher de devenir enragés les animaux mordus depuis un jour, en leur pratiquant successivement, à quelques heures ou à un jour d'intervalle, deux injections intra-veineuses de virus rabique provenant de l'animal qui a fait les morsures ou de tout autre. Abattre le chien, qui a mordu les animaux d'un troupeau de moutons ou de bœufs, extraire son bulbe, en faire une émulsion et s'en servir pour pratiquer des injections intra-veineuses à tous les sujets mordus, telle est la conduite, qui s'imposera désormais en vue de diminuer les pertes de l'éleveur et les dangers de transmission par les mordus, qui pourraient devenir enragés dans la suite. »

Les résultats que j'avais annoncés dès 1881, bien avant qu'il ne fût question de la vaccination, par le procédé Pasteur, ont été à maintes reprises confirmés par MM. Nocard et Roux, qui ont reconnu, comme moi, que l'injection intra-veineuse du virus rabique ne donne pas la rage au mouton ni à la chèvre et leur confère l'immunité même après qu'ils ont été infectés.

En outre quelques essais faits sur les bêtes bovines et sur le cheval confirment l'innocuité des injections intra-veineuses.

En 1887 M. Bouchard proclamait devant l'Académie des sciences que le mérite d'avoir le premier reconnu qu'on pouvait donner l'immunité contre la rage me revenait. La même année M. Nocard devant l'Académie de médecine proclamait également que cette découverte était bien réelle, qu'elle m'appartenait et que c'était une faute d'avoir opposé à mes recherches sur le mouton et la chèvre les résultats obtenus sur le lapin et sur le chien. Il ajoutait que M. Roux et lui avaient vérifié le bien fondé de mes assertions, en opérant sur les espèces que j'avais désignées et voici comment il terminait son rapport :

« Il est vrai que l'injection intra-veineuse de virus rabique ne donne jamais la rage, non seulement aux moutons ou aux chèvres, mais encore aux animaux de l'espèce bovine. Et cette innocuité de l'injection intra-veineuse s'applique aussi bien au virus de la rage des rues qu'à celui dont l'activité a été considérablement accrue par un grand nombre de passages successifs dans l'organisme du lapin. (MM. Nocard et Roux ont expérimenté sur quatre chèvres, vingt-cinq moutons, six vaches ou veaux. Dans tous les cas la virulence des liquides inoculés a été éprouvée sur des animaux témoins de même espèce tous inoculés dans la chambre antérieure de l'œil; tous les témoins sont morts rabiques dans les délais ordinaires). Il est également vrai que, dans un certain nombre de cas, les animaux de ces espèces, qui ont subi sans malaise l'injection intra-veineuse de virus rabique sont devenus réfractaires à la rage inoculée soit par la voie hypodermique, soit par injection dans la chambre antérieure de l'œil. Il est vraisemblable enfin qu'en augmentant soit la dose de virus rabique injectée dans les veines, soit le nombre des injections intra-veineuses, on arrivera aisément à conférer une immunité complète à tous les animaux dont il s'agit. Des expériences en cours d'exécution nous autorisent à formuler cette induction (il est intéressant de noter que l'immunité est plus facilement acquise, par la chèvre que par le mouton et surtout que par la vache, et que toutes choses égales d'ailleurs on a d'autant plus de chance d'obtenir l'immunité que l'on injecte dans les veines une plus grande quantité de virus). La découverte de M. Galtier a donc une haute importance non seulement au point de vue scientifique, mais encore au point de vue pratique. En effet, lorsqu'un troupeau de bœufs, de moutons ou de chèvres a été exposé aux morsures d'un chien enragé, la proportion des animaux qui succombent à la rage dépasse ordinairement de beaucoup celle observée dans l'espèce canine elle-même; il n'est pas rare de la voir s'élever à 80 p. 100 de l'effectif du troupeau; je possède une observation dans laquelle vingt-sept vaches ont succombé sur trente que renfermait une étable où un chien enragé avait passé la nuit. Ce peut être la ruine pour le propriétaire à qui la loi interdit la vente des animaux mordus même pour la boucherie, même dans les quelques jours qui suivent l'accident. Il est permis d'espérer que la découverte de M. Galtier conduira prochainement à l'institution d'un moyen de traitement simple, pratique et efficace, permettant de sauver le plus grand nombre des animaux mordus. »

Il est donc bien reconnu aujourd'hui : que les injections intra-veineuses ne donnent pas la rage aux herbivores et qu'elles peuvent leur conférer l'immunité; qu'il est par conséquent facile d'entreprendre un traitement efficace, quand on se trouve en présence d'animaux mordus; que l'inoculation intra-veineuse peut être faite avec chances de succès le lendemain ou le surlendemain de la morsure, et même plus tard, pourvu qu'on ait la précaution de la répéter deux ou trois jours de suite et d'introduire d'assez fortes doses de virus.

D'ailleurs, l'injection intra-veineuse ne donne pas toujours la rage au chien ni au lapin. De plus, M. Pasteur, comme on l'a vu plus haut, après avoir opposé à mes expériences, faites sur les moutons et les chèvres, celles qu'il avait tentées sur des chiens et des lapins, a reconnu plus tard « que toute méthode d'inoculation de la rage... donne lieu quelquefois, souvent même à un état réfractaire... ». En outre Protopopoff démontrait qu'on peut vacciner le chien, même contre les effets de l'inoculation par trépanation, en lui injectant une série de virus gradués dans le tissu sous-cutané ou dans la veine; et d'autre part, M. Roux, du laboratoire Pasteur, reconnaissait qu'on peut obtenir ce résultat, non seulement en injectant pendant trois jours des moelles de six, trois, un jour, mais même au moyen d'une seule injection intra-veineuse de moelle de huit ou de onze jours, pourvu que la quantité injectée soit suffisante, ajoutant toutefois que de cette façon le résultat n'est pas constant et qu'il le serait davantage si on faisait trois, quatre injections successives avec des virus gradués. En sorte que l'injection intra-veineuse n'est pas dangereuse pour le chien et peut parfaitement lui donner l'immunité, tout comme aux herbivores, quand elle est faite avec un virus affaibli ou avec des virus gradués.

Que devient après cela la réfutation que M. Pasteur avait cru faire, en opposant ses expériences sur le chien à celles que j'avais faites avant tous sur le mouton et la chèvre? Mes conclusions ont été reconnues absolument vraies et exactes, tandis qu'il a été démontré que l'injection intra-veineuse peut pareillement être sans danger pour le chien et lui conférer l'immunité. J'avais donc pleinement raison et mes conclusions ne pouvaient en rien être entamées. Mais le discrédit n'en était pas moins jeté sur mon travail; et ma découverte, qui était « bien réelle cependant », était condamnée à demeurer presque inaperçue jusqu'en 1886, bien qu'elle fût la première qui établit la possibilité de conférer l'immunité contre la rage.

On peut donc, ainsi que je l'ai conseillé, se servir du bulbe et de la moelle du chien mordeur pour faire des injections préservatrices aux animaux herbivores qui ont été mordus. L'opération est à la portée de tout le monde; et il n'est pas nécessaire d'éviter la contamination du tissu péri-veineux. La matière rabique est émulsionnée dans de l'eau stérilisée; on filtre cette émulsion, après l'avoir bien agitée dans un flacon, à travers un linge fin préalablement chauffé à l'ébullition dans de l'eau; on charge la seringue et on peut, sans plaie préalable, piquer d'emblée, à travers la peau, la jugulaire ou une veine de l'oreille qu'on a soin de faire gonfler par la pression; on pousse l'injection lentement en ayant soin de la faire assez copieuse.

Atténuation et exaltation du virus rabique. Vaccination antirabique par l'emploi d'un virus atténué.

Après la publication de mes recherches sur la rage du lapin et sur l'immunité, M. Pasteur, procédant par étapes successives, en est arrivé à conférer l'immunité au chien avec un virus atténué par un procédé de culture dans l'organisme de certains animaux.

Nous avons déjà vu ce que pensaient nos devanciers de la variation d'intensité de la virulence rabique et notamment ce qui résulte des expériences de M. Rey, faites avec la rage des herbivores. Comme celles de M. Rey, mes expériences m'ont à chaque pas démontré que la rage des herbivores (mouton et chèvre) est, quand on emploie les procédés ordinaires d'inoculation, plus difficilement et moins sûrement transmissible que celle des carnivores et du lapin ; et il en est ainsi, soit qu'on l'inocule à des moutons, soit qu'on la transporte chez le chien ou le lapin.

M. Gibier, d'après ses expériences (trop peu nombreuses), croit que le virus rabique, sans danger pour les oiseaux, s'atténue dans leur organisme ; un chien inoculé avec le virus de la poule eut, vingt-cinq jours après, de l'inappétence, des vomissements et se remit, tandis qu'un cobaye et un rat inoculés avec le même virus moururent enragés ; deux mois après, une nouvelle inoculation fut faite au même chien avec le virus du coq, il n'y eut rien d'anormal, tandis qu'un rat et un cobaye inoculés avec le même virus moururent enragés ; trois mois après, une troisième inoculation fut pratiquée au chien avec le virus du rat, il n'y eut rien d'anormal encore ; trois mois plus tard, une quatrième inoculation eut lieu avec du virus de chien, pas de rage encore, tandis qu'un chien témoin inoculé avec le même virus mourut enragé. Le chien de M. Gibier n'était-il pas naturellement réfractaire ? L'expérience doit être répétée pour pouvoir conclure. M. Gibier avait également annoncé qu'il avait réussi à atténuer le virus rabique, dans des expériences de laboratoire, au moyen du froid ; selon lui « le froid à 0°, à —5°, à —10°, à —15°, à —20°, à —25°, à —30°, même prolongé pendant plusieurs heures, ne paraît exercer aucune action sur le virus de la rage ; mais si l'on soumet, à —35° pendant huit heures, de la matière virulente rabique, les animaux inoculés ne meurent pas tous ; si l'on porte à —40° ou —43° cette même matière rabique, les animaux inoculés (chiens et lapins) résistent, et, après avoir présenté un peu de malaise pendant quelques jours, ils se rétablissent ; je n'ai pas eu le temps de constater si cette inoculation confère l'immunité contre la rage » (Gibier). M. Pasteur cette fois encore est venu, « après avoir apporté beaucoup de soins à contrôler certaines assertions récentes concernant une atténuation présumée du virus rabique par l'action du froid », affirmer qu'il n'avait pas obtenu les mêmes résultats que M. Gibier bien qu'il eût fait sur ce point des expériences plus nombreuses.

M. Pasteur a d'abord constaté des cas de guérison spontanée de la rage; il a vu dans une de ses expériences, sur trois chiens inoculés qui étaient devenus enragés, l'un d'eux se rétablir et résister ensuite à deux réinoculations par trépanation ; il a ensuite rencontré parmi ses animaux d'expérience trois autres chiens, qui ont résisté aux réinoculations, soit qu'ils eussent été « préservés contre la rage par la maladie bénigne guérie, qui aurait échappé à l'observation », soit qu'ils fussent « réfractaires naturellement à la rage, si tant est qu'il y ait de tels chiens ». Il a enfin reconnu que le virus rabique est « susceptible de manifester des virulences variées »; il a recounu « que le passage d'un virus rabique par les diverses espèces animales permet de modifier plus ou moins profondément la virulence de ce virus »; il a constaté que quand « par des passages successifs le virus a atteint une sorte de fixité propre à chaque espèce, la virulence de ce virus est loin d'être la même et qu'elle diffère sensiblement de la virulence de la rage canine, virulence fixée elle-même par les nombreux passages de chiens à chiens par morsures depuis un temps immémorial ».

La fixité de la virulence pour une espèce donnée peut être obtenue à un point tel que la durée de l'incubation peut être calculée à l'avance d'une façon très exacte; c'est ainsi qu'il a pu obtenir des virus qui donnaient régulièrement la rage en sept à huit jours au lapin, en cinq à six jours au cobaye; toutes choses étant égales d'ailleurs, la virulence dans une même espèce est en raison inverse de la durée de l'incubation. Peu à peu des données nouvelles s'ajoutent aux précédentes, et le moyen de rendre réfractaires à la rage les chiens, en aussi grand nombre qu'on peut le désirer, est trouvé.

Voici d'ailleurs l'exposé succinct de la méthode d'atténuation à laquelle M. Pasteur a eu recours tout d'abord pour rendre le virus rabique bénin, tout en lui laissant le pouvoir de conférer l'immunité : « Si l'on passe du chien au singe et ultérieurement de à singe singe, la virulence du virus rabique s'affaiblit à chaque passage. Lorsque la virulence a été diminuée par ces passages de singe à singe, si le virus est ensuite reporté sur le chien, sur le lapin, sur le cobaye, il reste encore atténué... la virulence ne revient pas de primesaut à la virulence du chien à rage des rues. L'atténuation dans ces conditions peut être amenée facilement par un petit nombre de passages de singe à singe, jusqu'au point de ne jamais donner la rage au chien par des inoculations hypodermiques. L'inoculation par la trépanation, méthode si infaillible pour la communication de la rage, peut même ne produire aucun résultat en créant néanmoins pour l'animal un état réfractaire à la rage. La virulence du virus rabique s'exalte quand on passe de lapin à lapin, de cobaye à cobaye. Il faut plusieurs passages par le corps de ces animaux pour qu'elle récupère son état de virulence maximum, quand elle a été diminuée d'abord chez le singe. De même la virulence du chien à rage des rues, qui n'est pas de virulence maxima, exige, quand elle est portée sur le lapin, plusieurs passages par des individus de cette espèce avant d'atteindre son maximum. Lorsque la virulence est exaltée et fixée au maximum sur le lapin, elle passe exaltée sur le chien et elle s'y montre beaucoup plus intense que la virulence du virus rabique du chien à rage des rues. Cette virulence est telle, dans ces conditions, que le virus qui la possède, inoculé dans le système sanguin du chien, lui donne constamment une rage mortelle. On comprend... que l'expérimentateur puisse avoir à sa disposition des virus rabiques atténués de diverses forces ; les uns non mortels préservent l'économie des effets du virus plus actif et ceux-ci des virus mortels ». Ainsi « on extrait le virus rabique d'un lapin par trépanation, à la suite d'une durée d'incubation, qui dépasse de plusieurs jours l'incubation la plus courte chez le lapin. Celle-ci est invariablement comprise entre sept à huit jours, à la suite de l'inoculation par trépanation du virus le plus virulent. Le virus du lapin à plus longue incubation est inoculé, toujours par trépanation, à un second lapin ; le virus de celui-ci à un troisième. A chaque fois, ces virus qui deviennent de plus en plus forts sont inoculés à un chien. Ce dernier se trouve être ensuite capable de supporter un virus mortel. Il devient entièrement réfractaire à la rage, soit par inoculation intra-veineuse, soit par trépanation du virus de chien à rage des rues. Par des inoculations de sang d'animaux rabiques, dans des conditions déterminées, je suis arrivé à simplifier beaucoup les opérations de la vaccination et à procurer au chien l'état réfractaire le plus décidé (?). Il y aurait un intérêt considérable présentement et jusqu'à l'extinction de la rage par la vaccination, à pouvoir supprimer le développement de cette affection à la suite de morsures par des chiens enragés. Sur ce point les premières tentatives que j'ai entreprises me donnent les plus grandes espérances de succès. Grâce à la durée d'incubation de la rage, j'ai tout lieu de croire que l'on peut sûremeut déterminer l'état réfractaire des sujets avant que la maladie mortelle éclate à la suite de la morsure. Les premières expériences sont très favorables à cette manière de voir, mais il faut les multiplier à l'infini sur des espèces animales diverses avant que la thérapeutique humaine ait la hardiesse de tenter sur l'homme cette prophylaxie ».

Tels sont les principaux faits annoncés en 1884 par M. Pasteur, qui, à la suite de cette dernière communication, avait demandé et obtenu qu'une commission entreprît de contrôler ses conclusions, s'offrant à lui fournir vingt chiens qu'il avait rendus réfractaires et à en rendre un pareil nombre également réfractaires en opérant devant elle. Avant de faire connaître les résultats obtenus par la commission, voici le résumé de la conférence faite en 1884 par M. Pasteur au congrès international de Copenhague. Il commence par poser en principes que « se proposer tout d'abord la recherche de la guérison, c'est s'exposer le plus souvent à un labeur stérile ; c'est vouloir en quelque sorte attendre le progrès du hasard », et que « mieux vaut entreprendre de connaître en premier lieu la nature, la cause et l'évolution de la maladie avec l'espoir lointain d'en découvrir la prophylaxie ». C'est en appliquant ce principe qu'il a constaté : que « le virus rabique se développe invariablement dans le système nerveux, dans l'encéphale, dans la moelle épinière, dans les nerfs et dans les glandes salivaires » ; que toutefois il « n'apparaît pas simultanément dans toutes ces parties » ; qu'il « peut par exemple se cultiver à l'extrémité de la moelle avant d'atteindre le cerveau » ; qu'on « peut le rencontrer en un ou plusieurs points de l'encéphale et non dans les autres » ; que sur un animal sacrifié en pleine rage « la recherche de la présence ici ou là du virus rabique dans le système nerveux ou dans les glandes peut être assez longue » ; mais que toutes les fois que « la mort arrive naturellement par le développement de la rage... le bulbe est toujours rabique », et que la matière puisée dans cette partie de l'encéphale donne toujours la rage, quand on l'inocule « à la surface du cerveau, dans la cavité arachnoïdienne, par l'opération du trépan », soit chez le chien, soit chez le cochon d'Inde, soit chez le lapin.

Il restait, pour arriver à la découverte d'une méthode de vaccination contre la rage, à démontrer que le virus rabique peut « revêtir des intensités diverses dont les plus faibles pourront servir à titre vaccinal » ; il restait enfin à trouver « une méthode permettant de produire ces virulences diverses ». Pour évaluer la force du virus rabique, on ne saurait prendre pour critérium les symptômes extérieurs de la maladie, qui sont très variables et qui dépendent des localisations primitives du virus dans telles ou telles parties de l'encéphale et de la moelle, à tel point que la forme la plus tranquille et la plus caressante peut engendrer la forme la plus furieuse ; on ne saurait davantage adopter pour critérium la durée de l'incubation, abstraction faite du mode de transmission et de la quantité de matière inoculée, car l'incubation varie beaucoup suivant les modes d'inoculation ; mais on peut évaluer « assez sûrement l'intensité du virus rabique par la durée de l'incubation, à la double condition d'adopter la méthode d'inoculation intra-crânienne, d'éloigner en outre par la proportion de la matière inoculée une des grandes causes de perturbation des résultats inhérents aux inoculations par morsures, injections hypodermiques ou intraveineuses », dans lesquelles la variabilité des durées de l'incubation est due « à la grande variation possible des proportions toujours indéterminées de virus inoculé atteignant le système nerveux central ».

En employant la méthode d'inoculation par trépanation et, en inoculant des quantités de virus « supérieures, bien que très faibles, aux quantités qui seraient seulement nécessaires pour donner la rage... les irrégularités dans les durées d'incubation d'un même virus tendent à disparaître complètement, parce qu'on atteint toujours au maximum d'effet qu'un virus peut produire ; ce maximum se caractérise par un minimum dans la durée d'incubation. Cette méthode affranchit les durées d'incubation de leurs causes perturbatrices et les rend exclusivement dépendantes des activités des virus, dont les mesures respectives sont données par les minimum des durées d'incubation que ces activités déterminent ». Étudiée d'après cette méthode la rage canine s'est montrée « très sensiblement une dans sa virulence; ses modifications, très restreintes d'ailleurs, paraissent ne dépendre que des susceptibilités des diverses races connues ».

La matière de bulbe étant broyée dans deux ou trois fois son volume d'un liquide stérilisé, et deux gouttes du liquide surnageant étant inoculées à des lapins, après trépanation, avec l'aiguille d'une seringue Pravaz « un peu courbée à son extrémité, qu'on engage à travers la dure-mère dans la cavité arachnoïdienne », M. Pasteur a observé ce qui suit, quelles qu'aient été les « époques des diverses saisons d'une même année ou de plusieurs années », et quelles qu'aient été les races des chiens rabiques : « Sur tous les lapins la durée d'incubation est comprise, pour ainsi dire sans exception, dans un intervalle de douze à quinze jours. Jamais on ne tombe sur des durées d'incubation de onze, de dix, de neuf et de huit jours, jamais non plus sur des durées d'incubation de plusieurs semaines et de plusieurs mois. »

Que si l'on prend sur un des lapins, ainsi morts de la rage après avoir été inoculés avec le virus du chien atteint de la rage des rues, la substance du bulbe, qu'on la broie dans deux ou trois fois son volume de liquide stérilisé et qu'on inocule « toujours par trépanation deux gouttes du liquide... à un second lapin, dont le bulbe servira de même pour un troisième lapin, le bulbe de celui-ci pour un quatrième et ainsi de suite, on verra manifestement, dès les premiers passages, une tendance à la diminution de la durée dans l'incubation de la rage des lapins successifs ». Des lapins, inoculés par trépanation avec la matière des centres nerveux d'une vache morte de la rage, devinrent enragés en dix-sept et dix-huit jours ; deux nouveaux lapins, inoculés de même avec le bulbe de l'un des précédents, devinrent enragés, l'un au bout de quinze et l'autre au bout de vingt-trois jours, ce qui démontre un fait qui est général, c'est que « il y a de grandes irrégularités dans les durées d'incubation des nouveaux animaux inoculés » toutes les fois qu'on passe « de la rage d'un animal à un autre animal d'espèce différente, avant que le virus rabique du premier soit fixé dans sa virulence maximum ».

Le bulbe du lapin devenu enragé le premier « est inoculé à deux nouveaux lapins toujours par trépanation. L'un d'eux est pris de rage après dix jours, l'autre après quatorze jours. Avec le bulbe du premier mort on inocule encore deux nouveaux lapins ; cette fois la rage se déclare en dix jours pour l'un, en douze jours pour l'autre. Au cinquième passage par deux lapins la rage s'est déclarée en onze jours pour chacun d'eux ; en onze jours également pour le sixième passage ; en douze jours pour le septième ; en dix et onze jours pour le huitième ;

en dix jours pour le neuvième et le dixième passage ; en neuf jours pour le onzième ; en huit et neuf jours pour le douzième et ainsi de suite, avec des variations de vingt-quatre heures au plus, jusqu'au vingt et unième passage, où la rage s'est déclarée en huit jours et ultérieurement toujours en huit jours jusqu'au cinquantième passage... ».

« Les cochons d'Inde conduisent plus vite au maximum de la virulence qui leur est propre. Dans cette espèce, la durée de l'incubation, également variable et irrégulière au début des passages successifs, se fixe assez promptement à une durée minimum de cinq jours. Sept ou huit passages seulement de cobaye à cobaye conduisent au maximum de la virulence. Du reste, suivant l'origine du premier virus inoculé, on observe chez les cobayes et chez les lapins des différences dans le nombre des passages nécessaires pour atteindre le maximum de la virulence. Si l'on vient à reporter ces rages de virulence maximum, offertes par les lapins et par les cobayes, sur des sujets de la race canine, on obtient un virus rabique de chien qui dépasse de beaucoup la virulence commune de la rage des chiens ».

Inspiré par l'idée de Jenner, qui le premier émit l'opinion qu'on pouvait adoucir la virulence du horse-pox en le faisant passer par la vache, M. Pasteur a entrepris de nombreux essais pour atténuer la virulence du virus rabique, « mais la plupart des espèces éprouvées exaltèrent la virulence à la manière du lapin et du cobaye ; heureusement il n'en fut pas de même de l'espèce singe. Un premier singe est inoculé par trépanation avec le bulbe d'un chien rabique, qui avait été inoculé lui-même avec le virus d'un enfant mort de la rage ; onze jours après la rage se déclare ; de ce premier singe on passe à un second, qui est encore pris de rage en onze jours. Chez un troisième la rage ne se déclare qu'après vingt-trois jours, etc. Le bulbe de chacun des singes fut inoculé par trépanation chaque fois à deux lapins. Or les lapins issus du premier singe furent pris de rage entre treize et seize jours ; ceux du deuxième entre quatorze et vingt jours ; ceux du troisième entre vingt-six et trente jours ; ceux du quatrième tous deux après vingt-huit jours ; ceux du cinquième après vingt-sept jours ; ceux du sixième après trente jours ». La virulence diminue donc par le passage de singe à singe, à tel point que le chien, inoculé par trépanation avec le bulbe du cinquième singe, à une incubation d'au moins cinquante-huit jours. « D'autres observations de même nature, faites sur des séries de singes, ont conduit à des résultats de même ordre. Nous sommes donc en possession d'une méthode qui permet d'atténuer la virulence rabique. Des inoculations successives de singe à singe donnent des virus qui, reportés sur des lapins, leur communiquent la rage après des durées d'incubation dont la longueur augmente progressivement. Néanmoins si l'on part de l'un quelconque de ces lapins pour inoculer successivement de nouveaux lapins, la rage de ceux-ci obéit à la loi d'augmentation de la virulence par passages de lapin à lapin... L'application de ces faits met entre nos mains une méthode de vaccination des chiens contre la rage. Comme point de départ, on prendra l'un des lapins issus d'un singe de passage assez élevé pour que les inoculations hypodermiques ou intra-veineuses du bulbe de ce lapin n'entraînent pas la mort. Les inoculations préventives suivantes ont lieu avec les bulbes de lapins provenant par passages successifs du lapin qui sert d'origine. Dans nos expériences nous avons employé le plus souvent l'inoculation de virus de lapins morts après des durées d'incubation de quatre semaines, en renouvelant trois et quatre fois les inoculations préventives avec les bulbes des lapins provenant successivement les uns des autres à la suite du lapin qui avait servi de point de départ. Je n'entre pas ici dans plus de détails, parce que j'attends de nos expériences actuelles de grandes simplifications à ces pratiques. »

La commission, chargée de contrôler les conclusions de M. Pasteur, composée de MM. Béclard, P. Bert, H. Bouley, Tisserand, Villemin et Vulpian, ne tarda pas à faire connaître ses premiers travaux : des inoculations rabiques furent faites, sur les chiens réfractaires présentés par M. Pasteur et sur un pareil nombre de témoins, par morsure, par trépanation et par injection intra-veineuse ; aucun des chiens vaccinés ne devint malade, tandis que les témoins moururent de la rage. M. Pasteur avait livré à la commission vingt-trois chiens vaccinés, dont treize avaient déjà été réinoculés par trépanation avec du virus fort ; dix-neuf chiens non vaccinés furent pris comme témoins. Deux vaccinés et deux témoins furent inoculés par trépanation avec le bulbe d'un chien rabique des rues ; un vacciné et un témoin furent mordus par un chien rabique furieux des rues ; un autre vacciné et un autre témoin furent mordus le lendemain par le même chien ; trois chiens vaccinés et trois témoins furent ensuite inoculés par trépanation avec le bulbe du même malade ; un vacciné et un témoin furent mordus par un chien rabique des rues ; un vacciné et un témoin furent mordus par un des témoins de la première catégorie, qui était devenu rabique quatorze jours après la trépanation ; trois vaccinés et trois témoins furent inoculés par injection intra-veineuse avec le bulbe d'un chien à rage des rues ; huit vaccinés et quatre témoins furent inoculés par injection intra-veineuse avec le virus le plus actif que possédait M. Pasteur ; un chien vacciné et un chien témoin furent inoculés par injection intra-veineuse avec le bulbe d'un des témoins trépané et mort vingt-cinq jours après ; deux vaccinés et deux témoins furent mordus par un chien rabique des rues. La commission opéra ainsi sur quarante-deux chiens, dont dix-neuf témoins et vingt-trois vaccinés ; depuis le 1er juin, date de la première expérience, jusqu'au 4 août (la dernière expérience ayant eu lieu le 28 juin), sur les dix-neuf témoins on observa trois cas de rage parmi les six chiens mordus, six parmi les huit inoculés dans la veine, cinq sur les cinq trépanés, soit quatorze cas de rage, alors que les vaccinés avaient tous résisté, sauf un qui mourut d'une autre maladie. Parmi les chiens vaccinés, qui résistèrent à l'injection intra-veineuse, s'en trouvait un, qui avait été vacciné après avoir été mordu par un chien enragé, et qui avait survécu, alors qu'un autre chien mordu en même temps par le même rabique était devenu enragé au bout de soixante-cinq jours.

Cette première partie de sa tâche remplie, la commission avait à s'occuper de vacciner elle-même, pour s'assurer ensuite que les animaux vaccinés par elle avaient bien acquis l'immunité ; elle avait également « à s'occuper de la prophylaxie de la rage chez les chiens mordus, en créant chez eux, pendant la durée de l'incubation, une immunité capable d'empêcher le virus de la morsure de déterminer la rage »; mais elle ne fit aucune nouvelle communication. En 1887, M. Villemin fit cependant connaître un jour : qu'elle avait continué ses travaux en 1885; qu'en mars elle n'avait pas réussi à rendre rabiques six chiens dont l'état réfractaire avait été constaté l'année d'avant, tandis que trois témoins étaient devenus enragés; qu'elle avait soumis au traitement Pasteur deux chiens mordus depuis un jour, trois autres chiens mordus depuis cinq jours et un mordu depuis deux jours, et qu'elle les avait préservés tous, sauf un parmi les trois qui avaient été traités à partir du troisième jour. Tels qu'ils étaient, les résultats déjà obtenus en 1884 avaient laissé concevoir de légitimes espérances pour un avenir prochain; et on ajoutait alors (H. Bouley) qu'il serait convenable, si, comme il y avait lieu de le croire, les faits annoncés par M. Pasteur se reproduisaient identiques, avec constance, d'exiger « que les chiens, qui sont le plus susceptibles de propager la rage par la nature de leurs services, comme les chiens de garde, les chiens de berger, ceux de bouvier, les chiens de chasse à courre soient soumis obligatoirement à l'inoculation préventive de la rage. »

Mais plus tard, ayant reconnu que l'application de la méthode précédente exposait à des accidents et ne permettait pas de rendre sûrement réfractaires tous les animaux inoculés, M. Pasteur dut chercher une méthode plus pratique et plus sûre, basée sur les faits déjà connus : en sorte qu'aujourd'hui il n'est plus question de la vaccination par le procédé que la commission de 1884 avait été chargée d'expérimenter.

M. Pasteur préconisa donc plus tard une nouvelle méthode.

Vaccination antirabique par les moelles desséchées.

Un lapin inoculé sous la dure-mère après trépanation, avec la moelle de chien rabique, devient enragé au bout d'une quinzaine de jours; la durée de l'incubation va en diminuant en passant successivement d'un premier à un deuxième lapin, d'un deuxième à un troisième, et ainsi de suite en employant le même procédé d'inoculation; au bout de vingt à vingt-cinq générations successives, l'incubation est réduite à huit jours et se maintient à ce chiffre durant vingt à vingt-cinq nouvelles généra-

tions successives, pour tomber à sept jours et garder cette durée jusqu'à la quatre-vingt-dixième génération. Les moelles de ces lapins sont
virulentes dans toute leur étendue ; des fragments de ces moelles, déta-
chés dans les meilleures conditions de pureté, et suspendus dans un air
sec, perdent graduellement leur virulence, qui s'éteint plus rapidement
quand les bouts de moelle sont peu épais, et quand la température ambiante est plus élevée, et qui se conserve plus longtemps quand la température est basse ; la moelle rabique, placée à l'abri de l'air dans
l'acide carbonique et à l'état humide, conserve sa virulence sans atténuation pendant plusieurs mois, si elle est préservée contre les microbes étrangers.

« Dans une série de flacons, dont l'air est entretenu à l'état sec par
des fragments de potasse déposés à leur fond, on suspend chaque
jour un bout de moelle rabique fraîche de lapin mort de rage, développée après incubation de sept jours ; chaque jour on injecte sous
la peau d'un chien une seringue Pravaz de bouillon stérilisé, dans lequel on a délayé un fragment de moelle en dessiccation, en commençant par une moelle d'un numéro d'ordre assez éloigné du jour où l'on
opère pour être sûr qu'elle n'est pas virulente ; les jours suivants on
opère de même avec des moelles plus récentes, séparées par un intervalle de deux jours, jusqu'à ce qu'on arrive à une dernière moelle très
virulente placée depuis un ou deux jours en flacon ; le chien est alors
rendu réfractaire, on peut lui inoculer du virus rabique sous la peau ou
à la surface du cerveau par trépanation sans que la rage se déclare. »

Ayant ainsi rendu réfractaires cinquante chiens sans un seul insuccès,
et d'un autre côté ayant obtenu l'état réfractaire sur un grand nombre
de chiens après morsure, M. Pasteur entreprit l'essai de sa méthode
chez l'espèce humaine sur un enfant de neuf ans mordu par un chien
enragé depuis soixante heures : le 1er jour on lui injecta sous la peau
de l'hypochondre 1/2 seringue de moelle de lapin mort rabique depuis
15 jours et conservée depuis lors dans l'air sec ; le 2e jour, 1/2 seringue de moelle de 14 jours ; le 3e jour, 1/2 seringue de moelle de 12 jours ;
le 4e jour, 2 fois 1/2 seringue de moelles de 11 et de 9 jours ; le 5e jour,
1/2 seringue de moelle de 8 jours ; le 6e, de la moelle de 7 jours ; le 7e,
de la moelle de 6 ; et ainsi de suite les 8e, 9e, 10e, 11e, 12e jours avec
de moelles des 5, de 4, de 3, de 2, de 1 jour ; chaque moelle était inoculée en outre à deux lapins. Celles des 5 premiers jours ne les rendirent pas enragés, celles des 6 derniers jours se montrèrent de plus
en plus actives et firent apparaître la rage après 15, 8, 7 jours ; l'enfant
avait donc reçu du virus renforcé par un grand nombre de passages sur
le lapin, capable de donner la rage à cet animal après une incubation
de 7 jours et au chien après une incubation de 8 à 10 jours ; ceci se
passait en juillet 1885, et dans la suite l'enfant n'est pas devenu
malade.

M. Pasteur a constaté « que les retards dans les durées d'incubation de la rage communiquée jour par jour à des lapins, pour éprouver l'état de virulence des moelles desséchées à l'air, sont un effet d'appauvrissement en quantité du virus rabique qu'elles contiennent, et non un effet d'une atténuation en virulence. » Conséquemment on pourrait se demander s'il ne serait pas possible d'amener l'état réfractaire en inoculant des quantités quotidiennement croissantes du même virus. Toutefois on pouvait aussi expliquer autrement les résultats obtenus : les microbes semblent produire dans leurs cultures des matières qui nuisent à leur développement ; ainsi celui du rouget donne une récolte très faible, probablement à cause d'un produit qui prend naissance et qui en arrête le développement ; ainsi l'aspergillus niger produit une substance qui arrête en partie sa pullulation, quand le milieu nutritif ne renferme pas un sel de fer ; n'est-il pas possible qu'à côté du germe rabique, il y ait une matière nuisant à sa pullulation ? En tous cas le traitement devra être mis en œuvre autant que possible dans les premiers jours qui suivront la morsure.

La nouvelle méthode Pasteur, pour prévenir la rage après morsure, a quelque analogie avec celle des indigènes du désert de Kalahari dans l'Afrique centrale, qui, au dire de l'explorateur Farini, se préservent des effets des morsures des serpents venimeux, en s'inoculant, par une incision faite au voisinage de la morsure, une pincée de poudre préparée avec des glandes à venin desséchées.

A l'époque du Congrès vétérinaire sanitaire de 1885, c'est-à-dire quelques jours après qu'il venait de communiquer aux corps savants sa méthode prophylactique et l'essai qu'il en avait déjà fait sur l'espèce humaine, M. Pasteur parlait d'un essai tenté sur des animaux mordus dans les conditions suivantes : deux chiens, trois vaches et deux veaux mordus par un chien enragé, dans la nuit du 6 au 7 octobre, furent soumis aux inoculations à partir du 12, et l'un des chiens mourut quinze jours après la morsure, lorsqu'il restait encore trois inoculations à faire, après avoir été paralysé du train postérieur ; la matière du bulbe de cet animal fut inoculée à des lapins pour savoir s'il était mort de la rage ; le résultat de cet essai n'a pas été que je sache communiqué dans la suite.

En février 1886, M. Pasteur résuma ainsi qu'il suit, devant l'Académie des Sciences, les résultats obtenus par l'application de sa méthode chez l'espèce humaine : la première personne inoculée ainsi que la deuxième allaient bien et il y avait huit mois et quatre mois et demi qu'elles avaient été mordues ; de nombreuses personnes mordues par des animaux enragés et venues de France, des autres contrées de l'Europe et même d'Amérique, avaient été soumises au traitement préventif ; M. Pasteur en était à ce moment (25 février) à la trois cent cinquantième. De toutes ces 350 personnes une seule était morte enragée, c'était une enfant de dix ans chez laquelle le traitement avait été commencé trente-sept jours après la morsure ; elle était devenue enragée quelques jours après les dernières inoculations. Était-ce le traitement qui au lieu de la préserver l'avait rendue enragée ? On aurait pu le croire, car elle n'avait présenté les premières atteintes du mal que cinquante-cinq jours après la morsure et dix-huit jours après les premières inoculations ; mais M. Pasteur prétendit que l'expérience avait démontré « d'une façon irréfragable que l'enfant était morte de la rage que lui avait communiquée le chien. » Voici sa démonstration : vingt-quatre heures après la mort de l'enfant, un fragment de cervelle fut retiré du crâne par trépanation et inoculé à deux lapins, qui furent pris de la rage paralytique dix-huit jours après ; la moelle de ces deux lapins inoculée par trépanation à deux autres lapins les fit mourir enragés au bout de quinze jours ; or si l'enfant fût morte des inoculations, les deux derniers lapins eussent dû devenir enragés en sept jours et non en quinze jours. A quoi on a objecté que le virus inoculé avait pu s'atténuer en passant chez l'enfant, que l'enfant devait peut-être sa rage aux premières inoculations virulentes et non aux dernières, etc. Sur les autres 349 personnes, pas un accident local, pas de rage ; et cependant la plupart avaient déjà franchi la durée ordinaire de l'incubation (40 à 60 jours). En suite de cette communication, fut décidée la création à Paris d'un Institut vaccinal dit *Institut Pasteur*, pour le traitement des personnes mordues, qui peuvent y venir de la France et de l'étranger ; la création de cet établissement a été faite au moyen d'une souscription internationale publique.

A la date du 12 avril 1886, le nombre total des personnes traitées s'élevait à 726 (appartenant à diverses nationalités), dont 688 mordues par des chiens enragés, et les autres par d'autres animaux, surtout par des loups. Sur les 688 mordues par des chiens enragés, toutes, excepté la jeune fille dont il a été question précédemment, s'en étaient bien tirées. Mais les morsures des loups enragés, de tous temps reconnues comme très graves (la plupart ou la totalité des personnes mordues mourant de la rage, de plus l'incubation semblant alors plus courte qu'à la suite des morsures de chien), ont eu des suites moins heureuses. Sur 19 Russes, mordus le même jour par le même loup enragé et traités quinze jours après l'accident, 3 sont morts enragés. Ces 3 insuccès sont dus : 1° à ce que le traitement a été entrepris trop tard ; 2° à ce que la rage du loup incube moins longtemps que celle du chien ; 3° à ce que la mortalité est plus élevée à la suite des morsures de loup, à cause de leur siège ordinaire à la tête, à cause de leur profondeur, de leur étendue et de leur multiplicité. « L'autopsie des 3 Russes, qui ont succombé à l'Hôtel-Dieu et l'inoculation de la moelle allongée du premier de ces Russes à des chiens, des lapins et des cobayes, prouve que le virus du loup et celui du chien ont sensiblement la même violence, et que la différence entre la rage du loup et la rage du chien tient surtout au nombre et à la nature des morsures. Ces faits m'ont conduit à chercher si, dans le cas de morsures par loups enragés, la méthode ne pourrait pas être utilement modifiée par des inoculations en plus grande quantité et dans un temps plus court. Je ferai part ultérieurement des résultats à l'Académie. Dans tous les cas, pour le loup en particulier, il est bon de se soumettre le plus tôt possible au traitement préventif » (Pasteur).

Quelques jours après cette communication, M. Pasteur s'exprimait ainsi en la présentant à l'Académie de Médecine : « A l'heure actuelle le nombre des personnes traitées est de 950. Quant aux accidents qui se sont produits, malgré le traitement employé, ils sont connus de tous, grâce à la publicité que s'est empressée de leur donner la presse hostile, car, en effet, il y a une presse hostile à la méthode, et cela n'a rien d'étonnant, puisque cette hostilité se rencontre dans cette enceinte même. Quoi qu'il en soit, voici quels sont ces résultats ; il y a eu 5 Russes mordus par des loups qui sont morts ; il y a eu également une femme russe de soixante ans, mordue par un chien, qui est arrivée quinze jours après la morsure, et qui est morte quinze jours après son arrivée : mais cette femme avait 16 blessures au front et aux mains, et ces blessures étaient extrêmement graves. Que serait-il arrivé si cette femme était venue plus tôt, on ne saurait le dire ; mais il n'est pas déraisonnable d'admettre que la gravité des blessures a été précisément la cause de sa mort. Si maintenant l'on fait abstraction de ces malades arrivés de Russie, on voit que sur les 950 malades provenant de tous les points de l'Europe et traités par la méthode, il n'y a de morte que la petite Lepelletier, morte trente-sept jours après des morsures effroyables à la tête et au creux de l'aisselle. Sur tous les autres malades, le traitement a été efficace ».

J'emprunte à M. le docteur Constantin James la relation d'un cas de rage furieuse survenue sur une des personnes inoculées par M. Pasteur. Six Roumains, mordus par un chien enragé depuis une quinzaine de jours, et dont les plaies avaient été cautérisées au fer rouge, ayant été soumis aux inoculations préventives dès le 26 mai, et pendant onze jours, l'un d'eux fut pris de la maladie au moment de quitter Paris et présenta tous les symptômes de la rage furieuse tels que : surexcitation, agitation insolite, impressionnabilité exagérée, fureur, cris sauvages, tentative de mordre, alternatives de calme et de fureur, etc.; il succomba au bout de vingt-quatre heures, asphyxié, après avoir cherché à mordre jusqu'à son dernier moment, et tout en ayant eu la possibilité de manger et de boire au plus fort de la maladie. L'auteur, à qui j'emprunte la relation de ce fait, ajoute : « M. Pasteur estime qu'il n'a pas injecté assez de virus, parce que l'une des morsures siégeait à la face, et il se propose désormais, pour toute plaie de cette région, d'en doubler les doses, c'est-à-dire de faire deux inoculations par jour, ramenant ainsi à cinq jours la cure réglementaire de dix. » On a prétendu.

toutefois sans l'avoir démontré, que la maladie, qui avait fait périr ce malheureux Roumain, était, non la vraie rage, mais bien le delirium tremens. Quoi qu'il en soit, il faut tirer de ce fait un enseignement à l'adresse des personnes mordues, c'est qu'elles ne sauraient trop se hâter de se faire cautériser et de se faire appliquer le traitement Pasteur, surtout quand leurs morsures sont profondes et quand elles siègent à la face.

Il ressort des statistiques faites (22 juin 1886) au laboratoire de M. Pasteur, que : 1° sur 96 personnes, qui ont subi les inoculations, après avoir reçu des morsures de chiens reconnus enragés à l'autopsie ou à la transmissibilité de la maladie par l'inoculation de leur moelle, il en est mort seulement une ; 2° sur 644 personnes mordues par des chiens, reconnus enragés d'après les symptômes et les lésions qu'ils présentaient, trois sont mortes de la rage malgré les inoculations préventives ; 3° sur 48 personnes mordues par des loups enragés sept ont succombé à la rage ; 4° parmi les personnes mordues à la face et aux mains par des chiens enragés, la mortalité a été seulement de 1 p. 100, tandis qu'elle avait été de 67 à 88 p. 100 jadis sur les personnes non soumises au traitement préventif.

Au début, le traitement appliqué aux personnes mordues durait une dizaine de jours ; chaque jour chaque individu traité recevait une injection de moelle de lapin, en commençant par celle de 14 jours, et en finissant par celle du cinquième. Ce traitement avait été d'abord uniforme pour la grande majorité des mordus, malgré les conditions diverses d'âge et de sexe, du nombre, du siège, de la profondeur et de l'ancienneté des morsures ; mais il ne tarda pas à être reconnu insuffisant pour préserver efficacement contre les suites des morsures à la tête et contre celles des morsures des loups. Sur 19 Russes mordus par des loups et venus de Smolensk à Paris, 3 ayant succombé, M. Pasteur, se souvenant que les chiens vaccinés avec succès avaient reçu en dernière inoculation une moelle du jour même, et que la première personne vaccinée (J. Meister) avait terminé son traitement par une moelle extraite la veille, fit subir aux 16 Russes restants un deuxième et un troisième traitement, en allant jusqu'aux moelles de 4, 3, 2 jours, et aucun ne succomba. Le traitement des premiers temps fut ensuite modifié ; on le fit rapide et plus actif pour tous les cas, mais surtout plus énergique et plus rapide encore pour les morsures de la face, pour les morsures profondes et multiples des parties nues. Pour ces sortes de morsures on précipita les inoculations, pour arriver promptement aux moelles les plus fraîches : le 1er jour on inocula les moelles de 12, 10, 8 jours à 11, 4, 9 heures ; le 2e jour les moelles de 6, 4, 2 jours aux mêmes heures ; le 3e jour les moelles de 1 jour ; le 4e jour on reprenait le traitement avec les moelles de 8, 6, 4 jours ; le 5e jour on injectait des moelles de 3 et de 2 jours ; le 6e des moelles de 1 jour ; le 7e la moelle de 4 jours ; le 8e celle de 3 jours ; le 9ᵉ celle de 2 jours, et le 10ᵉ celle de 1 jour. De plus, quand il s'agissait de morsures graves et remontant déjà à un certain nombre de jours, 2 ou 3 jours après le premier traitement comprenant les 3 séries d'inoculations indiquées, on recommençait les mêmes séries d'injections de façon à faire durer le traitement dans son ensemble pendant 4, 5 semaines. C'était là ce qu'on a appelé le *traitement intensif*, et ce traitement donna des résultats satisfaisants (2 novembre 1886).

M. Pasteur, à la suite de la discussion qui se produisit à l'Académie de médecine, au commencement de 1887, modifia de nouveau son traitement préventif : pour les morsures simples, il revint aux inoculations premières ; pour les morsures profondes, pour celles de la tête, il employa des moelles plus virulentes, mais sans atteindre le degré indiqué dans sa communication du 2 novembre 1886.

Les insuccès constatés ont inspiré des modifications au traitement, qui a été gradué pour chaque individu, en tenant compte des risques qu'il court de par ses morsures et sa susceptibilité propre présumée. Les morsures graves et multiples, surtout celles de la tête et surtout celles faites par les loups, résistant parfois au traitement ordinaire, on a recours à un traitement plus fort. « Contre les morsures de loup, on emploie généralement un traitement plus intensif, en injectant des quantités plus considérables de vaccin, en répétant plusieurs fois la série des inoculations, et en allant jusqu'aux moelles fortes du deuxième et même du premier jour ; dans certains instituts, on donne pendant plusieurs jours de 12 à 24 centimètres cubes d'une émulsion assez concentrée de moelle rabique et le traitement dure au moins un mois. »

M. Pasteur a encore modifié dernièrement son procédé. Voici le traitement de deux personnes :

1° Enfant mordu à la tête, soumis au traitement 14 jours après la morsure, durée du traitement 26 jours : 1ᵉʳ jour, 2 grammes des moelles de 13, 12, 11, 10 jours ; 2ᵉ jour, 2 grammes des moelles de 10, 9, 8, 7 jours ; 3ᵉ jour, 2 grammes des moelles de 7, 6, 5, 4 jours ; 4ᵉ jour, 1ᵍʳ,5 des moelles de 4, 3 jours ; 5ᵉ jour, 1ᵍʳ,5 des moelles de 3, 2 jours ; 6ᵉ jour, 2 grammes des moelles de 8, 7 jours ; 7ᵉ jour, 2 grammes des moelles de 7, 6 jours ; 8ᵉ jour, 2 grammes des moelles de 6, 5 jours ; 9ᵉ jour, 2 grammes des moelles de 5, 4 jours ; 10ᵉ jour, 1ᵍʳ,5 des moelles de 4, 3 jours ; 11ᵉ jour, repos ; 12ᵉ jour, 2 grammes des moelles de 8, 7 jours ; 13ᵉ jour, 2 grammes des moelles de 7, 6 jours ; 14ᵉ jour, 2 grammes des moelles de 6, 5 jours ; 15ᵉ jour, 2 grammes des moelles de 5, 4 jours ; 16ᵉ jour, 1ᵍʳ,5 des moelles de 4, 3 jours ; 17ᵉ jour, repos ; 18ᵉ jour, 2 grammes d'une moelle de 8 jours ; 19ᵉ jour, 2 grammes d'une moelle de 7 jours ; 20ᵉ jour, 2 grammes d'une moelle de 6 jours ; 21ᵉ jour, 2 grammes d'une moelle de 5 jours ; 22ᵉ jour, 2 grammes d'une moelle de 5 jours ; 23ᵉ jour, 2 grammes d'une moelle de 4 jours ; 24ᵉ jour, 2 grammes d'une moelle de 4 jours ; 25ᵉ jour, 2 grammes d'une moelle de 3 jours : 26ᵉ jour, 2 grammes d'une moelle de 3 jours.

2° Homme mordu aux doigts, soumis au traitement 3 jours après morsure, 20 jours de traitement : 1ᵉʳ jour, 3 grammes de moelles de 14, 13 jours ; 2ᵉ jour, 3 grammes de moelles de 13, 12 jours ; 3ᵉ jour, 3 grammes de moelles de 12, 11 jours ; 4ᵉ jour, 3 grammes de moelles de 11, 10 jours ; 5ᵉ jour, 3 grammes de moelles de 10, 9 jours ; 6ᵉ jour, 3 grammes de moelles de 9, 8 jours ; 7ᵉ jour, 3 grammes de moelles de 8, 7 jours ; 8ᵉ jour, 3 grammes de moelles de 7, 6 jours ; 9ᵉ jour, 3 grammes de moelles de 6, 5 jours ; 10ᵉ jour, moelles de 5, 4 jours ; 11ᵉ jour, moelles de 4, 3 jours ; 12ᵉ jour, repos ; 13ᵉ jour, moelle de 7 jours ; 14ᵉ et 15ᵉ jours, moelle de 6 jours ; 16ᵉ et 17ᵉ jours, moelle de 5 jours ; 18ᵉ et 19ᵉ jours, moelle de 4 jours ; 20ᵉ jour, moelle de 3 jours.

A Bucarest le traitement varie aussi suivant la gravité des blessures ; les lapins étant plus petits que ceux de France, les moelles sont desséchées à 17° — 18° et arrivent à la limite de leur virulence entre le 7ᵉ et le 8ᵉ jour. A Varsovie Bujwid traite les cas graves et autres avec un traitement dans lequel il arrive rapidement aux moelles actives.

Quoi qu'il en soit, il est certain que, depuis l'application de la méthode de traitement de M. Pasteur, le nombre des personnes mordues est subitement devenu considérable, si on le compare à celui qu'on relevait auparavant ; est-ce parce que jadis toutes les personnes mordues ne se faisaient pas connaître ou s'illusionnaient pour la plupart sur l'état maladif des animaux qui en avaient fait leurs victimes ? Est-ce au contraire parce que aujourd'hui beaucoup de personnes mordues par des chiens non enragés croient avoir été victimes d'animaux hydrophobes ? Les deux explications doivent être admises.

Après avoir montré le développement progressif de la méthode pasteurienne des inoculations préventives, il convient d'en donner à présent un résumé rapide. C'est le lapin qui fournit le virus, et ce virus est ensuite préparé et inoculé suivant certaines règles. Le virus rabique, amené par des inoculations successives de lapin à lapin à son maximum d'intensité, le fait périr en sept jours à la suite d'une inoculation par trépanation ; avec la moelle de ce lapin on inocule un nouveau lapin, afin de conserver sans interruption la source de la matière virulente, puis on suspend un fragment de cette moelle dans un flacon, « dont l'air est entretenu à l'état sec par des fragments de potasse déposés sur son fond » ; on agit de même les jours suivants, et on obtient ainsi des moelles rabiques offrant des degrés différents d'activité ; il faut un certain nombre de moelles (14) d'activité croissante, pour réaliser sur une personne mordue les inoculations successives, qui doivent la préserver ; les moelles les plus actives, celles qui doivent être inoculées les dernières, sont celles qui sont en dessiccation depuis le moins de temps.

On commence par inoculer la moelle la plus ancienne ; et les jours suivants on inocule successivement les moelles de moins en moins anciennes, celles qui sont de plus en plus actives.

Le virus rabique, inoculé par trépanation de lapin, à lapin s'exalte progressivement, avons-nous vu, de façon à déterminer la maladie avec une incubation de plus en plus courte ; après un grand nombre de passages, la durée de l'incubation tombe et reste à 7, 6 jours, et le virus est fixé dans son maximum de virulence, il peut rendre rabique le chien trépané, en 6, 7 jours. La culture du virus sur le lapin se fait de la manière suivante : l'animal est immobilisé dans un appareil *ad hoc*, il est ou non chloroformisé ; on fait une incision de 2 centimètres sur le tégument de la région frontale, on trépane avec une couronne de 6 millimètres de diamètre ; la plaie de trépanation est lavée plusieurs fois, avec de l'acide phénique, pendant l'opération ; on injecte l'émulsion rabique avec une seringue Pravaz à aiguille recourbée à la pointe ; il y a rarement des complications ; quelquefois il se produit de petits abcès.

On procède comme il suit à la préparation du virus atténué : le lapin mort est attaché sur une table le dos en haut ; le tégument est incisé depuis le crâne jusqu'à la queue et les muscles sont enlevés ; le canal rachidien est ouvert d'arrière en avant avec des fers rougis au feu ; la moelle, recouverte des méninges, est enlevée avec des pinces et un couteau flambés, puis placée dans une soucoupe stérilisée et divisée avec des ciseaux flambés en morceaux de 6 centimètres qu'on accroche, au moyen d'un fil, dans des flacons préalablement préparés et stérilisés. Ces flacons ont la capacité de 2 litres ; ils ont à leur fond un large goulot latéral ; ce fond est garni, à la hauteur de 2 centimètres, de petits morceaux de potasse caustique ; les deux orifices sont garnis d'ouate stérilisée ; les flacons sont conservés dans un cabinet bien ventilé à la température constante de 20°. Les morceaux de moelle commencent à se dessécher, sans se putréfier, au bout de trois à quatre heures, et sont tout à fait secs en 4, 5 jours ; leur virulence est nulle au bout de 14 jours ; au bout de 9, 8, 7 jours, ils ne donnent plus la rage au lapin ; au sixième jour la virulence diminue de plus en plus, elle diminue moins quand la température est plus basse.

Pour les inoculations sur l'homme, on coupe des morceaux de moelle de quelques millimètres, et on les émulsionne dans 2 4, 6, parties de bouillon de poulet stérilisé ; on commence les inoculations avec les moelles de 14 jours et l'on passe peu à peu aux plus fortes ; on finit avec une moelle qui infecte le lapin en 6, 7 jours et le chien en 8. 9 jours ; on va jusqu'aux moelles de 4. 3, 2 jours et même jusqu'aux moelles de 1 et 0 jour suivant les cas. La moelle est passée à travers la flamme d'une lampe à alcool au sortir du flacon ; l'émulsion est placée dans des verres d'expérience recouverts de papier ; l'injection est faite avec des seringues très propres ; on aspire une pleine seringue et on la rejette dans le verre pour bien mélanger, puis on aspire une seconde seringue qu'on injecte à la région de l'hypochondre, alternativement à gauche et à droite, avec tous les soins de propreté. Quelquefois, mais très rarement, l'injection a déterminé un petit phlegmon ; ordinairement elle ne s'accompagne que d'un léger œdème qui se résorbe rapidement. Pendant les derniers jours la piqûre est parfois le siège d'une plaque rouge érythémateuse, pointillée, et de démangeaisons. On a conseillé, afin d'éviter plus sûrement les accidents locaux, d'employer l'eau distillée stérilisée tenant en dissolution 7 p. 1000 de sel marin, pour préparer les émulsions qui doivent être inoculées aux personnes mordues.

Protopopoff a démontré que la moelle rabique de lapin, exposée à la chaleur, dans du bouillon glycériné, s'affaiblit aussi vite que lorsqu'on la conserve à la même température, suspendue dans un flacon dont l'air est desséché par une couche de potasse caustique. Ce serait donc la chaleur qui atténuerait le virus. D'ailleurs l'atténuation se fait presque à toute température, pourvu qu'on lui donne le temps de se produire ; la chaleur agit probablement, en favorisant l'oxydation, ainsi que cela a été établi (Zagari).

La vaccination antirabique par la méthode Pasteur a été attaquée ; mais si on a pu lui adresser quelques reproches plus ou moins fondés, elle n'a pas manqué d'ardents défenseurs. Le moment est venu de résumer les critiques qui ont été formulées et d'exposer les bienfaits qu'elle a rendus. Voici comment je traduisais en 1887 l'appréciation dominante à cette époque sur ce mode de traitement.

« Ces inoculations réussissent à merveille, pour préserver de la rage, les personnes mordues par des chiens enragés, surtout quand elles ont été commencées de bonne heure après la morsure ; mais il n'en a pas été tout à fait de même, avons-nous vu, à l'égard des personnes mordues par des loups enragés. Sur les dix-neuf Russes venus de de Smolensk et traités à partir du quinzième jour qui suivit la morsure, trois sont morts de la rage malgré les injections. Un nouveau système d'inoculation ayant été appliqué par M. Pasteur en vue de prévenir l'effet des morsures du loup, il s'est encore produit trois décès par rage sur neuf mordus venus de Wladimir et traités à partir du quinzième jour après la morsure ; en sorte que, pour prévenir sûrement le développement de la rage à la suite de la morsure du loup, le traitement exige encore des perfectionnements. La méthode des inoculations préventives, qui a déjà rendu de si grands services, en préservant de la rage un grand nombre de personnes mordues, a été accueillie comme elle devait l'être tant à l'étranger qu'en France ; c'est qu'en réalité pour tout individu sans parti pris il est impossible de nier ses bons effets. En supposant que, parmi les nombreuses personnes venues chez M. Pasteur pour se soumettre aux inoculations préventives, il y en eût beaucoup qui avaient été mordues par des chiens qui n'étaient pas réellement enragés; en supposant que, parmi celles qui avaient été mordues par des animaux réellement enragés, le plus grand nombre n'eût pas dû présenter des suites fâcheuses, il n'en demeure pas moins établi que les inoculations préventives ont empêché le développement de la maladie dans un bon nombre de cas, où elle se fût montrée sans leur intervention. En résumé, et quelle que soit la part à faire pour les cas douteux, il est définitivement acquis à la science et à l'humanité que la méthode pasteurienne constitue un moyen sûr d'empêcher les morsures rabiques de produire leurs effets. C'est bien ainsi du reste que l'opinion publique l'a entendu en France et à l'étranger; et le jour n'est pas loin où des instituts de vaccination antirabique se fonderont dans divers centres, en vue de l'application aussi prompte que possible du traitement préventif, dont la découverte rendra plus qu'aucune autre immortel le nom de son auteur. Plus loin, en parlant du traitement de la rage et des moyens prophylactiques propres à empêcher son développement, nous indiquerons les cas dans lesquels on devra soumettre les personnes mordues aux inoculations préventives, et nous verrons s'il y a lieu d'exclure ou de conserver les médications anciennes ou nouvelles et notamment la cautérisation. »

Aujourd'hui on est mieux instruit par les résultats obtenus, et on peut mieux apprécier les avantages et les succès de la méthode. Mais avant de les résumer, il convient de rappeler et d'apprécier les reproches qui ont été formulés. On a dit que la vaccination pasteurienne était inefficace et dangereuse : qu'elle ne préservait pas contre la rage les individus qui devaient la contracter; qu'elle pouvait donner la maladie à ceux qui ne l'auraient pas contractée. Voyons ce qu'il peut y avoir de fondé dans cette double accusation. L'observation a démontré que le traitement antirabique ne préserve pas infailliblement; de temps en temps on voit en effet mourir de la rage des personnes qui l'ont commencé peu de temps (4, 3, 2, 1 jour, quelques heures) après la morsure; toutefois ces faits sont heureusement rares. Mais dans d'autres cas la vaccination a semblé ne pas préserver complètement et n'aboutir qu'à prolonger l'incubation; on a vu des personnes, qui avaient subi le traitement antirabique, mourir de la rage 13, 19, 27 mois après la morsure. On a vu, sur deux personnes mordues, celle-là seule mourir rabique, qui avait suivi le traitement Pasteur. On a cité, en Hollande, le cas de 23 personnes mordues, dont 11 ne se soumirent pas au traitement antirabique et restèrent indemnes, tandis qu'une des 12 qui le suivirent mourut enragée. A Londres, Horsley aurait vu la mortalité s'abaisser seulement de 15 à 13 p. 100 avec le traitement Pasteur. Depuis la mise en œuvre de ce traitement, les cas de rage ont augmenté en France et la mortalité ne semble pas avoir diminué; tandis que la maladie est devenue plus rare là où on a appliqué sérieusement les mesures de police sanitaire. Les statistiques faites en faveur de la méthode Pasteur ne sont pas assez probantes, parce que trop de personnes qui ne courent aucun danger vont suivre le traitement antirabique ; on ne saurait rationnellement comparer les statistiques des personnes mordues et traitées avec celles des personnes mordues et non traitées, car on ignore le plus grand nombre de ces dernières, et la proportionnalité qu'on est tenté d'établir entre le nombre des mordus et les cas de mort est toujours beaucoup trop élevée. Parmi les personnes mordues qui vont se faire traiter beaucoup l'ont été par des chiens non enragés ; et parmi celles qui ont été mordues par des chiens enragés, la plupart auraient échappé à la rage, soit parce que le virus n'avait pas été absorbé, soit parce qu'il avait été détruit par la cautérisation, soit parce qu'il avait été inoculé en trop faible quantité, etc. D'autre part on ne saurait soutenir que le traitement antirabique n'a pas quelquefois donné la rage ; il n'est pas sûr que, parmi ceux qui sont devenus enragés malgré les inoculations, il ne s'en soit pas trouvé qui fussent restés indemnes sans elles ; on a constaté, sur certaines personnes devenues rabiques malgré le traitement, des douleurs prémonitoires, non pas dans la région mordue, mais dans celle des inoculations, etc.

L'expérimentation, comme l'observation, a fourni des arguments aux adversaires de la méthode Pasteur. Le traitement préventif n'est efficace que sur les trois quarts, les deux tiers et demi des chiens inoculés par trépanation ; M. Pasteur lui-même n'a obtenu qu'un succès partiel, et, quand il vaccina la première personne mordue, il n'avait préservé des chiens que contre les effets des morsures de leurs congénères. Von Frisch n'a pas donné l'immunité au chien ni au lapin, inoculés par trépanation ou par injection sous-cutanée, en les vaccinant par l'injection de la série des moelles desséchées de quinze jours à un jour. En appliquant le traitement intensif préconisé le 2 novembre 1886 par M. Pasteur, von Frisch n'a pas réussi sur les chiens inoculés par trépanation ; il a même vu devenir rabiques la plupart des animaux qui avaient été traités, après avoir été inoculés sous la peau avec le virus de la rage des rues, et il a constaté que le traitement accélérait l'éclosion de la rage chez les sujets infectés. Il a de plus constaté que, par ce procédé rapide, les moelles faibles ne donnent plus avec la même certitude à l'organisme le pouvoir de résister à l'action des plus fortes ; des chiens et des lapins, traités de la sorte sans avoir été autrement injectés, sont morts pour la plupart de la rage. A son tour Högyes n'a pas réussi à préserver par la méthode Pasteur, même par la méthode dite intensive, les chiens déjà infectés par la rage des rues (inoculation intra-crânienne ou sous-cutanée), ou inoculés postérieurement dans le crâne, soit avec le virus fort, soit avec celui de la rage des rues. Comme von Frisch, il a tué des chiens par le traitement avec les moelles de dix jours à un jour. Il semblerait donc que la méthode Pasteur doit être dangereuse pour l'homme, qu'on s'est trop hâté de la transporter dans la pratique. On ajoute d'autre part : que la méthode est tout à fait empirique; que ses variations témoignent qu'elle n'avait pas été assez étudiée avant d'être transportée chez l'homme; qu'on ne sait pas la quantité de poison ou de virus qu'on injecte; que l'atténuation du virus par dessiccation est sujette à des variations, etc., etc. Voilà les reproches; ils sont en partie fondés, mais ils sont exagérés; voyons maintenant la défense et ses arguments en faveur de la méthode.

Les partisans de la méthode, et ils sont nombreux tant à l'étranger qu'en France, soutiennent qu'elle est efficace et qu'elle est sans dangers. La vaccination pasteurienne préserverait de la rage de nombreuses personnes mordues, si on s'en rapportait absolument à la statistique qui montre que la proportion de la mortalité par rapport au nombre des morsures est considérablement réduite. Grâce à elle la mortalité, qui aurait été auparavant de 15 à 16 p. 100 parmi les personnes mordues, serait tombée à 1 p. 100; la mortalité, à la suite des morsures à la tête, qui aurait été auparavant de 80 p. 100, serait tombée à 14 p. 100; et celle occasionnée par les morsures de loups, qui aurait été de 90 p. 100, serait également tombée à une proportion beaucoup moindre. On a bien dit que, malgré elle, la mortalité générale par la rage était restée aussi élevée que par le passé; mais les partisans de l'inoculation soutiennent que les statistiques de jadis n'étaient pas exactes, et qu'on devait méconnaître plus souvent la rage chez l'homme. En France, la mortalité parmi les personnes mordues, traitées à l'institut Pasteur, a été de 0,94 en 1886, de 0,73 en 1887, de 0,55 en 1888 et de 0,33 en 1889. Il y a bien eu, et il y aura encore des insuccès, qui tiennent à ce que parfois le virus inoculé par la morsure envahit les centres nerveux avant qu'ils aient pu être modifiés par les produits injectés; mais la mortalité diminue d'année en année, parce qu'on apprécie mieux la gravité des morsures, et parce qu'on applique mieux le traitement, parce qu'on est mieux en état d'apprécier le traitement qui convient à chaque cas. Pour les blessures graves, on injecte de plus grandes quantités de moelle, et on répète les inoculations de moelles fortes. Pour les morsures à la tête, les plus dangereuses toutes choses égales d'ailleurs, le traitement est plus rapide et plus intensif, les moelles virulentes sont injectées à plusieurs reprises. Le traitement est aujourd'hui appliqué d'une façon spéciale dans chaque cas particulier; on traite le malade suivant la gravité de ses morsures. A cela on pourrait cependant objecter que toutes les modifications apportées laissent quelque peu l'esprit inquiet; et l'on est en droit de demander pourquoi on n'emploie pas, dans tous les cas, le traitement le plus sûr et le plus efficace, si on est assuré qu'il est sans danger, s'il est vrai que le traitement faible donne des résultats moins avantageux, s'il est vrai qu'on a d'autant plus de chances d'obtenir l'immunité qu'on injecte plus de virus, et s'il est vrai que le traitement très intensif est sans danger chez l'homme. Malheureusement les faits de von Frisch et de Högyes, qui ont obtenu la rage au lieu de l'immunité, ne sauraient être perdus de vue.

Ce n'est pas seulement en France que la vaccination antirabique a fait ses preuves; elle les a faites dans diverses parties du monde, à Varsovie, à Odessa, à Constantinople, à Naples, à Barcelonne, à la Havane, etc., où on a constaté ses bons effets. Partout on est tombé d'accord, pour apprécier ses bienfaits, pour reconnaître que l'opération n'entraîne pas d'accidents locaux, quand elle est faite avec toutes les précautions voulues, et pour conclure que la vaccination est d'autant plus sûrement préservatrice qu'on inocule plus de virus, et qu'on emploie des moelles plus fraîches. Partout on a reconnu que le traitement intensif préserve plus sûrement que celui dans lequel on s'abstient d'employer les moelles de 3, 2, 1 jour; tant il est vrai que pour la vaccination antirabique, de même que pour d'autres, on est d'autant plus sûr d'obtenir l'immunité qu'on s'expose davantage à donner la rage. On a été jusqu'à vouloir interpréter en faveur de la méthode, certains faits qui semblent plutôt plaider contre elle. On a cité, parmi les personnes qui avaient été cautérisées rapidement et fortement au fer rouge ou au thermocautère, 15, 30, 60 minutes après la morsure, des cas de mort par rage, malgré le traitement pasteurien; ainsi une personne (Declide), mordue légèrement au mollet, et cautérisée par un médecin avec le thermocautère un quart d'heure après, est morte de la rage quoiqu'elle eût été traitée dès le lendemain à l'Institut Pasteur. On s'est appuyé sur des faits de ce genre, pour conclure que la cautérisation au fer rouge faite un quart d'heure, une demi-heure, une heure après la morsure peut ne pas être efficace; on aurait pu tout aussi bien se demander si le traitement antirabique n'avait pas donné la maladie. Quoi de surprenant d'ailleurs, qu'à côté de tant d'avantages la méthode eût quelques inconvénients, et que, pour tant de personnes qui lui doivent leur préservation, elle eût à son passif quelques rares cas de mort.

On a objecté que l'immunité des animaux n'avait pas été suffisamment démontrée, pour qu'il fût permis de transporter la vaccination chez l'homme. Or (Pasteur, 2 nov. et 27 déc. 1886) non seulement on préserve les chiens qui ont été mordus, mais aussi un certain nombre de ceux qui ont été inoculés par trépanation à la condition de commencer le traitement dès le lendemain de l'inoculation, d'injecter la série des moelles en 24 heures et de répéter ce traitement 1 ou 2 fois de 2 heures en 2 heures. La vaccination antirabique repose donc « sur la possibilité de conférer aux animaux l'immunité contre le virus de la rage des rues par l'injection sous-cutanée de moelles de lapin de plus en plus virulentes. Cette immunité *peut être* conférée après l'injection sous-cutanée de la rage des rues, *quelquefois même* après l'injection intra-crânienne. Elle est naturellement d'autant plus difficile à conférer

que l'infection est plus voisine des centres nerveux. » (Grancher,
11 janv. 1887.) La méthode intensive de M. Pasteur est insuffisante
pour préserver les chiens inoculés par trépanation avec le virus fixe,
mais on réussit à coup sûr (Babès) en procédant de la manière suivante :
traiter de suite, au plus tard une demi-heure après la trépanation, et
inoculer d'abord 3 grammes d'un mélange de moelles de 12, 11, 10, 9,
8 jours ; une heure après, inoculer un mélange de moelles de 9, 8, 7, 6,
5 jours ; une heure après, celui des moelles de 6, 5, 4, 3, 2 jours ; une
heure après, celui des moelles de 3, 2, 1, 0 jour ; répéter la même série
l'après-midi ou le lendemain ; le jour suivant on inocule une troisième
série, en mélangeant seulement 2 ou 3 moelles voisines ; on répète encore
cette troisième série 2 ou 3 fois ; en mélangeant les moelles de divers
jours on obtient de meilleurs résultats.

On a accusé la méthode d'être dangereuse ; mais on n'a pas démontré
qu'elle ait donné la rage à l'homme. Le bulbe d'animaux vaccinés depuis 90, 26, 6, 3, 2 jours n'a pas été trouvé virulent (Di Vestea et
Zagari). Des personnes, des médecins se sont soumis aux inoculations,
sans avoir été mordus, et il n'en est pas qui soient devenus enragés. Le
docteur Ferran se serait servi sans danger de virus non atténué ; mais
il semble bien qu'il y aurait quelque danger à l'employer d'emblée, ainsi
que le prouvent 5 insuccès de Bareggi à Milan, où la méthode Ferran
aurait tué 5 personnes.

Telles sont les pièces du procès : à chacun de porter son jugement.
Pour nous, nous estimons que la méthode Pasteur s'est montrée efficace
très souvent, qu'elle a préservé de nombreuses personnes, et qu'elle doit
être conseillée aux personnes mordues qui courent un réel danger de
devenir enragées. Quant aux dangers de la méthode, « ... rien ne prouve
que la rage ait été jamais transmise à l'homme par la vaccination ; rien
non plus n'autorise à dire qu'il est impossible que l'inoculation donne la
rage. » (Bouchard).

**Vaccination par les moelles fraîches (émulsions graduées
ou doses massives).**

On a déjà vu que de nombreux sujets se montrent réfractaires
aux injections sous-cutanées de virus rabique même renforcé, que
certains chiens, non seulement ne deviennent pas enragés à la suite
d'une injection sous-cutanée de virus rabique, mais peuvent être
rendus réfractaires d'autant plus sûrement que le virus est plus actif
et la dose plus forte (Pasteur, Helmann). On pourrait donc conférer
l'immunité par l'introduction sous la peau d'une forte dose de matière
rabique très active ; mais ce procédé, qui n'est pas sans dangers, est
loin d'être absolument sûr, il peut ne pas donner l'état réfractaire, de
même d'ailleurs que l'injection intra-nerveuse, qui tue la plupart des
inoculés, et qui ne donne pas l'immunité à tous ceux qu'elle ne tue pas.

Toutefois il serait possible (Högyes) de vacciner le chien, en lui injectant sous la peau des émulsions de concentration différente, préparées avec la moelle de lapin mort du virus fixe. La vaccination avec des moelles de plus en plus jeunes, c'est-à-dire de plus en plus riches en virus, ne semblant être qu'une vaccination réalisée avec des doses progressivement croissantes, mieux vaudrait, semble-t-il, vacciner en employant des émulsions graduées, de plus en plus concentrées, car on pourrait mieux doser le virus qu'en employant des moelles desséchées. Högyes a fait des vaccinations efficaces avec des émulsions graduées de moelle fraîche. Le procédé est simple ; il consiste à prendre la matière grise de la moelle allongée, à la broyer et à l'émulsionner dans une solution stérilisée de sel marin à 7 p. 1000 ; on peut ainsi préparer des émulsions à 1 p. 10, 1 p. 100, 1 p. 200, 1 p. 250, 1 p. 500, 1 p. 1000, 1 p. 5000, 1 p. 10000. Ces émulsions, injectées sous la dure-mère, se comportent différemment à doses égales : l'émulsion à 1 p. 10000 ne tue plus le lapin, alors que l'émulsion à 1 p. 5000 ne le tue pas sûrement ou allonge l'incubation, tandis que les autres émulsions jusqu'à celle de 1 p. 250 donnent la rage avec des incubations de plus en plus courtes. Avec ces émulsions on peut instituer un traitement non intensif ou un traitement intensif. Högyes a fait avec elles de nombreuses inoculations préventives sur des animaux (chiens), sans accident dû à la vaccination elle-même ; il a reconnu que le traitement avec les émulsions graduées de moelle fraîche est plus efficace que le traitement avec les moelles desséchées. Cependant la vaccination sous-cutanée avec les émulsions graduées de virus fort et frais n'a jamais préservé, pas plus que la vaccination avec les moelles desséchées, des effets de l'inoculation intra-crânienne déjà réalisée avec le virus fort ; mais elle a quelquefois préservé, quand le virus injecté dans le crâne ou dans l'œil était celui de la rage des rues. Högyes a préservé des chiens des effets des inoculations postérieures dans le crâne ou dans l'œil, en les traitant pendant 9, 7, 6, 4, 3 jours par des injections sous-cutanées de moelles fraîches en émulsions graduées, en les traitant pendant 3 jours par l'injection trachéale des mêmes émulsions ; il a préservé des chiens, déjà inoculés sous la peau avec le virus fort ou le virus de la rage des rues, ou déjà mordus, en leur faisant suivre 6 ou 7 jours le traitement par injection sous-cutanée d'émulsions graduées ; il a préservé 1 chien sur 10 déjà trépanés et inoculés avec la rage des rues, en inoculant en une seule fois 0^{gr},5 de moelle ; il a plusieurs fois préservé des effets de l'injection intra-oculaire (2 fois sur 5), en injectant de grandes quantités de virus fixe en plusieurs fois dans la trachée. En résumé, le traitement par injection sous-cutanée d'émulsions graduées de virus fixe préserve des effets des morsures et des inoculations sous-cutanées déjà réalisées.

Vaccination par les substances solubles.

Dans le cours de mes expériences j'avais constaté que le virus rabique, inoculé à doses massives, peut faire périr les animaux rapidement par suite d'une véritable intoxication. Après le fait d'intoxication signalé précédemment et qui avait été produit sur des moutons, j'ai, depuis 1880, constaté plus d'une fois pareil effet à la suite d'inoculations de fortes doses de matière rabique. Ainsi plus d'une fois j'ai vu mourir, presque comme foudroyés, les lapins qui venaient de recevoir une injection intra-veineuse de matière rabique ; les uns se livraient à quelques mouvements désordonnés, comme s'ils avaient été saisis brusquement d'une vive frayeur et se débattaient ensuite quelques secondes avant de mourir ; d'autres restaient paralysés et sans mouvements aussitôt après l'opération, puis se débattaient quelques secondes et mouraient ; d'autres se livraient à une course désordonnée pendant quelques secondes, puis tombaient, se débattaient encore quelques secondes et mouraient ; d'autres enfin succombaient aussitôt après l'injection en essayant toutefois de s'échapper ; dans tous les cas la mort arrivait quelques secondes, 1 minute ou 2 minutes tout au plus après l'opération ; cependant quelques-uns vivaient quelques heures, mais ordinairement ceux qui ne mouraient pas aussitôt après l'opération résistaient ensuite. Ces cas d'intoxication étaient toujours évités quand on employait de faibles doses de virus. Chez le mouton et chez le chien, j'ai constaté aussi des phénomènes d'intoxication après l'injection intra-veineuse de fortes doses de virus rabique ; j'en ai vu qui étaient essoufflés, qui titubaient, salivaient et présentaient des frissons sur tout le corps. J'ai, dans une expérience, échoué, en essayant de rendre rabique, par inoculations et injections hypodermiques, un mouton, qui avait reçu en injection intra-pleurale une dose considérable de matière rabique préalablement chauffée à l'ébullition et filtrée ; en sorte que, si l'animal n'était pas doué de l'immunité naturelle, il devait sa préservation vraisemblablement à la saturation de son organisme par le poison rabique.

J'ai essayé d'arrêter le développement de la rage au moyen du virus rabique stérilisé ; j'ai réussi complètement sur le mouton et partiellement sur le cobaye ainsi que sur le chien. Les moutons avaient reçu des doses considérables, tandis qu'on n'avait pu injecter aux cobayes et au chien que de faibles quantités. J'ai eu préservé de la rage des moutons, en les vaccinant le lendemain et le surlendemain de l'inoculation du virus actif, chaque sujet ayant reçu sous la peau en 2 jours la moitié d'une émulsion préparée avec les centres nerveux d'un lapin et maintenue 5 minutes entre 95° et 100°. J'ai pareillement empêché le chien de devenir enragé, en lui injectant sous la peau l'extrait alcoolique préparé avec les centres nerveux de chiens rabiques.

La présence d'une substance vaccinante dans la matière rabique est d'ailleurs démontrée par les expériences de MM. Pasteur, Babès, etc. L'immunité est donc produite par une matière vaccinante que sécrète le virus rabique. La dessiccation des moelles rabiques diminue graduellement, avons-nous vu, le nombre des agents virulents, sans les atténuer sensiblement, puisque la rage obtenue par les moelles desséchées, dont l'incubation a été allongée à cause de leur pauvreté en germes, donne le virus fixe et l'incubation minime dès la seconde génération. Dans la dessiccation, les germes virulents disparaissent des moelles avant la destruction de la matière vaccinante ; car les moelles, qui ne donnent plus la rage, peuvent donner l'immunité ou un commencement d'immunité. L'existence d'une matière vaccinante est encore démontrée par la possibilité de vacciner par l'injection d'une grande quantité de virus fort. Le virus desséché à 35°, inoculé au chien, lui aurait permis de résister ensuite aux moelles desséchées à 23° (moelles de 10 à 1 jour) et enfin aux moelles fraîches. M. Pasteur a bien tenté de vacciner avec des moelles assez desséchées, pour avoir perdu la virulence, sans que leur matière vaccinante eût cessé d'être préservatrice, mais il n'a pas réussi. Les moelles de 14, 13, 12, 11, 10 jours, qui ne donnent pas la rage ordinairement, ne donnent pas non plus une immunité complète et sûre ; tandis que des moelles de 6 jours, qui peuvent ne pas donner la rage, peuvent conférer l'immunité.

La matière vaccinante serait (Högyes) une substance colloïde qui ne passerait pas à travers les filtres en porcelaine ; et de fait les émulsions virulentes filtrées sur porcelaine (Babès, Bouchard, etc.) ne donnent ni la rage ni l'immunité. Il en est de même, quand elles ont été chauffées longtemps à 75°, 80° ; il peut en être enfin de même parfois avec les émulsions chauffées à 100° et avec les extraits alcooliques évaporés à une haute température. Toutefois la substance rabique stérilisée reste toxique ; elle peut tuer d'emblée à fortes doses ; cependant on peut accoutumer l'organisme aux fortes doses, en commençant par de faibles doses. Il semble donc que la matière vaccinante et la matière toxique sont distinctes, puisque, l'une détruite, l'autre peut être encore conservée.

Babès a constaté que la moelle rabique chauffée à 58° s'atténue progressivement pour n'être plus virulente dès la soixantième minute. Il a constaté que la moelle chauffée à 80° ne donne plus la rage et peut encore conférer l'immunité, à la condition de l'introduire en masse considérable par doses fractionnées et croissantes. Il a vacciné parfois le chien avec le sang de chien rendu réfractaire ; il a vacciné avec des moelles qui allaient perdre ou qui avaient perdu leur virulence et même avec des moelles chauffées à 120°. Toutefois il a reconnu : que l'inoculation de virus chauffés ou dilués donne des résultats moins constants que la méthode Pasteur ; qu'on ne doit pas exclure une certaine action vitale du virus rabique sous peine d'avoir des résultats peu constants ; qu'il convient en conséquence d'employer, au moins à la fin du traitement, des moelles dont la virulence n'est pas totalement éteinte.

Mécanisme de l'immunité, sa durée.

On a vu précédemment que mes expériences tendaient à établir que les mères vaccinées et les mères qui ont mis bas pendant la rage ne transmettaient pas l'immunité à leurs petits. Il résulterait de recherches plus récentes (Högyes) que l'immunité pourrait être transmise quelquefois, au moins partiellement, par les ascendants rendus réfractaires ; et M. Pasteur pense qu'elle est héréditaire ; mais il est bien certain qu'elle n'est pas héréditaire ordinairement, ainsi que je l'ai démontré.

Quoi qu'il en soit de l'hérédité de l'immunité, il est bien probable qu'elle peut être acquise accidentellement par certaines personnes et certains animaux qui ne deviennent pas rabiques à la suite des morsures qu'ils ont reçues.

On a vu que si l'on pouvait vacciner avec du virus éteint ou quasi éteint, c'étaient les moelles actives, et surtout les moelles les plus fortes, qui procuraient le mieux l'immunité. Que cet état résulte d'une accoutumance de l'organisme au virus rabique, de son entraînement à exercer le phagocytisme, de son imprégnation, etc., il est reconnu que la vaccination n'a aucun effet sur la rage déclarée ni sur la maladie qui est sur le point de se déclarer ; aussi est-il indiqué de s'y soumettre le plus promptement possible.

Quant à la durée de l'immunité conférée par la vaccination, on est loin d'être encore édifié convenablement. On a vu précédemment que cet état avait persisté assez longtemps (3 ans) sur mes moutons vaccinés par injection intra-veineuse. On a eu a constaté d'autre part des durées de deux ans et de cinq ans (Pasteur, Högyes). D'après M. Pasteur, on constaterait, parmi les animaux vaccinés, que 21 p. 100 ont perdu l'état réfractaire au bout d'un an, et 33 p. 100 au bout de deux ans. Quoi qu'il en soit, il semble difficile de se baser sur les constatations déjà faites, parce qu'elles sont trop peu nombreuses et parce que l'immunité, chez les sujets qui ne l'avaient pas encore perdue, a été renforcée à chaque épreuve.

TRAITEMENT CURATIF.

La rage déclarée est curable ; dans quelques rares cas elle s'est terminée par la guérison spontanée, sans la mise en œuvre d'aucun traitement ; et dans quelques autres cas elle s'est de même terminée heureusement, à la suite de certaines médications, sans qu'il soit possible à l'heure actuelle de faire la part exacte qui en revient à l'emploi de tel ou tel agent thérapeutique. La question qui se pose en ce moment n'est pas d'analyser tous les essais tentés, mais bien de rechercher, parmi les nombreux remèdes préconisés, quelques-uns de ceux qui ont semblé procurer quelque heureux résultat par leur emploi sur des individus atteints de rage déclarée ou confirmée. La question de savoir si on peut prévenir l'éclosion de la maladie, par l'administration de certains médicaments, sera envisagée séparément à propos de la prophylaxie. Lorsqu'on entreprend le traitement d'un malade atteint de rage déclarée, il faut agir rapidement : le calme, l'obscurité, l'absence de toute excitation doivent être conciliés avec la médication mise en usage. L'emploi de l'eau sous forme de bains froids forcés, conseillé par Aristote, Celse, etc., aurait donné quelques résultats heureux; on cite notamment le cas de trois chiens enragés, qui, ayant été noyés et retirés de l'eau après suffocation, auraient guéri de la rage. L'injection d'eau dans les veines, tout en produisant un calme momentané, n'a pas empêché la maladie de faire son œuvre et d'entraîner la mort chez le chien (Magendie). Boerhaave avait conseillé la saignée *ad animi deliquium usque;* d'autres avaient préconisé la transfusion du sang; on aurait même obtenu des cas de guérison par la saignée combinée avec l'emploi de douches froides ou avec l'administration d'agents mercuriaux. Mais on a eu l'occasion de constater l'inefficacité de l'hydrothérapie, celle de la saignée, celle des mercuriaux et celle de la transfusion.

Les calmants, tels que le chlorhydrate de morphine, l'hydrate de chloral, le chloroforme, l'éther, l'acide cyanhydrique, le bromure de potassium, le sulfate d'atropine, etc., conseillés tour à tour, n'ont ordinairement eu pour résultat que de produire un calme momentané. Le jaborandi, le nitrate de pilocarpine, le xanthium spinosum n'ont pas répondu à l'attente de ceux qui les ont expérimentés sur la foi d'observateurs trop enclins à enregistrer des cas de guérison; l'opium, la belladone, la fève de Calabar, l'ésérine, le veratrum sebadilla, le camphre, l'ellébore, le datura stramonium, le sulfate de strychnine, l'électricité, etc., n'ont pas davantage jusqu'à présent réussi d'une manière évidente et sûre à procurer la guérison de la rage; certains de ces agents ont semblé amener un apaisement des symptômes, mais la guérison ne s'est pas produite. On a cité un cas de guérison obtenue chez l'enfant au moyen d'inhalations d'oxygène; mais ce moyen n'a pas encore fait suffisamment ses preuves. On a conseillé le Hoang-Nan, dont l'écorce jouit des propriétés ordinaires des strychnées, et dont les vertus curatives auraient été constatées au Tonkin; mais les expérimentateurs qui l'ont essayé ont échoué jusqu'à présent. On a cité (Offenberg) un cas de guérison par l'emploi du curare; il s'agit d'une femme de vingt-quatre ans, devenue enragée quatre-vingts jours après avoir été mordue; dans l'espace de quatre heures trente-cinq minutes elle reçut, en injection hypodermique, en sept fois, 19 centigrammes de curare en solution à 5 p. 100; une huitième et dernière injection de 3 centigrammes de curare fut faite le lendemain et la malade était radicalement guérie dans trois jours. Pour un chien de moyenne taille il était recommandé de faire en quatre heures huit injections de 3 centigrammes chacune, en les espaçant de trente minutes. Malheureusement les essais tentés par d'autres et par moi n'ont pas abouti à un résultat favorable. L'ail, conseillé anciennement par Solleysel et même avant cet hippiâtre, et à l'actif duquel on a mis certains cas de guérison de la rage, s'est montré nefficace pour combattre la maladie dans les expériences entreprises (Gibiér) à cet effet.

En résumé, on ne connait encore aucun agent, aucun mode de traitement propre à guérir sûrement la rage déclarée. L'hydrothérapie, les mercuriaux, les sudorifiques et les calmants, etc., sont peut-être des agents qui méritent d'être expérimentés de nouveau ; mais jusqu'à ce jour on est, je le répète, demeuré presque désarmé pour le traitement curatif de la rage déclarée. L'homœopathie proteste contre l'opinion qui croit que l'agent curatif de la rage est à trouver ; on aurait obtenu de très nombreuses guérisons à toutes les périodes de la maladie par le traitement homœopathique, avec la belladone, la jusquiame, le datura stramonium, le veratrum album, la cantharide, l'arsenic, le mercure, l'acétate de cuivre, etc. ; malheureusement ces affirmations manquent d'une base certaine ; aucun fait de guérison signalé ne porte avec lui les preuves irrécusables de sa véracité. J'ai essayé un certain nombre d'agents, sur des animaux devenus enragés à la suite d'inoculations, et jusqu'à présent j'ai invariablement échoué. M. Ladague n'a pas réussi à guérir la rage des 27 bovins qu'il a observés en recourant aux saignées, aux révulsifs, aux émollients, aux purgatifs, aux excitants, à l'ail, à la morphine, au chloral, au chlorhydrate de morphine, à l'hydrothérapie, etc. D'après les expériences récentes de M. Gibier, seraient inefficaces : l'ail, la pilocarpine, la strychnine, l'atropine, la caféine, les bromures et iodures de potassium et de sodium, l'acide acétique, l'ammoniaque, le phosphore, l'air et l'oxygène comprimés. La pilocarpine est sans action curative ni prophylactique contre la rage (Labat et Malet, Nocard, Gibier, Dujardin-Beaumetz). D'ailleurs le traitement de la rage déclarée est formellement interdit, quand il s'agit d'animaux de quelque espèce qu'ils soient, qui, une fois reconnus enragés, doivent toujours être abattus sans délai ou maintenus séquestrés et isolés en attendant l'exécution de l'abatage, qui ne peut être différé sous aucun prétexte.

PROPHYLAXIE. — TRAITEMENT PRÉSERVATIF.

De nombreux moyens ont été préconisés pour neutraliser les effets des morsures rabiques ; mais dans la pratique on s'est heurté généralement à des difficultés sérieuses pour déterminer avec quelque exactitude l'efficacité respective de la plupart. Et d'abord, quand un individu, mordu même par un animal sûrement enragé, a été traité par l'emploi de tel ou tel moyen préventif, il persiste toujours un certain doute sur la réalité de la contagion : c'est qu'en effet toutes les personnes mordues ne deviennent pas fatalement enragées, même quand elles n'ont été soumises à aucun traitement, soit que certaines jouissent d'une sorte d'état réfractaire (ce qui n'est pas démontré), soit que la plupart échappent à la contagion pour les raisons diverses précédemment indiquées. Cependant l'observation et l'expérimentation ont démontré clairement l'efficacité réelle de certains moyens prophylactiques, entre autres de la cautérisation et des inoculations préventives.

Lorsque des morsures ont été faites par des animaux enragés, la première et la plus pressante indication à remplir est celle qui consiste à empêcher l'absorption du virus pour prévenir le développement de la rage (traitement local). Ensuite on se préoccupera de neutraliser, par le traitement le mieux approprié, les effets de la partie du virus qui aura pu être absorbée (traitement interne ou général).

I. — Traitement préventif applicable aux personnes mordues.

Pour empêcher l'absorption du virus rabique à la suite d'une morsure ou d'une contamination quelconque (léchement, égratignure, piqûre, etc.), sur une surface absorbante, il faut employer les moyens propres à l'entraîner hors de la plaie ou à le détruire sur place ; il faut surtout recourir à l'emploi de ces moyens le plus tôt possible, afin de ne pas donner à l'absorption le temps de s'effectuer. Avant d'aller plus loin, il importe de se demander si aujourd'hui, grâce à la méthode pasteurienne, il est permis de délaisser les moyens propres à remplir l'indication : *entraîner le virus hors de la plaie ou le détruire sur place.*

La méthode Pasteur ne guérit pas la rage déclarée, mais elle empêche la maladie de se développer, en neutralisant les effets du virus déjà absorbé, que la cautérisation n'a pas pu ou ne pourrait pas atteindre ; elle est en quelque sorte le complément obligé du traitement externe. En effet les moyens mis en œuvre pour entraîner les germes hors de la plaie, et la cautérisation employée pour les détruire avant leur absorption, ne produisent pas toujours, il s'en faut bien, cet heureux résultat, soit qu'ils aient été appliqués tardivement (et il peut être trop tard quelques minutes après la morsure), soit que leur action ait été trop superficielle, soit que les agents dont on s'est servi aient été au-dessous de leur tâche. Les inoculations prophylactiques constituent donc le second temps du traitement préventif applicable aux personnes mordues ; elles constituent le traitement préventif interne ou général, qui a pour but d'empêcher le virus absorbé de produire ses effets ; mais, comme des insuccès, quoique rares, sont possibles dans certains cas, ainsi qu'on l'a vu précédemment, et comme on ne saurait jamais accumuler en trop grand nombre les chances d'échapper à la terrible maladie, la cautérisation et les moyens usités pour entraîner le virus hors de la plaie doivent conserver leur rôle d'hier sans aucun amoindrissement. Le traitement local ou externe et le traitement interne ou général ne se nuisent ni ne s'excluent, ils se complètent ; quand le premier a été appliqué (et il doit toujours l'être), il y a place pour le second, qui ne doit pas plus être délaissé que le premier, dont les effets sont loin d'être toujours sûrs; tous les deux enfin doivent être appliqués le plus tôt possible.

1° *Traitement de la morsure ou traitement local.*

Divers moyens ont été préconisés de tout temps pour le traitement des morsures rabiques, dans le but d'entrainer le virus hors de la plaie ou de le détruire sur place ; on a conseillé les lavages, le grattage ou raclage, la succion ou l'application d'une ventouse, la compression, la résection ou l'extirpation de la partie mordue et surtout la cautérisation. Ce dernier moyen est le plus important ; mais, bien qu'on ne doive jamais lui en préférer aucun autre, et bien qu'on ne doive sous aucun prétexte en différer l'application, il importe néanmoins de rechercher la valeur respective des autres et d'indiquer leur mode d'emploi ; car, outre que certains pourront être combinés avec la cautérisation pour en accroître l'efficacité, on devra dans quelques cas en tirer profit, quand on n'aura pas sous la main l'agent nécessaire pour détruire le virus, ou quand sa préparation exigera un certain temps.

Lorsqu'une personne aura été mordue par un animal enragé, il sera toujours utile et sage, en attendant la cautérisation dont on hâtera autant que possible l'application, de faire saigner la plaie, de la laver, de la comprimer, de la plonger dans de l'eau, de la débrider, de la racler ou d'exciser les parties contuses, dilacérées ou mâchées, de la sucer ou de la ventouser. Il convient, d'ailleurs, de laver, de sucer, de faire saigner et de cautériser toute morsure de chien et de chat.

La règle à suivre se résume donc dans cette maxime : *Cautériser le plus tôt possible ; mais en attendant employer tous les moyens propres à entraîner le virus hors de la plaie, tels que lavages, compression, ligature, expression, débridement, raclage, excision, succion, ventouse.*

Ces divers moyens peuvent rendre de réels services. Le lavage de la plaie, avec le premier liquide qu'on aura sous la main, avec de l'eau ordinaire, avec de l'eau salée ou vinaigrée, avec de l'eau ammoniacale, avec de l'eau tiède, avec de l'eau de savon, avec de l'urine, etc., pratiqué soigneusement aussitôt après la morsure, peut entraîner la pluralité des germes inoculés. Il sera bon, pour atteindre plus sûrement ce but, d'user en même temps de tous les moyens propres à faire saigner la plaie ; en même temps qu'on la détergera et la lavera, on l'exprimera pour en faire sortir le sang, on la frottera, on la comprimera pour la faire saigner davantage ; on la raclera avec un instrument tranchant, avec un couteau ; on placera une ligature au-dessus, si la région s'y prête, pour ralentir ou arrêter le départ du sang ; on débridera, on excisera les parties dilacérées, on extirpera même la partie mordue (doigt), quand elle sera peu étendue et quand l'opération sera possible sans danger: on sucera la morsure après l'avoir bien lavée, quand les lèvres et la bouche seront exemptes de plaies ou d'excoriations, et on rejettera promptement les liquides aspirés pour se laver aussitôt la bouche. Cependant, la succion de la plaie peut être parfois dangereuse ; il ne faudra donc y recourir, ainsi que nous l'avons dit, qu'autant que la bouche sera exempte d'excoriations ; et, même ainsi réduite dans son application, cette manière de faire peut ne pas être sans danger, soit que la matière aspirée reste trop longtemps en contact avec la muqueuse buccale, soit que des gerçures ou des excoriations invisibles existent sur cette membrane ; aussi devra-t-on délaisser ordinairement ce moyen, pour insister davantage sur l'expression ou la compression, que l'on fera bien d'exécuter sous l'eau si cela est possible ; que, si on est réduit à opérer sans eau, on se servira de l'urine pour faire des lavages et déterger la plaie, qu'on exprimera et comprimera à diverses reprises, en ayant soin d'enlever chaque fois, avec un linge, un mouchoir, etc., le sang exprimé ; et, afin de ne rien laisser sur la plaie, on la raclera énergiquement après l'avoir bien fait saigner. On pourra, à la rigueur, recourir ensuite à l'emploi d'une ventouse ; mais, on ne saurait trop le répéter, la mise en œuvre de ces moyens ne doit jamais faire différer d'une minute l'emploi de la cautérisation. Pour ventouser la morsure, on pourra se servir d'un verre de table quelconque, dans lequel on allumera une boule de coton imbibée d'alcool ou un morceau de papier, pour le renverser ensuite sur la plaie.

Dans le siècle dernier, on avait proposé (Hicks) de sectionner les nerfs de la partie mordue ; et récemment, M. Duboué recommandait cette opération, qui eût été bien indiquée, si, comme il le supposait, le virus rabique cheminait exclusivement à travers les cylindre-axes des nerfs ; mais l'absorption de l'agent rabigène ayant lieu, comme nous l'avons vu, par le système circulatoire, on entrevoit l'inutilité d'une pareille opération.

En résumé, le traitement local de la morsure rabique comporte l'emploi successif ou presque simultané de divers moyens, propres à débarrasser la plaie des germes virulents, et de la cautérisation pour détruire ceux qui y sont restés ; ensuite, le traitement interne sera dirigé contre ceux qui, ayant échappé à la destruction, auraient été absorbés.

La cautérisation, qui a pour but de détruire le virus déposé dans la plaie de morsure, a été regardée de tout temps comme le meilleur préservatif de la rage ; Aristote et Celse la conseillaient, et son importance exceptionnelle a été reconnue, affirmée et proclamée par les hommes les plus compétents. L'efficacité de ce moyen préventif est, en effet, très nettement établie par les statistiques ; pourtant, les résultats ont été variables, comme il fallait s'y attendre, suivant la date de la cautérisation, suivant la manière dont elle a été pratiquée, et suivant l'agent employé. C'est que, en réalité, pour obtenir de ce traitement tout ce qu'il peut donner, au point de vue de la neutralisation du virus rabique, il faut observer autant que possible, en l'appliquant, les trois règles suivantes : 1° *cautériser le plus tôt possible;* 2° *cautériser avec l'agent le plus sûr;* 3° *cautériser le plus profondément possible.*

Suivant que la cautérisation a eu ou n'a pas eu lieu, suivant qu'elle a été pratiquée plus ou moins promptement, suivant qu'elle a été faite avec un agent plus ou moins puissant, suivant qu'elle a été plus ou moins profonde, la proportionnalité des cas de rage a été variable; elle a été de 60, 78, 81, 94 p. 100 à la suite de morsures non cautérisées; de 1 à 20 p. 100 à la suite de morsures cautérisées promptement; de 20, 33, 62, 66 p. 100 à la suite de morsures cautérisées plus ou moins tardivement; sur 115 morts par rage de 1852 à 1858, 64 n'avaient point été cautérisés, 37 l'avaient été tardivement, les 14 autres l'avaient été insuffisamment. On a eu vu 45 personnes, mordues par un loup enragé et non cautérisées, mourir de la rage, tandis que 2 autres personnes, mordues par le même animal et cautérisées immédiatement, échappèrent à la maladie; on a vu encore 16 personnes mordues par un chien hydrophobe échapper à la rage, après avoir été cautérisées, tandis qu'un animal mordu comme elles et non cautérisé devint enragé. Si des faits nombreux attestent les avantages de la cautérisation, et surtout de la cautérisation hâtive, immédiate, profonde et avec un agent puissant, si les cas de rage sont beaucoup plus nombreux quand la cautérisation a fait défaut ou a été tardive, si mes expériences, qui ont démontré que le virus rabique peut être absorbé en peu de temps (1 heure, 3/4 d'heure, 1/2 d'heure), militent en faveur des cautérisations immédiates, il n'en demeure pas moins établi par les statistiques que les cautérisations tardives sont utiles et ne doivent point être délaissées.

D'après M. G. Colin, la salive rabique, surtout quand elle est épaisse, filante, étant peu miscible à la sérosité et au sang, peut attendre longtemps dans la plaie avant d'être absorbée; aussi la cautérisation bien faite peut être efficace, même longtemps après la morsure. Les cas de rage sont moins nombreux parmi les personnes cautérisées tardivement que parmi celles qui n'ont point été cautérisées; d'ailleurs, l'expérimentation m'a démontré que, si l'absorption partielle a déjà eu lieu chez certains sujets inoculés depuis une heure ou une demi-heure, il peut en être différemment pour d'autres chez lesquels l'amputation de l'oreille inoculée, une heure, deux heures après l'opération, a eu pour effet d'empêcher le développement de la maladie. Si donc il est vrai que chaque minute de retard enlève une chance de guérir, s'il est vrai que la cautérisation se montre d'autant plus sûrement préventive qu'elle est faite à un moment plus rapproché de la morsure, s'il est absolument indiqué de la pratiquer immédiatement, le plus tôt possible, cinq, dix, quinze, vingt minutes après la morsure, il est non moins indiqué de ne pas la négliger, quand on ne peut l'employer qu'une demi-heure, une heure, cinq, dix heures et même un jour, deux, trois, quatre, six, huit jours après la morsure. Des faits sont invoqués à l'appui de cette manière de faire; M. Gosselin ayant pratiqué la cautérisation huit jours après l'accident, sur une jeune fille, en débridant préalablement les plaies, la sauva très probablement de la rage, car les morsures étaient multiples, profondes, et avaient été faites sur l'avant-bras nu. Le professeur Emiliani de Bologne a signalé un fait analogue et plus démonstratif encore; il s'agissait de trois personnes mordues par le même chien enragé, dont deux s'étaient fait cautériser six jours après l'accident; la troisième, qui n'avait pas voulu se soumettre à l'opération, devint seule enragée. Bien plus, il est même indiqué de cautériser les plaies déjà cicatrisées ou en voie de cicatrisation, tant qu'on n'a pas dépassé la moyenne ordinaire de la durée de l'incubation; on aura alors le soin de débrider ou de rouvrir les plaies; cette pratique ne devrait-elle avoir d'autre résultat que de rassurer un peu le patient, en lui donnant le change et en lui inspirant une fausse sécurité, qu'on ne devrait pas négliger d'y recourir, sauf à faire appliquer ensuite le traitement interne.

Il est également indiqué de cautériser toutes les morsures suspectes, toutes celles qui ont été faites par des animaux dont l'état inspire quelque soupçon; et même d'une manière générale, il est indiqué de donner des soins (lavages, cautérisation) pour toutes celles qui ont été faites par des chiens.

Enfin, de ce que la cautérisation aura été pratiquée promptement, soit 30, 20, 15, 10 minutes après la morsure, il ne s'ensuivra pas sûrement que la rage ne se déclarera pas; malheureusement, les faits sont là qui nous montrent qu'elle peut ne pas être efficace, soit qu'une partie du virus ait été absorbée rapidement, en quelques minutes, soit que l'opération n'ait pas été convenablement exécutée. En tous cas, comme le succès de la cautérisation dépend beaucoup de la célérité avec laquelle on y a recours, les individus mordus feront bien de se rendre immédiatement chez un médecin ou un pharmacien, ou un vétérinaire, à défaut des autres, pour se faire cautériser; et même, dans bien des cas, pour peu que la distance soit longue, le mieux sera, si l'on fait appeler le médecin, de pratiquer soi-même ou de faire pratiquer, par une personne quelconque, une première cautérisation, que l'homme de l'art complétera ou réitérera à son arrivée, s'il la juge insuffisante.

Le choix de l'agent à employer a une grande importance, et il faudra toujours donner la préférence à celui qui offrira le plus de garantie, quand on en aura plusieurs sous la main. Celse conseillait le feu et les caustiques; rien n'est changé à cet égard, c'est le feu ou pour mieux dire le fer chauffé au rouge ou au blanc, et après lui les caustiques chimiques les plus actifs, qui doivent être choisis entre tous. La cautérisation devra donc être pratiquée de préférence avec le thermo-cautère, avec le fer rouge, qui est le meilleur et le plus sûr des caustiques ; tout morceau de fer (bout de tringle, fer à plisser ou à repasser, tisonnier, clef, clou, etc., etc.), chauffé au rouge ou au blanc, peut servir dans ce but. A défaut de fer, ou de feu pour le chauffer, on emploiera immédiatement le plus actif des caustiques qu'on aura sous la main, en basant son choix sur leur degré d'activité, en donnant la préférence au beurre d'antimoine, au caustique de Vienne, à l'acide sulfurique, à l'acide nitrique, à l'acide chlorhydrique, à l'iode, au brome, au sublimé corrosif, au chlorure de zinc, à la potasse caustique, etc.; on pourra aussi, à défaut de ceux-là, employer l'acide phénique, l'eau de Rabel, le nitrate d'argent, le perchlorure de fer, la poudre de chasse, ou le soufre ou l'alcool, qu'on allumera sur la plaie, voire même, à défaut de tout autre, l'ammoniaque et les alcools divers, dont l'efficacité est tout à fait aléatoire. L'essence de térébenthine, dont les bons effets ont été démontrés (H. Fol), pourra être employée en lavages sur les morsures, principalement sur celles qu'on ne peut pas cautériser.

Mais, comme en cette matière il est un principe dont on ne devra jamais se départir, à savoir qu'il importe d'agir le plus promptement possible, il faudra non seulement mettre en œuvre les moyens précédemment indiqués, quand on sera obligé d'attendre pour pratiquer la cautérisation, mais de plus il faudra faire agir immédiatement le meilleur ou même le seul caustique qu'on aura sous la main, sauf à recommencer l'opération avec un agent plus fort dès qu'on aura pu se le procurer ; ainsi en attendant qu'on chauffe le fer, si cette opération doit exiger un certain temps, on devra faire agir le meilleur caustique dont on disposera, puis aussitôt que le fer sera rouge blanc on le fera agir à son tour, il en résultera un peu plus de souffrance, mais aussi une plus grande sécurité pour le patient. En résumé, il faudra toujours employer immédiatement le caustique qu'on aura sous la main ou celui qu'on pourra se procurer le plus rapidement, et de préférence le fer rouge ou les caustiques les plus énergiques.

Il importe enfin d'employer le plus convenablement possible l'agent préservatif, de le faire agir sur une étendue et à une profondeur suffisantes. Pour pratiquer la cautérisation et lui faire produire l'effet qu'on en attend, il faudra, pendant qu'on préparera le fer ou le caustique, donner des soins à la plaie, la laver, l'exprimer, la comprimer, la faire saigner, la ventouser, la gratter, la racler, la débrider, placer une ligature au-dessus quand la région s'y prêtera, en se servant d'un mouchoir ou de tout autre objet qu'on aura sous la main, exciser les lambeaux, les parties contuses, déchirées ou mâchées, tordre les vaisseaux qui donnent une hémorrhagie abondante après les avoir laissé saigner, étancher la plaie et bien l'essuyer pour faciliter l'action du caustique ou du fer rouge, sans que les soins préliminaires retardent l'application de l'agent destiné à détruire le virus sur place. Il faudra avoir soin de bien cautériser toute l'étendue de la plaie et d'aller aussi profondément que possible; l'application du fer rouge ou du caustique sera réitérée à plusieurs reprises; on promènera le fer rouge dans tous les recoins de la plaie. On aura eu le soin d'en faire chauffer un nombre de morceaux suffisant pour effectuer sans retard une cautérisation large et profonde de toutes les plaies.

On appliquera les caustiques liquides et les solutions caustiques, avec des boulettes de charpie qu'on imbibera et qu'on placera dans les plaies, ou avec un agitateur en verre ou avec le bouchon du flacon dont on se servira pour déposer des gouttes de substance caustique sur les plaies; on répétera l'opération plusieurs fois de suite, on essuiera la plaie après une première, une deuxième... cautérisation et on recommencera, pour laisser en dernier lieu une certaine quantité de caustique sur les parties cautérisées.

Pour les personnes qui se sont blessées en pratiquant une expérience ou une autopsie, ou qui ont été mordues légèrement dans un chenil, et qui peuvent se soigner instantanément, la teinture d'iode, et surtout la teinture d'iode concentrée peut suffire; M. Bourrel l'emploie couramment pour lui et pour ses infirmiers, et moi-même, depuis 1879, je n'emploie que ce caustique; mais il faut, bien entendu, le faire agir sans retard; on lave la plaie et on la comprime pour la faire saigner pendant quelques secondes, on l'essuie et on la recouvre de teinture d'iode pour l'essuyer encore et recommencer trois ou quatre fois la cautérisation. Néanmoins, les caustiques préconisés de préféremce après le fer rouge, sont le beurre d'antimoine, le caustique de Vienne et l'acide sulfurique.

Après la cautérisation, on pourra panser la partie traitée avec un corps gras, avec du cérat, de l'huile d'olives ou d'amandes, des pommades calmantes, de la pommade camphrée, opiacée, belladonnée, des compresses d'eau froide, etc., pour calmer la douleur; on pourra également ment faire des badigeonnages avec la teinture d'iode au pourtour des plaies cautérisées ou même des injections hypodermiques d'eau iodée, etc., pour compléter l'action destructive de la cautérisation sur le virus; on pourra enfin provoquer une suppuration, au moyen du vésicatoire ou de pommades irritantes, afin d'appeler au dehors les germes qui n'auraient pas été atteints directement; s'il y a de la fièvre, on prescrira le repos et les calmants à l'intérieur.

2° *Traitement interne ou général.*

De tout temps on a conseillé et employé, avec ou sans la cautérisation, certains agents, certains remèdes, certaines recettes, certaines pratiques en vue d'empêcher les effets du virus rabique absorbé. On a recommandé de faire suer les personnes qui avaient été mordues, en vue sans doute de faire éliminer avec la sueur les germes rabiques; et les moyens préconisés pour atteindre ce but sont nombreux, ce sont : les bains de vapeur, l'administration des stimulants, des excitants, des sudorifiques, des alcooliques, de l'ammoniaque, du carbonate et de l'acétate d'ammoniaque, l'emploi du jaborandi, de la pilocarpine, etc., etc. La sudation, préconisée surtout par le docteur Buisson, obtenue au moyen de bains de vapeur, et continuée pendant quatre à cinq semaines, à raison de deux bains par jour, aurait préservé les personnes mordues et guéri des malades déjà enragés. Elle agirait, comme à la suite de morsures venimeuses, en provoquant l'élimination du poison rabique.

On a conseillé, à titre d'agents préventifs, la plupart de ceux que nous avons déjà passés en revue à propos du traitement curatif et d'autres encore, notamment les diurétiques, les sialagogues, les purgatifs, les mercuriaux, le sulfate de cuivre, l'iode, l'arsenic, l'ail, le xanthium spinosum, les essences, toutes sortes de plantes, le plantain, l'épervière piloselle (hieracium pilosella), en infusion, décoction, teinture, bols, etc., des insectes vésicants du genre meloé, des scarabées, les cantharides, la cétoine dorée, le venin de la vipère, le venin desséché du serpent à sonnettes. On a même conseillé de faire manger aux personnes mordues le foie cru ou la tête crue du chien, qui en avait fait ses victimes, ou la bave raclée sur sa langue et enfermée dans une pilule; en Birmanie, on considérerait même la chair de l'animal enragé comme le meilleur préservatif pour les personnes mordues et contre les morsures futures.

Enfin il n'est peut-être pas une maladie qui ait provoqué tant de pratiques superstitieuses et fait naître tant de recettes populaires que la rage. En fait de pratiques superstitieuses, chaque pays a les siennes; elles sont inoffensives, et si elles n'ont aucun effet sur le mal, elles peuvent rassurer certaines personnes. Quant aux recettes populaires elles sont innombrables; il y en aussi dans tous les pays, qui se sont transmises de père en fils dans certaines familles. Parmi leurs éléments actifs, on trouve ordinairement certains végétaux tels que la rue, l'ail, l'écorce d'églantier, la marguerite, la scorsonère, la sauge, le clou de girofle, l'écorce d'orange, le plantain aquatique, qui aurait même guéri des cas de rage déclarée, etc., etc. La composition de ces recettes est cependant le plus souvent tenue secrète; le remède est administré sous forme de poudre, de potion, d'omelette, etc. Parmi leurs détenteurs il en est beaucoup qui n'en font pas une spéculation, et qui affirment néanmoins avoir préservé par centaines et sans accident les personnes mordues par des animaux enragés. Il faut répéter, à propos de ces recettes, ce que nous disions des pratiques superstitieuses, elles peuvent rassurer certaines personnes, et de plus, bien que leur efficacité soit encore loin d'être démontrée, il en est qui peuvent être rationnelles et avoir du bon; aussi ne faut-il pas les condamner d'une manière absolue; toutefois, il ne faudra jamais négliger, pour s'en tenir à elles, l'emploi des moyens reconnus réellement efficaces, tels que la cautérisation et l'inoculation préventive.

Les inoculations préventives, par la méthode pasteurienne, ayant fait leurs preuves, doivent, comme nous l'avons déjà dit, être employées pour compléter l'œuvre de la cautérisation, qui ne devra jamais être négligée, ne pût-elle être pratiquée que tardivement. Comme le fait observer le docteur Constantin James, l'inoculation bénéficie de la cautérisation, « elle sauve surtout les personnes cautérisées », elle a d'autant plus de chances de sauver les personnes mordues qu'elles ont été cautérisées « à un moment plus rapproché de l'accident. » Ainsi parmi les 19 Russes venus de Smolensk à Paris pour se faire traiter, cinq avaient été cautérisés avec la potasse caustique « entre trois quarts d'heure et une heure après l'accident », les quatorze autres avaient été cautérisés avec l'acide nitrique entre cinq et douze heures après la morsure, et c'est parmi ces derniers que trois sont morts de la rage malgré les inoculations. Mais, si l'inoculation bénéficie de la cautérisation, elle n'en constitue pas moins à elle seule un moyen très important de préservation, dont l'efficacité est assurée dans la pluralité des cas ; ce moyen de préservation tire son importance de ce que non seulement son application est toujours possible, tant que la maladie ne s'est pas déclarée, mais surtout de ce que son intervention même tardive, soit deux, quatre, six, huit, dix jours, quinze jours après la morsure a donné jusqu'à présent de meilleurs résultats que la cautérisation tardive.

L'inoculation, contrairement à la cautérisation, s'adresse à l'organisme tout entier pour y neutraliser les effets du virus absorbé ; le jour où elle sera perfectionnée au point d'être, non seulement inoffensive par elle-même, mais sûrement efficace contre toutes sortes de morsures (morsures de loups et morsures quelconques de chiens rabiques) n'est probablement pas éloigné ; en tous cas, telle qu'elle est pratiquée actuellement, elle a déjà rendu et peut rendre encore les plus grands services. Elle est indiquée toutes les fois qu'une personne a été mordue par un animal enragé, peu importe que la cautérisation ait été pratiquée immédiatement ou tardivement ; elle est utile dans tous les cas ; et elle est nécessaire surtout quand la cautérisation a été tardive ou insuffisante, ou quand elle n'a pas été pratiquée, quand l'agent employé n'offre pas une garantie suffisante, quand pour une raison ou pour une autre la cautérisation n'a pas été pratiquée assez profondément. Jusqu'au jour où la méthode aura été généralisée et sera devenue applicable ailleurs que dans le laboratoire de M. Pasteur, il convient donc que toute personne mordue par un animal reconnu enragé, aille à Paris se faire traiter et recevoir les inoculations du virus préparé par l'auteur de la découverte. Quant aux personnes mordues par des chiens suspects, elles devront également se soumettre, non seulement au traitement local, mais encore aux inoculations préventives. Que si cependant on le peut, on fera bien de garder en séquestration le chien qui aura mordu des personnes; s'il est réellement enragé, il mourra en quelques jours après avoir manifesté des symptômes rabiques (les exceptions seront excessivement rares), et alors les personnes mordues auront tout le temps d'aller se soumettre au traitement de M. Pasteur; mais, en attendant, leurs plaies devront toujours être soignées, comme s'il s'agissait réellement de morsures rabiques. Quand l'animal qui aura fait les morsures sera mort ou aura été tué sans qu'on puisse affirmer d'une manière absolue s'il était ou non rabique, les victimes devront subir le traitement local et les inoculations préventives. D'ailleurs, si l'inoculation peut être efficace alors même qu'elle intervient plusieurs jours (2, 4, 6, 8, 10, 12, 14, 16, 20, etc., jours) après l'accident, il n'en est pas moins prudent, rationnel et nécessaire de s'y soumettre le plus tôt possible, car l'expérience a déjà démontré, comme nous l'avons vu, que dans certains cas elle peut demeurer inefficace, surtout quand il s'est écoulé un trop grand nombre de jours depuis la morsure.

D'après les expériences de M. Peyraud, l'essence de tanaisie, injectée dans les veines d'un animal, lui donnerait des accès de simili-rage; l'hydrate de choral exercerait une action préventive contre les effets de l'essence de tanaisie et même contre ceux du virus rabique. En outre l'usage de ladite essence, continué un certain nombre de jours, pourrait conférer l'immunité contre les inoculations postérieures de rage et même préserver des effets de morsures déjà faites. Ainsi, après l'inoculation du virus rabique, l'essence de tanaisie, injectée sous la peau autour du point d'inoculation, à doses graduellement croissantes pendant un certain temps, pourrait empêcher le développement de la maladie.

On a avancé (Fernandez) qu'il serait possible de préserver les animaux et les personnes de la rage, en leur inoculant le venin de la vipère, l'observation ayant montré que des chiens mordus par des vipères auraient ensuite résisté à des morsures rabiques.

3° *Traitement préventif de la rage par le brome.*

J'ai fait jadis avec le brome de nombreux essais en vue de prévenir le développement de la rage des chiens, des lapins et des moutons, qui avaient reçu des inoculations de virus rabique. J'ai obtenu des résultats favorables, en me servant d'eau bromée, pour pratiquer des injections intra-trachéales ou hypodermiques. La préparation à laquelle je me suis arrêté, après de nombreux tâtonnements, est la suivante : glycérine, 250 centimètres cubes ; brôme, 4 grammes; et eau distillée, 750 centimètres cubes. Pour éviter plus sûrement les accidents locaux dus à l'action irritante du brome, on peut, au moment de faire usage de la solution, l'additionner de telle quantité d'eau distillée qu'on juge utile. Les premiers résultats obtenus l'ont été avec de l'eau distillée bromée à saturation ou avec de l'eau brômée additionnée d'alcool; mais j'ai dû renoncer à ces deux préparations, la première émettant trop de vapeurs de brome, et la seconde s'altérant rapidement (formation d'acide bromhydrique).

Les essais tentés avec cette méthode de traitement ont donné des résultats favorables, quand j'ai opéré sur des chiens ou des moutons inoculés par piqûres, scarifications ou injection hypodermique ; sur le lapin inoculé de même façon, j'ai eu des succès et des insuccès, parce que, pour éviter les accidents que provoquait le traitement chez cet animal, j'avais été amené à réduire outre mesure la dose de brome employée ; enfin, avec ce traitement, je n'ai pas réussi à empêcher la rage de se déclarer, quand je l'ai appliqué au chien, à la chèvre, un jour après l'inoculation intra-péritonéale ou intra-crânienne.

J'estime néanmoins que le traitement préventif de la rage par le le brome mérite d'être connu ; la rage communiquée par morsure est la conséquence d'une inoculation qui ressemble à celle que l'on fait expérimentalement par piqûres, scarifications ou injections hypodermiques ; or, en pareil cas, le traitement par le brome peut réussir, s'il est appliqué à temps et convenablement. En tous cas, comme on ne saurait lui adresser le reproche de faire développer la rage, on pourra toujours le mettre en pratique chez l'homme, en attendant le moment de faire les inoculations préventives. Quoi de plus rationnel en effet que la manière de faire que je propose : une personne vient-elle d'être mordue, qu'on soigne la plaie aussitôt, qu'on la cautérise, qu'on la cautérise même avec le brome si c'est possible, qu'on la soumette ensuite au traitement par le brome (inhalations de vapeurs obtenues en laissant évaporer de l'eau bromée, lavage avec l'eau bromée sur la région mordue, injections hypodermiques d'eau bromée diluée dans la région mordue), sans préjudice des inoculations et en attendant qu'on puisse les pratiquer. N'y a-t-il pas là un moyen de diminuer encore les mauvaises chances courues par les individus mordus et d'accroître les succès de l'inoculation, qui a échoué dans quelques cas parce qu'elle n'a pu être faite que tardivement? Je le pense.

Je crois, bien que je n'aie fait aucun essai sur l'homme, que l'application du traitement que j'indique ne peut avoir que des avantages pour les personnes mordues, si on évite (et cela est toujours possible) les accidents qu'il peut occasionner, si on le met en œuvre le plus tôt possible dans le temps qui précède l'inoculation, et si on ne diffère pas pour cela l'intervention de celle-ci.

D'ailleurs le traitement préventif par le brome peut parfaitement être appliqué aux animaux herbivores mordus par des chiens enragés. Dans l'état actuel de notre législation sanitaire, ces animaux doivent être séquestrés un certain temps, durant lequel ils ne peuvent pas être vendus, ni livrés à la boucherie ; pendant ce temps (et même après) ils peuvent devenir enragés ; or, le traitement par le brome, qui peut les préserver, ne saurait être dédaigné.

Voici maintenant quelques-uns des faits qui tendent à établir l'efficacité du traitement que je viens d'indiquer :

1° Deux chiens et deux lapins ayant reçu le 22 novembre 1883, en injection hypodermique, le même virus rabique, et les deux chiens seuls ayant été soumis au traitement (injections trachéales et hypodermiques) par le brôme, pendant huit jours, à partir de la fin du 2e jour qui suivit l'inoculation, les deux lapins devinrent seuls enragés ; l'un des chiens fut sacrifié le 19 mai 1884 comme galeux incurable, l'autre fut réinoculé de la rage le 4 novembre 1884, puis mordu à outrance par un chien enragé avec lequel on l'avait enfermé le 24 avril 1885, et on dut s'en défaire le 14 octobre de la même année sans qu'il fût devenu enragé.

2° Le virus rabique d'un chien, inoculé le 24 janvier 1884 à trois lapins et à deux chiens, fit mourir enragés les trois lapins les 21, 25 février et 21 mars ; tandis que les deux chiens, qui avaient été soumis au traitement par le brome pendant dix jours, à partir du lendemain de l'inoculation, résistèrent et furent gardés, l'un jusqu'au 19 mai, l'autre jusqu'au 25 novembre 1884.

3° Deux moutons ayant été inoculés le 19 février 1885, par injection hypodermique, avec de la matière cérébrale d'un chien mort de rage, l'un d'eux non traité devint enragé le 6 mars et mourut le 8 ; tandis que l'autre, qui avait reçu, dès le lendemain de l'inoculation, l'application du traitement bromé, fut préservé et vendu le 1er août pour la boucherie.

Dans tous les cas, où des résultats favorables ont été obtenus, le traitement a été commencé au plus tard à la fin du second et jamais avant la fin du premier jour qui suivait l'inoculation ; la dose de brome administrée chaque jour a varié (suivant la taille des animaux) de 40 à 80 centigrammes pour le chien, et de 60 à 80 centigrammes pour le mouton et la chèvre ; l'administration a été faite en deux ou trois fois chaque jour, et le traitement a duré 8, 10 jours ; quelquefois il a dû être suspendu deux ou trois jours à cause des accidents survenus (engorgements), pour être repris ensuite.

II. Traitement préservatif applicable aux animaux mordus.

Il est absolument interdit d'appliquer aucun traitement préservatif aux chiens et aux chats qui ont été mordus ; la loi sanitaire exige que les animaux carnivores suspects (mordus, roulés, flairés par des chiens enragés) soient abattus immédiatement. Quant aux animaux herbivores suspects, dont la loi prescrit la suveillance sanitaire pendant un délai minimum de six semaines, il sera utile de prendre les mêmes précautions et d'employer les mêmes moyens précédemment examinés, notamment la cautérisation des plaies, l'injection intra-veineuse de virus et le traitement par le brome, sans préjudice de l'application des mesures ci-après indiquées. Les animaux herbivores (bovins, ovins, caprins, porcins et solipèdes) peuvent être vaccinés quand ils ont été mordus ; le procédé Pasteur pourrait être essayé comme on l'a fait en Italie sur le cheval, mais la vaccination intra-veineuse est plus sûre et plus expéditive.

POLICE SANITAIRE ET MÉDECINE LÉGALE.

Cette dernière partie de l'étude de la rage comporte l'examen des mesures prescrites par la législation sanitaire, la recherche de tous les moyens propres à empêcher la propagation de la maladie, et la détermination de la responsabilité des propriétaires d'animaux enragés.

I. Mesures prescrites par la législation sanitaire.

1° *Mesures applicables dans tous les cas.*

A) *Déclaration.* — Tout propriétaire, toute personne ayant à quelque titre que ce soit la charge des soins ou la garde d'un animal atteint ou soupçonné d'être atteint de la rage, toute personne chargée d'un chenil ou d'une infirmerie ou d'un refuge, tout vétérinaire, et j'ajoute toute personne non vétérinaire appelée à donner des soins à l'animal enragé , sont tenus d'en faire sur-le-champ la déclaration au maire de la commune où se trouve l'animal, sous peine d'un emprisonnement de six jours à deux mois et d'une amende de 16 à 400 francs. La déclaration doit être faite aussitôt que l'existence de la rage est connue, où dès que que le soupçon de son existence a pris naissance. Elle est obligatoire même après la mort de l'animal, s'il y a des motifs de croire qu'il était rabique, ou s'il était suspect. Toutes les personnes précitées sont également tenues de remplir cette formalité; dès l'instant où l'une d'elles l'a accomplie, la responsabilité de toutes est à couvert ; mais, quand la déclaration n'a pas été faite, toutes peuvent être poursuivies, si elles sont convaincues d'avoir connu ou soupçonné l'existence de la maladie (dernièrement le propriétaire et un vétérinaire étaient tous les deux condamnés à l'amende pour défaut de déclaration); et des poursuites correctionnelles peuvent être exercées contre elles, non seulement quand elles ne se sont pas conformées à l'obligation de déclarer, mais même quand, ayant satisfait à cette obligation, elles y ont mis du retard, car la loi exige que la déclaration soit faite sur-le-champ (art. 3, 30, L. 21 juill. 1881. — Art. 3, déc. 12 nov. 1887 etcir. min. agr. 20 août 1882).

La suspicion, lorsqu'il s'agit de la rage, résulte non seulement de ce que l'animal a présenté certains symptômes, mais même de ce qu'il a été mordu, flairé ou roulé par des animaux enragés ou suspects. Ainsi donc toutes les fois qu'un animal carnivore, chien ou chat, toutes les fois qu'un animal herbivore, aura été flairé, roulé, mordu, ou sera soupçonné d'avoir été mordu par un autre animal enragé ou soupçonné de l'être, la déclaration devra être faite à l'autorité, au maire, qui devra la transcrire sur un registre tenu *ad hoc* et remettre au déclarant un récépissé daté et signé relatant les noms, prénoms, domicile et titre auquel il agit, et indiquant le nombre et l'espèce des animaux enragés ou suspects ainsi que le nom et le domicile de leur propriétaire si le déclarant ne l'est pas lui-même. Il faut même considérer comme suspects, au point de vue de la déclaration exigée et de l'application des mesures sanitaires (abatage, s'il s'agit de carnivores ; surveillance sanitaire et séquestration, s'il s'agit d'herbivores) : les chiens et les chats des maisons ou des lieux où un chien enragé a eu ou pu avoir des rapports avec eux ; les chiens divagants d'une localité où a apparu un chien enragé ; les animaux d'un troupeau, d'une meute, d'un parc où s'est introduit un chien enragé.

Le plus souvent la déclaration dans des cas de ce genre se fera d'un seul coup, et pour l'animal qui a fait les morsures, et pour ceux qui les ont reçues ; nous verrons plus loin les mesures qu'il conviendra de prendre, suivant l'espèce des animaux suspects, et suivant le plus ou moins de suspicion que l'on aura. En pareilles circonstances, il serait à souhaiter qu'à défaut des personnes obligées par la loi, toute autre personne ayant été témoin du fait en fît la déclaration elle-même. L'autorité et la police ne sauraient trop veiller à ce que, sur ce point comme sur bien d'autres, les prescriptions de la loi soient mieux obéies. Un trop grand nombre de chiens et d'autres animaux mordus échappent à l'application de toute mesure sanitaire et deviennent ensuite, quand la rage les prend, des agents de propagation. Malheureusement il y a trop souvent inertie, incurie, négligence, complaisance, ignorance, mauvais vouloir des propriétaires et des autorités locales et indifférence des populations. La déclaration est trop souvent négligée ; et de la sorte un bon nombre d'animaux mordus ou enragés échappent à toute surveillance et à toute mesure. Il y a eu là de tout temps un grave danger, contre lequel il est du devoir de tout le monde d'élever la voix, et que l'administration à tous les degrés doit atténuer autant que possible, l'administration supérieure en rappelant ses subordonnées à l'observation de la loi par des circulaires, en faisant rédiger pour les populations des instructions précises et simples qui leur permettent de reconnaître ou de soupçonner la rage et qui leur en montrent toute la gravité, en stimulant les autorités locales à qui incombe l'administration des communes. Il est à souhaiter que les maires des localités, où se montre la rage, adressent à leurs administrés des instructions, pour leur rappeler leur devoir et leur montrer la grave responsabilité qui pèse sur les propriétaires ou détenteurs de chiens enragés, qui n'ont pas fait tout ce que la loi leur impose.

Mais, à mon sens, le moyen le plus sûr d'amener les propriétaires de chiens à veiller sérieusement et à observer la loi, c'est de stimuler les parquets à poursuivre ceux qui lui auront désobéi, ceux dont les animaux n'auront pas été déclarés ; il ne serait pas inutile qu'une circulaire ministérielle vînt de temps en temps réveiller le zèle du ministère public. On est d'autant plus surpris de sa longanimité que dans certains cas on a vu des tribunaux civils condamner les propriétaires de chiens enragés à réparer le préjudice résultant de leurs morsures, sans qu'aucune poursuite correctionnelle ait été entreprise, alors que pourtant il était démontré que la rage avait été connue et n'avait point été déclarée, etc.

Les vétérinaires sanitaires ont fait leurs efforts pour arrêter la propagation de la maladie ; mais, grâce à la négligence des propriétaires et à l'incurie des maires, le nombre des cas de rage s'est accru notablement en France pendant ces dernières années. Le 5 janvier 1886, le ministre de l'agriculture adressait aux préfets une circulaire qui débutait ainsi : « Les renseignements, transmis chaque mois à mon administration par les agents du service départemental des épizooties, établissent qu'il est constaté mensuellement de 100 à 150 cas de rage canine ; et ce chiffre ne comprend certainement qu'une partie des chiens enragés, car en général *la déclaration prescrite par la loi n'est pas faite*, et l'autorité n'a connaissance que des cas dans lesquels l'animal est abattu sur la voie publique après avoir causé des accidents. » Après avoir constaté que l'accroissement des cas de rage créait un danger pour la sécurité publique, après avoir rappelé la discussion qui venait d'avoir lieu à l'Académie de médecine sur ce sujet, et après avoir reconnu, de même que l'Académie de médecine, « que nos règlements sur la matière donnaient à l'autorité tous les moyens d'arrêter les progrès du mal », « que dans plusieurs pays voisins où la législation sur ce point est identique à la nôtre, mais où les prescriptions en sont rigoureusement observées, cette redoutable affection avait aujourd'hui disparu », le ministre incriminait le relâchement de l'autorité et recommandait aux préfets « d'appeler particulièrement l'attention des maires sur la nécessité de la déclaration non seulement des cas de rage manifeste, mais même des cas de simple suspicion, car ce n'est que par cette déclaration que l'autorité peut être mise à même de prendre en temps utile les mesures de précaution nécessaires. » Il leur recommandait également de demander aux maires « de faire dresser procès-verbal contre tous ceux qui ne se soumettraient pas à cette obligation » et « d'appeler aussi l'attention des magistrats du parquet sur le haut intérêt qui s'attache... à ce que toutes les infractions commises aux dispositions de notre nouvelle législation sanitaire relatives à la rage soient sévèrement réprimées. »

B) *Isolement et séquestration en attendant la visite du vétérinaire.* — Le propriétaire ou le détenteur d'un animal atteint ou soupçonné d'être

atteint de rage, devra, en même temps que la déclaration en sera faite
et avant que l'autorité administrative soit intervenue, le maintenir séquestré, séparé et isolé de tous autres animaux, enfermé dans une cage
ou dans un compartiment spécial ou solidement attaché si on ne peut
disposer d'un local particulier. L'application de cette mesure doit même
précéder la déclaration, car il importe d'enlever immédiatement à l'a-
nimal malade ou suspect la possibilité de transmettre son mal à d'autres animaux. Quand il s'agira d'animaux enragés ou soupçonnés de
l'être, parce qu'ils ont présenté certains symptômes de rage, la séquestration devra être pratiquée avec le plus grand soin dans un local spécial, ou, à défaut de local, avec une attache solide ; pour les animaux
suspects, parce qu'ils ont été mordus, flairés, roulés par des chiens enragés ou suspects, la mesure pourra être appliquée d'une façon moins
rigoureuse, surtout s'il s'agit d'animaux herbivores, au sujet desquels
l'isolement à l'attache peut suffire.

La séquestration durera au moins jusqu'à la venue du vétérinaire,
convoqué par le maire ; jusque-là il est absolument interdit de déplacer
l'animal, de le vendre, de le transporter d'un lieu dans un autre sous
quelque prétexte que ce soit. La même interdiction s'applique à l'enfouissement et à la livraison à l'équarrissage ; que l'animal rabique ou
suspect meure ou soit tué avant la déclaration, qui doit même dans ce
cas être faite, ou qu'il meure ou soit tué conformément à l'article 10 de
la loi du 21 juillet 1881, et à l'article 11 du décret du 12 novembre 1887,
après que la déclaration a été faite et avant l'arrivée du vétérinaire, il
est absolument interdit de faire disparaître d'une manière quelconque le
cadavre ; l'animal malade ou suspect ou son cadavre doivent toujours
être conservés jusqu'à la visite du vétérinaire, à moins que dans certains cas urgents (décomposition avancée du cadavre, etc.), dont l'appréciation appartient au maire, celui-ci n'accorde ou n'ordonne l'enfouissement ou la livraison à l'équarrissage (art. 3. L. 21 juillet 1881,
art. 3, déc. 12 nov. 1887, et cir. minis. agr. 20 août 1882).

Néanmoins, et malgré les dispositions prohibitives de notre loi sanitaire, il peut être quelquefois utile ou même nécessaire et inévitable
de transporter un animal enragé ou suspect de rage ou son cadavre,
lorsqu'il s'agit par exemple d'un chien capturé ou tué dans la rue,
d'un animal saisi pendant un voyage ou dans un marché. Le transport
se fera alors, dans le lieu où devra être appliquée la séquestration, ou
l'autopsie pratiquée, avec certaines précautions : les chiens seront placés dans une cage ou un véhicule bien fermés, et, à défaut, ils seront
attachés et muselés solidement ; les animaux herbivores seront conduits avec toutes les précautions nécessaires pour empêcher leurs attaques (entraves, attaches, voitures fermées, etc.).

Enfin, et bien que les propriétaires aient le droit et même le devoir
d'abattre les chiens suspects avant l'ordre de l'autorité, il sera bon,

toutes les fois que des personnes ou des animaux auront été mordus, que le chien malade ou suspect de rage ne soit pas abattu avant l'intervention du vétérinaire, si cela peut se faire sans danger ; mais il sera enfermé et maintenu étroitement séquestré, en attendant l'arrivée du vétérinaire chargé de constater son état. D'ailleurs la prescription de l'article 10 de la loi du 21 juillet 1881, et de l'article 11 du décret du 12 novembre 1887, qui oblige les propriétaires à abattre leurs chiens suspects, vise surtout les animaux suspects pour avoir été mordus ou roulés ; et, quand il s'agit d'un animal enragé ou suspect, parce qu'il présente certains symptômes de rage, il convient de le séquestrer et de le conserver vivant, pour que le vétérinaire puisse mieux apprécier son état et en déduire les mesures à appliquer à ses victimes.

L'isolement et la séquestration, en attendant l'intervention de l'autorité, sont obligatoires sous les mêmes peines que la déclaration, et impliquent défense de vendre les animaux, défense de les conduire au pâturage, à l'abreuvoir, etc., etc.

C) *Visite et enquête*. — Dès qu'il a été prévenu, le maire doit s'assurer par lui-même ou par son délégué (le garde champêtre dans les communes rurales, le commissaire de police dans les villes) que l'isolement et la séquestration ont été effectués, et s'ils ne l'ont pas été il doit y pourvoir d'office En même temps, et soit qu'il ait connu l'existence ou la suspicion de la maladie par la déclaration régulièrement faite, soit qu'il en ait été avisé de toute autre façon (rumeur publique, dénonciation), il doit faire procéder sans retard à la visite de l'animal malade ou suspect par un vétérinaire ; dans ce but il doit informer par voie de réquisition le vétérinaire sanitaire, qui de son côté doit se rendre à l'appel du maire dans le plus court délai possible. Enfin le maire doit non seulement provoquer la visite du vétérinaire, mais encore faire procéder à une enquête chaque fois qu'un cas de rage aura été constaté dans sa commune, pour rechercher l'origine de la maladie et les animaux qui ont été mordus ou roulés. C'est le vétérinaire sanitaire, aidé ou non du délégué de l'administration, qui peut mieux que personne mener à bien cette enquête. Il examinera les animaux déclarés malades ou suspects, il s'assurera de leur état, il observera et pèsera tous les signes qu'ils présenteront, il prendra toutes les précautions utiles pour éviter les accidents et emploiera tous les moyens usités, si besoin en est, pour assurer son diagnostic ; il pratiquera l'autopsie des cadavres s'il y en a, il reconnaîtra le contenu de l'estomac et de l'intestin, l'état de la muqueuse de ces organes, celui de la rate, des reins, du foie, de la bouche, de la langue, du pharynx, des amygdales, des glandes salivaires, du larynx, de la trachée, des bronches, du poumon et du cœur, il notera l'état du sang et examinera également la masse encéphalique ; il prendra tous les renseignements qu'il pourra obtenir des propriétaires, des voisins et des personnes de la localité ;

il fera une enquête sérieuse pour arriver à connaître l'origine du chien enragé, pour savoir d'où il est venu et ce qu'il est devenu, s'il a disparu et surtout pour savoir s'il n'a pas mordu ou roulé d'autres animaux que ceux qui ont été déclarés. Dans ces circonstances on ne saurait agir avec trop de soin; non seulement tout animal enragé ou suspect de l'être, mais encore tout animal mordu, roulé ou flairé doit attirer l'attention du vétérinaire et de l'autorité.

La loi a investi le vétérinaire sanitaire du droit de prescrire et d'assurer la complète exécution de l'isolement et de la séquestration, et même de la désinfection, s'il la juge immédiatement nécessaire; à lui donc d'apprécier comment il convient de faire pratiquer ces mesures, qui, en cas de rage, doivent avoir pour but surtout d'empêcher tous rapports immédiats entre les malades ou les suspects (offrant des signes de rage) et les autres animaux ou les personnes; à lui de prescrire la désinfection du local (loge, cage, compartiment), des abreuvoirs, de la litière et des ustensiles souillés par les malades, quand il y aura urgence, quand on devra les utiliser pour d'autres animaux. Ses prescriptions devront être exécutées sous la surveillance de l'autorité municipale.

Après sa visite, le vétérinaire, sans perdre de temps, rédigera son rapport pour rendre compte des constatations qu'il aura faites, et l'adressera au préfet en le remettant au maire, qui le lui fera parvenir, en l'informant de ce qui a eu lieu et de ce qu'il a fait (art. 4, L. 21 juill. 1881; art. 4, déc. 12 nov. 1887; art. 1, déc. 22 juin 1882, et circ. min. agr. 20 août 1882). Comme les constatations faites par le vétérinaire sanitaire et les avis formulés par lui dicteront à l'autorité les ordres à donner, et comme les mesures à appliquer devront varier, pour les herbivores au moins, suivant qu'il s'agira d'animaux malades ou d'animaux suspects, il importe d'indiquer brièvement quelle nous semble devoir être la règle d'appréciation qu'il aura à suivre.

Les animaux suspects de rage se divisent naturellement en deux catégories : les uns sont dits suspects parce qu'ils présentent des signes de nature à faire craindre l'existence de la rage; et les autres sont ceux qui, sans présenter aucun signe de la maladie, sont présumés en avoir reçu les germes. Dans la première catégorie se rangent donc les animaux, qui, sans qu'on puisse savoir s'ils ont été mordus ou roulés par un chien enragé ou supposé tel, présentent des symptômes qui font soupçonner l'existence de la rage. La seconde comprend les animaux mordus, roulés, flairés par des chiens enragés ou supposés tels. Les carnivores, qu'ils soient enragés déjà ou simplement suspects de la première ou de la deuxième catégorie, doivent, nous le verrons ci-après, être abattus; cependant il eût été bon que notre législation sanitaire eût, comme celle de la Belgique et de l'Allemagne, fait une distinction entre les deux catégories de suspects. Quoi qu'il en soit, il importe de rappeler à quels signes le vétérinaire sanitaire reconnaîtra qu'un animal est suspect de rage sans savoir s'il a été mordu antérieurement. Le chien, qui manifestera un changement de caractère ou d'habitudes, des modifications de la sensibilité, de la voix, de l'appétit, des tendances agressives, etc., devra être considéré comme suspect; il en sera de même du chat, qui présentera des signes analogues, qui fera entendre des miaulements insolites, etc. Quant aux herbivores, on les considérera comme suspects, quand ils présenteront des modifications dans leur caractère et leur manière d'être, de l'inquiétude, de l'excitation, de l'irascibilité, des aberrations, quand ils feront entendre des cris insolites, etc. Enfin la suspicion de rage après la mort résultera de certaines lésions observées à l'autopsie. Dans un cas comme dans l'autre la suspicion se changerait en certitude ou quasi certitude, si, aux symptômes ou aux lésions qui l'ont fait naître, se joignait la connaissance des antécédents, si on apprenait que l'animal avait été mordu antérieurement par un chien enragé ou supposé tel. En tout cas il importait, comme nous le verrons mieux par la suite, d'établir nettement une distinction entre les diverses catégories de suspects, car rationnellement les mesures à prescrire ou la façon de les appliquer devraient varier suivant qu'il s'agit de l'une ou de l'autre, suivant qu'il s'agit d'animaux carnivores suspects parce qu'ils ont été mordus ou roulés par un chien enragé ou supposé tel (suspect d'après certains symptômes), ou d'animaux carnivores, dont les antécédents sont inconnus, mais qui sont suspects parce qu'ils présentent certains signes de rage, suivant que ces derniers ont fait ou non des morsures, et suivant qu'il s'agit d'herbivores suspects de l'une ou de l'autre catégorie, un cheval qui présente certains signes de rage étant plus dangereux pour le moment que celui qui vient d'être mordu.

2° Mesures applicables aux animaux enragés.

Qu'il s'agisse d'animaux carnivores (chiens, chats) ou d'animaux herbivores, la loi prescrit les mêmes mesures.

A) *Abatage*. — Le maire, après avoir assuré l'exécution de l'isolement et de la séquestration, après avoir provoqué la visite et l'enquête du vétérinaire sanitaire, et après avoir assuré l'exécution de la désinfection prescrite par le vétérinaire, doit informer le préfet dans les vingt-quatre heures et lui faire connaître les mesures et les arrêtés qu'il a pris conformément à la loi sanitaire et au décret de 1882 pour empêcher l'extension de la contagion; la communication du maire doit être accompagnée du rapport du vétérinaire; mais en attendant que le préfet intervienne, s'il y a lieu, les arrêtés pris par le maire sont exécutoires avant toute approbation (art. 1, 2, déc. 22 juin 1882 et cir. min. agr. 20 août 1882). Or la rage, lorsqu'elle est constatée chez les animaux de quelque espèce qu'ils soient, entraîne l'abatage, qui ne peut être différé sous aucun prétexte (art. 10, L. 21 juillet 1881. art. 11, déc. 12 nov. 1887.). Voilà qui est catégorique ; aucune tentative de traitement ne doit être faite, tous les animaux reconnus atteints de la rage doivent être abattus sans retard ; l'application de cette mesure devra donc être demandée par le vétérinaire, elle devra être ordonnée et assurée par l'administration municipale ; le malade sera tué sur place, par pendaison, immersion, assommement, par un coup de feu, etc.

Mais cette mesure radicale, que l'article 10 précité étend à tous les carnivores suspects, ne s'applique obligatoirement aux herbivores suspects d'aucune catégorie ; aussi, pour peu que le doute soit permis sur la nature de la maladie, les animaux herbivores, qui présenteront des signes de rage, devront être, non pas abattus, mais séquestrés, enfermés et attachés dans un lieu sûr, d'où ils ne pourront ni s'échapper ni avoir des rapports immédiats avec d'autres animaux. Si l'on conçoit qu'on doive avoir peu de ménagements, quand il s'agit d'animaux carnivores, qui ont moins de valeur et qui sont plus dangereux, on comprend également la prudence qui s'impose, quand il s'agit d'autres animaux, dont la valeur est plus considérable et qui sont beaucoup moins dangereux, lorsque le moindre doute plane sur la nature de l'affection ; c'est que le propriétaire ne reçoit jamais aucune indemnité, et, si on faisait abattre comme rabique une bête qui ne le serait pas, on lui infligerait une perte imméritée et on méconnaîtrait gravement l'esprit de la loi.

B) *Mesures concernant les cadavres, les débris cadavériques et les peaux.* — La chair des animaux morts ou abattus comme atteints de rage ne peut pas être livrée à la consommation ; les cadavres doivent être livrés au clos d'équarrissage, pour y être soumis à la cuisson et transformés industriellement, ou enfouis, ou soumis à la destruction par le feu ou par l'acide sulfurique. Aucun débris, si ce n'est la peau, ne peut être utilisé par le propriétaire. La loi française, contrairement aux législations belge et allemande, permet l'utilisation de la peau des animaux morts de la rage ou abattus pour cause de cette maladie ; ainsi le propriétaire obligé d'enfouir le cadavre d'un bœuf, d'un cheval mort de la rage ou abattu pour cause de rage, peut toujours enlever la peau pour la vendre à l'industrie, toutefois après désinfection dûment constatée (art. 14. L. 21 juillet 1881. — Art. 56. déc. 22 juin 1882. — Art. 16. déc. 12 novembre 1887). Cette désinfection se fera par une immersion de la peau pendant une heure au moins dans un bain de sulfate de zinc à 2 pour 100 (art. 14. Arr. min. 12 mai 1883).

C) *Désinfection.* — Une fois les malades morts ou abattus et les cadavres enlevés, il faut faire pratiquer la désinfection du local qu'ils ont occupé et des divers objets qu'ils ont souillés. Cette mesure doit (art. 23. Arr. min. 12 mai 1883) être exécutée de la manière suivante :

Pour les carnivores : 1° Lavage à l'eau bouillante, phéniquée à 2 pour 100, des surfaces sur lesquelles les animaux enragés ont pu répandre leur bave, et particulièrement de l'intérieur des niches, des colliers, chaînes d'attache, couvertures, gamelles, etc. ; 2° Destruction par le feu des restes d'aliments et des litières.

Pour les herbivores : 1° Destruction par le feu des litières, fumiers et restes d'aliments trouvés dans les mangeoires et râteliers ; 2° Lavage, à l'eau bouillante phéniquée, du sol, des murs et des bat-flancs, des mangeoires, râteliers, seaux, barbotoirs et de toutes les surfaces et objets sur lesquels la bave a pu être déposée ; 3° Flambage, après lavage et grattage, des boiseries, aux points où elles ont été entamées par la dent des animaux pendant leurs accès ; 4° Destruction par le feu des éponges, des licols et cordages d'attache ; 5° Immersion dans l'eau bouillante phéniquée et lessivage des couvertures ; 6° Vidange et nettoyage à l'eau bouillante phéniquée des auges servant d'abreuvoir commun, dans lesquelles les animaux ont pu boire au début de leur maladie, alors qu'elle n'était pas encore reconnue.

Ces diverses opérations ont pour but la destruction, aussi complète que possible, des germes répandus par les malades dans le monde extérieur et partant la préservation des animaux qui sont exposés à flairer, lécher, toucher, etc., les objets souillés ainsi que celle des personnes chargées de les manier.

L'agent désinfectant préconisé est l'acide phénique conjointement avec la chaleur ; mais on peut en employer d'autres aussi actifs ou plus énergiques, tels que l'acide sulfurique à 2 pour 100, l'essence de térébenthine, le crésyl, le sublimé corrosif à 1 pour 1000 etc..; et il conviendra d'employer le plus possible le flambage sur les objets qui peuvent le supporter.

Les locaux et objets désinfectés convenablement pourront être utilisés, après que l'opération sera terminée.

3° *Mesures applicables aux carnivores suspects.*

Ce sont les mêmes que pour les animaux enragés. Les chiens et les chats suspects de rage ne doivent être ni cédés, ni vendus, ni déplacés ; ils doivent être immédiatement abattus. Le propriétaire ou le détenteur de l'animal suspect est tenu, même en l'absence d'un ordre des agents de l'administration, de pourvoir à l'accomplissement de cette prescription (art. 10. L. 21 juillet 1881 et art. 11. déc. 12 novembre 1887). L'abatage est donc absolument obligatoire dans les cas de simple suspicion, quand il s'agit de chiens ou de chats mordus ou roulés ; et c'est à l'autorité municipale qu'il appartient de faire exécuter ces prescriptions ; de plus les particuliers doivent faire abattre eux-mêmes, sans attendre l'intervention de l'autorité, les chiens et les chats qu'ils savent suspects de rage. Telle est bien la règle contenue dans notre législation sanitaire; mais cette règle n'y est pas indiquée peut-être avec toute la clarté désirable.

Quels sont les chiens suspects visés par l'article 10 et l'article 11 précités? Si on s'en réfère à la circulaire ministérielle du 20 août 1882, on y lit à propos de l'article 10 de la loi de 1881 : « Quant à la suspicion, elle résulte de ce fait que les chiens et les chats « ont été mordus ou seulement roulés par des animaux enragés ». Or nous avons vu qu'il y a encore deux autres catégories de chiens suspects : les chiens qui sont suspects parce qu'ils ont été mordus ou roulés par des animaux non reconnus enragés mais seulement supposés ou soupçonnés tels; et les chiens, qui, sans qu'on sache s'ils ont été mordus ou roulés par un animal enragé ou supposé tel, présentent des symptômes qui font soupçonner l'existence de la rage. Admettons que la prescription de l'article 10 et de l'article 11 (abatage obligatoire) doit être appliquée, tant aux carnivores mordus ou roulés par un animal soupçonné d'être enragé, qu'à ceux qui ont été mordus ou roulés par un animal reconnu enragé, car la raison de décider est à peu près la même dans les deux cas; il s'agit en effet dans le premier cas d'animaux, qui ont eu des rapports, qui seraient propres à transmettre la rage, avec des chiens qu'on soupçonne d'être enragés, sans avoir pu vérifier complètement leur état; cela suffit pour les faire condamner, et il est tout naturel de les abattre avant qu'ils aient pu devenir dangereux. Mais j'estime qu'il faut apporter un tempérament dans l'application de l'article 10, quand il s'agit de chiens, qui présentent certains signes de rage, sans qu'on puisse savoir s'ils ont été mordus ou roulés; non pas qu'il faille les épargner pour eux-mêmes et se dispenser de leur appliquer immédiatement la prescription de l'article 10 s'ils n'ont encore pu faire aucune victime, mais parce que s'ils ont mordu des personnes ou des animaux, il convient de les séquestrer et de les conserver, comme je l'ai déjà dit, pour que le vétérinaire puisse mieux apprécier leur état et en déduire les mesures applicables à leurs victimes.

Cette distinction semble rationnelle, et elle n'est point exclue par l'interprétation que donne la circulaire ministérielle sur le mot *suspect*. J'ajoute qu'elle est faite par la loi belge et la loi allemande, qui prescrivent, l'une une séquestration de dix jours, et l'autre une séquestration de huit jours. Il y a, je viens de le montrer, tout avantage à imiter cette pratique, pourvu que l'animal suspect soit bien enfermé, bien attaché, bien isolé, bien séquestré, sauf à le faire abattre si, avant les dix jours, l'existence de la rage est manifeste. Au moins, en agissant de la sorte, et si le chien guérit ou meurt d'une autre affection, on pourra rassurer les personnes mordues et se dispenser d'appliquer aux animaux les mesures que la loi édicte. Enfin je n'approuve qu'à demi l'obligation mise à la charge des particuliers de faire abattre eux-mêmes leurs animaux suspects, parce qu'elle est sanctionnée par la même peine que le défaut de déclaration, parce que, quand il s'agit de chiens qui viennent d'être mordus, le danger n'est pas imminent, et parce que, l'autorité devant intervenir promptement, il eût été suffisant d'obliger les propriétaires à tenir leurs animaux séquestrés et à faire la déclaration; j'aimerais mieux que ce qui est obligation fût une simple tolérance. Après l'abatage, les cadavres doivent être traités comme ceux des animaux enragés.

La loi sanitaire allemande exige, comme la loi française, l'abatage des chiens et des chats mordus ou roulés ou soupçonnés d'avoir été mordus; cependant elle décide que, exceptionnellement, on pourra permettre la séquestration pendant trois mois au moins d'un chien suspect de rage, si cet isolement, d'après l'avis de la police, peut se faire avec une sûreté suffisante, et si le propriétaire consent à supporter tous les frais résultant de la séquestration et de la surveillance par la police.

En France, si on a eu quelquefois, sous l'ancienne législation sanitaire et même depuis la loi de 1881, toléré une certaine dérogation à la prescription relative à l'abatage des carnivores suspects, il est défendu de mettre en pratique un régime semblable à celui que permet la loi allemande. Le vétérinaire sanitaire doit toujours demander catégoriquement, et l'autorité municipale doit ordonner et faire exécuter impitoyablement l'abatage de tous les chiens et chats qui ont été flairés, roulés, mordus, ou qui auraient pu l'être par des chiens enragés ou suspects. Il est bien vrai que cette mesure si sage et si nécessaire est souvent incomplètement appliquée. Il y a en effet des chiens qui sont mordus à l'insu de tout le monde; et d'un autre côté les propriétaires ne se prêtent pas toujours volontiers à l'application de l'abatage. L'administration supérieure s'est à maintes reprises préoccupée de cette situation et du danger qui en résulte. Dans une circulaire du ministre de l'agriculture et du commerce en date du 19 juillet 1878, on lisait ce qui suit : « Les chiens mordus par un chien enragé pouvant devenir et devenant en effet trop souvent les agents de la propagation de la maladie, dont le germe leur a été inoculé, le devoir de l'autorité est d'en ordonner l'abatage sans rémission et d'user de la même rigueur envers les animaux des espèces canine et féline *qu'il y a lieu de soupçonner d'avoir été mordus.* Les maires n'auront pas d'ailleurs à se préoccuper des résistances qu'ils pourraient rencontrer de la part des propriétaires. Du moment où un chien a été mordu ou qu'il y a des motifs de croire qu'il l'a été, il doit être impitoyablement abattu ; aucune considération ne doit le soustraire à son sort. Les maires ont tout pouvoir à cet égard. Il a été jugé que *lorsqu'un règlement de police ordonne l'abatage de certains animaux mordus et suspects d'hydrophobie, il est obligatoire même pour le propriétaire qui tient son chien ainsi mordu renfermé chez lui. — Arrêt de la Cour de cassation.—Lespiault contre Ministère public, 20 août 1874* ».

Dans la circulaire du 20 août 1882, en commentant l'article 10 de la loi du 21 juillet 1881, le ministre de l'agriculture rappelait « qu'il n'y a pas lieu, pour retarder l'abatage, de s'arrêter à cette considération que les animaux suspects sont tenus renfermés dans l'intérieur des habitations ». Il y revenait enfin dans la circulaire plus récente du 5 janvier 1886, en recommandant aux préfets de prescrire aux maires de faire rechercher et de faire abattre immédiatement tous les chiens mordus ou simplement roulés sans avoir à tenir aucun compte « d'aucune opposition ni d'aucune résistance ».

Les chiens et les chats suspects (ceux ayant été flairés, poussés, renversés, roulés, mordus par un chien enragé ou suspect; ceux ayant mangé des matières provenant d'animaux enragés ou ayant eu le contact avec elles ou avec des chiens enragés ou suspects; ceux mordus pas des animaux morts depuis et dont l'autopsie fait reconnaître ou soupçonner la rage; ceux mordus par des chiens furieux, qui ont été abattus, et dont l'autopsie laisse soupçonner la rage, etc.) doivent immédiatement être soumis aux mesures prescrites par les règlements sanitaires. On a été jusqu'à considérer, comme devant être rangés parmi les suspects, les animaux (carnivores et herbivores) qui ont eu des rapports sexuels avec des suspects en incubation de rage. Dans la pratique, des résistances se sont plus d'une fois montrées; mais la Cour de cassation (Chambre criminelle) a annulé, en 1883, un jugement du tribunal de simple police de Prades (Pyrénées-Orientales), et a décidé que l'arrêté préfectoral ou municipal qui dispose que « seront abattus les chiens et les chats enragés et les animaux de même espèce qui ont été mordus par des animaux enragés ou qui sont soupçonnés de l'avoir été » est légal et obligatoire, et qu'en outre ledit arrêté s'applique aussi bien aux chiens et aux chats conservés dans la maison de leurs maitres ou restés sous leur surveillance qu'aux chiens et chats allant sur la voie publique. Le tribunal correctionnel de Lyon a condamné à cinquante francs d'amende un propriétaire qui avait refusé de faire abattre son chien mordu par un chien enragé.

Ainsi donc aucune hésitation ne saurait être permise; il faut que tous les chiens et les chats roulés, mordus ou soupçonnés de l'avoir été soient abattus. A la rigueur, on eût pu dans certains cas se contenter, comme en Allemagne, d'une bonne séquestration avec surveillance sanitaire; mais l'application d'une pareille mesure ne saurait être bien faite chez le propriétaire, elle devrait avoir lieu dans une fourrière ou une infirmerie bien organisée, et elle devrait durer non pas seulement trois mois mais bien quatre mois, huit mois, dix mois ou un an; et d'ailleurs il n'y a pas lieu de s'y arrêter plus longuement, car la dérogation que constitue cette manière de faire est prohibée même dans les Écoles vétérinaires.

4° Mesures applicables aux animaux herbivores suspects.

Les animaux herbivores suspects de rage ne seront, avons-nous déjà vu, jamais abattus par ordre de l'autorité tant qu'ils ne seront que suspects. Lorsqu'ils ont été mordus par un chien enragé, ou lorsqu'ils sont suspects parce qu'ils présentent déjà certains signes de la rage, le maire, après avoir reçu la déclaration et provoqué la visite du vétérinaire sanitaire, doit prendre une décision, un arrêté pour mettre ces animaux sous la surveillance de ce vétérinaire qu'il délègue à cet effet. Ces animaux (ils peuvent être plus ou moins nombreux; quand il s'agit d'un troupeau de bétail dans lequel s'est introduit un chien hydrophobe, tous les sujets qui le composent sont suspects) doivent être marqués par les soins du vétérinaire; la *marque* sera faite au feu et à la joue gauche, sur laquelle on imprimera les deux lettres S. R.; on pourra aussi la faire à la matière colorante et sur le dos, quand il s'agira de petits animaux; on pourra se contenter, au lieu des lettres S. R., d'un signe quelconque propre à faire reconnaître les animaux. On pourra enfin s'abstenir de marquer les animaux, quand ils seront peu nombreux et quand ce seront des solipèdes ou des bovins, dont le simple signalement suffira à les faire reconnaître.

Pour les animaux herbivores suspects il faut, avons-nous déjà vu, établir les mêmes catégories que pour les carnivores. Les uns (ceux présentant déjà des signes de la maladie sans qu'on puisse savoir s'ils ont été mordus jadis) devront d'ores et déjà être maintenus séquestrés, enfermés et solidement attachés; ils ne pourront ni être déplacés, ni être vendus pour la boucherie, et on ne devra en vendre ni en utiliser aucune partie, ni le lait, ni aucun produit; ils devront ensuite être abattus dès que l'existence de la maladie sera confirmée; et, si leur état redevient normal, la séquestration cessera d'être appliquée huit ou dix jours après. Quant aux animaux suspects parce qu'ils ont été mordus, parce qu'ils sont soupçonnés de l'avoir été (tous ceux faisant partie d'un troupeau attaqué par un chien enragé), parce qu'ils ont cohabité avec des animaux de leur espèce devenus enragés, parce qu'ils ont fréquenté les mêmes pâturages, les mêmes abreuvoirs, etc., il est également interdit au propriétaire de s'en dessaisir pendant tout le temps que dure la surveillance à laquelle ils sont soumis; et cette surveillance doit durer au moins six semaines. Mais ce minimum fixé par notre législation est insuffisant; d'ailleurs, il appartient à l'autorité de le prolonger; et un délai de deux mois ne serait point exagéré. D'ailleurs enfin, dans d'autres pays, cette mesure est appliquée pendant deux, trois ou quatre mois (Allemagne). Le lait des animaux placés sous la surveillance sanitaire ne devra pas être vendu; il pourra à la rigueur être utilisé dans la ferme, tant que les animaux ne présenteront rien d'insolite, sauf à cesser de l'être du jour où ils seront reconnus malades; mais il est certainement dans l'esprit de notre législation d'en interdire l'utilisation, vu qu'elle défend celle de leur viande; d'ailleurs les législations belge et allemande prohibent également l'utilisation pour la consommation du lait des bêtes suspectes; néanmoins les propriétaires pourront s'en servir, après l'avoir soumis à l'ébullition, pour la nourriture des animaux de la ferme tels que porcs, etc.

Les animaux suspects (mordus ou soupçonnés de l'avoir été) seront donc maintenus séquestrés dans les habitations et surveillés par la police et par le vétérinaire délégué à cet effet, qui les visitera périodiquement tous les huit jours, et qui devra être avisé par le propriétaire dès qu'il surgira quelque changement dans leur état. Pourtant l'utilisation des chevaux et des bœufs pour le travail pourra être autorisée par l'administration, à la condition pour les chevaux d'être muselés; mais cette autorisation cessera d'avoir son effet dès l'instant où quelque changement sera survenu dans l'état des animaux. J'ajoute que l'autorisation pourra également être donnée au propriétaire de conduire les animaux au pâturage tant qu'ils ne présenteront rien d'anormal, surtout quand il s'agira de moutons, et même quand il s'agira de grands herbivores s'il n'y a pas pour lui possibilité de les nourrir dedans; vouloir qu'il en fût autrement, ce serait vouloir ruiner le propriétaire, attendu qu'il ne pourrait alors que faire abattre ses animaux pour les livrer à l'équarrissage ou les enfouir. Mais quand l'administration municipale, sur le conseil du vétérinaire, accordera cette autorisation, les animaux devront être surveillés encore avec plus de soins, afin qu'on puisse reconnaître sans retard le moindre signe de maladie et faire enfermer ceux dont l'état inspirera quelque inquiétude.

Que si le propriétaire veut se dessaisir de ses animaux suspects, il n'y sera autorisé que en vue de les faire abattre et de les faire enfouir ou de les livrer à un clos d'équarrissage. Notre législation prohibe l'utilisation de la viande des animaux suspects comme celle de la viande des malades. Il y a là, de l'avis d'un grand nombre de personnes, une rigueur excessive, qui n'est pas suffisamment justifiée, et qui porte une atteinte considérable aux intérêts des propriétaires; il eût été préférable peut-être de laisser vendre pour la boucherie les herbivores mordus, dans les huit jours qui suivent la morsure; car le système actuel, entraînant de trop grandes pertes pour les propriétaires, en amène certains à ne pas faire la déclaration; et il arrive alors que ceux qui ont obéi à la loi sont plus maltraités que ceux qui l'ont sciemment transgressée. D'ailleurs la loi manque en cette matière d'esprit de suite, elle permet la vente, et la vente pour la boucherie, après une séquestration de six semaines; or après ce laps de temps la rage peut encore éclore, soit que l'incubation dépasse cette durée, soit que les premiers malades en aient contaminé d'autres.

Que les règlements sanitaires de l'Allemagne sont bien plus rationnels et plus ménagers des intérêts des propriétaires! Ils prescrivent une séquestration ou surveillance de deux mois pour les moutons, chèvres et porcs, de trois mois pour les solipèdes et de quatre mois pour les bêtes bovines. Pendant la durée de la surveillance, et moyennant une autorisation préalable, les animaux peuvent être changés d'écurie, de ferme, de localité, sous la condition que l'autorité de leur nouvelle destination en sera informée et continuera à les faire surveiller. L'utilisation des animaux placés sous la surveillance est permise, ainsi que leur envoi au pâturage, sous la seule réserve que, dès l'apparition du moindre symptôme, ils seront maintenus enfermés, séquestrés et que l'autorité sera avisée. Enfin il est permis de tuer les animaux mordus pour la boucherie à la condition que, avant la mise en débit, les parties où il y a des morsures seront enlevées. Dans mes ouvrages sur la police sanitaire, j'avais toujours préconisé une semblable pratique consistant à autoriser l'utilisation des mordus pour la boucherie, sous la réserve de retrancher la partie qui était le siège de la morsure.

Quoi qu'il en soit, nos règlements sont formels. L'article 53 du décret du 22 juin 1882, qui contient toute la police sanitaire applicable aux herbivores suspects, édicte en effet la disposition suivante : « Dans ce cas (lorsque le propriétaire est autorisé à faire abattre ses animaux), il est délivré un laissez-passer, qui est rapporté au maire dans le délai de cinq jours, avec un certificat attestant que les animaux ont été abattus. Ce certificat est délivré par le vétérinaire délégué à la surveillance de l'atelier d'équarrissage. » Il va sans dire que point ne sera besoin de laissez-passer, ni de certificat du vétérinaire chargé de la surveillance du clos d'équarrissage, si le propriétaire fait abattre sur place et enfouir ensuite dans ses terres ses animaux sous la serveillance du vétérinaire sanitaire ou du délégué du maire. Il va sans dire aussi qu'en pareil cas l'utilisation de la peau demeure permise sans désinfection préalable.

II. Mesures de prophylaxie prescrites ou conseillées, a l'égard des chiens non suspects, pour empêcher la propagation de la rage.

Les mesures ou moyens de préservation, qu'il nous reste à examiner, sont les unes prescrites par nos règlements sanitaires, et les autres ont été conseillées ou le sont encore par les hygiénistes.

1° *Mesures prescrites par les règlements sanitaires.*

Elles sont au nombre de deux : le port obligatoire d'un collier ; le musellement temporaire et l'usage de la laisse (art. 51, 52, 53, 54. déc. 22 juin 1882 et circ. min. agr. 20 août 1882).

A) *Port du collier.* — Cette mesure, introduite dans notre système sanitaire contre la rage, était motivée ainsi qu'il suit par la circulaire du Ministre de l'agriculture et du commerce du 19 juillet 1878 :

« La rage trouve certainement un de ses principaux éléments de propagation parmi les chiens errants, qui existent en grand nombre dans presque toutes les villes, et qu'à Paris seulement on n'évalue pas à moins de vingt mille individus. Il y a là un danger sérieux, toujours imminent, car on sait que la rage se manifeste à toutes les époques de l'année, et même, contrairement à une opinion très répandue, ce n'est pas dans les mois d'été, pendant les fortes chaleurs, qu'elle sévit avec le plus d'intensité.

« Il importe donc au plus haut degré d'employer tous ses efforts à faire disparaître cette population de chiens vagabonds et errants, et à l'empêcher de se reformer. C'est le principal but vers lequel on doit tendre. Il sera atteint par la destruction de tous les chiens qui ne porteront pas la marque de leur propriétaire.

« Décider que la voie publique sera absolument interdite aux chiens, à moins qu'ils ne soient tenus en laisse, c'est une mesure qui peut être prescrite dans les centres populeux, mais qui n'est guère susceptible d'une application générale. Au contraire, on peut exiger *partout* que les chiens soient munis d'un collier portant les nom et demeure de leur propriétaire ; personne n'aura de raison plausible à faire valoir contre cette obligation, et ceux qui voudront conserver leur chien devront s'y soumettre. Le collier associera ainsi le propriétaire à la surveillance exercée par l'administration. Il montre que l'animal a un maître, qui exerce envers lui une certaine sollicitude et qui, incessamment placé sous le coup de responsabilités pénales ou civiles, doit s'attacher à prévenir les accidents que son animal pourrait causer. Grâce à cette mesure, qui n'a rien d'excessif, les propriétaires seront donc déterminés par leur intérêt à donner à l'autorité le concours de leur propre vigilance ; et la perspective des graves responsabilités que leur négligence leur ferait encourir sera pour eux un puissant motif de ne plus laisser autant divaguer leurs chiens, quand les circonstances feront craindre les dangers d'une contagion. »

Le décret du 22 juin 1882 contient, au sujet de cette mesure, deux articles qui en prescrivent l'application, et en fixent la sanction immédiate.

ART. 51. — Tout chien, circulant sur la voie publique en liberté ou même tenu en laisse, doit être muni d'un collier portant, gravé sur une plaque de métal, les nom et demeure de son propriétaire.

Sont exceptés de cette prescription les chiens courants portant la marque de leur maître.

ART. 52. — Les chiens trouvés sans collier sur la voie publique et les chiens *errants*, même munis de collier, sont saisis et mis en fourrière.

Ceux qui n'ont pas de collier et dont le propriétaire est inconnu dans la localité *sont abattus sans délai.*

Ceux qui portent le collier prescrit par l'article précédent et les chiens sans collier, dont le propriétaire est connu, sont abattus, s'ils n'ont pas été réclamés avant l'expiration d'un délai de trois jours francs. Ce délai est porté à cinq jours francs pour les chiens courants avec collier ou portant la marque de leur maître.

Les chiens destinés à être abattus peuvent être livrés à des établissements publics d'enseignement ou de recherches scientifiques.

En cas de remise au propriétaire, ce dernier sera tenu d'acquitter les frais de conduite, de nourriture et de garde, d'après un tarif fixé par l'autorité municipale.

La circulaire ministérielle du 20 août 1882 contient, au sujet de ces deux articles, les réflexions suivantes :

« L'article 51 rend le port du collier obligatoire pour tout chien circulant sur la voie publique, même lorsqu'il est tenu en laisse. Cette disposition a une importance, elle permet de rechercher à qui les animaux appartiennent, et de mettre en cause les responsabilités, lorsque des accidents viennent à se produire par le fait de ces animaux. Par l'obligation du collier, les propriétaires se trouvent intéressés à exercer sur leurs chiens une surveillance attentive, afin de ne pas encourir les risques des peines et des dommages-intérêts auxquels les accidents causés par eux pourraient donner lieu.

« Le danger de la rage dans les villes, et surtout dans les grandes villes, est accru par le nombre considérable de chiens divaguant sur la voie publique. Les chiens trouvés sur la voie publique sans collier, et les chiens errants même munis de collier *doivent être capturés et mis en fourrière ;* il est ensuite procédé à leur égard comme il est dit dans la suite de l'article 52. Dans certaines localités, on avait pour habitude de mettre en vente des chiens mis en fourrière et non réclamés par leurs propriétaires dans un délai déterminé ; cette pratique, qui peut avoir les plus graves conséquences, doit être absolument abandonnée si elle existe encore quelque part. »

Enfin, la circulaire du 5 janvier 1886 recommande aux préfets d'inviter les maires « à faire exercer une surveillance constante dans leur commune, afin d'assurer la saisie de tout chien errant, ou de tout chien non muni du collier réglementaire, et à donner les ordres nécessaires pour que ces animaux soient toujours sacrifiés dans les délais fixés par le règlement d'administration publique du 22 juin 1882. »

Les explications qui précèdent sont trop claires pour qu'il soit utile de donner de plus amples détails ; il n'y manque que la définition exacte du *chien errant.* On devra, d'après les articles 51 et 52, considérer comme chiens errants : tous ceux qui ne seront pas munis d'un collier indiquant le nom et l'adresse de leur maître ; tous les chiens courants qui ne porteront pas la marque de leur maître ; tous ceux qui n'ont pas de collier et dont le maître est inconnu dans la localité ; tous ceux, enfin, qui, bien que munis d'un collier, sont errants sur la voie publique.

Or, à quoi reconnaître qu'un chien muni de son collier réglementaire est errant? Un chien, même muni de son collier, qui ne sera ni tenu en laisse, ni accompagné, ni surveillé de près, celui qui n'est accompagné de personne et n'accompagne personne, celui qui est inconnu dans la localité et qui y divague seul, celui que personne ne dit sien, devra être considéré comme chien errant et traité comme tel. Voilà qui est entendu, tous chiens sans collier et tous chiens errants doivent être traités conformément à l'article 52 du décret du 22 juin 1882; ils doivent être saisis, capturés et mis en fourrière, pour y être ensuite abattus ou livrés à leurs propriétaires s'ils les réclament. La capture des chiens sans collier et des chiens errants n'est organisée que dans quelques villes les plus importantes, et de l'avis de tout le monde jamais un service n'a aussi mal fonctionné que celui-là; à chaque instant, dans les villes et dans les campagnes, on rencontre des chiens errants et des chiens sans collier.

L'application des articles 51 et 52 du Règlement d'administration publique du 22 juin 1882 implique, pour les municipalités, l'installation d'une fourrière, d'un chenil municipal, la capture des chiens sur la voie publique, leur transfert à la fourrière, leur conservation pendant un certain temps, leur occision ou leur remise aux propriétaires.

Le chenil (dépôt, fourrière, refuge, etc.), devant être considéré, à l'égal des infirmeries de chiens, comme un établissement incommode et dangereux par son voisinage, par l'odeur qu'il laisse dégager et par les cris des animaux, sera autant que possible installé dans un endroit retiré de la ville, éloigné des places publiques et des grandes voies de communication, éloigné même des habitations, établi le long d'un cours d'eau ou dans son voisinage, et en aval, construit de manière à dérober la vue de son intérieur aux passants, alimenté d'eau en quantité suffisante pour le laver tous les jours, et pourvu de voies d'écoulement. On ne peut, à mon sens, indiquer à la municipalité un emplacement plus propice que celui qu'elle pourra choisir dans les dépendances du clos d'équarrissage s'il y en a un, ou dans celles de l'abattoir. Le chenil devra être agencé convenablement à l'intérieur pour la commodité du service, pour la sûreté du personnel, et pour la facilité des soins de propreté; le mieux sera de le construire de telle sorte qu'il puisse contenir deux rangées de stalles, niches, ou cages parallèles et séparées l'une de l'autre par un passage dont le sol sera en d'os d'âne, et présentera le long de chaque rangée de niches une rigole avec pente pour l'écoulement facile des eaux de lavage. Les niches seront bien cloisonnées, bien séparées les unes des autres par des cloisons en pierres ou en briques cimentées, le sol sera en dalles ou en briques cimentées avec pente d'arrière en avant pour faciliter le lavage; le plafond pourra être en planches, madriers ou grillages de fer; la porte sera en fer et à claire-voie pour permettre de voir l'intérieur sans ouvrir; chaque niche aura

un anneau ou deux, et ne devra recevoir qu'un seul chien à la fois.
Enfin, l'installation du chenil sera complétée par l'adjonction : d'une
sorte de cuisine pour la préparation de la nourriture des animaux ; d'un
local destiné à servir de cour d'abatage, et des instruments nécessaires
pour cette opération ; des moyens propres à saisir et à attacher les animaux (lasso, chaînes, muselières), à les transporter (voitures, cages
roulantes), à leur donner à manger (écuelles, gamelles), à entretenir
la propreté (seaux, balais, brouettes), etc. ; la tenue devra enfin être
irréprochable en tant que vigilance et propreté.

La capture des chiens errants sur la voie publique doit être faite par
les agents de la police municipale, ou tout au moins sous leur surveillance ; et, comme il importe de leur donner les moyens de s'acquitter
de ce devoir sans trop de risques pour eux, on met à leur disposition,
dans les villes, un ou plusieurs hommes dressés à cette besogne, le
même ou les mêmes qui sont chargés des soins de la fourrière, ou qui
sont employés au clos d'équarrissage. Aux jours et heures fixés par
l'administration municipale, le personnel, chargé de capturer les chiens
errants, ordinairement composé d'un ou de deux hommes dressés *ad
hoc*, agissant sous la surveillance d'un ou de deux agents de police,
muni des instruments nécessaires, et suivi d'une voiture pour recevoir
les chiens capturés, parcourt les rues de la ville pour l'accomplissement
de sa besogne. Il va sans dire que dans nombre de villes importantes,
dans les petites villes, dans les villages et dans les campagnes, rien de
semblable ne se passe, et les chiens errants ou sans colliers y sont généralement laissés tranquilles. C'est que, pour des personnes non dressées à ce genre d'exercice, et même pour celles qui sont dressées, l'opération, qui consiste à saisir dans la rue un chien errant, n'est pas sans
danger ; plus d'une fois il en est qui ont été mordues ; et d'ailleurs, les
plus habiles ne laissent pas que de manquer un bon nombre de chiens
qui n'attendent pas leur approche. Quoi qu'il en soit, voici comment
s'opère la saisie d'un chien errant : l'attrapeur lance ou passe autour du
cou de l'animal un lasso en corde mince et souple, ou un lacet en fil de
laiton flexible, ou une cravache en nerf de bœuf se terminant par un
nœud coulant, ou un lasso formant nœud coulant attaché au bout d'un
bâton ou d'un manche de fouet ; ensuite, s'il ne l'a pas manqué, il tire
à lui ou résiste à l'animal qui cherche à fuir ; le lasso ou le nœud coulant se resserre autour du cou du chien ; celui-ci crie, se débat, se défend,
amente les chiens et les gens, mord l'attrapeur s'il n'y prend garde, et
peut lui inoculer la rage s'il l'a déjà. Malgré les dangers inhérents à la capture des chiens errants, il n'est pas permis, et cela est
regrettable, de les tuer. Un agent de police ayant tué (empoisonné)
un chien errant sans collier sur la voie publique, le propriétaire
lui intenta un procès devant le juge de paix (Brive). L'agent fut condamné à 1 franc de dommages-intérêts, le jugement déclarant que

les chiens errants doivent être mis en fourrière avant d'être abattus.

La saisie opérée, il reste à conduire les animaux capturés à la fourrière. On leur met, avant de les délivrer du lasso ou du nœud coulant, une muselière et un collier solide ; puis, avec une chaine, on les attache dans la charrette, qui doit être divisée en compartiments bien distincts, bien séparés les uns des autres par des cloisons en planches peintes (chaque compartiment ne devant recevoir qu'un chien), recouverts, aérés convenablement, fermés solidement et munis chacun d'un anneau. On peut aussi se servir pour recevoir les animaux capturés de caisses ou cages mobiles, qu'on charge sur une charrette plate ; et de cette façon on obtient le même résultat, pourvu que les cages soient agencées convenablement. Souvent enfin, soit pour abréger l'opération, soit pour se soustraire plus vite aux regards et aux cris des passants, l'attrapeur place le chien capturé dans la cage sans prendre la précaution de le museler et de l'attacher ; de la sorte il pourra encore se faire mordre en arrivant à la fourrière, quand il faudra faire passer l'animal dans le chenil. Installés à la fourrière, les chiens devront être maintenus enfermés ; ils seront convenablement soignés et nourris et ne seront soumis à aucun mauvais traitement, en attendant que leur sort soit définitivement réglé conformément aux dispositions de l'article 52 précité. Mais de là à autoriser, sur les demandes des sociétés protectrices des animaux, la création de maisons d'asile ou des refuges pour les chiens errants ou abandonnés, comme cela a été fait à Londres et à Paris, il y a loin ; et il est véritablement singulier, pour ne pas dire plus, qu'on ait autorisé, contrairement à la loi, la création de pareils refuges où on a pu recevoir les chiens trouvés sur la voie publique et d'autres catégories de chiens abandonnés ou payants, pour en donner ensuite aux personnes qui voulaient s'en charger. De pareilles façons d'agir devaient avoir pour effet d'entretenir et de propager la rage, d'autant plus que les cas de maladie n'étaient point déclarés et les suspects n'étaient point abattus bien que vivant en promiscuité par groupes de vingt. Dans un de ces refuges on a dû sacrifier pendant une seule année trente chiens ou chats enragés, et un des gardiens y a été mordu par un chien hydrophobe. La fourrière municipale seule doit recevoir les chiens errants ou abandonnés ; et aucun n'en doit sortir pour être vendu ou donné, hormis dans les cas et pour la destination prévus par le paragraphe 4 de l'article 52. Ceux qui ont été saisis sur la voie publique sans collier, et dont le propriétaire n'est pas connu dans la localité, seront abattus en arrivant à la fourrière, à moins qu'ils ne soient livrés à des établissements publics d'enseignement ou de recherches scientifiques. Ceux qui portent un collier indiquant le nom et l'adresse de leur maître, et ceux dont le propriétaire est connu seront conservés trois jours francs ou cinq jours francs (le jour de la capture ne comptant pas et l'abatage ne pouvant avoir lieu que le 4e ou 6e jour) ; ils seront inscrits sur un registre, et le propriétaire sera prévenu par lettre ou autrement; passé le 3e ou le 5e jour compté à partir du lendemain de la saisie, ils seront sacrifiés ou livrés à des établissements publics d'enseignement ou de recherches scientifiques.

Divers procédés d'occision ont été conseillés pour se débarrasser des chiens non réclamés ou qui ne peuvent être réclamés, ce sont : l'assommement avec une masse en bois ou en fer; l'étranglement ou la pendaison; la pendaison et l'assommement combinés; la submersion, l'empoisonnement, l'asphyxie, le foudroiement, etc. Pour pratiquer l'assommement sans danger, il sera bon que l'animal ait les yeux recouverts et soit muselé ou tout au moins attaché court à un anneau fixé dans le sol. La pendaison, sans l'assommement, est un moyen à délaisser comme ne faisant pas disparaître assez rapidement la vie. L'empoisonnement par la strychnine ou l'acide prussique doit aussi être délaissé, à cause de la souffrance que l'une détermine, à cause de la rapide altération de l'autre, et à cause du danger qu'il peut y avoir à confier l'un et l'autre à des mains inexpérimentées. Le foudroiement par une décharge électrique sur l'animal placé dans des conditions convenables d'isolement, pratiqué en Angleterre et en Amérique, est un moyen sûr et rapide mais trop coûteux, etc. La submersion et l'asphyxie par un gaz délétère ont été conseillées avec raison et sont mises en pratique dans certaines villes. Rien n'est facile comme d'installer dans la fourrière un réservoir d'eau d'une certaine capacité, dans lequel on plongera les chiens voués à la mort au moyen d'une cage en fer dans laquelle on les aura placés et qu'on retirera un quart d'heure après, pour livrer les cadavres à l'équarrissage ou à tout autre mode de destruction ; le réservoir peut être construit dans le sol ; d'un côté on peut y avoir accès par une pente, et la cage en forme de chariot muni de roulettes peut de la sorte être manœuvrée, entrée et sortie sans peine par un seul individu. Enfin on peut également installer dans la fourrière une chambre à asphyxie (comme l'ont imaginé les Américains), un compartiment bien clos pour y produire de l'acide carbonique et y placer les chiens. Voici la description de la chambre d'asphyxie employée à Florence :

« L'opération de l'asphyxie se fait dans une pièce annexée à l'abattoir, qui contient, suivant les différentes tailles, 12 à 18 chiens. De forme rectangulaire, elle est construite avec des briques et de la chaux, longue de 2m,70, haute de 1m,50, et large de 1m,30, avec le plan inférieur légèrement incliné, et le plancher à voûte.

« Cette chambre a une petite porte, mobile avec le battant tout doublé autour de caoutchouc, qui est appliqué au châssis muré aux parapets de la partie antérieure de la cellule au moyen de boulons. Dans la partie supérieure du même châssis, il y a une petite fenêtre munie d'un double cristal.

« A l'intérieur de la cellule, à la distance de 40 centimètres environ, se trouve un petit barreau mobile, en fer, fixé à la paroi latérale qui s'ouvre en direction opposée à l'entrée de la petite chambre qui, se repliant au besoin sur lui-même, sert à séparer les chiens des brasiers qui contiennent le charbon en combustion.

« Dans la partie latérale longitudinale externe se présente, libre au visiteur, une petite fenêtre, munie, elle aussi, d'un double cristal, et fournie à l'intérieur d'une grille en fer. Comme dans les parties supérieure et postérieure de la même cellule, qui aurait en commun le mur avec le chenil, il y a une autre ouverture ou fenêtre avec serrure mobile, couverte, elle aussi, d'un double cristal, qui est fixée en place par des boulons, et avec le battant garni de caoutchouc pour avoir une fermeture hermétique; et ces trois petites fenêtres servent à donner du jour à la chambre d'asphyxie, où l'on voit très bien les chiens et les brasiers.

« Dans la partie postérieure opposée à l'entrée de la cellule, figurent une ou plusieurs poulies suivant le besoin, fixées à une certaine hauteur de la paroi à laquelle la cellule est adossée. Sur les poulies on fait courir des cordes, dont un bout introduit par l'ouverture supérieure et tournant à l'intérieur de la petite chambre, est porté hors de la petite porte d'entrée, tandis que l'autre bout, passant sur la partie supérieure externe, est lié à un clou courbé, fixé dans la mur, à la portée du gardien.

« Au moment où il faut pratiquer l'asphyxie, le gardien enlève des petites cellules contiguës les chiens avec leurs chaines respectives, les conduit, 4 ou 5 à la fois, près de l'entrée de la cellule d'asphyxie, attache les chaines auxquelles ils sont liés à l'extrémité de la corde interne garnie de crochets, puis il tire l'autre bout de la corde externe qui, courant sur les poulies, force à entrer les chiens, même les plus rétifs, poussés aussi par une main et par les pieds du gardien.

« En supposant qu'il y ait un autre groupe de chiens à asphyxier, le gardien répète l'opération en faisant tourner de la même façon la corde d'une autre poulie; puis, lorsqu'il a terminé, il ferme le barreau de fer en l'assurant au mur avec un cadenas, il monte par une petite échelle de bois à chevilles au plan supérieur de la cellule, il tire à lui la corde ou les cordes internes auxquelles les chiens sont attachés, et leur ôte les chaines en laissant ainsi libre la petite fenêtre qu'il renferme de suite avec toute la diligence possible.

« Il place ensuite le brasier ou les brasiers préparés d'avance et déjà flambants à l'endroit désigné, c'est-à-dire entre la porte d'entrée et le petit barreau interne de fer derrière les parapets de la même porte qu'on ferme après hermétiquement.

« C'est alors que commence l'opération de l'asphyxie qui se fait dans un temps plus ou moins long, suivant la quantité plus ou moins grande d'acide carbonique qui pénètre dans la cellule.

« En 15 minutes, avec 4 ou 5 kilogrammes de charbon, les chiens sont complètement asphyxiés ; mais le temps des souffrances apparentes ou réelles se réduit, du moins d'après ce que l'on observe, à 3 ou 4 minutes environ.

« Les avantages que les *chambres d'asphyxie* offrent, sont tels, qu'il nous semble impossible de ne pas se rendre à leur évidence.

« Ces avantages sont :

« 1° Absence complète des souffrances morales et physiques pour les pauvres victimes ;

« 2° Entière suppression des brutalités préliminaires, des fractures, des éclaboussures de cervelles ensanglantées, — d'où résulte :

« 3° Une plus grande propreté dans le local ;

« 4° L'état intact des peaux à utiliser ;

« 5° Économie de labeur, conséquemment économie de gages aux exécuteurs. (P. Bosi.) »

Enfin voici comment on procède à Paris :

« Un agent trouve un chien errant. Il le donne à un commissionnaire. A défaut de commissionnaire, il prend un messager de bonne volonté, et lui remet un bulletin, portant le signalement de l'animal. L'individu choisi apporte la bête à la fourrière et touche le prix de sa course. On voit qu'aucune spéculation n'est possible, puisqu'on ne reçoit un chien que si la personne qui l'apporte est munie du mandat de réquisition d'un agent.

« Si l'animal n'a pas un collier portant le nom et l'adresse du propriétaire, il est immédiatement tué. Dans le cas contraire, on avise la personne dont le nom est gravé sur le collier et on attend 3 jours.

« Les employés n'ont besoin d'aucune dextérité spéciale pour exécuter les malheureux toutous. Ceux-ci meurent, en effet, presque automatiquement. Voici comment on procède :

« On enferme les victimes dans une cage portée sur deux rails. On fait glisser la cage jusqu'à une boîte en fer, dans laquelle elle entre. On referme hermétiquement cette boîte. Puis on ouvre un robinet qui amène du gaz d'éclairage dans le récipient. En 1 ou 2 minutes, les chiens sont asphyxiés presque sans douleur, autant qu'on en peut juger par ce fait qu'ils ne crient ni ne se débattent. »

B) *Musellement. — Usage de la laisse.* — Le musellement n'est pas prescrit par notre législation sanitaire, qui s'est bornée à donner à l'autorité administrative le droit d'ordonner cette mesure dans certains cas, et qui a prévu d'autres cas où l'usage de la laisse doit être exigé (art. 53, 54. Décret 22 juin 1882).

Art. 53. — L'autorité administrative pourra, lorsqu'elle croira cette mesure utile, particulièrement dans les villes, ordonner par arrêté que tous les chiens circulant sur la voie publique soient muselés ou tenus en laisse.

Art. 54. — Lorsqu'un cas de rage a été constaté dans une commune, le maire prend un arrêté pour interdire, pendant six semaines au moins, la circulation des chiens à moins qu'ils ne soient tenus en laisse.

La même mesure est prise pour les communes qui ont été parcourues par un chien enragé.

Pendant le même temps, il est interdit aux propriétaires de se dessaisir de leurs chiens ou de les conduire en dehors de leur résidence, si ce n'est pour les faire abattre. Toutefois, peuvent être admis à circuler librement, mais seulement pour l'usage auquel ils sont employés, les chiens de berger et de bouvier ainsi que les chiens de chasse.

La circulaire ministérielle du 20 août 1882 interprète comme suit les articles 53, 54 du décret de 1882 :

« La mesure prévue par l'article 53 peut être nécessitée par l'accroissement exceptionnel des accidents rabiques à un moment donné. Les faits de cette nature sont toujours corrélatifs à une augmentation considérable de la population canine divaguante. En pareil cas, le musellement peut être rendu obligatoire par arrêté spécial.

« Une des principales causes de la propagation de la rage est la liberté de divagation laissée aux chiens dans les communes où un cas de rage a été constaté. Il est plus que probable que dans ces communes un certain nombre de chiens auront été mordus et que, devenant enragés à leur tour, ils en mordront d'autres et toujours ainsi.

« Pour prévenir ce danger toujours imminent, le maire prend un arrêté pour interdire pendant 6 semaines au moins la circulation des chiens, à moins qu'ils ne soient tenus en laisse. Cette mesure doit être prise également par les maires des communes qui ont été parcourues par un chien enragé.

« Une certaine suspicion s'étendant ainsi à tous les chiens des communes où la rage a été constatée, pendant toute la durée de cette suspicion, il devait être interdit aux propriétaires de s'en dessaisir ou de les conduire en dehors de leur résidence, si ce n'est pour les faire abattre ; tel est l'objet du dernier paragraphe de l'art. 54. »

Les pouvoirs des maires en cette matière sont d'ailleurs confirmés par la loi du 5 avril 1884, article 97-6°. Si, comme on vient de le voir, les maires ne peuvent prescrire que d'une façon temporaire le musellement ou l'usage de la laisse, ils peuvent en décider la continuation tant que cela leur semble utile ; de plus ils ont le droit d'exiger l'emploi d'un appareil qui donne toute garantie en empêchant le chien de mordre ; ils ont le droit de veiller à la bonne exécution de la mesure, d'imposer un modèle de muselière remplissant toutes les conditions de solidité, d'adaptation et d'isolement des mâchoires, soit une muselière terminée en panier de gros fil de fer.

L'usage de la muselière et de la laisse a produit de bons résultats partout où on en a fait une application convenable.

Pour les situations prévues dans les articles 53, 54 de notre règlement sanitaire, la législation allemande se montre un peu plus sévère tout en adoptant à peu près les mêmes prescriptions. Il y est dit que la police portera à la connaissance du public chaque cas de rage, en employant le mode de publication de la localité et en se servant de la presse destinée aux annonces officielles. Quand un chien enragé ou suspect de rage aura erré librement, la police devra ordonner immédiatement la séquestration (mise à la chaîne ou enfermement) de tous les chiens de la région menacée pour un délai de *trois mois*. Cependant la conduite en laisse du chien muni en outre d'une muselière est considérée comme tenant lieu de la séquestration, à la condition toutefois que l'animal ne sera pas mené hors de la région menacée sans une autorisation spéciale de la police. On considère comme menacées toutes les localités dans lesquelles a été vu le chien enragé ou suspect, et celles situées dans un rayon de 4 kilomètres autour des précédentes. L'utilisation des chiens de berger, de boucher et de chasse, est permise, mais à la condition qu'en dehors du temps et du lieu de leur service ils seront attachés ou conduits en laisse et muselés. Quant aux chiens qui, contrairement au règlement, seront rencontrés errant librement dans la région menacée, *ils seront abattus immédiatement*. Enfin les mesures précitées doivent être portées à la connaissance du public, comme il est dit ci-dessus, avec indication expresse des localités et communes menacées.

La sanction pénale attachée aux infractions de la loi sanitaire est indiquée dans les articles 30 à 36 de la loi du 21 juillet 1881 et 43 à 49 du décret du 12 novembre 1887 ; elle varie suivant la gravité de la faute. Elle est, nous l'avons déjà vu, de six jours à deux mois de prison et de 16 à 400 francs d'amende : pour le défaut de déclaration ; pour la non séquestration ; et pour l'inaccomplissement de l'abatage prescrit par l'article 10 de la loi du 21 juillet 1881 et par l'article 11 du décret du 12 novembre 1887. Elle est de deux à six mois de prison et de 100 à 1000 francs d'amende : quand, au mépris des défenses de l'administration, on a laissé communiquer des animaux infectés avec d'autres ; quand des animaux qu'on savait enragés ou suspects ont été vendus ou exposés en vente ; quand on a, sans permission de l'autorité, déterré ou sciemment acheté des cadavres ou débris d'animaux morts ou abattus pour cause de rage ; quand on a importé en France ou en Algérie des animaux qu'on savait avoir été exposés à la contagion de la rage (art. 30. L. 21 juillet 1881, et art. 44. Déc. 12 nov. 1887). Elle est de six mois à trois ans de prison et de 100 à 2000 francs d'amende : quand il a été vendu ou mis en vente de la viande provenant d'animaux qu'on savait morts de la rage ou qui ont été abattus comme enragés ; quand les délits prévus par les articles 31 et 32 de la loi du 21 juillet 1881, et les articles 43 et 44 du décret du 12 novembre 1887 ont été suivis de la transmission de la maladie à d'autres animaux (art. 33. L. 21 juillet 1881, et art. 45. Déc. 12 nov. 1887). Elle est de 16 à 400 francs d'amende pour les infractions de moindre importance à la loi sanitaire, non prévues par les articles sus-visés ; elle est enfin de 1 à 200 francs d'amende, qui sera prononcée par le juge de paix, pour les contraventions aux dispositions des articles 51 à 56 du règlement d'administration publique du 2 juin 1882 (art. 34. L. 21 juillet 1881, et art. 47. Décr. 12 nov. 1887) ; et il faut décider que la vente à la boucherie d'un animal mordu n'est qu'une contravention à laquelle est applicable seulement cette dernière sanction.

Art. 35. L. 21 juillet 1881. — Si la condamnation pour infraction à l'une des dispositions de la présente loi remonte à moins d'une année, ou si cette infraction a été commise par des vétérinaires délégués, des gardes champêtres, des gardes forestiers, des officiers de police à quelque titre que ce soit, les peines peuvent être portées au double du maximum fixé par les précédents articles.

Art. 36. L. 21 juillet 1881. — L'article 463 du Code pénal est applicable dans tous les cas prévus par les articles du présent titre.

Art. 463. Cod. pén............. Dans tous les cas où la peine de l'emprisonnement et celle de l'amende sont prononcées par le Code pénal (ou les lois qui renvoient à l'art. 463), si les circonstances paraissent atténuantes, les tribunaux correctionnels sont autorisés, même en cas de récidive, à réduire l'emprisonnement même au-dessous de six jours et l'amende même au-dessous de 16 francs ; ils pourront aussi prononcer séparément l'une ou l'autre de ces peines, et même substituer l'amende à l'emprisonnement, sans qu'en aucun cas elle puisse être au-dessous des peines de simple police.

Sont enfin applicables, quand il y a lieu, les dispositions de l'article 471-15° du Code pénal.

Art. 471. Cod. pén. — Seront punis d'amende depuis 1 franc jusqu'à 5 francs inclusivement.

. . . . , . .

15° Ceux qui auront contrevenu aux règlements légalement faits par l'autorité administrative...

2° *Mesures conseillées.*

Nous avons passé en revue toutes les mesures prescrites par notre législation sanitaire ; il nous reste à dire quelques mots d'un certain nombre d'autres moyens, qui ont été conseillés, et dont quelques-uns sont employés à l'étranger. Ces moyens sont : 1° le musellement permanent avec un bon modèle de muselière ou l'usage de la laisse, pour rendre inoffensifs tous les chiens, qui vont sur la voie publique, dans les voitures et autres moyens publics de transport, dans les lieux publics de réunion ; 2° l'établissement d'un impôt élevé surtout pour les mâles, et même leur émasculation, avec obligation pour les propriétaires de faire inscrire leurs chiens chaque année et de leur faire porter constamment une plaque ou un médaillon renouvelable en janvier, portant le millésime de l'année et indiquant que l'impôt a été

payé ; tout cela dans le but de diminuer le nombre des chiens vagabonds et inutiles ; 3° l'empoisonnement dans les rues et l'autorisation
de tuer sur la voie publique les chiens vagabonds en contravention ;
4° l'émoussement des dents ; 5° l'inoculation préservatrice ; 6° des
instructions aux populations, etc.

Notre législation sanitaire pourrait permettre de parer à tous les
dangers ; ses dispositions ont prévu tous les cas, mais elles ne sont pas
appliquées convenablement. Aussi la rage est-elle devenue de plus en
plus fréquente en France dans ces dernières années ; dans le département de la Seine, par exemple, on a pu la constater sur 863 chiens
en 1888, alors qu'en 1883 il n'y en avait eu que 182 cas. Ailleurs il y
a eu également une progression inquiétante, notamment à Lyon. Partout
on s'est plaint de l'inapplication des prescriptions de la loi ; partout on
a demandé la suppression des chiens errants. De temps à autre l'administration s'est bien décidée çà et là a prescrire les mesures prévues
par la loi, le musellement, l'usage de la laisse, la capture des chiens
errants, etc. ; et ces mesures, quoique mal appliquées, ont produit
une diminution des cas de rage ; mais partout on s'est vite lassé et le
mal a repris.

A) *Musellement permanent. — Usage permanent de la laisse* . — Cette
mesure a eu et a encore ses partisans et ses détracteurs. On lui adresse
notamment les reproches suivants : le musellement permanent est
impopulaire en France ; il est illusoire, quand il est pratiqué avec la
simple lanière de cuir, avec des appareils qui laissent aux animaux la
faculté de mordre ; le musellement pratiqué avec une muselière solide,
isolante, qui offre toute sécurité, est d'une application difficile ; il défigure le chien, gêne sa respiration, le fait souffrir et est difficilement
supporté par quelques-uns (ils s'y habituent pourtant) ; il n'offre pas
une garantie suffisante, il ne préserve pas suffisamment l'homme contre
le chien ; il devrait être appliqué, pour offrir une sérieuse garantie,
non seulement sur la voie publique, mais encore dans l'intérieur des
maisons hors le temps des repas, car beaucoup de cas de rage sur les
personnes ont été jusqu'à présent la conséquence de morsures reçues
dans les maisons ; il devrait être complété par l'usage de la laisse pour
les chiens qu'on laisserait sortir dans la rue et ce serait là une gêne
nouvelle ; le chien peut se débarrasser de sa muselière ou s'échapper du
logis avant qu'on la lui ait appliquée, etc., etc. Ces griefs ont bien pour
la plupart une certaine valeur, mais peut-on raisonnablement nier
aujourd'hui l'efficacité du musellement en tant que moyen préservatif,
lorsqu'il est démontré que cette mesure a rendu les plus grands services
dans les pays où elle a été appliquée convenablement. Une ordonnance
du préfet de police du 25 mai 1845 l'avait rendu obligatoire pour tous
les chiens circulant sur la voie publique ; et la muselière employée
(muselière à panier) était solide, facile à adapter et convenablement

isolante. Mais cet appareil ayant semblé disgracieux, gênant, incommode pour le chien, on lui substitua la lanière de cuir, le ruban de soie ou de fil sur le nez, qui est encore employé de nos jours dans les villes où l'administration prescrit temporairement le musellement. L'autorité toléra, comme elle le fait de nos jours, ce mode dérisoire d'appliquer le musellement, et il s'ensuivit une augmentation des cas de rage.

Le musellement obligatoire a rendu de grands services dans certains pays, même lorsqu'il n'a été appliqué que temporairement ; dans telle localité on a vu diminuer les cas de rage à la suite de sa mise en pratique ; dans telle autre on a constaté une augmentation du nombre des morsures et des cas de rage à la suite de la suppression de la muselière. Mais c'est principalement en Allemagne, en Prusse, dans le grand-duché de Bade, à Berlin, que cette mesure a produit des résultats exceptionnellement favorables ; ainsi à Berlin (où le musellement est obligatoire) sur plus d'un million d'habitants il y avait eu seulement 11 cas de rage humaine en 27 ans, tandis que dans la seule ville de Paris il y a eu de 1872 à 1877 six morts d'homme par rage chaque année, vingt-quatre dans l'année 1878, et seulement cinq dans l'année 1879, grâce au musellement rendu obligatoire et sanctionné par la capture et l'abatage des chiens errants. Ainsi en Prusse, à Berlin et dans le grand-duché de Bade la rage est devenue exceptionnellement rare dans ces dernières années, si rare, qu'on peut dire qu'elle a presque disparu. A Londres, on a également constaté les bons résultats produits par la capture des chiens non muselés ni tenus en laisse ; l'usage de la muselière a fait diminuer considérablement le nombre des cas de rage dans ces deux dernières années. Nul doute ne saurait donc persister relativement à la valeur préventive d'une mesure qui a donné d'aussi bons résultats.

L'usage du musellement est propre à conjurer tout danger et à prévenir toute morsure s'il réalise les conditions suivantes : s'il est général, constant et observé partout rigoureusement ; s'il est sanctionné par la capture et l'abatage ou la séquestration des chiens en contravention et par une amende pour les propriétaires ; s'il est pratiqué avec un appareil sûr, solide, facile à adapter et convenablement isolant, dont un modèle réglementaire sera déposé à la mairie de chaque commune. L'obligation de la muselière agirait doublement en vue de la préservation des personnes et des animaux : les propriétaires redoutant l'amende et la perte de leurs chiens les tiendraient mieux enfermés et les soustrairaient ainsi aux occasions de mordre ou de se faire mordre ; enfin les personnes attaquées par des animaux muselés ne pourraient guère être mordues. D'ailleurs, s'il y a quelque chose de fondé dans les reproches adressés au musellement, on ne saurait méconnaître qu'ils sont exagérés ; en tout cas, la sauvegarde des personnes doit primer toutes les autres considérations.

Il ressort de ce qui précède que les avantages du musellement l'emportent de beaucoup sur ses inconvénients. Aussi serait-il peut-être désirable qu'il fût inscrit au nombre des mesures applicables dans la rue, dans les établissements publics, les magasins, ateliers, boutiques, etc., pour prévenir la propagation de la rage, sauf à y apporter quelque tempérament en ce qui concerne les chiens de chasseurs et de bergers pendant leurs heures de service. A la rigueur il pourrait être suppléé dans certains cas par l'usage de la laisse (chemins) ou de l'attache fixe (ateliers, etc.).

B) *Impôt.* — Depuis 1856 les chiens sont imposés et les propriétaires sont tenus d'en faire la déclaration et de payer annuellement une taxe. Voici les documents relatifs à l'établissement et à la perception de cette taxe :

LOI

Relative à l'établissement d'une taxe municipale sur les chiens.

(2 mai 1855.)

Art. 1er. — A partir du 1er janvier 1856, il sera établi dans toutes les communes et à leur profit une taxe sur les chiens.

Art. 2. — Cette taxe ne pourra excéder 10 francs, ni être inférieure à 1 franc.

Art. 3. — Des décrets, rendus en Conseil d'État, régleront, sur la proposition des Conseils municipaux, et après avis des Conseils généraux, les tarifs à appliquer dans chaque commune. — A défaut de présentation de tarifs par la commune, ou d'avis émis par le Conseil général, il est statué d'office, sur la proposition du préfet.

Art. 4. — Les tarifs établis en exécution de l'article 2 pourront être révisés à la fin de chaque période de trois ans.

Art. 5. — Un règlement d'administration publique détermine les formes à suivre pour l'assiette de l'impôt, et les cas où l'infraction à ces dispositions donnera lieu à un accroissement de taxe. Cet accroissement ne pourra s'élever à plus du quadruple de la taxe fixée par les tarifs.

Art. 6. — Le recouvrement des taxes autorisées par la présente loi aura lieu comme en matière de contributions directes.

DÉCRET

Portant règlement d'administration publique pour l'exécution de la loi du 2 mai 1855, qui établit une taxe municipale sur les chiens,

(4 août 1855.)

Titre Ier. — De l'assiette de la taxe.

Art. 1er. — Les tarifs pour l'établissement de l'impôt qui doit être perçu, au profit des communes, sur les chiens, ne peuvent comprendre que deux taxes dans les limites de l'article 2 de la loi du 2 mai 1855. — La taxe la plus élevée porte sur les chiens d'agrément ou servant à la chasse. — La taxe la moins élevée porte sur les chiens de garde, comprenant ceux qui servent à guider les aveugles, à garder les troupeaux, les habitations, magasins, ateliers, etc., et, en général, tous ceux qui ne sont pas compris dans la partie précédente. — Les chiens qui ne peuvent être classés dans la première ou dans la seconde catégorie sont rangés dans celle dont la taxe est la plus élevée.

ART. 2. — La taxe est due pour les chiens possédés au 1er janvier, à l'exception de ceux qui, à cette époque, sont encore nourris par la mère. — La taxe est due pour l'année entière.

ART. 3. — Lorsque le contribuable décède dans le courant de l'année, ses héritiers sont redevables de la portion de taxe non encore acquittée.

ART. 4. — En cas de déménagement du contribuable hors du ressort de la perception, la taxe est immédiatement exigible pour la totalité de l'année courante.

ART. 5. — Du 1er octobre de chaque année au 15 janvier de l'année suivante, les possesseurs de chiens devront faire à la mairie une déclaration indiquant le nombre de leurs chiens et les usages auxquels ils sont destinés, en se conformant aux distinctions établies en l'article 1er du présent décret. — Ceux qui auront fait cette déclaration avant le 1er janvier doivent la rectifier, s'il est survenu quelque changement dans le nombre ou la destination de leurs chiens. (*Modifié : V. Décr. 3 août 1861.*)

ART. 6. — Les déclarations prescrites par l'article précédent sont inscrites sur un registre spécial. Il en est donné reçu aux déclarants; les récépissés font mention des noms et prénoms du déclarant, de la date de la déclaration, du nombre et de l'usage des chiens déclarés.

ART. 7. — Du 15 au 31 janvier, le maire et les répartiteurs, assistés du percepteur des contributions directes, rédigent un état matrice des personnes imposables.

ART. 8. — L'état matrice présente les noms, prénoms et demeures des imposables, le nombre de chiens qu'ils possèdent et la catégorie à laquelle chaque animal appartient. — L'état matrice relate, en outre, les déclarations faites par les possesseurs de chiens, avec les détails nécessaires pour permettre d'apprécier les différences entre les déclarations et les faits constatés.

ART. 9. — Du 1er au 15 février, le percepteur adresse au directeur des contributions directes les états matrices rédigés conformément aux prescriptions ci-dessus, pour servir de base à la confection des rôles. — Il est procédé pour cette confection, pour la mise à exécution et la publication des rôles, la distribution des avertissements et le recouvrement des taxes, comme en matière de contributions directes, conformément à l'article 6 de la loi du 2 mai 1855 et aux articles 2, 3 et 4 du présent décret. Les imposés acquitteront d'ailleurs leurs taxes, par portions égales, en autant de termes qu'il restera de mois à courir à dater de la publication des rôles, ainsi que cela est prescrit pour les patentés par l'article 24 de la loi du 25 avril 1844.

TITRE II. — *Des infractions au présent réglement.*

ART. 10. — Sont passibles d'un accroissement de taxe : 1° celui qui, possédant un ou plusieurs chiens, n'a pas fait de déclaration ; 2° celui qui a fait une déclaration incomplète ou inexacte. — Dans le premier cas, la taxe sera triplée, et, dans le second, elle sera doublée pour les chiens non déclarés ou portés avec une fausse désignation. — Lorsqu'un contribuable aura été soumis à un accroissement de taxe, et que, pour l'année suivante, il ne fera pas la déclaration exigée, ou fera une déclaration incomplète ou inexacte, la taxe sera quadruplée, dans le premier cas, et triplée dans le second. (*Modifié ; Voir Décr. 3 août 1861.*)

Art. 11. — Lorsque les faits pouvant donner lieu à des accroissements de taxe n'ont pas été constatés en temps utile pour entrer dans la formation du rôle primitif, il est dressé dans le cours de l'année, un rôle supplémentaire, conformément aux dispositions du présent règlement.

Titre III. — *Des frais de la confection des rôles et des avertissements.*

Art. 12. — Les frais d'impression relatifs à l'assiette de la taxe sur les chiens ; ceux de la confection des rôles, de la confection et de la distribution des avertissements, sont à la charge des communes.

DÉCRET

Qui modifie les articles 5 et 10 du décret du 4 août 1855, relatifs à la taxe municipale sur les chiens.

(3 août 1861.)

Art. 1er. — Les possesseurs de chiens qui, dans les délais fixés par l'article 5 du décret réglementaire du 4 août 1855, auront fait à la mairie une déclaration indiquant le nombre de leurs chiens et les usages auxquels ils sont destinés, en se conformant aux distinctions établies par l'article 1er du même décret, ne seront plus tenus de la renouveler annuellement. En conséquence, la taxe à laquelle ils auront été soumis continuera à être payée jusqu'à déclaration contraire. — Le changement de résidence du contribuable hors de la commune ou du ressort de la perception, ainsi que toute modification dans le nombre et la destination des chiens entraînant une aggravation de taxe, rendra une nouvelle déclaration obligatoire.

Art. 2. — Les articles 5 et 10 de notre décret précité sont modifiés dans les dispositions qui seraient contraires au présent décret.

Le tarif communal pour l'établissement de la taxe a été approuvé et fixé par le décret du 9 janvier 1856 d'après les vœux des conseils généraux. Il varie pour chaque département et dans le même département. La première catégorie, qui comprend les chiens d'agrément et ceux servant à la chasse, est imposée à raison de 3, 5, 6, 8 et 10 francs par tête, suivant les départements, de 8 ou 10 francs dans le même département suivant qu'il s'agit de la campagne ou de la ville. La seconde catégorie, dans laquelle sont rangés les chiens servant à guider les aveugles, à garder les troupeaux, les habitations, les magasins, ateliers, etc., et en général tous ceux qui ne sont pas compris dans la catégorie précédente, est imposée à raison de 1, 1,50 et 2 francs suivant les départements. Ainsi dans le Rhône les chiens de la première catégorie payent 10 francs à Lyon et 8 dans les autres communes ; ceux de la seconde catégorie 2 francs dans tout le département.

J'emprunte à un journal quotidien la nouvelle qui suit :

« Le conseil d'État vient d'arrêter un règlement d'administration publique, modifiant celui du 4 août 1855 sur la taxe des chiens.

« L'innovation qu'il consacre consiste à substituer, pour la rédaction de l'état de matrice, qui sert de base à la confection des rôles, le contrôleur des contributions directes au percepteur en vue d'assurer, par l'intervention d'un agent familier avec les questions de l'assiette des impôts et indépendant des influences communales, une appréciation plus exacte et un classement plus rigoureux de l'élément imposable. »

Tout en créant un revenu aux communes, la taxe a donné quelques résultats au point de vue de la diminution du nombre de chiens ; mais on lui reproche de n'avoir pas atteint ce résultat dans une assez large mesure, soit qu'elle ne se trouve pas assez élevée, soit qu'elle ait été mal répartie, soit que beaucoup de chiens n'aient point été déclarés et aient été ainsi soustraits plus ou moins longtemps à l'impôt. Aussi, a-t-on demandé non seulement une meilleure répartition suivant les catégories et une surélévation de la taxe pour les chiens inutiles, d'agrément, de fantaisie, etc., mais de plus l'obligation pour les propriétaires de faire inscrire leurs chiens chaque année et de leur faire porter constamment attaché à leur collier un médaillon renouvelable annuellement, qui indiquerait le millésime de l'année ainsi que l'acquittement de la taxe, comme cela se pratique dans certaines parties de l'Allemagne. La capture et l'abatage des chiens sans médaillon constitueraient la sanction de cette prescription. Il est certain qu'on ne pourrait trouver bien mauvaise l'application d'une taxe élevée pour les chiens d'agrément, de fantaisie, de chasse, etc. ; il est également certain que l'usage du médaillon ne pourrait que donner de bons effets. C'est l'emploi simultané de la muselière, de la laisse et du collier avec médaillon qui a donné en Allemagne de si bons résultats.

En Bavière, il y avait de nombreux cas de rage avant 1876 ; depuis lors, grâce à la taxe, à la revision annuelle et à la marque des chiens, leur nombre a diminué et les cas de rage sont devenus moins nombreux ; la maladie a presque disparu ; en 1883-84, il n'y a pas eu un seul cas de rage sur l'homme. Les mêmes mesures ont produit les mêmes résultats, dans d'autres contrées de l'Allemagne ; en Prusse notamment, les cas de rage sont devenus de plus en plus rares ; en 1885, il n'y a pas eu un seul cas de rage sur l'homme en Prusse.

C) *Empoisonnement ou occision dans les rues.* — L'empoisonnement dans les rues et les carrefours, en plaçant des boulettes ou saucisses confectionnées avec un poison énergique (strychnine), a été mis en pratique dans certaines époques, aux jours et heures choisis par l'administration, pour se débarrasser des chiens errants. Mais ce moyen a été avec raison délaissé, comme étant illusoire, quand on l'applique une fois en passant et pendant la nuit, comme étant répugnant, quand il est employé pendant le jour, à cause des souffrances qu'il détermine avant de faire périr les animaux, et comme pouvant être dangereux pour les animaux qu'on ne veut pas atteindre (chats) et même pour les personnes, etc. Par contre, étant donnés la difficulté et le danger qu'il y a à saisir les chiens errants et partant la négligence qui est apportée dans la pratique à l'exécution de cette prescription, je serais assez de l'avis de ceux qui demandent que les agents de la police soient *autorisés à tuer sur place les chiens en contravention dont ils ne peuvent pas s'emparer sans risquer d'être mordus*, à la condition qu'ils ne pourraient employer pour cela que l'arme blanche; je serais également de l'avis de ceux qui demandent qu'on *autorise chacun à tuer tout chien étranger qui se trouve non muselé sur son terrain*; je demanderais surtout qu'on montre un peu plus de sévérité contre les propriétaires récalcitrants.

D) *Émoussement des dents.* — M. Bourrel, partant de cette observation, que les *animaux herbivores enragés transmettent difficilement la maladie parce que leurs dents en couronne contusionnent les tissus sans les entamer*, a eu l'idée d'enlever aux dents du chien, en les émoussant (en les limant), la possibilité de pénétrer les tissus et d'inoculer le virus contenu dans la bave. Cette opération était déjà fort ancienne, mais elle n'était employée que rarement et seulement dans quelques cas particuliers. L'émoussement des dents incisives et canines atténue les tendances agressives du chien, rend ses morsures inoffensives, mais n'empêche pas le chien ratier de prendre et de tuer les rats, ni le chien de chasse de rapporter. L'usage de réséquer les canines des bêtes fauves s'était établi chez les Romains; Daubenton conseillait de limer les crochets des chiens de berger dans l'intérêt des moutons, et son conseil est parfois suivi; quelquefois enfin on émousse aussi les dents des chiens méchants. Dès 1862 M. Bourrel a préconisé une opération plus générale, plus complète dont il a essayé de faire entrevoir l'efficacité en recourant à l'expérimentation.

Avant d'apprécier la valeur de la méthode dite de l'émoussement des dents, il importe d'en donner une description sommaire. L'opération peut être pratiquée dès que les dents de remplacement sont bien sorties; elle doit porter sur les douze incisives et les quatre canines et être faite de manière à établir seize couronnes aux lieux et places des seize pointes qu'elles formaient; elle est très simple, et toute personne qui sait manier une lime peut la pratiquer en quelques minutes. Le chien, maintenu par un ou deux aides, est placé sur une table; « un baillon, s'appuyant entre les dents molaires et sur les commissures des lèvres, est fixé par un ruban derrière la nuque; un autre ruban roulé autour du museau en arrière du baillon serre les mâchoires et les immobilise. Les instruments nécessaires, fort peu compliqués, consistent en une lime ordinaire, et, si l'on veut abréger la durée de l'opération, en une pince à résection pour raccourcir les canines. » Cette opération, toute bénigne, ne s'accompagne d'aucune réaction fébrile; l'animal continue à boire et à manger comme ci-devant; ses dents limées ne se carient pas plus que les autres; le caractère du chien est adouci sans que pour cela il cesse de rendre les mêmes services; de plus les nombreuses expériences faites par M. Bourrel lui ont démontré que le chien dont les dents viennent d'être limées ne peut pas faire des morsures « susceptibles d'inoculer le virus rabique. » Voici d'ailleurs comment il s'exprime sur ce dernier point :

« Après avoir limé les dents de trois chiens enragés, je les ai mis en contact avec six de ces animaux sains. Immédiatement les chiens enragés se jettent sur eux, les mordent avec frénésie, pas un n'a la peau entamée. Ces six chiens d'expérience furent surveillés six mois, et il ne survint aucun cas de rage sur eux. Un de ces chiens enragés saisit entre ses dents ma main gantée; lorsqu'il se décide à la lâcher, le gant est intact, la morsure n'a produit qu'une forte pression. Cette expérience répétée sur des chiens non enragés à qui j'ai donné à mordre ma main nue, m'a prouvé que la dent émoussée ne peut, quelque grande que soit la contraction des muscles de la mâchoire, que rarement entamer l'épiderme des animaux dont le poil amortit forcément la pression reçue et seulement très exceptionnellement celui de l'homme. »

Comme complément indispensable de l'émoussement, et pour lui faire produire des effets durables, il serait nécessaire qu'une « visite annuelle des mâchoires émoussées » eût lieu et que l'opération fût renouvelée si des aspérités s'étaient produites sur les dents limées.

On a fait à la méthode de M. Bourrel certaines objections, dont voici les principales : 1° l'émoussement, tel que le conseillait l'auteur, ne supprimerait pas complètement le danger, car on ne le doit pratiquer que lorsque le chien a déjà un certain âge; d'un autre côté il a été reconnu que certains chiens produisent avec les molaires des plaies propres à absorber le virus, ce qui nécessiterait l'extension de l'opération à ces dents; et enfin ne pourrait-il pas arriver parfois que la morsure contuse, faite par un animal dont les dents ont été limées, entamât la peau de l'homme dans les régions découvertes et inoculât la rage comme l'ont fait parfois les morsures des herbivores? 2° On a craint que la pratique de l'émoussement ne portât à négliger les autres mesures (musellement) et les soins (cautérisation, etc.) que réclament toujours les morsures inoculatrices ou non inoculatrices faites par un animal enragé. Ces objections, et surtout celles que nous avons laissées de côté, vu leur peu d'importance, ne sont pas de nature à détruire la valeur prophylactique de l'émoussement des dents telle que M. Bourrel l'a établie. S'il est vrai que les dents limées peuvent en s'ébréchant reprendre une forme aiguë ou tranchante, cela n'arrive guère, ainsi que notre distingué confrère s'en est assuré. Des expériences, faites en août 1874 avec trois chiens enragés auxquels on a fait mordre d'abord trois animaux de leur espèce, puis trois autres après leur avoir limé les dents ont démontré que ces derniers n'offraient aucune entamure de la peau, tandis que ceux qui avaient été mordus avant l'opération présentaient de nombreuses blessures pénétrantes. L'expérience a également démontré à M. Bourrel que les dents émoussées ne traversent pas les vêtements de l'homme et n'entament pas plus sa peau que celle du chien protégée par le poil; pour les parties nues les dangers des morsures sont considérablement diminués, car la dent émoussée écrase plutôt, contusionne et meurtrit les tissus, qui sont alors inaptes ou moins aptes à absorber que s'ils avaient été pénétrés par une dent pointue. Il ne faudrait enfin, comme le prétend M. Bourrel, considérer l'opération qu'il préconise que comme un moyen de plus de préserver les hommes et les animaux de la rage, sans rien enlever de l'importance de la cautérisation et sans proscrire le musellement dans les cas où il est prescrit par les règlements sanitaires. Quoi qu'il en soit, on ne saurait méconnaître que l'émoussement peut rendre des services; malheureusement il apparaît comme devant soulever une grande résistance et de sérieuses difficultés (inspection des chiens, vérifications périodiques), dans son application généralisée; et l'on sait le peu d'efficacité qu'il faut attendre d'une mesure qui est appliquée avec toutes sortes de restrictions ou d'exceptions.

E) *Inoculation préservatrice*. — Nous avons déjà exprimé les espérances qu'avaient fait naître les résultats obtenus par M. Pasteur dans ses expériences sur le chien, qu'il avait doté d'une véritable immunité contre les inoculations rabiques et les morsures ultérieures; mais la réalisation de ces espérances est ajournée, à cause des dangers qui pourraient résulter de la mise en pratique de la méthode des inoculations préventives sur des animaux non contaminés, si quelques-uns, au lieu d'être rendus réfractaires, étaient par elle rendus enragés. En sorte que pour le moment, tout au moins, il ne saurait être question de prescrire ou même d'autoriser l'inoculation chez les chiens non mordus dans le but de les rendre réfractaires à la contagion ultérieure; il faut se borner à empêcher cette contagion ou à neutraliser ses effets quand on n'a pas pu l'empêcher.

F) *Instructions aux populations*. — Nous avons vu que la législation sanitaire allemande ordonne aux autorités d'informer les populations intéressées de tout cas de rage observé; c'est là une bonne précaution. Il faudrait de plus que, quand un chien enragé ou suspect (offrant des signes de rage) a été vu dans une localité ou a réussi à s'évader, l'autorité fût immédiatement informée et les habitants avisés d'avoir à se tenir sur leurs gardes. Il faudrait enfin que les populations fussent instruites (avis, affiches, circulaires, etc.), des signes et des moyens propres à faire soupçonner ou reconnaître la rage, des devoirs qui leur incombent et des précautions à prendre quand des morsures ont été faites par des animaux rabiques ou suspects.

(Pour les autres mesures qui pourraient être conseillées, voir le rapport ci-après annexé.)

III. Responsabilité des propriétaires d'animaux enragés.

Outre les peines édictées par la loi sanitaire pour la répression des infractions commises contre ses dispositions et celles du règlement d'administration publique du 22 juin 1882, les propriétaires et détenteurs d'animaux enragés peuvent être condamnés encore, en vertu de certaines dispositions du Code pénal; et leur responsabilité civile peut se trouver sérieusement engagée, quand leurs animaux ont occasionné des dommages en blessant des personnes ou des animaux d'autrui.

Il leur est interdit de vendre ou d'échanger même leurs animaux suspects, ceux qui ont été mordus (art. 13, L. 21 juillet 1881 et art. 15, Déc. 12 nov. 1887). Que si, malgré la prohibition de la loi, de pareils animaux sont vendus ou échangés, le contrat est nul ou annulable (art. 1598, 1109, 1110, Code civil). Quand le vendeur ou l'échangiste a été de mauvaise foi, quand il a en contractant connu ou soupçonné l'état de ses animaux, quand il a su qu'ils avaient été mordus, la vente ou l'échange ne s'est pas formé, il y a inexistence du contrat: d'où il suit que l'acheteur ou le coéchangiste peut se refuser à l'exécuter; et si le contrat a été exécuté, il peut pendant trente ans se prévaloir de son inexistence et répéter son prix. Il peut aussi dénoncer le fait au ministère public et se porter partie civile dans la poursuite que ce dernier intentera, ou bien mettre lui-même en mouvement devant le tribunal correctionnel l'action pénale et l'action civile; il peut enfin intenter séparément une action en dommages-intérêts. En tous cas l'acheteur et le coéchangiste peuvent, quand leur co-contractant a été de mauvaise foi, et à la charge pour eux d'en faire la preuve (preuve testimoniale, etc.), demander et doivent obtenir réparation de tous les dommages que la vente ou l'échange leur a occasionnés. Mais si la déclaration n'a pas été faite et si d'ailleurs le propriétaire des animaux suspects a ignoré ou feint d'ignorer qu'ils avaient été mordus, l'acheteur ou le coéchangiste, qui ne peut pas faire la preuve de la mauvaise foi de son co-contractant, ne pourra plus exercer une action en dommages-intérêts, mais il pourra, selon moi, demander l'anulation du contrat, s'il vient à apprendre et à démontrer que les animaux qui lui ont été livrés avaient été mordus antérieurement, car il y a en pareil cas erreur substantielle, l'acheteur ou le coéchangiste ayant à tort cru recevoir des animaux non mis hors de commerce. Cependant la jurisprudence admet que non seulement l'action en dommages-intérêts mais même l'action en nullité sont inadmissibles, si l'acheteur ou le coéchangiste ne prouve pas la mauvaise foi de son co-contractant. Cette jurisprudence adoptée par les tribunaux ordinaires, par les Cours d'appel et par la Cour de cassation est regrettable: si l'on conçoit à la rigueur que l'action en dommages-intérêts ne soit pas admise quand le vendeur a été de bonne foi, on ne conçoit pas aussi bien qu'on prive l'acheteur de l'action en nullité, quand, sans établir la mauvaise foi de son co-contractant, il prouve que la maladie ou la contagion est antérieure à la vente, car, je le répète, il a commis une erreur substantielle en achetant un animal qui était hors du commerce, et l'erreur substantielle vicie le consentement sans qu'il y ait eu dol de la part du vendeur.

Les propriétaires et détenteurs d'animaux enragés qui sont imprudents, négligents, qui n'observent pas les règlements sanitaires encourent une double responsabilité en vertu des articles 475, 479, 319, 320 du code pénal, 1382, 1383, 1384, 1385 du code civil. L'article 475 du code pénal édicte une amende de 6 à 10 francs contre ceux qui laissent divaguer des animaux malfaisants ou féroces, qui excitent ou ne retiennent pas leurs chiens, lors même qu'il n'y aurait ni mal ni dommage. L'article 479 édicte une amende de 11 à 15 francs contre ceux, dont les animaux malfaisants ou féroces auront occasionné la mort ou la blessure d'animaux d'autrui. L'article 319, qui porte une peine de trois à deux ans de prison et de 50 à 600 francs d'amende contre ceux qui par imprudence, inattention, négligence ou inobservation des règlements auront commis involontairement un homicide ou en auront involontairement été cause, est sans contredit applicable à ceux dont les chiens communiquent la rage à des personnes; et l'article 320, qui abaisse la peine à un emprisonnement de six jours à deux mois et à une amende de 16 à 100 francs, est applicable quand il n'est résulté du défaut de précaution des propriétaires que des blessures pour des personnes. Enfin les propriétaires de chiens enragés peuvent encourir l'application des articles précités du code civil; ils sont responsables des dommages causés par leurs animaux; et ces dommages peuvent atteindre un chiffre considérable, surtout quand des personnes ont été mordues et sont devenues enragées. Toutes les fois qu'il pourra être prouvé, d'après le collier portant le nom du propriétaire, ou tout autrement, que tel chien, qui a fait de morsures, appartient à telle personne, il y aura lieu de faire l'application de l'article 1385 du code civil. Les articles 1382-1383 rendent toute personne responsable du dommage qu'elle a causé par son fait. par sa faute, sa négligence, son imprudence; et l'article 1385, qui décide que « le propriétaire d'un animal, ou celui qui s'en sert, pendant qu'il est à son usage, est responsable du dommage que l'animal a causé, soit que l'animal fût sous sa garde, soit qu'il fût égaré ou échappé », crée manifestement une présomption de faute contre le propriétaire ou le détenteur (emprunteur, dépositaire, etc.), et dispense par cela même la victime de l'accident de prouver l'existence de cette faute. Celui qui a éprouvé le dommage n'a donc besoin, pour en obtenir réparation, que d'en établir la réalité et l'origine; aucune autre preuve ne doit lui être imposée; dès l'instant où il a établi l'existence du dommage et prouvé qu'il a été causé par le chien du défendeur, il

doit obtenir gain de cause. Le défendeur ne pourrait en l'espèce s'exo-
nérer de la responsabilité invoquée contre lui qu'autant que, exempt
d'ailleurs de tout dol et de toute infraction volontaire aux règlements
sanitaires, il établirait que « *l'accident n'est que la conséquence d'un cas
de force majeure ou d'une faute commise par celui qui a souffert le préjudice* », qu'autant qu'il démontrerait par exemple que sa vigilance a
été trompée et que l'accident a été le résultat de circonstances qu'il ne
pouvait pas prévoir. Ainsi donc il n'est pas nécessaire que celui qui
éprouve le préjudice démontre l'incurie du propriétaire ou détenteur de
l'animal qui l'a occasionné; et de plus le fait d'avoir essayé de capturer, tuer ou arrêter un chien enragé pour prévenir de plus graves
accidents, n'empêcherait pas la personne victime de son dévouement de
réclamer contre le propriétaire, car son dévouement ne saurait lui être
imputé à faute. Diverses décisions des tribunaux ont fait l'application
des règles qui viennent d'être sommairement exposées, notamment un
jugement du tribunal de Clamecy, dont voici un des considérants :
« attendu qu'il est constant..... que si G... avait exercé sur son chien
une surveilllance suffisante, il l'aurait mis dans l'impossibilité de s'é-
chapper..... attendu que dans la fixation des dommages-intérêts il y
a lieu de prendre en considération non seulement la valeur du bœuf qui
a succombé mais encore les frais que C... a supportés par suite de la
nécessité dans laquelle il a été de faire subir une séquestration à ses
bestiaux pendant plus d'un mois et par ordre de l'autorité... »

Dans son audience du 15 janvier 1886, le tribunal de première instance de Chambéry a rendu un jugement condamnant à 6,000 francs de
dommages-intérêts et à tous les dépens le propriétaire d'un chien enragé, dont la morsure avait occasionné la mort d'un enfant de douze
ans. Le tribunal a admis l'entière responsabilité du propriétaire, qui,
ayant remarqué un changement dans les habitudes de son animal, n'a-
vait pas eu la précaution de le maintenir enfermé et l'avait fait conduire à la promenade par une jeune personne des mains de laquelle il
s'était échappé pour courir vers d'autres chiens et mordre chemin faisant l'enfant auquel il avait inoculé la rage.

LA RAGE A LYON

ET DANS LE DÉPARTEMENT DU RHONE

MESURES QUE LA SITUATION COMPORTE

Rapport adressé au Conseil d'hygiène et de salubrité publiques du département du Rhône

PAR V. GALTIER, PROFESSEUR A L'ÉCOLE NATIONALE VÉTÉRINAIRE
DE LYON.

Depuis quelque temps la rage est devenue de plus en plus fréquente dans notre région ; et cependant il eût été si aisé de la rendre rare et partant d'éviter les nombreuses morsures infligées aux personnes par les chiens enragés qui parcourent la voie publique. La législation sanitaire a prévu à peu près toutes les mesures nécessaires dans ce but ; mais la loi sur la police sanitaire, plus qu'aucune autre, semble avoir été faite pour être impunément violée partout et toujours.

Les chiens jouissent à ce point de la faveur publique qu'on ose difficilement porter atteinte à leur liberté. Les administrations municipales ont des pouvoirs bien définis en cette matière ; mais, devant leur inertie, on en est réduit à penser qu'elles ne se croient pas en droit d'en user. Le chien est devenu quelqu'un avec qui il faut compter désormais ; on ne saurait, semble-t-il, sans soulever des protestations indignées, s'aviser de vouloir l'empêcher de vagabonder à son gré, d'errer à sa volonté et de mordre qui bon lui semble. Il ne faut pourtant pas se lasser, en présence d'une tolérance abusive et illicite, de signaler un danger qui devient de plus en plus menaçant, et contre lequel on est devenu trop enclin à négliger de prendre les précautions que la loi et l'hygiène commandent. Le cri d'alarme dût-il rester sans écho et ne déterminer aucune intervention, il faut le pousser sans cesse.

Mieux que tous les raisonnements, la statistique est de nature à convaincre tout le monde de la nécessité et de l'urgence d'employer d'une façon continue et sérieuse des mesures de préservation rigoureuses. Dans ces trois dernières années, les cas de rage observés à l'École vétérinaire de Lyon sur des chiens et des chats accusent une progression inquiétante. En 1887, il en a été constaté 69 cas ; il y en a eu 114 cas en 1888, et 134 en 1889. Il y a tout lieu de croire, si l'on en juge par la statistique des premiers mois de 1890, que l'année courante ne sera pas moins riche que l'année précédente. En effet on en a observé 12 cas en janvier, 20 en février, 19 en mars et 26 du

1er au 28 avril. En même temps que le nombre des cas de rage canine a augmenté celui des personnes mordues est devenu plus considérable; et bientôt on devra se poser sérieusement la question de savoir s'il ne conviendrait pas d'organiser à Lyon même un institut antirabique, pour le traitement des nombreuses victimes, qui auront subi les morsures ou les lèchements des chiens enragés.

En additionnant les cas observés en novembre et décembre de l'année 1889, en janvier, février et mars de l'année 1890, on a un total de 74 cas de rage canine; et il convient de faire observer que ce contingent appartient à peu près exclusivement à la commune de Lyon, et qu'il ne saurait d'ailleurs être considéré comme l'expression complète de tous les cas qui s'y sont montrés, attendu que l'École vétérinaire ne reçoit pas tous les animaux qui deviennent enragés. Plus de soixante personnes ont été mordues pendant ces six mois ; et il est impossible d'apprécier même approximativement le nombre des chiens qui ont pu être contaminés, à cause des renseignements fort incomplets donnés par les personnes intéressées, et souvent à cause de l'absence de renseignements. En effet, sur ce nombre de 74 chiens reconnus enragés pendant les mois de novembre, décembre, janvier, février et mars, 18 nous ont été apportés après avoir été tués par la police; ils n'avaient pas de collier, et il a été impossible de retrouver leur propriétaire; il a été également impossible de savoir d'où ils venaient et de connaître les ravages qu'ils avaient pu occasionner.

Bien qu'il soit souvent malaisé d'obtenir des renseignements circonstanciés de la part des propriétaires, il est facile de déduire de ceux qu'on leur arrache parfois que les prescriptions de la loi relatives aux chiens mordus sont trop souvent transgressées en connaissance de cause, avec la tolérance des administrations municipales. Il arrive fréquemment, il est vrai, que des chiens sont mordus à l'insu de leurs maîtres, qui sont ensuite fort surpris de les voir déclarer enragés. Mais que de fois la morsure n'a pas été ignorée, que de fois on nous a présenté des chiens qu'on avait conservés, bien qu'on les eût vu mordre par des animaux errants ou par des chiens notoirement enragés. Ainsi, le 25 février dernier, on nous a conduit un chien atteint de la rage furieuse la mieux caractérisée, et le propriétaire n'ignorait pas que son animal avait été mordu un mois auparavant. Ainsi on nous en avait amené un, le 19 février, que son propriétaire avait disputé une trentaine de jours auparavant à un chien que nous avions déclaré enragé. Ainsi dernièrement encore nous avons eu plusieurs chiens qui étaient devenus enragés sous l'œil bienveillant de leurs propriétaires, et avaient pu mordre des personnes ainsi que de nombreux animaux; on savait que ces chiens avaient été mordus et on les avait néanmoins conservés dans l'espoir qu'ils échapperaient à la rage. Ainsi, enfin un propriétaire de Vaugneray nous apportait, le 11 février dernier, le cadavre de son chien, qui avait été mordu, le 24 janvier, par un autre chien enragé. On n'avait pas ignoré la morsure: mais, au lieu d'abattre le chien mordu comme la loi l'exige, on l'avait conduit chez un empirique à Saint-Pierre-la-Palud. Ce personnage, qui accomplit sans qualité une besogne prohibée, avait appliqué une clef rougie au feu sur le front de l'animal, et, après avoir fait semblant de réciter quelque prière, il avait donné l'assurance que la rage ne se déclarerait pas. Le propriétaire plein de confiance ne s'inquiéta plus de rien; et son chien devenu enragé, le 9 février, put mordre à son gré personnes et bêtes; il mordit la fille de la maison, le 9 février; le 10 février, il s'échappa pour aller errer dans la campagne et il mordit plusieurs chiens et peut-être des personnes; ce n'est qu'après avoir réintégré son domicile qu'il fut abattu, dans la soirée du 10 février. Ce fait mérite d'appeler l'attention de l'administration et celle du parquet. Le 24 janvier, nous avions reçu en surveillance une chèvre amenée de Vaugneray, où elle avait été mordue la veille par un chien enragé, qui avait en outre mordu un certain nombre de chiens dans la localité ; nous avions fait la déclaration réglementaire ; et on a le droit de se demander pourquoi l'administration municipale n'avait pas fait rechercher et abattre tous les chiens mordus, pourquoi celui qui avait été illégalement soumis au traitement d'un empirique n'avait pas subi le sort que la loi impose en pareille circonstance. On demeure confondu et attristé devant l'inertie des administrations municipales, qui semblent se refuser à faire exécuter les prescriptions de la loi, et devant l'insouciance ou l'aveuglement des propriétaires, qui semblent surtout préoccupés de les transgresser. Pour un propriétaire qui consent, quoique à regret, à faire abattre son chien qui vient d'être mordu, il y en a deux qui s'ingénient à éluder l'obligation que la loi leur impose. Ils cherchent à se persuader et à faire croire que leurs animaux n'ont pas été mordus ou qu'ils l'ont été par des chiens qui n'étaient pas enragés ; ils dissimulent de leur mieux le fait de la morsure, quand ils sont seuls à en avoir connaissance. De la sorte, non seulement la rue appartient aux chiens enragés, qui y jouissent d'une liberté sans contrainte pour y faire tout le mal dont ils sont capables, mais la plupart de ceux qui ont été mordus sont conservés, pour fournir un contingent toujours croissant de rabiques, et pour perpétuer en l'aggravant le danger qui en résulte pour les personnes. Si nous ne considérons que la ville de Lyon et si nous comparons la statistique des cas de rage qu'elle fournit à celle des autres communes importantes, nous constatons sans peine sa prééminence. En effet, sur 84 cas de rage canine observés en France pendant le mois de novembre 1889, il y en a eu 11 à Lyon ; sur 65 cas constatés en décembre 1889, Lyon figure pour 12 ; sur 71 cas signalés en janvier 1890, il y en a encore 12 pour Lyon ; et sur 108 cas relatés en février, 20 ont été fournis par Lyon. En sorte que, sur un total de 328 cas, Lyon à lui seul en a fourni 55, soit un sixième de tous les cas observés en France. Dans la même période Paris n'en a pas eu 45 cas, et les autres grandes villes en ont eu proportionnellement beaucoup moins que Lyon, qui occupe d'ailleurs comme de juste le premier rang par le nombre des personnes mordues.

De tout quoi il ressort que Lyon, plus qu'aucune autre commune, est intéressé à voir employer enfin des mesures de préservation. On en est arrivé, grâce au laisser faire ci-devant exposé, à multiplier tellement les foyers auxquels la maladie s'entretient, qu'il est aujourd'hui permis d'affirmer plus que jamais la nécessité d'une intervention administrative vigoureuse et prolongée. Aujourd'hui, demain et pendant des semaines on assistera à l'éclosion de nouveaux cas parmi les nombreux chiens qui ont été mordus et qui n'ont pas été abattus. Puisqu'il est trop tard pour rechercher les cas de morsures qui n'ont pas été déclarés, demandons au moins qu'on fasse appel à la bonne foi des propriétaires, qu'on stimule leur prévoyance et qu'on les invite à satisfaire au vœu de la loi, en faisant tuer leurs chiens qui ont été mordus. Demandons que l'administration fasse rechercher et abattre à l'avenir tous les chiens mordus ou suspects ; demandons surtout qu'elle prescrive et fasse appliquer rigoureusement toutes les mesures propres à conjurer le danger résultant de la divagation des chiens rabiques.

En résumé, il découle de l'étude des faits que l'on peut sans exagération considérer comme inquiétante la situation de la commune de Lyon et du département du Rhône, en égard à l'extraordinaire multiplicité des cas de rage qui s'y montrent depuis quelque temps. La rage canine et les morsures faites aux personnes par les chiens enragés sont devenues de plus en plus fréquentes par suite d'un abandon trop prolongé des morsures de préservation ; et n'est-il pas à craindre de voir se produire de nouveaux cas d'hydrophobie sur l'homme ! D'ailleurs, et bien que la portée en soit beaucoup moindre, ne faut-il pas prévoir que l'intérêt matériel des propriétaires d'animaux peut être lésé d'une façon plus ou moins considérable, notamment quand leurs chevaux ou autres bêtes auront été mordus par quelqu'un de ces chiens rabiques sans collier et sans maître avoué. Nous croyons en conséquence qu'il y a urgence à adopter et à faire appliquer les mesures suivantes :

1° *Occision immédiate de tous les chiens et de tous les chats suspects de rage.* — Cette mesure est prescrite par l'article 10 de la loi du 21 juillet 1881 sur la police sanitaire des animaux, qui astreint d'ailleurs le propriétaire de l'animal suspect à pourvoir à l'accomplissement de cette prescription, même en l'absence d'un ordre de l'administration. A vrai dire les propriétaires ne s'exécutent guère sans y être contraints, ainsi qu'il est facile de s'en convaincre, en les questionnant et en leur faisant avouer souvent que leurs chiens devenus enragés avaient été mordus un mois, six semaines, deux mois auparavant. Mais l'Administration a le droit de faire appliquer la loi ; et la circulaire ministérielle du 20 août 1882 porte qu'elle ne saurait y mettre trop de rigueur. Il conviendrait donc que les maires fussent invités à faire procéder désormais sans retard à l'abatage de tous les chiens et de tous les chats suspects, aucun ne devant être conservé, alors même qu'on se proposerait de le tenir enfermé pendant plusieurs semaines ou plusieurs mois.

Quant à la suspicion dont parle la loi, il faut l'entendre d'une façon très large ; et on considérera comme *suspects* devant être abattus aussitôt tous chiens et chats qui auront été mordus ou simplement roulés par des animaux enragés ou par des chiens errants, dont on ignorera l'origine et qui échapperont à tout examen. En d'autres termes, on devra considérer comme *suspects* et les faire abattre sans retard tous les chiens et tous les chats qui auront été mordus, roulés, renversés, attaqués, flairés par un chien enragé ou soupçonné d'être atteint de la rage, ceux qui auront cohabité ou mangé avec un chien enragé et ceux qui auront été mordus par un chien dont l'examen permettra de soupçonner seulement la rage. En vue de savoir quels chiens doivent être considérés comme suspects, et pour arriver à faire abattre le plus grand nombre de chiens mordus, l'Administration municipale fera appel au bon vouloir des propriétaires et devra surtout faire procéder à une enquête sérieuse à la suite de chaque cas de rage.

2° *Port d'un collier avec plaque indiquant le nom et le domicile du propriétaire.* — L'article 51 du règlement d'administration publique du 22 juin 1882 exige que tout chien circulant sur la voie publique en liberté ou même tenu en laisse soit muni d'un collier portant gravés, sur une plaque de métal, les noms et demeure de son propriétaire. Le collier associe en quelque sorte le propriétaire à la surveillance exercée par l'Administration ; il montre que l'animal a un maître, qui, incessamment placé sous le coup de responsabilités civiles et pénales, est intéressé à prévenir les accidents que son animal pourrait causer. Grâce à cette mesure, les propriétaires peuvent être déterminés par leur intérêt à donner à l'autorité le concours de leur propre vigilance et à ne plus laisser divaguer leurs chiens. Malheureusement cette obligation, qui n'a pourtant rien d'excessif, n'est pas régulièrement exécutée, puisque, ainsi qu'on l'a vu déjà, nous avons trouvé, sans collier et partant sans maître avoué, près du quart des chiens reconnus enragés pendant une période de cinq mois. D'ailleurs ne voit-on pas à tout instant, particulièrement dans les campagnes, des chiens divaguant sans collier sur la voie publique? Une pareille incurie ne saurait avoir aucune excuse; elle rend impossible toute réparation du préjudice occasionné. Il est absolument indispensable qu'à l'avenir l'Administration se préoccupe plus que par le passé d'assurer l'exécution des dispositions de la loi et d'aviser aux moyens propres à faciliter la capture ou la destruction des chiens non munis du collier réglementaire. Là où il n'y a pas de responsabilité et pas de devoirs, il ne saurait y avoir de droits; et les propriétaires de chiens sans collier seraient mal venus à se plaindre d'une mesure, qui a pour but de supprimer les animaux qui peuvent occasionner des accidents, sans engager la responsabilité de personne.

3° *Capture et occision des chiens non munis de collier, des chiens errants même porteurs d'un collier, et des chiens dont l'allure ou le caractère inspire de sérieuses craintes et peut faire croire à la férocité ou à un état rabique.* — L'article 52 du règlement d'Administration publique du 22 juin 1882 rend obligatoires la capture, la mise en fourrière et l'occision des chiens sans collier ou sans maître, des chiens errants, des chiens qui n'accompagnent personne ou ne sont accompagnés de personne, et de ceux qui peuvent à un titre quelconque être considérés comme furieux, dangereux ou enragés. C'est surtout le cas de faire observer combien souvent, pour ne pas dire presque toujours, demeurent lettre morte dans la pratique les sages prescriptions du règlement. En vain les maires sont invités à faire exercer une surveillance constante dans leurs communes, afin d'assurer la saisie de tout chien errant ou de tout chien non muni du collier réglementaire. Les chiens sont demeurés les maîtres de la voie publique sous l'œil en quelque sorte bienveillant de l'autorité; le jour et la nuit on en rencontre partout, et ceux qui sont accompagnés ou qui accompagnent quelqu'un constituent une faible minorité.

Il est vrai de dire que souvent la capture d'un chien errant n'est pas autre chose facile; outre que l'animal ne se laisse pas toujours approcher, pour recevoir le lasso qui doit le retenir prisonnier, il y a parfois un danger réel à s'en emparer et à le maîtriser. Aussi conviendrait-il d'accorder une prime au *captureur* et d'autoriser les agents de police et les gardes champêtres à faire usage de leurs armes en pareil cas.

Quelque répugnance qu'une pareille besogne puisse inspirer au public, ne vaut-il pas mieux tolérer et ordonner même l'occision à l'arme blanche des chiens qu'il serait dangereux ou impossible de capturer; et ne faut-il pas aller plus loin dans cette voie, ne serait-il pas bon d'autoriser l'usage de l'arme à feu dans la campagne, dans les chemins et les rues ou places désertes? On ne saurait évidemment sans danger pour les personnes autoriser en tout temps et en tout lieu l'emploi de l'arme à feu; mais n'est-il pas aisé de déterminer un certain nombre de cas dans lesquels elle pourrait être tolérée. On nous a apporté il y a quelques semaines le cadavre d'un chien rabique tué sur la place Bellecour par un malheureux gardien de la paix, qui, n'ayant pu faire usage que de son sabre, avait été affreusement mordu; cet accident eût été évité si l'agent avait pu tuer l'animal sans trop l'approcher, en faisant usage de son revolver. Quels que soient les moyens adoptés, il est de plus en plus urgent que les maires soient encore invités à faire exercer une surveillance plus sévère dans leurs communes, afin d'assurer mieux que par le passé la saisie de tous les chiens errants et de tous les chiens non munis de collier.

4° *Musellement et usage de la laisse.* — L'article 53 du règlement d'Administration publique du 22 juin 1882 a décidé que l'autorité administrative pourrait, lorsqu'elle croirait cette mesure utile, particulièrement dans les villes, ordonner par arrêté que tous les chiens circulant sur la voie publique soient musclés ou tenus en laisse. La mesure prévue par l'article 53 vient enfin d'être prescrite par arrêté municipal à Lyon, où elle était nécessitée depuis longtemps par l'accroissement exceptionnel des accidents rabiques. Souhaitons qu'elle soit appliquée convenablement et constamment, souhaitons qu'elle prévienne les nombreuses morsures que ne manqueraient pas de faire les nombreux chiens mordus, illégalement conservés, lorsqu'ils deviendront enragés. D'ailleurs il semble bien que la population n'est pas tout à fait réduite à attendre le bon plaisir de l'Administration, et que celle-ci, en présence d'une situation telle que celle qui existe depuis longtemps, n'était pas absolument maîtresse d'apprécier s'il était utile ou non de prescrire le musellement et l'usage de la laisse. En effet l'article 54 du règlement d'Administration publique du 22 juin 1882 ne saurait être interprété de façon à lui permettre de s'abstenir dans certaines situations déterminées ; il décide que, lorsqu'un cas de rage aura été constaté dans une commune, le maire devra prendre un arrêté pour interdire pendant six semaines au moins la circulation des chiens à moins qu'ils ne soient tenus en laisse ; il décide encore que la même mesure sera prise pour les communes qui auront été parcourues par un chien enragé. Ainsi, dans la commune de Lyon, qui n'a jamais que je sache, depuis le règlement de 1882, passé un mois sans avoir plusieurs cas de rage, il y a longtemps qu'on n'aurait pas dû voir un chien en liberté. Si la loi eût été observée en temps opportun, on n'aurait pas vu se créer la situation inquiétante et périlleuse que nous traversons. Pourquoi a-t-on attendu si longtemps pour exécuter la loi et pour procurer à la population la sécurité et la protection à laquelle elle a droit ?

On s'est enfin décidé à prescrire l'usage de la laisse ou le musellement ; nous devons en savoir gré à l'Administration, mais nous devons lui demander qu'elle surveille et assure l'exécution de la mesure, qu'elle exige l'emploi d'une muselière donnant toute garantie, remplissant toutes les conditions de solidité, d'adaptation et d'isolement des mâchoires, soit par exemple une muselière terminée en panier de gros fil de fer ; nous devons lui demander qu'elle assure la capture ou la destruction des chiens non musclés ou non tenus en laisse, et qu'elle rende la mesure permanente, attendu que longtemps encore on observera au moins un cas de rage toutes les six semaines. On prétend que le musellement et l'usage de la laisse sont illusoires ; on dit notamment que ces mesures ne sauraient parer à tous les dangers. Il en est en effet ainsi quand elles sont mal appliquées, quand elles ne sont pratiquées que par intermittences ou par les soins de quelques propriétaires seulement. Mais grâce à une application convenable et prolongée, grâce à une surveillance assidue, on peut en obtenir de bons résultats, et il n'était que temps d'y avoir recours.

Notre législation sanitaire n'a pas édicté l'obligation du musellement permanent ou de l'usage permanent de la laisse, et il faut le regretter. Par cette mesure l'Allemagne s'est à peu près complètement débarrassée de la rage. Nous devons la préconiser, quelque désagrément qu'elle puisse causer aux propriétaires, parce qu'aucun doute ne saurait, étant donnés les bons résultats qu'elle a produits ailleurs, persister relativement à sa valeur préventive. L'usage du musellement est en effet propre à conjurer tout danger sur la voie publique et à prévenir toute morsure, s'il réalise les conditions suivantes : S'il est général, constant et observé partout rigoureusement ; s'il est sanctionné par la capture et l'abatage ou la séquestration des chiens en contravention et par une amende pour les propriétaires ; s'il est pratiqué avec un appareil sûr, solide, facile à adapter et convenablement isolant. A la rigueur il pourrait être suppléé dans certains cas déterminés par l'usage de la laisse ; et il conviendrait d'y apporter quelque tempérament en ce qui concerne les chiens de chasseurs et de bergers pendant leurs heures de service.

5° Surveillance spéciale aux barrières de l'octroi, en vue de capturer ou de tuer à leur entrée ou à leur sortie les chiens sans collier, les chiens errants et les chiens suspects à un titre quelconque. — Les communes voisines et la banlieue fournissent à Lyon un contingent considérable de chiens errants, qui entrent et sortent par les barrières de l'octroi. De son côté Lyon laisse échapper par la même voie non seulement des chiens errants, mais aussi des chiens enragés. En sorte que, par ces échanges incessants qui se font en toute liberté, la dissémination de la rage se trouve singulièrement facilitée ; et la commune qui cherche à se protéger, en observant les prescriptions relatives au musellement, peut à tout instant se voir apporter la rage par des chiens venant de la commune voisine. Il n'est pas téméraire d'ajouter que Lyon a dû procurer souvent cet étrange bienfait à des communes voisines, soit par l'intermédiaire de chiens rabiques partis de la ville, soit par les chiens de la campagne qui sont venus s'y faire mordre. Il est également certain que la campagne s'est acquittée de sa dette de reconnaissance et que souvent ses chiens enragés sont venus propager la maladie dans Lyon. En effet nous avons assez souvent l'occasion de recevoir des chiens, qui, partis d'une commune voisine, sont venus distribuer des morsures dans les rues de Lyon. Ainsi tout dernièrement encore on nous amenait un chien capturé dans le magasin du Grand-Bazar de Lyon, où il s'était réfugié après avoir mordu dans la rue de la République et probablement ailleurs plusieurs de ses congénères. On frémit en pensant aux accidents que ce chien, qui était atteint de la rage furieuse, aurait pu occasionner dans un lieu où se trouve souvent tant de monde. Gardé en observation jusqu'à sa mort à l'École vétérinaire, cet animal présenta les signes de la rage furieuse la mieux caractérisée ; et, à l'autopsie, on constata les lésions de la maladie. Il avait un collier indiquant le nom et le domicile de son propriétaire ; il était venu de Saint-Cyr-au-Mont-d'Or. Nous mandâmes son propriétaire qui nous apprit que son animal s'était échappé dans la nuit du jour qui avait précédé sa capture à Lyon. J'ajoute que ce propriétaire avait commis une faute lourde ; il avait reconnu que son chien était malade ; depuis trois ou quatre jours l'animal était devenu inquiet, agité, indocile, il mangeait moins, sa voix était changée et il faisait entendre par moments un hurlement insolite ; on avait pris le parti de l'attacher, mais, fatigué de ses hurlements, on lui avait rendu la liberté et il en avait profité pour se rendre à Lyon accomplir la besogne que l'on sait. Ce propriétaire, coupable comme le sont beaucoup d'autres, aurait dû cependant être mis sur ses gardes par la connaissance de ce qui s'était passé quelque temps auparavant dans sa localité, où la rage avait été constatée sur le chien. Nous sommes en possession de faits semblables relatifs à des chiens enragés qui, partis de Lyon, sont allés semer la rage dans les campagnes. Une fois c'est un chien qui est parti sans que son mal ait été encore soupçonné ; une autre fois c'est un animal déjà reconnu malade, qui n'a pas été retenu et qui est parti pour mordre et se faire tuer dans la campagne. Ainsi, il n'y a pas encore un mois, on nous a apporté de la campagne un chien qu'on venait de tuer parce qu'il avait mordu d'autres chiens et une personne dans une propriété où il s'était introduit. C'était un petit chien d'appartement ; nous avons constaté sur son cadavre les lésions de la rage, et, comme lui aussi avait un collier indiquant le nom et le domicile de son maître, nous avons pu nous procurer des renseignements. Il avait été reconnu malade et avait déjà mordu des personnes en ville au su de son propriétaire, quand il s'est échappé.

Les considérations qui précèdent ne justifient-elles pas la mesure que nous préconisons ; et ne convient-il pas, en vue de parer aux dangers qui peuvent résulter de l'état de choses actuel, étant donné d'ailleurs qu'il est aisé d'exercer une bonne surveillance aux barrières, de la recommander d'une manière particulière ? Nous estimons que toutes les villes, et Lyon en particulier, doivent organiser cette surveillance ; nous estimons qu'on peut en charger les employés de l'octroi et qu'il convient de leur imposer le devoir, de leur donner le pouvoir et les instructions ainsi que les moyens nécessaires pour saisir ou tuer les chiens sans collier, les chiens errants et les chiens suspects qui se présentent aux barrières pour entrer dans la ville ou pour en sortir.

6° *Empoisonnement ou occision dans les rues.* — L'empoisonnement dans les rues et les carrefours a été parfois mis en pratique par l'Aministration pour se débarrasser des chiens errants. Ce procédé est généralement délaissé aujourd'hui. Mais, sans vouloir le faire revivre d'une manière permanente, il y a lieu de se demander s'il ne conviendrait pas d'y recourir par moments quand la situation devient critique comme elle l'est aujourd'hui à Lyon. Nous estimons qu'on pourrait y recourir temporairement, après avoir prescrit le musellement ou l'usage de la laisse. Ce serait le moyen le plus sûr et le seul praticable pour se débarrasser des chiens qu'on laisse indûment vagabonder pendant la nuit ; ce serait aussi un moyen sûr d'arriver à faire employer des muselières suffisamment isolantes. Il serait facile d'en réglementer l'application de façon à ne faire courir aucun danger aux personnes ; on pourrait en confier l'exécution à la police et aux employés de l'octroi ; on pourrait faire déposer les préparations empoisonnées dans des lieux et à des heures déterminés, soit pendant la nuit et sur les passages les plus fréquentés, notamment aux barrières de la ville ; on pourrait enfin faire ramasser dès le matin le poison qui n'aurait pas été pris.

Nous estimons d'autre part que, vu le danger et la difficulté qu'il y a à saisir les chiens errants, on autoriserait avec raison les agents de la police, les gardes champêtres et les personnes employées à cette besogne, à tuer sur place les chiens en contravention dont on ne pourrait s'emparer sans risquer d'être mordu. Il y a trois jours la personne qui fait le service de la capture des chiens errants pour le compte de la ville a été assez sérieusement mordue à la main ; on nous a conduit le chien qui l'avait mordue et qui fort heureusement ne s'est pas trouvé enragé. Ce fait peut se reproduire souvent, et comme une morsure, même non rabique, peut être grave, il y a lieu d'insister pour qu'on avise et pour qu'on fasse employer les moyens propres à l'éviter. Nous pensons enfin que toute personne devrait être autorisée à tuer tout chien étranger, qui serait trouvé sans muselière et sans collier dans sa maison ou sur son terrain.

7° *Publication de tous les cas de rage.* — Souvent les propriétaires se montreraient plus vigilants s'ils étaient tenus au courant des cas de rage observés dans leur commune ; souvent ils se montreraient plus méfiants, quand leurs chiens auraient été mordus ou seraient soupçonnés de l'avoir été, s'ils étaient informés que l'animal mordeur a été reconnu enragé. Grâce à la publicité donnée pendant ces derniers jours par la presse aux cas de rage observés à Lyon, on a pu constater que le public était mieux disposé et que les propriétaires consentaient plus facilement à laisser abattre les chiens mordus. La publication des cas de rage ne peut avoir que des avantages au point de vue de l'hygiène ; elle peut aider beaucoup dans la recherche du propriétaire du chien qui a mordu et dans celle des animaux qui ont été mordus ; elle peut décider les propriétaires d'animaux mordus à les déclarer ou à les faire abattre ou tout au moins à les surveiller. Personne ne saurait sérieusement s'en plaindre; une saine méfiance serait ainsi entretenue dans la population; le propriétaire seul de l'animal enragé serait exposé à subir la sanction qu'il mérite et à réparer le préjudice causé par son chien. D'ailleurs il serait à souhaiter que la publication de chaque cas de rage eût lieu par les soins de l'Administration, en employant le mode de publicité en usage dans la localité, en se servant de la presse destinée aux annonces officielles, en faisant placarder des affiches, etc. Ce mode d'agir aboutirait peut-être encore à un autre bon résultat, à faire baisser le chien dans la faveur du public et à rendre plus aisément acceptables les mesures prescrites par l'Administration.

8° *Poursuite des délinquants.* — Les prescriptions édictées par la législation sanitaire en ce qui concerne la rage sont sanctionnées par des peines pécuniaires et corporelles; mais on a beau les violer à plaisir, on n'est jamais inquiété, jamais poursuivi, jamais recherché. Or, s'il y a des délinquants excusables, il y en a aussi qui ne sauraient l'être. Il en est notamment ainsi de ceux qui s'obstinent à conserver leurs chiens mordus, malgré toutes les exhortations qui leur ont été faites en vue de les faire sacrifier; il en est ainsi de ceux qui les font traiter et surtout de ceux qui les traitent comme l'empirique de Saint-Pierre-la-Palud; il en est ainsi de ceux qui laissent échapper des chiens qu'ils avaient déjà reconnus malades. Des poursuites justifiées, aboutissant à une condamnation méritée, seraient d'un effet salutaire, surtout si l'on donnait une large publicité au jugement; beaucoup de résistances tomberaient d'elles-mêmes; l'insouciance et l'indifférence feraient place à la vigilance; les mesures seraient mieux acceptées et mieux appliquées.

A défaut de poursuites exercées par le parquet, il reste à la charge des propriétaires de chiens enragés la responsabilité civile pour tous les dommages occasionnés par les morsures faites aux personnes et aux animaux d'autrui. On devra donc engager les personnes qui auront souffert un préjudice quelconque à en demander réparation. Toutes les fois qu'il sera prouvé, d'après le collier portant le nom du propriétaire, ou tout autrement, que tel chien qui a fait des morsures appartient à telle personne, il y aura lieu de faire l'application de l'article 1385 du Code civil. Cet article, en décidant que « le propriétaire d'un animal, ou celui qui s'en sert, pendant qu'il est à son usage, est responsable du dommage que l'animal a causé, soit que l'animal fût sous sa garde, soit qu'il fût égaré ou échappé », crée manifestement une présomption de faute contre le propriétaire ou le détenteur, et dispense par cela même la victime de l'accident de prouver l'existence de cette faute. Celui qui a éprouvé le dommage n'a besoin, pour en obtenir réparation, que d'en établir la réalité et l'origine. On a vu plus d'une fois des tribunaux condamner le propriétaire d'un chien enragé à payer la valeur des animaux mordus; et dans son audience du 15 janvier 1886 le tribunal de première instance de Chambéry condamnait à 6 000 francs de dommages-intérêts le propriétaire d'un chien enragé, parce que la morsure de son animal avait occasionné la mort d'un enfant de douze ans.

9° *Impôt et médaillon.* — Tous les chiens sont soumis à l'impôt, mais il y en a beaucoup qui ne le payent pas. D'ailleurs il serait à souhaiter, en vue d'en diminuer le nombre, que l'impôt fût beaucoup plus élevé pour tous les chiens de luxe et d'une manière générale pour tous ceux qui ne servent à rien. En attendant une élévation de taxe que beaucoup de bons esprits réclament, il faudrait au moins veiller à ce que tous les propriétaires de chiens exécutent leurs obligations actuelles; il faudrait faire rechercher tous les chiens non déclarés et faire abattre tous les chiens inutiles qui ne payent pas la taxe. Pour arriver plus sûrement et plus facilement à ce résultat, il ne serait pas mauvais d'obliger tous les propriétaires à faire inscrire chaque année leurs chiens et de leur faire attacher au collier de l'animal un médaillon renouvelable annuellement, qui indiquerait le millésime de l'année ainsi que l'acquittement de la taxe, comme cela se pratique dans certaines parties de l'Allemagne. En outre chaque médaillon porterait un numéro d'ordre, qui, à défaut du nom du propriétaire, permettrait de le découvrir, grâce à sa concordance avec celui qui aurait été inscrit sur le registre de la mairie au moment de l'acquittement de la taxe. La capture et l'abatage des chiens sans médaillon constitueraient la sanction de cette prescription.

10° *Publication d'instructions.* — Personne n'est censé ignorer la loi ; mais le législateur a trop bien auguré de la science du justiciable ; et en fait presque tout le monde ignore en pareille matière ce qu'il est censé savoir. Beaucoup de propriétaires pèchent donc par ignorance, soit parce qu'ils ne sont pas édifiés sur la nature des obligations que la loi leur impose, soit parce qu'ils sont trop peu au courant de la véritable expression symptomatique de la rage. Il appartient à l'Administration de les éclairer par la publication d'instructions. Nous croyons de la plus grande utilité la publication de l'article 10 de la loi du 21 juillet 1881, des articles 51, 52, 53, 54 du décret du 22 juin 1882 et de l'article 1385 du Code civil, accompagnée d'instructions simples, courtes et précises sur la manière de reconnaître ou de soupçonner la rage et sur la manière de se conduire en présence d'un animal enragé ou d'un chien suspect. Cette publication, à laquelle on pourrait joindre quelques indications sur les soins immédiats à donner aux personnes mordues, pourrait être faite par voie d'affiches apposées aux portes des mairies, sur les murs des salles d'école, etc.

Au moment de clore ce travail nous recevons le bulletin sanitaire du mois de mars publié par le Ministère de l'agriculture, et nous constatons que la proportion des cas de rage est en croissance très accusée. Déjà le mois de février avait été sensiblement plus riche que les mois précédents, il était inscrit avec 108 cas de rage canine ou féline ; et mars en compte 141 cas, dont 25 cas dans le Rhône, soit 19 cas constatés à l'École vétérinaire et 6 au dehors. Le département du Rhône est toujours le plus favorisé ; il a eu 25 cas quand la Seine en avait 16. Que sera-ce à la fin du mois d'avril ? A la date de ce jour, 28 avril, nous avons déjà reçu, à l'École vétérinaire de Lyon, 26 chiens ou chats manifestement rabiques, et nous n'avons certainement pas reçu tous les animaux de ces espèces qui sont devenus enragés ; nous avons eu connaissance de 15 cas de morsures faites à des personnes par des animaux enragés, et certainement il en est qui ne sont pas venus à notre connaissance.

Lyon, le 28 avril 1890.

INSTRUCTIONS

I. — Indications des principaux caractères
qui permettent de soupçonner ou de reconnaître la rage du chien
à ses diverses périodes.

La rage du chien ne s'annonce pas d'emblée par des accès de fureur ; elle peut exister depuis plusieurs jours, quand l'envie de mordre se manifeste ; et d'ailleurs la fureur peut faire complètement défaut dans un certain nombre de cas. Cependant l'animal peut transmettre la maladie par ses lèchements avant de la communiquer par ses morsures.

1° *Signes de la première période.* — C'est par un changement d'humeur et d'habitudes que s'annonce la rage à son début. Le chien devient triste et sombre ou se montre préoccupé, inquiet et agité.

Dans le premier cas, il recherche la solitude et a de la tendance à se retirer dans les recoins les plus obscurs. Dans le second cas, il semble ne se trouver bien nulle part ; on le voit aller et venir, se coucher pour se relever presque aussitôt, rôder, flairer et chercher çà et là, gratter avec ses pattes de devant, prendre des attitudes anormales, se livrer à des mouvements inaccoutumés, s'élancer parfois, hurler et mordre dans l'air, comme s'il avait devant lui un ennemi réel.

Parfois ce début de la maladie s'accompagne d'une certaine irascibilité, qui fait que le chien grogne, dès qu'on le dérange, et devient moins docile, moins attentif, moins obéissant.

Souvent le caractère de l'animal n'a encore éprouvé aucun changement appréciable ; et quelquefois même le sentiment affectueux s'exagère, ainsi qu'en témoigne la propension plus accusée du chien à lécher les mains et la figure des personnes qu'il connaît.

Dès qu'un chien vient à offrir un pareil changement, survenu sans cause connue, et à plus forte raison si l'on a quelque motif de penser qu'il a pu être mordu antérieurement, il faut de suite le tenir enfermé et attaché, l'isoler et le surveiller attentivement.

On croit trop communément dans le public que le chien bave abondamment, qu'il cesse de manger et de boire et qu'il a horreur de l'eau dès qu'il devient enragé. C'est là un préjugé qui peut entraîner de graves mécomptes, en empêchant de reconnaître la rage sur des animaux qui ne présentent pas encore ces signes et qui peuvent cependant transmettre la maladie.

Au début de la rage, on n'observe ni une abondance insolite de bave, ni la perte de l'appétit, ni l'horreur de l'eau.

Le chien qui devient enragé continue de manger et de boire pendant la première période de sa maladie; parfois même il est plus glouton, mange avec plus de voracité et boit plus avidement.

2° *Signes de la seconde période.* — Après la première phase de la rage l'appétit, qui était d'abord conservé, se modifie, devient capricieux, diminue, disparaît ou se déprave.

On voit alors le malade refuser plus ou moins complètement sa nourriture, pour lécher, mordre et déglutir toutes sortes de corps étrangers à son alimentation, tels que la terre, le gravier, la paille, le bois, le linge, les tapis, les étoffes, les poils, la laine, les excréments, etc. Cette dépravation de l'appétit constitue un signe important de la rage arrivée déjà à une phase avancée; toutefois on ne l'observe pas dans tous les cas, et la maladie peut exister sans qu'elle se produise.

La dépravation du goût est parfois accompagnée de vomissements, et d'une surabondance de bave, qui s'écoule filante de la gueule de l'animal. Les matières vomies peuvent être mélangées de sang ou d'un liquide noirâtre semblable à une décoction concentrée de café.

Le chien enragé éprouve très souvent au niveau de la gorge une sensation douloureuse, qu'il exprime en faisant avec ses pattes de devant, de chaque côté des joues, les gestes de l'animal qui voudrait enlever un os arrêté dans son gosier. Ce signe est très important; et, bien qu'il puisse se montrer en dehors de la rage, il y a lieu de considérer comme fortement suspect le chien qui le présente.

La voix du chien enragé ne tarde pas à se modifier. Son aboiement devient rauque et voilé; de plus l'animal pousse de temps en temps, même sans y être provoqué, un hurlement particulier, sorte de cri de détresse, imitant un peu le cri du chien courant enroué par la fatigue. C'est encore là un signe de la plus haute importance auquel on ne saurait prêter trop d'attention. Toutefois de nombreux chiens enragés restent absolument muets.

Mais les animaux qui ont la rage muette offrent des signes particuliers. Ils ne deviennent pas irritables, ils ne sont pas agités, ils demeurent immobiles et presque indifférents; ils ont la gueule entr'ouverte, laissant voir la muqueuse de la bouche, qui est brunâtre ou violacée; ils n'ont pas de tendance à mordre; cependant leur bave est virulente, et on peut s'inoculer la rage, si on introduit la main dans leur bouche pour l'explorer.

A un moment donné la sensibilité du chien enragé diminue, et on peut alors le voir endurer, sans se plaindre, les coups et les blessures. Parfois il se mord lui-même avec persistance sur telle ou telle région de son corps.

La plupart des chiens enragés, ceux notamment qui doivent devenir furieux et mordeurs, sont vivement impressionnés par la vue d'un animal et surtout par la présence d'un autre chien. Ils entrent soudainement en fureur, se précipitent vers lui pour l'attaquer et le mordre sans le prévenir par leur aboiement.

Le chien enragé, qui devient furieux ou qui va le devenir, cherche généralement à s'échapper du logis; il s'enfuit s'il le peut, pour aller errer à l'aventure et mordre les animaux et les personnes qui se trouveront sur son passage. Puis, après un ou deux jours d'absence, il revient parfois chez ses maîtres, fatigué, amaigri, blessé, mais prêt à mordre encore.

Lorsque la rage arrive à sa période furieuse, la physionomie du chien revêt une expression de férocité inusitée. C'est alors qu'on constate chez lui des tendances agressives et des envies de mordre. C'est alors qu'il mord les objets qu'on lui présente, qu'il attaque les animaux et les personnes.

La fureur rabique, la tendance agressive, l'envie de mordre se manifestent par accès ; et pendant les intermittences, le malade peut paraître dans un état de calme trompeur. D'ailleurs le chien enragé, dont la maladie est arrivée à ce degré avancé, peut encore reconnaître son maître, le respecter et même le caresser, sauf à le mordre parfois dans un accès.

Les chiens enragés devenus furieux attaquent les animaux et les personnes, mais ils mordent de préférence les animaux, principalement ceux de leur espèce.

Enfin le chien enragé, qu'il ait eu la rage muette, ou qu'il soit devenu furieux et mordeur, s'affaiblit bientôt et finalement tombe paralysé, quand il ne meurt pas dans un accès.

En résumé il convient de suspecter, de surveiller, d'isoler et de tenir enfermé ou d'abattre tout chien sur lequel on observe un ou plusieurs des signes précités. Le changement d'habitudes, d'humeur et de caractère, les attitudes et les mouvements insolites annoncent l'éclosion de la maladie. La modification de l'appétit, la dépravation du goût, les vomissements, la surabondance de la bave, la sensation douloureuse du gosier, le changement de la voix, l'écartement de la mâchoire inférieure, la perte de la sensibilité, l'impressionnabilité à la vue d'un chien, la tendance à s'échapper et la fureur sont des signes de la maladie déjà avancée.

II. — Moyens préservatifs applicables aux personnes mordues.

Toute morsure faite par un animal enragé ou soupçonné d'avoir la rage devra être traitée le plus tôt possible par un médecin. Mais, toute affaire cessante, la personne mordue devra mettre immédiatement en pratique tous les moyens à sa disposition, qui seront propres à entraîner le virus hors de la plaie ou à le détruire sur place.

En attendant la cautérisation, dont on hâtera autant que possible l'application, il conviendra de faire saigner la plaie, de la comprimer et de la laver. Le lavage, avec le premier liquide qu'on aura sous la main, de préférence avec l'essence de térébenthine, pratiqué soigneusement aussitôt après la morsure, peut entraîner la majeure partie du virus inoculé, surtout si l'on a la précaution de placer une ligature au-dessus de la région mordue, de comprimer la plaie et d'enlever avec un linge ou un mouchoir le sang exprimé.

Ces manœuvres ne doivent ni faire délaisser ni même faire retarder la cautérisation, qu'on s'empressera d'aller demander au médecin ou au pharmacien, ou qu'on pratiquera soi-même, quand on sera assuré de la réaliser plus promptement.

La cautérisation doit en effet être opérée le plus promptement possible. Elle doit être faite avec l'agent le plus sûr qu'on a à sa disposition, de préférence avec un morceau de fer quelconque rougi au feu, ou, à défaut, avec la teinture d'iode, avec un acide fort tel que l'acide sulfurique, l'acide azotique, l'acide chlorhydrique, avec un caustique quelconque, voire même avec le vinaigre fort ou l'alcali, si l'on n'a pas mieux sous la main. Elle doit être répétée à plusieurs reprises, quand l'agent employé est de faible activité ; elle doit s'étendre à toutes les parties de la plaie, à toutes les morsures, à toutes les éraillures.

Dans tous les cas le médecin sera consulté sans retard : pour pratiquer la cautérisation, quand elle ne l'aura pas été ; pour apprécier si elle est suffisante dans le cas contraire ; et pour décider s'il y a lieu de suivre un autre traitement.

III. — Moyens propres à prévenir la propagation de la rage.

C'est par les morsures des chiens enragés que la maladie se propage. Les moyens propres à prévenir sa propagation sont donc ceux qui sont de nature à empêcher ces morsures. Il suffit de quelques mesures convenablement appliquées pour atteindre ce résultat auquel tout le monde est intéressé.

Tous les cas de rage doivent être *déclarés* à l'autorité municipale, afin qu'elle puisse faire appliquer les mesures que la situation comporte.

Tout animal soupçonné d'être atteint de la rage doit être maintenu *enfermé*, *isolé* et *séquestré*, afin qu'il n'ait plus la possibilité de nuire.

Tout animal reconnu *enragé* doit être *abattu* le plus promptement possible.

Doivent également être *abattus* de suite tous les chiens et tous les chats qui ont été *mordus*, *flairés* ou *roulés* par des chiens enragés ou soupçonnés d'être atteints de la rage. Cette mesure est absolument indispensable pour arrêter la propagation de la maladie; aucune exception ne saurait être admise, la loi étant impérative sur ce point.

Les personnes, qui ont eu à souffrir un *préjudice* quelconque par suite de morsures de chiens enragés, doivent être incitées à en demander *réparation* aux propriétaires des animaux. En conséquence l'obligation de faire porter à tout chien un *collier* indiquant le *nom* et le *domicile* de son *maître* doit être ponctuellement exécutée.

L'usage de la *laisse* et de la *muselière* doit être répandu. Les chiens qui vont sur la voie publique, surtout ceux qui y vont sans que leur présence soit rendue indispensable par un service quelconque, doivent être muselés solidement ou tenus en laisse, alors même qu'ils accompagnent leur maître.

Il est à souhaiter enfin que tous les *chiens errants*, tous les chiens qui sont sans collier et tous ceux qui, bien que munis de collier, n'accompagnent ou ne sont accompagnés de personne, soient *capturés* ou tués s'il y a du danger à s'en emparer vivants.

CHAPITRE IX

(Sang de rate. — Fièvre charbonneuse.)

Définition. — Synonymes. — Considérations générales. —
On donnait jadis le nom générique de *charbon* à des affections qui
étaient caractérisées par la coloration foncée du sang, par la nuance
plus ou moins sombre des tissus et des organes, et dont certaines s'ac-
compagnaient de tuméfactions crépitantes à substance noirâtre. Jusqu'à Chabert (1790) on avait confondu sous cette appellation des maladies diverses ; les affections putrides et gangreneuses, les affections
charbonneuses proprement dites et d'autres encore se trouvaient englobées dans une même désignation. Chabert réserva le nom de *charbon*
à trois formes morbides, qu'il désigna sous les appellations de *fièvre
charbonneuse* (charbon interne sans tumeurs extérieures), de *charbon
essentiel* (charbon externe débutant d'emblée par des tumeurs) et de
charbon symptomatique (charbon débutant par la fièvre et s'accompagnant de tumeurs extérieures). C'était un progrès considérable, mais ce
n'était pas encore l'exacte vérité scientifique, dont la découverte était
réservée aux expérimentateurs de la seconde moitié du dix-neuvième
siècle. Les idées nouvelles furent généralement admises ; et dès lors la
désignation de *charbon* n'engloba plus que deux affections différentes
par leur nature intime, le charbon bactéridien et le charbon bactérien,
qui continuèrent pendant longtemps encore à être considérés comme
une seule et même affection pouvant revêtir l'une ou l'autre des trois
formes indiquées par Chabert.

Dans l'état actuel de la science, on reconnaît deux maladies charbonneuses : la *fièvre charbonneuse*, encore appelée *sang de rate, charbon
bactéridien*, et le *charbon symptomatique* ou *emphysémateux ;* l'une correspondant à la fièvre charbonneuse ou charbon interne de Chabert,
et l'autre correspondant au charbon externe du même auteur, c'est-à-
dire aux deux formes désignées sous les appellations de charbon essentiel et de charbon symptomatique. Le charbon emphysémateux est
déterminé par un micro-organisme spécial, différent de celui qui engendre la fièvre charbonneuse ; il sera étudié dans le chapitre suivant.

Le charbon bactéridien, bien qu'il ne se caractérise pas essentiellement par des tumeurs à substance noirâtre comme le charbon emphysémateux, a conservé la dénomination de maladie charbonneuse, de fièvre charbonneuse ; il se présente avec les symptômes reconnus par Chabert et ses successeurs à la fièvre charbonneuse ; il s'accompagne de la coloration noirâtre et de la viscosité du sang ainsi que de la tuméfaction fréquente de la rate ; il peut même s'accompagner parfois de tumeurs à la surface du corps chez certaines espèces. Il se manifeste d'ailleurs sous des formes diverses, suivant la voie de pénétration du micro-organisme pathogène et suivant les espèces animales. Il reçoit les noms de *pustule maligne*, d'*œdème mâlin*, chez l'homme, de *sang de rate*, chez les petits ruminants, de *fièvre charbonneuse* ou simplement de *charbon*, chez les autres espèces.

La fièvre charbonneuse est une affection virulente, contagieuse, transmissible aux animaux herbivores et à l'homme. Elle est déterminée par l'introduction et la pullulation de la *Bactéridie* de Davaine dans l'organisme ; elle est essentiellement caractérisée par la présence de la dite bactéridie dans les lésions, dans les tissus, dans le sang. Elle se décèle par des symptômes généraux et quelquefois par des symptômes locaux ; elle évolue rapidement, et elle entraîne l'altération du sang (maladie du sang, coup de sang), celle des organes de la circulation sanguine et lymphatique, ainsi que des lésions congestionnelles et hémorrhagiques ; elle s'accompagne enfin de la virulence du sang et des diverses matières de l'organisme.

Le charbon bactéridien occasionne tous les ans des pertes considérables dans les contrées et dans les localités où il sévit ; il frappe tous les ans, un grand nombre d'individus, surtout dans certains pays et dans certaines régions, pendant certaines saisons, de préférence en été et en automne ; il se montre surtout chez les espèces ovine, caprine et bovine qui fréquentent les pâturages ; toutefois il attaque aussi les solipèdes, chez lesquels il est très grave, et même quelquefois les sujets de l'espèce porcine. Il sévit ordinairement d'une façon enzootique dans les localités où il se montre ; et, dans les contrées, sur les territoires, dans les foyers (pâturages ou champs maudits, montagnes maudites) où il sévit, il occasionnait jadis et peut occasionner encore, quand on n'a pas recours aux inoculations préventives, des pertes qui peuvent se chiffrer par cinq, dix, quinze et vingt pour cent dans les troupeaux de bêtes ovines ou bovines.

Après avoir fait une première apparition, après avoir frappé un plus ou moins grand nombre d'animaux, après avoir persisté plus ou moins longtemps et n'avoir quelquefois cessé ses ravages qu'à la suite de l'éloignement des troupeaux, la maladie reparaît ordinairement tous les ans, grâce à la conservation des germes charbonneux, que les animaux trouvent dans les pâturages et qu'ils inhalent avec les poussières

ou qu'ils ingèrent avec les aliments et les boissons. Le charbon bactéridien est donc un fléau pour l'agriculture dans les pays où il sévit avec
intensité et persistance. C'est une affection d'une gravité exceptionnelle :
à cause de la mortalité qu'elle entraîne; à cause de sa transmissibilité
à l'homme, chez lequel la maladie, bien que curable, quand le traitement est entrepris à temps, ne laisse pas d'amener souvent la mort ; à
cause de la longue conservation de ses germes dans les milieux extérieurs ; à cause de l'infection longtemps persistante des terres maudites; à cause de l'impossibilité d'utiliser les cadavres pour la consommation.

I. — Symptômes.

Le charbon bactéridien apparaît d'une façon soudaine, se manifeste
ordinairement d'emblée par des signes graves, évolue généralement
très vite et amène souvent la mort des malades. Il est parfois apoplectique, presque foudroyant, et peut faire périr soudainement les animaux,
avant qu'on ait pu les reconnaître ou aussitôt qu'on les reconnaît malades. Toutefois il est souvent moins rapidement mortel, et l'on peut
suivre ses symptômes, sa marche, pendant quelques heures, un jour,
deux jours, suivant les sujets et les espèces.

Entre le moment de la pénétration de la bactéridie pathogène dans
l'organisme et l'apparition manifeste des premiers symptômes, il s'é-
coule un temps variable (période d'incubation), dont la durée, difficile
à apprécier parfois dans les cas dus à la contamination spontanée, est
toujours facile à mesurer à la suite de l'inoculation expérimentale.
Cette période, pendant laquelle le virus pullule, se multiplie, dans les
parties du corps qui lui ont donné accès et détermine des lésions dans
ces parties, ainsi que dans le système ganglionnaire, a une durée qui
varie suivant les espèces animales, suivant les individus, suivant le
nombre et l'activité des germes introduits, suivant leur voie d'introduction et suivant la rapidité avec laquelle ils arrivent dans le sang ;
elle peut aller de quelques heures, de un, deux jours à quatre, cinq,
neuf, dix et onze jours. Elle est de un, deux, trois jours chez le lapin ;
elle est en général un peu plus longue chez le mouton et plus longue
encore chez le bœuf. Toutes choses égales d'ailleurs, elle est abrégée
par le jeune âge des sujets, par le nombre considérable et l'énergie des
bactéridies qui pénètrent dans l'organisme, par leur introduction directe dans le sang.

Ordinairement aucun symptôme important ne trahit le travail intime
qui se produit durant cette première période, tout au moins quand la
pénétration du virus n'a pas eu lieu dans une région accessible à l'exploration. Le charbon, contracté spontanément dans les localités où les
animaux en trouvent les germes aux pâturages, semble faire invasion
soudainement par la brusque manifestation de la période algide, par

l'apparition d'emblée de symptômes généraux, les désordres locaux consécutifs à l'absorption des bactéridies restant invisibles, quand elles ont pénétré par les voies respiratoires ou par les voies digestives. Toutefois, quand le virus a été absorbé au niveau de la muqueuse buccopharyngienne, on peut d'abord constater la tuméfaction consécutive de la région et notamment des ganglions sous-glossiens et sous-parotidiens (glossanthrax, mal de langue, estranguillon, esquinancie). D'autre part, quand le virus a été absorbé à la surface d'une plaie située dans une région extérieure du corps, les symptômes locaux sont souvent visibles les premiers ; il y a d'abord, comme on le verra plus loin, tuméfaction locale plus ou moins appréciable pouvant faire défaut cependant suivant les espèces, puis tuméfaction successive des ganglions auxquels se rend la lymphe de la partie inoculée ; et enfin les symptômes généraux ne tardent pas à apparaître.

Une fois la maladie nettement déclarée, son expression symptomatique consiste dans l'altération du sang et du système circulatoire, ainsi que dans des modifications fonctionnelles qui s'expliquent par l'embarras de la circulation et par l'intoxication que déterminent les bactéridies. Le sang des animaux atteints du charbon bactéridien ne tarde pas à se modifier au fur et à mesure que la durée de la maladie se prolonge. A peu près normal au début, il devient progressivement plus riche en leucocytes, plus visqueux (ses globules deviennent plus agglutinatifs), plus noirâtre ; il rougit moins bien au contact de l'air ; il se coagule moins bien et donne un caillot noirâtre, mou, diffluent ; il devient virulent, inoculable et se montre de plus en plus riche en bactéridies. Quand le sang a éprouvé déjà ces modifications profondes, la saignée devient baveuse ; et d'ailleurs elle a toujours pour effet d'aggraver la maladie et d'accélérer sa marche. Examiné au microscope, lorsqu'il est tout à fait altéré, il présente des bâtonnets immobiles, droits ou coudés, cylindriques, à un, deux ou trois segments ou articles, facilement visibles dans les espaces que laissent entre eux les globules sanguins agglutinés en masses irrégulières. Examiné au début de l'affection, avant d'avoir éprouvé d'une façon bien accusée les modifications précitées, il montre encore des globules réguliers et non agglutinés ; les bactéridies y sont encore parfois peu nombreuses, et l'examen microscopique ne les décèle pas toujours à ce moment, d'où l'indication de le réitérer. Étant donné ce double caractère du sang des animaux charbonneux d'être inoculable et de présenter des bactéridies, il conviendra, lorsqu'on sera dans l'indécision pour établir le diagnostic, d'examiner ce liquide au microscope, et au besoin de l'inoculer à un animal (lapin, cobaye), susceptible de contracter rapidement la maladie.

En même temps que le sang s'altère, la circulation se modifie profondément. Les battements cardiaques, normaux tout d'abord, deviennent souvent forts, tumultueux et précipités à un moment donné, pour s'affaiblir ensuite et devenir presque imperceptibles à la fin de la maladie. Le pouls devient petit, faible et difficile à percevoir; on constate parfois un pouls veineux très manifeste à la jugulaire. La circulation est gênée par suite de la viscosité anormale du sang, par suite de l'obstruction d'un plus ou moins grand nombre de capillaires (embolies bactéridiennes), par suite de l'intoxication du système vaso-moteur, etc., d'où résultent : la congestion et la rougeur de la peau dans les régions où elle est fine ; la rougeur et la teinte de plus en plus foncée de la conjonctive, qui présente d'ailleurs parfois des taches pétéchiales ; la congestion et la coloration foncée des autres muqueuses, qui deviennent jaune-rougeâtre, bleuâtres, noirâtres, ecchymosées ; des ruptures vasculaires, des exsudations, des hémorrhagies qui se traduisent par de l'épistaxis, par l'émission d'urine ou d'excréments sanguinolents (charbon hémorrhagique, pissement de sang), par l'apparition d'œdèmes, d'engorgements, de tumeurs dans le tissu sous-cutané. En même temps, et avant même l'apparition des troubles circulatoires précités, on constate l'altération du système lymphatique ; on observe d'abord la turgescence des ganglions les plus voisins du point où le virus a été absorbé ; puis on voit apparaître la même modification dans ceux qui se trouvent placés à la suite sur le trajet des vaisseaux lymphatiques ; enfin il n'est pas rare d'observer une turgescence plus ou moins accusée des divers ganglions. Le produit des ganglions devenus turgides, examiné au microscope, se montre toujours très riche en bactéridies, et il est d'ailleurs très virulent.

L'éclosion de la maladie s'accompagne ordinairement d'une élévation notable de la température du corps, qui peut monter de un, deux, trois degrés, atteindre 40°, 41°, 42°. Cette fièvre semble due, en partie, à la réaction des éléments de l'organisme contre la présence des microbes qu'ils tentent de détruire. On peut donc apprécier par le thermomètre le moment de l'éclosion du charbon. Cette élévation de température ne persiste pas; le degré normal se rétablit peu à peu, quand les malades guérissent ; et, quand l'affection doit aboutir à la mort, il se produit un abaissement très marqué au-dessous de la normale, la température descendant vers la fin de la vie à 36°, 35°, 34°. Avec l'élévation de la température, on peut constater la sécheresse du nez, le hérissement des poils, l'exagération de la sensibilité générale, l'hyperesthésie de la région dorso-lombaire, etc.

La sensibilité générale, parfois exagérée au début, fait bientôt place à un état d'insensibilité plus ou moins manifeste. On a remarqué quelquefois une certaine surexcitation nerveuse au début, de l'inquiétude et parfois même de la fureur chez certains animaux, des convulsions, des crampes et de la tétanisation ; mais, à ces symptômes, succèdent promptement des signes de lourdeur, d'engourdissement, d'apathie, de somnolence. Les forces diminuent rapidement ; il se produit bientôt de l'adynamie, de ataxie; les malades deviennent indifférents, restent plongés dans un état de stupeur et de coma qui dure jusqu'à la mort. Souvent on observe des tremblements musculaires aux cuisses, aux épaules, un frémissement sous-cutané, des frissons, des grincements de dents, des mouvements d'encensoir de la tête, le pirouettement des yeux dans l'orbite, etc. Ces divers symptômes sont la conséquence de l'empoisonnement par les produits microbiens, de l'obstruction des capillaires, de l'embarras de la circulation, de localisations des lésions sur les centres nerveux.

La respiration est souvent gênée et accélérée par suite de la congestion qui se produit sur le poumon; elle s'accélère de plus en plus, devient de plus en plus pénible et bruyante. Parfois, à la suite d'une congestion plus ou moins violente de la muqueuse des premières voies respiratoires, il se produit des hémorrhagies; et l'on constate alors de l'épitaxis, un écoulement de sang par le nez, un jetage séro-sanguinolent.

Du côté de l'appareil digestif se produisent également des modifications notables. L'appétit diminue, puis disparaît; la soif est parfois accrue; les malades cessent de ruminer; on constate la plénitude du rumen, la tension du flanc droit; la digestion est profondément troublée. La langue et la muqueuse buccale sont, chez certains animaux, congestionnées, tuméfiées, noirâtres, violacées; la langue est quelquefois pendante, froide, couverte en certains points de vésicules remplies de sérosité sanguinolente. Il peut y avoir aussi tuméfaction de la gorge, plus ou moins facile à constater par l'exploration manuelle, et gênant plus ou moins la déglutition et la respiration (angine charbonneuse). Souvent les organes abdominaux se congestionnent; on observe alors des signes de coliques ou même de véritables tranchées, quand il y a apoplexie intestinale et entérorrhagie; les excréments deviennent en pareil cas diarrhéiques et sanguinolents, et l'examen microscopique fait apercevoir la bactéridie dans le sang ainsi rendu avec les matières excrémentitielles. Quelquefois la muqueuse rectale est vivement congestionnée, œdématiée, et se renverse, apparaissant noirâtre ou violacée.

Les urines deviennent souvent foncées, brunâtres, sanguinolentes même, et elles contiennent alors des bactéridies. Le lait diminue et devient parfois rougeâtre et virulent. La muqueuse vaginale se congestionne et devient rougeâtre ou noirâtre.

A la peau, il se produit chez certains malades, une congestion plus ou moins manifeste, une sorte d'érysipèle sur les régions où elle est fine; on y voit parfois survenir des taches plus ou moins foncées, noirâtres et plus ou moins étendues. Il se produit quelquefois des œdèmes, des infiltrations sous-cutanées, tantôt localisées, tantôt diffuses, plus ou moins étendues, s'enfonçant dans les interstices musculaires, apparaissant ordinairement au voisinage du point d'inoculation ou d'absorption du virus et même ailleurs. Dans certains cas on voit apparaître des tuméfactions sous-cutanées, plus ou moins volumineuses, qui se montrent brusquement, soit à la suite d'un traumatisme local, soit sans cause apparente, et qui s'accroissent très rapidement. Ces tumeurs se forment dans diverses régions, sous la gorge, autour du cou, en avant des épaules, au poitrail, autour des ganglions prépectoraux et prescapulaires, sous la poitrine, sous le ventre, le long du fourreau, aux bourses, etc.; on les rencontre de préférence au pourtour des ganglions, qu'elles englobent. Elles offrent les caractères des tumeurs sanguines ; elles sont molles, peu chaudes et peu douloureuses; elles deviennent noirâtres ou violacées à leur surface; elles offrent parfois une ou plusieurs vésicules à contenu séro-sanguinolent. Quand on les incise on les trouve formées d'une substance (sang incoagulé) noirâtre à leur centre et d'une matière gélatiniforme jaunâtre, ou jaune-rougeâtre à leur périphérie ; elles contiennent des bactéridies: leur apparition est la conséquence de la congestion du tissu conjonctif, qui s'accompagne d'exsudation, d'oblitérations, de ruptures vasculaires et d'hémorrhagies. Contrairement à celles du charbon symptomatique, les tumeurs du charbon bactéridien ne sont pas crépitantes.

Le charbon, quand il doit entraîner la mort, est rarement compatible avec la vie pendant quelques jours. Il est ordinairement mortel chez le cobaye et le lapin, chez les petits ruminants et chez les solipèdes dans une très forte proportion, dans une proportion moindre chez les grands ruminants.

1° SYMPTÔMES DU CHARBON BACTÉRIDIEN DU MOUTON ET DE LA CHÈVRE.

Le sang de rate fait souvent invasion d'une manière brusque et soudaine, sans s'annoncer par des signes prodromiques ; et il se termine ordinairement très vite par la mort. Tout à coup l'animal cesse de manger ou de ruminer, se livre à quelques mouvements insolites, piétine, grimace, s'allonge, se raccourcit, agite la tête, tourne en cercle, tombe, se débat convulsivement, rejette de l'écume sanguinolente par les naseaux, urine du sang et meurt en quelques instants.

Dans bien des cas cependant la maladie s'annonce par certains prodromes, tels que : exagération de la vivacité et de l'excitabilité, animation insolite du regard, congestion et rougeur de la peau dans les régions où elle est fine, aux larmiers, aux bout du nez, aux oreilles, rougeurs de la conjonctive dont les vaisseaux se distendent, élévation de la température, etc. Le sang devient bientôt noirâtre ; l'appétit disparaît, la rumination cesse, le malade est nonchalant, reste en arrière du troupeau, le ventre se ballonne, les excréments deviennent coiffés, mous, sanguinolents. La respiration devient pénible, dyspnéique, sif-

flante, râlante ; elle est accompagnée d'ébrouements et d'un écoulement
de sang spumeux par les naseaux. L'urine devient roussâtre et sanguinolente ; on en provoque l'émission en pressant le nez du malade. Des
tremblements se produisent ; la vue s'égare ; la démarche devient chancelante ; l'animal tombe sur le sol, rejette du sang par les ouvertures
naturelles, grince des dents, est en proie à des convulsions, à des
crampes ; les muscles du cou et des membres sont violemment contractés ; la tête se renverse en arrière ; les yeux pirouettent ; la respiration
est de plus en plus difficile et sifflante ; le pouls est petit, filant, insensible ; bientôt (en quelques heures) la mort arrive au milieu d'une con-
vulsion tétanique.

Certaines bêtes ovines, contaminées spontanément ou expérimentalement, échappent à la mort, après avoir été plus ou moins gravement
malades ; mais en général les animaux atteints succombent, hormis
quand ils appartiennent à certaines races (races africaines et barbarines)
dont la réceptivité est, comme on le verra plus loin, peu accusée.

2° SYMPTÔMES DU CHARBON BACTÉRIDIEN DES ANIMAUX BOVINS.

La fièvre charbonneuse peut être quelquefois apoplectique sur les
grands ruminants ; mais ordinairement elle dure un certain temps, plus
ou moins long suivant les cas. Elle peut s'accompagner de glossanthrax,
d'angine, d'hémorrhagies. Elle peut faire périr les animaux très rapidement ; mais souvent elle s'annonce par de la tristesse, de l'inappétence
des grincements de dents, la cessation de la rumination, l'abattement,
la prostration, etc. Des tremblements, des frissons, des sueurs se
montrent ; les reins ont une sensibilité anormale ; on observe parfois
des coliques, des trépignements. Les forces diminuent promptement, le
train postérieur devient vacillant pendant la marche ; le sang devient
noirâtre et la saignée baveuse à la fin de la maladie ; le pouls est
accéléré, petit, faible, et le cœur bat quelquefois tumultueusement au
début, puis ses battements deviennent faibles vers la fin. La conjonctive
et la muqueuse gingivale sont injectées et violacées. les yeux quelquefois proéminents, injectés et pleureurs. La respiration est accélérée,
tumultueuse, haletante, dyspnéique. Les oreilles et la base des cornes
se refroidissent ; le mufle est sec, la bouche devient froide, la langue
violacée et quelquefois pendante. Il se produit quelquefois des œdèmes,
des tumeurs à la surface du corps. Les malades rendent parfois du
sang par les naseaux, avec les urines qui deviennent roussâtres, avec
les excréments qui sont coiffés ou diarrhéiques. En quelques heures
certains malades succombent ; d'autres résistent plus longtemps et ne
meurent qu'au bout de un, deux jours. Arrivés à la fin de la maladie
les animaux tombent, se ballonnent, s'agitent et meurent dans des convulsions.

II.   16

Tous les animaux grands ruminants atteints de fièvre charbonneuse ne succombent pas. Certains se rétablissent plus ou moins promptement. La guérison est plus fréquente sur les bêtes bovines que sur les petits ruminants et que sur le cheval; elle peut même se produire spontanément, sans la mise en œuvre d'aucun traitement.

3° SYMPTÔMES DU CHARBON BACTÉRIDIEN DES ANIMAUX SOLIPÈDES.

Sur le cheval la fièvre charbonneuse s'accompagne assez souvent de coliques, de tranchées, d'apoplexie intestinale, d'entérorrhagie et quelquefois d'accès de fureur, quand des localisations se produisent sur les centres nerveux.

Les symptômes ordinaires par lesquels s'annonce la maladie sont les suivants : inappétence, élévation de la température, tristesse, prostration, coliques intermittentes, alternant avec la somnolence et le coma, affaiblissement musculaire, vacillation du train postérieur, sécheresse et aspect terne des poils, frissons à l'olécrâne, à l'ars, à l'aine, etc., accès vertigineux parfois, etc. Le sang s'altère bientôt, la saignée devient baveuse et le sang est noirâtre, visqueux, moins coagulable; la circulation est accélérée; les battements cardiaques sont forts et tumultueux; le pouls devient petit, vite, filant, imperceptible. Les muqueuses se montrent congestionnées, foncées, violacées ou un peu jaunâtres. La langue est congestionnée, violacée; les coliques persistent; les malades se livrent fréquemment à des efforts expulsifs; la muqueuse rectale se renverse parfois et apparaît violacée; les excréments deviennent diarrhéiques et sanguinolents. La respiration est précipitée, anxieuse; le faciès devient grippé; des sueurs apparaissent; les malades s'affaiblissent rapidement, la station devient pénible; les muscles sont agités de mouvements spasmodiques; la température baisse; les animaux tombent et meurent en s'agitant d'une façon convulsive. La marche de la maladie est parfois foudroyante; et dans certains cas on peut voir se produire des tumeurs à la surface du corps, dures, non emphysémateuses, non crépitantes.

La fièvre charbonneuse est très grave sur les chevaux, principalement sur les jeunes, sur ceux qui sont sanguins ou nerveux. En quelques heures, en moins d'un jour ordinairement, les malades succombent, et ils meurent ordinairement presque tous. Les ânes sembleraient résister beaucoup mieux.

4° SYMPTÔMES DU CHARBON BACTÉRIDIEN DES AUTRES ANIMAUX.

A. Charbon du porc. — Quoique le porc ait peu de réceptivité vis-à-vis de la fièvre charbonneuse, l'affection a été constatée quelquefois sur des sujets appartenant à l'espèce porcine, soit en France, soit en

Allemagne, soit en Belgique, soit en Angleterre, etc., à la suite de l'ingestion de débris charbonneux ; d'autre part on a réussi parfois à la leur transmettre expérimentalement, en leur faisant ingérer des matières charbonneuses ou en les leur inoculant.

Une infiltration œdémateuse se produit ordinairement autour du point où le virus a été absorbé. Quand la maladie se déclare à la suite de l'ingestion de matières charbonneuses, il se forme un gonflement autour de la gorge, dû à l'infiltration des tissus de la région ; et l'on constate, avec la tuméfaction de la gorge, les caractères de l'angine charbonneuse, l'ulcération des amygdales, l'extension de la tuméfaction vers la face. Les porcs charbonneux peuvent présenter la plupart des syptômes observés sur les herbivores, de la fièvre, une élévation notable de la température, de l'inappétence, un malaise général, de l'abattement, de la faiblesse du train postérieur, de la diarrhée, des taches rouges à la peau, etc. La mort peut arriver en un, deux à six jours.

B. **Charbon du lapin et du cobaye.** — Le lapin et le cobaye, surtout le dernier, ont une grande réceptivité pour le charbon bactéridien, qui leur est facilement transmis par les divers modes d'inoculation, et qui les fait périr ordinairement très vite. Généralement, la région inoculée devient le siége d'une infiltration très accusée, surtout chez le cobaye. Le lapin qui devient charbonneux présente, une ou deux heures avant la mort, de l'inquiétude, change d'abord fréquemment de place, se livre à des mouvements brusques ; la respiration et la circulation s'accélèrent ; bientôt apparaissent l'indifférence, l'insensibilité, la somnolence, la difficulté et l'incoordination des mouvements, et la mort arrive.

C. **Charbon du chien.** — Le chien, comme le porc, est doué d'une très faible réceptivité vis-à-vis du charbon bactéridien ; cependant, on a constaté quelquefois la maladie sur des carnivores ; ce sont les sujets jeunes surtout qui ont quelque aptitude à contracter l'affection. D'après les expériences de M. G. Colin, on peut, en inoculant le virus au chien par piqûre ou par scarification, obtenir des accidents locaux, tels que érythème, œdème, pustule, tuméfaction phlegmoneuse, adénite, lymphangite, infiltration, etc. ; ordinairement, la maladie ne se généralise pas, et les inoculés guérissent. Toutefois, sur les individus jeunes, la maladie peut se généraliser ; et les animaux peuvent parfois succomber à la fièvre charbonneuse, ainsi que le prouvent d'ailleurs certaines observations cliniques.

D. **Charbon des oiseaux.** — Dans les conditions ordinaires, la poule, ainsi que divers expérimentateurs l'ont reconnu à la suite de M. Pasteur, est réfractaire au charbon. Toutefois, l'inoculation du virus de la maladie s'accompagne, sur cet animal, d'une réaction fébrile ; et la fièvre charbonneuse mortelle peut s'en suivre, si on le soumet à la réfrigération par immersion. Le pigeon, également doué d'une faible réceptivité, peut cependant contracter quelquefois le charbon bactéridien à la suite de l'inoculation, surtout quand il est jeune, et quand il est inoculé dans la chambre antérieure de l'œil.

5° SYMPTÔMES DU CHARBON BACTÉRIDIEN DE L'HOMME.

L'homme, quoique moins exposé et moins apte à contracter le charbon que les animaux petits ruminants par exemple, le présente cependant quelquefois. Il peut se contaminer de trois façons : par inoculation accidentelle à la surface de la peau, par ingestion et par inhalation de germes. C'est le plus souvent à la suite d'une inoculation accidentelle que l'homme contracte la maladie, qui débute alors par une lésion locale, la pustule maligne. Toutefois, des cas de charbon interne, broncho-pulmonaire ou intestinal, se montrent de temps en temps, à la suite de l'introduction de germes dans les voies digestives ou respiratoires.

Le charbon externe, qui fait suite à l'inoculation accidentelle de la bactéridie sur un point quelconque de la surface du corps, s'observe chez des personnes qui manipulent des matières charbonneuses fraîches ou des matières contenant des spores de la bactéridie; on l'a constaté sur des vétérinaires, des bouchers, des équarrisseurs, des bouviers, des bergers, des personnes ayant pratiqué l'autopsie de cadavres charbonneux, ou en ayant manipulé des débris; on l'a pareillement constaté sur des mégissiers, des tanneurs, des tricurs et des cardeurs de laine, des ouvriers occupés au transport des peaux, des ouvriers aplatisseurs de cornes, etc. Les plaies, piqûres, excoriations, éraflures, qui existent déjà, et celles que la personne se fait au moment où elle manipule des matières charbonneuses ou des substances souillées, peuvent servir de porte d'entrée à la bactéridie ou à ses spores. Il peut enfin arriver parfois, quoique rarement, que le contact ou la piqûre de mouches, qui ont fréquenté des matières charbonneuses ou des animaux charbonneux, provoquent pareillement le charbon local.

Les bactéridies, inoculées accidentellement dans une région quelconque de la surface du corps, pullulent sur place, déterminant, dans leur point d'entrée, un accident local; puis, autour de cet accident local, apparaît du gonflement, un œdème chaud et douloureux qui s'étend de proche en proche. Ensuite, la maladie se généralise, quand les germes, pénétrant à travers les parois des vaisseaux, ou étant déversés dans le sang par le système lymphatique, sont entraînés dans les divers organes par le torrent circulatoire. Il se produit alors un redoublement d'intensité des symptômes généraux, déjà apparus d'ailleurs à la suite de l'extension progressive de l'accident local. La fièvre devient très intense, la température est élevée, la soif est vive; les malades éprouvent un malaise général, des maux de tête, des nausées; il se produit des vomissements, de la diarrhée; viennent ensuite l'abattement, le coma, l'asphyxie, la coloration noirâtre des téguments, des convulsions, du trismus, du tétanos, etc.

On peut reconnaître trois périodes successives dans l'évolution de la pustule maligne. A partir du moment de l'inoculation jusqu'à l'apparition des premiers signes du mal, il s'écoule un, deux, trois jours, quelquefois plus. La première période de l'accident local est caractérisée par du picotement et de la démangeaison, qui s'accompagnent bientôt d'une petite tumeur phlycténoïde, rougeâtre à la périphérie, et brun noirâtre au centre, remplie de sérosité brunâtre, et bientôt accompagnée elle-même de fines vésicules formées dans son pourtour. A la seconde période, la tumeur initiale s'indure à sa base, devient livide, noirâtre, se convertit en eschare. En même temps, le pourtour de l'eschare se tuméfie, se gonfle, devient œdémateux, rougeâtre ou livide, et se couvre parfois de petites phlyctènes à contenu roussâtre. Dans la troisième phase, on assiste à l'extension de l'eschare, et à celle de l'œdème périphérique, qui envahit le bras, le tronc, le cou, le visage, s'accompagnant du gonflement des ganglions de l'aisselle, du cou, etc. Des bactéridies en plus ou moins grand nombre se rencontrent dans la couche de Malpighi (début de la pustule), dans la partie superficielle de la pustule, dans l'eschare, dans les tissus sous-jacents et périphériques, dans le derme et le tissu sous-cutané œdématiés, etc.

L'homme peut présenter un charbon gastro-intestinal sans lésion cutanée. Il peut contracter la maladie : en ingérant, avec ses aliments ou ses boissons, des spores charbonneuses; en ingérant des matières charbonneuses, dans lesquelles des spores se sont produites et n'ont pas été détruites; en ingérant même des matières charbonneuses fraîches, renfermant des bactéridies filamenteuses en nombre considérable, etc. Les symptômes observés en pareils cas sont les suivants : fièvre plus ou moins intense, lassitude, douleurs abdominales, vomissements, ballonnement, diarrhée sanguinolente, symptômes cérébraux, dyspnée, etc. On trouve des bactéridies dans le sang.

Enfin, on a observé des cas de charbon broncho-pulmonaire sur des personnes, que leur profession exposait à l'inhalation de poussières infectantes, notamment sur des ouvriers occupés au triage de la laine, et sur des chiffonniers. L'affection se traduit : par du malaise, des vertiges, une fatigue générale et de la somnolence ; par du coryza, du larmoiement, de la toux, de la difficulté de l'inspiration, des palpitations; par une douleur constrictive à la base du thorax, par de la dyspnée, par l'expectoration de crachats, qui peuvent devenir rouillés et présenter des bactéridies, par des signes de pleurésie et de bronchopneumonie; par des troubles digestifs, des nausées, des vomissements, des coliques, une diarrhée sanguinolente, etc.

II. — Lésions.

Les lésions du charbon varient quelque peu suivant les espèces et suivant les modes d'infection ; mais ce qui domine, dans la pluralité des cas, c'est l'altération du sang par les bactéridies.

Les cadavres charbonneux se refroidissent puis se putréfient et se ballonnent très vite après la mort. A la surface de la peau existent quelquefois des rougeurs, des ecchymoses, des taches violacées ou noirâtres, des vésicules, etc ; les poils sont faciles à arracher, la peau est parfois moins résistante ; elle laisse échapper, à l'incision, un sang noirâtre et incoagulé. Le derme présente, surtout au niveau des tumeurs, œdèmes ou engorgements, des taches ecchymotiques, des hémorrhagies, des infiltrations. Les ouvertures naturelles, les naseaux, l'anus, sont parfois souillés de matière sanguinolente.

Le tissu conjonctif sous-cutané présente une congestion générale plus ou moins accusée, des ecchymoses, des hémorrhagies punctiformes et des hémorrhagies plus étendues ; on y rencontre fréquemment des infiltrations de sérosité grisâtre, jaunâtre, gélatiniforme, quelquefois roussâtre ou sanieuse, plus ou moins riche en bactéridies, suivant qu'elle est plus ou moins foncée ou entremêlée de points hémorrhagiques. Ces infiltrations se montrent de préférence dans certaines régions, au pourtour des ganglions, des glandes et des tumeurs, dans les interstices des muscles, dans certains muscles, au pourtour du point d'inoculation ; elles occupent des places plus ou moins étendues.

Les muscles sont congestionnés, il y a hypérémie de leur réseau vasculaire ; on y trouve aussi des ecchymoses, des hémorrhagies dues, comme partout ailleurs, à des embolies bactéridiennes qui se sont formées dans les capillaires ; on peut y trouver encore des infiltrations jaunâtres ou roussâtres. Leur ténacité et leur consistance sont diminuées ; ils sont plus mous et plus friables. Ils ont une teinte rougeâtre, jaunâtre, brunâtre ou lavée, suivant les cas. Le sang qui s'échappe des vaisseaux incisés, dans les muscles comme dans le tissu souscutané, etc., est noirâtre, poisseux, incoagulé ou pris en caillots mous ; il est riche ordinairement en bactéridies ; le sérum est rouge violacé, à cause de la dissolution d'une partie de la matière colorante des globules.

La chair des animaux charbonneux varie d'aspect, suivant la durée et le degré de la maladie, suivant que les sujets ont été plus ou moins bien saignés, suivant qu'ils ont été sacrifiés au début ou à la fin de l'affection. Elle est plus ou moins saigneuse, plus ou moins foncée, rougeâtre, jaunâtre, lavée, brunâtre ou noirâtre, flasque, molle, friable, ecchymosée, infiltrée, parsemée de points hémorrhagiques, congestionnée ; elle se putréfie rapidement.

Des tumeurs se rencontrent parfois dans certaines régions, dans celles où le tissu conjonctif est lâche et abondant. Elles sont précédées d'embolies bactéridiennes, de stases sanguines, de ruptures vasculaires, d'exsudation et d'hémorrhagies. Elles se montrent à la suite des inoculations expérimentales ou accidentelles, comme c'est le cas dans la pustule maligne et l'œdème malin de l'homme; elles peuvent toutefois se montrer dans d'autres cas. Elles peuvent avoir, pour point de départ et pour noyau, un ganglion congestionné et hypertrophié, ecchymosé, infiltré et ramolli, entouré d'une zone plus ou moins étendue d'infiltration gélatiniforme, incolore, jaunâtre ou noirâtre. Elles peuvent se produire dans des régions où n'existent pas des ganglions; elles offrent une zone centrale, formée de matière noirâtre, boueuse, poisseuse, sanieuse, et une zone excentrique gélatiniforme, se décolorant en s'éloignant du centre, jaunâtre ou incolore à sa périphérie. Les tumeurs charbonneuses, déterminées par la bactéridie, ne sont pas crépitantes; elles siègent dans le tissu sous-cutané; elles envahissent quelquefois les muscles, qui sont alors noirâtres, infiltrés, mous, friables, et entourés d'une infiltration diffuse plus ou moins étendue. La peau est décollée, facile à détacher au niveau de la tumeur et de l'infiltration; elle est elle-même congestionnée, altérée, infiltrée, ramollie.

Le sang offre les lésions les plus importantes; et ses altérations sont la cause de toutes les autres lésions; c'est lui qui, en charriant les bactéridies et leurs poisons, répand partout, dans les tissus et les organes, les agents de la maladie. Il devient noirâtre, même avant la mort des malades; il est souvent incoagulable, ou se coagule mal et incomplètement; il est souvent poisseux, ou pris seulement en caillots mous; il est virulent, inoculable même avant la mort, et il conserve sa virulence sur le cadavre pendant un certain temps. Les globules rouges sont plus ou moins altérés, souvent irréguliers, frangés, crénelés sur leur contour; ils sont devenus plus agglutinatifs; ils forment, en adhérant les uns aux autres, des amas irréguliers; et cette modification semble due à une diastase formée par les bactéridies, car il suffit, pour l'obtenir, de filtrer du sang charbonneux à travers du plâtre, pour le débarrasser de tous ses éléments figurés, et de mélanger avec du sang normal le produit obtenu à travers le filtre (Pasteur). Les globules rouges abandonnent l'hémoglobine, qui se dissout dans le plasma, et imbibe, en les teintant, les séreuses du cœur et la tunique interne des vaisseaux. Le sang des animaux morts du charbon renferme ordinairement en abondance des bactéridies; et cette modification est la plus importante à retenir.

Le cœur est plus ou moins décoloré, lavé et comme cuit, mou, flasque, et d'un aspect terreux; il est rempli ordinairement d'un sang noir, poisseux, incoagulé ou mal coagulé en caillots noirâtres et pâteux. L'endocarde est teinté en rouge, imbibé par la matière colorante du sang; des ecchymoses et des points hémorrhagiques se montrent sur l'endocarde, dans le muscle cardiaque et sur le péricarde, qui renferme souvent une certaine quantité de sérosité rougeâtre. Les vaisseaux sanguins renferment partout un sang noirâtre, visqueux, poisseux, incoagulé, qui donne une teinte rouge à leur tunique interne et tache les doigts. Dans les capillaires des divers tissus et des divers organes on rencontre des embolies (Toussaint), formées par le pelotonnement et l'enchevêtrement des bactéridies; on trouve çà et là des ruptures vasculaires qui en sont la conséquence, des points ou des foyers hémorrhagiques. Le système capillaire est partout plus ou moins gorgé de sang; il y a eu çà et là exsudation du plasma sanguin, d'où est résultée une infiltration de sérosité gélatiniforme jaunâtre ou roussâtre dans le tissu péri-vasculaire.

Les ganglions sont presque toujours plus ou moins altérés, hypertrophiés, congestionnés, infiltrés, ramollis, noirâtres, tachetés, ecchymosés, pointillés, surtout dans leur couche corticale, faciles à écraser et à réduire en bouillie, entourés d'une infiltration séreuse ou gélatiniforme plus ou moins abondante, incolore, jaunâtre, roussâtre ou tachetée, contenant des bactéridies allongées. Il y a ordinairement dans les ganglions une accumulation de bactéridies et une pullulation telles que l'examen microscopique fait difficilement voir la structure de ces organes; une parcelle presque infinitésimale de pulpe râclée sur une section montre d'innombrables bactéridies. Les ganglions étant les organes collecteurs du virus et s'altérant (G. Colin) au fur et à mesure de leur pénétration par la bactéridie, ceux qui se trouvent les plus voisins du point d'absorption deviennent malades les premiers; puis les autres s'altèrent successivement à mesure que le virus les envahit. Aussi, en comparant l'état des divers ganglions d'un cadavre charbonneux encore frais, il est possible, d'après leur degré d'altération et d'après l'ancienneté de leurs lésions, de déterminer ceux qui ont été atteints les premiers et de remonter à la porte d'entrée du virus, à sa voie d'absorption. Ainsi l'altération des ganglions de l'auge et de la gorge permet d'induire que le virus charbonneux est absorbé souvent dans les premières voies digestives. Ainsi, sur le cadavre d'un mouton mort à la suite d'une inoculation charbonneuse, il est possible (Toussaint), d'après l'examen macroscopique et micrographique des ganglions, de déterminer très approximativement le point inoculé. Ainsi encore (Toussaint), à l'autopsie d'animaux morts du charbon spontané, il est souvent aisé de trouver le point par lequel le virus a pénétré; il suffit de vérifier l'état des divers ganglions des membres, du tronc et des cavités splanchniques. On trouve des ganglions peu ou pas malades et des ganglions très altérés; les premiers contiennent peu de bactéridies, tandis que les autres en sont farcis.

Ordinairement chez les moutons morts du charbon spontané, on (Toussaint) trouve très altérés les ganglions qui reçoivent les lympha-

tiques de la langue et du pharynx ou bien les ganglions de l'entrée de
la poitrine. Chez les grands ruminants, comme chez les petits ruminants,
on constate l'altération très marquée des ganglions sous-glossiens et
rétro-pharyngiens, l'infiltration des tissus périganglionnaire, péri-
laryngien, péritrachéal et périœsophagien, des hémorrhagies punctiformes, etc. Fréquemment il existe, dans la région bucco-pharyngienne
des animaux, des plaies, des éraillures faites par les dents, par les aliments durs ou poussiéreux; et c'est par elles que l'absorption des germes, qui se trouvent dans les aliments et les boissons, peut se faire. On
peut d'ailleurs obtenir expérimentalement les mêmes lésions des ganglions de la gorge, en inoculant le virus charbonneux à la bouche, à la
langue, en mélangeant des menues pailles, des matières vulnérantes, à
la nourriture des animaux, et en arrosant cette nourriture avec un
liquide charbonneux (Pasteur). Cependant il arrive assez souvent, surtout quand la maladie n'a pas été très rapide et quand l'autopsie est
faite trop longtemps après la mort, que de nombreux ganglions ou
même tous les ganglions semblent à peu près également altérés.

Les vaisseaux lymphatiques, surtout ceux de la région où l'absorption
du virus s'est produite, contiennent une lymphe rougeâtre.

Les séreuses en général sont plus ou moins altérées, congestionnées,
ecchymosées, tachetées de points hémorrhagiques; elles contiennent
parfois de la sérosité plus ou moins roussâtre.

On rencontre fréquemment des altérations plus ou moins accusées
dans les organes de l'appareil digestif. La muqueuse des voies digestives peut être congestionnée, infiltrée, noirâtre, brunâtre. La muqueuse
buccale et la muqueuse pharyngienne, mais surtout la muqueuse de la
langue, se présentent avec cet aspect, quand il y a glossanthrax; alors
la langue est elle-même infiltrée dans son tissu. Ses vaisseaux renferment un sang poisseux, visqueux, incoagulable; son épithélium est
soulevé par places et forme des vésicules remplies de sérosité noirâtre.
La muqueuse pharyngienne a à peu près le même aspect; son tissu
sous-muqueux est fortement congestionné, hypérémié et infiltré, lorsqu'il y a angine ou pharyngite charbonneuse; et en outre, dans ces cas,
les glandes et les ganglions avoisinants sont tuméfiés, hypérémiés, infiltrés, tachetés, ecchymosés, etc.

L'estomac se montre dans certains cas particulièrement altéré, congestionné, tacheté, ecchymosé sur sa muqueuse et sur sa séreuse; il
renferme parfois un liquide teinté de sang. On y trouve des foyers hémorrhagiques plus ou moins nombreux et plus ou moins étendus, et des
quantités prodigieuses de bactéridies. La matière, obtenue par le râclage
de la muqueuse préalablement nettoyée, est peuplée d'innombrables
bactéridies qui sont longues et volumineuses, plus grosses que celles du
sang ou de la rate. On y voit aussi des microbes arrondis que l'on a
considérés parfois comme des spores charbonneuses. Les bactéridies de

l'estomac siègent dans les vaisseaux, dans et autour des glandes, dans le tissu sous-muqueux, dans la musculeuse, dans le tissu interglandulaire, etc.

Le péritoine est souvent congestionné, ecchymosé, tacheté de points hémorrhagiques sur son feuillet pariétal et sur son feuillet viscéral ; il est arborisé à la surface des viscères, et ses capillaires sont remplis de bactéridies. Les vaisseaux du mésentère et de l'épiploon sont remplis de sang poisseux très riche en micro-organismes pathogènes ; il y a quelquefois des hémorrhagies plus ou moins étendues, des tumeurs ou amas de sang noirâtre et poisseux entre les lames du mésentère. Les ganglions mésentériques sont tuméfiés, congestionnés, infiltrés, noirâtres, ramollis. Tous les vaisseaux de la cavité abdominale sont plus ou moins distendus par un sang poisseux. Le tissu péri-rénal, péri-pancréatique, péri-ganglionnaire et péri-vasculaire est infiltré souvent de sérosité gélatiniforme plus ou moins colorée.

Les intestins sont fréquemment altérés d'une façon très manifeste. Les lésions qu'on y trouve consistent en congestion, ecchymoses, hémorrhagies, etc. Elles peuvent se montrer disséminées un peu partout sur le trajet de l'organe, ou condensées dans certaines parties. La séreuse se montre congestionnée, ecchymosée, arborisée ; et la masse intestinale, vue en bloc par son extérieur, apparaît plus ou moins rougeâtre. Le contenu de l'intestin est parfois mélangé de sang poisseux, putrilagineux, noirâtre. On constate souvent une violente congestion de la muqueuse avec des taches, des ecchymoses, des vergetures noirâtres, des hémorrhagies, des infiltrations séro-sanguinolentes ; les villosités apparaissent hypertrophiées, congestionnées, et leurs vaisseaux sont remplis de bactéridies. Quelquefois on observe un véritable état apoplectique de la muqueuse intestinale avec un épanchement sanguin à sa surface et dans son épaisseur ; le tissu de la muqueuse et le tissu sous-muqueux sont alors infiltrés de sang ou d'une matière séro-sanguinolente. La bactéridie se rencontre en abondance partout, dans le contenu sanguinolent de l'intestin, dans le produit râclé sur la muqueuse altérée, dans les vaisseaux, dans le tissu sous-muqueux, etc. Les vaisseaux lymphatiques qui partent de l'intestin sont turgides, remplis d'un produit rougeâtre ; les ganglions mésentériques sont hypertrophiés, congestionnés, hémorrhagiques, infiltrés, etc. La muqueuse rectale est quelquefois congestionnée, épaissie, infiltrée, noirâtre, renversée.

Le foie est jaune terreux, comme cuit ou macéré ; il est très friable ; ses vaisseaux sont gorgés de sang noirâtre et poisseux ; on y rencontre des taches hémorrhagiques ; les bactéridies sont abondantes dans ses vaisseaux, et il suffit d'examiner un peu de pulpe râclée sur une coupe pour en voir en grand nombre.

La rate est généralement hypertrophiée, surtout chez les petits ruminants. Toutefois il arrive qu'elle est presque normale, qu'elle n'est ni tuméfiée, ni ramollie, ni noirâtre, etc. ; et cela se voit surtout, quand la mort est arrivée rapidement, l'organisme n'ayant pas eu le temps alors d'être envahi complètement. S'il ne faut pas exclure l'idée de charbon en présence d'un cadavre dont la rate semble presque normale, il n'en est pas moins vrai que dans beaucoup de cas l'examen de cet organe est de la plus grande importance pour le diagnostic. En effet, très souvent la rate se montre considérablement hypertrophiée, tuméfiée, ramollie et noirâtre ou rouge brunâtre. Elle est tantôt congestionnée et tuméfiée en masse, d'où peut résulter un accroissement considérable de son volume ; tantôt la congestion s'est surtout faite dans certaines places d'où résultent des bosselures, des tumeurs molles, laissant échapper à l'incision une matière poisseuse et noirâtre. Delafond avait vu quelquefois la rate du fœtus altérée ; ce qui semblait déjà indiquer que la maladie pouvait être héréditaire. Les bactéridies sont prodigieusement abondantes dans la rate ; une parcelle infinitésimale de pulpe en laisse voir d'innombrables ; elles forment des feutrages inextricables dans les vaisseaux, dans les espaces caverneux, le long des travées qui les limitent.

Le pancréas peut être plus ou moins congestionné. Les reins sont généralement congestionnés ; la couche corticale est plus ou moins foncée ; on y trouve des ecchymoses, des hémorrhagies et de nombreuses bactéridies. La muqueuse vésicale est congestionnée ; l'urine est brunâtre, sanguinolente et plus ou moins riche en bactéridies. Ce dernier caractère se présente souvent chez les animaux de l'espèce ovine ; il s'explique par des ruptures vasculaires dans les reins et par le passage du sang en nature dans les urines. La muqueuse utérine se montre fréquemment congestionnée, surtout chez les femelles pleines.

Les plèvres sont plus ou moins congestionnées, ecchymosées, et renferment de la sérosité roussâtre. Les poumons peuvent également présenter de la congestion par places, des ecchymoses, des hémorrhagies, des oblitérations vasculaires par des embolies bactéridiennes. Les micro-organismes pathogènes sont abondants dans toutes ces lésions, dans les vaisseaux pulmonaires, dans les travées fibreuses qui accompagnent les vaisseaux et les bronches, dans le tissu sous-pleural et dans les alvéoles pulmonaires. La muqueuse respiratoire est quelquefois congestionnée, ecchymosée et recouverte d'une matière séro-muqueuse sanguinolente.

Enfin les lésions du charbon peuvent se rencontrer dans les centres nerveux. L'arachnoïde se montre parfois congestionnée et remplie d'un exsudat séro-sanguinolent riche en bactéridies. La pie-mère peut être plus ou moins vivement congestionnée ; quelquefois une véritable apoplexie avec hémorrhagies s'est produite à la surface du cerveau, dont les vaisseaux sont remplis d'un sang poisseux. Le cerveau, la moelle, certains nerfs, peuvent être plus ou moins congestionnés.

Les bactéridies charbonneuses se rencontrent dans le sang, dans les matières excrétées qui sont sanguinolentes, dans les lésions de tous les tissus et de tous les organes; elles sont surtout abondantes dans les capillaires des tissus ou organes congestionnés, ecchymosés, tachetés, etc., dans la rate, dans les ganglions, dans le foie, dans la muqueuse gastro-intestinale, etc., quand ces organes sont manifestement altérés. Elles peuvent varier de longueur et d'épaisseur suivant les espèces animales, suivant les individus, suivant les organes, etc.; mais elles sont toujours faciles à reconnaître à leur forme, à leur disposition, à leurs sièges, etc.

1° LÉSIONS OBSERVÉES SUR LES PETITS RUMINANTS MORTS DU SANG DE RATE SPONTANÉ.

Les lésions, qu'on rencontre ordinairement sur les moutons et les chèvres morts du charbon contracté spontanément, peuvent être résumées de la façon suivante :

Décomposition rapide des cadavres, ballonnement très prompt; écoulement de sang par les nasaux; congestion, infiltration, ecchymoses dans la peau, dans le tissu cellulaire sous-cutané, dans les ganglions et les glandes, dans le tissu péri-ganglionnaire et péri-glandulaire, sur la muqueuse intestinale, dans la rate qui est ordinairement hypertrophiée, dans les reins, sur la muqueuse respiratoire, dans le poumon, dans le cerveau et ses plexus; distension des capillaires dans divers organes ou parties d'organes qui sont plus ou moins hypertrophiés; hémorrhagies sur la muqueuse respiratoire, sur la muqueuse digestive, sur celle du bassinet rénal, sur celle de la vessie, d'où résulte que les produits excrétés sont mêlés de sang; hémorrhagies dans le tissu cellulaire, dans les ganglions, dans les poumons, la rate, les reins, etc., d'où résultent des taches brunâtres ou noirâtres, des épanchements sanguins circonscrits et quelquefois des foyers plus ou moins considérables d'un sang noir et poisseux; altération du sang plus ou moins accusée.

Les lésions du sang de rate sont plus disséminées, plus nombreuses et plus profondes sur les animaux de deux ou trois ans, qui sont dans un état d'embonpoint marqué; elles sont plus légères et moins nombreuses sur les animaux jeunes, sur les sujets vieux, sur ceux qui sont maigres, sur ceux en un mot qui ont succombé trop rapidement. On observe d'ailleurs des différences notables suivant les individus; sur tels cadavres, on trouve surtout la rate et les reins altérés; sur d'autres c'est la muqueuse digestive, celle de la caillette et de l'intestin; sur d'autres ce sont les organes de la respiration, etc., etc.

2° LÉSIONS DES ANIMAUX BOVINS MORTS DE LA FIÈVRE CHARBONNEUSE CONTRACTÉE SPONTANÉMENT.

Les lésions de la fièvre charbonneuse des grands ruminants ressemblent beaucoup à celles du sang de rate du mouton et de la chèvre, ce sont : la décomposition rapide du cadavre, l'écoulement de matière sanguinolente par les nasaux et l'anus ; l'altération du sang qui est noirâtre et poisseux ; la congestion, l'infiltration, des ecchymoses et des hémorrhagies dans le tissu sous-cutané, dans les ganglions, dans le tissu qui entoure la gorge, sur la caillette, dans l'intestin, dans la rate qui est souvent hypertrophiée, dans les reins, sur la muqueuse vésicale, sur les séreuses, dans le tissu musculaire et intermusculaire, etc.

3° LÉSIONS DES ANIMAUX SOLIPÈDES MORTS DE LA FIÈVRE CHARBONNEUSE.

Sur les animaux solipèdes morts du charbon, on observe, comme sur les grands ruminants : la coloration noire du sang, des ecchymoses sur les divers organes, des infiltrations, des ruptures vasculaires et des hémorrhagies dans la plupart des tissus, dans le tissu conjonctif, sur le péritoine, dans les parois intestinales, sur le péricarde, dans le cœur, sur l'endocarde, dans les ganglions ; la tuméfaction, la congestion, l'infiltration du système ganglionnaire ; des œdèmes dans diverses régions, autour des ganglions et dans le tissu conjonctif qui entoure certains organes ou certains muscles ; l'engorgement de la rate, etc.

4° LÉSIONS DES AUTRES ANIMAUX MORTS DU CHARBON.

On a signalé sur les porcs morts du charbon : la tuméfaction du cou, l'infiltration de son tissu cellulaire et quelquefois l'ulcération des amygdales ; la congestion des ganglions, des viscères, de la rate et des séreuses ; l'état fiévreux de la chair, la couleur chair de saumon du muscle ; l'infiltration du tissu cellulaire de certaines régions, etc.

Les lapins, les cobayes, les carnivores et les oiseaux, qui meurent du charbon, offrent des lésions congestionnelles, exsudatives et hémorrhagiques plus ou moins accusées. Ainsi, sur des carnivores, morts du charbon contracté par ingestion de matières charbonneuses, on a eu à constaté la congestion et la tuméfaction des ganglions voisins du point d'absorption, l'infiltration du tissu conjonctif des régions voisines, la congestion de la muqueuse digestive, la congestion et des taches ecchymotiques sur le poumon, des ecchymoses sur le cœur et l'endocarde, la coloration foncée du sang, etc.

5° LÉSIONS DES ANIMAUX MORTS A LA SUITE D'INOCULATIONS EXPÉRIMENTALES.

Les lésions, produites à la suite des inoculations charbonneuses, sont, à peu de choses près, les mêmes que celles qu'on rencontre sur les animaux morts du charbon spontané, surtout quand le virus est introduit par injection intra-veineuse, par ingestion ou par inhalation. Toutefois, quand l'inoculation est faite par piqûre à la peau, ou par injection sous-cutanée, on observe, outre les lésions précédemment décrites, des altérations locales plus ou moins accusées. Ainsi, chez les petits ruminants, chez les bovins et chez les solipèdes, on observe, à la suite de ce mode d'inoculation : un œdème plus ou moins considérable, allant du point inoculé au ganglion le plus voisin ; la congestion, la tuméfaction et des hémorrhagies dans les ganglions qui se trouvent sur le trajet des lymphatiques partis du point inoculé, etc. Chez le porc, on constate aussi une infiltration gélatiniforme plus ou moins abondante au point d'inoculation. Il en est de même chez le lapin et surtout chez le cobaye, qui présentent en outre les autres lésions du charbon, l'altération des ganglions, des viscères, etc. Sur aucun des animaux, qui viennent d'être passés en revue, l'inoculation par piqûre ne produit une pustule maligne comparable à celle de l'homme.

Chez le chien l'inoculation par piqûre et l'injection hypodermique ne provoquent ordinairement que des désordres locaux d'inflammation, d'œdème, de tuméfaction des ganglions voisins. Quelquefois cependant le chien meurt du charbon ; inoculé et on peut plus sûrement le faire périr, en lui injectant le virus dans la veine en assez forte proportion. On trouve alors les lésions ci-dessus indiquées.

Chez les animaux réfractaires, quelle que soit leur espèce, l'inoculation du virus charbonneux ne produit ordinairement que des lésions locales plus ou moins accusées, et consistant dans une tuméfaction inflammatoire.

Chez l'homme mort du charbon, on constate, outre la présence de la pustule maligne et de l'œdème qui l'accompagne, des lésions semblables à celles des animaux, des lésions congestionnelles, des lésions de gastro-entérite avec ulcération, des lésions broncho-pulmonaires, etc.

III. — ÉTIOLOGIE.

Le charbon est une maladie contagieuse, virulente, transmissible, inoculable, ainsi que l'ont démontré l'observation déjà très ancienne et l'expérimentation : il doit son apparition et son développement chez les animaux et chez l'homme à un parasite, à un micro-organisme, à la *bactéridie* de Davaine.

On avait de temps immémorial vu le charbon sévir dans divers pays à l'état enzootique ; et de nombreuses observations avaient été recueillies à diverses époques sur ses caractères, sa marche et son développement. On avait remarqué qu'il sévissait en permanence dans certaines régions, dans certaines localités ; on avait reconnu que certains lieux, certains pâturages étaient particulièrement dangereux, et que la maladie cessait ses ravages, quand on faisait émigrer les troupeaux sur d'autres pâturages non dangereux ; on avait vu l'affection exercer ses ravages dans des régions parfois très limitées, dans certaines bergeries ou étables, sans se montrer dans leur voisinage plus ou moins immédiat. On avait constaté une certaine corrélation entre la fréquence du charbon et les années pluvieuses, pendant lesquelles les cours d'eau débordent et les eaux croupissent sur le sol en s'y évaporant ; aussi avait-on accusé de produire cette maladie les saisons chaudes et humides, les étangs, les marécages, les eaux croupissantes, les herbages humides, etc. On verra plus loin l'interprétation du rôle de ces diverses influences.

On avait d'autre part reconnu que l'inoculation accidentelle des produits charbonneux pouvait s'accompagner chez l'homme de la pustule maligne ; et on croyait dans une certaine mesure à la transmission du charbon d'animal à animal. En 1823, Barthélemy donnait la maladie au mouton et au cheval par l'inoculation et l'ingestion du sang charbonneux ; l'année suivante Leuret donnait pareillement la maladie au cheval, en lui transfusant du sang d'un cheval charbonneux. En 1845, Gerlach démontrait à son tour la transmission du charbon par l'inoculation du sang des malades.

En 1852, l'Association médicale et vétérinaire d'Eure-et-Loir avait démontré par l'expérimentation : que le sang de rate est transmissible du mouton au mouton, et du mouton au cheval, à la vache, au lapin ; que la fièvre charbonneuse du cheval est transmissible au cheval et donne le sang de rate au mouton ; que la *maladie du sang* de la vache donne le sang de rate au mouton, la fièvre charbonneuse au cheval et au lapin ; que la pustule maligne de l'homme reproduit le sang de rate chez le mouton, d'où elle provient le plus souvent ; que le sang de rate du mouton, la fièvre charbonneuse du cheval, la maladie du sang de la vache et la pustule maligne de l'homme sont une seule et même affection ; que le virus existe partout dans l'organisme malade ; qu'il ne s'atténue pas par des transmissions successives ; que le mouton, le lapin et le cheval sont plus susceptibles que la vache ; que la virulence peut persister plusieurs jours après la mort ; que la transmission peut se faire par l'inoculation, par la transfusion, par les rapports de contact, et exceptionnellement par la cohabitation.

1° NATURE DU CONTAGE CHARBONNEUX.

En 1850, Rayer et Davaine signalèrent pour la première fois la présence de *bâtonnets* particuliers dans le sang des animaux charbonneux.

Les mêmes bâtonnets furent ensuite observés et décrits par Pollender, qui constata leur résistance aux acides et aux bases et leur coloration par l'iode, et par Brauell, qui remarqua en outre que le sang du fœtus dont la mère mourait du charbon n'était pas virulent. Le rôle des bâtonnets n'avait été ni démontré, ni même soupçonné par Davaine, Pollender et Brauell ; toutefois Brauell avait considéré leur présence comme une preuve de l'existence du charbon.

Delafond (1860) avait observé à son tour les bâtonnets déjà découverts dans le sang charbonneux ; il les avait observés sur les animaux atteints de charbon contracté spontanément et sur les animaux inoculés. Il les avait vus apparaître dans le sang quelques heures avant la mort ; il avait reconnu qu'ils deviennent très rapidement abondants dans le sang pendant les derniers moments de la vie. Il les avait trouvés en quantité considérable dans les ganglions voisins du point d'inoculation ; il avait remarqué que les bâtonnets, emprisonnés par la fibrine, deviennent rares dans le sérum après la mort, et il avait indiqué la manière de les retrouver dans le caillot en le dissociant.

Delafond avait enfin soupçonné la nature et le rôle des bâtonnets découverts par Davaine ; il les avait regardés comme des végétaux cryptogames, comme des plantules susceptibles de se transformer en mycélium ; il avait essayé de les cultiver, il les avait vu s'allonger, doubler, tripler, quadrupler de longueur ; et il les avait considérés comme susceptibles de donner des spores, propriété qui ne devait être vérifiée expérimentalement qu'en 1876 par Koch, de Berlin.

Pasteur ayant démontré en 1861 que la fermentation butyrique est déterminée par un bâtonnet, Davaine était revenu sur son observation de 1850, et s'était demandé si le bâtonnet par lui découvert dans le sang charbonneux ne serait pas l'agent pathogène de la maladie. Il avait essayé de démontrer son rôle par diverses expériences. Il avait inoculé des animaux (lapins, cobayes) avec du sang charbonneux ; et il avait puisé sur ces animaux inoculés, à des heures de plus en plus éloignées du moment de l'inoculation, des gouttelettes de sang qu'il avait étudiées au microscope et qu'il avait fait servir à de nouvelles inoculations. De cette manière il avait constaté que tant que le sang ne renfermait pas de bâtonnets, il restait inactif ; mais lorsque les bâtonnets (quelques heures avant la mort) apparaissaient dans le sang, celui-ci était virulent, inoculable. Ces expériences, répétées un certain nombre de fois, avaient donné les mêmes résultats et l'avaient amené à conclure que le bâtonnet, auquel il donnait le nom de *bactéridie*, était l'agent de transmission du charbon. Davaine avait ainsi constaté la repullulation du bâtonnet dans le sang des animaux inoculés ; il avait constaté que la manifestation de la maladie coïncidait avec la repullulation de la bactéridie et que le sang des inoculés devenait virulent seulement dès le moment qu'il présentait des bâtonnets.

Davaine avait eu recours à un autre procédé de démonstration ; il avait essayé d'isoler la bactéridie, d'obtenir du sang charbonneux privé de bâtonnets ; et pour cela il avait employé les inoculations à des femelles pleines. Avant lui Brauell avait observé que le sang du fœtus, renfermé dans la matrice d'une femelle devenue charbonneuse, ne contenait pas le bâtonnet, que, par conséquent, le charbon n'était pas transmissible par la voie placentaire. Davaine, mettant ce fait à profit, inocula des lapines pleines et leur donna le charbon. Un examen comparatif du sang de la mère et de celui du fœtus lui révéla la présence de bactéridies dans le premier et l'absence de ces mêmes bactéridies dans le second ; le sang de la mère inoculée était virulent, celui du fœtus ne l'était pas.

Grâce à ces deux catégories d'expériences, Davaine, qui avait en outre reconnu que le sang charbonneux desséché peut conserver sa virulence, avait conclu au rôle exclusif de la bactéridie dans la genèse et la transmission du charbon.

La démonstration de Davaine laissait cependant à désirer ; et l'on discuta encore longtemps. Dans la goutte de sang charbonneux inoculé, il existait des éléments divers tels que globules rouges, dont les uns plus ou moins déformés, globules blancs, bâtonnets, granulations, substances liquides, auxquels on ne déniait pas toute action pour l'attribuer exclusivement aux bâtonnets. D'ailleurs, pour n'avoir pas connu le mode de reproduction de la bactéridie par formation de spores capables de se conserver longtemps, de germer et de reproduire les bâtonnets tout en déterminant la même maladie, Davaine se trouvait dans l'impossibilité d'expliquer certains faits et de répondre aux objections de ses contradicteurs. Comment, en effet, concevoir qu'un cadavre charbonneux pût conserver sa virulence pendant plusieurs semaines, et même plus longtemps, après la mort, vu que la bactéridie adulte sous forme de bâtonnet se conserve peu de temps et ne se retrouve pas dans des cadavres déjà anciens ? On était donc dans l'impossibilité de se rendre compte comment et pourquoi des cadavres charbonneux peuvent rester dangereux pendant des mois ou des années. Il y avait là un fait que n'expliquait pas la théorie nouvelle de Davaine, et qui devait plus tard s'expliquer aisément par la connaissance de la faculté de la bactéridie d'engendrer des spores très résistantes.

Entre temps, Davaine et Raimbert avaient rencontré la bactéridie dans la pustule maligne de l'homme, et avaient obtenu le charbon en inoculant sa sérosité. Mais on continuait à regarder la bactéridie comme un épiphénomène du charbon et non comme l'agent morbigène. On obtenait (Jaillard et Leplat) une maladie qui tuait, comme le charbon, mais sans bactéridies, en inoculant du sang charbonneux recueilli sur le cadavre en voie de putréfaction qui ne présentait pas de bactéridies en bâtonnets ; et on en concluait que le bâtonnet ne saurait être considéré comme l'agent morbigène du charbon. Davaine distingua alors du charbon avec bactéridies la maladie prétendue charbonneuse sans bactéridies, et lui donna le nom de maladie de la vache (le sang inoculé provenait d'un cadavre de vache charbonneuse); il la considéra comme une maladie spéciale, de nature septique, tuant plus vite que le charbon, inoculable aux oiseaux.

Les faits, opposés à Davaine et reconnus exacts par lui, s'expliquent aisément aujourd'hui : la bactéridie peut donner des spores dans certaines conditions avant de se détruire dans le cadavre ; d'un autre côté, les bactériens de la putréfaction, qui se trouvent dans les voies digestives, envahissent très promptement les diverses parties du cadavre et donnent également des spores. Aussi, en examinant du sang charbonneux provenant d'un cadavre en voie de putréfaction, on peut ne plus voir de bactéridies en bâtonnets et ne pas apercevoir les bactériens ou vibrions septiques, à cause de leur extrême réfringence ; on ne distingue pas d'ailleurs, à l'examen microscopique, les spores d'un bactéridien de celles de tel autre. On inocule ainsi quelquefois des germes charbonneux et surtout des germes septiques ; et c'est ordinairement la septicémie qui se développe ; en conséquence, pas de bactéridies dans le sang des malades. Que si les spores charbonneuses déterminent le charbon, on obtient des bactéridies sans avoir inoculé des bâtonnets. Si donc les cadavres charbonneux restent virulents pendant longtemps dans le sol, c'est parce que les bactéridies, avant de disparaître, donnent des spores qui sont très résistantes. D'ailleurs, ce n'est pas seulement le sang des animaux charbonneux qui devient rapidement septique après la mort; celui des animaux morts de bien d'autres maladies et d'asphyxie le devient au bout de quelques heures.

Brauell avait considéré la bactéridie comme le criterium diagnostique du charbon, mais il ne l'avait pas regardée comme l'agent de la maladie; il avait reconnu (1865) que le porc était réfractaire aux inoculations charbonneuses.

Luton, comme l'avait d'ailleurs constaté Davaine, avait reconnu (1869) que le sang charbonneux desséché conservait sa virulence.

Baillet (1870) avait constaté la présence de la bactéridie dans le sang de tous les animaux morts du *mal de montagne*, qui venait d'être reconnu comme étant de nature charbonneuse par une commission envoyée dans le Cantal et le Puy-de-Dôme pour l'y étudier : il supposa que les bactéridies ou leurs germes, par suite de la mauvaise habitude qu'on avait d'enfouir les cadavres dans les pâturages à une faible profondeur, vivaient sur le sol ou sur les herbes et étaient introduites avec les fourrages.

En 1871, Klebs et Tiegel, ayant filtré du sang charbonneux à travers un vase d'argile, avaient reconnu que le plasma obtenu sans bâtonnets et sans particules figurées n'était pas virulent. Cette expérience ne démontrait qu'une chose, à savoir que la virulence ne réside pas dans la partie liquide.

Pasteur avait bien reconnu la formation de spores dans un microbe pathogène, à propos de ses études sur les maladies des vers à soie, et il avait constaté qu'elles sont très résistantes et qu'elles peuvent germer plusieurs années après leur formation; mais, ce fait, non encore vérifié pour le bâtonnet du charbon, rendait, avons-nous vu, la démonstration de Davaine incomplète et laissait la discussion continuer.

En 1876, P. Bert, ayant reconnu que l'oxygène, agissant à la pression de plusieurs atmosphères, tue les éléments anatomiques et les êtres vivants, tandis qu'il est sans action sur les diastases, sur les ferments solubles, sur les venins, avait soumis à son action le virus charbonneux; il avait soumis en outre ce virus à l'action de l'alcool absolu; et il avait constaté, dans un cas comme dans l'autre, que l'inoculation donnait une maladie rapidement mortelle, sans faire apparaître la bactéridie; ici encore le sang charbonneux était septique, peuplé de spores, et l'inoculation donnait la septicémie.

En 1876, Koch constata le premier la multiplication de la bactéridie charbonneuse par formation de spores; il cultiva la bactéridie dans le plasma sanguin, dans l'humeur aqueuse, en présence de l'air; il dilua une très faible quantité de sang charbonneux dans une goutte de sérum ou d'humeur aqueuse, il vit la bactéridie s'allonger démesurément et former un feutrage de mycélium inextricable. Il vit la bactéridie, par suite de modifications survenues dans son milieu, donner, non plus des segments, mais bien des spores très réfringentes, très rapprochées et régulièrement espacées dans l'intérieur des filaments. Il vit les filaments se détruire et laisser à leur place des spores alignées, maintenues par une substance unissante formée des derniers vestiges des filaments; il vit ensuite les spores s'isoler et devenir libres. Il inocula les spores et obtint le charbon; il les cultiva dans le plasma sanguin et dans l'humeur aqueuse en présence de l'air; il les vit s'étirer, s'allonger et se transformer en bâtonnets. Il constata qu'elles sont plus résistantes que les bâtonnets et qu'elles peuvent se conserver longtemps.

En résumé, Koch, en cultivant la bactéridie dans l'humeur aqueuse ou le sérum, en présence d'un air humide, à la température de 35° à 37°, vit les bâtonnets s'allonger considérablement, doubler, décupler, centupler de longueur, se contourner et former, en s'entremêlant, un lacis inextricable, perdre en quelques heures leur structure uniforme et leur transparence, prendre un contenu granulé, former bientôt dans leur intérieur des granulations ou spores très réfringentes plus ou moins rapprochées et régulièrement espacées, simuler ainsi des chapelets de perles entrelacés, se dissocier et laisser à leur place des spores alignées maintenues en connexion par une substance unissante muqueuse, mais ne tardant pas à se séparer et à devenir libres. Il constata qu'à

35° les bactéridies se développent rapidement et qu'elles présentent des spores au bout de vingt heures, tandis qu'à 30° elles n'en donnent qu'au bout de trente heures, et à 18°-20° au bout de deux ou trois jours. Au-dessous de 12° et au-dessus de 45°, les bactéridies ne se développent plus, d'après les constatations de Koch, qui reconnut que le développement de la bactéridie exige le contact de l'air, que dans un milieu pauvre en oxygène, elle devient trouble, se fragmente et se détruit.

A partir de 1877, Pasteur se consacra à l'étude des maladies contagieuses ; il compléta la démonstration de la nature parasitaire du charbon ; il démontra, par l'emploi de la méthode des cultures successives inaugurée par lui, que c'est bien la bactéridie qui est l'agent morbigène du charbon, et que, si le virus charbonneux résiste à l'action de l'oxygène comprimé, il le doit à la grande ténacité des spores qu'il renferme, et qui, contrairement aux bâtonnets, ne sont pas influencées.

Koch avait constaté que le microbe du charbon peut se reproduire par scissiparité et par endogenèse ; durant la vie d'un malade, le bâtonnet se multiplie par scissiparité, s'allonge, s'étrangle et se coude en un ou plusieurs endroits, se sépare en plusieurs segments ou bâtonnets, qui, à leur tour, se comportent de même. Après la mort, les bâtonnets cessent de se multiplier par scissiparité, l'oxygène leur manque ; ce sont les bactériens septiques qui prennent le dessus. Cependant la bactéridie donne, sous certaines conditions, avant de se détruire, des spores, qui, une fois formées, peuvent se conserver et perpétuer la virulence pendant longtemps.

Pasteur soumit, avons-nous dit, le virus charbonneux à des cultures successives hors de l'organisme, répétées un grand nombre de fois, afin d'arriver à isoler la bactéridie de tous les éléments qui l'accompagnent dans la goutte de sang employée pour semer la première culture ; ces éléments ne se multiplient pas et finissent par disparaître, la bactéridie seule se multiplie et se purifie de culture en culture ; on l'obtient bientôt absolument pure sous forme de filaments ; et, en inoculant le liquide qui la contient, on fait apparaître la maladie charbonneuse avec repullulation de la bactéridie.

Que si on filtre le liquide de culture ou du sang charbonneux sur un diaphragme en plâtre, au-dessous duquel on fait le vide, on le débarrasse de ses bactéridies et il cesse d'être virulent. La méthode des cultures successives, répétées un très grand nombre de fois, permet de se débarrasser de tous les éléments qui accompagnent la bactéridie, tels que globules rouges et blancs, granulations, qui avaient été introduits dans la première culture, et transmis en nombre de moins en moins considérable à quelques-unes des suivantes. La cause du charbon est donc bien la bactéridie et non point tout autre élément figuré, puisque la bactéridie est le seul qui ait été conservé à travers les cultures, ni une substance dissoute, ni un poison quelconque produit par la bactéridie et se régénérant en même temps qu'elle dans les cultures successives, puisque une fois la bactéridie enlevée on n'obtient plus la maladie (filtration au plâtre, filtration placentaire). Que si on a pu accuser le filtre en plâtre d'altérer le plasma qui le traverse, de façon à éteindre en lui la virulence qu'il pourrait avoir, on éloigne ce reproche, en filtrant à travers de nombreux doubles de papier, ou en abandonnant le sang charbonneux dans un lieu privé de germes (caves de l'observatoire); il se sépare en deux parties; le plasma, obtenu par décantation, est privé de bactéridies, qui ont été entraînées et emprisonnées dans la partie coagulée, et ne donne pas le charbon par l'inoculation. D'ailleurs le sang des fœtus qui ne contient pas de bactéridies n'est pas virulent, ce qui ne saurait être ainsi si la virulence était due à une substance liquide, à un poison.

En résumé Pasteur a démontré : que la bactéridie peut se multiplier dans les liquides artificiels indéfiniment, sans perdre son action sur l'économie, et qu'il est impossible d'admettre que, dans ces conditions, elle soit accompagnée d'une substance soluble ou d'un virus partageant avec elle la cause des effets du sang de rate ou de la maladie charbonneuse proprement dite; que la virulence ne réside pas dans une matière quelconque associée à la bactéridie; que les erreurs et les confusions, commises par de nombreux expérimentateurs, résultaient de la non distinction de ce qui appartient au charbon d'avec ce qui appartient à la septicémie.

Toussaint, comme l'avait reconnu Davaine, constata que les bactéridies ont toute leur force au moment de la mort, avant que la putréfaction se soit emparée du cadavre, et qu'elles sont tuées par suite du développement de la putréfaction, qu'elles meurent, quand elles sont placées à l'abri de l'air, d'autant plus vite que la température est plus élevée. Ayant filtré du sang charbonneux sur 4-8 feuilles de papier, il reconnut que le filtre, composé de 4 feuilles, laisse passer des bâtonnets et que le liquide donne le charbon; tandis que le filtre de 8 feuilles ne laisse passer que des granulations et des globules blancs, et l'inoculation du produit obtenu ne donne pas le charbon. Il reconnut qu'on peut abréger la durée de la période d'incubation, en injectant dans le sang un grand nombre de bâtonnets. Il cultiva le sang charbonneux dans l'humeur aqueuse avec la platine chauffante, et étudia à son tour les transformations de la bactéridie.

Il est donc bien démontré que le charbon doit son apparition et son développement à l'introduction dans les organismes d'un microbe sous forme de bâtonnets ou sous forme de spores. La bactéridie est donc bien le facteur et le seul facteur du charbon, car, dans les liquides de culture on l'obtient pure, débarrassée de toute particule figurée ou amorphe.

2° SIÈGES DU VIRUS CHARBONNEUX. — CARACTÈRES DE LA BACTÉRIDIE CHEZ LES MALADES ET DANS LES CADAVRES FRAIS

Le contage charbonneux est un microbe; et ce microbe, ainsi qu'on l'a vu précédemment, se rencontre dans le sang des malades, dans leurs divers organes et dans les produits qu'ils excrétent, surtout quand l'affection est arrivée à son terme. Il est notamment abondant dans la rate devenue turgide, dans les ganglions malades, dans les vaisseaux des organes congestionnés, etc.; on le rencontre dans les excréments, dans les urines, dans le produit qui s'échappe du nez, etc., surtout quand ces diverses excrétions sont sanguinolentes; on l'a trouvé (Feser, Chambrelent et Moussous, Koubassoff, Nocard) dans le lait des femelles, de la cobaye et de la vache.

Fig. 55. — Sang d'un cobaye charbonneux.

La bactéridie de Davaine, encore appelée *bacillus anthracis*, se présente toujours sous forme de bâtonnets immobiles chez les malades et sur les cadavres examinés peu de temps après la mort. Ces bâtonnets sont simples ou formés de deux, trois, quatre segments, droits, quelque-

Fig. 56. — Sang d'un lapin charbonneux.

Fig. 57. — Caillot sanguin d'un lapin charbonneux.

fois recourbés ou infléchis, cylindriques, articulés à angle obtus par une extrémité qui paraît un peu élargie à un fort grossissement, et adhérant d'une façon lâche souvent par un des angles seulement. Ils sont plus ou moins longs, suivant les sujets malades et suivant leur siège; plus longs dans l'organisme du cobaye et dans celui de la souris que dans celui du bœuf; plus longs dans les produits exsudés, dans l'œdème qui accompagne l'inoculation, que dans le sang où ils sont plus rapidement divisés en segments indépendants, à cause du mouvement dont il est animé ; plus ou moins épais suivant les espèces animales et suivant les individus; généralement plus minces chez le bœuf, plus gros chez le lapin, etc. Leur longueur peut varier de 3 à 20 µ, et leur épaisseur est comprise entre 1 et 1,5 µ ; ils ne contiennent jamais de spores, quand ils sont pris sur l'animal vivant ou sur le cadavre frais. Ils sont composés d'un protoplasme très réfringent, et d'une enveloppe moins réfringente, mais très résistante ; autour des bâtonnets, on peut voir une mince zone claire, hyaline et gélatineuse. Il y a autant de

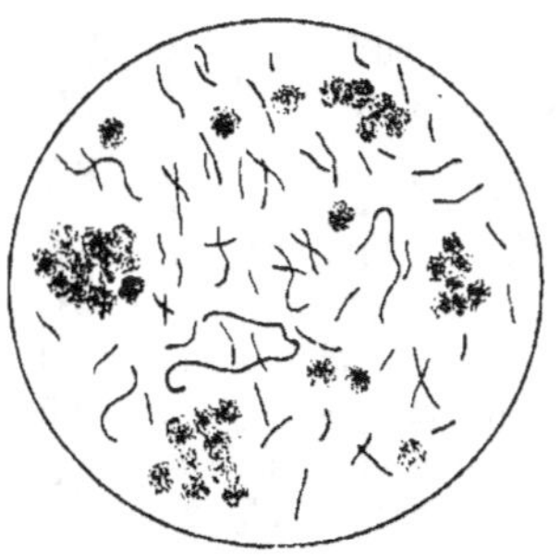

Fig. 58. — Charbon du mouton. — Exsudat du point inoculé.

microbes unicellulaires qu'il y a de segments; ce sont des cellules végétales se multipliant toujours par segmentation ou scissiparité dans le corps des organismes malades. La segmentation s'annonce par l'apparition d'une ligne transversale, très mince parfois, et pouvant n'appa-

Fig. 59. — Ganglion de mouton charbonneux.

Fig. 60. — Rate (pulpe) de mouton charbonneux.

raître qu'avec l'emploi de réactifs ou qu'après le chauffage. Vus dans le sang, dans la pulpe des organes, de la rate, des ganglions, etc., dans l'exsudat gélatineux du tissu sous-cutané, qui en renferme d'autant moins qu'il est plus incolore et plus dépourvu de foyers hémorrhagiques, etc., ils sont facilement reconnaissables, même à la suite d'un examen sans coloration, à cause de leur forme allongée, de leur réfringence, de leur immobilité, de leur nombre et de leur arrangement, etc. Dans une gouttelette de sang interposée entre lame et lamelle, et examinée à l'éclairage ordinaire avec un grossissement de 350 à 500 diamètres, on voit ordinairement les globules rouges agglutinés, formant des amas irréguliers et laissant des espaces où l'on aperçoit nettement les bâtonnets.

La bactéridie résiste à l'action de la potasse, de l'ammoniaque, de l'acide sulfurique, de l'acide chlorhydrique, etc.; elle conserve sa forme, après avoir subi l'action de ces substances. Quand on traite, par une goutte d'acide acétique ou mieux d'acide formique, une parcelle infinitésimale de sang ou de pulpe d'organe desséchée, on voit tous les éléments anatomiques pâlir et disparaître, tandis que les bacilles persistent avec une parfaite netteté. Les bâtonnets du charbon se colorent bien par toutes les matières colorantes tirées de l'aniline, par le violet de gentiane, par les violets et le bleu de méthyle, par la fuchsine, la rubine, etc. On peut obtenir de belles préparations avec les méthodes ordinaires de coloration simple et surtout avec les méthodes de double coloration, telles que celle de Gram et de Weigert. Ces préparations peuvent être faites avec le sang, avec l'exsudat des points malades, avec la pulpe râclée sur la coupe d'un organe, de la rate, des ganglions, du foie, du poumon, de la moelle osseuse, etc, avec l'épiploon, avec les villosités de l'intestin, etc., avec des coupes d'organes préalablement durcis dans l'alcool.

Rien n'est aisé comme de faire des préparations colorées, avec le sang, les liquides ou les pulpes d'organes charbonneux. On en étale une très mince couche sur une lame ou une lamelle ; on laisse sécher à l'air ; on fixe cette mince couche, en passant la lame ou la lamelle, la face enduite tournée en haut, deux ou trois fois à travers la flamme d'une lampe à alcool ou d'un bec Bunsen. On laisse refroidir, et on fait ensuite agir pendant quelques minutes, sur la préparation, une solution hydro-alcoolique de l'une des matières colorantes précitées ; puis on lave, on déshydrate, on éclaircit, et on monte dans le baume, pour examiner enfin de préférence avec l'éclairage Abbé et l'objectif à immersion homogène. quand on veut se livrer à une étude minutieuse. Pour obtenir cette coloration simple, on peut également employer la solution bleue de Löffler (solution alcoolique de bleu de méthylène 1, et solution potassique au 1/10000 3) qui donne de bons résultats. Les lames ou lamelles, après avoir été colorées de quelques minutes à une demi-heure, sont passées rapidement dans de l'eau distillée légèrement acidulée avec de l'acide acétique : ensuite, on les traite comme ci-dessus.

La coloration double s'obtient par la méthode de Gram. Les lames ou lamelles sont colorées pendant cinq à dix minutes avec la solution de Gram (eau anilinée 10, alcool absolu 1, solution alcoolique sursaturée de violet de gentiane 1) ; ensuite. on les lave, et on les place deux ou trois minutes dans la solution iodo-iodurée (iode 1, iodure de potassium 2, et eau distillée 300) ; on lave de nouveau, et on décolore par l'alcool absolu ; on lave encore, et on donne une seconde coloration avec le picro-carmin, ou la solution hydro-alcoolique faible d'éosine ou de vésuvine ; on lave une dernière fois, on sèche et on monte. La double

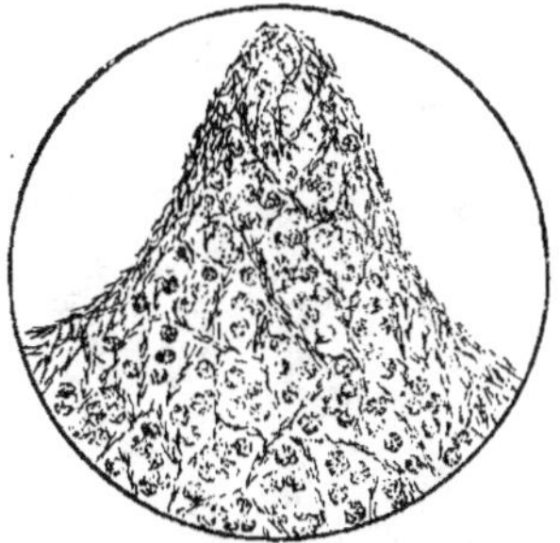

Fig. 61. — Villosité intestinale
de cobaye charbonneux.

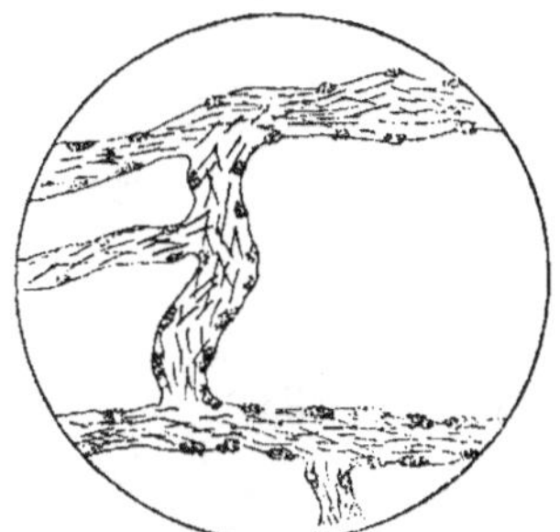

Fig. 62. — Épiploon de cobaye
charbonneux.

coloration peut encore être obtenue par la méthode de Weigert : on colore d'abord la préparation au picro-carmin pendant quelques minutes ; on lave à l'eau distillée, et on fait agir pendant une dizaine de minutes la liqueur de Weigert (solution aqueuse saturée à chaud de violet de méthyl 6 B 68, alcool absolu 11, huile d'aniline 3) ; on lave de nouveau, et on fait agir la solution iodo-iodurée comme ci-dessus ; on lave encore et on sèche, puis on décolore avec un mélange d'huile d'aniline blanche (2 parties) et de xylol (1 partie) ; on lave au xylol pur, dès qu'il ne reste plus que la teinte du picro-carmin, et on monte dans le baume ; le fond est rose et les microbes apparaissent colorés en violet.

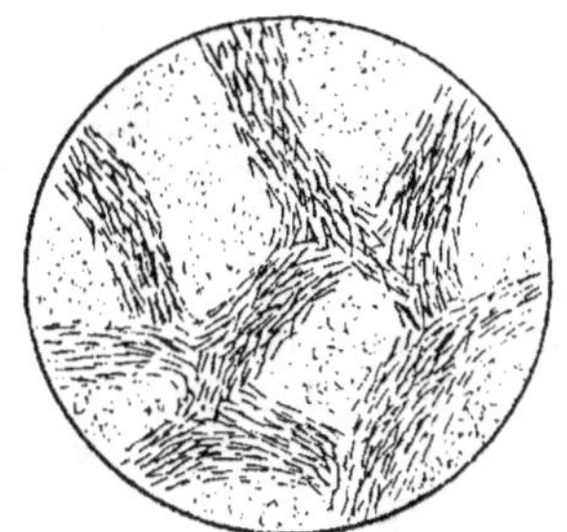

Fig. 63. — Rate (coupe) de cobaye
charbonneux.

Les préparations faites avec l'épiploon, avec les villosités intestinales, peuvent être colorées directement sur la lame ou la lamelle, comme et par les mêmes procédés que les préparations faites avec la pulpe des organes. On peut étaler, sur la lame ou la lamelle, une portion d'épiploon qui ne renferme que de très fins vaisseaux, ou une villosité intestinale ; on laisse sécher, on fixe en chauffant à l'étuve ou à travers une flamme, et on procède ensuite comme ci-dessus. Toutefois, on peut, avec l'épiploon, procéder un peu différemment : on n'a qu'à tendre une portion de cet organe au-dessus d'un bouchon de liège excavé ou percé d'un trou assez large ; on la passe dans un mélange d'alcool et d'éther à parties égales ; puis on la plonge dans le violet de Gram ; ensuite, on la traite par la solution iodo-iodurée, et on la décolore avec l'alcool absolu ; après quoi, on colore à l'éosine, et on monte comme s'il s'agissait d'une coupe.

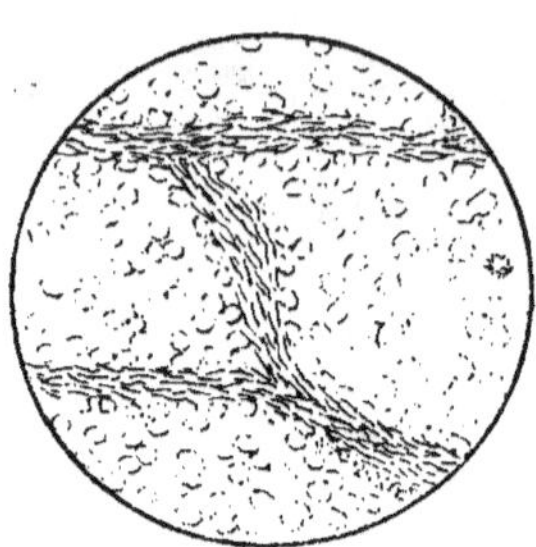

Fig. 64. — Péricarde de cobaye charbonneux.

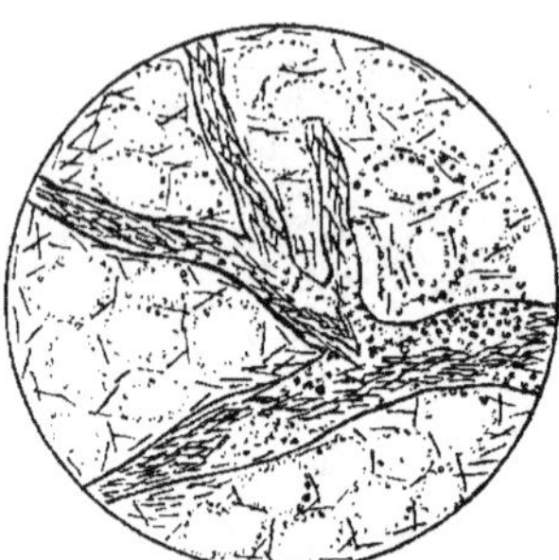

Fig. 65. — Poumon (coupe) de cobaye charbonneux.

Les coupes fines, pratiquées sur des fragments d'organes charbonneux (ganglion, rate, foie, rein, poumon, estomac, intestin) préalablement durcis par l'alcool absolu, se colorent par les mêmes procédés.

3° CARACTÈRES DE LA BACTÉRIDIE CULTIVÉE.

Le microbe charbonneux peut se conserver, vivre, se développer, et se multiplier en dehors des organismes, quand les conditions nécessaires à sa nutrition et à sa respiration se trouvent jointes à la température et au degré d'humidité convenables. Il lui faut un milieu composé de matières azotées et minérales, telles que le sérum, l'humeur aqueuse, l'urine, les infusions végétales, les bouillons de viande, les pommes de terre, les gélatines et géloses peptonisées. Il se cultive bien dans l'urine neutre, mais les bouillons de viande sont préférables ; il vient bien dans les gélatines et géloses, ainsi que sur la pomme de terre. Il lui faut de l'air, de l'oxygène libre, il est *aérobie* ; il ne se développe pas dans le vide, ni en présence de l'acide carbonique, de l'azote ou de l'hydrogène. Il se cultive à toute température, entre 12° et 44° ; mais il ne végète bien qu'entre 20° et 38° ; à 35°-38°, son développement est très rapide. Quand les conditions favorables de milieu, d'aération et de température se trouvent réalisées, la bactéridie pullule, et se multiplie d'abord par scissiparité ou segmentation, comme dans le corps des animaux.

Les milieux de culture devront être ensemencés avec des matières charbonneuses pures ne renfermant que la bactéridie, telles que le sang, le produit de la rate, des ganglions, etc., recueillis avec toutes les précautions voulues sur des cadavres frais. Que si on ne peut disposer que d'une semence impure, il conviendra de la semer sur un milieu solide, afin de pouvoir ensuite isoler les colonies des différents microbes.

A. Culture de la bactéridie dans les milieux liquides. — Les bouillons, faits avec la viande de bœuf, de veau, de poule, etc., rendus légèrement alcalins, conviennent très bien pour la culture de la bactéridie. On les ensemence avec une goutte de sang ou avec de la pulpe d'un organe charbonneux, et on les porte à l'étuve réglée à 35°-37°. Dans ces conditions, le microbe du charbon donne très rapidement, en quelques heures, ou du jour au lendemain, de nombreux filaments très longs, onduleux, enchevêtrés, formant, par leur feutrage, des flocons

Fig. 66. — Culture en bouillon
datant de 18 heures.

Fig. 67. — Culture en bouillon
datant de 4 mois.

blanchâtres d'aspect neigeux ou cotonneux, faciles à voir dans le liquide de culture où ils sont en suspension, adhérant quelquefois à la paroi du vase de culture; les flocons vont grossissant et devenant plus nombreux; le liquide de culture reste clair et limpide dans les points non occupés par des flocons de filaments. L'aspect floconneux, neigeux ou cotonneux de la culture est caractéristique. Peu à peu, la culture change d'aspect; au bout de quelques jours, le liquide devient légèrement brunâtre ou jaunâtre, les flocons se désagrègent, et il se forme, au fond du récipient de culture, un sédiment blanchâtre ou légèrement jaunâtre, poussiéreux, qui se répand dans le liquide, et le trouble, dès qu'on agite.

B. Culture de la bactéridie dans les milieux solides. — Cultivée sur gélatine étalée sur plaque ou sur tube, ou sur ballon, la bactéridie donne des colonies visibles à l'œil nu au bout d'un jour, sous forme de petits points blancs qui, examinés à un grossissement d'une soixantaine de diamètres, se montrent comme autant d'amas arrondis, un peu jaunes, à bords légèrement sinueux. Après trente-six heures, ces colonies ressemblent à des amas de fil irrégulièrement pelotonné, dont certains filaments ondulent dans le voisinage pour amener leur extension. Après quelques jours, quatre ou cinq, les colonies rappellent un peu l'aspect d'une chevelure bouclée. Plus tard, la gélatine se liquéfie autour d'elles, leur désagrégation se produit, et leurs éléments flottent dans la substance liquide.

La bactéridie, semée par piqûre dans un tube de gélatine, donne une culture assez caractéristique. Dès le second ou le troisième jour, tout le

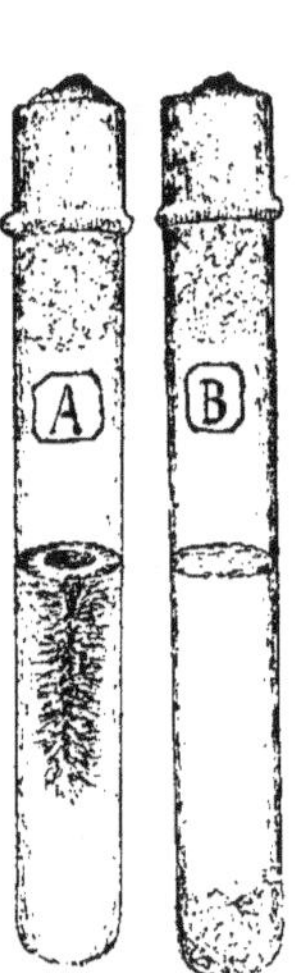

Fig. 68. — Culture sur gélatine.
A, culture jeune. B, culture ancienne.

Fig. 69. — Culture sur pomme
de terre.

trajet de la piqûre prend un aspect duveteux; il s'y forme une légère traînée blanchâtre, d'où se détachent, en tous sens, de nombreux filaments. En quelques jours, toute la gélatine qui entoure la piqûre est envahie, et bientôt après, une dizaine de jours ordinairement, la gélatine se liquéfie progressivement. On voit, une fois la liquéfaction avancée, nager dans le liquide une matière floconneuse blanchâtre, qui ensuite se désagrège, pour venir former au fond du tube liquéfié un dépôt blanchâtre.

Sur gélose, la bactéridie produit, le long de la strie faite pour l'ensemencer, une colonie blanchâtre, friable et crémeuse. Elle liquéfie le sérum solidifié. Elle végète abondamment sur pomme de terre, y donnant rapidement des colonies d'un blanc sale, qui se réunissent et forment bientôt un revêtement d'aspect crémeux.

C. Caractères de la bactéridie cultivée. — Examinées aux diverses phases de leur évolution, les cultures montrent la bactéridie sous diverses formes. Les filaments du début contrastent, par leur longueur, avec les bâtonnets relativement courts que le microbe donne dans le sang des malades. Ils sont extrêmement longs, cylindriques, de même grosseur que les bâtonnets du sang, non ramifiés, onduleux, enchevêtrés, immobiles. Examinés à l'état naturel, dans une goutte de culture en bouillon mise entre lame et lamelle, ou dans une parcelle de culture sur milieu solide, après addition d'une goutte de bouillon stérilisé, ils se montrent avec les caractères précités; ils paraissent homogènes dans toute leur longueur, avec de rares segmentations visibles dans ces conditions; ils montrent un protoplasma homogène, transparent, et dépourvu de granulations. Toutefois, ces filaments, traités par les réactifs montrent une segmentation en articles courts.

Les bactéridies filamenteuses des cultures se colorent bien par les divers procédés de coloration ci-dessus indiqués, par les solutions hydro-alcooliques de violet de gentiane, de violet de méthyle, de fuchsine, de rubine, de bleu de méthyle, de bleu de méthylène, etc., par le bleu de Löffler, par les procédés de Gram et de Weigert. La coloration permet de constater la structure et la composition réelle des

Fig. 70. — Mycélium d'une culture jeune.

filaments. On voit alors qu'ils sont formés d'une gaîne hyaline, renfermant des masses protoplasmiques cubiques ou allongées, séparées les unes des autres par des cloisons transversales. Chacun de ces segments est une cellule végétative, un microbe.

Examinées au bout de vingt-quatre heures, et ensuite de jour en jour, les cultures en bouillon et autres montrent la bactéridie avec une forme nouvelle, la forme sporulaire. En même temps que les filaments s'accroissent, se segmentent et s'allongent par l'alignement de segments de plus en plus nombreux, on ne tarde pas à voir apparaître, dans leur intérieur, les semences ou les graines de la plante, c'est-à-dire les spores. Il se produit une spore dans chacun des courts segments dont se composent les filaments. En examinant sans coloration les cultures dans lesquelles la sporulation est en voie de se produire, on aperçoit d'abord, sur le trajet des filaments, des points plus foncés qui annoncent une condensation du protoplasma ; ces taches grandissent et arrivent à former chacune une spore ovale, très réfringente, située au milieu du filament. Une fois la sporogénèse produite, le filament devient plus pâle; ses contours perdent de leur netteté ; la membrane se gélifie et se dissout, et les spores sont mises en liberté. Après un séjour de quelques jours à l'étuve, l'examen microscopique du dépôt pulvérulent, qui s'est formé au fond de la culture en bouillon, permet de voir : encore quelques filaments ou débris de filaments remplis de spores réfringentes, un peu allongées; des chaînes de spores, encore maintenues alignées par la substance gélifiée de la membrane du filament; enfin des amas de spores, plongées dans une substance hyaline, qui semble les unir, et des spores libres, animées de mouvements browniens.

Les spores, pour germer, ont besoin d'être transportées dans un organisme ou dans un nouveau milieu de culture. Alors elles végètent rapidement, s'allongent et se transforment en bâtonnets ou en filaments.

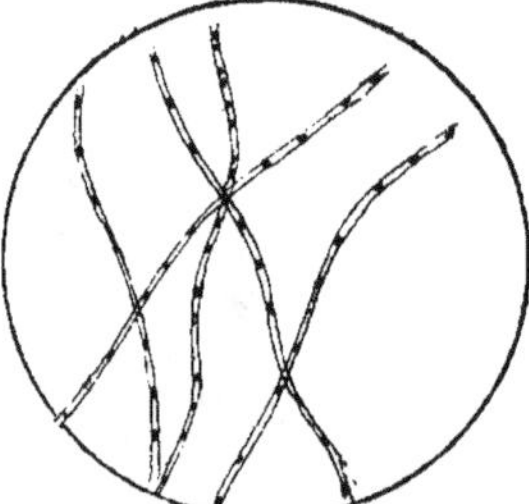

Fig. 71. — Mycélium en état de sporulation.

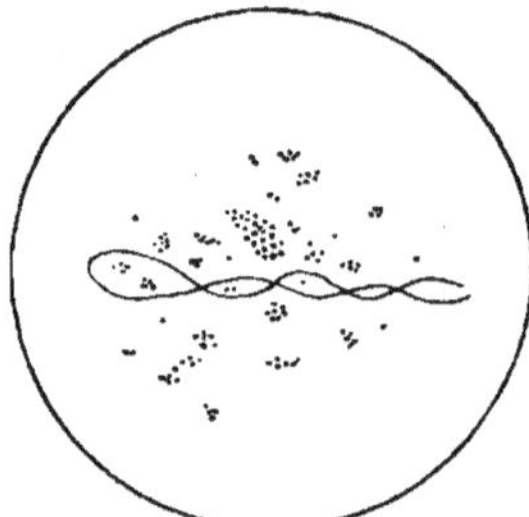

Fig. 72 — Culture datant de 4 mois.

Les spores se forment dans les cultures, comme on l'a vu, dès les premiers jours ; elles se forment rapidement dans les cultures maintenues à 35°-37° ; elles se forment encore à 30°, 25°, 20°, 18°, quoique plus lentement ; elles deviennent surtout abondantes quand le milieu de culture s'appauvrit. Toutefois, dans certaines conditions spéciales, les cultures de la bactéridie peuvent perdre la propriété de produire des spores. La bactéridie cultivée à 42°-43° ne donne pas de spores (Pasteur) véritables ; il se forme dans les filaments des corpuscules brillants, sorte de fausses spores (Chauveau) plus petites que les vraies spores et ne résistant pas comme elles à la chaleur. Mais, ces bactéridies sans spores, semées dans un bouillon et cultivées à 35°-37°, produisent des spores ; elles ne sont donc pas rendues véritablement asporogènes par la culture à 42°-43°. A une température trop basse la bactéridie ne donne pas non plus de spores, sans avoir perdu pour cela la propriété d'en donner quand la température devient propice ; c'est au-dessous de 15° que la sporogénèse n'a plus lieu. En 1883, MM. Chamberland et Roux ont ob-

tenu des bactéridies asporogènes, en faisant agir, sur les cultures, de
faibles doses d'antiseptique, d'acide phénique, de bichromate de potasse.
Ainsi la bactéridie, cultivée huit jours dans un bouillon additionné de
1/2,000 de bichromate de potasse, perd la faculté de produire des spores,
et elle reste ultérieurement asporogène dans les cultures successives ;
elle tue le cobaye en 3-4 jours, et les cultures semées avec le sang du
cobaye restent asporogènes. Lehmann (1887) a signalé à son tour un
autre mode de produire des bactéridies asporogènes, qui ne donnent
que de fausses spores, et qui ne récupèrent pas la propriété sporogène
après avoir passé dans l'organisme de cobayes et de souris, c'est la culture longtemps répétée sur gélatine. Behring (1889) a obtenu des bactéridies asporogènes, en les cultivant sur de la gélatine additionnée d'un
peu d'acide rosalique ou d'un agent antiseptique employé à une dose
inférieure à celle nécessaire pour tuer le microbe.

M. E. Roux a indiqué un procédé commode et sûr pour obtenir des
cultures de bactéridies asporogènes, dont voici un résumé : Garnir onze
tubes à essai de 10 centimètres cubes de bouillon de veau légèrement
alcalin; en laisser un comme témoin et ajouter aux autres une faible
dose d'acide phénique, soit 2/10,000 à l'un, 4/10,000 au second, et ainsi
de suite de façon que du premier au dixième il y ait une progression
continue de 2/10,000 par tube; stériliser les tubes à 115° à l'autoclave,
après avoir scellé ceux qui contiennent de l'acide, afin d'en éviter la
déperdition ; ensemencer ensuite les tubes chacun avec une goutte de
sang, et les mettre à l'étuve à 30°-33°. « Les bactéridies se développent
d'autant plus lentement que la dose d'acide phénique est plus forte. La
culture est toujours moins abondante dans les bouillons phéniqués que
dans le bouillon ordinaire, elle se fait en général en flocons qui restent
dans la profondeur, si on n'agite pas les tubes; d'autres fois le développement se produit dans toute la masse du liquide et lui donne un aspect
trouble ; c'est surtout dans les tubes les plus riches en antiseptique
que cette apparence se produit. Il faut éviter que la bactéridie vienne
se cultiver à la surface du liquide en formant une couronne adhérente
à la paroi du verre. Les bacilles qui croissent ainsi au large contact
de l'air, en dehors du liquide antiseptique, ne tardent pas à donner
des germes, principalement dans les tubes les plus pauvres en acide
phénique. Lorsque ces flocons superficiels se produisent, on les im-
merge en agitant un peu. Le bouillon à 20/10,000 d'acide phénique
reste stérile, et les bacilles ensemencés y meurent rapidement.

« Après huit à dix jours, on prélève un peu de la culture dans chacun
des tubes et on la chauffe pendant quinze minutes à 65°, puis on sème
cette portion chauffée dans du bouillon de veau ordinaire. Dès le lendemain, les ensemencements faits avec le tube témoin et le tube à 2/10,000
se montrent fertiles. Ceux faits avec le tube à 4/10,000 et le tube
à 6/10,000 donnent souvent une culture les jours suivants, mais les

autres restent inféconds pour la plupart, et montrent ainsi que la bactéridie ensemencée était sans spores. »

« La proportion d'antiseptique nécessaire pour empêcher la formation des spores varie avec la composition du bouillon, l'origine de la bactéridie, la facilité d'accès de l'air dans la culture. C'est pour cela qu'on prépare toute une série de tubes qui ne diffèrent entre eux que par de très faibles quantités croissantes d'acide phénique. Il y a souvent des résultats imprévus dans ces expériences, on voit par exemple un tube à 6/10,000 d'acide phénique ne pas donner de spores, tandis qu'un autre à 10/10,000 en contiendra, bien que tous deux aient été ensemencés avec le même sang charbonneux. La bactéridie ne perd pas subitement la faculté de faire des spores; si on la retire du milieu antiseptique après trois ou quatre jours de culture seulement, elle donne des germes quand on l'ensemence dans un bouillon non antiseptisé. Pour qu'elle devienne asporogène, il faut que le contact avec l'antiseptique soit assez prolongé. »

Ensemencées dans du bouillon ordinaire, et sans être chauffées, les cultures phéniquées asporogènes se développent rapidement à 33°; « et les cultures filles n'ont pas de germes, même après un temps très long; elles périssent sans en avoir formé. » On peut « faire des générations successives de ces bactéridies soit dans le bouillon, soit sur la gélatine, sur la gélose nutritive, soit sur le sérum coagulé ou dans le sérum liquide, sans qu'elles donnent des spores. Elles n'ont cependant pas perdu leur virulence; inoculées aux cobayes, elles les tuent en 30 à 36 heures, et font mourir les lapins en 48 à 60 heures. Au point d'inoculation, l'œdème est très étendu chez le cobaye, il est presque toujours plus considérable que celui qui est causé par la bactéridie ordinaire. Quand on fait passer cette bactéridie asporogène à travers un grand nombre de cobayes et de lapins, en inoculant le sang d'un animal qui vient de mourir à un animal sain, elle ne reprend pas son aptitude à faire des spores dans les cultures, bien que sa virulence ait augmenté. Du sang d'un lapin, qui vient de succomber au charbon asporogène, peut être étalé sur la paroi d'un flacon flambé, fermé par un tampon de coton, et laissé ainsi pendant 15 jours largement au contact de l'air, dans une chambre humide, à l'étuve à 30°, sans qu'il s'y forme de spores. On sait cependant que du sang charbonneux ordinaire produit rapidement des germes dans ces conditions. L'humeur aqueuse de l'œil du lapin ou du mouton est un liquide de culture particulièrement favorable à la formation des germes du charbon; la bactéridie ordinaire y donne déjà, après 12 heures, de beaux germes résistant à un chauffage de 15' à 90°; la bactéridie asporogène reste privée de spores, même cultivée dans l'humeur aqueuse, fraîche et aérée. Il ne s'agit donc pas d'une modification passagère du *bacillus anthracis*, mais bien d'un changement permanent, héréditaire, et on ne connaît jusqu'ici au-

cun moyen de rendre aux bacilles modifiés l'aptitude à faire de nouveau
des spores. »

« L'aspect des cultures de bactéridies asporogènes est assez semblable à celui des cultures de bactéridies ordinaires. Dans le bouillon, elles
donnent des flocons plus faciles à désagréger; les filaments de la bactéridie asporogène sont moins longs, ils sont aussi un peu plus grêles,
ils contiennent souvent dans leur intérieur des grains réfringents plus
petits que les spores et ne résistant pas à la chaleur. Au début de la
culture, les filaments sont transparents et prennent bien les matières
colorantes; à mesure que la culture vieillit, beaucoup d'entre eux deviennent granuleux, se renflent et se colorent mal. Cultivés sur la gélatine, les bacilles asporogènes semblent la liquéfier moins rapidement
que les bacilles virulents ordinaires. Le bouillon dans lequel poussent
les bactéridies sans spores se colore moins à l'étuve et donne des cristaux de phosphate ammoniaco-magnésien moins abondant que celui qui
a nourri le charbon ordinaire. Les cultures asporogènes finissent par
périr à 33°, après un temps plus ou moins long, mais qui dépasse en
général un mois. Si, après quelques jours de séjour à l'étuve, on les met
à la température de la chambre, elles restent vivantes beaucoup plus
longtemps. On a conservé ainsi des bactéridies sans spores qui, ensemencées dans du bouillon, ont donné des cultures après 155 jours; elles
ne contenaient cependant aucun germe, puisque chauffées pendant
15 minutes à 65° elles restaient stériles. Dans d'autres expériences, ces
cultures sans spores, restées dans une armoire du laboratoire, étaient
encore vivantes après 81 jours; une culture sur gélose n'était pas morte
après 47 jours. Dans ces vieilles cultures, il reste très peu de bacilles
vivants. Pour les rajeunir, il faut les ensemencer en assez grande quantité, et quelquefois ce n'est qu'après plusieurs jours que l'on aperçoit
un développement. »

« La virulence de ces cultures sans spores se conserve jusqu'au moment où elles périssent. Une culture que l'on obtient peu de temps avant
la mort des filaments est active et tue les cobayes et les lapins. Dans
les cultures mères, au contraire, faites en présence de l'antiseptique, il
y a une diminution de la virulence, ainsi que MM. Chamberland et
Roux l'ont montré depuis longtemps. Les cultures filles, issues des cultures phéniquées âgées de 8 jours environ, c'est-à-dire à un moment où
la perte de virulence est peu marquée, ne s'affaiblissent pas d'une
façon sensible dans les cultures successives dans le bouillon. Cependant
il semble que ces bactéridies sans spores soient dans des conditions
particulièrement favorables à l'atténuation, puisqu'elles restent exposées
à l'état de filaments au contact de l'air à la température de l'étuve. C'est
en effet à l'action de l'air sur le mycelium sans spores de la bactéridie
que MM. Pasteur, Chamberland et Roux ont attribué l'atténuation de la
virulence des bactéridies cultivées à 42°,5. Ces deux conditions, ab-

sence de spores et action continue de l'air sur les filaments, sont réalisées dans nos cultures asporogènes, et cependant celles-ci ne sont pas atténuées. Il faut en conclure que l'action de l'air à la température de 33° n'est pas assez énergique pour produire la diminution de virulence; elle doit être exaltée par une température plus élevée. Il serait intéressant de savoir à quelle température il faut faire la culture pour atténuer ces bacilles sans spores. On peut aussi obtenir des bactéridies atténuées asporogènes, soit en ensemençant, comme l'a fait M. Behring, des bacilles déjà atténués dans un milieu qui contient une petite dose d'antiseptique, soit en prolongeant le contact des bacilles virulents avec l'acide phénique dans la méthode qui vient d'être indiquée. Pour avoir des bactéridies asporogènes virulentes, on peut ensemencer du sang charbonneux dans du bouillon phéniqué, et, après 8 à 10 jours de culture, on prélève un peu de semence dans les tubes à antiseptique qu'un chauffage à 65° avait montré ne pas contenir de germes. Les bacilles sont restés trop peu de temps en contact avec l'antiseptique pour avoir été profondément modifiés dans leur virulence, et les cultures filles ainsi obtenues sont sans germes et tuent encore les cobayes et les lapins. Si on laisse la bactéridie en présence de l'antiseptique pendant un temps suffisant, elle diminuera de virulence, ainsi que cela est bien connu, et on aura ainsi une bactéridie incapable à la fois de donner des spores et de tuer des animaux. »

. . . .

« Ces bactéridies asporogènes donnent un nouvel et très intéressant exemple des modifications permanentes, héréditaires, que l'on peut faire subir aux microbes. Depuis les travaux du laboratoire de M. Pasteur, on sait que la virulence est une qualité que les microbes peuvent perdre et acquérir, et que les propriétés pathogènes ne sont pas suffisantes à caractériser une espèce. Les caractères morphologiques ne sont pas immuables non plus. La manière dont la bactéridie donne des spores, la résistance de celles-ci aux divers agents, la façon dont elles germent dans les milieux convenables ont été regardées, depuis que l'on connait la bactéridie, comme des particularités très caractéristiques. Et cependant la fonction sporogène de cette bactéridie peut être modifiée au point qu'on la fait disparaître sans retour. L'action des antiseptiques n'est probablement pas la seule qui fasse perdre au *bacillus anthracis* l'aptitude à faire des spores. Lehmann n'avait point ajouté d'antiseptique dans les cultures où il a trouvé des bactéridies asporogènes; il ne sait à quelle influence attribuer cette modification, qui s'est produite en dehors de l'intervention de l'expérimentateur. Il n'est donc pas téméraire de penser que, dans la nature, des conditions puissent être réalisées qui transforment, à notre insu, des bactéridies ordinaires en bacilles atténués et asporogènes. L'expérimentateur qui rencontrerait un semblable bacille serait fort embarrassé de reconnaître en lui la bac-

téridie du charbon. Il n'aurait pas la moindre hésitation pour en faire
une espèce saprophyte, sans parenté aucune avec le *bacillus anthracis*.
Il faut, en effet, avoir suivi pas à pas, dans des expériences bien conduites, toute la série des changements de la bactéridie pour être assuré
que le microbe inoffensif et sans spores est le virus charbonneux. Les
microbes sont plus faciles à modifier qu'on ne l'admet généralement.
C'est à grand'peine, en effet, si, dans nos laboratoires, nous les conservons avec leur aspect caractéristique, dans des conditions de culture
déterminées cependant aussi rigoureusement que possible. Aussi, il ne
faut pas déclarer à la hâte que deux microbes sont sans parenté parce
que l'apparence de leurs colonies n'est pas tout à fait la même et qu'ils
liquéfient la gélatine plus rapidement l'un que l'autre. Que sont ces
différences si on les compare à celle qui existe entre le charbon atténué
asporogène et le charbon virulent à spores? Insignifiantes en vérité, et
elles ne sauraient autoriser l'expérimentateur à regarder comme issus
de souches différentes, deux organismes microscopiques très semblables
sous d'autres rapports. Les dissemblances entre des microbes de même
origine tiennent sans doute aux vicissitudes diverses qu'ils ont éprouvées,
et aux incidents d'un passé que nous ne connaissons pas. Il suffit que
nous soyons avertis par quelques exemples bien démontrés pour ne
plus attacher trop d'importance à des caractères fragiles et à des distinctions artificielles. »

« Si les travaux sur l'atténuation des virus nous prouvent que les microbes mortels peuvent devenir inoffensifs, d'autre part, le retour à la
virulence de ces microbes atténués nous donne à penser qu'un microbe
saprophyte peut devenir virulent. Les organismes pathogènes que nous
connaissons aujourd'hui sont peut-être d'anciens saprophytes adaptés
progressivement à la vie parasitaire. Ces idées, déjà énoncées bien
souvent, expliquent l'intérêt que les biologistes et les pathologistes attachent aux expériences qui fournissent des exemples bien établis de ces
modifications permanentes des microbes. »

Dans les vieilles cultures on peut trouver des formes anormales, des
filaments avec des renflements irréguliers ou ovoïdes ou avec des séries
de granulations variables par leur volume. Les spores de la bactéridie
sont très réfringentes, et il est facile de les distinguer des pseudo-spores,
soit par la coloration, soit surtout par le chauffage durant quinze minutes à 65°, qui tue les filaments et tout ce qui n'est pas spore proprement dite, sans tuer celle-ci qui résiste quinze minutes à 90°. Les spores
sont d'une coloration difficile ; quand on traite, par un des procédés
sus-indiqués, les préparations qui contiennent des filaments, les spores
restent incolores. On peut réussir à les colorer de plusieurs façons : 1° en
chauffant près d'une heure à 200°, ou en passant une dizaine de fois
dans la flamme, la lame ou la lamelle sur laquelle est étalée et séchée
la goutte de culture, et en la traitant ensuite par une solution hydro-

alcoolique de violet de gentiane ou de toute autre matière colorante, 2° en laissant vingt-quatre heures dans la solution chaude de fuchsine dissoute dans l'eau anilinée (liquide d'Ehrlich) la lame ou la lamelle préalablement passée six à sept fois à travers la flamme, en décolorant par l'acide nitrique au tiers ou par l'alcool absolu, et en colorant de nouveau avec la solution hydro-alcoolique de bleu de méthylène. Avec le premier procédé les spores sont seules colorées, la température élevée ayant altéré les filaments au point de les rendre inaptes à fixer la matière colorante et ayant rendu la spore apte à la fixer. Dans le second procédé on a une double coloration, les spores sont rouges et le filament est coloré en bleu.

En résumé, la bactéridie charbonneuse, cultivée dans des milieux appropriés, dans le bouillon, donne, en vingt-quatre à quarante-huit heures, des filaments excessivement longs, enroulés et enchevêtrés de façon à former des flocons; au bout de quelque temps beaucoup de filaments se montrent remplis de corpuscules réfringents, puis perdent leur contour, se détruisent et laissent à leur place des chapelets de spores, qui ensuite deviennent libres ou se groupent en amas, se conservent et reproduisent des bâtonnets ou des filaments, quand elles sont inoculées ou semées de nouveau. La sporogénèse se produit dès que les conditions de la vie du microbe deviennent moins favorables, quand le milieu s'appauvrit en matériaux alibiles ou en oxygène, quand la température baisse, etc. Il est aisé de suivre l'évolution successive de la culture et les modifications de la bactéridie sous le microscope, en semant le microbe dans du sérum ou de l'humeur aqueuse placée dans une chambre humide maintenue à 33°-35°, au moyen de la platine chauffante. On voit les bâtonnets doublés de longueur au bout d'une heure, décuplés en deux heures, transformés en longs filaments au bout de sept à huit heures; puis on voit apparaître dans les filaments de petites masses ovoïdes ou arrondies, très réfringentes; ce sont les spores, qui sont formées d'un protoplasma très réfringent et d'une enveloppe très résistante. Les spores charbonneuses se transforment difficilement ou pas du tout en bâtonnets ou filaments dans les milieux de culture où elles ont été produites, bien que la température et l'oxygénation soient convenables. Cependant, peu de cultures restent sans filaments, et il n'est pas impossible que des spores germent parfois là où elles se sont formées. Quoi qu'il en soit, les spores, inoculées ou semées dans des milieux appropriés, produisent des bâtonnets dans l'organisme et des filaments dans les milieux de culture. Les cultures de la bactéridie donnent la maladie aux animaux qui les reçoivent, comme les produits charbonneux, comme le sang des malades.

4° ANTAGONISME ENTRE LA BACTÉRIDIE ET D'AUTRES MICROBES.

Les bactéridies disparaissent en présence des bactéries de la putréfaction, quand on les ensemence dans le même milieu. Leur développement peut être retardé ou empêché dans les liquides de culture, quand, par accident ou intentionnellement, on sème avec elles d'autres microbes aérobies, tels que certaines bactéries communes ; il peut alors arriver que le microbe du charbon se développe peu ou point et qu'il périsse après un certain temps. Inoculées seules dans l'organisme, les bactéridies se développent et tuent souvent, bien qu'elles aient à lutter contre les cellules ; mais, inoculées avec des bactéries communes, elles peuvent périr et ne pas rendre l'organisme malade (Pasteur). L'antagonisme n'est pas toujours si marqué ; et le microbe du charbon peut se développer en même temps que d'autres dans le même milieu ; ainsi du lait de vache, atteinte de mammite microbienne inoculée, ayant été ensemencé (Nocard) avec la bactéridie, a cultivé les deux microbes. Néanmoins, l'antagonisme de la bactéridie avec d'autres microbes mérite d'être signalé. On a déjà vu (pages 158 et 159, tom. I) : que le bacillus anthracis se développe mal dans un bouillon où a vécu la bactérie du choléra aviaire ; qu'il est possible de rendre inoffensive (Emmerich, Watson-Cheyne et Pawlowsky) l'inoculation de la bactéridie chez le lapin, en la faisant précéder, accompagner ou suivre de l'inoculation du microbe de l'érysipèle ; que l'inoculation de certains microbes inoffensifs ou pathogènes (bacillus prodigiosus, staphylococcus pyogenes aureus, pneumococcus) peut aussi exercer une certaine préservation contre la bactéridie (Pawlowsky) ; que le microbe du rouget peut empêcher les effets de la bactéridie sur le cobaye (Zagari) ; que l'on a extrait (Hüppe et Wood) de la terre et de l'eau une bactérie saprophyte très ressemblante à la bactéridie, végétant de même et donnant comme elle des spores, mais sans action pathogène sur les petits animaux et capable toutefois de leur donner une certaine immunité contre la véritable bactéridie.

D'autre part, de nouvelles constatations ont été faites depuis ces derniers temps relativement à l'antagonisme de la bactéridie avec d'autres microbes. Ainsi, on a remarqué (Bouchard, Freudenrich, Guignard et Charrin) que le bacille pyocyanique ralentit l'infection charbonneuse chez le lapin et le cobaye ; ainsi on aurait reconnu (Woodhead et Cartwright-Wood) que les cultures pyocyaniques stérilisées exercent une action antagoniste à l'égard du virus charbonneux ; ainsi on a constaté (Boin et Rœser) que la levure de bière, qui n'est pas nuisible à l'organisme, atténue les effets du virus charbonneux ; ainsi, Buchner aurait également observé que les cultures stérilisées du bacille de Friedlander peuvent arrêter le développement du charbon.

Par quel mécanisme se produit cet effet d'un microbe contre un autre ; y a-t-il une influence directe d'un microbe ou de ses produits contre l'autre, ou bien l'organisme n'est-il qu'excité à intervenir plus énergiquement? La réponse à cette question se tire en partie des recherches faites par Blagovettchensky. Cet expérimentateur a en effet reconnu : 1° que l'inoculation simultanée dans l'œil de bacilles pyocyaniques et de bactéridies s'oppose ordinairement au développement de ces dernières, sans rendre, à quelques très rares exceptions près, les animaux réfractaires à une infection charbonneuse ultérieure ; 2° que les bacilles pyocyaniques, inoculés à une certaine distance des bactéridies, exercent sur ces dernières une action beaucoup moins intense ; 3° que le bacille pyocyanique exerce une action directe sur la bactéridie en empêchant son développement ; 4° que l'injection successive de bacilles pyocyaniques et de bactéridies dans la veine n'empêche pas le charbon ; 5° que les cultures stérilisées du bacille pyocyanique peuvent influencer le développement des bactéridies, mais seulement à fortes doses ; 6° que en dehors de l'organisme le bacille pyocyanique exerce une action d'arrêt sur le développement de la bactéridie ; 7° que le seul voisinage des produits fournis par le bacille pyocyanique exerce une influence nuisible sur le développement des bactéridies ; 8° que le bacille pyocyanique est antagoniste de la bactéridie et que ce sont ses produits qui arrêtent son activité.

5° RÉSISTANCE DE LA BACTÉRIDIE AUX AGENTS PHYSIQUES ET CHIMIQUES.

Le microbe charbonneux se présente, avons-nous vu, sous deux formes principales : sous forme de bâtonnets ou de filaments et sous forme de spores. Sa résistance aux divers agents, qui ont pour effet de stériliser les microbes, est très variable, suivant qu'elle se trouve sous l'une ou sous l'autre de ces deux formes. Les bâtonnets conservent peu de temps leur virulence et la vie, quand l'air leur manque, quand ils sont privés d'oxygène ; ils se détruisent sans donner des spores, ils se résolvent en granulations inoffensives, quand ils sont placés dans un milieu à l'abri de l'air, ou au contact d'une atmosphère d'acide carbonique ; ils sont en ce cas asphyxiés d'autant plus vite que la température s'élève plus près de 38°-40°. Ainsi, du sang charbonneux recueilli convenablement sur des malades vivants ou qui viennent de succomber est imputrescible ; il ne renferme que des bâtonnets charbonneux ; et il perd sa virulence au bout d'un certain temps, variable suivant la température ambiante, quand on le conserve à l'abri de l'air ou en présence de l'acide carbonique. A l'état de spores, les microbes charbonneux résistent à la privation d'air et se conservent dans l'acide carbonique ; mais, pour végéter, ils ont besoin d'air.

On a vu que la bactéridie ne végète qu'à un certain degré de chaleur,

soit de 12° à 43°-44°, et qu'elle ne donne des spores qu'entre 15° et
43° ; au delà de 45°, la multiplication par segmentation cesse. Les
basses températures n'ont pas grande influence sur la bactéridie ; ainsi
les bâtonnets résistent à — 45°, et les spores ne sont pas tuées à — 70°,
ni même à — 130°. Les bâtonnets et les filaments sont tués par la température de 100°, par la cuisson des milieux dans lesquels ils se trouvent, et même par la température de 60°, voire aussi par celles de 55°,
de 50° et de 45°, quand ils en éprouvent l'action pendant un temps assez
long. Les spores sont plus résistantes, elles supportent beaucoup mieux
la chaleur ; elles résistent pendant dix minutes à 95°, dans un milieu
humide, et peuvent supporter un certain temps la température de 80°
sans périr ; elles résistent même à la température de 100°, 110°, 115°,
120° et 123° (Koch), quand elles sont anciennes, desséchées et chauffées
dans l'air sec. Toutefois, contrairement à Koch et à Wolffhügel qui auraient vu les spores n'être stérilisées par la chaleur sèche à 140° qu'au
bout de trois heures, M. Massol les a toujours vu rester stériles après
une exposition de cinquante-sept minutes dans l'air sec à la température de 100°.

En résumé, les spores résistent en milieu humide plus de dix minutes à 95°, tandis qu'elles sont tuées en moins de cinq minutes, quand
on les porte à 100°. Au-dessous de 80°, elles conservent longtemps leur
vitalité ; on peut les chauffer pendant un grand nombre d'heures
à 70° sans les faire périr (Roux). Toutes les spores d'une culture ne
jouissent pas de la même résistance vis-à-vis de la chaleur.

A la température de 70°, la spore charbonneuse ne périt qu'après
un temps très long, quand elle est chauffée à l'abri de l'air ; et ce long
chauffage, dans le liquide où elles se sont formées, ne modifie pas sensiblement leur virulence ; il faut qu'il soit prolongé, presque jusqu'à la
limite de la résistance des spores, pour que la virulence se trouve amoindrie ; et d'ailleurs, il semble bien que ce n'est pas là une véritable atténuation, car les bactéridies, nées de spores chauffées cent soixante-cinq
heures à 70°, tuent les cobayes et les lapins. A la même température les
spores, chauffées en présence de l'air, meurent plus vite ; et, avant de
périr, elles diminuent de virulence. Inoculées aux animaux, elles se
montrent inactives dès la vingt-quatrième à la trente-sixième heure,
mais leur culture est encore virulente. Toutefois, quand on inocule les
cultures de spores, chauffées à l'air pendant un plus grand nombre
d'heures (64 heures), on constate une atténuation réelle de la virulence,
qui peut se maintenir dans les cultures successives. L'oxygène, par l'oxydation qu'il produit, est donc l'agent qui intervient le plus. D'ailleurs,
les spores, déjà atténuées par la méthode Pasteur, sont plus rapidement
impressionnées par la chaleur que les spores non atténuées. Les spores
chauffées en présence de l'oxygène subissent les mêmes modifications,
avec un peu plus de rapidité, que celles chauffées en présence de l'air.

Les filaments issus des spores chauffées à l'air ou sans air donnent rapidement des spores dans les cultures (Roux).

La dessiccation rapide tue les bâtonnets et les filaments ; une dessiccation lente ne les empêche pas de donner des spores, ce qui explique comment Davaine avait pu trouver virulent du sang charbonneux longtemps après la dessiccation. Les spores, une fois formées, supportent la dessiccation et se conservent très longtemps, résistant à la putréfaction, aux alternatives d'abaissement et d'élévation de température, d'humidité et de dessiccation, etc. Les spores desséchées peuvent conserver leur virulence pendant des années.

Le rôle de la lumière est important et mérite d'être rappelé. Il résulte des expériences de M. Arloing : 1° que la lumière du gaz modifie peu la végétation de la bactéridie, qu'elle retarde l'évolution de la spore semée dans un bouillon, sans modifier ses propriétés pathogènes ; 2° que la lumière solaire est plus active, que l'insolation gêne l'évolution des spores et le développement du bacille, qu'elle atténue graduellement les cultures ; 3° qu'une insolation de deux à trois heures, en juillet, entre 35° et 39°, détruit la végétabilité dans les cultures en bouillon fraîchement semées avec des spores ; 4° qu'il faut de vingt-sept à trente heures d'insolation, dans les mêmes conditions, pour stériliser le mycélium du même bacille en plein développement, et que, avant d'arriver à la mort, le microbe subit une série d'altérations progressives qui le transforment en vaccin de moins en moins actif.

On avait pensé que la moindre résistance des spores, accusée par ces résultats, était due à ce que celles qui étaient ensemencées commençaient à germer, malgré les rayons solaires, et à ce que le jeune mycélium en voie de se former subissait très rapidement l'influence stérilisante de l'insolation. Et cette manière d'expliquer le phénomène semblait démontrée par les résultats qu'obtenait M. Straus, qui constatait que la résistance des spores est plus grande, quand elles sont immergées dans l'eau pure, où la germination n'a pas lieu, que dans un bouillon où elle peut commencer rapidement. Toutefois M. Arloing obtenait la mort des spores en une heure d'exposition à la lumière électrique, agissant sur des bouillons qui reposaient sur de la glace, à une température où la germination est impossible. D'ailleurs, abstraction faite du mécanisme intime qui préside à la stérilisation, il demeure établi que l'insolation détruit plus ou moins rapidement la spore charbonneuse, qu'elle peut la tuer très vite ou ne la stériliser qu'au bout de vingt-neuf à cinquante-quatre heures (Roux), et que son action est plus ou moins prompte suivant l'intensité de la lumière et suivant les qualités du milieu ambiant, qui, en se modifiant, quand la culture a déjà commencé, rend la stérilisation plus lente. D'autre part il est avéré que l'action de la lumière est liée à la présence de l'oxygène et que les spores du bacillus anthracis la supportent plus longtemps, quand elles sont insolées à l'abri de l'air.

Ainsi M. Roux, opérant sur les spores charbonneuses, a reconnu que l'action de la lumière est liée à celle de l'oxygène, que la lumière favorise l'action de l'air, et qu'en l'absence de l'air les spores sont modifiées beaucoup plus lentement. Sous l'action combinée du soleil et de l'air, il se produit dans le milieu nutritif un changement chimique qui arrête l'évolution des germes ; en général les ballons qui contiennent à la fois les germes et le bouillon ne cultivent plus, quand on les porte à l'étuve après deux heures d'insolation ; tandis que ceux qui contiennent seulement le bouillon pendant les deux heures d'insolation, et auxquels on ajoute des spores en les portant à l'étuve, cultivent pour la plupart ; toutefois, quand le bouillon a été insolé pendant trois ou quatre heures, les spores qu'on y sème n'évoluent pas. Pourtant les spores ne sont tuées ni après deux heures ni après sept heures d'insolation ; puisées dans le milieu insolé où elles ne végètent pas, et semées dans un milieu non insolé, elles végètent ; la germination est, il est vrai, d'autant plus retardée que les spores ont été ensoleillées plus longtemps et qu'elles sont restées plus longtemps dans le bouillon insolé à l'air. Le bouillon insolé, qui ne cultive plus la spore, cultive la bactéridie filamenteuse ; la germination est arrêtée par une modification du milieu, qui est insuffisante pour arrêter la multiplication du bâtonnet. L'oxygène joue un rôle important dans la modification du milieu, car, après l'insolation, les spores insolées avec le bouillon privé d'air germent dans ce milieu quand on l'aère, tandis que celles qui ont subi à la fois l'action de la lumière et de l'air ne germent pas. D'ailleurs le bouillon privé d'air ou mis en présence de l'acide carbonique peut rester insolé de longues heures et cultiver ensuite les bactéridies ou les spores qu'on y sème ; tandis qu'il suffit de quelques heures d'insolation à l'air pour rendre un bouillon impropre à la germination des spores. L'action de la lumière et de l'air est surtout rapide, quand le récipient est largement ouvert et garni de peu de bouillon. On peut accroître le pouvoir de la lumière et de l'air en ajoutant au bouillon des substances qui s'oxydent facilement ; ainsi du bouillon de veau, additionné de glucose, devient après insolation plus défavorable à la germination des spores que le bouillon non sucré. Un milieu devenu impropre à la germination après l'insolation peut récupérer sa qualité première à l'obscurité ou à la lumière diffuse. Les spores qui ne germent pas dans un milieu insolé conservent longtemps leur végétabilité, tout en devenant de plus en plus lentes à germer, quand elles ont séjourné de plus en plus dans un pareil milieu. Les cultures des spores, qui ont été insolées quatre-vingt-trois heures à l'abri de l'air, n'ont pas sensiblement perdu de leur virulence. Il en est de même pour une culture de spores soumises cinquante-quatre heures à l'insolation à l'air. Les bactéridies filamenteuses, comme l'a démontré M. Arloing, exposées au soleil et à l'air au sein d'un bouillon pendant un temps suffisant, s'atténuent peu à peu, et les cultures issues de la culture insolée sont atténuées (Roux).

Sous la double influence de l'oxygène et de la lumière il se produit des oxydations qui nuisent à la vie des microbes. Il est avéré enfin (Duclaux) que les spores exposées à sec à l'action de la lumière peuvent conserver pendant un mois et au delà leur végétabilité. L'oxygène, qui est nécessaire au développement du bacillus anthracis, peut donc ensuite contribuer à l'affaiblir ou à le faire périr. Il atténue surtout les bactéridies adultes, les spores supportant beaucoup mieux sa présence. L'oxygène comprimé agit pareillement plus énergiquement sur les bâtonnets ou les filaments que sur les spores.

Lorsqu'on fait agir des substances chimiques microbicides, on constate encore de grandes différences entre la résistance du bâtonnet et celle de la spore; les bactéridies adultes sont tuées plus rapidement et avec de plus faibles doses. Le brome, l'iode et le chlore pourraient être employés comme bactéricides, quand il s'agit du bacillus anthracis. même à l'état sporulaire (voir t. Iᵉʳ, pages 57-58); mais, dans la pratique. on s'en sert peu. Quant à l'acide sulfureux, on sait qu'il est impuissant à stériliser les spores charbonneuses; et, d'après les expériences de M. Thoinot, il ne faudrait guère compter sur l'acide sulfureux, dégagé même à haute dose et pendant vingt-quatre heures, pour stériliser la bactéridie charbonneuse. L'essence de térébenthine, qui a été considérée (Pasteur) comme pouvant tuer la bactéridie et sa spore, serait impuissante contre cette dernière d'après Koch. La solution d'acide azotique devrait être faite à un titre élevé pour tuer les spores, tandis que la solution à 2/100 d'acide chlorhydrique serait assez puissante (Koch) pour tuer les bâtonnets et les spores. La solution de crésyl à 5/100 stérilise rapidement la bactéridie adulte; mais les spores résistent longtemps à son action, vingt-quatre heures suivant les uns et plus de vingt jours selon d'autres (Esmarch). Les solutions d'acide phénique à 2, 3, 4, 5 pour 100 stérilisent assez rapidement les bâtonnets et les filaments du bacillus anthracis; mais les spores résisteraient vingt-six jours dans une solution à 5/100 (Perroncito). L'acide salicylique est également impuissant à détruire rapidement les spores. Il résulte des recherches de divers expérimentateurs que l'acide sulfurique devrait, comme l'acide azotique, être employé à forte dose pour stériliser les spores charbonneuses. L'alcool absolu tue la bactéridie adulte, mais ne stérilise pas la spore. Les solutions faibles de potasse et de soude stérilisent les bâtonnets, tandis que les spores résistent à des solutions à 7/100 et même à des solutions à 20/100 (Perroncito). Le permanganate de potasse en solution à 5/100 pourrait stériliser les spores charbonneuses. Le chlorure de chaux, en solution forte, stérilise instantanément la bactéridie adulte et peut tuer la spore en cinq minutes (Franz Nissen). Enfin le bichlorure de mercure est, avec l'acide chlorhydrique et le chlorure de chaux, un agent à recommander. La solution à 1/1000, et surtout les solutions plus fortes, variant entre 2/1000 et 5/1000, peuvent être utilisées avantageusement dans la pratique même contre le virus à l'état de spores (voir t. Ier, pag. 75 et suiv.).

6° QUE DEVIENT LA BACTÉRIDIE DANS LES CADAVRES, DANS LES DÉBRIS CADAVÉRIQUES, DANS LES EAUX ET DANS LE SOL.

Dans les cadavres charbonnneux, la putréfaction, ainsi qu'on l'a vu, s'établit promptement, par ce que les vibrions de la septicémie, qui existent toujours dans les voies digestives et les voies respiratoires, où ils sont introduits par les aliments et l'air, n'étant plus gênés par la résistance des éléments et trouvant un milieu d'autant plus propice que les bactéridies ont laissé moins d'oxygène, se multiplient et envahissent rapidement tous les organes. Aussi, lorsqu'on voudra examiner le sang d'un animal, pour savoir s'il est mort du charbon, il faudra le faire à un moment aussi rapproché que possible de celui de la mort; il faudra tout au moins recueillir aseptiquement aussitôt après la mort les produits qu'on se proposera d'examiner plus tard. Quelques heures après la mort on trouverait en effet des vibrions septiques qui pourraient masquer la vérité; et l'inoculation d'un produit charbonneux devenu septique donnerait la septicémie, à moins que les microbes du charbon ne fussent pas encore morts et que l'inoculation fût faite par injection intra-veineuse, au lieu d'être faite par injection sous-cutanée.

Dans le sang et dans les organes des animaux morts du charbon, la bactéridie manquant d'air, se trouvant en présence de l'acide carbonique que lui prépare le vibrion septique, et n'ayant pas ordinairement une température convenable, ne donne *jamais* de spores ni de filaments (elle peut quelquefois subir un allongement dans le sang), elle ne se développe plus; elle périt et se détruit plus ou moins vite.

Ainsi donc, si dans le sang des malades il ne se forme pas de spores, il en est de même dans le sang du cadavre, tant que ce sang n'est pas mis au contact de l'air; car, si au bout de deux ou trois jours, on prélève du sang sur un cadavre et qu'on le chauffe à 60°, 70°, température qui tue les bâtonnets mais non les spores, on ne fertilise pas un liquide de culture en le semant avec ce sang.

Aussi les cadavres charbonneux perdent-ils leur virulence d'autant plus sûrement, et d'autant plus vite, que la putréfaction arrive plus tôt et marche plus vite. Tout ce qui facilite et accélère la putréfaction hâte la destruction de la bactéridie. Le temps pendant lequel le bacillus anthracis reste vivant après la mort du malade varie avec la température: le froid, une température au-dessous de 10°, facilitent sa conservation. On peut le trouver vivant au bout de quatre à cinq jours en été, de sept à huit ou douze jours en hiver dans ces conditions. Ainsi on a trouvé (Canal) la bactéridie intacte dans de la viande charbonneuse tuée depuis huit jours; on l'a même retrouvée (Nocard) conservée et active après dix-sept jours dans le cadavre du cobaye. Lorsque la température ambiante atteint 18°, 20°, 25° les cadavres conservent beaucoup moins longtemps leur virulence. D'ailleurs, toutes choses égales, les bactéridies se conservent plus longtemps dans les cadavres préalablement éventrés et vidés. Elles se conservent pareillement un certain temps dans les produits charbonneux, dans les débris cadavériques, dans les déjections et les excrétions des malades, dans les urines, dans les excréments ; la putréfaction leur fait également perdre leur virulence, mais, grâce au contact de l'air, des spores peuvent se former dans ces divers produits, et alors la virulence persiste beaucoup plus longtemps. La virulence des viandes charbonneuses pourrait être ou ne pas être détruite par la salaison (Peuch) ; après une salaison complète elle le serait, et elle ne le serait pas après une salaison incomplète.

Si les bactéridies des cadavres ne donnent pas de spores, quand elles n'ont pas le contact de l'air, celles qui sont rejetées avec le sang qui s'échappe des naseaux, avec les excréments ou avec les urines, celles qui sont mises au contact de l'air pendant qu'on dépouille les cadavres, etc., peuvent en produire. Il est de fait que les bactéridies sont souvent mises au contact de l'air, quand on enfouit les cadavres charbonneux, soit qu'on les dépouille avant de les enfouir, soit qu'ils restent exposés à l'air et laissent échapper des matières charbonneuses par leurs ouvertures naturelles, soit que la terre se trouve souillée de sang ou de toute autre matière charbonneuse, d'excréments ou d'urine sanguinolente ; elles sont encore au contact de l'air, quand elles existent dans le fumier, dans les purins, etc. Dans ces divers cas, l'aération ne faisant pas défaut, les bactéridies, qui périront sans donner des spores si la température reste un temps suffisant inférieure à 12°, en produiront d'autant plus vite que la température se rapprochera plus de 35°, en quinze heures si elle arrive aux environs de 35°, en deux ou trois jours si elle n'atteint que 18° ou 20°. Les spores une fois formées conservent leur vitalité et leur virulence pendant des années ; elles se développeront dans la suite, si elles viennent à rencontrer des conditions meilleures, ainsi qu'en témoignent les expériences et les faits d'observations dans lesquels on a vu apparaître le charbon sur des animaux qui avaient pâturé sur les fosses d'enfouissement, sur des terres arrosées ou fumées avec des purins ou des fumiers provenant d'animaux charbonneux.

D'ailleurs, en découpant, en morceaux un peu épais, des débris charbonneux, de la rate par exemple, et en les desséchant à la température de 25° à 35°, les bâtonnets peuvent donner des spores qui se conservent ensuite longtemps et résistent d'autant mieux qu'elles sont plus desséchées. Que si on fait des morceaux trop minces, ou si on dessèche rapidement un liquide charbonneux en couche mince, les bâtonnets périssent. Il est d'après cela permis de prévoir ce qui se passe dans les excréments ou autres produits répandus sur les terres, sur les chemins, etc. La virulence persiste donc, quand des spores ont eu le temps de se former; elle persiste dans la terre des fosses, à la surface des fosses, à la surface des objets imprégnés, à la surface des pâturages, dans les eaux, dans les fumiers, dans les purins, etc.

Quand on mélange expérimentalement du sang charbonneux à de la terre, la bactéridie se conserve, végète et se multiplie, si la température est propice, et surtout si on arrose cette terre avec de l'eau de levure, ou de l'urine, ou du purin; elle donne des spores, qu'on peut retrouver après plusieurs mois dans le sol, et après de nombreuses alternatives d'humidité et de sécheresse. Ces spores étant semées dans une nouvelle terre, de celle-ci dans une troisième et ainsi de suite, on peut donner le charbon avec celle de la dernière culture. On a constaté (Pasteur, Schrakamp) que la bactéridie peut parcourir toutes les phases de son développement dans le sol. Il est fort probable que les spores se cultivent parfois dans les eaux stagnantes, riches en matières organiques. On a constaté la présence des germes charbonneux dans les eaux, où ils sont entraînés par les pluies, à défaut de contamination directe par les malades ou les cadavres, etc.

Il est parfaitement démontré par l'expérimentation et par l'observation que les germes charbonneux se conservent dans la terre. En lavant la terre suspecte, en laissant ensuite déposer cette eau de lavage (Pasteur), en soumettant à 90° pendant quelques minutes le dépôt obtenu, on tue tous les germes excepté les spores de la septicémie et du charbon s'il y en a; en inoculant à des animaux ce dépôt, on obtient, chez les uns la septicémie, et le charbon chez les autres. On a ainsi décelé la présence de germes charbonneux, dans la terre remuée ou non remuée qui recouvrait les fosses, trois ans et douze ans après l'enfouissement. On a vu des animaux devenir charbonneux, parce qu'on les faisait parquer expérimentalement sur des fosses de cadavres charbonneux douze ans après l'enfouissement; on a vu des animaux devenir charbonneux, après avoir mangé les herbes venues sur les fosses deux ans après l'enfouissement, ou après avoir flairé le dessus des fosses douze ans après l'enfouissement; on a vu les fourrages, déposés sur le sol qui contenait des spores charbonneuses, communiquer ensuite la maladie. La sporulation de la bactéridie se fait surtout dans les couches supérieures du sol; mais elle peut se produire dans les couches profondes, quand le sol est perméable et quand la température est suffisante; on a même reconnu (Soyka) qu'elle se fait plus rapidement dans un sol humide que dans un liquide de culture. Elle ne s'opère pas dans l'eau dépourvue de substances organiques (Rivolta); mais les spores se conservent dans les eaux. Ainsi, d'après des recherches de Hochstetter, tandis que la bactéridie se conserverait trois jours dans l'eau distillée et dans l'eau ordinaire, les spores s'y conserveraient au-delà de cent cinquante-quatre jours ; d'après les recherches de MM. Straus et Dubarry, la bactéridie pourrait vivre un à deux mois dans l'eau et les spores plus de cent trente jours (voir tom. I, p. 129 et suivantes, sur les moyens de déceler la présence des germes morbides dans l'eau et dans le sol).

En résumé les germes charbonneux se conservent pendant des années dans la terre qui recouvre les fosses d'enfouissement et dans celle qui entoure les cadavres charbonneux ; cette terre peut communiquer le charbon douze ans après l'enfouissement et peut-être plus longtemps après. On retrouve du reste les germes charbonneux dans la terre des fosses, et l'on peut, en inoculant (injection intra-veineuse) des lapins, des cobayes, ou des moutons, qui contractent difficilement la septicémie, avec le résidu ou dépôt des eaux de lavage, faire apparaître le charbon, d'où un moyen de vérifier les terres suspectes.

Bien que les cadavres aient été enfouis à une certaine profondeur, les germes charbonneux, malgré le rôle de filtre parfait que joue la terre, remontent à la surface des fosses, où on les retrouve, comme nous l'avons vu ; ils sont ramenés des profondeurs du sol à la surface par les vers de terre (Pasteur, et après lui Feltz et Bollinger), qui les déposent avec les cylindres de terre qu'ils rendent après la pluie ou après la rosée du matin. Les petits cylindres ou tortillons excrémentitiels des vers de terre, prélevés au printemps ou en automne à la surface des fosses d'enfouissement, sont parfois si riches en spores charbonneuses, qu'il suffit d'inoculer les dépôts donnés par l'eau qui a servi à les laver, après les avoir chauffés à 90°, pour donner le charbon au lapin, au cobaye, au mouton. On a pu (Pasteur) par l'emploi de certains antiseptiques, qui respectent la spore charbonneuse, mais qui tuent un grand nombre d'autres germes renfermés dans la terre, cultiver les excréments des vers et en faire sortir des cultures à l'état de pureté.

En mêlant des spores de la bactéridie dans une terre où l'on fait vivre des vers, on constate au bout de quelques jours (Pasteur et après lui Feltz) que les cylindres terreux qu'on extrait de ces vers contiennent les germes de la maladie, car ils la donnent par l'inoculation et peuvent être cultivés. On a d'ailleurs remarqué que dans les terrains, où les vers ne peuvent vivre, tels que les sols crayeux, schisteux ou granitiques, le charbon est inconnu, tandis qu'il règne dans les régions dont le terrain est argileux, argilo-calcaire, etc.

D'ailleurs, il est tout naturel de penser que les vers ne sont pas les seuls messagers qui se chargent d'aller chercher les germes charbonneux pour les porter à la surface de la terre ; tous les animaux, qui vivent dans le sous-sol, et qui viennent de temps en temps à la surface, peuvent y ramener des germes. Il en est de même des labours plus ou moins profonds, des défoncements, etc., que l'on fait dans les terres.

On a nié (Koch) le rôle des vers de terre, en disant qu'ils ne sauraient remonter du fond d'une fosse des germes, qui ne peuvent pas s'y former, parce que la température y est trop basse. Or, quand on enfouit un cadavre charbonneux, des germes peuvent se former ou être formés dans la terre imprégnée de sang, surtout dans les couches superficielles, surtout quand les enfouissements sont peu profonds, quand les cadavres sont déterrés par les animaux carnassiers.

Les germes ainsi amenés ou formés à la surface du sol, se répandent sur les plantes et s'y attachent; ils peuvent être soulevés par la poussière, par les pieds des animaux, pénétrer dans leurs voies respiratoires, s'attacher à leur peau, à leurs poils, à leur toison; ils peuvent être entraînés par les pluies et déposés sur d'autres terres, ils peuvent être entraînés dans les ruisseaux, dans les mares, dans les étangs, dans les marais, être déposés sur leurs rives plus ou moins loin en cas de débordement, d'inondation (on a constaté la présence des germes charbonneux dans l'eau de certaines prairies), etc., et avoir ainsi mille chances de pénétrer dans les organismes.

Ces données expliquent bien les faits suivants, qui ont été plus d'une fois observés : l'apparition fréquente et successive du charbon sur les animaux qui pâturent ou parquent dans des champs ou pâturages maudits, sur des montagnes dangereuses; la cessation du danger pour certains champs maudits, après un certain temps d'abandon; l'infection de certains pâturages, qui, de non dangereux, deviennent maudits à leur tour; l'apparition du charbon sur des terres où on n'a jamais enfoui des cadavres charbonneux; la manifestation du charbon dans les pâturages inondés, etc.

D'ailleurs, d'autres circonstances que l'enfouissement des cadavres charbonneux peuvent faciliter la dissémination des germes. Les bactéridies pouvant donner des spores dans le sang que les malades ou les cadavres laissent échapper, dans les déjections, dans les fumiers, dans les purins, dans les débris divers provenant de cadavres charbonneux, dans les peaux, etc., on conçoit aisément qu'il y ait là de nombreuses circonstances favorisant la dissémination des germes, surtout quand on songe que les microbes charbonneux peuvent vraisemblablement se multiplier et donner des spores lorsqu'ils arrivent sur des détritus végétaux, sur des terrains marécageux, etc. Ainsi on a vu contracter le charbon : des animaux qui pâturaient sur des terrains inondés ou marécageux; des animaux placés dans une bergerie dont le sol avait été recouvert de terre prise sur des fosses anciennes; des animaux qui allaient sur des pâturages ou des prairies qui avaient été arrosés ou fumés avec la terre enlevée sur les fosses, avec le fumier ou les purins provenant de fermes charbonneuses, avec les boues provenant de chemins fréquentés par des animaux charbonneux. On a constaté (Nocard, Jouanne) l'importation du charbon par les engrais artificiels, par les sangs desséchés. Ainsi, le charbon peut être implanté dans une localité, où il n'existait pas : par l'utilisation d'engrais venant d'un pays charbonneux ; par l'emploi d'engrais provenant de clos d'équarrissage, quand on n'a pas stérilisé certaines parties du cadavre qui entrent dans leur composition, telles que les matières contenues dans le tube digestif; par les excréments des animaux qui ont ingéré des germes sans se les inoculer et qui les rendent dans des lieux parcourus par eux; par l'émigration ou le déplacement des animaux ou troupeaux charbonneux. Les limaces, par exemple, peuvent ingérer des germes charbonneux et les rendre intacts dans les lieux où elles vont, et de même d'autres animaux. Le déplacement des animaux fait ordinairement cesser la mortalité, quand on les conduit sur des terres non dangereuses; mais il y a alors danger d'infecter ces dernières ; cependant on atténue considérablement le danger en soumettant à la crémation les cadavres et les déjections des animaux qui tombent malades après le déplacement, en les enfouissant après dénaturation, en les enfouissant dans des terrains crayeux, sableux, en les recouvrant avec de la chaux, des cendres, du sable, en les livrant à l'équarrisage, en les traitant par l'acide sulfurique. Quand les germes charbonneux existent à la surface de la terre, les pluies les font rejaillir, avons-nous vu, sur les herbes ; la poussière soulevée du sol les porte sur les plantes; on conçoit donc que les herbes et les fourrages soient infectés dans les terrains dangereux; on a enfin trouvé, ainsi qu'on la vu, les germes charbonneux dans les eaux des pâturages qui donnent le charbon.

IV. Contagion. — Circonstances dans lesquelles elle se produit.

Ce qui précède étant connu, il devient aisé de comprendre pourquoi et comment le charbon apparaît et se propage. L'origine de l'affection étant toujours dans l'arrivée de la bactéridie ou de sa spore dans l'organisme, il importe de déterminer les principales circonstances dans lesquelles elle se propage. La contagion du charbon, sa propagation par un contage, résulte nettement, ainsi qu'on l'a vu précédemment, de nombreux faits d'observation et d'expérimentation, pour le sang de rate du mouton, pour la fièvre charbonneuse du cheval, pour la maladie du sang des grands ruminants et pour la pustule maligne de l'homme, qui sont de même nature, et qui se transmettent par l'inoculation.

La contagion peut se faire directement de l'animal malade à l'animal sain ; ce mode de contagion se réalise moins fréquemment que la contagion indirecte.

1° CONTAGION DIRECTE.

La transmission directe a lieu quelquefois de la mère au fœtus ou du malade et du cadavre charbonneux à l'homme qui le travaille.

A. **Transmission intra-utérine.** — Brauell, puis Davaine, et bien d'autres après, avaient constaté la non transmission du charbon de la mère au fœtus, l'absence de bâtonnets et de virulence dans le sang du fœtus. On croyait en conséquence qu'il se produisait une filtration parfaite, que les bâtonnets étaient arrêtés par les capillaires flexueux du placenta. Cependant il a été établi depuis quelques années que cette règle souffre des exeptions. Bien que ordinairement on ne constate pas la présence de bâtonnets et l'existence de la virulence dans le sang du fœtus, bien que des ensemencements faits avec le liquide restent souvent stériles, il est des cas assez nombreux, plus ou moins fréquents suivant les espèces, où, grâce à l'examen bactériologique, grâce à l'inoculation et surtout grâce à la culture, on peut constater la présence de la bactéridie dans les organes du nouvel être, quel que soit d'ailleurs le moment de la gestation. Du reste, les produits de sécrétion physiologique des animaux malades, à l'instar des tissus du fœtus, ne contiennent pas ordinairement de bactéridies ; cependant, dans certains cas, lorsqu'il y a eu des ruptures vasculaires, la bile, le lait, l'urine, etc., présentent des bâtonnets, sont virulents et donnent une culture s'ils sont ensemencés.

Toussaint, en vérifiant si le sang du fœtus d'une femelle morte du charbon conférait l'immunité par l'inoculation, avait fait périr de la maladie le mouton ainsi inoculé. Il y avait donc eu transmission intra-utérine ; mais, comme l'autopsie de la brebis morte du charbon avait été faite tardivement, Toussaint avait pensé que les germes avaient franchi le placenta après la mort.

MM. Straus et Chamberland (1882) constatèrent que, dans le charbon aigu, chez la femelle du cobaye, le placenta laisse passer assez souvent la bactéridie et que le sang fœtal devient virulent. Des femelles étant inoculées à diverses périodes de la gestation et mourant du charbon, ils examinèrent le sang des fœtus au microscope, l'inoculèrent et le semèrent dans des bouillons. A l'examen microscopique ils ne virent pas ordinairement les bactéridies, à cause de leur rareté. Des cultures furent fécondées, quelquefois avec le sang des divers fœtus, d'autres fois avec le sang d'un, de deux, de trois sur une portée de trois, quatre ; d'autres fois enfin, sur plusieurs ballons semés avec le sang d'un même fœtus, les uns demeurèrent stériles, tandis que les autres furent fécondés. A l'inoculation ils eurent un résultat négatif avec le sang dont l'ensemencement était demeuré stérile ; quelquefois un semblable résultat se produisit avec le sang qui avait fécondé le bouillon de culture. Il résulte des expériences dont les conclusions précèdent que la culture est le moyen le plus sûr de déceler la présence des microbes charbonneux dans les tissus du fœtus, comme dans les produits qui en contiennent en petit nombre, et qu'il ne faut pas hésiter à faire les ensemencements avec de fortes doses.

A la même époque (1882) Perroncito démontrait de son côté que le passage de la bactéridie charbonneuse peut avoir lieu assez souvent de la mère (cobaye) au fœtus.

D'autres expérimentateurs ont fait ensuite des constatations semblables. Koubassoff a tiré de ses recherches sur le passage de la bactéridie de la mère au fœtus la conclusion suivante : les bactéridies passent de la mère au fœtus, et elles sont d'autant plus nombreuses dans ses tissus que la mère est restée plus longtemps vivante après l'inoculation. Malvoz a également constaté que la bactéridie peut, chez la cobaye, passer de la mère au fœtus ; et il a établi que le passage se fait grâce aux ruptures vasculaires qui se produisent dans le placenta. Birch-Hirschfeld et Rosenblath ont chacun de leur côté constaté l'infection du fœtus par le placenta, l'un chez la lapine pleine et chez la chèvre, l'autre chez la cobaye ; et ils ont expliqué le passage des bactéridies, comme Malvoz, par des lésions hémorrhagiques survenues dans le placenta. On a trouvé (Pangalli) la bactéridie dans le sang du fœtus de la femme morte du charbon. Toutefois, le plus souvent la transmission intra-utérine ne s'observe pas. Quand elle a lieu, c'est surtout dans le foie des fœtus que semblent s'accumuler les bactéridies.

En résumé, la bactéridie charbonneuse peut aller de la mère au fœtus ; et ainsi s'expliqueraient peut-être certains faits d'immunité conférée aux agneaux nés de mères qui ont eu le charbon pendant la gestation ou qui ont été vaccinées pendant cette période. Ainsi s'expliqueraient encore à la rigueur les cas, où l'immunité n'est pas conférée, par la non constance du passage de la bactéridie à travers le placenta. Ainsi s'expliqueraient enfin les avortements, qui surviennent quelquefois après la vaccination chez la brebis et chez la vache, et qui sont probablement dus à la contamination du fœtus par la bactéridie vaccinale, qui le tue alors que la mère plus robuste résiste.

B. — **Transmission au contact.** — Quand le lait devient virulent, les petits pourraient s'infecter en le tétant ; on n'a cependant pas signalé des cas authentiques pouvant être attribués à ce mode de contagion. Est-ce parce que les voies digestives des jeunes qui tétent encore ne présentent pas des éraillures, etc. ? La transmission au contact, quoique rare, se fait surtout à l'homme qui travaille un cadavre ou des débris charbonneux, et qui se blesse durant cette besogne, ou qui avait déjà des excoriations aux mains, etc. La transmission du charbon à des personnes qui avaient manipulé des cadavres ou des débris charbonneux a été constatée de nombreuses fois. C'est même le plus souvent de la sorte que l'homme contracte le charbon. Mais, pour que la contagion ait lieu, pour que la bactéridie soit absorbée, il faut que la peau soit blessée, excoriée, éraillée, piquée, incisée, etc., car, lorsqu'elle est intacte, elle n'absorbe pas les microbes charbonneux.

2° CONTAGION INDIRECTE OU MÉDIATE.

La contagion indirecte ou médiate, par l'intermédiaire d'un véhicule solide ou liquide, ou par l'intermédiaire de l'air, l'infection en un mot par des germes qui se sont conservés dans les milieux extérieurs, est le mode de transmission du charbon le plus fréquent. Elle peut avoir lieu de trois façons principales : par ingestion d'aliments ou de boissons souillés de germes charbonneux ; par inhalation de poussières mélangées de spores charbonneuses ; par le contact de corps souillés avec des surfaces absorbantes de la peau, par la piqûre de mouches, etc.

A. — Contagion par ingestion. — La contagion se fait fréquemment par l'ingestion d'aliments ou de boissons souillés de germes charbonneux. La muqueuse des voies digestives, soit qu'elle présente des éraillures, soit qu'elle puisse absorber les germes malgré son état d'intégrité, sert en effet souvent de porte d'entrée au virus charbonneux. Il est avéré que le charbon, qui semble apparaître spontanément dans les régions où il sévit, est dû souvent à l'ingestion des germes, que les animaux trouvent sur place, et qui sont ordinairement absorbés par les lésions ou excoriations de la bouche et de l'arrière-bouche, mais qui peuvent aussi être absorbés par la muqueuse même saine de l'intestin. D'ailleurs le rôle des voies digestives est bien établi, grâce à de nombreux faits d'expérimentation et d'observation.

Barthélemy avait vu le cheval contracter le charbon, après avoir bu une eau souillée de débris charbonneux. Renault avait fait naître le charbon chez le mouton, chez la chèvre et chez le cheval, mais non chez le porc, ni chez le chien, ni chez les oiseaux, en leur faisant ingérer des matières charbonneuses ; d'ailleurs le porc, le chien et les oiseaux sont ordinairement réfractaires à l'âge adulte. M. Baillet expliquait le développement du charbon dans les pâturages des montagnes d'Auvergne, en admettant que les animaux se contaminaient en ingérant des herbes ou des fourrages ou des eaux souillés de germes, qui, rejetés à tout moment par les malades et fournis par les cadavres mal enfouis, se conservaient dans le milieu extérieur. Davaine avait fait périr le cobaye en lui donnant de la viande charbonneuse.

M. Decroix a constaté que l'ingestion de matières virulentes restait inoffensive. M. G. Colin a vu l'ingestion de matières charbonneuses demeurer inoffensive chez le chien, chez le porc et chez les oiseaux qui ont l'immunité naturelle ; il a vu des lapins rester indemnes, bien que nourris avec du son arrosé de sang charbonneux, et bien qu'il leur barbouillât les lèvres et la langue avec le même produit virulent. D'autre part, M. G. Colin, ayant fait agir le suc gastrique du chien sur des matières charbonneuses et les ayant inoculées, n'a pas fait naître le charbon ; d'où il a conclu à la destruction du virus charbonneux qui arrive dans l'estomac. Or, on a constaté que les spores charbonneuses se retrouvent actives dans les excréments des animaux qui les ont ingérées sans les absorber ; d'ailleurs les germes charbonneux introduits dans les voies digestives sont souvent absorbés avant d'arriver à l'estomac. Et de plus, si la bactéridie sous forme de bâtonnets est détruite par le suc gastrique, les spores résistent et peuvent traverser tout le tube digestif sans avoir perdu leur virulence.

On a constaté, ainsi qu'on l'a déjà vu, l'apparition du charbon sur des animaux ayant pâturé dans des prairies où des malades avaient séjourné antérieurement, dans des lieux fumés avec des engrais provenant d'animaux charbonneux ; on l'a constatée sur des animaux ayant consommé les herbes ou les fourrages secs récoltés sur des pâturages, des champs, des prés où on avait enfoui des cadavres charbonneux. On a constaté quelquefois l'apparition du charbon sur des animaux ordinairement réfractaires, à la suite d'ingestion de viande charbonneuse, sur des porcs, sur des chiens, sur des oiseaux, sur des lions de ménageries, et même sur l'homme, etc. On a constaté (Bonnet d'Iseghem) la transmission du charbon à une personne, qui avait mangé, grillée, de la viande charbonneuse.

Pasteur a constaté que les moutons, nourris avec des aliments souillés préalablement de germes charbonneux, deviennent malades dans une certaine proportion. Il a constaté que les cobayes contractent difficilement le charbon par l'ingestion de spores charbonneuses associées à leurs aliments. Il a trouvé les spores dans les excréments des moutons et des cobayes. Il a reconnu qu'on peut augmenter considérablement la mortalité, quand on associe, aux aliments charbonneux, des objets piquants, propres à excorier plus ou moins la muqueuse des premières voies digestives. Ainsi, ayant nourri des moutons avec des aliments arrosés de liquide de culture contenant des spores, il a vu le charbon se développer sur un certain nombre d'individus ; il a augmenté la mortalité, en associant, aux aliments, des chardons, des barbes d'épi d'orge, susceptibles de blesser les premières voies digestives ; il a reconnu que, dans ces cas, comme dans les cas de charbon contracté naturellement, les mêmes lésions se montraient dans la bouche et l'arrière-bouche ; et il en a conclu que l'absorption se fait souvent dans ces parties du tube digestif.

Toussaint, d'après les lésions constatées sur les animaux morts du charbon, a aussi conclu à l'absorption du virus par une plaie de la muqueuse bucco-pharyngienne. M. G. Colin, ayant montré que, à la

suite d'une inoculation charbonneuse, la virulence se montre successivement, de même que les altérations, dans les ganglions situés sur le
trajet des lymphatiques qui partent du point inoculé, Pasteur et
Toussaint ont reconnu, par l'examen de cadavres d'animaux morts du
charbon, que le virus est souvent absorbé dans la bouche ou l'arrière-
bouche, en se basant sur les lésions observées au voisinage et notamment sur les ganglions voisins. M. G. Colin avait constaté l'envahissement successif des ganglions par la virulence et l'altération morbide.
Toussaint reconnut l'envahissement successif par les bactéridies qu'il
vit proliférer d'une façon prodigieuse dans les ganglions.

M. Rodet à son tour, en se basant sur l'état des ganglions, reconnut que, chez le cochon d'Inde qui ingère des matières charbonneuses et qui contracte ainsi le charbon quand la muqueuse digestive
a pu être lésée, le virus pénètre par la muqueuse bucco-pharyngienne.
Chez le cobaye, comme chez le lapin et chez le mouton, il n'y a pas
de lésion locale spécifique au point inoculé ; mais on trouve souvent
de l'infiltration, de l'œdème et une tuméfaction ganglionnaire dans le
voisinage de la région inoculée ; la lymphe de l'infiltration est, ainsi
qu'on l'a vu, ordinairement pauvre en bactéridies ; mais les ganglions
tuméfiés, mous, infiltrés, marbrés de taches sanguines, sont très riches. M. Rodet a d'ailleurs vu rester indemnes du charbon les cobayes
qui avalaient du sang charbonneux ; et il a vu devenir charbonneux les
animaux de même espèce qui mangeaient un cadavre de cobaye mort
de la maladie, et dont les débris osseux leur avaient sans doute
lésé la muqueuse bucco-pharyngienne.

Enfin, quand on inocule du virus charbonneux sur les muqueuses
linguale, buccale, pharyngienne, quand on éraille, quand on blesse,
quand on lèse ces muqueuses, en y déposant de la matière charbonneuse, on fait développer le charbon avec lésions initiales dans la
région et dans le voisinage.

Le Dr de Maurans a également signalé l'influence de l'action des fourrages piquants ou coupants dans le développement du charbon ; on a en
effet constaté, dans la Provence, que le charbon se montrait surtout pendant les sécheresses, alors que les animaux mangeaient des herbes sèches
ou des feuilles sèches d'amandier qui lèsent la muqueuse des premières
voies digestives. On a également constaté que les animaux qui ont des
lésions de fièvre aphteuse sont plus exposés à contracter le charbon.
On a aussi constaté qu'en Beauce la mortalité se déclare surtout quand
les troupeaux sont conduits sur les chaumes, les animaux étant alors
plus exposés à se blesser, etc. On a pareillement constaté que le charbon occasionne une mortalité plus forte sur les animaux qui sont
forcés de manger des feuilles d'arbres, l'écorce ou même le bois des
rameaux.

Perroncito, ayant nourri des cochons d'Inde (11) avec une nourriture mêlée de bactéridies adultes, en a vu un seul devenir charbonneux; ayant nourri 10 autres cobayes avec de la nourriture arrosée de spores, il en a eu six charbonneux. On peut d'ailleurs tirer de ses recherches les conclusions suivantes : à la suite de l'ingestion d'aliments souillés de virus charbonneux, l'infection peut se faire au niveau de l'intestin ; elle est plus difficile et plus rare avec les bâtonnets qu'avec les spores; cependant elle peut avoir lieu, quand des bâtonnets inclus dans des morceaux de viande, échappant à l'action du suc gastrique qui est réellement bactéricide, trouvent ensuite dans l'intestin des points dépourvus d'épithélium par l'action de ses parasites ou par suite de l'action vulnérante ou irritante de parcelles d'aliments durs ; le charbon, qui résulte de l'ingestion, est ordinairement dû à l'introduction de spores, mais même les spores auraient besoin, pour être absorbées, de rencontrer sur la muqueuse quelque point dépourvu d'épithélium.

Enfin la muqueuse de l'intestin, même normale, pourrait, selon Kitt et suivant Koch, absorber les spores charbonneuses. Si le suc gastrique détruit généralement les bâtonnets, il respecte les spores. Koch, ayant fait avaler à des animaux, à des moutons, des spores incluses dans une pomme de terre, les a vus mourir et présenter un charbon intestinal, alors que les moutons qui avaient reçu de la même façon des bâtonnets ont survécu. Tandis que les observations et les expériences de Toussaint et de Pasteur tendent à établir que l'absorption se produit sur la muqueuse bucco-pharyngienne, où elle est favorisée par des éraillures de toute sorte, Koch pense qu'elle aurait lieu surtout dans l'intestin, et que les spores se fixeraient dans les follicules clos et les plaques de Peyer, pour aller ensuite dans le système lymphatique.

Quoi qu'il en soit du point réel de pénétration, il n'en demeure pas moins établi que l'ingestion d'aliments ou de boissons souillés de germes charbonneux peut s'accompagner de l'affection. Toutefois il est bon d'ajouter que l'ingestion de germes charbonneux n'est pas toujours, il s'en faut bien, suivie d'effet ; on peut même présumer que l'introduction de germes dans les voies digestives suivie d'effet est relativement rare dans la pratique, soit que la dose de germes se trouve insuffisante, soit qu'ils se trouvent atténués, soit qu'ils arrivent dans l'organisme d'animaux qui s'étaient vaccinés spontanément dans les pâturages.

En résumé le développement du charbon semble être souvent dû à l'ingestion de fourrages, d'herbes, d'aliments ou de boissons souillés de germes. Les voies digestives jouent un rôle important dans l'absorption du contage ; les nombreux faits d'observation et d'expérimentation témoignent que l'ingestion de matières charbonneuses peut être suivie plus ou moins souvent de l'apparition de la maladie. Sans nier que les germes charbonneux, et notamment les spores, puissent être absorbés par la muqueuse bucco-pharyngienne ou la muqueuse gastro-intestinale intactes, il faut néanmoins admettre, d'après les faits et les expériences relatés, que la pénétration des germes à travers la muqueuse digestive intacte est difficile et rare. Cette pénétration est facilitée, et la mortalité est accrue, quand la muqueuse est excoriée, blessée, piquée, déchirée, quand les animaux reçoivent des aliments secs, durs, piquants. Il est démontré que l'absorption peut se faire dans la bouche ou l'arrière-bouche, quand les germes se trouvent sur les fourrages ou dans les boissons ; il y a alors inoculation et infection, comme à la suite d'une inoculation à la peau. Il est également démontré qu'elle peut se faire dans l'intestin, ainsi qu'en témoigne la localisation des lésions principales sur cet organe.

B. — **Contagion par inhalation**. — L'infection peut avoir lieu par l'intermédiaire de l'air ; non pas que celui qui est expiré par les malades entraîne des microbes, mais parce que des spores, conservées à la surface des champs, des pâturages et des chemins, peuvent être soulevées par les pieds des animaux ou par les coups de vent, être inhalées et déterminer le charbon à la suite de leur absorption dans les voies respiratoires. Roche-Lubin et Garreau avaient cité des faits de contagion par l'air; l'association médicale et vétérinaire d'Eure-et-Loir avait constaté que le charbon peut se transmettre par l'intermédiaire de l'air. On a vu (Camargue) devenir charbonneux des moutons qui habitaient des bergeries fraîchement récurées. On a vu (Pasteur) des moutons contracter le charbon, en flairant le sol qui recouvrait des fosses, où on avait placé des cadavres charbonneux. On a vu le charbon sévir surtout dans les périodes de sécheresse, alors que les animaux soulèvent, en marchant, des nuages de poussière. On a constaté enfin des cas de charbon broncho-pulmonaire chez l'homme, qui étaient dus à l'inhalation de poussières charbonneuses.

Le virus charbonneux peut en effet être absorbé après avoir été inhalé ; toutefois les germes peuvent être arrêtés dans les cavités nasales, dans la trachée, dans les bronches, et être ensuite expulsés avec les mucosités. Néanmoins les microbes peuvent arriver jusqu'aux infundibula et franchir la couche épithéliale des alvéoles. Muskatbluth a obtenu le charbon en injectant la bactéridie dans la trachée. Buchner l'a obtenu en pulvérisant dans les voies respiratoires une eau chargée de spores. Tchistovitch a obtenu le charbon aussi par l'injection trachéale de bactéridies.

C. — **Transmission par le contact des corps souillés avec la peau**. — **Transmission par les piqûres de mouches**. — Le virus charbonneux, déposé ou mis en contact avec la peau, peut être absorbé, quand elle est blessée, excoriée, piquée, déchirée, quand il y a une plaie accidentelle, quand elle est lésée par des corps piquants ou coupants souillés de virus. Ainsi, les animaux, en pâturant ou en parquant sur les chaumes, peuvent se blesser aux membres et s'inoculer le charbon. Ainsi, en Russie, une graine de graminée (*Stipa capillata*) s'introduit dans la toison des moutons et puis dans leur peau, déterminant des abcès et quelquefois le charbon ; on a vu (Proust) un boucher qui avait contracté à Paris la pustule maligne, en se piquant avec une de ces graines pendant qu'il travaillait un mouton russe. Ainsi, en Nouvelle-Calédonie, une autre graminée (*Andropogon Allionii*) causerait des blessures analogues et des accidents parfois mortels chez le mouton. Ainsi, on aurait vu le charbon introduit dans une ferme et transmis au mouton par des tondeurs, qui avaient auparavant tondu des peaux fraîches de deux moutons morts du sang de rate. Ainsi, on a vu le charbon se montrer chez l'homme qui, en peignant la laine, la portait aux lèvres, pour en enlever les parties mal venues. Ainsi, enfin les animaux et l'homme peuvent être inoculés par certains insectes ; et on a de tout temps accusé les mouches de donner le charbon.

Le rôle des mouches (voir t. I, p. 175), quoique exagéré pour le vulgaire, mérite une certaine attention. De tout temps l'opinion a accordé une certaine importance à ce mode de transmission ; de tout temps on a vu des cas de charbon, faire suite à des piqûres. Davaine et Raimbert avaient obtenu le charbon en inoculant les pattes et les ailes de mouches laissées sous cloche en contact avec du sang charbonneux ; et, si cette expérience ne prouvait pas que les mouches peuvent transmettre la maladie en piquant, elle démontrait qu'elles peuvent transporter le virus charbonneux. Les mouches à trompe molle, celles qui ne piquent pas, peuvent s'imprégner de virus en se posant sur des matières charbonneuses ; une fois inprégnées, elles peuvent souiller les plaies sur lesquelles elles vont et inoculer peut-être de la sorte la maladie charbonneuse. Quant aux mouches à trompe rigide, celles qui piquent, telles que les simulies, les stomoxes, les taons, les cousins, les hypobosques, elles peuvent inoculer le charbon, si, après avoir piqué un individu charbonneux, elles vont ensuite piquer un individu sain. Ainsi, il y a quelques années, on soignait (D. Mollière) et on guérissait à l'Hôtel-Dieu de Lyon un homme atteint de pustule maligne authentique, à la suite de la piqûre d'une mouche qu'il avait écrasée sur place. D'ailleurs l'intervention de la mouche peut n'être que la cause occasionnelle dans certains cas où, à la suite du prurit qu'elle détermine, la personne se gratte et s'inocule le charbon ou tout autre virus, s'il a les mains, le dessous des ongles notamment souillés, comme cela arrive à ceux qui manipulent ou travaillent les débris charbonneux.

Que la mouche inocule directement le charbon, qu'elle dépose le virus sur une plaie existante ou qu'elle fasse seulement naître un prurit à la suite duquel l'homme, en se grattant, s'inocule lui-même, il n'en est pas moins vrai que l'on croit vulgairement à la transmission du charbon par les mouches. Toutefois il est arrivé fort souvent qu'on a

pris à tort pour des pustules malignes des accidents locaux qui étaient
de nature différente. Il n'est pas impossible enfin que des mouches re-
pues de germes charbonneux deviennent ensuite des agents de contagion, en se noyant dans les liquides, etc. ; on aurait obtenu le charbon
en inoculant les déjections de mouches qui avaient sucé des matières
charbonneuses. Quoiqu'il en soit, le rôle des mouches doit être considéré comme peu important et peu dangereux ; leurs piqûres sont rarement dangereuses par elles-mêmes.

En résumé, il est aujourd'hui reconnu, démontré et admis que le développement du charbon, dans les contrées où il sévit et se propage, est
dû surtout à la conservation des germes provenant des cadavres enfouis, des débris, des produits et des déjections d'animaux charbonneux. Les germes peuvent être disséminés et le charbon importé dans
des localités indemnes de diverses façons : soit par le déplacement des
troupeaux, soit par le déplacement des malades, soit par le déplacement
des cadavres ou débris cadavériques ; soit par le déplacement des fumiers charbonneux ; soit par le transport de fourrages récoltés sur les
prés maudits ; soit par les chiens qui, après avoir ingéré des matières
charbonneuses, peuvent rendre les germes avec leurs excréments et
souiller les herbes sur lesquelles ils les déposent, ou bien souiller les
eaux dans lesquelles ils vont boire, alors qu'ils viennent de faire un
repas avec des débris charbonneux ; soit par les cours d'eaux, et les inondations ; soit par les laines imprégnées de déjections ou de sang, soit
par les eaux qui ont servi à les laver, etc. Les enfouissements clandes-
tins, défectueux, pas assez profonds, faits dans des lieux non interdits
aux animaux, dans des terrains à vers, etc., expliquent, avec l'utilisation des déjections charbonneuses, la fréquence et la persistance de la
maladie. Les enfouissements dans des terrains sableux, calcaires,
crayeux, sont moins dangereux, les germes ne remontant pas à la surface et restant dans les couches où ils se trouvent ; mais, même dans
ces cas, le dessus des fosses est dangereux, à cause des germes qui ont
pu s'y former et s'y conserver ensuite, quand la terre avait été souillée.

Jadis le développement du charbon était considéré comme spontané
et attribué à des influences diverses. Aujourd'hui les expressions de
naissance spontanée, développement spontané, sont employées pour
dire que les animaux ont puisé les germes de la maladie dans le milieu
qui les entoure. Les causes invoquées autrefois pour expliquer le développement spontané du charbon doivent être considérées comme de
simples circonstances favorables à la contagion ; elles agissent en favorisant la conservation, la multiplication des bactéridies et leur introduction dans l'organisme. Ces causes sont nombreuses et il est aujour-
d'hui facile d'interpréter leur action. Depuis longtemps on avait accusé

la température élevée et les saisons chaudes, surtout les saisons chaudes et humides à la fois : c'est qu'en effet une température relativement élevée et un certain degré d'humidité favorisent la multiplication, le développement des bactéridies, la formation des spores, etc. De tout temps on a vu sévir le charbon enzootiquement à la fin du printemps, au commencement de l'automne, pendant l'été, pendant les années chaudes, pendant les saisons chaudes, orageuses et humides, pendant les temps chauds succédant à des temps humides, etc. On a accusé aussi les étangs, les marais, les bas-fonds, les marécages, les herbages humides et les eaux dormantes. Toutes ces causes favorisent la multiplication, la conservation de la bactéridie charbonneuse et son introduction dans l'organisme. Il y a là en effet un ensemble de conditions propices : un milieu favorable qui fournit des matériaux alibiles; le contact de l'air et la température élevée, qui règne par moments, favorisant la sporognèse. Les fourrages et les boissons peuvent contenir des bactéridies, et les animaux, en les ingérant, contractent le charbon. Les poussières peuvent entraîner des corpuscules-germes charbonneux et les introduire dans l'organisme. Toutes les localités où règne le charbon renferment, dans leur sol, dans leurs eaux ou dans les herbes qui y croissent, les germes de la maladie. Les lieux à sol humide, à sous-sol argileux, favorisent la conservation et la multiplication des bactéridies; et leurs eaux, ainsi que leurs herbes, peuvent communiquer le charbon. On a prétendu que les aliments altérés et les aliments trop abondants peuvent faire naître le charbon ; mais cela n'est vrai qu'autant que ces aliments en renferment les germes et les introduisent dans l'organisme. Les boissons altérées ne peuvent produire le charbon que si elles renferment des bactéridies; et jamais, ni les fatigues excessives, ni une alimentation insuffisante, ne peuvent provoquer la maladie bactéridienne. On a remarqué, avons-nous dit, que le charbon se montre de préférence dans les années pluvieuses, surtout lorsque les pluies sont suivies d'une grande sécheresse. Les eaux des pluies dissolvent une grande quantité de matières organiques et minérales qui, lorsque la chaleur arrive, constituent un milieu favorable au développement et à la multiplication des bactéridies. On a encore accusé les habitations humides, malpropres, mal tenues; mais, quel que soit leur défaut d'hygiène, elles ne peuvent pas provoquer le développement du charbon, si elles n'en renferment pas les germes. Toutefois, ainsi qu'on le verra ci-après, les influences débilitantes jouent un certain rôle, accroissent ou créent la prédisposition.

En résumé, le charbon bactéridien, comme d'ailleurs le charbon symptomatique, est une maladie sortant en quelque manière du sol de certaines localités, où le virus se conserve. Son développement, comme celui du charbon symptomatique, dépend de l'infection du sol et de l'infection par le sol; il apparait surtout quand l'humidité du sol baisse, après qu'il y a eu humidité et élévation suffisante de température pour la formation des spores.

3° ABSORPTION DE LA BACTÉRIDIE. SON MODE D'ACTION. — PATHOGÉNIE.

A. — Absorption. — L'envahissement de l'organisme par les microbes charbonneux, à la suite de leur inoculation accidentelle ou expérimentale, à la suite de leur introduction dans les voies respiratoires ou digestives, se produit d'après un mécanisme à peu près toujours le même. Quand ils ont pénétré sous la forme de spores, celles-ci germent et se transforment en bâtonnets; et, dans tous les cas, les bactéridies sont principalement absorbées par le système lymphatique. Elles se multiplient rapidement dans les espaces et les vaisseaux lymphatiques; elles atteignent promptement les ganglions les plus voisins, s'y arrêtent momentanément, y pullulent, les envahissent complètement, puis, les ayant bientôt débordés, gagnent, par la voie des lymphatiques, d'autres ganglions; et ainsi de suite jusqu'à leur déversement dans le torrent circulatoire sanguin. Ainsi, le virus étant inoculé (G. Colin) à l'extrémité d'un membre postérieur, on voit s'engorger, se tuméfier et devenir virulent, d'abord le ganglion poplité, ensuite ceux de l'aine, du bassin, etc.; enfin les bactéridies sont déversées dans le torrent circulatoire, après s'être multipliées dans les ganglions et les vaisseaux lymphatiques; alors apparaissent les symptômes généraux, l'engorgement et la virulence des ganglions du membre opposé et du reste du corps.

Quant aux vaisseaux sanguins, il n'est point démontré qu'ils n'absorbent pas les microbes charbonneux, surtout quand ils se trouvent sectionnés ou ouverts par l'inoculation; et il est difficile d'admettre qu'on puisse arrêter le développement de la maladie, en sectionnant les lymphatiques qui charrient les bactéridies, ou en extirpant les ganglions qui les reçoivent; toutefois on verra plus loin que, chez l'homme tout au moins, la cautérisation ou l'extirpation de la pustule maligne débutante peut contribuer à la guérison. En tout cas la pénétration des bactéridies dans les vaisseaux veineux a pour conséquence d'accélérer l'évolution de l'affection, si le nombre de microbes introduits est important. En effet, lorsqu'on inocule directement le virus charbonneux, en quantité notable, dans la veine (Delafond, Toussaint, etc.), il pullule rapidement, et les sujets meurent plus promptement qu'à la suite de l'inoculation sous-cutanée; mais, quand le nombre de microbes introduits dans la veine est peu considérable, leur pullulation peut être lente et difficile.

Quoi qu'il en soit des vaisseaux qui président à l'absorption du virus déposé dans une plaie, la pénétration des microbes au-delà de la région

inoculée peut se faire rapidement, car si, cinq minutes après l'inoculation, on ampute la partie inoculée, on n'empêche pas toujours la maladie de suivre son cours ; ce qui démontre bien qu'une partie au moins
du virus a pénétré au-delà de la partie amputée.

D'après M. G. Colin, le virus charbonneux, inoculé par piqûres sous-
épidermiques à l'oreille du lapin, détermine le charbon et la mort, bien
qu'on ampute la pointe de l'oreille inoculée 5-4-3 minutes après l'insertion du virus. D'après Davaine le virus charbonneux, déposé sur des
plaies de lapins, ayant l'étendue d'une pièce de 50 centimes ou de 1 franc,
intéressant toute l'épaisseur de la peau, et faites par excision du tégument, n'a pas déterminé le charbon ordinairement, quand la plaie a été
cautérisée (acide sulfurique, caustique de Vienne, fer rouge) une heure
après l'inoculation ; d'où la conclusion que la nature de la plaie influe
sur la rapidité de l'absorption.

Il y a une grande irrégularité dans la durée d'absorption du virus
charbonneux, même à la suite d'inoculations par piqûres sous-épidermiques ; M. G. Colin a constaté que l'inoculation faite au cheval, produit un accident local très marqué et que l'excision ou la cautérisation
de la tumeur peut empêcher l'infection générale. M. Rodet a constaté
que, même chez le lapin, la bactéridie inoculée se propage avec une
rapidité très variable ; quelquefois l'excision, au bout de 5 minutes,
n'empêche pas l'infection, tandis que l'excision au bout de 1 à 10 heures
l'empêche dans certains cas. D'ailleurs, l'excision arrête ou n'arrête
pas l'infection, suivant qu'elle est pratiquée plus ou moins bas, plus ou
moins loin du point inoculé.

Les bactéridies sont emportées par les vaisseaux lymphatiques et se
multiplient dans la lymphe ; leur propagation se fait de proche en
proche par leur multiplication qui varie suivant les conditions que réalise la partie inoculée et suivant l'activité plus ou moins grande des
microbes. La rapidité de leur absorption dépend de la facilité avec laquelle elles pénètrent dans le système lymphatique ; et dans les cas de
contagion accidentelle elles peuvent séjourner parfois assez longtemps
sur le point où elles se sont fixées, avant d'entrer dans les lymphatiques.

B. — **Incubation**. — Le temps qui s'écoule (incubation) entre le
moment de l'introduction du virus et celui de l'infection générale varie
de un à plusieurs jours, suivant les animaux, suivant les espèces,
suivant l'âge des sujets, suivant l'état de leur organisme, suivant les
doses de microbes et suivant leur activité. Le développement du charbon peut être activé par de nombreuses influences : par le jeune âge,
par la saignée (Rodet), par l'extirpation de la rate (Bardach), par le
refroidissement (Pasteur), par le mode d'alimentation (Feser), par la
fatigue, les privations, l'inanition, etc.

C. — **Phagocytisme**. — **Résistance de l'organisme**. — L'orga-

nisme, quel qu'il soit, quel que soit son degré de susceptibilité ou de réceptivité vis-à-vis du charbon, offre une certaine résistance à l'égard des
microbes pathogènes ; il lutte contre eux par l'intermédiaire de ses éléments cellulaires et de ses liquides ou humeurs. Ainsi, Fodor a nettement constaté le rôle bactéricide du sang de lapin à l'égard des bactéridies charbonneuses ; il a reconnu que ces microbes injectés dans les
veines ou semées dans le sang frais retiré de l'organisme sont détruits
en grand nombre. La susceptibilité du lapin vis-à-vis du charbon après
l'injection intra-veineuse s'expliquerait par la localisation des bacté-
dies dans les organes parenchymateux, où elle se développeraient à
l'abri de l'action nocive du sang ; pour envahir ultérieurement ce milieu.
Ainsi, Nuttal a pareillement constaté l'état bactéricide du sang (défibriné ou non) de lapin, de souris, de pigeon, de mouton, de chien, de
l'humeur aqueuse et du liquide péricardique du chien et du lapin, vis-à-
vis de la bactéridie charbonneuse. Ainsi encore, Buchner a reconnu la
propriété bactéricide du sang de lapin et de chien ; et il l'a attribuée
au sérum lui-même. On a constaté d'autre part (R. Wurtz) que le *bacillus anthracis*, à l'état bacillaire ou filamenteux ou sporulaire, est
détruit au bout d'une heure de séjour dans le blanc d'œuf de poule à
38°. On a constaté (Behring, Nissen, Metchnikoff et Roux, etc.) l'action
bactéricide du sang et du sérum de rat. Par cette propriété du sang
et des humeurs d'agir contre les bactéridies, on s'expliquerait pourquoi l'inoculation d'une faible dose de virus peut ne pas produire la
maladie, tandis qu'on l'obtient avec une plus forte dose.

L'action bactéricide du sérum sanguin est aidée dans son œuvre
anti-microbienne par l'intervention des cellules des tissus, surtout par
l'intervention des leucocytes, qui jouent le rôle de phagocytes. La
rate, qui produit des phagocytes, exercerait une grande influence d'a-
près les expériences de Bardach ; elle aurait une fonction phagocytaire importante ; elle protégerait le sang contre l'invasion des
microbes. Ainsi, sur 25 chiens dératés, 19 auraient succombé aux inoculations charbonneuses, tandis qu'il n'en serait mort que 5 parmi
les 25 témoins non dératés. Ainsi encore, tandis que les lapins normaux supportent la vaccination charbonneuse par le procédé Roux
et Chamberland, qui sera exposé plus loin, les lapins dératés mourraient charbonneux dans les proportions de 26 sur 35, à la suite de l'inoculation du premier vaccin. Les leucocytes luttent non seulement
contre la bactéridie adulte mais aussi contre le spore.

On avait constaté (Smirnof, Bitter, Lubarsch, Fischer) que les spores
de la bactéridie peuvent conserver leur virulence plusieurs jours, dans les
tissus d'animaux doués de l'immunité (moutons, grenouilles). Il découle
d'expériences récentes publiées par M. Trapeznikoff, les principales
conclusions suivantes : chez les animaux réfractaires, les cellules ami-
boïdes, les leucocytes s'accumulent dans le point d'inoculation et

englobent les spores, les transportent dans les divers organes, exercent une action sporicide qui ne va pas toujours jusqu'à la destruction, mais qui s'oppose à leur germination ; quand les spores ont eu le temps de germer avant d'être englobées, les bacilles qui en dérivent sont saisis et détruits par les leucocytes ; les spores englobées par les leucocytes restent longtemps vivantes et virulentes, et si les phagocytes qui les ont saisies viennent à s'affaiblir ou à mourir, elles germent, se transforment en filaments, qui peuvent à leur tour être englobés et détruits ; chez les animaux non réfractaires, les spores sont bien saisies également par les leucocytes, mais elles germent quand même, les phagocytes se trouvant en petit nombre, et font périr les sujets.

De l'avis de la plupart des expérimentateurs, les phagocytes qui, selon d'autres, partageraient le rôle de résistance dévolu à certains organismes avec les humeurs, auraient la part principale sinon exclusive dans cette résistance des animaux plus ou moins réfractaires. Ainsi, les poules inoculées du charbon éprouvent une élévation de température provoquée par les sécrétions des microbes, et elles peuvent mourir, quand on affaiblit la puissance phagocytaire des leucocytes par la réfrigération des sujets dans un bain froid, par l'action de l'antipyrine, par le chloral (Wagner). Ainsi, l'immunité relative dont jouissent les rats blancs tiendrait au grand pouvoir phagocytaire de leurs cellules ; il en serait de même chez le pigeon, etc., etc.

D. — Mode d'action de la bactéridie sur l'organisme. — La bactéridie introduite dans l'organisme s'y développe, s'y multiplie, y pullule et détermine la mort en agissant de diverses façons. Elle vit et se multiplie aux dépens des liquides organiques ; elle vit et se multiplie dans le sang, après avoir envahi d'abord le système ganglionnaire compris entre le point d'inoculation ou d'absorption et le confluent du système lymphatique avec le système sanguin ; elle forme souvent un feutrage plus ou moins serré dans les ganglions et dans les vaisseaux sanguins : elle occasionne des ruptures vasculaires et des hémorragies plus ou moins nombreuses, à cause des embolies qu'elle forme et surtout à cause de la matière diastasique qu'elle sécrète, qui agit sur les tissus, ramollit les parois des vaisseaux, etc.

La bactéridie étant aérobie, avide d'air, absorbe de l'oxygène et le remplace par de l'acide carbonique ; elle emprunte l'oxygène aux hématies, êtres aérobies comme elle, qui le lui disputent et retardent son développement ; elle finit par l'emporter sur le globule sanguin et rend progressivement le sang asphyxique et impropre à la nutrition des tissus. Ainsi s'explique la coloration noirâtre du sang, la teinte foncée des tissus, qui ont valu à la maladie le nom de charbon. Cependant cette action asphyxiante ne saurait suffire à expliquer la mort, attendu qu'il y a des cas où les bactéridies se trouvent en faible quantité dans le sang, et attendu que ce dernier a éprouvé d'autres modifications.

Les bactéridies, devenant nombreuses dans les vaisseaux, occasionnent un réel embarras de la circulation, d'autant plus que le sang est rendu plus visqueux ; elles forment des embolies dans les fins vaisseaux, diminuent la fluidité du sang, rendent les globules plus agglutinatifs, grâce à une diastase qu'elles sécrètent, déterminent des oblitérations vasculaires et des hémorrhagies (Toussaint).

De pareilles lésions se produisent chez les différentes espèces animales ; elles sont surtout remarquables chez les animaux solipèdes ; elles s'accompagnent d'œdèmes volumineux au voisinage des ganglions, d'épanchements dans les séreuses, etc.

Sur certains animaux charbonneux, les bactéridies peuvent se cantonner dans la pie-mère, devenir très abondantes dans ses vaisseaux, et déterminer la mort par suite des altérations vasculaires qu'elles provoquent dans les centres nerveux ; d'où l'indication de les rechercher dans ces organes, quand les animaux ont présenté des signes de localisations cérébrales.

Ce mode d'action, de même que le précédent, ne saurait suffire à expliquer la mort ; il est des cas d'ailleurs où les microbes sont peu nombreux dans le sang.

C'est surtout en produisant une réelle intoxication que les bactéridies déterminent la mort. Les microbes du charbon sécrètent en effet des matières toxiques. Le sang charbonneux préalablement filtré et mélangé ensuite à du sang normal rend ses globules plus agglutinatifs (Pasteur), ce qui implique la présence de quelque matière diastasique. On obtient d'ailleurs (Toussaint) une inflammation locale sur les animaux réfractaires avec du sang filtré, ce qui annonce la présence d'une substance phlogogène soluble. Hofa a trouvé dans les cultures de la bactéridie, faites sur de la viande, une ptomaïne très active. M. Chauveau, en injectant 100 grammes de sang de mouton charbonneux à un autre mouton vacciné, a obtenu une mort assez rapide due à un véritable empoisonnement, sans pullulation des bactéridies dans le sang. M. Gamaleïa, en traitant la rate d'animaux charbonneux par l'alcool fort et en épuisant ensuite le coagulum par l'eau, aurait obtenu un liquide qui donnait au lapin une forte fièvre.

En résumé, quand un animal a été inoculé accidentellement ou expérimentalement, les bactéridies se multiplient dans le point inoculé, sécrétant des produits diastasiques et toxiques, et s'y montrent d'autant plus nombreuses qu'on s'éloigne davantage du moment de l'inoculation. Elles provoquent une irritation, une inflammation, une exsudation, une infiltration locale, un œdème qui leur sert de liquide de culture et s'étend vers et autour des ganglions où se rendent les lymphatiques. Des bactéridies passent dans les vaisseaux lymphatiques ; bientôt les microbes arrivent dans le ganglion voisin, provoquent son inflammation, s'y multiplient, passent ensuite dans les vaisseaux efférents, arrivent à un second ganglion, etc., et finalement sont déversés dans le sang. Arrivées dans le sang, les bactéridies s'y multiplient et n'en sortent plus, s'il ne se produit pas des ruptures vasculaires; c'est ainsi que, quand on injecte le virus dans une veine, les animaux meurent sans présenter des lésions autres que celles des vaisseaux; c'est ainsi que les liquides de sécrétion physiologique, bile, urine, lait, produit des glandes, ne contiennent de bactéridies que s'il y a eu des ruptures vasculaires; en sorte que le charbon apparaît comme une maladie hématique, intra-vasculaire. Mais les ruptures vasculaires ne sont pas rares dans le charbon, surtout chez certains animaux tels que les solipèdes, le mouton, le bœuf, etc. La circulation est ralentie dans les capillaires par le feutrage et l'accumulation des bactéridies et par la viscosité du sang; les bactéridies forment des agglomérats qui obstruent certains capillaires flexueux. Chez le lapin, les bactéridies ne passent pas à travers les vaisseaux qui ne se rupturent guère; tandis que chez le mouton des ruptures se produisent dans le rein et dans l'intestin, tandis que chez les solipèdes les ruptures se produisent plus nombreuses et sur divers organes, sur les séreuses, dans le tissu conjonctif, etc. Avec ces altérations, le pouvoir asphyxiant des bactéridies devenues de plus en plus nombreuses, s'est accru proportionnellement, ainsi que la somme de leurs sécrétions diastasiques et toxiques, et la mort survient surtout comme conséquence d'un empoisonnement.

V. Réceptivité, ses degrés. — Causes prédisposantes. — Immunité.

Le charbon bactéridien peut évoluer sur les divers animaux domestiques et chez l'homme; mais la réceptivité varie avec les espèces, avec les races et avec les individus, avec leur âge, avec le mode de pénétration, la quantité et la qualité du virus.

Les animaux herbivores, le mouton, la chèvre, le bœuf, le cheval, et le cerf, le daim, le chevreuil parmi les espèces vivant à l'état sauvage, sont doués d'une aptitude très accusée à contracter le charbon. Envisagés au point de vue de la fréquence avec laquelle ils présentent le charbon spontané, ce sont bien les moutons et les chèvres d'abord, puis les grands ruminants et les solipèdes qui semblent les plus exposés à prendre la maladie. Toutefois, les petites espèces domestiques, telles que les lapins et les cobayes sont douées d'une très grande réceptivité; et, bien que leur genre de vie ne les expose pas autant à contracter le charbon, ils le contractent avec la plus grande facilité dans les expériences auxquelles on les fait servir. Le mouton et le cheval prennent le charbon inoculé facilement; le bœuf semble plus résistant.

D'après Burke le chameau contracterait lui aussi le charbon qui pourrait récidiver, s'accompagner d'avortement et du passage des bactéridies dans le lait.

Quant au lapin et au cobaye, ainsi qu'aux souris, rien n'est aisé comme de les infecter expérimentalement par l'inoculation sous-cutanée d'un produit charbonneux quelconque pur ou d'une culture. Chez ces animaux l'injection sous-cutanée ou la piqûre à la peau détermine en dix ou quinze heures un œdème local accompagné d'une élévation de la température générale ; les inoculés, à part ces signes, conservent les apparences de la santé, jusqu'à quelques heures avant la mort, qui arrive de trente-six à quarante heures chez le cobaye et de quarante-huit à soixante chez le lapin. Quelques instants avant la mort, les sujets deviennent inquiets, respirent plus vite, puis s'assoupissent, tombent dans le coma et succombent après quelques convulsions avec un abaissement notable de la température. Dans les derniers moments de la vie, les bactéridies apparaissent dans le sang ; et, à l'autopsie, outre les lésions ordinaires du charbon précédemment signalées, on constate toujours, au point d'inoculation, la présence d'un œdème gélatineux, transparent, tremblotant, à peine teinté de rouge parfois, contenant des bâtonnets ordinairement plus rares mais plus longs que dans le sang.

Le porc est doué généralement de peu de réceptivité ; il peut toutefois contracter le charbon expérimentalement et accidentellement. Les carnivores, chiens et chats, sont également peu aptes à contracter le charbon par infection naturelle ; cependant on a eu à constater des cas de contagion accidentelle, et la transmission par inoculation a pu parfois être obtenue. Quant aux oiseaux, leur réceptivité est encore moindre ; on ne constate pas chez eux l'infection naturelle, et c'est seulement en les soumettant à l'expérimentation, dans des conditions spéciales, qu'on peut arriver à faire évoluer le charbon dans leur organisme. L'homme enfin peut s'infecter de différentes façons ainsi qu'on l'a vu précédemment.

Si telle est l'influence de l'espèce, il convient d'ajouter qu'elle peut être modifiée plus ou moins par les influences qu'il nous reste à examiner, par la race, par l'individualité, par l'âge, par le mode d'inoculation, par certaines causes plus ou moins débilitantes (causes prédisposantes), par la quantité et la qualité du virus.

La race peut exercer une influence considérable, au point de rendre quasi-réfractaires des animaux appartenant aux espèces les plus prédisposées. Ainsi, dans l'espèce ovine, la race barbarine offre une résistance naturelle au charbon, qui avait au siècle dernier motivé son importation sur les bords de la Méditerranée. Cette propriété de la race barbarine, bien connue des éleveurs du sud-est de la France, a été vérifiée expérimentalement par M. Chauveau. Toutefois, la résistance des moutons barbarins n'est pas absolue ; elle peut être vaincue par l'introduction d'une forte dose de virus (Chauveau). L'observation avait d'ailleurs appris que certains de ces moutons contractent le charbon spontané et que la quasi-immunité des animaux barbarins s'affaiblit et se perd à la longue sur

<table><tr><td>II.</td><td>20</td></tr></table>

ceux qui sont importés et élevés en France. Toutefois les moutons français importés en Algérie ne semblent pas acquérir (Chauveau) pareille immunité qui paraît bien due à la race. Les chevaux, qui, en Sardaigne, en Russie, en Sibérie, sont fréquemment atteints de charbon, le sont plus rarement en France et dans l'Europe centrale. L'âne (Toussaint), et surtout l'âne d'Afrique (Tayon), contracterait moins facilement le charbon que le cheval.

Des sujets appartenant aux espèces et aux races les plus aptes peuvent présenter parfois une certaine immunité individuelle, ne pas s'infecter dans des foyers dangereux, échapper aux tentatives d'infection expérimentale par ingestion et résister parfois même à l'inoculation. Cette immunité individuelle peut tenir à la grande résistance naturelle de l'organisme, ou mieux à un certain degré de vaccination naturelle, que les animaux ont pu subir dans les milieux où ils vivent.

L'âge des animaux contribue beaucoup à modifier leur réceptivité; à peu d'exceptions près, elle est plus accusée pendant le jeune âge; de sorte que les jeunes appartenant à des espèces quasi-réfractaires peuvent être beaucoup plus facilement infectés. Ainsi, le jeune porc contracte ordinairement le charbon à la suite de l'inoculation (Crook-Shank, Peuch); ainsi, les jeunes oiseaux et les jeunes chiens peuvent être infectés dans une forte proportion par l'inoculation (G. Colin, Œmler).

Le mode d'introduction du virus peut pareillement exercer une réelle influence sur le degré de réceptivité des animaux. Ainsi, grâce à l'inoculation expérimentale, on peut donner un charbon mortel à des animaux, qui échappaient à l'infection naturelle; ainsi, les animaux bovins semblent plus sensibles à la contagion naturelle qu'à l'inoculation, tandis que les chevaux paraissent plus susceptibles vis-à-vis du charbon inoculé. Ainsi, l'inoculation dans la chambre antérieure de l'œil est plus grave chez le pigeon que l'inoculation sous-cutanée.

De nombreuses influences sont d'autre part susceptibles de modifier considérablement l'état de réceptivité des animaux; ce sont, d'une manière générale, les influences qui ont pour effet de les débiliter. Ainsi, il est démontré (Pasteur) qu'on peut rendre la poule apte à l'évolution du charbon, en abaissant artificiellement la température par l'immersion d'une partie de son corps dans l'eau froide. Ainsi, on peut par un procédé inverse (Gibier), en élevant la température des grenouilles, leur communiquer un charbon mortel. Ainsi, on peut faire succomber plus sûrement au charbon les moutons, en leur pratiquant une saignée (Rodet). Ainsi, le développement du charbon est activé par le mode d'alimentation, par le régime aqueux (Feser). Ainsi, l'ablation de la rate et l'injection intra-vasculaire de poudres inertes accroissent la réceptivité du chien (Bardach). Ainsi, la fatigue rend plus aptes à contracter le charbon (Charrin et Roger) les rats blancs, qui sont souvent réfractaires. Ainsi, l'inanition (Canalis et Morpurgo), commencée quelques jours avant l'inoculation ou aussitôt après, rend le pigeon apte à contracter le charbon; et, il en est de même, pour la poule, du jeûne commencée quelques jours avant l'inoculation. Les privations peuvent donc avoir pour résultat, comme je l'ai d'ailleurs constaté sur des animaux de diverses espèces, d'accroître ou de créer la réceptivité. Ainsi encore, l'introduction dans l'organisme de certaines substances, telles que le curare, l'alcool, le chloral (Platania, Wagner), permet de donner le charbon à la grenouille, au pigeon, à la poule. Ainsi enfin, les maladies antérieures et les mauvaises conditions hygiéniques accroissent l'aptitude des animaux à contracter l'affection charbonneuse.

La quantité et la qualité ou l'énergie du virus influent considérablement sur l'aptitude des individus à contracter le charbon. Les animaux les moins aptes peuvent être rendus plus ou moins gravement malades par l'introduction de fortes doses de virus, surtout quand le virus introduit est très actif. Les moutons barbarins, par exemple, peuvent devenir charbonneux à la suite d'inoculations massives, quand on leur inocule d'emblée une forte dose de virus fort (Chauveau).

En résumé, les différences, qu'on constate dans la réceptivité des animaux vis-à-vis du charbon, tiennent à l'espèce, à la race, à l'individu, à l'âge, à l'état de santé, aux conditions hygiéniques, au mode de pénétration du virus, à sa quantité et à sa qualité. On qualifie de réfractaires (ou bien on dit qu'ils ont l'*immunité naturelle*) les animaux qui résistent au charbon. Cette résistance est variable, comme la réceptivité, elle est plus ou moins solide, plus ou moins complète, et plus ou moins durable; rarement elle permet à l'organisme d'échapper à l'infection expérimentale, quand on s'ingénie à varier les conditions de l'expérimentation. Elle s'explique par l'accroissement ou la diminution du pouvoir phagocytaire des cellules et de l'état bactéricide des humeurs; les influences qui la diminuent agissent en amoindrissant ces deux pouvoirs.

L'*immunité naturelle* nous amène à parler de l'*immunité acquise* ou *conférée*, de la vaccination et de l'atténuation du virus charbonneux.

VI. — ATTÉNUATION DU VIRUS CHARBONNEUX.

On a été amené à l'idée de la vaccination, et à la recherche d'un procédé d'atténuation, par la constatation de la non-récidive de l'affection charbonneuse sur l'organisme qui en avait été atteint une première fois.

M. Pasteur, après avoir constaté que les poules nourries avec des aliments souillés de matière cholérique pouvaient se trouver vaccinées, rendues réfractaires, douées de l'immunité, quand elles ne succombaient pas, remarqua aussi que certains moutons, qui avaient ingéré des fourrages souillés de matière charbonneuse, échappaient à la mort après avoir été visiblement malades, et qu'ensuite ils résistaient aux inoculations charbonneuses. Dès lors il se demanda si on ne pourrait pas arriver à vacciner des moutons contre l'affection charbonneuse, en les soumettant préalablement et graduellement à des repas souillés de spores charbonneuses (juillet 1880).

M. Pasteur constata ensuite (septembre 1880) que la vache peut guérir spontanément du charbon, et qu'une fois guérie elle est vaccinée. Il est donc avéré que le charbon ne récidive pas chez les ovins et les bovins (Pasteur), quand ils ont guéri de la maladie contractée spontanément, ou quand on leur a inoculé le charbon sans les faire périr.

M. Chauveau constata de son côté l'immunité des moutons algériens, le renforcement de cette immunité par des inoculations, l'immunité de l'agneau né d'une mère inoculée pendant la gestation.

A, **Atténuation par le chauffage.** — M. Pasteur ayant réussi à atténuer le virus du choléra aviaire et à le transformer en vaccin, Toussaint, le premier, atténua le virus charbonneux, et inventa le procédé d'atténuation par le chauffage et le procédé d'atténuation par l'emploi d'un agent antiseptique.

Inspiré par les découvertes de Pasteur, qui venait de vaccinifier le virus cholérique et de reconnaître que la poule vaccinée du choléra résiste également au charbon, Toussaint chercha et trouva le premier divers moyens de vaccinifier le sang charbonneux en suivant une voie différente de celle qui avait amené Pasteur à la vaccinification du virus cholérique et qui avait été tenue secrète. Il défibrina le sang charbonneux par le battage, le passa à travers un linge et puis le filtra, après l'avoir dilué, sur douze doubles de papier; il inocula la partie filtrée à une première série d'animaux qu'il rendit malades assez sérieusement, mais qui se rétablirent et se trouvèrent vaccinés. Toutefois Toussaint qui pensait vacciner avec une humeur charbonneuse débarrassée de germes, reconnut que c'était là un moyen dangereux, les filtres laissant passer souvent des bactéridies qui tuent les animaux au lieu de les vacciner. La filtration est en effet un procédé défectueux. Ordinairement le sang filtré donne, par l'inoculation, l'un ou l'autre des résultats suivants : il donne le charbon et tue, ou ne donne rien et ne préserve pas. On ne peut pas obtenir un sang charbonneux sûrement vaccinal, en le diluant, comme cela a lieu quand la filtration arrête la plupart des bactéridies.

Toussaint, délaissant le procédé d'atténuation par la filtration, eut recours à l'emploi de la chaleur. Il constata un fait d'une très grande importance qui a servi déjà de base à une méthode générale d'atténuation des virus; il reconnut que, par l'emploi de la chaleur, on peut diminuer la puissance du virus charbonneux de façon à pouvoir l'inoculer sans faire périr les animaux, tout en leur conférant l'immunité contre les atteintes du virus non atténué.

Il obtint un sang charbonneux vaccinal, qui ne provoquait qu'une fièvre charbonneuse légère et qui conférait l'immunité, en chauffant pendant dix minutes à 55° du sang charbonneux préalablement défibriné. A peine ce procédé était-il publié qu'il fut attaqué par Pasteur, qui ne put cependant s'empêcher de reconnaître que le chauffage peut atténuer le virus charbonneux. Toussaint s'était mépris un moment sur l'explication du mode d'action de la chaleur, et avait cru tuer la bactéridie en la chauffant : il attribuait l'immunité à l'introduction dans l'organisme d'une matière qui s'opposait désormais au développement de la bactéridie. A vrai dire, il émettait presque aussitôt l'idée que l'immunité qu'il avait obtenue était due à l'action de bactéridies qui étaient atténuées par le chauffage.

Pasteur combattit cette explication ; il fit remarquer que la bactéridie peut résister à la température de 55° pendant dix minutes et même pendant plus longtemps ; il reconnut que la vitalité de la bactéridie est alors modifiée et que ce n'est pas le produit soluble formé par elle pendant sa vie qui sert de vaccin dans le procédé Toussaint ; il constata que, quand le chauffage tue la bactéridie, ce dont on s'assure par la culture, l'inoculation n'est pas préservatrice. Cependant, comme on le verra plus loin, les produits solubles peuvent donner l'immunité. D'ailleurs il était reconnu à ce moment (Trasbot) que le sang du fœtus de brebis morte du charbon, qui ne contenait pas de bactéridies, ne possédait pas de propriétés vaccinales.

Pasteur reconnut en résumé que, dans le procédé d'atténuation par le chauffage, il peut arriver l'une des trois alternatives suivantes : souvent le virus, la bactéridie, est tuée par le chauffage et l'inoculation ne préserve pas ; d'autres fois la bactéridie garde une virulence mortelle, et l'inoculation tue ; d'autres fois enfin la bactéridie est atténuée, et l'inoculation peut préserver ; mais cette bactéridie atténuée ne fait pas souche, elle peut se ranimer et reprendre sa virulence dans l'organisme ou dans les cultures.

Toussaint avait donc bien le premier démontré la possibilité de préserver du charbon par des inoculations préventives ; il avait le premier réussi à atténuer le virus charbonneux et à le rendre vaccinal ; et, bien que sa méthode n'ait pas fourni tout de suite la solution pratique de la vaccination, il n'en est pas moins vrai qu'elle l'a donnée dans la suite, grâce aux perfectionnements et aux développements que M. Chauveau y a apportés. D'ailleurs la méthode du chauffage offrait l'immense avantage de permettre de tenter l'atténuation des virus dont l'agent était encore indéterminé. Elle a été appliquée, et elle a réussi à donner des vaccins, avec le virus septique, avec le virus du charbon symptomatique, etc.

Toussaint, ayant reconnu sa première explication de la vaccination par le sang chauffé comme erronée, et ayant constaté que le sang filtré sur du plâtre ne conférait pas l'immunité, découvrait en même temps le mode d'atténuation par l'emploi d'un antiseptique. Il conférait l'immunité en traitant le sang charbonneux défibriné, et passé à travers un linge ou une feuille de papier, par l'acide phénique dilué, soit 100 grammes de sang défibriné pour 1 gramme ou 1 gramme et demi d'acide phénique dissous dans 5 centimètres cubes d'alcool et étendu de 100 grammes d'eau. La méthode d'atténuation par l'emploi d'un antiseptique fut ensuite appliquée par MM. Chamberland et Roux aux cultures de la bactéridie; par l'emploi d'une solution d'acide phénique ou de bichromate de potasse, ils purent atténuer le virus des cultures et constituer, comme on le verra plus loin, des races de bactéridies atténuées.

B. Atténuation par la culture en présence de l'air à 42°-43°. — M. Pasteur, après avoir constaté la non-récidive du charbon chez le mouton et chez le bœuf, après avoir vaccinifié par la culture le virus cholérique, après avoir constaté que des moutons résistent à la maladie contractée en ingérant des spores et acquièrent l'immunité, après avoir constaté que la vache résiste assez souvent au charbon contracté spontanément ou inoculé avec du virus cultivé et devient ainsi réfractaire, appliqua la méthode qui lui avait servi pour l'atténuation du virus cholérique, à la vaccinification de la bactéridie et il réussit à l'atténuer. Profitant de ce qu'il avait fait pour le virus cholérique et de ce que Toussaint avait obtenu par le chauffage, il inventa sa méthode d'atténuation par l'action combinée de la chaleur et de l'air sur les bactéridies cultivées.

La bactéridie, cultivée dans les conditions ordinaires, se multiplie pendant vingt-quatre ou quarante-huit heures par scissiparité, puis elle donne des spores qui sont désormais peu modifiées par le contact de l'air et conservent toute leur virulence pendant longtemps. Mais la bactéridie, sous sa forme filamenteuse, et tant qu'elle ne se multiplie que par scissiparité, est atténuée par l'action de l'oxygène de l'air; il suffit donc de la soumettre à l'action de l'oxygène de l'air et de la faire se développer et se multiplier dans des conditions qui ne lui permettent pas de donner des spores; de la sorte on peut obtenir le microbe charbonneux aux degrés les plus divers de virulence, depuis la virulence mortelle chez les animaux les plus résistants jusqu'à la virulence la plus inoffensive chez les animaux les plus susceptibles et même jusqu'à l'innocuité absolue, en passant par un grand nombre d'états intermédiaires. La bactéridie, à ses divers degrés d'atténuation, peut se reproduire dans de nouvelles cultures, en y conservant sa virulence atténuée, tandis que celle atténuée par le chauffage à 55° ne garde pas son atténuation dans des cultures où elle est semée. Parmi ces bactéridies atténuées à des degrés divers, il est facile d'en trouver qui, inoculées aux animaux, ne leur donnent qu'une maladie bénigne et leur confèrent l'immunité contre le virus non atténué.

Aux températures les plus élevées, qui sont compatibles avec la culture de la bactéridie, et qui varient suivant les milieux, elle ne donne pas de spores. Ainsi, elle ne se cultive plus à 45°, mais bien à 42°-43°; et à cette température (42°,5) elle ne donne pas de spores dans les cultures faites dans des ballons où le liquide est en couches assez profondes; tandis que (Koch) elle en donne quand elle est cultivée à plat.

La bactéridie, cultivée dans des bouillons, dans le bouillon de poule neutre ou légèrement alcalin, au contact de l'air et à la température constante de 42°-43°, ne donne donc pas de spores même au bout d'un temps très long. Abandonné à cette température au contact de l'air, le microbe, après s'être multiplié par scissiparité, et avoir donné un mycélium filamenteux, s'atténue très rapidement dans sa virulence. Pendant les premiers jours, il passe par des degrés divers d'atténuation. Chacun de ces états divers de virulence plus ou moins atténuée peut être reproduit par la culture.

Chaque microbe atténué constitue un vaccin contre le microbe supérieur; et il est facile de trouver, dans ces virus successifs, des vaccins propres à donner la fièvre charbonneuse aux animaux, sans les faire périr, et de manière à les préserver dans la suite de la maladie mortelle. Une fois atténué, le microbe conservant son atténuation dans des cultures nouvelles, est semé dans des liquides nouveaux maintenus à une température moins élevée; et alors il engendre des spores à virulence atténuée, et d'où procéderont ensuite des bactéridies également atténuées.

En résumé, la bactéridie, cultivée à 42°-43°, au contact de l'air, s'atténue progressivement; chaque état de virulence atténuée se reproduit par la culture, en conservant sa virulence propre; les bactéridies atténuées peuvent donner des spores atténuées comme elles, quand elles sont ensuite placées dans un milieu dont la température est de 33°-35°. Les spores qu'elles donnent sont atténuées comme les bactéridies et se conservent mieux. Chaque bactéridie atténuée peut être considérée comme un vaccin pour la bactéridie supérieure; elle donne une maladie bénigne, quand elle est suffisamment atténuée, et protège contre une atteinte plus grave; en sorte que l'on peut, en inoculant les animaux, d'abord avec un virus très atténué, puis avec un virus plus fort, leur conférer l'immunité contre le charbon très virulent, sans courir aucun danger ou presque aucun danger de les rendre trop malades et de les faire périr.

Au bout de douze à treize jours, la bactéridie, cultivée et maintenue au contact de l'air à 42°-43°, perd sa virulence pour le cobaye adulte, qu'elle ne tue plus, tout en conservant la vie et la faculté d'être cultivée et de se reproduire dans cet état inoffensif. Au bout de trente et un jours elle ne tue que les jeunes souris; au bout d'un mois et demi elle a perdu toute virulence.

Le microbe charbonneux peut être atténué sans changement très marqué dans sa morphologie, il peut conserver cette atténuation dans des cultures, produire des spores atténuées, donner une maladie bénigne et conférer l'immunité. Les bactéridies atténuées sont plus ténues, plus courtes, plus divisées; leurs spores sont plus petites. La culture atténuée par son exposition à l'air à 42°-43° est moins abondante et forme, sur les parois des vases un dépôt uniforme, tandis qu'à l'état virulent elle donne des flocons neigeux constitués par de longs filaments; cependant, quand on sème des spores atténuées, les bactéridies obtenues sont filamenteuses et forment des flocons. Les microbes atténués et leurs spores sont moins stables et périssent parfois en quelques mois. L'atténuation, obtenue comme il vient d'être dit, serait d'après M. Pasteur, due à l'oxygène; il reconnaît du reste que l'action de l'oxygène varie avec la température et avec les milieux de culture; il reconnaît également l'influence de la température, car il a vu le cobaye résister cinq ou six jours aux inoculations faites avec du virus chauffé à 42°-43° en tubes fermés. Si les bactéridies atténuées par un rapide chauffage de dix minutes à 55° ne gardent pas leur atténuation dans les cultures, comme celles atténuées à 42°-43°, cela tient non à une différence d'action, mais à la durée de l'action de la température.

Les microbes charbonneux, à virulence atténuée ou éteinte, peuvent la reprendre progressivement, tant qu'ils n'ont pas été tués, par des cultures successives sur des animaux très susceptibles et très jeunes, puis sur des animaux plus âgés, puis sur des animaux moins susceptibles, soit d'abord sur des cobayes d'un jour, de 2, 3, 4, 5, 10, 20, 30 jours, puis sur des cobayes de plusieurs mois, puis sur des moutons; dans ce retour à la virulence on peut encore préparer des vaccins à tous les degrés d'activité. Pour la pratique des inoculations préventives d'après la méthode Pasteur, on emploie successivement deux vaccins à des degrés d'atténuation différente, d'abord un vaccin à virulence très atténuée, obtenu en exposant des cultures à 42°,5 pendant 15 à 20 jours, ensuite un second vaccin à virulence moins atténuée dérivant de cultures exposées à l'air à 42°,5 pendant 10 à 12 jours.

Dans les vaccins préparés suivant la méthode Pasteur, qui vient d'être exposée, les propriétés acquises ne sont pas d'une fixité absolue. A la suite d'une série de générations successives, ou pendant le sommeil prolongé d'une culture atténuée, la virulence peut se modifier, se renforcer ou s'atténuer encore, d'où la nécessité de revenir de temps en temps à la première opération pour avoir des vaccins sûrs. D'autre part il ne faudra jamais perdre de vue dans la pratique que les vaccins du charbon reprennent leur virulence, quand accidentellement ils font périr les animaux (moutons ou vaches inoculés).

Après la publication des résultats qui précèdent, la méthode d'atténuation enseignée par M. Pasteur fut expérimentée en dehors de son laboratoire; et ces essais furent pleinement confirmatifs (Feltz, Perroncito, etc.); aujourd'hui la méthode est appliquée dans divers Instituts bactériologiques.

C. **Atténuation dans le sol**. — M. Feltz, en contrôlant les données publiées par M. Pasteur et ses élèves, après avoir constaté que la bactéridie cultivée dans le bouillon à 42°-43° s'atténue progressivement, tandis qu'elle ne s'atténue pas sensiblement au-dessous de cette température, avait remarqué : que le lapin résiste mieux au virus atténué que le cobaye; que les sujets (lapins), inoculés avec un virus insuffisamment atténué pour eux, meurent les uns rapidement, les autres en huit ou dix jours et que, parmi ces derniers, les uns meurent charbonneux tout en présentant peu de microbes et tout en offrant sur la muqueuse gastro-intestinale des taches hémorrhagiques, des embolies capillaires formées de bactéridies, tandis que les autres meurent, après avoir cessé d'être charbonneux, sans offrir des microbes même dans les taches hémorrhagiques de l'intestin. Il avait conclu de ses observations que, en cas de guérison spontanée, il y a destruction et élimination des bactéridies par le tube digestif. Il constatait d'autre part : « que la terre rendue charbonneuse... perd à la longue sa virulence; que la nature accomplit dans la terre des atténuations du virus charbonneux, analogues à celles que l'on produit artificiellement dans les laboratoires, et que l'on peut ainsi se rendre compte de la gravité plus ou moins accentuée des épizooties charbonneuses. » La constatation faite par Feltz de l'atténuation du virus charbonneux dans le sol permet d'expliquer non seulement la gravité variable des épizooties de charbon, mais aussi la résistance plus ou moins accusée de certains animaux à l'infection. Il devient certain, grâce à cette constatation, que des animaux doivent se vacciner plus ou moins complètement dans les pâturages, en introduisant des spores atténuées dans leur organisme.

D. **Atténuation par l'oxygène comprimé**. — M. Chauveau, après avoir reconnu qu'on peut atténuer l'effet des inoculations virulentes par l'emploi de très petites doses de virus, après avoir démontré qu'on peut par ce procédé renforcer l'immunité des moutons barbarins, s'occupa de l'atténuation du virus charbonneux. Il expérimenta (1882) d'abord le procédé (chauffage) Toussaint; il lui donna le complément et le développement qu'il comportait; il précisa les conditions, le degré et la durée du chauffage nécessaires pour vaccinifier le sang charbonneux; il montra qu'on peut par un chauffage plus ou moins prolongé obtenir des virus à divers degrés d'atténuation, comme dans le procédé Pasteur. Il conseilla, en vue de la pratique, de chauffer le sang défibriné pendant quinze minutes à 50°, pour avoir un premier vaccin (vaccin faible), et pendant neuf ou dix minutes pour obtenir le second vaccin (vaccin fort), qu'on peut inoculer à quelques jours d'intervalle, comme ceux de M. Pasteur.

M. Chauveau démontra d'ailleurs (1883) : que le chauffage peut être appliqué pour atténuer rapidement les cultures mêmes de la bactéridie ; qu'il atténue très vite (en 3 heures à 47° elles sont inoffensives pour le cobaye adulte) les cultures développées pendant une vingtaine d'heures à 42°-43° ; qu'il peut produire l'atténuation sans le secours de l'oxygène ; qu'il peut enfin permettre d'obtenir des cultures atténuées capables de faire souche, de donner des spores atténuées, qui reproduisent des bâtonnets et des filaments également atténués. Au moyen du chauffage, M. Chauveau a pu en effet obtenir des virus atténués capables de transmettre leur atténuation dans les cultures successives qu'ils servent à ensemencer. Il suffit pour cela : 1° de laisser pendant vingt heures à 42°,5 la culture en bouillon semée avec une goutte de sang charbonneux ; 2° de la placer après ce temps pendant trois heures à 47° pour amoindrir sa virulence ; 3° d'exposer la culture ainsi chauffée ou un bouillon semé avec elle à la température de 35°-37° pendant cinq à sept jours, pour permettre la formation de spores ; 4° de chauffer enfin pendant une heure ou une heure et demie la culture sporulée à 80°. Les spores déjà atténuées dans une certaine mesure avant ce dernier chauffage, s'atténuent encore davantage et arrivent de la sorte à ne plus tuer le mouton que très exceptionnellement ; elles sont d'ailleurs susceptibles de germer dans de nouveaux milieux et de donner du mycélium atténué comme elles. Pour obtenir des vaccins d'après ce procédé, il suffit de faire des cultures en grand ; les deux premiers temps s'exécutent comme il vient d'être dit ; dans le troisième temps on sème la bactéridie atténuée dans un grand récipient contenant une grande quantité de bouillon, et on assure sa multiplication rapide en faisant barbotter de l'air filtré dans le milieu de culture ; enfin, dans un quatrième temps, on donne par un nouveau chauffage l'atténuation définitive. Pour cela, et afin d'imprimer une égale atténuation à toutes les spores, on répartit la culture dans des tubes de 10 centimètres cubes de capacité ; on scelle les tubes et on les maintient plongés pendant une heure dans l'eau chauffée à 84° pour le premier vaccin (vaccin faible) et à 82° pour le second vaccin (vaccin fort).

M. Chauveau a attribué l'atténuation ainsi obtenue à l'action de la chaleur. Il a reconnu : que l'oxygène n'intervient guère en pareil cas (chauffage rapide) comme agent d'atténuation, et que celle-ci s'obtient plus rapidement dans le vide qu'en présence de l'air ; que, dans le procédé Pasteur, c'est encore la chaleur qui joue le principal rôle. Toutefois, M. Chauveau a reconnu que la fixité de la virulence atténuée par ce procédé de chauffage est moindre que dans le procédé Pasteur, et que l'atténuation obtenue par l'action combinée de l'air et d'une température moins élevée (42°,5) mais agissant plus longtemps se transmet et se maintient mieux dans les générations futures. Ce que les microbes ont mis plus de temps à acquérir, ils le conservent mieux.

Ayant délaissé le procédé d'atténuation par le chauffage rapide comme inférieur par ses résultats au procédé d'atténuation lente par l'action combinée et prolongée de l'air et de la chaleur, M. Chauveau a obtenu ensuite des résultats du plus haut intérêt scientifique et de la plus grande valeur pratique, en cultivant la bactéridie au contact de l'air ou de l'oxygène sous pression. P. Bert avait démontré que l'oxygène à haute tension, qui respecte la vitalité des spores, tue au contraire les microbes adultes; et M. Chauveau se demanda si ce gaz, à une tension inférieure à celle qui tue, ne se comporterait pas comme agent d'atténuation. Il reconnut que l'oxygène sous pression et l'air comprimé peuvent atténuer les cultures de la bactéridie et les rendre vaccinales. L'air, sous une pression modérée, augmente la virulence des microbes pour le cobaye et pour le mouton; sous une pression un peu plus forte, il accroit la virulence pour le cobaye et l'atténue pour le mouton; enfin, sous une pression voisine de celle qui arrête la végétation (13 atmosphères), les cultures à 35° sont atténuées suffisamment pour ne pas tuer le mouton, tout en tuant encore le cobaye.

Ainsi, après avoir fait quatre générations successives d'une culture, en laissant chaque génération trois semaines à la pression de 8 atmosphères d'air et à la température de 38°, M. Chauveau constata que la dernière génération, qui tuait encore le cobaye, ne tuait plus le mouton. une nouvelle culture étant semée avec cette quatrième génération, et quatre nouvelles générations successives étant obtenues à la pression de 9 atmosphères, il reconnut que l'atténuation s'accusait encore davantage, et que les cultures de la quatrième génération à 9 atmosphères propagées ensuite dans les conditions ordinaires, restaient inoffensives pour le mouton, le bœuf et le cheval, tout en reprenant un peu plus d'activité, mais sans dépasser le degré suffisant pour tuer le cobaye. En arrêtant l'atténuation à des époques diverses pendant qu'on prépare les quatre générations à 9 atmosphères, on peut obtenir des vaccins gradués, d'intensité différente, progressivement décroissante. En employant l'oxygène pur, on peut obtenir le même résultat avec une pression cinq fois moindre.

Après des essais préparatoires, M. Chauveau s'est arrêté au *modus faciendi* suivant pour obtenir du vaccin charbonneux : ensemencer avec du virus ordinaire plusieurs ballons et les enfermer dans un récipient métallique bien clos; substituer de l'oxygène pur à l'air et l'accumuler dans le récipient jusqu'à la pression de 2 1 2 atmosphères; placer le récipient à l'étuve réglée à 35°—36° et l'y laisser de quinze à trente jours, en ayant soin d'y maintenir l'oxygène à la pression de 2 1 2; à partir du quinzième jour, emprunter de la semence à quelques ballons pour fertiliser de grands récipients dans lesquels se trouve d'abord une faible quantité de bouillon ; laisser ces nouvelles cultures à la pression ordinaire de l'air, et au bout de plusieurs semaines y ajouter du bouillon stérilisé pour les diluer. On a ainsi des cultures à divers degrés d'atténuation. Et on peut conférer l'immunité au mouton, en lui noculant deux gouttes de cette dilution, et au bœuf au moyen de cinq gouttes.

Ainsi donc l'atténuation, obtenue par la culture à l'oxygène comprimé, se transmet aux cultures de seconde génération faites à 36° — 37° et sous pression normale ; et les cultures atténuées de la sorte peuvent conférer l'immunité au bœuf et au mouton. De plus le sang de cobaye tué par ce virus atténué serait vaccinal pour le mouton.

Le virus charbonneux atténué par la culture en présence de l'oxygène sous pression peut conférer l'immunité par une seule inoculation. Il est aussi inoffensif que ceux de M. Pasteur ; il conserve ses propriétés acquises pendant plusieurs mois, pendant deux mois au moins. Toutefois sa fixité n'est pas absolue ; passé deux mois, on l'a vu reprendre une activité dangereuse. D'ailleurs la fixité de la virulence atténuée ne se retrouve pas non plus dans les vaccins préparés par le procédé Pasteur. Tous les microbes d'une même culture ne subissent pas nécessairement et simultanément la même atténuation ; certains peuvent conserver une activité suffisante pour tuer ou revenir au type primitif. Outre l'atténuation qu'il produit, l'oxygène comprimé a pour effet d'affaiblir encore la toxicité des cultures, tout en leur laissant leurs propriétés vaccinantes.

Dans des recherches plus récentes (1889) M. Chauveau, en soumettant à l'action de l'oxygène comprimé de nouvelles cultures ensemencées avec le produit d'anciennes atténuées par le même procédé, a reconnu que la bactéridie peut être dépouillée de sa virulence, tout en conservant l'aptitude à créer l'immunité, que, atténuée au point de ne plus tuer le cobaye le plus sensible au charbon, elle peut se cultiver encore et vacciner, sans faire courir aucun danger aux sujets inoculés ; qu'elle peut enfin être réinvestie de la virulence par la culture dans le bouillon additionné de sang de cobaye et mis en présence d'un air raréfié.

Si le sang ajouté au bouillon a été fourni par un cobaye, le bacille récupère la propriété d'infecter mortellement d'abord la souris et le cobaye qui vient de naître, puis les cobayes adultes et les lapins. Arrivé à cette phase, l'agent charbonneux, en voie de reconstitution, vaccine les petits ruminants, tout en étant incapable de les tuer. Pour qu'il atteigne cette activité, il faut propager au bouillon additionné de sang de mouton le bacille mortel pour les rongeurs. Les types obtenus dans la série ascendante peuvent être reproduits avec une grande fixité.

E. **Atténuation par le vieillissement.** — Dans une culture de *ba-*

cillus anthracis abandonnée à elle-même, la virulence disparaît au bout
d'un temps plus ou moins long, variable suivant des conditions intrin-
sèques et extrinsèques incomplètement connues. Pendant que la virulence diminue, des bacilles en nombre sans cesse croissant perdent leur
pouvoir végétatif et meurent. A un moment donné il ne reste dans la
culture que de rares bacilles ayant encore, mais non intactes, la virulence et la végétabilité. A cette phase une inoculation ordinaire peut
être insuffisante pour déceler l'activité pathogène encore inhérente à
la culture. Pour la révéler, il faut employer la méthode des cultures ou
l'inoculation à forte dose. Dans une culture les divers bacilles n'ont
pas tous la même virulence et la même puissance végétative ; le vieillissement altère d'abord les plus faibles, et peu à peu une culture s'appauvrit en microbes virulents et féconds ; mais, si à un moment l'inoculation à petite dose est insuffisante pour déceler les vestiges de la
virulence, la culture permet de récolter une génération de bacilles
virulents. Des phénomènes analogues se produisent dans les cultures
atténuées expérimentalement ; et certainement il faut, dans l'étude des
influences capables de restituer la virulence, tenir compte d'une sélection spontanée d'agents virulents dans les cultures de restauration. Une
simple culture ordinaire peut suffire à restituer la virulence à une
vieille culture. (Arloing.)

Perroncito serait arrivé a obtenir un vaccin charbonneux, capable
de donner l'immunité au bœuf par une seule inoculation, en cultivant
la bactéridie pendant cinq jours, et en exposant ensuite les cultures à
l'air chauffé à 20° — 25°.

F. **Atténuation par les antiseptiques.** — MM. Chamberland et
Roux ont, après Toussaint, atténué le virus charbonneux par l'emploi
d'agents antiseptiques ; ils sont arrivés à constituer des races de bactéridies atténuées par l'emploi d'une solution d'acide phénique ou de
bichromate de potasse. Voici les principales données qui dérivent de
leurs recherches :

« L'addition de 1/400 d'acide phénique à du bouillon de veau
empêche toute pullulation de bactéridie. Bien plus, après un séjour de
quarante-huit heures dans un semblable milieu, la bactéridie a cessé de
vivre : elle ne donne aucun développement si on la sème dans du
bouillon de veau neutralisé. Si la proportion d'acide phénique n'est que
1/600, 1/800, 1/1200, la bactéridie vit et pullule, et, même après qu'elle
est restée un temps très long en contact avec l'antiseptique, elle se
reproduit facilement quand on la porte dans un liquide nutritif convenable. Ainsi, après plus de six mois, les bactéridies étaient demeurées
vivantes dans des liquides à 1/800 et 1/1200 d'acide phénique. Si la dose
d'antiseptique est plus forte, la bactéridie meurt plus rapidement :
dans un flacon au 1/500, toute vie avait cessé au bout de cinq mois.

« Il suffit de 1/800 d'acide phénique dans le liquide de culture pour empêcher la formation des germes. La bactéridie finit par mourir dans ce milieu sans avoir produit de spores. Lorsque la dose d'acide phénique est plus faible (1/1200 par exemple), les filaments bactéridiens forment des germes.

« La culture issue d'une bactéridie qui a vécu pendant douze jours dans du bouillon phéniqué au 1/600 est virulente pour les cobayes et les lapins. La culture issue de la même bactéridie après deux jours ne tue plus ni cobayes ni lapins. L'action de l'antiseptique a eu pour résultat de diminuer la virulence de la bactéridie. Si l'on a fait des semences assez fréquentes du flacon d'origine, on a une série de cultures, de virulence décroissante, qui pourront fournir, comme dans le cas des cultures à 42° — 43°, des virus atténués, capables de préserver du charbon mortel les animaux auxquels on les aura préventivement inoculés. Les cultures répétées de ces vaccins reproduisent la bactéridie avec leurs propriétés atténuées et les perpétuent. Les filaments obtenus dans ces conditions, au lieu d'être abondants et longs comme dans les cultures normales et de s'enchevêtrer en flocons cotonneux, sont plus rares et plus courts et se déposent en petits grumeaux sur les parois des vases. Ces bactéridies, ainsi altérées dans leur forme, donnent facilement des germes nombreux et résistants.

« L'acide phénique n'est pas le seul antiseptique qui donne de semblables effets ; avec le bichromate de potasse on peut en obtenir d'analogues. Un bouillon additionné de 1/1000 à 1/1700 de bichromate ne cultive pas la bactéridie qui meurt rapidement dans un semblable milieu. Une dose plus faible de bichromate, 1/2000 à 1/3000, laisse développer la bactéridie ; mais, dans ces conditions, celle-ci ne fait pas de germes et perd bientôt sa virulence au point que, semée trois jours après le début de l'expérience, elle donne une culture qui tue les lapins et les cobayes, mais ne fait périr que la moitié des moutons auxquels on l'inocule. Une culture issue du flacon à bichromate, après dix jours, tue encore les lapins et les cobayes, mais ne tue pas les moutons ; enfin, après un temps plus long, les cultures sont inoffensives, même pour les cobayes. Des proportions plus faibles de bichromate retardent la formation des germes sans l'entraver absolument. Les bactéridies, nées des filaments qui ont subi l'action du bichromate, donnent des spores qui perpétuent leurs propriétés et assurent leur conservation. Cependant, si l'action du bichromate a été prolongée, la bactéridie perd la faculté de former des spores. Ainsi les cultures issues d'un flacon au 1/2000, à partir du huitième jour après le début de l'expérience, n'ont jamais donné de germes, et il en a été de même pour toutes les cultures successives issues de celle-ci. Ces bactéridies, incapables de former des spores, inoculées à des cobayes, les font périr en trois ou quatre jours. Une gouttelette de leur sang, semée dans du bouillon, donne une abondante culture de bactéridies qui ne produisent pas de germes: elles restent à l'état de filaments, et, au bout de trente à quarante jours, elles finissent par périr.

« La diminution de la virulence des bactéridies ainsi modifiées par les antiseptiques n'est pas passagère ; la culture ne ramène pas la virulence. Les bactéridies, atténuées par les antiseptiques, qu'elles donnent ou non des germes, conservent dans les cultures répétées une virulence amoindrie. Il semble donc que les variétés de bactéridies ainsi créées sont d'autant mieux fixées dans leur virulence nouvelle, que l'action qui les a modifiées s'est exercée plus lentement sur elles.

« D'autres antiseptiques, exercent sur la bactérie une action analogue à celle de l'acide phénique et du bichromate de potasse. D'ailleurs, la dose d'antiseptique, nécessaire pour produire un effet déterminé, varie avec la composition de bouillon de culture. Chacune des variétés de la bactéridie a une action spéciale sur les divers espèces animales. Ainsi, des bactéridies atténuées par le bichromate de potasse peuvent tuer des moutons ou du moins les rendre très malades (ils sont alors vaccinés), tandis que ces bactéridies ne produisent aucun effet appréciable sur des cobayes et des lapins (ils ne sont même pas vaccinés).

« Dans une autre série d'expériences, nous avons soumis la bactéridie-filament à l'action de l'agent chimique au sein d'un liquide où sa pullulation n'est pas possible : nous avons fait agir sur la bactéridie toute formée une solution d'antiseptique dans l'eau pure qui ne lui apporte aucun élément nutritif.

« Les filaments bactéridiens d'une goutte de sang charbonneux virulent mise dans l'eau phéniquée au 1/600 ne tardent pas à périr ; nous avons vu cependant que la bactéridie vit et végète pendant des mois dans un bouillon nutritif qui renferme cette même proportion de 1/600 d'acide phénique. Dans une solution phéniquée au 1/900 les filaments bactéridiens restent vivants pendant un temps très long, ainsi que le prouvent les cultures que l'on peut en faire même au bout de plusieurs mois. Pendant tout le temps de l'expérience ils ne donnent pas de germes et leur virulence va en s'affaiblissant. Ainsi la culture de bactéridies filamenteuses restées un mois en contact avec une solution phéniquée au 1/900 tue les lapins et les cobayes. Une culture faite après trois mois ne tue plus les lapins. Dans ces circonstances la perte de la virulence est moins rapide que dans le cas où la bactéridie végète en présence de l'antiseptique. Ce n'est que peu de temps avant la mort des filaments que l'on constate cette diminution de virulence pour les lapins.

« La condition essentielle pour atténuer la virulence de la bactéridie charbonneuse, soit par la méthode des cultures à 42°—43°, soit par celle qui emploie les antiseptiques, est l'absence de spores dans les filaments soumis à l'action prolongée de l'air, de la chaleur ou des agents chimiques divers. La spore est la forme de résistance de la bactéridie ; elle la soustrait, pour ainsi dire, à l'action du milieu environnant et conserve les propriétés du filament qui lui a donné naissance. Malgré cette résistance aux agents extérieurs, le germe de la bactéridie peut être modifié et atténué dans sa virulence comme le filament lui-même.

« Des spores de bactéridie bien formées, vieilles d'une quinzaine de jours, sont mises en contact avec de l'acide sulfurique à 2 p. 100 et exposées à la température de 35° dans des tubes fermés que l'on agite fréquemment, pour bien assurer le contact de l'acide et des spores. Tous les deux jours une petite quantité de ces spores sont semées dans du bouillon de veau légèrement alcalin. La culture ainsi obtenue dans les premiers jours tue les lapins et les cobayes ; mais, est inoffensive pour les lapins, la culture faite le quatorzième jour qui ne tue plus qu'une partie des cobayes auxquels on l'innocule. Les bactéridies ainsi obtenues donnent de nombreux germes et conservent leur virulence atténuée dans les cultures successives.

« Mais, fait digne de remarque, les cultures issues de spores traitées par l'acide sulfurique, et qui ont perdu leur virulence pour les lapins, l'ont conservée pour les moutons et les font périr dans la proportion de 7 sur 10. Ce fait et ceux analogues que nous avons rapportés dans notre première note montrent que chaque espèce animale a une réceptivité particulière pour chacune des races de bactéridies que l'on peut créer par les artifices de culture.

« La diminution de la virulence des spores de bactéridie et enfin leur mort sous l'action de l'acide sulfurique étendu surviennent d'autant plus rapidement que la température est plus élevée et l'acide plus concentré, et d'autant plus lentement que la température est plus basse et la solution acide plus étendue. »

Zagari a atténué la bactéridie, en la faisant vivre dans un bouillon ayant cultivé le microbe du choléra, et Pavone, en la cultivant dans un bouillon qui avait déjà cultivé le bacille typhique. Dans le même ordre d'idées on peut encore citer l'atténuation progressive qu'a obtenue Manfredi par la culture dans des milieux constitués pour une certaine part avec de la matière grasse.

Le *bacillus anthracis*, semé dans un milieu composé de gélatine où de gélose nutritive contenant en émulsion 1/3 de son volume de matière grasse, se développe bien et liquéfie la gélatine. Quand il y a plus de 1/3 de matière grasse, la culture est plus lente et le bacille forme de longs fils avec de rares spores ; il cesse de liquéfier la gélatine. Quand il y a les 2/3 tiers de matières grasses, le développement ne se fait plus. Simultanément la virulence de la culture diminue jusqu'à disparaître ; et cette atténuation dépend de la matière grasse introduite dans l'alimentation, car elle augmente ou diminue avec la proportion de cette matière ; mais la température et le temps ont une grande influence.

Ainsi, dans les cultures de Manfredi, la virulence disparaît en deux et trois jours à 37°, en vingt et trente jours à 28°—30°, en vingt-cinq à quarante-cinq jours à 19°—20°. Au dixième jour à 28°—30°, la culture tue tous les cobayes et la moitié des lapins inoculés ; au vingtième jour elle ne tue plus les lapins ni les gros cobayes ; au delà du vingt-cinquième jour, elle ne tue plus que les souris ; au trentième elle a perdu toute virulence. Les bacilles atténués conservent leur degré de virulence, quand on les ramène dans leurs milieux ordinaires ; tout au plus y a-t-il, dans les cultures de retour, un léger renforcement de la virulence pour les cultures très peu atténuées et une légère diminution pour les cultures très atténuées. Ces cultures de retour reprennent la propriété de liquéfier la gélatine, mais elles la liquéfient plus lentement que les cultures normales. D'après M. Duclaux, l'atténuation ainsi obtenue s'expliquerait en ce que la matière grasse employée, en s'oxydant, appauvrirait le milieu en oxygène, se saponifierait et deviendrait acide.

G. Moyens divers d'atténuation. — M. Roux, en étudiant l'action de l'air et de la chaleur sur les spores charbonneuses, a reconnu : qu'elles ne périssent qu'au bout d'un temps très long à 70°, si elles sont maintenues à l'abri de l'air ; et qu'à la longue elles peuvent subir, avant de périr, une certaine atténuation. Il a également reconnu que, dans les mêmes conditions de température, elles meurent plus vite, quand elles sont chauffées au contact de l'air, et que, avant de périr, elles paraissent diminuer de virulence.

M. Arloing a constaté : que l'action de la lumière solaire atténue la virulence des cultures de la bactéridie ; et qu'elle pourrait être utilisée pour la préparation de vaccins, si on avait soin de la faire porter sur des cultures bien transparentes réparties en couches minces au fond de ballons plats. MM. Apostoli et Laquerrière ont démontré que l'action du courant galvanique peut, suivant son intensité, tuer la bactéridie ou l'atténuer simplement.

Le virus charbonneux peut enfin être atténué par son passage à travers l'organisme de certains animaux. Ainsi, la bactéridie semblerait s'atténuer, selon certains expérimentateurs, dans une certaine mesure, en passant par l'organisme du rat, de la souris blanche, des rongeurs, de la grenouille, etc. On avait même pensé que d'une façon générale la bactéridie s'atténuait en passant dans l'organisme d'un animal réfractaire, dans celui de la poule, du pigeon, du rat blanc, de la grenouille, etc. Mais des expérimentateurs ont démontré qu'elle ne s'atténue pas en passant par le pigeon ou par le rat (Metchnikoff), ni en passant par la poule (Perroncito), par la grenouille (Nuttal) ; on aurait même constaté que le virus charbonneux cultivé de pigeon à pigeon s'exalte pour le pigeon, pour la poule, pour le cobaye et pour le lapin.

Metchnikoff a constaté que la bactéridie, cultivée dans du sang de moutons préalablement rendus réfractaires, s'y atténue dans une certaine mesure. Sadowsky, après inoculation du charbon au chien, aurait cru reconnaître que le virus s'atténue, mais qu'il peut ensuite être renforcé par la culture dans le bouillon. Malm a tiré de ses expériences les conclusions suivantes : la bactéridie qui a vécu chez le chien, animal réfractaire, n'a pas perdu de sa virulence, qui semble plutôt exaltée ; le même fait de l'augmentation de la virulence s'observe aussi pour les bactéridies qui ont vécu chez le lapin préalablement vacciné ; la bactéridie, en passant par un animal réfractaire, se renforce, et cette exaltation se produit dans l'œdème à la suite de l'inoculation sous-cutanée, dans le sang et dans la rate après une injection intra-veineuse ; chez les chiens non réfractaires l'exaltation est irrégulière ; une injection antérieure, sous-cutanée ou intra-veineuse, renforce l'immunité naturelle du chien jusqu'à la rendre absolue ; les chiens résistent moins bien à l'injection intra-veineuse qu'à l'injection sous-cutanée.

Toutefois la bactéridie ne semblerait pas atténuée par un long séjour dans le corps de la grenouille et du chien (Lubarsch) ; elle se renforce en passant par le bœuf et par le chien ; elle se renforce aussi en étant cultivée sur une série de poulets de plus en plus âgés (Roux et Chamberland), en passant par le pigeon (Metchnikoff), ainsi qu'on l'a déjà vu ; elle se renforce plutôt qu'elle ne s'atténue, ou tout au moins conserve sa virulence, en passant dans l'organisme d'un animal vacciné, du lapin par exemple. Ainsi M. Nocard, ayant injecté la bactéridie dans le conduit du trayon d'une chèvre vaccinée, a vu l'animal ne pas tomber malade tout en cultivant le microbe dans la mamelle ; il a pu obtenir pendant plus de deux mois du lait virulent dans lequel la bactéridie n'était pas atténuée.

En résumé les procédés sont nombreux et variés qui permettent d'atténuer le virus charbonneux ; mais pour le moment deux seulement sont suivis pour la préparation de vaccins destinés à la pratique des inoculations préventives : ce sont celui de M. Pasteur et celui de M. Chauveau. On peut, par les méthodes d'atténuation Pasteur et Chauveau, obtenir des bactéridies, à divers degrés d'atténuation, capables de se reproduire avec leurs propriétés nouvelles ; les unes ne tuant plus le mouton, mais tuant encore le lapin, les autres ne tuant plus le lapin, mais tuant le cobaye, les autres ne tuant plus le cobaye, mais tuant la souris. On peut rendre progressivement la virulence première à ces races, en les cultivant de certaine façon, en inoculant la plus atténuée à des animaux encore sensibles à son action, à la souris, et ensuite successivement à des animaux de plus en plus résistants, au jeune cobaye, puis au cobaye adulte, puis au lapin, puis au mouton. On peut obtenir des vaccins qui, inoculés sans grands dangers aux animaux, leur confèrent l'immunité.

VII. Vaccination charbonneuse. — Inoculations préventives. — Immunité conférée.

On a vu plus haut comment on peut obtenir des vaccins, soit par la
méthode Pasteur, soit par la méthode Chauveau ; il s'agit maintenant
de voir comment on procède à leur emploi et quels résultats on en
obtient.

1° VACCINATION PASTEUR.

Le virus charbonneux, atténué par la méthode Pasteur, permet de
conférer l'immunité d'emblée, par une seule inoculation, ou progressivement par plusieurs inoculations avec des vaccins de moins en
moins atténués.

A. Manuel opératoire. — Dans la pratique la vaccination se fait en
deux fois, à 12 ou 15 jours d'intervalle ; on inocule d'abord un vaccin
(1er vaccin) faible qui ne donne qu'une immunité incomplète : dans
12 ou 15 jours on inocule un vaccin (2e vaccin) plus fort, qui complète
l'immunité ; les deux inoculations se font dans deux points différents,
l'une à la cuisse droite et l'autre à la cuisse gauche chez le mouton,
l'une en arrière d'une épaule et l'autre en avant ou de l'autre côté
chez les bœufs et les chevaux.

Voici d'ailleurs les instructions adressées aux vétérinaires par
M. Boutroux qui délivre les vaccins :

La maladie connue sous les noms de *Charbon*, *Sang de rate*, *Peste de Sibérie*, est produite par un organisme microscopique (bactéridie) qui se développe dans le sang de l'animal.

Si on introduit quelques gouttes du sang d'un animal mort du charbon,
sous la peau d'un mouton ou d'un lapin bien portants, la mort par le charbon
survient presque dans tous les cas au bout de deux ou trois jours. La bactéridie, cause de la mort, est donc douée d'une grande virulence. Si on cultive
cet organisme, c'est-à-dire, si on le fait développer dans des liquides appropriés, il conserve sa virulence.

Au moyen d'un artifice particulier qui a été publié dans les comptes
rendus de l'Académie des sciences, MM. Pasteur, Chamberland et Roux, sont
parvenus à atténuer la virulence de la bactéridie, et ils ont pu obtenir des
bactéridies d'espèces nouvelles dont la virulence va progressivement en diminuant. Ainsi, on peut avoir des bactéridies très virulentes amenant presque
infailliblement la mort, des batéridies plus ou moins atténuées qui communiquent à l'animal une maladie plus ou moins bénigne, et enfin des bactéridies dépourvues de toute virulence, ne communiquant aucune maladie aux
animaux.

Or, lorsqu'un animal a eu la maladie bénigne par suite de l'introduction
sous la peau de bactéridies atténuées dans leur virulence, il n'est plus apte à
contracter la maladie mortelle, c'est-à-dire que cet animal ne peut plus
mourir du charbon, au moins pendant un certain temps, dont la durée reste

encore à déterminer, et qui le sera dans le courant de l'année 1882 et des années suivantes, si cette immunité doit durer plus d'une année.

C'est sur ce fait que repose le principe de la vaccination charbonneuse. Afin de ne pas communiquer aux animaux une maladie qui pourrait être grave chez quelques-uns, on fait deux inoculations préservatrices : la première avec une bactéridie très atténuée (1er vaccin) qui ne donne aux animaux qu'une fièvre très légère et une seconde, douze à quinze jours plus tard, avec une bactéridie plus virulente (2e vaccin), qui tuerait un certain nombre d'animaux s'ils n'étaient pas déjà en partie préservés par l'inoculation précédente. Mais, par suite de cette préservation partielle, les animaux n'éprouvent encore qu'une légère fièvre. Alors les animaux sont tout à fait vaccinés, c'est-à-dire sont devenus réfractaires à la maladie charbonneuse. On peut ainsi vacciner des moutons, des chèvres, des vaches et des chevaux.

PRATIQUE DE L'OPÉRATION.

Moutons ou chèvres. — Le liquide vaccinal est envoyé à destination (1), ou à la gare la plus rapprochée, dans des tubes fermés par un bouchon, et renfermant du liquide pour 100, 200, 300 moutons. Ils portent l'étiquette *premier vaccin* ou *deuxième vaccin*. C'est ce liquide qu'il s'agit d'introduire, à une dose déterminée, sous la peau des animaux. Pour cela, on se sert d'une seringue de Pravaz, souvent employée par les médecins et les vétérinaires, et qui sert à faire des injections hypodermiques. Il faut d'abord remplir la seringue de liquide. Pour cela on enlève le petit fil métallique qui est dans l'aiguille, et qui n'a d'autre utilité que d'empêcher celle-ci d'être bouchée par quelque corps étranger, on ajuste l'aiguille sur la canule, on enlève le bouchon du tube à vaccin après avoir agité ce tube, et on aspire le liquide en soulevant doucement le piston..... Si la seringue fonctionne très bien, elle se remplira complètement de liquide en laissant seulement une très petite bulle d'air sous le piston. Mais il arrive fréquemment que le piston est plus ou moins desséché, ou que l'aiguille ne s'ajuste pas très bien sur la canule, alors le liquide ne remplit pas complètement la seringue, et une bulle d'air assez grosse reste sous le piston. Il faut rajuster l'aiguille sur la canule et rejeter le liquide dans le tube. On recommence la même manœuvre deux ou trois fois, alors le piston est mouillé, et si l'aiguille est bien adaptée sur la canule, la seringue se remplit complètement. Cette première condition est indispensable (2).

La seringue étant complètement remplie, on tourne le petit curseur qui est en haut de la tige du piston, de façon à le faire descendre jusqu'à la division marquée 1 sur la tige. Puis, un aide saisit le mouton à vacciner, et le présente à l'opérateur. L'opérateur introduit son aiguille sous la peau, vers le milieu de la cuisse droite, puis pousse le piston jusqu'à ce que le curseur touche la seringue. L'inoculation du premier animal est ainsi faite. On retire la seringue et on tourne le curseur en sens contraire de la première fois, jus-

(1) Le demander à M. Boutroux, rue Vauquelin, 22, Paris.

(2) Dans le cas où, par hasard, le piston serait très desséché et laisserait passer de l'air, on ferait bouillir de l'eau, on la laisserait refroidir dans le vase où elle a été bouillie jusqu'à ce qu'elle soit tiède, et on aspirerait deux ou trois seringues de cette eau pour faire gonfler le piston. Il ne faut jamais se servir d'eau qui n'a pas été bouillie pour cette opération.

Si le piston laissait passer le liquide au-dessus de lui, cela indiquerait que le piston est mauvais et il faudrait changer de seringue. Si l'on n'a qu'une seringue à sa disposition, il faudra avec la petite clef qui est dans la boîte à seringue serrer un peu le liège du piston.

qu'à l'amener à la division marquée 2 sur la tige. On inocule alors le second mouton. On amène le curseur à la division 3, et chaque seringue suffit ainsi à vacciner 8 moutons. On remplit de nouveau la seringue et ainsi de suite. Avec un peu d'habitude on arrive facilement à inoculer 150 moutons par heure.

Douze à quinze jours après on pratique la même opération avec le deuxième vaccin, mais en piquant cette fois la cuisse gauche, c'est-à-dire celle qui n'a pas reçu la première inoculation.

Vaches, bœufs et chevaux. — On se sert du même vaccin que pour les moutons et les chèvres, mais on l'introduit à dose double, c'est-à-dire qu'on fait descendre le curseur à la division 2, puis on l'amène à la division 4, puis 6, etc., chaque seringue servant à vacciner quatre animaux au lieu de huit.

Au lieu de faire la piqûre à la cuisse, on la fait derrière l'épaule, pour les vaches et les bœufs, et à l'encolure pour les chevaux, de façon à ce que le collier ne porte pas sur les piqûres.

La peau des vaches et des bœufs étant quelquefois assez difficile à percer avec l'aiguille, il faut avoir soin d'appuyer l'aiguille exactement suivant l'axe de la seringue, pour ne pas la briser. Il est bon aussi de faire un pli à la peau avec la main gauche pour faciliter l'introduction de l'aiguille. La même aiguille qui a servi pour les moutons peut aussi servir pour les vaches et les bœufs, mais, par mesure de précaution, il y a dans la boîte à seringue une aiguille plus forte pour la vaccination des gros animaux.

Remarque très importante. — Il importe extrêmement que le liquide vaccinal soit introduit sous la peau à l'état de pureté parfaite. Si ce liquide était impur en effet, c'est-à-dire s'il était souillé par de l'eau qui n'a pas été bouillie, par des poussières, des saletés quelconques, on introduirait, en même temps que la bactéridie atténuée, des organismes étrangers qui pourraient, ou bien donner une autre maladie à l'animal (septicémie, phlegmon, etc.) ou bien empêcher la vaccination. Pour cela le liquide est envoyé tout à fait pur, et on l'aspire directement dans le tube, mais il faut aussi que la seringue soit *pure*. Cette condition est remplie pour les seringues neuves, qui n'ont jamais servi, mais quand elles ont servi à une inoculation, il faut les remettre à neuf. Cette opération est assez délicate, et pour le moment il est nécessaire de renvoyer la seringue au fabricant qui la répare, aiguise les aiguilles, remet tout à neuf, et la rend prête à servir pour de nouvelles inoculations. En un mot, il ne faut pas que la seringue serve à plusieurs jours d'intervalle sans avoir passé par les mains du fabricant.

Pour que le liquide vaccinal conserve aussi toute sa pureté, il faut le mettre au frais, autant que possible dans une cave, et il ne faut pas qu'un tube qui a été ouvert serve le lendemain ou les jours suivants. Par conséquent, tout tube ouvert doit être employé dans la journée et le reste du tube doit être absolument rejeté.

B. **Preuves de son efficacité.** — L'inoculation préventive du charbon, d'après le procédé Pasteur, a déjà reçu depuis plusieurs années une consécration complète; son efficacité a été reconnue dans les expériences de laboratoire et dans celles faites sur des troupeaux. dans les diverses contrées de la France et à l'étranger.

Voici d'ailleurs, à titre de renseignements, quelques-unes des expériences faites en 1881-82, qui établissent l'efficacité et le peu de danger des inoculations préventives.

a. **Expérience faite à Pouilly-le-Fort**. — L'inoculation du premier et du second vaccin à douze jours d'intervalle fut faite à 24 moutons, 1 chèvre et 6 vaches ; l'inoculation du virus non atténué fut pratiquée 14 jours après à ces divers animaux vaccinés et à 24 moutons, 1 chèvre et 4 vaches non vaccinés. Il se produisit des accidents locaux et généraux très graves sur les 4 vaches non vaccinées, qui ne moururent cependant pas ; et il n'y eut pas d'accidents chez les 6 vaccinées. Les moutons et la chèvre non vaccinés moururent, tandis qu'il n'y eut pas d'accidents chez la chèvre et les moutons vaccinés. Pourtant une des brebis vaccinées mourut le quatrième jour après l'inoculation du virus fort, et l'autopsie montra qu'elle avait succombé par suite de la mort du fœtus. Sept mois après, 6 des moutons vaccinés furent de nouveau inoculés avec du virus non atténué et résistèrent, tandis que 4 moutons non vaccinés, inoculés comme témoins, moururent.

b. **Expérience de Fresne**. — 10 moutons, vaccinés par deux inoculations successives à 12 jours d'intervalle, résistèrent à l'inoculation du virus fort ; tandis que, sur 10 moutons non vaccinés, 6 moururent des suites de l'inoculation du virus fort. La vaccination de nombreux moutons $(129 + 952)$, d'un certain nombre de grands ruminants et de chevaux, par deux inoculations successives, ne s'accompagna pas d'accidents graves, si ce n'est qu'un mouton mourut à la suite de la seconde inoculation ; et cette mort était peut-être la conséquence d'un cas de charbon spontané. La vaccination de 10 moutons par une seule inoculation avec le virus n° 2 leur permit de résister ensuite à l'inoculation du virus fort ; une vache non vaccinée fut très malade à la suite de l'inoculation du virus fort, tandis qu'une vache vaccinée supporta bien l'inoculation de ce virus.

c. **Expérience Rossignol**. — Un cheval non vacciné mourut de l'inoculation du virus fort, tandis qu'un poulain, vacciné par deux inoculations successives, supporta l'inoculation du virus non atténué.

d. **Expériences de Chartres et d'Alfort**. — Les moutons vaccinés résistèrent aux virus atténués ; et, après avoir été inoculés suscessivement deux fois, ils résistèrent à l'inoculation d'un sang charbonneux recueilli sur un mouton mort depuis quatre heures du charbon spontané. 19 moutons, vaccinés à Alfort par M. Pasteur et amenés à Chartres, y résistèrent à l'inoculation du sang charbonneux, tandis que, sur 16 moutons non vaccinés, 15 moururent de l'inoculation du même sang charbonneux.

e. **Expérience d'Artenay**. — La vaccination fut pratiquée dans la ferme d'Herblay, à Artenay près Orléans, sur de grands et de petits ruminants. Le charbon sévissait sur le troupeau et avait fait 69 victimes en moins de trois mois. Reçurent le premier vaccin : 250 moutons et 7 grands ruminants. Restèrent comme témoins : 149 moutons et 12 grands ruminants. Dans les 14 jours qui séparèrent la première de

la seconde vaccination, le charbon spontané fit périr 8 moutons sur les
250 vaccinés ; 6 jours après la deuxième vaccination 1 des 242 moutons
qui l'avait subie mourut du charbon ; 5 moutons vaccinés et 5 moutons
non vaccinés furent inoculés avec du virus fort et ces 5 derniers moururent seuls du charbon.

De nombreuses vaccinations furent faites en juillet, août et septembre 1881. La mortalité fut 10 fois plus faible sur les vaccinés que sur les
non vaccinés dans les troupeaux de moutons, les vaccinés et les non
vaccinés vivant dans les mêmes conditions. La mortalité sur les vaches
vaccinées fut 14 fois plus faible que sur les non vaccinées (10 morts
sur 888 non vaccinées et 1 seulement sur 1254 vaccinées). Sur des troupeaux, dans lesquels le charbon avait sévi d'une façon grave, et dont une
partie seulement avait été vaccinée, on constata une mortalité de 1 sur
20 chez les non vaccinés, alors qu'aucun des vaccinés ne succombait.

f. **Expériences de Toulouse.** — 9 bêtes ovines ayant été vaccinées
en trois fois résistèrent au virus fort ; 2 bêtes ovines vaccinées en une
seule fois (2ᵉ vaccin) résistèrent également au virus fort. Sur 5 bêtes
ovines non vaccinées, 4 moururent, et l'autre fut très malade de l'inoculation du virus fort. Les mêmes résultats furent obtenus à Lyon.

g. **Expériences de Nevers**. — 2 juments, 6 bovins et 10 ovins
vaccinés résistèrent au virus fort, tandis qu'une jument témoin mourut
de ce virus, ainsi qu'un bovin sur 4 témoins et 7 ovins sur 7 témoins ;
1 bovin témoin mourut de septicémie, et de même 1 ovin à la suite de
l'inoculation du deuxième vaccin.

h. **Expériences de Mer**. — 10 vaches vaccinées par deux inoculations
successives, 20 brebis vaccinées également par deux inoculations successives et 1 brebis vaccinée avec le deuxième vaccin seulement résistèrent à cette vaccination et furent ensuite tous, hormis un mouton
devenu malade de la poitrine, inoculés avec le virus fort auquel résistèrent les vaches et qui fit périr 7 des vingt brebis vaccinées ; 10 moutons
non vaccinés inoculés comme témoins moururent du virus fort ; et 5 vaches
témoins furent très malades de l'inoculation de ce virus fort. La mort de
7 des moutons vaccinés était due à ce que la deuxième vaccination avait
été faite avec le même vaccin (1ᵉʳ) que la première. Dans une nouvelle
expérience faite à Mer, 15 moutons furent vaccinés avec deux vaccins
différents et résistèrent au virus fort, tandis que les témoins, au nombre
de 15, moururent du charbon après l'inoculation de ce virus fort.

i. **Expériences de Montpellier**. — 6 ovins vaccinés en deux fois résistèrent au virus fort, tandis que cinq non vaccinés moururent (hormis un
barbarin récemment importé d'Afrique), voire même un barbarin indigène. Un ovin du pays, vacciné en une fois, mourut du virus fort, auquel
résista un barbarin indigène vacciné également en une fois.

j. **Expériences de Bordeaux**. — La vaccination ayant été pratiquée
sur 188 ovins et 17 bovins, on constata de l'œdème chez les bovins après

la deuxième inoculation, l'avortement d'une vache, et la mort de deux moutons vaccinés ; 8 moutons, 1 bélier et 1 vache non vaccinés ayant été inoculés avec le virus fort, ainsi que 18 ovins vaccinés et 2 vaches vaccinées, dont celle qui avait avorté, on constata la mort de tous les ovins non vaccinés et de la vache, la mort d'un des 18 ovins vaccinés et des accidents légers sur les vaches vaccinées.

k. **Expériences d'Angoulême.** — 12 ovins vaccinés résistèrent au virus fort et les 7 témoins en moururent.

l. **Expériences de Clermont-Ferrand.** — 5 ovins vaccinés résistèrent au virus fort, et deux pris pour témoins en moururent ; 1 bovin vacciné résista et 1 bovin témoin (pthisique) mourut.

Les mêmes résultats favorables à la vaccination pastorienne furent constatés à Nîmes, à Salon, à Nogent-sur-Marne, et dans bien d'autres endroits.

m. **Expériences d'Autriche-Hongrie.** — Dans des expériences faites par Thuillier à Budapesth, l'innocuité et l'efficacité de la vaccination furent reconnues sur les ovins et les bovins. A Kapuvar, 14 bovins vaccinés résistèrent au virus fort, tandis que, sur 6 témoins, 3 en moururent et les 3 autres furent très malades ; chez les moutons vaccinés des accidents se produisirent dus à l'impureté du vaccin, à la faiblesse et à la trop grande réceptivité des animaux, à la trop grande activité des vaccins.

n. **Expériences d'Allemagne.** — Dans des expériences faites par Thuillier, 25 ovins et 6 bovins furent vaccinés ; 3 ovins moururent du deuxième vaccin ; les 22 ovins restants et les 6 bovins résistèrent ensuite au virus fort, tandis que 24 ovins sur 25 témoins moururent, ainsi que 3 bovins sur 6 témoins, les trois autres ayant été très malades. Une nouvelle expérience ayant été faite avec un second vaccin moins fort, 128 brebis avec 123 agneaux ayant été vaccinés, et 128 brebis avec 103 agneaux servant de témoins, on constata la mort d'une seule brebis par la deuxième inoculation ; 12 brebis vaccinées et 12 agneaux vaccinés furent inoculés avec du virus fort de culture ou avec du sang charbonneux et résistèrent (hormis 2 agneaux qui succombèrent) ; 12 des témoins non vaccinés ayant reçu le virus fort moururent tous. Après que ces expériences avaient été faites (1882) à Packisch et à Borschutz, la *Gazette nationale* de Berlin publia des résultats nouveaux, qui montrèrent que, grâce à l'inoculation pastorienne, les ovins et les bovins vaccinés succombaient en moins grand nombre que les non vaccinés sur les terrains où le charbon sévissait. Dans le domaine de Packisch, la mortalité par le charbon était descendue considérablement chez les bovins et les ovins, grâce à la vaccination.

o. **Expériences d'Italie.** — Perroncito ayant inoculé à 8 ovins, à 3 caprins et à 2 bovins, à douze jours d'intervalle, les deux vaccins Pasteur, constata une légère fièvre après la deuxième vaccination ; puis, douze jours après la deuxième vaccination, il fit une troisième vaccination avec un deuxième vaccin un peu plus fort et les inoculés ne furent pas malades. 6 des moutons vaccinés, 2 des chèvres et les 2 bovins furent inoculés avec le virus fort et résistèrent, tandis que, sur 8 ovins inoculés comme témoins, 7 périrent du charbon et l'autre guérit après avoir été très malade ; 2 bovins inoculés aussi comme témoins périrent du charbon.

p. **Première expérience à l'école de Turin (Bassi).** — 3 chevaux, 2 bœufs, 1 bouc, 5 moutons préalablement vaccinés furent ensuite inoculés avec 6 ovins, 2 bovins et 2 chevaux non vaccinés ; l'inoculation fut faite avec du sang de mouton mort du charbon depuis plus de vingt-quatre heures et fit périr (septicémie probable) tous les animaux non vaccinés sauf un cheval et un bœuf ; elle fit aussi périr, parmi les vaccinés, 1 cheval, 1 caprin et les 5 moutons, c'est-à-dire tous, sauf 2 chevaux et les 2 bœufs.

q. **Deuxième expérience à l'École de Turin (Bassi).** — 13 ovins, 3 bovins et 2 chevaux furent vaccinés à deux reprises, puis inoculés, ainsi que des témoins. 6 ovins, 2 bovins et 1 cheval vaccinés furent inoculés avec une culture Pasteur non atténuée qui fut pareillement inoculée à 4 ovins et 2 bovins non vaccinés. Tous les vaccinés résistèrent, et tous les témoins sauf 1 bovin, qui fut très malade, moururent. Du sang charbonneux pris sur un mouton deux ou trois heures avant la mort fut inoculé à 6 ovins, 2 bovins et 1 cheval vaccinés et à 4 ovins, 2 bovins, 2 chevaux non vaccinés ; il y eut mort de 2 moutons vaccinés et de tous les non vaccinés sauf 1 bœuf.

Au Congrès de Genève (1882), le Dr Sormani, membre de la commission chargée de surveiller les expériences sur la vaccination charbonneuse à Milan et président de la commission qui les avait exécutées à Pavie, déclarait que tout d'abord, parmi les expériences faites en Italie (Milan, Turin, Bologne, Pise, Pavie), toutes n'avaient pas donné des résultats favorables. Dans quelques cas les animaux étaient morts de la vaccination, dans quelques autres les animaux vaccinés étaient morts de l'inoculation de contrôle. Cela était dû à l'emploi du virus, destiné au bœuf, pour vacciner des animaux moins résistants. Les animaux qui n'avaient pas eu de fièvre après la deuxième inoculation avaient parfois succombé à l'inoculation du virus fort, d'où la nécessité de vacciner une troisième fois les animaux restés sans fièvre, sans augmentation de température après la deuxième vaccination ; les accidents (mort) obtenus chez les vaccinés de la première expérience de l'École de Turin ne s'étaient pas reproduits dans les expériences de Perroncito, ni dans celles de Sormani à Pavie, ni dans les expériences faites sur les bovins. Le Dr Sormani concluait ainsi : « Je peux donc déclarer que les expériences sur la vaccination charbonneuse ont eu en Italie le succès d'un vrai contrôle scientifique, accompli avec la plus rigoureuse méthode, sans enthousiasme aveugle et sans idées préconçues et trompeuses, mais avec le résultat le plus satisfaisant. La vaccination charbonneuse forme désormais une des plus belles gloires de la France scientifique et de M. Pasteur, son fils immortel. »

r. **Expériences de Belgique**. — L'efficacité de la vaccination pastorienne fut reconnue à Herve sur les animaux bovins et ovins.

En Suisse, M. Guillebeau de Berne reconnut, d'après ses expériences, que les deux inoculations préventives préservent les animaux contre les inoculations de virus fort, quand celui-ci est inoculé en petite quantité et non quand il est inoculé en grande quantité.

En Espagne on a reconnu également l'efficacité de la vaccination charbonneuse. Il en a été de même en Hollande et ailleurs, en Algérie, en Russie, en Angleterre, en Australie, etc.

En résumé, les expériences faites un peu partout avaient donné dès les premiers temps des résultats très encourageants, malgré l'inoculation du virus fort pour démontrer que l'immunité était conférée. Or les moutons résistant mieux à l'ingestion des germes charbonneux qu'à leur inoculation, sans doute parce que l'inoculation les introduit en plus grand nombre, il était à prévoir que les vaccinés résisteraient mieux à la contagion naturelle qu'aux inoculations de contrôle, et c'est ce que la statistique a pleinement démontré.

En 1881, dans les troupeaux dont la moitié ou les deux tiers avaient été vaccinés, et le reste ne l'avait pas été, tous les animaux ayant continué à vivre ensemble, la mortalité par le charbon fut sur les moutons et les bovins vaccinés beaucoup plus faible que sur les non vaccinés. En effet dans certains troupeaux sur lesquels le charbon avait sévi fortement, on constata que la mortalité, nulle ou presque nulle sur les vaccinés, avait été assez élevée sur les non vaccinés. La vaccination fit périr quelques animaux ; mais ensuite la mortalité par le charbon fut beaucoup moins élevée parmi les vaccinés que parmi les non vaccinés, tant dans les troupeaux de bovins que dans les troupeaux de moutons.

En 1882 la vaccination diminua considérablement la mortalité par le charbon dans les troupeaux de moutons et de bovins. Ces résultats se sont encore améliorés pendant les années suivantes ; en sorte que la mortalité par le charbon, qui était de 8 à 10 p. 100 pour les moutons dans les troupeaux exposés à la maladie, est tombée à 1 p. 100, quand on a eu recours à la vaccination ; elle a également abaissé de moitié la mortalité pour les bovins. Toutefois, malgré les excellents résultats obtenus, on semble un peu depuis quelque temps délaisser les vaccinations charbonneuses ; en croissance de 1881 à 1885, le nombre des vaccinations est en décroissance à partir de 1886.

C. Accidents consécutifs à la vaccination charbonneuse. — Dans les premiers temps de sa mise en pratique, la vaccination occasionna parfois des accidents plus ou moins graves. On vit apparaître des œdèmes, des tuméfactions étendues sur les bovins et les solipèdes, à la suite de la seconde inoculation, et des cas de mort sur les moutons ainsi que sur les animaux grands ruminants. On vit mourir du charbon des bovins qui avaient été vaccinés depuis deux ou trois mois seulement, alors qu'on se croyait le plus en droit de compter sur l'immunité. Il fut reconnu que les vaccins s'affaiblissaient de plus en plus avec le temps. Le premier vaccin devenu trop faible ne préservait pas toujours contre le second qui tuait parfois les animaux. Dans d'autres cas le premier et le second vaccins étant tous les deux affaiblis ne préservaient pas contre le charbon, qui faisait des victimes parmi les vaccinés même pendant les deux ou trois mois qui suivaient la seconde inoculation. Depuis lors, grâce à une connaissance plus approfondie des conditions de l'atténuation et de la conservation des virus atténués, on a mieux réussi à éviter les accidents du début. Néanmoins, il ne faut pas se dissimuler que la vaccination fait courir certains risques aux animaux qui la reçoivent, et qu'on n'arrivera jamais à les conjurer d'une façon complète; car ils peuvent tenir, non seulement aux qualités des vaccins, mais encore à la susceptibilité des individus, des races, des espèces et aux défectuosités de sa mise en pratique. Les accidents qui ont été observés, et qui sont toujours à redouter, doivent, sans être exagérés, être connus de tous les vétérinaires, afin qu'ils ne soient point exposés à promettre des suites toujours heureuses aux personnes qui leur font pratiquer des vaccinations.

En résumé la vaccination a occasionné parfois la mort à la suite de l'inoculation du premier vaccin ou mieux à la suite de l'inoculation du second. D'autres fois des accidents graves, tels que maladie dangereuse, œdèmes, engorgements, etc., l'ont suivie; et d'autres fois enfin elle n'a pas préservé ou n'a préservé qu'un temps très court contre les effets de l'inoculation du virus fort ou de la contagion naturelle. Ainsi, on a vu des moutons et des vaches mourir des suites de la première ou de la seconde inoculation : des animaux ayant subi les deux inoculations ont contracté le charbon mortel dans les deux ou trois mois qui ont suivi l'inoculation. Ainsi, on a eu sur des chevaux, à la suite de la seconde inoculation, des œdèmes très étendus et des cas de mort. D'ailleurs tout le monde s'accorde à reconnaître que, sur le cheval, la vaccination charbonneuse est plus dangereuse que sur les espèces bovine et ovine : qu'elle offre de sérieux inconvénients, occasionnant des œdèmes considérables parfois, et pouvant déterminer une maladie grave, voire la mort, et qu'il n'y a lieu d'y recourir qu'exceptionnellement et dans des cas particulièrement urgents (enzootie régnante).

Ainsi, on a reconnu (Biot, Lamare, Brillant, Duclaux) que la mauvaise qualité du régime auquel sont soumis les animaux exerce une grande influence sur la gravité des accidents déterminés par l'inoculation. M. Biot, après avoir vacciné 125 vaches avec le premier virus, vit survenir des accidents : toutes les bêtes furent malades: 25 ou 30 furent très éprouvées, eurent beaucoup de fièvre et un œdème considérable ; 30 à 35 eurent une fièvre charbonneuse très intense avec œdème énorme et parfois œdèmes secondaires avec coliques. Ces accidents trouvaient leur explication dans la mauvaise qualité de l'alimentation des animaux. La même constatation a été faite (Duclaux) en Auvergne (Cantal). Des accidents locaux et généraux, plus ou moins intenses suivant la qualité du régime, s'étaient produits ; plus intenses sur les bovins et sur les ovins des localités infertiles, où la vaccination fit périr 1/4 ou 1/6 des moutons, tandis que le même virus ne fit périr que 1/30 des moutons bien nourris.

Ainsi on a vu des engorgements plus ou moins inquiétants avec des symptômes généraux plus ou moins alarmants se montrer parfois sur les animaux grands ruminants à la suite de l'inoculation du second vaccin. Ainsi, on a constaté parfois des accidents sur les brebis en état de gestation avancée (avortements), sur les jeunes agneaux, etc. Il est arrivé, dans quelques rares cas, que la vaccination a occasionné une mortalité sérieuse. On a d'ailleurs invoqué contre elle d'autres méfaits, on a dit (Koch) : que si les vaccins sont trop forts ils peuvent donner le charbon mortel, et que s'ils sont trop faibles ils ne protègent pas ; qu'ils ne donnent l'immunité qu'à la condition de rendre sérieusement malades les animaux qui les reçoivent, et qu'ils deviennent alors dangereux ; que la vaccination peut servir à disséminer le charbon, grâce aux animaux qu'elle rend gravement malades ; que l'immunité conférée est insuffisante pour préserver sûrement de l'infection naturelle, qu'elle est de trop courte durée, etc.

D. **Indications de la vaccination. Durée de l'immunité. Précautions à observer.** — Malgré tout, il y a lieu de considérer la vaccination charbonneuse comme capable de donner des résultats favorables. Les accidents qu'elle a occasionnés sont en définitive peu importants, quand on envisage l'ensemble des inoculations qui ont été faites un peu partout. Les animaux vaccinés deviennent ordinairement assez réfractaires pour résister à l'infection naturelle et même à l'inoculation expérimentale. Toutefois il a été reconnu que les virus expédiés au loin ne se conservaient pas toujours bien, et que les vaccins, pour conserver leur efficacité, devaient être employés peu de jours après leur préparation. Aussi a-t-on fondé, dans divers pays éloignés de la France, des laboratoires où sont préparés les virus atténués. L'efficacité de la vaccination a été reconnue et attestée de toutes parts ; on a reconnu un peu partout, dans les pays étrangers (Belgique, Espagne, Italie, Suisse, Allemagne, Autriche, Russie, Amérique, Australie, etc.), comme en France, qu'elle confère l'immunité, et qu'elle peut avantageusement être employée pour préserver du charbon naturel les animaux des espèces ovine et bovine. Après y avoir fait ses preuves, elle a été pratiquée dans les divers pays précités. Ainsi, en Italie, pour encourager la vulgarisation de la méthode Pasteur, il a été décidé que le vaccin serait délivré gratuitement aux vétérinaires.

D'ailleurs, connaissant les causes qui peuvent contribuer à aggraver les dangers de l'inoculation, on devra toujours dans la pratique faire le possible pour éloigner ou atténuer leur influence. On ne vaccinera les chevaux (ainsi qu'on l'a vu) que dans des cas tout à fait exceptionnels. On emploiera les vaccins aussitôt que possible après les avoir reçus, en ayant soin de les tenir au frais, à l'abri de l'air, et à l'obscurité, jusqu'au moment de leur utilisation ; on a employé la glycérine (Cienkowsky) pour les conserver, mais le mieux est de faire comme il vient d'être dit. On procédera toujours avec le plus grand soin, et on opérera avec des instruments très propres pour éviter tout mélange d'impuretés ou de germes étrangers. On ne perdra jamais de vue que la race, l'âge, l'état des individus, leur régime, etc., peuvent exercer une grande influence ; on devra en conséquence, avant de vacciner sur une vaste échelle, avant d'inoculer en grand dans les contrées où la vaccination n'a pas encore été pratiquée, tâter le terrain par quelques tentatives préliminaires faites sur un petit nombre de sujets de divers âges, de diverses races, etc. On devra vacciner les brebis, quand elles ne sont pas pleines ou dans les premiers temps de la gestation ; il ne conviendra de les vacciner dans l'état de gestation avancée que dans les cas urgents, lorsque la maladie sévira avec intensité dans le troupeau. Les agneaux ne seront vaccinés qu'autant qu'il y aura lieu de craindre pour eux le charbon spontané ; on dit bien qu'ils pourront recevoir les mêmes doses de vaccins que les adultes, cependant on pourra se contenter de doses moindres.

On choisira, pour inoculer les grands ruminants, le moment où ils ne travaillent pas, et pour les vaches les périodes où elles ont le moins de lait, car la vaccination donnant la fièvre diminue la lactation et peut, en déterminant le charbon, rendre le lait dangereux. D'ailleurs le lait des femelles vaccinées devra être rejeté (laissé à la bête, ou stérilisé, etc.), pendant le temps qui suivra la vaccination (15 jours après la seconde inoculation). On diminuera les doses pour les individus et pour les races doués d'une susceptibilité plus accusée, pour les animaux placés dans de mauvaises conditions hygiéniques, mal nourris, etc.

On vaccinera de préférence au printemps, quand la maladie est encore rare, afin d'éviter d'accumuler l'action du vaccin et celle du charbon spontané, et afin que les animaux, étant frais vaccinés, résistent mieux à la fin du printemps ainsi que pendant l'été, alors que la maladie sévit ordinairement avec le plus d'intensité. On inoculera les moutons aux plats des cuisses, comme cela est indiqué dans les instructions qui précèdent. Quant aux grands ruminants, on les inoculera derrière l'épaule ou au creux du flanc (ou à la queue, ou à l'oreille) ; on piquera la peau avec une aiguille forte ou avec un trocart. L'injection sera faite dans le tissu sous-cutané. Les engorgements qui se produiront seront laissés sans traitement, quand ils seront peu étendus et non accompagnés d'un état général alarmant ; dans le cas contraire on pourra, tout en s'abstenant de les ouvrir, faire, chez les grands ruminants et les chevaux, des injections d'eau phéniquée à 2 p. 100 ou d'eau iodée, dans l'épaisseur des œdèmes.

En résumé, les documents fournis de partout ayant établi, malgré les dénégations de certains, que la vaccination a diminué considérablement la mortalité, dans les troupeaux exposés aux ravages du charbon, mais étant d'autre part avéré qu'elle ne va pas sans quelques dangers, il y a lieu de ne la préconiser que dans les contrées où l'affection charbonneuse occasionne plus de pertes qu'elle n'en détermine elle-même. Ainsi, la vaccination des animaux bovins ne causant que des pertes insignifiantes et diminuant la mortalité par le charbon dans une proportion considérable est indiquée dans tous les pays où la mortalité dépasse 1 ou 2 p. 100. Ainsi encore la vaccination des moutons, quoique pouvant déterminer des pertes plus sensibles, présente néanmoins des avantages sérieux dans toutes les contrées, où la mortalité par le charbon dépasse annuellement 3 ou 4 p. 100. Elle ne doit d'ailleurs pas être propagée imprudemment ; elle ne doit pas être pratiquée dans les pays où le charbon n'existe pas ni même dans ceux où il est rare.

Quant à la durée de l'immunité créée par la vaccination pastorienne, on n'est pas fixé d'une manière absolue. On n'est pas non plus très bien fixé sur la transmission héréditaire de l'immunité. Les agneaux nés de mères barbarines, inoculées pendant la gestation, seraient réfractaires d'après M. Chauveau ; il en pourrait être de même des agneaux nés de brebis françaises vaccinées pendant la gestation (Rossignol) ou même avant (Toussaint). Mais des résultats contradictoires ont été obtenus par la commission de la Société centrale de médecine vétérinaire sur la question de savoir si les agneaux ou les veaux nés de mères vaccinées sont doués de l'immunité ; on a vu (Société d'agriculture de Melun) un agneau né d'une mère vaccinée mourir du charbon inoculé ; et d'autre part il aurait été reconnu que les agneaux nés de mères vaccinées ne jouissent pas en général de l'immunité (Chamberland).

La durée de l'immunité conférée par la vaccination varie beaucoup suivant la force des virus inoculés, et suivant le degré de réceptivité des animaux ; elle peut aller de quelques mois à un an et au delà. On a constaté des durées de deux, trois, quatre, cinq, six, sept, huit, neuf, dix mois, etc ; on a même reconnu que l'immunité pouvait persister onze mois, un an, treize mois, etc. Les moutons seraient encore vaccinés au bout d'un an dans la proprotion de 60 p. 100 (Chamberland). Quoi qu'il en soit, il peut arriver, comme on l'a d'ailleurs constaté, que l'immunité ne dure que deux, trois, quatre mois, etc. La durée de l'immunité semble, toutes choses égales d'ailleurs, être en raison directe de l'intensité du vaccin et de la faible réceptivité des animaux. Pour obtenir une immunité durable il faudrait donc employer les vaccins les plus forts pour les animaux doués de la plus grande réceptivité ; mais alors les dangers de la vaccination sont plus graves. En tout cas le degré et la durée probable de l'immunité peuvent être appréciés d'après la réaction qui suit la vaccination ; elle sera ordinairement incomplète et de courte durée, si les animaux sont peu ou pas éprouvés.

On a bien signalé des durées de plusieurs années, de deux et de trois ans ; mais il est présumable, ou que l'immunité avait été complétée par l'inoculation du virus fort, ou qu'elle avait été dans la suite renouvelée par l'infection naturelle qui, incapable de rendre sérieusement malades les sujets, avait contribué à perpétuer leur état réfractaire. En sorte que, pour perpétuer les bienfaits de la vaccination dans les localités où le charbon est à redouter, il conviendrait de la renouveler tous les ans au printemps.

2° VACCINATION CHAUVEAU.

La vaccination, avec le virus atténué dans l'air ou dans l'oxygène comprimés d'après le procédé de M. Chauveau, a été pratiquée avec succès en France et à l'étranger, au Chili et en Suisse. Elle a donné de bons résultats sur le mouton, sur les grands ruminants et même sur le cheval. Le manuel opératoire est le même que pour la vaccination avec les virus Pasteur. Il découle d'expériences faites antérieurement et de celles faites en 1888 devant la Société d'agriculture de Melun les conclusions suivantes : le vaccin préparé par l'oxygène comprimé est doué d'une grande fixité, il peut se conserver plusieurs mois et être transporté au loin ; il peut conférer une solide immunité par une seule inoculation, et il n'occasionne pas sur les bovins et les solipèdes les mêmes œdèmes que les vaccins Pasteur ; il permet d'investir les animaux de l'immunité douze à quinze jours plus tôt que les vaccins Pasteur. Ajoutons d'ailleurs que des inoculations multiples et successives du même vaccin confèrent une immunité plus complète. Remarquons enfin qu'on peut pareillement avec un seul vaccin Pasteur conférer l'immunité, en le choisissant de virulence intermédiaire entre celle du premier et celle du second qu'on utilise habituellement. D'ailleurs la plupart des considérations présentées à propos de la vaccination Pasteur s'appliquent à la vaccination Chauveau : mêmes règles pour le manuel opératoire, mêmes précautions à prendre, mêmes indications, etc, etc.

3° MOYENS DIVERS DE CONFÉRER L'IMMUNITÉ CONTRE LE CHARBON.

Le « premier vaccin » Pasteur produit peu d'effet sur le lapin ; il est innoffensif pour le cobaye adulte, mais il tue la souris et le très jeune cobaye. Le « second vaccin » Pasteur, inoculé d'emblée au cobaye, le tue toujours et tue aussi un certain nombre de lapins. Les lapins qui résistent peuvent être vaccinés. Quand on a inoculé d'abord le premier vaccin, un plus grand nombre de lapins résistent à l'action du second, mais il y en a qui succombent encore ; *l'inoculation du premier vaccin ne leur permet pas toujours de supporter celle du second.* On peut cependant, comme M. Feltz de Nancy l'a fait dès 1882, conférer l'immunité au lapin en lui inoculant successivement 3-4 vaccins de virulence croissante et intermédiaire entre celle du « premier vaccin » et celle du « second vaccin ». MM. Roux et Chamberland sont arrivés à rendre le lapin apte à supporter le « second vaccin », en lui injectant, dans la veine, 40 c. c. d'une culture du « premier vaccin », en répétant le lendemain ou le surlendemain l'injection d'une pareille quantité ; une semaine après le lapin ainsi traité supporte l'injection sous-cutanée de 0 c. c. 25 du « second vaccin » et acquiert l'immunité contre le charbon. Les bacilles du premier vaccin, injectés en si grand nombre dans le sang, en disparaissent rapidement, s'accumulent dans la rate mais n'y pullulent pas et s'y détruisent rapidement ; en sorte que l'immunité donnée vis-à-vis du « second vaccin » le serait par les produits de la culture ou par les produits de destruction des bacilles.

D'après M. G. Colin, les inoculations de faibles quantités de sang charbonneux plusieurs fois répétées pourraient donner l'immunité au chien, à l'âne, au cheval, qui à un moment donné pourraient supporter des doses énormes. Mais tous les individus ne résisteraient pas à ces inoculations de virus fort, et le procédé ne mérite pas d'être conseillé.

On a, paraît-il, réussi parfois à conférer l'immunité contre le charbon, en transfusant aux animaux inoculés du sang de chien (Rondeau) ou du sang d'oiseau ; le sérum renfermerait des substances bactéricides capables de préserver l'organisme contre l'envahissement des bactéridies ; mais ces substances, qui seraient solubles dans l'eau et non dans l'alcool, seraient détruites par les acides, par les sucs digestifs et par une température de 45°.

D'ailleurs, bien que certains expérimentateurs aient soutenu le contraire, il semble démontré par d'autres que le sérum de chien et le sang de grenouille ne sont pas prophylactiques. On a constaté encore que le sérum et le sang de rat sont bactéricides *in vitro*, et que, mélangés à des bactéridies inoculées à la souris, ils empêchent le développement du charbon ou le retardent, suivant que les bactéridies sont à l'état de filaments ou à l'état de spores.

D'ailleurs il semble bien démontré aujourd'hui qu'on peut créer 'immunité au moyen de substances chimiques surtout avec des produits solubles résultant de la vie des microbes. Ainsi les animaux qui auraient pris une quantité suffisante de sublimé ne seraient pas susceptibles de contracter le charbon (Kasch) ; il pourrait en être de même de ceux à qui on a administré des sels d'argent (Behring). Ainsi encore on pourrait obtenir l'immunité chez le lapin (Wooldridge) en lui inoculant un liquide dépourvu de bactéridies, le liquide obtenu par la filtration d'une culture développée dans une solution alcaline d'une substance albuminoïde qu'on obtient du thymus ou du testicule.

MM. Chamberland et Roux, ont établi à leur tour, ainsi que Toussaint, Chauveau et Wooldridge, l'avaient démontré, que la bactéridie sécrète une matière vaccinante. Voici le résumé de leurs recherches à ce sujet : Toussaint avait attribué l'immunité à l'action de substances chimiques, quoique en réalité dans son procédé il vaccinât ordinairement par des microbes atténués ; cependant MM. Chamberland et Roux ont reconnu qu'il est possible de donner l'immunité aux moutons contre le charbon, en leur injectant sous la peau du sang charbonneux dépourvu de bactéridies vivantes par un chauffage de 40 minutes à 55°,5 (une durée moindre est insuffisante pour tuer tous les microbes) ; il y a donc bien, dans le sang d'un animal mort du charbon, des substances chimiques capables de donner l'immunité aux moutons auxquels on les injecte en quantité suffisante. Mais le chauffage trop long ou à un degré trop élevé altère ces substances en même temps qu'il tue les microbes. Ainsi le sang charbonneux chauffé 10 minutes à 100° ou à 115° a perdu ses propriétés vaccinales. Il faut employer une chaleur moins forte. En effet des moutons vaccinés avec des décoctions de sang ou de rate n'ont pas résisté aux inoculations de virus fort, bien qu'ils aient été tués moins vite que les témoins. Or, un chauffage de 1 heure et demie à 55° ne suffit pas à tuer toutes les bactéridies du sang ; ainsi ce procédé est plein d'incertitude et mieux vaut recourir à un autre procédé pour enlever les microbes. M. Pasteur a eu recours au procédé suivant pour donner l'immunité aux lapins : recueillir du sang charbonneux sur un animal qui vient de mourir, l'enfermer dans un tube qu'on emplit complètement et qu'on scelle aux deux extrémités ; dans ces conditions la bactéridie ne se multiplie ni ne donne des spores, mais se détruit en une dizaine de jours à + 45°, tandis qu'elle se conserve plus d'un mois au-dessous de + 17°. MM. Chamberland et Roux ont adopté le procédé suivant : Aspirer du sang charbonneux dans des tubes à deux effilures, les emplir complètement, les fermer à la lampe et les plonger 1 heure dans un bain d'eau réglé à 58° ; les retirer et les chauffer une seconde fois pendant 1 heure ; répéter cette opération cinq jours consécutifs ; le sang ainsi chauffé n'a jamais donné de cultures, mais ses propriétés vaccinales se sont affaiblies, d'où la nécessité d'en employer de fortes quantités. C'est le liquide qui s'écoule du caillot sorti du tube qui leur a servi à faire les injections sous la peau des moutons. Les moutons, qui ont reçu du sang charbonneux chauffé à 58° en quantité suffisante dans le tissu cellulaire, ont résisté à l'inoculation du charbon virulent ; toutefois ils ont été très malades à la suite de l'inoculation d'épreuve, ce qui démontre que l'immunité conférée par le sang

II.   22

chauffé est moins solide que celle donnée par les virus atténués. Suivant les individus il faut plus ou moins de sang chauffé pour donner l'immunité; il y en a qui l'ont eu avec 8 c. c. et d'autres qui ne l'ont pas eue avec 16 c. c. et 32 c. c. D'ailleurs les moutons se montrent d'autant plus réfractaires qu'on leur a injecté plus de sang charbonneux chauffé. L'immunité ainsi conférée durerait quelques jours seulement ; au bout de 24 jours deux sur trois ne l'auraient déjà plus. Le sang, préparé comme il vient d'être dit, et filtré sur un linge fin, a été injecté par MM. Chamberland et Roux dans la veine du mouton à fortes doses (déjà M. Chauveau avait fait une expérience semblable et n'avait pas obtenu l'immunité). Le mouton en a supporté de très fortes doses sans présenter les signes d'intoxication observés par M. Chauveau à la suite de l'injection intra-veineuse de sang charbonneux non chauffé; mais l'immunité conférée par ces injections est très faible, bien plus faible qu'à la suite des injections sous-cutanées, ce qui laisse croire que les substances vaccinantes sont, ou éliminées par les reins ou une autre voie, ou détruites partiellement par l'oxydation. L'injection de sang charbonneux filtré sur porcelaine n'a pas donné l'immunité aux moutons qui l'ont reçue dans les veines. Ne se pourrait-il pas que la matière vaccinante du charbon fût une diastase, ainsi que le donne à penser son altération par la chaleur et son non-passage à travers le filtre de porcelaine.

En résumé, bien que le charbon ne se prête pas facilement à une démonstration décisive de la vaccination par substances chimiques, à cause de l'altération facile des matières vaccinantes par la chaleur et les réactifs, il n'en demeure pas moins acquis qu'on peut donner l'immunité contre le charbon avec du sang charbonneux privé de bactéridies, et c'est le procédé de chauffage de Toussaint modifié qui convient le mieux.

Cependant il est préférable de tuer les microbes en employant les essences, qui sont très bactéricides et qui n'altèrent pas (Koch, Chamberland) les matières albuminoïdes ni les diastases. L'essence d'ail et l'essence de moutarde conviennent bien (Roux et Chamberland). Du sang charbonneux et de la pulpe de rate charbonneuse frais, traités par l'essence de moutarde et évaporés dans le vide pour éliminer l'essence, quand elle a agi, donnent un résidu qui contient les produits mibrobiens fixes et qui confère au lapin l'immunité avec de moindres doses que les mêmes matières filtrées ou chauffées à 58°. On peut encore arriver au même résultat en employant l'essence d'eucalyptus (De Christmas). Toutefois il ne faut pas perdre de vue que la bactéridie, qui produit des substances vaccinantes dans l'organisme et dans le sang, en donne peu dans les bouillons, et que l'immunité conférée par ces substances dure moins que celle qui résulte de l'action des vaccins vivants.

De nouvelles expériences (G. H. Roger) ont également démontré que

la bactéridie produit une matière vaccinante. Des cultures chauffées
5-10 minutes à 110°-115° ayant été ensuite inoculées dans la veine de
lapins, non filtrées ou après avoir été filtrées, il semble qu'il y a en elles
une matière vaccinante qui reste enfermée dans les bactéridies et qui,
déposée dans les tissus, peut être dissoute et résorbée pour produire
ses effets. Enfin les dernières recherches de M. Chauveau ont démontré que les cultures destituées de toute virulence confèrent l'immunité,
ce qui prouve bien l'existence d'une substance vaccinante.

4° MÉCANISME DE L'IMMUNITÉ CONFÉRÉE.

L'immunité conférée, comme l'immunité naturelle, tient à l'état
bactéricide des humeurs et au pouvoir phagocytaire des cellules.

La vaccination charbonneuse, c'est-à-dire la création de l'immunité
par les virus atténués « est un effet de la vie et de la multiplication des
vaccins dans le corps des animaux », dont l'économie est, de la sorte,
rendue apte à résister aux bactéridies et à supporter leurs poisons
(Gamaléia). Si on cherche à pénéter plus intimement le mécanisme de
la vaccination, on se trouve quelque peu embarrassé, les données sur la
question étant quelquefois contradictoires. Voici néanmoins en résumé
ce que l'on en a pensé d'après des recherches diverses.

MM. Chamberland et Roux, en vaccinant le lapin, avaient constaté
que les microbes du premier vaccin, inoculés sous la peau, sont détruits rapidement au point d'inoculation, et que ceux qui ont été injectés
dans la veine disparaissaient promptement du sang pour se conserver
plus longtemps dans la rate. Bitter, en expérimentant sur le mouton, a reconnu que les microbes des vaccins sont détruits au point
d'inoculation et qu'ils ne se généralisent pas. Gamaléia a reconnu
que l'état bactéricide des humeurs des sujets vaccinés n'est pas dû aux
cellules qu'elles renferment. Il a attribué la destruction des microbes,
partie à l'action des phagocytes, et partie à l'action bactéricide des humeurs. Il a constaté que la bactéridie, inoculée au mouton très vacciné,
provoque l'œdème sans diapédèse, et que pourtant elle se détruit sur
place dans cet œdème. Il croit que l'immunité n'est conférée qu'à la
suite d'une fièvre vaccinale, pendant laquelle les microbes (ou leurs sécrétions) se propageraient du point inoculé dans le sang et dans les organes.

Pour Perroncito, le virus le plus résistant se détruit rapidement dans
les tissus de l'animal vacciné. Wissokovicz croit, comme Chamberland et
Roux, à la vaccination par les produits solubles des microbes ; il croit
que les bactéridies des vaccins ne se propagent pas dans l'organisme
et qu'elles sont détruites, non par les leucocytes, mais par les cellules
fixes. Lubarsch n'a pas constaté de généralisation des bacilles sur
deux moutons vaccinés par injection sous-cutanée.

L'immunité est-elle due à une généralisation des vaccins ? Il semble, d'après certains travaux, que les vaccins ne se propagent pas et que la vaccination est due aux produits fabriqués sur place par les microbes ou introduits avec eux, voire à ceux de la destruction des microbes. En étudiant cette question, Metchnikoff est arrivé aux conclusions suivantes : « Les bacilles du vaccin charbonneux produisent leur effet, en se cultivant au point d'inoculation, sans se propager nécessairement dans l'organisme ; ils ne pénètrent qu'exceptionnellement et à un faible degré dans les organes, de sorte que cette pénétration ne peut avoir, par suite, d'importance dans la vaccination de l'animal. Les humeurs privées de cellules des animaux vaccinés ne contiennent pas de produits nuisibles au développement des bactéridies. La destruction des bacilles a lieu au point d'inoculation et s'opère par l'activité phagocytaire des micro et macrophages (surtout des leucocytes). *La vaccination consiste sans doute dans l'accoutumance des éléments cellulaires aux produits toxiques des bacilles.* Cette dernière conclusion est appuyée sur le fait que chez l'animal vacciné, les vaccins et les virus se développent normalement dans l'humeur aqueuse, dépourvue de cellules, tandis qu'ils sont détruits dans l'organisme, où ils deviennent accessibles à l'influence de ces dernières ».

Il a reconnu : que « chez les moutons les deux vaccins provoquent des phénomènes locaux et opèrent leur effet à cause de leur culture locale » ; que « les bactéridies ne pullulent pas dans l'organisme, mais sont détruites sur place par les éléments cellulaires surtout par les leucocytes » ; que les résultats des expériences faites sur les lapins concordent en général avec ce qui se passe chez le mouton ; que les microbes du premier vaccin introduits dans le sang ne pullulent pas, que ceux du second vaccin introduit sous la peau ne se répandent que rarement en dehors du point d'inoculation.

Quand on inocule d'un côté la bactéridie à un lapin neuf et d'autre part le même microbe à un lapin vacciné et à un chien, on constate : que chez le lapin neuf les bacilles pullulent, déterminent la formation d'un œdème, la tuméfaction des ganglions, la maladie généralisée et la mort ; que chez le lapin vacciné et chez le chien la bactéridie pullule aussi sur place, y détermine un œdème plus riche en leucocytes et s'y détruit sans se généraliser.

VIII. — DIAGNOSTIC.

Il est de la plus haute importance de savoir diagnostiquer promptement et sûrement le charbon bactéridien, au triple point de vue du traitement, de la prophylaxie et de la police sanitaire, de l'hygiène et de la salubrité publiques. C'est qu'en effet, par des mesures appropriées et prises à temps, on peut conjurer les dangers de l'affection, limiter ses ravages, empêcher sa transmission aux animaux et à l'homme, faciliter sa guérison, au moins chez l'homme et chez certains animaux. Or la promptitude d'une intervention éclairée et appropriée dépend de la célérité et de la sûreté du diagnostic.

Le diagnostic du charbon bactéridien ne laisse pas d'être entouré parfois de sérieuses difficultés, surtout quand on se trouve en présence de cas isolés et qu'on n'a pour se prononcer que le secours des symptômes et des lésions macroscopiques, qui sont du reste peu pathognomoniques dans la plupart des cas, et qui sont en outre variables suivant les espèces et suivant les malades. Il devient possible et même relativement aisé : quand on connait le mode d'apparition et l'ensemble des conditions qui ont présidé à l'apparition de la maladie, sa marche, son évolution, ses symptômes, sa terminaison, ses lésions ; quand on apprend que des cas semblables se sont montrés déjà dans l'année ou les années précédentes ; quand on sait qu'il y a dans la région des pâturages ou champs maudits ; quand on apprend que les animaux ont fréquenté des lieux où avaient été enfouis antérieurement des cadavres charbonneux, etc., etc.

Il sera donc indiqué de procéder à une véritable enquête toutes les fois qu'on soupçonnera l'existence du charbon ; il conviendra de recueillir tous les renseignements utiles à l'effet de connaitre aussi exactement que possible tout ce qui pourrait mettre sur la voie de la vérité.

Les maladies avec lesquelles le charbon peut être confondu, quand on n'a pour se prononcer que les symptômes ou les lésions macroscopiques, sont variables suivant les espèces (rouget et pneumo-entérite chez le porc, fièvre typhoïde, gastro-entérite etc. chez les solipèdes, etc., etc.). Mais il serait superflu de les énumérer ici et d'en faire le parallèle avec l'affection charbonneuse, attendu que des moyens de diagnostic sûr sont à présent à la disposition des vétérinaires et des médecins, pour reconnaître l'existence de cette dernière. En effet, grâce à l'examen bactériologique, à l'inoculation et à la culture, chacun peut aujourd'hui sortir de l'incertitude et établir un diagnostic absolument certain, quand ces moyens sont employés convenablement et en temps opportun, avant la transformation des bâtonnets et la disparition de la virulence.

L'examen microbiologique, fait à un grossissement convenable (400 à 500 diamètres), en suivant les règles précédemment indiquées, permettra de porter un diagnostic absolument sûr : quand il fera constater dans le sang de l'animal malade, dans le sang, dans les ganglions, dans la rate, dans le foie, etc., du cadavre, dans la viande dépecée ou en quartiers, l'existence de bâtonnets immobiles, droits ou coudés, cylindriques, à un, deux, trois segments ou articles etc. ; quand il montrera les globules sanguins agglutinés en masses irrégulières, séparées par des espaces où se trouvent les bactéridies, etc.

On a vu précédemment les divers moyens de procéder à l'examen bactériologique avec ou sans réactif éclaircissant (acide acétique, acide

formique), avec ou sans coloration. Quand on se trouve en présence
d'un malade encore vivant, on peut faire des préparations avec le sang
ou avec le produit d'un œdème, etc., qu'on obtient par une piqûre, avec
le sang des hémorragies, etc. ; on peut examiner de suite des gouttes
de sang ou de produit sanguinolent, en ayant soin de les prendre très
petites, afin d'obtenir des préparations assez transparentes ; on peut
aussi colorer entre lame et lamelle, ou bien laisser déssécher d'abord
sur la lame ou la lamelle, pour éclaircir ensuite avec l'acide formique
ou pour colorer. Toutefois, quand la maladie n'est pas assez avancée,
l'examen bactériologique n'amène pas toujours et d'emblée à un diagnostic certain ; le sang, obtenu par piqûres ou par une saignée, peut ne
montrer aucun bâtonnet, soit que les bactéridies n'aient pas encore
envahi la masse sanguine, soit qu'elles s'y trouvent trop peu nombreuses
et passent inaperçues à cause de leur petit nombre et de la petite quantité de matière examinée. Aussi en pareils cas est-il nécessaire de se
livrer à des examens réitérés et successifs. A défaut de bactéridies nettement visibes, il ne faut pas se baser sur l'état crénelé et l'aspect
étoilé des globules sanguins, qui peuvent faire défaut dans le charbon
et se montrer dans d'autres affections.

Quand on a à se prononcer sur le cadavre, la chose devient plus aisée,
parce que les bactéridies sont plus abondantes et plus faciles à découvrir par conséquent, et parce qu'on peut examiner, outre le sang, le
produit des lésions, la pulpe des organes réputés les plus riches en
bactéridies. On fait des préparations avec le sang, avec les produits exsudés, avec le produit des hémorragies, des taches, des ecchymoses, avec
le produit râclé sur la coupe d'organes (rate, ganglion, poumon, foie,
reins, etc.), ou sur des muqueuses (estomac, intestin, etc.). On peut procéder à l'examen sur place, lorsqu'on dispose de tout ce qui est nécessaire ;
et, si un premier examen est absolument significatif, on peut s'arrêter, tandis que dans le cas contraire il convient d'en faire d'autres et de les faire
porter sur les divers organes, sur les divers tissus, voire sur les
centres nerveux, quand il y a lieu de croire à une localisation spéciale de
ce côté.

Quand l'examen ne peut pas être fait sur place, quand il doit être
fait ailleurs ou plus tard, quand on doit envoyer à une personne compétente des produits à examiner, il y a lieu de prendre des précautions
spéciales. On peut procéder de diverses façons : on peut étaler de la
matière à examiner sur des lames ou des lamelles qu'on préparera plus
tard ou qu'on expédiera ; on peut recueillir du sang dans un vaisseau
ou dans le cœur au moyen de tubes capillaires (tubes à vaccin) ou de
pipettes en verre stérilisées, les remplir en évitant la souillure du sang,
puis les sceller à la lampe ou à la cire pour les expédier ou s'en servir
plus tard en vue de préparations, cultures ou inoculations ; on peut
encore enfermer entre deux ligatures un fragment de vaisseau pour le

faire ensuite servir au même but ; on peut prélever des caillots, des fragments d'organe (rate, foie, etc.), des ganglions, etc., les emporter pour les examiner ailleurs, où les mettre dans la glycérine ou dans l'alcool etc., pour les expédier à la personne chargée d'en faire l'examen, etc. etc. Toutefois il ne faut jamais oublier : que ces prélèvements doivent être faits le plus tôt possible après la mort; que les autopsies doivent être pratiquées sans délai; que les cadavres charbonneux se putréfient rapidement, et que, dans les cadavres en voie de putréfaction plus ou moins avancée, les bactéridies peuvent se trouver mélangées avec des microbes septiques, qu'elles peuvent s'être détruites, ou transformées en spores dans les produits qui ont le contact de l'air, et que l'examen bactériologique pratiqué dans ces conditions laisse planer l'incertitude sur le diagnostic.

Le diagnostic du charbon devient surtout important dans l'inspection des viandes destinées à l'alimentation de l'homme. C'est avec raison que la loi sanitaire prohibe la consommation des viandes charbonneuses, puisqu'elles sont doublement dangereuses : dangereuses à manipuler et susceptibles de transmettre la pustule maligne à l'homme ; dangereuses par leur ingestion, car, insuffisamment cuites ou même passablement cuites, elles peuvent donner le charbon, quand des spores ont pu s'y former. Les cas de transmission à l'homme par la manipulation des cadavres, des viandes et des débris charbonneux, ne sont pas absolument rares. D'un autre côté il est avéré que le suc d'une viande charbonneuse incomplètement cuite est inoculable (Boutet), et que l'ingestion d'un pareil aliment peut donner le charbon. On a observé parfois le charbon interne sans accidents extérieurs sur des hommes qui avaient ingéré des viandes charbonneuses. Ainsi on a observé (Lorenz), en août 1884, à Lauterbourg, trois cas de mort sur des] personnes qui avaient mangé crue ou incomplètement cuite de la viande d'une vache charbonneuse. A Naschevo, près de Wreschen, plus de vingt personnes tombèrent malades après avoir mangé de la viande de vache charbonneuse. On sait d'autre part que la salaison incomplète de la viande charbonneuse ne détruit pas la virulence. On sait enfin que les bactéridies, même quand elles ne donnent pas de spores, peuvent se conserver assez longtemps dans la viande. Joignons à tout cela que les viandes charbonneuses sont en outre dangereuses par les produits toxiques dont elles sont plus ou moins imprégnées. C'est en vain qu'on objecterait l'habitude qu'ont eue de tout temps les populations de certaines régions, où sévit le charbon, d'utiliser pour leur consommation la viande des moutons et de bœufs charbonneux, pour prétendre que la cuisson fait disparaître le danger ; car elle peut ne pas l'effacer tout à fait, soit qu'elle demeure incomplète, soit que des spores aient eu le temps de se former ; et d'ailleurs il reste toujours le danger résultant de la manipulation et des poisons. La vente des viandes charbonneuses constitue un délit, qui tombe non seulement sous l'application de la loi sanitaire mais aussi sous celle de la loi du 27 mars 1851 ; en 1876, le tribunal correctionnel de Chartres condamnait un propriétaire et un boucher, l'un pour avoir vendu de la viande charbonneuse, et l'autre pour l'avoir achetée afin de la revendre.

Les seuls moyens d'établir sûrement l'existence du charbon sont l'examen microscopique, l'inoculation et la culture ; les résultats de l'inoculation et de la culture se faisant attendre trop longtemps, en matière d'inspection c'est l'examen microscopique qui reste comme le seul moyen de diagnostic sûr et rapide. Toutes les fois que les inspecteurs soupçonneront le charbon sur un animal malade, sur un cadavre, sur des quartiers ou des morceaux de viandes introduits du dehors, ils pourront et devront même, pour s'éclairer d'une façon exacte, recourir à l'examen microscopique à l'effet de rechercher la bactéridie.

Il sera bon en outre que les inspecteurs s'appuient dans une certaine mesure sur d'autres données que celles que leur peut fournir le microscope ; d'ailleurs ce n'est guère qu'autant qu'ils auront déjà constaté certaines lésions, certaines altérations, qu'ils auront à rechercher s'il s'agit ou non du charbon au moyen du microscope. Sur le cadavre entier on sera en droit de soupçonner le charbon : quand on saura qu'il provient d'un pays où sévit la maladie ; quand le tissu sous-cutané sera congestionné, ecchymosé ; quand le sang sera noirâtre, incoagulé ; quand les ganglions, la rate, le poumon, les reins, le foie seront congestionnés, hypertrophiés, ecchymosés, etc. Sur des quartiers et sur des morceaux introduits du dehors on devra soupçonner encore le charbon : quand le pays d'origine sera ravagé par l'affection ; quand la viande sera molle, friable, fiévreuse, saigneuse, ecchymosée, infiltrée ; quand les vaisseaux contiendront du sang noirâtre ; quand les muscles se montreront, à la coupe, ecchymosés et couleur chair de saumon ou foncés ; quand les ganglions seront hypérémiés, noirâtres, infiltrés, ramollis ; quand les plèvres et le péritoine seront injectés, ecchymosés, etc. Du reste la chair peut varier beaucoup dans son aspect, suivant que l'animal a été plus ou moins bien saigné, suivant qu'il a été sacrifié au début de la maladie ou à la fin ; elle offre les caractères des viandes mortes ou malades, sur les muscles de la cuisse, à la fesse, au bassin, sur les plèvres, sur le péritoine et le diaphragme. Elle est plus ou moins saigneuse, plus ou moins rougeâtre, jaunâtre, brunâtre ou lavée, plus ou moins molle, plus ou moins friable, plus ou moins ecchymosée, infiltrée et parsemée de points hémorragiques, elle a une graisse plus ou moins foncée ; elle présente à des degrés variables des infiltrations séro-sanguinolentes et une décoloration du tissu musculaire à la cuisse, à l'épaule, dont les muscles pâlis prennent une teinte saumonée au contact de l'air ; elle offre quelquefois une teinte plombée sur la coupe ou une teinte marbrée de gris terreux et de rouge ; elle ne présente parfois que des lésions insignifiantes, par exemple un peu de mollesse, quelques taches ecchymotiques dans le tissu cellulaire, une teinte un peu anormale du muscle, etc. Quand, à propos d'une viande suspecte, provenant d'un pays à charbon, sur laquelle on aura constaté quelques-unes des altérations précitées, le microscope ne fera apercevoir aucun bâtonnet, parce que l'examen sera tardif, la saisie devra néanmoins être opérée, avec d'autant plus de raison que en pareil cas l'altération due à un commencement de fermentation putride sera plus ou moins évidente. En tous cas, quand un premier examen microscopique ne laissera apercevoir aucun bâtonnet dans une préparation faite avec une viande suspecte, il conviendra d'en faire un second, un troisième, etc., en puisant de la matière dans divers tissus.

En matière d'inspection des viandes, et dans les questions de médecine légale, l'examen microscopique doit être absolument démonstratif, quand il s'agit de conclure non seulement à la saisie de la viande mais encore à des poursuites. Or il peut arriver que des microbes étrangers, plus ou moins semblables à la bactéridie, se soient déposés et multipliés dans la viande : aussi, tout en la saisissant pour cause de charbon probable, l'inspecteur ne devra (Nocard) affirmer péremptoirement le charbon et conclure à des poursuites que si l'inoculation donne le charbon au lapin ou au cobaye. Toutefois, dans bien des cas l'examen microscopique ne laissera aucun doute, quand il fera voir des vaisseaux remplis de bâtonnets feutrés, des ganglions envahis par d'innombrables bactéridies etc.

Au lieu de l'examen bactériologique, on peut recourir à l'inoculation ou mieux combiner ces deux moyens. Pour faire l'inoculation on peut employer de préférence le cobaye et le lapin, ou tout autre animal doué d'une forte réceptivité. On peut inoculer les mêmes produits employés pour faire les préparations, notamment le sang, la pulpe d'organes, ou une émulsion préparée avec les parties lésées, etc. Si on ne peut pas faire l'inoculation sur place avec les produits des malades, des cadavres ou des viandes suspectes, on en recueillera avec les mêmes précautions déjà indiquées, soit pour les expérimenter ensuite soi-même, soit pour les expédier.

L'inoculation par piqûres ou par injection sous-cutanée à l'oreille d'un lapin ou dans toute autre région, ou chez tout autre animal apte à contracter le charbon, tel que le cobaye, du sang suspect ou de tout autre produit est un excellent moyen de diagnostic. L'animal, inoculé avec du sang charbonneux ou tout autre produit charbonneux frais, meurt dans un, deux, trois, quatre jours ; et son sang contient la bactéridie. Mais l'inoculation de produits recueillis sur un cadavre charbonneux déjà en voie de putréfaction peut faire périr l'animal de la septicémie et non du charbon ; d'où le conseil d'inoculer les produits aussitôt que possible après la mort ; quinze heures après la mort, il peut être quelquefois trop tard. Toutefois, quand il y a lieu de croire que le virus charbonneux se trouve souillé de microbes septiques, on peut choisir un autre mode d'inoculation, l'injection intra-veineuse. On prépare alors une émulsion de la matière à inoculer avec de l'eau stérilisée, on filtre sur un linge fin et on en introduit une assez forte dose dans la veine de l'oreille du lapin ; les microbes septiques étant anaérobies ne pullulent pas et ceux du charbon peuvent donner la maladie.

En vue de déterminer le mode de développement du charbon dans une ferme, on peut inoculer les eaux suspectes, les eaux de macération ou de lavage des fourrages suspects, à des animaux, tout en ayant soin de les prendre parmi ceux qui sont peu susceptibles vis-à-vis des germes septiques et d'inoculer par injection intra-veineuse.

Enfin la culture peut dans une certaine mesure aider à établir le diagnostic. Nous avons vu précédemment les caractères qu'elle prend dans les divers milieux ; il suffit de s'y reporter.

« Quand un mouton meurt du charbon, et alors même qu'il est déjà devenu à la fois charbonneux et septique, on retire facilement de son sang le charbon et son microbe, et également la septicémie et son microbe.

« La présence de l'air, au contact du liquide de culture en faible épaisseur, empêche les vibrions septiques de naître, parce que ceux-ci sont anaérobies ; cette présence de l'air provoque le développement de la bactéridie, tandis que l'air détruirait les vibrions s'ils prenaient naissance ; la culture dans le vide ou en présence de l'azote ou de l'acide carbonique purs leur permet, au contraire, de se développer. La bactéridie, elle, pour se multiplier, ne peut se passer de l'oxygène de l'air. Telle est l'analyse aussi sûre et plus rapide qu'une analyse chimique, que nous aurions fait subir au sang du cœur d'un mouton, le lendemain de sa mort, en présence des .....

« Il y a une autre manière moins précise et plus sujette à illusion d'étudier un sang qui est à la fois charbonneux et septique : c'est l'inoculation directe du sang à des animaux de races diverses, cobayes, lapins, moutons, sans opérer préalablement la séparation des deux microbes que le sang contient. Dans ce cas, suivant l'état de réceptivité des sujets inoculés, et suivant les rapports de développement des deux maladies dans le sang doublement infectieux, on voit apparaître tantôt le charbon pur, tantôt la septicémie pure, tantôt la septicémie et le charbon associés. Il arrive même que, au cours des symptômes qui suivent l'inoculation, on voit parfois l'une des deux maladies se substituer à l'autre. Tel cobaye, par exemple, mourra charbonneux, après avoir manifesté en premier lieu des symptômes septiques. Le cas inverse peut se présenter également. » (Pasteur.)

On peut donc obtenir des cultures pures avec des bactéridies provenant d'une semence impure ; il n'y a qu'à profiter de ce que le *bacillus anthracis* se développe rapidement au contact de l'air dans un bouillon en faible épaisseur et y donne des flocons, qu'on peut transporter aussitôt qu'ils sont formés dans un autre bouillon et ainsi de suite.

IX. — TRAITEMENT.

Étant données les connaissances acquises sur les conditions étiologiques qui président au développement du charbon, il faut surveiller et améliorer l'hygiène de l'alimentation, des boissons et des habitations. On examinera donc avec soin les aliments, les boissons et les habitations ; et, après les avoir étudiés, après avoir vérifié, autant que cela est possible, s'ils contiennent des germes charbonneux, on agira en conséquence. M. Pasteur conseille de supprimer, dans l'alimentation des animaux menacés de charbon, les chardons, les plantes piquantes, les aliments trop secs, les menues pailles, les fourrages chargés de matières minérales, tout ce qui, en un mot, peut léser les muqueuses buccale et pharyngienne. Ces conseils me semblent assez difficiles à suivre en pratique ; néanmoins il faudra en tenir compte dans la mesure du possible, sans oublier que le meilleur moyen de soustraire un troupeau au charbon qui le menace, est le déplacement, l'émigration, le transport dans un autre lieu dont les pâturages, les eaux, et les poussières n'offrent pas le même danger.

S'il est impossible de recourir aux moyens précités, il y aura lieu d'employer des agents capables d'empêcher le développement de la bactéridie dans l'organisme et notamment la vaccination. On pourrait faire arroser les fourrages avec des solutions faibles d'acide sulfurique (2 p. 100), ou d'acide phénique ou de borate de soude, ou de teinture d'iode ; on pourrait faire mélanger journellement aux boissons les mêmes solutions, assez diluées pour que les animaux les prissent sans trop de difficulté. On fera désinfecter les habitations et les objets suspects ; on fera enlever les fumiers, qui seront enfouis ou brûlés, ou traités par l'acide sulfurique, ou l'acide phénique brut ; on fera laver le sol de l'habitation récurée avec de l'eau bouillante, avec une solution bouillante d'acide sulfurique ou d'acide phénique, avec un lait de chaux ; on fera flamber le sol et les parties suspectes, en brûlant à leur surface de la paille ou du bois. Lorsque le troupeau émigrera, lorsqu'il sera transporté ou déplacé, il faudra prendre certaines précautions pour l'empêcher de répandre les germes dans les lieux où ils n'existent pas.

Les auteurs qui se sont livrés à l'étude du charbon, ont préconisé un grand nombre de moyens et d'agents dans le traitement curatif de cette maladie ; et, grâce à la confusion qui s'est souvent faite dans leur esprit, ils ont enregistré un bon nombre de guérisons qui ne peuvent pas se rapporter à l'affection bactéridienne.

La maladie ne se guérit qu'exceptionnellement, et c'est surtout lorsqu'elle est localisée, lorsque les bactéridies n'ont pas encore passé dans le sang. Dans ces cas, il faut avant tout empêcher la maladie de progresser, il faut barrer le passage aux germes. Pour cela le meilleur moyen est d'extirper, d'exciser les parties tuméfiées, ensuite d'employer la cautérisation au fer rouge ou avec des caustiques chimiques, comme les acides, le sublimé corrosif, l'iode, la potasse, la pâte de Vienne, etc. Ces moyens ne sont pas toujours exempts de dangers, et il n'est pas toujours possible de les mettre en pratique comme on le désirerait ; on peut alors les suppléer plus ou moins par la calorification, qui peut être employée pour remédier aux accidents dont on peut approcher une source de chaleur. Le sang charbonneux perd ordinairement sa virulence, lorsqu'il est porté à une température dépassant 55°, et il suffit que cette température dure pendant quelques minutes. Davaine a guéri par la chaleur des pustules malignes produites expérimentalement sur des animaux. Ce moyen ne doit pourtant pas faire négliger les autres, car une température suffisante peut ne pas arriver jusqu'aux germes situés profondément ; aussi est-il bon de le combiner avec les précédents ou de le réserver pour les cas où la tuméfaction est peu épaisse, peu considérable.

Dans les cas de charbon local on peut avoir recours, même pour le traitement externe, à l'emploi d'agents antibactéridiens. Davaine dit avoir guéri le charbon, en injectant de la teinture d'iode sous la peau ; le Dr Raimbert l'a guéri avec l'acide phénique. Stanis César, ayant vu le charbon se développer sur un de ses amis, fit instituer un traitement à la teinture d'iode, qui fut employée en injections hypodermiques et en badigeonnages sur les parties malades. Ce traitement, inspiré par les travaux de Davaine sur les agents antibactéridiens, réussit pleinement.

Les agents, dont l'action antibactéridienne est le mieux démontrée sont : le sublimé corrosif (1/1000), le brome, l'iode, l'acide sulfurique, etc. Ces agents peuvent être employés pour le traitement local et pour le traitement général ; ils peuvent être employés en injections et en badigeonnages, lavages ou applications. Les injections doivent être pratiquées au niveau et au pourtour des parties malades. Il ne faut pour cela employer que des dissolutions étendues ; il faut répéter souvent les injections, les lavages, les badigeonnages, les applications, avec des solutions de teinture d'iode, de sublimé, d'acide sulfurique, d'eau de Rabel, d'acide phénique, de phénate de soude, d'acide salicylique, de salicylate de soude, de borate de soude, etc. L'iode est un excellent anticharbonneux, même au titre de 1/12000, 1/17000, soit en boissons, soit en injections, soit en badigeonnages ou applications ; il en est de même du sublimé corrosif qui peut être employé en applications caustiques ou en injections au titre de

1/1500. On a eu obtenu de bons résultats avec la solution de sublimé (Kitsch, Kovalewsky), avec l'iode (Davaine, Cézard, Raimbert, Joly, Baladoni, Chipault, Richet, etc.), avec l'acide phénique (Chipault, Ory, Trélat, Proust, Mollière, etc.). La solution à 2 p. 100 d'acide sulfurique, injectée dans l'artère d'un lapin mort du charbon, aurait rendu son sang non virulent (Thouvenel). On a encore conseillé l'essence de térébenthine en breuvages et en frictions, la moutarde en applications, les feuilles de noyer, l'ammoniaque, l'hyposulfite de soude.

Quand il s'agit du charbon local, il faut combiner avec le traitement externe le traitement interne ; et quand il s'agit du charbon généralisé, c'est au traitement interne qu'il faut s'en tenir. Les médicaments qui conviennent pour remplir les indications d'un pareil traitement sont encore les antibactéridiens, l'iode, l'acide phénique, l'eau de Rabel, l'acide sulfurique, l'acide salicylique, etc., qu'on administre en dissolution dans les boissons ou sous forme de breuvages ou en injections intra-veineuse ou intra trachéale (iode, etc.). On a conseillé l'emploi de l'iode concurremment avec les stimulants, avec l'acétate d'ammoniaque, la camomille, etc. On peut encore employer les phénates, les salicylates, le borate de soude, l'huile phosphorée, la chaux, les différents sels de quinine, le quinquina, etc.

POLICE SANITAIRE DU CHARBON.

Pour l'application des mesures de police sanitaire dans les cas de charbon, il faut se guider d'après les connaissances acquises sur la bactéridie et sur la propriété de ses spores de se conserver dans les milieux extérieurs. Il faut se souvenir : que la maladie peut se propager, quoique rarement, par le contact immédiat ; qu'elle peut se communiquer par les viandes ; que les microbes peuvent être disséminés par les excrétions des malades, par leurs cadavres ou débris cadavériques ; que les spores sont très résistantes et qu'elles peuvent être facilement disséminées ; que la maladie est transmissible à l'homme ; et qu'elle peut être introduite dans les localités indemnes par des animaux malades ou infectés. Prévenir l'extension de la maladie et assurer la destruction des germes morbigènes, tel est le but à atteindre.

I. — **Mesures propres à prévenir l'introduction du charbon en France et en Algérie par l'importation d'animaux venant de l'étranger.**

Les animaux, quelle que soit leur espèce, qui sont importés en France, ou en Algérie, et ceux qui sont exportés, doivent être indemnes de charbon. Ceux qui seront reconnus malades ou suspects au moment de leur exportation seront arrêtés, et on leur appliquera les mesures indiquées ci-après au sujet des malades et des suspects reconnus dans les marchés et les foires ou chez les propriétaires. Quant aux mesures applicables en vue d'empêcher l'importation d'animaux atteints ou suspects de charbon, elles sont indiquées par les textes suivants : Art. 26, L. 21 juil. 1881. — Art. 36, déc. 12 nov. 1887. — Art. 72, 73 et 70-3° déc. 22 juin 1882. — Art. 21, arr. min. 28 juil. 1888.

L'article 26 de la loi du 21 juillet 1881 donne au gouvernement le droit de prohiber l'importation d'animaux susceptibles de communiquer une maladie contagieuse, et de prescrire toutes les mesures jugées nécessaires. L'article 36 du décret du 12 novembre 1887 confère le même droit au gouverneur général de l'Algérie. L'article 73 du décret du 22 juin 1882 donne au ministre de l'agriculture le pouvoir d'interdire temporairement l'introduction des animaux par les bureaux de douane de la partie de frontière menacée, quand une maladie contagieuse, quand le charbon par exemple, sévit sur un certain nombre d'animaux en pays étranger, dans le voisinage de la frontière. D'autre part, l'article 72 du décret du 22 juin 1882 décide que, lorsqu'une maladie contagieuse, le charbon par exemple, sera signalée en pays étranger, dans le voisinage immédiat de la frontière, le préfet du département prendra un arrêté pour interdire la circulation du bétail entre les localités infectées et les communes françaises limitrophes ; le même arrêté pourra prescrire le dénombrement et la marque des animaux susceptibles de contracter la maladie qui sévit à l'étranger. Pendant tout le temps qui sera fixé par l'arrêté, tout bétail nouvellement introduit devra faire l'objet d'une déclaration au maire de la commune ; il sera justifié de sa provenance. Dans la pratique, le gouvernement, le ministre de l'agriculture et les préfets n'usent guère, à propos du charbon, des droits que leur reconnaissent les articles précités ; et l'on se contente de surveiller l'importation des animaux, à l'effet de ne pas laisser pénétrer ceux qui seraient atteints de cette affection.

ART. 70-5°, Déc. 22 juin 1882. — Le charbon constaté dans des arrivages par terre ou par mer entraîne l'abatage des animaux malades. Les animaux qui ont été exposés à la contagion sont repoussés, après avoir été marqués, à moins que le propriétaire ne consente à ce qu'ils soient livrés immédiatement à la boucherie, ou ne demande leur mise en quarantaine avec inoculation obligatoire.

ART. 21, Arr. min., 28 juill. 1888. — La constatation du charbon............, dans les arrivages par terre ou par mer, entraîne l'abatage des animaux malades. Les animaux qui ont été exposés à la contagion sont repoussés après avoir été marqués, à moins que le propriétaire ne consente à ce qu'ils soient sacrifiés sur place pour la boucherie.

L'article 70-5° du décret du 22 juin 1882 et l'article 21 de l'arrêté ministériel du 28 juillet 1888 décident que la constatation du charbon dans des arrivages par terre ou par mer entraînera l'abatage des animaux malades. Les animaux qui auront été exposés à la contagion seront repoussés, après avoir été marqués, à moins que le propriétaire ne consente à ce qu'ils soient livrés immédiatement à la boucherie. Ainsi donc tout animal, reconnu charbonneux à son importation en France ou en Algérie, doit être abattu sans délai. Toutefois l'article 8 de la loi du 21 juillet 1881 (l'article 8 du décret du 12 novembre 1887 ne reproduit pas cette disposition pour l'Algérie), qui permet au propriétaire de faire contester par son vétérinaire le diagnostic et le pronostic du vétérinaire sanitaire, recevra le cas échéant son application, et l'on suivra alors la procédure indiquée plus loin au sujet du dit article 8. Quant à l'application de l'abatage et des autres mesures, telles que la destruction des cadavres et la désinfection, on procédera comme il sera indiqué dans la suite.

D'après l'article 21 de l'arrêté ministériel du 28 juillet 1888 les animaux qui ont été exposés à la contagion devraient, ou être repoussés après avoir été marqués, ou être sacrifiés sur place pour la boucherie. L'article 70-5° du décret du 22 juin contient des dispositions similaires ; toutefois il n'exige pas que les animaux suspects soient abattus sur place ; il permet de les conduire dans l'abattoir le plus proche ; et en ce cas on appliquera les règles de l'article 58-9° du décret du 22 juin 1882 et de l'article 6 de l'arrêté ministériel du 28 juillet 1888. Les animaux seront marqués et dirigés immédiatement vers l'abattoir accompagnés d'un laissez-passer délivré par le maire (voir plus loin les règles à suivre pour le déplacement des animaux suspects). En tout cas les animaux suspects livrés à la boucherie devront être sacrifiés dans un bref délai, et l'inspection de leur viande devra être faite avec le plus grand soin.

L'article 70°-3 du décret du 22 juin 1882 permet au propriétaire des animaux suspects de demander leur mise en quarantaine avec inoculation obligatoire. Cette disposition doit dans la pratique être entendue avec discernement. La mise en quarantaine semble devoir être accordée, quand il s'agit d'un arrivage par mer, et quand la vente des animaux suspects en vue de la boucherie est impossible ou trop onéreuse pour le propriétaire. La quarantaine, appliquée convenablement, aura une durée égale à une quinzaine de jours après la disparition du dernier cas de maladie (art. 2, arr. min. 28 juill. 1888). Mais il me paraît inutile et dangereux d'obliger le propriétaire à faire inoculer ses animaux. A quoi servirait en effet l'inoculation si les animaux sont déjà contaminés ; et s'ils ne le sont pas pourquoi les inoculer, puisqu'ils sont soustraits désormais à l'infection.

En résumé : abatage immédiat des malades, quand la nature de l'affection est bien établie ; renvoi des suspects, après l'application de la marque, quand il s'agit d'un arrivage par terre ; livraison immédiate des mêmes sujets à la boucherie ou mise en quarantaine pendant quinze jours, quand il s'agit d'un arrivage par mer ; précautions rationnelles pour la livraison à la boucherie ; mesures de désinfection et destruction des cadavres, quand il y a des malades : telles sont les mesures à prendre à la frontière.

II. — Mesures propres à éviter la propagation du charbon et à éteindre les foyers d'où il pourrait irradier.

Quand le charbon est constaté en France ou en Algérie, dans une ou plusieurs fermes, dans une ou plusieurs localités, il faut au plus tôt prendre certaines précautions et faire appliquer certaines mesures dont les unes, telles que la destruction des cadavres et la désinfection, sont de la plus haute importance.

Inspection des foires et marchés. — Il est interdit d'exposer en vente des animaux atteints de charbon ; et, quand des cas de cette affection sont constatés sur des champs de foire ou de marché, on doit appliquer les dispositions de l'article 86 du décret du 22 juin 1882, et celles de l'article 22 de l'arrêté ministériel du 28 juillet 1888.

Art. 86, Déc. 22 juin 1882. — Lorsque la maladie constatée est le charbon, les animaux malades sont mis en fourrière et séquestrés jusqu'à complète guérison. Le propriétaire peut soumettre à l'inoculation les animaux qui sont sous le coup du charbon.

Pendant la durée de la séquestration, le propriétaire peut faire abattre ses animaux malades, qui sont enfouis ou livrés à l'atelier d'équarrissage. Le transfert à l'atelier d'équarrissage ou à l'abattoir a lieu sous la surveillance d'un gardien spécial.

Les animaux qui ont été en contact avec les bêtes reconnues malades sont signalés aux maires des communes où ils sont envoyés.

L'article 22 de l'arrêté ministériel du 28 juillet 1888 reproduit littéralement le texte de l'article 86 du décret du 22 juin 1882, sans parler toutefois de l'inoculation.

Les foires et marchés sont interdits aux animaux atteints de charbon ; ceux qui seront reconnus ou soupçonnés charbonneux avant leur entrée seront refusés et les mesures appropriées leur seront appliquées. Quand le charbon sera constaté sur des animaux exposés en vente ou placés dans les dépendances du marché ou de l'abattoir, les malades devront être saisis aussitôt, mis en fourrière et séquestrés jusqu'à leur complète guérison. En cas de mort ou d'abatage consenti par le propriétaire, les cadavres seront toujours détruits, enfouis ou livrés au clos d'équarrissage et le transport en sera surveillé.

Les animaux suspects, ceux qui auront été en contact avec les bêtes reconnues malades, pourront être vendus (art. 58-9°, 70-5°, décret du 22 juin 1882. — art. 21, arr. min. 28 juil. 1888) pour la boucherie ; ils seront marqués et envoyés directement à l'abattoir que le marché dessert ou à d'autres, à la condition qu'ils seront accompagnés d'un laissez-passer. S'ils ne sont pas vendus pour la boucherie, ils devront être renvoyés chez leurs propriétaires, dans leur lieu d'origine, et être signalés aux maires. Quant à l'inoculation, ce n'est qu'à leur retour dans leur lieu d'origine qu'ils pourront y être soumis. De même que dans les cas de charbon constatés dans des arrivages, quand la maladie aura été constatée sur un marché, il y aura lieu d'appliquer les mesures relatives à la destruction des cadavres, à la désinfection, etc.

Déclaration. — Les propriétaires et les gardiens de troupeaux atteints de sang de rate, ou d'autres bestiaux atteints de fièvre charbonneuse, doivent en faire la *déclaration* à l'autorité ; les vétérinaires sont aussi tenus de faire la déclaration, quand ils constatent des cas de charbon. Les animaux reconnus malades doivent être aussitôt isolés et mis à l'attache (art. 3, arr. min. 28 juill. 1888).

Dans la pratique, les propriétaires ne font presque jamais la déclaration pour le sang de rate ; c'est du moins ainsi que les choses se passent dans certains pays. Mais c'est là une habitude regrettable ; et la loi n'en demeure pas moins obligatoire malgré cette désuétude, car l'autorité doit être informée, afin qu'elle puisse interdire la vente et l'utilisation des malades et des cadavres, et prescrire certaines mesures pour empêcher l'extension de la maladie, la dissémination des germes. La déclaration est donc obligatoire, et les propriétaires qui ne la font pas s'exposent à être poursuivis. On s'est demandé à quel moment elle doit être faite ; et on a prétendu que dans les cas douteux les propriétaires seraient embarrassés. Ici, comme pour toutes les autres maladies contagieuses où elle est prescrite, la déclaration doit être faite quand la maladie est simplement soupçonnée, quand elle est reconnue, quand elle a déjà fait des victimes. L'autorité, qui reçoit la déclaration pour des cas de charbon, doit comme toujours requérir le vétérinaire sanitaire, ou à défaut en désigner un pour étudier la maladie et proposer les mesures propres à parer à tout danger.

Visite. — Les vétérinaires sanitaires ne doivent jamais méconnaître l'importance de leur mission en pareil cas. Ils doivent se renseigner sur la date d'apparition, sur la marche et sur les ravages de la maladie ; ils doivent vérifier l'état des animaux suspects ou malades ; ils doivent étudier spécialement les malades, faire l'autopsie des cadavres, s'il y en a ; et s'ils ont des doutes sur l'existence de la maladie, ils peuvent avoir recours à l'examen micrographique des organes, du sang et des lésions, ou à l'inoculation du sang et des lésions à des cobayes, à des lapins. Ils suivront les règles précédemment tracées pour établir sûrement le diagnostic de l'affection et pour remonter à sa cause, à son origine.

Après avoir terminé sa visite, après avoir procédé à toutes les constatations utiles, et avant d'adresser à l'autorité le rapport que comporte sa mission, le vétérinaire sanitaire se préoccupera en France des règles de l'article 8 de la loi du 21 juillet 1881. Qu'il s'agisse d'animaux importés ou exportés, d'animaux exposés en vente sur les foires ou les marchés, ou d'animaux reconnus charbonneux dans les fermes, les propriétaires ont le droit de faire contester par leur vétérinaire le diagnostic et le pronostic du vétérinaire sanitaire; et, en cas de contestation, le préfet désigne un troisième vétérinaire conformément au rapport duquel il est statué. Le vétérinaire sanitaire devra donc, avant de transmettre son rapport, s'assurer si le propriétaire accepte son diagnostic et son pronostic, ou s'il veut user du droit que la loi lui confère et les faire contester par un autre vétérinaire. Il en référera de suite à l'administration, en joignant cette particularité à son rapport, que le maire fera parvenir d'urgence à la préfecture. Mais, en attendant l'intervention du préfet, les animaux, au sujet desquels le conflit se sera produit, resteront séquestrés, isolés, etc. Le vétérinaire, nommé par le préfet pour statuer en dernier ressort en cas de conflit, sera payé sur les fonds du service sanitaire.

Après avoir déterminé la nature de la maladie, le vétérinaire sanitaire doit étudier les conditions hygiéniques, les aliments, les boissons, les habitations, le voisinage, etc.; il prescrit au besoin la désinfection et la séquestration; ensuite il adresse un rapport détaillé à l'autorité, pour lui rendre compte de sa mission et conseiller les mesures reconnues nécessaires ou utiles, en les motivant par les données de la science et par ses observations.

Ces mesures varieront suivant les cas, suivant les conditions ambiantes, suivant la gravité de l'enzootie; elles seront plus ou moins rigoureuses et plus ou moins nombreuses. C'est au vétérinaire sanitaire qu'il appartient d'apprécier ce qui convient à chaque cas. Il prendra le signalement des malades et des suspects, quand il s'agira de grands animaux. Il demandera la marque des animaux composant le troupeau malade, et il fera le dénombrement de ces animaux. Il conseillera suivant les circonstances, l'isolement des malades, l'isolement des troupeaux, la séquestration des malades et des suspects (grands animaux), le cantonnement permanent ou mixte, le parcage du troupeau malade. La séquestration dans un local spécial peut être appliquée aux grands animaux. Pour les moutons on se contente du simple cantonnement; mais rien ne s'oppose à ce qu'on fasse isoler et séquestrer les malades au fur et à mesure qu'ils sont reconnus dans le troupeau. On doit conseiller à l'autorité de prohiber, pour les animaux et les troupeaux malades, les pâturages communs, les chemins et les abreuvoirs communs. Le commerce, la vente, l'exposition en vente des malades doivent être prohibés d'une manière absolue. Le commerce des animaux simplement suspects doit aussi être prohibé, car ces animaux ont pu introduire déjà dans leur organisme les germes de la maladie; mais cette prohibition ne doit pas être de longue durée, la période d'incubation n'allant pas au delà de dix à douze jours. On peut aussi demander que les malades soient traités; ce traitement aura surtout pour but de détruire les germes que les malades produisent. Il sera bon aussi de conseiller, à titre de mesure prophylactique, un traitement préventif pour les animaux exposés ou suspects.

Abatage. — Faut-il demander l'abatage? En général cette mesure n'est pas nécessaire dans les cas de charbon, car les malades voués à la mort succombent rapidement; et il est permis d'éviter alors l'odieux d'une prescription d'abatage, en laissant la maladie faire son œuvre, à condition que les précautions nécessaires, pour prévenir la propagation des germes, auront été prises. Néanmoins il faudra toujours demander l'abatage des malades, quand le troupeau devra être déplacé, et cela afin d'éviter que ces animaux aillent semer des germes morbides ailleurs. Toutefois, même dans ces cas, il serait suffisant de laisser les malades sur place, séquestrés dans un local ou cantonnés. Lorsque le troupeau aura été déplacé, il sera également prudent de demander le sacrifice des animaux qui viendraient à tomber malades en route ou sur les nouveaux pâturages.

La loi du 21 juillet 1881 (art. 8) dit bien que les animaux reconnus charbonneux seront abattus par ordre du maire, quand leur état sera jugé incurable. Mais, outre que l'incurabilité peut toujours être contestée par le vétérinaire du propriétaire, il semble bien que l'abatage n'est pas absolument de rigueur, car l'article 86 du décret du 22 juin 1882 en ce qui concerne les animaux charbonneux saisis sur les foires et marchés n'en parle pas comme d'une mesure qu'on peut imposer au propriétaire. Le décret du 12 novembre 1887 n'indique pas non plus l'abatage comme mesure obligatoire en cas de charbon; et il en est de même de l'arrêté ministériel du 28 juillet 1888 (art. 3, 22). Ce n'est que pour les animaux reconnus charbonneux à leur introduction en France ou en Algérie que l'abatage est formellement exigé (art. 70-5°, déc. 22 juin 1882, et art. 21, arr. min. 28 juill. 1888). On pourra d'autre part le conseiller ou le tolérer dans les cas prévus ci-dessus, lorsqu'un troupeau sera soumis à l'émigration.

Lorsque l'abatage devra être pratiqué, il sera ordonné par le maire sur l'avis du vétérinaire sanitaire. En aucun cas les propriétaires ne doivent faire abattre leurs animaux sans l'ordre ou l'autorisation de l'administration. L'abatage doit être surveillé et pratiqué d'une certaine façon. Il est interdit de hâter par l'effusion du sang la mort des animaux malades (art. 5, arr. min. 28 juillet 1888).

Art. 5, Arr. min., 28 juill. 1888. — Il est interdit de hâter par effusion de sang la mort des animaux malades.

On comprend toute l'importance de cette prescription, qui a pour but de prévenir la formation de spores par la mise en contact avec l'air d'un produit riche en bactéridies. Quand on en aura la possibilité, les animaux charbonneux voués à l'abatage seront transportés à un clos d'équarrissage, où ils seront sacrifiés et utilisés pour l'industrie. Dans les cas contraires, et même quand ils devront être livrés à l'équarrisseur, les malades pourront être tués sur place, puis transportés au lieu d'enfouissement, de crémation ou de destruction par l'acide sulfurique : on pourra aussi les amener vivants au bord de la fosse ou à la place choisie pour la destruction des cadavres et les y abattre. Dans tous les cas l'abatage sera fait par assommement, de façon à éviter l'effusion de sang. Lorsque l'abatage aura été exécuté sur place, le transport des cadavres sera fait avec les mêmes précautions que pour les autres maladies ; on pourra les injecter à l'acide phénique, à l'essence de térébenthine, à l'acide sulfurique, etc. Tous les instruments, véhicules et objets divers employés seront désinfectés avec soin.

Destruction des cadavres charbonneux. Enfouissement. Équarrissage. — La viande des animaux morts ou abattus pour cause de charbon ne peut jamais être utilisée en vue de la consommation ; elle serait dangereuse pour les personnes qui la manipuleraient, pour les personnes et les animaux qui la consommeraient. Les cadavres d'animaux atteints du charbon doivent être enfouis, ou livrés à l'équarrissage, ou détruits par un autre procédé (art. 14, L. 21 juill. 1881 ; art. 16, déc. 12 nov. 1887 ; art. 4, arr. minist., 28 juill. 1888).

D'après l'article 14 de la loi du 21 juillet 1881 et d'après l'article 16 du décret du 12 novembre 1887, les cadavres d'animaux charbonneux devraient être enfouis avec la *peau tailladée*, à moins qu'ils ne fussent envoyés à un clos d'équarrissage régulièrement autorisé. Cette prescription est dangereuse, car taillader la peau c'est mettre de nombreuses bactéridies en contact avec l'air et leur rendre possible la production de spores, qui résistent ensuite longtemps et peuvent être ramenées à la surface du sol. L'article 16 du décret du 12 novembre 1887 décide que, dans les cas où les cadavres seront livrés à l'équarrissage, les peaux pourront être utilisées, après avoir été désinfectées et desséchées. D'autre part l'article 58-10° du décret du 22 juin 1882 porte que les peaux provenant d'animaux charbonneux morts ou abattus ne peuvent être livrées au commerce qu'après désinfection régulièrement constatée. Enfin l'article 4 de l'arrêté ministériel du 28 juillet 1888 décide que le maire doit prescrire d'urgence la destruction totale des cadavres charbonneux ou leur enfouissement avec la peau tailladée conformément aux règles de l'article 4 du décret du 22 juin 1882.

Art. 4, Arr. min., 28 juill. 1888. — Le maire prescrit d'urgence les mesures suivantes, dont il surveille l'exécution :

1° Destruction des cadavres en totalité ou enfouissement après que la peau a été tailladée ;

2° Destruction des parties de litières, de fourrages, etc., qui ont été souillées par les animaux malades ;

3° Désinfection des locaux et emplacements où ont séjourné les animaux malades, ainsi que des objets qu'ils ont pu souiller.

Il découle donc de l'étude des textes relatifs aux cadavres charbonneux : 1° Que la chair ne doit jamais être consommée ; 2° que les cadavres doivent être détruits (incinérés, dissous dans l'acide sulfurique, transformés dans un atelier d'équarrissage), ou enfouis suivant certaines règles ; 3° que, dans les cas où les cadavres seront détruits par l'incinération ou par la *solubilisation* dans l'acide sulfurique, c'est une destruction totale (la peau comprise) qui est exigée ; 4° que, dans les cas où l'on se contentera de l'enfouissement, la peau devra être tailladée ; 5° que, dans les cas enfin où les cadavres seront livrés à l'équarrissage, la peau pourra être utilisée après avoir été soigneusement désinfectée.

En résumé, il faut donc toujours demander la prohibition de la vente et de la consommation des viandes charbonneuses, car elles sont dangereuses pour ceux qui les manipulent et pour ceux qui les mangent, si elles n'ont pas été soumises à une cuisson suffisante. D'ailleurs, si les bactéridies se sont transformées en spores, leur résistance est alors considérable et légitime amplement la rigueur de la décision qui est imposée. Ainsi donc, toutes les fois qu'un vétérinaire aura à se prononcer sur l'utilisation d'une viande morte, qui sera infiltrée, saigneuse, congestionnée, ecchymosée, qui contiendra des ganglions tuméfiés, hyperhémiés, infiltrés, ramollis, etc., qui proviendra d'un pays où règne le charbon, il devra en demander la destruction, l'enfouissement ou la livraison à l'équarrissage, au lieu d'en permettre l'utilisation. La vente des viandes charbonneuses est prohibée par la loi sanitaire et par la loi du 27 mars 1851, sous peine d'amende et de prison ; et en 1876, le tribunal correctionnel de Chartres rendait, ainsi qu'on l'a vu, un jugement condamnant un propriétaire et un boucher, l'un pour avoir vendu de la viande charbonneuse, et l'autre pour l'avoir achetée afin de la revendre.

Le lait des animaux charbonneux est dangereux, il a été trouvé virulent ; il peut, sans nul doute, communiquer sa virulence aux produits qu'il sert à fabriquer (fromage, beurre). Il faudra donc toujours en interdire l'utilisation et recommander aux propriétaires de ne plus traire leurs animaux dès qu'ils paraîtront malades.

Passons successivement en revue les divers procédés qui permettent de conjurer les dangers résultant des cadavres charbonneux.

On a vu précédemment que, les spores prenant naissance dans les matières charbonneuses au contact de l'air, les cadavres, débris cadavériques et produits charbonneux constituaient un grave danger et servaient à la propagation de la maladie longtemps après. Aussi s'accorde-t-on à considérer comme de la plus haute importance les mesures à prendre à l'égard des cadavres charbonneux. L'incinération totale serait le moyen le plus radical et le plus sûr de conjurer à jamais tout danger; mais ce procédé n'est pas encore passé dans la pratique, et il ne deviendra économiquement possible que le jour où l'on établira des fours crématoires banaux dans les localités où sévissent avec une certaine intensité les affections charbonneuses. La solubilisation dans des cuves en plomb au moyen de l'acide sulfurique est encore un procédé d'une efficacité absolue; mais, de même que pour le précédent, il n'y a guère lieu d'espérer le voir employer qu'autant que des cuves banales seront établies dans les localités à charbon. Quoi qu'il en soit, c'est l'un des deux procédés qui viennent d'être rappelés qu'il faudra préférer toutes les fois qu'il sera possible d'en faire l'application; et alors, afin de faire disparaître absolument toute trace de matière charbonneuse, la peau ne devra pas être enlevée, à moins que l'opération ne se pratique dans un clos d'équarrissage.

A défaut de la crémation ou de la solubilisation dans l'acide sulfurique, c'est la livraison à un clos d'équarrissage régulièrement autorisé et surveillé qu'il faudra préférer à l'enfouissement, tout en ayant soin de prendre toutes les précautions nécessaires pour éviter la conservation et la dissémination des germes. On fera procéder au déplacement des malades ou au transport des cadavres de façon à éviter la propagation du virus, en suivant les mêmes règles que pour le déplacement ou le transport en vue de l'enfouissement. Les malades livrés vivants seront marqués; ils seront conduits sous la surveillance d'un gardien spécial art. 86, déc. 22 juin 1882) sans arrêts, et autant que possible par des chemins détournés; le mieux sera encore de les faire conduire sur un véhicule qui sera ensuite désinfecté. On fera surveiller l'abatage et la dénaturation ou la transformation des cadavres. Le transport des cadavres se fera aussi sous la surveillance d'un gardien désigné par le maire. Les véhicules de transport seront ensuite désinfectés comme il sera dit ci-après. Les peaux pourront être enlevées, pour être utilisées en vue de l'industrie; mais elles devront être désinfectées immédiatement et puis desséchées. La désinfection se fera par une immersion de quelques heures (2 à 12 heures) dans une solution désinfectante, dans la solution à 4 p. 100 d'acide phénique ou de crésyl, dans la solution à 2 p. 100 d'acide sulfurique, etc. Quant au cadavre, si l'on veut obtenir une réelle sécurité, il faut que l'équarrisseur le traite de façon à stériliser les microbes qu'il renferme, qu'il le soumette tout entier à l'incinération, à la macération dans l'acide sulfurique, ou à la coction, et de préférence à la coction sous pression, et qu'il traite de même ou qu'il désinfecte tout ce qui a pu s'échapper pendant l'enlèvement de la peau, pendant l'ouverture du cadavre ou pendant son transport. Il serait dangereux de ne pas désinfecter avec soin les peaux, crins, cornes, onglons, toisons ; il serait également dangereux de ne pas désinfecter les produits tels que le sang, les matières liquides et autres qui s'échappent des cadavres, etc. ; la simple dessiccation du sang à l'étuve ne suffit pas, puisqu'on a pu voir des produits similaires employés comme engrais semer l'infection. Enfin, une condition essentielle pour que la livraison à l'équarrissage pare à tout danger, c'est que le transport soit fait avec des voitures étanches, peintes ou zinguées, et que les ouvertures des cadavres soient tamponnées, pour éviter l'écoulement des matières virulentes.

Dans la pratique la livraison à l'équarrissage est souvent impossible ou délaissée, soit que l'établissement se trouve trop éloigné, soit que les industriels ne se dérangent guère pour aller chercher un cadavre de mouton. Aussi arrive-t-il trop souvent que des cadavres sont abandonnés dans les champs ou enfouis superficiellement, après avoir été ou non dépouillés, et deviennent la proie des animaux carnivores, qui en dispersent les débris ; de la sorte les germes sont répandus un peu partout. D'autres fois les cadavres sont jetés au fumier ou enfouis dans les pâturages, etc., et ces pratiques sont dangereuses.

A défaut de l'équarrissage et des autres moyens de destruction, il ne reste que l'enfouissement pour se débarrasser des cadavres charbonneux ; mais, étant donné qu'il est dangereux, ainsi qu'on l'a vu, quand il n'est pas fait suivant certaines règles, il importe de le pratiquer avec précaution et suivant les données des règlements sanitaires. L'enfouissement ne devra jamais être pratiqué dans les fumiers, ni dans les cours ou jardins, ni dans les pâturages fréquentés, etc. ; il devra être fait dans les conditions prescrites par l'article 4 du décret du 22 juin 1882.

Art. 4, Déc. 22 juin 1882. — Les cadavres ou parties de cadavres des animaux morts de maladies contagieuses ou abattus comme atteints de ces maladies doivent être conduits à l'atelier d'équarrissage, s'il s'en trouve un dans la commune.

S'il n'y a pas d'atelier d'équarrissage, le maire prescrit l'enfouissement dans le terrain du propriétaire ; l'emplacement doit être agréé par le maire.

A défaut de terrain appartenant au propriétaire, l'enfouissement a lieu dans un terrain communal spécialement affecté à cet effet. Le terrain est entouré d'une clôture et il est interdit d'y faire paître les animaux.

Enfin, si la commune elle-même ne possède pas d'emplacement susceptible d'être approprié comme il est dit au paragraphe précédent, les cadavres ou débris de cadavres sont détruits sur place au moyen de procédés approuvés par le comité consultatif des épizooties, ou transportés à l'atelier d'équarrissage le plus voisin. Le transport sera effectué conformément aux indications données par le maire.

Dans les cas d'enfouissement, les fosses ont une profondeur suffisante pour qu'il y ait au-dessus du corps une couche de terre de 1^m,50 au moins. Les cadavres sont recouverts de toute la terre extraite pour ouvrir les fosses et ne peuvent être déterrés en tout ou en partie sans une autorisation du préfet.

« Je n'entrerai pas ici dans l'examen des considérations qui doivent présider au choix des terrains d'enfouissement. Les maires auront, à cet égard, recours aux conseils des vétérinaires ; je me bornerai à signaler le grand intérêt qu'il y aurait, dans les communes où le charbon existe à l'état endémique et où il ne se trouve pas d'atelier d'équarrissage, à affecter spécialement un terrain à l'enfouissement des animaux charbonneux. Ce terrain, dont l'enceinte devrait être formée par une barrière ou une haie vive, serait interdit à toute culture et l'herbe en serait brûlée sur place » (Circ. min., 20 août 1882).

Ainsi donc, l'enfouissement, quand on y aura recours, sera pratiqué suivant les règles exposées à propos de cette mesure envisagée d'une façon générale. Pendant toutes les opérations qu'il comportera, il ne faudra jamais négliger les précautions propres à prévenir la dissémination du virus et la contamination de l'homme. Il faut, dans les localités où le charbon existe à l'état enzootique, et où il ne se trouve pas de clos d'équarrissage : affecter un terrain spécial à l'enfouissement des cadavres charbonneux ; le choisir dans les terres du propriétaire ou bien dans les terres appartenant à la commune ; le choisir enfin de préférence dans un lieu inculte, retiré, peu fréquenté, écarté de tout chemin de grande communication et des habitations, éloigné des cours d'eau, des puits et des sources d'eau potable, dans un terrain calcaire ou siliceux, etc. L'emplacement sera choisi par le vétérinaire sanitaire, mais devra toujours être agréé par le maire.

Le terrain, destiné à servir de cimetière ou de charnier pour les cadavres charbonneux, devra être entouré d'une clôture, d'un mur, d'une barrière ou d'une haie ; il sera interdit à toute culture, et il sera défendu d'y faire paître les animaux ; l'herbe qui y poussera sera brûlée sur place.

Les animaux qui devront être abattus pourront, avec l'autorisation du maire, être amenés vivants et assommés au bord de la fosse creusée pour les recevoir. Lorsqu'il s'agira d'animaux ne pouvant marcher, de cadavres ou de débris cadavériques (viandes saisies), le transport au bord de la fosse ou au clos d'équarrissage sera fait par les soins ou aux frais du propriétaire. On se servira de véhicules agencés de façon à laisser échapper le moins possible des débris ou des matières virulentes le long du parcours. Ces véhicules et tous les objets employés seront ensuite soigneusement désinfectés. On pourra tamponner les ouvertures naturelles des cadavres, afin d'empêcher l'issue de produits virulents. Le transport et l'enfouissement seront d'ailleurs surveillés par les soins du maire, qui déléguera le garde champêtre ou tout autre agent (art. 4, arr. min. 28 juill. 1888). Les fosses auront une profondeur suffisante, pour qu'il y ait au-dessus du corps une couche de terre de 1^m,50 au moins. Les cadavres y seront jetés entiers avec la peau tailladée ou détériorée de toute autre façon, par exemple par la cautérisation profonde au fer rouge faite en différents points. Si on se contente de taillader la peau, il conviendra d'arroser les entailles avec une solution désinfectante, avec la solution de 2 ou 4 p. 100 d'acide sulfurique par exemple. Une fois les cadavres placés dans les fosses on les recouvrira d'une couche de plâtre coaltaré, ou de chaux vive, ou d'acide phénique brut, ou de chlorure de chaux, ou de cendres; puis on comblera les fosses, en y mettant toute la terre extraite, et on disposera, au-dessus de cette terre, des pierres, des fagots, des branchages, pour empêcher les animaux carnassiers de venir déterrer les cadavres enfouis. On pourra enfin placer sur les fosses un poteau indicateur, pour prévenir les voisins du danger qu'il peut y avoir à laisser venir leurs animaux vers le lieu de l'enfouissement. On pourrait également, pour mieux désintéresser la cupidité de ceux qui seraient tentés de déterrer les cadavres en vue d'utiliser la chair, infecter la viande, en faisant pénétrer dans le corps une substance pyrogénée, de l'essence de térébenthine, du goudron de houille, de l'acide phénique brut, etc.

D'ailleurs aucune fosse ne peut être ouverte, aucun cadavre ne peut être exhumé en totalité ou en partie, sous peine d'amende et de prison (art. 31, L. 21 juill. 1881); on interdira également les fouilles ultérieures.

Désinfection. — Après l'abatage ou la mort des animaux charbonneux, après l'enlèvement des cadavres, après les transports, après le changement de place ou d'habitation, etc., il faut faire procéder à la désinfection de tout ce qui a pu être souillé, en la faisant porter : sur les locaux, sur les habitations, et sur tous les objets souillés par les malades; sur les places où sont morts les animaux, sur le sol, les murs, les mangeoires; sur les véhicules employés au transport des cadavres; sur les fumiers, etc.

Les agents de désinfection convenables sont : le feu, l'acide sulfurique (solution à 2-4 p. 100), l'acide chlorhydrique (même solution), l'acide phénique et le crésyl (id.), le sublimé corrosif (solution à 2-10 p. 1000), l'essence de térébenthine (émulsion à 25 p. 100), etc. On flambera tout ce qui se prêtera à ce mode de purification; on brûlera tout ce qui pourra l'être facilement et sans trop de frais; on fera des lavages avec les solutions fortes de sublimé, d'acide chlorhydrique, d'acide sulfurique, etc. Jadis on avait préconisé le mode de désinfection suivant :

« Les germes de la contagion du charbon ont, à l'état corpusculaire, une ténacité de vie qui nécessite des moyens très énergiques pour éteindre les foyers de cette maladie.

« C'est surtout dans le sol des habitations, quand il est composé de matériaux très perméables, que ces germes se rencontrent, par suite des infiltrations des matières excrémentitielles et surtout du sang qui est expulsé au moment de la mort par la bouche, l'anus et les voies urinaires.

« Les conditions d'infection du sol par les infiltrations du sang se trouvent surtout réalisées lorsque, comme cela n'est pas rare, on égorge les animaux sur place, au moment où ils vont expirer, en vue de sauver leur valeur pour la boucherie.

« C'est donc le sol surtout qu'il faut désinfecter, pour assainir les habitations où les animaux ont été frappés par le charbon.

« La première indication à remplir est de les évacuer des fumiers qui souvent sont accumulés dans les bergeries en très grande quantité, et il faut traiter ces fumiers par un désinfectant énergique, tel que la chaux vive, les sels de zinc, chlorure ou sulfate, l'acide sulfurique dilué dans l'eau dans la proportion de 10 p. 100, les solutions de sulfate de cuivre ou de fer, etc., etc.

« Après leur désinfection, les fumiers doivent être laissés en tas isolés ou enfouis en terre, en ayant soin de creuser les fosses destinées à les recevoir dans des endroits où les animaux ne puissent pas pacager.

« Une fois le sol des habitations dépouillé de ses fumiers, il faut le désinfecter par un arrosement avec de l'essence de térébenthine.

« Les déblais du sol doivent être traités par la chaux vive et enfouis avec les fumiers.

« Si les efforts de la désinfection doivent porter principalement sur le sol des habitations qui sert facilement de terrain de culture aux germes du charbon, il ne faut pas négliger, cependant, de soumettre les murs et les meubles de la bergerie et de l'étable à un lavage à l'eau chaude; et ensuite de faire application d'essence de térébenthine au pinceau sur toutes les surfaces nettoyées.

« L'action spécifique de cet agent contre la bactéridie et ses spores fait de lui le meilleur des désinfectants contre le charbon : aussi convient-il d'en arroser les cadavres avant leur enfouissement, et d'en répandre, après, à la surface des fosses. »

Actuellement la désinfection doit être pratiquée suivant les règles édictées par l'arrêté ministériel du 12 mai 1883, et notamment d'après celles qui sont contenues dans son article 24. On doit y procéder de la façon suivante :

1° Les locaux, wagons, bâtiments, écuries, bergeries, lieux quelconques, souillés par des malades, seront désinfectés par des lavages et par le flambage toutes les fois que le feu pourra être employé sans danger. Les litières et les fumiers, quand ils seront en petite quantité, seront mis en tas dans la cour et brûlés. Si les litières, fumiers et déjections sont trop abondants ou trop humides, on les arrosera à fond avec l'une des solutions ci-dessus indiquées; puis, après avoir donné le temps (30 ou 40 minutes) à l'agent désinfectant de produire la majeure partie de son effet, on les ramassera, et on les mettra en tas dans une fosse spéciale, en ayant soin de les saupoudrer de chlorure de chaux et de les recouvrir d'une épaisse couche de terre. Le sol de l'étable, de la bergerie, des bâtiments, wagons, etc., ainsi débarrassé des litières et fumiers, sera arrosé avec l'émulsion d'essence de térébenthine ou avec l'une des solutions germicides les plus fortes, par exemple avec la solution à 1 p. 100 de sublimé. On emploiera avec excès la solution désinfectante, on frottera au balai dur ; on écoulera la solution de ce premier lavage, et on fera bien de procéder à un second, en laissant séjourner une demi-journée la solution à la surface du sol à désinfecter, après quoi on n'aura qu'à laisser sécher. D'ailleurs, quand on opérera sur un sol qui ne craint pas le feu, on fera bien de recourir au flambage, en allumant de la paille, du bois, du charbon, etc. ; on pourra torréfier la terre des bergeries, recouvrir le sol d'une couche d'asphalte, de béton, etc. ;

2° Les routes, chemins, cours, enclos, herbages et pâtures, où ont séjourné des malades, où sont morts des animaux, seront désinfectés, au moins sur les places qui ont reçu des déjections des malades, et sur celles où sont morts les animaux. Les déjections et les fourrages souillés seront brûlés sur place ; les parties du sol souillées par les déjections liquides, par le sang, seront flambées avec du bois, de la paille ou des herbes sèches, qu'on fera brûler à leur surface ; on pourra encore les arroser avec un liquide désinfectant ;

3° Les fosses à purin et à fumier, les conduits d'écoulement seront, quand besoin il y aura, désinfectés par des lavages avec une solution germicide ;

4° Les voitures employées au transport des cadavres et les divers instruments employés au chargement et au déchargement seront arrosés avec une solution désinfectante, puis grattés, nettoyés et arrosés une seconde fois comme les locaux. Ici encore, le flambage devra être employé, quand cela sera possible sans trop détériorer les véhicules ;

5° Les cadavres d'animaux morts du charbon seront badigeonnés avec de l'essence de térébenthine ; les orifices naturels seront lavés avec la même substance et seront tamponnés avec de vieux chiffons imprégnés du même produit, afin d'éviter tout écoulement de matière virulente pendant le transport au clos d'équarrissage ou au lieu d'enfouissement ;

6° Les peaux seront traitées comme on l'a vu plus haut.

Déclaration d'infection. — Quand le charbon a été constaté, le maire prescrit d'urgence la destruction ou l'enfouissement des cadavres, la destruction des parties de litières, de fourrages, etc., qui ont été souillées par les animaux malades, ainsi que la désinfection des locaux et emplacements où ont séjourné les animaux malades, et de tous les objets qu'ils ont pu souiller (art. 4, arr. min. 28 juill. 1888). Mais là ne se bornent pas les précautions à prendre, les mesures à appliquer ; le préfet doit intervenir et prendre un arrêté pour mettre sous la surveillance du vétérinaire sanitaire de la circonscription les locaux dans lesquels la maladie a été constatée.

Sous le régime du décret du 22 juin 1882, le préfet devait prendre, lorsque le charbon était constaté, un arrêté portant déclaration d'infection des locaux, cours, enclos, herbages et pâtures où se trouvaient les animaux malades. La déclaration d'infection devait d'ailleurs être entendue en pareil cas comme pour la péripneumonie, le fièvre aphteuse et la clavelée. De plus, l'arrêté déclaratif d'infection devait être publié dans la commune, ainsi que dans les communes contiguës. En outre, des écritaux, portant le mot *charbon*, devaient être apposés sur des poteaux plantés à l'entrée des chemins conduisant à la ferme et sur les portes des locaux où la maladie avait été constatée (art. 57, déc. 22 juin 1882).

La déclaration d'infection entraînait l'application d'un certain nombre de précautions et de mesures, pendant un temps relativement long (4 mois). Mais les prescriptions du décret du 22 juin 1882, relatives au charbon, avaient été édictées à une époque où l'étude des conditions de développement et de propagation de la maladie était encore imparfaite ; et certaines de ces prescriptions apportaient à l'élevage des entraves trop rigoureuses ou dont l'utilité même était contestable. Aussi, l'arrêté ministériel du 28 juillet 1888 a-t-il apporté des adoucissements à la réglementation du décret de 1882.

Mesures d'isolement et de surveillance. — En vertu de l'article 1ᵉʳ de cet arrêté, les locaux dans lesquels le charbon a été constaté doivent être seulement placés par le préfet sous la surveillance du vétérinaire sanitaire de la circonscription, au lieu d'être, comme précédemment, déclarés d'infection ; et cette surveillance doit cesser quinze jours après la disparition du dernier cas, tandis que la déclaration d'infection ne pouvait être levée avant l'expiration d'un délai de quatre mois. D'ailleurs, ainsi qu'on l'a déjà vu, tout animal reconnu malade doit être immédiatement isolé et tenu à l'attache.

Aʀt. 1ᵉʳ, Arr. min., 28 juill. 1888. — Le préfet prend un arrêté pour mettre sous la surveillance du vétérinaire sanitaire les animaux parmi lesquels la maladie a été constatée, ainsi que les locaux, cours, enclos, herbages et pâtures où ils se trouvent.

Aʀt. 2, Id. — La surveillance cesse quinze jours après la disparition du dernier cas de maladie.

Aʀt. 3, Id. — Aussitôt qu'un animal est reconnu malade, il est isolé et mis à l'attache.

La déclaration d'infection réglementée par l'article 57 du décret de 1882 rendait obligatoire, ainsi qu'on l'a vu, la publication de l'arrêté et l'emploi d'écritaux ; rien de pareil n'est désormais exigé avec le régime de l'arrêté du 28 juillet 1888. Elle rendait d'autre part exécutoires les prescriptions suivantes énumérées dans l'article 58 du décret du 22 juin 1882 :

« 1° Mise en quarantaine des locaux, cours, enclos, herbages et pâtures déclarés infectés, impliquant défense d'y introduire de nouveaux animaux, à quelque espèce qu'ils appartiennent, à l'exception des animaux qui seront immédiatement vaccinés ; dénombrement des animaux qui s'y trouvent.

« Par exception, s'il est nécessaire de conduire ces animaux au pâturage, la route qu'ils doivent suivre est déterminée par un arrêté du maire ; cette route est marquée par des poteaux indicateurs, ainsi que les limites du pâturage dans lequel les animaux doivent être cantonnés.

« La circulation des bêtes de travail qui ont été exposées à la contagion est permise sous les conditions déterminées par le maire, après avis du vétérinaire délégué. Ces animaux sont marqués ;

« 2° Défense de faire sortir des locaux infectés les litières et fumiers ;

« 3° Interdiction de déposer les fumiers sur la voie publique et d'y laisser écouler les parties liquides des déjections ; obligation de traiter ces matières conformément aux prescriptions des arrêtés administratifs ;

« 4° Interdiction de laisser pénétrer dans les locaux infectés les bouchers, marchands de bestiaux et toute personne non préposée aux soins à donner aux animaux ;

« 5° Obligation pour toute personne sortant d'un local infecté de se soumettre, notamment en ce qui concerne les chaussures, aux mesures de désinfection jugées nécessaires ;

« 6° Visite et surveillance, par le vétérinaire délégué, des locaux, cours, enclos, herbages et pâtures de la ferme ou de l'établissement où la maladie a été constatée ;

« 7° Détermination des routes, chemins et sentiers fermés à la circulation des animaux ;

« 8° Interdiction de vendre les animaux malades ;

« 9° Interdiction de vendre, si ce n'est pour la boucherie, les animaux de même espèce qui ont été exposés à la contagion.

« Dans le cas de vente pour la boucherie, les animaux sont marqués et envoyés directement à l'abattoir ; il est délivré un laissez-passer qui est rapporté au maire, dans le délai de cinq jours, avec un certificat attestant que les animaux ont été abattus. Ce certificat est délivré par l'agent préposé à la police de l'abattoir, ou par l'autorité locale dans les communes où il n'existe pas d'abattoir ;

« 10° Les peaux provenant des animaux charbonneux morts ou abattus ne peuvent être livrées au commerce qu'après désinfection régulièrement constatée ;

« 11° Les peaux des animaux abattus pour cause de suspicion ne peuvent être livrées au commerce qu'après désinfection dûment constatée ;

« 12° Défense d'utiliser, pour la nourriture des animaux, l'herbe ou la paille provenant des endroits où ont été enfouis les animaux morts du charbon. »

Les prescriptions que la déclaration d'infection avait pour objet de rendre exécutoires ont été remplacées par les mesures (destruction des cadavres, désinfection) inscrites à l'article 4 de l'arrêté du 28 juillet, mesures que le maire est chargé de prescrire *directement* et de faire exécuter en raison de leur urgence. Toutefois, il n'est pas inutile de conserver certaines mesures de l'article 58 du décret de 1882. D'ailleurs, il en est qui sont reproduites dans les articles de l'arrêté du 28 juillet 1888.

Art. 6, Arr. min., 28 juill. 1888. — Pendant toute la durée de la surveillance, les animaux sains qui ont été exposés à la contagion ne peuvent être vendus que pour la boucherie.

Dans ce cas, il est délivré un laissez-passer qui est rapporté au maire, dans un délai de cinq jours, avec un certificat attestant que les animaux ont été abattus. Ce certificat est délivré par l'agent préposé à la police de l'abattoir ou par l'autorité locale dans les communes où il n'existe pas d'abattoir.

Art. 7, Id. — Il est interdit, pendant cette période de surveillance, d'introduire dans les troupeaux, bergeries, écuries, pâturages, etc., infectés, de nouveaux animaux des espèces ovine et bovine.

Exception est faite pour les animaux qui ont été soumis à l'inoculation préventive, etc.

Ainsi, pendant toute la durée de la surveillance, les animaux sains qui ont été exposés à la contagion ne peuvent être vendus que pour la boucherie. S'ils sont vendus pour cette destination, ils doivent être marqués et accompagnés d'un laissez-passer délivré par le maire du lieu d'origine ; ils sont envoyés directement à l'abattoir ou aux tueries où ils doivent être sacrifiés. Le laissez-passer doit être rapporté au maire dans le délai de cinq jours avec un certificat attestant que les animaux ont été abattus. Ce certificat est délivré par l'agent préposé à la police de l'abattoir ou par l'autorité locale dans les communes où il n'existe pas d'abattoir. Il va sans dire que les animaux ainsi utilisés ne devront pas être conduits bien loin et que, jusqu'au moment de l'abatage, ils seront surveillés, afin que, si quelqu'un venait à tomber malade, on ne commette pas l'imprudence de laisser consommer de la viande charbonneuse. Les peaux des animaux abattus pour la boucherie pourront, sans désinfection, être vendues au commerce contrairement à ce que décidait l'article 58-11° du décret de 1882.

Ainsi, tandis que le décret de 1882 (art. 58-1°) ordonnait la mise en quarantaine des locaux, cours, enclos, herbages et pâtures déclarés infectés, tandis qu'il défendait l'introduction de nouveaux animaux à quelque espèce qu'ils appartinssent, à l'exception de ceux qui seraient immédiatement vaccinés, tandis qu'il prescrivait le dénombrement et la marque des animaux du périmètre déclaré infecté, tandis qu'il exigeait un cantonnement sévère, etc., l'article 7 de l'arrêté du 28 juillet 1888 se borne à interdire pendant la période de surveillance l'introduction dans les troupeaux, bergeries, écuries, pâturages, etc., infectés, de nouveaux animaux des espèces ovine et bovine, en faisant exception pour les animaux de ces espèces qui ont été déjà soumis à l'inoculation préventive. En sorte que les prescriptions de l'article 58 — 1° se trouvent bien simplifiées ; les locaux, cours, enclos, herbages et pâtures ne sont plus mis en quarantaine d'une manière absolue, il est seulement défendu d'introduire dans les troupeaux, bergeries, écuries, pâturages, etc., infectés, de nouveaux animaux des espèces ovine et bovine. L'article 58 du décret de 1882 permettait l'introduction d'animaux à la condition qu'on les soumettrait immédiatement à la vaccination ; l'article 7 de l'arrêté de 1888 est plus rationnel, en exigeant que les animaux aient été déjà vaccinés.

Et puis, lorsque le charbon sévit dans une ferme, sur un troupeau, est-il indispensable d'interdire au propriétaire d'introduire d'autres animaux ? Je ne le pense pas ; le propriétaire saurait à quoi il s'exposerait en agissant ainsi. Il serait tenu de soumettre les nouveaux importés aux mêmes mesures que les anciens ; il me semble donc qu'en pareil cas il suffirait, pour protéger l'intérêt général, de prohiber l'exportation et la vente des animaux malades et des animaux suspects.

D'ailleurs le dénombrement et la marque des animaux prescrits par l'article 58 du décret de 1882 pourront être appliqués ; mais il n'est plus nécessaire d'astreindre les troupeaux à un cantonnement minutieux, du moment que les malades en sont éliminés et maintenus à l'attache ; il n'est pas non plus nécessaire de réglementer l'utilisation des animaux de travail.

Parmi les autres mesures édictées par l'article 58 du décret de 1882, on peut encore en conserver certaines, bien que l'arrêté du 28 juillet 1888 ne les mentionne pas ; mais il en est d'autres qui doivent être délaissées. Ainsi on continuera de prohiber l'utilisation de l'herbe ou du fourrage provenant des endroits où ont été enfouis des cadavres charbonneux, d'exiger la désinfection des peaux des animaux charbonneux, de défendre la vente des animaux malades, de faire visiter par le vétérinaire sanitaire les troupeaux, locaux, pâturages, etc., infectés, d'exiger la désinfection des litières et fumiers et d'en empêcher l'exportation ou le dépôt sur la voie publique ; mais on délaissera les prescriptions des paragraphes 4°, 5° et 7°, relatives à l'interdiction de laisser pénétrer dans les locaux infectés les bouchers, à l'obligation de désinfecter les personnes et de fermer des chemins à la circulation.

Emigration. — On a observé depuis longtemps que, dans les troupeaux charbonneux, qui ont contracté la maladie dans tel pâturage, on voit peu à peu et en quelques jours le charbon cesser ses ravages, quand les animaux sont déplacés et conduits ou transportés dans d'autres pâturages. Dans les pays de l'Auvergne, où règne le mal de montagne (charbon), on voit des troupeaux qui paissent sur les coteaux rester indemnes du charbon, tandis que d'autres troupeaux paissant à quelques centaines de mètres de là, mais dans des bas-fonds, sont décimés par la maladie. Le même fait s'observe dans tous les pays de charbon ; il n'est pas rare en effet de voir un troupeau rester sain au voisinage d'autres troupeaux malades. Les troupeaux décimés cessent de l'être, quand on les conduit dans les pâturages où d'autres troupeaux ont pâturé sans contracter le charbon.

Le déplacement des troupeaux décimés par le charbon est donc une mesure sanitaire excellente, qui a pour résultat de faire cesser la maladie, en éloignant les animaux de la cause morbigène. Cette mesure doit être conseillée toutes les fois qu'elle est possible et conciliable avec l'intérêt d'autrui, avec l'intérêt général. Il n'est pas nécessaire d'une véritable émigration au loin ; il suffit souvent d'un simple changement de pâturage, et pas n'est besoin de conduire le troupeau dans des lieux éloignés ; il suffit de le conduire dans un lieu où n'existent pas les germes charbonneux, dans un lieu qui est réputé sain. Le plus habituellement, quand cela sera possible, le déplacement devra s'effectuer sur les terres mêmes du propriétaire ; on cantonnera le troupeau sur les parties de la propriété qui paraissent les plus salubres. Il ne sera pourtant pas toujours possible d'agir de la sorte, et alors il y aura lieu de faire opérer le déplacement ailleurs, soit sur des terrains communaux ou de vaine pâture, soit sur des terrains appartenant à des voisins, qui se prêtent volontairement à cette servitude. Et, si aucune de ces combinaisons n'est possible, on laissera le troupeau sur place, en prescrivant les diverses mesures précitées.

Quand un troupeau devra être déplacé, il faudra faire séquestrer ou sacrifier et enfouir ou livrer à l'équarrissage, avant son départ, tous les individus reconnus malades. On surveillera attentivement les autres pendant le voyage et pendant les quelques premiers jours qui suivront le déplacement. On fera isoler aussitôt ou sacrifier et enfouir ou livrer à l'équarrissage ceux qui seraient reconnus malades. On détruira par le feu les excrétions et les déjections rendues par les malades, et on purifiera les endroits qu'ils auraient pu souiller.

Inoculation préventive. — L'inoculation préventive devra être conseillée dans les conditions qui ont été déterminées précédemment à propos de son étude ; mais elle ne peut avoir lieu qu'avec l'assentiment des propriétaires et l'autorisation de l'administration. Les animaux vaccinés seront soumis quelques jours à la surveillance du vétérinaire sanitaire.

Art. 59, Déc. 22 juin 1882. — Les propriétaires qui voudront faire pratiquer l'inoculation préventive du charbon devront en faire préalablement la déclaration à la mairie de leur commune.

Un certificat du vétérinaire opérateur, indiquant la date de la vaccination, sera remis au maire immédiatement après l'opération.

Pendant les quinze jours qui suivront la vaccination, les animaux resteront sous la surveillance du vétérinaire délégué à cet effet.

Pendant la durée de cette surveillance, il sera interdit de se dessaisir des animaux inoculés.

Art. 8, Arr. min. 28 juillet 1888. — Les propriétaires qui voudront mettre en œuvre l'inoculation préventive devront en faire préalablement la déclaration au maire de leur commune.

Un certificat du vétérinaire opérateur, indiquant la date à laquelle l'inoculation a été terminée et le nombre et l'espèce des animaux inoculés, est remis au maire immédiatement après l'opération. Le maire informe simultanément le préfet et le vétérinaire sanitaire de la circonscription ; celui-ci, pendant une durée de quinze jours non compris celui de la dernière opération, aura les animaux inoculés sous sa surveillance.

Pendant la durée de cette surveillance il est interdit de se dessaisir des animaux inoculés pour aucune destination.

Ainsi donc l'inoculation préventive ne peut qu'être autorisée et non imposée par l'administration. Les propriétaires seuls qui désirent y recourir peuvent l'employer ; ils doivent au préalable faire la déclaration de leur intention au maire, et celui-ci peut, le cas échéant, s'opposer à l'inoculation, quand elle ne paraît pas indiquée. Les frais des opérations qu'elle comporte sont à la charge des propriétaires ; elle peut être faite par un vétérinaire quelconque ; mais les animaux doivent ensuite être placés pendant quinze jours sous la surveillance du vétérinaire sanitaire ; et pendant ce temps aucun ne peut être vendu pour aucune destination.

Cessation de la surveillance sanitaire. — D'après l'article 60 du décret du 22 juin 1882, la déclaration d'infection ne pouvait être levée par le préfet et les mesures ne cessaient d'être appliquées que lorsqu'il s'était écoulé un délai de quatre mois sans qu'il se fût produit aucun nouveau cas de charbon. Cette disposition apportait à l'élevage des entraves non justifiées ; elle a été avec raison modifiée. L'article 2 de l'arrêté ministériel du 28 juillet 1888 décide en effet, comme on l'a vu, que la surveillance sanitaire cesse quinze jours après la disparition du dernier cas de maladie. Il va sans dire que, comme par le passé, les prescriptions relatives à la désinfection auront dû être exécutées. Il va sans dire également que, pour les animaux inoculés, la surveillance et la prohibition de vente cessent quinze jours après le second temps de la vaccination. D'ailleurs, comme jadis, le préfet devra intervenir pour lever son arrêté de mise en surveillance.

Dans les cas de charbon, comme quand il s'agit d'autres maladies contagieuses, si la vente des animaux malades et suspects est interdite, il demeure permis à un nouveau propriétaire de se substituer à l'ancien, pourvu que les mesures continuent à être appliquées.

Les prescriptions de la loi et des règlements sont fréquemment transgressées quand il s'agit du charbon ; on ne déclare pas ; on enfouit les cadavres un peu partout, ou on les abandonne, ou on les enfouit mal ; on ne désinfecte pas, etc. Il résulte de tout cela que la maladie se perpétue et se propage.

L'administration fera bien de mieux tenir la main à ce que la loi soit observée, de rappeler aux propriétaires leurs obligations. Les vétérinaires sanitaires devront conseiller à l'autorité d'adresser des instructions et des conseils aux propriétaires ; et ceux qui seront chargés de rédiger ces instructions devront chercher à vulgariser les principales notions étiologiques de la maladie ; ils devront insister sur les dangers que le charbon et l'inobservation des mesures sanitaires font courir aux animaux et à l'homme.

CHAPITRE X

CHARBON SYMPTOMATIQUE OU EMPHYSÉMATEUX.

Définition. — Considérations générales. — Le charbon symptomatique ou emphysémateux, jadis confondu avec le charbon bactéridien, n'en a été définitivement distingué que depuis quelques années. Il diffère essentiellement de la fièvre charbonneuse ; et la différence de nature des deux affections avait été entrevue ou soupçonnée par MM. Boulet-Josse, Vernant, Perroncito, Bollinger et Feser. Ces deux derniers avaient (1876-78) entrepris quelques expériences pour établir la nature différente du charbon symptomatique et du charbon bactéridien ; mais ce sont MM. Arloing, Cornevin et Thomas, qui, de 1879 à 1884, ont, dans une série de travaux, fait une étude complète du charbon emphysémateux. Ils l'ont non seulement distingué définitivement du charbon bactéridien, mais ils ont découvert sa cause intime, son agent pathogène dont ils ont étudié les propriétés ; ils ont constaté que l'affection ne récidive pas ; et ils ont trouvé le moyen de donner l'immunité contre ses atteintes. C'est surtout d'après leurs travaux que sera faite la description qui va suivre.

Le charbon symptomatique est une maladie infectieuse, microbienne, déterminée par un micro-organisme spécial, anaérobie, et caractérisée principalement par une tuméfaction chaude, douloureuse, puis emphysémateuse et crépitante, qui se montre dans le système musculaire.

Il sévit en Europe, en Afrique, en Amérique, en Asie, dans des régions très chaudes et dans des régions très froides. Il a été observé dans l'Amérique du Nord, aux États-Unis, dans l'Amérique centrale, dans l'Amérique du Sud, au Chili, dans les Indes anglaises, dans l'Afrique australe, en Algérie. En Europe on l'observe partout, en Suisse, en Allemagne, en Autriche, en Italie, en Espagne, en Belgique, en Hollande, en Angleterre ; en France il sévit plus ou moins dans la plupart des régions, à l'est, à l'ouest, au sud, au nord et au centre. Il se montre en toutes saisons ; mais il est surtout fréquent à la fin du printemps, en été et au commencement de l'automne.

Il sévit parfois en même temps et dans les mêmes localités que la fièvre charbonneuse; et il est plus fréquent sur les animaux de l'espèce bovine que le charbon bactéridien. Il attaque principalement, dans les contrées où il sévit, les jeunes bovins âgés de quelques mois à quatre ou cinq ans, surtout ceux qui ont de l'embonpoint; et c'est le charbon emphysémateux du bœuf seulement qui est visé par le décret du 12 novembre 1887 ainsi que par le décret et l'arrêté du 28 juillet 1888 sur la police sanitaire. Toutefois, s'il est avéré que la maladie sévit principalement sur les animaux grands ruminants âgés de 6 mois à 4 ans, et qu'elle occasionne la plus forte mortalité parmi ceux qui sont âgés de 1 à 3 ans, il peut arriver qu'elle attaque parfois des veaux âgés de moins de 6 mois et des adultes âgés de plus de 4 ou 5 ans. Bien que les animaux de l'espèce ovine ne soient pas réfractaires, on n'observe que très rarement des cas dus à l'infection naturelle chez le mouton, qui présente si souvent le sang de rate.

SYMPTÔMES.

Le charbon emphysémateux débute soudainement, tantôt par l'apparition brusque d'une tumeur qui est ensuite accompagnée de symptômes généraux, et tantôt par des symptômes généraux qui sont ordinairement suivis du développement d'une tumeur. Quand la maladie débute par des symptômes généraux, on constate tout d'abord une fièvre plus ou moins intense, une raideur générale, de la tristesse, la perte de l'appétit et l'arrêt de la rumination, des tremblements partiels dans certaines régions, aux fesses, aux épaules, des frissons, la sécheresse du mufle, quelquefois de légères coliques et un peu de météorisation, le refroidissement des extrémités. Une boiterie se manifeste fréquemment, et bientôt on constate l'apparition d'une tumeur; à ce moment il peut se produire une détente passagère dans les symptômes généraux.

C'est donc la tumeur qui constitue le symptôme le plus important et le plus grave du charbon symptomatique; elle précède ou suit les symptômes généraux. Elle peut se former sur les diverses régions du corps, surtout dans celles où abondent les masses musculaires, sur les rayons supérieurs des membres, à l'épaule, au bras, à la croupe, à la fesse, à la cuisse, à la jambe; elle peut aussi se montrer quelquefois au voisinage des parties génitales, à la tête, sur les masséters, dans l'auge, à la gorge, à l'encolure, le long de la gouttière de la jugulaire, sur le tronc, au poitrail, sur les côtés de la poitrine, sous le sternum, aux lombes, etc. Cependant, outre les cas où la tumeur est plus ou moins cachée dans les parties profondes, il en est où elle peut faire complètement défaut. Elle ne se montre pas dans les parties à tissu dense, pauvres en tissu musculaire, telles que les extrémités des membres et la queue.

Cette tumeur, irrégulière, mal circonscrite, s'étend très rapidement en tous sens, acquérant un développement considérable en quelques (8 ou 10) heures. Elle est d'abord chaude, homogène et douloureuse ; mais elle devient peu à peu insensible, emphysémateuse, crépitante et sonore dans sa partie centrale. Les tissus qu'elle englobe sont noirs, friables, faciles à écraser ; leur incision laisse échapper au début du sang rutilant, ensuite un liquide noirâtre, et à la fin une sérosité spumeuse. Quand elle s'est formée dans une région très riche en tissu conjonctif, elle s'accompagne d'un œdème volumineux, dont l'incision donne un liquide citrin ou légèrement teinté en rouge.

En même temps que la tumeur évolue, on constate l'aggravation des symptômes généraux : la fièvre devient plus forte ; la circulation s'accélère, mais la saignée ne devient pas baveuse, et le sang n'offre rien d'anormal dans ses caractères physiques ; la respiration est plaintive et accélérée ; il y a surélévation de la température, qui peut monter à 40°, 41°, 42°,8. Bientôt le malade devient faible et indifférent ; la démarche est pénible et incertaine ; l'adynamie est de plus en plus accusée ; la station debout devient impossible ; la température baisse considérablement, descend à 38° ou 37°, et l'animal succombe ordinairement en trente-six à cinquante-cinq heures.

Dans certains cas, ainsi qu'on l'a vu, on n'observe sur les malades que des symptômes généraux, soit que la tumeur ait évolué dans les parties profondes, soit qu'elle ait pris de trop faibles proportions, soit qu'elle fasse complètement défaut. En pareil cas, l'affection peut être tantôt grave et déterminer la mort, tantôt bénigne et se terminer par la guérison. Le diagnostic du charbon emphysémateux, facile quand on constate l'existence d'une tumeur crépitante, est au contraire difficile, lorsqu'on n'observe que des symptômes généraux, et surtout quand l'affection reste bénigne et se termine par la guérison ; bien des cas peuvent de la sorte passer inaperçus ou méconnus.

Le charbon symptomatique est une affection grave dans beaucoup de cas, amenant souvent la mort en peu de temps, malgré les traitements préconisés jusqu'à ce jour. Toutefois, outre la forme bénigne, qui, ainsi qu'on l'a vu, peut généralement se terminer par la guérison, on peut voir parfois la forme grave s'amender et la maladie se terminer heureusement. D'ailleurs la gravité de l'affection peut varier, suivant le degré de résistance des animaux, et suivant la qualité ainsi que suivant la quantité de virus introduit dans l'organisme. Ainsi, toutes choses égales d'ailleurs, les bœufs africains sont moins gravement atteints que les bœufs européens (Brémond). Ainsi, les animaux encore vierges de toute infection peuvent n'avoir qu'une maladie bénigne, quand ils sont infectés avec du virus atténué ou avec un petit nombre de germes. Ainsi, les animaux peuvent se vacciner plus ou moins complètement, en introduisant dans leur organisme des microbes atténués ou de fai-

bles doses de virus ; en sorte que, à un moment donné, une dose plus
ou moins forte de virus ne leur communiquera qu'une affection
bénigne. Cependant on ne doit pas compter, sans les peser, les faits de
guérison qui ont été signalés, car il est arrivé plus d'une fois que des
accidents de nature différente et sans gravité réelle ont été pris pour
des tumeurs charbonneuses. De plus, au point de vue des intérêts de
l'agriculture, le charbon symptomatique doit être considéré comme
une affection grave, non seulement à cause des pertes qu'il occasionne,
mais aussi à cause de la façon dont les animaux le contractent, à cause
de la conservation prolongée de ses germes dans les milieux extérieurs.

LÉSIONS.

Aussitôt après la mort le cadavre se ballonne ; un liquide sanguinolent et spumeux s'échappe par les naseaux et par l'anus. En même
temps, des gaz s'accumulent dans le tissu sous-cutané et intra-musculaire de la région où se trouve la tumeur, se répandant plus ou moins
loin, se montrant jusque dans les vaisseaux et dans le cœur, occasionnant la distension, la crépitation et la sonorité des régions qu'ils infiltrent, de l'épaule, du dos, de la croupe, des fesses, etc. On rencontre
parfois une infiltration séro-gélatineuse dans le tissu cellulaire de
diverses parties du tronc. Les muscles peuvent se montrer faciles à
dilacérer, criblés de foyers hémorrhagiques ; mais ce qui frappe surtout,
dans beaucoup de cas, c'est la présence de tumeurs dans le système
musculaire.

Les tumeurs du charbon symptomatique peuvent, ainsi qu'on l'a vu
plus haut, se montrer dans des sièges variables ; elles peuvent être
quelquefois confinées dans la profondeur des masses musculaires, sur
le diaphragme, dans la profondeur des muscles pelviens ou thoraciques, sous l'épaule, etc.; le plus souvent cependant elles atteignent
les couches superficielles des masses musculaires dans les régions où
elles existent. Outre qu'on peut rencontrer, dans certains muscles, des
infarctus avec une teinte noirâtre ou lie de vin dans une étendue plus
ou moins considérable, on observe fréquemment une ou plusieurs tumeurs sanguinolentes plus ou moins volumineuses. Les muscles englobés dans une tumeur sont noirâtres ; mais cette coloration se modifie
du centre à la périphérie de la tumeur, passant successivement de la
teinte lie de vin au rouge, au rose, au jaunâtre, et des stries noirâtres
sillonnant les parties les moins foncées. D'ailleurs la coloration des
parties centrales se modifie à l'air, s'avive et devient rutilante en quelques instants. La tumeur, surtout quand elle existe dans une région
riche en tissu conjonctif lâche, est entourée d'un œdème plus ou moins
volumineux, rougeâtre et parsemé de grains ou de filaments jaunâtres
fibrineux au voisinage des muscles malades, incolore ou citrin et très

mobile au delà. Outre l'œdème, on constate une infiltration gazeuse plus ou moins accusée, surtout abondante quand l'œdème l'est peu. Les gaz peuvent faire défaut ou être peu abondants, quand la mort est rapide, ainsi qu'on l'observe sur le cobaye inoculé; mais généralement on en rencontre dans les tumeurs du bœuf, et ils se trouvent répandus dans tous leurs points, dans le tissu inter et intra-musculaire, autour des vaisseaux et des nerfs. Les parties infiltrées de gaz sont crépitantes, élastiques, moins denses, et les fibres musculaires sont plus ou moins dissociées et friables. Les gaz recueillis peu de temps après la mort dans la tumeur ne sont pas odorants, et se montrent formés presque exclusivement d'acide carbonique, avec des traces de gaz des marais.

En examinant au microscope un fragment du tissu œdématié qui entoure la tumeur, on voit un réticulum fibrineux entre les faisceaux du tissu conjonctif, avec des éléments cellulaires et des micro-organismes spéciaux. Les fibres musculaires, faciles à dissocier, se montrent noyées dans des amas de globules sanguins et de leucocytes; certaines, comprimées par le sang épanché, par les cellules lymphatiques, par la fibrine, et privées du contact de l'oxygène, ont éprouvé la dégénérescence graisseuse et cireuse; quelques-unes ont perdu çà et là leur structure, et présentent des granulations que l'acide osmique colore en noir; d'autres présentent des cassures, et offrent des blocs hyalins, vitreux, réfringents.

Les micro-organismes pathogènes sont abondants dans la tumeur; on les trouve autour des faisceaux et dans les espaces lymphatiques du tissu conjonctif intra-musculaire; on les trouve jusqu'en dedans du sarcolemme des faisceaux musculaires, et surtout au niveau des cassures transversales. Ils sont accompagnés de cellules migratrices et d'une certaine quantité de fibrine fibrillaire.

L'agent morbigène du charbon symptomatique tend à provoquer la mortification des parties musculaires dans lesquelles il détermine une tumeur. On peut d'ailleurs obtenir une mortification localisée du tissu conjonctif et du tissu musculaire, en inoculant le virus de la maladie à des sujets réfractaires ou vaccinés, qui résistent et donnent le temps aux micro-organismes pathogènes de produire leur œuvre. Ainsi, en inoculant le virus dans un muscle à un cobaye, à un bœuf, à un mouton vaccinés, ou à un animal solipède qui est naturellement réfractaire, on voit se produire un engorgement limité, qui persiste un certain temps, et qui n'est autre chose qu'un séquestre composé de fibres mortifiées brunâtres ou jaunâtres. Ce séquestre s'entoure ensuite d'une poche conjonctive, dont les cellules absorbent progressivement ses débris.

Quand la tumeur gagne le voisinage d'un os, le périoste s'épaissit, devient rougeâtre, présente des extravasations sanguines entre ses faisceaux fibreux; la moelle de l'os se vascularise, devient plus rouge, et présente des micro-organismes sous forme de granulations.

Dans la cavité abdominale des animaux, qui ont présenté des signes de coliques, on trouve une sérosité plus ou moins abondante et plus ou moins foncée, contenant peu de globules sanguins et présentant quelques micro-organismes ronds, ainsi que quelques bâtonnets. Quand une tumeur s'est étendue aux parois abdominales, quand une portion d'intestin est enflammée, on voit des taches lie de vin sur le péritoine au niveau des points malades. Dans certains cas le péritoine est comme marbré de suffusions sanguines. Quelquefois les muscles de l'abdomen sont noirâtres, criblés d'infarctus ; d'autres fois ils sont pâles, dégénérés, friables comme de la chair cuite.

Quand il y a eu glossanthrax (tuméfaction de la gorge), les parois du pharynx et de l'œsophage sont noirâtres, friables ; il en est de même des muscles de la base de la langue et du voile du palais. Les parois des estomacs sont rarement altérées ; mais le grand épiploon l'est souvent ; il se montre infiltré, épaissi, rouge et tacheté de petits foyers hémorrhagiques. Les mêmes altérations peuvent se rencontrer, quoique moins souvent, sur le mésentère. L'intestin se montre rougeâtre et épaissi dans quelqu'une de ses portions. Le foie et la rate paraissent normaux ; et pourtant ils renferment en abondance le micro-organisme pathogène, qui se trouve également dans la bile. Les reins sont souvent normaux en apparence ; quelquefois on en trouve un ou tous les deux congestionnés et entourés d'une infiltration séro-sanguinolente mélangée ou non de gaz. Les microbes pathogènes existent dans les reins et dans l'urine. Le scrotum se montre distendu, insufflé par les gaz, et les testicules sont couleur lie de vin, quand la tumeur siège sur les membres postérieurs. Les placentas utérins sont tuméfiés et gorgés de microbes chez les femelles pleines, ce qui permet de concevoir que les agents pathogènes passent de la mère au fœtus.

Dans le thorax on rencontre les mêmes lésions que dans l'abdomen, des plaques rougeâtres et des taches hémorrhagiques sur les plèvres, un épanchement séro-sanguinolent, quand des tumeurs ont envahi les parois pectorales. Le poumon est souvent hypérémié, engoué dans une étendue plus ou moins considérable. La muqueuse respiratoire, principalement celle des premières voies, est quelquefois congestionnée, plus ou moins foncée. Le thymus chez les jeunes est hypérémié et très riche en agents pathogènes. Des taches hémorrhagiques peuvent se montrer sur l'endocarde, dans le muscle cardiaque, et sur le péricarde, qui renferme de la sérosité roussâtre où flottent des microbes. Le sang semble peu altéré physiquement et anatomiquement ; il est coagulable, et ses globules ne sont pas déformés ; toutefois, à la fin de la maladie, il contient du gaz hydrogène carboné et des microbes pathogènes. La plupart des ganglions lymphatiques sont altérés, surtout ceux du côté de la tumeur, qui sont plus hypérémiés, plus rougeâtres et plus infiltrés que ceux du côté opposé. Quand il y a glossanthrax, les ganglions

sous-maxillaires, les ganglions pharyngiens, et les glandes salivaires
sont rougeâtres, hypérémiés. Il en est de même des ganglions médiastinaux, quand le poumon est malade, etc. Ordinairement les ganglions,
comme la rate, comme le foie, etc., sont riches en microbes.

ÉTIOLOGIE.

Le charbon symptomatique est déterminé par un micro-organisme
spécial, qui a pu être isolé, cultivé, et qui, inoculé à l'état de pureté,
reproduit la maladie. L'affection est transmissible expérimentalement
par l'inoculation, pourvu qu'on s'adresse à des espèces et à des individus aptes à la contracter, et pourvu qu'on fasse pénétrer les agents
pathogènes en nombre suffisant et par certaines voies. En pratique, la
maladie s'observe à peu près exclusivement sur les animaux bovins,
qui s'infectent, en introduisant dans leur organisme, avec leurs aliments,
leurs boissons ou les poussières inhalées, les agents pathogènes qu'ils
trouvent dans les milieux extérieurs.

Sièges du virus du charbon symptomatique. — Le virus du
charbon emphysémateux est surtout abondant dans les tumeurs ; il se
trouve aussi dans les organes malades, dans les ganglions, dans le
foie, dans la rate, etc., dans certains produits de sécrétion ou d'excrétion. La pulpe, obtenue en triturant ou en raclant les parties noires de
la tumeur, est très riche en microbes ; en l'agitant avec de l'eau stérilisée, on prépare une excellente émulsion, qui, après filtration sur du
linge, peut être employée à faire des inoculations. La sérosité ou la
sanie qui s'échappe de la tumeur incisée peut également servir à pratiquer des inoculations ; il en est de même de la sérosité des œdèmes,
de celle des séreuses, du péritoine, de la plèvre, etc. ; mais les agents
virulents y sont incomparablement moins abondants que dans les tissus
de la tumeur proprement dite. Les microbes pathogènes sont toujours
plus ou moins abondants dans les organes malades, dans le thymus,
dans les ganglions, dans la rate, dans le foie, dans les reins, dans les
poumons, dans les muqueuses malades, etc. Ils peuvent d'ailleurs
passer, grâce aux lésions hémorrhagiques des organes, dans les produits
sécrétés ou excrétés, dans la bile, dans le lait (Galtier), dans le liquide
amniotique, dans l'humeur aqueuse, dans le sperme (Galtier), dans les
excréments, dans l'urine (Galtier), etc. Le sang ne se peuple de microbes
pathogènes qu'à la fin de la maladie ; et, après la mort, ils s'y multiplient, surtout si on a soin d'en recueillir aseptiquement un tube et de
le placer à l'étuve pendant quelques heures.

**Nature du virus du charbon symptomatique. — Bacille
pathogène**. — Le microbe qu'on trouve dans la tumeur, dans les
organes malades, dans le sang au moment de la mort, etc., est l'agent

de la virulence ; c'est lui qui produit la maladie. En effet, les preuves
suivantes établissent nettement son rôle.

Le liquide obtenu par la filtration, sur le plâtre, d'une émulsion riche
en virus est dénué de toute propriété pathogène, tandis que la partie
figurée restée sur le filtre donne la maladie. Quand on dilue une émul-

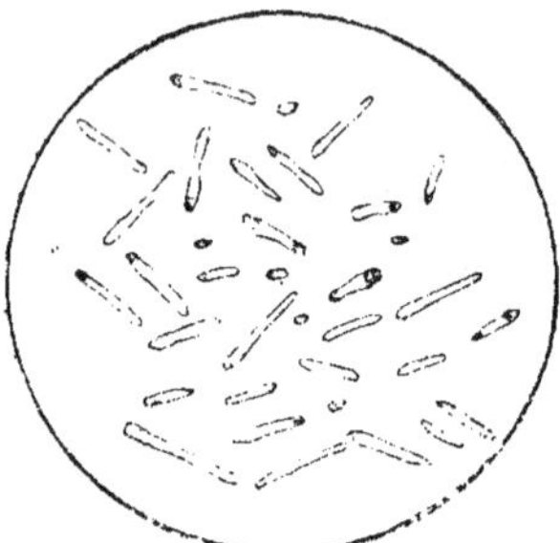

Fig. 73. — Charbon symptomatique.
Bacilles isolés.

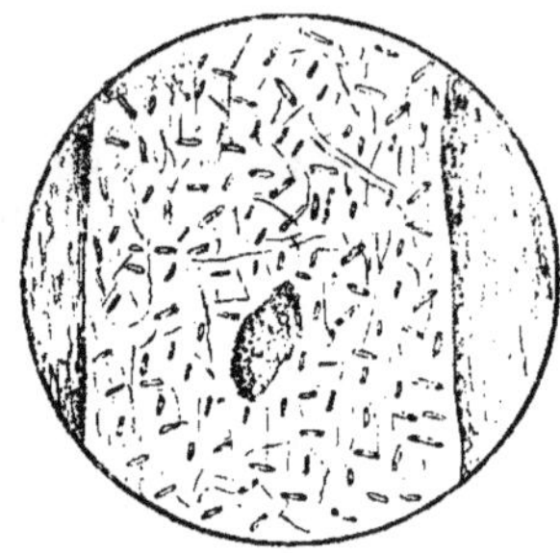

Fig. 74. — Charbon symptomatique du
cobaye. — Œdème intra-musculaire.

sion virulente et qu'on la laisse ensuite en repos pendant deux ou trois
jours, les couches supérieures renferment peu ou pas de microbes et ne
sont pas virulentes; tandis que les couches inférieures, qui sont très

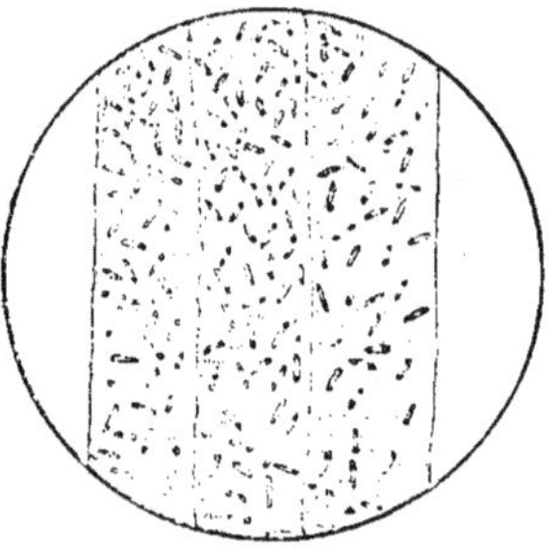

Fig. 75. — Charbon symptomatique
du cobaye. — Muscle de la tumeur
dissociée.

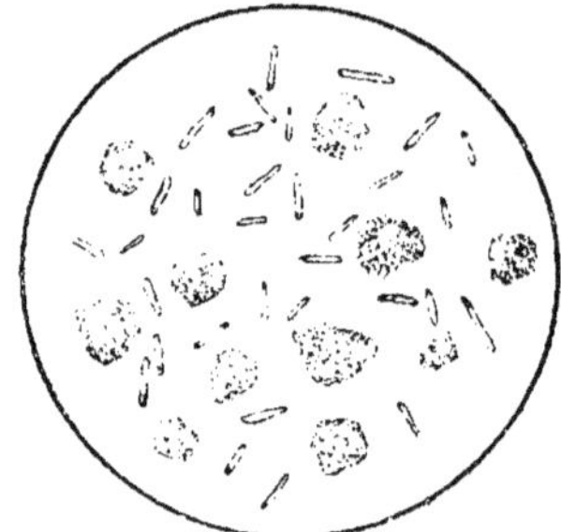

Fig. 76. — Charbon symptomatique du
cobaye. — Pulpe raclée dans la tumeur.

riches en microbes, sont aussi très virulentes. Quand on provoque d'emblée une tumeur charbonneuse, en inoculant une dose massive de virus
dans le tissu conjonctif, les microbes n'apparaissent dans le sang que
quelques heures avant la mort ; et c'est seulement alors qu'il devient
virulent. De même l'urine ne devient virulente qu'autant qu'elle se
peuple de microbes. Les micro-organismes, qu'on trouve dans les lésions
du charbon symptomatique, revêtent des formes différentes, ainsi qu'on

le verra ci-après; on observe notamment la forme en bâtonnet et la forme sporulaire. En cultivant sous le microscope des bâtonnets pourvus d'un ou de deux corpuscules brillants, on les voit se détruire bientôt en mettant en liberté leurs spores; et ces spores reproduisent la forme bacillaire et déterminent la maladie. Ainsi, du sang recueilli sur un malade au moment où il se peuple de spores donne les mêmes effets que le virus emprunté à la tumeur, qui contient le microbe sous ses diverses formes et présente surtout des bâtonnets. Enfin, le microbe emprunté à un malade et semé dans des milieux artificiels, puis purifié, isolé par des cultures successives, reproduit la maladie, quand on l'inocule.

Le micro-organisme, qui détermine le charbon emphysémateux, se présente sous plusieurs formes. C'est un bacille, un bâtonnet, droit,

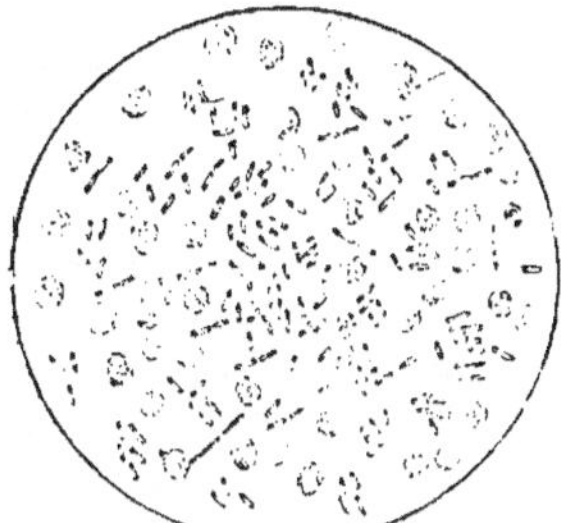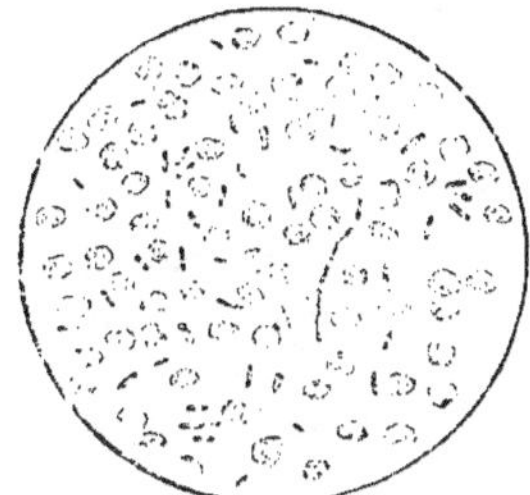

Fig. 77. — Charbon symptomatique du cobaye. — Pulpe de la rate.

Fig. 78. — Charbon symptomatique du cobaye. — Pulpe d'un ganglion.

mobile, formé d'un seul segment et quelquefois de deux segments articulés, de longueur variable pouvant aller de 5 μ à 10 μ; il se multiplie par scissiparité ou segmentation, mais aussi il donne des spores même dans l'organisme malade. Aussi, dans les préparations faites avec la pulpe de la tumeur par exemple, voit-on beaucoup de bâtonnets qui renferment des spores dans leur intérieur. Ceux qui vont en produire se renflent irrégulièrement : quelquefois sur toute leur longueur ou en leur milieu seulement, prenant de la sorte une forme de fuseau; le plus ordinairement à l'une de leurs extrémités, qui est pourvue d'une spore très manifeste, ce qui les fait ressembler à un têtard, à une baguette de tambour, à un battant de cloche, à une petite massue. Leur épaisseur peut aller de 1, 1 μ à 1, 3 μ quand ils sont sporulés. Le même bâtonnet produit parfois deux spores, une à chaque extrémité; mais le fait semble rare. Quelquefois deux bâtonnets articulés produisent en même temps leurs spores, en sorte qu'on en trouve alors une à chaque extrémité du groupe. On trouve quelquefois des bâtonnets beaucoup plus longs dans certains organes; et il n'est pas rare d'en rencontrer en amas ou en files.

Dans le tissu de la tumeur musculaire, le micro-organisme du charbon symptomatique revêt ses formes les plus caractéristiques. On en trouve : sous forme de bâtonnets pleins et réguliers ; sous forme de massues, de battants de cloche ou de raquettes, avec une extrémité spo-

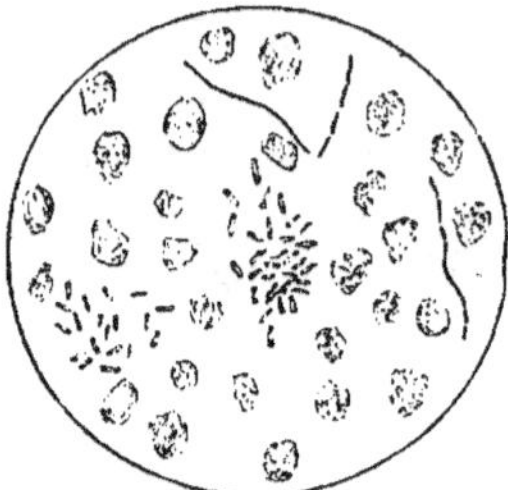

Fig. 79. — Charbon symptomatique du cobaye. — Sang.

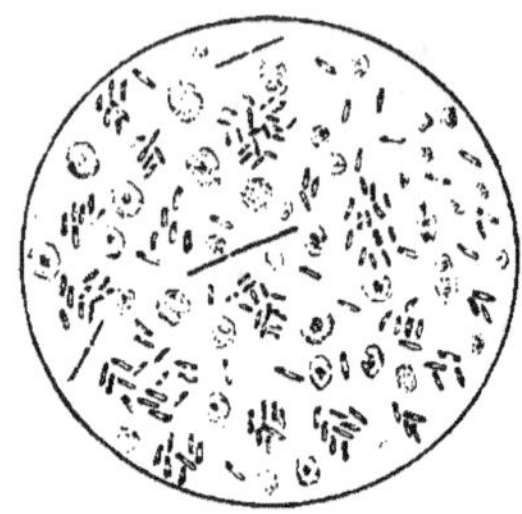

Fig. 80. — Charbon symptomatique du cobaye. — Pulpe du testicule.

rulée et élargie ; sous forme de fuseaux, renflés en leur milieu avec ou sans spore manifeste ; enfin sous forme arrondie ou ovoïde. On le retrouve à l'état de bâtonnets en battant de cloche et surtout à l'état de bâtonnets pleins, réguliers et plus ou moins allongés, dans la bile, dans les sérosités, dans la rate, dans le foie, dans les reins, dans l'urine, dans les ganglions, dans le poumon, etc. Dans le sang on le

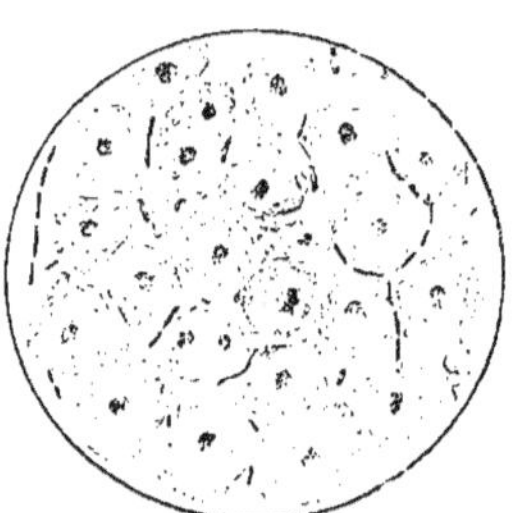

Fig. 81. — Charbon symptomatique du cobaye. — Pulpe du foie.

Fig. 82. — Charbon symptomatique du cobaye. — Bile.

rencontre sous la forme arrondie et sous la forme de bâtonnets pleins, homogènes. En résumé le micro-organisme pathogène du charbon symptomatique peut se présenter sous trois formes principales : sous la forme de bâtonnets pleins et homogènes ; sous la forme de bâtonnets sporulés, renflés en leur milieu ou à une extrémité ; et sous la forme arrondie ou ovoïde.

Le microbe du charbon emphysémateux se cultive dans les milieux artificiels; il est surtout anaérobie. MM. Arloing, Cornevin et Thomas disent bien que « ce microbe n'est pas de ceux que l'on cultive aisément ». Cependant ils ont réussi à en faire des cultures dans le bouillon. Ayant semé du bouillon de bœuf, de veau, ou du sérum sanguin, avec du sang virulent ou de la sérosité musculaire, et ayant laissé la culture se déve-

Fig. 83. — Charbon symptomatique du cobaye. — Pulpe du rein.

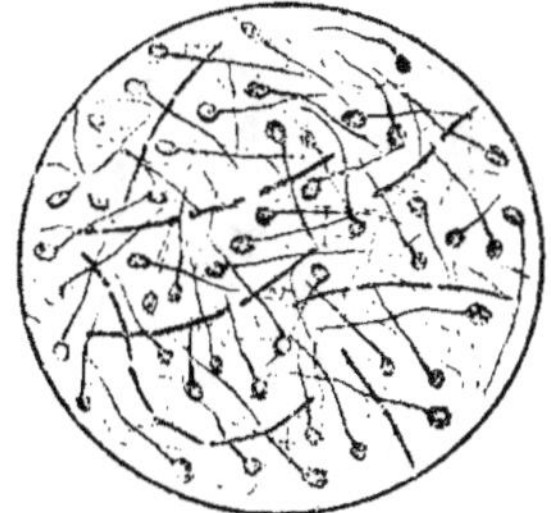

Fig. 84. — Charbon symptomatique du cobaye. — Urine renfermant des spermatozoïdes et des bacilles.

lopper en présence de l'air, ils n'ont obtenu des inoculations positives qu'après la première génération. La même culture placée dans une atmosphère d'acide carbonique leur a donné une prolifération plus active, quand elle était semée avec la sérosité de la tumeur, que lorsqu'elle l'avait été avec le sang; elle a conservé une virulence mortelle jusqu'à la troisième génération, puis a manifesté une virulence atténuée capable de donner l'immunité pendant les quatrième et cinquième générations, après quoi son activité a paru éteinte. Cette culture présentait des bâtonnets très courts, isolés ou réunis en files, et des microbes ronds, mobiles. Le bouillon de poulet additionné d'une petite quantité de glycérine et de sulfate de fer leur a donné de meilleures cultures dans le vide. Ils ont de la sorte obtenu des microbes sous forme de fins bâtonnets mobiles, sporulés, semblables à un clou de girofle; et la culture a tué le cobaye jusqu'à la douzième génération, en manifestant une activité croissante jusqu'à la dixième génération. Ils ont enfin obtenu des cultures actives jusqu'à la sixième génération, en se servant de bouillon de bœuf acidulé par l'acide lactique.

La culture du microbe du charbon symptomatique dans le vide ou en présence de gaz inertes a été réussie par d'autres expérimentateurs. J'ai moi-même fait des essais de culture d'où l'on peut tirer les conclusions suivantes :

Les cultures, semées avec le sang, avec le suc de la tumeur ou avec tout autre produit, viennent bien, qu'elles soient faites dans le bouillon de bœuf, dans la gélatine ou dans la gélose. Elles se développent bien à la température du laboratoire, c'est-à-dire à 15°-25°. Elles se développent plus rapidement à l'étuve réglée à 36°-37°. Elles se développent dans le vide, et elles prospèrent aussi en présence de l'air, quand le bouillon est en couches profondes, quand la semence est inoculée par piqûre profonde dans la gélatine ou la gélose. Les cultures en bouillon, dans le vide, et à 37°, vont très rapidement ; au bout de vingt heures le bouillon est devenu un peu lactescent ; et il en est de même de celles qui ont été scellées sans vide préalable. A ce moment les préparations font voir d'innombrables microbes, mobiles, les uns arrondis ou ovoïdes, les autres en bâtonnets et de longueur variable. Ensuite un dépôt blanchâtre se fait au fond des tubes, et le bouillon devient très limpide ; en agitant, le dépôt se remet en suspension sous la forme d'un nuage de fine poussière blanchâtre. Ces cultures, même celles qui n'ont pas été faites dans le vide, ni à l'étuve, donnent la maladie au cobaye et le font périr. Cultivé dans la gélatine et la gélose, le microbe du charbon symptomatique s'accompagne de la formation de bulles gazeuses qui déterminent la fragmentation du milieu nutritif ; il liquéfie la gélatine dès le troisième jour, et en vingt à vingt-deux jours tout le milieu est à peu près complètement liquide, les microbes formant des amas blanchâtres qui gagnent le fond du tube.

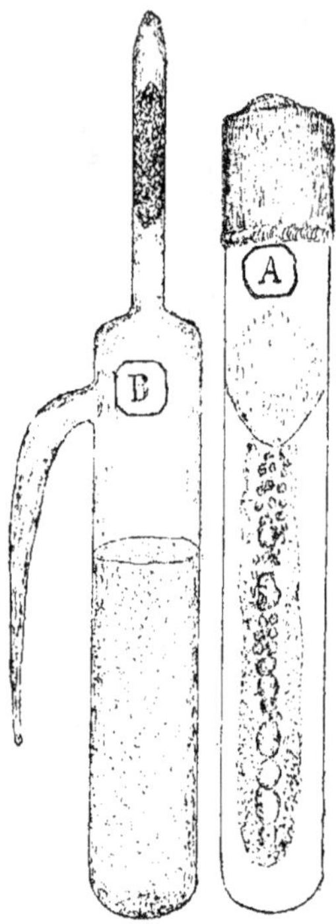

Fig. 85. — Charbon symptomatique. — A, culture dans la gélatine datant de trois jours ; B, culture en bouillon dans le vide.

Le microbe du charbon symptomatique, que MM. Arloing, Cornevin et Thomas ont désigné sous le nom de *Bacterium Chauvœi*, en reconnaissance du bienveillant concours que M. Chauveau leur a prêté pendant toute la durée de leurs recherches, et dont la place exacte dans la classification des bactériens est encore mal déterminée, est un bacille ou une bactérie qui se colore bien par les matières colorantes usitées dans la préparation des divers microbes. Il résiste à l'action des alcalis et des acides ; l'acide acétique et surtout l'acide formique, ajoutés à de la matière desséchée, permettent de voir aisément le microbe, en rendant tout le reste pâle et invisible. La teinture d'iode donne au bâtonnet non sporulé la teinte violette. De la pulpe, raclée sur une section pratiquée à travers les tissus de la tumeur ou à travers un organe malade quelconque, et placée entre lame et lamelle, montre de nombreux microbes, faciles à voir sans le secours d'aucun réactif colorant. Mais les préparations sont bien plus démonstratives, quand elles ont été préalablement colorées.

Le microbe du charbon symptomatique prend bien, ainsi que je l'ai toujours remarqué, le violet de gentiane, la fuchsine, le bleu de mé-

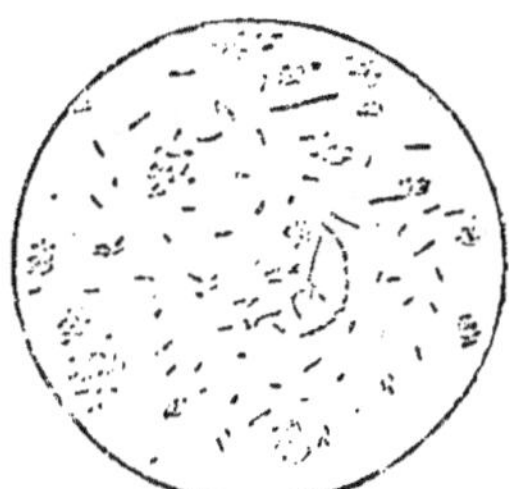

Fig. 86. — Charbon symptomatique.— Culture en bouillon et à l'air datant de vingt heures.

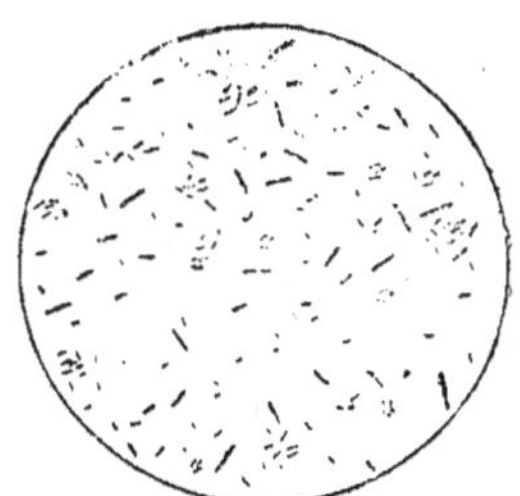

Fig. 87. — Charbon symptomatique. — Culture en bouillon et dans le vide datant de vingt heures.

thylène, etc. ; il se colore bien par le bleu de Löffler (potasse au 1/10000:3, solution alcoolique de bleu de méthyle : 1), par les solutions hydroalcooliques et surtout par les solutions anilinées de violet de gentiane, de fuchsine, etc. ; il résiste assez à la décoloration par la solution iodoiodurée de Gram ; et il ne se décolore pas malgré un chauffage énergique

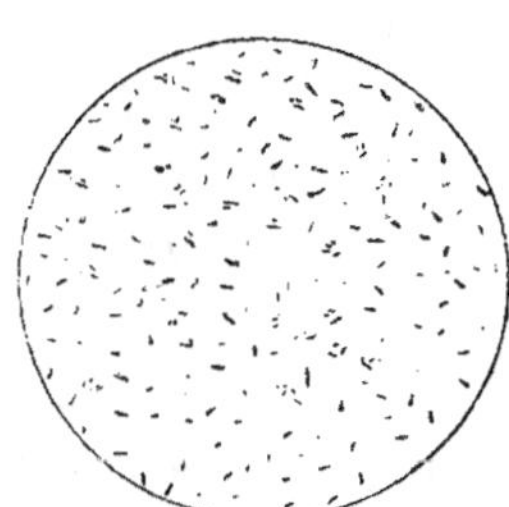

Fig. 88. — Charbon symptomatique. — Culture dans la gélatine datant de quatre jours.

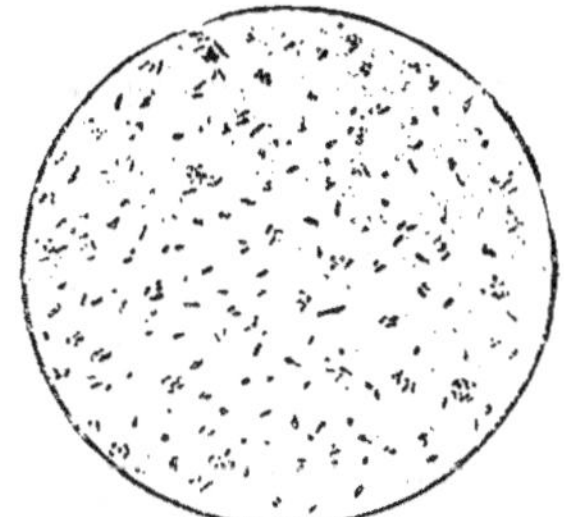

Fig. 89. — Charbon symptomatique. — Culture dans la gélose datant de quatre jours.

dans le baume, quand il a été coloré avec le violet de gentiane aniliné. On peut obtenir de belles préparations colorées, avec les sérosités ou les liquides virulents, avec la pulpe raclée sur les lésions, avec une parcelle d'œdème ou de muscle dissociée, ou avec la pulpe raclée sur les tissus de la tumeur ainsi que sur les organes malades, avec des coupes faites sur les tissus préalablement durcis dans l'alcool et avec les cultures, en se servant des matières colorantes précitées. Le *modus faciendi* est le même que pour les préparations faites avec la bactéridie de Davaine. Les lames ou lamelles garnies de pulpe ou de culture et les coupes sont traitées de la même façon ; on laisse agir pendant dix à quinze minutes le bain colorant ; elles sont ensuite lavées, déshydratées, éclaircies et montées dans le baume. C'est sur les préparations ainsi traitées qu'on distingue bien les particularités de forme des microbes ; ceux qui sont sous forme de bâtonnets pleins et réguliers, sans spores, apparaissent uniformément colorés dans toute leur étendue ; ceux qui ont la forme de massue, de battant de cloche, de raquette, de clou de girofle ou de baguette de tambour, ceux qui ont la forme de fuseau ou de citron se montrent surtout colorés au niveau de la spore qu'ils renferment dans le renflement qu'ils présentent, le corps du bâtonnet étant moins foncé ou à peu près incolore, surtout quand on a chauffé la préparation.

Résistance du microbe du charbon symptomatique aux agents physiques et chimiques. — Le virus du charbon symptomatique résiste à la dessiccation ; on peut obtenir une matière virulente riche et très active, en desséchant à 35° de la pulpe d'une tumeur charbonneuse.

Il est très logique de penser que les matières morbides, qui se trouvent déposées sur des objets solides et qui s'y dessèchent, peuvent pareillement conserver leur virulence. Il n'est pas douteux que ce résultat doit être attribué à la résistance des spores, comme pour le charbon bactéridien. D'autre part, et toutes choses égales d'ailleurs, le virus, une fois desséché, qui peut se conserver plusieurs années, résiste beaucoup plus que le virus frais aux agents physiques et aux agents chimiques.

Un froid très intense est sans action sur le virus même frais extrait de la tumeur, qui a pu être exposé à — 16°, — 17°, — 70°, — 76°, — 120°, et — 130°, sans être stérilisé ni même atténué. Du virus frais, enfermé dans un tube scellé à la lampe, peut rester de dix à trente minutes dans une étuve réglée à 65° sans perdre de son activité ; toutefois sa virulence s'atténue à ce degré de température, quand on l'y soumet de quarante à soixante-dix minutes ; à 70° il est stérilisé en deux heures vingt minutes, et en deux heures à 80°, tandis qu'il l'est en vingt minutes à 100°. L'addition d'eau bouillante à la matière virulente dans la proportion de trois parties pour une de virus ne le stérilise pas, tandis que de la matière fraîche enfermée dans un tube et laissée ainsi dans de l'eau à 100° est stérilisée en deux minutes. Le virus desséché à 35° supporte des températures plus élevées ; préalablement humecté ou mélangé d'eau, et placé à l'étuve, il supporte pendant six heures la température de 85°, sans éprouver autre chose qu'une légère atténuation ; chauffé pendant le même temps à 90°, 95°, 100°, et 105°, il subit des atténuations plus accusées, sans perdre sa virulence, qui ne disparaît qu'après un chauffage de six heures à 110°. Le même virus desséché, placé dans un tube sans avoir été humecté ou après avoir été additionné d'eau, et immergé dans l'eau bouillante, n'est stérilisé qu'au bout de deux heures.

Dans un milieu saturé de vapeur d'eau, le chauffage à 110° pendant quinze minutes a stérilisé le virus frais enfermé dans des tubes, le virus frais et même le virus desséché préalablement mélangé d'eau et répandu sur des fragments de tissus; le virus sec additionné d'eau et enfermé dans des tubes a nécessité un chauffage de trente-cinq minutes.

Le virus frais, en tombant dans une grande quantité d'eau, s'y dilue et s'y atténue par cette dilution même; quand il est mélangé à une petite quantité d'eau tranquille, ses microbes gagnent le fond et les couches supérieures sont inactives; peu après d'ailleurs, les microbes s'atténuent dans leur activité plus ou moins vite suivant la qualité des eaux ; quelquefois l'inoculation ne donne rien après vingt-quatre heures de séjour, tandis que d'autres fois la virulence persiste pendant trois mois et plus.

La putréfaction ne détruit pas rapidement les microbes du charbon symptomatique dans les cadavres enfouis; on a pu les inoculer avec résultat six mois après que la putréfaction avait commencé ; mais on n'a pas réussi à obtenir le charbon, en inoculant des produits putréfiés depuis trente mois, ce qui ne prouve pas toutefois que les germes du charbon eussent été absolument détruits. D'ailleurs, le microbe du charbon symptomatique peut vivre à côté d'autres microbes; on a pu faire évoluer ensemble sur le même animal le charbon symptomatique et la septicémie, le charbon symptomatique et le charbon bactéridien ; le germe du charbon emphysémateux n'est pas tué par son mélange avec le ferment de la présure ni avec celui de la fermentation ammoniacale.

Toutes ces données suffiraient à laisser croire que le microbe du charbon symptomatique se conserve dans le sol. Mais ici encore des recherches directes ont établi le fait. On a obtenu (Feser) le charbon symptomatique, en injectant sous la peau les microbes trouvés sur les plantes des pâturages marécageux des Alpes où règne la maladie. On l'a pareillement obtenu (Gotti), en injectant sous la peau de jeunes bovins l'eau de lavage d'une terre recueillie sur le territoire de San-Arcangelo, où sévissait l'affection. Il est donc bien avéré que les germes du charbon symptomatique peuvent se conserver longtemps dans le sol, et à sa surface, ce qui permet de concevoir comment les animaux, qui vivent dans les régions où ces germes existent, peuvent à tout instant les introduire dans leur organisme.

Le virus du charbon symptomatique offre une grande résistance vis-à-vis des agents chimiques réputés bactéricides; il n'est stérilisé, surtout quand il est desséché, que par ceux qui sont les plus énergiques. Sont inactifs ou peu actifs et doivent être rejetés, quand il s'agit d'opérer la désinfection : les solutions de potasse, de chaux, de sulfate de fer, d'acide arsénieux, de sel marin, de chlorure de zinc, l'essence de térébenthine, l'acide sulfureux, et même les vapeurs de chlore, le sulfure de carbone, les vapeurs d'essence de thym et d'eucalyptus quand on se trouve en présence de virus desséché. Les agents qui méritent d'être recommandés sont : l'acide phénique en solution aqueuse à 2-4 p. 100; l'acide salicylique à 1-2 p. 100; le nitrate d'argent à 1-2 p. 100; le sulfate de cuivre à 1/5; le sublimé à 1-2 p. 1000; les vapeurs de brome, etc.

Animaux aptes à contracter le charbon symptomatique. — Le charbon symptomatique est une maladie d'espèce en quelque sorte; c'est à peu près exclusivement sur les animaux bovins qu'on l'observe; ce n'est que très exceptionnellement qu'il a été vu sur de jeunes ovins et de jeunes solipèdes. Expérimentalement il est transmissible aux grands ruminants, au mouton, à la chèvre, et au cochon d'inde. Les carnivores, le porc, le lapin et les oiseaux sont réfractaires. La maladie ne semble pas non plus transmissible à l'homme.

Les grands ruminants et les petits ruminants sont les plus sensibles au virus du charbon symptomatique. Toutefois, ainsi qu'on l'a déjà vu, les animaux grands ruminants ne jouissent pas de la même réceptivité à tous les âges. La maladie spontanée est très rare sur les veaux âgés de moins de cinq à six mois, et il est difficile d'autre part de donner expérimentalement un charbon symptomatique mortel au veau de lait. Cependant des cas de charbon emphysémateux bien caractérisé ont été observés par divers vétérinaires sur les jeunes veaux, qui étaient déjà soumis au régime végétal. Cette quasi-immunité, dont jouissent les jeunes veaux jusqu'à l'âge de cinq à six mois, semble due, pour une part, à un legs héréditaire transmis par une mère ayant elle-même l'immunité, et surtout au mode d'alimentation spécial à cet âge, ainsi qu'à l'état des tissus et des humeurs pendant cette phase de la vie. En expérimentant sur des veaux de races et de provenances diverses, on a pu injecter impunément dans les muscles jusqu'à six gouttes de virus frais très actif, alors que des animaux plus âgés succombent avec des doses pareilles dans la proportion de 90 sur 100. Quelquefois cependant, ces inoculations déterminent sur certains veaux une légère boiterie et une élévation de température; et en employant des doses plus fortes on peut déterminer la mort. Avec sept à huit gouttes on peut tuer les veaux âgés de moins de seize jours; il en faut de dix à vingt gouttes pour tuer ceux qui sont âgés de quinze jours à trois mois. La faible réceptivité des veaux ressort encore de la façon dont ils se comportent vis-à-vis de l'injection intra-veineuse du virus fort et de l'injection sous-cutanée du virus atténué, qui donnent aux adultes une maladie bénigne et l'immunité, tandis qu'elles ne vaccinent pas les veaux pour la suite. La réceptivité des jeunes veaux s'accroît à mesure qu'ils deviennent franchement herbivores. L'influence du régime est encore démontrée par ce que l'on constate sur le jeune cobaye, qui, contrairement au jeune veau, est très susceptible, parce qu'il devient très promptement herbivore après sa naissance.

Les grands ruminants des régions où sévit le charbon symptomatique sont peu exposés à contracter la maladie passé l'âge de quatre ans, ainsi que cela résulte des constatations faites par l'observation clinique et par l'expérimentation. Mais ce privilège n'appartient pas aux animaux adultes qui ont été élevés dans des régions où ne sévit pas le charbon emphysémateux; ces animaux contractent à tout âge la maladie, quand ils sont inoculés, ou implantés dans des régions où il sévit. L'immunité n'est donc acquise qu'aux adultes qui ont été élevés dans les milieux infectés; et cette immunité semble résulter des inoculations successives que se font spontanément les animaux dans leur jeune âge, soit avec de faibles doses de germes, soit avec des germes qui s'étaient atténués dans les milieux extérieurs. Elle est assimilable à celle que l'on peut donner expérimentalement, en inoculant de faibles doses de virus ou des virus atténués. Les animaux jeunes qui vivent dans un milieu infecté peuvent introduire des doses variables de germes ou s'inoculer des germes plus ou moins atténués. Les uns s'inoculent des doses assez élevées de virus fort pour contracter une maladie mortelle; tandis que d'autres, s'inoculant des germes atténués ou de faibles doses de virus fort, ne contractent qu'une affection bénigne, qui peut passer inaperçue et leur conférer une immunité relative, susceptible de se renforcer à la suite de nouvelles inoculations spontanées et de devenir plus ou moins complète à l'âge de quatre ou cinq ans et même avant, ainsi qu'on a pu en juger par l'état d'animaux trouvés réfractaires dès l'âge de deux ou trois ans.

La réceptivité du mouton est très accusée; et, bien qu'il ne contracte guère la maladie spontanément, il est aisé de le faire périr en la lui inoculant. Quant à la chèvre, elle aussi peut contracter la maladie à la suite de l'inoculation quoique moins sûrement. Enfin le cobaye peut être employé comme terrain de culture. Toutefois sa réceptivité est loin d'égaler celle du bœuf et du mouton; le virus tend à s'affaiblir quand on le cultive de cobaye à cobaye, en sorte que, à un moment donné, l'inoculé peut ne présenter qu'un accident local et gagner l'immunité.

Le cheval et l'âne, arrivés à un âge avancé, résistent ordinairement aux inoculations du charbon emphysémateux et ne présentent qu'un accident local. Cependant l'observation clinique permet de supposer que les jeunes poulains sont plus susceptibles et peuvent s'infecter spontanément d'une façon grave.

Parmi les animaux réfractaires, l'un d'eux, le lapin, peut être rendu apte à contracter la maladie. Ainsi, il la contracte quand on associe le virus charbonneux à un autre microbe, surtout au *prodigiosus* (Roger). Toutefois on peut accroître la résistance du lapin vis-à-vis du mélange du charbon symptomatique et du *prodigiosus*, en injectant préalablement une certaine quantité de virus du charbon emphysémateux dans ses veines. Le *prodigiosus* favorise l'infection charbonneuse par l'action des produits solubles qu'il sécrète, produits qui modifient défavorablement l'état général de l'organisme en passant dans la circulation. D'ailleurs ce qui prouve qu'il en est ainsi c'est que le *prodigiosus* favorise surtout le développement du charbon quand il est injecté dans une veine. La prédisposition créée par ce microbe est très passagère; elle disparaît en vingt-quatre heures. Une goutte de culture vivante ou stérilisée du même microbe injectée dans la veine du pigeon, animal réfractaire comme le lapin, lui donne aussi la prédisposition vis-à-vis du charbon symptomatique. En résumé un microbe inoffensif par lui-même peut créer passagèrement l'aptitude morbide vis-à-vis d'un microbe pathogène chez des sujets qui ne l'ont pas naturellement; et il n'est pas impossible que, dans la pratique, des animaux plus ou moins réfractaires ou vaccinés ne soient de la sorte dotés accidentellement de la réceptivité suffisante pour tomber plus ou moins gravement charbonneux.

De plus le microbe du charbon symptomatique, qui est un véritable ferment, susceptible de produire la fermentation butyrique de la plupart des sucres fermentescibles et de plusieurs matières neutres hydrocarbonées (Arloing), sécrète des matières solubles (Roger) qui favorisent son développement. Ainsi, quand il est inoculé dans la chambre antérieure de l'œil du lapin il détermine la maladie et la mort, alors qu'il en est tout autrement lorsqu'on l'inocule sous la peau ou dans un muscle. Les substances solubles sécrétées dans l'œil modifient l'état général et créent la réceptivité; l'absence de phagocytes dans l'humeur aqueuse expliquerait d'autre part le développement du microbe dans l'œil. En inoculant simultanément des microbes du charbon symptomatique dans l'œil et dans les muscles de la cuisse d'un lapin, on donne à l'animal une maladie mortelle avec tumeur charbonneuse dans le muscle inoculé; tandis que, sans la création du foyer oculaire, l'inoculation intra-musculaire reste sans effet. De plus, la sérosité charbonneuse obtenue par filtration à travers porcelaine, injectée à la dose de 1 à 5 c. c. dans la veine du lapin, abolit passagèrement son immunité naturelle et rend possible le succès de l'inoculation faite simultanément dans les muscles; la prédisposition ainsi créée ne dure que vingt-quatre heures. M. Roux a démontré, comme on le verra plus loin, que la sérosité charbonneuse jouit de propriétés vaccinantes; mais ces propriétés n'apparaissent pas d'emblée après l'injection; au début il y a au contraire augmentation passagère de l'aptitude morbide, et l'immunité ne s'établit que plus tard. Si le *prodigiosus* et les substances du *bacillus Chauvœi* donnent passagèrement la prédisposition au lapin, cela tient à un affaiblissement momentané dérivant de l'action de ces substances, qui rendent l'organisme plus ou moins malade et partant moins résistant pour quelques heures. L'explication semble si vraie que MM. Nocard et Roux, en affaiblissant la vitalité du muscle par l'emploi d'une solution d'acide acétique, de sels de potasse, d'alcool, etc., ou par un traumatisme, une contusion, une meurtrissure, ont pu rendre le lapin apte à contracter le charbon symptomatique, dont le virus se renforce alors et devient plus actif pour le lapin normal. J'ai moi-même réussi à faire contracter le charbon emphysémateux au lapin, en l'affaiblissant par un régime aqueux et en le soumettant à un froid assez intense.

Sur les grenouilles non chauffées les microbes du charbon symptomatique se cultivent, se répandent dans tout le corps et tendent à se présenter au bout d'un certain temps sous la forme arrondie ; ils peuvent être transportés sur des animaux doués de la réceptivité, auxquels ils donnent la maladie, si on les a repris du premier au cinquième jour, et même quelquefois quand on ne les a repris que du cinquième au douzième jour; passé le quinzième jour, l'inoculation des produits de la grenouille reste infructueuse, bien qu'ils montrent des microbes ronds. Lorsque la grenouille inoculée est placée à 22°, les microbes reprennent leur activité et la tuent en 15-30 heures; ils tuent également les animaux doués de réceptivité. Reste à savoir si le virus de la grenouille qui ne tue pas est capable de donner l'immunité.

Modes de contagion. — Influence de la dose et du mode de pénétration du virus. — D'une manière générale, la maladie grave n'est produite que par une dose de virus relativement élevée, variable toutefois suivant le mode et le lieu de pénétration des germes, ainsi que suivant leur degré d'activité. Les piqûres à la lancette échouent ordinairement, parce que ce mode d'inoculation ne permet pas d'introduire assez profondément une assez forte dose de virus; c'est dans le tissu sous-cutané que doit être porté le virus inoculé, si l'on veut être assuré de le voir produire tous ses effets ; et encore certaines régions sont peu propices même pour ce mode d'inoculation, quand on cherche à lui faire donner des effets mortels. Ainsi, les tumeurs du charbon symptomatique ne se forment ni aux extrémités des membres, à partir du genou ou du jarret, ni à la queue; et le virus, injecté à la dose de 1 à 7 gouttes à l'extrémité de la queue, ne détermine aucuns troubles locaux ni généraux. Injecté à la dose de 10 gouttes, il détermine une élévation de température; injecté à dose massive (2 grammes) il détermine un engorgement exsudatif local, de la fièvre, de l'inappétence, une élévation de température, et confère l'immunité, tandis qu'à faible dose (1 à 4 gouttes) il ne la donne pas. A 20 centimètres au-dessus du toupillon, l'injection est plus dangereuse, et peut, exceptionnellement il est vrai, amener la mort en 3-4 jours, le virus, entraîné par la circulation lymphatique ou sanguine, s'en allant proliférer ailleurs, dans la région dorsale par exemple, et y produire une tumeur mortelle. A mesure qu'on remonte vers la base de la queue, les chances d'infection générale et de développement de tumeurs symptomatiques augmentent, sans égaler celles qui suivent l'inoculation à la cuisse ou à l'encolure. La queue a donc une faible réceptivité pour le virus du charbon symptô-matique. Sa réceptivité augmente à mesure qu'on se rapproche de la base ; le virus ne se développe pas sur place, ne produit pas des tumeurs sur place, mais seulement des tumeurs symptomatiques ; ce qui tient à la densité et à la basse température de la région, car, grâce à l'enve-loppement et à l'élévation de la température ainsi obtenue, le microbe pullule sur place, y détermine la formation d'une tumeur, qui, grâce à la densité du tissu, reste cantonnée à l'extrémité de la queue et n'est pas mortelle, parce qu'elle a déjà donné assez d'immunité quand les germes peuvent émigrer dans d'autres parties.

Les régions les plus favorables pour l'inoculation sont donc les régions musculaires, celles où le tissu conjonctif est abondant et lâche et la température élevée.

La matière virulente à inoculer peut être empruntée à diverses sour-ces, à toutes les lésions et aux produits réputés actifs ainsi qu'aux cul-tures. Cependant, pour être plus assuré du résultat, le mieux sera de s'adresser aux ganglions, aux organes riches en microbes, et surtout à la tumeur qui est la lésion la plus riche.

Le virus de la tumeur peut être inoculé à l'état frais ou à l'état sec (des-siccation à 35°). La matière à employer est obtenue en triturant dans un verre ou dans un mortier des fragments de tissu empruntés aux parties les plus noires de la tumeur ; on ajoute de l'eau stérilisée, on agite le tout dans un flacon et on filtre ensuite à travers un linge ; le liquide qui passe est un excellent produit d'inoculation. Le virus à l'état sec est obtenu en soumettant à la dessiccation rapide la pulpe des muscles de la tumeur. Ici encore on prend les parties les plus malades ; on les hache de façon à en former un magma ; on ajoute un peu d'eau stérilisée ; et on broie dans un mortier ou on agite dans un flacon ; puis on filtre sur une toile grossière, et on étale sur des soucoupes ou des assiettes bien propres la pulpe ainsi obtenue, après quoi on la place à l'étuve réglée à 35°. Après l'évaporation et la dessiccation complète, il reste une sorte d'enduit brillant, rougeâtre, foncé, que l'on réduit en poudre et que l'on peut conserver ensuite au sec, au frais et à l'obscurité, dans un flacon. Ce produit desséché peut garder sa virulence plus de cinq ans, ainsi que je m'en suis assuré. Quand on veut s'en servir pour faire des inoculations, on en broie une petite quantité dans un mortier, on y ajoute de l'eau stérilisée, on filtre sur un linge et l'on a ainsi un liquide virulent, dont on peut d'ailleurs accroître l'activité en y ajoutant, ainsi qu'on le verra plus loin, une goutte d'acide lactique.

L'inoculation à la lancette n'est pas un mode sûr d'obtenir le charbon symptomatique. Elle ne produit pas d'accident local, pas de tumeur charbonneuse proprement dite, quand elle est faite à l'oreille du cobaye ; et cependant elle peut lui donner la maladie mortelle. Quand elle doit amener ce résultat, l'animal meurt au bout de trois jours environ ; et à l'autopsie on trouve des infarctus dans les muscles de diverses régions et une congestion avec tuméfaction du système ganglionnaire. L'inoculation à la lancette peut aussi déterminer parfois une infection générale chez le mouton, soit qu'elle s'accompagne de légers accidents locaux, soit qu'elle n'en provoque pas.

Le mode d'inoculation le plus sûr est l'inoculation sous-cutanée, l'injection dans le tissu conjonctif sous-cutané ou dans le tissu intramusculaire. Toutefois les effets sont variables suivant la dose de virus employée et suivant les régions inoculées. En général la dose de virus injectée doit être relativement assez élevée ; deux ou trois gouttes injectées sous la peau de la cuisse, de l'épaule, etc, suffisent pour donner un charbon mortel au mouton, au bœuf, tandis qu'elles sont insuffisantes dans les régions à tissu cellulaire dense telles que l'oreille, l'extrémité de la queue ou des membres. Lorsque l'injection virulente a été faite dans la cuisse du cobaye, la région se gonfle après quelques heures et devient douloureuse ; la marche devient impossible, et la mort arrive en vingt-quatre à quarante-huit heures. A l'autopsie on observe : un œdème rougeâtre très étendu du tissu conjontif de la paroi abdominale ; une véritable tumeur charbonneuse, au niveau de l'inoculation, avec le gonflement, la teinte foncée ou noirâtre des muscles et une odeur d'acide lactique très accusée.

Quand on injecte dans le tissu conjonctif sous-cutané ou dans le muscle d'un animal doué d'une grande réceptivité, comme le bœuf ou le mouton, une dose élevée de virus, soit de une goutte à un centimètre cube de pulpe musculaire, on obtient des accidents graves et la mort. Si l'injection a été faite dans le tissu sous-cutané, les accidents locaux se montrent dans le tissu conjonctif et dans les ganglions empiétant peu sur les muscles ; on voit se former un œdème chaud qui progresse rapidement et qui devient crépitant dans certaines régions. Lorsque l'injection a été faite dans le muscle, toute la région musculaire est bientôt malade ; il s'y forme une véritable tumeur crépitante, analogue à celle du charbon spontané, accompagnée parfois d'autres tumeurs dans d'autres régions.

L'injection sous-cutanée de doses moyennes (1/10 de goutte d'une pulpe musculaire très active) produit des effets assez semblables à ceux de l'inoculation à la lancette quand elle est fructueuse ; les accidents locaux sont nuls ou peu marqués ; mais on ne tarde pas à voir apparaître des lésions musculaires, une tumeur plus ou moins éloignée du point d'inoculation, évoluant d'ailleurs comme dans le charbon spontané et s'accompagnant de la mort de l'animal.

L'injection d'un virus peu actif, ou d'une très petite dose de virus fort, dans le tissu sous-cutané, ne produit rien ou détermine une maladie légère avec tristesse, diminution de l'appétit, élévation de la température, sans accident local, maladie qui est cependant bien le charbon, puisqu'elle donne l'immunité aux inoculés. Quelquefois cependant, grâce à une susceptibilité exceptionnelle des individus, que rien ne fait prévoir, on peut amener un charbon complet avec terminaison mortelle, en injectant sous la peau un virus atténué ou une très petite dose de virus non atténué.

Le virus du charbon symptomatique introduit, même à doses fortes, dans les veines, est généralement supporté. Ainsi l'injection intra-veineuse de doses variant de 3/10 de goutte à 5 gouttes et allant jusqu'à 6 centimètres cubes de suc musculaire filtré, donne, aux animaux bovins, ovins et caprins, une maladie bénigne sans tumeurs, avec frissons, tristesse, inappétence et élévation de température, qui dure deux ou trois jours et qui confère l'immunité. En pratiquant l'injection intra-veineuse, il faut éviter avec soin d'inoculer le tissu péri-veineux, sous peine de voir se produire une maladie beaucoup plus grave. Toutefois l'injection intra-veineuse, quand elle est faite avec des doses plus élevées, ou avec un virus plus fort, ou quand elle est pratiquée sur un animal qui se trouve plus susceptible, peut être suivie de la maladie mortelle avec tous ses symptômes cliniques.

D'ailleurs, quand on a injecté des doses massives, l'animal peut succomber avant l'apparition de la tumeur et sans infarctus musculaires ; en ce cas les ganglions sont virulents. Comment concevoir que l'injection intra-veineuse ne produise pas toujours la maladie avec tumeur ? Outre que jusqu'à une certaine dose le virus peut être détruit dans le sang, il y a lieu de croire que si les microbes peuvent se multiplier dans ce liquide, et ils le peuvent (puisqu'il devient virulent), ils sont retenus par l'endothélium vasculaire qui les empêche de se répandre dans le tissu conjonctif, où ils ne peuvent pas aller terminer leur évolution au sein de tumeurs, qu'ils sont susceptibles de provoquer, et qui sont toujours le prélude de la mort. Il est de fait que, si on leur permet de se répandre hors des vaisseaux, ils provoquent une tumeur et la mort. Ainsi, lorsque, pendant la légère maladie qui suit l'injection intra-veineuse, on provoque une légère hémorrhagie, en blessant ou en piquant une région quelconque, il s'y développe une tumeur, et l'animal périt bientôt. Il semble donc bien que le microbe, pour déterminer une maladie grave, doit pouvoir sortir des vaisseaux pour aller évoluer dans le tissu conjonctif ; or, il peut en sortir de diverses manières, par la déchirure accidentelle de quelques faisceaux musculaires, par les trajets qu'ouvrent les cellules lymphatiques dans les parois vascu-

laires, par un processus analogue à celui de l'infarctus embolique. Il
semble enfin qu'il y a deux phases dans l'évolution de la maladie : une
de repullulation du microbe dans le sang, et une autre d'intoxication,
quand le microbe passe dans le tissu conjonctif. On peut d'autre part
s'expliquer, grâce à ces données, les suites des inoculations pratiquées
dans le tissu conjonctif : le virus reste et évolue en partie dans le tissu
conjonctif et est en partie entraîné dans le sang par les capillaires
sanguins ou lymphatiques ; s'il en reste peu dans le tissu conjonctif,
les accidents locaux sont insignifiants ; s'il en passe beaucoup dans le
sang, il peut survenir çà et là une tumeur, comme après une forte injection veineuse ; s'il en reste beaucoup dans le tissu conjonctif, il se
produit d'emblée une tumeur, mais les microbes ne s'en multiplient
pas moins dans le sang ; et, quand la mort n'arrive pas trop vite, des
tumeurs symptomatiques apparaissent ailleurs, par suite d'une ou
de plusieurs extravasations de microbes du sang.

L'injection intra-trachéale peut donner une maladie bénigne et
l'immunité, comme et aux mêmes doses que l'injection intra-veineuse.

Les microbes injectés dans les voies respiratoires passent des infundibula dans les vaisseaux, en traversant l'endothélium pulmonaire et
l'endothélium vasculaire ; puis tout marche comme à la suite d'une
injection intra-veineuse.

Les tentatives faites pour obtenir la maladie par l'introduction du
virus dans les voies digestives sont restées ordinairement sans résultat.
Toutefois l'ingestion de matière virulente, rendue plus active par les
moyens qui seront indiqués plus loin, a déterminé le charbon symptomatique mortel avec tumeur chez le bœuf. Il est donc certain que les
animaux peuvent s'infecter en mangeant ou en buvant des aliments ou
des boissons souillés.

Le charbon symptomatique peut se transmettre par contagion intra-
utérine, quand il atteint la mère pendant la gestation ; d'autre part la
mère qui a acquis l'immunité semble pouvoir la léguer parfois à son
descendant. Les animaux, qui contractent la maladie spontanément
dans les centres où elle sévit, peuvent s'infecter de diverses façons, en
introduisant dans leur organisme les microbes qu'ils trouvent dans les
milieux extérieurs. La transmission se fait surtout par les germes, provenant des malades ou des cadavres, préalablement répandus dans les
milieux extérieurs et s'y étant conservés intacts ou en s'y atténuant
plus ou moins. Elle peut avoir lieu par l'intermédiaire d'objets ou
d'instruments souillés, qui peuvent blesser les animaux ou être mis en
contact avec une plaie de la peau ou d'une muqueuse ; c'est l'inoculation accidentelle. On a vu des taurillons s'infecter pendant l'opération
de la castration. Elle peut avoir lieu par l'inhalation de poussières
mélangées de germes. Elle peut avoir lieu enfin par l'ingestion d'aliments ou de boissons souillés.

Quand les microbes pénètrent en quantité suffisante par une piqûre ou une plaie sur la peau ou sur une muqueuse, la maladie débute par un accident local, par une tumeur. Elle débute au contraire par des symptômes généraux, et s'accompagne ensuite de tumeurs symptomatiques, quand les microbes sont introduits en petite quantité dans le tissu conjonctif, quand ils arrivent dans le sang, à la suite de l'inhalation ou de l'ingestion. Dans certains pays, où sévit le charbon symptomatique, on a cru reconnaître que les inondations favorisaient l'infection. L'air peut être souillé par les poussières qui sont soulevées du sol, par celles que laissent dégager les fourrages, etc. Néanmoins les animaux qui ingèrent, qui inhalent des microbes de la maladie, ou qui s'en inoculent accidentellement, ne tombent dangereusement malades que dans une très faible proportion eu égard au nombre de ceux qui doivent s'infecter. C'est que le nombre des microbes introduits peut être trop faible ; c'est que les microbes peuvent être plus ou moins atténués ; en sorte que souvent les animaux infectés ne tombent pas malades, ou ne le deviennent pas d'une façon grave, et acquièrent une immunité plus ou moins complète, qui peut se renforcer encore par des infections successives.

Immunité. — Atténuation, récupération et exaltation de la virulence. — Vaccination.

Une atteinte non mortelle de la maladie confère une immunité plus ou moins complète et plus ou moins durable, d'autant plus complète et d'autant plus durable que l'affection a été plus grave. Cette maladie à gravité amoindrie peut être provoquée, ainsi qu'on le verra plus loin, et l'immunité peut être obtenue, par l'inoculation de doses minimes de virus fort, par l'inoculation du virus dans certaines régions (l'oreille ou l'extrémité de la queue), par son injection dans la veine ou dans la trachée, par l'inoculation de virus atténués, ou par l'injection de substances solubles. D'autre part on se souvient que l'immunité peut être héréditaire de la mère à son descendant, et que les animaux peuvent l'acquérir spontanément en se vaccinant dans les milieux où ils vivent, par l'introduction de faibles quantités de microbes plus ou moins atténués. L'état réfractaire et l'immunité conférée ou acquise, impliquent chez les sujets qui en sont doués, un état bactéricide de leurs humeurs et un pouvoir phagocytaire de leurs éléments cellulaires assez puissants pour détruire les microbes. Il est de fait que tout semble bactéricide dans le corps des vaccinés. Ainsi on a constaté (Roger) que la cuisse isolée d'un cobaye vacciné ne cultive pas le charbon symptomatique, bien qu'inoculée et mise à l'étuve ; tandis qu'il en est tout autrement de celle d'un cobaye non vacciné qui, séparée du cadavre, inoculée et mise à l'étuve, devient malade et présente bientôt une véritable tumeur symptomatique. Il n'est pas douteux toutefois que l'état d'immunité doit être influencé par les causes qui sont de nature à faire perdre l'état réfractaire. Quoiqu'il en soit, la durée de l'immunité difficile à apprécier dans la pratique sur les animaux qui sont exposés à se vacciner spontanément, à renforcer et à prolonger de la sorte leur état, semble assez longue, ainsi qu'on le verra à propos de la vaccination par virus atténués, pour constituer une sauvegarde précieuse. C'est par les substances qu'il secrète que le microbe du charbon symptomatique intoxique l'organisme et peut lui donner l'immunité.

Atténuation de la virulence. — Exposés à l'influence des agents physiques ou chimiques, les microbes du charbon symptomatique peuvent être dépouillés progressivement de leur activité, avant d'être complètement stérilisés, tout en conservant encore leurs mouvements, etc. Il est certain que les microbes qui se trouvent dans le sol y subissent des modifications plus ou moins rapides et plus ou moins importantes suivant la profondeur où ils se trouvent, ainsi que suivant la composition et l'état physique des terrains. Il est avéré que le virus qui se trouve dans les couches supérieures, s'il ne peut s'y dessécher rapidement, s'atténue et s'affaiblit assez vite sous l'influence de l'air et de la lumière. Au contraire, le virus qui est plus profondément déposé, soit à la profondeur de 0^m,40 à 1 mètre et au delà, se conserve mieux et plus longtemps. On a pu (Gotti) donner la maladie avec l'eau de lavage d'une terre prélevée à 0^m,40 sous le gazon d'un pré où le charbon ne s'était pas montré depuis plusieurs années. Les germes ainsi conservés dans le sol peuvent être ramenés à la surface par les mêmes agents et les mêmes causes que ceux du charbon bactéridien et servir ensuite à infecter les animaux.

On sait d'autre part que lorsque les microbes du charbon symptomatiques sont cultivés dans les milieux artificiels, ils peuvent perdre plus ou moins vite leur virulence, tout en passant par des phases d'atténuation successive qui peut leur permettre de jouer le rôle de vaccins. Toutefois, des essais trop peu nombreux ayant été publiés sur ce point, il y a lieu de se montrer réservé et d'appeler de nouvelles recherches. Il n'y a pas lieu non plus de s'appesantir beaucoup pour le moment sur l'atténuation par les substances antiseptiques. La plupart d'entre elles peuvent stériliser le virus du charbon symptomatique dans un temps plus ou moins long; mais, avant de produire ce résultat, elles déterminent un affaiblissement plus ou moins accusé de la virulence, variable suivant la dose de l'antiseptique employé et selon la durée du contact avec la matière virulente. Ainsi, la glycérine phéniquée, la solution de sublimé à 1 p. 5000, l'eucalyptol, le thymol, etc., peuvent transformer le virus fort en virus atténué qui donne une maladie bénigne et confère l'immunité. Ainsi encore, en alcalinisant le liquide virulent, en le mélangeant ensuite avec une solution de galactose de sucre de lait et en laissant vingt-quatre heures à 35°, on obtient un virus atténué.

C'est l'atténuation par la chaleur qui mérite surtout d'être rappelée, parce que ce mode a permis de préparer des vaccins d'un emploi sûr et facile. On a vu précédemment quelle influence exerce un certain degré de chaleur sur le virus frais et sur le virus desséché. En chauffant du virus frais de quarante à soixante-dix minutes à 65°, on lui imprime déjà une atténuation qui se traduit par un retard de plus en plus considérable de la mort chez les cobayes inoculés. En l'exposant dans un tube de verre scellé à la température de 70° pendant une heure quarante-cinq minutes, on peut le transformer en vaccin. En chauffant le virus à 35°-38° dans des flacons hermétiquement fermés et en les conservant plusieurs mois, on (Nuvoletti) peut l'affaiblir et le rendre apte à conférer l'immunité. On aurait donné (Kitasato) l'immunité au cobaye par ·l'injection d'une culture chauffée trente minutes à 80°, ou par l'inoculation d'une culture datant de quinze jours; et l'on aurait constaté la transmission héréditaire de l'immunité par la cobaye vaccinée.

Toutefois, c'est en faisant agir la chaleur sur du virus préalablement desséché qu'on obtient l'atténuation la plus régulière. La température doit être portée au-dessus de 60° pour obtenir une certaine atténuation ; et l'expérience a démontré qu'il n'y avait pas lieu de se tenir au-dessous de 80°. On obtient un virus très atténué, qui peut être inoculé le premier pour donner un commencement d'immunité, en chauffant à 100° ou 104°; le virus chauffé à 85° ou 90°, beaucoup moins atténué, permet de compléter l'immunité. Voici d'ailleurs comment on procède à l'atténuation, c'est-à-dire à la préparation de virus atténués en vue des inoculations préventives : associer une partie de matière virulente desséchée à 35° à deux parties d'eau et mélanger dans un mortier, de manière à obtenir une substance homogène, afin que toutes les parcelles virulentes reçoivent la même quantité d'eau et s'atténuent ensuite uniformément; verser ce mélange dans des soucoupes ou des assiettes et les placer sur un trépied dans une étuve chauffée et réglée au degré choisi, à 100°-104° pour le vaccin faible, à 90°-94° pour le second vaccin; laisser la matière virulente à l'étuve rendant sept heures; placer ensuite les matières ainsi atténuées dans du papier buvard et dans un endroit absolument sec et obscur, en présence de substances avides d'eau, moyennant quoi elles se conservent au moins pendant un an. Chaque vaccin est pulvérisé dans un moulin spécial, puis tamisé et gardé à l'état de poudre. Le virus atténué par la chaleur, comme il vient d'être indiqué, ne transmet pas son atténuation à celui qui en dérive dans l'organisme qu'il rend malade ; il reprend d'emblée ses propriétés nocives.

On pourrait enfin, semble-t-il, donner l'immunité en une seule fois en inoculant un virus desséché qui aurait été soumis six heures à l'action de la vapeur d'eau à 100° (Kitt).

Récupération et augmentation de la virulence. — La virulence d'un virus atténué peut revenir à son intensité première, ou même augmenter. On peut lui donner son activité première soit en le cultivant sur des animaux aptes à le régénérer, soit en le cultivant sur des animaux rendus plus susceptibles par un traumatisme ou par l'action de quelque substance. Ainsi, du virus, atténué par un chauffage de sept heures à 100°, qui ne tue plus le cobaye adulte, mais qui tue encore le très jeune cobaye qui vient de naître, se trouve de la sorte régénéré. Ainsi encore, en inoculant des doses massives de virus atténué à un animal adulte, on peut arriver à le tuer, et cette fois aussi le virus se trouve d'emblée régénéré dans le sujet d'expérience.

MM. Arloing et Cornevin ont pu restituer au virus du charbon symptomatique atténué par le chauffage sa virulence primitive, en le laissant quelques heures en contact avec une solution d'acide lactique au cinquième. « Il suffit d'ajouter de l'acide lactique à l'eau dans laquelle on délaye le virus et de laisser ce mélange ainsi acidulé de cinq à six heures en contact. Après ce temps, l'inoculation du virus préalablement atténué communique à coup sûr la maladie charbonneuse mortelle. » De plus, l'acide lactique exalte la virulence du virus fort, qu'on l'emploie seul ou de la façon suivante : « si on mélange l'acide lactique à une faible quantité d'eau additionnée d'un sucre très fermentescible et que, sous cet état on le verse dans le liquide virulent, qu'on laisse s'écouler trente heures avant d'inoculer, on communique à celui-ci une activité maximum. »

Ainsi donc, par l'emploi de l'acide, lactique on peut faire produire au virus atténué ses effets primitifs, et dès lors il se trouve avoir récupéré son activité première. Il y a là un moyen tout indiqué pour permettre de déceler plus facilement la présence des microbes du charbon dans le sol ; en l'additionnant à l'eau de lavage, et en inoculant ensuite le mélange à des animaux, on aura plus de chance d'obtenir le charbon emphysémateux avec des microbes qui peuvent être en petit nombre, ou se trouver plus ou moins atténués. Enfin, l'exaltation de la virulence se produit quelquefois sous l'influence de la chaleur même, par exemple quand on chauffe le virus deux heures dix minutes à 70°, c'est-à-dire à la limite de sa résistance.

MM. Nocard et Roux ont vérifié l'exactitude des conclusions précitées. Ils ont rendu au virus atténué le pouvoir de produire le charbon mortel en l'inoculant après l'avoir acidifié, et voici l'interprétation qu'ils ont donnée : les virus atténués par le chauffage ne sont pas à proprement parler des virus atténués, car ils ne peuvent se reproduire par culture en conservant leur virulence diminuée ; la dessiccation et le chauffage dans la préparation des poudres atténuées du charbon symptomatique ne laissent vivantes que les spores, tout en rendant leur végétabilité moindre et leur puissance moindre vis-à-vis des éléments de l'organisme ; mais tout ce qni diminue la vitalité des tissus, en affaiblissant la concurrence des cellules, rend leur développement plus facile et paraît leur restituer la virulence.

L'acide lactique n'exalte donc pas le virus ; mais, étant injecté avec lui, il modifie les cellules et les rend passives à l'égard du virus, qui dès lors se trouve dans un milieu de culture sans défense. L'expérience démontre « qu'un contact prolongé de l'acide lactique avec le virus atténué n'est pas nécessaire pour donner à celui-ci toute sa virulence ; le virus inoculé aussitôt après son mélange avec l'acide lactique s'est montré aussi actif que celui qui est resté trente heures au contact de la solution acide. » D'ailleurs, « on peut injecter séparément le virus atténué et l'acide lactique, l'effet est le même que celui du virus resté préalablement au contact de l'acide ». D'autre part, toute substance capable de diminuer la vitalité du muscle, la solution d'acide acétique, les sels de potasse, l'alcool, etc., rend possible, comme l'acide lactique, l'action pathogène du virus atténué. Il en est de même des traumatismes ; ainsi un muscle contusionné, meurtri, etc., peut permettre au virus atténué de donner la maladie mortelle au cobaye et même au virus non atténué de tuer le lapin qui est normalement réfractaire ; et alors le virus se renforce et devient plus actif pour le lapin normal. Enfin, « le virus atténué mis en contact avec l'acide lactique, puis neutralisé et lavé n'a pas augmenté de virulence. » Donc, c'est bien en affaiblissant le muscle qu'il exalte le virus.

Vaccination. — On peut *vacciner* les animaux, leur conférer l'immunité contre le charbon symptomatique, en inoculant le virus fort, en inoculant le virus atténué, et enfin en injectant les produits solubles sécrétés par les microbes.

Ainsi qu'on l'a vu on peut donner une maladie bénigne qui crée l'immunité : en injectant une très faible dose de virus dans le tissu conjonctif d'une région quelconque du corps ; en l'injectant à dose plus forte dans le tissu conjonctif de certaines régions, ou dans une veine ou dans la trachée. Toutefois aucun de ces moyens n'est employé dans la pratique. Avec l'injection sous-cutanée il est trop malaisé de doser convenablement, pour échapper à tout danger, le virus, même en le diluant. Avec l'injection sous-cutanée à l'extrémité de la queue on peut bien réussir à conférer l'immunité sans danger, à la condition de n'employer que des doses moyennes de virus, un peu plus fortes que pour l'injection sous-cutanée dans d'autres régions ; mais, à ce procédé doit être préférée la vaccination avec des virus atténués. Quant à l'injection intra-veineuse, un moment préconisée, et à l'injection intra-trachéale, à cause de certaines difficultés inhérentes à leur application et à cause des dangers résultant de l'inoculation possible du tissu

conjonctif ambiant, on y a également renoncé. Cependant, pour le cas
où l'on désirerait y recourir, il importe de savoir comment il convient
de procéder. On peut se servir de virus frais ou de virus desséché, et il
suffit d'en injecter des quantités relativement minimes, soit 3/10 de goutte
de virus frais pour le mouton et de 3 à 10 gouttes pour le bœuf. Pour
préparer le virus desséché on procède comme pour les vaccins dont il
sera question plus loin. On obtient le virus frais en faisant mourir un
cobaye du charbon symptomatique; on prélève une certaine quantité
de tissu musculaire de la tumeur, on triture dans de l'eau stérilisée, on
presse dans un linge, puis on filtre à travers deux ou trois doubles de
toile de batiste, on agite l'émulsion ainsi préparée chaque fois qu'on
veut s'en servir. Que si le virus était mélangé de microbes septiques,
on pourrait le traiter par l'acide sulfureux qui détruit rapidement ces
derniers et respecte ceux du charbon. Quant au manuel de l'opération,
il est le même que pour les injections intra-veineuses de virus péripneumonique, soit qu'on pratique l'injection intra-trachéale, soit
qu'on procède à l'injection intra-veineuse; il est surtout important de
ne pas inoculer le tissu péri-trachéal ou péri-veineux.

On a vu plus haut comment on atténue le virus du charbon symptomatique de façon à obtenir deux vaccins d'inégale intensité, destinés à
être inoculés successivement et à quelques jours d'intervalle, en commençant par le plus faible. Ces virus, atténués par le chauffage, en
évoluant dans l'organisme, donnent une maladie avortée et par suite
une dose plus ou moins considérable d'immunité. Pour conférer aux
animaux une immunité plus complète sans les exposer à des atteintes
trop graves, on fait deux vaccinations successives, la première avec le
virus atténué par un chauffage de sept heures à 100°-104° et la seconde
avec le virus chauffé sept heures à 90°-94°.

Ces vaccins peuvent servir pour les cobayes, pour les petits et pour
les grands ruminants; mais, dans la pratique, les inoculations préventives ne sont indiquées que pour préserver les animaux bovins, attendu
que le charbon symptomatique ne s'observe guère, ainsi qu'on l'a vu, sur
les animaux petits ruminants. On peut, dans les laboratoires, donner
l'immunité au cobaye, en injectant sous la peau de la cuisse une faible
dose de virus atténué à 100°; pour le mouton on fait une première
injection avec le virus atténué à 100°-104°, et quelques jours (8) après on
en fait une seconde avec le virus atténué à 90-94°. Ces injections
peuvent, comme pour les vaccins du charbon bactéridien, se faire aux
plats des cuisses; elles peuvent également être pratiquées, comme chez
le bœuf, à l'extrémité de la queue ou à la face externe des oreilles.
Chez les grands ruminants, les inoculations doivent être faites dans le
tissu sous-cutané de l'extrémité de la queue, vers le milieu du toupillon ou dans celui de la face externe de l'oreille, aussi loin que possible de la base de l'organe.

Les vaccins étant en poudre doivent subir certaines manipulations pour être injectés dans le tissu sous-cutané. La quantité suffisante pour inoculer un nombre donné d'animaux, dix par exemple, est triturée dans un mortier bien propre avec 5 centimètres cubes d'eau stérilisée, qu'on ajoute graduellement; ensuite on jette sur un filtre en toile bien propre préalablement stérilisé et humecté avec de l'eau stérilisée; on obtient ainsi 5 centimètres cubes d'émulsion virulente qui suffisent pour inoculer dix animaux. On charge la seringue; on règle avec le curseur la quantité de virus à injecter à chaque sujet, soit 1/2 centimètre cube, ou même seulement six à huit gouttes quand les animaux ont moins d'un an; chaque injection doit être précédée de quelques mouvements de bascule imprimés à la seringue pour bien disséminer uniformément dans l'émulsion les éléments actifs.

L'injection sous-cutanée à l'extrémité de la queue ou à l'oreille est une opération de la plus grande simplicité. Elle se fait avec une seringue Pravaz munie d'une canule courte et surtout résistante, droite ou courbe. On a soin de bien la nettoyer et de bien la désinfecter chaque fois qu'on s'en est servi et chaque fois qu'on se dispose à s'en servir. On prépare la région; on tond les crins ou les poils, et on choisit de préférence la face externe de l'extrémité caudale, comme la face externe de l'oreille. On saisit l'organe de la main gauche, et avec la main droite on introduit la canule de haut en bas, de façon à traverser le derme obliquement. A défaut d'aiguille assez résistante pour percer la peau, on se sert d'un trocart, ou bien on fait une incision avec un bistouri; puis on introduit l'aiguille de la seringue dans le tissu sous-cutané. On lui fait parcourir un certain trajet sous la peau; on la retire un peu, pour laisser une petite poche, et on pousse la quantité de virus voulue. Une seule piqûre peut suffire; mais on peut en faire plusieurs si cela paraît nécessaire pour assurer la non-extravasation du virus. D'ailleurs, quand le vaccin se sera extravasé, on répétera l'injection.

Les inoculations préventives doivent être pratiquées de préférence à la fin de l'hiver, au commencement du printemps avant que les animaux aillent aux pâturages, ou en automne. L'intervalle à laisser écouler entre les deux inoculations peut être réduit à huit jours. On peut vacciner les jeunes bovins quelques mois après le sevrage; toutefois si le charbon se déclarait sur des veaux de lait qui vont au pâturage, on ferait bien d'inoculer ceux qui ne seraient pas encore atteints, sauf à les vacciner de nouveau après la première année, puisque les jeunes animaux sont exposés à perdre rapidement l'immunité. On peut se dispenser de vacciner les sujets âgés, qui sont nés et qui ont été élevés dans un pays infecté, car, ainsi qu'on l'a vu, ils ont généralement acquis l'immunité. On vaccinera surtout les animaux âgés de six mois à trois ans et aussi les adultes, principalement s'il s'agit d'animaux

venant d'un pays non infecté et importés dans un centre infecté. Il
semble d'autre part que l'on pourrait sans inconvénients vacciner les
femelles pleines; mais il sera plus prudent de s'en abstenir. Les femelles vaccinées pendant la gestation peuvent transmettre l'immunité
à leur veau; et les jeunes issus de mères, vaccinées quelque temps
avant saillie, résistent plus que les autres.

L'immunité résultant de la vaccination paraissant être d'assez longue durée (dix-sept, dix-huit mois), hormis pour les jeunes animaux,
il semble que, s'il est indiqué de faire une seconde vaccination quand la
première aura été faite avant l'âge d'un an, on peut se dispenser de
vacciner une seconde fois les sujets qui ont subi une première vaccination vers l'âge de deux ans, puisque d'ailleurs les inoculations
accidentelles, qu'ils sont exposés à se faire dans la suite, renfor-
ceront et prolongeront leur immunité.

Les inoculations préventives, faites en deux temps successifs, soit
qu'on se serve de virus non atténué en l'injectant dans la veine, soit
qu'on emploie des virus atténués en les injectant sous la peau, permettent de ménager la santé des animaux et de leur conférer une immunité solide. En vue de démontrer l'efficacité réelle des inoculations
préventives, on peut inoculer comparativement les vaccinés et des
témoins avce la même dose de virus naturel, 2, 3, 4, 5 gouttes pour les
moutons, 5, 6, 7, 8, 9, 10 gouttes pour les bœufs; quelquefois certains
vaccinés présentent alors un gonflement chaud et douloureux, mais
il disparaît rapidement. Les vaccinés supportent les inoculations de
virus fort, alors que les non vaccinés, pris comme témoins, en meurent.
Il est d'ailleurs reconnu que les animaux vaccinés ne font courir
aucun danger aux animaux avec lesquels ils vivent. En vue d'éviter
les suites graves, on pourra diminuer les doses pour les jeunes, pour
les animaux perfectionnés, etc. ; et dans la pratique, on fera bien,
comme pour les autres vaccinations, de tâter préalablement le terrain,
en opérant d'abord sur un petit nombre d'animaux.

Les suites des inoculations préventives, pratiquées comme on vient
de le voir, sont bénignes. Il se produit quelquefois un léger état fébrile;
et les accidents locaux consistent ordinairement en un engorgement
chaud et douloureux, mais passager, à la région inoculée. Quelquefois
il peut se former un abcès qui se termine simplement, entraînant parfois la déviation on la chute de l'extrémité caudale. A la suite de l'inoculation à l'oreille, l'organe devient chaud, une induration fugace se
montre au point d'inoculation et les ganglions sous-maxillaires s'en-
gorgent un peu.

Quelquefois, quoique rarement, les virus atténués peuvent, comme
on l'a vu, déterminer un charbon mortel; cette fâcheuse éventualité
peut se produire une ou deux fois parmi mille animaux inoculés; mais
cela suffit pour que le vétérinaire se montre prudent, circonspect, et

n'oublie aucune précaution pour procéder d'une façon irréprochable.

Depuis 1881 des preuves nombreuses se sont accumulées, qui établissent péremptoirement la valeur économique des inoculations préventives. Les inoculations par injection intra-veineuse avaient réussi à enrayer la mortalité dans les fermes où elles avaient été pratiquées, à Lyon, dans la Haute-Marne, en Algérie, dans l'Ain. Les inoculations par injection sous-cutanée avec les virus atténués par la chaleur se sont répandues dans un grand nombre de contrées en France et à l'étranger. Elles ont donné partout les résultats les plus satisfaisants et ont partout fait diminuer la mortalité ; il en a été ainsi dans divers départements français, en Suisse, dans le Tyrol, en Allemagne, en Belgique, en Italie, en Autriche, en Amérique. Partout on a pu voir, grâce aux inoculations préventives, la mortalité diminuer considérablement ; partout on a pu voir la maladie cesser presque complètement ses ravages parmi les inoculés, tandis qu'elle continuait sur les sujets non vaccinés.

M. Thomas a préconisé un procédé de vaccination par l'emploi de fils imprégnés de virus et passés en séton sous la peau de la queue. Voici comment M. Darbot en rendait compte jadis :

« Ce procédé, mis en application dans la Haute-Marne depuis bientôt cinq ans, sous les auspices de la Société vétérinaire de ce département, consiste à placer, à l'extrémité de la queue, en la traversant de part en part, plusieurs fils réunis en un seul, méthodiquement imprégnés d'un virus atténué. Le virus est régénéré en le faisant passer sur la grenouille ; l'atténuation est obtenue par la chaleur ; le dosage des fils est effectué avec une régularité parfaite à l'aide d'un appareil figurant à l'Exposition dans la classe 74 sous le numéro 16209.

« De l'appareil je ne dirai qu'un mot, car la meilleure description n'en donnerait qu'une idée insuffisante ; de plus, il ne représente qu'un côté de la méthode dont il fait partie et c'est celle-ci, dans son ensemble, qu'il faut considérer, si l'on veut avoir une idée exacte de sa valeur et des avantages qu'elle présente. Les fils stérilisés traversent un liquide virulent, dosé et atténué, puis ils viennent s'enrouler sur un cylindre dévideur, mis en mouvement par un mécanisme d'horlogerie. On les fait ensuite sécher à l'étuve, puis on les réunit au nombre de dix ; c'est sous cette forme qu'ils servent aux inoculations préventives.

« Le mécanisme est celui d'une petite dévideuse automatique ; il est ingénieusement conçu et d'une grande simplicité ; il suffit de le voir fonctionner pour se convaincre qu'il atteint son but ; chaque fil est imprégné avec une précision mathématique ; les éléments de la virulence sont uniformément répartis et s'il y avait encore quelque irrégularité dans leur distribution, cette erreur se trouverait corrigée par le rassemblement des fils.

« Veut-on faire une vaccination ? Avec une aiguille à suture ordinaire de dimensions un peu fortes, on traverse l'extrémité de la queue, on fait un nœud, on coupe le fil et tout est terminé.

« Quels sont les avantages de cette méthode de vaccination? Personne ne conteste l'efficacité des inoculations préventives du charbon bactérien. A ce point de vue, la méthode de M. Thomas peut soutenir la comparaison avec tous les procédés de vaccination connus; elle donne à l'opérateur et aux intéressés une sécurité complète, en ce sens que les accidents consécutifs à l'opération sont supprimés; les quatre mille vaccinations faites par les vétérinaires de la Haute-Marne sont là pour l'attester. Ceci est à considérer, car avant tout il ne faut pas faire de mal; rien ne décourage les praticiens et les éleveurs, comme ces quelques cas de mortalité, si rares qu'ils se présentent, sur des sujets qui auraient pu résister à l'infection naturelle.

« Cette sécurité est due à la méthode elle-même. Au lieu de régénérer le virus en le faisant passer sur le bœuf, le mouton ou le cobaye, l'auteur donne la préférence à la grenouille. Après un temps du culture déterminé, la grenouille donne un virus qui n'est jamais exalté. Soumis au même procédé d'atténuation, il conserve une somme d'activité constante qui est sensiblement la même dans tous les cas. M. Pasteur a reconnu lui-même la nécessité de fixer le degré de la virulence avant de recourir à l'atténuation, et c'est précisément pour obtenir un produit, une puissance rigoureusement déterminée, qu'il fait passer le virus rabique sur une série de lapins.

« L'inoculation par le fil, faite à dose infinitésimale, est absolument certaine, le virus étant déposé dans une plaie qui ne peut se fermer, puisque tout travail de cicatrisation est entravé par la présence des fils, ne peut donc être éliminé ou détruit par un effort de la nature. La pullulation microbienne est éminemment favorisée, et c'est à cette grande facilité de prolifération sur place qu'est due la puissance d'action du fil virulent, puissance que l'auteur a maintes fois constatée dans le cours de la période expérimentale.

« Que se passe-t-il lorsque le fil virulent est mis en place dans le trajet fistuleux? On constate une inflammation avec élévation de température, ne s'étendant pas au delà d'un ou deux centimètres du point central; bientôt apparaît une légère tuméfaction accompagnée de douleur; la petite plaie sécrète une sérosité qui constitue un excellent milieu de culture. Les bactéries n'étant pas gênées dans leur évolution par la densité des tissus de la queue et la température inférieure de cet organe, entrant en lutte avec des cellules organiques affaiblies, se multiplient avec aisance. La petite colonie prospère et presque aussitôt l'émigration commence vers les autres régions de l'organisme. Les premières générations, peu nombreuses et dépouillées d'une partie de leur puissance, n'apportent pas de troubles notables; elles sont bientôt suivies d'autres générations plus nombreuses et plus fortes, car à mesure qu'elles se succèdent elles reprennent leur activité primitive ; mais celle-ci trouvant un terrain envahi, appauvri par leurs aînées, évoluent péniblement ; elles finissent par succomber dans cette lutte pour la vie, après avoir provoqué un mouvement fébrile, un charbon ébauché, qui procure l'immunité contre une nouvelle invasion bactérienne, soit naturelle, soit artificielle.

« Cette interprétation, qui paraît confirmée par l'expérience, donne l'explication de l'innocuité des inoculations à doses infinitésimales et du peu d'utilité d'une seconde vaccination. Mais ces avantages ne peuvent être obtenus qu'à la condition expresse d'assurer la vie et la prolifération du petit nombre de germes que l'on inocule. Cette condition essentielle est précisément réalisée par la méthode de M. Thomas.

« Ainsi une seule vaccination est suffisante ; les vétérinaires de la Haute-Marne, qui sont bons juges en cette matière, ont abandonné la seconde sans que le nombre des cas de charbon devînt plus grand. Du reste, si l'on désirait donner un surcroît de garantie aux intéressés, on pourrait faire une seconde inoculation avec le même fil, en le plaçant au-dessus du toupillon, ou réclamer à l'auteur un fil imprégné d'un virus moins atténué.

« Au point de vue pratique, le vaccinateur, étant toujours en possession d'un virus préparé, peut faire à chaque instant une ou plusieurs inoculations.

« Au point de vue économique, il est dispensé de l'acquisition et de l'entretien d'instruments spéciaux, chers, fragiles, encombrants, qu'il faut désinfecter chaque fois qu'ils ont servi. Avec le nouveau procédé, les vaccinations seront faites à meilleur compte, ce qui permettra d'en faire bénéficier un plus grand nombre d'éleveurs.

« En résumé, la méthode de M. Thomas, qui est généralement suivie dans la Haute-Marne, mérite de fixer l'attention du monde vétérinaire et agricole. Elle repose sur des données scientifiques rigoureuses ; elle donne une sécurité complète, réserve faite des coïncidences malheureuses qu'un praticien prudent saura toujours éviter. La preuve de son efficacité n'est plus à faire ; elle dispense d'une seconde inoculation ; le manuel opératoire est des plus simples, elle est à la fois pratique et économique.

« Enfin elle a subi, avec un succès constant, l'épreuve d'une expérience qui dure depuis cinq années et qui comprend actuellement le chiffre respectable de plus de quatre mille vaccinés. »

M. Éloire, de la Capelle, ayant voulu se servir du procédé Thomas, a vu périr 17 animaux sur 58 inoculés. Aussi conseille-t-il de rejeter absolument l'inoculation par le séton et de s'en tenir à la vaccination à deux degrés, par les virus atténués employés en injection sous-cutanée.

M. Roux a réussi à conférer l'immunité contre le charbon symptomatique en injectant des substances solubles.

Quand on injecte dans le péritoine du cobaye, à raison de 40 centimètres cubes chaque jour, 120 centimètres cubes de culture du charbon emphysémateux, faite dans le bouillon de veau, et stérilisée, après avoir resté quinze jours à l'étuve, par un chauffage à l'autoclave à 115°, ou par une filtration sur porcelaine, on lui donne l'immunité, même contre un cinquième de centimètre cube de virus délayé dans l'acide lactique au cinquième ; alors que les témoins non vaccinés succombent à cette inoculation. Les liquides filtrés sur porcelaine paraissent plus actifs que ceux chauffés à 115°. La sérosité du charbon symptomatique, recueillie sur un animal mort de la maladie, filtrée sur porcelaine et injectée au cobaye à la dose de 20 centimètres cubes, le rend malade mais ne le tue pas. D'ailleurs, on donne l'immunité au cobaye, en lui injectant chaque jour, pendant dix à douze jours, sous la peau, 1 centimètre cube de sérosité filtrée. Les cobayes, vaccinés contre le charbon symptomatique, résistent souvent à l'inoculation du vibrion septique (Roux).

DIAGNOSTIC.

Le diagnostic du charbon symptomatique du bœuf est aisé, quand la maladie s'accompagne d'une tumeur visible, crépitante et sonore. Du reste l'examen microscopique et l'inoculation au cobaye des produits de la tumeur permettront toujours de porter un diagnostic absolument sûr. Quand la tumeur aura fait défaut, l'étude attentive des lésions, l'examen des organes lésés (ganglions, rate, etc.) au microscope, ainsi que l'inoculation de leur pulpe, permettront encore d'être fixé d'une façon certaine. D'ailleurs il ne sera pas inutile de recueillir tous les renseignements que l'on pourra obtenir, de savoir par exemple que la maladie se montre seulement sur les grands ruminants, qu'elle a sévi d'autres fois, etc.

C'est principalement avec la fièvre charbonneuse ou avec la septicémie, et quelquefois avec le coryza gangréneux, que le charbon symptomatique du bœuf pourrait être confondu dans la pratique ; mais, grâce à l'examen microscopique et à l'inoculation, on devra toujours sortir d'embarras. Malgré sa ressemblance avec les affections septiques, notamment avec la septicémie gazeuse, l'inoculation à certains animaux, au lapin par exemple, permettra de savoir si l'on se trouve en présence du charbon symptomatique ou de la septicémie, attendu que cet animal, qui contracte facilement cette dernière, est réfractaire vis-à-vis de l'autre affection.

Quant à la différenciation du charbon symptomatique et de la fièvre charbonneuse, on n'aura que l'embarras dans le choix des preuves. Les symptômes et les lésions offrent des différences notables : dans l'un on observe des tumeurs crépitantes et sonores, dans l'autre la tuméfaction qui peut se produire n'est pas crépitante. Dans la

fièvre charbonneuse, la virulence est très accusée dans le sang, tandis
que dans le charbon symptomatique, elle existe surtout dans la tumeur.
La première s'inocule avec de faibles doses de virus, tandis qu'il faut
des doses plus fortes pour déterminer le second. L'une est facile à inoculer avec la lancette par simples piqûres et non l'autre. L'inoculation
sous-cutanée de la fièvre charbonneuse produit un accident local peu
important comparativement à la tumeur crépitante considérable que
donne l'injection sous-cutanée du virus du charbon symptomatique. La
fièvre charbonneuse s'inocule facilement par injection intra-veineuse
et il n'en est pas de même du charbon symptomatique. La première
incube plus longtemps; son microbe est aérobie, ne donne pas de
spores sur le malade et présente des caractères différents de celui du
charbon symptomatique qui est anaérobie et produit des spores dans
les tissus du malade. Le charbon symptomatique, contrairement à la
fièvre charbonneuse, n'est pas inoculable au lapin, qui peut de la sorte
servir à faire le diagnostic différentiel des deux affections. On peut
voir enfin se déclarer l'une des deux affections sur des animaux qui
viennent d'être malades de l'autre.

TRAITEMENT.

Ordinairement le charbon symptomatique, qui ne passe pas inaperçu,
est très grave; ses symptômes évoluent rapidement et les malades
succombent dans l'espace de quelques heures à deux jours après l'apparition des premiers accidents. Toutefois les guérisons seraient assez
fréquentes en Algérie, et il pourrait s'en produire en France; mais il
persisterait pendant plusieurs semaines un œdème dans le siége de la
tumeur, et des complications mortelles pourraient surgir pendant la
convalescence.

En tout cas, si des guérisons spontanées peuvent se produire en
plus ou moins grand nombre suivant les contrées, suivant le degré
d'intensité du mal, etc., on n'est pas encore arrivé à établir une thérapeutique sûrement curative.

Les agents thérapeutiques sont généralement inefficaces; même
les injections intra-veineuses de teinture d'iode, ainsi que les agents
toniques, antiseptiques, etc., ainsi que le cautère actuel, les caustiques, la destruction des tumeurs, leur extirpation, etc.

Quand la guérison se produit, elle semble s'opérer spontanément; et
quand elle a coïncidé avec la mise en œuvre d'un traitement plus ou
moins approprié, le rôle de ce dernier est resté problématique et mal
défini. Les traitements conseillés consistent dans l'emploi des excitants,
de l'acétate d'ammoniaque, des alcooliques, de l'huile phosphorée, du
quinquina, de l'iode, de l'acide phénique, de l'acide salicylique, de
l'eau de Rabel, etc. On peut cautériser les tumeurs avec le cautère

actuel, pratiquer dans leur pourtour et dans leur voisinage des injections d'eau phéniquée, d'eau iodée, de solution d'acide salicylique, de sublimé, etc. ; il conviendra en outre d'instituer un traitement général, de prescrire des inhalations d'eucalyptol ou d'iode, et de faire prendre des évacuants, du sulfate de soude, de la crème de tartre, etc.

POLICE SANITAIRE.

Le décret du 12 novembre 1887 (art. 1) et le décret du 28 juillet 1888 (art. 1) ont inscrit le charbon symptomatique ou emphysémateux du bœuf au nombre des maladies contagieuses du bétail, auxquelles s'appliquent les dispositions de la loi du 21 juillet 1881, qui, d'après l'intention de ses auteurs, ne visait que le charbon bactéridien (fièvre charbonneuse au sang de rate), le seul réellement connu à l'époque où elle fut élaborée. Depuis 1887 en Algérie, et depuis 1888 en France, sont donc applicables au charbon symptomatique, mais seulement au charbon symptomatique du bœuf, les dispositions générales de la loi sanitaire : obligation de déclaration des animaux malades ou suspects et d'isolement de ces animaux avant même que l'autorité ait répondu à l'avertissement (art. 3 de la loi) ; devoir du maire de veiller à l'accomplissement de cette prescription et de requérir le vétérinaire sanitaire dès qu'un cas de maladie lui est signalé (art. 4); interdiction de traitement par tous autres que les vétérinaires (art. 12) ; interdiction de vente ou de mise en vente des animaux atteints ou soupçonnés d'être atteints de la maladie (art. 13); interdiction de livrer à la consommation la chair d'un animal mort du charbon symptomatique (art. 14); application aux contrevenants des peines édictées par les articles 30 et suivants ; application des mesures communes à toutes les maladies contagieuses (enfouissement, désinfection, etc.), prescrites par les articles 1 à 7 du décret du 22 juin 1882.

Les mesures de police sanitaire applicables au charbon symptomatique du bœuf sont les mêmes que celles qui ont été déjà indiquées pour le charbon bactéridien dans le chapitre précédent. On a pensé que les mêmes mesures pourraient être appliquées à chacune de ces deux affections, bien qu'elles soient de nature différente, parce qu'elles ont dans leur mode de développement, dans leur origine, dans leur évolution, etc., beaucoup de points communs.

I. — Mesures propres à empêcher l'introduction du charbon symptomatique ou emphysémateux du bœuf par l'importation d'animaux venant de l'étranger.

Faire ici, absolument comme pour le charbon bactéridien, l'application des prescriptions des articles suivants :

Art. 26, L. 21 juil. 1881. — Art. 36, déc. 12 nov. 1887. — Art. 73, déc. 22 juin 1882. — Art. 72 même déc. — Art. 70-5° même déc.

(Voir pag. 350 et suiv.).

Abatage immédiat des malades. Renvoi des suspects, après l'application de la marque, s'il s'agit d'un arrivage par terre ; livraison immédiate des mêmes sujets à la boucherie, ou mise en quarantaine pendant quinze jours, s'il s'agit d'un arrivage par mer.

II. — Mesures propres à circonscrire, à éteindre les épizooties de charbon symptomatique ou à atténuer leurs ravages.

Inspection des foires et marchés. — Appliquer, comme pour le charbon bactéridien, les prescriptions de l'article 86 du décret du 22 juin 1882.

(Voir pag. 352).

Saisie et séquestration des malades. Livraison immédiate des suspects à l'abattoir, ou renvoi dans leur lieu d'origine, moyennant avis donné au maire.

Déclaration. Visite. — Appliquer, comme pour le charbon bactéridien, les prescriptions des textes suivants :

Art. 3, 4, 5, L. 21 juil. 1881. — Art. 3, 4, 5, déc. 12 nov. 1887. — Art. 1, déc. 22 juin 1882. — Art. 8, L. 21 juill. 1881.

(Voir pag. 353).

Déclaration obligatoire pour les propriétaires, détenteurs, gardiens, vétérinaires, etc. Réquisition du vétérinaire sanitaire. Visite et rapport du vétérinaire.

Mesures applicables aux cadavres et débris cadavériques. — Appliquer, comme pour le charbon bactéridien, les prescriptions des textes suivants :

Art. 14, L. 21 juill. 1881. — Art. 16, déc. 12 nov. 1887. — Art. 4-1°, arr. minis. 28 juill. 1888. — Art. 58-10° déc. 22 juin 1882.

(Voir pag. 356 et suiv,).

Destruction (crémation, solubilisation) ou livraison à l'équarrissage ou enfouissement sévère des cadavres et débris cadavériques.

Constatation de la maladie. Surveillance sanitaire. — Appliquer, comme pour le charbon bactéridien, les prescriptions de l'article 1 de l'arrêté ministériel du 28 juillet 1888.

(Voir pag. 363 et suiv.).

Arrêté préfectoral de mise en surveillance. Surveillance du vétérinaire sanitaire jusqu'à l'expiration de la quinzaine qui suit le dernier cas.

Isolement des malades. Prohibition du commerce des suspects. — Appliquer, comme pour le charbon bactéridien, les prescriptions des textes suivants :

Art. 3, arr. min. 28 juill. 1888. — Art. 5, même arrêté. — Art. 4, même arrêté. — Art. 58. déc. 22 juin 1882. — Art. 6 et 7, Arr. min. 28 juill. 1888.

(Voir pag. 364 et suiv.).

Mise à l'attache et isolement des malades. Vente des suspects prohibée pour toute autre destination que pour la boucherie. Interdiction d'introduire, pendant la durée de la surveillance sanitaire, des animaux bovins autres que ceux qui auraient déjà été vaccinés.

Vaccination. — Appliquer, comme pour le charbon bactéridien, les prescriptions de l'article 8 de l'arrêté ministériel du 28 juillet 1888, et de l'article 59 du décret du 22 juin 1882.

(Voir pag. 368).

Vaccination des animaux bovins exposés à l'infection, sous la réserve d'un avis préalable donné à l'administration municipale. Surveillance sanitaire des inoculés pendant quinze jours.

Durée de la surveillance sanitaire. — Appliquer, comme pour le charbon bactéridien, l'article 2 de l'arrêté ministériel du 28 juillet 1888, et l'article 60 du décret du 22 juin 1882.

(Voir pag. 369).

Cessation de la surveillance sanitaire quinze jours après le dernier cas de maladie ou après le second temps de la vaccination.

Désinfection. — Appliquer, comme pour le charbon bactéridien, l'article 4, de l'arrêté ministériel du 28 juillet 1888, et l'arrêté ministériel du 12 mai 1883, notamment son article 24.

(Voir pag. 361 et suiv.).

Désinfection par la flamme ou par les solutions d'acide phénique à 4 p. 100, de sublimé à 2 p. 100, etc. Désinfection des locaux, des places occupées par les malades, des cadavres, etc.

CHAPITRE XI

Définition. Considérations générales. — La *tuberculose*, encore
appelée *phtisie tuberculeuse* ou *pommelière* chez les animaux grands
ruminants, est une maladie contagieuse, inoculable, déterminée par un
micro-organisme spécial, dont la présence et la pullulation dans l'organisme provoquent des inflammations nodulaires au sein des parenchymes, dans l'appareil ganglionnaire, sur les séreuses, sur les muqueuses, dans le poumon, etc., etc. Cette affection se traduit par des
manifestations variées au point de vue de l'anatomie pathologique et
des symptômes. Les lésions nodulaires tuberculeuses s'accompagnent
d'une inflammation plus ou moins étendue des tissus qui en sont le
siège; elles subissent ordinairement la dégénérescence caséeuse. Les
symptômes consistent en modifications fonctionnelles plus ou moins
accusées de divers appareils et parfois en accidents locaux.

La désignation de *tuberculose* et celle de *pommelière*, qu'on donne à la
phtisie des grands ruminants, sont tirées de la vague ressemblance de
ses lésions avec des pommes ou avec des tubercules de pomme de terre.
Quant au mot *phtisie* (consomption, marasme, débilitation excessive),
il est souvent employé seul pour définir la maladie, bien que le marasme et la consomption se produisent à la suite d'autres affections, et
bien qu'ils ne se montrent souvent qu'après un temps plus ou moins
long à la suite de la tuberculose.

La virulence de la tuberculose a été démontrée (1865) par Villemin;
et c'est R. Koch (1882) qui en a découvert, isolé, cultivé le microbe, et
déterminé son rôle pathogène.

Cette maladie est celle qui fait le plus de victimes dans l'espèce humaine; elle frappe aussi un grand nombre d'animaux, surtout dans l'espèce bovine. Elle sévit continuellement sur l'homme; elle s'attaque à tous
les âges et se montre en tout temps, en tous lieux, surtout dans les pays
les plus civilisés; on peut lui attribuer un cinquième de la totalité des décès.
Elle se montre aussi fort souvent sur nos animaux domestiques; aucune
espèce n'y est absolument réfractaire. Elle est transmissible aux soli-

pèdes, au porc, au mouton, à la chèvre, au lapin, au cobaye, au singe, au chien, au chat, aux oiseaux de basse-cour; mais c'est surtout chez les animaux de l'espèce bovine qu'on l'observe le plus fréquemment. C'est une affection d'une gravité exceptionnelle : à cause de sa diffusion et de sa fréquence ; à cause des nombreux cas de mort qu'elle entraîne ; à cause de sa transmissibilité d'une espèce à l'autre ; à cause des dangers de contagion incessants dont l'homme est menacé, exposé, qu'il est à tout instant à contracter la maladie de son semblable ou celle des animaux dont il utilise les produits.

La tuberculose est inoculable à toutes les espèces animales domestiques; mais la maladie spontanée ne se remarque pas également sur toutes, parce que certaines n'ont qu'une réceptivité plus ou moins faible, et parce qu'elles se trouvent plus ou moins préservées de la contagion par les conditions spéciales de leur élevage et de leur entretien. La tuberculose spontanée s'observe surtout dans l'espèce bovine; et c'est d'ailleurs la tuberculose seule de cette espèce qui est visée par la législation sanitaire (décret du 12 novembre 1887, décret du 28 juillet 1888). Elle n'est pas absolument rare chez le porc; elle est fréquente sur les oiseaux de basse-cour (on recherchera plus loin si la tuberculose aviaire est la même que celle des mammifères) ; elle est rare chez le cheval, chez les petits ruminants et chez les carnivores.

SYMPTOMES.

Tuberculose bovine. — La tuberculose a été connue de tous temps dans l'espèce bovine. Les grands ruminants sont atteints de cette affection dans une proportion qui varie suivant les âges, suivant les régions, suivant les conditions d'élevage et d'entretien des animaux, et qui peut aller de 1 à 3 p. 100. Elle se montre de plus en plus fréquente à mesure que les animaux deviennent plus âgés. Les bœufs qui ont travaillé jusqu'à un âge assez avancé, et principalement les vaches âgées qui ont porté souvent, celles qui ont été employées à la production du lait s'en montrent atteints dans une assez forte proportion, qui varie, du reste, selon les conditions d'entretien. Les vaches laitières des villes ou des environs, qui sont maintenues en stabulation permanente, sont celles qui, toutes choses égales d'ailleurs, paient le plus large tribut à cette affection. On l'a observée aussi quelquefois, bien que très rarement, sur de jeunes veaux, soit qu'ils en eussent hérité de leur mère, soit qu'ils l'eussent contractée en ingérant du lait virulent ou d'autres produits morbides.

La tuberculose de l'espèce bovine semble d'ailleurs une maladie de tous les pays. Elle est surtout fréquente dans les climats tempérés; elle est rare en Islande et dans les contrées polaires; elle est rare aussi dans les pays chauds, rare sur les bovins d'Algérie, de Tunisie, d'Égypte, du Sénégal, etc., soit que les sujets y manquent de réceptivité, soit pour toute autre raison.

Les autopsies montrent que la tuberculose bovine est plus fréquente qu'elle ne le semble ; la maladie évolue lentement dans beaucoup de cas et peut rester plus ou moins longtemps latente ou inaperçue. L'organisme des grands ruminants ayant une indifférence marquée pour des lésions pulmonaires ou autres, même très étendues, la tuberculose ne se décèle souvent pendant un temps assez long que par des symptômes rares et vagues. La maladie revêt le type chronique ; elle a ordinairement une marche lente ; elle peut souvent exister, même depuis un certain temps, sans que les apparences de la santé soient altérées, parce que les symptômes sont loin d'être toujours en rapport avec les lésions. Elle peut d'ailleurs s'accompagner d'une expression symptômatique très variable, suivant le degré des lésions et des modifications fonctionnelles, suivant les localisations et l'étendue des lésions dans les organes attaqués. Toutefois sa marche et son évolution sont influencées par toutes les causes extérieures et les conditions individuelles susceptibles d'affaiblir, de débiliter les malades. Aussi peut-elle devenir parfois plus rapide, s'accompagner de paroxysmes, de poussées et de fièvre.

Les lésions, après avoir débuté tantôt par un organe, tantôt par un autre, ayant de la tendance à se généraliser et à envahir successivement divers organes, on peut constater des symptômes variés, plus ou moins nombreux et plus ou moins accusés, suivant que la maladie est plus ou moins avancée dans son évolution. A la longue, quelle que soit sa localisation initiale, elle envahit divers organes, divers appareils. Elle porte une atteinte profonde et persistante à la nutrition, débilite l'organisme et finit par amener un état de consomption, de marasme, que traduit bien l'appellation de *phtisie*.

Pendant un temps plus ou moins long les lésions peuvent être peu nombreuses, peu étendues, et ne pas déterminer une modification appréciable dans les fonctions. Le temps qui sépare la manifestation des premiers symptômes appréciables de la formation des premières lésions est difficile à préciser dans la plupart des cas ; sa durée varie suivant la susceptibilité des sujets et suivant le siège des lésions. Il n'est pas rare de rencontrer dans les abattoirs des lésions tuberculeuses plus ou moins étendues et plus ou moins avancées sur des animaux en bon état de santé apparente, et chez lesquels rien n'avait encore fait soupçonner l'existence de la maladie.

Les premiers symptômes sont généralement peu prononcés et peu significatifs ; la lactation est conservée, les fonctions semblent normales et les animaux sont encore susceptibles de s'engraisser. On a bien signalé la manifestation de certains signes, tels qu'une réaction fébrile légère, des frissons passagers, une élévation de la température, une teinte anormale des muqueuses, la diminution de la gaîté et de l'énergie, l'hyperesthésie dorso-lombaire, une fièvre passagère après la fatigue ; mais tout cela passe généralement inaperçu et ne saurait d'ailleurs faire soupçonner légitimement l'existence de la tuberculose.

Les seuls signes qui peuvent mettre sur la voie de la réalité sont ceux qui traduisent l'existence de lésions dans des organes déterminés, dans les organes respiratoires, dans les organes digestifs, etc.

Quand l'appareil respiratoire est envahi par les lésions tuberculeuses, on ne tarde pas à observer des symptômes de maladie de poitrine. Le premier symptôme qui appelle l'attention, c'est la toux. Elle est profonde, pectorale, un peu sifflante, petite, sèche, un peu avortée, plus ou moins fréquente ; elle n'est accompagnée ni d'expectoration, ni de jetage ; elle se produit quelquefois par quintes ; elle se fait entendre surtout le soir et le matin, pendant le repas, pendant que les animaux boivent, pendant et après le travail ou un exercice un peu actif, quand les malades sortent au grand air, quand ils rentrent dans les habitations ; elle peut être facilement provoquée par les poussières, par les gaz irritants, par la compression du larynx ou de la trachée, par la percussion de la poitrine, par l'exercice, etc. Ce symptôme est souvent seul au début ; il n'est pas pathognomonique ; il peut faire défaut dans certains cas de tuberculose pectorale, et il peut exister avec les mêmes caractères sans qu'il y ait tuberculose. Avec la toux on peut constater, sur les malades, l'accélération de la respiration et l'essoufflement au travail ou par l'exercice, quelquefois une sensibilité anormale de la paroi thoracique, ou du râle sibilant en certains points, ainsi qu'une rudesse insolite du murmure respiratoire. Mais pendant la première période de la maladie les symptômes fournis par l'appareil respiratoire sont peu significatifs ; la percussion et l'auscultation ne fournissent généralement aucun renseignement précis, soit parce que les lésions n'existent que sur la séreuse, soit parce qu'elles sont peu étendues ou dispersées dans l'organe pulmonaire ou localisées dans des parties difficiles à explorer.

Bientôt cependant, les lésions croissant, s'étendant, et se multipliant toujours, d'autres symptômes se montrent. La toux est plus facile à provoquer ; elle peut se faire entendre, quand on percute la poitrine, quand on pince l'épine dorso-lombaire, etc. ; elle devient parfois grasse et peut s'accompagner d'expectoration et d'un jetage plus ou moins abondant, mucoso-purulent, grisâtre ou jaunâtre, grumeleux. La respiration est accélérée, courte, irrégulière, entrecoupée ; quelquefois l'expiration devient plaintive, quand la maladie vient de subir une exacerbation. Les animaux s'essoufflent au moindre exercice. La pression et la percussion de la poitrine sont parfois douloureuses. On peut constater çà et là de la matité. A l'auscultation, on peut percevoir la disparition ou l'atténuation du murmure respiratoire en certains points, du râle sibilant, du souffle tubaire, des râles muqueux, du râle caverneux.

Lorsque la maladie est à sa période ultime, la toux devient plus fréquente ; elle est faible, caverneuse, pénible ; elle ébranle tout le corps. Le jetage est plus abondant, il est grumeleux, jaunâtre, fétide, cadavéreux, quelquefois strié de sang. L'air expiré prend une odeur cadavéreuse. La respiration est plus courte, plus agitée, plus saccadée, plus irrégulière, quelquefois bruyante. Les malades restent debout et tiennent les coudes écartés pour ne pas comprimer la poitrine. La pression et la percussion provoquent parfois la plainte. On constate de la matité dans des points étendus, de la résonnance tympanique au niveau des cavernes, du râle caverneux, etc.

Lorsque la maladie revêt la forme pectorale, ou tout au moins quand les lésions sont surtout localisées dans le poumon, ce sont bien les symptômes déjà énumérés qui prédominent, mais il y a en outre d'autres signes qui dénotent l'atteinte profonde subie par l'organisme et qui seront indiqués ci-après.

Le système ganglionnaire et les séreuses sont très souvent envahis par les lésions tuberculeuses ; mais les symptômes qui traduisent ces localisations sont encore moins précoces que ceux qui accompagnent les localisations pulmonaires.

Les lésions des ganglions ne s'accompagnent de troubles appréciables qu'autant que ces organes, par leur siège et par leur volume, gênent le fonctionnement d'autres organes. Ainsi la tuberculisation avancée des ganglions de la gorge peut déterminer de la dysphagie ; celle des ganglions mésentériques et bronchiques peut provoquer du cornage, du pouls veineux, du météorisme, par suite de la compression qu'ils exercent sur les nerfs, sur les vaisseaux et sur l'œsophage ; celle des ganglions mésentériques peut occasionner des coliques, des indigestions intermittentes. D'ailleurs, quand ce sont des ganglions superficiels, accessibles à l'exploration, qui deviennent tuberculeux, tels que ceux de la gorge, du cou, de l'entrée de la poitrine, de l'aine, du flanc, on constate d'abord leur tuméfaction, ensuite leur induration et leur aspect nodulé ou bosselé.

Les lésions tuberculeuses des séreuses sont très fréquentes chez les grands ruminants, principalement celles de la plèvre et du péritoine. Mais telle est l'évolution de la maladie, et telle se trouve la tolérance des animaux bovins, que la tuberculose des séreuses est longtemps compatible avec les apparences de la santé. La tuberculose pleurale, souvent associée à la tuberculose pulmonaire, peut s'accompagner d'un bruit de frottement pleural et de matité ou de submatité, de symptômes de pleurésie, quand les lésions sont très étendues. La tuberculose du péricarde passe inaperçue jusqu'à une période très avancée ; on peut alors constater les signes de la péricardite. La tuberculose péritonéale, qui est assez fréquente, se traduit par des signes vagues consistant en troubles fonctionnels de l'appareil digestif ; on peut observer parfois

des signes d'une véritable péritonite. La tuberculose des méninges
s'accompagne de symptômes de méningite cérébrale ou spinale; dans
certains cas, les lésions restant limitées, on n'observe que des paralysies locales dues à la compression des centres. La tuberculose arti-
culaire s'accompagne de claudication, de tuméfaction, etc.

Les lésions de la tuberculose peuvent envahir les divers organes
de la cavité abdominale. Il n'est pas rare de rencontrer dans les abattoirs des cas dans lesquels la tuberculose abdominale est associée à la
tuberculose pectorale et même des cas dans lesquels les lésions n'existent que sur le péritoine et les organes de l'appareil digestif. Or les
signes que déterminent les localisations sur les organes abdominaux
sont peu caractéristiques et longtemps peu accusés; ils consistent en
troubles digestifs plus ou moins manifestes suivant l'ancienneté et le degré
d'extension des lésions, tels que diminution de l'appétit, météorisme,
diarrhée intermittente, coliques, vacillation du tronc postérieur, irrégularité de la rumination, etc. La forme abdominale se montre assez
souvent sur les animaux bovins; mais elle n'est la plupart du temps
reconnue qu'à l'abattoir ou quand des localisations existent ailleurs.
Elle dérive de la contagion par ingestion ou de l'extension de la maladie
primitivement localisée dans d'autres organes.

Des lésions de tuberculose peuvent se produire dans les organes de
l'appareil génito-urinaire, sur les reins, sur l'utérus, sur la mamelle,
sur le testicule. L'urine est parfois albumineuse, ordinairement neutre,
plus riche en sels, surtout pendant les paroxymes; on a constaté de
l'hémoglobinurie sur la vache tuberculeuse. Les femelles pleines avortent parfois; on observe sur certaines vaches une excitation génitale
plus marquée; il y en a qui retiennent difficilement, qui deviennent
taurelières, d'autres entrent plus difficilement en chaleur. On peut
constater parfois un écoulement vulvo-vaginal. Les testicules peuvent
devenir tuberculeux, présenter de la tuméfaction, des nodosités, etc.
Enfin la mamelle peut se tuberculiser, soit que les lésions de la maladie
se trouvent déjà avancées ailleurs et la phtisie manifeste, soit que les
animaux, paraissant encore sains, n'aient que des lésions localisées. La
tuberculose de la mamelle débute par la tuméfaction douloureuse d'un
quartier. La tuméfaction paraît bientôt diffuse; elle est ferme et devient
de plus en plus dure et présente des nodosités; elle ne s'accompagne
pas de suppuration. Le lait paraît normal au début de la maladie du
quartier; mais ensuite, quand la tuméfaction s'étend, il se modifie,
devient plus séreux, jaunâtre, présente des flocons fibrineux, devient
moins riche en graisse, en sucre de lait et en phosphore, plus riche en
albumine et en soude. Le ganglion inguinal se tuméfie, devient dur et
noueux. Le lait fourni par une mamelle tuberculeuse devient virulent, présente des bacilles tuberculigènes, même quand il paraît encore normal;
il donne la tuberculose aux animaux à qui on l'inocule ou qui l'ingèrent.

On a observé des cas de tuberculose du tissu sous-cutané caractérisée par des tumeurs, variant entre la grosseur d'un haricot et celle d'une noix ou au delà, et siégeant dans diverses régions. On a également constaté : la tuberculose de la langue, caractérisée par la présence de nodosités dans son tissu; la tuberculose des centres nerveux, celle de la moelle, caractérisée par la paralysie, celle de l'encéphale, annoncée par du strabisme et par l'irrégularité des allures; la tuberculose des yeux, caractérisée par du larmoiement, par l'aspect bosselé de l'iris et le rétrécissement de la pupille, etc.

La tuberculose spontanée des grands ruminants est la conséquence, tantôt de la contagion par inhalation, tantôt de la contagion par ingestion. Dans le premier cas elle débute par la forme pectorale, et dans le second par la forme abdominale; mais, quelle qu'ait été la porte d'entrée du virus et quelles qu'aient été au début la forme de la maladie et la localisation de ses lésions, l'affection a de la tendance à se généraliser. Après avoir été localisées à un ou plusieurs organes d'un même appareil, les lésions tuberculeuses se disséminent par la voie de la circulation lymphatique principalement; peu à peu la forme initiale se complique; bientôt à la forme thoracique s'adjoint la forme abdominale et vice versâ; bientôt de nombreux organes sont envahis dans divers appareils. En sorte que, après avoir observé tout d'abord les signes propres à telle ou telle localisation, on finit par observer ceux de plusieurs formes réunies.

Les symptômes généraux, peu accusés, négligeables au début et pendant un certain temps, deviennent plus nets, plus accusés, plus importants, au fur et à mesure que les lésions s'étendent et deviennent plus nombreuses. L'état général, qui n'est pas sensiblement modifié au début, se montre plus ou moins profondément atteint au bout d'un certain temps. Une fièvre légère se déclare par accès; l'appétit diminue et devient capricieux. La sécrétion lactée, normale au début, diminue ensuite; le lait devient bleuâtre et plus séreux. Il y a quelquefois, durant le cours de la maladie, des exacerbations sous l'influence de causes aggravantes ou perturbatrices; et alors la fièvre est plus intense : puis le type chronique reprend le dessus.

A un moment donné l'état de consomption se déclare. Les malades deviennent plus tristes, plus nonchalants, suent et s'essoufflent facilement, l'embonpoint diminue, puis l'amaigrissement fait des progrès constants; la robe devient terne, les poils piqués et sans luisant; la peau est moins souple, elle est rigide, sèche, adhérente aux parties sous-jacentes, principalement au niveau des dernières côtes; elle revient plus lentement à sa position normale quand on l'a pincée. La colonne dorso-lombaire devient de plus en plus sensible; et le pincement provoque parfois du malaise ou de la toux. Le faciès devient languissant; les yeux s'enfoncent et deviennent moins vifs. La circulation s'accélère; le cœur bat fort et tumultueusement; parfois il présente une hypertrophie qu'il est possible de délimiter par la percussion. Le pouls est accéléré mais petit; les muqueuses sont pâles ou bleuâtres, ou jaunes terreuses, infiltrées. La température générale baisse. On observe parfois des infiltrations œdémateuses dans les parties déclives.

La nutrition est profondément modifiée; l'amaigrissement et l'anémie vont se prononçant de plus en plus. Le marasme se produit; les malades deviennent étiques; la mue ne s'effectue plus. La mort survient par asphyxie ou par consomption.

Les symptômes qu'on peut relever sur les malades sont variables suivant les diverses localisations des lésions, suivant les formes que l'affection revêt. On peut constater des signes de tuberculose pulmonaire, de broncho-pneumonie, de pleurésie, de tuberculose abdominale, etc., ou bien des signes qui dénotent un mélange de formes diverses. La tuberculose peut, non seulement rester latente un temps plus ou moins long, mais aussi présenter parfois dans sa marche des rémittences ou des paroxysmes, suivant l'action favorable ou défavorable de certaines influences. Elle s'aggrave fatalement par des poussées successives. Elle se généralise presque toujours avec le temps. La mauvaise alimentation, la mauvaise hygiène, la lactation, etc., accélèrent sa marche. Elle peut durer des mois et même plusieurs années. Toutefois sa terminaison est généralement fatale. Mais le plus ordinairement on se débarrasse des sujets malades avant l'arrivée du terme fatal. Dans quelques cas elle peut guérir; les tubercules peuvent s'enkyster et la généralisation s'arrêter.

Le *pronostic* de la tuberculose bovine est très grave, attendu que la maladie est contagieuse, qu'elle est généralement incurable, qu'elle est transmissible à l'homme et que son existence constatée entraîne souvent la saisie de la viande des animaux.

Tuberculose du porc. — Après les animaux bovins, ce sont les animaux de l'espèce porcine qui sont les plus prédisposés, parmi les mammifères domestiques, à contracter la tuberculose. La transmission de la tuberculose au porc a été maintes fois constatée dans la pratique et dans les expériences de laboratoire. Que si, dans les abattoirs, on ne constate les lésions de l'affection que sur un nombre relativement restreint d'individus de cette espèce, cela tient à ce que la maladie évoluant généralement plus vite que chez les grands ruminants les fait périr avant qu'on les y conduise, ou détermine les propriétaires à les sacrifier prématurément à cause de leur dépérissement.

Les signes de la tuberculose chez le porc sont de même ordre que chez les grands ruminants. Cet animal se contamine le plus ordinairement par ingestion. Les lésions tuberculeuses envahissent les ganglions, les organes abdominaux, les organes thoraciques, etc. On peut donc observer : des signes d'adénites du côté de la gorge; des signes de péritonite, d'entérite, de pleurite, de broncho-pneumonie, de la toux; quelquefois des boiteries, des signes de tuberculose sous-cutanée, voire de l'orchite avec hypertrophie des testicules chez le verrat. J'ai eu en effet l'occasion d'observer un verrat tuberculeux à l'abattoir, qui présentait toutes les lésions d'une tuberculose ultra-généralisée : des lésions pulmonaires; des lésions ganglionnaires; des lésions des séreuses pleurale et péritonéale; des lésions du foie, de la rate et des reins; des lésions du tissu sous-cutané; des lésions osseuses et des lésions des testicules, qui étaient considérablement hypertrophiés et farcis de nodosités. Quand la maladie est avancée, quand elle est généralisée, on constate, en outre des symptômes propres à ses diverses localisations, des signes généraux tels que pâleur des muqueuses, amaigrissement, faiblesse, mauvaises digestions, diarrhée, etc. La durée de la maladie peut aller jusqu'à plusieurs mois; cependant sa marche est plus rapide que chez les grands ruminants. La tuberculose évolue surtout plus rapidement sur les jeunes sujets.

Tuberculose du cheval. — La tuberculose est transmissible au cheval; des faits d'observation, recueillis en assez grand nombre à l'heure actuelle, établissent nettement l'aptitude de cet animal à contracter la phtisie. Des cas de tuberculose spontanée ont été constatés par de nombreux observateurs (Leblanc, Bouley, Mauri, Trasbot, Nocard, Lustig, Brissot, Johne, Schindelka, etc.). D'ailleurs les expériences de laboratoire, entre autres celles de Chauveau, ont démontré que la tuberculose bovine est transmissible au cheval. Néanmoins la maladie semble rare chez cet animal, dont la prédisposition est loin d'égaler celle des grands ruminants.

Les signes de la tuberculose du cheval sont ordinairement vagues : et souvent le diagnostic certain ne peut être établi qu'à la fin de la maladie ou à l'autopsie. On peut rencontrer les lésions de la tuberculose sur des sujets qui n'avaient pas encore paru malades. La maladie peut revêtir diverses formes; ses lésions peuvent être localisées aux organes abdominaux ou aux organes thoraciques; elles peuvent débuter, tantôt par les uns, tantôt par les autres, et se généraliser ensuite. Elles semblent débuter le plus souvent par les organes abdominaux.

Quand la maladie se présente d'abord sous la forme abdominale, ses lésions étant localisées aux ganglions, à la rate, à l'intestin, au foie, etc., on observe de la diarrhée et des coliques intermittentes. En pratiquant l'exploration rectale, on peut constater l'hypertrophie des ganglions sous-lombaires. Quelquefois les ganglions glosso-pharyngiens peuvent également se montrer hypertrophiés.

Lorsque la tuberculose envahit les organes thoraciques, soit que les lésions débutent par ces organes, soit qu'elles les envahissent secondairement, on observe des signes non équivoques de maladie de poitrine, de broncho-pneumonie notamment; on constate : l'accélération de la respiration, l'inaptitude au travail qui produit l'essoufflement, la toux qui est faible, courte, pénible et quintense, un léger jetage qui n'apparaît pas au début, une diminution générale de la résonnance thoracique, un affaiblissement du murmure respiratoire et des râles bronchiques, râles humides, râles sibilants, quelquefois des signes d'épanchement pleurétique et de la dyspnée.

La maladie est grave ; et, bien que sa marche soit lente, elle amène, en se généralisant, des troubles profonds dont l'état des sujets. On constate une légère fièvre ; l'appétit diminue, devient capricieux ; les malades s'affaiblissent, maigrissent, deviennent inaptes au travail. Presque toujours on constate, surtout quand il y a des localisations dans l'abdomen, de la *polyurie* (Nocard). Les urines deviennent beaucoup plus abondantes ; elles peuvent ensuite devenir albumineuses. On les aurait trouvées plus riches en acide urique et moins riches en acide hippurique. La dénutrition est manifeste ; l'urée est en plus forte proportion. Les malades deviennent apathiques, indolents, faibles, anémiques ; le poil devient terne et piqué, la peau sèche et collée aux côtes ; les muqueuses sont pâles ; des œdèmes apparaissent sous le ventre, au poitrail ; et la mort arriverait infailliblement dans tous les cas, si on ne se débarrassait pas des animaux quand ils sont devenus incapables de tout service.

Tuberculose du mouton et de la chèvre. — La phtisie tuberculeuse est extrêmement rare sur les petits ruminants. Elle a été observée quelquefois cependant sur des moutons et sur des chèvres. D'ailleurs la maladie a été transmise expérimentalement aux animaux de l'espèce ovine et à ceux de l'espèce caprine (Galtier, Leisering, Nocard, Colin, etc.). Quoi qu'il en soit, ces deux espèces sont à juste titre considérées comme peu exposées à contracter spontanément la tuberculose ; et la maladie ne peut être reconnue qu'à l'autopsie. Encore faut-il ne pas la confondre avec les pseudo-tuberculoses de nature parasitaire, qui sont fréquentes chez les petits ruminants, principalement sur les moutons.

Tuberculose des animaux carnivores. — Les chiens et les chats, dont la réceptivité est faible, surtout quand ils sont arrivés à l'âge adulte, peuvent contracter spontanément la tuberculose, soit en inhalant des poussières virulentes, soit surtout en ingérant des matières tuberculeuses provenant des animaux ou de l'homme. On a enregistré de nombreuses observations de tuberculose spontanée, que les chiens et les chats avaient contractée en vivant avec des personnes phtisiques, en mangeant leurs crachats, les matières qu'elles avaient sucées ou vomies, les restes de leurs repas, etc., en mangeant du lait ou d'autres matières tuberculeuses provenant des animaux.

On observe quelquefois la forme thoracique ; mais c'est la forme abdominale que l'on constate le plus souvent sur les carnivores tuberculeux. Il m'a d'ailleurs semblé, d'après quelques expériences que j'ai faites sur le chien, que l'introduction du virus par la veine déterminait de préférence des lésions sur les organes de l'abdomen. La forme abdominale s'accompagne de diarrhée; et la forme thoracique se traduit par l'accélération de la respiration, par de la toux, par des signes de bronchopneumonie, etc. La maladie peut amener l'amaigrissement, se compliquer parfois d'arthrite, s'accompagner de signes de péritonite, etc.

Tuberculose du lapin et du cobaye. — Le lapin, longtemps accusé d'une réceptivité particulière qui l'aurait fait devenir tuberculeux à la suite d'inoculations pratiquées avec des substances non tuberculeuses, n'a nullement cette susceptibilité; il contracte bien la tuberculose, mais il a une réceptivité bien inférieure à celle du cobaye. Ce dernier est, en effet, doué d'une très grande réceptivité pour la tuberculose, ainsi que tous les expérimentateurs l'ont constaté. Toutefois, il est bien rare d'observer la tuberculose spontanée sur le lapin et le cobaye, qui vivent en dehors des conditions dont on les entoure quand ils sont utilisés pour des expériences. On a bien signalé parfois la contamination du lapin vivant dans un milieu où se trouvaient des bovins phtisiques ; mais le fait est si rare qu'il n'y a pas lieu d'insister. La tuberculose du lapin et celle du cobaye sont purement d'ordre expérimental, et il en sera question plus loin.

Tuberculose des autres animaux mammifères. — La tuberculose a été observée sur des animaux sauvages, tels que les lions, les kanguroos, les gazelles, les cerfs, etc. Elle n'est pas rare parmi les singes qui vivent en captivité. Elle se traduit par des signes semblables à ceux de la tuberculose des autres espèces.

Tuberculose des oiseaux. — La phtisie tuberculeuse n'est pas rare chez les oiseaux de basse-cour; les gallinacés, les poules, les pigeons, les faisans, les dindons, les canards, etc., en sont fréquemment frappés. Nous examinerons plus loin si la tuberculose des oiseaux est la même que celle des mammifères.

On a souvent observé de véritables épizooties dans les basses-cours. La tuberculose des oiseaux attaque surtout les organes abdominaux; ses lésions siègent principalement sur le foie, la rate, le péritoine et l'intestin; les articulations peuvent être attaquées aussi. Les oiseaux malades mangent moins, deviennent anémiques, maigrissent, ont de la diarrhée, boitent, deviennent faibles, tombent dans le marasme et succombent.

Tuberculose de l'homme. — L'homme est très apte à contracter la tuberculose ; et la maladie prend chez lui des formes et des allures très variées. Depuis les tuberculoses tout à fait localisées à certains organes jusqu'aux formes les plus complexes, on peut observer tous les intermédiaires et tous les types.

« Le développement simultané de granulations tuberculeuses très nombreuses, presque confluentes dans les séreuses, se manifeste par les signes de la tuberculose aiguë généralisée, fébrile, qui conduit rapidement à la terminaison funeste, souvent avec une méningite tuberculeuse (*tuberculose granuleuse généralisée, granules d'Empis*). Limitée aux poumons et aux plèvres, mais donnant lieu à une grande quantité de granulations tuberculeuses des deux poumons et des plèvres, souvent aussi du péricarde, elle se traduit aussi par des signes de la *phtisie aiguë* (*phtisie pulmonaire granuleuse généralisée*). Quelquefois cette phtisie rapide a les allures d'une pneumonie ou d'une broncho-pneumonie, et l'on trouve en effet à l'autopsie, avec les granulations tuberculeuses isolées ou confluentes par places, des lobules ou des lobes pulmonaires atteints des formes diverses de la pneumonie ou de la broncho-pneumonie, en même temps que de la pleurésie (*phtisie aiguë pneumonique*). Ces deux dernières formes de la phtisie aiguë diffèrent entre elles, la première étant marquée surtout par les symptômes généraux d'une maladie infectieuse fébrile, la seconde par les signes locaux d'une bronchite capillaire, d'une broncho-pneumonie ou d'une pleuro-pneumonie.

« Mais, le plus souvent, la tuberculose limitée aux poumons affecte une marche subaiguë ou chronique. Des nodules tuberculeux, des cavernes plus ou moins anciennes, existent au sommet de l'un des poumons ou des deux poumons simultanément, et, à un moment donné, à la suite de fatigues ou d'un refroidissement, on observe une recrudescence aiguë des symptômes, une extension rapide des lésions aux lobes moyen ou inférieur. Les malades meurent alors après avoir présenté, pendant un, deux ou trois mois, les signes de la *phtisie subaiguë* ou *galopante*. On trouve, à l'autopsie, des cavernes anciennes des sommets, et dans le reste des deux poumons des ilots tuberculeux, des noyaux de broncho-pneumonie et des cavernules. Dans ces phtisies subaiguës, lorsqu'on a affaire à des ouvriers qui travaillent au milieu de poussières, et spécialement de poussières de charbon, les granulations tuberculeuses siègent au milieu et au pourtour de noyaux de pneumonie interstitielle de couleur ardoisée.

« La phtisie chronique, lorsqu'elle reste limitée au sommet d'un poumon ou des deux poumons, est compatible avec la vie presque normale pendant dix, quinze ou vingt ans ou davantage, lorsque les malades se trouvent dans de bonnes conditions hygiéniques ; mais, sous l'influence de causes dépressives, de refroidissements, de surmenage intellectuel ou physique, la maladie peut s'étendre et revêtir les allures de la phtisie subaiguë. On trouve alors à l'autopsie des cavernes plus ou moins étendues du sommet des poumons, entourées d'un tissu calleux, un épaississement fibreux des plèvres et des nodules tuberculeux ou des cavernules récemment formés dans les parties inférieures des poumons.

« En outre de ces tuberculoses pulmonaires qui peuvent s'étendre rapidement ou au contraire rester localisées pendant un temps indéfini, lorsqu'elles sont très peu étendues et limitées par du tissu conjonctif fibreux qui leur forme comme une capsule isolante, les lésions tuberculeuses s'observent souvent sur les muqueuses, à la bouche, au pharynx, au larynx, à l'intestin, sur la muqueuse de la vessie, des organes génitaux, dans les glandes, le foie, les reins, les capsules surrénales, les testicules, la rate, etc., dans le cerveau, les os, les articulations et le tissu conjonctif. Partout, sur les muqueuses, aussi bien que dans les organes ou dans le tissu osseux, les lésions peuvent être limitées ou plus ou moins étendues. Dans le premier cas, si la tuberculose est peu étendue, comme cela a souvent lieu, par exemple, pour la tuberculose du testicule, elle est généralement peu grave, et elle peut, pendant dix, vingt ou trente ans, ne donner lieu qu'à des symptômes locaux sans retentissement général sur l'économie. D'autres fois, au contraire, elle s'étend et peut en dernier lieu se généraliser.

« A ces tuberculoses *locales* on doit rattacher aujourd'hui une série de lésions qui ont été envisagées jusqu'à ces derniers temps comme appartenant à la scrofule, le lupus, la tuberculose cutanée, les abcès froids, les ganglions strumeux du cou et du mésentère, les ostéites chroniques, les périostites, la carie, la nécrose et les tumeurs blanches. D'après les plus récents travaux relatifs à la distinction de la tuberculose et de la scrofule, cette dernière a perdu toutes les maladies profondes qui la caractérisaient en propre, les lésions des ganglions, des os, des articulations et le lupus, et ne conserve plus que les dermatoses superficielles comme l'eczéma impétigineux ou les inflammations subaiguës et chroniques des muqueuses ne s'accompagnant pas d'adénite chronique. » (Cornil et Babès).

LÉSIONS.

La tuberculose est caractérisée anatomiquement par des lésions sous forme de nodules, appelées *granulations* ou *tubercules*, isolées ou confluentes et s'accompagnant de l'inflammation des tissus et des organes qui en sont le siège. Ces lésions subissent partiellement la dégénérescence caséeuse, s'abcèdent parfois, se transforment en cavernes, s'accompagnent d'ulcération, s'isolent des parties saines par une formation nouvelle de tissu fibreux, et se terminent par la transformation fibreuse ou l'infiltration calcaire. Le siège, la distribution des lésions, ainsi que leur nombre et leurs caractères, varient suivant les espèces et suivant le mode de contamination; mais ordinairement, quand la maladie est ancienne, on trouve des tubercules nombreux et disséminés.

Lésions des grands ruminants. — Ce qui domine et donne son caractère principal à la maladie, c'est le tubercule à ses diverses phases d'évolution; toutefois, on rencontre, en outre, des lésions d'inflammation diffuse dans les organes atteints et des lésions d'inflammation exsudative assez souvent à la surface des séreuses.

Le tubercule de la phtisie des grands ruminants parcourt diverses phases successives. Au début, il est représenté par une tache ecchymotique ou par un petit amas de cellules, mais il devient promptement nodulaire, arrondi. Il est alors gros comme un grain de millet, et il peut atteindre le volume d'un grain de blé. Il est ferme, dur, difficile à dilacérer, très intimement uni aux parties voisines, proéminent, saillant, facile à voir, grisâtre, transparent ou semi-transparent. Lorsque plusieurs tubercules se forment les uns à côté des autres, il en résulte des masses, des amas, dont l'aspect bosselé, mamelonné, est caractéristique. Quand on pratique la coupe d'un tubercule ou d'une masse de tubercules, on constate dans chaque granulation la présence de deux zones bien distinctes, une zone centrale, grisâtre, semi-transparente, entourée d'une zone périphérique plus ou moins colorée en rouge. Aussi, quand la coupe est pratiquée à travers un amas de tubercules, sa surface présente un aspect bigarré ; mais il est toujours facile de discerner sur cette coupe ce qui appartient à chaque granulation. Bientôt le tubercule, qui était grisâtre et semi-transparent, devient opaque, blanchâtre ou grisâtre et plus tard jaunâtre, quand son centre a éprouvé la dégénérescence caséeuse. L'incision permet à ce moment de constater l'existence d'une zone centrale, sèche, friable, caséeuse, incluse dans une coque de tissu inflammatoire. Quelquefois, les tubercules situés sur les muqueuses (muqueuse digestive, muqueuse utérine, muqueuse des voies respiratoires) arrivent à l'ulcération, après avoir éprouvé la dégénérescence et le ramollissement. D'ailleurs, le ramollissement peut se produire dans les tubercules situés ailleurs que sur les muqueuses ; mais généralement, chez les grands ruminants, les lésions de la tuberculose subissent l'infiltration calcaire qui se produit rapidement. Très souvent des granulations tuberculeuses, extrêmement petites, grosses à peine comme la moitié d'une petite tête d'épingle, ont déjà évolué complètement ; et, si l'on pratique une coupe à travers leur substance, on reconnaît qu'il y a eu déjà infiltration calcaire.

Quand on pratique des autopsies, on rencontre toujours sur les divers organes des tubercules plus ou moins avancés dans leur évolution ; les uns sont tout à fait calcifiés, d'autres sont encore en voie de calcification, d'autres sont à leur deuxième période, et il en est qui sont encore à la première. Les tubercules calcifiés se présentent avec certains caractères, qui permettent de les reconnaître très facilement, lors même qu'ils sont très petits, quand ils n'ont pas encore éprouvé le ramollissement, et même quand ils sont isolés. Ils sont jaunes, opaques, très durs à la pression, durs surtout quand on essaie de les inciser ; il est difficile de faire une coupe de ces granulations sans avoir dissous la matière calcaire qui les infiltre. Ils ont une partie centrale et une partie périphérique. La première est l'ancien noyau caséifié qui était au centre du tubercule mortifié ; elle est tout à fait infiltrée de matières calcaires, elle est jaune, pierreuse ; l'instrument tranchant passe difficilement à travers sa substance. Autour de cette première partie est la zone périphérique, rouge ou grisâtre et fibro-vasculaire ; elle a la structure du tissu conjonctif inflammatoire en voie d'organisation.

Les masses irrégulières, bosselées, tourmentées, formées d'un nombre plus ou moins considérable de nodules développés à côté les uns des autres, après avoir subi la caséification, éprouvent aussi l'infiltration calcaire. Chacune des nodosités composant l'amas présente au centre une zone caséeuse, puis pierreuse, entourée de tissu inflammatoire. Il n'est pas ordinaire chez les grands ruminants de voir le ramollissement précéder la calcification ; cependant il arrive encore assez souvent de voir, principalement dans certains organes, dans les ganglions lymphatiques et même dans le poumon, des tubercules, qui, sans être primitivement infiltrés de matières calcaires, se ramollissent rapidement, se fusionnent plusieurs ensemble et se transforment quelquefois très vite en un abcès, en une véritable poche. Ce phénomène s'observe dans les ganglions de la gorge et de l'abdomen ; on peut aussi le constater dans le poumon, quand, bien entendu, l'inflammation, qui préside au développement des tubercules, est très vive et très rapide. Le plus souvent, quand le ramollissement survient, il n'a lieu qu'après la calcification. Il ne survient pas toujours ; il est très rare dans les tubercules isolés, car alors le tissu inflammatoire, qui entoure la masse centrale, s'organise et donne peu à peu un tissu adulte, qui forme autour de la masse crétacée une véritable gaine. Il est beaucoup plus fréquent dans les masses calcifiées.

Quand le ramollisement suit l'infiltration calcaire, il commence par la périphérie, il se produit, sous l'influence de l'irritation constante que les parties mortifiées exercent sur les tissus voisins. Cette irritation entretient une inflammation permanente au pourtour du tubercule ; il y a une exsudation plus ou moins abondante ; le produit exsudé se mélange à la matière morte, la ramollit, et il n'est pas rare d'observer alors, au centre du tubercule ou des amas tuberculeux, une matière plus ou moins molle, pultacée, granuleuse, un mortier plus ou moins épais.

Les nodosités qui, en s'agglomérant, forment des masses plus ou moins considérables, peuvent se fusionner par suite de la destruction des cloisons qui les séparent ; ces cloisons étant frappées de mortification ou rongées peu à peu se transforment en matière caséeuse qui s'infiltre de calcaire et se ramollit. C'est ainsi que se forment dans certains organes, dans le poumon, dans les ganglions, etc., des masses caséeuses d'abord, grosses comme une noisette, comme une noix et bien au delà parfois, s'infiltrant de calcaire et se ramollissant plus tard. Quand le ramollissement s'est produit, la lésion représente une poche, une cavité plus ou moins étendue dans laquelle se trouve un contenu. La poche est ordinairement irrégulière; elle présente des *diverticula*, des *infundibula*, des anfractuosités; on y trouve encore des brides de tissu conjonctif, qui sont des vestiges des anciennes cloisons; sa surface est grisâtre ou jaunâtre, et non purulente; ses parois sont dures, rougeâtres ou grisâtres ou lardacées et formées de tissu vasculo-conjonctif. Quant au contenu, il est grisâtre, jaunâtre, caséeux ou plâtreux, pyoïde ou crétacé et analogue à un mortier. Il est formé d'un détritus cellulaire; on y rencontre des gouttelettes graisseuses plus ou moins nombreuses et des granulations calcaires très abondantes; sa consistance est très variable; il est rare que le ramollissement soit très prononcé, le plus souvent, on trouve une matière plus ou moins molle, mais qui n'est jamais complètement liquide. Cette matière n'est jamais résorbée. Elle reste dans les cavernes, où elle s'est formée, où elle s'est ramollie. La partie fluide peut être reprise par la circulation, mais c'est là tout ce qui peut arriver, et alors il y a épaississement de la partie qui reste. Lorsque le ramollissement s'est opéré, il peut encore rester des cloisons ou des débris des anciennes cloisons qui séparaient les tubercules; mais il n'est pas rare que ces brides soient peu à peu atteintes; aussi la cavité, qui primitivement était irrégulière, a de la tendance à se régulariser. La cloison qui l'entoure s'organise en tissu conjonctif adulte.

En résumé donc, tout tubercule est soumis à une évolution progressive; il se présente avec des caractères fort variables suivant ses périodes. Il est formé par des éléments qui sont primitivement vivants et qui ensuite s'altèrent plus ou moins, dégénèrent et même s'infiltrent de matières calcaires. Les nodules, quels qu'ils soient, ont une limite; et, quand ils l'ont atteinte, ils ne peuvent plus s'accroître; mais de nouvelles granulations peuvent apparaître à côté des premières. Il en résulte que plusieurs s'agglomèrent et donnent ces énormes masses qu'on voit dans certains organes, dont le volume peut atteindre celui de la tête (dans les poumons).

Ces masses ont une coloration jaunâtre, propre à la matière caséeuse ou crétacée; elles présentent parfois des restes de cloisons, de travées, qui, le plus ordinairement, se détruisent. Leur coupe est grenue et fait éprouver une sensation granuleuse au doigt; elles se ramollissent en bloc ou en des points différents et forment des foyers considérables, de véritables cavernes, dans lesquelles on trouve un mortier jaunâtre plus ou moins ramolli.

Les caractères macroscopiques du tubercule, en général, étant connus, il importe de passer en revue les diverses localisations des lésions tuberculeuses chez les animaux bovins.

Les organes de l'appareil locomoteur peuvent être quelquefois, bien que rarement, le siège de lésions tuberculeuses. Ainsi on a observé, en

Belgique, en Allemagne, en France, etc., des tumeurs dans le tissu sous-cutané et intermusculaire ; ces faits sont d'une grande rareté. La tuberculose des os, quoique rare, a été observée plus souvent ; j'en ai pour mon compte recueilli, grâce à l'obligeance du service d'inspection des viandes de Lyon, plusieurs cas très intéressants. On peut rencontrer des lésions tuberculeuses dans divers os, principalement dans ceux qui sont riches en tissu spongieux, dans les côtes, dans le corps des vertèbres, dans le sternum, dans la moelle de certains os. On peut enfin en trouver dans certaines articulations.

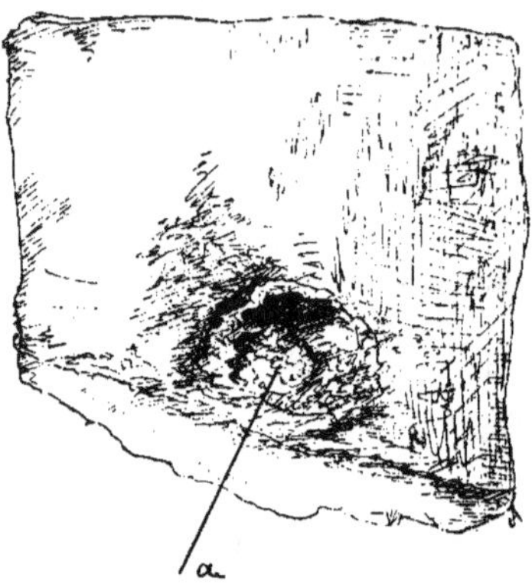

Fig. 90. — Vache tuberculeuse. — Apophyse transverse d'une vertèbre lombaire. *a*, foyer d'ostéite tuberculeuse.

Les tubercules du tissu sous-cutané et du tissu intermusculaire peuvent être plus ou moins nombreux, variant de la grosseur d'un pois à celle d'une noix, disséminés dans diverses régions ou localisés, parsemés de foyers jaunâtres, caséeux. Les lésions des os sont faciles à reconnaître à leur aspect ; elles consistent en foyers jaunâtres, caséeux, ramollis, entourés de tissu congestionné. Celles des articulations consistent en granulations tuberculeuses sur la séreuse, avec inflammation diffuse intra et péri-articulaire et altération des extrémités osseuses.

C'est surtout dans l'appareil respiratoire que les lésions de la phtisie sont abondantes ; elles consistent en tubercules plus ou moins nombreux, en inflammations diffuses, en inflammations exsudatives. Il peut en exister sur la muqueuse respiratoire, dans les bronches, dans le poumon et sur les plèvres. On trouve toujours, à la surface de la muqueuse respiratoire, la matière qui formait le jetage durant la vie ; cette matière, grisâtre, grumeleuse, est produite par la muqueuse trachéale et la muqueuse bronchique. La muqueuse laryngienne et la muqueuse trachéale présentent quelquefois, mais très rarement, des granulations tuberculeuses arrondies et régulières ; ces tubercules sont situés immédiatement sous l'épithélium ou dans l'épaisseur de la muqueuse et plus ou moins profondément. Lorsqu'ils sont superficiels, ils peuvent s'ouvrir à la surface de la muqueuse ; aussi rencontre-t-on parfois de petites plaies ulcéreuses, qui sont dues à l'évolution et à l'élimination de nodules tuberculeux. On peut constater en outre, sur les muqueuses laryngienne et trachéale, une inflammation diffuse et un état catarrhal plus ou moins prononcé.

Dans les bronches, les lésions sont plus constantes; on y trouve fréquemment des granulations tuberculeuses placées en dessous de l'épithélium ou dans l'épaisseur de la muqueuse. Ces granulations finissent

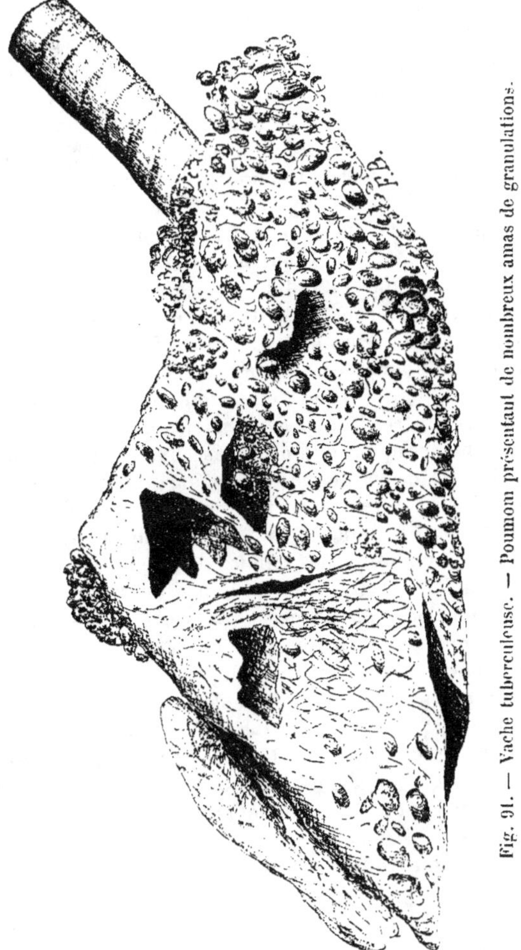

Fig. 91. — Vache tuberculeuse. — Poumon présentant de nombreux amas de granulations.

aussi quelquefois par se ramollir et s'ouvrir; il peut en résulter des ulcères en nombre plus ou moins considérable. La muqueuse bronchique est en outre souvent le siège d'une inflammation aiguë ou chronique, diffuse, qui s'accompagne d'un état catarrhal plus ou moins prononcé ; elle est épaissie, dépolie, irrégulière à sa surface. Dans les petites bronches, il est rare que l'inflammation reste localisée à la muqueuse ; le conduit propre de la bronche et le tissu péribronchique y participent, ils sont pareillement enflammés ; il en résulte à la fois de la bronchite et de la péribronchite. A l'intérieur des bronches on trouve un contenu muqueux, mucoso-purulent, caséeux ou grumeleux, jaunâtre ou grisâtre ; et il arrive assez souvent que certaines bronchules, en plus ou moins grand nombre, finissent par s'oblitérer et ne former qu'une sorte de cordon fibreux. La matière que les bronches contiennent est parfois très abondante, tellement abondante qu'elle est difficilement expectorée, rejetée au dehors ; alors elle séjourne dans certains conduits, les dilate et s'infiltre de calcaire en même temps qu'elle prend une odeur fétide. On trouve fréquemment dans les poumons tuberculeux des dilatations bronchiques ; cette lésion n'appartient pourtant pas exclusivement à la tuberculose, elle peut se produire dans tout poumon, dont les bronches sont enflammées et catarrhales; elle se montre sur une ou plusieurs bronches. Les dilatations observées sont plus ou moins volumineuses, suivant le calibre des bronches dans lesquelles elles se sont formées; elles sont ovoïdes ou biconoïdes et plus ou moins régulières ; elles contiennent ordinairement un produit mucoso-purulent, pâteux, odorant, caséeux, et quelquefois crétacé. La composition de ce produit est la même que celle du jetage, que celle du produit rencontré à la surface de la muqueuse respiratoire ; il est formé d'une partie liquide plus ou moins abondante selon sa consistance, de granulations, de cellules épithéliales, de globules de pus, etc. Lorsqu'on se trouve en présence de ces dilatations, on ne saurait les prendre pour des cavernes véritables, dont la paroi n'est pas revêtue par la muqueuse comme celle de la lésion dont il s'agit. En effet, chaque poche bronchique est tapissée par une muqueuse, qui, aux deux extrémités de la cavité, se continue avec celle de la bronche, sur le trajet de laquelle la dilatation ne forme qu'un accident. Ces dilatations sont occasionnées par la matière morbide, qui est sécrétée en plus ou moins grande abondance, qui est épaisse, qui adhère fortement à la muqueuse, qui peut s'accumuler peu à peu et distendre le canal dans lequel elle s'est formée.

Dans le poumon on trouve des tubercules plus ou moins nombreux, qui se présentent sous différents aspects et à diverses périodes d'évolution. Ils apparaissent soit dans le tissu conjonctif sous-pleural, soit dans le tissu interlobulaire et pulmonaire proprement dit, et on les rencontre un peu partout. Ils sont isolés ou confluents, agglomérés, et forment parfois des masses énormes ; ils se présentent avec les caractères étudiés précédemment. En outre des tubercules et des masses tuberculeuses, on rencontre presque toujours des lésions de pneumonie; tantôt c'est de la pneumonie lobulaire, tantôt c'est de la pneumonie lobaire, et

tantôt enfin c'est de la pneumonie interstitielle ou mieux de la pneumonie mixte, à la fois interstitielle et catarrhale. Ces pneumonies peuvent
être plus ou moins étendues, plus ou moins intenses, plus ou moins
nombreuses, plus ou moins disséminées. On rencontre presque toujours
ces lésions en même temps que les tubercules. L'inflammation lobulaire peut se comporter comme un tubercule, avec cette seule différence
qu'elle est un peu plus étendue ; peu à peu les lobules enflammés
éprouvent la dégénérescence et se transforment en une matière désor-
ganisée ; il y a alors une véritable pneumonie caséeuse. Quelquefois
les lobules malades éprouvent la fonte purulente. La pneumonie lobulaire se termine donc par la formation de cavernules ou petites
poches caséeuses ou purulentes. Elle peut d'ailleurs se présenter avec
les caractères de l'état subaigu ou de l'étatt chronique, accompagné
d'organisation comme la pneumonie lobaire. Celle-ci occupe une étendue
variable au voisinage des points tuberculeux ; elle peut se présenter
avec les caractères de l'état aigu ou de l'état subaigu on de l'état chronique, ou bien assez souvent elle a été suivie de la caséification ou de
l'abcédation, et de la formation de cavernes. Quand elle est à l'état
subaigu, la partie malade se présente avec une coloration rougeâtre et
avec l'aspect de la chair (carnification); il y a déjà un commencement
d'organisation. Plus tard cette organisation s'achève, et alors le tissu
devient plus ou moins sclérosé, plus ou moins lardacé, plus ou moins
dur. Mais la partie malade qui renferme un plus ou moins grand
nombre de tubercules éprouve souvent la dégénérescence caséeuse en
un ou plusieurs points, qui se réunissent ensuite ; elle peut aussi
éprouver la fonte purulente; et la poche qui en résulte, dans l'un
comme dans l'autre cas, uniloculaire ou pluriloculaire, renferme une
plus ou moins grande quantité de pus ou de matière caséeuse. Lorsque
cette caverne s'est produite, il peut se faire qu'une bronche s'ouvre
dans son intérieur ; l'air pénètre dans la poche ; le contenu peut être
chassé au dehors, et alors le jetage prend une odeur cadavéreuse.
Qu'il s'agisse de pneumonie lobulaire ou de pneumonie lobaire, ou
de masses tuberculeuses, quand il y a eu caséification, il se produit
toujours une infiltration calcaire, qui transforme la matière caséeuse
en un magma plâtreux.

Assez souvent on rencontre une infiltration, une œdème dans le tissu
conjonctif interlobulaire, et quelquefois des traces d'emphysème. Quelquefois la pneumonie lobulaire et la pneumonie lobaire peuvent se terminer par la gangrène, par la mortification ; il en résulte alors des
séquestres plus ou moins étendus, englobés dans les tissus vivants et
provoquant la formation d'un sillon disjonctif. Lorsque les cavernes
sont situées superficiellement, elles peuvent s'ouvrir dans la plèvre ;
leur contenu tombe dans la cavité thoracique, et il en résulte un hydro-
pneumo-thorax. Chez les ruminants on rencontre souvent des échino-

coques, qui, il est vrai, n'ont aucun rapport avec les lésions de la tuberculose ; mais, chez les animaux phtisiques, leurs enveloppes éprouvent des modifications ; elles finissent par s'infiltrer de matière calcaire, et à leur pourtour il peut se former des tubercules en plus ou moins grand nombre. On trouve des vaisseaux sanguins altérés, oblitérés, détruits et réduits en cordes fibreuses ou tuberculeux. Les vaisseaux lymphatiques sont enflammés, gonflés, moniliformes et contiennent une lymphe altérée, épaissie, caséeuse. On peut enfin observer sur le même malade des lésions étrangères à la tuberculose, des lésions de péripneumonie par exemple.

En résumé le poumon qui est fortement envahi se présente avec les caractères suivants : il s'affaisse incomplètement ; il est plus dense ; il présente des bosselures plus ou moins nombreuses, ordinairement compactes, dures, résistantes, infiltrées de calcaire, quelquefois fluctuantes et remplies d'une matière caséeuse, épaisse, grumeleuse. Ces bosselures, qui correspondent à des productions morbides, sont disséminées au sein des parties intactes ou entourées d'une zone congestionnée ou hépatisée. Le poumon tuberculeux se montre d'ailleurs fréquemment parsemé à sa surface de granulations ou de masses tuberculeuses jaunâtres. Sur la coupe on observe des lésions de tout âge ; des granulations grises, semi-transparentes ; des granulations jaunâtres, caséeuses ou infiltrées de calcaire et entourées d'une gangue fibreuse ; des granulations transformées en tissus fibreux ; des agglomérats ou masses tuberculeuses plus ou moins volumineux, offrant des parties jaunâtres, caséifiées ou infiltrées de calcaire, contenant parfois de la matière ramollie et entourées de tissu lardacé, au sein duquel on aperçoit d'autres granulations tuberculeuses. On rencontre aussi fréquemment des cavernes plus ou moins grandes, à contenu jaunâtre, mou et crétacé, à paroi irrégulière anfractueuse, bourgeonnante et avec des brides formées par les vestiges des bronches et des vaisseaux de la partie envahie. On rencontre enfin quelquefois des séquestres plus ou moins volumineux, formés d'un morceau d'organe mortifié, jaunâtre ou brunâtre, entourés d'une sorte de poche comme les cavernes.

Les plèvres présentent ordinairement des tubercules plus ou moins nombreux et à différentes périodes d'évolution, qui se sont développés soit à leur surface, soit dans leur épaisseur, qui sont isolés ou agglomérés, et qui forment très souvent des masses plus ou moins considérables, plus ou moins irrégulières, tubéreuses, mamelonnées. Parfois, ces masses représentent des grappes sessiles ou supportées par un pédicule vascularisé, développé à la surface de la séreuse. Lorsque la maladie est très avancée, les tubercules de la surface pulmonaire et les masses tuberculeuses de la plèvre pariétale peuvent se souder ensemble. La plèvre présente, en outre, les altérations de l'inflammation ; elle est congestionnée, infiltrée, épaissie ; ses lymphatiques sont enflammés,

moniliformes, et contiennent une lymphe épaissie; on peut rencontrer
à sa surface des points plus hypérémiés, des points ecchymotiques, des

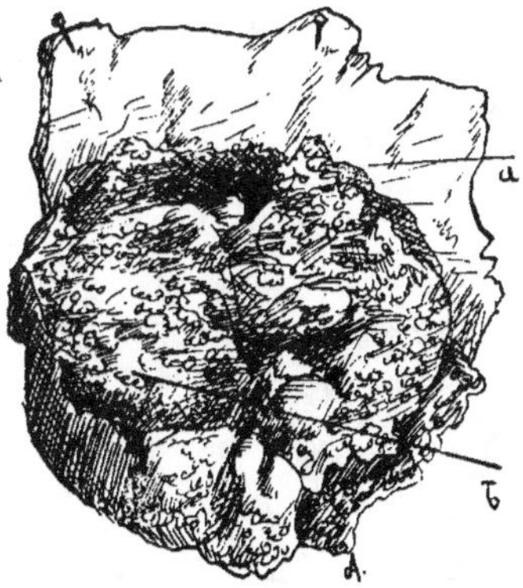

Fig. 92. — Vache tuberculeuse.
a, plèvre pariétale; *b*. grappe tuberculeuse.

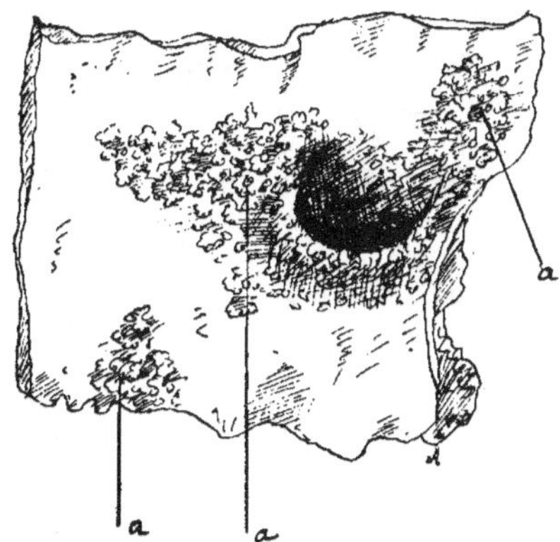

Fig. 93. — Vache tuberculeuse. — Origine
de l'aorte; *a, a, a*, amas de granulations
tuberculeuses.

fausses membranes qui y adhèrent, et qui ont de la tendance à s'organiser; il y a parfois de l'épanchement. Cette pleurésie ne se termine pas
par résolution; peu à peu, les fausses
membranes sont remplacées par des
bourgeons charnus, qui se forment aux
dépens de la séreuse, et ces bourgeons
sont destinés à se couvrir de tubercules.
Souvent, le médiastin supporte de très
nombreuses granulations, et dans ce cas
les ganglions bronchiques et médiastinaux sont également altérés; aussi en
résulte-t-il une compression plus ou
moins énergique des vaisseaux, des nerfs,
de l'œsophage et des bronches. L'épanchement thoracique et les lésions de
l'hydro-pneumo-thorax, quand ils existent, présentent les caractères qu'on
leur reconnaît ordinairement.

L'appareil circulatoire peut, lui aussi,
être envahi par les lésions tuberculeuses;
on en a constaté dans le canal thoracique, sur les gros vaisseaux, sur les

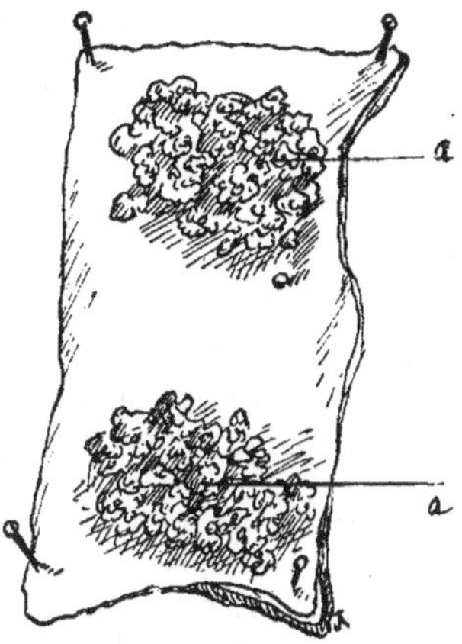

Fig. 94. — Vache tuberculeuse. —
Fragment du péricarde; *a, a*, amas
de granulalations tuberculeuses.

valvules cardiaques; et, pour mon compte, j'en ai observé sur la
tunique interne de l'aorte sous forme de plaques chagrinées, ma-

melonnées et infiltrées de calcaire. La tuberculose du péricarde n'est pas absolument rare; j'en ai recueilli un certain nombre de cas dans lesquels les lésions étaient très avancées. Les deux feuillets deviennent le siège de l'inflammation tuberculeuse. Les tubercules du péricarde, isolés d'abord, ne tardent pas à se multiplier et à se disséminer; on les trouve alors agglomérés en nombre plus ou moins considérable, formant des îlots parfois très volumineux. Quand l'affection est ancienne, les productions tuberculeuses arrivent à recouvrir toute la

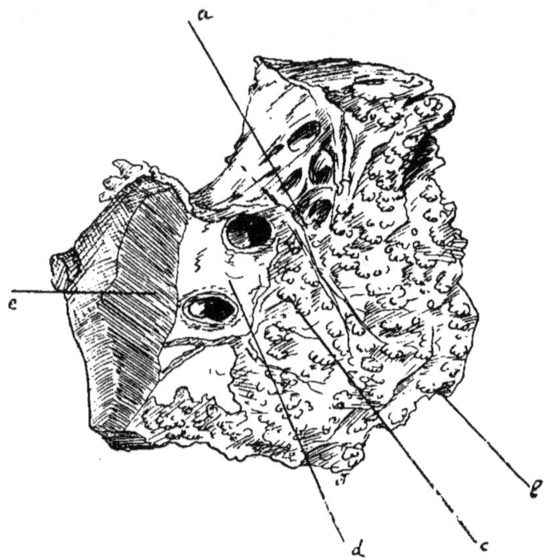

Fig. 95. — Vache tuberculeuse. — Péricardite; *a*, tissu de l'oreillette; *e*, muscle cardiaque; *d*, graisse; *c*, productions tuberculeuses; *b*, feuillet pariétal du péricarde.

surface de la séreuse; elles s'accompagnent, en outre, d'une inflammation exsudative, qui arrive bientôt à faire adhérer les deux feuillets. J'ai, dans mes collections, diverses pièces de péricardite tuberculeuse très avancée, sur lesquelles on voit le péricarde réuni au muscle cardiaque par de volumineuses et épaisses masses tuberculeuses interposées, occupant parfois toute l'étendue de la séreuse.

Les vaisseaux lymphatiques sont souvent enflammés, surtout dans les séreuses, dans la plèvre, dans le péritoine; alors, ils renferment une lymphe jaunâtre, coagulée. Les ganglions sont fréquemment altérés: il est bien rare de les trouver sains; aussi convient-il de les examiner avec soin, et c'est à eux qu'on aura recours pour vérifier si une viande est tuberculeuse, quand on n'aura pas les viscères sous les yeux. Presque tous peuvent être altérés, mais les plus malades sont ordinairement ceux qui se trouvent près de la porte d'entrée du virus; ce sont les ganglions pectoraux, les ganglions bronchiques, les ganglions médiastinaux, les ganglions de l'abdomen, les ganglions mésentériques, les ganglions pharyngiens, etc. Leur altération est plus ou moins avancée, suivant la période à laquelle la maladie est arrivée. Lorsqu'ils présentent des granulations, on peut dire hardiment que la viande provient d'un animal phtisique. Mais quelquefois ils sont peu altérés, légèrement hypertrophiés, et on peut alors être embarrassé si on n'a pas d'autres organes à examiner.

Dans les ganglions, les tubercules se développent et évoluent comme dans les autres organes. Sur des coupes, pratiquées à travers la glande tuberculeuse, on voit des taches opalescentes, jaunâtres, opaques, sèches, dures, caséeuses. Ces taches sont plus ou moins nombreuses, et parfois rapprochées les unes des autres sous forme d'îlots irréguliers ou arrondis; elles représentent autant de tubercules. Les nodules des ganglions passent par les mêmes périodes que ceux des autres organes. Quand ils sont bien formés, ils apparaissent à la coupe sous forme de petites zones jaunâtres, caséeuses ou infiltrées de calcaire. Ils se multiplient et arrivent à envahir toute l'étendue du ganglion atteint, dans la substance duquel on les trouve disséminés ou réunis en amas. Souvent, les tubercules deviennent tellement nombreux qu'ils se fusionnent, et qu'il en résulte finalement une transformation du ganglion en une matière caséeuse ou caséo-calcaire réunie en une seule masse, ou entrecoupée de cloisons conjonctives grisâtres ou ardoisées. Quelquefois même les ganglions tuberculeux s'abcèdent, après être devenus très volumineux; cette abcédation se fait parfois remarquer dans les ganglions mésentériques et aussi dans les ganglions pharyngiens. Les ganglions du tronc, comme ceux des cavités, peuvent être envahis; cependant, ceux qu'on trouve le plus souvent et le plus profondément malades sont les ganglions bronchiques, les ganglions médiastinaux, sus-sternaux, mésentériques, pharyngiens, etc. Ils en arrivent à être considérablement hypertrophiés, à devenir gros comme le poing et même beaucoup plus; ils sont durs, mamelonnés, quelquefois fluctuants.

Bien que la tuberculose abdominale soit un peu moins fréquente que la tuberculose thoracique, on l'observe encore assez souvent, soit que la maladie ait débuté à la suite de l'ingestion, soit que les lésions, primitivement localisées à la poitrine, se soient généralisées. Les lésions de l'appareil digestif sont les mêmes que celles de l'appareil respiratoire : ce sont des tubercules plus ou moins abondants, des inflammations diffuses et des lésions d'inflammation exsudative. On a signalé la présence de tubercules dans le tissu de la langue, mais cela se voit très rarement. On en a eu trouvé aussi dans la muqueuse pharyngienne, dans la muqueuse de l'œsophage, dans celle des estomacs, dans celle de la caillette; de pareilles lésions sont également fort rares.

II.   28

C'est l'intestin, et surtout l'intestin grêle, qui présente les plus nombreuses lésions qu'on puisse rencontrer sur la muqueuse digestive, et

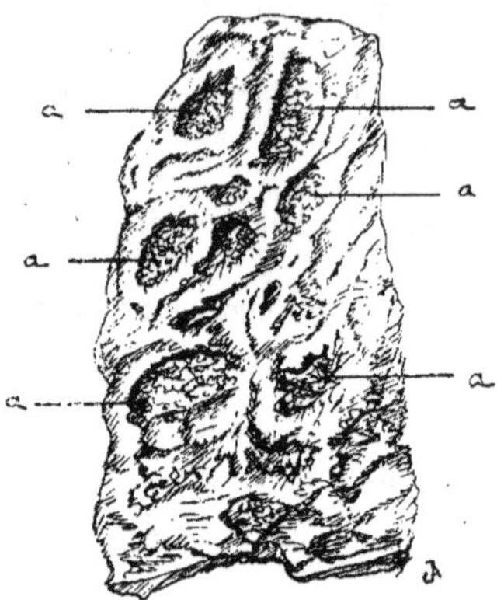

Fig. 96. — Vache tuberculeuse. — Fragment d'intestin grêle; *a, a, a, a*, ulcérations tuberculeuses.

on en voit principalement lorsque les animaux se sont contaminés par cette voie. Le canal intestinal contient parfois un produit morbide plus ou moins abondant, grisâtre et mucosopurulent. La muqueuse intestinale présente assez souvent de nombreuses lésions, qui consistent en tubercules, en inflammations diffuses et en un état catarrhal plus ou moins prononcé. Les tubercules sont situés en dessous de l'épithélium. On peut aussi les rencontrer dans l'épaisseur de la muqueuse, entre les glandes, dans le tissu conjonctif sous-muqueux, dans l'épaisseur des diverses tuniques de l'intestin. Lorsque l'intestin est malade, il y a des modifications profondes dans les follicules clos et dans les glandes de Peyer, qui subissent l'inflammation tuberculeuse et finissent par s'ul-

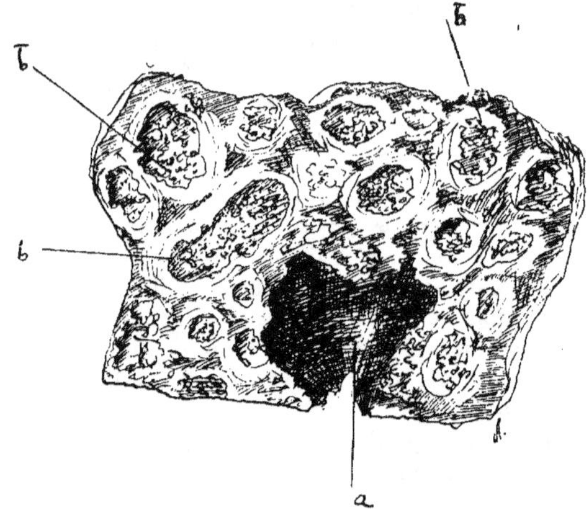

Fig. 97. — Vache tuberculeuse. — Fragment de foie; *a*, caverne ; *b, b, b*, amas tuberculeux.

cérer. Les follicules clos, qui, normalement, contiennent des éléments lymphoïdes, sont le siège d'une inflammation violente; leur contenu

s'accroît, puis se caséifie. Ils s'hypertrophient, et finissent par se rupturer et s'ouvrir, pour évacuer leur contenu à la surface de l'intestin,

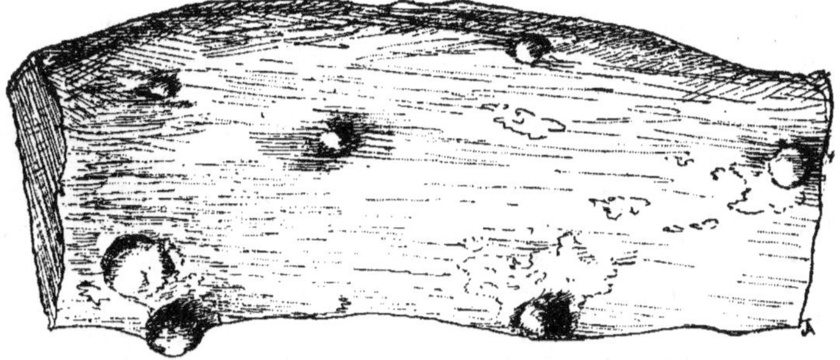

Fig. 98. — Porc tuberculeux. — Fragment de rate présentant des amas de
granulations.

en laissant à leur place autant de petites ulcérations. Il y a ordinairement une infiltration bien évidente, et même un commencement de des-

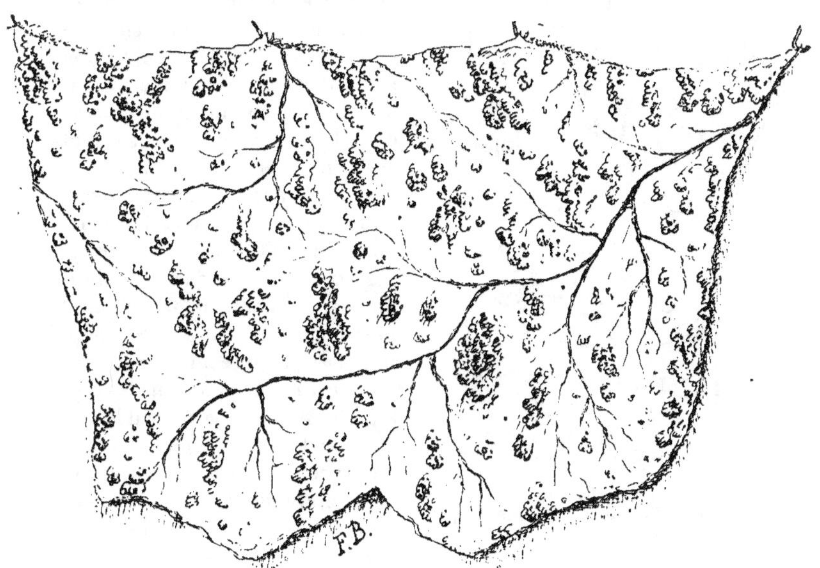

Fig. 99. — Vache tuberculeuse. — Épiploon criblé de granulations.

truction du tissu conjonctif qui entoure les follicules. Les glandes de
Peyer sont hypertrophiées, plus saillantes, plus apparentes; elles

offrent les mêmes altérations que les follicules isolés. Les villosités s'hypertrophient, se congestionnent et peuvent devenir le point de départ de tubercules.

Fréquemment, le foie renferme des tubercules qui sont isolés, ou qui forment des masses parfois très volumineuses, et qui augmentent considérablement son poids. Il existe souvent aussi une infiltration considérable dans le tissu interlobulaire; ces altérations sont les mêmes que celles du poumon. Les éléments propres du foie sont comprimés par le tissu conjonctif interlobulaire, et finalement les cellules hépatiques se détruisent en plus ou moins grand nombre. Les productions tuberculeuses peuvent exister à la surface et dans l'épaisseur de l'organe, où elles acquièrent parfois des proportions énormes, accroissant considérablement le volume et le poids du foie, et pouvant s'accompagner de la formation de cavernes semblables à celles du poumon avec contenu caséeux ou caséo-calcaire. La rate présente rarement des tubercules dans son épaisseur; mais on trouve fréquemment sa surface garnie d'inflammations tuberculeuses ou exsudatives.

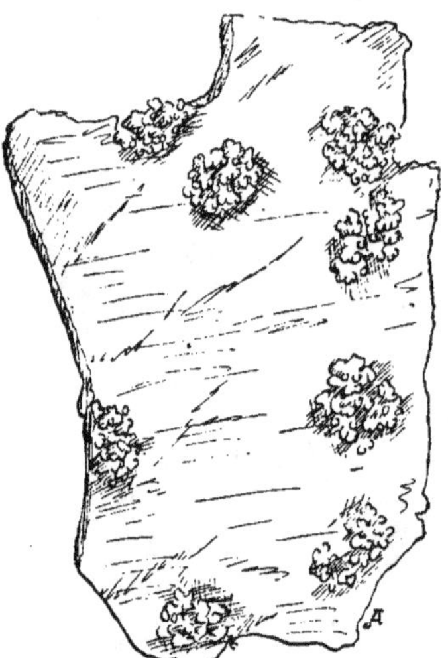

Fig. 100. — Vache tuberculeuse. — Amas de granulations tuberculeuses du péritoine pariétal.

Le péritoine présente à peu près les mêmes lésions que la plèvre; cependant, elles y sont généralement plus discrètes. Le feuillet pariétal et le feuillet viscéral sont le siège de granulations ou d'amas de tubercules, et assez souvent aussi on y trouve une inflammation exsudative avec productions pseudo-membraneuses, avec des bourgeons, des pinceaux ou des houppes rougeâtres, pseudo-membraneuses, simulant parfois un gazon plus ou moins touffu et devenant fibreuses, bourgeonnantes et tuberculeuses. Les portions les plus altérées sont ordinairement le mésentère et surtout l'épiploon, qu'il n'est pas rare de rencontrer couvert de granulations et d'amas de tubercules. Les ganglions sous-lombaires, et surtout les ganglions mésentériques, peuvent présenter les mêmes lésions que ceux des bronches et du médiastin.

Les organes de l'appareil génito-urinaire ne sont pas épargnés; on peut y rencontrer des lésions de tuberculose dans certains cas, lorsque la maladie est avancée. Ainsi, pour mon compte, j'en ai observé sur les reins, sur l'utérus, sur la mamelle et sur le testicule. Les lésions du rein peuvent être plus ou moins étendues ; on peut y rencontrer des tubercules en nombre plus ou moins considérable et à diverses périodes d'évolution. Il peut se former là, comme dans le foie, des masses tuberculeuses, volumineuses, jaunâtres et caséeuses. La tuberculose utérine n'est pas absolument rare chez les vaches atteintes de phtisie ancienne. On peut rencontrer des granulations non seulement sur la

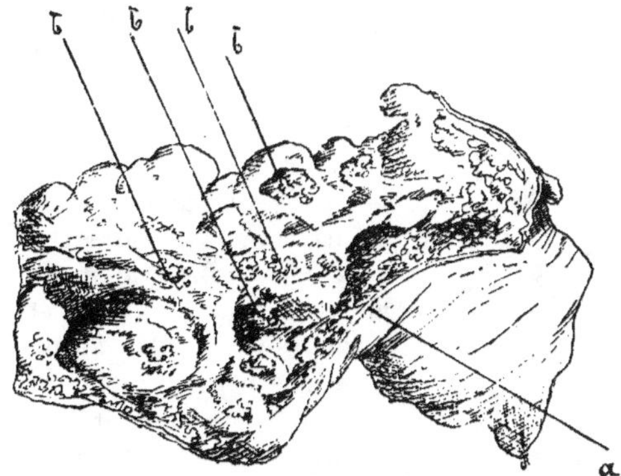

Fig. 101. — Vache tuberculeuse. — Fragment de corne utérine ; *a*, muqueuse ; *b,b,b*, amas de tubercules.

séreuse qui recouvre l'organe, mais aussi sur la muqueuse utéro-vaginale, qui est alors catarrhale, parsemée de nodosités jaunâtres et de plaies ulcéreuses dérivant de granulations qui se sont ouvertes. Les ovaires peuvent aussi se montrer infiltrés de tubercules. La mamelle devient parfois le siège d'une tuberculisation plus ou moins abondante. Les granulations tuberculeuses y ont le même aspect que dans les autres organes ; elles se présentent sous forme de nodosités jaunâtres disséminées, ou sous forme d'amas plus ou moins considérables. Le testicule, l'épididyme et la séreuse testiculaire peuvent être envahis dans certains cas. La région est alors tuméfiée : la séreuse est enflammée, couverte de productions tuberculeuses qui arrivent à faire adhérer ses deux feuillets ; le testicule est hypertrophié, infiltré de granulations jaunâtres ; l'épididyme est pareillement envahi et les vaisseaux lymphatiques du cordon sont turgides, enflammés.

Enfin, les centres nerveux peuvent aussi présenter les lésions de la tuberculose. On les a rencontrées sur les méninges et dans les centres nerveux eux-mêmes : dans le cerveau d'animaux phtisiques, dans la scissure médiane, sur les corps striés, sur les couches optiques, dans le troisième et le quatrième ventricules, le long des lobes olfactifs, dans la profondeur de la substance cérébrale et sur la pie-mère cérébrale, chez des sujets

qui de leur vivant avaient présenté certains symptômes, tels que déviations de la tête, raideur des membres, symptômes épileptiformes, etc. ;
sur la pie-mère spinale et dans l'épaisseur de la moelle chez des animaux qui avaient présenté de la paralysie. Dernièrement M. Arnoud
m'a envoyé une moelle, provenant d'une génisse de dix-huit mois qui
avait été paralysée, et présentant dans son
épaisseur (substance grise), au niveau du
renflement lombaire une série d'amas de
granulations tuberculeuses tranchant par
leur teinte jaunâtre et leur consistance
crétacée sur l'aspect de la substance médullaire.

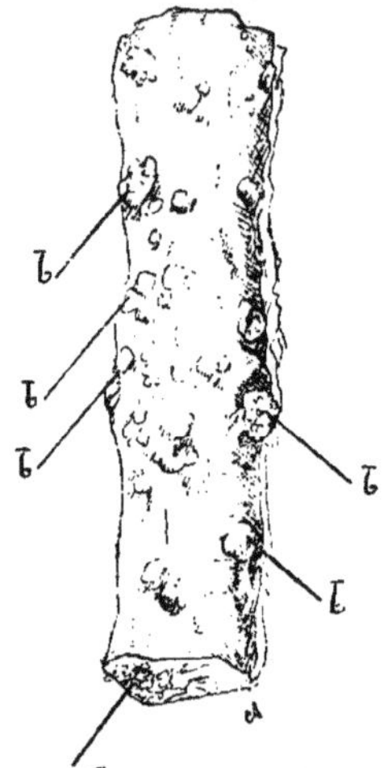

Fig.102.—Génisse tuberculeuse
âgée de 18 mois. — Moelle
lombaire: *a,*tubercules intra-
médullaires ; *b,b,b,* tubercules de la pie-mère.

Lésions du porc. — La tuberculose chez
le porc se caractérise par des granulations
qui deviennent jaunâtres et caséeuses, comme
celles des grands ruminants, sans éprouver
au même degré l'infiltration calcaire ou
même sans la subir aucunement. Ces granulations peuvent d'ailleurs se trouver réunies en amas plus ou moins considérables
ou disséminées suivant la phase de la maladie. Un des sièges de prédilection des granulations tuberculeuses chez le porc est le
système ganglionnaire ; les ganglions de la
tête, du cou, de l'entrée de la poitrine, des
bronches, du médiastin, de l'abdomen, etc.,
peuvent être très malades, alors que les autres
organes le sont encore peu ; ils se montrent
hypertrophiés, bosselés et infiltrés de tubercules jaunâtres. Toutefois
la tuberculose se généralise rapidement sur le porc, et des lésions semblables à celles des ganglions sont fréquentes dans le poumon et sur les
plèvres, qui présentent une éruption abondante de tubercules miliaires
jaunâtres, agglomérés en nombre plus ou moins considérable. Les
portions de poumon attaquées se caséifient. En outre, les organes de la
cavité abdominale sont fréquemment atteints. La muqueuse de l'intestin
peut se montrer envahie par des nodules tuberculeux et des plaies
ulcéreuses ; le foie peut être parsemé de granulations ; il en est de
même de la rate et du péritoine. On a eu observé des lésions sur les
côtes, dans les os, dans le canal rachidien, dans le tissu intermusculaire, etc.

J'ai eu l'occasion, à l'abattoir de Lyon-Vaise, d'étudier jadis la tuberculose sur un vieux verrat chez lequel elle était absolument généralisée.
Tous les ganglions étaient infiltrés de granulations tuberculeuses ; on
en trouvait dans le tissu sous-cutané, dans les os, surtout dans les

côtes et dans le corps des vertèbres; le poumon était aux trois quarts occupé par les lésions tuberculeuses, la plèvre et le péricarde en étaient recouverts; l'intestin, la rate, les reins et le péritoine en présentaient; le foie en était farci. Mais c'étaient surtout les testicules qui étaient intéressants; ils étaient considérablement hypertrophiés et criblés d'innombrables granulations tuberculeuses jaunâtres; les deux feuillets de la séreuse testiculaire étaient réunis par d'abondantes productions tuberculeuses entremêlées de tissu lardacé et de granulations jaunâtres.

Lésions du cheval. — Chez le cheval, les lésions de la tuberculose diffèrent quelque peu par leur aspect de celles des grands ruminants. Les tubercules sont généralement homogènes, durs, fermes, sans centre caséeux et sans foyers de ramollissement; on les trouve tout au moins ainsi dans le poumon et même dans les viscères abdominaux, dans la rate, dans les ganglions, etc. La tuberculose du cheval peut débuter à la suite de la contamination par inhalation, mais elle semble plus souvent faire suite à la contagion par ingestion. Toutefois, bien que la forme abdominale soit la plus fréquente au début, la maladie, en se généralisant, entraîne des lésions dans divers appareils.

Les lésions de la tuberculose abdominale se montrent sur l'intestin, sur le foie, sur la rate, sur les ganglions, sur le péritoine, etc. On peut rencontrer : des nodules ou des plaies ulcéreuses sur la muqueuse intestinale; des tubercules ou des amas de granulations dans le foie et surtout dans la rate, ainsi que dans les ganglions. La rate peut être considérablement hypertrophiée et farcie de productions tuberculeuses plus ou moins volumineuses, arrondies ou mamelonnées (agglomérats de tubercules), blancs, grisâtres, ordinairement homogènes, sans centre de caséification ou de ramollissement, mais aboutissant parfois à la dégénérescence et même à l'infiltration calcaire comme celles du foie. Les ganglions de l'abdomen, ganglions mésentériques et autres, peuvent se montrer hypertrophiés, infiltrés de granulations tuberculeuses et quelquefois ramollis, abcédés.

Les lésions de la tuberculose thoracique se trouvent dans le poumon, sur les plèvres, dans les ganglions et quelquefois sur le péricarde. Dans le poumon on voit des tubercules plus ou moins nombreux, sous forme de tumeurs, dont le volume varie depuis celui d'un grain de millet jusqu'à celui d'une noix. Ces tubercules sont arrondis ou mamelonnés, d'un blanc grisâtre, d'apparence homogène, durs, fermes, ordinairement sans foyers de caséification bien évidente ni de ramollissement, lisses sur la coupe, présentant l'aspect de petits sarcomes. On observe en outre dans le poumon tuberculeux des lésions de pneumonie interstitielle, de pneumonie lobulaire et de bronchite. La plèvre peut se montrer simplement épaissie par places ou bien plus manifestement altérée, enflammée; on peut y rencontrer des tubercules ou des fausses membranes. Les ganglions bronchiques et médiastinaux sont hypertrophiés et envahis par les lésions tuberculeuses comme ceux de l'abdomen.

Lésions des autres animaux mammifères et de l'homme. — Les granulations tuberculeuses des petits ruminants se présentent surtout dans le poumon et dans les ganglions; cependant on a signalé (Leisering) la présence de nodules dans le foie, de nodules et d'ulcérations intestinales, sur le mouton tuberculisé par ingestion. Les ganglions abdominaux et les ganglions thoraciques peuvent s'hypertrophier et présenter des nodules gris, avec ou sans caséification centrale. Le poumon est l'organe le plus envahi; il peut se montrer criblé d'un nombre plus ou moins considérable de tubercules pisiformes, de la grosseur d'un grain de millet à celle d'une noisette, grisâtres, fermes, fibreux, non caséeux au centre, sauf de rares exceptions; toutefois, quand le mal est ancien, des foyers de caséification et même de véritables cavernes peuvent se produire.

Chez les animaux carnivores, les lésions de la tuberculose se montrent sur les organes abdominaux et thoraciques, voire même parfois dans les articulations; elles consistent en granulations grisâtres ou gris jaunâtre, isolées ou agglomérées, avec ou sans caséifiation centrale. On peut en trouver sur le péritoine, sur l'intestin, dans les ganglions abdominaux, surtout dans les ganglions mésentériques, dans le foie, dans la rate, dans les reins, dans le poumon, dans les ganglions de la poitrine, etc.

Les lésions de la tuberculose du lapin et du cobaye consistent également en granulations qu'on peut rencontrer sur divers organes. Chez le lapin, outre les viscères, les os, les articulations, le tissu sous-cutané, etc., peuvent être envahis. Chez le cobaye, le poumon et la rate sont des organes de prédilection pour les lésions tuberculeuses; mais on peut en rencontrer dans les autres organes.

Chez l'homme enfin, les lésions de la tuberculose consistent aussi en granulations isolées ou confluentes, s'accompagnant de l'inflammation aiguë ou chronique des tissus qui en sont le siège, subissant la dégénérescence caséeuse, se transformant parfois en tissu fibreux ou s'infiltrant de calcaire, et se montrant sur les organes thoraciques, sur les organes abdominaux ainsi que dans les autres appareils.

Lésions des oiseaux. — Tous ceux qui ont observé et étudié la tuberculose des oiseaux sont d'accord pour reconnaître que ses lésions se montrent rarement dans le poumon et qu'elles sont abondantes dans la cavité abdominale, sur le foie, dans la rate, sur l'intestin, sur le péritoine, etc.; on les a rencontrées dans les os et dans les articulations. La tuberculose du foie s'accompagne d'une hypertrophie plus ou moins considérable de l'organe, qui semble pénétré, incrusté de fines granulations. On trouve, dans son épaisseur et à sa surface, faisant saillie, des nodules plus ou moins nombreux, souvent ténus, gros

comme un grain de chénevis, pouvant atteindre en se fusionnant plusieurs
ensemble le volume d'un pois, jusqu'à celui d'un petit haricot. Ces tubercules sont blanchâtres, ou un peu jaunâtres quand ils sont volumineux,
transparents dans toute leur masse ou un peu opaques à leur centre,
arrondis ou mamelonnés. La rate offre le même aspect piqueté que
le foie ; elle est infiltrée des mêmes granulations et elle est plus ou
moins hypertrophiée. Des granulations semblables peuvent exister sur
le péritoine, à la surface de l'intestin, dans les ovaires, sur la muqueuse
intestinale, où quelques-unes peuvent avoir fait place à des ulcérations, dans les ganglions et quelquefois dans le poumon, dans les os,
dans les articulations, etc. Quand la maladie est chronique et ancienne,
les granulations sont plus jaunâtres, plus opaques, et prennent souvent une consistance calcaire. Dans certains cas enfin à marche très
rapide, les granulations peuvent être peu faciles à reconnaitre, le foie et
la rate se montrant seulement hypertrophiés, et les innombrables tubercules naissants qu'ils renferment étant en quelque sorte microscopiques.

Histogenèse du tubercule. — Les granulations tuberculeuses
sont déterminées par le bacille pathogène, dont les caractères sont
étudiés plus loin. Les masses tuberculeuses résultant de l'agglomération d'un nombre plus ou moins considérable de granulations élémentaires, il suffit d'étudier l'histogenèse de ces dernières. Chaque
granulation élémentaire, examinée avant la caséification, se montre
formée d'une agglomération de cellules ordinairement composée ainsi
qu'il suit : au centre, une ou plusieurs cellules géantes, volumineuses,
renfermant un protoplasma granuleux et ayant un grand nombre de
noyaux rangés plus ou moins régulièrement vers la périphérie (de
pareilles cellules peuvent faire défaut dans le tubercule vrai et exister
dans des lésions pseudo-tuberculeuses) ; autour des cellules géantes,
ou tout à fait au centre, quand celles-ci font défaut, une zone de
cellules épithélioïdes, moins volumineuses, ordinairement uninucléaires
(quelques-unes peuvent avoir deux ou plusieurs noyaux), formant une
ou plusieurs rangées ; enfin, autour des cellules épithélioïdes, des amas
plus ou moins étendus de cellules lymphoïdes, de leucocytes. Ces
divers éléments sont réunis par une substance inter-cellulaire amorphe
ou fibrillaire. Les bacilles sont plus nombreux dans les tubercules
jeunes que dans les tubercules adultes déjà en voie de dégénérescence
caséeuse ; on les trouve dans les cellules géantes, et aussi, mais plus
rares, dans les cellules épithélioïdes, dans les leucocytes et entre les
cellules.

On a bien prétendu que les bacilles, suivant leur porte d'entrée, se
fixaient sur un épithélium, sur un endothélium ou sur les cellules du
tissu conjonctif ; qu'ils irritaient les cellules fixes, déterminaient leur
gonflement, la transformation de certaines d'entre elles en cellules

polynucléaires, et leur agglomération sous forme de cellules épithélioïdes ; que les leucocytes, attirés par les sécrétions des bacilles et des cellules altérées arrivaient ensuite et s'accumulaient au pourtour ; mais les travaux de Koch, de Yersin, de Cornil, de Metchnikoff, etc., permettent d'interpréter de la façon suivante le mécanisme de la formation des tubercules.

Quand les granulations se forment consécutivement à la pénétration des bacilles dans les vaisseaux, les microbes s'arrêtent dans les capillaires et sont bientôt entourés et englobés par les leucocytes qu'ils attirent grâce à leurs sécrétions. Il se produit ainsi de petits nodules (endo-vascularites) qui dilatent les capillaires ; au sein de ces fines granulations, on voit des bacilles dans les leucocytes, dont certains se transforment en cellules épithélioïdes, d'autres formant des cellules géantes en se fusionnant ou en s'hyperthrophiant et subissant la division nucléaire seulement. Bientôt les parois des vaisseaux ainsi thrombosés ne sont plus reconnaissables, car ils ont été entourés d'une zone proliférante formée par le tissu voisin.

Lorsque les tubercules procèdent de l'introduction des bacilles dans le tissu conjonctif, dans une séreuse, sur une muqueuse, dans les voies digestives ou respiratoires, etc., le mécanisme semble encore à peu de choses près le même. Les bacilles se multiplient d'abord sur place, et attirent les leucocytes par leurs sécrétions ; ils sont ensuite englobés par eux et peuvent être transportés ailleurs ; il se forme sur place des granulations suivant le même mode ci-devant indiqué. De plus les leucocytes, en émigrant, transportent les bacilles dans les divers organes par les voies lymphatique et sanguine ; et là ou s'arrêtent les émigrants commence le processus qui préside à la formation de la granulation. Sur les muqueuses même intactes, les bacilles peuvent passer à travers la couche épithéliale, être emportés par les leucocytes dans l'épaisseur de la membrane, dans les vaisseaux sanguins et lymphatiques.

D'ailleurs il est certain que l'irritation préalable des muqueuses facilite la production des tubercules. Ainsi il est avéré que l'inhalation de poussières irritantes favorise chez l'homme et chez les animaux l'inflammation bacillaire, l'absorption, la pénétration des bacilles tuberculeux.

En résumé les bacilles tuberculeux, qui pénètrent dans l'organisme, pullulent, et sont englobés par les leucocytes qu'attirent les substances qu'ils sécrètent ; ils peuvent être transportés par les leucocytes ; et ceux-ci se modifient, se transforment en cellules épithélioïdes et en cellules géantes au centre des granulations.

Les granulations tuberculeuses, une fois formées, ne tardent pas à subir des modifications ; elles éprouvent généralement la caséification, résultant de la nécrose des cellules, qui se produit du centre à la périphérie et qui est accompagnée de la diminution du nombre des bacilles. La caséification est sans doute due à l'action des sécrétions des microbes ; mais, quand les cellules triomphent des microbes, l'inflammation tuberculeuse peut aboutir à la transformation fibreuse plus ou moins complète, avec ou sans traces de caséification au centre. Toutefois les bacilles se répandent en dehors des granulations déjà formées, emportés par des cellules (leucocytes) migratrices, et vont amener, dans le voisinage, ou plus ou moins loin, en passant, comme on l'a vu, dans les vaisseaux, la formation de nouvelles granulations.

La finalité des tubercules est quelque peu différente suivant les terrains qui les supportent, suivant les organismes ; ils peuvent éprouver suivant les cas, diverses dégénérescences, la dégénérescence granuleuse, pigmentaire, calcaire, fibreuse, hyaline, vitreuse, amyloïde, qui sont le résultat de l'action exercée par les sécrétions microbiennes.

ÉTIOLOGIE.

La tuberculose ne reconnaît qu'une seule cause déterminante ou efficiente, la contagion, c'est-à-dire l'introduction dans l'organisme d'un microbe spécial qui, en repullulant, détermine les lésions et les symptômes de la maladie. Mais certaines conditions individuelles et certaines influences générales agissent comme causes prédisposantes, préparant l'organisme à cultiver le microbe pathogène et favorisant la contagion, l'introduction et le développement des bacilles tuberculeux dans les organismes. Ainsi, l'espèce, l'âge, l'état de santé, le tempérament des sujets, les conditions climatériques, atmosphériques et hygiéniques, exercent une influence considérable sur la réceptivité des organismes vis-à-vis de la tuberculose.

Ainsi l'homme jouit d'une grande réceptivité pour le virus tuberculeux ; ainsi, parmi les animaux mammifères domestiques, les individus de l'espèce bovine, surtout ceux de races amollies, sont, toutes choses égales d'ailleurs, plus aptes à devenir tuberculeux que les petits ruminants, que les carnivores, que le cheval et même que le porc. Ainsi les lapins et surtout les cobayes sont très susceptibles vis-à-vis de la tuberculose expérimentale, et constituent d'excellents réactifs, principalement les cobayes, pour les recherches de laboratoire.

Le jeune âge, l'état valétudinaire, le tempérament lymphatique, la misère physiologique, l'humidité, les intempéries, les refroidissements, les fatigues, l'encombrement dans des habitations étroites, mal tenues, mal aérées, l'air confiné, l'obscurité, la mauvaise hygiène, le surmenage, l'alimentation insuffisante, trop aqueuse ou altérée, etc., sont considérés à juste titre comme des causes prédisposantes qui, débilitant plus ou moins les organismes, les rendent ainsi plus aptes à cultiver les microbes tuberculigènes, qui viendront à s'y introduire.

Certaines maladies antérieures, telles que les maladies de poitrine en général, le diabète, la syphilis, l'alcoolisme, etc., chez l'homme, jouent également le rôle de causes préparatoires à l'égard de la tuberculose. On pourrait accroître expérimentalement (Daremberg) l'aptitude à la tuberculose, en donnant du glucogène, et la diminuer en donnant des huiles ou des graisses.

On a encore considéré comme causes prédisposantes, propres à accroître la réceptivité des organismes, l'aptitude à la production du lait, la lactation prolongée, les gestations répétées, certains modes d'alimentation, l'alimentation riche en calcaire, l'alimentation avec la drèche, etc. Suivant Bidder il existerait une certaine relation entre la proportion de sels à base de potasse dans les aliments et la prédisposition à la tuberculose; ainsi, les animaux bovins et porcins qui mangent des herbes, des racines riches en sels potassiques, sont ceux qui contractent le plus souvent la maladie; les sels de potasse sembleraient améliorer le milieu organique au point de vue de la pullulation du microbe de la tuberculose. Ainsi encore, M. Robcis aurait reconnu une corrélation entre l'aptitude à la lactation et l'aptitude à la tuberculose; par exemple, la vache hollandaise, très bonne laitière, serait plus fréquemment atteinte de tuberculose, toutes choses égales d'ailleurs.

Il convient enfin d'ajouter que les diverses causes prédisposantes signalées agissent comme causes aggravantes, lorsquelles exercent leur influence sur des organismes déjà malades de tuberculose. Ainsi, toutes choses égales d'ailleurs, les individus inoculés ou tombés malades spontanément, résistent mieux et plus longtemps quand ils sont placés au grand air, bien nourris, etc.

Néanmoins, quelle que puisse être l'influence néfaste des causes prédisposantes, la maladie ne naît jamais sans la contagion.

CONTAGION DE LA TUBERCULOSE.

La contagion de la tuberculose, quoique niée jadis par certains pathologistes, a été admise depuis fort longtemps. Le vulgaire croit depuis longtemps à la transmissibilité de la phtisie tuberculeuse de l'homme et de celle des animaux ; et cette croyance, qui a été provoquée et entretenue de génération en génération par l'observation de faits de transmission, est fondée; elle est en effet contrôlée et corroborée par les faits, qu'ont observés, étudiés et interprétés les hommes compétents et surtout par ceux qu'ont provoqués les expérimentateurs.

La tuberculose de l'homme est contagieuse et inoculable comme celle des animaux; elle est transmissible de l'homme à l'homme et de l'homme aux animaux. On a eu observé souvent des cas de transmission du mari à la femme, de la femme au mari, des malades à ceux qui les soignent, des ascendants aux descendants, des personnes aux animaux, aux poules, au chien, au chat.

Chez les bovins la phtisie a généralement une marche lente; cependant on l'a vue quelquefois se propager assez vite et sévir en quelque sorte d'une manière épizootique. Elle s'est montrée plus fréquente à certaines époques, dans certaines localités, dans des fermes ou des habitations où on avait conservé des animaux tuberculeux. On l'a vue se propager dans une ferme à la suite de l'introduction d'une vache phtisique; on l'a vue, une fois introduite dans une habitation, y persister et s'y propager, quoique l'étable fut convenablement tenue. On a vu des étables, qui avaient été occupées par des animaux phtisiques, et qui n'avaient pas été désinfectées, transmettre la maladie aux animaux sains qui y étaient introduits. On a signalé des cas de transmission entre animaux de même espèce ou d'espèces différentes, par la cohabitation, par l'intermédiaire de l'air, des aliments, des boissons souillées de matières tuberculeuses, par l'intermédiaire de produits ou de débris provenant d'animaux malades. On a observé des cas de transmission des ascendants aux descendants. On a cité le cas d'une fille adolescente qui mourait de la tuberculose pendant qu'une épizootie lente de la même maladie emportait dix vaches en quatre ans dans la ferme qu'elle habitait. On a parlé aussi (Lydtin) d'un enfant de cinq ans qui serait mort tuberculeux pour avoir bu longtemps le lait d'une vache phtisique; et on aurait observé dans le grand-duché de Bade que la tuberculose humaine est plus fréquente dans les localités où la maladie est constatée sur un plus grand nombre de bovins. On a également rapporté (Pfeiffer) le cas d'un vétérinaire de Weimar (1885) qui, s'étant blessé profondément en pratiquant l'autopsie d'une vache tuberculeuse, aurait contracté la maladie et en serait mort deux ans et demi après la blessure, l'affection ayant débuté dans la région blessée et s'étant ensuite généralisée.

Les faits observés dans la pratique ne laisseraient aucun doute sur la transmissibilité de la tuberculose, alors même qu'ils seraient seuls, tellement ils sont nombreux et probants pour la plupart. Mais les expériences qui ont été faites depuis quelques années sont venues accumuler de nouvelles et innombrables preuves encore plus démonstratives.

L'inoculabilité de la tuberculose avait été entrevue par Laënnec, qui, s'étant blessé en sciant des vertèbres tuberculeuses, avait vu se développer sur son doigt blessé une nodosité à substance caséeuse. Toutefois, bien qu'on eut réussi antérieurement à inoculer la matière tuberculeuse, c'est à Villemin que revient le mérite d'avoir étudié systématiquement (1865) la transmissibilité de la tuberculose, en recourant à l'inoculation, et d'avoir démontré expérimentalement la virulence de la maladie. Il transmit par l'inoculation la tuberculose de l'homme et celle de la vache au lapin, celle du lapin au lapin, celle de l'homme au cobaye. Il ne réussit que rarement à communiquer la maladie au chien et au chat qui la prennent plus difficilement; il ne réussit pas à la transmettre au mouton, à la chèvre, aux oiseaux, qui ont été cependant tuberculisés depuis par d'autres expérimentateurs. Il tuberculisa le lapin en lui inoculant de la matière tuberculeuse des lésions et de la matière expectorée (crachats), fraîches ou desséchées; il vit toujours se former, au point d'inoculation, une lésion tuberculeuse dont le produit était également inoculable. Il tuberculisa le lapin en lui injectant dans la trachée de la matière tuberculeuse provenant de l'homme; il tuberculisa le lapin et le cobaye en leur faisant ingérer des crachats ou de la matière tuberculeuse de l'homme. Il conclut de ses expériences que la tuberculose est une maladie virulente, transmissible par inoculation, par ingestion et par inhalation. L'inoculation d'autres produits, du pus notamment, ne lui avait pas donné chez le lapin les mêmes résultats.

Chauveau démontra à son tour et vers la même époque la virulence de la tuberculose, en employant divers procédés de transmission. Il obtint la tuberculose chez des animaux bovins en leur faisant ingérer de la matière tuberculeuse de l'homme et de la vache; il démontra que le veau contracte facilement la maladie par l'ingestion de matière tuberculeuse. A la suite de l'ingestion, il vit constamment apparaître les mêmes résultats, c'est-à-dire la tuberculose, qui s'annonça par une diarrhée plus ou moins prompte et plus ou moins intense. Puis survint quelquefois le dépérissement; mais souvent il y eut un rétablissement apparent et l'état d'embonpoint se conserva; dans certains cas, l'aggravation se produisit rapidement; quelquefois la toux se déclara, annonçant la tuberculisation de la poitrine; dans quelques cas, il constata la tuméfaction des ganglions de la gorge. A l'autopsie, il observa la tuberculisation de l'intestin, des follicules agminés et des follicules solitaires de l'intestin grêle, des ganglions mésentériques, rétro-pharyngiens, sous-maxillaires, de l'appareil respiratoire.

Chauveau, au moyen d'injections intra-vasculaires de matière tuberculeuse diluée et convenablement filtrée afin d'éviter la formation d'embolies, obtint la tuberculose chez le veau, chez le cheval et chez l'âne, qui offrirent toujours des lésions pulmonaires. Chez le cheval, de très faibles quantités de virus déterminèrent dans le poumon des éruptions miliaires, grises, transparentes; les injections plus abondantes déterminèrent des pneumonies avec fièvre, toux et autres symptômes, tandis qu'avec des injections faibles, la tuberculisation miliaire se produisait sans trouble apparent de la santé. Ayant injecté le virus sous la peau au veau, au cheval, à l'âne, au mulet, il vit se former entre le dixième et le vingt-deuxième jours une tumeur, qui s'accrut lentement pendant deux, trois, quatre, cinq et six semaines ou plus, qui devint lobulée tout en diminuant de volume, mais qui persistait encore au bout de quatre à cinq mois ; et la dissection, ainsi que l'examen microscopique, la montraient analogue aux tubercules pulmonaires. Il constata que l'inoculation cutanée, pratiquée sur les mêmes animaux, donne naissance à une plaie qui reste ulcéreuse longtemps, et qui n'est pas suivie de la généralisation de la tuberculose.

Chauveau avait donc lui aussi démontré la virulence ; et il l'avait attribuée aux granulations que la matière morbide contient. Il répéta les mêmes expériences, en faisant des injections et des inoculations, avec du pus caséeux et du pus provenant d'abcès froids, chez le veau et le cheval ; mais il n'obtint rien d'analogue à ce qu'avait produit l'inoculation de la matière tuberculeuse. Il reconnut cependant, pour l'avoir vu dans ses expériences, et comme d'autres l'ont également constaté, que l'inoculation d'une matière phlogogène peut être suivie d'accidents tuberculiformes chez le lapin ; mais il constata aussi que la matière de ces pseudo-tubercules, inoculée par injection hypodermique au veau ou au cheval, ne leur donne pas la phtisie, comme la vraie tuberculose du lapin ; elle ne leur donne qu'une tumeur inflammatoire qui disparait en quelques jours.

D'innombrables expériences, faites depuis, en France, en Allemagne, en Italie, etc., sont venues confirmer ce que celles de Villemin et de Chauveau avaient appris. Des médecins grecs ont affirmé (1869) avoir transmis la tuberculose au lapin, en lui inoculant du crachat, du sang, du vaccin d'une personne phtisique ; ils auraient aussi tuberculisé un homme avec le crachat d'un phtisique. Les expériences de Gerlach, de Bøllinger, de Saint-Cyr, de Koch, de Toussaint, etc., etc., ont toutes établi la transmissibilité de la tuberculose.

G. Colin, ayant pratiqué des inoculations sur les grands ruminants, en insérant de la matière tuberculeuse au voisinage d'un ganglion, observa les phénomènes suivants : formation rapide d'une tumeur locale, qui s'ulcère dès la fin de la deuxième semaine, et qui fait place à une caverne béante dont le contenu est caséeux et dont la paroi présente des granulations tuberculeuses ; tuméfaction du ganglion voisin qui se tuberculise. Tout peut s'arrêter là, comme Toussaint l'a constaté chez le porc, les tubercules de la caverne et ceux du ganglion se calcifiant. Mais chez les jeunes animaux le travail local peut s'étendre, envahir successivement les autres ganglions, et les éléments tuberculeux arriver dans le sang pour se distribuer ensuite aux séreuses, aux viscères et provoquer leur tuberculisation. En résumé, l'inoculation de la matière tuberculeuse détermine un accident local qui se montre au bout de quelques jours, puis les lésions peuvent s'étendre et l'infection générale se produire, grâce au cheminement du virus qui provoque des lymphangites, des adénites, et est ainsi transporté, puis déversé dans le torrent circulatoire sanguin, qui le distribue aux organes dont la tuberculisation ne tarde pas à commencer. En vingt, trente, quarante et cinquante jours la généralisation peut être accomplie.

Pendant assez longtemps certains pathologistes ont soutenu que la tuberculose n'est pas une maladie virulente. S'appuyant sur ce que chez certains animaux (lapin, cobaye) on peut obtenir des lésions tuberculiformes par l'inoculation de pus, de matière caséeuse ou crétacée, de substances simplement irritantes, ils avaient conclu que, les matières non tuberculeuses donnant les mêmes lésions que le produit tuberculeux, les lésions provoquées par l'inoculation de ce dernier ne sont qu'une série d'accidents inflammatoires déterminés par l'action phlogogène de la matière tuberculeuse. Pour eux, la vraie tuberculose, obtenue par l'inoculation de la matière tuberculeuse, et la pseudotuberculose, déterminée par l'inoculation d'un produit irritant, devaient être considérées comme identiques. Pour eux, dans l'un comme dans l'autre cas, il s'agissait d'une simple maladie inflammatoire, d'une sorte d'infection purulente; pour eux l'inoculation d'une matière non tuberculeuse provoquait une inflammation locale qui s'étendait et se généralisait par la voie des lymphatiques; pour eux, la nature et la pathogénie de la tuberculose étaient celles de la résorption et de l'infection purulentes. Pour eux, la tuberculose était le résultat de la résorption d'un détritus caséeux introduit du dehors ou formé dans l'organisme à la suite d'une inflammation, et qui, arrivé dans le torrent circulatoire, déterminait des embolies et des inflammations nodulaires. Pour eux enfin, la tuberculisation par les voies digestives n'aurait été également que le résultat d'une inflammation déterminée par le contact de la matière tuberculeuse ingérée; cette inflammation se serait accompagnée parfois d'ulcération et aurait ainsi ouvert une voie d'absorption au détritus caséeux, ou bien elle se serait accompagnée de la formation de caillots, qui en se déplaçant allaient ensuite déterminer des embolies et des nodules inflammatoires dans les organes.

Étant aujourd'hui parfaitement établi que l'étude anatomique des lésions est insuffisante, pour donner la caractéristique d'une maladie, et que le vrai critérium, pour distinguer les maladies contagieuses, est fourni par l'étude des propriétés physiologiques des contages, le seul moyen absolument sûr de distinguer la vraie tuberculose de la pseudotuberculose, déterminée par un produit irritant, était l'inoculation, et de préférence l'inoculation à un animal de l'espèce bovine par exemple; car, ainsi que Chauveau l'a établi, le produit des lésions tuberculiformes obtenues chez le lapin par l'inoculation du pus ne donne pas la tuberculose au veau, tandis qu'il en est autrement de celui des vrais tubercules phtisiques. D'ailleurs, si on obtient chez le lapin et le cobaye une tuberculose disséminée, en leur inoculant, soit des produits caséeux tuberculeux, soit des produits caséeux non tuberculeux, il est démontré (Cohnheim, Salomonsen, Hansell, Deutschmam, Baumgarten, Tap-

peiner, Bertheau) qu'en inoculant le produit dans la chambre antérieure
de l'œil de ces animaux, on n'obtient la tuberculose que si la matière
inoculée est tuberculeuse. On voit apparaître au bout de trois semaines
de petits tubercules gris sur l'iris, qui se caséifient ensuite. Enfin, on
peut, conformément aux données qui se dégagent des expériences de
H. Martin, recourir aux inoculations en séries, pour distinguer la
pseudo-tuberculose de la vraie tuberculose, puisque les lésions tuberculiformes occasionnées par l'inoculation de matière non tuberculeuse sont
identiques par leur structure anatomique aux tubercules vrais. Le virus
tuberculeux acquiert des propriétés de plus en plus infectieuses, par suite
d'inoculations réitérées, de génération en génération, sur une série d'individus ; la virulence du vrai tubercule est donc progressive. La matière
tuberculeuse inoculée localement à un animal donne une tuberculose
locale qui se généralise ensuite ; la matière récoltée sur cet animal se
comporte de même sur un second, celle du second sur un troisième,
ainsi de suite, le virus tuberculeux, acquérant, avons-nous dit, une intensité croissante, quand il est inoculé successivement à des animaux de
même espèce ou d'espèces voisines. La matière des pseudo-tubercules
ne donne pas une tuberculisation généralisée ; et l'inoculation en séries
des produits de cette pseudo-tuberculose devient inoffensive, cessant
même d'être phlogogène à la deuxième ou troisième série. Ainsi, en injectant dans le péritoine d'un lapin ou d'un cobaye une poudre inerte
(lycopode), ou une substance irritante (cantharides, poivre de Cayenne),
on obtient, au bout de quinze jours, des granulations sur le péritoine, qui
ressemblent macroscopiquement et micrographiquement aux tubercules, hormis qu'elles ne renferment pas le bacille tuberculeux. Une de
ces granulations injectée à un deuxième animal donne une nouvelle
éruption, limitée comme la première au péritoine et moins abondante ;
une des granulations de la deuxième série, injectée à un troisième animal, donne un effet encore plus atténué ; et à la quatrième ou cinquième
génération, le résultat est négatif ; tandis que le tubercule ainsi injecté
de série en série donne constamment le même résultat positif, avec
lésions généralisées, au lieu de rester localisées au péritoine.

La tuberculose est donc bien une maladie spécifique et virulente ; la
matière tuberculeuse seule engendre l'affection. Le virus tuberculeux
jouit, comme les autres, de la propriété de se reproduire et de se multiplier à l'infini ; l'inoculation est le critérium le plus sûr des vrais tubercules. Toutes les lésions tuberculiformes (morve, infection purulente,
nodules parasitaires) procèdent d'une action irritante centrale ; mais
l'inoculation et l'examen micrographique, qui fait découvrir tel ou tel
parasite ou tel microbe, permettent de les différencier. La présence du
bacille de Koch permet également de distinguer les tubercules vrais des
lésions qui en ont plus ou moins les caractères anatomiques.

Nature du virus tuberculeux. — Bacille de Koch. — L'ino-

culabilité de la maladie permettait déjà d'induire légitimement sa nature microbienne avant la découverte de son bacille. Chauveau avait attribué la virulence à des éléments figurés. Des essais faits par Klebs et ses élèves leur avaient fait attribuer la genèse de la maladie à un microbe arrondi, en articles isolés ou réunis par deux, et animés de mouvements très vifs. Toussaint avait aussi cultivé un microbe sous forme d'articles arrondis, isolés ou géminés, ou en chaînes ou en amas. C'est R. Koch qui découvrit (1882) le véritable agent de la tuberculose, lequel se présente sous forme de bacilles, et qui démontra son rôle pathogène. Il constata dans les crachats des tuberculeux, à la surface des cavernes, sur des coupes de tubercules miliaires et de productions tuberculeuses de divers organes, la présence de bacilles minces, qu'il réussit à colorer, à isoler, à cultiver et à inoculer à l'état de pureté. Il constata la propriété caractéristique que possèdent ces bacilles de fixer d'une façon spéciale les matières colorantes.

Le procédé de Koch, pour mettre les bacilles tuberculeux en évidence, consistait à les faire apparaître revêtus d'une coloration qu'ils conservaient seuls, quand on traitait la préparation de certaine façon. Koch traitait les coupes de tissus tuberculeux (ou les lamelles préparées en étendant du crachat ou tout autre produit à leur surface puis séchant et fixant par la flamme) par un séjour de vingt-quatre heures dans un bain de bleu de méthylène (solution alcoolique concentrée de bleu de méthylène 1 + solution de potasse à 10/100 2 + eau distillée 200); ensuite il les plongeait un quart d'heure dans une solution aqueuse concentrée de vésuvine, qui donnait une coloration brune à toute la préparation, hormis aux bacilles qu'on voyait bleus sur un fond brun. Ils constata de la sorte que les bacilles siègent de préférence dans les cellules géantes, quand la lésion en présente. Il les trouva abondants, formant des groupes ou amas dans les lésions récentes et à développement actif ; il constata qu'ils deviennent moins nombreux quand la lésion est ancienne. Il en observa dans les lésions tuberculeuses de l'homme et dans celles des animaux bovins, des oiseaux, du porc, du lapin, du cobaye, du singe, du chien, du chat. Aussitôt après la découverte de Koch, Ehrlich imagina un procédé de coloration, qui permet d'obtenir de meilleures préparations ,et donne un moyen de reconnaître le bacille tuberculeux par sa résistance à l'acide nitrique au tiers employé après la coloration. Pour isoler le bacille qu'il avait découvert, Koch se servit du sérum gélatinisé et obtint des cultures dont la forme, l'époque et le mode de développement sont spéciaux. Il les inocula ensuite à des séries d'animaux de diverses espèces, et il obtint des résultats positifs et constants.

Du reste, à la suite du travail de Koch, beaucoup de cliniciens cherchèrent, par le procédé d'Ehrlich, les bacilles de la tuberculose, et en firent un élément de diagnostic ; quelques-uns ont procédés de coloration. Les bacilles de Koch furent ainsi trouvés : dans les lésions des personnes et des animaux tuberculeux ; dans les sécrétions pathologiques, telles que produits expectorés, crachats, écoulement vaginal, etc. ; dans certains produits de sécrétion physiologique dans le lait provenant de mamelles malades, quelquefois dans l'urine.

Les bacilles de la tuberculose se rencontrent en quantité variable dans les lésions de la maladie. Ils peuvent être très rares ou faire défaut dans les lésions tout à fait anciennes, fibreuses, ou infiltrées de calcaire : c'est surtout dans les lésions les plus récentes qu'on les rencontre en nombre considérable. Ce sont bien eux qui engendrent la maladie, qui produisent les lésions, tout le prouve : leur présence dans les lésions et leur inoculation après qu'ils ont été isolés, cultivés dans des milieux artificiels. Le virus tuberculeux doit donc bien son action à un microbe spécial, le bacille de Koch.

Les bacilles de la tuberculose se présentent sous la forme de fins bâtonnets. Leur longueur varie de 1,5 μ à 3,5 μ et au-delà : on peut voir de très courts articles à côté d'articles beaucoup plus longs. Leur épaisseur, quoique plus uniforme que la longueur, varie cependant suivant les espèces et suivant les procédés de coloration employés ; elle est ordinairement de 0,3 μ environ, ou un peu plus ; mais souvent on observe des étranglements, qui ont parfois pu faire croire à une transformation en une chaîne d'articles ovoïdes ou arrondis. Ils sont immobiles. Quand ils ont subi l'action des solutions colorantes, ils peuvent se montrer uniformément colorés ou parsemés de zones claires de forme ovalaire alternant avec des zones colorées. Koch croit que ces sortes de vacuoles qui restent incolores sont des spores.

Le bacille de la tuberculose, qu'il provienne des produits morbides, des lésions ou des cultures, peut être examiné sans coloration, avec ou sans réactif éclaircissant (acide formique par exemple), ou après coloration avec des solutions contenant un mordant ; il peut être préparé suivant la méthode de Gram. Mais, quand on veut s'assurer qu'il s'agit bien de lui et non pas de tout autre bacille plus ou moins semblable, il faut non seulement recourir à l'emploi des réactifs colorants mais les faire agir d'une certaine façon, si l'on veut obtenir des résultats satisfaisants. Il convient que le bain colorant soit additionné d'un mordant, les solutions aqueuses simples ne donnant pas de bons résultats ; il faut d'autre part mettre à profit la propriété que possède ce bacille de garder la coloration plus longtemps que la plupart des autres et de ne se décolorer qu'après une action prolongée du réactif décolorant ; on peut alors, si l'on veut, teindre le fond d'une couleur différente. On obtient ainsi des préparations très démonstratives, dans lesquelles le fond présente telle coloration et les bacilles une coloration différente. En effet les procédés de coloration, préconisés depuis la découverte de Koch, reposent sur ce fait que le bacille tuberculeux fixe certaines matières colorantes, employées d'une certaine façon, avec une énergie telle que, soumis ensuite à l'action décolorante de l'acide nitrique ou de quelque autre réactif décolorant, il conserve sa coloration ; tandis que les autres éléments de la préparation, cellules ou microbes, se décolorent rapidement ; en sorte que la préparation ainsi traitée peut être colorée par une nouvelle matière colorante différente. qui se fixe sur tous ses éléments, à l'exception des bacilles tuberculeux qui on conservé la première.

Les procédés de coloration, qui ont été tour à tour indiqués, sont très nombreux ; mais il suffira d'en faire connaître quelques uns parmi les plus sûrs.

a. *Coloration par le procédé primitif de Koch.* — Préparer des lames ou lamelles en y étalant une très mince couche de produit morbide ou de pulpe de lésion, sécher, puis fixer en passant à la flamme ; placer les lames ou lamelles préparées de la sorte, ainsi que les coupes, dans un bain composé de 200 centimètres cubes d'eau distillée, de 2 centimètres cubes de solution de potasse à 1/10 et de 1 centimètre cube de solution alcoolique concentrée de bleu de méthylène ; laisser le bain colorant agir de vingt à vingt-quatre heures à la température ordinaire, ou seulement une heure en le maintenant à 40° ; laver ensuite la préparation à l'eau distillée et la plonger de deux à quinze minutes dans une solution aqueuse concentrée de vésuvine, qui doit être filtrée chaque fois avant d'être employée ; laver enfin à l'eau distillée, déshydrater et monter dans le baume ; tout est brun, hormis les bacilles de la tuberculose qui sont bleus.

b. *Coloration par le procédé d'Ehrlich.* — Ehrlich substitua à la solution de potasse une solution anilinée qui altère moins la forme des microbes, ainsi que celle des cellules, et permet d'obtenir un bain qui colore plus rapidement, tout en donnant aux bacilles une coloration plus intense et plus durable. Quand on a fait agir le bain colorant aniliné, tout est uniformement coloré, et les bacilles ne sont pas visibles ; il faut donc décolorer la préparation, tout en laissant les bacilles colorés. L'acide azotique, qui a des affinités chimiques assez actives pour les sels d'aniline, et qui forme avec eux des combinaisons très solubles et incolores, permet d'obtenir ce résultat, quand on le fait agir avec précaution ; employé en dilution au tiers, il décolore tout, hormis les bacilles tuberculeux qui sont alors facilement visibles. Toutefois la résistance des microbes tuberculeux aux acides n'est que relative ; la plupart ou même tous peuvent se décolorer, quand l'action du bain décolorant est trop prolongée. En pratique il ne faut faire agir le bain décolorant que peu de secondes, de façon à aller jusqu'à la production d'une teinte jaunâtre si on s'est servi de fuchsine, bleuâtre si on s'est servi du violet de méthyle et verdâtre quand on a employé le bleu de méthylène. Les préparations doivent être lavées au sortir du bain décolorant ; et il convient de les laver dans de l'alcool à 50 ou 60 pour 100, car, si on fait le lavage à l'eau distillée, la coloration première revient en partie, les sels d'aniline transformés par l'acide se reformant en présence de l'eau. On peut enfin, pour faciliter la recherche des bacilles tuberculeux, quand ils sont rares, colorer le fond avec une nouvelle matière colorante différente de la première.

Voici en résumé comment on procède d'après la méthode d'Ehrlich :

Préparer les lames, lamelles, coupes, comme pour le procédé précédent et les suivants ; préparer de l'eau anilinée, au moment de procéder à la coloration, en agitant quelques gouttes d'huile d'aniline dans de l'eau distillée, et filtrer sur un papier mouillé pour enlever l'aniline non dissoute ; préparer le bain colorant avec, eau anilinée 9 centimètres cubes, alcool absolu 1 centimètre cube et solution alcoolique saturée de fuchsine ou de rubine ou de violet de gentiane 1 centimètre cube ; faire agir ce bain colorant de douze à vingt-quatre heures à la température ordinaire, ou seulement de quinze à vingt minutes en le maintenant à la température de 50° environ ; au sortir du bain colorant, laver la préparation à l'eau distillée, et la décolorer par un passage de quelques secondes à peine dans un bain d'acide azotique formé de 1 partie d'acide et de 3 parties d'eau distillée, ou mieux dans un bain formé d'alcool absolu 10 centimètres cubes et d'acide azotique 1 centimètre cube, puis la laver d'emblée dans un bain d'alcool à 50 ou 60 p. 100 ; colorer le fond pendant quelques minutes par une solution aqueuse de bleu de méthylène ou de vésuvine ; laver à l'eau distillée et examiner dans ce liquide, ou monter dans le baume, après avoir déshydraté (dessiccation à l'air), si l'on veut garder la préparation.

Diverses modifications ont été proposées au procédé d'Ehrlich. On a conseillé de substituer, comme mordant, à l'aniline, diverses autres substances : la toluidine, l'acide phénique en solution à 5 p. 100 dans l'eau distillée, l'ammoniaque à 1/2 p. 100, le thymol en solution à 1 p. 1000, le borax, etc. On a également proposé de substituer à l'acide azotique, comme agents décolorants, l'acide sulfurique au 1/3 ou au 1/4, l'acide chlorhydrique, l'acide formique, l'acide acétique, l'acide oxalique, etc. Fraenkel a proposé d'unir le réactif décolorant avec le bain qui doit donner la coloration du fond ; après la coloration dans le bain d'Ehrlich, on n'aurait qu'à soumettre la préparation à l'action d'un bain filtré, formé d'alcool 50, d'eau distillée 20, d'acide azotique 20, et de bleu de méthylène en excès ; on laverait au bout de deux minutes dans de l'alcool à 50 p. 100, additionné de 2 p. 100 d'acide acétique, et on obtiendrait ainsi en même temps la décoloration et la coloration nouvelle du fond. On peut substituer au bain d'Ehrlich une solution de fuchsine phéniquée à 5 p. 100 (Ziehl-Neelsen), une solution au thymol (Brieger), le bleu de Kühne (solution de carbonate d'ammoniaque à 1 p. 100, et solution de bleu de méthyle), etc.

c. *Coloration par le procédé de Lubimoff.* — Les bains colorants, avec l'aniline comme mordant, ne se conservent pas, et doivent être préparés chaque fois au moment de s'en servir; ceux dans lesquels on a substitué l'acide phénique à l'aniline deviennent sombres quand on les conserve; en remplaçant l'acide phénique par l'acide borique, Lubinoff a indiqué un procédé qui donne de bons résultats, et qui permet d'avoir un bain colorant préparé à l'avance. Voici ce procédé :

Dissoudre $0^{gr},5$ de cristaux d'acide borique dans 20 centimètres cubes d'eau distillée, à laquelle on ajoute 15 centimètres cubes d'alcool absolu; ajouter ensuite $0^{gr},5$ de fuchsine (rubine), et agiter (on a de la sorte un bain colorant qui se conserve et est toujours prêt sans nouvelle filtration); placer une ou deux minutes les lames ou lamelles garnies de matière tuberculeuse dans ce bain, qu'on chauffe à la flamme du gaz; les décolorer ensuite, en les passant dans une solution d'acide sulfurique au $1/5°$, puis les laver à l'alcool et les porter une minute et demie dans une solution alcoolique saturée de bleu de méthylène; enfin, laver à l'eau distillée, sécher et monter dans le baume dissous au xylol; laisser pareillement une ou deux minutes les coupes dans le bain colorant chauffé jusqu'à l'ébullition; les passer ensuite quelques secondes dans un bain d'alcool, puis les immerger de une à deux minutes dans la solution d'acide sulfurique au $1/5°$; les laver encore à l'alcool, et les plonger de trente secondes à une minute dans la solution alcoolique saturée de bleu de méthylène étendue de trois fois son volume d'eau distillée; enfin, laver à l'alcool, déshydrater, éclaircir à l'essence de cèdre, et monter dans le baume au xylol; dans les préparations ainsi traitées, les bacilles tuberculeux sont rouges et le fond est bleu.

d. *Coloration par le procédé de Martin-Herman.* — Ce procédé consiste dans les manipulations suivantes :

Plonger les lames, lamelles ou coupes, pendant une minute, dans un bain, maintenu à la température de l'ébullition commençante, et composé de 100 centimètres cubes d'eau distillée, de 1 gramme de carbonate d'ammoniaque, de 30 centimètres cubes d'alcool à 95°, et de 1 gramme de violet de méthyle 6 B; décolorer les lames ou lamelles en les passant quatre ou cinq secondes dans une solution contenant 10 parties d'eau pour 1 d'acide azotique, et pour les coupes se servir d'une solution d'acide au quart; laver ensuite rapidement à l'alcool à 95° les lames ou lamelles, puis sécher au-dessus d'une flamme et monter au baume; laver également les coupes à l'alcool, les déshydrater, les éclaircir à l'essence, et monter dans le baume au xylol; on a, de la sorte, des préparations où les bacilles tuberculeux sont seuls colorés en violet. Si l'on veut donner au fond une coloration nouvelle, on plonge une trentaine de secondes les préparations une fois décolorées et lavées à l'alcool dans un bain formé de 100 centimètres cubes d'alcool à 60° et de 1 gramme d'éosine, ensuite on lave à l'alcool, on dessèche et on monte; cette fois les bacilles se détachent en violet sur un fond rose.

La culture du bacille de Koch peut être faite sur divers milieux solides et dans les bouillons préparés d'une certaine façon. Il est aérobie, il ne se développe qu'en présence de l'air et à une certaine température ; sa multiplication est lente entre 28° et 30° ; il cesse de se développer à 42° ; c'est à 38°-39° qu'il semble se développer le mieux ; mais, même dans les meilleures conditions, la culture ne devient manifeste qu'au bout de huit ou quinze jours, et ce n'est qu'au bout de plusieurs semaines qu'elle est convenablement développée.

C'est Koch qui, le premier, cultiva, sur le sérum, le bacille de la tuberculose. Son procédé peut se résumer dans les quelques lignes suivantes : ayant préparé du sérum (de bœuf) gélatinisé, il l'ensemençait avec le produit d'une lésion tuberculeuse. Les premiers jours, aucun changement ne se produisait si la semence employée était pure. Du dixième au quinzième jour apparaissaient de petites taches blanchâtres ou jaunâtres, sans éclat, ressemblant à de petites pellicules ou à de petites graines, et ne liquéfiant pas le sérum auquel elles adhéraient faiblement. Koch avait ainsi obtenu des cultures pures, en empruntant la semence à l'homme et à la vache. Mais les tentatives faites par d'autres expérimentateurs avaient été peu encourageantes, lorsque M. Nocard d'abord, et ensuite MM. Nocard et Roux, indiquèrent comment il convenait de composer les milieux, pour obtenir sûrement de bonnes cultures.

Un milieu gélatinisé, composé de sérum de sang, de peptone (1 p. 100), de sel marin (0,25 p. 100), cultive passablement le bacille de la tuberculose qui, après trois générations sur ce milieu, peut mieux venir sur le sérum simple.

Les milieux de culture qui peuvent être employés avec succès sont ceux indiqués par MM. Nocard et Roux, à savoir le sérum, la gélose et le bouillon auxquels on a ajouté de la glycérine, de la peptone et une certaine quantité de glucose ; on peut aussi se servir de la pomme de terre, comme l'a indiqué Pawlowsky.

e. *Culture dans le bouillon.* — Le bouillon ordinaire, additionné de 1 à 2 p. 100 de peptone, de 5 à 6 p. 100 de glycérine neutre, et de 2 p. 100 de glucose, constitue un excellent milieu, où « le bacille de la tuberculose venant d'une culture sur terrain solide se développe abondamment dans l'espace de huit à dix jours. Il apparaît d'abord sous forme de petits flocons très ténus, qui se rassemblent sur le fond du flacon à culture. Ces flocons se désagrègent facilement si on les agite. Ils s'accroissent rapidement, et, si on les laisse au repos, au bout de quinze jours à trois semaines le fond du vase est couvert de flocons volumineux, rappelant un peu ceux de la bactéridie charbonneuse, mais plus consistants et plus difficiles à désagréger.

« Si le bouillon glycériné est ensemencé avec de la matière tuberculeuse prise sur un animal, la croissance des bacilles est plus lente que si la semence avait été prélevée sur une culture dans un milieu glycériné. Dans ces conditions, il faut un mois pour avoir un développement sérieux. Cependant, en ajoutant au bouillon glycériné un peu de l'albumine de l'œuf, nous avons eu une culture manifeste, en partant de la tuberculose du lapin, au bout de cinq jours; le huitième jour, elle était tout à fait abondante.

« Les cultures successives dans les milieux liquides se font facilement, et en conservant leurs caractères. Le développement, très appréciable le huitième ou le dixième jour, est considérable au bout de deux ou trois semaines.

« Les flocons paraissent formés par des bacilles enchevêtrés, bien colorés (procédés de coloration précédemment indiqués), et un peu plus petits que ceux qui croissent sur les terrains solides. Plus tard, ils semblent grossir un peu; en vieillissant, ils se colorent d'une façon moins intense, et l'on aperçoit, dans leur intérieur, des grains plus foncés, soit au nombre de deux, un à chaque extrémité, soit au nombre de trois, deux aux extrémités, un au milieu du bacille. Un bacille n'a quelquefois qu'un grain, soit au bout, soit avant son milieu; parfois aussi on en voit plusieurs répartis dans toute sa longueur. Ces grains, qui ont tout à fait l'aspect de spores, deviennent plus nombreux et plus nets avec l'âge des cultures » (Nocard et Roux).

On peut aussi se servir de bouillon peptonisé et glycériné sans addition de glucose.

f. *Culture sur le sérum et sur la gélose.* — C'est le sérum glycériné ou le sérum glycériné-peptonisé, ou encore le sérum glycériné-peptonisé-glucosé, et la gélose glycérinée-peptonisée ou la gélose glycérinée-peptonisée-glucosée que MM. Nocard et Roux ont préconisés.

« L'addition de la glycérine au sérum ne complique guère la technique : dans un ballon-pipette renfermant un poids connu de sérum pur, on aspire une quantité de glycérine stérilisée à 115° à l'autoclave, représentant 6 à 8 p. 100 du poids total, on mélange en agitant, et l'on distribue dans des tubes à essai, que l'on porte ensuite dans l'étuve à gélatinisation. Le sérum glycériné et peptonisé donne encore de meilleurs résultats; pour le préparer, on dissout la peptone neutre à froid dans la glycérine, dans la proportion de 20 p. 100, et la solution stérilisée à l'autoclave est mélangée au sérum, comme nous venons de le dire. Pour solidifier le sérum glycériné, il faut une température plus élevée que pour le sérum pur, 75° à 78° environ, suivant la proportion de glycérine. Le milieu ainsi préparé est d'ailleurs très beau, aussi transparent que la gélatine de sérum ordinaire. »

Le sérum glycériné-peptonisé-glucosé, préparé de la même façon, est un excellent milieu; en quelques jours la culture « est épaisse, saillante, mamelonnée, d'un blanc mat, et jaunit un peu avec le temps; elle n'a rien d'analogue à la couche sèche, maigre, écailleuse, qui caractérise la culture sur sérum ordinaire. Si quelques bacilles tombent dans le liquide rassemblé au fond du tube, ils s'y développent en petits flocons qui augmentent bientôt de volume. »

La gélose peut servir à préparer un excellent milieu de culture. « Il suffit d'ajouter 6 à 8 p. 100 de glycérine à la gélose nutritive préparée de la façon ordinaire, pour en faire un bon terrain pour le développement du microbe de la tuberculose. Lorsqu'on sème par piqûre un tube de gélose glycérinée, comme on le fait pour un tube de gélose, la culture se fait le long de la piqûre, seulement dans les parties les plus superficielles, et il n'y a pas développement dans la profondeur; mieux vaut donc faire l'ensemencement en strie, au lieu de le faire par piqûre. A la surface la culture s'étale sous forme d'une plaque saillante, épaisse, blanche d'abord, puis jaunâtre, ensuite d'aspect momelonné, à bords irrégulièrement dentelés.

« La gélose glycérinée convient surtout pour les séries de cultures successives qui se font ainsi avec une régularité parfaite et dans un temps relativement court; en quinze jours le développement est plus abondant que sur le sérum après plusieurs semaines. Si la semence a été étalée en couche régulière à la surface de la gélose glycérinée, le développement se fait en une nappe blanchâtre, d'égale épaisseur, qui devient un peu jaunâtre à la longue. Lorsque la semence est irrégulièrement répartie, la couche présente des traînées plus épaisses aux points où la semence était plus abondante; si peu de bacilles ont été semés, ils se développent isolément en donnant de petits amas tuberculeux.... L'aspect des cultures est gras et humide, demi-transparent.

Fig. 103. — Culture sur gélose glycérinée.

« Les avantages de la gélose glycérinée sont faciles à comprendre. Elle est facile à préparer; elle peut être stérilisée à 115° en une seule fois, dans l'autoclave; en quelques heures on peut en faire une provision aussi grande qu'on veut. Son aspect est non seulement plus plaisant à l'œil, mais sa transparence permet la photographie des cultures qui se détachent nettement sur son fond légèrement ambré. De plus elle rend possible l'emploi des cultures sur plaques » qui peut se faire « dans des tubes de verre longs de 25 à 30 centimètres et larges de 2 à 3 centimètres. Une petite quantité de gélose glycérinée est introduite au fond des tubes que l'on ferme avec un tampon de coton et que l'on stérilise à l'autoclave à 115°. Pour les utiliser il suffit de faire fondre la gélose et de l'ensemencer alors qu'elle est encore liquide. On agite vivement, et on couche le tube sur un plan horizontal; la gelée nutritive s'étale et se moule sur la paroi inférieure du tube. Elle est ainsi répartie sur une grande surface, et si l'ensemencement a été convenablement fait, les colonies qui se développeront seront parfaitement isolées. La couche solide doit être mince pour que l'on puisse facilement examiner les colonies au microscope à travers le verre. Le tube est fermé avec un capuchon de caoutchouc, et il peut rester à l'étuve aussi longtemps que l'on veut sans qu'il se dessèche.

« En deux ou trois semaines on obtient ainsi dans l'intérieur du milieu de belles colonies isolées du bacille de la tuberculose en partant de cultures pures, de façon à étudier leur aspect. Elles se présentent tout d'abord avec une forme arrondie; elles sont transparentes au centre, et à contour net; à mesure qu'elles grandissent, elles deviennent brunes et compactes.

« Les bacilles provenant de cultures sur sérum ou gélose glycérinés gardent parfaitement la couleur. Ils ont le même aspect que ceux qui croissent sur le sérum pur, mais ils sont plus gros. Ils sont plus courts que ceux que l'on trouve dans les crachats et dans les produits tuberculeux pris sur l'homme et sur les animaux. Dans les premiers jours de la culture, ils sont homogènes et se colorent dans toutes leurs parties. A mesure que la culture vieillit, les bacilles les plus anciens prennent moins fortement la couleur. Dans une culture vieille de plusieurs

Fig. 104. — Culture.

mois, nous avons rencontré des formes plus longues qu'à l'ordinaire; quelques-unes d'entre elles présentaient comme un bourgeon latéral branché presque à angle droit sur le bacille principal, et terminé quelquefois par un renflement à son extrémité. »

Les tubes de sérum ou de gélose doivent être, comme les bouillons, placés à l'étuve, et il convient de les recouvrir d'un capuchon en caoutchouc.

La première culture fertilisée avec une semence provenant des lésions d'un individu est assez lente; mais les générations suivantes deviennent de plus en plus faciles; le bacille s'acclimate dans les milieux artificiels et s'y cultive de plus en plus facilement. La semence empruntée aux lésions doit être choisie de préférence dans celles qui sont récentes. A défaut de lésions convenables sur un sujet donné, on pourra toujours rajeunir les bacilles en inoculant son virus à des lapins, cobayes, etc. Il sera bon, en outre, de prendre une certaine dose de semence et de la broyer avec un agitateur flambé dans la pipette qui aura servi à la prélever ou dans un petit tube stérilisé, avant de la porter sur le milieu de culture.

g. Culture sur la pomme de terre. — Le bacille de la tuberculose
vient difficilement et lentement sur la pomme de terre ; la culture ne
devient visible qu'après vingt à trente jours. Cependant on peut, en
suivant le procédé indiqué par Pawlowsky, obtenir des générations de
bacilles un peu plus rapidement. « Les surfaces des tranches,... sont ensemencées, soit avec des cultures pures de bacilles de la tuberculose, soit

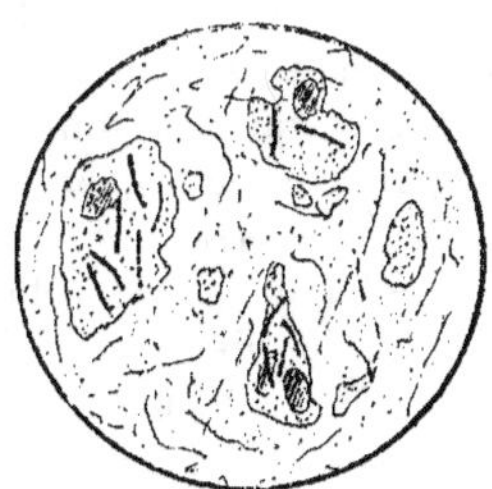

Fig. 105. — Tuberculose de la vache ;
mucus bronchique.

Fig. 106. — Tuberculose de la vache ;
lésion de la plèvre.

avec des tissus tuberculeux. On fait pénétrer la semence dans la substance de la pomme de terre par des frictions avec une spatule de platine. » Les tubes ensemencés sont fermés et placés à l'étuve ; en douze à
vingt jours la culture devient très manifeste. « La surface ensemencée
est sèche, blanchâtre, lisse, moins consistante et se laisse facilement
enlever par le râclage avec la spatule. Par sa couleur blanchâtre et sa

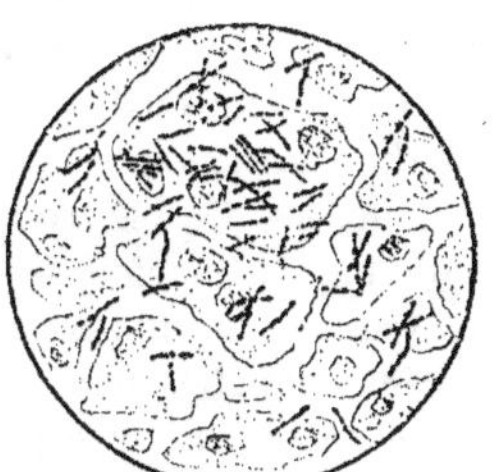

Fig. 107. — Tuberculose de la vache ;
lésion du foie.

Fig. 108. — Tuberculose du verrat ;
testicules.

sécheresse, elle se distingue nettement des parties non ensemencées de
la pomme de terre, qui sont jaunes, plus fermes, grenues et humides.
La multiplication des bacilles se fait dans les couches superficielles. La
culture ne s'élève que peu au-dessus de la surface de la pomme de
terre.

« Après un mois, les cultures sont très abondantes ; elles sont très
manifestes même dans les tubes ensemencés avec des aiguilles de pla-

tine. Au bout de cinq à six semaines, elles se présentent comme un enduit blanchâtre qui, dans quelques tubes, prend l'aspect de granules blanc grisâtre, de la dimension d'une tête d'épingle. Ces granules s'observent surtout au tiers inférieur de la pomme de terre. »

Les cultures en bouillon et les cultures sur milieux solides sont virulentes; leur inoculation reproduit la tuberculose avec ses lésions typiques et toutes ses conséquences.

Sièges du virus tuberculeux. — Dans un individu tuberculeux, le virus et les bacilles de Koch se trouvent dans toutes les lésions, les plus jeunes étant celles qui en contiennent le plus, et certaines lésions chroniques, sclérosées ou calcifiées, pouvant perdre leur virulence. On a eu constaté la présence du bacille et de la virulence dans les lésions de l'homme et dans celles des animaux, dans celles des bovins, du porc, du cheval, des carnivores, des petits ruminants, des oiseaux, des lapins,

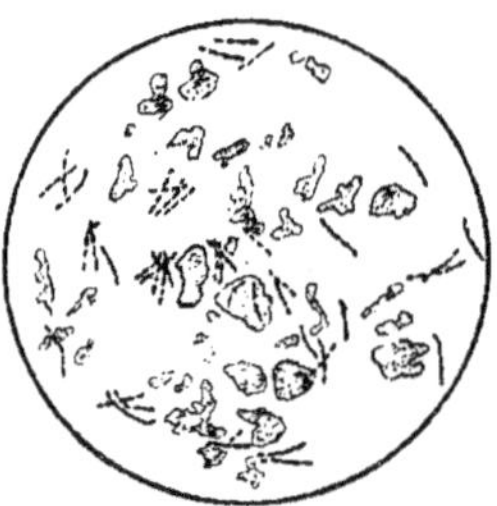

Fig. 109. — Tuberculose de la vache; ulcération de l'intestin.

des cobayes, etc. On les trouve aussi dans les matières ou produits morbides, qui se forment sur les muqueuses malades et qui sont excrétées par les voies respiratoires, par les voies digestives et par les voies génito-urinaires. On les constate dans le jetage, dans le produit de l'expectoration, dans le muco-pus des bronches en cas de tuberculose des voies respiratoires, dans les matières excrémentitielles en cas de tuberculose intestinale, dans le muco-pus utéro-vaginal en cas de lésions de la muqueuse utéro-vaginale, surtout quand ces lésions se sont ulcérées. On les a eu trouvés, chez l'homme, dans l'urine, quand les voies urinaires étaient malades; on les trouve aussi dans la sécrétion d'ulcères tuberculeux de la peau et des muqueuses. On les trouve enfin dans les inflammations diffuses qui accompagnent parfois la tuberculisation de certains organes, dans les exsudats pseudo-membraneux des séreuses tuberculeuses, dans les liquides épanchés parfois dans la plèvre ou dans le péritoine. A la suite de la tuberculose provoquée expérimentalement, toutes les lésions et tous les produits qui viennent d'être énumérés se montrent pareillement virulents.

Ainsi donc, les malades rejettent de la matière virulente avec les produits qu'ils expectorent, avec leur jetage, avec leurs excréments parfois, avec les écoulements des voies génito-urinaires, etc.; d'où résultent, pour les individus sains, de nombreuses chances de contagion, d'autant mieux que la virulence peut encore quelquefois être inhérente au lait, au sang, à la viande, etc., d'autant mieux enfin que le virus tuberculeux peut se conserver longtemps dans les milieux extérieurs, malgré la dessiccation et la putréfaction, etc.

a. *Le lait est-il virulent?* — Tout le monde admet aujourd'hui que le lait de la vache tuberculeuse peut devenir virulent et partant dangereux, lorsque les lésions ont envahi la mamelle ; il y en a même qui vont jusqu'à admettre que le lait d'une mamelle encore saine peut être parfois virulent. Cette conclusion se dégage des nombreuses recherches qui ont été faites depuis quelques années sur ce produit. Des faits observés en dehors de l'expérimentation, et des faits constatés dans de nombreuses expériences, démontrent péremptoirement la virulence du lait des vaches tuberculeuses. La possibilité de la transmission de la tuberculose par le lait a été signalée depuis un certain temps. Indépendamment du cas rapporté par Lydtin, dans lequel il s'agit, comme on l'a vu, de la transmission de la tuberculose à l'enfant par le lait d'une vache phtisique, et de cet autre fait relatif à une fille adolescente morte phtisique pendant une épizootie de tuberculose dans la ferme qu'elle habitait, on a signalé d'autres faits relatifs à l'espèce humaine et de nombreux cas de transmission aux animaux par le lait de vaches phtisiques. On a encore rapporté (Demme) le cas d'un enfant mort phtisique en étant nourri avec le lait d'une vache tuberculeuse, et dont la mamelle exprimée donna des bacilles. On a pareillement signalé (Bang) un cas probable de transmission par le lait à deux personnes. On a aussi constaté (Ollivier) un cas de tuberculose humaine vraisemblablement dû au lait de vache. Toutefois, les expériences faites, avec le lait de femmes phtisiques ne semblent pas avoir, jusqu'ici, donné de résultats positifs. C'est donc le lait de la vache tuberculeuse surtout qui serait dangereux pour l'homme. Cependant, bien qu'on ait avancé (Brusch) qu'il y avait une corrélation entre la fréquence de la tuberculose humaine dans un pays et le nombre des vaches laitières, bien que les faits ci-devant rappelés établissent des présomptions graves, il n'est pas encore péremptoirement démontré que le lait des vaches phtisiques occasionne tant de cas de tuberculose qu'on semble porté à l'admettre depuis quelque temps. Il est dangereux, et il convient de prendre à son égard certaines précautions, d'autant mieux que, comme on le verra ci-après, la virulence se conserve dans les produits qui en dérivent ; mais il est encore permis de garder certaines illusions, et de penser que l'ingestion du lait des vaches tuberculeuses par l'homme n'est pas, pour lui, la principale source de la maladie. Cette réserve faite, et bien que, à l'instar de quelques autres, je n'aie pas réussi, dans certains cas, à transmettre la tuberculose avec le lait de vaches phtisiques, je m'empresse de proclamer, d'après les nombreux résultats positifs obtenus par d'assez nombreux expérimentateurs, et par moi-même dans quelques cas, que le lait des vaches tuberculeuses doit être considéré comme un produit dangereux.

La virulence du lait avait été constatée par Klencke. Gerlach dit avoir transmis la tuberculose à des veaux, à des porcs, à des lapins et à un mouton, en les nourrissant avec du lait de vaches phtisiques. Klebs a aussi obtenu un certain nombre de résultats positifs. Bollinger avait également transmis la tuberculose au porc par l'ingestion de lait de vache phtisique; il a ensuite constaté, dans les tubercules de la mamelle et dans le lait, la présence des bacilles de Koch, et a obtenu la tuberculose en inoculant le lait à des animaux. Des cas de transmission par ingestion ont, en outre, été observés : par Orth, par Jessen qui a affirmé que les veaux nourris avec le lait des vaches phtisiques devenaient tuberculeux; par Lehnert, qui a vu des porcs devenir tuberculeux pour avoir été nourris avec le lait de vaches phtisiques; par Johne, par Semmer, par Peuch; et encore est-on tenté, avec raison, d'ajouter que si le lait des phtisiques ne transmet pas plus souvent la maladie, cela tient à la non-absorption du virus dans beaucoup de cas.

Entre temps, des expérimentateurs ont cependant obtenu des résultats négatifs. Il en a été ainsi pour Schreiber, pour moi et pour d'autres; ce qui tient à ce que le lait ne devient pas généralement virulent quand la mamelle est saine. Dans des expériences faites avec le lait ou le suc de la mamelle de vaches phtisiques saisies aux abattoirs, je n'ai pas réussi à donner la maladie aux animaux inoculés avec des doses massives, quand la mamelle était saine. Malgré les faits positifs observés, il ne faut donc pas, je le répète, exagérer le danger du lait des vaches phtisiques; d'ailleurs, s'il était aussi souvent virulent et dangereux que certains se sont plu à le croire, on comprendrait difficilement que les veaux se trouvent si rarement tuberculeux. Aussi, tout en tenant le plus grand compte des résultats positifs qu'on ne saurait trop prendre en considération, il y a lieu de croire que le lait des vaches phtisiques n'est pas, il s'en faut bien, invariablement virulent.

Quand la mamelle est malade, quand elle renferme des tubercules, ce qui arrive encore assez souvent, il n'y a rien de surprenant que le lait devienne virulent: mais, lorsque la mamelle est saine, ce qui est encore plus fréquent, le lait ne semble guère devenir dangereux. M. Nocard, ayant examiné et inoculé à des cobayes, par injection intrapéritonéale, le lait de onze vaches phtisiques, a obtenu les résultats suivants : sur dix vaches, la mamelle était saine, le lait n'offrait pas de bacilles, et son inoculation ne produisit pas la maladie; sur une seule, la mamelle était tuberculeuse, le lait avait des bacilles et il donna la tuberculose.

Au congrès de la tuberculose (1888), je m'exprimais de la façon suivante :

« L'année dernière, j'obtins la tuberculose sur le lapin avec le lait d'une vache phtisique saisie à l'abattoir, et dont la mamelle était légèrement malade, alors que ni le sang, ni le suc des muscles de la même bête ne provoquèrent l'affection. Plus récemment, j'ai encore fait la même constatation ; j'ai obtenu la tuberculose avec le suc de la mamelle, alors que le suc des muscles ne l'a pas produite ; mais, cette fois encore, il s'agissait d'une mamelle déjà envahie par une tuberculisation commençante.

« En résumé, certains expérimentateurs affirment avoir constaté la virulence du lait même sur des bêtes dont la mamelle leur avait paru indemne de lésions ; les plus nombreux pourtant, et je suis de ceux-là, n'ont rencontré la virulence dans le lait qu'autant que la mamelle était déjà devenue tuberculeuse. Quoi qu'il en soit, comme une tuberculisation commençante de l'organe mammaire est difficile à reconnaître, principalement sur l'animal vivant, on doit considérer comme dangereux le lait de toute vache reconnue phtisique ou soupçonnée de l'être ; on doit éliminer de la consommation le lait des vaches dont la mamelle est tuberculeuse, et faire bouillir, avant de l'utiliser, celui de toute vache atteinte ou suspecte de tuberculose ; on doit enfin ne jamais consommer, sans l'avoir préalablement soumis à l'ébullition, le lait dont on n'est pas rigoureusement sûr de la provenance ; on doit notamment, dans les villes, ne pas omettre de prendre cette précaution à l'égard du lait fourni par les laitiers de profession » (Galtier).

May, de Munich, n'a réussi à transmettre la tuberculose par injection du lait de vaches phtisiques que dans un cas où la mamelle était tuberculeuse. Koch, Bollinger, Chauveau, Nocard, Galtier, etc., croient que le lait n'est virulent qu'autant que la mamelle est elle-même envahie par la tuberculose. Mais d'autres vont plus loin, et croient, ainsi qu'on l'a vu, que le lait peut devenir virulent, même quand la mamelle n'est pas encore tuberculeuse. Ainsi, au congrès de Copenhague (1884), Bang faisait connaître le résultat de ses études sur cette question, desquelles se dégagent les conclusions suivantes : la tuberculose de la mamelle, chez la vache phtisique, serait assez fréquente, ainsi que Degive et Van Hersten l'avaient déjà avancé, et le lait est alors plus ou moins riche en bacilles ; l'inoculation, et même la simple ingestion de ce lait, donne la tuberculose aux animaux d'expérience, au porc et au lapin ; dans une ferme où l'on utilisait le lait d'une vache atteinte de mammite tuberculeuse, le veau serait devenu tuberculeux, ainsi qu'une femme enceinte et un enfant de six mois qui avait été nourri avec ce lait (ce fait n'établit qu'une présomption et non une preuve de la transmission par le lait) ; enfin, le lait des vaches tuberculeuses dont la mamelle est encore indemne de lésions pourrait quelquefois, quoique rarement, se montrer virulent. Revenant sur cette question au congrès de la tuberculose (1888), Bang rapportait qu'ayant expérimenté le lait de vingt et une vaches atteintes de tuberculose généralisée dont les mamelles n'offraient encore aucun signe de maladie, il l'avait trouvé virulent sur deux. Il ajoutait : « Quand je me souviens que toutes ces vaches étaient atteintes de la tuberculose la plus avancée, je trouve ce résultat assez rassurant. On est conduit à penser que le lait des vaches atteintes de tuberculose à un degré moins développé ne contient généralement pas le virus. Cette supposition est confirmée par des expériences d'inoculation faites avec du lait provenant de huit femmes phtisiques. Quoique toutes ces femmes fussent atteintes d'une tuberculose avancée, je n'ai jamais trouvé le lait virulent. Par conséquent, je ne trouve pas que nous ayons raison de croire que tout lait provenant des vaches tuberculeuses soit dangereux pour le public. Mais nous avons bien raison de le trouver toujours *suspect*, parce que personne ne peut savoir à quel moment la mamelle sera atteinte, et parce que, même sans cet incident, le lait des vaches tuberculeuses peut, dans quelques cas rares, contenir le virus. Nous avons, à Copenhague, une grande compagnie, qui emploie une méthode de surveillance que je trouve bonne : à savoir que toutes les vaches qui fournissent le lait sont surveillées par des vétérinaires, qui les examinent à intervalles de quinze jours au moins » (Bang).

D'autres expérimentateurs ont constaté la virulence du lait des vaches tuberculeuses. Stein y a trouvé le bacille et a fait des inoculations positives. On a trouvé des bacilles dans la mamelle d'animaux (lapins, cobayes) morts tuberculeux. H. Martin, ayant inoculé le lait vendu à Paris, a obtenu des résultats positifs. Koubassoff a constaté la présence des bacilles tuberculeux dans le lait d'une cobaye inoculé, et les petits qui prenaient ce lait étaient restés sains. Hirschberger a trouvé virulent le lait de vaches tuberculeuses dont la mamelle paraissait saine ; Gebhart a fait la même constatation ; Perroncito a signalé un cas de transmission au veau par le lait d'une vache phtisique qu'il tétait. D'autre part, de nombreuses observations, faites un peu partout, tendent à établir que maintes fois le lait de vaches phtisiques ingéré a donné la tuberculose aux animaux, au veau, au porc, au lapin, au chat. Enfin, on invoque la fréquence de la tuberculose abdominale chez l'enfant, pour accuser l'alimentation avec le lait de vache.

En résumé, il est donc prouvé par l'observation et l'expérimentation que le lait des vaches phtisiques peut être dangereux, qu'il peut contenir des bacilles et transmettre la tuberculose, lorsqu'il est ingéré et surtout quand il est inoculé. Il est principalement dangereux, quand la vache est gravement atteinte, surtout lorsque la mamelle est déjà envahie par les lésions de la tuberculose.

La présence d'un certain nombre de bacilles dans le lait rend-elle cet aliment bien dangereux ? A coup sûr, il ne faudrait pas juger la question d'après l'examen bactériologique ou d'après l'inoculation de doses massives. Il est certain que l'ingestion est beaucoup moins à redouter que l'inoculation, d'autant plus qu'il est avéré « que la dilution du virus tuberculeux, dans les vacheries où il n'y a qu'une faible proportion d'animaux malades, dilution qui s'accomplit par le mélange des laits, atténue (Gebhart) notablement le danger de la présence du bacille de Koch. » Mais d'autre part, cette dilution a pour résultat d'accroître la quantité de lait virulent, et son usage longtemps continué peut être dangereux. Si l'ingestion était aussi dangereuse que l'inoculation, il y aurait beaucoup plus de veaux tuberculeux. Enfin, il est bon de rappeler à ce propos deux faits observés par M. Peuch dans ses expériences sur le lait tuberculeux crû. Il a vu devenir tuberculeux deux porcelets qui avaient ingéré, l'un 55 litres de lait tuberculeux en trente-cinq jours, et l'autre 276 litres en quatre-vingt-treize jours ; tandis qu'un autre lait tuberculeux, qui donnait la maladie par l'inoculation, a pu être ingéré impunément par un porcelet qui en avait pris 4470 grammes en cinq jours. Il est quelque peu consolant de penser qu'on ne devient pas fatalement tuberculeux, parce qu'on ingère une fois en passant une certaine quantité de lait de vache phtisique. Néanmoins, le danger ne doit pas être méconnu, et dans l'état actuel de nos connaissances, il convient de s'en tenir aux conclusions que je soumettais au congrès de 1888 : on doit considérer comme dangereux le lait de toute vache phtisique ou soupçonnée de l'être ; on doit éliminer de la consommation le lait des vaches dont la mamelle est tuberculeuse et faire bouillir, avant de l'utiliser, celui de toute vache atteinte ou suspecte de tuberculose ; on doit enfin ne jamais consommer, sans l'avoir préalablement soumis à l'ébullition, le lait dont on n'est pas rigoureusement sûr de la provenance ; on doit notamment, dans les villes ne pas omettre de prendre cette précaution à l'égard du lait fourni par les laitiers de profession.

Pour procéder à l'examen bactériologique d'un lait tuberculeux, et pour obtenir un produit inoculable plus riche, on peut, au préalable, le laisser en repos quelques heures dans une éprouvette placée au frais, sur de la glace de préférence. Les bacilles tuberculeux, avec les autres éléments figurés, se précipitent dans les couches inférieures, et on n'a qu'à aspirer du liquide du fond pour faire des préparations et des inoculations.

Le virus tuberculeux qu'entraîne le lait peut se conserver dans les produits qu'on en retire, dans le beurre, dans le fromage, dans le petit-lait.

J'ai le premier consacré des expériences nombreuses et variées à la détermination de la conservabilité de la virulence dans le fromage et le petit-lait préparés avec un lait tuberculisé. Voici comment je résumais mes essais devant le congrès de 1888 :

« Pour mieux faire ressortir toute l'importance qui s'attache, dans la pratique, à considérer et à traiter, comme un produit dangereux, le lait des bêtes phtisiques, j'ai entrepris, depuis l'année dernière, de démontrer, par des expériences nombreuses et variées, la nocuité des préparations qu'on en retire, et notamment du fromage et du petit-lait. Cette étude offre un intérêt évident, au point de vue de l'hygiène de l'homme et de celle de certains animaux qu'on nourrit, dans les fermes, avec le petit-lait provenant de la fabrication des fromages. L'homme ne court-il pas le risque de contracter la tuberculose en mangeant des fromages confectionnés avec le lait de vaches phtisiques? Les animaux de la ferme, les oiseaux de basse-cour et les animaux de l'espèce porcine, chez lesquels cette maladie n'est point rare, ne la contracteraient-ils pas en se nourrissant des résidus de cette fabrication?

« Mes expériences ont été faites avec du lait normal, tuberculisé par l'addition d'une certaine quantité de matière morbide provenant, tantôt de vaches phtisiques saisies aux abattoirs, et tantôt de lapins morts de tuberculose expérimentale. Ce lait a été coagulé ensuite par l'addition d'une certaine quantité de présure ; c'est avec le fromage et le petit-lait, ainsi obtenus, que des tentatives de transmission de la tuberculose ont été faites. Les inoculations ont porté sur des cobayes (injection intra-péritonéale), et sur des lapins (injection intra-veineuse). Des parcelles de fromage ont été triturées dans de l'eau stérilisée, et c'est la partie liquide du mélange qui, séparée par décantation ou par filtration, a servi à faire les inoculations ; le petit-lait a été également filtré avant chaque inoculation. J'ai de la sorte inoculé des fromages et des petits-laits, dont la préparation remontait à cinq, dix, quinze, vingt, trente jours, etc. ; tous les essais n'ont pas abouti à des résultats positifs ; cependant le nombre des cas de transmission indéniable a été assez grand, pour établir très nettement la conservation des germes tuberculeux, et, partant, la nocuité des produits fabriqués avec le lait qui en contient.

« J'ai obtenu une tuberculose généralisée très authentique, chez le cobaye, avec des fromages non salés ou salés, datant de cinq jours, de dix jours, de quinze jours, etc., et même de deux mois et dix jours ; dans quelques expériences, la maladie ne s'est déclarée que sur la moitié ou un tiers des sujets ; dans d'autres, qui ne sont pas les plus nombreuses, les résultats ont été négatifs sur tous les sujets avec des fromages datant de deux mois et même de quinze jours seulement. Le petit-lait, séparé du fromage depuis cinq, dix, quinze jours, agité et filtré avant d'être inoculé, a invariablement donné une belle tuberculose aux cobayes, après l'inoculation de ce produit à la dose de 2 centimètres cubes. Des résultats semblables ont été obtenus chez le lapin, sur lequel j'ai maintes fois observé, à la suite de mes inoculations, les plus belles lésions de tuberculose généralisée.

« Ainsi, deux lapins, inoculés avec du petit-lait de deux jours, ont présenté, au bout de cinquante jours, quand on les a sacrifiés, d'innombrables lésions de tuberculose sur le poumon, le foie, la rate, les reins ; le même produit, conservé encore sept et quatorze jours de plus, en tout neuf et seize jours, a également donné la maladie, mais sous une forme plus lente et moins grave. 4 centimètres cubes d'un petit-lait provenant d'un litre de lait normal, tuberculisé avec le suc obtenu en exprimant la rate et le poumon d'un lapin mort de tuberculose, ont tué le lapin au bout de neuf jours, quand on l'a inoculé cinq jours après l'addition de la présure; 2 centimètres cubes du même produit, inoculés dix jours plus tard, soit quinze jours après la séparation, ont encore provoqué une belle tuberculose; dans l'un comme dans l'autre cas, l'inoculation des lésions des lapins, qui avaient reçu le petit-lait, a reproduit la maladie sur d'autres. Enfin divers fromages, datant de cinq, de neuf, de seize et de vingt jours, ont donné au lapin une tuberculose très authentique, dont le germe a pu être cultivé dans des milieux artificiels et transmis à d'autres animaux.

« La conclusion qui se dégage de mes recherches est la suivante :

« Les germes de tuberculose, que le lait des vaches phtisiques renferme, sont à redouter, non seulement quand ce produit est utilisé cru et sans transformation, pour la consommation de l'homme et l'alimentation des animaux, mais aussi quand il est employé à la fabrication des produits que l'industrie laitière en tire habituellement. Ces germes se conservent dans le lait traité par la présure, dans le fromage, dans le petit-lait, et peuvent rendre ces produits dangereux, comme l'était le lait d'où on les a tirés. L'homme peut très vraisemblablement s'inoculer des germes de tuberculose en consommant du lait cru de vache phtisique, du lait caillé, du fromage frais, du fromage desséché ou salé, du petit-lait, préparés avec le lait des bêtes tuberculeuses, etc. Les oiseaux de basse-cour et les animaux de l'espèce porcine, pour l'alimentation desquels on utilise, dans bien des fermes, le petit-lait provenant de la fabrication des fromages, peuvent s'infecter à leur tour, quand, parmi les vaches laitières, ils s'en trouve qui sont atteintes de tuberculose; et il n'est pas irrationnel de rattacher à cette cause un certain nombre de cas de tuberculose de la poule et du porc.

« Les faits, d'où sont déduites les donnéss qui précèdent, ont été publiés il y a un an ; depuis, je les ai contrôlés, et en voici un autre qui est bien de nature à renforcer mes conclusions.

« Le 7 novembre 1887, du fromage, datant du mois de décembre de l'année précédente, a été inoculé à deux cobayes, qui tous les deux sont morts tuberculeux, et dont la maladie a été transmise ensuite à d'autres cobayes et à des lapins; à la fin de décembre, ce fromage avait perdu toute virulence; le petit-lait du même âge ne s'était plus montré virulent bien avant la stérilisation du fromage. Bien qu'on puisse sérieusement m'objecter que le lait dont je me suis servi, après l'avoir tuberculisé artificiellement, était plus riche en germes virulents que ne peut l'être le lait fourni par les vaches phtisiques, il n'en demeure pas moins acquis que la virulence peut se conserver dans le petit-lait et surtout dans le fromage.

« En conséquence, il est rigoureusement indiqué, non seulement d'éloigner de la consommation le lait cru des vaches phtisiques ou suspectes, mais encore de ne pas l'employer à la fabrication du fromage et du petit-lait ; il convient de le réserver exclusivement pour l'alimentation des animaux et de le soumettre préalablement à l'ébullition. » (Galtier).

Bang a vu aussi un lait très riche en bacilles donner de la crème, du beurre et autres produits virulents. Heim a vu persister la virulence 10 jours dans le lait, et un mois dans le beurre. Gasperini l'a constatée dans le beurre 120 jours après sa fabrication avec un lait tuberculisé. Toutefois il est fort possible que, suivant les divers microbes avec lesquels ils peuvent se rencontrer dans les produits du lait, les bacilles de la tuberculose se conservent un temps très variable ; et des expériences faites avec ces matières peuvent donner des résultats contradictoires en apparence. Mais il n'en demeure pas moins établi que la virulence tuberculeuse se conserve un certain temps dans les produits dérivés du lait.

b. *Le sang et la viande sont-ils virulents ?* — Le sang et la viande des animaux tuberculeux peuvent être virulents, mais c'est l'exception ; ils sont rarement inoculables, et à coup sûr, à l'ingestion, ils doivent être encore beaucoup plus rarement dangereux. Le bacille de la tuberculose ne siège ordinairement que dans les lésions et dans les produits fournis par les organes malades. On comprend en effet que, quand des tubercules se ramollissent et s'ouvrent à la surface d'une muqueuse, ulcérent les bronches ou les canaux excréteurs, le produit des organes intéressés devienne virulent et d'autant plus dangereux que le nombre des tubercules est plus grand ; on comprend de la sorte que les excréments, l'urine, le mucus utéro-vaginal, le lait, le jetage et les matières expectorées puissent devenir virulents. On comprend enfin que, les vaisseaux pouvant être pénétrés par les bacilles qui sont emportés par des cellules migratrices et pouvant être ulcérés par les tubercules qui se ramollissent, les microbes passent dans le sang, ce qui peut permettre de constater à un moment donné la virulence dans ce liquide et dans tous les tissus vasculaires. Mais la virulence du sang et des tissus vasculaires ne peut être que passagère et *diluée ;* les bacilles charriés par la circulation s'arrêtent et se fixent bientôt dans les parenchymes. Ceux qui arrivent dans un terrain propice (ganglions, poumon, foie, rate, mamelle, etc., etc.) pullulent et déterminent la formation de nouvelles lésions, la généralisation de la maladie. Ceux qui restent dans le sang s'y détruisent ; et il semble en être de même en général de ceux qui échouent dans le tissu musculaire. Il est en effet reconnu que les muscles striés constituent un terrain peu propice au développement des bacilles tuberculeux, et que les tubercules qu'on rencontre parfois dans la viande siègent dans le tissu intermusculaire ou dans les ganglions intermusculaires. Toutefois on comprend que le sang peut devenir virulent par intermittences, qu'il doit le devenir chaque fois que des bacilles y sont déversés, et que c'est de la sorte que se produisent les localisations multiples et successives des lésions dans de nombreux organes.

Villemin avait transmis la tuberculose au lapin en lui inoculant le sang d'une personne morte de phtisie. Le même résultat était obtenu peu de temps après par des médecins grecs avec le sang d'un poitrinaire. Toussaint obtint la maladie en inoculant le sang d'un porc mort de tuberculose généralisée, et il l'obtint pareillement avec le sang d'une personne phtisique. J'ai fait à diverses époques depuis 1880 des essais nombreux en vue de vérifier si la virulence du sang était fréquente; j'ai également démontré que les sangs frais ou desséchés, quand ils sont tuberculeux, peuvent être dangereux et conserver un certain temps leur virulence dans les vins qu'on a clarifiés avec ces substances. Voici comment je résumais ces recherches devant le congrès de 1888 :

« Le sang des animaux tuberculeux est quelquefois virulent; je l'ai maintes fois trouvé tel, ainsi que d'autres expérimentateurs, en l'inoculant à des lapins. En 1880, ayant inoculé par injection hypodermique, à des lapins, du sang provenant de vaches phtisiques saisies aux abattoirs de Lyon, j'avais obtenu des résultats positifs dans deux expériences et des résultats négatifs dans neuf autres expériences. Depuis, j'ai obtenu des résultats à peu près analogues, sauf que dans certains cas, un, deux lapins sur quatre, devenaient seuls tuberculeux, tandis que les deux ou trois autres restaient indemnes, bien qu'inoculés de la même façon et avec la même dose de sang du même animal tuberculeux. La virulence du sang des sujets phtisiques a été constatée par Toussaint, Baumgarten, Weischelbaum, etc.

« Plus récemment, j'ai encore fait développer la maladie en injectant sous la peau ou dans une veine, quelques gouttes de sang recueilli dans le cœur de deux vaches phtisiques saisies à l'abattoir. Et dernièrement, j'obtenais une belle tuberculisation généralisée sur le cobaye et le lapin, en injectant dans la cavité péritonéale de l'un 1 demi-centimètre cube de sang extrait avec toutes les précautions désirables d'un cœur de lapin mort de tuberculose expérimentale, et en introduisant dans une veine de l'oreille de l'autre quelques gouttes de sang recueilli dans le cœur ou dans la jugulaire d'un lapin tuberculeux.

« En résumé, le sang des individus phtisiques, quoique souvent non virulent, doit être considéré en principe comme pouvant contenir parfois les germes de la maladie. D'ailleurs, outre la virulence que déjà il possède parfois lui-même, le sang des animaux tuberculeux, égorgés dans les abattoirs, peut encore se charger de germes tuberculeux pendant la saignée, quand le couteau, qui a servi à la pratiquer, a intéressé des ganglions et des tissus envahis par les lésions de la maladie, Que si, à l'ouverture du cadavre, le service de l'inspection constate l'existence d'une tuberculose, grave par son étendue et son ancienneté, la saisie de la viande et des viscères est prononcée, tandis que le sang, qui a déjà été enlevé et mélangé avec celui d'autres animaux, n'est pas saisi. Il n'y aurait à cela aucun inconvénient sérieux, si l'on devait employer constamment ce produit pour des usages qui impliquent la stérilisation des germes qu'il peut contenir; mais il arrive assez souvent (il en est ainsi tout au moins dans certaines villes, et notamment à Lyon) que le sang qui a été recueilli au moment de la saignée dans des récipients appropriés est en partie destiné à être utilisé pour la clarification des vins. On l'emploie dans ce but, soit à l'état de sang frais défibriné par le battage à l'air, soit sous forme de sang desséché et réduit en poudre, après un séjour suffisant dans des étuves chauffées à une température qui ne stérilise pas les germes qu'il peut recéler.

« Les liqueurs alcooliques, les vins qui marquent de 6 à 12 degrés d'alcool, stérilisent-ils les germes contenus dans le sang qu'on emploie pour les clarifier; et n'y a-t-il aucun danger dans leur usage? A la suite d'un assez grand nombre de recherches, j'ai acquis la conviction que le virus tuberculeux résiste un certain temps à l'action de l'alcool, ainsi que M. H. Martin l'avait constaté. J'ai reconnu qu'il peut conserver son activité dans des mélanges d'alcool et d'eau, ainsi que dans des vins à divers degrés d'alcool.

« J'ai procédé de la façon suivante : de la matière tuberculeuse liquide ou divisée en très petits fragments a été mélangée avec de l'alcool, avec des solutions d'alcool et avec des vins de différents degrés ; après un contact plus ou moins prolongé, elle a été inoculée par injection intrapéritonéale à des cobayes, et par injection intra-veineuse à des lapins. Jamais je n'ai obtenu la tuberculose en inoculant des matières qui avaient été soumises fraîches à l'action prolongée de l'alcool à 92 degrés, ou dans des mélanges composés d'eau et d'alcool, de telle sorte que le volume de celui-ci excédât le volume de celle-là. Mais j'ai produit une tuberculose lente sur des cobayes avec un virus qui avait subi pendant trois jours et trois heures le contact d'un mélange par volumes égaux d'eau et d'alcool à 92 degrés. J'ai surtout provoqué une belle tuberculose sur des cobayes avec du virus qui avait séjourné le même laps de temps dans un mélange de 200 centimètres cubes d'eau et de 50 centimètres cubes d'alcool à 92 degrés. J'ai enfin déterminé une tuberculose lente sur des lapins en leur inoculant des matières tuberculeuses conservées plusieurs mois dans des mélanges faits à raison d'un cinquième d'alcool pour quatre cinquièmes d'eau, et d'un tiers d'alcool pour deux tiers d'eau. J'ai aussi fait développer sur des lapins une belle tuberculose généralisée au poumon, à la rate, au foie, aux reins, etc., en leur inoculant la matière obtenue par l'expression de lésions tuberculeuses conservées, après trituration, pendant trois jours dans des mélanges à un dixième, à un huitième et à un cinquième d'alcool.

« Les résultats obtenus avec des vins de provenances diverses et variant de 7 à 10 degrés, ont été souvent négatifs, quand on les essayait un certain temps après les avoir tuberculisés ; en sorte que leur action stérilisante semble tenir pour une bonne part aux matières autres que l'alcool, qui entrent dans leur composition. Cependant, si l'inoculation des vins tuberculisés est demeurée sans résultats, quand il s'était écoulé un an, quelques mois, un mois, quinze jours, ou même seulement cinq et quatre jours depuis l'addition de la matière tuberculeuse, il y a eu des cas assez nombreux où elle a fait naître une tuberculose bien authenthique, quand on s'est servi de vins tuberculisés depuis quelques heures, depuis un, deux ou trois jours.

« Mais les résultats positifs n'ont pu être obtenus la plupart du temps que si on prenait la précaution d'agiter le liquide avant de prélever la dose destinée à l'inoculation ; ce qui revient à dire que les germes étaient tombés au fond du récipient au bout d'un certain temps.

« Du vin marquant 9°,7 (un litre) additionné d'un liquide tuberculeux (20 centimètres cubes) obtenu en exprimant des lésions fraîches, a donné au lapin une très belle tuberculose, quand on l'a inoculé au bout d'un laps de temps compris entre deux et vingt-quatre heures ; et il n'a provoqué qu'une tuberculose lente, caractérisée par de rares lésions, quand il a été inoculé quatre, trois, et deux jours après l'addition de la matière tuberculeuse empruntée au lapin. Le même vin, additionné de matières tuberculeuses provenant de la vache, a déterminé chez le lapin une belle tuberculose généralisée, lorsqu'on l'a inoculé trois jours après l'avoir tuberculisé. Enfin, des vins marquant seulement 7 degrés et demi, tuberculisés avec des matières fraîches de vaches saisies aux abattoirs, ont tantôt pu être inoculés sans danger, et tantôt donné la maladie le troisième et le quatrième jour. Les inoculations faites avec des vins tuberculisés depuis plus de cinq jours avec de la matière fraîche, sont généralement restées sans effet chez le lapin.

« S'il résulte de mes recherches que le danger, que peuvent offrir pour les consommateurs les vins clarifiés avec le sang frais d'animaux tuberculeux, est de courte durée, il n'en ressort pas moins l'indication de s'en préoccuper pour tâcher de le conjurer. Il y a lieu, par conséquent, d'engager les inspecteurs des abattoirs des villes, où on emploie le sang frais pour le traitement des vins, à saisir ou à faire dénaturer celui des bêtes reconnues tuberculeuses. » (Galtier.)

Baumgarten a transmis la tuberculose au lapin en lui injectant du sang d'animal phtisique dans la chambre antérieure de l'œil. Koch et Weischselbaum ont vu des bacilles dans le sang de personnes phtisiques. D'autres expérimentateurs (Grancher, Cohnheim, Salomonsen, Haensell, Deutschman) ont attesté la virulence possible du sang des phtisiques.

Cependant, je le répète, le sang des phtisiques ne se montre pas virulent dans la majorité des cas; Bang l'a trouvé virulent deux fois sur vingt et un. Il est pauvre en bacilles, quand il en contient; et il n'en contient qu'à certains moments, lorsqu'une poussée nouvelle est en voie de se produire.

En résumé, le sang des phtisiques, quoique non virulent dans la pluralité des cas, doit être considéré en principe comme pouvant contenir les germes de la maladie. On verra, d'ailleurs, à propos de l'hérédité de la tuberculose, des faits qui militent en faveur de cette conclusion, notamment ceux relatés par MM. Landouzy et Martin. Ces expérimentateurs auraient, par l'inoculation à des cobayes, constaté la virulence tuberculeuse : dans le poumon sain en apparence d'un fœtus de femme phtisique; dans le placenta d'une femme phtisique qui paraissait sain; dans le sang cardiaque, dans le poumon et dans le foie d'un fœtus de femme phtisique exempt de toute lésion apparente; dans les cobayes nouveaux-nés provenant de mères tuberculeuses mais sains en apparence; dans la pulpe d'un testicule sain en apparence d'un cobaye tuberculeux; dans le sperme recueilli dans les vésicules séminales d'un cobaye phtisique.

Quant à la viande des animaux tuberculeux voici comment je résumais les conclusions tirées de mes propres expériences devant le congrès de 1888 :

« Les chairs des animaux tuberculeux et les ganglions, même exempts de lésions apparentes, peuvent contenir le virus de la maladie. Cependant l'ingestion et l'inoculation, aux animaux, du suc de la viande des bêtes phtisiques, ont donné des résultats inconstants, le plus souvent négatifs. La belle apparence des viandes ne saurait d'ailleurs être considérée comme une garantie de leur innocuité; elles peuvent contenir des lésions difficiles à constater à l'œil nu, bien qu'il soit pourtant excessivement rare d'observer des tubercules dans les muscles et dans le tissu conjonctif des régions musculaires des animaux de boucherie.

« Dans des expériences nombreuses, pratiquées en 1879-80-81, sur des lapins et des moutons, auxquels j'inoculais par injection hypodermique d'assez fortes quantités (1 centimètre cube à chaque lapin et 8 centimètres cubes à chaque mouton) du suc obtenu en exprimant des chairs de bêtes phtisiques, refusées à la consommation par le service d'inspection de la boucherie de Lyon, j'avais obtenu des résultats positifs dans deux séries sur quinze. M. Nocard, ayant injecté dans le péritoine de cobayes le suc musculaire de 11 vaches phtisiques, n'a jamais obtenu la tuberculose. MM. Chauveau et Arloing, ayant inoculé 20 cobayes avec le suc musculaire d'un animal tuberculeux, ont eu 2 résultats positifs; sur 6 autres cobayes, inoculés avec le suc d'un muscle d'un autre animal phtisique, ils n'ont rien obtenu.

« Dans de nouvelles expériences, faites en 1886-87-88, j'ai vu des lapins devenir tuberculeux dans la proportion de 2 sur 3, à la suite

d'une injection intra-veineuse de suc musculaire de vache phtisique
ou de lapin mort de tuburculose expérimentale.

« Dans toutes mes expériences, les bêtes qui avaient fourni les
matières inoculées étaient atteintes de tuberculose avancée, caractérisée par de nombreuses lésions dans les viscères et dans les ganglions thoraciques et abdominaux. Dans aucun cas, cependant, les
ganglions du tronc et des membres n'avaient été trouvés manifestement malades.

« Des données acquises à la science, il ressort donc bien que les
viandes des animaux phtisiques ne sont pas dangereuses dans la
pluralité des cas, qu'elles ne le sont qu'exceptionnellement, mais que
parfois elles le sont bien réellement. Dans la pratique, elles le sont
d'autant plus sûrement, comme l'a prouvé jadis Toussaint, qu'elles
ont été plus incomplètement chauffées ou plus incomplètement cuites
dans leurs parties profondes. » (Galtier.)

Déjà depuis plusieurs années, des vétérinaires allemands (Harms,
Gunther, Zurn, Gerlach, Kolb, Schmidt), avaient démontré que la chair
d'animaux tuberculeux peut transmettre la maladie. Zurn avait
transmis la tuberculose au chien et à des porcs par l'intermédiaire de
la viande de phtisiques (ingestion). Gerlach a affirmé aussi la virulence
de la viande des bêtes phtisiques ; il a obtenu la tuberculose par
ingestion de viande crue chez 8 animaux sur 35 soumis à l'expérimentation. Johne a résumé 322 expériences desquelles il résulterait que
l'ingestion de viande crue a donné 13 cas de tuberculose sur 100 sujets
d'expérience, tandis que l'ingestion de la matière morbide en a donné
61 sur 100. Kolb et Schmidt ont constaté la transmission de la maladie
par l'ingestion de la viande d'animaux tuberculeux. Kolb a vu 3 porcs
devenir tuberculeux pour avoir ingéré de la viande d'animal phtisique.
Schmidt aurait vu les poules d'un propriétaire devenir tuberculeuses
et présenter surtout des lésions dans la cavité abdominale, pour avoir
mangé de la viande d'un bœuf atteint de tuberculose au dernier degré.
Viseur a infecté des chats en les nourrissant de viandes tuberculeuses.

Dans toutes les expériences précitées c'est le mode de contamination par ingestion qui a été suivi, et cela explique peut-être pourquoi
la transmission n'a pas été plus fréquente, à moins qu'on l'ait attribuée
à la viande, quand parfois elle était due à des matières morbides.
D'ailleurs, les auteurs n'ont pas indiqué généralement si la tuberculose des animaux qui ont fourni la viande était avancée ; pourtant
Gerlach et Johne ont admis des degrés dans la nocuité des viandes
phtisiques, qui, d'après eux, ne seraient dangereuses qu'autant que la
tuberculose serait généralisée et aurait envahi les ganglions voisins
des parties malades.

D'après Toussaint, la virulence existerait non seulement dans le sang, mais dans tous les liquides de l'économie, dans la sérosité des tissus, des ganglions, du poumon, dans la salive, dans l'urine, dans le jus obtenu en exprimant de la viande crue; il a transmis la phtisie au porc, en lui inoculant du jus de viande de vache tuberculeuse. Vallin a pareillement obtenu des résultats positifs en inoculant le suc de la viande d'animaux tuberculeux. Bollinger a déterminé la tuberculose en faisant ingérer de la viande d'animaux phtisiques. M. Peuch a constaté par l'inoculation la virulence de la viande d'une vache tuberculeuse et d'un poulet phtisique.

M. Nocard a communiqué au Congrès de 1888 le résultat d'ensemble des recherches qu'il avait faites jusque-là avec le suc de la viande des vaches tuberculeuses : « Sur 21 vaches phtisiques au dernier degré une seule avait donné un résultat positif; encore n'était-il mort tuberculeux qu'un seul des 4 cobayes qui avaient été inoculés en même temps avec le même jus de viande. » Il a d'autre part relaté des expériences dans lesquelles de jeunes chats ont mangé sans se tuberculiser de la viande de plusieurs vaches phtisiques. Il a enfin établi par l'expérience que le tissu musculaire détruit rapidement, en 4-6 jours, les bacilles qu'il contient, et que le sang perd en quelques heures sa virulence; il a conclu en disant que la viande des animaux tuberculeux était exceptionnellement dangereuse et que lorsqu'elle l'était ce n'était qu'à un faible degré.

Voici comment je rendais compte de mes nouveaux essais en janvier 1891 :

« Tout le monde connaît aujourd'hui les résultats, tantôt positifs et tantôt négatifs, obtenus par les divers expérimentateurs qui ont recherché le virus dans les muscles des animaux phtisiques. J'ai jadis fait des essais assez nombreux sur cette matière, et j'ai publié les résultats qu'ils m'ont donnés. Dans ces derniers temps, j'ai entrepris de nouvelles expériences qui m'ont amené à la même conclusion que j'avais déjà formulée antérieurement : le suc des muscles des animaux phtisiques peut contenir le virus, bien que, dans le plus grand nombre des cas, on ne réussisse pas à le mettre en évidence par l'inoculation. Dans quinze essais réalisés avec le suc de muscles de quinze bêtes saisies aux abattoirs, j'ai réussi deux fois seulement à rendre le cobaye tuberculeux, en employant des doses variant de 4 à 12 centimètres cubes. Qui sait si on n'eut pas obtenu un plus grand nombre de résultats positifs par l'emploi de plus fortes doses ? Il est à présumer que la réponse à cette question serait positive dans beaucoup de cas. J'ai, en effet, eu l'occasion de constater, dans une expérience, que le même suc, qui, à la dose 4 centimètres cubes ne donnait pas la maladie, la provoquait, quand il était injecté à la dose de 12 centimètres cubes. J'ai constaté, d'autre part, que des résultats diamétralement opposés pouvaient être obtenus, suivant les muscles qui avaient servi à préparer le suc inoculé;

j'ai obtenu la tuberculose avec les muscles de l'épaule, quand, dans les mêmes conditions, ceux de la cuisse ne la donnaient pas. Il semble donc que le nombre des résultats positifs s'accroîtrait si on employait de fortes doses de suc et si on expérimentait avec des muscles prélevés dans diverses régions.

« Quoi qu'il en soit, s'il est acquis que les muscles peuvent être virulents, il semble démontré aussi qu'ils ne sont pas riches en virus ; et peut-être leur ingestion serait-elle moins dangereuse que l'inoculation de leur suc, grâce à l'intervention des liquides de l'appareil digestif. Dans le but d'apprécier le danger de l'ingestion des viandes tuberculeuses crues, j'ai fait un certain nombre d'expériences ; et je n'ai pas encore réussi à produire la tuberculose une seule fois. A vrai dire, mes sujets d'expérience n'étaient pas empruntés aux espèces les plus susceptibles ; il y avait des poules, des chats et des chiens, mais il y avait aussi des cobayes.

« Voici, à titre d'exemple sur la façon dont j'ai toujours procédé, une de mes tentatives, qui sont au nombre de sept : un chien âgé de trois mois, un chat de six mois, deux poules jeunes tenues dans les plus mauvaises conditions hygiéniques et trois chiens adultes ont fait, sans devenir tuberculeux, un certain nombre de repas avec de la viande crue hachée, provenant d'animaux grands ruminants saisis aux abattoirs. Ils ont été nourris les 25 et 26 janvier 1890 avec un mélange de muscles provenant de quatre bêtes phtisiques ; ils ont été alimentés exclusivement avec la viande d'une bête tuberculeuse les 31 janvier et 1er février ; les 10 et 11 février, ils n'ont reçu que de la viande de deux vaches saisies ; les 21 et 22 février, ils ont pareillement reçu pour toute nourriture de la viande de deux bêtes saisies aux abattoirs ; ils ont reçu, pendant les journées des 14 et 15 mars, un mélange de muscles provenant de quatre bêtes tuberculeuses ; les 27 et 28 mars, ils ont été nourris avec la viande de deux animaux saisis ; enfin, les 1er et 5 avril, ils ont une dernière fois subi le régime de la viande tuberculeuse. Pendant toutes ces épreuves, tous les sujets n'ont reçu que des muscles d'animaux tuberculeux ; ils en ont mangé à satiété ; la viande de seize animaux a été ainsi expérimentée, et à la date du 11 juin aucun des sept sujets d'expérience n'était devenu tuberculeux.

« Dans quatre de mes expériences, j'ai fait ingérer de la viande hachée à des cobayes et aucun n'est devenu tuberculeux.

« Il semblerait donc que l'ingestion de la viande d'animaux phtisiques, à l'exception des organes et ganglions malades, ne serait guère dangereuse. Je crois en conséquence, jusqu'à nouvelles preuves, qu'on a sagement agi en décidant qu'il n'y avait pas lieu de saisir la viande des bêtes atteintes de tuberulose peu avancée et qu'il suffisait de saisir tous les organes atteints. » (Galtier.)

Parmi les diverses recherches faites à ce sujet, citons encore : celles de Gratia et Liénaux qui ont obtenu la tuberculose, en inoculant à des cobayes le suc musculaire de deux hommes morts phtisiques, mais qui n'ont jamais réussi avec le suc de la viande d'animaux phtisiques; celles de Steinheil qui l'a obtenue avec le suc musculaire et celles de Kastner, de Saur, qui n'ont jamais réussi.

En résumé les résultats obtenus par les divers expérimentateurs sont contradictoires, et cela devait être : à cause de la faible virulence du sang et des muscles, virulence qui peut d'ailleurs n'être que passagère; à cause du mode de contamination employé, l'ingestion étant moins dangereuse que l'inoculation; à cause de la réceptivité variable des animaux employés comme sujets d'expérience; à cause de la phase plus ou moins avancée de la maladie des sujets qui ont fourni la viande expérimentée. J'ai dernièrement fait de nouveaux essais avec des viandes saisies aux abattoirs de Lyon. J'en ai fait manger des quantités considérables pendant plusieurs semaines au porc et au veau, après l'avoir hachée et mélangée avec de la farine, et je n'ai pas réussi à les tuberculiser.

c. *Le vaccin recueilli sur un sujet phtisique est-il mélangé de virus tuberculeux.* — On s'est avec raison demandé si la vaccination avec un virus vaccin provenant d'une personne ou d'une bête phtisiques était dangereuse. Les médecins grecs, dont il a été question plus haut, auraient tuberculisé le lapin, en lui inoculant le vaccin d'une personne phtisique. On sait d'autre part que la syphilis vaccinale a été parfois observée. Les expériences de Toussaint ont établi que le virus vaccin, recueilli sur une vache phtisique, peut donner la tuberculose ; il aurait ainsi communiqué cette maladie au lapin et au porc.

En admettant pour le moment que le vaccin se mélange de virus tuberculeux, en passant sur des sujets phtisiques, le danger de donner la tuberculose en l'employant serait minime ou nul. En effet, Chauveau avait démontré (1872) que la tuberculose s'inocule difficilement aux bovins par les piqûres ou érosions superficielles, qui sont suffisantes pour l'insertion du vaccin. Bollinger, se fondant sur des expériences, que Schmidt avait faites sur le cobaye, concluait aussi « que le virus tuberculeux introduit par une inoculation cutanée, par exemple par la vaccination ordinaire, ne peut pas se répandre dans l'organisme, et que la manipulation d'organes tuberculeux, les autopsies, l'abatage des bêtes phtisiques ne constituent pas un danger au point de vue de l'infection par la peau. »

D'autre part Lothar-Meyer et Guttmann, ayant examiné le vaccin de sept personnes phtisiques, n'y constataient pas la présence du bacille de Koch. Straus n'a pas non plus trouvé le bacille de Koch dans le vaccin de cinq personnes phtisiques, et il n'a pas obtenu la tuberculose en injectant ce vaccin dans la chambre antérieure de l'œil du lapin. Enfin Josserand, ayant expérimenté sur 47 cobayes le vaccin fourni par 13 personnes phtisiques et un bovin tuberculeux, n'a pas réussi à produire une tuberculose authentique, bien que la matière vaccinale eût été recueillie à des époques diverses, du sixième au douzième jour, sur des malades à divers stades de l'évolution tuberculeuse, et bien qu'elle eût été inoculée de diverses façons, par injection sous-cutanée ou par injection intra-péritonéale.

En résumé il n'est pas encore bien démontré que le vaccin cultivé sur un sujet phtisique se souille de virus tuberculeux ; et le mélange s'opérerait-il quelquefois que la vaccination avec ce produit ne serait pas dangereuse, parce que les piqûres, scarifications ou éraflures, faites pour l'inoculation du vaccin, ne se prêtent pas à l'absorption du virus phtisique. D'autre part, comme l'usage d'employer le veau en tant que sujet vaccinifère tend à se généraliser, le danger de l'infection tuberculeuse par la vaccination devient de plus en plus improbable, attendu que la phtisie est très rare sur les jeunes bovins. De plus, et afin d'exclure absolument toute chance défavorable, il conviendra d'imiter ce qui se pratique dans certains instituts vaccinogènes, dans celui de Lyon par exemple, et de n'employer le vaccin recueilli sur le veau qu'après s'être rassuré par l'autopsie de son état de salubrité.

CONSERVABILITÉ DU VIRUS TUBERCULEUX. — SA RÉSISTANCE AUX AGENTS PHYSIQUES ET CHIMIQUES.

La durée de conservation du virus phtisique dans le monde extérieur doit varier suivant les cas, suivant les conditions ambiantes. Il résiste un certain temps, plus ou moins long, à la putréfaction et à la dessiccation, ainsi qu'aux alternatives d'élévation et d'abaissement de température, à la congélation ; il se conserve un certain temps dans les eaux, dans le sol et à la surface des objets sur lesquels il se trouve déposé. Avant de passer en revue les principaux résultats obtenus par divers expérimentateurs sur ces questions, je rappellerai les conclusions tirées de mes recherches personnelles, que j'exposai devant le Congrès de 1888.

Dangers des matières tuberculeuses qui ont subi la dessiccation, le contact prolongé de l'eau, la congélation, les alternatives d'élévation et d'abaissement de température, et la putréfaction au contact de l'air ou la putréfaction cadavérique dans la terre. — « La durée de conservation du virus tuberculeux dans le monde extérieur varie à coup sûr beaucoup suivant les conditions ambiantes. La dessiccation à une certaine température ne le stérilise généralement pas ; elle facilite même dans certains cas sa conservation ultérieure. M. Villemin a pu provoquer la maladie au moyen de la matière tuberculeuse desséchée. Gaffky, Schill et Fischer ont produit la tuberculose sur le lapin, en lui injectant des crachats desséchés. MM. Cornil et Babès ont inoculé avec succès des crachats putréfiés et desséchés ensuite. **MM. Malassez et Vignal** ont constaté la persistance des bacilles tuberculeux dans des crachats alternativement desséchés, ramollis par l'eau et putréfiés. Depuis longtemps déjà, l'expérimentation a établi que le virus tuberculeux desséché peut conserver ses propriétés pathogènes. On aurait même trouvé actif, au bout de dix-huit mois, du virus desséché et conservé dans des tubes.

« Plus d'une fois j'ai eu, comme bien d'autres, l'occasion de reconnaître que la dessiccation, dans les conditions où elle s'opère généralement, ne stérilise pas les matières tuberculeuses. J'ai notamment fait développer la maladie, en employant des matières desséchées à diverses températures inférieures à 30 degrés, en inoculant par injection hypodermique, intra-péritonéale, intra-veineuse, ou par pulvérisation dans les voies respiratoires, des lésions desséchés depuis 15, 30 et 38 jours ; j'ai obtenu de belles tuberculoses, en employant des matières desséchées à la température du laboratoire, à l'air et à la lumière, depuis 20, 25 et 30 jours. Toutefois, il m'est arrivé de trouver inactif, au bout de ce laps de temps, du virus desséché en apparence dans les mêmes conditions. Inutile d'insister davantage sur ce point, tout le monde admettant aujourd'hui que les matières morbides, celles qui sont expectorées, et celles qui sont rejetées avec les excréments, ou avec les écoulements morbides, peuvent conserver leur activité, après s'être desséchées sur des linges, des couvertures, des tapis, des boiseries, des fourrages, des pailles, des litières, des mangeoires, des râteliers, des murs, etc., et peuvent, dans la suite, en étant inhalées sous forme de poussières, ou ingérées avec des aliments et des boissons, donner la tuberculose aux personnes et aux animaux.

« Le séjour dans des eaux qui se renouvellent, ou dans des eaux qui ne se renouvellent pas, laisse longtemps intacte la virulence tuberculeuse. J'ai annoncé l'année dernière que j'avais transmis la maladie à de nombreux lapins, en leur inoculant des rates tuberculeuses, conservées en petits fragments pendant 8, 10, 15 et 17 jours, dans l'eau variant de 3 à 8 degrés de température, et arrivées à un état plus ou moins avancé de putréfaction. J'ai, dans le courant de cet hiver, obtenu des résultats identiques ; de la matière tuberculeuse de porc et de vache a conservé sa virulence dans l'eau qui ne se renouvelait pas, ainsi que dans celle qui se renouvelait sans cesse, et dont la température oscillait de $+ 17°$ à $+ 13°$ ou de $0°$ à $+ 11°$; après 14 jours d'immersion, la virulence était intacte dans les lésions ; toutefois, celles qui se trouvaient dans de l'eau qui ne se renouvelait pas, et qui avaient subi une putréfaction assez avancée, déterminaient une tuberculose plus lente chez le lapin. Enfin, j'ai obtenu encore une tuberculose lente sur le cobaye, en lui inoculant de la matière de la vache laissée deux mois dans de l'eau qui se renouvelait ; la température avait oscillé entre $+ 4°$ et $+ 10°$; mais les quatre derniers jours l'eau s'était congelée par un froid de $— 3°$. Il n'est donc pas douteux que le virus tuberculeux, frais ou desséché préalablement, peut ensuite se conserver dans les fontaines, sources, abreuvoirs, mares, etc., et de là faire retour dans quelque organisme pour perpétuer la maladie.

« La congélation à des températures de 3, 4, 5, 6, 7, 8 degrés au-dessous de zéro, et la congélation alternant avec des températures diurnes de 3, 4, 5, 6, 7, 8 degrés au-dessus de zéro, ne détruisent pas non plus le principe virulent de la phtisie. J'ai obtenu, sur des lapins, de très belles tuberculoses généralisées en leur inoculant, par injection intra-veineuse : 1° de la rate de lapin tuberculeux ayant séjourné sur le rebord extérieur de la fenêtre du laboratoire pendant 2 nuits et 2 jours, la température nocturne étant descendue à — 3° et à — 4° et la température diurne étant montée à + 3 ; 2° du poumon de vaches phtisiques resté sur le rebord extérieur de la fenêtre du 4 au 14 février 1887, la température du jour étant montée de + 1° à + 8° et celle de la nuit ayant baissé de 0° à — 7° ; 3° de la rate de lapin tuberculeux soumise pendant 9 jours et 9 nuits aux mêmes variations de température ; 4° du poumon de vache resté exposé aux variations précitées pendant 17 jours et 17 nuits ; 5° de la rate de lapin exposée dans les mêmes conditions du 21 février au 7 mars 1887, la température ayant oscillé entre — 4° et + et 11° ; 6° du poumon de vache soumis aux mêmes variations de température du 18 février au 9 mars 1887 ; 7° de la rate de lapin restée exposée dans les mêmes conditions du 21 février au 21 mars 1887, la température étant descendue à — 6° le 17 et le 19 mars.

« J'ajoute que ces diverses matières étaient en outre plus ou moins putréfiées au moment de leur inoculation. C'était pourtant bien la tuberculose qu'elles donnaient, car les lésions des lapins, rendus malades, transmettaient l'affection à d'autres, soit par inoculation directe, soit par inoculation après culture sur gélose.

« Avec de la matière qui avait été congelée, j'ai pareillement infecté des cobayes, en l'introduisant dans les voies respiratoires avec un pulvérisateur. De la matière tuberculeuse du verrat dont il est parlé précédemment, a donné une tuberculose lente au cobaye après 2 mois et 5 jours d'exposition au froid extérieur, la température étant descendue jusqu'à — 9° et montée jusqu'à + 12°. Des lésions de bêtes saisies aux abattoirs ont été inoculées avec succès, bien qu'ayant subi 5 jours de congélation de — 2° à — 9° ; elles ont conservé leur activité du 23 décembre 1887 jusqu'au 17 janvier 1888, malgré les variations de température comprises entre — 9° et + 12° ; le 29 décembre et le 5 janvier elles ont donné une belle tuberculose ; le 17 janvier elles n'ont produit qu'une tuberculose lente, et le 24 janvier elles n'ont plus rien donné.

« De même que la congélation et les variations de température, la putréfaction à l'air libre, dans l'obscurité ou à la lumière, la putréfaction dans l'eau et la putréfaction dans la terre respectent longtemps les germes de la tuberculose. J'ai annoncé l'année dernière que j'avais rendu malades et fait mourir phtisiques des cobayes et des lapins, en leur inoculant soit du lait ou du petit-lait abandonné, après tuberculisation préalable, à la putréfaction pendant 5 et 10 jours, soit du suc de rate ou de poumon tuberculeux en putréfaction depuis 10 et 30 jours dans un milieu dont la température variait chaque jour de $+ 8°$ à $+ 20°$.

« D'ailleurs, il ressort de ce que j'ai dit plus haut, au sujet de la dessiccation, du séjour dans l'eau et de la congélation, que la putréfaction, combinée avec l'une quelconque de ces influences, laisse vivre assez longtemps la virulence tuberculeuse.

« Mon but, en m'occupant de la résistance du bacille tuberculeux aux causes de destruction précitées, n'a pas été de déterminer l'exacte limite de cette résistance, mais bien de démontrer que les matières tuberculeuses, rejetées, dans le monde extérieur, s'y conservent un certain temps, et créent un danger dont l'hygiène doit vivement se préoccuper. Mes recherches ont éclairé quelques points nouveaux et ajouté un complément de démonstration en ce qui concerne d'autres points.

« Dernièrement, M. Chénier, émettant l'idée de la conservation des germes tuberculeux dans le sol, s'exprimait de la façon suivante : » Il y a quelques années, l'idée m'était venue que le germe tuberculeux, introduit dans le sol avec les déjections des animaux tuberculeux, passe dans les plantes d'abord et de là dans l'organisme des herbivores, qui en font leur nourriture habituelle. J'avais même institué des expériences à l'effet de contrôler cette hypothèse; le résultat fut négatif. Mais je dois dire que ces expériences n'ont été ni assez nombreuses, ni assez variées pour trancher définitivement la question. Le germe tuberculeux doit se rencontrer fréquemment dans le sol, dans les particules terreuses et les détritus de toutes sortes qui adhèrent à la surface des racines et des tubercules, tels que betterave, pomme de terre... »

« Il n'est pas douteux que, dans un grand nombre de circonstances, d'innombrables germes de phtisie sont entraînés dans le sol, où leur dissémination et leur destruction à la longue atténuent et font cesser leur danger; toutefois, comme cela a été établi par les faits qui précèdent, le virus de la tuberculose est doué d'un pouvoir de résistance tel qu'il peut conserver son activité dans les eaux, dans les matières putréfiées, à la surface des objets, malgré une dessiccation de plusieurs semaines, malgré les variations de température et malgré la congélation. Si on considère, d'autre part, que les malades excrètent souvent des quantités considérables de matière virulente, qu'ils en rejettent dans les milieux extérieurs, non seulement avec leurs produits de sécrétion pathologique, mais encore avec certains produits de sécrétion physiologique, on est bien forcé de ne pas méconnaître les dangers que créent, pour l'hygiène de l'homme et des animaux, les diverses matières qui peuvent contenir des agents de la maladie, telles que les immondices provenant des maisons où se trouvent des personnes phtisiques, et les litières, fumiers et purins des étables où sont logés des animaux tuberculeux. Les bêtes malades souillent de leurs excrétions les divers objets qui sont à leur portée, l'eau des abreuvoirs ; leurs excréments peuvent entraîner avec eux de la matière virulente en cas de tuberculose intestinale ; il en est de même des urines quand les reins sont envahis par les lésions. J'ai en effet donné la tuberculose à des lapins, en leur injectant, dans la veine, de faibles doses d'urine recueillie dans la vessie d'autres lapins morts de tuberculose généralisée.

« Les débris cadavériques et les cadavres entiers de sujets tuberculeux conservent leur virulence dans le sol, ainsi qu'on peut légitimement l'induire de tout ce qui précède. Les données expérimentales relatives à ce point spécial font à peu près complètement défaut ; aussi ne crois-je pas sans intérêt de relater l'expérience suivante :

« Le 17 janvier dernier (1888), un fort lapin ayant reçu, en injection intra-veineuse, de la matière tuberculeuse desséchée depuis le 23 décembre 1887, fut inoculé de la rage le 11 février 1888 ; il mourut rabique le 21 mars. Son cadavre entier fut enfoui à 0^m,80 de profondeur, dans un terrain situé sur le versant est de la colline de Loyasse et faisant partie du parc de l'École vétérinaire ; il fut exhumé le 13 avril, soit vingt-trois jours après l'enfouissement : la putréfaction était avancée ; des lésions de tuberculose existaient dans le poumon, dans la rate, dans le foie et dans les reins ; les centres nerveux étaient mous et putrilagineux.

« Deux virus avaient été enfouis avec ce cadavre, le virus rabique et le virus tuberculeux ; tous les deux avaient conservé leur activité, après un enfouissement de vingt-trois jours. En effet, la substance nerveuse a donné la rage à des cobayes et à des lapins ; la matière tuberculeuse, prise dans le poumon, a été injectée dans la veine de deux lapins avec toutes les précautions convenables ; tous les deux ont contracté la tuberculose ; on les a sacrifiés le 12 mai, et on a pu constater l'existence de milliers de tubercules miliaires sur le poumon, la rate, le foie et les reins.

« La conclusion à tirer de tout ce qui précède, est qu'il devient absolument indispensable d'exiger la destruction, la dénaturation ou la désinfection des matières tuberculeuses, la désinfection de tous les objets souillés par les animaux tuberculeux, de leurs excrétions, des locaux occupés par eux, des fumiers et des purins qui en proviennent, afin de prévenir la dissémination de la maladie et sa transmission à l'homme. » (Galtier.)

a. **Activité du virus tuberculeux desséché.** — Déjà Villemin avait provoqué la maladie en faisant inhaler de la matière tuberculeuse desséchée. Chauveau avait obtenu la tuberculose par l'ingestion de matière recueillie depuis près de quatre jours. Gaffky, Schill et

Fischer avaient produit l'affection chez le lapin en lui injectant des crachats desséchés. Il était ainsi avéré que les matières virulentes, celles qui sont rejetées avec les excréments, avec les écoulements morbides, avec le jetage, avec les produits expectorés, avec les crachats, etc., résistent un certain temps dans les milieux extérieurs, qu'elles peuvent supporter la dessiccation et garder, après l'avoir subie, une virulence suffisante pour déterminer la tuberculose, quand elles viennent à être inhalées sous forme de poussières. Tappeiner contaminait à son tour des animaux en leur faisant respirer un air chargé de poussières de crachats phtisiques desséchés.

Depuis de nouvelles recherches ont été publiées, qui viennent confirmer les données déjà obtenues par les précédents expérimentateurs. Bertheaud, Frerichs, Weichselbaum, Schuller, Verragut, Thaon ont obtenu les mêmes résultats que Tappeiner. Cadéac et Malet ont trouvé active la matière tuberculeuse desséchée depuis cent cinquante jours. Schill et Fischer ont reconnu que la virulence des crachats desséchés ne s'éteignait qu'au bout de sept mois. Malassez et Vignal, ayant conservé des crachats plusieurs mois en les mouillant alternativement et les laissant dessécher, y ont retrouvé les bacilles tuberculeux. Cornet, ayant recherché le virus tuberculeux dans les poussières déposées sur les murs et les meubles des locaux occupés par des phtisiques, l'y a trouvé encore actif.

Voelsch a constaté que la virulence, bien que se perpétuant un certain temps, décroît lentement par une longue conservation à la température ordinaire; et il paraît bien, d'après les résultats que j'ai obtenus ainsi que d'après ceux que d'autres expérimentateurs ont également constatés, que la dessiccation, qui respecte un temps plus ou moins long la virulence, la fait disparaître quelquefois en quelques jours et la diminue progressivement quand elle la laisse persister longtemps. Cependant il ne faut jamais oublier qu'on l'a constatée dans des matières desséchées depuis cinq, six, sept mois. On aurait même trouvé actif du virus desséché, conservé en tubes, au bout de dix-huit mois.

En résumé, ce qu'il importe de retenir, c'est que les matières virulentes, celles qui sont expectorées, le jetage, les crachats, et d'une manière générale toutes celles qui sont rejetées avec les écoulements morbides, peuvent conserver leur activité et rester dangereuses à la surface des murs, râteliers, mangeoires, litières, pailles, fourrages, couvertures, linges, boiseries, etc. Ces matières peuvent donner la tuberculose quand elles sont ingérées; et de plus elles peuvent à certains moments entrer en suspension dans l'air, fournir des poussières qui donnent la maladie, quand elles sont inhalées ou ingérées après s'être déposées dans les eaux, sur les aliments, etc. Tous les objets souillés de matières virulentes desséchées sont dangereux. L'atmosphère des locaux où séjournent des phtisiques peut à tout instant s'infecter, parce que les matières tuberculeuses desséchées, conservant leur virulence plus ou moins longtemps, peuvent être détachées, pulvérisées, entraînées en suspension dans l'air. On verra ci-après les dangers d'un air ainsi chargé de poussières tuberculeuses.

b. **Activité des matières tuberculeuses qui ont séjourné dans l'eau.** — Le virus tuberculeux, frais ou desséché préalablement, peut ensuite se conserver dans les fontaines, sources, abreuvoirs, mares, etc., et de là faire retour dans quelque organisme pour perpétuer la maladie. On a vu plus haut qu'il résulte de mes expériences que le séjour dans des eaux qui se renouvellent, ou dans des eaux qui ne se renouvellent pas, laisse longtemps intacte la virulence tuberculeuse. J'ai en effet transmis la tuberculose avec du virus qui avait séjourné deux mois dans de l'eau qui se renouvelait ; je l'ai transmise avec de la matière qui avait séjourné 14-17 jours dans de l'eau qui ne se renouvelait pas et où elle avait déjà subi un degré de putréfaction avancée. Cadéac et Malet ont obtenu la tuberculose avec des fragments de poumon qui avaient séjourné dans de l'eau non renouvelée pendant 120 jours. Chantemesse et Widal ont constaté : que « les germes de la tuberculose se sont conservés vivants pendant 50 jours dans de l'eau de Seine stérilisée et laissée entre 8° et 12° ; qu'ils se sont conservés vivants pendant 70 jours dans de l'eau de Seine stérilisée, maintenue entre 15° et 18°. » Toutefois ils n'ont pas réussi à donner la tuberculose au cobaye en lui injectant dans le péritoine 1 centimètre cube d'eau qui renfermait depuis 15 jours des germes tuberculeux, soit que leur nombre fût trop restreint, soit que l'eau les eut atténués. J'avais de mon côté, ainsi qu'on l'a vu, remarqué que la virulence était atténuée quand la matière tuberculeuse avait séjourné un certain temps (2 mois) dans de l'eau qui se renouvelait. Plus tard Gebhart reconnaissait que la dilution diminuait et pouvait éteindre la virulence, quand elle était faite avec de grandes quantités d'eau, ou quand elle portait sur un produit déjà pauvre en germes.

Enfin, d'après les recherches de Straus et Dubarry, le bacille de la tuberculose se conserverait plus de quatre-vingt-quinze jours dans de l'eau ordinaire (eau de l'Ourcq) et plus de cent quinze jours dans de l'eau distillée.

Il résulte donc des quelques recherches qui ont été faites jusqu'à ce jour que les bacilles de la tuberculose peuvent se conserver un certain temps dans les eaux. La durée de la conservation avec ou sans atténuation doit varier suivant la composition des eaux, suivant leur richesse en microbes, suivant la température ambiante, etc. ; mais il n'en demeure pas moins acquis que les eaux polluées par les excrétions des malades, ou par leur mélange avec des matières tuberculeuses, doivent être considérées comme dangereuses.

c. **Activité des matières tuberculeuses qui ont été exposées**

aux alternatives de température, à la congélation, à la putréfaction à l'air ou dans le sol. — J'ai démontré, comme on l'a vu plus haut, que la congélation à des températures de 3-4-5-6-7-8 degrés au-dessous de zéro et la congélation alternant avec des températures diurnes de $+3°$ à $+8°$ ne stérilisent pas les matières tuberculeuses. J'ai constaté d'autre part que les alternatives de congélation jusqu'à $-9°$ et d'échauffement jusqu'à $+12°$ avaient atténué la virulence dès le vingt-quatrième jour et qu'elles l'avaient stérilisée le trente-unième jour. Cadéac et Malet ont trouvé les matières tuberculeuses virulentes après cent vingt jours de congélation intermittente jusqu'à la température de $-8°$.

Il découle encore de mes expériences, dont le compte rendu a été communiqué au Congrès de 1888, et se trouve relaté plus haut, que la putréfaction à l'air libre, dans l'obscurité ou à la lumière, la putréfaction dans l'eau et la putréfaction dans le sol respectent longtemps la virulence des matières tuberculeuses. J'ai pu donner la tuberculose avec des lésions d'un lapin resté enfoui vingt-trois jours en mars et avril; je l'ai également obtenue avec des lésions putréfiées à l'air libre pendant trente jours. Toussaint a pu conserver pendant cinq mois avec sa virulence du sang tuberculeux ; Fischer et Schüller ont trouvé actif du virus tuberculeux, après l'avoir gardé six mois à l'abri de l'air. Cadéac et Malet ont constaté que la virulence n'était pas éteinte, après un séjour de cent soixante-sept jours dans le sol.

Les crachats tuberculeux en putréfaction plus ou moins avancée ont été trouvé virulents. On a pu retrouver les bacilles dans des crachats putréfiés depuis trois mois (Cornil et Babès), et on a transmis la tuberculose en les inoculant. Malassez et Vignal ont constaté aussi la résistance des bacilles à la putréfaction ; ils ont conservé des crachats pendant plusieurs mois en les mouillant et les laissant sécher alternativement, sans que les bacilles fussent moins nombreux. Baumgarten, Fischer et Falk ont constaté qu'après quelques jours de putréfaction, les matières tuberculeuses perdaient leur virulence. De Toma a fait la même constatation pour les crachats tuberculeux putréfiés. Voelsch a remarqué, comme Baumgarten, que la putréfaction affaiblit la virulence sans la faire disparaître. Schottelius aurait retrouvé les bacilles tuberculeux vivants dans le sol, au bout de deux ans et demi après l'enfouissement de poumons dans les conditions suivies pour les enterrements des cadavres de l'espèce humaine.

Les résultats contradictoires obtenus par les expérimentateurs tiennent aux conditions dans lesquelles ils ont opéré et aux actions microbiennes diverses qui ont pu intervenir dans les putréfactions suivant les cas. Il n'en demeure pas moins acquis que les matières tuberculeuses, bien que la putréfaction atténue d'abord leur virulence et la stérilise ensuite dans un temps plus ou moins long, restent dangereuses quelque temps dans les eaux non renouvelées, dans les purins, dans les fumiers, dans le sol, etc. En conséquence, je répéterai que les conclusions à tirer de tout ce qui précède est qu'il devient absolument indispensable d'exiger la destruction, la dénaturation ou la désinfection des matières tuberculeuses, la désinfection de tous les objets souillés par les tuberculeux, de leurs excrétions, des locaux occupés par eux, des fumiers et des purins qui en proviennent.

d. **Résistance du virus tuberculeux à la lumière, à la chaleur, à la salaison et aux agents chimiques.** — Il résulte des expériences de Koch que la lumière solaire a une action destructive sur les bacilles de la tuberculose, qui pourraient être tués plus ou moins rapidement (en quelques heures ou en quelques minutes), suivant l'épaisseur de la couche de culture exposée au soleil. La lumière diffuse exercerait aussi une réelle action destructive, quoique plus lentement; des cultures exposées à une fenêtre pourraient être stérilisées en cinq à sept jours.

L'action du chauffage est importante à connaître, surtout au point de vue de l'utilisation des laits et des viandes suspects. A quelle température la virulence peut-elle être détruite? Dès 1879, j'avais fait des recherches sur ce point et voici comment je résumais, devant le Congrès de 1888, les résultats de mes expériences sur l'action de la chaleur et sur celle de la salaison.

« En 1879, j'avais démontré qu'il suffisait de la température de 70° continuée un certain temps pour stériliser le virus tuberculeux frais. Pourtant MM. Chauveau et Arloing ont reconnu que la température de 70° maintenue pendant une demi-heure ne garantissait pas toujours du danger, mais que la température de 100°, maintenue pendant une demi-heure, stérilise sûrement le virus tuberculeux. De mon côté, tout en reconnaissant qu'un chauffage assez prolongé à 70° pouvait stériliser le virus frais, j'ai maintes fois constaté qu'un chauffage trop court ou trop peu élevé ne donnait aucune sécurité. Ainsi, tandis que du suc musculaire et du lait, préalablement tuberculisés, n'ont pas transmis la maladie aux lapins, qui en ont reçu dans la veine, après un chauffage poussé jusqu'à l'ébullition, il en a été tout autrement quand ces matières avaient été soumises à une température moins élevée. Ainsi j'ai rendu tuberculeux des lapins en leur inoculant du suc musculaire et du lait chauffés à des températures que ne dépasse pas le centre d'un gros morceau de viande cuit sur le gril ; j'ai donné la maladie à des cobayes en leur inoculant de la matière tuberculeuse, qui, après avoir été enfermée dans des tubes scellés à la lampe, avait subi pendant vingt minutes un chauffage à 60° ou pendant dix minutes un chauffage à 71°.

« Les différences constatées par les divers expérimentateurs tiennent sans doute aux conditions et au mode de chauffage, ainsi qu'à la nature et à la réaction du milieu dans lequel se trouvaient les germes chauffés. Quoi qu'il en soit, le conseil donné par Toussaint, il y a quelques années, mérite bien d'être suivi : la viande d'un animal tuberculeux ou supect ne doit pas être mangée saignante ; toute viande tuberculeuse ou suspecte ne devrait entrer dans la consommation de l'homme qu'après avoir subi une réelle et complète cuisson. M. Mandereau, de Besançon, a dernièrement préconisé avec raison une mesure d'ailleurs facile à appliquer, qui consisterait à imposer la salaison comme moyen de combattre le danger des viandes tuberculeuses qu'on n'élimine pas de la consommation. La salaison serait ici un moyen de préservation indirect, qui obligerait le consommateur à faire cuire convenablement la viande avant de la manger.

« Déjà, l'année dernière, j'avais constaté que la salaison peu prolongée ne détruisait pas la virulence des matières tuberculeuses ; des cobayes, inoculés avec le produit d'organes tuberculeux soumis pendant quarante-huit heures à l'action du sel de cuisine employé à raison de 6 grammes pour 16 grammes de matières à saler, avaient contracté la maladie.

« Voici le résultat d'expériences nouvelles que j'ai faites en novembre, décembre et janvier derniers :

« Le 29 octobre 1887, un verrat de quatre à cinq ans avait été saisi à l'abattoir de Vaise, pour cause de tuberculose généralisée. Les lésions de la maladie existaient dans tout le système ganglionnaire, dans les poumons, à l'état de fines et innombrables granulations miliaires, sur la plèvre et sur une côte, jusque dans le milieu de l'os ; elles étaient surtout abondantes dans les deux testicules, mais surtout dans l'un qui, avec les lésions développées à sa surface et dans la séreuse testiculaire, atteignait le poids de $2^{kil},365$. Cet organe, outre les amas de granulations tuberculeuses qu'il présentait dans son tissu propre, était entouré d'une gangue très épaisse de tissu morbide, sclérosé, lardacé, infiltré, et parsemé également d'amas de granulations tuberculeuses.

« Deux lapins, inoculés avec la matière morbide de ce testicule, eurent une belle tuberculose qui, ensuite, fut transmise au cobaye. Trois fragments de poumons et trois fragments de testicules ayant approximativement chacun le même poids, et pesant ensemble 130 grammes, furent salés dans un cristallisoir le 30 octobre, avec 50 grammes de sel fin ; deux autres fragments de poumons et deux autres fragments de testicule, pesant ensemble 50 grammes, furent salés le même jour avec 32 grammes de sel fin, et abandonnés comme les précédents à l'action de la salaison dans le laboratoire, dont la température variait, de la nuit au jour, de 5° à 23°.

« Au bout de huit jours, deux cobayes furent inoculés avec le suc obtenu en triturant, après *dessalaison*, un quart environ d'un morceau de testicule du premier cristallisoir ; deux autres reçurent du suc obtenu en triturant un quart d'un morceau de poumon du même cristallisoir ;

deux furent inoculés avec le suc d'un quart du morceau de poumon du second cristallisoir; enfin, un septième cobaye et un lapin reçurent le suc d'un quart de morceau de testicule du premier cristallisoir. Tous ces animaux devinrent tuberculeux; en sorte que cette expérience démontre bien la résistance du virus tuberculeux à la salaison peu prolongée. La virulence n'était donc pas éteinte au bout de huit jours, malgré le faible volume des morceaux soumis à l'action du sel, et nous allons voir qu'elle devait persister encore bien plus longtemps, tout en s'amoindrissant, pour disparaître enfin complètement. Le poumon et le testicule du premier cristallisoir, inoculés le quinzième jour après la mise en salaison, à des cobayes et à des lapins, ne donnèrent rien sur ces derniers, mais rendirent les cobayes tuberculeux; il en fut de même du second cristallisoir. A la date du 5 janvier 1888, aucun des morceaux restés en salaison dans les cristallisoirs n'avait conservé trace de virulence.

« Le 5 novembre 1887, un morceau de foie de vache tuberculeuse pesant 33 grammes, et un morceau de ganglion de la même bête pesant 52 grammes, furent salés avec 42 grammes de sel. Le 12 novembre, la virulence persistait; elle avait disparu le 5 décembre.

« Dans les conditions où je me suis placé, la virulence tuberculeuse s'est conservée un certain temps, et il n'est pas douteux qu'elle se fût conservée beaucoup plus longtemps si, comme cela se fait dans la pratique, j'avais opéré sur des morceaux volumineux. On pourrait objecter que la viande, bien que pouvant parfois contenir des germes tuberculeux, est beaucoup moins riche que les matières sur lesquelles ont porté mes essais; il n'en demeure pas moins certain que le virus, qui se trouverait au centre des morceaux de viandes salées, échapperait longtemps à la destruction.

« Ces constatations n'enlèvent rien de son importance au *modus faciendi* proposé par M. Mandereau à propos des viandes tuberculeuses non saisies; la salaison est un moyen d'obliger le consommateur à faire cuire la viande suspecte; or, la cuisson, telle qu'il la faut pour rendre propre à être mangée la viande salée, détruit sûrement, selon moi, les germes que la salaison n'a pas tués. Toutefois, il ne faut pas oublier que certaines préparations de charcuterie, telles que les saucissons, sont souvent consommées sans cuisson préalable; si dans leur fabrication ont été employées des viandes tuberculeuses provenant du porc ou d'animaux bovins atteints de phtisie, il y aura du danger pour le consommateur, malgré la salaison » (Galtier).

Les expérimentateurs qui ont étudié l'action de la chaleur sur le virus tuberculeux sont arrivés, ainsi que je le disais en 1888, à des résultats quelque peu contradictoires. Toussaint, qui disait avoir inoculé avec succès le sang d'un sujet phtisique après l'avoir conservé pendant cinq mois, avait obtenu la tuberculose en inoculant le jus de viande, de poumon, de ganglion, chauffé comme le seraient les biftecks de restaurant qui ne dépasseraient pas 52° à leur centre. Il l'avait obtenue en inoculant du sang ou du jus de viande chauffés cinq minutes à 55°, à 61°, à 63°, à 65°. Les parties centrales des morceaux de viande grillés ou rôtis rapidement, n'atteignant pas une température supérieure à 55°-60°, restent donc dangereuses si elles contiennent du virus. Un séjour de dix minutes à l'étuve, à la température de 55°-58°, n'avait pas stérilisé la virulence du jus d'un poumon tuberculeux ; le jus d'un bifteck de viande de porc tuberculeux, préparé à la façon ordinaire, avait été trouvé virulent ; enfin, d'après les expériences de Toussaint, la virulence résisterait à 73°, 76° et 80°.

Il résulterait des expériences de Gerlach que de la matière tuberculeuse soumise à la température de l'ébullition pendant une demi-heure serait encore virulente quoique atténuée ; et les expériences de H. Martin, qui auraient établi que la macération dans l'alcool à 90° ne détruisait pas constamment la virulence tuberculeuse, auraient également prouvé que le virus tuberculeux chauffé après avoir été enfermé dans un tube scellé pourrait résister à 80°, et quelquefois même à 100°. Klebs aurait vu le lait bouilli donner la tuberculose. On se demande, en présence de ces résultats, s'il ne s'est pas produit quelque erreur de fait ou d'interprétation dans les expériences de Gerlach et de H. Martin.

Bang a obtenu des résultats qui se rapprochent de ceux que j'avais moi-même obtenus déjà. Voici les conséquences qu'il a déduites lui-même de ses expériences au congrès de 1888 : la coction stérilise toujours le lait tuberculeux ; la température de 60° à 75°, continuée pendant cinq minutes, amène une telle atténuation que l'ingestion du lait devient inoffensive, son inoculation pouvant encore donner la tuberculose, même parfois après avoir subi la température de 80° ; la température de 85° est toujours suffisante pour rendre le lait tuberculeux inoffensif à l'ingestion et à l'inoculation. Divers expérimentateurs (Frerichs, Parrot, H. Martin) ont constaté la non-inoculabilité des crachats soumis à la température de l'ébullition. Vallin a reconnu que l'immersion dans l'eau bouillante stérilise le virus déposé et desséché sur une bande de papier. D'après Arloing, la température de 100°, maintenue pendant une demi-heure, stérilise sûrement le virus tuberculeux, tandis que celle de 70°, maintenue le même temps, ne garantirait pas une stérilisation complète.

Les données se poursuivent contradictoires. Schill et Fischer affirment que les crachats tuberculeux ne perdent pas leur virulence après deux minutes d'ébullition, mais seulement après cinq minutes. D'après Voelsch, un simple chauffage à 100° atténue, mais ne stérilise pas la virulence tuberculeuse. Yersin a constaté que les cultures de bacilles tuberculeux sont *toujours stérilisées* par un chauffage de dix minutes à 70°, et qu'ils résistent pendant ce temps à 60°. La différence des résultats obtenus peut tenir à diverses influences : au mode de chauffage, à sa durée ; à la richesse et à la qualité de la matière virulente ; à l'état sporulé ou non sporulé des bacilles, bien qu'on soit encore mal fixé sur la question de la sporulation des microbes tuberculeux ; à la réaction et à la composition du milieu dans lequel se trouvent les germes. Quoi qu'il en soit, on admet que la cuisson, l'ébullition rendent le lait et les viandes inoffensifs. Les crachats, même desséchés, sont stérilisés par une ébullition de quelques minutes et par la vapeur d'eau surchauffée.

Parmi les agents chimiques dont l'action peut être utilisée pour la désinfection, il en est quelques-uns dont les effets méritent d'être connus. L'alcool absolu, l'alcool à 90°, et même l'alcool à un titre moins fort, peuvent stériliser les pièces qu'ils servent à conserver. Bien que H. Martin ait prétendu que l'alcool à 90° ne détruit pas la virulence du tubercule, il y a lieu d'admettre l'action stérilisante des liqueurs alcooliques. Koch a vu demeurer stériles les inoculations faites avec des tubercules conservés dans l'alcool. J'ai, de mon côté, constaté l'action bactéricide de l'alcool ; et Schuller et Fischer n'ont pas trouvé virulente la matière ayant séjourné quelques heures dans l'alcool. Yersin a également ment constaté l'action germicide de l'alcool. L'acide sulfureux, obtenu en brûlant 30, 40, 50 grammes de soufre par mètre cube d'espace à désinfecter, stériliserait le virus tuberculeux même desséché (Vallin). L'action germicide de cet agent a été également reconnue par Thoinot, qui a conclu de ses expériences, faites avec des cultures et des crachats, « qu'après vingt-quatre heures d'exposition à l'acide sulfureux produit par la combustion de 60 grammes de soufre par mètre cube, le bacille de Koch est détruit même sous la forme qui paraît la plus résistante, le crachat. »

L'acide phénique est encore un bon désinfectant, dont l'action germicide a été constatée par divers expérimentateurs ; en solution à 5 p. 100, il stériliserait le virus tuberculeux en trente secondes (Yersin). Il en est de même de la créoline en solution à 5 p. 100 (Jaeger). Voilà donc deux agents qui se recommandent aux hygiénistes pour la désinfection des corps souillés de virus tuberculeux. La solution au même titre d'acide sulfurique et d'acide chlorhydrique sont également efficaces. Il en est de même de la solution d'acide salicylique à 2,5 p. 1000 (Yersin), qui stérilise le virus tuberculeux en six heures. La solution de sublimé au 1/1000° stérilise le virus tuberculeux en dix minutes (Yersin) ; les solutions de brome, d'iode, de créosote, de sulfate de cuivre, etc., jouissent aussi d'un grand pouvoir désinfectant.

Quant à la salaison envisagée comme moyen de rendre les viandes tuberculeuses inoffensives, on a vu plus haut que mes expériences avaient péremptoirement établi qu'il n'y avait pas lieu de compter sur l'efficacité de ce moyen. D'autres expérimentateurs sont venus depuis confirmer mes résultats. On a vu des viandes salées depuis quinze jours donner la tuberculose (Delacroix); on a trouvé les bacilles tuberculeux un mois et deux mois après la salaison (Forster). D'autre part, on a également pu (Forster) donner la tuberculose avec des viandes fumées qui renfermaient des lésions.

TRANSMISSION SPONTANÉE. — MODES DE CONTAGION.

La tuberculose de l'homme est contagieuse pour l'homme et pour les animaux. Les observations sont innombrables qui témoignent de la contamination des personnes par d'autres personnes phtisiques. On a d'autre part recueilli à l'heure actuelle de très nombreux faits de transmission accidentelle ou expérimentale de la tuberculose de l'homme aux animaux domestiques des diverses espèces, aux grands ruminants, au porc, au singe, au chien et au chat, aux oiseaux de basse-cour, au lapin et au cobaye. Il ne semble pas douteux d'ailleurs que la tuberculose des animaux peut se transmettre à l'homme, ainsi que le prouvent certains faits d'observation signalés plus haut, et comme le donnent à croire les expériences faites sur les animaux avec la tuberculose humaine, dont le virus se comporte sur les sujets inoculés absolument comme celui de la tuberculose animale. Enfin, la tuberculose d'une espèce animale donnée est transmissible, tout au moins inoculable plus ou moins facilement, aux autres espèces suivant leur degré de réceptivité. Une seule réserve doit être faite à propos de la tuberculose aviaire, et il en sera question plus loin.

La transmission accidentelle de la tuberculose peut se produire de diverses façons, par contagion immédiate et par contagion médiate, par hérédité, par inoculation accidentelle, par ingestion et par inhalation. Elle est facilitée par la nature du terrain dans lequel les microbes, sont ensemencés, et par les causes prédisposantes précédemment indiquées. L'invasion et la marche de la maladie varient suivant le mode de transmission, suivant la voie par laquelle le virus a pénétré dans l'organisme.

A. — *Contagion immédiate.*

Les ascendants peuvent infecter leurs descendants. Les malades peuvent contaminer directement des sujets sains, en leur transmettant leurs germes dans les rapports de contact qu'ils ont avec eux.

a. *Hérédité de la tuberculose.* — L'observation des faits et l'étude des avortons et des jeunes au moment de la naissance ont démontré que la tuberculose peut être héréditaire chez l'homme et chez les animaux. Les deux ascendants ne jouent pas un rôle égal dans la transmission héréditaire de la tuberculose. Celui du père est bien moindre que celui de la mère; et encore y a-t-il lieu de penser que, lorsqu'il transmet la maladie à son descendant, c'est en infectant d'abord les organes de la

mère, qui à son tour contamine leur produit commun. Toutefois, réduite
à ces proportions, la part de l'ascendant mâle est parfois bien réelle. Des
expérimentateurs ont rencontré des bacilles dans le sperme, tandis que
beaucoup d'autres n'en ont pas trouvé. Weigert a signalé la présence
de bacilles dans le sperme; Sirena et Pernice y en ont rencontré. Landouzy et Martin ont constaté la virulence du sperme du cobaye atteint
de tuberculose généralisée. D'après Carl Jany les bacilles tuberculeux
pourraient même exister dans les testicules en apparence normaux des
phtisiques. Il semble bien que le sperme du mâle peut être mélangé de
virus, quand le testicule est envahi par des tubercules, quand des lésions
existent sur la muqueuse génito-urinaire. D'autre part les faits constatés
de contagion coïtale ne permettent pas de révoquer en doute la possibilité de l'infection de la mère par le sperme, ainsi qu'on le verra ci-
après. Lydtin a signalé le cas d'un taureau phtisique dont dix descendants sont devenus tuberculeux. Cornil d'un côté et Dobroklonsky d'un
autre ont constaté expérimentalement que le virus tuberculeux, déposé,
sans lésion préalable, sur la muqueuse vaginale de cobayes, déterminait
la tuberculose.

Ainsi donc des bacilles peuvent se trouver parfois dans le sperme, et
le père peut alors transmettre la tuberculose à son descendant; mais
ce fait se produit très rarement, et encore faut-il croire, jusqu'à plus
ample démonstration, que c'est en contaminant d'abord la mère, en
inoculant en quelque sorte le virus dans les organes génitaux de la mère,
que l'ascendant mâle peut être l'auteur indirect de l'infection du fœtus.
En sorte que, bien qu'on ait prétendu que le fœtus pouvait être infecté
directement par le père, même sans que la mère devînt malade, le rôle
de l'ascendant mâle semble se borner à contaminer la mère. Pour qu'il
y eut infection directe du fœtus par le père, il faudrait que le bacille pé-
nétrât avec le spermatozoïde dans l'ovule; et s'il en était ainsi il y a tout
lieu de penser que le travail de la procréation serait empêché. Le mâle
peut transmettre une prédisposition ou contaminer la mère, qui à son
tour contaminera le fœtus. L'étude de l'hérédité de la tuberculose doit
consister surtout à déterminer le rôle de la mère, puisque c'est elle qui
est toujours en dernière analyse l'agent de la transmission.

On a parfois beaucoup exagéré la fréquence de l'hérédité de la tuberculose, en invoquant des faits qui n'avaient aucune valeur démonstrative. L'hérédité de la tuberculose, qui n'est autre chose qu'une transmission intra-utérine de la maladie, qu'une contagion par le placenta, a été
réellement constatée; elle se produit parfois, mais elle est relativement
rare. Elle exige l'existence de lésions sur la muqueuse utérine, la présence de bacilles dans le sang de la mère; or l'on sait que le sang est
rarement virulent, hormis quand il y a tuberculose du canal thoracique ou des gros vaisseaux. La contagion utérine ne peut guère avoir
lieu qu'à la faveur d'une lésion du placenta, qui peut se produire quand

il y a endométrite tuberculeuse. Toutefois il semble bien que la tuberculose utérine n'empêche pas absolument la conception ; et même en pareil cas le nouveau-né n'est pas fatalement tuberculeux par hérédité ; mais, quand l'utérus est malade, l'avortement peut se produire.

Pour se faire une idée aussi exacte que possible de la réalité et de l'importance relative de la transmission intra-utérine (hérédité) de la tuberculose, il importe de passer rapidement en revue quelques-uns des faits qui ont été observés. Voici comment, d'après mes recherches personnelles, j'envisageais la question devant le congrès de 1888 :

« L'observation des faits tend à démontrer que la tuberculose est héréditaire chez les animaux, et qu'elle peut être transmise, quoique moins souvent, par le père, comme par la mère. Cependant, hâtons-nous de le dire, la transmission héréditaire est loin de se produire toutes les fois que les ascendants sont phtisiques. Sans nous préoccuper de savoir si les ascendants tuberculeux transmettent, à défaut de la tuberculose, une prédisposition spéciale à la contracter, sans rechercher si cette transmission héréditaire, quand elle a lieu, peut être parfois une transmission à échéance plus ou moins éloignée, nous tiendrons compte seulement de la transmission intra-utérine, en essayant de démêler la part qu'elle joue dans la propagation de la maladie.

« Ayant tuberculisé en 1879 une lapine pleine, quinze jours avant la mise bas, et les petits ayant été ensuite nourris par la mère, je constatai les lésions de la tuberculose sur trois des cinq qu'elle éleva. On a trouvé, quoique rarement, des jeunes veaux tuberculeux ; on cite des faits d'observation de tuberculose sur des gorets issus de parents phtisiques ; on a vu des propriétaires éprouver, pendant des années, des pertes considérables, pour avoir employé des animaux phtisiques comme reproducteurs, et se débarrasser du mal en écartant les bêtes tuberculeuses de la reproduction. Mais, dans tous les faits dont il vient d'être question, et autres analogues, il est difficile de savoir si la phtisie des jeunes provenait réellement d'une transmission héréditaire ou si elle dérivait d'une contagion postérieure, ayant pu se produire dans les rapports que les descendants avaient eus, après leur naissance, soit avec leurs ascendants, soit avec d'autres phtisiques.

« Toutefois, malgré l'extrême rareté de la tuberculose sur les veaux tués aux abattoirs, on ne saurait nier la possibilité de la transmission intra-utérine. En effet, on a signalé souvent, comme complication de la phtisie, l'avortement, qui peut être dû à l'infection du fœtus ; de nombreux vétérinaires ont constaté, sur des fœtus ou des veaux venant de naître ou nés depuis quelques jours seulement, des lésions de tuberculose. J'ai fait de nouvelles recherches dans ces deux dernières années, et je n'ai pas été plus favorisé que M. Nocard ; une fois j'ai inoculé de la matière d'un fœtus de vache morte de tuberculose, et, neuf fois, j'ai inoculé des parties de fœtus de cobayes tuberculeuses, j'ai eu constamment des résultats négatifs.

« J'ai vu enfin des cobayes et des lapines, tuberculisées pendant la gestation, ne pas transmettre la maladie à leurs petits, alors même qu'on les leur laissait nourrir. Ainsi, une lapine pleine, ayant été inoculée le 13 février par injection intra-veineuse, avec la matière tuberculeuse d'un cobaye, a fait huit petits le 9 mars et les a bien élevés; elle est morte le 27 mai de tuberculose généralisée, tandis que ses petits, tués le 23, le 24, le 25 mai et le 1er juillet, n'ont présenté aucune trace de la maladie.

« L'hérédité semble donc avoir lieu exceptionnellement, quand il s'agit de la tuberculose, comme quand il s'agit de la morve, de la rage, du charbon, etc. » (Galtier.)

En médecine humaine, la question est difficile à apprécier d'une façon bien exacte; et il n'est pas douteux que beaucoup de cas attribués à l'hérédité sont dus à la contagion familiale postérieure à la naissance, l'enfant né de parents tuberculeux courant, à chaque instant, le danger d'être contaminé par les baisers, l'allaitement, la cohabitation, etc. La tuberculose est excessivement rare sur les enfants nouveau-nés; on a bien constaté, parfois, des lésions tuberculeuses sur des enfants âgés de un à deux mois, mais on peut se demander si leur tuberculose était réellement héréditaire. On ne peut rien conclure, à plus forte raison, des nombreux faits de tuberculose qui ont été constatés sur des enfants entre l'âge de quelques mois et de deux, trois et quatre ans. Cependant, Hiller (1884) a rapporté un fait de tuberculose congénitale.

Landouzy et Martin ont transmis la tuberculose au cobaye avec le produit des organes sains en apparence d'un enfant nouveau-né d'une mère phtisique.

En recueillant des observations sur les animaux, ou en expérimentant sur eux, on a pu enregistrer des faits plus nombreux, moins équivoques et plus démonstratifs. Chauveau a eu constaté des lésions tuberculeuses dans le poumon de fœtus de vaches phtisiques. De semblables remarques ont été faites par divers observateurs (Konig, Stermmann, Adam, Semmer, Fischer, Muller, Csokor). Koubassoff a constaté le passage des bacilles tuberculeux dans les organes des fœtus chez des cobayes tuberculisées expérimentalement. Landouzy et Martin ont transmis la tuberculose avec des parties de fœtus sains en apparence nouveau-nés de cobayes tuberculeuses. Koch, Grancher et Straus, Nocard, Sanchez-Toledo, Wolff et d'autres n'ont pas transmis la maladie avec le produit de fœtus de mères phtisiques. J'ai, de mon côté, ainsi qu'on l'a vu plus haut, obtenu des résultats négatifs dans mes premières expériences; l'année courante (janvier 1891), j'ai publié le résultat de nouvelles recherches qui m'avaient donné quelques résultats positifs. Dans quatre expériences sur dix-neuf j'avais constaté, par l'inoculation des organes des fœtus, la transmission intra-utérine chez la lapine ou la cobaye. J'avais procédé de la façon suivante : j'inoculais de la matière tuberculeuse à des femelles que je plaçais ensuite avec des mâles pour les faire couvrir ; parmi les femelles rendues ainsi préalablement tuberculeuses, il y en avait un tiers, la moitié, qui ne devenaient pas pleines ; et parmi celles qui ont été fécondées dans dix-neuf expériences différentes, il y en a eu seulement quatre qui ont eu des fœtus dont les organes ont donné la tuberculose.

Villemin n'avait pas obtenu bien évidemment la transmission utérine en inoculant des lapines en état de gestation ; il les avait vu avorter ou donner des petits qui mouraient ensuite de misère ou vivaient chétifs (la mère ne pouvant les nourrir), mais non tuberculeux. De pareils résultats négatifs ont été obtenus bien des fois par de nombreux expérimentateurs. Schleuss et Grotham auraient rencontré des tubercules de la plèvre et du péritoine sur des fœtus de vaches phtisiques. La tuberculose congénitale avec bacilles et lésions sur le foie, sur le poumon et les ganglions bronchiques, a été constatée par Johne sur le fœtus d'une vache atteinte de phtisie très avancée. Wahl a trouvé des tubercules et des bacilles sur un fœtus de huit mois de vache phtisique. L'hérédité de la tuberculose a été constatée sur les cobayes par divers expérimentateurs (Soller, Landouzy, Arloing, Galtier, etc.).

Bang a constaté la rareté de l'hérédité chez les lapins, mais il pense que la transmission intra-utérine de la tuberculose n'est pas bien rare sur nos femelles domestiques ; ayant interrogé cent soixante-cinq vétérinaires, trente-deux lui auraient répondu avoir observé la tuberculose sur des nouveau-nés. Un de ces trente-deux vétérinaires lui aurait affirmé « avoir suivi le sort de 24 veaux dont le père et la mère étaient atteints de la tuberculose. Or, de ces veaux, 10 ont été tués pendant la première semaine de leur vie extra-utérine, et on les a trouvés tous tuberculeux ; 5 ont été tués dans un certain état d'engraissement à l'âge de six à dix semaines, et ont présenté également des affections tuberculeuses ; 6 autres ont été laissés en vie, mais après quelque temps ils ont présenté des symptômes de tuberculose tellement marqués qu'on a trouvé nécessaire de les tuer pendant leur jeunesse, et trois sont tombés malades de la même maladie après avoir vélé une seule fois. »

Malvoz et Brouvier ont relaté deux cas de tuberculose héréditaire absolument authentique, observés sur les fœtus de deux vaches phtisiques.

On a cité, comme je le rappelais plus haut, des faits d'observation assez nombreux de tuberculose sur des veaux et des gorets issus de parents phtisiques ; on a vu des propriétaires éprouver, pendant des années, des pertes considérables, pour avoir employé des animaux phtisiques comme reproducteurs, et se débarrasser du mal en écartant les bêtes tuberculeuses de la reproduction. Mais il reste à savoir si, en pareils cas, la maladie provenait réellement de l'hérédité plutôt que des rapports que les descendants avaient, après la naissance, soit avec leurs ascendants, soit avec d'autres phtisiques. D'ailleurs, il est bien avéré de partout que la tuberculose est excessivement rare sur les jeunes veaux qui sont livrés à la boucherie. A Munich, on en a trouvé de 1 à 2 sur 160,000 ; à Berlin, 4 sur 154,000 ; à Lyon, 5 sur 400,000, etc. ; et encore convient-il de se demander si certains cas n'étaient pas dus à une contagion postérieure à la naissance. On a prétendu, il est vrai (et Solles aurait observé, sur le cobaye, que la tuberculose héréditaire a une marche très lente, que ses premières manifestations n'apparaissent que tardivement), que les bacilles, après avoir passé de la mère au fœtus, pourraient sommeiller plus ou moins longtemps dans les tissus du jeune qui sont plus vivaces, sauf à pulluler et à déterminer la maladie plus tard, quand l'organisme vient à être débilité par une cause quelconque. Mais cette hérédité à longue échéance ne se comprend guère ; on conçoit difficilement que les bacilles, après avoir sommeillé des mois ou des années dans l'organisme, se réveillent à un moment donné. Ce qui est bien plus vrai, c'est que les descendants engendrés par des parents phtisiques héritent, lorsqu'ils ne naissent pas tuberculeux, d'une faiblesse, d'une prédisposition à devenir plus facilement tuberculeux dans la suite, quand ils seront exposés à la contagion.

En résumé, l'hérédité est une cause de phtisie, en ce que les parents peuvent transmettre à leurs descendants les germes de la maladie, ou simplement une aptitude à la constater plus tard. Dans le premier cas, c'est l'hérédité directe ou la transmission intra-utérine ; dans le second cas, c'est l'hérédité indirecte ou à longue échéance. Le descendant qui devient tuberculeux tardivement n'a vraisemblablement hérité de ses ascendants que de leur constitution, c'est-à-dire d'une aptitude à être plus facilement contaminé dans la suite. D'ailleurs, malgré cette aptitude, il reste indemne quand il est préservé de toute contamination ultérieure. On naîtrait donc plus souvent tuberculisable que réellement tuberculeux quand les ascendants sont phtisiques. L'hérédité directe, ou transmission intra-utérine de la tuberculose, est excessivement rare ; les tuberculoses tardives sont ordinairement dues à une contagion après la naissance ; la tuberculose héréditaire est ordinairement précoce, et elle s'accompagne généralement de lésions qui se montrent d'abord dans le foie, dans les ganglions de cet organe, etc.

b. *Transmission au contact.* — La cohabitation favorise la contagion par rapports directs et indirects. La contagion directe peut se produire par les baisers, par le têter, par les rapports sexuels et par l'inoculation accidentelle. Chez l'homme, la tuberculose peut se transmettre assez souvent par rapports directs. On a observé des cas de transmission, entre parents et enfants, par les baisers et par le lait ; entre conjoints par les baisers et par les rapports sexuels. On a relaté des cas de transmission par inoculation accidentelle.

La contagion par inoculation accidentelle se produit rarement, ainsi qu'en témoignent les manipulations faites journellement aux abattoirs, sur des animaux phtisiques, sans suites fâcheuses pour les ouvriers. D'ailleurs, ainsi qu'on l'a vu, les inoculations cutanées, si elles ne sont pas profondes, se prêtent mal à l'évolution du virus tuberculeux. Pourtant, les blessures, même superficielles, peuvent parfois, quoique rarement, servir de porte d'entrée à une infection tuberculeuse. Outre le cas de Laënnec, on a cité d'autres faits d'inoculation accidentelle (Verneuil, Merklen, Verchère, Hanot). Demet, Paraskova et Zablonis, médecins grecs, ont inoculé les crachats d'un phtisique à l'homme. Tschering a relaté le cas d'une personne qui s'était inoculé la tuberculose par une piqûre faite en nettoyant le crachoir d'un phtisique. On a vu des cas de tuberculose débuter à la conjonctive, à la suite d'inoculations accidentelles faites avec la main souillée. On aurait observé un cas de transmission à la suite de la circoncision, l'opérateur étant phtisique ; on aurait également constaté un cas d'inoculation de la tuberculose, à la suite de l'amputation de l'avant-bras, par le contact d'une personne atteinte de lupus tuberculeux. On se rappelle, enfin, le cas de ce vétérinaire de Weimar, qui s'étant blessé profondément au doigt en pratiquant l'autopsie d'une vache tuberculeuse, devint phtisique.

Chez nos animaux domestiques la transmission au contact est beaucoup moins fréquente que chez l'homme. Ils peuvent cependant se contaminer de la même façon par les léchements, par le téter, et par le coït ; on a, en effet, vu des cas de tuberculose transmise par le taureau à la vache (Johne, Zippelius).

B. — *Contagion médiate.*

La contagion médiate peut se produire de trois façons : par ingestion, par inhalation et par inoculations ou imprégnations accidentelles faites par l'intermédiaire de corps souillés de virus. L'inoculation accidentelle à la peau peut se produire dans diverses circonstances et par l'intermédiaire de divers corps ou objets souillés de virus frais ou desséché. Toutefois, ce mode de contamination est bien rare sur les animaux. On l'observe quelquefois sur les personnes. Ainsi on a vu une personne s'inoculer la tuberculose en se blessant pendant qu'elle nettoyait le crachoir d'un phtisique ; on a vu également une femme s'infecter par des écorchures qu'elle avait aux mains en lavant le linge d'un tuberculeux. On a vu la maladie transmise par des instruments de chirurgie ou d'obstétrique mal nettoyés, etc. Mais c'est surtout par ingestion et par inhalation, par les voies digestives et par les voies respiratoires, que se fait presque toujours la contagion.

a. *Contagion par ingestion. Rôle des voies digestives.* — La tuberculose s'obtient facilement par l'ingestion de matières virulentes ; et il y a lieu de considérer le tube digestif comme une des principales voies d'infection chez les animaux et chez l'homme.

De très nombreuses observations et de très nombreuses expériences ont péremptoirement établi le rôle des voies digestives dans l'absorption du virus phtisique et démontré de la façon la plus évidente que la tuberculose est transmissible par l'ingestion de matières provenant de personnes ou de bêtes phtisiques. C'est Chauveau qui montra (1868) le premier que la maladie se déclare à la suite de l'ingestion de matières virulentes, en les faisant manger à de jeunes bovins. Des cas de transmission ont été obtenus expérimentalement, en suivant ce mode, par Villemin, Saint-Cyr, Parrot, Viseur, Gerlach, Bollinger, Klebs, Leisering, Ribbert, Orth, Toussaint, Harms, Gunther, Zurn, etc., etc. On a obtenu la tuberculose en faisant ingérer des matières morbides de l'homme ou des animaux ; on l'a ainsi obtenue sur des bêtes bovines, ovines, caprines et porcines, sur des rongeurs, sur des lapins et des cobayes, sur des carnivores, sur le chien et le chat, sur les oiseaux de basse-cour.

De nombreux vétérinaires ont observé des cas de transmission accidentelle par l'ingestion de matières tuberculeuses de l'homme ou des animaux. On a vu des animaux bovins s'infecter en mangeant avec des malades. On a vu des veaux se tuberculiser en tétant un lait virulent. On a vu des porcs contracter la maladie en mangeant des matières tuberculeuses, des débris d'abattoir, des viandes phtisiques, du lait tuberculeux. On a vu maintes fois des chiens et des chats devenir phtisiques pour avoir mangé des crachats, des matières vomies ou sucées par des personnes tuberculeuses, pour avoir mangé des matières tuberculeuses, de la viande, du lait de vaches phtisiques. On a vu maintes fois la tuberculose des oiseaux de basse-cour faire suite à l'ingestion de matières morbides provenant de l'homme ou des animaux. De nombreux observateurs ont signalé cette coïncidence. On a vu (Johne, Schmit, Nocard, Bollinger, Lamalleréc, Durieux, etc.) l'infection de basses-cours à la suite de l'ingestion de crachats de personnes phtisiques. On a d'autre part (Guerrin et Nocard, Haselbach) signalé des cas d'infection à la suite de l'ingestion de matières tuberculeuses provenant de grands ruminants. Enfin des expérimentateurs auraient infecté des gallinacés en mêlant des matières tuberculeuses à leurs aliments (Leichtenstern, Nocard). D'ailleurs, tout en réservant pour le moment la question de l'identité ou de la non identité de la tuberculose aviaire et de la tuberculose des mammifères, il convient de remarquer que, dans les basses-cours, les animaux sains s'infectent en mangeant les matières morbides de leurs congénères. Il convient de faire remarquer que la tuberculose du cheval, débutant le plus souvent par les orga-

II.   32

nes abdominaux, semble procéder généralement d'une infection par les voies digestives.

Il est donc pleinement démontré que les sucs digestifs ne neutralisent pas le virus tuberculeux et que la muqueuse n'empêche pas son absorption. Wesener avait fait des tentatives pour démontrer que le virus tuberculeux résiste à l'action du suc gastrique. Straus et Wurtz ont reconnu que les bacilles, provenant de cultures et mis en contact avec du suc gastrique de chien, résistaient dix-huit heures à son action à 38°, tandis que leur virulence était détruite après vingt-quatre heures. D'autre part, bien qu'il soit présumable, et bien que les expériences de Sormani aient démontré que l'absorption est facilitée quand la muqueuse digestive est lésée ou malade, il est démontré que la muqueuse gastro-intestinale intacte peut se prêter à l'absorption des bacilles tuberculeux. Les expériences de Dobroklonsky ont établi que l'épithélium intestinal intact n'empêche pas les bacilles de produire la maladie.

Si l'ingestion de matière tuberculeuse donne souvent la maladie, elle peut aussi ne pas la donner, quand la dose a été faible, quand les sujets sont robustes, quand la muqueuse digestive est intacte, ainsi qu'en témoignent certaines observations et certaines expériences. Les expériences de Koch, celles de Biedert tendent à établir que la tuberculose primitive de l'intestin est rare et que les voies digestives ne sont pas celles par lesquelles l'infection se fait le plus souvent. L'influence de l'espèce et des prédispositions individuelles jouent un grand rôle dans ce mode d'infection comme dans les autres d'ailleurs; ainsi les enfants et les jeunes animaux se contaminent plus facilement.

Du reste, pour se rendre compte assez exactement de l'importance du rôle joué par les voies digestives, il ne suffit pas de savoir que l'ingestion de matières tuberculeuses peut produire la maladie; il faudrait surtout connaître la proportionnalité qui peut exister entre les tentatives et les réussites, entre les cas d'ingestion accidentelle et les cas de tuberculose consécutive; or cela est difficile à savoir. Il faut enfin connaître le mode d'évolution de la tuberculose consécutive à l'ingestion, afin de pouvoir apprécier sa fréquence dans la pratique.

La tuberculose qui fait suite à l'ingestion de viande tuberculeuse, de crachats, de morceaux d'organe tuberculeux, de lait virulent, d'aliments contenant de la matière tuberculeuse etc., débute par la muqueuse intestinale, s'y localise sous forme de granulations et d'ulcérations; puis elle envahit les ganglions mésentériques, le péritoine et les organes abdominaux, enfin les organes thoraciques. Or, il n'est pas rare dans les abattoirs de voir des bêtes bovines ne présenter qu'une tuberculose abdominale, ou une tuberculose abdominale ancienne et étendue avec une tuberculose moins ancienne de la poitrine. Chez les oiseaux enfin et chez le cheval la contagion semble se faire encore plus souvent par les voies digestives ; car on constate fréquemment des lésions abondantes dans la cavité abdominale, alors qu'elles manquent ou sont rares ailleurs.

Il peut du reste arriver que la muqueuse des premières voies, se trouvant lésée, absorbe le virus ; et alors la tuberculisation débute dans la région de la gorge dont les ganglions se tuméfient ; puis la maladie gagne de proche en proche et se comporte comme à la suite des inoculations faites dans d'autres régions. Il n'est pas rare de trouver chez le porc des tuberculoses ayant débuté de la sorte et s'accusant surtout par la tuberculisation ancienne des ganglions du cou, de la gorge, de la tête, etc.

De tout ce qui précède, il est permis de conclure que la voie digestive joue un rôle important comme porte d'entrée et d'absorption du virus phtisique.

L'homme peut s'infecter en ingérant des aliments, tels que viande et lait crus ou insuffisamment chauffés, ou en ingérant la salive d'une autre personne phtisique (basiation entre sexes, enfants embrassés, allaités par une nourrice tuberculeuse ou recevant des aliments mâchés par la nourrice). Les animaux peuvent s'infecter, non seulement en ingérant des viandes, des débris, du lait, des crachats de phtisiques, mais aussi en ingérant toute sorte d'objets souillés de matière morbide par les malades ou autrement, en ingérant des aliments, des fourrages, des herbes, des boissons souillés, en léchant les objets sur lesquels le virus se trouve déposé, tels que crèches, râteliers, etc. Les malades peuvent souiller de leur jetage, de leur salive mélangée de produits expectorés, etc., les fourrages, l'herbe des pâturages, l'eau des abreuvoirs ; et les animaux qui mangent avec eux ou après eux, qui boivent avec eux ou après eux, sont ainsi exposés à se contaminer ; il en est de même des fourrages et des eaux souillés pour avoir servi à recevoir ou à laver des objets souillés ou des détritus provenant des malades, etc.

b. Contagion par inhalation. — Rôle des voies respiratoires. — La tuberculose peut se transmettre par inhalation de poussières virulentes ; on peut l'obtenir expérimentalement en faisant respirer aux animaux un air chargé de poussières tuberculeuses ou en injectant le virus dans la trachée. On a été même jusqu'à dire que l'infection tuberculeuse se fait le plus souvent par inhalation chez l'homme et chez les grands ruminants. Cette conclusion est basée sur ce que le poumon est le siège le plus fréquent des lésions de la maladie, et sur ce qu'il offre souvent les lésions les plus anciennes, les plus avancées, quand d'autres organes sont atteints en même temps. Mais il est avéré cependant que, si l'infection par inhalation détermine des lésions dans les organes respiratoires, la contagion par ingestion peut aussi s'accompagner de lésions pulmonaires qui sont prédominantes ou même seules pendant un certain temps. En sorte qu'on n'est pas en droit d'une façon absolue d'attribuer à l'inhalation les lésions pulmonaires. Quoi qu'il en soit de la fréquence relative de l'infection par l'air, il est bien démontré par l'observation et surtout par l'expérimentation que l'inhalation du virus tuberculeux donne facilement la maladie.

Comment l'air peut-il devenir infectant? On a longtemps cru que celui qui était expiré par les phtisiques était dangereux ; on a cité même certains faits d'expérimentation tendant à démontrer sa virulence ; mais il est à croire qu'il y a eu erreur, car on sait aujourd'hui que l'air expiré par les malades n'entraîne aucun germe. D'ailleurs il a été reconnu que les bacilles de la tuberculose ne se trouvent ni dans l'air expiré par les phtisiques (Gunther, Harms, Charrin et Karth, Grancher, etc.), ni dans les émanations ou évaporations des matières tuberculeuses humides, qui ne cèdent aucun germe aux courants d'air (Sirena et Pernice). Non seulement l'innocuité de l'air expiré par les phtisiques est démontrée par l'expérimentation, mais l'observation réfléchie fournit des données concordantes. En effet les jeunes veaux, qui ont plus ou moins respiré l'air de locaux où se trouvaient des phtisiques, sont tuberculeux dans une très faible proportion ; les médecins, les infirmiers et les diverses personnes qui respirent l'air des locaux occupés par des phtisiques ne payent pas à la maladie un tribut tel qu'on puisse croire à une infection persistante de l'air telle qu'elle serait si les malades exhalaient constamment des germes. D'ailleurs l'air des locaux occupés par des phtisiques, bien que pouvant être souillé souvent par des poussières détachées de matières tuberculeuses desséchées, est loin d'être invariablement dangereux, car on a pu (Wehde) inoculer sans résultat les matières déposées sur une assiette enduite de glycérine et exposée un ou deux jours dans une chambre de phtisiques.

Cependant, si l'air expiré par les tuberculeux n'est jamais virulent, il est prouvé que l'atmosphère d'un local occupé par des malades peut s'infecter, grâce à des poussières qui peuvent être détachées à tous les instants des matières morbides desséchées. Il est également prouvé que l'air ainsi infecté peut contaminer les individus qui l'inhalent. On sait que les matières tuberculeuses, crachats, jetage, etc., peuvent conserver plus ou moins longtemps leur virulence malgré la dessiccation. On conçoit fort bien dès lors que des poussières actives, fournies par ces produits desséchés, soient aisément entraînées dans l'air. Les crachats par exemple constituent un très grave danger ; desséchés sur les linges, sur les mouchoirs, sur les draps, sur les couvertures, sur les tapis, sur les parquets, etc., ils peuvent, quand on secoue les objets ou quand on balaye les planchers, se résoudre en poussières qui sont inhalées ou qui vont se déposer un peu partout, sur les meubles, sur les objets divers, sur les aliments, etc., pour servir à une contagion ultérieure. Il en est de même du jetage et de tous les produits morbides rejetés par les animaux. On a constaté (Cornet, etc.) la virulence des poussières des chambres occupées par des phtisiques; on a également constaté l'infection de l'air des locaux occupés par des malades, en provoquant la tuberculose par l'inoculation de l'eau obtenue au moyen d'un appareil à condensation (Cadéac et Malet). Il n'est donc pas douteux que l'air des milieux occupés par des phtisiques peut devenir infectant, et cela grâce à la mise en suspension de poussières provenant de matières desséchées.

Les observations cliniques et les faits expérimentaux ont nettement établi la réalité de la contamination par l'air. On a constaté la transmission accidentelle par la cohabitation chez l'homme et chez les animaux; toutefois la cohabitation, qui joue un très grand rôle dans la transmission de la tuberculose, peut permettre la réalisation de divers modes de contagion, de la contagion par inhalation, de la contagion par ingestion et de la contagion par inoculation accidentelle. Les données de l'expérimentation sont par contre d'une plus grande précision. Villemin avait obtenu la phtisie en faisant inhaler des matières tuberculeuses desséchées. Tappeiner avait tuberculisé divers animaux en leur faisant respirer un air contenant en suspension des crachats tuberculeux desséchés. Des résultats analogues ont été obtenus par Schill et Fischer, Bertheaud, Frerichs, Weichselbaum, Schuller, Verragut, Thaon, Gallois et de Souza, Cadéac et Malet. Certains expérimentateurs ont bien échoué en faisant inhaler des matières tuberculeuses desséchées, mais c'est probablement parce qu'elles étaient stérilisées. Cependant l'inhalation de germes tuberculeux ne fait pas invariablement apparaître la maladie; les microbes peuvent être arrêtés par le mucus et évacués ensuite avec lui. Mais les chances d'infection sont d'autant plus grandes que l'inhalation est plus longtemps continuée ou répétée, et que l'air est plus riche en poussières tuberculeuses. Elle est grandement facilitée lorsque les voies respiratoires sont irritées, malades, enflammées. On peut enfin obtenir la tuberculose en se servant d'un liquide virulent, en l'introduisant par pulvérisation dans le nez ou par injection trachéale.

En résumé, s'il est difficile d'établir exactement le rôle de l'air dans la transmission de la tuberculose comparativement à celui de l'ingestion, il n'est pas douteux que l'infection tuberculeuse peut se faire dans bien des cas, grâce à la conservation des matières morbides et à leur mise en suspension dans l'air sous forme de poussières; et les inhalations seront d'autant plus dangereuses que le revêtement épithélial aura perdu de son intégrité, à la suite d'une bronchite par exemple. L'observation démontre que la forme pulmonaire est la plus fréquente chez l'homme et chez les animaux de l'espèce bovine; et comme le mode de développement de la maladie est en quelque sorte commandé par le mode d'infection, les lésions initiales se formant au voisinage de la porte d'entrée du virus, on pourrait penser que la contagion par inhalation est le mode de transmission le plus fréquent. Mais, sans nier la possibilité de la contagion par l'air, il est peut-être plus vrai de ne pas lui accorder un rôle prépondérant. Les faits de contagion observés par les cliniciens sont loin d'avoir la valeur de faits expérimentaux ; et, sans nier l'apparition d'une tuberculose pulmonaire primitive à la suite d'inhalations, il est peut-être inexact de dire que toute tuberculose pulmonaire résulte d'une inhalation ; car il est avéré que les germes de la tuberculose comme ceux de la morve ont une sorte de prédilection chez certaines espèces tout au moins pour le poumon, probablement parce qu'ils sont aérobies ; ainsi ils peuvent se localiser de préférence au poumon, quand ils sont introduits dans le torrent circulatoire sanguin. Et puis enfin on a pu voir des tuberculoses pulmonaires faire suite à la contagion par ingestion.

C. — *Circonstances qui favorisent la contagion.* — *Produits et agents dangereux.*

Les véhicules qui peuvent servir d'intermédiaires à la contagion sont nombreux. Ce sont, d'une manière générale, les aliments, les boissons, l'air, tous les objets souillés et les malades ; la non-désinfection des locaux, des objets ou des produits dangereux est la condition fâcheuse qui explique la fréquence des cas de transmission.

Pour l'homme ce qu'il y a le plus à redouter c'est la contagion par les crachats des malades, qui sont la source de la presque totalité des nombreux cas de phtisie qu'on observe ; par leur intermédiaire tous les modes de contagion sont possibles, l'inoculation accidentelle, la contagion par les voies digestives et par les voies respiratoires. On sait que leur virulence peut se conserver plus ou moins longtemps ; on a même constaté que les bacilles y deviennent plus nombreux quand ils sont gardés à une température de 37°-38°. Tous les objets souillés de produits expectorés sont dangereux. Les mouches elles-mêmes, qui affluent autour des lits des tuberculeux et dans les crachoirs, peuvent servir à disséminer les bacilles. Elles en absorbent et elles en emportent adhérents à la surface de leur corps ; on les a retrouvés intacts dans leur abdomen ainsi que dans leurs excréments (Spillmann et Haushalter) ; et ils peuvent servir plus tard à propager l'affection. Le grand danger des crachats est universellement reconnu, et tout le monde est d'accord pour conseiller de les recueillir intégralement dans un vase en verre ou en porcelaine et de les désinfecter. On a, en outre des cas dus à la contagion par l'homme, cru pouvoir en attribuer certains à la consommation de la viande et du lait provenant d'animaux tuberculeux. On a vu plus haut ce qu'il y avait lieu de penser à cet égard.

Pour les animaux ce sont également les matières morbides rejetées par les malades qui sont les principaux agents de la contagion : c'est le jetage, ce sont les écoulements morbides, c'est le lait, etc. Les circonstances dans lesquelles la contagion se produit se résument dans les rapports directs et indirects qu'entraînent la cohabitation, la fréquentation des mêmes lieux et les relations commerciales.

Par la cohabitation la transmission de la tuberculose est grandement favorisée. Elle peut à tout instant se produire par contagion immédiate, par contagion médiate, par ingestion et par inhalation, les sujets sains pouvant lécher les malades, partager leur repas, ingérer des aliments ou des boissons souillés, et inhaler des poussières tuberculeuses. D'ailleurs il n'est pas nécessaire que des sujets sains et des sujets malades se trouvent mélangés dans les locaux, dans les habitations ; il suffit que ceux-là y passent à la suite de ceux-ci sans désinfection préalable. Une étable, une basse-cour indemnes peuvent être infectées par l'introduction d'un malade, et l'affection se propager ensuite. La fréquentation des mêmes pâturages peut aussi être une circonstance de contagion ; les animaux sains, qui vivent en promiscuité avec des malades dans les pâturages, peuvent ingérer des matières tuberculeuses avec l'eau ou avec les herbes que ces derniers ont souillées. Le commerce des animaux malades ou des animaux contaminés peut à tous moments introduire dans des étables indemnes des sujets dangereux, qui y implanteront et y perpétueront la phtisie. L'utilisation, pour la nourriture des animaux, des porcs notamment, des débris ou des produits provenant de bêtes phtisiques peut contribuer à créer et à entretenir des foyers de tuberculose, quand on ne les a pas suffisamment stérilisés par un chauffage ou une cuisson convenables.

TRANSMISSION EXPÉRIMENTALE DE LA TUBERCULOSE. — MODES DE TRANSMISSION ET MODES D'ÉVOLUTION. — RÉCEPTIVITÉ DES DIVERSES ESPÈCES.

On a déjà vu que les animaux des diverses espèces domestiques ne sont pas également aptes à contracter la tuberculose, que la maladie spontanée est fréquente chez les grands ruminants et chez les oiseaux de basse-cour, qu'elle est facilement transmissible au lapin et surtout au cobaye, que le porc et les solipèdes peuvent la contracter et que les carnivores et les petits ruminants la présentent très rarement. On a déjà vu aussi que la rapidité de l'évolution et la gravité de la tuberculose varient non seulement suivant les espèces, mais encore suivant l'âge des sujets, suivant leur degré d'affaiblissement, suivant la qualité et la quantité du virus introduit. On sait enfin que le mode de développement de la maladie, que la localisation des premières lésions, que la forme initiale de la tuberculose sont ordinairement en rapport direct avec la porte d'entrée du virus.

On peut transmettre expérimentalement la tuberculose aux animaux de bien des façons : par inoculation sous-cutanée ; par inhalation de poussières ou de liquides tuberculeux; par ingestion de matières virulentes; par introduction dans les voies génito-urinaires; par injection intra-veineuse; par injection intra-péritonéale; par injection intra-oculaire. Les matières d'inoculation sont diverses : on peut se servir de toutes sortes de produits tuberculeux, des lésions, des crachats, du jetage, des écoulements, du lait, des cultures, etc. Quand on emploie des lésions ou des matières telles que les crachats, le jetage, etc., il convient de les écraser et de les mélanger avec de l'eau stérilisée ; on filtre, après avoir agité le mélange, et on obtient une émulsion qui peut servir pour des inoculations dans les veines, dans le tissu sous-cutané, dans l'œil, dans les séreuses, etc.

On sait que l'inoculation par piqûres ou scarifications superficielles a peu de chances de donner la tuberculose. Mais l'inoculation sous-cutanée peut réussir chez certains animaux. Les solipèdes, les petits ruminants, le porc, les carnivores et les oiseaux de basse-cour se montrent plus ou moins réfractaires aux inoculations tuberculeuses par ce mode qui réussit chez le lapin, chez le cobaye et chez les animaux bovins. Quand l'inoculation sous-cutanée réussit, quelle que soit l'espèce animale, on voit se produire des nodules d'inflammation caséeuse au point inoculé; puis surviennent des lésions tuberculeuses dans les ganglions voisins; ensuite la maladie se généralise dans les viscères, dans le poumon, sur les séreuses, etc. Ainsi on a vu (G. Colin) une chèvre, inoculée sous la peau du flanc, présenter au bout d'une dizaine de jours une tumeur au point inoculé et l'engorgement commençant du ganglion précrural voisin. La maladie s'est ensuite généralisée; et au bout de deux mois environ, lorsque la bête a été sacrifiée, on a constaté, en outre de la tuberculisation du point inoculé et du ganglion voisin, la tuberculose des ganglions pelviens, sous-lombaires, sous-dorsaux, etc., du poumon. G. Colin, qui avait étudié les effets des inoculations sous-cutanées sur les grands ruminants avant de les étudier sur la chèvre, avait tiré de ses expériences les conclusions suivantes : L'inoculation détermine une lésion locale, puis une affection lymphatique et consécutivement une affection viscérale; les voies lymphatiques et ganglionnaires se tuberculisent progressivement à partir du point inoculé, et finalement des lésions viscérales s'ajoutent aux autres proportionnellement à l'aptitude des animaux à contracter la tuberculose : c'est d'ailleurs par le même mécanisme que la tuberculose primitivement localisée à un organe, tel que le poumon (inhalation) ou l'intestin (ingestion), tend à en sortir pour se généraliser, le virus étant exporté par les vaisseaux lymphatiques, traversant les ganglions (bronchiques, médiastinaux, mésentériques), situés sur leur trajet, et les rendant malades chemin faisant, pour atteindre ensuite d'autres viscères.

Le lapin et le cobaye sont les réactifs qui conviennent le mieux pour l'étude des effets de l'inoculation sous-cutanée. On ne saurait cependant les mettre sur la même ligne ; le cobaye est incomparablement plus susceptible et partant bien supérieur. Il résulte d'ailleurs des expériences d'Arloing, que la tuberculose de l'homme inoculée à des animaux offre des différences notables suivant qu'on se sert de l'un ou de l'autre, le lapin n'ayant qu'une faible réceptivité, tandis que celle du cobaye est très accusée. En effet, parmi deux groupes de cobayes et de lapins inoculés à la même date et avec des doses proportionnelles du même virus, tous les cobayes offrent une tuberculose générale au bout de deux mois, tandis que quelques lapins échappent complètement et d'autres offrent des lésions peu nombreuses. Chez les cobayes on constate toujours des traces de la propagation du virus par le système lymphatique ; l'inoculation étant faite au plat de la cuisse, les ganglions inguinaux du côté correspondant deviennent volumineux et durs du dixième au quinzième jour, puis les ganglions sous-lombaires du même côté se tuméfient, puis la rate se tuberculise, puis le ganglion rétro-hépatique, puis les poumons et les ganglions bronchiques : « l'infection reste unilatérale jusqu'au diaphragme, en avant elle se répand indistinctement à droite et à gauche, en deux mois l'infection est complète. » Chez le lapin, la tuberculisation viscérale n'est pas précédée de semblables lésions ; à la suite de l'inoculation, il n'y a pas de lésions ganglionnaires, les lésions locales sont nulles ou consistent en une plaque de granulations ou en un foyer caséeux ; les lésions siègent dans le poumon ou sur les plèvres, mais il n'y a rien entre la poitrine et la cuisse où, avait eu lieu l'inoculation.

Toutefois, il résulte des expériences de G. Colin et d'Arloing, que la tuberculose bovine est plus infectante que la tuberculose humaine pour le lapin, qui, cette fois, peut présenter des lésions ganglionnaires, en même temps que les lésions viscérales sont plus nombreuses et plus étendues. Il n'en demeure pas moins acquis que le cobaye est le réactif par excellence, celui qu'on devra choisir avant tout autre, pour les inoculations faites en vue d'un diagnostic par exemple.

Étant donnée la marche de la tuberculose à la suite d'une inoculation expérimentale ou accidentelle, on aurait pu espérer arrêter l'extension de la maladie en lui barrant le passage, en extirpant les ganglions malades. L'expérience a été faite par Arloing et elle n'a pas donné de bons résultats. « L'extirpation des ganglions voisins de l'inoculation, avant même que la tuberculisation y soit manifeste, ne modifie pas la marche de l'infection. » Le résultat était à prévoir. A la suite d'une inoculation sous-cutanée, le virus passe en partie dans les vaisseaux sanguins ; et celui qui est dès lors arrivé dans le sang peut créer l'infection, ainsi qu'en témoignent les suites des injections intra-veineuses. D'autre part, il est démontré (Jeannel) que « le sang d'un lapin inoculé par greffe sous-cutanée se comporte comme une dilution virulente dès le premier jour..., que la tuberculose est généralisée à tout l'organisme avant de manifester son existence par des localisations viscérales. »

En résumé, l'inoculation sous-cutanée peut s'accompagner d'une tuberculose progressive des voies lymphatiques et consécutivement de lésions viscérales ; elle peut aussi, grâce au passage du virus dans le sang et grâce à la moindre susceptibilité du système lymphatique de certains sujets, déterminer d'emblée des lésions viscérales.

L'inhalation de poussières tuberculeuses ou l'introduction de liquides virulents dans les voies respiratoires déterminent la tuberculose sous la forme pulmonaire ou broncho-pulmonaire d'abord ; ensuite la généralisation s'opère suivant le mécanisme précédemment indiqué. La maladie envahit primitivement le poumon, quelquefois le larynx, la trachée ou les bronches ; puis elle se propage aux ganglions médiastinaux, à la plèvre, et enfin elle se généralise à d'autres organes, à d'autres appareils. Il ne faut pas perdre de vue cependant que les lésions pulmonaires, fussent-elles seules, ne prouvent pas absolument que le virus a pris possession de l'organisme en pénétrant par les voies respiratoires ; on vient de voir que le lapin peut présenter des lésions pulmonaires d'emblée à la suite de l'inoculation sous-cutanée ; on sait d'autre part que l'ingestion peut s'accompagner d'une semblable localisation. Il semble que, tout en étant subordonné au mode de contagion, le mode d'évolution de la tuberculose est généralement subordonné aussi, dans une certaine mesure, à la réceptivité spéciale des tissus et des organes des individus.

L'ingestion, dont le rôle semble très important, au moins chez les animaux, fait apparaître le plus ordinairement une tuberculose abdominale. Les diverses espèces animales domestiques peuvent se contaminer par l'ingestion des matières tuberculeuses ; il en est ainsi des grands ruminants, des solipèdes, du porc, des petits ruminants, des carnivores, des oiseaux et des lapins ou cobayes. Il semble même, à en juger par les cas qu'on observe de tuberculose localisée aux organes de la cavité abdominale, que certains animaux, tels que les porcs, les carnivores, les solipèdes et surtout les oiseaux se contaminent principalement de cette façon. Doivent être rangées dans la catégorie des tuberculoses par ingestion, la plupart de celles qui se caractérisent par des lésions intestinales, mésentériques, péritonéales, etc., quand ces localisations existent seules ou sont prédominantes, ce qui est souvent le cas chez le cheval, chez les carnivores et principalement chez les oiseaux. Mais, ainsi qu'on l'a vu, les expériences de Chauveau ont démontré que dans les cas d'infection par ingestion, les lésions thoraciques peuvent être aussi marquées que celles des organes abdominaux, et qu'elles peuvent être prédominantes ou même seules. C'est, en tenant compte de toutes ces particularités, qu'on peut apprécier approximativement le rôle de l'inhalation et celui de l'ingestion dans l'infection spontanée. D'ailleurs, la tuberculose abdominale, qui fait ordinairement suite à l'ingestion, peut aussi dériver d'un autre mode de contagion, de l'injection du virus dans la veine, par exemple, de l'injection dans le péritoine, etc. Quand le virus a été absorbé dans l'intestin, il se produit d'abord des lésions sur la muqueuse de l'organe, dans les ganglions mésentériques, dans les organes abdominaux ; mais la tuberculisation des organes respiratoires peut se produire aussi très rapidement. L'introduction du virus tuberculeux dans les voies génito-urinaires peut, comme l'ingestion, déterminer une tuberculose locale qui ensuite se généralise. Toutes les muqueuses sont susceptibles de se tuberculiser, hormis la conjonctive qui résisterait, grâce à la présence des larmes (Valude), quand elle est intacte, et même quand on l'a dépouillée de son épithélium.

L'injection intra-veineuse de la matière tuberculeuse convenablement préparée et filtrée permet d'obtenir la tuberculose pulmonaire sur la plupart des animaux susceptibles de la contracter. Elle la donne aux solipèdes (Chauveau); il en est de même chez le mouton et d'autres animaux. Toutefois, chez certains animaux, les premières lésions peuvent se produire simultanément sur les organes respiratoires et sur les organes abdominaux, sur le foie, la rate, etc., ou même principalement ou exclusivement dans les organes abdominaux, ainsi que je l'ai constaté sur le chien. L'injection de grandes quantités de bacilles dans le sang peut provoquer une maladie rapide sous la forme septicémique (Yersin, Nocard).

L'inoculation intra-péritonéale et l'inoculation intra-oculaire sont deux modes d'infection précieux qui sont de la plus grande utilité à l'expérimentateur, lui permettant d'obtenir des résultats certains, même quand il dispose d'une faible dose de matière virulente ou d'un virus plus ou moins atténué; seulement, pour ces deux procédés, comme d'ailleurs pour l'inoculation sous-cutanée, il convient d'avoir un virus pur. A la suite de l'injection intra-péritonéale, il se produit chez le lapin et le cobaye d'abord une éruption de tubercules miliaires sur le péritoine, sur l'épiploon et sur le mésentère, des granulations à la surface des viscères, dans le foie, dans la rate, dans les ganglions mésentériques, etc. Quand on injecte le virus dans la chambre antérieure de l'œil, les lésions tuberculeuses apparaissent d'abord dans l'organe, sur l'iris, etc. L'insertion du virus dans la cornée s'accompagne de généralisation. L'inoculation du virus tuberculeux dans les glandes salivaires donne des résultats positifs (Valude).

PHAGOCYTISME. — IMMUNITÉ. — ATTÉNUATION DU VIRUS. — VACCINATION.

Les éléments cellulaires de l'organisme, les leucocytes et les cellules géantes des lésions jouent dans une certaine mesure le rôle de phagocytes vis-à-vis des bacilles de la tuberculose. Metchnikoff a constaté qu'ils éprouvent des transformations nécrosiques et involutives dans l'intérieur des cellules. Si le phagocytisme est insuffisant pour préserver l'organisme, on ne saurait nier qu'il se produit dans une certaine mesure ; c'est le phagocytisme qui, joint à l'état bactéricide des humeurs, explique la non-réceptivité ou la réceptivité de certaines espèces, de certains sujets. L'immunité des animaux à sang froid semble due à leur basse température.

On s'est demandé si, comme dans d'autres maladies microbiennes, une première atteinte conférait l'immunité, et on s'est préoccupé d'essayer de la vaccination au moyen de virus tuberculeux atténués ou de substances chimiques, voire aussi par l'emploi de microbes antagonistes. Il convient donc de passer successivement en revue les questions suivantes :

Une première atteinte de tuberculose confère-t-elle l'immunité ?

Peut-on obtenir des bacilles tuberculeux atténués et peut-on donner l'immunité en les inoculant ?

Peut-on préserver l'organisme par l'emploi de certains agents chimiques ou par des injections de substances microbiennes ou par l'introduction de microbes antagonistes ?

Il y a tout lieu de croire, jusqu'à démonstration du contraire, qu'une première atteinte de tuberculose guérie ou non encore guérie ne confère pas l'immunité pour l'avenir. La tuberculose tend à récidiver ; les lésions plus ou moins anciennes, les tuberculoses locales, qui sont des tuberculoses plus ou moins atténuées, ne donnent pas l'immunité contre la phtisie. L'inoculation de la tuberculose locale ne préserve pas de la tuberculose généralisée (Cornil et Babès, Falk). La tuberculose est inoculable au cobaye déjà tuberculeux (Charrin, Arloing). La réinoculation étant possible, on conçoit que les malades puissent s'infecter par leurs propres produits, en avalant les matières tuberculeuses qu'ils expectorent, ou en inhalant, après dessiccation et pulvérisation, les matières morbides qu'ils ont rejetées sur les litières, les crèches, les mangeoires, etc.

Bien que le virus tuberculeux non atténué ne donne pas l'immunité à l'organisme qui a déjà ressenti son atteinte, on a recherché si ce résultat ne pourrait pas être obtenu au moyen de virus atténués. Grancher et H. Martin, en inoculant à des lapins des cultures atténuées par le temps (la virulence des cultures s'atténue puis disparaît avec le temps, en sept, huit semaines, dans les milieux glycérinés), leur ont donné une résistance particulière ou même une certaine immunité. Ils n'ont « pas réussi à conférer une immunité complète par une méthode inoffensive et sûre » ; mais ils ont démontré « par des expériences précises l'action vaccinale du virus tuberculeux contre le virus tuberculeux lui-même. » Ils ont en outre tiré de leurs expériences la conclusion que « le virus tuberculeux atténué, employé comme vaccin, contient vraisemblablement une substance vaccinale et une substance *toxique* (Héricourt et Richet ont extrait des cultures du bacille de la tuberculose aviaire une substance toxique). Celle-ci serait la cause des néphrites et des paraplégies si fréquentes chez les animaux vaccinés; celle-là produirait une immunité plus ou moins prolongée, plus ou moins parfaite selon les circonstances. Quelques-unes de ces circonstances sont une preuve nouvelle de l'action vaccinale de leurs cultures. En effet, ils ont varié la formule de vaccination pour chaque série, multiplié ici les virus faibles, là, au contraire, les cultures très virulentes, et les résultats sont sensiblement différents. La méthode est donc efficace, puisque ses résultats varient quand elle varie elle-même, mais son efficacité est limitée. En outre, la vaccination par voie sanguine n'est pas inoffensive, puisque quelques vaccinés meurent de néphrite ou de paraplégie et quelquefois de tuberculose. »

Le virus tuberculeux s'atténue dans les foyers de caséification, ainsi que par le vieillissement des cultures, par l'action de l'air, de la lumière, de la chaleur, des agents chimiques, par la dilution, etc. Le cobaye renforce la virulence du virus tuberculeux affaibli et le rend plus actif pour le lapin (Arloing). Courmont et Dor ont produit une tuberculose localisée exclusivement aux articulations, en inoculant des cultures atténuées.

D'après d'autres expérimentateurs on pourrait : retarder l'évolution de la tuberculose, en inoculant de petites doses de culture, ou bien en inoculant d'abord des cultures stérilisées et ensuite des cultures actives (Daremberg); rendre le cobaye et le lapin réfractaires, sans les rendre tuberculeux, en les inoculant sous la peau d'abord avec de la matière tuberculeuse traitée par l'acide phénique, et ensuite avec de la matière tuberculeuse normale; donner une certaine immunité au lapin, en lui injectant en quantité convenable, soit le liquide d'une culture stérilisée par le chauffage, soit du sang de chien tuberculisé, soit du sérum ou du sang de chien normal (Héricourt et Richet), soit du sang de chèvre (Bertin et Picq, Bernheim), soit des cultures de tuberculose aviaire filtrées sur porcelaine (Courmont et Dor), soit d'une substance extraite des cultures et dissoute dans la glycérine (tuberculine de Koch). Jusqu'à présent aucune de ces méthodes n'a fourni des résultats assez constants, assez nets ou assez prononcés, pour que la mise en pratique s'en soit imposée. La tuberculine de Koch, qui avait été présentée au public médical comme capable de rendre un triple service (faciliter la guérison de la tuberculose existante au moins dans certains cas, faciliter le diagnostic des cas douteux et donner l'immunité), a été reconnue un peu partout comme dénuée de la propriété de rendre les animaux réfractaires et comme dangereuse dans le traitement des tuberculoses existantes. On a bien pu çà et là lui reconnaître le pouvoir de faciliter le diagnostic des cas douteux, en déterminant une réaction fébrile; mais à ce point de vue encore sa propriété a paru incertaine, des sujets tuberculeux pouvant réagir très peu et des non tuberculeux réagir beaucoup.

On avait cru constater (Cantani) une amélioration notable de l'état d'un phtisique à la suite de l'inhalation prolongée de microbes appartenant à l'espèce *bacterium termo;* mais d'autre part on aurait radicalement échoué en employant ce moyen. On ne connaît pas jusqu'à présent de microbe qui puisse, sans danger pour l'organisme, enrayer la pullulation du bacille de la tuberculose dans les tissus ou conférer l'immunité contre lui. Tout ce que l'on sait, c'est qu'il peut se trouver associé avec divers microbes qui lui préparent le terrain, avec des microbes pathogènes ou saprogènes, et notamment avec des microbes pyogènes qui semblent faciliter son œuvre au lieu de le gêner. Toutefois le bacille tuberculeux peut, par les produits qu'il sécrète, engendrer de la suppuration, sans le secours des microbes pyogènes; on a (Koch, Arloing) constaté que les cultures stérilisées ou simplement atténuées par le chauffage étaient pyogènes.

IDENTITÉ DE LA TUBERCULOSE DE L'HOMME ET DE CELLE DES ANIMAUX MAMMIFÈRES. — LA TUBERCULOSE DES OISEAUX EST-ELLE DIFFÉRENTE DE CELLE DES MAMMIFÈRES.

La tuberculose de l'espèce humaine et celle des divers animaux mammifères paraissent sous tous les rapports identiques; c'est une seule et même affection qui est transmissible de l'homme aux animaux, des animaux aux animaux et à l'homme. On a vu plus haut que l'observation a démontré la transmissibilité de la tuberculose des mammifères à l'homme et de celle de l'homme aux animaux. D'ailleurs tout est semblable, les lésions et le microbe. Quand on transmet expérimentalement la tuberculose de l'homme aux animaux, elle évolue comme celle qui est transmise d'animaux à animaux; son microbe se comporte comme celui de la tuberculose animale dans les cultures, dans l'organisme et en présence des réactifs colorants. Des animaux bovins qui ingèrent de la matière tuberculeuse de l'homme contractent une tuberculose semblable à celle que donne la matière virulente empruntée à une bête bovine; les animaux bovins qui reçoivent dans la veine du virus de l'homme présentent une tuberculose identique à celle que donne le virus bovin inoculé de la même façon; l'inoculation sous-cutanée du virus de l'homme à des bêtes bovines donne un accident local suivi de la tuméfaction du ganglion voisin; la tuberculose humaine est transmissible expérimentalement au cheval (Chauveau). La tuberculose de l'homme est transmissible aux divers mammifères domestiques qu'on utilise pour les expériences, au lapin, au cobaye, etc.; et toujours elle se comporte comme celle de la vache. Enfin il est inutile d'insister beaucoup sur l'identité de la tuberculose chez les diverses espèces mammifères domestiques. La tuberculose du cheval, celle du porc, celle du chien, etc., se comportent vis-à-vis des animaux inoculés, lapins et cobayes, comme la tuberculose humaine, comme la tuberculose bovine ; de même aussi se comporte leur microbe dans les cultures, etc. (Nocard). On a transmis au lapin et au cobaye la tuberculose du chien, celle du cheval, celle du porc, etc. Il semble donc bien que la tuberculose de l'homme et celle des divers mammifères ne sont qu'une seule et même affection.

La tuberculose des oiseaux de basse-cour, qui est si fréquente, est-elle identique à celle des animaux mammifères et de l'homme ? La réponse à cette question est encore malaisée, à cause des divergences qui règnent parmi les expérimentateurs qui s'en sont occupés d'une façon spéciale. Koch avait découvert dans la tuberculose aviaire des bacilles semblables à ceux de la tuberculose des grands ruminants et de l'homme ; d'autres, après lui, avaient fait la même constatation ; d'un autre côté on signalait çà et là des cas de transmission accidentelle aux oiseaux des basses-cours de la tuberculose de l'homme et de celle des animaux bovins par l'ingestion de crachats ou de matières morbides. Il semblait de prime abord que l'identité était ainsi suffisamment établie, d'autant mieux que des inoculations, faites à des mammifères avec le virus de la poule, avaient réussi et que le bacille de l'oiseau se cultivait comme celui des mammifères. On avait même, pour surcroît de preuve, certain fait vaguement observé relatif à l'infection d'une personne, qui se serait contaminée en mangeant la viande mal cuite de poules tuberculeuses, et quelques cas de transmission par inoculation de la tuberculose des mammifères aux oiseaux de basse-cour.

Pourtant divers expérimentateurs (Villemin, H. Martin, Straus et Wurtz, Rivolta, Maffucci, Koch, Nocard, etc.) ayant constaté la non inoculabilité de la tuberculose des mammifères aux oiseaux, on en est venu à douter de l'identité des deux tuberculoses. Les différences sur lesquelles se basent ceux qui rejettent l'identité sont assez nombreuses et assez intéressantes. Tout d'abord, pour expliquer les prétendus cas de contamination spontanée par l'ingestion de crachats ou de matières morbides provenant des mammifères, on pensait que les observateurs et les expérimentateurs avaient été induits en erreur par des coïncidences, qu'ils avaient attribué à tort à l'ingestion du virus des mammifères ou de l'homme une maladie que les oiseaux avaient déjà contractée ou qu'ils contractaient ensuite, en vivant avec des congénères déjà malades, en ingérant leurs produits morbides. H. Martin, comme Villemin, n'avait pas réussi à inoculer la tuberculose de l'homme à la poule ; j'avoue également que pour mon compte j'avais toujours vu échouer mes tentatives de transmission par inoculation et par ingestion de matières provenant de la vache. Straus et Wurtz avaient, sans résultat, fait ingérer à des poules pendant des mois des crachats de personnes phtisiques. Rivolta n'avait jamais réussi à obtenir la tuberculose sur les gallinacés, en leur inoculant le virus de l'homme de diverses façons, sous la peau, dans le péritoine, ni en le leur faisant ingérer. Il avait constaté que le virus introduit dans le péritoine ne s'y multipliait pas, mais qu'il s'y conservait et pouvait au bout d'un mois rendre le cobaye tuberculeux. Il avait reconnu que la tuberculose de la poule ne détermine pas l'infection générale sur le cobaye. Maffucci avait aussi constaté que la tuberculose des mammifères n'est pas transmissible aux oiseaux. Nocard a fait la même constatation, etc. Koch s'est prononcé pour la non identité de la tuberculose aviaire et de la tuberculose des mammifères. Vignal, ayant inoculé une culture du bacille de l'homme au cobaye et au faisan, n'a tuberculisé que le premier.

Le bacille de la tuberculose aviaire se comporte, il est vrai, comme celui de la tuberculose des mammifères vis-à-vis des réactifs colorants; mais il est plus long, plus gros, plus granuleux; il se développe différemment sur les milieux de culture, il vient plus vite; il résiste mieux au vieillissement, à la chaleur, aux acides; il a une action pathogène différente, il est moins virulent que celui de la tuberculose des mammifères; il est inoculable à la poule, mais plus difficilement au lapin et au cobaye; il est plus infectieux pour le lapin que pour le cobaye, contrairement à celui de l'homme. Pour Rivolta, Maffucci et Koch, le bacille de la tuberculose aviaire et celui de la tuberculose des mammifères appartiendraient à des espèces voisines mais différentes.

Straus et Gamaléïa croient aussi à la non identité des deux tuberculoses en s'appuyant sur les différences suivantes : le bacille de la tuberculose humaine donne sur milieux solides des cultures sèches, verruqueuses ou écailleuses, fermes et dures, tandis que celles du bacille des oiseaux sont humides, grasses et molles; le premier prend sur le chien et non sur la poule, tandis que le second prend sur la poule et presque pas sur le chien; celui des oiseaux se comporte autrement que celui de l'homme sur le lapin et le cobaye, il ne se transforme pas dans les cultures, ni dans l'organisme, du lapin ou du cobaye, il ne préserve pas le chien contre le bacille de l'homme.

Avec d'autres expérimentateurs la question de l'identité de la tuberculose des mammifères et de la tuberculose aviaire semble recevoir une réponse affirmative. Cadiot, Gilbert et Roger, à la suite d'une étude persévérante de la tuberculose aviaire, ont fait des constatations intéressantes. Ils ont reconnu que l'arrivée de poules importées avait été le point de départ de certaines épizooties dans des poulaillers. Ils pensent que les oiseaux malades, ayant l'intestin ulcéré, rendent du virus avec leurs excréments et qu'ensuite les oiseaux sains s'infectent par ingestion ou par inhalation. Ils ont reconnu que sur la poule les lésions diffèrent de celles du faisan; dans celles de la poule les cellules épithélioïdes subissent la transformation vitreuse, et dans celles du faisan on trouve en plus un cercle de dégénérescence amyloïde. Le virus aviaire, injecté dans le péritoine du lapin, lui donne des granulations tuberculeuses généralisées, et entraîne ordinairement la mort.

Une fois un lapin a eu des tumeurs blanches. Ils ont constaté que le virus aviaire produit sur le cobaye tantôt la mort, tantôt non, tantôt pas de tubercules et tantôt de rares lésions, exceptionnellement une tuberculose miliaire généralisée. Le virus reporté du lapin ou du cobaye à la poule s'est montré sans effet. Les cobayes qui survivent à l'inoculation du virus aviaire meurent du virus humain. Ordinairement la poule est réfractaire contre le virus humain; toutefois exceptionnellement (5 fois sur 40) elle a pris la tuberculose humaine. Une poule, inoculée dans la veine avec du virus humain, leur a montré quelques granulations dans le foie, qui ont été inoculables au cobaye et non à la poule. Une autre fois la tuberculose humaine transmise à la poule a pu ensuite être communiquée de nouveau à la poule. Pour eux il y aurait lieu de croire à l'identité des deux tuberculoses; les deux bacilles se ressemblent et présentent les mêmes réactions colorantes; les différences tiendraient à de simples modifications plus ou moins tenaces imprimées au bacille de la tuberculose aviaire. Courmont et Dor ont obtenu de leur côté des résultats qui plaident en faveur de l'unicité de la tuberculose aviaire et de la tuberculose des mammifères. Ils ont réussi à acclimater la tuberculose aviaire sur le lapin et le cobaye; ils ont obtenu des inoculations positives en série sur la poule avec le virus de l'homme; ils ont obtenu, avec les bacilles aviaires cultivés et éloignés de leur point de départ, la tuberculose sur le lapin et le cobaye, dont les lésions se sont montrées virulentes pour le lapin et le cobaye en lui donnant une affection généralisée; mais leur retour sur la poule leur a enlevé leur virulence pour le lapin et le cobaye.

En résumé, la tuberculose des mammifères peut être parfois transmise, quoique difficilement, aux oiseaux, et la tuberculose aviaire peut être également transmise au lapin et au cobaye, surtout quand on se sert de bacilles cultivés. Il semble bien qu'il y a lieu d'incliner vers l'opinion de ceux qui croient à l'unicité des deux tuberculoses; les différences signalées, quoique assez accusées, seraient dues à des modifications imprimées au bacille par l'organisme de la poule; et la maladie une fois acclimatée sur les oiseaux, en devenant plus virulente pour eux, le serait moins pour les mammifères.

DIAGNOSTIC.

Malgré l'importance considérable qui s'y attache, le diagnostic prompt et certain de la tuberculose, d'après les symptômes, est d'une grande difficulté sur les animaux vivants, surtout quand l'affection n'est pas arrivée à une période avancée. Diverses maladies des voies respiratoires et des autres organes sur lesquels se portent aussi les lésions tuberculeuses peuvent se traduire par des symptômes plus ou moins ressemblants à ceux de la phtisie. Chez certains animaux, qui sont heureusement atteints rarement, chez les carnivores et chez les petits ruminants, le diagnostic n'est généralement établi qu'après la mort, à moins que des renseignements très précis ne permettent de rattacher la maladie à une contamination tuberculeuse bien connue. La tuberculose des oiseaux peut être légitimement soupçonnée, affirmée même, quand on voit les animaux dépérir, et quand on sait d'autre part qu'il y a eu déjà des cas de mort par phtisie, ou quand on constate que l'affection attaque un certain nombre de sujets. Chez le cheval, on n'arrivera le plus souvent qu'à méconnaître la maladie, à moins que l'on n'ait nettement observé certains signes qui peuvent mettre sur la voie de la vérité, tels que la polyurie, l'amaigrissement, l'engorgement des ganglions sous-lombaires, la toux, l'essoufflement, etc. Chez le porc, le diagnostic, également difficile à cause de la ressemblance plus ou moins accusée des symptômes de la tuberculose avec ceux d'autres affections qui se localisent sur les mêmes organes, deviendra plus aisé lorsque l'on observera des localisations extérieures, par exemple la tuméfaction des ganglions de la gorge et du cou, lorsqu'on apprendra qu'il y eu d'autres cas, lorsqu'on saura que les animaux ont reçu des aliments propres à les infecter, etc.

C'est surtout chez les animaux bovins que le diagnostic de la tuberculose a la plus grande importance; et ici encore il est presque toujours malaisé sur les sujets vivants de reconnaître sûrement la maladie, soit que des signes diagnostiques fassent défaut, soit que les symptômes observés puissent être aussi bien attribués à d'autres affections des voies respiratoires, digestives, etc. Ici comme toujours les renseignements sur les antécédents des malades et sur ceux de l'étable sont de la plus grande utilité; il ne faut jamais omettre de les recueillir. Il faut s'enquérir minutieusement des antécédents des animaux, de leurs rapports, de la date de leur mal, des modifications observées dans leurs diverses fonctions; il faut aussi s'enquérir de l'état sanitaire antérieur de l'étable, demander s'il y a eu d'autres malades, savoir ce qu'ils ont eu, les signes et les lésions qu'ils ont présentés, ce qu'ils sont devenus, etc. Après avoir procédé à cette enquête, il faut étudier attentivement les malades, rechercher avec soin les symptômes des organes respiratoires, des organes de la digestion, des ganglions, de la circulation, des organes génito-urinaires, etc. On s'assurera si le malade tousse, s'il est essoufflé, s'il jette, si la percussion et l'auscultation décèlent des signes de localisations thoraciques, si les ganglions sont tuméfiés, si l'animal se météorise, s'il corne, s'il a le pouls veineux, s'il a de la diarrhée, si la mamelle et le vagin sont sains, si le malade profite de sa nourriture, s'il y a hyperesthésie dorso-lombaire, hérissement de poils, raideur et adhérence de la peau, etc. La forme thoracique peut être soupçonnée ou présumée, quand il y a de la toux avec les caractères précédemment indiqués, quand il y a du jetage, de

l'essoufflement et certains signes stéthoscopiques. La tuberculose
abdominale, plus difficile à reconnaître, ne peut guère être soupçonnée, même quand il y a de la diarrhée, des indigestions intermittentes, de légères coliques, etc. Les animaux bovins tuberculeux
ont souvent de la tympanite, due à la compression de l'œsophage
par les ganglions bronchiques ou médiastinaux tuméfiés. Le météorisme est en pareil cas intermittent, moins grave que dans les
indigestions; la sonde œsophagienne, qui y remédie instantanément,
pourrait d'ailleurs permettre de percevoir l'obstacle.

Quoi qu'il en soit, il faut bien l'avouer, le diagnostic de la tuberculose d'après les symptômes est plein de difficultés et d'incertitudes,
tout au moins quand l'affection n'est pas encore arrivée à un état
avancé, quand elle n'est pas accompagnée de consomption, quand elle
n'est pas caractérisée par quelque localisation extérieure facile à
apprécier. Le plus souvent on sera condamné à rester dans le doute;
mais heureusement que, par la mise en pratique de certains procédés,
on pourra, ainsi qu'on le verra ci-après, sortir d'embarras et reconnaître la vérité exacte dans beaucoup de cas.

Le diagnostic d'après les lésions est beaucoup plus facile; on peut
même dire que la tuberculose doit généralement être reconnue à l'autopsie, rien qu'à l'examen macroscopique des lésions. Toutefois il peut
arriver dans quelques cas que des pseudo-tuberculoses simulent plus ou
moins la vraie tuberculose. Ainsi, chez les grands ruminants, on peut
rencontrer dans le poumon des lésions d'apparence tuberculeuse, consistant en foyers de pneumonie caséeuse, en noyaux de bronchite et de
péri-bronchite, qui sont de toute autre nature. Chez les animaux domestiques, diverses maladies peuvent s'accompagner de lésions, plus ou
moins ressemblantes à celles de la tuberculose par leurs caractères macroscopiques et par leur structure anatomique. Des lésions tuberculiformes, des pseudo-tuberculoses peuvent, en effet, être déterminées par
divers microbes, par des corps étrangers irritants, par des parasites, etc.
Ainsi on a signalé (Mégnin et Rémy) une pseudo-tuberculose du lièvre
déterminée par des œufs et des embryons du *strongylus commutatus*.
Ainsi le *strongylus micrurus* du veau, le *strongylus paradoxus* du porc,
le *strongylus filaria* du mouton, le *strongylus vasorum* du chien (Laula-
nié), le *strongylus minutissimus* du mouton d'Afrique (Mégnin), peuvent
déterminer des lésions tuberculiformes, ayant plus ou moins l'aspect des
vrais tubercules ainsi que leur structure anatomique, reconnaissables
cependant toujours à l'inoculation et à l'examen microscopique, qui y
fait voir des œufs et des embryons d'helminthes.

Chez les petits ruminants, principalement chez le mouton, les lésions
pseudo-tuberculeuses parasitaires sont très fréquentes dans les poumons
(il peut aussi s'en présenter sur le foie). Ce sont des nodosités grisâtres,
rougeâtres, jaunâtres, verdâtres, grosses comme un grain de chènevis

ou plus volumineuses, dures, presque jamais caséifiées, ni transformées en cavernes, souvent crétacées, quelquefois cependant purulentes ou caséeuses, localisées au poumon, non généralisées aux séreuses ni aux ganglions ni aux autres organes, contenant à leur intérieur des œufs ou des embryons de strongyle.

On trouve assez souvent dans le poumon du porc des granulations pseudo-tuberculeuses parasitaires (*strongylus paradoxus*), hyalines, consistant en nodules d'inflammation bronchique et péri-bronchique. Des foyers caséeux, jaunâtres ou grisâtres, avec ou sans infiltration calcaire, se rencontrent fréquemment chez le bœuf, le mouton, le porc, etc., dans le poumon, dans le foie, etc., provenant de la désorganisation de kystes d'échinocoques ou de vésicules de cysticerques et pouvant contenir encore des crochets. On peut rencontrer dans le foie des ruminants (bœuf, mouton), dans le poumon des grands ruminants, sur le péritoine du bœuf (Morot), des lésions plus ou moins tuberculiformes déterminées par des douves, consistant en petites tumeurs ou nodules jaunâtres, grisâtres, jaune-verdâtres, brunâtres et renfermant, avec ou sans le parasite, une matière brunâtre ou un peu verdâtre. L'échinococcose pulmonaire peut simuler dans une certaine mesure la tuberculose chez les animaux bovins par la toux et les signes stéthoscopiques qui l'accompagnent, d'autant mieux qu'elle peut se montrer sur plusieurs animaux dans la même ferme. Toutefois les animaux conservent l'appétit et les apparences de la santé, les yeux ne deviennent pas caves, la digestion n'est pas troublée, etc.; et à l'autopsie le diagnostic ne peut jamais être incertain, même quand les kystes sont désorganisés, caséifiés, infiltrés de calcaire. Des lésions pseudo-tuberculeuses peuvent aussi résulter de la désorganisation de cysticerques dans les muscles du porc; mais ici encore toute erreur est impossible.

Des parasites végétaux, des moisissures, peuvent occasionner parfois des pseudo-tuberculoses. Ainsi l'*aspergillus glaucus* donne (Thaon) naissance dans le poumon à une pseudo-tuberculose, avec pneumonie interstitielle et transformation fibreuse englobant des cellules qui entourent le parasite et ressemblent à celles du vrai tubercule. Il en est de même de l'*aspergillus fumigatus* (Dieulafoy, Chantemesse et Widal) sur le pigeon.

Des particules irritantes peuvent également déterminer la formation de granulations pseudo-tuberculeuses, quand elles sont introduites dans les tissus. On peut (H. Martin), en insérant dans l'économie des corps étrangers divisibles en particules ténues, déterminer la formation de nodules qui reproduisent anatomiquement les tubercules vrais avec leurs cellules géantes entourées d'une couronne de cellules épithéliales et d'une marge embryonnaire, tout comme certains parasites déterminent aussi la formation de pseudo-tubercules anatomiquement identiques aux vrais tubercules. La différenciation exigerait scientifiquement la constatation de l'existence du bacille tuberculeux ou de la transmissibilité de la

maladie. Mais, tandis que la pseudo-tuberculose ne se généralise pas
(l'épine irritante, corps étranger, parasite pathogène, ne s'y multipliant
pas), les vrais tubercules se généralisent, à cause de la pullulation des
bacilles, et se caséifient, au lieu de rester stationnaires, à cause de l'irritation croissante déterminée par la pullulation des bacilles qui amènent
l'oblitération vasculaire, le tassement des éléments et leur dégénérescence ; ensuite les bacilles, se répandant dans le voisinage, y déterminent
la formation de nouveaux tubercules, ou, passant dans les vaisseaux,
s'en vont recommencer ailleurs la même besogne.

Diverses néoplasies et des lésions appartenant à différentes maladies
microbiennes peuvent simuler plus ou moins la tuberculose. Ainsi, chez le
cheval, des néoplasies commençantes et disséminées, des lésions morveu-
ses, des nodules emboliques, des nodules de broncho-pneumonie, etc.,
peuvent avoir des ressemblances avec la tuberculose, et l'inoculation ou
l'examen bactériologique être nécessaire pour établir leur nature.

Chez les autres animaux, chez le porc, chez les petits ruminants, chez
les oiseaux et principalement chez les grands ruminants, on peut rencontrer des pseudo-tuberculoses de nature microbienne, mais différentes, par leurs bacilles et par leur inoculabilité, des tubercules vrais.
Ainsi chez le porc, la pneumo-entérite peut laisser des lésions pulmonaires, pleurales, ganglionnaires, etc., qui ont quelque ressemblance
avec celles de la tuberculose ; mais l'examen microbiologique ne montre
pas le bacille de Koch. Ainsi il peut en être de même de la pneumo-entérite des petits ruminants et des grands ruminants. Ainsi on a constaté
(Ménard, Cornil et Toupet) sur l'antilope une pseudo-tuberculose péritonéale et intestinale due à une bactérie ovoïde, un peu allongée. Ainsi Rivolta a étudié une pseudo-tuberculose enzootique des pigeons déterminée
par un microbe différent de celui de la tuberculose, inoculable au lapin,
mais le faisant périr rapidement avec une forte congestion de la rate
sans tuberculisation proprement dite. Ainsi des pseudo-tuberculoses déterminées par divers microbes ont été signalées par différents expérimentateurs : par Malassez et Vignal, qui ont inoculé au cobaye une
pseudo-tuberculose déterminée par un micrococque, formant des chaînes
et des amas au sein des tubercules ; par Castro-Sofia, qui a donné au cobaye une tuberculose dans laquelle il a trouvé un streptocoque ; par
Eberth, qui a observé sur le cobaye une pseudo-tuberculose spontanée
déterminée par un micrococque spécial assez semblable à celui déjà étudié
par Malassez et Vignal : par Nocard, qui a étudié une pseudo-tuberculose
de la poule déterminée par des zooglées ; par Chantemesse et par Grancher et Ledoux-Lebard, qui ont donné au cobaye une tuberculose zoogléique en lui inoculant des fragments d'ouate venant d'une salle de phtisiques ; par Charrin et Roger et par Dor, qui ont observé sur le cobaye
une pseudo-tuberculose déterminée par un bacille tout différent du bacille
de Koch ; par Pfeiffer, qui a aussi étudié une pseudo-tuberculose chez le

cobaye déterminée par un microbe différent de celui de la tuberculose ;
par Courmont, qui a extrait des lésions pleurales d'une vache phtisique
un microbe différent de celui de Koch, capable de donner cependant les
mêmes lésions ; par Nocard et Masselin, qui ont produit sur le cobaye
une tuberculose zoogléique en lui inoculant le jetage d'une vache non
tuberculeuse ; par Liénaux, qui a étudié des lésions tuberculiformes
existant dans les muscles d'une vache et y a trouvé un microcoque spécial non pathogène pour le lapin.

En résumé, diverses affections peuvent s'accompagner de lésions
tuberculiformes ; un certain nombre de microbes différents peuvent déterminer des inflammations nodulaires sur divers animaux. Les animaux bovins peuvent notamment présenter dans leurs poumons des
lésions plus ou moins ressemblantes à celles de la tuberculose, qui sont
déterminées par des microbes différents du bacille de Koch. On rencontre assez souvent des lésions de bronchite avec dilatations, de péribronchite avec nodules, de broncho-pneumonie avec caséification, etc.,
qui sont l'œuvre de microbes autres que celui de la tuberculose. Dans
tous les cas douteux, on devra recourir à l'inoculation ou à l'examen
bactériologique.

On a vu plus haut comment il convient de procéder à l'examen bactériologique des produits suspects (jetage, produits expectorés, écoulements, produits des lésions, etc.), comment il faut procéder pour reconnaître l'existence du bacille de Koch. L'examen bactériologique est
de la plus haute importance tant sur les sujets vivants que sur les
cadavres ; il permet toujours de reconnaître la vraie tuberculose dans
les cas où elle est mal caractérisée et de la distinguer des pseudo-
tuberculoses. La présence du bacille de Koch constatée, on est toujours
en droit de conclure à la tuberculose. On verra ci-après, à propos de
l'inoculation révélatrice, comment on peut arriver à se procurer des
produits morbides sur l'animal vivant, quand il n'en donne pas encore
ou quand il les déglutit.

L'inoculation est également un précieux moyen de diagnostic, bien
qu'elle ne donne pas des résultats aussi prompts que l'examen bactériologique. Les lapins et surtout les cobayes peuvent être employés
comme animaux réactifs. L'inoculation peut être pratiquée de diverses
façons suivant la pureté et la quantité de matière virulente dont on
dispose, par injection intra-oculaire, par injection sous-cutanée ou par
injection intra-péritonéale quand on a de la matière pure, par injection sous-cutanée, par injection intra-veineuse ou par inhalation,
quand on n'a que de la matière impure. L'inoculation par injection
sous-cutanée est un des meilleurs procédés. Au bout d'une dizaine de
jours le point d'insertion et les ganglions voisins sont tuméfiés sur le
cobaye, ainsi inoculé à la cuisse avec de la matière tuberculeuse. On
peut à ce moment extirper un ganglion tuméfié et l'examen bacté-

riologique y fait voir de nombreux bacilles de Koch; on peut d'autre part sacrifier l'animal au bout d'une vingtaine de jours, et l'on trouve des lésions tuberculeuses dans les ganglions inguinaux, dans les ganglions sous-lombaires, dans la rate, etc.

Pour se procurer sur l'animal vivant la matière à examiner ou à inoculer, on peut procéder de diverses façons.

Lorsqu'on veut examiner ou inoculer le lait, il est bon de le laisser au frais pendant quelques heures dans une éprouvette, afin de donner le temps aux microbes de se précipiter dans le fond. Ensuite on fait des inoculations ou des examens avec les couches inférieures. Les inoculations peuvent être faites dans le péritoine ou dans le tissu sous-cutané. En vue de l'examen bactériologique du lait, on peut y ajouter une solution d'acide acétique qui précipite la caséine avec laquelle sont entraînés la plupart des bacilles.

Si le sujet dont on veut déterminer la maladie donne du jetage ou un écoulement vaginal, etc., on en fera des préparations pour les examiner au microscope. Pour les inoculations on préparera une émulsion de ces produits dans de l'eau stérilisée.

Quand l'animal ne donnera ni jetage, ni écoulement manifeste, on essaiera de le faire tousser, tout en maintenant la langue tirée, et on recueillera le produit expectoré, s'il y en a et si le sujet ne le déglutit pas. En introduisant une éponge stérilisée dans le pharynx, la bouche étant maintenue ouverte et la langue tirée, on pourra recueillir du mucus et de la matière morbide, en vue de l'examen bactériologique et de l'inoculation. On a même conseillé la trachéotomie pour permettre l'introduction d'une éponge stérilisée dans la trachée en vue d'obtenir de la matière morbide. On a également conseillé l'administration préalable d'un médicament qui exagère la sécrétion de la muqueuse respiratoire. On pourrait, à défaut de jetage ou de tout autre produit virulent, extirper un ganglion malade ou l'inciser pour en extraire, par le raclage, de la pulpe, qu'on pourrait examiner ou inoculer. On pourrait enfin, pour les animaux qui ne donnent aucun produit morbide et qui ne présentent pas de ganglions malades accessibles à l'exploration, recourir à l'emploi de la tuberculine ou au procédé du séton conseillé par M. Peuch. Le séton, placé sur une bête phtisique, donnerait un pus mélangé de virus tuberculeux dès le huitième jour; et ce pus, recueilli du huitième au quatorzième jour, pourrait être employé pour des inoculations ou pour des examens.

L'emploi de la tuberculine pourra aider à établir le diagnostic dans les cas difficiles. On a pensé que les vaches des établissements, où l'on produit le lait en vue de la vente, pourraient être inoculées avec la tuberculine, et qu'on pourrait éliminer celles qui réagiraient manifestement. Cette idée émise en Allemagne, est partagée par M. Nocard, qui a étudié les effets de la tuberculine de Koch et de la tuberculine préparée par M. Roux sur un grand nombre d'animaux bovins. Il résulte des expériences faites par M. Nocard que l'injection de 20 à 40 centigrammes de tuberculine s'accompagne d'une élévation notable de la température entre la 10ᵉ et la 20ᵉ heure chez les sujets tuberculeux. Sur 57 animaux ainsi traités, 19 ont réagi; sur ces 19, 17 étaient tuberculeux et les 2 autres avaient des lésions non tuberculeuses. Sur les 38 qui n'ont pas réagi, 2 seulement étaient tuberculeux; et leur mal était si avancé que le diagnostic en était aisé sans l'emploi de la tuberculine. M. Nocard vient enfin de reconnaître que les injections de tuberculine ne provoquent pas l'avortement et ne nuisent en rien à la quantité ni à la qualité du lait. M. Arloing et d'autres expérimentateurs avaient reconnu la valeur diagnostique de la tuberculine, tout en faisant des réserves, et en remarquant que certains phtisiques ne réagissaient pas, tandis que des non phtisiques réagissaient.

Dernièrement M. Mandereau a indiqué, comme moyen de diagnostiquer la tuberculose bovine, l'examen et l'inoculation de l'humeur aqueuse de l'œil des sujets malades, qui contiendrait souvent le bacille de Koch. Mais MM. Leclainche et Greffier, dans un assez grand nombre de cas examinés par eux, n'ont jamais trouvé le bacille de la tuberculose dans l'humeur aqueuse de l'œil d'animaux très malades. Enfin on aurait constaté (Freund) la présence de la cellulose dans les tubercules et dans le sang des phtisiques, alors qu'on ne l'aurait pas trouvée dans les maladies non tuberculeuses; en sorte qu'il y aurait là un moyen de faire le diagnostic différentiel.

En résumé, deux moyens excellents sont à la disposition du vétérinaire et du médecin pour le diagnostic des cas douteux : l'examen bactériologique et l'inoculation. Quand on emploiera ce dernier, il conviendra d'inoculer plusieurs cobayes, parce que, si les matières inoculées sont impures, certains pourront succomber sous l'action de microbes étrangers.

TRAITEMENT.

Il n'est ni bien opportun, ni bien important d'appliquer un traitement à la phtisie de nos animaux, contrairement à ce qui doit se faire en médecine humaine, où il importe toujours de soulager les malades et de prolonger leur vie, si on ne peut les guérir.

Les vétérinaires sont obligés de laisser de côté toute considération qui ne devrait pas aboutir à un bénéfice pour les propriétaires ; aussi convient-il rarement d'entreprendre le traitement des animaux phtisiques. Il vaudra mieux conseiller de les livrer de bonne heure à la boucherie, pour éviter des pertes trop considérables aux propriétaires, qui seraient exposés plus tard à les voir refuser.

La tuberculose est une maladie ordinairement incurable, à peu près

fatalement mortelle, quoique lente dans sa marche. Les premières lésions
s'accompagnent de nouvelles poussées tuberculeuses ; les malades se
débilitent, s'épuisent et meurent dans le marasme et la consomption,
quand on les laisse ravager par le mal. Toutefois, comme il est permis
d'attendre d'un traitement rationnel un effet capable de ralentir la
marche de la maladie, il est bon de savoir quel peut être ce traitement.
Les indications les plus importantes sont relatives à l'hygiène. On
devra prescrire une bonne hygiène des habitations, du travail, des
aliments, des boissons. Il faudra préserver les animaux de la contagion, éloigner ou atténuer l'action des causes prédisposantes, surveiller
la reproduction, en évitant d'y employer les animaux tuberculeux,
pour ne pas avoir des descendants contaminés, et pour éviter d'avoir
des sujets faibles, qui pourraient d'ailleurs contracter la maladie en
tétant leur mère, ou en cohabitant avec elle, si elle était phtisique, si
elle avait la mamelle malade. Il faudra séparer les animaux sains
d'avec les malades et éviter de donner aux premiers les boissons et les
aliments souillés par les seconds ; il faudra faire désinfecter les places
occupées par ces derniers.

En vue d'un traitement palliatif ou curatif, on a tour à tour préconisé d'innombrables moyens dans la médecine de l'homme. On a
notamment préconisé : l'alimentation reconstituante et tonique ; le
grand air, l'air pur, l'émigration ; les substances balsamiques, les
essences, l'essence de térébenthine, l'eucalyptol, le thymol, le menthol,
les goudrons ; la créosote, l'acide phénique ; l'iode et ses composés, les
iodures, l'huile de foie de morue, l'iodoforme ; les composés de mercure, le calomel, le sublimé ; l'acide sulfureux, les sulfites, le sulfure
d'antimoine, le sulfure de carbone, le sulfate de cuivre ; l'arsenic, l'arséniate de strychnine, le tannin, l'acide borique, l'acide fluorhydrique,
le chlorure de zinc, etc., etc.

Le vétérinaire n'a guère à faire usage de ces médicaments tour à
tour prônés et délaissés par les médecins. C'est surtout un traitement
hygiénique qu'il devra prescrire le cas échéant, tout en faisant prendre
toutes les mesures prophylactiques utiles, telles que l'isolement des
malades, la désinfection, etc. Toutefois, quand il s'agira d'animaux
solipèdes, d'animaux tuberculeux non visés par la loi sanitaire et
même d'animaux grands ruminants déclarés et séquestrés, il pourra
aussi instituer un traitement thérapeutique.

Il faudra pallier les symptômes de la maladie, ralentir sa marche,
prévenir les complications et les combattre, quand elles se sont produites, éloigner les causes perturbatrices qui peuvent accélérer la
marche de la phtisie. Il faudra procurer aux malades les conditions les
plus favorables à leur état et soutenir leurs forces par de bons aliments et certains agents toniques. On pourra employer divers agents
thérapeutiques qu'on administrera par les voies digestives ou par les

voies respiratoires sous forme de boissons, d'électuaires, de tisanes, de fumigations, etc. On pourra employer le protosulfure d'antimoine, qui renferme des traces d'arsenic, l'acide arsénieux, les ferrugineux divers (sulfate, carbonate, oxyde, perchlorure de fer), le goudron végétal, les composés du chlore et de l'iode, les opiacés pour combattre la toux, qui est si souvent quinteuse, les toniques divers, les analeptiques, les anodins en général, les antiseptiques, l'acide phénique, l'essence de térébenthine, la créosote, etc., etc.

En tous cas, il demeure bien entendu que la tuberculose bovine ne peut être traitée que par un vétérinaire et seulement après que la maladie a été déclarée à l'autorité.

POLICE SANITAIRE.

Le décret du 12 novembre 1887 (art. 1) et le décret du 28 juillet 1888 (art. 1) ont ajouté la tuberculose bovine à la liste des maladies contagieuses prévues par la loi du 21 juillet 1881. Les dispositions générales de la loi sanitaire sont donc applicables à la tuberculose, mais seulement à la tuberculose bovine. Les malades et les suspects doivent être déclarés et isolés ; le maire doit requérir le vétérinaire sanitaire dès qu'un cas de tuberculose lui est signalé et veiller à l'accomplissement de l'isolement ; les animaux malades et les animaux suspects ne doivent ni être vendus ni être exposés en vente ; il est interdit de livrer à la consommation la chair des animaux morts de tuberculose ; les contrevenants sont passibles des peines édictées par les articles 30 et suivants de la loi du 21 juillet 1881 ; enfin les mesures prévues (enfouissement, désinfection, etc.) par les articles 1 à 7 du décret du 22 juin 1882 doivent recevoir leur application.

I. — Mesures propres à empêcher l'introduction de la tuberculose en France et en Algérie par l'importation d'animaux venant de l'étranger.

Textes à consulter : Art. 26, loi du 21 juillet 1881 : art. 36, décret du 12 novembre 1887 ; art. 73 et 72, déc. 22 juin 1882; art. 21, arr. min. 28 juill. 1888.

Le gouvernement (en Algérie le gouverneur général) peut prohiber l'entrée en France et en Algérie, ou ordonner la mise en quarantaine, des animaux susceptibles de communiquer la tuberculose. Il peut, à la frontière, prescrire l'abatage des animaux malades. Le ministre de l'agriculture peut prohiber temporairement l'introduction d'animaux bovins des pays étrangers, voisins de la France, quand la tuberculose y exerce de sérieux ravages. Les préfets des départements frontières peuvent, quand la tuberculose sévit en pays étranger, dans le voisinage immédiat de la France, interdire la circulation des bovins entre les localités infectés et les communes françaises limitrophes.

La constatation de la tuberculose dans des arrivages par terre ou par mer entraîne les mêmes mesures que la constatation du charbon, savoir : l'abatage immédiat des malades, quand la nature de l'affection est bien établie ; le renvoi des suspects, après l'application de la marque, ou leur livraison immédiate à la boucherie au choix du propriétaire ; les précautions rationnelles pour la livraison à la boucherie et notamment la vérification du cadavre par l'autopsie ; les mesures de désinfection et la destruction des cadavres quand il y a des malades.

II. — Mesures propres à éviter la propagation de la tuberculose aux animaux et à l'homme et à éteindre les foyers d'où elle pourrait irradier.

Les mesures applicables dans les cas de tuberculose bovine sont édictées par les articles 9, 10, 11, 12, 13 et 23 de l'arrêté ministériel du 28 juillet 1888.

Inspection des foires et marchés. — Il est interdit d'exposer en vente des animaux bovins atteints ou suspects de tuberculose ; et, quand des cas de cette maladie sont constatés sur des champs de foire ou de marché, on doit appliquer les dispositions de l'article 23 de l'arrêté ministériel du 28 juillet 1888.

ART. 23, arr. min. 28 juil. 1888. — Lorsque la tuberculose est constatée sur un champ de foire ou un marché, les animaux malades sont renvoyés dans leur commune d'origine, à moins que le propriétaire ne préfère les faire abattre. Dans le cas de retour, ils sont signalés au maire de la commune.

Les animaux qui seront reconnus ou soupçonnés tuberculeux avant leur entrée en foire ou sur le marché seront refusés et renvoyés chez leur propriétaire, dans leur lieu d'origine, après avoir été marqués ; ils seront signalés aux maires des communes intéressées et surveillés durant leur trajet, afin d'éviter tout détournement ainsi que toute promiscuité avec d'autres. Quand la maladie sera constatée ou soupçonnée sur des animaux exposés en vente sur un marché, dans un champ de foire, les animaux malades ou suspects seront aussitôt saisis et renvoyés dans leur lieu d'origine, avec les précautions ci-dessus indiquées ; il en sera encore ainsi des animaux du même propriétaire, qui auront cohabité avec les malades. Toutefois, si le propriétaire y consent, les animaux malades ou suspects pourront être abattus sur place ou dans un abattoir voisin ; et leur viande sera saisie ou utilisée, suivant que le cas tombera ou ne tombera pas sous l'application des mesures prescrites par l'article 11 de l'arrêté ministériel du 28 juillet 1888, qui sont exposées plus loin. Malheureusement ce ne sera que dans des cas très avancés, que le vétérinaire pourra reconnaître la tuberculose, étant donné que la maladie est d'un diagnostic difficile, surtout dans les conditions défavorables où a lieu l'inspection des animaux. Néanmoins, toutes les fois que la maladie aura été constatée, il y aura lieu de faire désinfecter, aux frais du propriétaire des animaux, les locaux et les objets qui auront été souillés.

Déclaration. — La tuberculose, comme les autres maladies contagieuses, doit être déclarée à l'autorité locale (art. 3, 4, 5, loi du 21 juillet 1881. — Art. 3, 4, 5; déc. 12 novembre 1887), quand elle est reconnue, et même quand elle est simplement soupçonnée. Les propriétaires, les détenteurs des animaux, ceux qui ont été appelés à leur donner des soins, le vétérinaire, les empiriques, doivent faire la déclaration. En même temps, les animaux malades ou suspects doivent être maintenus isolés. Le maire doit requérir aussitôt le vétérinaire sanitaire et veiller à ce que l'isolement soit pratiqué.

Visite. — Dans sa visite, le vétérinaire sanitaire mettra en pratique les préceptes et les règles énoncés plus haut à propos du diagnostic. Il se renseignera sur les antécédents de l'étable et des malades, sur la date d'apparition de la maladie et son mode d'évolution. Il s'assurera de l'état de toutes les fonctions et explorera la mamelle, les organes génitaux et les régions où se trouvent des ganglions. Il aura recours à l'examen bactériologique ou à l'inoculation, en se procurant des produits comme il a été indiqué plus haut, toutes les fois qu'il conservera des doutes. En attendant le résultat de son inoculation ou de son examen bactériologique, les animaux seront maintenus isolés. Un rapport circonstancié de sa mission, de ses constatations et de ses opérations, dans lequel il exposera la gravité de la situation et les mesures qu'elle comporte, sera adressé sans retard au préfet.

Arrêté de mise en surveillance. — L'article 9 du décret du 12 novembre 1887 décidait que, dans les cas de tuberculose constatée, le maire ou l'administrateur de la commune devait prendre un arrêté pour prescrire l'abatage de l'animal malade. Cette disposition, édictée pour l'Algérie, n'a pas été reproduite par l'arrêté ministériel du 28 juillet 1888; elle n'est donc pas applicable en France; et en Algérie on peut aussi se contenter d'appliquer les mesures prescrites par l'arrêté ministériel de 1888, qui ne rend pas l'abatage obligatoire, si ce n'est quand il s'agit d'animaux tuberculeux présentés à l'importation.

Art. 9, arr. min. 28 juil. 1888. — Lorsque la tuberculose est constatée sur des animaux de l'espèce bovine, le préfet prend un arrêté pour mettre ces animaux sous la surveillance du vétérinaire sanitaire.

Lorsque le préfet a reçu le rapport du vétérinaire sanitaire concluant à l'existence de la tuberculose, il doit prendre un arrêté de mise en surveillance qui sera transmis au maire et notifié aux propriétaires intéressés. Les animaux reconnus malades sont mis sous la surveillance du vétérinaire sanitaire, qui les visite, suit la marche de la maladie, s'assure que l'isolement est pratiqué convenablement et donne les indications utiles pour éviter toute contagion aux animaux et aux personnes. D'ailleurs, la surveillance sanitaire dure jusqu'à ce que le préfet ait rapporté son arrêté.

Isolement et séquestration. — Tandis que le décret de 1887 rendait obligatoire l'abatage des malades, l'arrêté du 28 juillet 1888 se borne à édicter leur isolement et leur séquestration.

Art. 10, arr. min. 28 juil. 1888. — Tout animal reconnu tuberculeux est isolé et séquestré. L'animal ne peut être déplacé si ce n'est pour être abattu. L'abatage a lieu sous la surveillance du vétérinaire sanitaire, qui fait l'autopsie de l'animal et envoie au préfet le procès-verbal de cette opération dans les cinq jours qui suivent l'abatage.

L'autorité ne peut pas prescrire l'abatage des animaux bovins reconnus tuberculeux ; mais les règlements sanitaires lui permettent d'amener les propriétaires à se résoudre à le demander eux-mêmes. En effet, la tuberculose est une maladie longue et incurable, et l'obligation de tenir ses animaux isolés et séquestrés, sans pouvoir les déplacer ni les utiliser, doit amener à brève échéance le propriétaire à demander l'autorisation de les sacrifier.

Lorsque le propriétaire sera décidé à consentir à l'abatage de son animal (et il conviendra que le vétérinaire cherche à lui faire comprendre qu'il est de son intérêt de se décider au plus tôt), on pourra procéder de diverses façons. S'il y a lieu de penser que la viande ne tombera pas sous le coup des prescriptions de l'article 11 de l'arrêté ministériel du 28 juillet 1888, on pourra laisser conduire le malade à l'abattoir ou dans une tuerie, après l'avoir marqué et en le faisant surveiller ; on pourra aussi le faire abattre sur place, sauf à laisser ensuite utiliser la chair s'il y a lieu. Quand la maladie sera avancée et le sujet en mauvais état, quand il sera de toute évidence que l'utilisation de la viande en vue de la consommation est impossible, on pourra faire conduire le malade au bord de la fosse pour l'y assommer ou au clos d'équarrissage, en ayant soin de prendre les précautions nécessitées par le déplacement. Dans tous les cas l'abatage doit être pratiqué sous les yeux du vétérinaire sanitaire, qui fera procéder à cette besogne par un boucher. L'autopsie doit toujours être pratiquée par les soins du vétérinaire sanitaire, qui en rédige un procès-verbal relatant les lésions observées et l'utilisation ou la non-utilisation de la chair. Ce procès-verbal doit être parvenu au préfet dans les cinq jours qui suivent l'abatage.

Tant que le propriétaire n'aura pas consenti à l'abatage, les animaux tuberculeux seront maintenus isolés et séquestrés. On ne pourra ni les déplacer, ni les faire travailler, ni utiliser leur lait, etc. La séquestration se fera dans les locaux et aucun animal susceptible de contracter la tuberculose ne pourra avoir des rapports directs ou indirects avec les malades, qui devront être isolés de tous les autres animaux, placés dans un local spécial ou relégués à part. On évitera avec soin de leur laisser fréquenter l'abreuvoir commun, on spécialisera des instruments pour leur donner à boire ; on les fera manger à part et on évitera qu'aucuns fourrages ou restes de repas souillés par eux ne puissent être pris par d'autres animaux ; on prendra les précautions nécessaires pour qu'aucun autre animal ne puisse les approcher. Les places et les objets qu'ils auront souillés seront désinfectés avant de pouvoir servir pour d'autres animaux. Leurs fumiers seront désinfectés. Les personnes qui les soigneront recevront les instructions nécessaires pour leur permettre d'éviter toute dissémination de matière virulente par leur intermédiaire.

Que si la séquestration était absolument impossible dans les locaux, faute de fourrages, on pourrait laisser placer les malades dans un pré ou pâturage clos, situé à proximité de l'habitation, qui leur serait affecté à l'exclusion de tous autres animaux. On les y ferait conduire par un chemin spécial, ou tout au moins on éviterait toute rencontre, toute promiscuité dans les chemins, et on aurait bien soin de ne pas les laisser conduire aux abreuvoirs communs. Mais, dès que le propriétaire pourra les nourrir dans les habitations, il vaudra mieux les faire tenir rigoureusement enfermés, séquestrés et isolés, en faisant surveiller la séquestration par un agent, par le garde champêtre ou toute autre personne.

D'ailleurs, le vétérinaire sanitaire veillera de son côté ; il visitera de temps à autre les malades, indiquera les précautions nouvelles qu'il y aurait lieu de prendre, s'assurera que la séquestration et l'isolement sont convenablement pratiqués.

Utilisation de la viande d'animaux tuberculeux. — L'utilisation de la chair d'animaux atteints de tuberculose n'est pas prohibée d'une façon absolue par l'article 11 de l'arrêté ministériel du 28 juillet 1888. Le décret de 1887 (art. 16) décidait, pour l'Algérie, que la chair des animaux, abattus pour cause de tuberculose (et l'article 9 du même décret rendait l'abatage obligatoire quand la tuberculose était constatée), ne pouvait pas être livrée à la consommation, que les cadavres devaient être enfouis, etc. L'arrêté du 28 juillet 1888 s'est montré moins sévère, et ce sont ses dispositions qui doivent être appliquées. Il y a donc des cas où la viande des animaux tuberculeux peut être livrée à la consommation. Mais, même dans ces cas, les organes malades doivent toujours être saisis pour être dénaturés, détruits, enfouis, ou livrés au clos d'équarrissage. Les cas dans lesquels l'utilisation de la viande des animaux tuberculeux demeure permise sont, d'après l'article 11 de l'arrêté ministériel du 28 juillet 1888, ceux qui se trouvent encore peu anciens, peu avancés, ceux dans lesquels les lésions sont peu étendues, non généralisées et l'état d'embonpoint des animaux convenable. Leur indication plus précise ressortira de la détermination des cas dans lesquels l'utilisation est prohibée.

Cas dans lesquels les viandes tuberculeuses doivent être exclues de la consommation. — Avant le régime inauguré en France par l'arrêté du 28 juillet 1888, il existait, dans les villes, qui avaient organisé un service d'inspection des abattoirs et des viandes de boucherie, une réglementation qui variait en quelque sorte de l'une à l'autre au sujet des viandes tuberculeuses.

Dans certaines villes, les règlements municipaux, faits par les maires en vertu des pouvoirs que leur confère la loi, avaient donné aux inspecteurs le droit d'exclure de la consommation la viande des animaux phtisiques, quand il y avait tuberculose et maigreur associées quel que fût le degré de l'une et de l'autre, et quand il y avait tuberculose généralisée, avec des lésions sur les viscères et les ganglions de la poitrine et de l'abdomen quel que fût le degré d'embonpoint des animaux.

La réglementation de l'article 11 de l'arrêté ministériel du 28 juillet 1888 est un peu plus sévère, et elle doit être appliquée dans toute la France, ainsi qu'en Algérie, dans les tueries spéciales comme dans les abattoirs publics.

Art. 11, arr. min. 28 juil. 1888. — Les viandes provenant d'animaux tuberculeux sont exclues de la consommation :

1° Si les lésions sont généralisées, c'est-à-dire non confinées exclusivement dans les organes viscéraux et leurs ganglions lymphatiques ;

2° Si les lésions, bien que localisées, ont envahi la plus grande partie d'un viscère, ou se traduisent par une éruption sur les parois de la poitrine ou de la cavité abdominale.

Ces viandes, exclues de la consommation, ainsi que les viscères tuberculeux, ne peuvent servir à l'alimentation des animaux et doivent être détruites.

La clarté n'est pas la qualité dominante de cet article, dont le paragraphe 1er, le plus important, peut donner lieu à des interprétations diverses. Il dit que les viandes tuberculeuses devront être exclues de la consommation quand les lésions seront généralisées ; et, par lésions généralisées, il entend dire lésions non confinées exclusivement dans les organes viscéraux et leurs ganglions lymphatiques. A ce compte, il n'y aurait pas tuberculose généralisée et partant pas indication de saisie quand les lésions auraient envahi le poumon et les ganglions bronchiques ainsi que l'intestin, le foie, la rate et les ganlions mésentériques. A vrai dire, le paragraphe 2 restreint singulierement cette tolérance, en décidant que la saisie s'imposera quand les lésions, bien que localisées, auront envahi la plus grande partie d'un viscère, ou se traduiront par une éruption sur les parois de la poitrine ou de la cavité abdominale.

Ainsi, tandis qu'on devrait laisser utiliser la viande, quand des lésions existeraient (sans en avoir envahi plus de la moitié) sur la poumon, sur l'intestin, sur le foie, sur la rate et sur les ganglions thoraciques et abdominaux, on devrait la saisir si la tuberculose occupait plus de la moitié d'un organe, du poumon par exemple, ou si le péritoine ou la plèvre étaient tuberculeux. Avec cette restriction, bien peu de cas de tuberculose doivent échapper à la saisie, car il est bien rare que la plèvre ou le péritoine soient absolument indemnes, lorsque les viscères sont atteints depuis un certain temps.

Ne faut-il pas que la tuberculose du péritoine ou de la plèvre ait atteint un certain degré, que les lésions soient assez nombreuses, et que la tuberculeuse des viscères soit assez avancée ? La question s'est posée dans la pratique et les inspecteurs l'ont généralement résolue par l'affirmative ; et, d'ailleurs, suivant le plus ou moins de sévérité de chacun, on est resté, comme par le passé, dans une sorte d'arbitraire ; pour des cas identiques, la saisie est pratiquée dans telle ville et non dans telle autre. Il importe cependant beaucoup d'arriver à un régime général, qui soit appliqué partout suivant les données de la science et suivant les règles établies.

Parmi les animaux de boucherie, les grands ruminants sont ceux sur lesquels on rencontre le plus souvent les lésions de la tuberculose ; cependant on les observe quelquefois chez le porc et parfois même, quoique plus rarement, chez le cheval ; aussi quoique l'arrêté de 1888 ne le dise pas, la saisie, suivant les règles établies, est indiquée pour les cas de phtisie des diverses espèces (bovins, porcins, solipèdes, oiseaux). C'est la tuberculose qui soulève, en matière d'inspection des viandes de boucherie, les plus grandes difficultés. Et, s'il en est ainsi, c'est parce qu'il arrive assez fréquemment de rencontrer dans les abattoirs des lésions de phtisie plus ou moins avancée sur des animaux (bœufs, vaches, porcs, chevaux) qui, ne présentant de leur vivant aucun signe bien manifeste de la maladie, sont dans un bon état, dans un moyen état ou dans un état passable de chairs. Si, avec la tuberculose coïncidait toujours un état de maigreur plus ou moins prononcée, comme on l'observe dans beaucoup de cas, il ne surgirait que rarement des difficultés dans la pratique ; mais tout le monde sait que dans des cas assez nombreux il en est autrement ; que de fois n'a-t-on pas observé des lésions plus ou moins avancées et plus ou moins généralisées sur des animaux plus ou moins gras, dont la viande travaillée offrait tous les caractères de celles qui sont saines! Me basant sur les données acquises par la science au sujet de la transmissibilité de la tuberculose par la viande, par le lait et par les organes malades, voici ce que j'écrivais en 1880 sur la question :

« *Y a-t-il lieu d'éliminer de la consommation les viandes provenant d'animaux tuberculeux ?*

« Eliminer de la consommation le lait des vaches atteintes de phtisie avancée et de celles qui ont la mamelle malade, et recommander l'ébullition pour le lait des vaches suspectes : telle est la ligne de conduite qui s'impose.

« Les viandes fournies par les animaux tuberculeux peuvent être divisées en deux grandes catégories : 1° celles qui proviennent d'animaux tuberculeux très maigres; 2° celles qui sont fournies par des animaux tuberculeux en bon état, en moyen état, ou en état passable de chairs. Les premières présentent tous les caractères des viandes maigres, et je suis pleinement d'avis de les éliminer de la consommation, parce qu'elles sont dangereuses comme viandes provenant d'animaux phtisiques, et aussi parce qu'elles sont très maigres et partant peu alibiles; du reste, sur la question des viandes tuberculeuses très maigres, tout le monde est à peu près d'accord ; elles doivent être éliminées, elles doivent être saisies par les inspecteurs des abattoirs, quel que soit le degré de généralisation de la tuberculose. Mais que décider pour les viandes provenant d'animaux tuberculeux en bon état, en moyen état et en état passable de chairs ? C'est ici que commence la difficulté ; on est généralement d'accord pour demander l'élimination de toute viande, quel que soit son degré de qualité, toutes les fois que l'animal qui l'a fournie présente une tuberculose généralisée aux organes des cavités thoracique et abdominale. J'ai désapprouvé jadis et j'approuve maintenant pour mon compte cette manière de faire, quoiqu'elle puisse sembler empreinte d'une certaine exagération, et quoiqu'elle ne manque pas de paraître quelque peu arbitraire. J'estime qu'il faut se montrer très sévère, et en conséquence voici la ligne de conduite que je suivrais moi-même, le cas échéant : non seulement j'éliminerais de la consommation les viandes tuberculeuses tout à fait maigres, mais j'en ferais de même pour les autres. Quand la tuberculose est généralisée aux viscères thoraciques et abdominaux, non seulement les viandes en moyen état ou en état passable, mais même les viandes qui sont en bon état doivent être saisies, alors même qu'il n'y a aucune tuberculisation des muscles, ni du tissu conjonctif, ni des ganglions du tronc ou des membres. Dans tous les cas, les organes malades doivent toujours être impitoyablement éliminés et livrés à l'équarrissage, ou détruits ou enfouis. Et de plus, s'il convient parfois de laisser utiliser pour la boucherie des viandes provenant d'animaux atteints de tuberculose récente, peu avancée et tout à fait localisée, il faut rejeter sans scrupules les chairs, même en bon état, des bêtes offrant une tuberculisation avancée soit dans les organes thoraciques seulement, soit uniquement dans la cavité abdominale. J'ajoute cependant que la viande des bêtes tuberculoses ne saurait être dangereuse quand elle est soumise à la cuisson, puisqu'il suffit même d'une température de 65 ou de 70 degrés pour détruire le virus phtisique. Les chairs des animaux phtisiques renferment-elles toujours le virus ? Beaucoup de vétérinaires les croient dangereuses, et n'acceptent pas pour la boucherie les bêtes phtisiques, lors même qu'elles sont en assez bon état de chairs, si la maladie se caractérise par d'assez nombreuses lésions. Est-ce là la conduite qu'inspirent les données de la science, et y aurait-il du danger à livrer ces chairs à la consommation ? Oui, si elles sont malades et si elles renferment des granulations tuberculeuses (ce qui se voit exceptionnellement) ; oui encore, lorsqu'elles paraissent saines, si d'ailleurs la tuberculose est généralisée sur les organes abdo-minaux et thoraciques et dans le système lymphatique ; oui encore, si la tuberculose est limitée à la cavité thoracique ou à la cavité abdominale ; oui dans presque tous les cas, sauf ceux où il y a simplement une tu-berculose récente, peu étendue et peu avancée. »

Actuellement, dans les grandes villes, l'inspection de la boucherie est faite d'après les principes qui viennent d'être exposés ; il y a pour-tant un desideratum à formuler. Lorsque les inspecteurs rencontrent à l'abattoir un animal atteint de la tuberculose avancée, ils s'empressent d'éliminer sa chair de la consommation ; tandis que tous les jours ils sont exposés à recevoir, parmi les viandes mortes qu'on introduit, des quartiers provenant d'animaux tuberculeux, parfois même en moins bon état que ceux qu'on sacrifie à l'abattoir. Il est très difficile, sinon abso-lument impossible de reconnaître une viande tuberculeuse, quand on ne voit que les quartiers et quand les ganglions ne sont pas malades. Qu'on ne vienne pas dire que l'absence de la plèvre indique un état ma-ladif qu'on a voulu faire disparaître, car j'ai vu fréquemment enlever la plèvre costale sur des quartiers provenant d'animaux non tuberculeux ; et d'ailleurs les poumons ou les organes abdominaux peuvent être tu-berculeux sans que la plèvre soit malade et sans qu'il soit nécessaire de la détacher pour faire disparaître toute trace de l'affection. Puisqu'il n'y a pas moyen dans bien des cas de reconnaître, en l'absence des viscères, si telle ou telle viande provient d'un animal tuberculeux, les propriétaires d'animaux malades, sachant d'avance que leurs bêtes seront saisies à l'abattoir, n'ont qu'à les sacrifier hors des villes ; après quoi ils pourront introduire en quartiers les chairs, qui de cette façon seront acceptées, tandis qu'elles auraient été refusées si les animaux avaient été sacrifiés à l'abattoir. Voilà certainement ce qui arrive tous les jours ; pendant qu'on refuse de la viande en bon état, on reçoit des viandes mortes moins bonnes et provenant aussi d'animaux plus ma-lades. Pour éviter de pareils résultats, les inspecteurs devraient exiger que les viandes mortes fussent introduites non par quartiers, mais par moitiés avec le poumon et le foie attenant à une moitié. Dans tous les cas, lorsqu'une viande sera suspecte, il faudra reporter son attention prin-cipalement sur les ganglions lymphatiques.

Au commencement de l'année 1882, à la suite de la saisie d'un bœuf gras tué à l'abattoir de Dijon et présentant à l'autopsie des lésions nombreuses de tuberculose thoracique et abdominale, une vive protestation s'étant produite, le maire m'avait d'abord demandé mon avis, puis celui de H. Bouley. L'un et l'autre nous avions conclu à la légitimité de la saisie. Le maire de Dijon avait en outre demandé au préfet de police quelle règle était suivie à Paris. Il lui avait été répondu qu'à Paris « le service d'inspection de la boucherie faisait supprimer, dans les animaux de bonne qualité, les poumons, les plèvres et quelquefois les côtes envahies par la tuberculose, et que l'animal entier n'était saisi que lorsqu'il était maigre et épuisé ». Devant cette différence de manière d'agir des inspecteurs de Paris et de Dijon, le maire de cette dernière ville n'ayant osé publier ce qui se faisait dans la capitale, la question fut soumise au Comité consultatif d'hygiène de France par le ministre du commerce sur la demande même du préfet de police. H. Bouley chargé du rapport conclut en déclarant la ligne de conduite adoptée à Dijon préférable à celle qu'on suivait à Paris, et en proclamant qu'il doit être interdit de livrer à la consommation les viandes, même de belle apparence, provenant d'animaux affectés de la tuberculose, lorsque la maladie est généralisée et s'accuse par des lésions disséminées dans tous les organes, lorsque les tubercules ont envahi en grande quantité les poumons et les plèvres ou le péritoine et les ganglions abdominaux. Zundel, expliquant à son tour sa manière de voir sur cette importante question, déclarait peu de temps après : que dans la pratique il y a lieu de se préoccuper du nombre et de la généralisation des lésions ainsi que de l'embonpoint des animaux; que, pour les bêtes en bon état de chair atteintes de tuberculose localisée, il faut se contenter de saisir la partie malade; que, pour les animaux non maigres atteints de tuberculose généralisée mais sèche et non étendue aux muscles, il faut se contenter encore de saisir les organes malades et laisser vendre la viande à l'étal de basse boucherie avec une étiquette indiquant sa provenance ainsi que les motifs de son meilleur marché, et recommandant à l'acheteur de la bien cuire; que les bêtes maigres et tuberculeuses à l'excès peuvent seules êtres saisies (ligne de conduite adoptée dans le grand-duché de Bade). Vers la même époque M. Baillet de Bordeaux formulait sa ligne de conduite de la manière suivante :

« Tout animal âgé, toute vache surtout, dont la maigreur générale, le manque de consistance et l'aspect décoloré de la viande, la *fluidité* de la moelle épinière, l'état muqueux des quelques vestiges de graisse existant au niveau des reins et à l'entrée du bassin, coïncident avec la présence de nombreux tubercules dans les poumons, sur les plèvres, sur le diaphragme, avec l'engorgement et la transformation tuberculeuse des ganglions lymphatiques, tout animal, dis-je, qui offre de pareils caractères, doit être en entier rejeté de la consommation. Lorsqu'au contraire le sujet sur lequel on constate les lésions tuberculeuses est gras, que son état général paraît n'avoir pas sensiblement souffert, lorsqu'en un mot l'affection paraît s'être particulièrement localisée dans les poumons et sur les plèvres, ou dans l'une de ces parties seulement, et que le tubercule n'a pas encore atteint la troisième période de son existence, je me contente de retirer de la consommation les parties malades et je laisse consommer les parties non envahies. J'admets, par conséquent, que le caractère insalubre de la viande d'un tuberculeux est d'autant moindre que le sujet a moins souffert. »

M. Villain de Paris agissait comme M. Baillet, il saisissait les parties malades dans tous les cas, et il saisissait l'animal entier quand les viandes étaient étiques, cachectiques, quand elles ne tenaient pas moelle.

Au Congrès vétérinaire de Tours (1883), il fut admis par la majorité des membres que la saisie ne doit être pratiquée qu'autant que la tuberculose est généralisée (caractérisée par des lésions pulmonaires, péritonéales et ganglionnaires), que la viande doit être livrée à la consommation quand l'animal n'est pas maigre et quand la tuberculose est localisée à la poitrine ou à l'abdomen.

Une commission spéciale nommée à Lyon (1883), pour étudier la question à la suite d'une saisie ayant porté sur une vache très grasse atteinte de tuberculose généralisée, décida, après discussion, qu'il y avait lieu de saisir la viande dans tous les cas de tuberculose généralisée, caractérisée par des lésions thoraciques et abdominales ou ganglionnaires.

M. Van Hertsen, inspecteur-chef des abattoirs de Bruxelles, saisit : tous les viscères qui sont le siège de lésions tuberculeuses ; tout bétail maigre et atteint de tuberculose thoracique ou abdominale ; tout bétail maigre ou en état d'embonpoint et atteint de tuberculose thoracique et abdominale ; tout bétail atteint de tuberculose musculaire ; mais il se contente de saisir les organes malades (plèvre, péritoine, poumon, ganglions, etc.), quand les animaux sont en bon état de chairs et de graisse et quand la maladie n'est pas arrivée à une période avancée, quand elle n'est pas généralisée.

Au Congrès international des vétérinaires à Bruxelles, on tomba d'accord pour décider de n'admettre à la consommation que la viande d'animaux en bon état de chairs et n'offrant que des lésions localisées à une partie du corps. Voici les conclusions formulées par M. Lydtin et admises par le Congrès :

« Pour que la viande et les viscères d'une bête puissent être livrés à la consommation il faut que, au moment de l'abatage, la maladie soit reconnue être encore à son début ; que les lésions ne soient étendues qu'à une petite partie du corps ; que les glandes lymphatiques se montrent encore exemptes de toute lésion morbide de la pommelière ; que les foyers tuberculeux n'aient pas encore subi de ramollissement ; que la viande présente les caractères d'une viande de première qualité et que l'état général de la nutrition de l'animal abattu ne laisse rien à désirer au moment où il a été sacrifié.

« La viande des bêtes tuberculeuses admise à la consommation ne peut pas être conduite en dehors de la localité dans laquelle l'abatage a eu lieu, et ne peut être mise en vente à un étal ordinaire de boucherie.

« Tout quartier de viande et tout viscère montrant des lésions ou transformations tuberculeuses, ainsi que la viande de toute autre animal chez lequel on rencontre à l'autopsie une infection tuberculeuse plus prononcée que celle dont il est parlé ci-dessus, seront dénaturés par un arrosage à l'aide d'huile de pétrole ; ils seront ensuite enfouis sous la surveillance de la police. L'extraction de la graisse par la cuisson, ainsi que la vente de la peau, peuvent être autorisées.

« L'inspection de toute bête atteinte de tuberculose aura lieu par un vétérinaire qui seul jugera si la viande peut être consommée.

« Le lait d'animaux atteints ou suspects de phtisie pommelière ne peut être employé ni pour la consommation de l'homme, ni pour celle de certains animaux. La vente de ce lait doit être sévèrement défendue. »

A quoi tenait cette diversité dans les opinions? La viande des animaux tuberculeux constitue-t-elle un danger certain pour les consommateurs, et doit-on la saisir? Les principaux auteurs et expérimentateurs, qui se sont occupés de la tuberculose, croient à l'identité de la phtisie de l'homme et de celle des animaux, en s'appuyant : sur la similitude des lésions ; sur la transmissibilité par inoculation, inhalation ou ingestion, de la tuberculose de l'homme aux animaux, chez lesquels elle évolue comme celle qu'on provoque au moyen de matières tuberculeuses recueillies sur des bêtes malades; sur la ressemblance des bacilles qu'on trouve dans les lésions de l'homme et dans celles des animaux ; sur certains faits tendant à démontrer la transmission de la tuberculose de la vache à l'homme par l'ingestion du lait cru.

Voici comment je résumais ma manière de voir en 1885 sur cette importante question :

« Étant données l'identité des deux maladies, la transmissibilité certaine de celle de l'homme aux animaux, et la transmissibilité très probable de celle des animaux à l'homme, il y a lieu de prendre des mesures pour éviter la contamination des consommateurs par l'intermédiaire des viandes des animaux phtisiques. Il est parfaitement démontré par d'innombrables expériences sur les animaux que l'ingestion des matières tuberculeuses engendre la maladie, que l'ingestion de la viande crue d'animaux tuberculeux transmet dans certains cas la tuberculose, qui débute alors dans l'abdomen; il est également démontré que l'injection sous-cutanée ou intra-péritonéale du sang et du suc musculaire d'animaux tuberculeux peut, quoique ce résultat n'ait été généralement obtenu que dans le plus petit nombre des tentatives, provoquer la tuberculose; il est enfin démontré que la virulence tuberculeuse ne se détruit qu'à une température supérieure à celle qu'atteignent dans leur partie centrale les viandes qui sont grillées pour être mangées saignantes.

« En principe on devrait donc considérer comme pouvant être dangereuse toute viande provenant d'animaux tuberculeux. Dans beaucoup de cas, il est vrai, elle peut être de belle apparence et même inoffensive : seulement il est impossible dans l'état actuel de reconnaître, autrement que par l'inoculation (ce qui est impraticable pour l'inspecteur qui doit se prononcer rapidement), si une viande qui ne présente pas de lésions tuberculeuses, mais qui provient d'un animal phtisique, est ou n'est point dangereuse. Cependant, bien que les expérimentateurs qui ont obtenu la tuberculose avec la viande d'animaux phtisiques ne disent pas si l'affection était généralisée chez les malades qui l'ont fournie, on a de la tendance à admettre des degrés dans la nocuité de leur chair, qui ne commencerait à devenir dangereuse qu'autant que la maladie se serait généralisée, qu'autant que la tuberculisation aurait envahi les ganglions lymphatiques voisins des organes malades; quoi qu'il en soit, un fait indéniable reste définitivement acquis, c'est la virulence possible de la viande provenant d'animaux tuberculeux.

« D'où il suit que des mesures de précaution doivent être prises à propos des animaux tuberculeux, non seulement en ce qui concerne les organes malades, mais aussi en ce qui concerne la viande, qui peut être dangereuse pour le consommateur, quand elle est insuffisamment cuite. Si on était assuré qu'elle sera toujours parfaitement cuite avant d'être consommée, il n'y aurait pas lieu de se préoccuper outre mesure du danger créé par l'existence de la tuberculose; mais souvent il en arrive tout autrement, soit qu'on fasse cuire la viande en trop gros morceaux, soit qu'on se contente de la faire griller pour la manger saignante. Dans tous les cas l'élimination intégrale des viscères, des séreuses et des ganglions malades s'impose ; et cette mesure, qui est acceptée par tout le monde, se trouve largement justifiée par la certitude de l'existence du virus dans les lésions tuberculeuses. Quant à la viande des bêtes phtisiques, et malgré la possibilité de voir la maladie se propager par son intermédiaire, quand elle est mangée saignante, il faut encore compter dans la pratique avec la résistance des intéressés. Étant donné que la lumière n'est point encore suffisamment faite, que les convictions ne sont pas assez nettement établies, qu'il y a des cas nombreux où la viande des bêtes phtisiques ne semble pas virulente, que sa nocuité semble dépendre de l'état plus ou moins avancé de la maladie, de sa généralisation en un mot, il y a lieu à mon sens de faire des distinctions et d'adopter les solutions suivantes en matière d'inspection des viandes de boucherie :

« 1° Saisir tout le cadavre, moins la peau, quand il y a à la fois maigreur et tuberculose, quel que soit le degré de la maladie ;

« 2° Saisir tout le cadavre, moins la peau, quand il y a tuberculose musculaire ;

« 3° Saisir tout le cadavre, moins la peau et la graisse, qu'on pourra laisser utiliser dans l'industrie, quand il y a tuberculose ganglionnaire généralisée (existant dans des ganglions de la cavité thoracique et de la cavité abdominale, ainsi que dans les ganglions d'autres régions, notamment dans ceux de la tête, de la gorge, de l'entrée de la poitrine, de l'aine, etc.), quels que soient le nombre et l'état des lésions tuberculeuses dans les autres organes, et quel que soit l'embonpoint de l'animal ;

« 4° Agir de même, quand il y a la fois tuberculose thoracique (existant sur un ou plusieurs organes et dans les ganglions de la poitrine) et tuberculose abdominale (existant dans un ou plusieurs organes et dans les ganglions de l'abdomen), quels que soient l'embonpoint de la bête et l'état des lésions ;

« 5° Agir encore de même, quel que soit l'embonpoint de l'animal, quand il y a à la fois tuberculose avancée dans l'une des deux grandes cavités splanchniques (poitrine, abdomen), et tuberculose commençante dans l'autre, quand en un mot les lésions de la maladie existent simultanément dans les organes des cavités abdominale et thoracique ;

« 6° Agir enfin de même (mais déjà cette hypothèse soulève beaucoup plus de difficutés), quel que soit l'embonpoint des animaux, quand les lésions de la tuberculose existent en très grandes masses dans les poumons, sur les plèvres et dans les ganglions de la poitrine, ou quand elles sont nombreuses sur les organes abdominaux, dans les ganglions abdominaux et sur le péritoine ;

« 7° Dans tous les autres cas, c'est-à-dire quand, avec un certain état d'embonpoint, coïncidera une tuberculose peu avancée et localisée à un ou plusieurs organes du même appareil, de la même cavité, on devra se contenter de saisir les parties malades ; tout au plus pourra-t-on saisir en même temps certaines portions de viandes (côtes, parois abdominales) directement en connexion avec les points de la plèvre ou du péritoine les plus malades. »

Le décret et l'arrêté du 28 juillet 1888 ont régularisé la situation, en inscrivant la tuberculose au nombre des maladies contagieuses, et en édictant un régime applicable à toute la France et à l'Algérie. Avec ce nouveau régime les sept conclusions que je formulais en 1885 me semblent encore traduire assez exactement la ligne de conduite qui s'impose aux inspecteurs sanitaires et aux inspecteurs des abattoirs. On a bien demandé, et des congrès scientifiques ont approuvé, une sévérité plus grande ; mais, tant que le régime établi par l'arrêté de 1888 n'a pas été modifié, il faut l'appliquer.

Reconnaître la tuberculose est toujours facile pour le vétérinaire inspecteur, quand il assiste à l'ouverture du cadavre, ou quand on lui présente, en même temps que les quartiers, tous les viscères. Il suffit alors de s'assurer de l'état des divers organes et du système ganglionnaire ; la simple inspection, avec ou sans incisions, suffit pour permettre de constater l'existence de tubercules sur les séreuses, sur les muqueuses, dans le poumon, dans le foie, dans les reins, dans les divers ganglions qui sont envahis, etc.

Quand il s'agit de viandes introduites du dehors, après avoir été travaillées et appropriées en l'absence de tout contrôle, les inspecteurs sont souvent exposés à en laisser utiliser qu'ils auraient saisies, si leur examen avait pu être plus complet. Souvent en effet ils ne peuvent dans ces cas porter leur attention que sur les quartiers, les viscères et les séreuses ayant été enlevés ; ils doivent alors rechercher et examiner, en les incisant, les ganglions lymphatiques du bassin, de l'aine, de l'entrée de la poitrine, de l'épaule, etc. M. Van Hertsen attribue une grande importance à l'examen du ganglion situé entre la première et la deuxième côte, qui est généralement tuberculeux chez les animaux atteints de la maladie. D'autres ganglions, ceux de l'entrée de la poitrine, les ganglions iliaques, les ganglions sous-lombaires, doivent être recherchés et examinés avec le plus grand soin, car ils sont souvent atteints chez les animaux tuberculeux.

Pourvu que les inspecteurs aient à leur disposition des organes ou des ganglions malades, il leur sera facile de découvrir les lésions tuberculeuses et de les différencier dans la plupart des cas des lésions plus ou moins similaires (morve, néoplasies diverses, tuberculose parasitaire, etc.), avec lesquelles on pourrait quelquefois les confondre. D'ailleurs, il y a lieu d'incliner vers la sévérité, quand on constate la moindre lésion tuberculeuse sur des viandes foraines. Que si l'inspecteur n'est pas suffisamment édifié sur la nature des lésions d'apparence tuberculeuse qu'il rencontre dans les viscères, etc., il peut recourir à l'examen microscopique, qui lui fera reconnaître celles, dont le développement a été déterminé par des parasites (œufs ou embryons de strongles, débris de cysticerques ou d'échinonoques), et lui permettra de constater le bacille de Koch dans celles qui seront réellement tuberculeuses. C'est à l'examen bactériologique qu'il faut recourir en cas de doute en présence d'une viande suspecte ; l'inoculation exige une attente trop longue.

Inspection des abattoirs et des tueries. — Il est à souhaiter que, conformément aux dispositions de l'article 90 du décret du 22 juin 1882, l'administration organise partout et au plus tôt l'inspection des abattoirs publics et des tueries particulières, afin que les mêmes mesures soient appliquées partout. C'est surtout en vue de la recherche des cas de péripneumonie contagieuse et de tuberculose que cette inspection peut être utile. En ce qui concerne la tuberculose notamment, elle ferait cesser cette contradiction de tous les jours d'un laisser-faire illimité dans les campagnes ainsi que dans certaines villes, et d'une sévérité conforme aux prescriptions de l'arrêté de 1888, dans les centres qui ont un service d'inspection. Elle empêcherait que les villes, qui se préservent d'un côté en faisant inspecter leurs abattoirs, ne soient à tout instant menacées quand même, grâce à l'introduction de viandes tuées et préparées au dehors, sans être soumises à aucune inspection.

Art. 90, déc. 22 juin 1882. — Les abattoirs publics et les tueries particulières sont placés d'une manière permanente sous la surveillance d'un vétérinaire délégué à cet effet. Lorsque l'ouverture d'un animal fait reconnaître les lésions propres à une maladie contagieuse, le maire de la commune d'où provient cet animal en est immédiatement avisé, afin qu'il prenne les dispositions nécessaires.

Jusqu'à présent bien peu de tentatives ont été faites par les préfets en vue d'assurer l'inspection des abattoirs et des tueries d'une façon permanente ; aussi ne saurait-on trop applaudir à celle que le vétérinaire chef du service sanitaire du département des Basses-Pyrénées a fait entreprendre par le préfet de ce département, qui témoigne du grand intérêt que ce fonctionnaire porte aux choses de la police sanitaire. Voici l'arrêté qu'il a pris dans ce but :

Le PRÉFET des Basses-Pyrénées, Chevalier de la Légion d'honneur, Officier de l'Instruction publique,
Vu la loi du 21 juillet 1881, sur la Police sanitaire des animaux ;
Vu le décret du 22 juin 1882, portant règlement d'administration publique pour l'exécution de ladite loi, et notamment les articles 89, 90, 91 et 92 ;
Vu le décret du 28 juillet 1888 ;
Vu l'arrêté ministériel de la même date, et notamment les articles 9, 10, 11 et 12 de cet arrêté ;
Vu le décret du 25 mars 1852, tableau B ;
Vu la loi municipale du 5 avril 1884 ;
Attendu que la surveillance des abattoirs publics et des tueries particulières offre des difficultés d'exécution souvent par suite de l'éloignement d'un vétérinaire ;
Mais attendu qu'il est absolument nécessaire et urgent, aussi bien dans l'intérêt de la santé publique que pour enrayer la propagation des épizooties, de faire visiter les animaux et les viandes destinés à l'alimentation ;
Sur la proposition du vétérinaire, chef du service des épizooties,

ARRÈTE :

Art. 1er. — Les abattoirs publics et les tueries particulières sont mis sous la surveillance d'un vétérinaire.
Dans les communes non pourvues de vétérinaires, la surveillance journalière devra être exercée par un agent choisi par l'autorité municipale. Cet agent inspecte les animaux et les viandes des espèces ovine, porcine et les

veaux de lait, mais il ne pourra donner le *vu bon à débiter* pour les viandes de bœuf, vache et cheval.

ART. 2. — Dans ces localités un vétérinaire désigné par l'autorité municipale, surveille les abattoirs publics et les tueries particulières et les visite, à époques indéterminées, une fois par mois au moins. Il se rend également dans ces établissements lorsque des contestations surviennent entre les bouchers et les charcutiers, et l'agent préposé à la surveillance.

ART. 3. — La visite des animaux destinés à l'alimentation publique aura lieu sur pied ou après abatage, les viscères fixés naturellement en place.

ART. 4. — MM. les vétérinaires devront faire usage du certificat de santé à courte échéance et de marques particulières pour éviter les substitutions d'animaux.

ART. 5. — Les viandes destinées à l'alimentation publique porteront l'empreinte du vétérinaire inspecteur ou seront accompagnées du certificat d'un vétérinaire exerçant dans le département. Celles reçues par l'agent dont il est parlé à l'article 1er, seront estampillées à l'aide d'une marque spéciale.

ART. 6. — En principe le certificat délivré après abatage établit seul et définitivement le droit de débiter.

ART. 7. — Les viandes foraines sont soumises, suivant leur catégorie aux mêmes règles d'inspection que celles des localités dans lesquelles elles sont vendues.

ART. 8. — Les infractions aux présentes dispositions seront poursuivies conformément aux lois et décrets visés.

ART. 9. — Toutes les dispositions antérieures et contraires au présent arrêté sont rapportées.

ART. 10. — MM. les maires, le commandant de gendarmerie, les commissaires de police sont chargés, chacun en ce qui le concerne, d'assurer l'exécution du présent arrêté.

Pau, le 15 mars 1889.

Le Préfet des Basses-Pyrénées,

J. DEFFÈS.

L'obligation inscrite dans l'article 5, à la charge des bouchers et charcutiers, suppose que l'administration a désigné des vétérinaires chargés de procéder à l'inspection. Il faut d'ailleurs, pour que les intéressés soient tenus de soumettre leurs marchandises à l'inspection, que l'autorité administrative (art. 90, Déc. 22 juin 1882) ait *délégué* un vétérinaire à cet effet. Aussi, dans les Basses-Pyrénées, on a pu voir la disposition de l'article 5 de l'arrêté préfectoral demeurer sans effet là où l'autorité administrative n'avait pas délégué un vétérinaire. Un boucher d'Orthez, poursuivi pour avoir vendu de la viande non inspectée, a été relaxé parce que le vétérinaire chargée de l'inspection n'avait pas été désigné.

Extrait des minutes de la Cour de cassation.

A l'audience publique de la chambre criminelle de la Cour de cassation tenue au Palais de Justice, à Paris, le 29 mai 1891.

Sur les pourvois du Ministère public près le tribunal de simple police du canton d'Orthez (Basses-Pyrénées), en cassation de deux jugements rendus les 24 janvier et 7 février 1891, par ledit tribunal, au profit du sieur Auguste Pétriat.

Est intervenu l'arrêt suivant :

La Cour :

Ouï, M. le conseiller Accarias en son rapport, et M. l'avocat général Baudouin en ses conclusions ;

Joignant les deux pourvois du Ministère public ;

Attendu qu'il résulte, de cinq procès-verbaux de gendarmerie, que les 15 mars, 29 novembre, 6 20 et 27 décembre 1890, Pétriat, boucher à Orthez, a mis en vente des viandes qui ne portaient ni empreinte de vétérinaire, ni estampille d'un autre agent, et n'étaient accompagnées d'aucun certificat, et que, poursuivi pour le premier de ces faits d'abord, puis pour les quatre autres ensemble, comme ayant contrevenu à l'arrêté préfectoral du 1er mars 1889, et à l'article 471-15° du code pénal, il a été deux fois relaxé par le tribunal de simple police d'Orthez ;

Sur le moyen tiré d'une prétendue violation de l'article 5 dudit arrêté, ainsi conçu : « Les viandes destinées à l'alimentation publique, porteront « l'empreinte du vétérinaire inspecteur, ou seront accompagnées du certi- « ficat d'un vétérinaire exerçant dans le département » ;

Attendu que les dispositions de cet article se rattachent à celles des articles 1 et 2, qui prescrivent, pour chaque commune, l'organisation d'un service d'inspection vétérinaire, qu'elles supposent ce service établi : que par conséquent, dans les communes où il ne l'a pas été, les viandes destinées à l'alimentation publique peuvent en règle générale être mises en vente sans formalités préalables; que cette règle ne comporte d'exception qu'à l'égard des viandes d'animaux tués hors de la commune, lesquelles ne peuvent être introduites et mises en vente par un boucher dans la commune de sa résidence sans être accompagnées du certificat d'un vétérinaire exerçant dans le département ;

Attendu, il est vrai, que, d'après le pourvoi, ce certificat serait exigé pour toute espèce de viandes dans les cas où la commune n'a pas pu ou n'a pas voulu organiser l'inspection vétérinaire, mais qu'il est impossible d'admettre que, dans une telle situation, les bouchers seront tenus de se procurer le certificat d'un vétérinaire quelconque exerçant dans le département; qu'interpréter ainsi l'article 5 de l'arrêté préfectoral, ce serait leur imposer des déplacements coûteux, les exposer aux exigences excessives, même aux refus de praticiens non tenus de fournir leurs services, et en un mot faire peser sur eux des obligations dont l'exécution serait souvent impossible, et qui en outre constitueraient une atteinte à la liberté du commerce ;

D'où il suit qu'en relaxant Pétriat, les deux jugements attaqués n'ont pas méconnu le sens dudit article 5, ni par conséquent violé l'article 471-15° du code pénal ;

Rejette le double pourvoi du Ministère public contre les jugements du tribunal de simple police d'Orthez, en date des 24 janvier et 7 février 1891.

Destruction ou enfouissement des viandes tuberculeuses exclues de la consommation. Utilisation des peaux. — Quand les animaux sont morts des suites de la tuberculose leur viande ne peut jamais être utilisée, alors même qu'ils auraient été saignés *in extremis*. Les cadavres doivent être alors enfouis, ou livrés à l'équarrissage ou détruits par la crémation ou l'emploi de l'acide sulfurique. Il en est de même des viscères et des viandes saisies pour cause de

tuberculose constatée sur les animaux abattus. Ces viandes, après avoir
été saisies, sont dénaturées (infectées), badigeonnées avec de l'acide
phénique brut, ou toute autre substance, qu'on pourra faire pénétrer
en pratiquant des entailles. On les livre de préférence à l'équarrissage,
quand on n'a pas la ressource de les détruire autrement; et, à défaut
de clos d'équarrissage, on les fait enfouir. La livraison à l'équarrissage
et l'enfouissement s'opèrent suivant les mêmes règles que pour les
autres maladies, pour la morve par exemple. En aucun cas elles ne
doivent être employées pour l'alimentation des animaux.

ART. 12, arr. min. 28 juil. 1888. — L'utilisation des peaux n'est permise
qu'après désinfection.

L'utilisation des peaux des animaux tuberculeux, quelle que soit la
destination donnée à leur chair, doit toujours être permise. Elles sont
peu dangereuses. et d'ailleurs leur désinfection est exigée. Il n'est pas
nécessaire d'appliquer une désinfection bien rigoureuse; on pourra se
contenter de les faire saler avec du sel dénaturé à la naphtaline dont on
recouvrira la face interne; on pourra aussi, ce qui vaudra mieux, afin
d'atteindre les germes qui se trouvent adhérents à la face externe, faire
pratiquer la désinfection par l'immersion de six à douze heures dans
une solution à 4 p. 100 d'acide phénique ou de crésyl.

Prohibition de la vente et de l'usage du lait. — On est généralement d'accord pour proclamer le danger du lait des vaches phtisiques, qui peut de venir virulent, quand la mamelle est malade, et peut-
être même quand elle n'est pas encore manifestement tuberculeuse.
L'article 13 de l'arrêté ministériel du 28 juillet 1888 indique ce qu'il
faut en faire et comment il faut le traiter.

ART. 13, arr. min. 28 juil. 1888. — La vente et l'usage du lait provenant de
vaches tuberculeuses sont interdits. Toutefois le lait pourra être utilisé sur
place pour l'alimentation des animaux après avoir été bouilli.

Le lait fourni par les vaches tuberculeuses ne doit ni être vendu ni
être utilisé directement pour l'alimentation des personnes de la ferme,
ni être employé pour la fabrication du beurre et du fromage. Il ne doit
pas être mélangé avec celui des bêtes saines, bien qu'on ait constaté
(Gebhart) que, ainsi dilué, il devient moins dangereux, afin de ne pas infecter et rendre dangereux celui qui ne l'est pas. Il doit être tiré à
part et il ne peut être utilisé que sur place et seulement pour la nourriture des animaux après avoir été soumis à l'ébullition. S'il n'y a pas
d'animaux pour le consommer, on le jettera au fumier après l'avoir
stérilisé par l'ébullition. Quant au lait de bêtes soupçonnées, mais non
encore reconnues tuberculeuses, il conviendra de ne jamais l'utiliser
pour l'alimentation des personnes sans l'avoir fait bouillir. En conséquence, lorsqu'on ignorera l'état des animaux qui ont fourni le lait dé-

bité, il sera indiqué de ne le consommer qu'après l'avoir fait bouillir. Ainsi tout lait vendu dans les villes devra être soumis à l'ébullition, avant d'être utilisé soit pour les enfants, soit pour les personnes adultes. Si le lait cru semble préférable, on substituera, à celui de la vache, celui de l'ânesse ou de la chèvre dont la tuberculose est presque inconnue. Dans les fermes, les petits laits utilisés pour l'alimentation des animaux devront aussi être soumis à l'ébullition, afin de stériliser les germes qui pourraient s'y trouver.

Au Congrès de 1888, M. Laquerrière avait proposé le vœu suivant qui fut accepté :

Il y a lieu de soumettre à une surveillance spéciale les vacheries desti-nées à la production industrielle du lait, pour s'assurer que les vaches ne sont pas atteintes de maladies contagieuses susceptibles de se communi-quer à l'homme.

La surveillance sanitaire des vacheries industrielles est pratiquée dans certains pays (Hollande, Danemark). Il serait facile de l'organi-ser ; il suffirait d'exiger des laitiers un certificat de santé qui serait re-nouvelable tous les mois ou tous les quinze jours ; ou bien encore il suffirait de charger le service sanitaire de faire une inspection régulière de toutes les vacheries, et d'inscrire, à chaque visite, son appréciation re-lativement à l'état de santé de chaque bête sur un registre *ad hoc*, tenu par le laitier, et dans lequel chaque vache aurait un casier contenant tous les renseignements relatifs à ses antécédents. Mais, jusqu'à pré-sent, il semble bien que rien n'a été fait dans ce sens en France ; et c'est un peu la faute des administrations départementales, qui ne se préoc-cupent pas suffisamment de ces questions, bien qu'elles soient de leur ressort. L'inspection sanitaire des vacheries, si elle était organisée, ren-drait de très grands services non seulement pour la recherche des cas de tuberculose, mais aussi pour la recherche des autres maladies visées par la loi sanitaire, telles que la péripneumonie et la fièvre aphteuse. Je connais telles villes où les vacheries, loin d'être soumises à une inspection régulière, n'avaient jamais été autorisées, et où l'on a pu cacher un certain temps des cas de tuberculose, de fièvre aphteuse et de péripneumonie, ce qui ne se serait pas produit si le préfet du dépar-tement en avait eu prescrit l'inspection.

La commission permanente du Congrès pour l'étude de la tubercu-lose a rédigé jadis, en vue de la préservation des personnes contre la tuberculose, les instructions suivantes, dans lesquelles elle s'est préoc-cupée à juste titre des précautions à prendre en ce qui concerne la viande et le lait des bêtes phtisiques.

Instructions au public pour qu'il sache et puisse se défendre contre la tuberculose.

I. La tuberculose est, de toutes les maladies, celle qui fait le plus de victimes dans les villes et même dans certaines campagnes.

En 1884, année prise au hasard comme exemple, sur 56,970 Parisiens décédés, environ 15,000 — soit plus du quart — sont morts de tuberculose.

Si les tuberculeux sont si nombreux, c'est que la phtisie pulmonaire n'est pas la seule manifestation de la tuberculose, comme on le croit à tort dans le public.

Les médecins considèrent à bon droit, comme tuberculeuses, bien d'autres maladies que la phtisie pulmonaire. En effet, nombre de bronchites, de *rhumes*, de pleurésies, de *scrofules*, de méningites, de péritonites, d'entérites, de *tumeurs blanches*, de lésions osseuses et articulaires, d'abcès froids, sont des maladies tuberculeuses, aussi redoutables, pour la plupart, que la phtisie pulmonaire.

II. — La tuberculose est une maladie parasitaire, virulente, contagieuse, transmissible, causée par un microbe — *le bacille de Koch*. Ce microbe pénètre dans l'organisme par le canal digestif avec les aliments, par les voies aériennes avec l'air inspiré, par la peau et les muqueuses à la suite d'écorchures, de piqûres, de blessures et d'ulcérations diverses.

Certaines maladies : rougeole, variole, bronchite chronique, pneumonie ; certains états constitutionnels provenant du diabète, de l'alcoolisme, de la syphilis, etc., prédisposent considérablement à contracter la tuberculose.

La cause de la tuberculose étant connue, les précautions prises pour se défendre contre ses germes sont capables d'empêcher sa propagation.

Nous avons un exemple encourageant dans les résultats obtenus pour la fièvre typhoïde, dont les épidémies diminuent dans toutes les villes où l'on sait prendre les mesures nécessaires pour empêcher le germe typhoïdique de se mêler aux eaux potables.

III. — Le parasite de la tuberculose peut se rencontrer dans le lait, les muscles, le sang des animaux qui servent à l'alimentation de l'homme (bœuf, vache surtout, lapin, volailles).

La viande crue, la viande peu cuite, le sang, pouvant contenir le germe vivant de la tuberculose, doivent être prohibés. Le lait, pour les mêmes raisons, ne doit être consommé que bouilli.

IV. Par suite des dangers provenant du lait, la protection des jeunes enfants, frappés si facilement par la tuberculose sous toutes ses formes (puisqu'il meurt annuellement à Paris plus de 2,000 tuberculeux âgés de moins de deux ans), doit attirer spécialement l'attention des mères et des nourrices.

L'allaitement par la femme saine est l'idéal.

La mère tuberculeuse ne doit pas nourrir son enfant ; elle doit le confier à une nourrice saine, vivant à la campagne où, avec les meilleures conditions hygiéniques, les risques de contagion tuberculeuse sont beaucoup moindres que dans les villes.

L'enfant ainsi élevé aura de grandes chances d'échapper à la tuberculose.

Si l'allaitement au sein est impossible, et qu'on le remplace par l'alimentation au lait de vache, ce lait, donné au biberon, au petit pot ou à la cuiller, doit toujours être bouilli.

V. Par suite des dangers provenant de la viande des animaux de boucherie, qui peuvent conserver toutes les apparences de la santé alors qu'ils sont tuberculeux, le public a tout intérêt à s'assurer que l'inspection des viandes, exigée par la loi, est convenablement et partout exercée.

Le seul moyen absolument sûr d'éviter les dangers de la viande qui provient d'animaux tuberculeux, est de la soumettre à une cuisson suffisante pour atteindre sa profondeur aussi bien que sa surface : les viandes complètement rôties, bouillies ou braisées sont seules sans danger.

VI. D'autre part, le germe de la tuberculose pouvant se transmettre de l'homme tuberculeux à l'homme sain, par les crachats, le pus, les mucosités desséchés et tous les objets chargés de poussières tuberculeuses, il faut, pour se garantir contre la transmission de la tuberculose :

1° Savoir que, les crachats des phtisiques étant les agents les plus redoutables de transmission de la tuberculose, il y a danger public à les répandre sur le sol, les tapis, les tentures, les rideaux, les serviettes, les mouchoirs, les draps et les couvertures ;

2° Être bien convaincu, en conséquence, que l'usage des crachoirs doit s'imposer partout et pour tous.

Les crachoirs doivent toujours être vidés dans le feu et nettoyés à l'eau bouillante ; jamais ils ne doivent être vidés ni sur les fumiers, ni dans les jardins où ils peuvent tuberculiser les volailles, ni dans les latrines ;

3° Ne pas coucher dans le lit d'un tuberculeux ; habiter le moins possible sa chambre, mais surtout ne pas y coucher les jeunes enfants ;

4° Éloigner des locaux habités par les phtisiques les individus considérés comme prédisposés à contracter la tuberculose : sujets nés de parents tuberculeux, ou ayant eu la rougeole, la variole, la pneumonie, des bronchites répétées, ou atteints de diabète, etc. ;

5° Ne se servir des objets qu'a pu contaminer le phtisique (linge, literie, vêtements, objets de toilette, tentures, meubles, jouets) qu'après désinfection préalable (étuve sous pression, ébullition, vapeurs soufrées, peinture à la chaux);

6° Obtenir que les chambres d'hôtels, maisons garnies, chalets ou villas occupées par les phtisiques dans les villes d'eaux ou les stations hivernales, soient meublées et tapissées de telle manière que la désinfection y soit facilement et complètement réalisée après le départ de chaque malade; le mieux serait que ces chambres n'eussent ni rideaux, ni tapis, ni tentures ; qu'elles fussent peintes à la chaux et que le parquet fût recouvert de linoléum.

Le public est le premier intéressé à préférer les hôtels dans lesquels pareilles précautions hygiéniques et pareilles mesures de désinfection si indispensables sont observées.

Désinfection. — La désinfection est une des mesures les plus importantes pour prévenir la propagation de la tuberculose. On a vu le rôle que jouent les matières tuberculeuses rejetées par les malades, qu'elles soient à l'état frais ou à l'état de dessiccation. On a vu combien sont dangereuses celles qui, après avoir été desséchées, sont ingérées ou inhalées sous forme de poussières. Il est donc absolument indispensable de faire procéder à une désinfection sérieuse de toutes les matières virulentes, de tous les objets qui en sont souillés et des locaux qui ont été occupés par des malades. En médecine humaine, on peut désinfecter les objets souillés en les soumettant à l'action de la vapeur d'eau à 100° pendant une demi-heure ou en les immergeant le même temps dans de l'eau maintenue bouillante. Les crachats peuvent être soumis à la coction ou être traités par une forte solution bactéricide ; les appartements peuvent être soumis à des fumigations sulfureuses, etc.

Les agents de désinfection que le vétérinaire peut choisir de préférence, à cause de leur prix peu élevé, de leur réelle efficacité et de leur emploi facile, sont : la chaleur, la flamme, l'eau bouillante, les solutions bouillantes, la solution à 5 p. 100 de crésyl ou d'acide phénique, la solution de sublimé à 2 p. 1000 mélangée avec parties égales de solution d'acide chlorhydrique à 2 p. 100, l'essence de térébenthine, le thymol, l'iode, l'acide sulfureux, l'acide sulfurique, l'acide chlorhydrique, le sulfate de cuivre, etc.

La désinfection pourra être pratiquée d'après les mêmes règles que lorsqu'il s'agit de la morve.

Pour les locaux, les wagons, les bâtiments et les étables occupés par les malades, on procédera de la façon suivante :

1° On arrosera sur place, avec une solution désinfectante (solution à 2/1000 de sublimé et solution à 2/100 d'acide chlorhydrique, solution à 5/100 d'acide phénique ou de crésyl, etc.), les litières, fumiers et restes de fourrages laissés par les malades, puis on enlèvera le tout pour le mettre au tas de fumier commun, qu'on abandonnera à la putréfaction pendant plusieurs semaines ;

2° On grattera à fond les mangeoires, les râteliers, les séparations, les murs de face, les seaux, les barbottoirs et toutes les surfaces sur lesquelles des matières virulentes ont pu être déposées, puis on lavera ces diverses parties et ces divers objets avec une solution désinfectante énergique, telle que la solution de sublimé corrosif ;

3° On lavera pareillement, avec la même solution ou avec la solution d'acide phénique, etc., le sol, les murs et toutes les boiseries ;

4° On flambera les objets en fer et en pierre tels que anneaux, chaines d'attache, étrille, etc., auges, etc. ;

5° On détruira par le feu les objets de peu de valeur tels que brosses, éponges, vieilles couvertures, cordes d'attache, etc., qui ont servi aux animaux malades ;

6° Les couvertures assez bonnes pour être conservées seront passées à l'étuve, ou immergées dans l'eau phéniquée, puis rincées et exposées à l'air et à la lumière ;

7° Les auges et abreuvoirs communs ayant servi aux malades seront vidés, frottés à la brosse et lavés avec une solution d'acide chlorhydrique, puis rincés ;

8° Des fumigations sulfureuses compléteront la désinfection des locaux et objets y contenus ;

9° Les peaux des animaux tuberculeux seront désinfectées par une immersion de quelques heures dans une sslution antiseptique (solution à 2/100 de sulfate de zinc ou mieux solution à 5/100 d'acide phénique, ou solution à 2/1000 de sublimé, etc.).

Cessation de la surveillance sanitaire. — Les mesures d'isolement, de séquestration, de surveillance, etc., prescrites par les articles 9, 10, 13 de l'arrêté ministériel du 28 juillet 1888, continueront d'être appliquées tant que le préfet n'aura pas levé son arrêté de mise en surveillance, tant que les malades n'auront pas été sacrifiés et la désinfection pratiquée.

CHAPITRE XII

ROUGET ET PNEUMO-ENTÉRITE INFECTIEUSE DU PORC.

On a pendant longtemps confondu, sous les appellations de *Rouget*
ou de *Mal Rouge*, des maladies qui offraient des ressemblances plus ou
moins accusées dans leur symptomatologie, mais qui étaient essentiellement différentes par leur nature. On désignait sous les noms de
Rouget, mal rouge ou *maladie rouge, mal bleu, apoplexie sanguine,
pourpre, feu sacré, érysipèle, érysipèle malin, épizootique, gangreneux,
contagieux, érysipèle anthracoïde, érysipèle charbonneux, fièvre typhoïde
du porc, fièvre entérique, maladie typhoïde, fièvre splénique, fièvre
érysipélateuse, fièvre maligne, typhus, anthrax, typhus charbonneux,
gastro-entérite charbonneuse, choléra, peste du porc, pneumo-entérite
infectieuse*, etc., plusieurs affections, qui avaient été considérées même
comme étant de nature charbonneuse. Aujourd'hui, grâce aux connaissances précises que l'on a acquises sur le charbon, on sait que cette
maladie ne se montre guère sur le porc ; on a d'autre part déterminé
la nature intime de certaines affections qu'on qualifiait jadis de *mal
rouge*, et notamment de deux, dont l'une a conservé le nom de *Rouget* et
l'autre a pris celui de *Pneumo-entérite infectieuse*.

Le Rouget et la Pneumo-entérite sont deux maladies fréquentes,
graves, facilement transmissibles, épizootiques, s'accompagnant généralement de l'apparition de rougeurs à la surface du corps, se propageant de la même façon, évoluant rapidement et occasionnant une
mortalité assez élevée. Malgré des ressemblances plus ou moins frap-
pantes, ces deux affections sont essentiellement différentes, ainsi qu'on
en jugera par le parallèle qu'on pourra établir entre elles, après en avoir
fait la description complète au point de vue symptomatique, anatomo-
pathologique et étiologique.

§ Ier. — Rouget.

Le *Rouget* est une maladie microbienne, infectieuse et contagieuse,
caractérisée principalement par des rougeurs à la surface du corps, par

des modifications fonctionnelles plus ou moins accusées, par des lésions des voies digestives, des séreuses, du système ganglionnaire, etc., et par la virulence des produits morbides, des lésions, du sang, etc. Il est déterminé par la pullulation d'un bacille particulier ; il attaque spécialement le porc, surtout après les premiers mois de la vie, et il est principalement grave sur les individus des races perfectionnées.

SYMPTÔMES.

Le rouget est fréquent en France, où il occasionne des pertes considérables. Il se présente souvent sous une forme grave, surtout quand les animaux se trouvent placés dans de mauvaises conditions hygiéniques ; quelquefois il revêt une forme moins grave, bénigne même. Les symptômes qui traduisent l'affection dénotent un embarras, un trouble de la circulation et une intoxication de l'organisme.

L'incubation est courte ; elle est comprise entre un et cinq jours. Quand on inocule le virus du rouget au porc, on voit l'affection commencer à se manifester le premier, le second, le troisième ou le quatrième jours. Après l'ingestion, la maladie apparaît également du second au quatrième jour, quand l'organisme a été réellement infecté.

Le rouget au début se manifeste ordinairement par des symptômes fébriles. Les malades deviennent plus sensibles au froid, éprouvent des frissons, présentent des alternatives d'élévation et d'abaissement de température aux extrémités ; la respiration devient plus précipitée ; la circulation s'accélère, et les muqueuses apparentes s'injectent, deviennent violacées ; la surface du corps devient plus chaude ; la température, qui est de 39°,5 à l'état normal, s'élève plus ou moins et peut atteindre 41°, 42°, 43° et 44°. Les animaux s'affaiblissent ordinairement très vite, et les diverses fonctions se troublent plus ou moins profondément.

Bientôt les malades sont tristes, abattus ; quelquefois on constate des symptômes nerveux, de l'anxiété, de l'agitation, du tournis, des convulsions ; mais le plus ordinairement on remarque un état de somnolence ou de stupeur plus ou moins accusé, les sujets restent couchés, insensibles aux excitations, le groin caché sous la litière, et se relèvent avec peine en grognant, quand on les y contraint. La queue ne s'enroule plus, elle pend flasque et molle ; la faiblesse devient promptement manifeste ; elle se montre dans le train postérieur ; la démarche devient vacillante, et plus tard la faiblesse s'accusant de plus en plus se transforme en quasi-paraplégie.

La digestion est profondément troublée dans la généralité des cas : l'appétit est diminué ou perdu, la soif peut persister dans une certaine mesure. Il y a parfois des vomissements au début ; il y a aussi de la constipation d'abord, ensuite une diarrhée fétide, accompagnée de coliques et d'un amaigrissement rapide, parfois mélangée de sang et de débris pseudo-membraneux. Le ventre est alors douloureux, rétracté, et la prostration est très accusée. Les urines deviennent albumineuses, plus jaunes, plus foncées, plus troubles, plus chargées. La respiration éprouve parfois aussi des modifications très appréciables ; elle devient pressée, difficile, bruyante ; on peut entendre de la toux, qui est rauque, courte, peu sonore et peu fréquente. Il y a aussi parfois du catarrhe des voies respiratoires, du jetage, des signes d'angine, de bronchite, de pneumonie même ou de congestion pulmonaire. Les paupières peuvent s'infiltrer, se tuméfier et les yeux devenir pleureurs ou chassieux. Mais ce sont principalement les troubles circulatoires de la peau, du tissu sous-cutané et des ganglions, qui déterminent les symptômes les plus pathognomoniques.

Les soies sont hérissées, et la peau se couvre, en diverses régions, de taches rouges, plus ou moins nombreuses, plus ou moins étendues, plus ou moins foncées, variant du rouge clair au rouge foncé, violacé, bleuâtre ou noirâtre. Dans certains cas la rougeur se montre d'emblée par vastes nappes ; mais généralement, après avoir été limitées, peu étendues, les rougeurs s'accroissent, se fusionnent en vastes plaques et vont se fonçant de plus en plus. Elles s'accompagnent de l'hyperthermie, de l'hypéresthésie et de la tuméfaction œdémateuse des parties sur lesquelles elles siègent ; et ces modifications sont les seules appréciables sur les animaux noirs.

Les rougeurs se montrent de préférence dans certaines régions, sous la gorge, à la base des oreilles, au cou, sous la poitrine, aux ars, sous le ventre, aux aines, au plat des cuisses, etc. ; elles peuvent d'ailleurs se montrer un peu partout, sur le groin, sur le tronc, sur les membres, et envahir parfois la plus grande partie sinon la totalité de la surface du corps. Dans certains cas elles sont peu étendues, peu accusées et peu nombreuses ; elles peuvent même faire plus ou moins complètement défaut, dans des cas très bénins, ou dans des cas foudroyants qui ne leur laissent pas le temps de se produire. Elles se montrent tantôt au début de la maladie et tantôt après l'apparition des autres symptômes. Elles sont un indice de gravité, surtout quand elles sont vastes, étendues, quand elles deviennent cyanosées.

On a rencontré parfois, à la surface du corps, des plaques discoïdes, semblables à celles de l'échauboulure. D'autres fois on a constaté une sorte d'éruption de pustules plus ou moins abondantes.

L'infiltration du tissu sous-cutané peut être plus ou moins prononcée et plus ou moins étendue ; elle peut dans certains cas entraver le jeu des organes, celui des membres, celui du larynx, etc., gêner la marche ou la respiration. Les ganglions accessibles à l'exploration, ceux de la gorge, ceux de l'aine, etc., sont engorgés et douloureux à la pression ; on a enfin signalé parfois, comme complications possibles, des arthrites, des synovites s'accompagnant de tuméfactions et de boiterie.

Les divers symptômes qui viennent d'être énumérés ne se montrent pas dans tous les cas ; ils sont parfois peu accusés, ils sont plus ou moins nombreux, et plus ou moins prononcés, suivant le degré de gravité que doit revêtir la maladie ; ils vont en s'accusant de plus en plus, lorsque l'affection s'aggrave ; et ils disparaissent peu à peu, quand elle s'amende et marche vers la guérison.

L'évolution du rouget est généralement rapide, même quand la maladie est bénigne ; sous la forme bénigne l'affection peut passer inaperçue, tant sont parfois peu accusés les signes qui l'accompagnent. On peut en effet ne constater qu'un peu de nonchalance, une légère diminution de l'appétit, une certaine accélération de la respiration, quelques rougeurs passagères, etc. La guérison peut alors se produire en peu de temps, en deux à huit jours ; mais, pour une cause ou pour une autre, elle peut avoir lieu incomplètement et laisser persister un état chronique, surtout quand les conditions hygiéniques sont défectueuses, quand les malades sont mal soignés, etc.

Le rouget qui se montre sous la forme grave, celui qui est accompagné d'une fièvre intense, de modifications fonctionnelles profondes et de rougeurs nombreuses, étendues, etc., peut faire périr les malades dans la proportion de trois à quatre sur cinq. Il amène la mort très rapidement ; sa durée est comprise entre quelques heures et un, deux, trois, quatre, rarement huit ou dix jours. Dans certains cas la mort peut survenir en deux ou trois heures, quelquefois avant qu'on ait eu le temps de reconnaître les animaux malades, d'autres fois dès que les symptômes fébriles et les premières modifications fonctionnelles se sont montrés.

Toutefois, dans la pluralité des cas, on peut assister à l'éclosion et à l'aggravation du mal pendant un, deux, trois, quatre, cinq, six jours. Les rougeurs se multiplient, s'étendent et deviennent violacées ou noirâtres ; la faiblesse s'accuse de plus en plus, et la paraplégie se complète ; la diarrhée persiste, ou se montre quand elle n'avait pas encore apparu, et les malades maigrissent ; la respiration devient dyspnéique ; la prostration est extrême, et la température, après avoir monté de plusieurs degrés, s'abaisse considérablement aux approches de la mort, pouvant descendre à 38°, 37°, 36° et même 35°. La mort est la conséquence d'un véritable empoisonnement, joint à l'embarras de la circulation et à l'asphyxie progressive. Elle peut survenir dans les quatre, cinq ou six premiers jours qui suivent l'infection.

Tous les animaux atteints de rouget grave ne succombent pas ; quelques-uns peuvent résister ; mais la guérison peut être lente ou incomplète et laisser, comme dans les cas bénins, un état chronique plus ou moins grave. Lorsque la guérison n'est pas complète, les malades restent maigres, chétifs ; l'appétit est capricieux ; il y a une diarrhée persistante ; les membres peuvent rester engorgés, les articulations malades et les animaux boiter, marcher difficilement, s'essouffler au moindre exercice, etc. Ceux qui se rétablissent à la suite d'une première atteinte ont acquis l'immunité pour l'avenir.

En résumé, le rouget est une affection grave, qui occasionne des pertes considérables à l'élevage ; il est d'un pronostic fâcheux, il amène le plus souvent la mort des malades ; il est épizootique et contagieux. Il est surtout grave quand la contagion se fait avec de grandes doses de virus fort, quand les animaux se trouvent doués d'une susceptibilité très accusée, pendant la saison chaude, lorsque les animaux sont placés dans de mauvaises conditions hygiéniques. La teinte violacée que revêtent les rougeurs, l'élévation de la température vers 43°, la paraplégie, etc., sont des signes très fâcheux. Ce qui aggrave encore le pronostic de l'affection, c'est que les cadavres deviennent inutilisables dans la plupart des cas.

LÉSIONS.

Les lésions sont plus ou moins avancées, plus ou moins étendues suivant la durée de la maladie ; plus l'affection a évalué rapidement, moins les lésions sont caractéristiques. Sur la peau on voit ordinairement les taches ou plaques déjà apparues du vivant des malades, sur les régions précédemment indiquées. Ces taches sont rougeâtres, bleuâtres, noirâtres, quelquefois gangrenées ou en voie de se gangrener, accompagnées parfois de boutons ou de vésicules. Elles sont dues à l'embarras de la circulation capillaire, à la stase du sang dans les vaisseaux, à des hémorrhagies ; parfois elles n'intéressent que le derme, mais souvent elles sont accompagnées de l'altération des tissus sous-jacents. D'ailleurs l'état des divers organes et des divers tissus accuse à peu près partout une vive congestion du réseau capillaire. On trouve des taches hémorrhagiques un peu partout.

Dans l'éruption cutanée, caractérisée par la rougeur, la congestion, la tuméfaction œdémateuse du derme, on observe la distension des vaisseaux, l'infiltration du tissu de la peau et même du tissu sous-cutané. En effet l'infiltration œdémateuse peut gagner le tissu sous-cutané au niveau des taches, intéresser quelquefois le tissu intermusculaire et pénétrer jusque dans l'intérieur des muscles. Le lard est plus ou moins injecté, rouge et mollasse. Les chairs, dans leur ensemble, se montrent plus ou moins saigneuses, mollasses, humides, baveuses. Les muscles peuvent être altérés, présenter des infarctus, avoir subi un commencement de dégénérescence, se montrer pâles, ou noirâtres, mous, gluants, etc. Les séreuses articulaires sont quelquefois congestionnées, enflammées, et remplies de sérosité rougeâtre.

Tous les ganglions lymphatiques sont altérés très manifestement ; ils se montrent hypertrophiés, congestionnés, infiltrés, d'une couleur rouge noirâtre, avec d'innombrables points hémorrhagiques dans leur couche corticale et une infiltration dans la partie centrale, qui est plus pâle et qui laisse suinter de la sérosité à la coupe ou à la pression. Cet état du système ganglionnaire, bien que n'appartenant pas en propre au rouget, mérite d'être retenu.

Dans les organes de l'appareil digestif les lésions du rouget sont ordinairement nombreuses et étendues. On a signalé la présence de taches hémorrhagiques, de vésicules et de plaies ulcéreuses, sur la muqueuse bucco-pharyngienne. Le péritoine peut se montrer injecté, congestionné, enflammé, parsemé de taches hémorrhagiques, recouvert çà et là d'exsudats fibrineux jaunâtres ou grisâtres, et contenir un épanchement séro-fibrineux plus ou moins abondant.

La muqueuse stomacale peut présenter des altérations plus ou moins accusées ; elle peut se montrer congestionnée, enflammée, épaissie, infiltrée, parsemée de taches ou de plaques d'infiltration sanguine, et recouverte d'un enduit grisâtre ou jaunâtre ; son épithélium se desquame alors avec la plus grande facilité, et son tissu sous-muqueux est infiltré.

Des altérations similaires se rencontrent dans l'intestin : congestion, inflammation, infiltration, taches, plaques hémorrhagiques, desquamation épithéliale, infiltration du tissu sous-muqueux, etc.

La muqueuse de l'intestin grêle, surtout celle de la partie duodénale, est la plus altérée ; elle peut être hyperhémiée, marbrée de taches ou de plaques hémorrhagiques, infiltrée, épaissie, ramollie, etc. ; ses follicules et ses plaques de Peyer sont généralement altérés, gonflés, tuméfiés, plus saillants, et parfois comme en voie d'ulcération. On peut aussi constater de la congestion sur la valvule iléo-cæcale, sur la muqueuse cæcale et sur la muqueuse colique, avec du piqueté hémorrhagique et desquamation épithéliale parfois. Le foie peut se montrer un peu hypertrophié, gonflé, gorgé de sang, noirâtre, criblé d'infarctus. La rate est généralement turgide, bosselée, noirâtre, mollasse.

Les reins sont gros, congestionnés et parfois ecchymosés à leur surface. La vessie contient de l'urine albumineuse, parfois sanguinolente ; sa muqueuse peut être congestionnée, de même que la muqueuse utérine.

La muqueuse respiratoire est ordinairement hyperhémiée ; elle se desquame facilement de son épithélium et présente un état catarrhal plus ou moins généralisé. La glotte est quelquefois œdématiée ; les bronches sont enflammées. Dans la trachée et dans les bronches on trouve une matière spumeuse et rosée ou un mucus sanguinolent. Les plèvres peuvent se montrer, comme le péritoine, injectées, congestionnées, enflammées, parsemées de taches hémorrhagiques ; elles peuvent contenir un exsudat séro-fibrineux plus ou moins abondant et se montrer recouvertes, dans des étendues variables, par des fausses membranes fibrineuses, jaunâtres ou grisâtres.

Les poumons sont d'un rouge plus ou moins foncé ; ils sont généralement hyperhémiés, engoués d'un sang noirâtre. Ils présentent des taches ecchymotiques, des suffusions sanguines, des exsudations, des extravasations dans le tissu interlobulaire, qui peut se montrer infiltré. On peut aussi y trouver des foyers de broncho-pneumonie, voire même de la gangrène parfois.

Le péricarde se montre souvent injecté, ecchymosé ; il peut avoir été le siège d'une exsudation séro-fibrineuse, comme la plèvre et le péritoine. Le cœur et l'endocarde sont ecchymosés. Le sang est coagulé et noirâtre, mais il rougit à l'air ; il ne semble pas altéré d'une manière sensible dans ses caractères anatomiques. Des lésions congestionnelles et hémorrhagiques peuvent aussi se produire dans les centres nerveux.

Quand l'affection a revêtu le type chronique, on rencontre les lésions de l'anémie, ainsi que des traces de péritonite, d'entérite, de pleurite, etc., anciennes.

En résumé, il y a une véritable apoplexie sanguine générale dans le rouget grave ; l'embarras de la circulation, occasionné par les sécrétions des microbes pathogènes, s'accompagne de la congestion, avec hémorrhagies, des divers tissus et des divers organes.

L'examen microscopique permet de voir les bacilles du rouget en grand nombre dans les diverses lésions, dans celles de la peau et du tissu sous-cutané, dans les ganglions, dans la rate, dans les reins, dans le foie, dans les exsudats, dans les lésions intestinales et pulmonaires, dans les déjections, dans la moelle des os, etc. ; on les trouve aussi, mais en bien moins grand nombre, dans le sang.

ÉTIOLOGIE.

Le rouget est, avons-nous dit, une maladie microbienne, infectieuse et contagieuse. Certaines influences peuvent jouer le rôle de causes prédisposantes ; il en est ainsi de la chaleur de l'été, de l'humidité, des porcheries étroites, encombrées, mal ventilées, mal tenues, de l'alimentation avariée, de la mauvaise hygiène, de l'âge des individus, de leur race, etc., qui accroissent la susceptibilité de l'organisme et aggravent l'affection. Mais la cause déterminante est l'infection, la contagion, l'introduction dans l'organisme d'un microbe spécial, fourni directement par un malade ou puisé dans les milieux extérieurs. Il convient donc de passer en revue le rôle des influences prédisposantes et d'étudier ensuite la contagion, ses modes, son agent, ses propriétés, etc.

Le rouget se montre plus fréquemment, et est plus grave, en été qu'en hiver, pendant les années et dans les localités humides que dans les localités et pendant les années sèches, dans les porcheries étroites encombrées, mal ventilées et mal tenues, sur les animaux mal nourris, sur les sujets qui ont dépassé l'âge de quelques (4) mois, sur les individus appartenant à des races perfectionnées, etc. Mais ces conditions, plus ou moins fâcheuses, qui accroissent la susceptibilité des organismes et qui favorisent la contagion, sont incapables de produire la maladie sans cette dernière.

La contagion du rouget est bien connue aujourd'hui. La maladie sévit d'une façon épizootique là où elle se montre; elle décime les porcheries où elle apparaît; elle se propage par les relations de voisinage d'une ferme à l'autre ; elle se montre dans les fermes et les localités indemnes, à la suite de l'importation d'animaux malades ou contaminés venant de localités infectées ; elle est disséminée par le commerce, par le déplacement des malades, des contaminés, par les foires et les marchés. Enfin elle est transmissible expérimentalement par l'inoculation de matières morbides, par leur ingestion, par leur introduction dans les voies respiratoires ou leur injection dans le torrent circulatoire.

Sièges du virus. — Toutes les lésions, tous les produits morbides, tous les organes malades et le sang sont virulents. Le sang est ordinairement peu riche en virus; il en est de même de certains produits de sécrétion physiologique, qui peuvent devenir virulents, tels que le lait, la bile, l'urine. Mais il est abondant dans les matières excrémentitielles des animaux malades (porcs, pigeons), dans les matières catarrhales des voies respiratoires, dans les exsudats du péritoine, de la plèvre, du péricarde, dans les ganglions, dans la rate, dans l'intestin, dans les reins, dans le foie, dans le poumon, dans les muscles malades, dans les lésions cutanées, etc.

Les malades, surtout ceux qui ont de la diarrhée et qui présentent un état catarrhal des voies respiratoires, sont particulièrement dangereux. Ils rejettent avec leurs excrétions des quantités considérables de matière virulente, qui peut ensuite servir à contaminer d'autres animaux. D'ailleurs les cadavres, les débris cadavériques, non détruits, non enfouis, non stérilisés, sont également des intermédiaires puissants de contagion: ils peuvent donner la maladie aux animaux qui les consomment et ils peuvent servir, de même que les déjections, à souiller de nombreux objets qui à leur tour pourront communiquer la maladie.

Nature du virus. — Bacille du rouget, ses caractères, sa conservabilité. — Plusieurs expérimentateurs ont constaté la présence de microbes dans le sang et les lésions des malades; mais le véritable agent pathogène n'a été déterminé qu'à la suite des travaux de Pasteur et Thuillier, de Lydtin et Schottelius, de Löffler et de Schütz.

Thuillier découvrit en 1882, dans le sang et les humeurs des porcs morts de rouget, un microbe spécial, qu'il qualifia de microbe en 8 de chiffre, un peu étranglé à son milieu et renflé à ses extrémités. Il se trompa sur la forme réelle du microbe, mais il semble bien que c'était réellement l'agent du rouget qu'il avait découvert. Une fois constatée l'existence de l'agent pathogène présumé, Pasteur et Thuillier démontrèrent qu'il est bien la cause déterminante de la maladie. Ils le cultivèrent dans du bouillon de veau stérilisé ; ils le firent passer à travers des bouillons successifs ; et ils obtinrent le rouget, en inoculant au porc le microbe ainsi purifié. Ils s'assurèrent « par des épreuves directes que la maladie ne récidive pas » ; ils réussirent « à l'inoculer sous une forme bénigne, et l'animal se montra alors réfractaire à la maladie mortelle ». Ils reconnurent que la vaccination par le microbe du rouget offre des difficultés, tenant à la variété des races porcines, dont la réceptivité pour la maladie n'est pas égale ; mais ils arrivèrent à préparer des virus atténués, et les animaux qui les reçurent acquirent l'immunité.

Les recherches (1885-86) de Roux ont montré le microbe du rouget nettement sous la forme de fin bacille, immobile, facile à cultiver dans le bouillon peptonisé, aérobie et anaérobie, bien visible avec un grossissement de 750 à 1000 diamètres, doué de peu de résistance vis-à-vis de la chaleur (la température de 55° pouvant le stériliser), capable de conserver longtemps sa virulence, quand il est cultivé à l'abri de l'air, mais s'atténuant dans les cultures à l'air et à 37°.

Löffler et après lui Schütz (1885) ont également trouvé des bacilles dans les lésions du vrai rouget ; ils les ont cultivés sur gélatine, colorés et inoculés. D'autres enfin ont ensuite fait la même constatation ; et aujourd'hui on est bien d'accord pour reconnaître à l'agent pathogène du rouget les caractères suivants :

Le microbe du rouget est un fin bacille, immobile, très abondant dans toutes les lésions, facile à colorer et à cultiver. Sa longueur

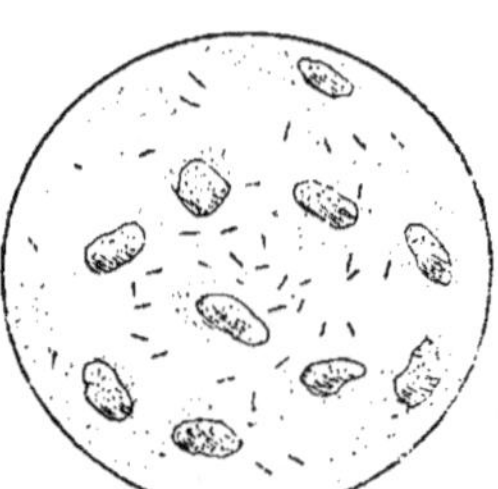

Fig. 110. — Rouget du porc. pulpe de ganglion.

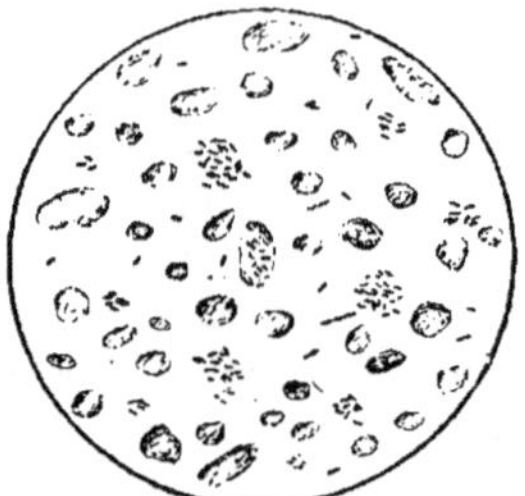

Fig. 111. — Rouget du lapin, pulpe de ganglion.

varie de $0\,\mu\,6$ à $1\,\mu\,8$, et son épaisseur de $0\,\mu\,1$ à $0\,\mu\,3$: il faut, pour l'examiner, le colorer préalablement et se servir d'un grossissement de 700 à 800 diamètres ainsi que d'un objectif à immersion homogène et de l'éclairage Abbé. Il prend bien les matières colorantes ; il se

teint par les solutions hydro-alcooliques de violet de gentiane, de
violet de méthyle, de bleu de méthylène, de fuchsine, par la solution
de Löffler (potasse au 1/10000 3 c. c. et solution alcoolique de bleu
de méthyle 1 c. c.), etc.; il se colore bien par la méthode de Gram.
Les lames, les lamelles et les coupes se colorent de la même façon,
et c'est la méthode de Gram qui fournit les résultats les plus nets.

Les bacilles du rouget sont peu nombreux dans le sang, et ceux
qui s'y trouvent se montrent épars ou réunis en amas ou mieux
inclus dans les leucocytes, qui peuvent en
loger parfois jusqu'à une vingtaine et au
delà. Les préparations faites avec la pulpe
des ganglions, de la rate, du rein, des lésions intestinales, etc., etc., se montrent très
riches en bacilles libres, isolés, ou réunis
par deux bout à bout, ou en amas; on en
voit en nombre plus ou moins considérable
dans les leucocytes. A l'examen de coupes
traitées par le procédé de Gram, on observe
que les bacilles se trouvent surtout dans les
vaisseaux sanguins et lymphatiques, qu'ils

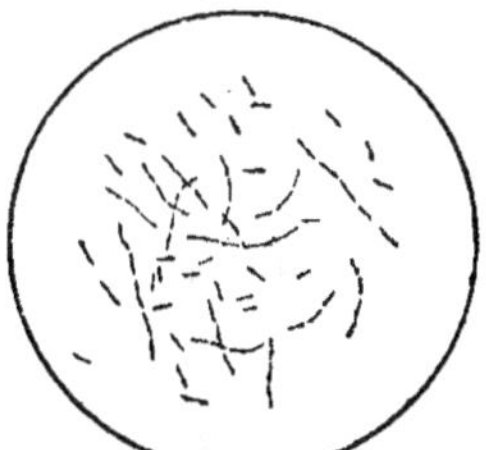

Fig. 112. — Culture en
bouillon.

sont peu abondants dans les gros vaisseaux où ils forment de petits
amas accolés à l'endothélium, mais qu'ils sont très nombreux dans les
capillaires, dont l'obstruction est produite çà et là par des amas de microbes libres ou par des amas de leucocytes gorgés de bacilles.

La culture du bacille du rouget est facile, surtout dans les milieux
peptonisés liquides ou solides. Il se développe à l'air; mais il vient
mieux à l'abri de l'air, et conserve mieux sa virulence; il est aérobie,
mais surtout anaérobie. Il pousse à la température du laboratoire et
à l'étuve; il se cultive dans les bouillons, dans le sérum, dans la gélatine et la gélose peptonisées; mais il ne vient pas ou presque pas sur
la pomme de terre, ni sur la rave, ni dans les infusions végétales. Le
bouillon, semé avec du virus emprunté à l'organisme ou avec une précédente culture, se trouble rapidement (en 1-2 jours) à l'étuve, sans
jamais montrer de pellicule ou de voile, et laisse ensuite déposer au
fond un léger sédiment blanchâtre quasi-pulvérulent. Dans les cultures
en bouillon, les bacilles du rouget sont plus allongés et peuvent se
montrer réunis en files plus ou moins longues; ils seraient doués d'une
certaine mobilité d'après Schottelius.

Si la culture en bouillon n'a rien de caractéristique par son aspect,
il en est tout autrement de la culture dans la gélatine peptonisée, qui est
caractéristique lorsque l'ensemencement est fait par piqûre profonde.
Le bacille du rouget, à cause de sa qualité dominante de microbe
anaérobie, vient mal à la surface de la gélatine; c'est surtout dans
l'épaisseur, et principalement dans les couches les plus profondes, qu'il

pousse à la suite de l'ensemencement par piqûre. Il ne liquéfie pas
la gélatine ; sur plaque, il donne de fines colonies duveteuses, incluses
dans le milieu nutritif. Semé par piqûre profonde dans un tube de

Fig. 113. — Culture dans
la gélatine.

gélatine, il trouble d'abord le milieu nutritif le
long de la piqûre, et ensuite donne en quelques jours une culture sous forme de fines
houppes nuageuses d'un gris bleuâtre, rayon-
nant perpendiculairement autour de la piqûre
et simulant par leur ensemble une brosse à
bouteille ou une brosse à verre de lampe. A la
longue, après les vingt ou trente premiers
jours, la culture change d'aspect, les colonies
envahissant tout le milieu nutritif.

Les cultures conservent leur virulence après
une longue série de générations successives ;
la même culture peut rester virulente pendant
plusieurs mois et même plus d'un an ; mais
elle s'atténue progressivement, à partir d'un
certain moment, et perd ensuite sa virulence
ainsi que sa végétabilité, surtout quand elle

est exposée à l'air, quand elle est en couche mince, ou quand elle n'est
pas soustraite à l'action de la lumière. Les cultures sur gélatine, faites
dans le vide ou en présence d'un gaz inerte, se conservent plus facilement et plus longtemps que les cultures faites et gardées en présence
de l'air.

Le virus du rouget peut d'ailleurs se conserver un temps variable,
suivant les conditions ambiantes, dans les cadavres et débris cadavériques, dans les matières morbides excrétées par les malades, dans les
eaux, dans les fumiers et les purins, dans les litières, à la surface du
sol, des murs et des objets divers qui ont été souillés. Les bacilles pullulent encore dans le cadavre pendant les premières heures qui suivent la mort ; ils gardent un certain temps leur virulence dans les
cadavres, dans les débris cadavériques et les matières morbides en
voie de putréfaction, dans les fumiers, dans les purins, etc. ; toutefois
des recherches précises restent à faire sur ce point, à l'effet d'apprécier exactement la durée de conservation de la virulence en présence
de la putréfaction, qui doit la détruire dans un temps variable suivant
les cas. Le bacille du rouget se conserverait plus de trente-quatre jours
dans l'eau distillée et plus de dix-sept jours dans l'eau ordinaire (Straus
et Dubarry).

L'air et la lumière sont deux agents qui atténuent d'abord et détruisent ensuite la virulence du rouget, qui semble d'autre part, comme
celle de la morve, disparaître assez rapidement dans les matières exposées à la dessiccation. Cependant certains faits, observés dans la

pratique, laissent croire que les matières virulentes rejetées par les malades peuvent rester actives pendant assez longtemps à la surface des murs et des objets divers, dans les litières, surtout quand elles se trouvent dans des locaux humides privés de ventilation et de lumière. Quoi qu'il en soit, il y a lieu de faire de nouvelles recherches sur ce point, en opérant avec un virus de rouget authentique.

Le virus du rouget est un de ceux qui paraissent les plus susceptibles vis-à-vis de la chaleur. Un froid intense semble le stériliser; on peut atténuer sa virulence en laissant les cultures longtemps exposées à l'air et à 37°, 38°; on l'atténue plus rapidement en les portant à 40°, 45°, 50°; il est tué en quelques minutes à la température de 55°. Les agents chimiques, ordinairement préconisés comme désinfectants, peuvent le stériliser. Il semble qu'il en doit être ainsi du sublimé, de l'acide phénique, du crésyl, des acides sulfureux, sulfurique, azotique, chlorhydrique, du sulfate de cuivre, etc.

Modes de contagion. — On a parfois émis l'idée que le germe pathogène du rouget pourrait provenir des matières plus ou moins altérées que les porcs sont exposés à ingérer. Il appartient à l'avenir de démontrer si le rouget ne serait pas une sorte de maladie septique, dont l'agent vivrait principalement dans les matières organiques en putréfaction. Quoi qu'il advienne de cette hypothèse, il importe de ne pas oublier que le rouget est aussi une maladie contagieuse, transmissible par rapports directs ou indirects des malades à d'autres sujets.

Le rouget peut se transmettre de la mère aux petits par contagion intra-utérine ou par le téter. Koubassoff a constaté, chez la lapine pleine, le passage du microbe pathogène de la mère aux fœtus, ainsi que son passage dans le lait. Mais, étant donné que les animaux de l'espèce porcine sont peu sensibles vis-à-vis du rouget dans les premiers mois de la vie, il n'y a pas lieu d'accorder grande importance à la transmission par le lait. La transmission peut avoir lieu à la suite des rapports de contact que les animaux ont dans les locaux, quand un sujet malade est touché ou flairé par des sujets sains, quand il dépose sur eux de la matière morbide, etc. Mais c'est surtout par contagion indirecte ou médiate que s'opère la transmission de la maladie.

C'est ordinairement à la suite de l'introduction d'un sujet malade ou contaminé que l'affection s'installe et se propage dans une porcherie; et c'est par les matières morbides, excréments, urine, jetage, par le sang, les débris cadavériques, etc., que s'opère la transmission, soit que les sujets sains se contaminent par ingestion, ce qui a lieu le plus souvent, soit qu'ils s'infectent en inhalant des poussières mélangées de particules de matière virulente fraîche, soit qu'ils s'inoculent accidentellement en mettant des plaies de la surface de leur corps en contact avec les produits morbides rejetés sur les litières.

L'ingestion d'aliments ou de boissons souillés de virus est le mode de contagion le plus ordinaire, le plus important, celui qui joue le plus grand rôle, ainsi que cela résulte de l'observation et de l'expérimentation. Il est aisé d'obtenir expérimentalement le rouget sur le porc, en lui donnant à manger des aliments ou des boissons souillés de matières excrémentitielles, de matières morbides ou de sang de malade, en lui donnant à manger des débris cadavériques des porcs morts du rouget ou des cadavres de pigeons, de souris, morts de la maladie, etc. ; on a eu observé des cas de propagation par les débris cadavériques que des chiens avaient transportés, par les locaux qui n'avaient pas été désinfectés, etc.

Les aliments et les boissons peuvent être souillés de diverses manières : par leur mélange avec les produits morbides que rejettent les malades ; par les seaux ou auges qui ont été souillés par les malades et qui n'ont pas été désinfectés ; par les mains des personnes qui ont touché les malades et ne se sont pas lavées ; par l'utilisation de débris cadavériques, etc. Les excréments des malades sont virulents et servent à propager le rouget, lors même que les animaux ne meurent pas. Le rouget se transmet donc neuf fois sur dix par ingestion. La cohabitation, la promiscuité entre sains et malades, le séjour dans des locaux non désinfectés, l'utilisation en commun des mêmes baquets, des mêmes auges, la non-désinfection des personnes chargées des soins de la porcherie qui peuvent, avec leurs chaussures et avec leurs mains, transporter des matières virulentes et souiller les aliments, l'abandon aux animaux des cadavres ou débris cadavériques des sujets morts de rouget, le transport de ces débris par les animaux carnivores, l'utilisation des eaux et de la saumure qui ont servi à laver des issues ou des viandes provenant de malades, la fréquentation des pâturages par des sains et des malades vivant en promiscuité, etc., sont les principales conditions qui président à ce mode de contagion. On a été jusqu'à penser même que les souris, qui peuvent contracter facilement le rouget en s'attaquant à des débris d'animaux morts de la maladie, deviendraient ensuite des intermédiaires de propagation en étant dévorées par les porcs.

Toutefois, après avoir fait ressortir le rôle prépondérant de l'ingestion en tant que mode de transmission du rouget, il importe de faire observer que toutes les tentatives d'infection par ce mode ne donnent pas fatalement la maladie ; si certains animaux s'infectent quand on leur fait manger des excréments virulents ou du sang, etc., il en est qui ne s'infectent pas. Quand l'infection se produit à la suite de l'ingestion, elle semble se faire à la faveur de plaies ou éraillures existant sur la muqueuse digestive ; cependant, il ne paraît guère douteux que le virus puisse être absorbé par la muqueuse même intacte ; surtout par la muqueuse intestinale. Lorsque les bacilles sont absorbés dans l'intestin grêle, les lésions de cet organe sont très accusées : la muqueuse est gonflée, rougeâtre ; ses follicules et ses plaques de Peyer sont tuméfiés et infiltrés, puis la nécrose les envahit. A la suite de l'infection par ingestion, on trouve les lésions intestinales les plus accusées.

Bien que le rouget puisse être donné expérimentalement par l'injection du virus dans les voies respiratoires ou par son inoculation à la surface du corps, il est certain que l'inhalation et l'inoculation accidentelles sont rarement la condition de l'infection spontanée. On conçoit néanmoins que, pendant la vie en commun dans des locaux infectés, des sujets sains soient exposés à inhaler des poussières minérales ou végétales imprégnées de matière virulente fraîche, non stérilisée, et à s'inoculer la maladie, en se couchant sur des litières souillées, grâce aux plaies qui peuvent exister parfois à la surface de leur corps. Les lésions et les symptômes fournis par les voies respiratoires sont plus accusés lorsque l'infection s'est produite par inhalation. On a invoqué, pour démontrer que l'air n'est pas un intermédiaire dangereux, des cas dans lesquels on n'a pas vu le rouget se propager dans le voisinage immédiat des malades ; mais cela ne prouve nullement que la contagion par inhalation ne se fait pas quand les animaux sains cohabitent avec des malades. Quand on inocule le virus du rouget au porc par injection sous-cutanée, on peut provoquer la maladie, quoique moins sûrement que par l'ingestion de matières morbides. L'affection obtenue de la sorte se caractérise par des rougeurs, de la fièvre, etc. On peut également déterminer le rouget par l'inoculation intra-veineuse, par l'injection intra-péritonéale ou intra-thoracique.

En résumé, c'est presque toujours par ingestion que le rouget se prend ; il est bien transmissible expérimentalement par d'autres modes, mais ces modes se réalisent rarement dans la pratique. Quel que soit le mode de pénétration du virus dans l'organisme, l'infection est favorisée non seulement par la plus ou moins grande réceptivité des individus, mais aussi par la quantité et la qualité du virus. Elle peut ne pas se produire, quand l'organisme a peu de réceptivité, quand le virus est en faible quantité ou lorsqu'il est atténué. C'est ainsi que tous les animaux, soumis à des repas infectants, ne deviennent pas malades. Il en est de même de ceux qui reçoivent le virus dans le tissu sous-cutané. C'est ainsi que l'inoculation des virus atténués en vue de la vaccination ne détermine le rouget mortel que sur un petit nombre de sujets, occasionnant sur d'autres une maladie grave mais curable, sur quelques-uns une maladie chronique et sur d'autres des accidents insignifiants. Quand le virus est introduit en petite quantité, lorsqu'il est atténué, ou lorsque l'organisme a peu de réceptivité, les cellules (leucocytes) détruisent les bacilles, le phagocytisme triomphe. Sur les sujets non réfractaires, sur ceux qui deviennent plus ou moins gravement malades, les cellules englobent aussi les microbes et peuvent les entraîner avec elles, mais ce sont elles qui succombent.

Animaux aptes à contracter le rouget. — Animaux réfractaires. — Le rouget est une maladie qui, dans les conditions ordinaires de la vie des animaux, semble attaquer seulement le porc. On sait d'autre part que, suivant leur race, suivant leur âge et suivant les conditions hygiéniques qui les entourent, les animaux porcins offrent une réceptivité très variable. A peu près réfractaires ou peu susceptibles, très résistants pendant les trois ou quatre premiers mois de leur vie, ils deviennent plus aptes à prendre le rouget grave passé le quatrième mois, et ils sont surtout doués d'une grande réceptivité quand ils deviennent adultes. La race exerce une grande influence; ainsi les porcs anglais seraient très susceptibles, alors que les porcs allemands le seraient peu. Enfin, la mauvaise hygiène rend, ainsi qu'on l'a vu, les organismes plus susceptibles, plus aptes à s'infecter et à contracter la maladie sous la forme grave.

On est généralement d'accord pour considérer comme naturellement réfractaires les animaux solipèdes, les animaux carnivores, les oiseaux de basse-cour hormis les pigeons, et le cobaye. Les chevaux, les mulets, les ânes, les chiens, les chats, les poules, les canards, les oies, ne s'infectent pas spontanément et résistent aux tentatives de transmission expérimentale. Le cobaye est absolument réfractaire, et c'est là une particularité importante à retenir; on verra plus loin le parti que l'on peut en tirer pour le diagnostic différentiel de la maladie. Quant aux grands et aux petits ruminants, on ne semble pas encore bien fixé. Il paraîtrait que le rouget peut se communiquer au mouton (Pasteur, Lydtin), aux jeunes bovins (Lydtin) et même à l'homme (Schottelius). Quoi qu'il en soit, ce point appelle une lumière plus complète. Enfin, les souris, les pigeons et les lapins sont des animaux aptes à contracter le rouget par divers modes d'inoculation et par ingestion de matières virulentes; ils sont même plus susceptibles que le porc à l'inoculation, et ils peuvent servir comme réactifs pour l'étude expérimentale de la maladie.

Le virus du rouget, qu'il provienne d'un animal malade ou de cultures, tue rapidement la souris. Il est inoculable au pigeon et au lapin. La matière d'inoculation doit être pure autant que possible; on peut se servir de cultures; et, si on s'adresse au cadavre d'un animal, il conviendra de prélever le virus le plus tôt possible après la mort, avant que la putréfaction ait envahi les organes; on le prendra de préférence dans les ganglions, dans la rate, dans le foie, dans l'exsudat de la poitrine, etc. L'inoculation au lapin peut être faite par injection sous-cutanée ou mieux par injection intra-péritonéale ou par injection intra-veineuse. Pour le pigeon on peut se contenter d'injecter le virus dans le muscle pectoral. Le lapin, suivant la quantité et la qualité du virus

employé, peut vivre de trois à dix jours et même au delà. La maladie
détermine chez lui des symptômes généraux, de l'affaiblissement, de
l'amaigrissement, etc. La souris et le pigeon succombent plus rapidement, ordinairement en deux, trois à cinq jours, quand le virus est actif
et la dose suffisante. Le pigeon devient triste, somnolent, hérisse les
plumes, perd l'appétit, devient faible, etc. Les organes des souris, des
pigeons et des lapins morts du rouget contiennent en abondance le
bacille pathogène ; on trouve la rate, le foie, le poumon, etc., plus ou
moins congestionnés.

Il peut arriver dans le rouget, comme dans d'autres affections microbiennes, que le bacille pathogène soit associé à un moment donné avec
d'autres microbes, dont le rôle est mal connu encore. On a notamment
signalé la présence de deux autres micro-organismes : d'un bâtonnet
court et gros, qui se trouve dans les organes des porcs morts de rouget,
qui ne liquéfie pas la gélatine et donne sur ce milieu des colonies
jaunâtres, qui ne donne pas le rouget, mais peut tuer le lapin et le
cobaye quand il leur est inoculé à forte dose ; d'un autre bâtonnet assez
semblable au précédent par sa forme, qui liquéfie la gélatine et donne
une odeur de vieux fromage. Ces microbes étrangers viennent de
l'intestin et pénètrent dans les organes, à la faveur des lésions intestinales du rouget.

**Immunité. — Atténuation du virus du rouget. — Inoculation
préventive.** — Les animaux qui ont éprouvé une première atteinte
de rouget et qui se sont rétablis ont acquis l'immunité pour l'avenir ;
et, comme on l'a déjà vu, Pasteur et Thuillier, ayant constaté par des
preuves directes que la maladie ne récidive pas, cherchèrent et trouvèrent le moyen de donner la maladie sous une forme bénigne, qui
néanmoins préserve les animaux de la maladie mortelle. Ils constatèrent : que le virus du porc inoculé à un premier pigeon le fait périr
en six à huit jours ; que le sang de ce premier pigeon étant inoculé à
un second, le sang de celui-ci à un troisième et ainsi de suite, le
microbe pathogène s'acclimate sur le pigeon et le fait périr de plus en
plus vite ; que le rouget acclimaté sur le pigeon est devenu plus
actif, non seulement contre cet animal, mais encore pour le porc. Ils
reconnurent d'autre part que la culture du rouget sur le lapin conduit
à un résultat inverse pour le porc : que le virus du rouget cultivé de
lapin à lapin s'acclimate aussi sur cet animal et devient de plus en plus
actif pour lui, le faisant périr de plus en plus rapidement ; que, tout en
s'exaltant pour le lapin, et à l'encontre de celui du pigeon, il s'atténue
pour le porc, qu'il cesse de tuer après un certain nombre de passages, et
auquel il donne seulement une maladie bénigne qui lui confère l'immunité.

Ainsi donc, en cultivant le rouget de pigeon à pigeon ou de lapin à
lapin, on le rend progressivement de plus en plus actif pour ces ani-

maux, et on arrive après un certain nombre de générations à voir périr les sujets inoculés en un ou deux jours. Le virus, exalté par le pigeon et pour le pigeon, l'est également pour le porc qu'il tue plus rapidement. Le virus, exalté par le lapin et pour le lapin, ne l'est pas au contraire pour le porc ; plus il est exalté pour le lapin, moins il est dangereux pour le porc. En sorte que, en réglant convenablement le nombre de passages nécessaires sur le lapin, on peut préparer des vaccins pour le porc à divers degrés d'atténuation. Le sang du lapin peut être employé directement comme vaccin sur le porc. Mais il y a mieux ; les cultures artificielles, faites avec le virus atténué par le lapin, conservent cette atténuation, au moins pendant quelques générations. C'est en cultivant le sang du lapin que Pasteur et Thuillier ont préparé deux virus à des degrés d'atténuation différents qui, inoculés successivement et à quelques jours d'intervalle aux jeunes porcs, leur confèrent l'immunité contre le virus naturel.

Les premières expériences sur la mise en pratique de la vaccination furent faites en 1883. M. Maucuer écrivait à la date du 28 septembre 1883 : « La vaccination préventive du rouget a fait ses preuves à Bollène ; son efficacité vient d'être mise en évidence par une épizootie exceptionnellement meurtrière, qui a fait le vide dans toutes nos porcheries et n'a laissé dans nos campagnes que les porcs vaccinés. Tous nos porcs vaccinés, sans exception, ont résisté à toutes les causes possibles de la contagion. Ils ont vécu avec les malades, ils ont couché sur la litière imprégnée des déjections des moribonds, ils ont mangé dans l'auge des victimes du rouget, ils ont été tenus enfermés plus de vingt-quatre heures avec des morts, et ils continuent à vivre dans des porcheries non désinfectées. »

Depuis, elles ont été répétées dans divers pays ; et on a généralement obtenu de bons résultats. Si dans quelques circonstances la vaccination a semblé ne pas préserver, c'est parce que les porcs vaccinés ont contracté la pneumo-entérite infectieuse, vis-à-vis de laquelle la vaccination du rouget n'est pas efficace. Cependant, des accidents se sont produits çà et là ; et il est arrivé que les vaccins ont fait périr en plus ou moins grand nombre les sujets inoculés. Ces déceptions étaient causées par l'incomplète appropriation des vaccins à la susceptibilité variable des diverses races de porcs. On a vu en effet que les races porcines sont douées d'une résistance variable, qui nécessiterait l'emploi de vaccins plus ou moins atténués, appropriés à la susceptibilité de chacune d'elles. Les vaccins ayant été ensuite mieux titrés les expériences réussirent à peu près partout, en France, à la Réole (Herbet), à Rodez (Revel), à Senlis (Cagny), etc., en Alsace-Lorraine, en Belgique, en Portugal, etc.

En 1885 une grande expérience eut lieu dans le grand-duché de Bade sur l'initiative de Lydtin ; les animaux vaccinés devinrent malades en assez grand nombre après l'inoculation du premier vaccin et il en mourut cinq pour cent ; l'inoculation du second vaccin fut mieux supportée et ne produisit pas de pertes. Il fut reconnu que les animaux vaccinés avaient acquis l'immunité contre l'infection spontanée et contre l'infection expérimentale, tandis que les non vaccinés soumis aux mêmes épreuves d'infection succombèrent en grand nombre. Dans quelques rares cas les vaccinés devenus malades contaminèrent les non vaccinés. Quelquefois les porcs vaccinés furent atteints de rouget sous la forme chronique. En résumé, malgré les cas de mort qu'elle peut occasionner, la vaccination ne provoque pas des pertes élevées et elle confère l'immunité. Aussi la vaccination pastorienne a continué à être appliquée dans le grand-duché de Bade.

M. Revel, vétérinaire à Rodez, a pratiqué beaucoup de vaccinations depuis plusieurs années, et il en a tiré les conclusions suivantes : « De toutes les expériences de vaccination que nous venons de relater, il résulte, d'une façon évidente, que le virus atténué du rouget met parfaitement le porc à l'abri de cette maladie. Les nombreux vides qui se sont toujours faits autour des vaccinés, parmi ceux qui ne l'étaient pas, le prouvent suffisamment.

« Comme nous l'avons déjà dit, nous n'avons pas compris que les porcs de race améliorée, c'est-à-dire contenant plus ou moins de sang anglais, soient plus sensibles aux vaccins que ceux de race commune.

« Il en est de même en ce qui concerne l'àge; et il résulte même de nos expériences qu'on peut, au moins dans notre pays, vacciner utilement les porcs depuis l'âge de un mois et demi jusqu'à l'âge de sept ou huit mois. »

En Hongrie, où l'élevage du porc est important, on s'est adonné avec profit à la vaccination depuis 1887. Pendant l'année 1890, le laboratoire de Buda-Pest aurait fourni des vaccins pour deux cent cinquante mille porcs, tandis qu'en France on ne vaccine pas vingt mille sujets annuellement. On s'explique mal cette indifférence, et il ne serait que temps qu'on eût recours à un moyen de préservation qui a fait ses preuves et qui peut sauver un grand nombre d'animaux dans les régions infectées.

L'indifférence des populations rurales tient à diverses causes : à la routine ; à la crainte d'être obligé de payer des honoraires et de perdre les animaux vaccinés, à la suite de l'inoculation. Pour vaincre la routine il y aurait à instruire les propriétaires par des conférences sur la matière. Quant aux honoraires des vétérinaires qui pratiqueraient les inoculations, il y aurait lieu de les payer sur les fonds du département. Enfin, quand les porcs vaccinés meurent de la pneumo-entérite il y aurait lieu d'éclairer les intéressés, afin de ne pas laisser croire à l'inefficacité de l'inoculation.

L'administration supérieure s'est préoccupée récemment de cet état de choses, et voici ce que M. Labully, de Saint-Étienne, vient de me communiquer :

CONSEIL GÉNÉRAL DE LA LOIRE

EXTRAIT DES RAPPORTS DU PRÉFET.

Session ordinaire d'août 1891.

AGRICULTURE. — ROUGET ET PNEUMO-ENTÉRITE INFECTIEUSE.

« J'ai reçu, à la date du 20 avril 1891, une circulaire de M. le Ministre de l'Agriculture, qui est ainsi conçue :

Monsieur le Préfet, le rouget et la pneumo-entérite infectieuse de l'espèce porcine ont été déjà constatés dans un certain nombre de départements, et ces deux affections, qui ont occasionné des pertes considérables dans plusieurs régions, tendent à se propager en France dans des proportions inquiétantes.

La science a, comme vous le savez, donné déjà le moyen d'empêcher par la vaccination le développement de plusieurs maladies contagieuses ; elle n'a malheureusement pas encore trouvé le virus vaccin de la pneumo-entérite. Mais il n'en est pas de même du rouget, contre les ravages duquel elle nous permet de nous garantir par la pratique de l'inoculation préventive.

Ces deux maladies présentent dans leurs symptômes une certaine similitude qui les a fait longtemps confondre l'une avec l'autre, et qui peut rendre, dans certains cas, la confusion possible. Aussi le Comité consultatif des épizooties, pour faciliter aux vétérinaires l'établissement de leur diagnostic, a-t-il rédigé sur les caractères de ces deux affections contagieuses une instruction dont je vous transmets un certain nombre d'exemplaires que je vous serai obligé de répartir entre les divers agents du service des épizooties de votre département.

D'autre part, je vous demanderai, Monsieur le Préfet, d'appeler l'attention du Conseil général sur le grand intérêt, pour notre agriculture, de vulgariser la pratique de la vaccination du rouget en démontrant l'immunité qu'elle confère par des expériences publiques dans les principaux centres d'élevage du département. Vous voudrez bien proposer au Conseil de voter un crédit pour cet objet, et je vous serai obligé de lui faire en même temps connaître que le gouvernement attache un tel prix à ce que cet essai de vulgarisation soit tenté, qu'il est disposé à accorder au département une subvention égale au chiffre du crédit que le Conseil général voudra bien mettre à votre disposition.

Vous pourrez d'ailleurs utilement consulter, pour la préparation du programme de ces expériences, le vétérinaire délégué chef du service des épizooties de votre département et le professeur départemental d'agriculture.

« Conformément aux instructions qui précèdent, j'ai demandé des renseignements à M. le professeur départemental d'agriculture et au service des épizooties. Voici le rapport que M. Labully, chef du service sanitaire, m'a adressé à ce sujet :

Afin de répondre utilement à la demande que vous m'avez adressée — sur l'invitation de M. le Ministre de l'Agriculture, — j'ai dû m'entourer de renseignements fournis par plusieurs de mes collègues: MM. Bonniaud F., de Montbrison ; Helfre, de Saint-Galmier ; Ory, de Feurs ; et Auloge, de Roanne.

Tous ont été unanimes pour approuver ces expériences et préjuger des excellents résultats qui ne peuvent manquer de couronner cette tentative.

Ainsi que je l'ai fait remarquer différentes fois dans mon rapport de fin d'année sur le service sanitaire départemental, il est rare que, dans nos campagnes, le vétérinaire soit consulté à l'égard des pertes nombreuses, presque subites qui surviennent parmi les porcs ; et même votre administration a dû — notamment en 1888 — prescrire une enquête au sujet d'une mortalité exceptionnelle, due au rouget, survenue dans vingt-deux exploitations d'une seule commune de l'arrondissement de Montbrison.

L'empirique est consulté le plus souvent ; le pharmacien délivre même aux éleveurs une poudre préservatrice quelconque (spécialités ou préparations) ; il semble qu'à l'occasion des manifestations de ces maladies infectieuses, une sorte de fatalisme enchaîne la volonté de la plupart de nos éleveurs, les empêchant de réagir contre un état de choses qui leur est si préjudiciable.

Les essais d'inoculation préventive destinés à vulgariser la pratique de la vaccination du rouget devront être pratiqués dans les arrondissements de Montbrison et de Roanne (cantons de Montbrison, Saint-Galmier, Feurs, Roanne ou La Pacaudière).

A cet effet, on devra choisir, autant que possible, des exploitations de moyenne importance, prévenir les cultivateurs chez lesquels on opérera, des conditions d'âge que devront remplir les animaux et de l'espace de temps pendant lequel ils seront conservés après la vaccination.

La dépense afférente aux expériences projetées dont le gouvernement — pour montrer quel prix il attache à ce que cet essai de vulgarisation soit tenté, — *s'engage à prendre la moitié à sa charge*, sera très approximativement de treize cents francs (1.300 fr.), en limitant à environ 300 le nombre de porcs à opérer.

Cette dépense se répartit de la manière suivante :

1° Prix des premier et deuxième vaccin (1) (y compris la location de seringues Pravaz et les bris d'aiguilles).............................   150 »

2° Frais de déplacement, honoraires des vétérinaires sanitaires (tarifs prévus par l'arrêté préfectoral du 20 mars 1884)..........   250 »

3° Mortalité à prévoir parmi les jeunes animaux inoculés, soit 1/10me de la totalité, ou 30 porcs, pouvant (de 3 à 4 mois) valoir 30 fr. en moyenne, ci.............................   900 »

Total................   1.300 »

somme dont la moitié seulement sera à la charge du département.

« Si vous admettez ces propositions, qui me paraissent devoir être prises en sérieuse considération, j'inscrirai au budget de 1892 un crédit de 650 francs, représentant la part du département dans cette dépense. »

Les vaccins du rouget sont, comme ceux du charbon bactéridien, fournis par la maison Boutroux, qui joint à leur envoi celui de l'instruction suivante relative au manuel de l'opération :

(1) Il y a deux vaccins à administrer à 12 jours d'intervalle.

« *Principe de la vaccination.* — La maladie connue sous le nom de rouget est produite par un organisme microscopique.

« MM. *Pasteur* et *Thuillier* sont parvenus à atténuer la virulence de ce microbe, et ils ont pu obtenir des microbes d'espèces nouvelles dont la virulence va progressivement en diminuant. Ainsi, on peut avoir des microbes très virulents amenant presque infailliblement la mort des animaux, des microbes plus ou moins atténués qui communiquent à l'animal une maladie plus ou moins bénigne, et enfin des microbes, dépourvus de virulence, ne communiquant aucune maladie aux animaux.

« Or, lorsqu'un animal a eu la maladie bénigne par suite de l'introduction sous la peau des microbes atténués dans leur virulence, il n'est plus apte à contracter la maladie mortelle, c'est-à-dire que cet animal ne peut plus mourir du rouget.

« C'est sur ce fait que repose le principe de la vaccination du rouget. Afin de ne pas communiquer aux animaux une maladie qui pourrait être grave chez quelques-uns, on fait deux inoculations préservatrices ; la première, avec un microbe très atténué (1er vaccin), qui ne donne aux animaux qu'une fièvre très légère, et une seconde, douze à quinze jours plus tard, avec un microbe plus virulent (2e vaccin), qui tuerait un certain nombre d'animaux s'ils n'étaient pas déjà en partie préservés par l'inoculation précédente. Mais, par suite de cette préservation partielle, les animaux n'éprouvent encore qu'une légère fièvre. Alors les animaux sont tout à fait vaccinés, c'est-à-dire sont devenus réfractaires à la maladie du rouget.

« *Pratique de l'opération.* — Le liquide vaccinal est envoyé à destination, ou à la gare la plus rapprochée, dans des tubes fermés par un bouchon et renfermant du liquide pour 25, 50, 100 porcs. Ils portent l'étiquette *premier vaccin* ou *deuxième vaccin*. C'est ce liquide qu'il s'agit d'introduire, à une dose déterminée, sous la peau des animaux. Pour cela, on se sert d'une seringue de Pravaz, souvent employée par les médecins et les vétérinaires, et qui sert à faire des injections hypodermiques. Il faut d'abord remplir la seringue de liquide. Pour cela, on retire le petit fil métallique qui est dans l'aiguille, et qui n'a d'autre utilité que d'empêcher celle-ci de se boucher par quelque corps étranger ; on ajuste l'aiguille sur la canule, on enlève le bouchon du tube à vaccin *après avoir agité ce tube pour mélanger son contenu*, et on aspire le liquide en soulevant doucement le piston. Si la seringue fonctionne très bien, elle se remplira complétement de liquide en laissant seulement une très petite bulle d'air sous le piston. Mais il arrive fréquemment que le piston est plus ou moins desséché, ou que l'aiguille ne s'ajuste pas très bien sur la canule. Dans ce cas, le liquide ne remplit pas complètement la seringue, et une bulle d'air assez grosse reste sous le piston. Il faut rajuster l'aiguille sur la canule et rejeter le liquide dans le tube. On recommence la même manœuvre deux ou trois fois, alors que le piston est mouillé, et, si l'aiguille est bien adaptée sur la canule, la seringue se remplit complètement. Cette première condition est indispensable (1).

« La seringue étant complètement remplie, on tourne le petit curseur qui est en haut de la tige du piston, de façon à le faire descendre jusqu'à la division marquée 1 sur la tige. Puis des aides saisissent le porc à vacciner et le présentent à l'opérateur, en le tenant couché sur le côté. L'opérateur introduit

---

(1) Dans le cas où, par hasard, le piston serait très desséché et laisserait passer de l'air, on ferait bouillir de l'eau, on la laisserait refroidir dans le vase où elle a été bouillie jusqu'à ce qu'elle soit tiède, et on aspirerait deux ou trois seringues de cette eau pour faire gonfler le piston. Il ne faut jamais se servir d'eau qui n'a pas été bouillie pour cette opération.

son aiguille sous la peau, vers le milieu de la cuisse droite, puis pousse le piston jusqu'à ce que le curseur touche la seringue. L'inoculation du premier animal est ainsi faite. On retire la seringue et on tourne le curseur en sens contraire de la première fois, jusqu'à l'amener à la division marquée 2 sur la tige. On inocule alors le second porc. On amène le curseur à la division 3, etc., chaque seringue suffisant ainsi à vacciner huit porcs. On remplit de nouveau la seringue, et ainsi de suite. Avec un peu d'habitude, on arrive facilement à inoculer 150 porcs par heure.

« Douze à quinze jours après, on pratique la même opération avec le deuxième vaccin, mais en piquant cette fois la cuisse gauche, c'est-à-dire celle qui n'a pas reçu la première inoculation.

« Il faut vacciner les porcs jeunes, n'ayant pas quatre mois. Jeunes, ils supportent mieux l'action du vaccin. En outre, comme il est établi que la durée de l'immunité est de plus d'un an, on peut mettre les porcs à l'abri du rouget pour toute la durée de leur vie économique.

« Le vaccin ne préserve pas les sujets en puissance du mal, il hâte même la mort chez certains d'entre eux.

« Il faut donc de préférence pratiquer la vaccination aux époques pendant lesquelles le rouget ne sévit pas, c'est-à-dire du 1er novembre au 31 mars.

« Les truies portières pourront être vaccinées chaque année afin d'être plus certain du maintien de leur immunité.

« *Remarque très importante.* — Il importe extrêmement que le liquide vaccinal soit introduit sous la peau à l'état de pureté parfaite. Si ce liquide était impur, en effet, c'est-à-dire s'il était souillé par de l'eau qui n'a pas été bouillie, par des poussières, des saletés quelconques, on introduirait, en même temps que le microbe atténué, des organismes étrangers qui pourraient, ou bien donner lieu à une autre maladie (septicémie, phlegmon, etc), ou bien empêcher la vaccination. Pour éviter ces inconvénients, le liquide est envoyé tout à fait pur, et on l'aspire directement dans le tube, mais il faut aussi que la seringue soit *pure*. Cette condition est remplie pour les seringues neuves, qui n'ont jamais servi ; mais, quand elles ont servi à une inoculation, il faut les remettre à neuf. Cette opération est assez délicate, et, pour le moment, il est nécessaire de renvoyer la seringue pour qu'elle soit réparée, remise tout à neuf, et prête à servir pour de nouvelles inoculations. En un mot, il ne faut pas que la seringue serve à plusieurs jours d'intervalle sans une purification complète.

« Pour que le liquide vaccinal conserve aussi toute sa pureté, il faut le mettre au frais, autant que possible dans une cave, et il ne faut pas qu'un tube qui a été ouvert serve le lendemain ou les jours suivants ; par conséquent tout tube ouvert doit être employé dans la journée, et le reste du tube doit être absolument rejeté.

« Quand on agit avec trop de précipitation, parce qu'on est pressé par le temps et par le grand nombre de porcs à vacciner, il peut arriver, sans qu'on le remarque, que l'aiguille de la seringue traverse la peau, et le liquide vaccinal est rejeté au dehors. Il peut se faire surtout qu'on néglige de relever le curseur, et que, en poussant le piston, il n'entre pas du tout de liquide vaccinal sous la peau. Dans ces circonstances, s'il s'agit de la première inoculation préventive, comme le premier vaccin n'a pas été introduit dans l'économie, le second vaccin, plus actif, peut provoquer la mort.

« Il faut également veiller, surtout quand on inocule le premier vaccin, à ce que des porcs ne s'échappent pas des mains de la personne qui les présente à l'opérateur. Ces porcs viennent se mêler aux autres et reçoivent le deuxième vaccin sans avoir été déjà partiellement préservés par le premier. De là des accidents possibles.

« Autre circonstance à laquelle il faut bien prendre garde : la seringue plus ou moins pleine renferme très souvent de l'air au-dessus du liquide. Si la position de la main de l'opérateur présente la seringue de telle sorte que la bulle d'air soit en haut de la seringue, près de l'aiguille, le piston pousse de l'air, et ainsi on n'a pas vacciné du tout. Ce manque de précaution est fréquent. »

En résumé, le manuel opératoire est le même que pour la vaccination charbonneuse. On inocule successivement deux virus inégalement atténués ; le second, le moins atténué, est inoculé douze ou quinze jours après le premier. L'inoculation se fait au plat de la cuisse, dans le tissu sous-cutané, au moyen de la seringue Pravaz, qui peut être nettoyée et désinfectée comme on l'a vu à propos de la vaccination charbonneuse. Les porcs doivent être inoculés avant l'âge de quatre mois, parce que les animaux jeunes sont moins susceptibles et parce que les différences de réceptivité imprimées par la race sont alors peu accusées. L'immunité conférée à cet âge peut durer un an et même quinze ou dix-huit mois ; elle est généralement suffisante pour préserver désormais les animaux durant leur vie économique ordinaire. Pour ceux qu'on garde en vue de la reproduction on peut répéter la vaccination tous les ans ; il est de la sorte facile de préserver les mâles et les femelles destinés à être conservés plusieurs années. L'immunité est d'ailleurs d'autant mieux assurée que l'inoculation a plus éprouvé les opérés. L'inoculation ne préserve pas les sujets déjà malades ou contaminés ; elle ne peut qu'aggraver leur état ; il faut donc ne la pratiquer que sur ceux qui ne sont pas encore infectés ; et dans les localités à rouget, c'est avant l'éclosion de l'épizootie qu'il convient d'y recourir. Pendant les douze ou quinze jours qui suivent la première inoculation et durant un même laps de temps après la seconde, il faut éviter aux opérés toutes les influences qui pourraient les débiliter ; il faut les tenir proprement et au sec, leur donner une nourriture saine et facile à digérer, leur éviter la fatigue, les refroidissements, etc.

Malgré toutes les précautions, des accidents sont possibles. Après l'inoculation du premier vaccin, certains animaux peuvent prendre un rouget mortel, d'autres un rouget grave, mais curable plus ou moins rapidement ; d'autres des accidents passagers (une inflammation locale, une tache rouge, un bouton, une croûte au point inoculé, de la raideur ou de la paralysie du membre vacciné, la paralysie du train postérieur avec gonflement des ganglions inguinaux, une élévation très considérable de la température pouvant aller jusqu'à 42°, la perte de l'appétit, la constipation). Les accidents consécutifs à la première inoculation peuvent se montrer à partir du premier jour et pendant les quatre ou cinq jours suivants. Après l'inoculation du second vaccin on peut voir se produire les mêmes accidents passagers qu'à la suite du premier, mais moins nombreux, et sur quelques sujets un rouget curable. Les animaux vaccinés peuvent propager la maladie. Les accidents après la vaccination se montrent, a-t-on vu, du premier au quatrième jour ; la mort peut survenir en un, deux, trois, quatre, cinq, six jours après l'inoculation. Chez certains vaccinés, peuvent se produire des taches rouges sur le corps qui prennent quelquefois un caractère gangreneux. La vaccination ralentit l'accroissement des animaux. De tout quoi il ressort que, comme pour la vaccination charbonneuse, les vétérinaires feront bien de tâter le terrain, en expérimentant d'abord sur une petite échelle. Ils feront bien également, afin de s'éviter des ennuis dans la suite, non seulement de bien suivre les prescriptions du manuel opératoire, mais encore d'éclairer les propriétaires sur les aléas possibles de l'opération et sur les dangers, aussi minimes soient-ils, qui lui sont inhérents.

§ II. — Pneumo-entérite infectieuse du porc.

La pneumo-entérite infectieuse est une maladie microbienne, contagieuse, épizootique, s'accompagnant ordinairement de rougeurs à la surface du corps, mais se caractérisant surtout par des modifications plus ou moins accusées de la fonction respiratoire et de la fonction digestive, ainsi que par des lésions de l'appareil respiratoire et de l'appareil digestif, du système ganglionnaire, etc., et, par la virulence des produits morbides, des lésions, du sang, etc. Elle est déterminée par la pullulation d'un microbe spécial, très différent de celui du rouget proprement dit. Elle attaque particulièrement le porc, mais elle peut se transmettre à d'autres espèces (Galtier). Elle attaque toutes les races de porcs et frappe surtout les animaux jeunes ; elle est très contagieuse, et, une fois introduite dans une porcherie, elle rend malades à peu près tous les animaux qu'elle renferme. Malgré des ressemblances symptomatiques et anatomo-pathologiques plus ou moins prononcées avec le rouget, la pneumo-entérite est une affection absolument distincte.

On a tout d'abord distingué deux maladies infectieuses différentes que l'on croit pouvoir identifier aujourd'hui sous la désignation de pneumo-entérite infectieuse, la *pneumonie infectieuse* (*Schweine-seuche, Swine-plague*) et la *pneumo-entérite infectieuse* (*Choléra-hog, Schweine-pest, Swine-fever, entérite-diphtéritique* ou *diphtérite*). Ces deux maladies, qui ressemblent au rouget par la survenance de taches rouges sur le corps des animaux, ont été d'abord distinguées entre elles d'après des différences constatées dans les caractères du microbe pathogène, dans l'aspect de ses cultures, dans les résultats de son inoculation, et dans la localisation ou l'extension des lésions à tels ou tels organes. Mais il semble bien que, jusqu'à plus ample démonstration, ces deux affections doivent être identiques. Distinctes du rouget, elles semblent ne former à elles deux qu'une seule et même maladie dont les symptômes et les localisations anatomo-pathologiques peuvent varier et se montrer plus ou moins complexes, dont le microbe peut également présenter certaines variations dans ses caractères et sa morphologie, dont l'inoculation enfin peut prendre parfois sur certains animaux et d'autrefois échouer. C'est la maladie qui a été étudiée en Allemagne par Loffler et Schütz (*pneumonie contagieuse du porc, Schweine-seuche*), en Angleterre par Klein (*pneumo-entérite infectieuse, Swine-fever*), en Amérique par Salmon (*Swine-plague, Choléra-hog*), en France par Cornil et Chantemesse (*pneumonie contagieuse et pneumo-entérite infectieuse*), par Rietsch, Jobert et Martinand (*pneumonie contagieuse*), par Nocard (*pneumo-entérite infectieuse*), par Galtier (*pneumo-entérite infectieuse*), en Danemark par Bang, en Russie par Semmer et Nonewitsch, etc. Salmon, qui en a donné une des études les plus complètes, l'a désignée d'abord sous le nom *Swine-plague* et ensuite sous celui de *Choléra-hog* ; en France, Cornil et Chantemesse l'ont d'abord considérée comme une pneumonie contagieuse et ils lui ont ensuite attribué le nom de pneumo-entérite infectieuse proposé par Klein. On s'accorde d'autre part, avec Salmon, à lui reconnaître un caractère infectieux et épizootique et à proclamer la grande variabilité de sa virulence, qui se traduit par le nombre plus ou moins considérable d'animaux atteints dans un temps donné, par la rapidité plus ou moins grande de son évolution et par sa gravité.

Klein, à qui l'on doit une étude importante de la maladie, avait établi dès 1878 sa transmissibilité. Il a toujours pensé que le choléra-hog et la swine-plague ne formaient qu'une seule et même entité morbide, la swine-fever. Il a obtenu l'affection en inoculant ou en nourrissant des porcs sains avec de la matière empruntée soit à des poumons malades, soit à des intestins, soit à l'exsudation péritonéale ; et il a reconnu que dans les divers cas les poumons et les intestins devenaient malades.

La description qui va suivre embrassera donc la pneumo-entérite infectieuse tout entière, c'est-à-dire la pneumonie contagieuse et le choléra-hog, qui doivent jusqu'à nouvelle preuve du contraire, être regardés comme ne formant qu'une seule affection.

SYMPTÔMES.

La pneumo-entérite infectieuse du porc est fréquente dans certaines régions où elle peut occasionner des pertes assez élevées. De même que pour le rouget, les mauvaises conditions hygiéniques jouent un rôle important dans les épizooties de choléra-hog, affaiblissant les animaux et les prédisposant à la contagion ou aggravant la maladie. Cette affection marche plus lentement que le rouget ; elle peut faire périr jusqu'à 60 p. 100 des malades et même au delà ; elle peut laisser un état chronique persistant pendant plusieurs mois. Ses symptômes, comme ceux du rouget, dénotent un trouble de la circulation et une intoxication de l'organisme.

L'incubation est plus longue que dans le rouget ; sa durée est toutefois très variable suivant l'âge et l'état des animaux, suivant la quantité et le degré d'activité du virus introduit dans l'organisme ainsi que suivant son mode de pénétration. Elle peut n'être que de quelques jours ou se prolonger pendant vingt et trente jours.

Les symptômes de la pneumo-entérite infectieuse du porc, son évolution, sa gravité, varient beaucoup suivant l'étendue et la dissémination des lésions, suivant l'âge des sujets et les conditions hygiéniques qui les environnent. D'autre part la maladie évolue plus ou moins rapidement et se montre plus ou moins grave, plus ou moins infectieuse, suivant le degré d'activité de son virus, qui est, avons-nous dit déjà, sujet à de grandes variations. Quand son virus est plus ou moins atténué, l'affection est plus ou moins chronique, s'accompagnant d'inappétence, d'affaiblissement, d'amaigrissement, de diarrhée, d'ulcérations intestinales, de toux, d'expectoration, etc. ; elle peut durer un mois, plusieurs mois et se terminer par une guérison plus ou moins complète en apparence. Lorsque le virus est très actif, la maladie évolue plus rapidement et se caractérise mieux, la diarrhée peut devenir sanguinolente ; la circulation est manifestement embarrassée ; les lésions internes prennent le caractère hémorrhagique et envahissent la plupart des organes.

Le début de la maladie est souvent insidieux : et les premiers symptômes observés n'ont pas une signification bien nette. Ce sont des symptômes généraux, de l'inappétence, de la nonchalance, de la tristesse, de la faiblesse, de la fatigue, de la fièvre ; les animaux restent à peu près constamment couchés, recherchent l'obscurité et grognent d'une façon plaintive lorsqu'on les dérange. La fièvre est plus ou moins intense ; la température s'élève plus ou moins considérablement, atteignant 41°, 42°, ou plus ; la circulation est accélérée, ainsi que la respiration, surtout quand les lésions doivent envahir l'appareil respiratoire.

Les signes du début s'accusent de plus en plus et sont promptement suivis d'autres symptômes plus caractéristiques. Bientôt il y a de la prostration, de la torpeur, et la faiblesse va croissant ; les animaux semblent parfois comme endormis ou enivrés, ont de la peine à se tenir debout, restent couchés, le groin enfoncé sous la litière, se relèvent avec peine, ne se déplacent que difficilement et marchent en titubant ; le train postérieur est faible, quasi paralysé, ses mouvements sont difficiles. On observe parfois des tremblements musculaires, des contractures ; il y a quelquefois même de la paraplégie et d'autres fois on observe chez certains malades une action manifeste de pousser au mur. Il y a ordinairement de la constipation au début ; les excréments sont durs, et recouverts de mucosités. L'inappétence peut devenir absolue, et des troubles profonds se montrent généralement du côté de la fonction respiratoire, de la fonction digestive et de la circulation.

A la période d'état les troubles de la circulation font rarement défaut, et il en est de même de ceux de la respiration et de la digestion. Tantôt il y a prédominance des symptômes respiratoires et tantôt ce sont ceux de l'appareil digestif qui sont les plus accusés, suivant que la contagion s'est faite par inhalation ou par ingestion; mais le plus souvent la forme thoracique et la forme abdominale coexistent, et l'on observe à des degrés variables les signes de l'une et de l'autre.

Quand des lésions se sont formées dans les organes de l'appareil digestif, quand la maladie revêt la forme gastro-intestinale ou se complique de la survenance de cette forme, on observe des signes de la plus grande netteté. Il y a parfois persistance de la constipation pendant quelque temps; et la rétention des matières fécales s'accompagne alors de tympanisme. Mais généralement la diarrhée ne tarde pas à se montrer; elle est abondante, fluide, blanchâtre ou jaunâtre, muqueuse, séreuse, quelquefois sanguinolente, mousseuse et d'une fétidité spéciale. Le ventre est douloureux, et l'amaigrissement fait des progrès rapides. On a observé quelquefois des vomissements, un engorgement sous-maxillaire et des plaques jaunes diphtéritiques au fond de la gorge, ou même des ulcérations sur les bords ou en dessous de la langue, sur les gencives ou sur la muqueuse des joues, etc.

Quand la forme thoracique prédomine, lorsqu'elle existe seule ou accompagnée de la forme abdominale, on observe des modifications importantes de la fonction respiratoire, qui se montrent rarement sans troubles gastro-intestinaux concomitants. Il y a une gêne respiratoire plus ou moins accusée; la respiration est accélérée, les animaux battent du flanc; les yeux deviennent quelquefois pleureurs; un jetage muqueux plus ou moins abondant s'écoule par les naseaux; les malades font entendre fréquemment une toux profonde, rauque, quinteuse, pénible et douloureuse; on peut constater de la matité et des bruits anormaux, des râles, dans la poitrine.

Dans la plupart des cas, que ce soit la forme thoracique ou la forme abdominale qui prédomine, on ne tarde pas à voir se montrer des modifications profondes dans la couleur de la peau. Des taches rouges, plus ou moins étendues et plus ou moins foncées, consistant tantôt en une sorte d'érythème diffus, et tantôt en plaques irrégulières, allant du rouge vif au rouge vineux, au violet foncé ou presque noir, se montrent dans diverses régions, aux oreilles, dont l'épiderme s'exfolie ensuite, au cou, à l'ars, sous le ventre, à l'aine, au périnée, à la face interne des membres. Ces taches peuvent faire défaut et le porc mourir avant qu'elles aient eu le temps de se produire; elles apparaissent ordinairement quand la maladie est bien développée; toutefois elles sont généralement moins constantes, moins étendues et moins intenses que dans le rouget. On peut voir se former parfois pendant le cours de la maladie, sous le ventre et au plat des cuisses, de petites papules.

Les urines deviennent ordinairement albumineuses.

Les symptômes du début et même ceux de la période d'état n'ont rien d'absolument pathognomonique. Cependant ils permettent de reconnaître exactement la nature de l'affection, quand on les observe sur des animaux qui ont été exposés à la contagion, qui proviennent d'une localité où la pneumo-entérite existe, qui font partie d'un troupeau où il y a eu d'autres cas, etc.

La pneumo-entérite évolue plus lentement que le rouget. Elle peut durer de quelques jours à plusieurs mois. Elle peut tuer les animaux en 2, 3, 4, 5, 6, 7, 8 jours, ou les laisser vivre plusieurs semaines et plusieurs mois. Elle dure généralement quelques jours, tantôt 10-12 jours, le plus souvent de 20 à 30 jours, quelquefois cinq, six semaines. Elle est très souvent mortelle, surtout quand la forme thoracique est très accusée, quand les animaux sont jeunes, quand ils sont mal tenus, pendant la saison froide qui semble favoriser l'évolution de la forme thoracique, etc. On a eu observé une mortalité de 60 p. 100 parmi les porcs atteints ; d'ailleurs la proportion peut être tantôt plus faible, tantôt plus forte suivant les épizooties, suivant les conditions hygiéniques, suivant les races, les âges, etc. La mort peut survenir pendant l'état aigu, pendant la période d'état, alors que les malades ont déjà considérablement maigri ; elle est annoncée par l'aggravation des symptômes précités. Elle peut survenir plus tard, lorsque la maladie a revêtu le type chronique, ce qui n'est point absolument rare.

Dans l'état chronique qui fait suite parfois à la période d'acuité, les malades restent plus ou moins profondément atteints. La toux, le jetage, la diarrhée peuvent persister, l'amaigrissement se maintenir ou se prononcer de plus en plus, la consomption se produire et la mort survenir plusieurs semaines après le début du mal. On a signalé parfois une véritable jaunisse vers la fin de la maladie. On a également signalé, à la suite de la période d'état, la formation de plaques noirâtres à la surface du corps, aux oreilles, etc., par l'accumulation insolite de poussières et de saletés.

Dans certains cas la pneumo-entérite peut se terminer par la guérison complète, et l'immunité semble alors acquise ; mais le plus ordinairement, quand les animaux résistent, la guérison n'est qu'apparente, les lésions chroniques plus ou moins étendues persistant et faisant paraître les malades plus ou moins incomplètement rétablis suivant leur importance. Ceux qui gardent des lésions nombreuses ou étendues restent chétifs, toussent, viennent mal, ont l'appétit capricieux, etc. ; ceux qui n'ont que des lésions insignifiantes peuvent paraître presque rétablis, hormis que la toux peut persister parfois. Les uns et les autres sont dangereux; comme les animaux qui ont eu la péripneumonie, ils peuvent être des foyers de contagion et transmettre la maladie à leurs descendants, si on les utilise pour la reproduction.

Le pronostic de la pneumo-entérite infectieuse du porc est **grave** : à cause de la mortalité considérable qu'elle peut déterminer; **à cause** de son excessive contagiosité; à cause de son caractère épizootique; à cause de la conservation de son virus dans les milieux extérieurs; à cause du danger que constituent les animaux incomplétement guéris et même certains sujets guéris en apparence.

LÉSIONS.

Les lésions de la pneumo-entérite sont plus ou moins accusées et plus ou moins caractéristiques suivant la durée de la maladie. Sur les animaux qui succombent rapidement, on peut ne rencontrer que des lésions congestionnelles, hémorrhagiques et exsudatives. On observe notamment : de la congestion, des taches ecchymotiques, des suffusions hémorrhagiques dans le derme, dans le tissu sous-cutané, dans le tissu intermusculaire, sur le péritoine, sur la plèvre, sur le péricarde, sur le myocarde et sur les viscères; de la congestion et des hémorrhagies dans certains lobules pulmonaires, ainsi que l'infiltration du tissu interlobulaire et la congestion de la muqueuse bronchique ; de la congestion, des taches et des suffusions hémorrhagiques, ainsi que des érosions ou désquamations épithéliales, sur la muqueuse gastro-intestinale ; la congestion du foie, de la rate, des reins, etc. ; la congestion, un piqueté hémorrhagique, l'infiltration et l'hypertrophie des ganglions. Mais, quand la maladie a duré quelques jours, ce qui est le cas le plus ordinaire, on observe des lésions beaucoup plus nettes et plus caractéristiques. On peut en rencontrer dans la plupart des organes, dans l'appareil locomoteur, dans l'appareil respiratoire, dans l'appareil digestif, dans l'appareil génito-urinaire, dans l'appareil de la circulation, etc.

A la surface du corps, on rencontre les taches rouges ou violacées apparues durant la vie des malades. La face interne du derme et le tissu sous-cutané se montrent plus ou moins congestionnés et parsemés de suffusions sanguines, principalement au niveau des taches; il y a en ces endroits une certaine infiltration jaunâtre du tissu sous-cutané, et le lard est plus ou moins rougeâtre. Des lésions congestionnelles et hémorrhagiques peuvent se rencontrer dans certains muscles et sur certaines synoviales articulaires et tendineuses, qui sont même parfois devenues le siège d'une inflammation exsudative.

Les lésions de l'appareil respiratoire, qui peuvent être plus ou moins étendues et plus ou moins accusées suivant les cas, font rarement défaut;

elles sont plus constantes et plus prononcées que dans les cas de rouget.
On peut observer des taches hémorrhagiques, des suffusions sanguines
sur la muqueuse respiratoire, qui peut se montrer plus ou moins épaissie ; on rencontre souvent des lésions de broncho-pneumonie et parfois
des lésions de pleurite exsudative. La muqueuse bronchique est plus ou
moins enflammée, épaissie, infiltrée, catarrhale, surtout dans les fines
bronches ; on trouve à sa surface un mucus plus ou moins abondant,
parfois sanguinolent ; avec les lésions de la bronchite on observe celles
de la pneumonie.

Le poumon se montre parfois ecchymosé, criblé çà et là de foyers
hémorrhagiques ; son tissu interlobulaire est plus ou moins épaissi,
infiltré, œdématié dans les parties atteintes, et laisse suinter à la coupe
un liquide visqueux. Cette infiltration du tissu interstitiel est concomitante de lésions intéressant les lobules. Quelquefois on rencontre les
lésions d'une pneumonie fibrineuse intéressant sans discontinuité une
étendue plus ou moins considérable du poumon ; mais le plus ordinairement ce sont des pneumonies lobulaires, plus ou moins disséminées
ou réunies par amas et suspendues à la terminaison des bronches les
plus malades, qu'on constate sur les animaux qui ont présenté des
symptômes pulmonaires. C'est donc principalement, sous forme de
noyaux de broncho-pneumonie, et sous forme d'amas de pneumonie
lobulaire, que l'on observe les lésions pulmonaires proprement dites.

Les parties de poumon qui sont malades se montrent d'abord congestionnées, rougeâtres, avec tendance hémorrhagique, offrant çà et
là des points plus foncés où le sang s'est épanché ; ensuite il se produit
une véritable hépatisation avec exsudation fibrineuse abondante dans
les alvéoles pulmonaires, qui se remplissent de sang extravasé et de
matière fibrineuse. Les parties malades prennent alors une teinte rouge-
jaunâtre avec des points très foncés disséminés çà et là. Le tissu malade s'écrase facilement sous la pression du doigt ; la coupe a un aspect
grenu et nuancé de teintes variables, de jaune, de brun, de rouge plus
ou moins foncé, comme la coupe du lobule péripneumonique ; et de
fait, grâce à l'infiltration du tissu interlobulaire, grâce aux pneumonies
lobulaires fibrineuses, les lésions de la pneumo-entérite ressemblent
vaguement à celles de la péripneumonie.

A l'examen microscopique on constate aisément la réplétion des infundibula et des fines bronches par de la fibrine et du sang extravasé ;
on rencontre le microbe pathogène dans les produits exsudés et dans
les vaisseaux.

La plèvre devient assez souvent malade, quand il y a de la broncho-
pneumonie ; on peut la trouver ecchymosée, piquetée, parsemée de
suffusions sanguines ou bien nettement enflammée. La broncho-pneumonie peut se compliquer d'une pleurite avec exsudation fibrineuse. La
plèvre est alors enflammée dans des étendues variables sur l'un ou l'au-

tre de ses feuillets, souvent sur les deux, et principalement sur le feuillet pulmonaire. Elle se montre congestionnée, épaissie, infiltrée, recouverte çà et là de pseudo-membranes fibrineuses jaunâtres ou jaune grisâtre plus ou moins abondantes ; on trouve une certaine quantité de liquide épanché, séreux, sanguinolent, parfois entremêlé de flocons fibrineux.

Quand la maladie ne fait pas périr les animaux, quand elle passe à l'état chronique, les lésions broncho-pneumo-pleurales peuvent aboutir, comme d'autres d'ailleurs, à la caséification et simuler beaucoup celles de la tuberculose. Cette particularité n'a pas assez attiré l'attention jusqu'à présent ; et pourtant il y a un grand intérêt à ne pas commettre de confusion. Schütz, ayant contaminé des porcs par inhalation avec le virus de la Schweine-seuche (pneumonie infectieuse), en vit périr la plupart avec des lésions de broncho-pneumonie ; mais d'autres succombèrent en présentant des lésions caséeuses semblables à des masses tuberculeuses dans les ganglions et dans d'autres organes. J'ai pour mon compte examiné plusieurs cas de pneumo-entérite chronique du porc, rencontrés dans les abattoirs de Lyon, et j'ai pu me convaincre que les lésions caséeuses que l'on constate simulent beaucoup celles de la tuberculose. Je cite notamment le fait suivant : un jeune porc de dix à douze mois présentait, avec un certain état de maigreur, de nombreuses lésions caséeuses dans les poumons, dans les ganglions bronchiques et sur la plèvre ; ces lésions ressemblaient à celles de la tuberculose ; elles formaient des amas de nodosités dans le poumon, des foyers dans les ganglions et des nodules sur la plèvre ; l'examen bactériologique, la culture et l'inoculation donnèrent la preuve que c'était la pneumo-entérite et non la tuberculose. J'ai d'autre part acquis la certitude que la même affection (pneumo-entérite) et d'autres broncho-pneumonies infectieuses peuvent donner chez les grands ruminants des lésions qui ressemblent beaucoup à celles de la tuberculose. Enfin Cornil et Chantemesse ont signalé l'existence, au niveau des côtes, de tumeurs fibreuses, sous-cutanées, dures, lobulées, avec ilots caséeux, simulant des productions tuberculeuses.

Les lésions que la pneumo-entérite laisse ordinairement dans les organes de l'appareil digestif sont de la plus grande importance. On trouve des ulcérations sur la muqueuse dans la plupart des cas, lorsque la maladie a eu une certaine durée. On a signalé l'existence d'ulcérations gangréneuses sur la muqueuse buccale au niveau des gencives, du sillon labio-gingival, sur la langue, etc.

Le péritoine est souvent altéré, ecchymosé, pointillé, congestionné. On peut trouver des extravasations sanguines sous-séreuses au niveau du gros intestin, sur la rate, sur l'épiploon, dans le mésentère, etc. Il n'est pas rare d'observer les lésions d'une véritable péritonite avec lésions de la séreuse, exsudat fibrineux gris jaunâtre à la surface des viscères et épanchement, comme dans la plèvre. Le mésentère et le méso-côlon peuvent se montrer infiltrés et plus ou moins épaissis.

L'estomac, quoique moins souvent et moins profondément lésé que l'intestin, peut présenter certaines altérations. Sa muqueuse peut se montrer congestionnée, enflammée, d'un rouge intense, parsemée d'ecchymoses, de taches ou de plaques hémorrhagiques, d'extravasations sanguines à sa surface ou dans le tissu sous-muqueux, parfois érodée par places et recouverte d'un exsudat fibrineux gris jaunâtre.

Les intestins sont presque toujours plus ou moins altérés; les lésions se montrent surtout dans le gros intestin, mais on peut les rencontrer aussi dans l'intestin grêle; elles sont très variables par leur degré, par leurs caractères et par leur aspect suivant les cas. Dans l'intestin grêle, surtout dans l'iléon et aussi parfois dans les autres parties, on constate une congestion plus ou moins intense, des taches et des suffusions hémorrhagiques et quelquefois des érosions superficielles. Ordinairement les follicules isolés et les plaques de Peyer de l'iléon sont altérés et la muqueuse est plus ou moins épaissie, infiltrée et rigide. Les follicules sont turgides, saillants ou ulcérés, entourés d'une zone noirâtre ; les plaques de Peyer peuvent se montrer considérablement épaissies, surtout au voisinage de la valvule iléo-cæcale; elles sont indurées, plus ou moins rigides, fortement chagrinées, tantôt recouvertes d'exsudations pseudo-membraneuses, fibrineuses, gris jaunâtre, très adhérentes, et tantôt érodées ou ulcérées çà et là en dessous des fausses membranes. La valvule iléo-cæcale est généralement très altérée dans ces cas; elle est tuméfiée, infiltrée, ulcérée et recouverte d'une pseudo-membrane fibrineuse.

Au-delà de la valvule iléo-cæcale, dans le cæcum et dans le côlon, les lésions sont encore plus constantes et plus accusées. Suivant que la maladie a duré plus ou moins, on rencontre des lésions congestionnelles, hémorrhagiques, exsudatives, nécrosiques, ulcératives. Dans les cas récents, on constate, comme sur l'intestin grêle, mais d'une façon plus accusée, de la congestion de la muqueuse, son épaississement, son infiltration, des taches et des suffusions hémorrhagiques, des exsudations fibrineuses et des érosions superficielles. Lorsque la maladie est plus avancée, on peut voir la muqueuse parsemée de taches nécrosées, noirâtres, entourées d'une zone de tissu jaunâtre, infiltré; on trouve des ulcérations plus ou moins nombreuses, plus ou moins étendues et plus ou moins profondes, qui font suite à la nécrose. Ces ulcérations n'arrivent pas à perforer l'intestin ; à leur niveau plus qu'ailleurs la paroi de l'intestin est épaissie, infiltrée, indurée et friable. Elles sont recouvertes d'exsudats fibrineux, jaunâtres ou grisâtres, ou d'un détritus gangréneux, pultacé, noirâtre, brunâtre, ou jaune verdâtre. Elles peuvent présenter un diamètre de 1 à 5 centimètres ; elles sont plus ou moins régulièrement circulaires et de profondeur variable. Leur fond est brunâtre ou jaunâtre et d'aspect grenu; leurs bords sont plus ou moins épaissis, surélevés et durs. La muqueuse est épaissie, ridée et parfois recouverte d'une exsudation pseudo-membraneuse entre les ulcérations. La surface péritonéale est alors enflammée, injectée, ecchymosée, et se recouvre d'un exsudat fibrineux, qui à la longue peut faire place à du tissu fibreux, maintenant soudées les anses de l'intestin.

Les lésions intestinales, même celles du cæcum et du côlon, peuvent manquer plus ou moins sur certains malades; on peut ne rencontrer parfois que des lésions hémorrhagiques; d'autres fois on trouve seulement quelques rares ulcérations dans le cæcum ou simplement des follicules hypertrophiés. A l'état chronique on peut trouver des points où la paroi de l'intestin est épaissie, indurée et comme fibreuse; on peut également rencontrer de petites tumeurs nodulaires, blanchâtres, caséeuses, semblables à des tubercules qui se seraient formés dans les follicules.

Les lésions intestinales sont provoquées par les microbes de la pneumo-entérite qui sont ingérés avec les aliments; elles commencent par l'inflammation et l'exsudation qui s'accompagne de nécrose; elles envahissent progressivement les couches profondes; et les parties nécrosées, en se détergeant, mettent à nu les ulcérations. Ensuite divers microbes de l'intestin pénètrent dans les tissus à la faveur des ulcères, vont se mélanger avec ceux de la maladie : et on les retrouve avec eux dans les lésions de l'intestin, dans les exsudats pseudo-membraneux, dans les glandes, dans les follicules altérés, à la surface du péritoine, dans les vaisseaux lymphatiques du mésentère et jusque dans les ganglions.

Les ganglions de la cavité abdominale, les ganglions mésentériques surtout et les ganglions sous-lombaires, sont très manifestement altérés, tuméfiés, congestionnés et infiltrés; leur couche corticale se montre vivement congestionnée et criblée d'hémorrhagies, noirâtre ou violacée; la partie centrale est infiltrée, jaunâtre ou jaune rougeâtre et elle suinte à la coupe. Quand l'affection revêt le type chronique les lésions ganglionnaires changent d'aspect et de caractères; on peut alors rencontrer dans les ganglions des foyers de caséification ou de ramollissement purulent, du tissu blanchâtre, induré, sclérosé avec ou sans îlots caséeux; en sorte que de prime abord on pourrait croire à des lésions tuberculeuses, mais le bacille de Koch fait défaut et c'est celui de la pneumo-entérite qu'on trouve.

Le foie et la rate peuvent aussi présenter des lésions; ils sont plus ou moins congestionnés et hypertrophiés. Le foie peut non seulement être congestionné, tacheté de foyers hémorrhagiques, mais encore présenter à sa surface et dans son épaisseur des îlots grisâtres, jaunâtres, caséeux, nécrosés; on rencontre aussi des traces d'exsudat à sa surface. La rate peut également présenter des foyers hémorrhagiques.

Les reins sont souvent altérés, congestionnés, criblés d'hémorrhagies, piquetés; les urines sont foncées, et la muqueuse vésicale plus ou moins ecchymosée.

L'appareil circulatoire est plus ou moins altéré. Outre les ganglions qui ont éprouvé les modifications précédemment indiquées, et qu'on peut observer non seulement sur ceux de la poitrine et de l'abdomen, mais encore sur ceux du tronc, le péricarde et l'endocarde sont souvent atteints. Il n'est pas rare d'observer des lésions de péricardite exsudative, des ecchymoses sous le péricarde viscéral et sous l'endocarde du cœur gauche. Toutefois le sang parait peu modifié.

Enfin des lésions congestionnelles, hémorrhagiques et exsudatives peuvent se montrer dans les centres nerveux.

Toutes les lésions aiguës renferment les microbes pathogènes en quantité plus ou moins considérable; on en trouve dans les exsudats, dans les lésions des organes respiratoires, dans celles de l'appareil digestif, dans les lésions intestinales, dans le foie, dans les ganglions, dans les reins, dans l'urine, dans les excréments, dans le sang, etc. Toutefois, dans les cas chroniques, l'examen bactériologique du sang et des organes peut parfois laisser planer des doutes, et il est bon alors de recourir à l'inoculation ou à la culture.

ÉTIOLOGIE.

La pneumo-entérite du porc est, comme le rouget, une maladie microbienne, infectieuse et contagieuse. Les influences débilitantes générales, qui ont été signalées comme pouvant prédisposer au rouget, ou l'aggraver, jouent le même rôle à l'égard de la pneumo-entérite; il en est de même du jeune âge qui rend les animaux plus susceptibles vis-à-vis de cette maladie, alors qu'il agit différemment vis-à-vis du rouget. Mais, pour la pneumo-entérite, comme pour le rouget proprement dit, la cause déterminante est l'infection, la contagion, l'introduction et la pullulation dans l'organisme d'un microbe spécial fourni directement par un malade, ou puisé dans les milieux extérieurs. La contagion de la pneumo-entérite est bien démontrée par l'observation et par l'expérimentation. La maladie sévit avec le caractère épizootique. Elle attaque à peu près tous les animaux dans les porcheries où elle se montre. Elle se transmet par les rapports qu'entraîne la cohabitation. Elle se propage par les relations de voisinage. Elle se montre dans les fermes et les localités indemnes à la suite de l'importation d'animaux malades ou contaminés venant de localités infectées. Elle est disséminée par le commerce, par le déplacement des malades ou des contaminés, par les foires et les marchés. Elle est transmissible expérimentalement par la mise en œuvre de divers modes de contagion, par ingestion et par inoculation. Elle est plus fréquente qu'on ne pense, à en juger d'après les cas qu'on rencontre parfois dans les abattoirs sur des animaux qui ne paraissent pas malades.

Sièges du virus. — Sa nature. — Bacille de la pneumo-entérite, ses caractères, sa conservabilité. — Toutes les lésions, tous les organes malades et les produits morbides sont virulents. Le sang peut aussi contenir le virus, mais il est souvent pauvre en microbes. C'est surtout dans les ganglions, dans le foie, dans les reins, dans les lésions intestinales, dans les lésions pleuro-pulmonaires, qu'ils existent en abondance. On les trouve aussi dans les matières expectorées, dans le jetage, dans les exsudats des séreuses, dans les excréments, dans l'urine, etc. Les malades qui ont de la diarrhée, ceux qui rendent des urines foncées, ceux qui jettent, sont particulièrement dangereux, rejetant à tous les instants des quantités considérables de microbes qui servent ensuite à infecter d'autres animaux. Les cadavres, les débris cadavériques, les objets divers, qui ont été souillés, servent d'intermédiaires pour propager l'affection.

Après les premiers travaux de Klein, Löffler, Eggeling, Schütz, avaient distingué du rouget une maladie (Schweineseuche. — Pneumonie infectieuse du porc) déterminée par une bactérie ovoïde, inoculable à la souris, au cobaye et au lapin. Salmon isola ensuite et cultiva, en Amérique, un microbe semblable à celui de Löffler et Schütz. D'autres expérimentateurs (Cornil et Chantemesse, Selander, etc., etc.) ont ensuite étudié le même micro-organisme.

Le bacille du choléra du porc se présente sous une forme courte et quasi ovale et sous la forme de bâtonnets 2, 3, 4, 5, 6 fois plus longs que larges, terminés par des extrémités ovalaires. Ces deux formes se trouvent associées dans le sang et dans les lésions des animaux qui ont succombé rapidement. Deux ou plusieurs articles peuvent se trouver accolés bout à bout, et simuler un 8 de chiffre, une diplo-bactérie, une courte chaîne. Ses dimensions, qui varient suivant les milieux, suivant son origine, se trouvent généralement comprises entre $0\mu,5$ à 2μ de longueur et $0\mu,3$ à $0\mu,5$ d'épaisseur.

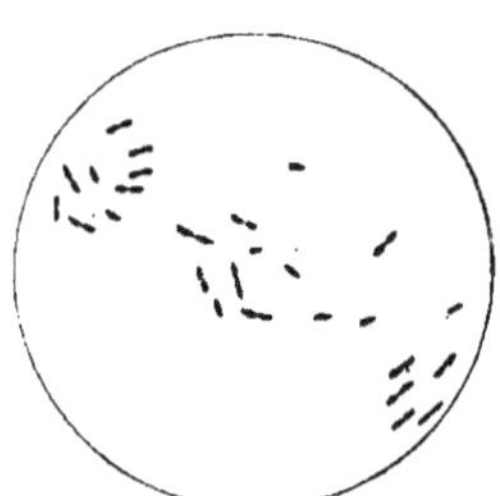

Fig. 114. — Pneumo-entérite. — Culture en bouillon.

Il a paru immobile à certains ; mais on s'accorde généralement à lui reconnaître un caractère opposé et à le considérer comme mobile, contrairement à celui du rouget. Il est facile à colorer par les solutions hydro-alcooliques de violet de gentiane, de violet de méthyle, de bleu de méthylène, etc. ; mais il ne se colore pas par le procédé de Gram et de Weigert contrairement à celui du rouget. Il offre parfois, quand il a été coloré faiblement, un espace plus clair vers son milieu, surtout lorsqu'on a employé le bleu de méthylène. Il est aisé d'en obtenir de belles préparations en se servant de la pulpe d'organes malades ou de cultures, ou de coupes ; dans les préparations faites avec les lésions, on en voit souvent qui se trouvent englobés en plus ou moins grand nombre dans des cellules.

Il se cultive facilement dans les bouillons, sur la gélatine, la gélose et la pomme de terre. Il est aérobie et anaérobie ; il se cultive entre 18° et 45° sans donner des spores. Il se conserve et se multiplie même dans l'eau distillée où il vit pendant plus de quinze jours. Il vient bien dans les bouillons additionnés ou non de peptone, neutres ou même légèrement acides ; il se développe et se conserve des mois (Selander) dans un bouillon contenant 7,5 p. 100 de sel marin ; il vient bien dans le lait et aussi dans les infusions végétales (Galtier). La culture en milieux liquides n'offre rien de caractéristique par son aspect ; à l'étuve à 37°-38°, le bouillon se trouble, et, dans la suite, il se forme un précipité jaune blanchâtre au fond du ballon.

Le bacille de la pneumo-entérite, cultivé sur la gélatine, ne la liquéfie pas ; il donne, en deux ou trois jours, des colonies visibles à la loupe à la surface du milieu. La culture se développe lentement ; on aperçoit bientôt très distinctement de petites colonies, d'abord minces et transparentes, avec des reflets bleuâtres, irisés, s'épaississant et s'étendant, devenant blanches, à bords nettement définis, mais irréguliers, et plus ou moins festonnés ; ces colonies se montrent plus saillantes, plus épaisses, au centre, au niveau du point ensemencé, et souvent les parties périphériques revêtent un aspect particulier qui les fait ressembler vaguement à un amas de cercles concentriques plus ou moins irréguliers. Quand l'ensemencement est fait par piqûre, on voit apparaître, le long du trajet, de petites colonies irrégulières, blanchâtres.

Sur la gélose la culture se fait rapidement à l'étuve, mais elle reste peu abondante ; elle se présente sous la forme d'une tache laiteuse

Fig. 115. — Pneumo-entérite. — Culture sur gélatine.

peu épaisse, semi-transparente et plus ou moins dentelée vers ses bords. Sur la pomme de terre la culture devient abondante ; elle arrive à former un enduit d'un gris-brunâtre assez épais.

Les diverses cultures s'obtiennent facilement : on emprunte la semence aux organes malades, en choisissant ceux où on a le plus de chance de rencontrer le microbe pathogène à l'état de pureté, et en procédant suivant les règles ordinaires.

La virulence et la végétabilité du microbe se conservent longtemps dans les cultures ; on verra cependant plus loin qu'il se produit une atténuation progressive par le vieillissement.

Le virus de la pneumo-entérite peut conserver son activité un temps variable, suivant les conditions ambiantes, dans les cadavres et débris cadavériques, dans les matières morbides excrétées par les malades, dans les eaux, dans les fumiers et les purins, dans les litières, à la surface du sol, des murs et des objets divers qui ont été souillés. L'observation tend à établir que les microbes de la pneumo-entérite peuvent conserver

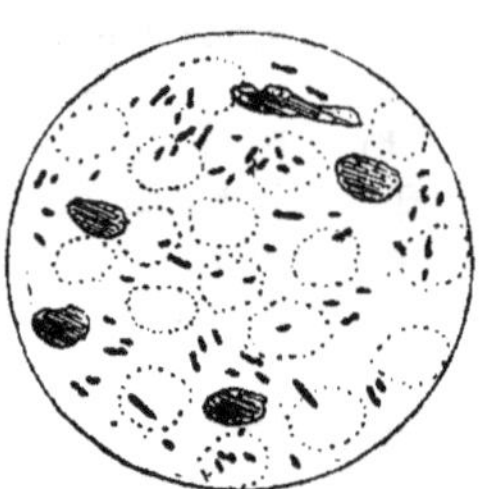

Fig. 116. — Pneumo-entérite. — Sang d'un lapin.

Fig. 117. — Pneumo-entérite. — Exsudat pleural d'un cobaye.

un certain temps leur virulence dans les cadavres, dans les débris cadavériques et les matières morbides en voie de putréfaction, dans les fumiers, dans les purins, etc. L'étude des épizooties permet de penser très légitimement que les matières virulentes rejetées par les malades, ou issues des cadavres, conservent leur activité dans les locaux et dans les pâturages, sur les litières et dans les fumiers. « Des expériences de contrôle, faites dans le but d'établir le pouvoir de conservation du virus, m'ont donné des résultats d'une réelle importance. La putréfaction à l'air, à la lumière ou à l'obscurité, à une température oscillant entre 7° et 20°, avec ou sans addition d'eau, respecte la virulence pendant plusieurs jours ; au bout de six jours j'ai invariablement réussi à donner la maladie avec de pareilles matières ; il en a été des même avec des matières putréfiées dans les conditions précitées et soumises pendant les deux derniers jours à des oscillations de température comprises entre — 4° et + 15°. En expérimentant sur des matières putréfiées dans l'eau, j'ai obtenu, au delà du dixième jour, des résultats tantôt positifs et tantôt négatifs, ces derniers devenant de plus en plus fréquents à mesure qu'on s'éloignait du dixième jour et qu'on se rapprochait du vingt-cinquième jour ; pourtant une fois du sang putréfié dans de l'eau, à la température et à la lumière du laboratoire, du 14 mars au 8 avril, a donné la maladie à un lapin, qui l'avait reçu dans la veine, et qui n'a succombé que le 6 juin. Avec la matière, desséchée lentement, comme cela arrive dans les habitations des animaux, dans les cours, etc., j'ai été moins heureux ; je l'ai trouvée active les premiers jours et sans action dès le sixième jour. En résumé, il semble bien établi que le virus de la pneumo-entérite se conserve un certain temps dans les fumiers, dans les eaux, sur les sols humides, sur les pâturages, sur les litières, les boiseries et les objets divers, dans les cadavres, etc., malgré la putréfaction, malgré l'action de l'air et de la lumière, malgré les variations de température, malgré la congélation à — 4° suivie de décongélation, malgré la dessiccation ; toutefois la dessiccation paraît le détruire plus vite que la putréfaction ; dans l'une comme dans l'autre condition, il semble s'atténuer avant de perdre toute son activité, ainsi que le donne à penser la manière dont évolue la maladie qu'il détermine ; mais ce virus atténué peut se revivifier en passant dans l'organisme et récupérer son énergie première, comme on le verra plus loin ; d'où une indication de plus en faveur de la désinfection. » (Galtier.)

On a d'autre part (Salmon, Cornil et Chantemese) reconnu que le bacille de la pneumo-entérite supporte assez bien la dessiccation et la congélation, qu'il peut avoir gardé son activité et sa végétabilité malgré une dessiccation de 10-15 jours à deux mois. Il conserverait plus de deux mois sa virulence dans le sol (Salmon). On a vu plus haut qu'il se conserve et se multiplie même dans l'eau. Il est cependant très sensible à l'action de la chaleur ; il est stérilisé, quand on chauffe une culture liquide pendant quinze à vingt minutes à 58° (Salmon, Cornil et Chantemesse). D'après les récentes expériences de Selander, un chauffage de vingt-cinq minutes à 54° tuerait la plupart des microbes, et tous seraient stérilisés par cette même température continuée pendant quarante minutes ; un chauffage très court à 57° stériliserait les bacilles des cultures et ceux venant directement d'un organisme malade.

Salmon a préconisé l'acide phénique, l'acide sulfurique et le sulfate de cuivre comme agents bactéricides.

Des recherches de Cornil et Chantemesse se dégagent les données suivantes :

Les solutions aqueuses saturées de sulfate de fer, de chlorure de zinc, de chaux, d'ammoniaque, de sel marin, etc., n'ont pas d'action bactéricide après une heure contact ; et il en serait de même, après une égale durée de contact, de l'essence de térébenthine, du sublimé au 1/1000 seul ou additionné d'acide chlorhydrique au 5/1000, du biiodure de mercure au 0,5/1000, de l'acide phénique au 1/40, de l'acide salicylique au 1/1000, des acides sulfurique, nitrique chlorhydrique au 1/100 ; la virulence et la végétabilité seraient détruites en un quart d'heure par la solution des acides sulfurique, nitrique, chlorhydrique au 1/5, en moins d'une heure par les vapeurs de chlore, en deux minutes par la solution du sublimé au 1/1000 quand les microbes ne sont pas englobés dans un milieu albuminoïde ; on aurait un bon désinfectant, en faisant une solution à raison de 4 parties d'acide phénique et 2 parties d'acide chlorhydrique pour 100 parties d'eau.

Modes de contagion. — On peut faire développer expérimentalement la pneumo-entérite sur les animaux doués de réceptivité, en procédant de diverses façons, et en employant des produits virulents empruntés à l'organisme malade ou des cultures. On peut l'obtenir : par piqûre sur la souris et le cobaye ; par injection hypodermique sur la souris, le cobaye et le lapin ; par injection dans le nez et par injection intra-veineuse au cobaye et au lapin ; par injection trachéale, par pulvérisation d'un liquide virulent dans les voies respiratoires ; par injection intra-pleurale ou intra-pulmonaire et par ingestion en opérant sur le porc. La maladie peut enfin être héréditaire, se transmettre par contagion intra-utérine.

« Pour cette affection, comme pour bien d'autres, la dose de virus inoculé, la qualité et le mode d'inoculation exercent une grande influence sur son évolution et sa gravité. J'ai déjà fait ressortir et j'insisterai plus loin sur ce fait, que le virus s'atténue par des passages successifs et par un séjour prolongé dans les milieux artificiels, ainsi que par son séjour dans un organisme chez lequel la maladie devient chronique ; les inoculations faites avec un tel virus sont beaucoup moins actives contre le cobaye et le lapin que celles qui sont pratiquées avec du virus, qui a été cultivé préalablement dans l'organisme de ces animaux. Toutes choses égales d'ailleurs, plus la dose de matière virulente inoculée est forte, plus la substance employée est riche en bactéries et plus les effets sont sûrs, plus ils sont prompts et plus l'affection est grave ; telle culture vieille de deux à trois mois, qui, à faible dose ne tue pas le lapin et laisse vivre longtemps le cobaye ou même ne le tue pas, donne des effets plus prompts et plus graves, quand on l'injecte par exemple à la dose de un à deux centimètres cubes dans la veine d'un lapin ; elle peut encore le faire périr à cette dose en 2, 3, 4, 5 jours. C'est surtout quand on opère avec du virus renforcé par la culture dans l'organisme du cobaye ou du lapin que les doses fortes produisent des effets rapides ; on peut alors faire périr le lapin en quelques heures avec quelques gouttes de matière virulente injectée dans la veine. Le jeune âge des sujets d'expérience accroît encore leur réceptivité et leur susceptibilité et facilite l'action du virus. Enfin le mode d'inoculation, le choix de telle ou telle voie pour l'introduction du virus a aussi une influence manifeste. Avec les inoculations hypodermiques les effets sont ordinairement moins prompts qu'avec les injections veineuses ou pulmonaires ; le virus se multiplie d'abord sur place, ainsi qu'en témoignent les lésions locales ; en même temps l'absorption a lieu et ensuite apparaissent les autres localisations sur les ganglions et les organes internes. Cependant quand on s'est servi du virus renforcé par des passages successifs sur le lapin ou le cobaye, on a pu, par l'inoculation sous-cutanée, tuer des lapins en un jour et demi, et même en un jour seulement. » (Galtier.)

Le mode de pénétration du virus exerce une influence manifeste sur le mode d'évolution de la maladie. Le porc est, de l'avis de tous ceux qui ont expérimenté sur lui, peu susceptible vis-à-vis des inoculations sous-cutanées ; il peut supporter de la sorte, sans devenir malade, de fortes doses de virus, surtout si on se sert de cultures, les inoculations faites avec des produits empruntés à un organisme malade étant plus actives. Salmon avait d'abord vu succomber une première série de porcs qui avaient reçu des cultures par la voie sous-cutanée; mais, sur un grand nombre de porcs d'une seconde série, qui avaient reçu, sous la peau, d'abord une faible dose de culture et ensuite une plus forte dose, il n'en avait vu périr que cinq, et aucun des autres n'avait acquis l'immunité. Il résulte donc des expériences de Salmon que l'inoculation sous-cutanée des cultures est rarement mortelle pour le porc. Le même expérimentateur, dans un essai d'infection par pulvérisation d'un liquide de culture dans les voies respiratoires, n'a pas réussi à rendre le porc malade. Cependant on a pu, je le répète, donner la maladie plus sûrement au porc en lui inoculant sous la peau du virus provenant directement d'un malade.

D'ailleurs, les tentatives exécutées pour donner la pneumo-entérite en faisant arriver le virus dans les voies respiratoires ou dans les voies digestives, ont montré encore que l'infection est plus assurée avec du virus emprunté à l'organisme malade qu'avec celui des cultures. D'après Salmon, le mode d'infection le plus sûr est celui qui consiste à faire ingérer aux animaux des matières morbides, des débris cadavériques, provenant de malades ; les porcs infectés de la sorte peuvent succomber dans la proportion de neuf sur dix, en présentant les symptômes et les lésions de la pneumo-entérite. Klein a obtenu la maladie avec localisations pulmonaires et intestinales par l'inoculation.

A la suite de l'infection expérimentale, on voit prédominer tantôt les lésions pulmonaires et tantôt les lésions intestinales, suivant le mode d'introduction du virus, suivant qu'il a été adressé aux voies respiratoires ou aux voies digestives. Quand le virus est injecté dans la plèvre, dans le poumon, dans la trachée, dans le nez, on obtient d'abord des lésions et des symptômes de broncho-pneumo-pleurite ; puis surviennent des lésions et des symptômes gastro-intestinaux, qui sont généralement moins accusés que lorsque l'infection a été obtenue par ingestion.

Quand la pneumo-entérite se montre à la suite de l'ingestion de produits morbides, ce sont les symptômes et les lésions des organes abdominaux qui se montrent les premiers, qui prédominent généralement et qui peuvent se montrer parfois seuls ou presque seuls; cependant, ici encore, il n'est pas rare que les lésions gagnent les organes de la poitrine, mais elles y sont moins accusées, moins étendues.

« Et maintenant il est facile de comprendre comment la transmission et la dissémination de la pneumo-entérite peuvent se produire dans la pratique. Outre que la maladie est transmissible de la mère au fœtus, c'est par inhalation, et surtout par ingestion, que la contagion s'effectue. Les malades rejettent des matières infectantes avec leur jetage, avec la matière expectorée, avec leurs excréments, avec leurs urines; la transmission se fait au moyen des matières rejetées par les animaux atteints, et elle est possible par l'intermédiaire de leur lait, de leurs cadavres, et débris cadavériques, par l'intermédiaire d'ustensiles souillés, etc. Les animaux qui vivent avec les malades, qui leur succèdent dans les locaux, cours, herbages, pâturages, véhicules, qui fréquentent les mêmes lieux, les mêmes chemins, les mêmes champs de foires ou de marchés, etc., se contaminent en ingérant les aliments ou les boissons infectés, en flairant et léchant les objets souillés, et en inhalant les poussières qu'ils soulèvent en marchant, grattant, etc. La contagion et la dissémination de la maladie sont donc favorisées par la cohabitation, par la vie en promiscuité, par les repas en commun, par la fréquentation des mêmes chemins, pâturages, locaux, abreuvoirs, etc., par l'habitation dans les locaux non désinfectés, par la litière imprégnée de matières virulentes, par les fumiers, par les relations de voisinage, par les personnes qui peuvent transporter des germes avec leurs vêtements et leurs chaussures, par l'abandon des cadavres, etc. Elles sont d'ailleurs facilitées par la ténacité de la bactérie pathogène, qui se conserve un certain temps dans les milieux extérieurs, dans les eaux, les boues et les fumiers, sur les litières et les divers objets solides, malgré l'aération, la putréfaction, la dessiccation et la congélation. » (Galtier.)

Dans toutes circonstances la qualité et la quantité de virus introduit dans l'organisme exercent, ainsi qu'on le sait, une grande influence ; et l'affection peut ne pas se développer ou être bénigne quand le virus est plus ou moins atténué et introduit en faible quantité. Mais la prédisposition des individus exerce également une grande influence ; les animaux jeunes, appartenant à certaines races amollies, débilités par une cause quelconque, sont plus susceptibles (les porcs qui ont dépassé l'âge de 10-12 mois, ceux qui appartiennent à la race africaine, sont moins susceptibles), et quand ils ne contractent qu'une maladie bénigne ils constituent des foyers de contagion dangereux, parce que non seulement ils multiplient le virus, mais aussi parce qu'ils exaltent son activité. De la sorte ceux qui se contamineront à leur source pourront être plus gravement atteints. Il importe enfin de ne jamais perdre de vue que dans bien des cas la pneumo-entérite ne guérit qu'incomplètement. Or les animaux porteurs de lésions chroniques sont dangereux dans une certaine mesure ; ils peuvent, tout comme les bovins atteints de péripneumonie chronique, être des foyers permanents de contagion, perpétuer et disséminer l'affection, qui semble alors naître sans contagion évidente si on a méconnu la présence de sujets atteints de lésions chroniques.

Cette considération amène tout naturellement la question suivante : la pneumo-entérite, qui est transmissible par les produits des malades, ne peut-elle pas naître spontanément par l'infection au moyen de germes provenant des milieux extérieurs où ils vivent ordinairement à l'état de microbes saprogènes ?

De même que pour le rouget, et avec plus forte raison peut-être, la question mérite d'être examinée; et bien qu'on ne possède pas encore des données suffisantes pour la résoudre, il y a lieu d'incliner vers une réponse affirmative. On a observé l'apparition du rouget et de la pneumo-entérite dans des lieux où ces affections n'avaient pas existé ou avaient cessé d'exister depuis plus ou moins longtemps, sans qu'on ait pu invoquer avec raison la contagion par des germes provenant d'animaux malades. On croyait jadis, non sans raison à mon avis, que ces maladies pouvaient être engendrées par l'alimentation avariée, altérée, putréfiée, fermentée. Klein a observé une enzootie de pneumo-entérite dans une localité isolée, sans communication avec des lieux infectés, sur des porcs tous nés sur place. De mon côté j'ai déjà fait des recherches qui m'autorisent à penser que les microbes de la pneumo-entérite peuvent, non seulement se conserver, mais encore pulluler dans le sol, dans les eaux, dans les matières organiques, en y jouant un rôle saprogène. A coup sûr ils sont atténués plus ou moins profondément dans cet état: mais en arrivant en grand nombre dans des organismes débilités par la mauvaise hygiène, par la misère ou par une influence fâcheuse quelconque, ils peuvent engendrer la maladie, se renforcer, devenir plus actifs et servir ensuite à disséminer activement la contagion des malades aux sains.

Animaux aptes à contracter la pneumo-entérite. — Animaux réfractaires. — Il y a une première série d'animaux sur la réceptivité desquels tout le monde est à peu près d'accord; elle comprend la souris, le cobaye et le lapin. Les souris sont très susceptibles à l'inoculation et à l'infection par ingestion. Elles meurent rapidement en présentant une légère lésion (infiltration) au point inoculé, une hypertrophie de la rate, une hypérhémie du poumon, des foyers de nécrose dans le foie et des microbes nombreux dans les organes, ainsi que dans le sang, où ils paraissent un peu plus volumineux. Le cobaye est également très sensible; il meurt plus ou moins vite à la suite de l'inoculation, en 2, 3, 8, 10 jours au plus tard, suivant la quantité et l'activité du virus inoculé. A l'autopsie on observe de l'infiltration ou une nécrose grisâtre au point d'inoculation, la congestion du poumon, et dans certains cas un exsudat pleural grisâtre, la congestion des viscères abdominaux, des taches grisâtres de nécrose dans le foie, dans la rate, et quelquefois un exsudat péritonéal semblable à celui de la plèvre, des microbes en abondance dans toutes les lésions. Le lapin, quoique un peu moins susceptible que le cobaye, peut être tué rapidement par le virus fort de la pneumo-entérite. L'injection intra-veineuse peut le faire périr en 1, 2, 3 jours au plus, suivant la quantité de virus employée; on observe alors une congestion très accusée de la plupart des viscères, et l'on trouve partout, surtout dans le foie, les microbes en abondance. A la suite de l'inoculation sous-cutanée, il meurt moins vite, toutes choses égales d'ailleurs; il peut succomber en 3, 8, 10 jours au plus tard, en présentant les mêmes lésions que le cobaye inoculé de la même façon. L'inoculation intra-péritonéale fait périr sûrement les souris, les cobayes et les lapins.

Schütz avait reconnu que le pigeon ne succombait que lorsqu'on lui inoculait une grande quantité de culture. Salmon à son tour constata que cet animal est peu susceptible, qu'il ne succombe que dans la proportion de un sur quatre, quand on lui inocule de 1/2 à 3/4 de centimètre cube de culture, mais qu'on parvient à le tuer en employant des doses plus fortes. Cornil et Chantemesse ont également constaté que le pigeon résistait à l'inoculation de leurs cultures qui tuaient les souris, les cobayes et les lapins. D'autre part le pigeon ne s'infecte pas par ingestion ; il est, comme l'a dit Salmon, à la limite de la série des animaux doués de réceptivité.

La poule semble encore moins susceptible que le pigeon. Salmon, en ayant inoculé quatre, les avait trouvées réfractaires. D'après Rietsch, la maladie pourrait attaquer la poule et déterminer la congestion et l'hépatisation du poumon, ainsi que l'inflammation de l'intestin.

Il semble que bien peu de tentatives avaient été faites en vue de s'assurer si l'affection était transmissible à d'autres espèces, lorsque j'entrepris cette étude moi-même. Salmon avait inoculé deux moutons et un veau avec une culture et n'avait vu survenir qu'une élévation de température avec la formation d'un abcès au point inoculé. J'ai fait de nombreuses expériences à l'effet de déterminer le degré de réceptivité des diverses espèces animales domestiques ; je me suis servi de préférence pour mes inoculations de virus emprunté directement à des malades, afin d'imiter ce qui se passe dans la nature, sachant d'ailleurs que le porc lui-même, ainsi qu'on l'a vu plus haut, est beaucoup moins sensible à l'action du virus cultivé dans les milieux artificiels. J'ai de la sorte établi de la façon la plus péremptoire : 1° que la pneumo-entérite est transmissible spontanément et expérimentalement au mouton et à la chèvre ; 2° qu'elle peut être transmise également aux animaux bovins ; 3° qu'elle peut parfois être transmise enfin aux solipèdes, aux poules, et même au chien. On verra plus loin, au § 3, quels sont les caractères de la maladie sur ces diverses espèces.

Mode d'action du bacille de la pneumo-entérite. — Le microbe de la pneumo-entérite tue en empoisonnant l'organisme. Selander (1890) a démontré que le sang des animaux morts de pneumo-entérite contient un poison très actif, qui n'est pas détruit par un chauffage d'une heure à 58°, et qui produit des effets plus ou moins prompts et plus ou moins énergiques suivant qu'il est introduit dans la veine ou dans le tissu sous-cutané ; tuant rapidement le lapin, lorsqu'il est injecté dans un vaisseau à la dose de 1, 3 à 5 centimètres cubes de sang stérilisé ou quand il est introduit à la dose de 8 centimètres cubes dans le tissu sous-cutané. A la suite de l'injection intra-veineuse les symptômes apparaissent au bout d'une demi heure : on observe d'abord une grande accélération de la respiration, puis des paralysies aux membres postérieurs, aux membres de devant, au cou, au tronc, des convulsions, du tétanos, des cris, etc. Le microbe fabrique moins de poison lorsqu'il est cultivé dans les milieux artificiels, dans du bouillon peptonisé par exemple, et surtout lorsqu'il est cultivé dans le vide; les cultures sur le sérum en donneraient plus que celles en bouillon, mais moins cependant que les microbes qui vivent dans l'organisme. De plus le bacille de la pneumo-entérite deviendrait de moins en moins apte à produire du poison quand il vit longtemps hors de l'organisme; il ne récupérerait toute son activité toxigène qu'après plusieurs passages sur des organismes vivants; on s'expliquerait de la sorte et l'affaiblissement et l'exaltation de sa virulence.

Le poison introduit ou fabriqué dans l'organisme est éliminé par les urines; mais il s'accumule en partie dans l'organisme, de telle sorte qu'en répétant l'injection de sang toxique deux ou plusieurs jours après la première qui n'a pas tué le sujet on peut le faire périr même avec une dose moindre que celle qu'il a d'abord supportée. Les lapins, soumis à l'action de ce poison, assimilent mal et maigrissent beaucoup, bien qu'ils mangent comme à l'ordinaire : les uns survivent et se rétablissent lentement; les autres succombent tantôt promptement, tantôt au bout d'un certain temps, sans cause apparente, anémiés et considérablement amaigris.

La matière toxique contenue dans le sang des animaux morts de la pneumo-entérite aiguë passe, en partie tout au moins, à travers le filtre en porcelaine et n'est pas détruite par un chauffage d'une heure à 57°. Elle s'altère à une température plus élevée; la température de 100° enlève au sang le plus actif tout pouvoir toxique, et le poison commence à être altéré à partir de 60°.

Atténuation et exaltation du virus. Immunité. Vaccination. — Les expérimentateurs qui se sont occupés de la pneumo-entérite ont reconnu que la virulence s'atténue au bout d'un certain temps dans les cultures, où elle n'est d'ailleurs pas aussi active que dans les lésions de la maladie aiguë. Schütz avait constaté un affaiblissement très notable au bout de trois semaines. J'ai de mon côté fait observer, à la suite de mes expériences, que le virus de la pneumo-entérite s'atténue dans l'organisme quand la maladie devient chronique, et qu'il s'atténue progressivement avec une plus ou moins grande rapidité dans les cultures. La même constatation a été faite par Selander. J'ai d'autre part démontré (1889) qu'il est facile de restituer au microbe tout ou partie de son activité première, en le faisant passer dans des organismes, où il pullule rapidement, ou en le cultivant dans des bouillons fraîchement préparés. Ainsi le virus, atténué par son passage dans des cultures artificielles ou sur des organismes qui ont résisté à son action, récupère promptement son énergie pathogène, quand on le cultive de cobaye à cobaye. J'ai en effet constaté que le virus s'exalte en passant de cobaye à cobaye ; après un premier passage il est sensiblement plus actif, et il le devient de plus en plus de génération en génération ; en sorte que bientôt il tue le cobaye en deux jours. Ainsi du virus qui, en sortant des cultures, ne tuait le cobaye que lentement, se montrait déjà renforcé à la suite d'un premier passage ; et après une deuxième génération il tuait les cobayes en trois jours. Le virus renforcé de la sorte pour le cobaye l'est pareillement pour les autres animaux ; il peut tuer le chien, le pigeon, etc. D'ailleurs pareil renforcement semble se produire dans d'autres organismes, dans celui du lapin, dans celui du mouton et dans celui des jeunes porcs qui sont gravement atteints. On conçoit donc aisément comment les choses se passent dans la pratique. Une épizootie peut tout d'un coup s'aggraver et s'étendre ; il suffit que de jeunes porcs ou de jeunes moutons se contaminent avec une forte dose de virus plus ou moins atténué, ou qu'ils subissent l'action de quelque influence débilitante (voyages, refroidissements, fatigues, mauvaise hygiène, etc.) qui rend leur organisme moins apte à la lutte. En pareil cas la maladie revêt un caractère d'acuité et de gravité très marqué ; le virus se renforce et les malades, en rejetant en abondance, peuvent contaminer de nombreux animaux qui, recevant du virus plus ou moins exalté, deviendront gravement malades, même en l'absence de toute influence débilitante manifeste.

Quand une vieille culture s'est atténuée au point de ne tuer le cobaye qu'après plusieurs semaines, on peut restituer partiellement son activité au virus, en le semant dans un bouillon neuf, de celui-ci dans un second, etc., et en ayant soin de l'inoculer 2, 3, 4 jours après sa mise en culture. Ainsi, avec une culture en bouillon datant du 8 juin et qui avait été semée avec une vieille culture très atténuée, j'ai, en l'inoculant le 11 juin, tué le cobaye en 4 et 6 jours. Ainsi encore j'ai pu tuer le cobaye en 5, 6, 7 jours avec des cultures datant de 1, 2, 3 jours, et semées avec de vieilles cultures datant de 2, 3, 4, 5 mois.

Abstraction faite de sa plus ou moins grande activité intrinsèque, j'ai pu constater un grand nombre de fois, ainsi que je l'ai déjà signalé, que les effets du virus de la pneumo-entérite variaient dans leur rapidité, leur étendue et leur gravité, suivant la dose de matière virulente introduite, suivant sa richesse en microbes, suivant son mode d'introduction, suivant sa source et suivant l'âge et l'état de débilitation des sujets.

J'ai fait quelques essais de vaccination avec des cultures atténuées et avec des cultures ou des sérosités virulentes préalablement stérilisées par le chauffage ou par la filtration ; ces essais ont été tentés sur des lapins, des cobayes et des moutons ; ils n'ont pas été couronnés de succès. J'ai pu faire périr de la pneumo-entérite aiguë des sujets qui venaient d'avoir la maladie sous la forme bénigne.

Selander, après avoir constaté aussi que la virulence devient irrégulière et s'affaiblit dans les cultures, a réussi (1890) à la renforcer et à l'exalter en faisant « des passages de lapin à lapin, puis de pigeon à pigeon ». Il a pu de la sorte obtenir un virus (le sang) qui tue rapidement le pigeon à dose très faible, et qui se montre encore plus virulent pour le lapin, qu'il peut tuer en 12-15 heures à la dose de 0 c. c. 01 à 0 c. c. 25 sous la peau, et en cinq heures à la dose de 0 c. c. 05 dans la veine. Il a d'autre part reconnu que le virus, ainsi exalté pour le pigeon et le lapin, est pareillement très virulent pour le porc, qu'il peut tuer quand il est introduit dans son organisme par la voie intestinale, par la voie veineuse et par la voie sous-cutanée. La virulence exaltée, comme on l'a vu, se maintient dans les jeunes cultures ; elle diminue ensuite à la longue.

Les premières tentatives de vaccination avaient été faites par Salmon. Il avait, ainsi qu'on l'a vu plus haut, essayé de vacciner le porc en lui inoculant successivement des doses croissantes de virus non atténué ; mais il avait vu ensuite mourir de la pneumo-entérite les sujets qui, ayant supporté les inoculations de cultures, étaient soumis à l'infection par ingestion de matières morbides. Toutefois, après avoir invariablement échoué à vacciner le porc de cette façon, il était arrivé à rendre des pigeons réfractaires en leur injectant une faible dose de culture stérilisée par le chauffage à 58° ; mais, comme les pigeons sont naturellement très résistants, il n'y a pas lieu de tenir grand compte de ce résultat.

D'ailleurs Selander, ayant répété l'expérience de Salmon, n'est pas parvenu à donner l'immunité aux pigeons en leur injectant des cultures stérilisées, ni même en leur injectant du sang très actif stérilisé par le chauffage, alors que le même sang lui a permis de donner l'immunité au lapin. Il faut donc conclure que si les pigeons de Salmon avaient résisté à l'inoculation virulente, ce n'avait été que parce que le virus employé n'était pas assez fort. En conférant l'immunité au lapin par l'injection de sang virulent stérilisé, Selander a constaté que l'état réfractaire contre le microbe peut être acquis sans que l'organisme soit devenu apte à supporter l'injection intra-veineuse de sa matière toxique.

Cornil et Chantemesse ont fait des essais qui n'ont pas abouti à la vaccination du porc. Ils ont constaté que les cultures, développées en présence de l'air et maintenues à 43°, conservent leur activité pour les cobayes et les lapins après 30 et 54 jours ; au bout de 74 jours de ce régime, le microbe ne tue pas toujours le lapin, ne déterminant parfois qu'un foyer caséeux au point d'inoculation ; après 90 jours de chauffage le virus s'est montré assez atténué pour ne plus tuer le cobaye et ne lui donner qu'un petit abcès sous-cutané au point inoculé. Ils ont réussi à vacciner des cobayes et des lapins en leur inoculant successivement des cultures chauffées à 43° pendant

90 jours, 74 jours, 54 jours, etc. Ils ont tenté de vacciner de la même manière des porcs ; mais leurs essais trop peu nombreux n'ont pas donné des résultats précis. Sur quatre porcs vaccinés, deux ont semblé gagner l'immunité et les deux autres se sont infectés comme les témoins ; mais leur maladie a été plus lente.

Tandis que Salmon, Cornil et Chantemesse ont pu cultiver le bacille de la pneumo-entérite à 43°, probablement parce que leur semence était empruntée à des cultures, Selander a vu ses cultures en bouillon semées avec du sang prospérer pendant le premier jour à 41°5 et être stérilisées après deux ou trois jours sans qu'il ait constaté une atténuation capable de rendre la culture vaccinale.

D'ailleurs, ainsi qu'on l'a déjà vu, on peut observer des différences très accusées dans les propriétés des bacilles de la pneumo-entérite suivant les conditions dans lesquelles ils ont vécu. « Ainsi à la même température, les cultures en bouillon, ensemencées avec le sang d'un animal, sont moins abondantes que celles ensemencées avec les bactéries qui ont pullulé sur la gélatine. Les cultures sur pomme de terre sont différentes par leur abondance et par leur couleur suivant qu'elles ont pour origine des microbes ayant vécu quelque temps comme parasites ou des bactéries qui ont poussé comme saprophytes. » (Selander.)

En résumé, il n'y a encore rien de positif, rien de démontré en ce qui concerne l'immunité du porc et les moyens de l'obtenir.

§ III. — Pneumo-entérite du mouton et de quelques autres espéces.

A la suite de la demande qui avait été faite à M. le ministre de l'Agriculture par M. le Préfet des Basses-Alpes, je fus envoyé dans ce département au commencement de janvier 1889, pour étudier une épizootie qui sévissait sur les moutons de plusieurs bergeries des communes de la Javie et de Beaujeu.

Deux vétérinaires avaient constaté la maladie, à la fin du mois de décembre 1888, et avaient adressé chacun un rapport à l'administration préfectorale.

Le vétérinaire sanitaire, chargé du service dans la circonscription où se trouvaient les troupeaux malades, après avoir relaté quelques symptômes et quelques lésions qu'il avait observés, avait déclaré que la cause et la nature de la maladie lui étaient inconnues. D'ailleurs les symptômes et les lésions consignés dans son rapport étaient peu nombreux et exposés avec peu de détails ; l'énumération suivante en est le résumé fidèle : affaissement des malades ; congestion de la muqueuse de l'œil ; ballonnement ; constipation et excréments coiffés et recouverts de stries sanguines ; quelquefois diarrhée ; lésions d'entéro-péritonite ; congestion de l'épiploon et du mésentère ; desquamation épithéliale et légères érosions sur la muqueuse de l'intestin grêle ; ramollissement de la rate ; enfin hémorrhagies et quelquefois foyers purulents, mais le siège n'en était pas indiqué.

Le vétérinaire délégué, chef du service sanitaire départemental, avait de son côté constaté l'inappétence, l'assoupissement et le ballonnement chez les malades ; il avait signalé l'existence de taches à « reflet verdâtre » au niveau du flanc ; et il avait observé sur quelques-uns un jetage « liquide », « couleur de terre », et « muco-purulent ». A l'autopsie il avait relevé les lésions suivantes : putréfaction rapide du cadavre ; infiltration du tissu sous-cutané par un liquide jaunâtre ; « les parois abdominales étaient recouvertes, dans quelques-unes de leurs parties, d'un liquide jaunâtre, muqueux, gélatineux en certains endroits » ; il existait « une forte congestion de l'intestin grêle, qui présentait quelques ulcérations (leurs caractères n'ont pas été indiqués) sur sa muqueuse » ; « la muqueuse de l'estomac était gonfle et se détachait en masse, laissant apercevoir au-dessous des ecchymoses, des plaques, dont quelques-unes présentaient un commencement d'ulcération » ; le foie était « en complète dégénérescence graisseuse » sur l'un des deux moutons autopsiés le même jour, tandis que chez l'autre « le poumon était congestionné et œdématié en certains points » ; les ganglions lymphatiques étaient hypertrophiés et présentaient « en outre quelques ecchymoses ». En conséquence le chef du service sanitaire avait conclu à l'existence de la peste bovine et réclamé l'application des mesures sanitaires édictées contre cette affection. Tous les deux avaient signalé la perforation du flanc sur un certain nombre de malades.

En résumé les symptômes et les lésions relatés dans les rapports qui me furent communiqués, se résumaient ainsi qu'il suit : perte de l'appétit ; congestion de la conjonctive ; assoupissement ; ballonnement ; constipation ; excréments recouverts de stries sanguines ; quelquefois diarrhée ; perforation au niveau du flanc, intéressant quelquefois toute l'épaisseur de la paroi abdominale et même les viscères ; taches congestionnelles sur la peau ; jetage ; putréfaction rapide des cadavres ; lésions d'entéro-péritonite ; congestion de l'épiploon, du mésentère, du péritoine, qui se montraient parfois en certains endroits recouverts d'un exsudat jaunâtre ou grisâtre peu consistant ; congestion, inflammation et ulcérations ou érosions sur la muqueuse de l'intestin grêle ; congestion de la muqueuse stomacale ; infiltration du tissu sous-cutané ; congestion et œdème du poumon ; congestion et hypertrophie des ganglions.

Six troupeaux avaient été décimés par la maladie ; je les visitai tous, et je me livrai à toutes les investigations utiles pour arriver à la détermination exacte de la cause, de la nature et de l'origine de l'épizootie.

II.   38

Troupeau n° 1. — Le propriétaire de ce troupeau avait acheté, le 20 octobre 1888, trente-sept moutons du pays, tous jeunes, mâles entiers et pourvus de longues cornes contournées et terminées en pointe aiguë. De ces trente-sept moutons, dix furent cédés à un voisin, qui en donna d'autres en échange. Le 5 novembre 1888, à la foire de Digne, deux porcs, nés au printemps, furent achetés d'un marchand ambulant, et on les installa dans la bergerie, où une loge leur fut aménagée dans un des angles. Ces deux porcs furent reconnus malades trois jours après leur arrivée ; on nota chez eux un violent mal de gorge, une grande difficulté de la déglutition, la perte de l'appétit, une diarrhée très fétide, une toux très fréquente, un essoufflement très accusé, une respiration plaintive, un abattement très prononcé ; les deux malades eurent des plaques rouges sur le corps, principalement sur les oreilles ; ils étaient constamment couchés, et se tenaient à peine debout quand on les mettait sur pieds ; ils restèrent neuf jours très malades, sans pouvoir se déplacer ni même se tenir sur jambes, et tombèrent dans un état de maigreur excessive ; au bout de neuf jours ils commencèrent à boire du lait, mais ils ne se rétablirent que lentement ; la convalescence fut longue, et quand je les vis, vers le milieu de janvier 1889, ils toussaient encore, bien qu'ayant repris leurs chairs. C'était la *pneumo-entérite*, qui avait été introduite avec les deux porcs, et qui devait ensuite se transmettre aux moutons. La contagion fut d'ailleurs facilitée par la promiscuité presque complète dans laquelle vivaient les uns et les autres ; la même personne soignait les malades et distribuait les repas des moutons ; de plus, quand les deux porcs furent mieux, on nettoya leur loge, on en sortit le fumier et on l'épandit dans la cour de la bergerie, où il fut désormais piétiné et flairé tous les jours et plusieurs fois par jour par les moutons. La maladie se déclara sur le troupeau le 24 décembre, mais les dix moutons, cédés à un voisin avant l'introduction des porcs, ne furent pas atteints chez leur nouveau propriétaire. Du 24 décembre au 13 janvier suivant douze moutons avaient succombé, après avoir toussé et jeté par le nez, et après avoir été ballonnés ; presque tous avaient le flanc perforé ; la mort arrivait le jour même où les animaux étaient reconnus malades ou peu de temps après. Tous les malades ne succombaient pas ; parmi ceux qui avaient été gravement atteints, quelques-uns semblaient devoir se rétablir ; lors de ma visite ils toussaient et mangeaient peu, ils étaient faibles et amaigris et présentaient au flanc les traces de la perforation déjà signalée. Parmi les moutons qui n'avaient pas été reconnus malades par le propriétaire, il s'en trouvait au moins la moitié qui l'avaient été ou l'étaient réellement (quoique à un degré moins accusé), ainsi que le donnaient à penser la toux qu'ils faisaient entendre et leur état de dépérissement. Parmi les moutons survivants je fis sacrifier le plus malade, celui dont le rétablissement semblait le moins complet. Le poumon offrait des points de pneumonie lobulaire, rougeâtres et comme carnifiés, dont la coupe était grenue et d'une teinte nuancée de zones un peu grisâtres ou jaunâtres; les ganglions bronchiques étaient hypertrophiés, pâles, ramollis et presque diffluents à leur centre; le péritoine offrait, dans quelques places, un épaississement anormal avec une teinte jaune grisâtre et un aspect rugueux; l'épiploon présentait aussi des plaques jaunâtres ou brunâtres; le tissu péri-pancréatique contenait un amas de matière fibrineuse concrète et jaunâtre, qu'on retrouvait aussi dans le tissu péri-rénal; le foie montrait quelques points de sclérose et un abcès en voie d'enkystement; les ganglions mésentériques et sous-lombaires offraient la même altération que ceux de la poitrine. Les préparations faites avec les diverses lésions montraient une bactérie que les cultures ensemencées avec le suc des ganglions, avec celui du poumon, avec celui du rein, avec celui du foie, ont reproduite, et qui a servi à faire dans la suite de nombreuses expériences, dont les développements suivants seront un résumé fidèle.

Troupeau n° 2. — Dans ce second troupeau, composé de vingt-cinq moutons semblables à ceux du précédent, la maladie fut pareillement introduite par deux jeunes porcs, qu'on avait achetés à la foire de Digne au commencement de novembre, et qu'on avait logés sous le même toit que les bêtes ovines. Ces deux porcs tombèrent malades deux ou trois jours après leur arrivée, et présentèrent les mêmes symptômes que ceux qui contaminèrent le premier troupeau ; il y eut la même promiscuité, et au bout de quelques jours, quand les porcs, après avoir été souffrants, entrèrent en convalescence, leur fumier fut épandu devant la bergerie, piétiné et flairé désormais par les moutons ; ensuite la maladie se déclara dans le troupeau, et fit périr en quelques jours seize moutons, qui présentèrent les mêmes symptômes et les mêmes particularités que ceux du premier troupeau. Vers le milieu de janvier les deux porcs toussaient encore beaucoup, et parmi les neuf moutons restants, trois ou quatre toussaient aussi.

Troupeau n° 3. — Nouvelle répétition des mêmes faits: un jeune porc acheté à Digne au commencement de novembre, et devenu malade deux ou trois jours après son arrivée, avait transmis l'affection aux moutons logés dans le même local que lui, dont il n'était séparé que par une cloison à claire-voie. Tous les animaux du troupeau avaient été malades et avaient présenté les mêmes symptômes que ceux des deux premiers troupeaux ; 8 sur 20 étaient morts, et les 12 survivants, ainsi que le porc, étaient en voie de guérison.

Troupeau n° 4. — Aucun cas de maladie n'avait été constaté sur ce quatrième troupeau, qui se composait de 29 moutons, et qui, logé dans une bergerie éloignée de la ferme, n'avait eu aucuns rapports directs ou indirects avec des malades. Pourtant son propriétaire avait, lui aussi, acheté à Digne deux jeunes porcs, qui étaient tombés malades deux jours après leur arrivée dans la ferme, et dont l'un avait succombé après trois jours de maladie ; mais, si les moutons du propriétaire du troupeau n° 4 avaient été épargnés grâce à leur isolement, la maladie a été transmise au troupeau n° 5.

Troupeau n° 5. — 12 moutons sur 22 étaient morts, et la maladie provenait du cadavre du porc dont il vient d'être question. Les moutons étaient allés pâturer dans le lieu où le cadavre avait été traîné et enfoui sans précautions ; de plus, ils avaient eu des rapports de voisinage avec ceux du troupeau n° 3.

Troupeau n° 6. — Les animaux s'étaient contaminés en fréquentant les chemins, les abreuvoirs et les pâturages infectés par les autres troupeaux malades ou par le transport de fumiers provenant des fermes où des porcs malades avaient été introduits.

La perforation plus ou moins profonde, observé sur le flanc des moutons malades, était purement traumatique : elle avait été remarquée sur presque tous les animaux atteints, et il était de toute évidence qu'elle était due à des coups de corne reçus au moment où les sujets malades étaient ballonnés. Tous les animaux qui avaient succombé avaient moins de deux à trois ans.

Dans mon rapport j'avais conclu fermement à l'existence d'une épizootie de *pneumo-entérite*, transmise du porc au mouton, ajoutant que cette manière de voir était confirmée : 1° par l'origine de la maladie et son introduction due à des porcs nouvellement achetés ; 2° par ses caractères et son évolution sur le porc ; 3° par son apparition dans des troupeaux vivant presque en promiscuité avec les porcs malades ; 4° par les particularités observées dans sa propagation ; 5° par ses symptômes et ses lésions sur le mouton ; 6° par la présence d'une bactérie dans les lésions.

Je faisais remarquer en outre que la maladie occasionnait, toutes proportions gardées, une mortalité plus considérable sur les moutons que sur les porcs.

Depuis, j'ai à diverses reprises publié différentes notes, en vue de faire connaître les résultats obtenus dans les nombreuses expériences que j'ai faites avec les cultures ensemencées dans les Alpes. L'étude qui suit a pour but de coordonner ces résultats, de les faire connaître avec plus de détails, de les expliquer, de les appuyer par la relation de quelques-unes des expériences qui les ont fournis, de les interpréter et d'en tirer l'enseignement qu'ils comportent, au point de vue de la prophylaxie et de la police sanitaire. J'exposerai les faits tels que je les ai observés, tels que je les ai reproduits, tels que je les ai obtenus en expérimentant sur diverses espèces ; ensuite, comparant la maladie, que j'ai étudiée et qui est bien une *pneumo-entérite*, avec le rouget et avec l'affection étudiée par Cornil et Chantemesse, il sera aisé de conclure à son identité avec l'une de ces maladies ou à sa spécificité.

SYMPTÔMES. — MARCHE. — TERMINAISON.

La description, ou plutôt l'énumération que je vais faire, des symptômes de la *pneumo-entérite infectieuse* du mouton, sera forcément incomplète, mais du moins elle sera vraie, car elle empruntera ses données aux faits que j'ai observés, la plume à la main, tant sur les moutons que sur les chèvres contaminés spontanément ou expérimentalement par inhalation, par ingestion, etc.

Suivant l'âge des animaux, suivant le mode de contagion, et surtout suivant la quantité et la qualité du virus introduit dans l'organisme la maladie varie par l'intensité de ses symptômes, par la rapidité de sa marche et par sa terminaison, qui aboutit plus ou moins promptement à la mort ou à la guérison. Toutes choses égales d'ailleurs, la maladie est surtout grave, rapide dans sa marche et fatale par sa terminaison, quand elle attaque des animaux jeunes, quand le virus s'introduit par les voies respiratoires, et quand il a été fraîchement expulsé par un sujet malade. On observe donc deux formes principales, en tenant compte de l'intensité des symptômes, de l'évolution de la maladie et de sa terminaison : une forme grave et une forme bénigne.

Forme grave. — Quand elle doit revêtir cette forme, l'affection débute promptement, souvent dans les vingt-quatre heures qui suivent l'introduction du virus ; elle apparaît soudainement, et se traduit par une fièvre intense avec élévation notable de la température et accélération de la circulation et de la respiration. Quelquefois les malades succombent avant qu'on ait pu observer nettement d'autres signes ; mais généralement il n'en est pas ainsi ; et, quoique la mort doive survenir à bref délai, on voit se produire un certain nombre de symptômes importants, dont la constance est en quelque sorte la règle. Les malades deviennent tristes, abattus, assoupis, cessent de manger et de ruminer, restent plus longtemps couchés et se ballonnent à outrance. Le ballonnement est un symptôme, sinon constant, au moins très fréquent ; ordinairement, les excréments ne sont guère modifiés dans leur consistance au début de la maladie, mais il n'est pas rare de les voir bientôt coiffés d'une matière grisâtre plus ou moins striée de sang ; d'ailleurs, quand la mort ne survient pas dans les deux ou trois premiers jours, on voit souvent la diarrhée, et une diarrhée fétide, se produire et s'accompagner d'un amaigrissement, qui va de jour en jour en se prononçant davantage. La fonction respiratoire se trouble ; les malades sont essoufflés ; la respiration devient de plus en plus fréquente, anxieuse, difficile et quelquefois plaintive ; la toux apparaît ; les naseaux laissent écouler un jetage séro-muqueux teinté en rouge ou sanguinolent ; la percussion et l'auscultation de la poitrine font constater des signes de broncho-pneumonie ou de broncho-pneumo-pleurite. La circulation se modifie

de plus en plus ; le pouls s'accélère ; les muqueuses apparentes
et la peau se congestionnent ; la conjonctive est rouge foncé, arborisée et quelquefois piquetée de points hémorrhagiques ; il y a parfois une véritable chassie. C'est surtout à la peau que se traduisent les
modifications de la circulation : on y voit apparaître des taches rouges,
des plaques ou des nappes rouges, qui deviennent ensuite vineuses,
violacées ou lie de vin ; elle se montrent dans les régions où la peau est
fine, aux ars, aux plats des cuisses, à la région des organes génitaux,
autour des ouvertures vulvaire et anale, sous la queue, sous le ventre,
un peu partout sur le tronc. Quelquefois il y a en plus des symptômes
nerveux. Sur une chèvre, contaminée par injection du virus dans la
trachée, j'ai observé la contracture des muscles du cou ; la bouche était
ouverte et la langue sortante : une écume blanchâtre et filante s'écou-
lait vers les commissures des lèvres, et la malade poussait fréquemment
des bêlements de détresse. Enfin, cette complication se produit aussi
dans la forme bénigne. Les femelles en état de gestation avortent généralement ; sur cinq brebis pleines plus une chèvre pleine qui ont figuré
dans mes expériences, la chèvre et quatre brebis ont avorté ; j'ai cru
remarquer que dans certains cas l'avortement était annoncé par la
diarrhée et une faiblesse prémonitoire, tandis que dans d'autres on
constatait seulement l'inquiétude de la mère, qui poussait des bêlements, relevait la queue et se livrait à des efforts expulsifs ; j'ai également remarqué que la délivrance se faisait difficilement sur certaines
femelles. Parmi les bêtes qui ont avorté, les unes étaient presque à
terme, les autres à des phases diverses de la gestation ; dans aucun cas
l'avorton n'est venu vivant.

Les malades qui présentent l'affection sous la forme grave, succombent
généralement au bout de quelques heures, d'un, de deux ou trois jours
au plus après l'apparition des premiers symptômes, et l'on constate
un abaissement notable de la température aux approches de la mort.
Quelques animaux résistent plus longtemps, pour mourir ensuite, après
avoir considérablement maigri, ou pour se rétablir plus ou moins complètement ; toutefois la guérison est lente, la convalescence est longue ;
les malades restent des semaines affaiblis, amaigris, toussent et peuvent
transmettre l'affection longtemps après avoir été atteints. Même sur
ceux qui semblent guéris, la maladie laisse souvent des lésions persistantes dans le poumon, sur la plèvre, sur le foie, etc., ainsi qu'en témoignent certains cas que j'ai observés aux abattoirs.

Forme bénigne. — Les animaux qui ont dépassé l'âge de deux ou
trois ans, ceux qui se contaminent par ingestion, ceux qui n'ont introduit
dans leur organisme qu'une faible dose de virus, ceux qui ont été contaminés avec un virus expulsé depuis un certain temps et déjà affaibli
par l'influence des agents physiques, ont beaucoup de chance de ne
contracter qu'une maladie, qui reste le plus souvent bénigne. On ob-

serve alors des symptômes moins accusés, une fièvre moins intense, un abattement moins prononcé, une inappétence et une météorisation passagères ; il survient de la toux et du jetage, mais la respiration est moins troublée que dans la forme grave ; toutefois la toux et le jetage peuvent persister longtemps ; on observe aussi une diarrhée passagère et les malades maigrissent plus ou moins. La circulation est moins profondément modifiée ; les muqueuses et la peau sont moins congestionnées ; les taches rouges font défaut ou sont peu accusées et fugaces. L'avortement peut se produire et la mère ne semble en ressentir aucune suite fâcheuse. Avec cette forme, les malades guérissent généralement, les uns complètement en apparence, et les autres incomplètement ; la guérison peut d'ailleurs être lente et exiger plusieurs semaines.

LÉSIONS.

Les cadavres des animaux qui succombent, déjà ballonnés au moment de la mort, se décomposent rapidement ; quelques heures à peine après la mort, ils exhalent déjà une odeur désagréable particulière, alors même qu'ils sont encore chauds. Cette odeur est très accusée quand on dépouille le cadavre, elle s'exhale des chairs mêmes. La surface du corps offre les taches rougeâtres ou violacées et livides déjà signalées ; les naseaux sont souillés d'une matière séro-muqueuse sanguinolente ; l'ouverture anale est salie de matière diarrhéique. La face interne de la peau est vivement congestionnée, arborisée et piquetée en certains points de nombreux petits foyers hémorrhagiques ; il en est de même du tissu sous-cutané, qui est quelquefois infiltré de sérosité roussâtre, dans certaines régions, ou d'une substance gélatiniforme ; mêmes altérations du tissu intermusculaire. Les muscles sont parfois plus foncés, et on rencontre dans certains des points hémorrhagiques.

Le système ganglionnaire est toujours profondément altéré ; les ganglions du tronc, mais surtout les ganglions bronchiques et les ganglions de la cavité abdominale sont hypertrophiés et vivement congestionnés. Sur la coupe on remarque deux zones nettement différenciées par leur aspect : l'une périphérique, correspondant à la substance corticale, est plus foncée, très congestionnée, piquetée de nombreux points hémorrhagiques, faciles à écraser sous le doigt ; l'autre, centrale, est moins foncée, plus humide et parfois ramollie. Lorsque la maladie est ancienne, les ganglions, surtout ceux des cavités, se sont décolorés et sont devenus grisâtres ; ils sont ramollis et suintent abondamment à la coupe. Les préparations faites avec les ganglions sont très riches en bactéries.

Dans les organes de l'appareil digestif les lésions ne manquent jamais ; et il en est souvent de très accusées et de très remarquables. Le péritoine, ses feuillets divers et ses nombreuses dépendances, se montrent toujours plus ou moins altérés, congestionnés, enflammés, recouverts d'exsudats pseudo-membraneux. Ordinairement on trouve, dans la cavité péritonéale, du liquide épanché en quantité variant de un demi-litre à deux ou trois litres; ce liquide est tantôt séreux, séro-sanguinolent, roussâtre, tantôt incolore ou grisâtre, épais, visqueux, filant; dans les verres à réactif et à l'air, il ne tarde pas à se prendre totalement en gelée. Des exsudats pseudo-membraneux, fibrineux, peu consistants, plus ou moins abondants, jaunâtres ou grisâtres ou un peu teintés en rouge, se montrent parfois sous forme de houppes, sur l'épiploon qui recouvre le rumen; d'autres fois ils sont très abondants et constituent un revêtement à la surface des estomacs, des épiploons, des intestins, du foie, de la rate et du feuillet pariétal du péritoine, principalement dans la partie diaphragmatique; il n'est pas rare que ces exsudats fassent adhérer plus ou moins intimement le foie à la face postérieure du diaphragme, en formant des brides plus ou moins nombreuses. D'autres fois enfin les exsudats sont moins abondants et disséminés sous forme de tractus à la surface de certains organes, tels que le foie, la rate, les estomacs; d'ailleurs, quand la maladie est ancienne, ces tractus sont moins abondants et plus résistants, en voie d'organisation ou organisés et transformés en tissu sclérosé. Outre ces exsudats plus ou moins abondants, on constate dans certains cas l'infiltration du tissu péri-viscéral par une substance gélatiniforme jaunâtre, qui envahit aussi les ligaments des estomacs et de la rate, le mésentère, le tissu péri-rénal, le tissu péri-pancréatique, etc. ; aux lieu et place de cette infiltration, c'est quelquefois un exsudat fibrineux jaunâtre, qu'on trouve dans le tissu péri-rénal et péri-pancréatique, et d'autres fois un foyer purulent ou caséeux. L'épiploon, outre le revêtement ou les tractus pseudo-membraneux, dont il est plus ou moins recouvert, se montre plus ou moins vivement congestionné, enflammé, arborisé, piqueté de points hémorrhagiques, épaissi par places, rugueux, dépoli; il offre souvent çà et là des plaques ou des points plus foncés, rougeâtres ou brunâtres, au niveau desquels l'inflammation exsudative est plus accusée. Sur d'autres parties du péritoine on rencontre aussi des points où il est épaissi, rugueux, dépoli, jaunâtre ou brunâtre. Le mésentère et la surface des estomacs et des intestins sont congestionnés, arborisés, et présentent parfois des plaques ou des taches hémorrhagiques. Suivant la date de la maladie, le foie est congestionné et violacé, recouvert de fausses membranes, criblé de points hémorrhagiques, ou parsemé de points sclérosés et recouvert de houppes grisâtres; quand la maladie est ancienne, on trouve parfois des abcès dans le foie, dont la surface présente des plaques grisâtres, rugueuses et en saillie, qui résultent de l'organisation des exsudats; il n'est pas rare alors de le trouver attaché par des adhérences solides à la face postérieure du diaphragme. La rate et le pancréas sont plus ou moins vivement con-

gestionnés. On observe toujours enfin les lésions d'une gastro-entérite
généralement très accusée.

Les trois premiers estomacs sont ordinairement indemnes. Quelquefois cependant on trouve des places congestionnées sur la muqueuse
du rumen. La muqueuse de la caillette se montre congestionnée et
enflammée dans toute son étendue, surtout au voisinage du pylore et
sur les plis ; elle présente des plaques hémorrhagiques et surtout un
piqueté hémorrhagique très abondant sur ses plis. Les intestins sont
le siège d'altérations constantes. L'intestin grêle est plus ou moins malade ; sa muqueuse est congestionnée, arborisée, enflammée, épaissie,
rougeâtre par traînées ou par plaques plus ou moins étendues, parsemée de plaques ou de taches hémorrhagiques, et quelquefois érodée
et comme en voie d'ulcération par places ; les follicules solitaires sont
hypertrophiés ; les plaques de Peyer sont plus saillantes, enflammées,
et d'un aspect plus chagriné, leur surface étant manifestement tour-
mentée. Des lésions de même ordre se montrent sur les autres parties
du tube digestif : le cæcum, la valvule iléo-cæcale, le colon, sont congestionnés, enflammés, etc.

L'appareil respiratoire présente des lésions de bronchite, de pneumonie et de pleurite. En ouvrant la poitrine on est frappé d'emblée par
l'état de la plèvre et du poumon. Une certaine quantité de liquide,
variant d'un quart de litre à un litre et deux litres environ, se trouve
épanché dans la cavité pleurale ; ce liquide est tantôt incolore, tantôt un
peu grisâtre, tantôt sanguinolent ou roussâtre ; il est quelquefois séreux,
mais ordinairement il est visqueux, filant, et se prend en gelée dans
les récipients ; il tient en suspension des flocons et des filaments
fibrineux. La plèvre pariétale, la plèvre diaphragmatique, la plèvre
pulmonaire, le médiastin sont plus ou moins recouverts d'exsudats pseudo-membraneux, fibrineux, grisâtres ou jaune grisâtre, peu
consistants, qui semblent appliqués sur la séreuse. Ces fausses membranes, qui consistent parfois en de simples houppes comme implantées
à la surface de la plèvre, forment ou tendent à former généralement
un revêtement plus ou moins épais, tantôt une sorte de pellicule mince,
tantôt un revêtement plus épais, creusé de trous et comme spongieux.
Dans certains cas les fausses membranes sont si abondantes qu'elles
recouvrent toute la surface de la plèvre ; et il n'est pas rare que, du
feuillet pariétal au feuillet viscéral, elles s'envoient des prolongements
qui établissent des adhérences plus ou moins nombreuses. Les exsudats
qui se forment sur la plèvre pulmonaire, apparaissent d'abord au
niveau des travées interlobulaires, et c'est à ces points qu'ils sont toujours plus épais et plus adhérents. Outre ces fausses membranes, on
trouve souvent un exsudat gélatiniforme ou spongieux et fibrineux entre
les lames du médiastin et dans le tissu péri-œsophagien, péri-ganglionnaire et péri-vasculaire. La plèvre est vivement congestionnée, arbo-

risée et enflammée, surtout dans les parties qui sont recouvertes d'exsudats ; elle est épaissie, dépolie, rugueuse, chagrinée, tachetée d'hémorrhagies. Quand la maladie est ancienne, le liquide épanché a été résorbé et les exsudats se sont modifiés ; on trouve seulement des tractus pseudo-membraneux organisés ou en voie d'organisation, et la plèvre offre des traces d'inflammation chronique ; elle est épaissie et rugueuse en certaines places et présente parfois un aspect mamelonné ou verruqueux. Les poumons offrent généralement de belles lésions de pneumonie, réunies dans les parties antéro-inférieures, ou disséminées

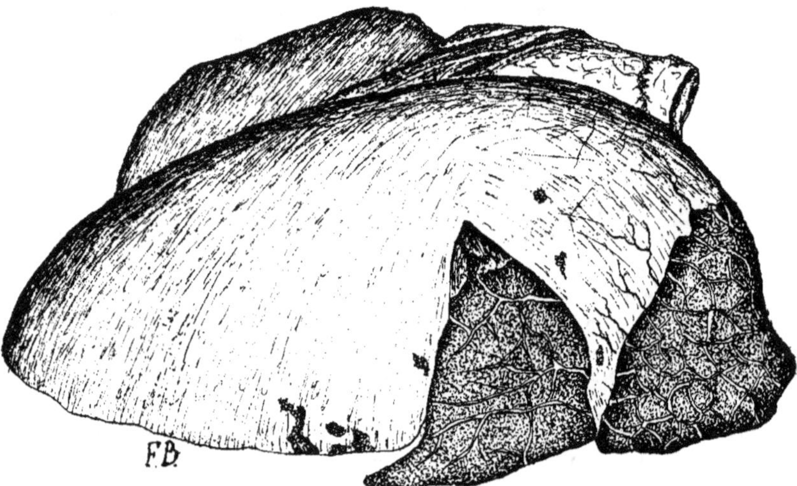

Fig. 118. — Pneumo-entérite. — Poumon de mouton.

çà et là ; ces lésions simulent, dans une certaine mesure, celles de la péripneumonie bovine : elles portent sur le tissu interlobulaire, sur les lobules pulmonaires, sur le tissu péribronchique et sur les bronches. Les portions de poumon qui sont malades sont denses, non affaissées, foncées en couleur, rouge brunâtre, rouge grisâtre, nuancées de teintes diverses, de rouge, de gris ou de jaune, et striées de raies d'un gris ardoisé correspondant aux travées interlobulaires, qui sont fortement épaissies et infiltrées. Çà et là, dans divers points de l'organe, on trouve des lobules malades rouge brunâtre au milieu de lobules sains ; çà et là on voit aussi des travées interlobulaires épaissies et déjà malades ; il semble donc que l'inflammation débute par le tissu interlobulaire pour envahir ensuite les lobules. L'altération du tissu interlobulaire consiste dans une infiltration avec épanchement séro-fibrineux ou albumino-fibrineux. Les lobules malades sont rougeâtres ou rouge brunâtre ; toutefois leur teinte est nuancée de points grisâtres ou jaunâtres correspondant aux exsudats fibrineux accumulés dans les infundibula ; leur coupe, outre qu'elle montre bien cette teinte nuancée diversement, présente un aspect grenu, qui, lui aussi, tient à la réplétion des infundibula par de la matière fibrineuse exsudée. Les parties du poumon non encore envahies sont souvent emphysémateuses. Lorsque la maladie remonte à une certaine date, on peut trouver des points de pneumonie en voie de résolution, des foyers de caséification, et surtout des points au niveau desquels le poumon semble carnifié ou atélectasié, grâce à la bronchite et à la péribronchite très accusées que l'on constate au niveau des parties ainsi altérées. Les bronches et la trachée sont remplies de spumosités, et leur muqueuse est recouverte d'un enduit séro-muqueux teinté en rouge. La muqueuse de la trachée, et surtout celle des bronches, est congestionnée, arborisée, enflammée, épaissie et piquetée d'hémorrhagies. A l'état chronique, la muqueuse bronchique est catarrhale, épaissie, rugueuse et recouverte d'une matière visqueuse, grisâtre, très adhérente.

C'est dans le système ganglionnaire, dans l'appareil digestif et dans l'appareil respiratoire, qu'on rencontre les lésions les plus importantes de la pneumo-entérite ; mais les autres appareils n'en sont point indemnes. On en trouve : 1° dans l'appareil génito-urinaire ; 2° dans l'appareil circulatoire ; 3° dans l'appareil de l'innervation. Elles consistent en une congestion plus ou moins vive, accompagnée d'hémorrhagies punctiformes. Ainsi on observe la congestion des reins, de la muqueuse vésicale, des testicules, du pénis, des ovaires, de l'utérus, de la mamelle. En cas d'avortement, le cordon est infiltré d'une gelée rougeâtre ; le placenta est souvent congestionné et parsemé de taches hémorrhagiques ; les cavités splanchniques de l'avorton sont remplies d'un liquide sanguinolent, et le tissu sous-cutané est infiltré. Dans le péricarde on trouve épanché le même liquide que dans la plèvre et quelquefois le même exsudat fibrineux grisâtre ; le péricarde est congestionné, arborisé et piqueté parfois de points hémorrhagiques, principalement sur son feuillet viscéral, au niveau des oreillettes et de l'origine des gros vaisseaux. Le cœur est lui aussi arborisé, et piqueté à l'intérieur et à l'extérieur, surtout le cœur gauche ; les valvules auriculo-ventriculaires sont épaissies et comme infiltrées. Le sang est légèrement incoagulé, diffluent partout, dans le cœur et dans les vaisseaux. Les centres nerveux sont parfois congestionnés de même que leurs enveloppes ; j'ai eu observé une véritable arachnoïdite avec épanchement et compression de la moelle allongée et de la moelle cervicale.

La bactérie caractéristique de la maladie se montre dans les préparations faites avec les divers produits morbides et avec les divers tissus altérés ; on la voit dans les produits épanchés et exsudés, dans les matières catarrhales, dans le sang, dans les viscères et parenchymes malades, dans le lait, dans l'urine, etc.

En résumé la pneumo-entérite du mouton s'accompagne de lésions congestionnelles et hémorrhagiques, de lésions d'inflammation catarrhale et de lésions d'inflammation exsudative. L'inflammation exsudative domine la scène ; elle se manifeste principalement à la surface des séreuses et dans les poumons.

PRONOSTIC.

D'après ce que j'ai pu apprendre dans les Alpes, et d'après ce que j'ai pu constater dans mes expériences, il s'agit bien d'une affection grave, qui peut, le cas échéant, occasionner des pertes sérieuses. Elle a dû sévir plus d'une fois et passer inaperçue ou pour mieux dire être confondue avec d'autres maladies. Elle mérite d'appeler désormais l'attention ; elle doit se montrer çà et là, car, aux abattoirs de Lyon, j'ai eu l'occasion de rencontrer plus d'une fois ses lésions sur des moutons de diverses provenances. Si on en juge par les faits qui se sont produits dans les Alpes aux environs de Digne, et par les résultats que j'ai obtenus dans mes expériences, la mortalité que la pneumo-entérite du mouton peut déterminer pourrait être considérable. Ainsi il est à remarquer que la maladie a, toutes proportions gardées, occasionné une mortalité plus élevée sur les moutons que sur les porcs. Dans les Alpes, là où il n'était mort qu'un porc sur sept malades, il mourait 12 moutons dans le troupeau n° 1 composé à l'origine de 37 têtes, 16 dans le troupeau n° 2, qui comptait 25 têtes, 8 dans le troupeau n° 3, qui comprenait 20 moutons, 12 dans le troupeau n° 5, qui avait un effectif de 22 bêtes, et 7 dans le troupeau n° 6, qui avait une trentaine d'animaux, soit un total de 55 bêtes sur 134. Dans les expériences auxquelles j'ai procédé en vue de l'étude de la maladie, j'ai obtenu des résultats identiques. Je n'ai inoculé que trois porcs ; tous les trois ont été malades, mais tous les trois ont résisté ; ils ont cependant présenté des lésions très accusées, quand on les a sacrifiés. J'ai contaminé, par divers modes, 14 moutons ou brebis et 6 chèvres ; tous les moutons ou brebis âgés de moins de deux ans, et inoculés par injection du virus dans la veine, dans le poumon ou dans la trachée, sont morts rapidement, ils se comptent au nombre de six ; quant aux moutons et brebis âgés de plus de 2, 3, 4 ans, inoculés, 4 par ingestion, et 4 par l'un des modes qui viennent d'être indiqués, il y en a eu 2 de la première catégorie et 3 de la seconde, qui, après avoir été sérieusement malades, ont résisté et ont été sacrifiés quelques jours après ; tous ont néanmoins présenté les lésions de la maladie. Les six chèvres, qui étaient toutes très âgées, ont été inoculées par injection dans la veine ou dans le poumon ou dans la trachée ; elles sont toutes mortes, et trois seulement ont eu une maladie à évolution lente. On se fait une idée assez exacte de ce que peut être la gravité de la pneumo-entérite du mouton, si on ajoute, aux considérations qui précèdent, que la maladie est toujours plus redoutable sur les animaux jeunes et sur ceux qui se contaminent par inhalation, qu'elle est transmissible du porc au mouton, du mouton au porc et au mouton, qu'elle est également transmissible, ainsi qu'on le verra ci-après, à d'autres espèces, que les malades sont dangereux pendant longtemps, que leurs matières morbides se conservent dans les milieux extérieurs, que les circonstances, dans lesquelles la transmission et la diffusion de l'épizootie peuvent s'opérer, sont nombreuses, étant donné le mode d'élevage employé pour les moutons et les porcs.

ÉTIOLOGIE.

La pneumo-entérite du mouton est une maladie contagieuse, bactérienne, susceptible de se transmettre par les mêmes modes de contagion que celle du porc; c'est une maladie qui se gagne, que les moutons peuvent contracter en ayant des rapports directs ou indirects avec des animaux de leur espèce ou avec des animaux de l'espèce porcine, qui en sont atteints; c'est une maladie, qui peut être introduite là où elle n'existe pas, par des animaux malades, ou simplement contaminés, récemment achetés.

On a déjà vu ci-dessus que la bactérie pathogène se rencontrait partout, dans les produits morbides, dans les lésions, dans le sang et même dans certains produits de sécrétion physiologique, tels que le lait et l'urine. La virulence étant inhérente à la bactérie, comme on le verra plus loin, il y avait lieu de conclure à priori qu'elle était répandue partout, et c'est en effet ce que l'expérimentation a démontré. Des inoculations, faites au cobaye et au lapin, avec le liquide épanché dans les séreuses péritonéale, pleurale et péricardienne, avec les exsudats de ces séreuses, avec le sang du cœur, avec le suc raclé sur la coupe des ganglions, de la rate, du foie, du rein, du poumon, etc., ont donné la maladie. Il en a été de même des matières expectorées ou jetées par le nez, des matières recueillies à la surface des excréments ou raclées à la surface des intestins, de l'urine puisée dans la vessie avec une pipette flambée, du lait extrait de la mamelle avec toutes les précautions voulues, de la chassie, de la matière catarrhale rendue par la vulve; enfin il en a été de même du suc raclé sur une coupe de l'utérus et des produits empruntés aux avortons et aux fœtus trouvés dans l'utérus de lapines ou de cobayes pleines. En résumé la virulence existe partout, tout le cadavre en est imprégné; les malades expulsent de la matière virulente dans le milieu ambiant avec leur jetage, leur bave, leur expectoration, leur chassie, leurs excréments, leurs urines, leur lait, etc.; on comprend sans peine que des animaux sains, vivant en promiscuité avec des malades, courent à tout instant le danger de se contaminer.

Les données qui précèdent sont l'expression d'une résultante bien établie par les nombreuses expériences que j'ai faites ; toutefois il ne faudrait pas en conclure que la virulence se rencontre invariablement dans tous les sièges ou véhicules précités. Si la conclusion formulée tout à l'heure peut être considérée comme une règle absolue, quand il s'agit du sang, du produit des lésions et des matières morbides des malades atteints de la forme grave, il y a lieu de tenir compte d'exceptions, qui ne sont pas bien rares, quand il s'agit de la forme bénigne, ou quand on est en présence de malades qui ont résisté plus ou moins longtemps. En effet il m'est arrivé plus d'une fois d'inoculer sans succès les produits de certains malades et même leur sang, alors que la matière des lésions provoquait l'affection. Je citerai, à titre d'exemple et à l'appui de ce que j'avance, le cas de deux avortons, dont l'un, provenant d'une chèvre, est devenu le point de départ d'une série de cultures et de transmissions, tandis que l'autre, qui avait été expulsé par une brebis âgée, ne donna rien à la culture ni à l'inoculation, alors que les produits de la mère se montraient virulents.

Ce qui précède suffirait à justifier les mesures sanitaires de préservation, telles que l'isolement et la séquestration des malades, la désinfection des locaux et la destruction ou l'enfouissement des cadavres. Mais les données qui vont suivre en feront encore mieux ressortir l'importance et la nécessité.

L'étude de l'épizotie des Alpes permettait de penser très légitimement que les matières virulentes, rejetées par les malades, ou issues des cadavres, conservaient leur activité dans les locaux et dans les pâturages, sur les litières et dans les fumiers. Des expériences de contrôle m'ont démontré que le virus de la pneumo-entérite du mouton se conserve un certain temps dans les fumiers, dans les eaux, sur les sols humides, sur les pâturages, sur les litières, les boiseries et les objets divers, dans les cadavres, etc., malgré la putréfaction, malgré l'action de l'air et de la lumière, malgré les variations de température, malgré la congélation à — 4° suivie de décongélation, malgré la dessiccation. Dans l'une comme dans l'autre condition, il semble s'atténuer avant de perdre toute son activité, ainsi que le donne à penser la manière dont évolue la maladie qu'il détermine ; mais ce virus atténué peut, comme celui du porc, se revivifier en passant dans l'organisme et récupérer son énergie première, comme on le verra plus loin ; d'où une indication de plus en faveur de la désinfection.

La pneumo-entérite observée sur les moutons des Alpes, dont j'avais rapporté des cultures, est transmissible expérimentalement à toutes les espèces animales, qu'on élève dans les fermes, au cobaye, au lapin, aux poules, aux pigeons, au chien, au porc, à la chèvre, au mouton, au veau, à l'âne et au cheval. Mêmes constatations ont été faites avec la même affection rencontrée plusieurs fois sur des moutons tués à l'abattoir de Lyon.

A) *Transmission de la maladie au cobaye.* — Le 28 mars 1889, je constatai l'existence de la pneumo-entérite sur un mouton tué à l'abattoir de Vaise ; je ne pus voir que le poumon, le cœur, le foie et la rate ; mais les lésions qu'ils présentaient, les bactéries qu'on y rencontrait, et les inoculations qui furent faites, me permirent de reconnaître qu'il s'agissait bien de la même affection que dans les Alpes. Dans les parties antéro-inférieures des deux poumons on voyait disséminés çà et là des points de pneumonie en voie de résolution, dont le tissu semblait à l'état de refœtation ; le tissu interlobulaire était épaissi, les bronches enflammées et leur muqueuse catarrhale au niveau de ces points ; la coupe des parties malades offrait un aspect grenu ; la plèvre pulmonaire présentait çà et là des traces d'inflammation chronique, elle était épaissie et couverte de tractus ou dépôts pseudo-membraneux en voie d'organisation, d'où son aspect rugueux et même verruqueux semblable à celui de la peau du crapaud ; les ganglions bronchiques étaient hypertrophiés, ramollis, grisâtres, et suintaient abondamment à la coupe. Les valvules auriculo-ventriculaires du cœur étaient infiltrées. Le foie présentait à sa surface des nappes grisâtres, rugueuses, résultant de l'organisation d'exsudats pseudo-membraneux ; sa face antérieure adhérait sur une étendue considérable à la face postérieure du diaphragme par des fausses membranes organisées. La surface de la rate offrait aussi des tractus grisâtres pseudo-membraneux en voie d'organisation.

Dans le courant du mois d'avril de la même année, j'eus encore l'occasion de rencontrer la pneumo-entérite sur un mouton tué à l'abattoir de Vaise et je pus observer une fois de plus les lésions, les bactéries, et la transmissibilité de l'affection. Avec les virus issus de ces diverses sources, je pus procéder à de nombreuses expériences par séries parallèles, et toujours les résultats furent identiques.

Le virus perdit de son activité en végétant dans les milieux de culture et il s'atténua de plus en plus à mesure que les générations se multipliaient. Par contre, il s'exalta en quelque sorte de génération en génération, en vivant sur l'organisme.

A la suite d'un premier passage dans l'organisme du cobaye, il se produisit déjà une exaltation manifeste de la virulence, qui se traduisit par une plus brève échéance de la mort et par une terminaison fatale assurée.

La transmissibilité de la pneumo-entérite des Alpes au cobaye se trouve d'ailleurs établie par de nombreuses inoculations, auxquelles j'ai dû procéder dans des buts divers, et qui ont démontré, comme on le verra plus loin, que le virus, affaibli par la culture dans des milieux artificiels, s'exalte au point d'arriver à tuer infailliblement les sujets d'expériences en trois, deux, un jour. J'ai à diverses reprises reproduit la même succession de phénomènes en partant de cultures datant de un, deux, trois, quatre et cinq mois.

En résumé, la pneumo-entérite du mouton peut être cultivée sur le cobaye en déterminant dans son organisme les lésions suivantes : congestion avec exsudation et infiltration, mais sans pus, au point inoculé et dans le voisinage ; congestion et hypertrophie des ganglions voisins ; congestion de l'épiploon, du foie, de la rate, des capsules surrénales, des reins et de l'utérus ; taches grisâtres sur le foie ; entérite ; exsudat pseudo-membraneux, accompagné d'un épanchement liquide, visqueux, grisâtre, dans les cavités péritonéale, pleurale et péricardienne ; points de pneumonie ; bactéries nombreuses dans le liquide épanché, dans les organes malades, dans le sang et surtout dans les exsudats. Quand le virus est exalté et inoculé à forte dose, la mort arrive rapidement, et toutes les lésions signalées n'ont pas le temps de se produire ; mais on observe toujours la congestion et la tendance aux exsudations. Enfin quand l'inoculation a été faite avec un virus atténué et quand les inoculés semblent se rétablir, on trouve néanmoins sur leurs organes quelques lésions, notamment des traces de pneumonie ancienne, des taches grisâtres sur le foie, une altération de la rate, qui se montre grenue et hypertrophiée, parfois la pâleur et la dégénérescence des reins, et une induration avec ou sans caséification centrale dans la région inoculée.

B) *Transmission de la maladie au lapin.* — Suivant qu'on l'inocule avec des cultures déjà atténuées ou avec du virus renforcé par un ou plusieurs passages sur le cobaye, le lapin contracte une maladie plus ou moins grave.

Le virus emprunté directement au mouton a tué le lapin dans un laps de temps relativement court, tandis que celui qui avait été emprunté à des cultures, ne lui a donné qu'une maladie moins grave.

Des résultats plus ou moins prompts ont été obtenus à maintes reprises avec la pneumo-entérite des Alpes, sur des lapins, qui sont morts en 1, 2, 3, 4, 5 jours à la suite d'une injection intra-veineuse de virus frais provenant d'un cobaye ou d'un lapin, qui venait de succomber. Des lapins, inoculés de même à diverses reprises avec des cultures fraîches, qui avaient été semées avec du sang de lapin ou de cobaye, ont vécu généralement plus longtemps, 23 jours, 14 jours, 8 jours.

La pneumo-entérite du mouton de Vaise, dont il est question plus haut, a fourni les mêmes données : des lapins, inoculés dans la veine le 5 avril avec le sang et avec l'exsudat d'un cobaye, sont morts le lendemain ; de nouveaux lapins inoculés avec le virus de ceux-là sont pareillement morts dans les trente-six heures ; deux lapins inoculés l'un avec le virus d'un cobaye, l'autre avec celui d'un lapin, morts le 9 avril, ont succombé le 10 avril, etc.

La pneumo-entérite du mouton est donc bien transmissible au lapin, ainsi que cela découle de mes nombreuses expériences. J'ajoute que cet animal peut la contracter spontanément en cohabitant avec ses congénères qu'on a rendus malades; il en est de même d'ailleurs du cobaye. J'ai en effet vu mourir, dans le cours de mes expériences, deux cobayes et trois lapins, qui n'avaient point été inoculés, et qui avaien cependant la pneumo-entérite, ainsi que me l'ont prouvé leurs lésions, leurs bactéries, les inoculations et les cultures dont ils sont devenus le point de départ. D'ailleurs la transmission peut être obtenue expérimentalement de diverses façons, par inoculation sous-cutanée, par inhalation, par ingestion, etc.

Les lésions de la maladie évoluant sur le lapin peuvent être résumées ainsi qu'il suit : congestion, hémorrhagies et infiltration gélatiniforme rougeâtre dans le tissu sous-cutané au niveau et autour du point inoculé, quand la transmission a eu lieu par injection hypodermique : plaques congestionnelles à la face interne du derme; congestion et hypertrophie des ganglions voisins du point inoculé; congestion des mamelles ; ballonnement plus ou moins accusé au moment de la mort, même quand les lapins succombent en quelques heures ; excréments parfois coiffés d'une matière muqueuse, grisâtre, très visqueuse et très riche en bactéries, quand les animaux vivent assez longtemps (6 à 7 jours) ; congestion du péritoine, de l'épiploon, et des organes abdominaux, du foie, de la rate, des reins, des ganglions, de l'utérus, de l'intestin ; épanchement séreux dans le péritoine et surtout exsudat pseudo-membraneux, grisâtre, disséminé, et plus ou moins abondant ; quelquefois, quand les animaux ont résisté longtemps, taches grisâtres et foyers caséeux dans le foie avec plaques grisâtres d'épaississement sur l'épiploon et dégénérescence des reins ; congestion de la plèvre, épanchement visqueux et limpide dans la cavité pleurale avec tractus pseudo-membraneux et nombreux points de pneumonie commençante, quand les animaux meurent rapidement ; points de broncho-pneumonie en voie de résolution, lorsque la maladie devient chronique ; épanchement dans le péricarde semblable à celui de la plèvre ; assez souvent chassie et chassie blanchâtre quand les animaux vivent un certain temps : bactéries partout.

C) *Transmission de la maladie à la poule et au pigeon.* — Deux jeunes poules et deux jeunes pigeons furent inoculés le 13 mars avec un mélange de sang et de liquide pleural empruntés à un lapin mort de la pneumo-entérite des Alpes en vingt-quatre heures. L'inoculation fut faite sous la peau, et chaque sujet reçut 1 centimètre cube du mélange. Deux jours après tous étaient morts ; tous présentèrent une vive congestion des parenchymes et d'innombrables bactéries dans le sang et dans les tissus. Leur sang, inoculé à deux chiens et à deux lapins, les fit périr rapidement de la pneumo-entérite.

D) *Transmission de la maladie au chien.* — La pneumo-entérite du mouton a pu être transmise au chien par injection intra-pulmonaire, par injection intra-trachéale et par ingestion. Deux chiens inoculés, l'un dans la trachée, l'autre dans le poumon, avec le sang des poules et des pigeons morts de la maladie, succombèrent en moins de trente heures, en présentant tous les deux, à l'intensité près, les lésions suivantes : congestion, arborisation, piqueté hémorrhagique et inflammation très violente des plèvres ; liquide séro-sanguinolent dans la cavité pleurale ; exsudats fibrineux grisâtres, formant un revêtement ininterrompu sur les deux feuillets de la séreuse pleurale ; pneumonie et inflammation très vive de la muqueuse respiratoire ; congestion, arborisation et piqueté hémorrhagique sur le péricarde et le cœur ; congestion du foie, de la rate, des reins et de l'intestin ; bactéries dans les produits mor-

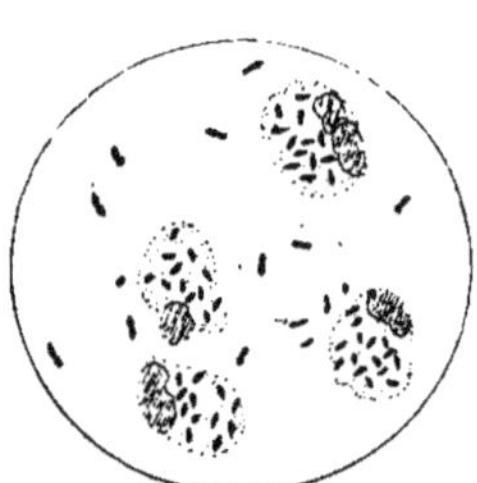

Fig. 119. — Pneumo-entérite transmise au chien par injection intra-pleurale. — Exsudat pleural. — Presque tous les bacilles sont dans les cellules.

bides, dans les lésions et dans le sang. Le sang de l'un de ces deux chiens, inoculé à un mouton par injection intra-pulmonaire, le fit périr en vingt-huit heures avec les lésions de la pneumo-entérite suraiguë. Le sang de l'autre chien fut injecté à la dose de 8 centimètres cubes dans la trachée d'un troisième chien, qui mourut en cinquante heures, après avoir présenté de la diarrhée et des signes de maladie de poitrine ; à l'autopsie, on constata des lésions congestionnelles de la peau et du tissu sous-cutané, des lésions de broncho-pneumo-pleurite, de péricardite, d'entérite, etc. Enfin, avec le sang et l'exsudat de ce troisième chien on transmit la pneumo-entérite à un quatrième, ainsi qu'à des lapins et des cobayes. A vrai dire, la transmission par ingestion semble beaucoup moins facile ; sur quatre chiens, soumis à des repas infectants répétés, composés de viscères de lapins morts de pneumo-entérite, un seul a contracté la maladie et en a présenté les lésions.

E) *Transmission de la maladie au porc.* — Trois porcs seulement ont été soumis à la contagion.

Expérience du 25 février 1889. — Deux séries d'animaux furent inoculés avec la pneumo-entérite rapportée des Alpes : chaque série se composait d'un jeune porc et de deux cobayes. Une culture dérivée de celles qui avaient été rapportées de Digne fut inoculée sous la peau de deux cobayes et dans le poumon d'un porc âgé de sept à huit mois ; tandis qu'une culture semée avec le sang d'un cobaye servit à inoculer de même deux autres cobayes et un second porc pareil au précédent. Le 3 mars, un cobaye de chaque série mourut de la pneumo-entérite ; les deux autres se rétablirent, et quand on les sacrifia plus tard, on constata les lésions chroniques déjà signalées précédemment. Quant aux porcs, qui étaient absolument sains et en parfait état lors de leur inoculation, ils furent très malades dès le lendemain, et leur état s'aggrava les jours suivants ; ils étaient essoufflés, mangeaient peu ou point, toussaient, et jetaient par le nez une matière séro-muqueuse ; l'un d'eux, celui qui avait reçu la culture semée avec le sang d'un cobaye mort de pneumo-entérite, était manifestement plus malade, il éprouvait des frissons et par moments des coliques très violentes ; il présentait, en outre, sur les oreilles et sur le cou, des rougeurs. Le 1er et le 2 mars, l'état des deux malades restait stationnaire ; le jetage était devenu plus abondant et plus épais. Le 3 mars, une amélioration manifeste se produisait ; les deux malades se mettaient à manger de meilleur appétit ; les rougeurs disparaissaient ensuite peu à peu, et la gaîté revenait ; toutefois, la toux, l'expectoration, l'essoufflement et le jetage persistaient encore à la date du 9 mars. Ce jour, le porc qui avait été le moins malade reçut dans la poitrine du sang de cobaye mort de la pneumo-entérite des Alpes ; il fut très malade le lendemain, s'essouffla à l'excès, perdit l'appétit, resta couché et caché sous la litière ; des rougeurs diffuses apparurent dans diverses régions, sur le cou, aux oreilles ; le jetage devint plus abondant ; dès le 13 mars, une amélioration se produisit, mais la guérison fut incomplète. Ces deux porcs toussaient encore beaucoup à la date du 25 mars, et le jetage continuait ; on les inocula de nouveau tous les deux en leur injectant, dans la veine, 1 centimètre cube de matière virulente provenant d'un cobaye ; leur état fut peu modifié par cette nouvelle inoculation. On les a sacrifiés, l'un le 8 mai et l'autre le 22 du même mois, et à leur autopsie on a trouvé les lésions chroniques de la pneumo-entérite sur les bronches, les poumons, la plèvre, les ganglions, le foie, etc. La muqueuse des bronches était catarrhale ; il y avait péribronchite et hépatisation grise à coupe grenue dans les parties antéro-inférieures du poumon ; çà et là se montraient quelques foyers de caséification au sein des parties hépatisées ; les plèvres étaient rugueuses, dépolies, épaissies et recouvertes par places de tractus pseudo-membraneux anciens. Les ganglions bronchiques et médiastinaux étaient hypertrophiés, un peu ardoisés et ramollis ; le foie et la rate présentaient des taches grisâtres, etc. Le produit des lésions donna la maladie au cobaye et au lapin.

Des résultats identiques ont été obtenus sur un troisième porc âgé d'un an environ qui, après avoir été inoculé dans la trachée avec une culture issue de la pneumo-entérite du mouton de Vaise, a offert les mêmes signes que les précédents, avec complication de paraplégie. Sa maladie a été pareillement transmise au cobaye et au lapin.

F) *Transmission de la maladie à la chèvre.* — Six chèvres âgées ont été contaminées expérimentalement : elles sont toutes mortes : trois ont succombé à la maladie sous la forme lente.

Expérience du 12 mars 1889. — Deux chèvres furent inoculées avec la matière virulente mélange de sang et de liquide épanché dans la poitrine) empruntée à un lapin mort en vingt-quatre heures de la pneumo-entérite des Alpes. L'une en reçut 2 centimètres cubes dans la trachée et 2 centimètres cubes dans le poumon droit ; l'autre en reçut 4 centimètres cubes dans la jugulaire. La première mourut le lendemain, et la seconde le surlendemain, en présentant toutes deux les symptômes et les lésions déjà signalées. Aussitôt après l'inoculation, elles furent toutes les deux très fatiguées ; elles se montrèrent bientôt essoufflées, ballonnées, puis restèrent couchées ; la respiration devint plaintive ; il y eut de la diarrhée, et à l'autopsie on trouva des lésions de broncho-pneumo-pleurite, de péricardite, de péritonite, d'entérite, etc. Le lait d'une de ces chèvres, injecté dans la veine d'un lapin, le fit mourir en vingt-cinq heures de la pneumo-entérite.

Cette expérience démontre nettement la transmissibilité de la pneumo-entérite du mouton à la chèvre; elle prouve aussi que le lait devient virulent. Trois autres chèvres, inoculées dans la poitrine ou dans la trachée, ou dans la veine, avec des doses fortes de virus pris sur des cobayes ou des lapins, ont succombé l'une en trois jours, et les deux autres après plusieurs jours de maladie, et ont présenté les lésions de la pneumo-entérite en tous points semblables à celles de la maladie évoluant sur le mouton.

Voici, enfin, une expérience qui étaye la démonstration déjà faite, et qui offre un autre intérêt, car il y a eu avortement et transmission de la maladie avec les produits de l'avorton.

Expérience du 25 mars 1889. — Une chèvre pleine, qui avait reçu les jours précédents, dans la trachée, 150 centimètres cubes de liquide stérilisé provenant de l'épanchement pleural d'une autre chèvre, fut inoculée dans la veine avec 4 centimètres cubes de matière virulente provenant de cobayes morts de la pneumo-entérite des Alpes. Le lendemain, elle se mit à tousser et commença à s'essouffler; dans la journée du 31 mars elle fut prise de diarrhée, devint inquiète, se mit à pousser des bêlements fréquents, et se livra presque sans discontinuer à des efforts expulsifs; elle avorta le 1er avril et son fœtus, qui était presque à terme, était envahi par les bactéries, ainsi que l'établirent l'examen microscopique, l'inoculation et la culture. La mère se délivra lentement; elle resta amaigrie et continua à tousser; elle succomba le 14 juin après avoir montré pendant deux jours des symptômes nerveux. Brusquement, elle avait présenté une violente contracture des muscles du cou; la bouche était ouverte et la langue sortante, une écume blanchâtre s'échappait vers les commissures des lèvres : la bête faisait entendre des bêlements de détresse. A l'autopsie, on constata des lésions de pneumo-entérite, les unes chroniques, les autres aiguës; il y avait eu récidive en quelque sorte, et la moelle allongée se trouvait comprimée par une surabondance de liquide encéphalo-rachidien. Une émulsion préparée avec un fragment de moelle et un peu de liquide arachnoïdien fut injectée dans la veine d'un lapin, qui mourut de la pneumo-entérite au bout de quarante-huit heures.

L'observation dont cette expérience a été l'objet est doublement intéressante; elle démontre que la maladie peut se transmettre au fœtus et provoquer l'avortement; elle démontre encore qu'elle peut se raviver à un moment donné, après avoir semblé s'amender, et qu'elle peut s'accompagner de localisations dans les centres nerveux.

G) *Transmission de la maladie au mouton.* — J'ai déjà dit précédemment que j'avais contaminé expérimentalement quatorze animaux ovins. Il me semble utile de relater quelques-unes des expériences relatives à cette transmission.

Expérience du 8 mars 1889. — J'inoculai de la pneumo-entérite deux séries d'animaux :

1° Deux cobayes et un mouton de quinze à dix-huit mois reçurent du virus provenant d'un cobaye tué par la pneumo-entérite d'un porc de l'abattoir de Lyon-Vaise; les cobayes furent inoculés sous la peau, et moururent le lendemain; le mouton fut inoculé dans la trachée et dans la poitrine avec une dose massive ; il fut très malade peu d'instants après l'inoculation, cessa de manger et de ruminer, puis se ballonna, et sa température monta à 42°1 ; il mourut le 9, trente heures après l'inoculation. A l'autopsie, on constata, entre autres lésions : une vive congestion de la face interne de la peau, avec des plaques plus foncées dans certains points : la congestion très accusée des ganglions du tronc; la présence d'un liquide épais, filtrant, visqueux, blanchâtre dans le péritoine; la congestion de l'intestin, de l'épiploon, du foie, des reins, des testicules, du pénis et l'épaississement par places de l'épiploon; la présence de tractus fibrineux jaune blanchâtre sur le feuillet viscéral du péritoine, sur le rumen, sur l'épiploon, sur le foie, sur la rate; l'existence d'une vaste plaque hémorrhagique à la surface du rumen; la congestion et la turgescence de tous les ganglions de l'abdomen; la présence d'un demi-litre de liquide épais, visqueux et filant dans la cavité pleurale; l'existence d'un exsudat fibrineux abondant, jaune grisâtre, tapissant les deux feuillets de la plèvre; l'inflammation de la muqueuse bronchique, qui était recouverte d'une matière séro-muqueuse; des points de pneumonie commençante; la congestion et l'hypertrophie des ganglions de la poitrine; un épanchement dans le péricarde; la présence de nombreuses bactéries partout. Deux cobayes inoculés avec le liquide pleural succombèrent le lendemain de l'inoculation.

2° Deux cobayes et un mouton de quinze à dix-huit mois furent inoculés, par le même procédé, avec le virus d'un cobaye tué par la pneumo-entérite rapportée des Alpes. Les trois sujets se comportèrent comme ceux de la première série, tous les trois moururent le lendemain ; tous les trois présentèrent des lésions identiques et les mêmes bactéries. Le mouton fut ballonné; on trouva, dans le péritoine, un liquide blanchâtre; visqueux, filant, qui se prenait en gelée dans les verres, et des exsudats pseudo-membraneux grisâtres; on trouva aussi un liquide analogue dans la plèvre et le péricarde, ainsi que des fausses membranes sur les deux feuillets de la plèvre, et des points de pneumonie commençante, etc. Le virus de ce mouton tua le cobaye en vingt et vingt-cinq heures.

Il serait fastidieux de détailler toutes les expériences faites sur le mouton; il suffira, je l'espère, d'en indiquer et d'en résumer très sommairement quelques-unes. Deux brebis âgées de quinze mois et de deux ans furent inoculées le 12 mars avec du virus frais de lapin mort de la pneumo-entérite des Alpes; la première en reçut 1 centimètre cube dans la veine, et la seconde 4 centimètres cubes dans la trachée; elles moururent le 13 mars avec les mêmes lésions généralisées que les moutons de l'expérience du 8 mars 1889. Deux bêtes âgées, inoculées le 15 mars par injection dans la trachée, se sont rétablies après avoir été sérieusement malades ; et quand on les a sacrifiées, le 10 mai, elles ont présenté des lésions chroniques de pneumo-entérite; entre temps, l'une d'elles, la seule qui fût pleine, avait avorté. Un jeune mouton, inoculé dans la trachée et dans la poitrine avec du virus frais provenant d'un lapin tué par la pneumo-entérite du mouton de l'abattoir de Vaise, est mort en trente heures, toujours avec les mêmes symptômes et les mêmes lésions. La pneumo-entérite peut enfin, quoique plus difficilement et moins sûrement, être transmise par ingestion au mouton; sur deux sujets, je l'ai nettement constaté ; voici, d'ailleurs, une expérience qui en témoigne.

Expérience des 2, 4, 5 et 6 avril 1889. — Quatre bêtes âgées, dont deux en état de gestation, sont soumises deux fois par jour à des repas rendus infectants avec des viscères de cobaye et de lapins morts de la pneumo-entérite des Alpes et de celle du mouton de Vaise. Trois n'ont jamais rien présenté et l'une a donné un bel agneau ; la quatrième a été reconnue malade le 7 avril, elle était plus faible et avait de la diarrhée ; elle a avorté le 8 avril d'un fœtus presque à terme ; ensuite la diarrhée a persisté et est devenue fétide, des symptômes de localisation thoracique ont apparu et la bête est morte de la pneumo-entérite le 10 avril ; son virus a tué le lapin en un jour et demi.

H) *Transmission de la maladie au veau.* — A en juger par une expérience que j'ai faite sur un jeune veau âgé de quatre mois, il y a lieu de conclure que la pneumo-entérite du mouton est transmissible aux animaux bovins. L'inoculation avait été faite dans la trachée le 20 mars avec du virus frais provenant d'un lapin mort en quelques heures de la pneumo-entérite des Alpes. L'animal devint très manifestement malade les jours suivants. Le 23 mars il avait le poil piqué ; il toussait fréquemment et la toux était grasse et pectorale ; il jetait et expectorait une matière mucoso-purulente blanchâtre ; on auscultait des râles dans la poitrine. Cet état persistait les jours suivants et une diarrhée fétide se montrait le 24 mars. Le 30 mars le jeune animal était mieux, la diarrhée commençait à disparaître, mais la toux, l'expectoration et le jetage persistaient. Il fut vendu à la boucherie le 8 mai sans être complètement guéri ; entre temps sa matière expectorée avait servi à transmettre la pneumo-entérite au lapin.

I) *Transmission de la maladie aux animaux solipèdes.* — Trois ânes très âgés ont servi pour mes expériences ; un n'a pu être contaminé d'aucune façon, il a mangé des repas infectants, il a été inoculé dans la trachée, dans le poumon et dans la veine ; et à l'autopsie il n'a présenté aucune lésion de la pneumo-entérite. Les deux autres ont montré une grande résistance, mais ils ont contracté la maladie ; l'un en est mort et l'autre a dû être sacrifié. Voici leur histoire.

Expérience du 24 mars 1889. — Un âne très âgé reçut dans la jugulaire 4 centimètres cubes de virus frais provenant de cobayes morts de la pneumo-entérite des Alpes. Le soir du même jour la température du sujet s'éleva de 1°, et se maintint surélevée les deux jours suivants ; ce fut tout. Le 31 mars l'animal fut inoculé dans le poumon droit avec 4 centimètres cubes de virus frais emprunté à un lapin : il devint presque immédiatement très malade et il mourut le 2 avril. Les lésions constatées à l'autopsie furent celles d'un très beau cas de pneumo-entérite : congestion de l'épiploon, du gros intestin et surtout de l'intestin grêle, qui présentait un aspect remarquable avec ses points, ses traînées et ses plaques hémorrhagiques, ainsi qu'avec un commencement d'érosion au niveau de certains points boursouflés ; congestion et hémorrhagies sur la partie postérieure de l'estomac; péritonite commençante, congestion de la rate, du foie et des reins; très belle pleurésie bilatérale avec épanchement et fausses membranes des deux côtés et sur les deux feuillets; pneumonie commençante des deux côtés; bactéries de la pneumo-entérite partout. Le virus de l'âne tua le lapin et le cobaye.

Un autre âne âgé fut soumis d'abord à des repas infectants deux fois par jour du 1er au 6 avril; il ne se contamina pas; inoculé dans la trachée le 3 mai, dans la veine le 10 mai, il résista encore; enfin, inoculé dans le poumon le 14 mai, il devint malade assez sérieusement et sacrifié le 23 mai il présenta des lésions de pneumo-entérite dans le poumon et sur l'intestin.

En résumé, la pneumo-entérite, que j'avais observée dans les Alpes sur le mouton, et qui lui venait du porc, était bien réellement une maladie transmissible *expérimentalement* aux diverses espèces animales, qui sont élevées dans les fermes. Le virus s'atténue dans les cultures; il s'exalte dans l'organisme. Avec des cultures j'ai bien donné la maladie au cobaye, au lapin et au porc; mais mes expériences sur les autres espèces ont été faites toutes avec du virus emprunté à un organisme malade. La raison de cette façon de procéder est toute naturelle; j'ai voulu vérifier et contrôler des faits observés à la suite de la contagion spontanée et j'ai tenu à réaliser les conditions de cette contagion; les animaux, qui se contaminent dans les fermes en vivant avec des malades, n'ont pas à leur disposition des cultures plus ou moins atténuées, mais bien de la matière virulente très active, surtout quand elle est fraîche et fournie par des malades atteints de la forme grave. Je dis cela dans un but facile à saisir pour ceux qui sont au courant des publications relatives aux pneumo-entérites du porc.

Quelque temps après je communiquai à la Société centrale de médecine vétérinaire une note intitulée : *La pneumo-entérite du porc, et notamment celle observée à Gentilly, est-elle transmissible au mouton?* dans laquelle je relatais des faits obtenus avec le virus provenant du laboratoire de M. Chantemesse. Il est vrai que j'avais opéré cette fois encore avec du virus préalablement cultivé sur le cobaye. Je transcris ici les conclusions de cette note : 1° La pneumo-entérite de Gentilly étudiée par Cornil et Chantemesse, comme celle des Alpes que j'ai particulièrement étudiée, est transmissible au mouton, quand on imite ce qui a lieu dans la contagion naturelle, quand, en un mot, on inocule des produits empruntés à un malade; 2° la réceptivité du mouton diminue à mesure qu'il avance en âge; 3° les animaux rendus malades peuvent succomber ou se rétablir : ils ont d'autant plus de chances de se rétablir, qu'ils ont dépassé un certain âge ; 4° la maladie est transmissible de la mère au fœtus; elle peut déterminer l'avortement sans faire périr la mère.

Une culture sur gélatine du microbe de la pneumo-entérite de Gentilly m'ayant été envoyée, grâce à l'obligeance de M. Chauveau, j'avais fait les expériences suivantes :

1° Le 16 juin, un jeune cobaye et un jeune lapin reçurent en injection sous-cutanée une culture en bouillon peptonisé, semée depuis deux jours et développée à la température du laboratoire, entre 12° et 25°. Le cobaye mourut trente-six heures après l'inoculation, avec de la congestion et de l'infiltration au niveau du point inoculé, de l'exsudation sur le péritoine, etc. Le lapin succomba le 21 juin avec des lésions semblables à celles du cobaye. Les préparations, faites avec les produits de ces deux sujets, présentèrent la bactérie de la pneumo-entérite.

2° Le sang du cobaye de l'expérience précédente fut inoculé le 17 juin à un autre cobaye, qui mourut en deux jours.

3° Le sang de ce second cobaye servit à inoculer le 19 juin deux nouveaux cobayes, dont l'un mourut en trente heures et l'autre en trois jours.

4° Le 20 juin, avec le sang du cobaye (3e génération) mort en trente heures, j'inoculai un autre cobaye, qui succomba en vingt-cinq heures.

5° Le sang du cobaye (4e génération) mort le 21 juin fut inoculé à un autre cobaye, qui mourut le 22 juin, et à deux moutons âgés, par injection intra-veineuse et par injection intra-pulmonaire ; ces deux moutons furent malades, mais ils se rétablirent.

6° Le sang du cobaye (5e génération), mort le 22, servit à inoculer un cobaye, qui mourut le 23 juin, et une jeune brebis âgée d'un an environ, qui en reçut dans la poitrine (poumon et plèvre). Cette bête succomba au bout de deux jours, après avoir présenté tous les signes d'une maladie de poitrine avec une fièvre intense et des rougeurs violacées aux plats des cuisses, au pourtour de l'ouverture anale et de l'ouverture vulvaire, à la face inférieure de la queue, sous le ventre, aux ars et un peu partout sur le tronc.

A l'autopsie, je relevai les lésions suivantes : Vive congestion du derme et du tissu sous-cutané ; congestion des ganglions des cavités thoracique et abdominale et de ceux du tronc ; congestion du péritoine avec épanchement de liquide roussâtre ; congestion des reins, de la vessie, du foie, de l'épiploon, du mésentère et des intestins ; congestion, inflammation et plaques hémorrhagiques sur la muqueuse de l'intestin grêle, du côlon, et surtout du cæcum ; congestion de la valvule iléo-cœcale ; congestion et inflammation des follicules solitaires et des glandes de Peyer, qui sont hypertrophiés ; piqueté hémorrhagique sur les plis de la muqueuse de la caillette ; violente congestion inflammatoire avec arborisation et piqueté hémorrhagique sur toutes les parties de la plèvre, qui est rougeâtre, tachetée de plaques foncées, épaissie, rugueuse, dépolie ; liquide jaunâtre (3 à 4 décilitres) dans le sac pleural avec flocons gélatiniformes pseudo-membraneux d'un jaune grisâtre ; pellicule pseudo-membraneuse d'un jaune grisâtre formant revêtement à la surface de la plèvre principalement sur le feuillet viscéral ; lésions de broncho-pneumo-pleurite ; congestion, inflammation et épaississement de la muqueuse des bronches ; congestion pulmonaire, aspect noirâtre du poumon, qui est fortement engoué dans certains points ; infiltration et épaississement notable du tissu interlobulaire, d'où résulte un véritable aspect de poumon péripneumonique ; liquide épanché dans le péricarde, etc. ; innombrables bactéries dans les lésions, surtout dans l'exsudat pleural. Des bouillons ensemencés avec le sang du cœur ont cultivé la bactérie de la pneumo-entérite.

7° Avec le liquide épanché dans la plèvre de la jeune brebis de l'expérience précédente, j'inoculai par injection trachéale quatre moutons le 24 juin : l'un de ces animaux, jeune bélier de dix-huit mois environ, fut très essoufflé, il eut de la fièvre, de la toux, de l'inappétence, etc. ; sacrifié le 29 juin, il présenta des lésions de broncho-pneumo-pleurite et de néphrite ; une pellicule pseudomembraneuse, fibrineuse, jaune grisâtre, de formation récente, revêtait certaines portions de la plèvre pulmonaire ; il y avait donc eu transmission de la pneumo-entérite, et la maladie se fût probablement terminée par la guérison.

Le second sujet de cette expérience était un jeune mouton métis mérinos, âgé de dix-huit mois environ ; il succomba le 26 juin, après avoir présenté les mêmes symptômes que la brebis de l'expérience 6° ; les taches violacées furent très accusées aux cuisses, aux ars, etc. ; à l'autopsie, mêmes lésions et mêmes microbes que sur la brebis de l'expérience 6°. Le troisième sujet de l'expérience 7° était une vieille brebis en état de gestation avancée ; elle fut malade et avorta, puis se rétablit. Le produit de l'avorton donna la maladie au cobaye.

Enfin le quatrième animal, inoculé dans la trachée, était également une brebis âgée, elle fut très malade, et mourut dans la nuit du 25 au 26 juin, après s'être fortement ballonnée ; elle mourut, elle aussi, de la pneumo-entérite avec les mêmes lésions et les mêmes microbes que la brebis de l'expérience 6° et le mouton n° 2 de l'expérience 7°.

Les faits que j'ai obtenus tant avec la pneumo-entérite des Alpes qu'avec celle de Chantilly, sont tels que je les ai décrits ; maintes fois j'en ai pris à témoin diverses personnes ; on peut critiquer la façon dont je les ai provoqués, quand on a opéré soi-même d'une manière différente, mais il est téméraire d'en contester le *bien fondé*.

Depuis le jour où je démontrai, à la suite de la mission sanitaire que j'avais remplie dans le département des Basses-Alpes en 1889, que la pneumo-entérite infectieuse du porc était transmissible au mouton, j'ai accumulé sur ce point, absolument inconnu et inexploré jusque-là, de nombreuses preuves. J'ai retrouvé plusieurs fois la pneumo-entérite sur le mouton, et je l'ai transmise du mouton au porc, comme j'ai transmis celle du porc au mouton.

Le 31 juillet 1890, un bœuf africain arrivé depuis deux jours à Lyon et saigné *in extremis*, ayant été saisi dans la matinée par le service d'inspection de la boucherie, j'accompagnai dans l'après-midi M. Leclerc, qui devait visiter le cadavre, à la demande du propriétaire. J'eus ainsi, sans m'y attendre, l'occasion d'observer un cas type de pneumo-entérite ; à l'autopsie on voyait les plus belles lésions de cette affection. On remarquait notamment : une vive congestion et une hépatisation commençante de certaines parties du poumon avec infiltration et épaississement du tissu interlobulaire ; des hémorrhagies sous-endocardiennes principalement dans le cœur gauche ; une péritonite très manifeste avec inflammation exsudative au niveau du flanc gauche et sur tout l'épiploon ; la congestion et l'inflammation des intestins ; la congestion, l'hypertrophie, des hémorrhagies et un ramollissement plus ou moins accusé des ganglions des cavités splanchniques et du tronc, etc. On voyait d'ailleurs de belles bactéries, parfois un peu étranglées en leur milieu, dans les préparations faites avec le poumon, les ganglions, l'exsudat péritonéal et le sang des hémorrhagies sous-endocardiennes. Une émulsion, préparée en broyant, dans de l'eau stérilisée, un frag-

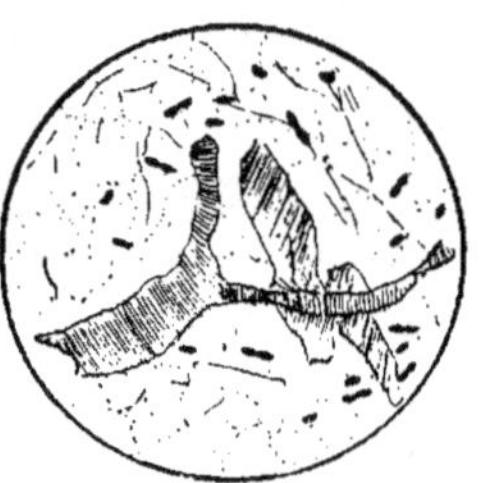

Fig. 120. — Pneumo-entérite du bœuf. — Produit d'une tache hémorrhagique de l'endocarde.

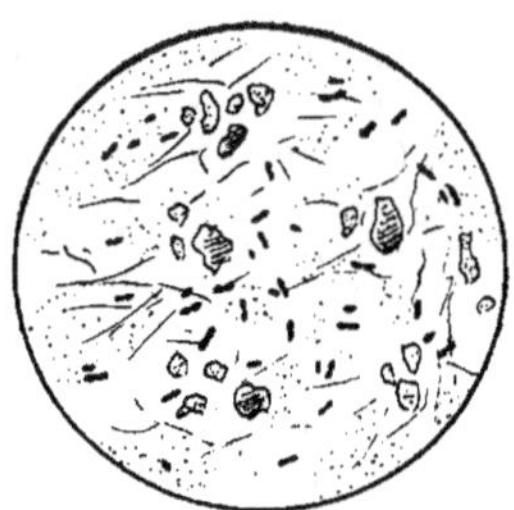

Fig. 121. — Pneumo-entérite du bœuf. — Exsudat péritonéal.

ment de poumon, un fragment de cœur et un fragment de ganglion, fut inoculée le jour même à six lapins et à trois cobayes. Un des cobayes mourut le 2 août; les deux autres succombèrent le 5 et 6 août; tous les trois présentèrent les lésions et les bactéries de la pneumo-entérite. Quant aux lapins, il en mourut quatre avec les lésions et les microbes de la pneumo-entérite, du 2 au 10 août, les deux autres échappèrent à la maladie. Divers milieux ensemencés avec le sang des cobayes et des lapins cultivèrent la bactérie de la pneumo-entérite.

Ce fait démontre péremptoirement que les grands ruminants peuvent contracter la pneumo-entérite; il démontre de plus que la maladie sévit en Algérie. L'animal qui a présenté ce cas était arrivé tout récemment de son pays d'origine; il en était parti contaminé, et très vraisemblablement la fatigue du voyage avait aggravé la maladie et accéléré son évolution en débilitant l'organisme.

Le 1er janvier 1891, M. Arloing ayant reçu de M. Brémond, d'Oran, un petit flacon contenant deux fragments d'intestin de mouton, m'en confia l'étude. En Algérie on soupçonnait, paraît-il, un empoisonnement par le fenouil. J'ai étudié ces deux fragments d'intestin sans aucun renseignement sur les malades ni sur leurs lésions. J'ai constaté une très violente congestion et des hémorrhagies sous-muqueuses, ainsi qu'une vive inflammation de la muqueuse, qui était considérablement épaissie. L'examen microscopique du sang des hémorrhagies a fait constater la présence de microbes de plusieurs sortes, mais surtout de bactéries semblables à celles de la pneumo-entérite.

Une émulsion préparée dans de l'eau stérilisée, avec le sang des hémorrhagies, a été inoculée le 2 janvier dans la veine de deux lapins à dose forte, et sous la peau de deux cobayes. Ces quatre sujets sont morts rapidement, les deux lapins dans les trente-six heures et les deux cobayes dans les trois jours. Tous les quatre ont présenté les lésions de la pneumo-entérite et d'innombrables bactéries identiques à celles de cette affection. Divers milieux

ensemencés avec le sang de ces animaux ont cultivé la bactérie de la pneumo-
entérite ; et ces cultures ont ensuite reproduit la pneumo-entérite. Le sang
d'un des lapins inoculés le 2 janvier a été inoculé le 4, à six cobayes qui sont
tous morts successivement de la pneumo-entérite du 5 au 21 janvier.

Le 5 janvier, on reprend les deux lambeaux d'intestin envoyés par M. Brémond, qui étaient restés congelés à — 3° du 1er au 5; on prépare une nouvelle émulsion et on l'inocule à dose forte dans la veine de deux lapins qui
meurent encore dans les quarante-huit heures, avec les lésions et les microbes
de la pneumo-entérite.

Le 6 janvier, une émulsion préparée avec le foie et le sang d'un lapin qui
venait de mourir de l'inoculation du 5 janvier est injectée à dose forte dans la
poitrine de deux chiens qui meurent, l'un le 8 et l'autre le 11 janvier, en présentant des lésions de pneumonie, de pleurite, de péricardite et de péritonite,
ainsi que d'innombrables bactéries de la pneumo-entérite.

Le 11 janvier, une émulsion préparée avec les lésions du chien qui venait
de mourir est inoculée dans la veine de deux moutons, dont l'un meurt de la
pneumo-entérite le 13 janvier, tandis que l'autre après avoir été très malade,
s'est rétabli.

Le 30 janvier une culture en bouillon, datant de vingt-quatre jours, et développée dans mon laboratoire dont la température n'a jamais dépassé 20°-22°,

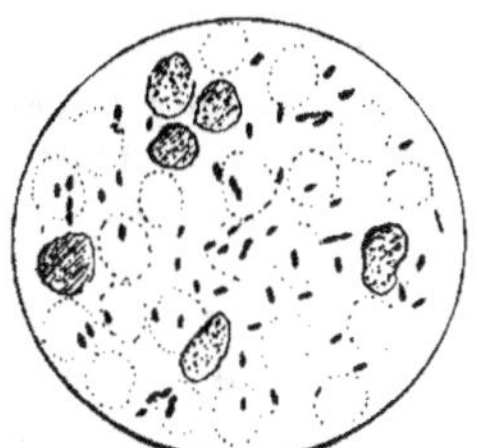

Fig. 122. — Pneumo-entérite du
mouton d'Oran. — Sang d'un
mouton.

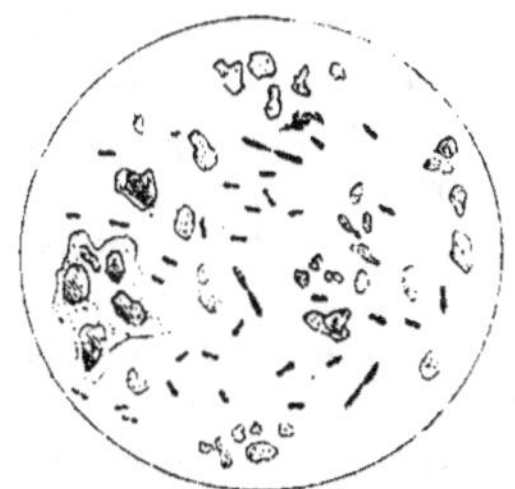

Fig. 123. — Pneumo-entérite du
mouton d'Oran. — Exsudat
pleural d'un mouton.

sert à inoculer les animaux suivants : deux lapins qui en reçoivent dans la
veine, un porc de cinq mois qui en reçoit une forte dose dans la poitrine et
une vieille chèvre qui en reçoit pareillement une forte dose dans la poitrine.
Les deux lapins meurent de la pneumo-entérite le 31 janvier et le 1er février.
La chèvre a été très malade ; puis elle s'est rétablie. Quant au porc, il est
devenu très malade le lendemain de l'inoculation ; il est devenu faible, a cessé
de manger, est resté couché se plaignant et toussant. Le 1er février des rougeurs se sont montrées un peu partout, aux oreilles, à la tête, au cou, au
tronc, aux membres, surtout au-dessous du ventre et au plat des cuisses;
dans certains points ces rougeurs deviennent violacées. Le 2 février, le malade
ne peut plus se tenir debout ; il meurt à 11 heures du matin pendant qu'on
reproduisait, par un dessin, l'aspect général de son corps. A l'autopsie on a
relevé les lésions suivantes: taches rouge violacé, disséminées un peu partout,
aux oreilles, au groin, au cou, sous le ventre, etc.; infiltration jaunâtre du
tissu sous-cutané dans certaines régions, au menton, aux oreilles, sur le côté
droit de la poitrine; sang noirâtre et poisseux s'échappant des vaisseaux sectionnés ; pleurite des deux côtés, surtout très accusée à droite; liquide rougeâtre épanché dans les deux compartiments de la poitrine, plèvres rugueuses,

arborisées, enflammées et recouvertes d'un exsudat pseudo-membraneux jaune grisâtre qui leur forme un revêtement ininterrompu, lésions de broncho-pneumonie des deux côtés; mais surtout à droite; avec infiltration et épaississement du tissu interlobulaire; lésions de gastrite et surtout d'entérite; congestion du foie, des reins et de la rate qui est hypertrophiée et criblée de foyers hémorrhagiques; ganglions des cavités splanchniques et du tronc congestionnés, hypertrophiés et marbrés de foyers hémorrhagiques, innombrables microbes de la pneumo-entérite dans toutes les lésions, surtout dans celles de l'intestin, du poumon et des plèvres.

Ce second fait prouve une fois de plus que le mouton contracte bien réellement la pneumo-entérite infectieuse; il prouve d'autre part que la maladie sévit sur les moutons en Algérie. En effet elle a été obtenue chez le lapin et le cobaye avec des lésions envoyées d'Oran; elle a été transmise du lapin au chien et du chien au mouton; des cultures, ensemencées avec le sang d'animaux tués par l'inoculation des lésions provenant du mouton algérien, ont reproduit le microbe de la pneumo-entérite et elles ont servi à la faire développer sur le lapin ainsi que sur le porc. De plus la chèvre n'est pas réfractaire; elle a été gravement malade à la suite de l'inoculation; et aujourd'hui qu'il est prouvé que la pneumo-entérite sévit sur le bœuf et sur le mouton en Algérie, il est bien permis de rappeler que j'ai jadis transmis aux animaux de l'espèce caprine la maladie que j'avais observée sur les moutons des Alpes ainsi que celle qui avait été étudiée sur le porc, et que j'ai soutenu que le Boufrida n'était autre chose que la pneumo-entérite. Pour le moment je me borne à émettre de nouveau la même manière de voir; je reviendrai bientôt sur ce point, quand j'aurai reçu d'Algérie des lésions de Boufrida.

En résumé, la pneumo-entérite infectieuse du porc n'est pas une affection propre à cet animal; on l'observe aussi sur le mouton et sur le bœuf et elle sévit en Algérie.

A la date du 12 février 1891, M. Niot, vétérinaire à Boufarick, m'écrivait : « Au mois de juillet dernier je rencontrai un troupeau atteint de pneumo-entérite, c'étaient des moutons. Les 12 ou 15 autopsies que je fis me montrèrent toutes des lésions de pneumonie, de pleurésie, de péritonite, d'entérite. Au fur et à mesure qu'une bête mourait, elle était ouverte par un garçon de ferme; les diverses lésions énumérées plus haut étaient seules, ou diversement associées (c'était le cas le plus fréquent). Le garçon, quelquefois aidé de son propriétaire, — le docteur H, — m'affirma que toutes les bêtes mortes présentaient les mêmes lésions que celles que j'avais rencontrées. Soixante-treize sujets moururent, bon nombre d'autres plus ou moins malades se rétablirent tant bien que mal et... le troupeau fut vendu. »

J'ai transmis expérimentalement, ainsi qu'on l'a vu, la pneumo-entérite du mouton par piqûre au cobaye, par injection hypodermique au cobaye, au lapin, à la poule et au pigeon; je n'ai pas essayé ce mode d'inoculation sur les autres espèces ; je l'ai transmise par injection dans le nez au cobaye et au lapin, par injection trachéale au porc, au mouton, à la chèvre, au veau et au chien, par injection dans le poumon, au mouton, à la chèvre, au chien et à l'âne, par injection intra-veineuse au lapin, au mouton et à la chèvre. Je l'ai enfin obtenue, bien que difficilement et rarement, par ingestion de repas infectants, et j'ai constaté que la transmission intra-utérine était fréquente sur les femelles en état de gestation ; j'ai enfin observé quelques cas de contagion par cohabitation sur des lapins et des cobayes. J'ai constaté que pour cette affection, comme pour la pneumo-entérite du porc, la dose de virus inoculé, la qualité et le mode d'inoculation exercent une grande influence sur son évolution et sa gravité. J'ai déjà fait ressortir que le virus s'atténue par des passages successifs et par un séjour prolongé dans les milieux artificiels, ainsi que par son séjour dans un organisme chez lequel la maladie devient chronique ; les inoculations faites avec un tel virus sont beaucoup moins actives contre le cobaye et le lapin que celles qui sont pratiquées avec du virus qui a été cultivé préalablement dans l'organisme de ces animaux. Toutes choses égales d'ailleurs, plus la dose de matière virulente inoculée est forte, plus la substance employée est riche en bactéries et plus les effets sont sûrs, plus ils sont prompts et plus l'affection est grave ; telle culture vieille de deux à trois mois, qui à faible dose ne tue pas le lapin et laisse vivre longtemps le cobaye ou même ne le tue pas, donne des effets plus prompts et plus graves, quand on l'injecte par exemple à la dose de 1 à 2 centimètres cubes dans la veine d'un lapin ; elle peut encore le faire périr à cette dose en deux, trois, quatre, cinq jours. C'est surtout quand on opère avec du virus renforcé par la culture dans l'organisme du cobaye ou du lapin que les doses fortes produisent des effets rapides ; on peut alors faire périr le lapin en quelques heures avec quelques gouttes de matière virulente injectée dans la veine. Le jeune âge des sujets d'expérience accroît encore leur réceptivité et leur susceptibilité et facilite l'action du virus. Enfin le mode d'inoculation, le choix de telle ou telle voie pour l'introduction du virus a aussi une influence manifeste. Avec les inoculations hypodermiques, les effets sont ordinairement moins prompts qu'avec les injections veineuses ou pulmonaires : le virus se multiplie d'abord sur place, ainsi qu'en témoignent les lésions indiquées plus haut ; en même temps l'absorption a lieu et ensuite apparaissent les autres localisations sur les ganglions et les organes internes. Cependant quand on s'est servi du virus renforcé par des passages successifs sur le lapin ou le cobaye, on a pu, par l'inoculation sous-cutanée, tuer des lapins en un jour et demi, et même en un jour seulement.

La maladie est transmissible de la mère au fœtus ; et c'est par ingestion ou par inhalation que la contagion s'effectue ordinairement. Les malades rejettent des matières infectantes avec leur jetage, avec leurs excréments, avec leurs urines; la transmission se fait au moyen des matières rejetées par les animaux atteints, et elle est possible par l'intermédiaire de leur lait, de leurs cadavres, etc. Les animaux qui vivent avec les malades, qui leur succèdent dans les locaux, cours, herbages, pâtures, qui fréquentent les mêmes lieux, les mêmes chemins, les mêmes champs de foires ou de marchés, etc., se contaminent en ingérant les aliments ou les boissons infectés, en flairant et léchant les objets souillés, et surtout en inhalant les poussières qu'ils soulèvent en marchant, grattant, etc. La contagion et la dissémination de la maladie sont donc favorisées par la cohabitation, par la vie en promiscuité, par les repas en commun, par la fréquentation des mêmes chemins, pâturages, locaux, abreuvoirs, etc., par l'habitation dans les locaux non désinfectés, par la litière imprégnée de matières virulentes, par les fumiers, etc. Elles sont d'ailleurs facilitées par la ténacité de la bactérie pathogène, qui se conserve un certain temps dans les milieux extérieurs, dans les eaux, les boues et les fumiers, sur les litières et les divers objets solides, malgré l'aération, la putréfaction, la dessiccation et la congélation.

La pneumo-entérite du mouton, observée dans les Alpes et retrouvée maintes fois sur des animaux sacrifiés aux abattoirs de Lyon, ainsi que sur le bœuf et le mouton algériens, est déterminée par un microbe identique à celui du porc, qui se cultive dans les milieux artificiels, et qui, après avoir été purifié, isolé de tout autre élément par une série de cultures en dehors de l'organisme, reproduit la maladie.

Tous les animaux auxquels j'ai transmis la maladie ont présenté le même microbe avec de légères variations dans le volume. C'est une bactérie qui se montre très abondante dans les exsudats, dans les ganglions, dans les organes congestionnés, qui existe dans le sang, etc. Elle paraît arrondie, ovoïde, ou en forme de diplocoque, quand on examine les préparations à un faible grossissement; mais, vue à un grossissement de 600 à 800 diamètres, elle se montre nettement sous la forme de bâtonnets, les uns très courts, à peine deux fois plus longs que larges, les autres plus longs et comme légèrement étranglés une ou deux fois dans leur longueur. La forme allongée m'a paru très manifeste dans les préparations fraîches ou colorées, faites avec les produits de toutes les espèces et examinées avec l'objectif à immersion homogène: je l'ai très nettement observée chez le mouton, chez le bœuf, chez le chien, chez le cobaye, etc.; et au milieu des bâtonnets plus ou moins manifestement étranglés, il s'en est montré qui étaient réguliers, sans étranglement évident, et d'autres qui offraient une extrémité plus renflée; enfin on trouve souvent quelques microbes qui paraissent plutôt ovoïdes et d'autres plus ou moins déformés, surtout quand la maladie est ancienne ou en voie de guérison.

Elle se cultive dans tous les milieux artificiels, dans les bouillons, sur gélatine, sur gélose, sur pomme de terre, etc.; elle se développe rapidement à la température de 35°-37°, mais elle prospère à des températures plus basses, à 25°, à 20° et à 15°; elle est *aréobie* et *anaréobie*, elle pullule au contact de l'air et dans le vide.

Dans les bouillons, et surtout dans ceux qui sont préparés depuis peu de temps, la pullulation est rapide, quand les cultures sont maintenues à l'étuve; en vingt-quatre heures les microbes y sont déjà très abondants et y forment une fine poussière; en deux ou trois jours on remarque, dans les couches inférieures principalement, un abondant précipité pulvérulent blanchâtre; à la longue, le bouillon jaunit quoique limpide, et la poussière formée par les microbes se dépose au fond du récipient. L'examen microscopique de préparations faites avec un bouillon de culture permet de reconnaître les mêmes bactéries que dans les lésions et les produits morbides des malades. Dans une culture datant de un, deux, trois jours on constate d'innombrables microbes groupés en amas plus ou moins considérables et plus ou moins irréguliers; on y voit aussi de nombreuses bactéries libres, isolées. Ces microbes affectent la forme de bâtonnets; ils sont ordinairement un peu étranglés en un ou plusieurs points de leur trajet; ils sont arrondis à leurs extrémités; certains sont plus ou moins courbes. Il y en a de très courts qui ressemblent presque à des micrococoques ovoïdes, et il y en a de beaucoup plus longs; entre ces deux extrêmes on observe tous les intermédiaires. Aussitôt après la segmentation, les articles qui en dérivent paraissent à peine deux fois plus longs que larges; mais ils s'allongent aussitôt plus ou moins et s'étranglent en un ou plusieurs points, de telle sorte que, vus à un faible grossissement, ils simulent de véritables streptocoques. Parfois un des articles résultant de la segmentation est plus long ou plus gros que l'autre. On voit des bâtonnets courts, moyens ou allongés qui n'offrent pas encore d'étranglements, et on en observe d'autres sur lesquels les étranglements commencent à peine à s'accuser, tandis qu'ils sont très manifestes sur la plupart. Parmi les microbes d'une préparation on note des différences dans leur grosseur comme dans leur longueur; il y en a de fluets et il y en a de massifs. Tous sont mobiles, au moins quand ils sont libres et isolés; ils s'agitent, ils se montrent animés d'un mouvement de trépidation, ils oscillent, tournent et pirouettent sur eux-mêmes. Ils se colorent bien par la fuchsine, le violet de méthyle, le violet de gentiane, etc.; ils se décolorent par le procédé de Gram.

Cultivée sur gélose et sur gélatine, la bactérie de la pneumo-entérite du mouton donne des colonies blanchâtres; elle ne liquéfie pas la gélatine. Une goutte de sang déposée à la surface du milieu de culture donne dès les trois ou quatre premiers jours un nombre considérable de petites colonies sous forme de grains blanchâtres, qui arrivent bientôt, en se multipliant et en s'accroissant, à constituer une sorte de dépôt blanchâtre à contour mamelonné offrant de fines stries concentriques. A la longue ce dépôt s'étend et recouvre, sous forme d'une couche blanchâtre et mince, toute la surface. Une parcelle de semence, empruntée à une précédente culture et déposée sur le milieu vierge, donne très vite, dès le second jour, une colonie blanchâtre qui va s'étendant sous forme de plaque à contour mamelonné et à surface finement striée. Quand la semence est introduite par piqûre au sein du milieu de culture, il se développe le long du trajet de nombreuses colonies sous forme de grains qui vont s'accroissant, se multipliant et se fusionnant de façon à constituer à la longue un amas allongé grisâtre. Sur pomme de terre la culture se fait bien, et la tranche ne tarde pas à se garnir d'une couche grisâtre assez épaisse.

Si le microbe de la pneumo-entérite du mouton se cultive aisément dans les milieux artificiels, il y perd de son activité lorsqu'on le fait passer successivement dans un certain nombre de cultures, en le laissant séjourner trop longtemps dans le même milieu, ou en le semant dans des milieux préparés depuis trop longtemps. Il s'atténue en effet par un séjour prolongé dans le bouillon où il s'est développé ; il s'atténue aussi dans l'organisme, quand le malade résiste à son action, quand l'affection revêt la forme bénigne, quand elle s'amende, quand elle marche vers la guérison. Après avoir éprouvé une atténuation plus ou moins accusée, il peut se revivifier et s'exalter de deux façons : par des cultures successives dans l'organisme d'un animal, du cobaye par exemple, et par des ensemencements successifs dans des bouillons fraîchement préparés.

En résumé il découle des considérations qui précèdent et des expériences que j'ai relatées que l'épizootie observée sur les moutons des Alpes était bien une épizootie de pneumo-entérite qui leur avait été transmise par le porc. J'ai d'ailleurs obtenu la même maladie sur le mouton et les petits animaux, avec des pneumo-entérites observées sur des porcs des abattoirs de Lyon, ainsi qu'avec des pneumo-entérites de porcs élevés dans la plaine du Forez. Je l'ai également observée sur le mouton aux abattoirs de Lyon, et j'en ai fait le point de départ d'expériences qui ont fourni des résultats analogues à ceux de la pneumo-entérite des Alpes. Il est donc bien établi que le mouton contracte la pneumo-entérite et qu'il peut la recevoir du porc ; il est non moins bien établi que cette affection est transmissible aux autres espèces animales de la ferme ; qu'elle simule la péripneumonie ou bou-frida de la chèvre, au point qu'il y a lieu de se demander si ce n'est pas la même affection ; qu'elle simule également chez les solipèdes l'affection typhoïde au point qu'il est permis de croire qu'on a dû parfois prendre l'une pour l'autre ; qu'enfin elle est transmissible aux animaux bovins et qu'elle peut déterminer là où elle sévit l'avortement épizootique, qui vraisemblablement peut être la conséquence de plusieurs affections générales microbiennes. Je connais notamment une ferme où cette complication fréquemment observée sur les vaches est bien la conséquence de la pneumo-entérite que j'ai étudiée.

J'ai observé dans la même ferme la pneumo-entérite chez le porc et chez la poule, l'avortement épizootique chez la vache, et la broncho-pneumonie accompagnée quelquefois de pleurite et de localisations morbides sur les organes abdominaux chez les jeunes veaux provenant de vaches qui n'avaient pas avorté. Les vaches qui avortent y sont peu ou pas malades; cependant elles toussent ou ont toussé jadis, elles ont eu de la diarrhée. D'ailleurs j'ai pu voir sur des poumons d'animaux de cette ferme vendus à la boucherie des lésions anciennes de pneumonie. Les avortons présentent parfois des lésions de même ordre que les fœtus de mes animaux d'expériences, et les enveloppes sont souvent altérées. Parmi les vaches qui n'avortent pas dans ladite ferme, il y en a bien peu qui ne transmettent pas des germes de maladie à leur veau. Le jeune animal tombe en effet malade peu de temps après la naissance et présente des symptômes de broncho-pneumonie et d'entérite. Parmi ces veaux malades par hérédité, il y en a qui guérissent peu à peu, après avoir toussé assez longtemps; mais il en meurt un bon nombre; et sur le cadavre on trouve des lésions de broncho-pneumonie et autres, semblables à celles du mouton, de la chèvre et du porc; de plus la matière de ces lésions inoculée aux bêtes ovines et caprines leur donne une véritable pneumo-entérite. La maladie, qui est surtout grave pour les jeunes, et qui cependant guérit chez quelques-uns, est beaucoup moins grave chez les adultes, qui peuvent paraître à peine incommodés, surtout quand ils sont bien tenus et bien alimentés. Malheureusement chez les bovins, comme chez les porcins et les ovins, la guérison peut être très lente; et très souvent elle est incomplète; les animaux, bien que revenus en apparence à la santé, conservent des lésions, restent dangereux, surtout quand il s'agit de femelles qui sont livrées à la reproduction. Les germes de la maladie, demeurés en quelque sorte à l'état de vie latente dans les lésions anciennes, reprennent un surcroît d'activité pendant la gestation, sortent de leur torpeur, et, profitant de l'affaiblissement momentané de l'organisme, vont s'implanter et pulluler dans le placenta, passer dans les tissus du fœtus et provoquer l'avortement, en déterminant des lésions sur les enveloppes et sur les organes du jeune animal. Ce mécanisme peut être en quelque sorte saisi sur le fait : l'avortement est la conséquence d'une maladie générale, que l'adulte supporte souvent sans paraître sérieusement atteint dans sa santé; mais vienne l'état de gestation, les germes pathogènes, qui ne pouvaient plus rien contre les tissus et les éléments de l'adulte, trouvent un milieu plus propice, moins résistant, dans les tissus de nouvelle formation, ils en profitent; leur émigration et leur pullulation s'annoncent souvent par une recrudescence de la toux, par du dérangement intestinal, et aboutissent à l'avortement. Cela semble si vrai d'ailleurs que par une bonne sélection et par une hygiène irréprochable on peut diminuer considérablement le nombre des avortements ; en effet, en ayant soin de ne livrer à la reproduction que des femelles en bon état de santé apparente, en les nourrissant convenablement, et en les entourant d'une bonne hygiène, on arrive à prévenir l'avortement le plus souvent et on peut espérer le voir cesser.

§ IV. — Diagnostic, traitement, prophylaxie et police sanitaire du rouget et de la pneumo-entérite.

DIAGNOSTIC DIFFÉRENTIEL DU ROUGET ET DE LA PNEUMO-ENTÉRITE INFECTIEUSE DU PORC.

Bien que le rouget et la pneumo-entérite ne soient pas les seules maladies qui s'accompagnent de rougeurs à la surface du corps chez le porc, et bien que d'autres affections encore mal déterminées puissent non seulement s'accompagner de rougeurs mais aussi de lésions internes et de modifications fonctionnelles, on arrivera assez facilement dans la pratique à reconnaître ces deux entités morbides grâce aux symptômes précédemment indiqués, grâce à la marche, à l'évolution, aux lésions et aux caractères des microbes pathogènes précédemment décrits. Il semble un peu plus malaisé tout d'abord de différencier l'un d'avec l'autre le rouget et la pneumo-entérite, parce que dans l'un comme dans l'autre on peut observer des signes communs tels que rougeurs, inflammation des séreuses, congestion des viscères et des ganglions, pleuro-pneumonie, gastro-entérite, etc. Toutefois, ainsi qu'on l'a déjà vu, des différences notables s'observent dans les symptômes, dans la marche des deux affections, dans leurs lésions et dans leur étiologie. Au point de vue du traitement et de la police sanitaire, la différenciation des deux maladies n'a pas un intérêt pratique considérable, attendu que l'on doit appliquer à l'une comme à l'autre les mêmes mesures et la même thérapeutique, la même hygiène, etc. Cependant il est de la plus grande importance de les distinguer lorsqu'on veut recourir à l'inoculation préventive ; car, ainsi qu'on l'a vu, on peut conjurer les ravages du rouget grâce à la vaccination, tandis que l'on ne sait pas encore vacciner les porcs contre la pneumo-entérite ; et d'ailleurs il importe de ne pas se tromper en pareil cas, attendu que la vaccination qui préserve du rouget n'empêche pas les animaux de contracter la pneumo-entérite.

En présence d'une affection qui peut être le rouget ou la pneumo-entérite, le vétérinaire se renseignera aussi complètement que possible sur les antécédents des malades et des porcheries dont ils font partie, ainsi que sur la marche et la gravité de l'épizootie. Il étudiera les malades avec le plus grand soin et recherchera les lésions sur le cadavre frais; au besoin, il pourra faire sacrifier l'un des animaux les plus malades. Enfin, pour s'édifier d'une façon certaine, si des doutes persistaient encore dans son esprit, il aura recours aux moyens de diagnostic tirés de l'examen microbiologique, de la culture en milieux artificiels et de l'inoculation. En tout cas il aura soin, après la visite de chaque porcherie, de se laver les mains avec soin et de désinfecter ses chaussures.

Les renseignements recueillis sur les antécédents des animaux, sur la marche de la maladie et de l'épizootie, l'étude des symptômes et des lésions peuvent, dans la plupart des cas, suffire pour établir le diagnostic d'une façon précise. Le rouget évolue plus rapidement que la pneumo-entérite, son incubation est plus courte; dans bien des cas il peut amener la mort en douze, vingt-quatre, trente-six, quarante-huit heures, tandis que la pneumo-entérite ne tue guère en aussi peu de temps. On a vu plus haut que des différences plus ou moins sensibles existent dans l'expression symptomatique des deux affections et dans les lésions qu'on observe sur les cadavres. Les lésions congestionnelles et hémorrhagiques sont souvent seules dans le rouget; les lésions de broncho-pneumonie et les lésions exsudatives des séreuses sont plus fréquentes et plus accusées dans la pneumo-entérite; les lésions gastro-intestinales sont également plus accusées dans la pneumo-entérite; on ne voit pas dans le rouget les lésions nécrosiques et ulcératives accompagnées de l'induration des parois intestinales qu'on rencontre dans la pneumo-entérite; on ne voit pas davantage dans le rouget les lésions de caséification qu'on peut constater en cas de pneumo-entérite sur les ganglions, dans le poumon, dans le foie, etc.

Malgré tout, l'observation clinique des symptômes et des lésions pourra, dans certains cas, laisser planer le doute, notamment lorsque les renseignements feront défaut, lorsqu'on sera au début d'une épizootie, lorsqu'on sera en présence de cas isolés, lorsque le rouget aura revêtu le type chronique, lorsque la pneumo-entérite aura été suraiguë et rapidement mortelle. C'est alors que la mise en pratique d'un ou de plusieurs moyens de diagnostic sera indispensable; et dans tous les cas leur application donnera plus de certitude et de garantie au diagnostic.

L'inoculation, qui est à la portée de tout le monde, permettra toujours de se prononcer avec certitude. On pourra recueillir du suc sur la coupe d'un ganglion, du foie, de la rate, du rein, etc., mélanger ces divers produits, les additionner d'un peu d'eau distillée ou d'eau ordinaire bouillie, agiter dans un flacon bien propre, puis filtrer sur un linge fin et ensuite injecter deux ou trois gouttes de cette émulsion dans le tissu sous-cutané du cobaye et dans les muscles pectoraux du pigeon. S'il s'agit de la pneumo-entérite le cobaye succombera rapidement, tandis qu'il résistera s'il s'agit du rouget ; le pigeon au contraire résistera probablement s'il s'agit de la pneumo-entérite, tandis qu'il succombera si c'est le rouget. Enfin, quand on en aura la possibilité, l'examen bactériologique et la culture sur gélatine ou sur pomme de terre fourniront des données d'une certitude absolue. Les microbes des deux affections diffèrent par leur morphologie ; celui du rouget est immobile, celui de la pneumo-entérite est mobile ; l'un se colore par la méthode de Gram et l'autre se décolore ; leur culture sur gélatine est absolument différente d'aspect et celle du rouget est caractéristique ; l'un ne vient pas sur pomme de terre tandis que l'autre y pousse.

On a vu plus haut que la pneumo-entérite chronique observée sur le cadavre pouvait simuler la tuberculose ; il en est ainsi non seulement sur le porc mais encore sur les grands ruminants. En pareils cas, l'examen bactériologique, la culture et l'inoculation permettent encore de reconnaître la vérité.

Diverses maladies du porc peuvent s'accompagner de rougeur ; il convient de signaler notamment le charbon bactéridien et l'hépatite enzootique étudiée par Semmer et Nonievitsch, en attendant que d'autres soient mieux déterminées dans leur nature. Le charbon bactéridien, quoique très rare sur le porc, peut parfois l'attaquer et s'accompagner de rougeur à la peau. Les renseignements sur les antécédents des animaux, sur leur mode d'alimentation, l'examen du sang, l'inoculation et la culture permettent toujours de déterminer exactement la nature du mal. L'hépatite enzootique étudiée par Semmer et Nonievitsch se montre sur les porcelets et paraît résulter d'une infection par l'ombilic ; elle évolue lentement, se traduit par une hépatite chronique avec retentissement sur les reins et s'accompagne parfois de rougeurs. Les animaux meurent dans les deux, trois, quatre mois qui suivent la naissance. A l'autopsie on trouve des lésions plus ou moins nombreuses ; le foie est bosselé, tacheté de rouge, avec saillies de tissu hypertrophique, couleur muscade, avec parties jaunâtres, grisâtres, brunâtres ; les reins peuvent être ecchymosés, et l'urine albumineuse ; la muqueuse intestinale peut être ecchymosée, congestionnée par places. Le sang, la rate, le foie contiennent de gros cocci, cultivables et inoculables au porc. On peut aussi (Nocard) trouver des lésions de péritonite exsudative, de pleurite et de péricardite ainsi que des streptocoques et des staphylocoques pyogènes.

J'ai étudié récemment, dans la Haute-Loire, une maladie spéciale, appelée dans le pays *Mal de la Courade*, de nature septique, qui sévit principalement sur les veaux mais qui est transmissible au porc et s'accompagne chez lui de rougeurs, d'entérite, de broncho-pneumonie, etc. Cette affection est due à un microbe quasi arrondi, affectant un groupement en chaînettes courtes, composées de 2, 3, 4, 5, 6 articles, mobile, facile à colorer par les méthodes ordinaires, se décolorant par la méthode de Gram, aérobie et anaérobie, se développant à la température du laboratoire et liquéfiant la gélatine.

Le *Bou-frida* ou péripneumonie de la chèvre, encore indéterminé dans sa nature, ressemble à la pneumo-entérite du mouton, si on en juge par la description qu'en a donnée jadis M. Thomas. C'est une affection grave, enzootique, caractérisée par l'œdème du tissu interlobulaire, par des pneumonies lobulaires et par une exsudation pleurale; on constaterait, outre les lésions pleuro-pulmonaires, l'infiltration et l'arborisation des ganglions bronchiques, de l'hydropéricardite, et parfois un certain degré d'entérite ainsi que l'hypertrophie congestionnelle du foie. Il semble très probable que le bou-frida est la même affection que M. Niot a observée sur le mouton; et il est bien possible que les deux maladies ne soient autres que la pneumo-entérite que j'ai étudiée sur le bœuf et le mouton algériens.

Il se pourrait encore que certaines affections des grands ruminants, la *Rinderseuche* des Allemands, la *Corn-Stalk disease* des Américains ou *broncho-pneumonie infectieuse des bœufs américains* (Nocard), ne fussent au fond que de la pneumo-entérite. J'ai, pour mon compte, démontré que la pneumo-entérite infectieuse peut exister à l'état aigu et à l'état chronique sur les grands ruminants. La *Rinderseuche* s'accompagne de pleuro-pneumonie et d'entérite hémorrhagique; et les bacilles de cette affection, inoculés (Hueppe) au porc, au lapin, au pigeon et au cobaye, donnent des maladies semblables à celles qu'on obtient avec la pneumo-entérite du porc. La *Corn-Stalk disease* vient d'être décrite de la façon suivante par M. Nocard, qui l'a étudiée sur des bœufs arrivés d'Amérique :

La maladie se traduit par des symptômes pulmonaires, par des lésions d'hépatisation pulmonaire avec infiltration et épaississement notables du tissu interlobulaire, par des lésions de bronchite; c'est une broncho-pneumonie. Les lésions renferment une bactérie courte, ovoïde, mobile, qui ressemble beaucoup à celle de la pneumo-entérite du porc, se colorant facilement, mais laissant aussi voir un espace clair en son milieu et se décolorant par les méthodes de Gram et de Weigert. Cette bactérie se cultive comme celle de la pneumo-entérite dans la gélatine et ne la liquéfie pas; elle est inoculable aux souris, aux lapins, aux cobayes et aux pigeons. Le mouton et le veau inoculés sous la peau ou dans la trachée deviennent très malades pendant quelques jours et se rétablissent ensuite; le veau inoculé par injection intra-pulmonaire meurt en moins de deux jours avec des lésions de broncho-pneumonie exsudative et de pleurésie fibrineuse.

TRAITEMENT ET PROPHYLAXIE DU ROUGET ET DE LA PNEUMO-ENTÉRITE INFECTIEUSE.

Bien qu'on ne connaisse encore aucun moyen sûrement efficace contre ces deux maladies, et bien qu'il soit préférable de vendre à la boucherie, quand cela est possible, les animaux qui ont été contaminés, il y aura des cas nombreux dans la pratique où l'application d'un traitement s'imposera. Le vétérinaire seul pourra l'instituer, et seulement alors que la maladie aura été déclarée à l'administration et les mesures d'isolement, de séquestration, appliquées.

Les malades seront tenus proprement et recevront une alimentation saine ; leur cage sera tenue sèche, convenablement aérée, garnie d'une bonne litière et assainie par des vapeurs d'acide phénique, d'iode, de goudron ou d'essence de térébenthine ; on les nourrira avec des aliments cuits ou avec du lait. On combattra la fièvre, l'empoisonnement, et on atténuera la gravité des localisations sur les organes internes. On pourra administrer : du sulfate de soude ou de la crème de tartre pour faciliter l'excrétion des poisons microbiens ; du salicylate de soude, de l'acide phénique, du borate de soude, du sulfate ou du perchlorure de fer, etc., pour combattre les microbes du tube digestif et tonifier l'organisme ; de la tisane de graine de lin et des lavements émollients pour combattre la constipation ; de l'eau de chaux, de la décoction de pavot, de la tisane de gentiane, du sous-nitrate de bismuth, etc., pour combattre la diarrhée. On pourra prescrire un traitement propre à chaque localisation, celui de l'entérite, de la broncho-pneumonie, etc., recommander les frictions à l'alcool camphré à la surface du corps, etc. On ne conservera jamais en vue de la reproduction les animaux qui auront été malades bien que la guérison semble complète.

La prophylaxie hygiénique peut largement contribuer à prévenir et à atténuer les ravages des deux maladies. La propreté, la bonne tenue, l'aération, la ventilation et l'éclairage des habitations, l'emploi d'une alimentation substantielle, non avariée, cuite, la désinfection des locaux et leur assainissement au moyen de vapeurs d'essence de térébenthine, de goudron ou d'acide phénique, etc., sont toujours, mais principalement en temps d'épizootie, à recommander en tant que précautions prophylactiques. Il conviendrait aussi, dans les fermes où la population porcine est nombreuse, d'avoir des loges cloisonnées en nombre suffisant pour séparer les animaux par lots de 3, 4, 5. On devra d'ailleurs se préoccuper en tout temps d'éviter l'introduction de la maladie dans la ferme. On atteindra ce but ordinairement, en surveillant les importations d'animaux et les rapports de voisinage. Toutes les fois qu'un soupçon planera sur l'état sanitaire des animaux d'une

localité, d'une étable, d'une ferme, il faudra bien se garder d'en acheter ;
toutes les fois qu'on redoutera quelque voisinage suspect, il faudra
autant que possible éviter toute promiscuité et toute fréquentation des
mêmes pâturages, chemins et abreuvoirs. Toutes les fois qu'on aura
acheté des animaux sur le compte desquels il y aura lieu après coup
de concevoir des soupçons, il sera prudent, lorsqu'ils arriveront à la
ferme, de les tenir isolés des autres et de les surveiller temporairement ;
il sera prudent d'agir de même vis-à-vis des animaux qui viendraient
à avoir des rapports dangereux avec ceux du voisinage. Quand il se
sera écoulé une quinzaine de jours à un mois sans aucune manifestation
de la maladie, on pourra mélanger les animaux avec les autres. Mais
si quelqu'un d'entre eux tombait malade, il y aurait lieu d'agir comme
il est indiqué ci-après. Il n'est ni difficile, ni onéreux, de pratiquer cet
isolement et d'exercer cette surveillance temporaires ; il suffit de loger
à part les animaux suspects, de les conduire à part aux pâturages, en
leur affectant une pâture spéciale ; il suffit enfin de suivre leur état de
santé journellement, pour être prêt à employer des précautions nouvelles, si la maladie se montre. Si cette façon d'agir passait dans les
mœurs des propriétaires et fermiers, que de désastres n'éviterait-on pas !
Si les porcs qui avaient introduit la maladie dans les fermes des
Alpes eussent été soumis à ce régime, et si, une fois reconnus malades
on les eût séquestrés, au lieu de les laisser en promiscuité avec les
autres, l'épizootie aurait été facilement conjurée. Et désormais, puisqu'on est mieux fixé sur la contagiosité de la maladie et sur sa transmissibilité, il n'y aura plus d'excuse à se priver du secours de l'isolement.

Quand la pneumo-entérite aura été constatée dans une ferme sur des
animaux appartenant à telle ou telle espèce, il faudra immédiatement
séquestrer les sujets malades et les isoler, les séparer des individus
sains de leur espèce et de ceux des autres espèces. Non seulement il
faut éviter tous rapports directs ou par des intermédiaires entre les
malades et les autres animaux, mais il faut surveiller ceux qui ont été
exposés déjà à la contagion et les séquestrer au premier signe de maladie. Tant que l'affection sévit dans la ferme il convient d'éviter de la
disséminer au loin ; les malades et les suspects ne devront ni être vendus
ni être exposés en vente. Dans toute ferme où l'affection s'introduira
il conviendra également de bien isoler les espèces les unes des autres.
D'ailleurs l'isolement devra se faire non seulement dans les locaux,
mais aussi aux pâturages, sur les chemins, aux abreuvoirs. Au moyen
de la séquestration et de l'isolement on peut, *la part de la contagion
étant faite*, préserver tous les animaux non encore atteints, surtout si
on y joint les précautions suivantes.

Il faudra se préoccuper des produits des malades, des objets qu'ils
ont déjà souillés, de leurs cadavres ou débris cadavériques, de la
destination à leur donner s'ils se rétablissent.

Il serait à désirer que les animaux reconnus atteints de pneumo-entérite fussent livrés immédiatement à la boucherie, quand leur état le comporte, et quand la maladie n'est point assez avancée pour avoir rendu la viande inutilisable. On entourerait alors le déplacement des animaux des précautions employées dans d'autres circonstances, quand il s'agit de maladies contagieuses telles que la fièvre aphteuse, la clavelée, etc. En tout cas les animaux qui se rétablissent plus ou moins complètement ne doivent jamais être conservés dans la suite pour être employés à la reproduction, ils doivent être vendus au plus tôt et pour la boucherie seulement; conservés ou vendus pour l'élevage ils pourraient encore propager l'affection. Il est donc toujours urgent de livrer à la boucherie les animaux qui ont été malades bien qu'ils paraissent guéris; il ne faut ni les conserver pour la reproduction, ni les vendre pour l'élevage.

Quant aux cadavres et débris cadavériques des animaux morts ou sacrifiés, il est absolument contre-indiqué de les abandonner dans les champs, de les enfouir dans les fumiers, de les laisser attaquer par les porcs, les chiens, les poules, etc. Tout ce qui ne sera pas utilisé pour la consommation ou l'industrie devra être enfoui dans le sol, en prenant, pour l'application de cette mesure et pour le transport des cadavres et débris, les précautions usitées dans les cas de maladies contagieuses, en évitant la dissémination de la matière virulente, en désinfectant les objets employés, etc. Traîner les cadavres dans les chemins, dans les champs, les enfouir trop sommairement, jeter aux fumiers les cadavres des petits animaux, les avortons, les délivres, sécher les peaux dans les greniers à foin, ce sont des pratiques très irrationnelles et très dangereuses, qui ont pour résultat d'infecter les champs, les cours, les chemins, les fumiers, les fourrages, etc., et de perpétuer l'épizootie en la propageant. J'ai signalé plus haut comment dans les Alpes un enfouissement défectueux avait été la cause de l'infection d'un troupeau; j'ai vu dans certaines fermes jeter au fumier les avortons, les délivres, les débris cadavériques, sécher les peaux dans les greniers, etc. Cette pratique doit être délaissée; les fumiers qui reçoivent ces matières sont dangereux, le virus s'y conserve; et non seulement les herbages qui les recevront pourront être infectés, mais il en sera de même des eaux qui les délaveront, et à plus forte raison il en sera ainsi des animaux tels que les porcs, les oiseaux de basse-cour, qui les fouilleront ou les gratteront. Sécher les peaux dans quelque local absolument isolé, et mieux les saler avec le sel dénaturé à la naphtaline ou les désinfecter par une immersion de deux heures dans une solution désinfectante; autopsier et dépouiller les cadavres au lieu même de l'enfouissement et éviter de disséminer du sang, des viscères, des matières morbides; enfouir, au moins à un mètre de profondeur et dans un lieu retiré, les cadavres, les délivres, les avortons et tous débris, telles sont les précautions élémentaires dont on ne doit jamais se départir. On peut d'ailleurs faire mieux encore, en imitant ce que j'ai vu pratiquer à Versailleux (Ain), dans la propriété de M. de Monicault, en brûlant les cadavres, les avortons, les délivres des vaches avortées. L'opération n'est pas difficile à réaliser : on place l'avorton et les enveloppes sur un fagot de bois, on lui adjoint les litières souillées, on le recouvre avec un ou deux fagots encore et on allume le bûcher improvisé ; ensuite l'opération terminée, on enfouit le résidu de la combustion et les parties non détruites. On pourrait enfin traiter par l'acide sulfurique, suivant le procédé Girard, les cadavres, délivres et avortons.

Dans le cours de la pneumo-entérite, le lait des femelles malades peut devenir virulent ; il importe donc de prévenir tout danger de contagion par son intermédiaire. En conséquence le lait des brebis, truies, vaches, atteintes de l'affection ne devra jamais être utilisé sans avoir été bouilli. On cessera de le faire téter par les jeunes ; on le tirera à part ; on ne le mélangera pas avec celui des bêtes non malades ; on ne le donnera pas cru aux veaux ni aux porcs ; on le soumettra à l'ébullition avant de l'utiliser.

De tous les objets souillés de matière virulente par les malades c'est incontestablement le fumier qui constitue le réceptacle le plus riche. En effet, c'est là que se trouvent les divers produits d'excrétion morbide, tels que matières diarrhéiques, produits d'expectoration, etc. Des soins particuliers devront donc être donnés aux fumiers, quand la pneumo-entérite aura sévi dans une ferme. Le mieux serait de mettre à part les fumiers des bêtes malades, pour les détruire ensuite par le feu, quand ils sont peu abondants, ou pour les désinfecter, en les arrosant avec une solution de sulfate de fer acidulée avec de l'acide sulfurique, et en les abandonnant à une putréfaction prolongée durant trois ou quatre mois. Quand tout le fumier sera infecté ou quand ce sera la majeure partie qui pourra être considérée comme telle, il y aura également lieu de faire des arrosages avec la solution acidulée de sulfate de fer et de laisser la putréfaction opérer pendant trois ou quatre mois. A défaut de cette précaution, des germes peuvent être transportés aux champs et aux pâturages avec les fumiers, et l'infection des animaux peut en résulter. D'ailleurs il va sans dire que lesdits fumiers seront défendus en tout temps contre tout accès de la part des porcs, des poules, etc.

La désinfection devra être étendue à tous les objets souillés par les malades ; elle devra être appliquée aux locaux, aux objets qui ont eu le contact des malades, aux crèches, mangeoires, râteliers, séparations, litières, débris de fourrages laissés par les malades, aux instruments qui auront servi pour leur pansage, pour leur traitement ou pour leur donner à manger, aux véhicules qui auront servi à transporter les cadavres, les débris cadavériques, les délivres, etc., aux récipients qui auront contenu du lait ou des matières provenant des malades, aux cours, aux abreuvoirs, aux chemins, aux pâturages, aux places diverses occupées par des malades. Elle consistera principalement en lavages avec des solutions désinfectantes, avec la solution de sulfate de fer acidulée, avec la solution à 2 p. 100 d'acide sulfurique, avec la solution de sublimé à 2 p. 1000 mélangée par parts égales avec une solution à 2 p. 100 d'acide sulfurique ou d'acide chlorhydrique ; elle pourra être complétée dans les locaux au moyen de fumigations sulfureuses.

Les pâturages fréquentés par des malades devront être temporairement mis en interdit ; avant d'y conduire des animaux sains on les délaissera pendant un certain temps, de quinze jours à un mois ou plus si c'est possible, afin de donner le temps aux agents physiques de détruire le virus que les malades y ont laissé. Il conviendra même de rechercher les places où les malades ont laissé le plus de matières morbides diarrhéiques ou autres, pour les désinfecter plus particulièrement par le feu ou par un arrosage avec la solution acidulée de sulfate de fer. Les chemins ou sentiers affectés aux malades seront spécialisés à leur usage ; et s'il est nécessaire de les utiliser pour d'autres animaux, on évitera d'y laisser rencontrer les malades et les sains ; on les fera surveiller et nettoyer, en faisant ramasser les matières morbides diarrhéiques, ou autres, pour les brûler ou les désinfecter. Des abreuvoirs spéciaux seront affectés aux malades ; ou tout au moins on prendra les mesures nécessaires pour les faire boire à part. Si l'abreuvoir qui doit servir aux animaux sains a été fréquenté par des malades, il faudra le faire désinfecter, le faire vider, et le faire laver avec la solution à 2 p. 100 d'acide sulfurique, en insistant plus particulièrement sur les marges. Les cours ou enclos fréquentés par des malades seront interdits aux sujets sains tant que la désinfection n'en aura pas été faite. Cette désinfection devient ici très importante ; elle consistera en un bon nettoyage et en un lavage ou arrosage désinfectant. On fera balayer à fond, on ramassera les matières ainsi enlevées, on les désinfectera comme les fumiers et on les mélangera au tas commun ou mieux on les brûlera. Ensuite on fera arroser toute la surface du sol et des barrières avec la solution à 2 p. 100 d'acide sulfurique, en ayant soin de recommencer l'opération une seconde fois au bout de deux ou trois heures. Les places occupées par des malades, les loges, bergeries, étables, porcheries, etc., seront désinfectées avec un soin particulier, avant d'être utilisées pour des animaux sains. On arrosera sur place les matières excrémentitielles et morbides laissées par les malades, ainsi que les débris de fourrages et les litières souillés par eux ; cet arrosage se fera avec la solution de sublimé à 2 p. 1000, ou avec la solution d'acide sulfurique, ou mieux avec le mélange de la solution de sublimé et de la solution d'acide sulfurique ; ensuite ces matières seront enlevées avec précaution, mises en tas et brûlées ou mélangées au fumier, après avoir reçu un nouvel arrosage. Après cette première opération, on fera laver, avec une lessive bouillante, le sol, les crèches, les mangeoires, les râteliers, les auges, les séparations et les bas de murs jusqu'à la hauteur de deux mètres; on fera suivre ce lavage d'un bon grattage et d'un balayage au balai dur; on fera ramasser avec soin les matières détachées, on les arrosera avec la solution désinfectante pour les mettre ensuite au fumier ou on les brûlera. Ensuite on fera deux lavages successifs, et à deux heures d'intervalle, avec la solution de sublimé, ou celle d'acide sulfurique, ou mieux avec la solution mixte de sublimé et d'acide sulfurique. Ces deux lavages seront faits avec la solution aussi chaude que possible il ne faudra pas hésiter à employer une grande quantité de solution, de façon à bien en recouvrir toutes les surfaces; on fera bien, lors du premier de ces lavages, de frotter à la brosse dure toutes les surfaces, en même temps qu'on les humectera de solution. Les deux lavages désinfectants terminés, on fera rincer encore toutes les surfaces avec une lessive bouillante.

Les divers objets solides qui auront été souillés par les malades ou par leurs produits, tels que seaux, auges, baquets, brouettes, pelles, fourches, brosses, etc., seront nettoyés et désinfectés d'après les règles indiquées pour les locaux, crèches et mangeoires. Ceux qui pourront supporter le feu seront flambés; les autres seront nettoyés à la lessive bouillante et ensuite passés deux fois à la solution désinfectante. Les objets en tissus, les couvertures, etc., seront immergés deux heures dans une solution phéniquée à 2 p. 100 et ensuite soumis à la dessiccation. A ces pratiques on pourra joindre, pour terminer la désinfection des locaux et objets y renfermés, des fumigations sulfureuses, qu'on fera précéder de l'humectation des surfaces, et qu'on produira en brûlant du soufre à raison de 20 à 30 grammes par mètre cube d'espace à désinfecter.

Les personnes chargées de soigner les animaux malades, de manipuler leurs produits ou leurs débris, devront se laver les mains, nettoyer et désinfecter leurs chaussures, avec les solutions précipitées, changer et désinfecter leurs tabliers, blouses, etc., quand elles devront sortir des locaux infectés ou quand elles devront s'occuper des soins d'autres animaux.

Outre ces données générales applicables dans tous les cas, il convient d'envisager plus particulièrement les mesures complémentaires, bonnes à ajouter, quand il s'agit de telle ou telle espèce.

Quand la maladie sévit sur les porcs, il faut se soumettre aux prescriptions du décret et de l'arrêté ministériel du 28 juillet 1888. La déclaration doit en être faite à l'autorité. Le préfet doit prendre un arrêté portant déclaration d'infection des locaux, cours, enclos et pâtures dans lesquels se trouvent les animaux malades. Les locaux, cours, enclos et pâtures déclarés infectés sont mis en quarantaine et il est défendu d'y introduire des animaux de l'espèce porcine ; ils sont visités et surveillés par le vétériuaire sanitaire. Les porcs malades peuvent être abattus avec l'autorisation du maire, et leur chair peut être utilisée pour la consommation, mais les viscères doivent être détruits. Les porcs suspects ne peuvent être vendus que pour la boucherie et leur transport est réglementé, etc. La police sanitaire légale est d'ailleurs traitée à part dans les pages qui vont suivre.

Quand la pneumo-entérite sévit sur des espèces autres que l'espèce porcine, l'arrêté ministériel du 28 juillet 1888 ne s'applique pas ; mais en pratique les mesures sanitaires appropriées doivent être prises. S'il s'agit de bêtes ovines et caprines reconnues atteintes, il faudra sans tarder appliquer les mesures préservatrices ci-devant indiquées (isolement, séquestration, désinfection, etc.); et si le mal est encore peu étendu, le mieux sera de se débarrasser au plus tôt des bêtes malades, afin de n'avoir plus à redouter la contagion par leur intermédiaire. On fera bien d'utiliser de suite, pour la consommation, celles dont la maladie ne rendra pas la viande insalubre et de sacrifier, pour les enfouir, celles qui semblent vouées à la mort. Que si les malades sont conservés, on les isolera, on les séquestrera, on les traitera, on désinfectera les objets souillés par eux, on détruira ou on enfouira les cadavres de ceux qui mourront et on se hâtera de vendre à la boucherie les sujets guéris.

Lorsque l'avortement épizootique sévit sur l'espèce bovine, à la suite de la pneumo-entérite, il faut, bien entendu, appliquer toutes les mesures précitées, surveiller les malades, les isoler, les séquestrer, détruire les avortons et les enveloppes, isoler et séquestrer les veaux malades, désinfecter tout ce qui aura été souillé, faire bouillir le lait des vaches malades, réformer toutes les bêtes qui ont été malades et les vendre à la boucherie, etc. Il sera, en outre, très utile de prendre, dans les fermes infectées, les précautions suivantes : surveiller les bêtes qui ont été exposées à la contagion ; isoler les bêtes nouvellement achetées, pour leur éviter la contagion ; soumettre les vaches pleines à une bonne hygiène ; les nourrir convenablement et copieusement ; leur éviter toute influence débilitante ; leur distribuer des aliments de bonne qualité ; éviter de leur donner des fourrages altérés, vasés, poussiéreux ou moisis ; leur donner du sel et des boissons ferrugineuses, etc. Je pense qu'avec une bonne hygiène et les précautions sanitaires dont il a été question, on pourra arriver à se débarrasser de l'avortement épizootique, qu'il serait d'ailleurs puéril de vouloir arrêter autrement.

L'histoire de l'épizootie observée dans les Alpes, jointe à des faits analogues observés un peu partout, montre combien est importante l'inspection sanitaire des foires et marchés, qui est malheureusement délaissée à peu près partout. A vrai dire, malgré une bonne inspection des foires et marchés, il pourrait encore arriver que des animaux malades et surtout des animaux simplement contaminés fussent vendus. En effet, les marchands et les éleveurs se garderaient peut-être d'exposer en vente les sujets déjà malades ; ils examineraient leur troupeau avant de l'amener sur le champ de foire, et élimineraient les malades, sauf à y conduire ensuite les autres ; et l'affection n'en serait pas moins introduite dans les fermes et les localités où ces animaux seraient importés. Aussi la précaution que je conseillais plus haut, et qui consiste à isoler et à surveiller un certain temps les animaux récemment achetés, mérite-t-elle d'être prise toutes les fois que cela sera possible, toutes les fois qu'il y aura quelque doute à concevoir ; et même la prendre toujours et en tout temps n'en vaudrait que mieux. Les bêtes bovines devraient être surveillées avec un soin plus particulier ; la maladie peut être en quelque sorte latente chez elles et ensuite subir une certaine recrudescence pendant la gestation. Il faudrait maintenir isolées les bêtes qui auraient toussé, qui auraient présenté des dérangements intestinaux et les réformer de suite si elles venaient à avorter. Toutefois l'inspection des foires et marchés, si elle était organisée, permettrait au vétérinaire, qui doit être mieux que toute autre personne au courant de l'état sanitaire des localités d'origine des animaux, de faire une enquête et de refuser l'exposition en vente d'animaux suspects par leur provenance.

POLICE SANITAIRE DU ROUGET ET DE LA PNEUMO-ENTÉRITE INFECTIEUSE DU PORC.

Ainsi qu'on l'a vu, le décret et l'arrêté du 28 juillet 1888 ne visent que le rouget et la pneumo-entérite infectieuse du porc. Les diverses mesures dont l'étude va suivre ne peuvent, en conséquence, être prescrites que lorsque ces maladies s'attaquent aux porcheries. Les dispositions générales de la loi sanitaire sont applicables à ces deux affections quand elles se montrent sur le porc.

Les malades doivent être déclarés et isolés ; le maire doit requérir le vétérinaire sanitaire et veiller à l'accomplissement de l'isolement ; les animaux malades ou suspects ne doivent ni être vendus ni être exposés en vente ; la chair des animaux morts de ces affections ne peut être livrée à la consommation ; les contrevenants se rendent passibles des peines édictées par la loi sanitaire ; les mesures prévues par les articles 1 à 7 du décret du 22 juin 1882 (enfouissement, désinfection, etc.) doivent recevoir leur application. Enfin les mêmes mesures, prévues par les articles 14, 15, 16, 17, 18, 20, 21, 22 de l'arrêté ministériel du 28 juillet 1888 sont applicables indistinctement aux deux affections ; les dispositions seules de l'article 19 du même arrêté, visant la vaccination, sont spéciales au rouget.

En ce qui concerne l'Algérie, le décret du 12 novembre 1887 ne visait que le rouget ; mais comme, à l'époque où il fut rendu, on confondait généralement sous la même appellation les deux maladies, il y a lieu d'appliquer à nos départements africains le même régime de l'arrêté de 1888 qui est applicable à la France.

I. — Mesures propres à empêcher l'introduction du rouget et de la pneumo-entérite infectieuse du porc en France et en Algérie par l'importation d'animaux venant de l'étranger.

Textes à consulter : Art. 26, L. 21 juil. 1881. — Art. 36, Déc. 12 nov. 1887. — Art. 73, 72, Déc. 22 juin 1882. — Art. 21, Arr. min. 28 juil. 1888.

Le gouvernement (en Algérie, le gouverneur général) peut prohiber l'entrée en France et en Algérie, ou ordonner la mise en quarantaine, des animaux susceptibles de communiquer le rouget ou la pneumo-entérite. Il peut, à la frontière, prescrire l'abatage des animaux malades. Le ministre de l'agriculture peut prohiber temporairement l'introduction d'animaux porcins des pays étrangers voisins de la France, quand l'une ou l'autre de ces maladies y exercent de sérieux ravages. Les préfets des départements frontières peuvent, quand l'une de ces affections sévit en pays étranger, dans le voisinage immédiat de la France, interdire la circulation des porcins entre les localités infectées et les communes françaises limitrophes.

La constatation de la pneumo-entérite ou du rouget dans des arrivages, par terre ou par mer, entraîne les mêmes mesures que la constatation du charbon ou de la tuberculose, savoir : l'abatage immédiat des malades, quand la nature de l'affection est bien établie ; le renvoi des suspects, après l'application de la marque, ou leur livraison immédiate à la boucherie, au choix du propriétaire ; les précautions rationnelles pour la livraison à la boucherie et notamment la vérification du cadavre par autopsie ; les mesures de désinfection et la destruction des cadavres quand il y a des malades.

II. — Mesures propres à éviter la propagation de la pneumo-entérite infectieuse et du rouget du porc et à éteindre les foyers d'où ces affections pourraient irradier.

Les mesures applicables dans les cas de rouget et de pneumo-entérite sont édictées par les articles 14, 15, 16, 17, 18, 19, 20, 21, 22 de l'arrêté ministériel du 28 juillet 1888.

Inspection des foires et marchés. — Il est interdit d'exposer en vente des animaux porcins atteints ou suspects de rouget ou de pneumo-entérite ; et quand des cas de ces maladies sont constatés sur des champs de foire ou de marché, on doit appliquer les dispositions de l'article 22 de l'arrêté ministériel du 28 juillet 1888.

Art. 22, arr. minist. 28 juil. 1888. — Lorsque... le rouget ou la pneumo-entérite infectieuse sont constatés sur un champ de foire ou un marché, les animaux malades sont mis en fourrière et séquestrés.

Pendant la durée de la séquestration le propriétaire peut faire abattre ses animaux malades; les cadavres sont enfouis ou livrés à l'atelier d'équarrissage. Le transport à l'atelier d'équarrissage a lieu sous la surveillance d'un gardien spécial.

Les animaux qui ont été en contact avec les bêtes reconnues malades sont signalés aux maires des communes où ils sont envoyés.

Les animaux qui seront reconnus ou soupçonnés malades avant leur entrée en foire ou sur le marché seront refusés, saisis immédiatement, mis en fourrière et séquestrés. Quand l'une des maladies sera constatée ou soupçonnée sur des animaux exposés en vente sur un marché, dans un champ de foire, les animaux malades ou suspects seront aussitôt saisis et traités comme il vient d'être dit. Toutefois, si le propriétaire y consent, les animaux malades ou suspectés pourront être abattus sur place ou dans un abattoir voisin et leur viande sera saisie ou utilisée suivant qu'elle sera jugée insalubre ou non (art. 16, arr. min. 28 juil. 1888).

Toutes les fois que l'une des deux maladies aura été constatée, il y aura lieu de faire désinfecter, aux frais du propriétaire des animaux, les locaux et les objets qui auront été souillés.

Les animaux du même propriétaire ou d'autres propriétaires qui auront été en contact avec les malades seront renvoyés dans leur lieu d'origine, sans pouvoir être vendus pour une destination autre que la boucherie; ils seront marqués et signalés aux maires des communes où ils seront envoyés.

Déclaration. — La pneumo-entérite et le rouget, comme les autres maladies contagieuses, doivent être déclarés à l'autorité locale (art. 3, 4, 5, loi du 21 juillet 1881. — Art. 3, 4, 5, déc. 12 novembre 1887), quand ils sont reconnus et même quand ils sont simplement soupçonnés. Les propriétaires, les détenteurs des animaux, ceux qui ont été appelés à leur donner des soins, le vétérinaire, les empiriques, doivent faire la déclaration. En même temps les animaux malades ou suspects doivent être maintenus isolés. Le maire doit requérir aussitôt le vétérinaire sanitaire et veiller à ce que l'isolement soit pratiqué.

Visite. — Dans sa visite, le vétérinaire sanitaire mettra en pratique les préceptes et les règles énoncés plus haut à propos du diagnostic. Il se renseignera sur les antécédents de la porcherie et des malades, sur la date d'apparition de la maladie et son mode d'évolution. Il examinera avec soin les malades et étudiera les lésions sur le cadavre. Il aura recours à l'examen bactériologique ou à l'inoculation ou à la culture, en se procurant des produits comme il a été indiqué plus haut, toutes les fois qu'il conservera des doutes. En attendant le résultat de son inoculation ou de son examen bactériologique, les animaux seront maintenus isolés et séquestrés. Un rapport circonstancié de sa mission, de ses constatations et de ses opérations, dans lequel il exposera la gravité de la situation et les mesures qu'elle comporte, sera adressé sans retard au préfet.

Déclaration d'infection. — Lorsque le préfet a reçu le rapport du vétérinaire sanitaire concluant à l'existence du rouget ou de la pneumo-entérite, il doit (art. 14, arr. min. 28 juil. 1888) prendre, comme dans les cas de péripneumouie, de clavelée, de fièvre aphteuse, etc., un arrêté de déclaration d'infection ayant pour effet d'entraîner l'application des prescriptions énumérées dans l'article 15 de l'arrêté ministériel du 28 juillet 1888 dans l'exploitation atteinte. Cet arrêté doit être publié et affiché dans la commune afin que les voisins soient avisés des dangers qui menacent leurs propres animaux. D'ailleurs, il ne sera pas mauvais que des instructions soient en pareils cas adressées aux propriétaires et aux voisins sur la nature et la gravité de la maladie, sur leurs devoirs, etc.

Art. 14, arr. min. 28 juil. 1888. — Lorsque le rouget ou la pneumo-entérite infectieuse sont constatés dans une commune, le préfet prend un arrêté portant déclaration d'infection des locaux, cours, enclos et pâtures dans lesquels se trouvent les animaux malades. Cet arrêté est publié et affiché dans la commune.

L'arrêté déclaratif d'infection est le point de départ et le signal de l'application de toutes les mesures propres à la pneumo-entérite et au rouget. Jusque là l'autorité municipale a dû se contenter de faire pratiquer la séquestration et l'isolement des malades ainsi que la désinfection jugée nécessaire (art. 4, L. 21 juillet 1881. — art. 4, déc. 12 nov. 1887).

L'arrêté doit fixer le périmètre déclaré infecté, qui comprendra : 1° le local, la cour, l'enclos, l'herbage ou la pâture dans lesquels se trouve l'animal malade ; 2° et aussi les animaux du même propriétaire, ou de propriétaires différents, qui ont cohabité avec l'animal malade et ont pu recevoir de lui les germes de la maladie. Ainsi, par exemple, si des porcheries appartenant à diverses personnes ont une cour commune et que la maladie vienne à se manifester sur les animaux de l'une d'elles, toutes devront être comprises dans la déclaration d'infection. De même, si la maladie vient à être constatée sur quelque animal d'une pâture commune, la déclaration d'infection s'appliquera à la pâture tout entière avec les animaux qu'elle renferme.

Mesures d'isolement, de séquestration et de quarantaine. — Ces mesures sont indiquées dans les articles 15 et 18 de l'arrêté ministériel du 28 juillet 1888.

Art. 15, arr. min. 28 juil. 1888. — La déclaration d'infection entraine l'application des dispositions suivantes :

1° Mise en quarantaine des locaux, cours, enclos et pâtures déclarés infectés, impliquant défense d'y introduire des animaux de l'espèce porcine ;

2° Visite et surveillance, par le vétérinaire sanitaire, des locaux, cours, enclos et pâtures déclarés infectés ;

3° Interdiction d'abattre les porcs atteints de la maladie sans en donner préalablement avis à l'autorité municipale ;

4° Interdiction de vendre, si ce n'est pour la boucherie, les porcs qui ont été exposés à la contagion.

Dans le cas de vente pour la boucherie, les animaux sont marqués ; le maire délivre un laissez-passer, qui lui est rapporté dans un délai de cinq jours avec un certificat attestant que les animaux ont été abattus. Ce certificat est délivré par l'agent préposé à la police de l'abattoir ou par l'autorité locale dans les communes où il n'existe pas d'abattoir.

Les animaux transportés en vue de la boucherie ne peuvent être conduits qu'en voiture ou par chemin de fer ;

5° Défense de laisser écouler sur la voie publique les parties liquides des déjections. Obligation de traiter ces matières, ainsi que les litières et fumiers, conformément aux prescriptions des arrêtés administratifs, avant de les sortir des locaux infectés ;

6° Interdiction de laisser pénétrer dans les locaux, cours, enclos et pâtures déclarés infectés, toutes personnes autres que celles qui sont préposées aux soins à donner aux animaux ; défense à celles-ci de pénétrer dans d'autres porcheries ;

7° Obligation pour toute personne sortant d'un local infecté de se soumettre aux mesures de désinfection jugées nécessaires, notamment en ce qui concerne les chaussures.

ART. 18, arr. min. 28 juill. 1888. — Lorsque le rouget ou la pneumo-entérite infectieuse prend un caractère envahissant, un arrêté du préfet interdit la circulation, le colportage, ainsi que l'exposition ou la mise en vente des porcs dans les foires et marchés et autres réunions ou rassemblements d'animaux.

Les locaux, cours, enclos et pâtures déclarés infectés doivent être aussitôt mis en quarantaine ; et il est absolument défendu d'y introduire jusqu'à nouvel ordre des bêtes de l'espèce porcine. Les malades seront non seulement séquestrés, mais isolés des animaux encore sains. On établira des compartiments dans les locaux, cours, enclos, etc., pour séparer les sains des malades, si on n'a pas plusieurs locaux à sa disposition. Les pâtures fréquentées par les malades seront interdites pendant un certain temps, quinze jours à trois semaines.

Les animaux qui auront été exposés à la contagion seront marqués, et maintenus séquestrés et isolés dans un autre local ou dans une autre pâture, etc.

La vente et l'exposition en vente sont formellement interdites pour les animaux malades et même pour ceux qui sont suspects, qui ont été exposés à la contagion, qui ont cohabité avec des malades. D'ailleurs, avant l'arrêté déclaratif d'infection, l'interdiction de vendre, d'exposer en vente, de déplacer les malades et les suspects doit être obéie (art. 13, 1. 21 juil. 1881 ; art. 15, déc. 12 nov. 1887). Cependant, pour ces derniers, il est permis de faire une exception, quand il s'agit de les diriger immédiatement à l'abattoir.

Pendant la durée de la séquestration le propriétaire peut faire abattre ses animaux malades à la condition d'en prévenir au préalable l'administration municipale ; et alors il sera procédé comme on le verra plus loin, tant pour l'abatage que pour l'utilisation ou l'enfouissement des cadavres.

L'autorisation de vendre pour la boucherie les animaux qui ont été exposés à la contagion sera toujours accordée. Lorsque les animaux contaminés devront rester séquestrés, la marque aux ciseaux suffira ; mais, si le propriétaire veut les conduire à la boucherie, à cette marque trop facile à faire disparaître, devra être substituée la marque au feu, afin que, portant un signe indélébile, l'on ne soit pas tenté de les livrer au commerce.

D'ailleurs, on peut autoriser non seulement la vente des suspects pour la boucherie, mais encore leur déplacement, leur transport dans le lieu où ils doivent être abattus, et il est accordé cinq jours pour en faire le sacrifice ; mais ce délai est trop long et doit être réduit autant que possible dans la pratique. Le déplacement des animaux suspects doit être soumis à certaines règles ; ces animaux devront être accompagnés d'un certificat d'origine qui sera présenté à toute réquisition durant le transport ; ils seront transportés en voiture ou en chemin de de fer et l'abatage sera constaté par l'autorité ou la police du lieu de destination.

On peut même, dans certains cas, ainsi qu'on le verra ci-après, autoriser la vente des malades pour la boucherie. Cependant il conviendra alors de se montrer très circonspect ; quand il existera un abattoir à proximité, les animaux pourront y être conduits ou transportés aux conditions et suivant les règles indiquées ci-après pour la conduite ou le transport en vue de l'équarrissage ou de l'enfouissement. Lorsque l'abattoir sera éloigné, lorsqu'il y aura à craindre la dispersion de la contagion par l'intermédiaire des malades, on ne les laissera pas déplacer ; ils seront sacrifiés sur place ; on les divisera en quartiers, qui pourront ensuite être débités dans la localité ou dans les environs ; on fera enfouir, ou détruire, ou livrer à l'équarrissage, les viscères pectoraux et abdominaux, avec les séreuses et les ganglions ainsi que la tête et tout ce qui offrirait des lésions.

Il est bien entendu d'ailleurs qu'un propriétaire, fermier, nourrisseur, dont la porcherie est infectée, peut la vendre, à la condition que l'acheteur sera prévenu de tout et se substituera au vendeur pour l'exécution de toutes les mesures jugées nécessaires. Les animaux n'étant pas déplacés et restant soumis aux mesures sanitaires, il importe peu que leur propriétaire soit telle ou telle personne.

La séquestration, appliquée aux porcheries infectées, devra être rigoureusement exécutée. Il sera défendu d'y introduire, avons-nous vu, de nouveaux animaux appartenant à l'espèce porcine. Aussi devra-t-on faire un dénombrement très exact de tous les animaux porcins qui se trouvent dans les locaux, cours, enclos et pàtures compris dans le périmètre déclaré infecté ; et, de plus, le vétérinaire sanitaire visitera de temps à autre et surveillera les locaux, cours, enclos, etc., où la maladie a été constatée.

Les animaux séquestrés ne devront pas sortir de leurs habitations.

Pour compléter l'isolement et la séquestration, et pour obvier à certains dangers de contagion par certains intermédiaires, il sera interdit de laisser pénétrer dans le périmètre infecté des personnes autres que celles préposées à donner des soins aux animaux ; il sera également interdit à celles-ci d'avoir aucun contact avec d'autres animaux de l'espèce porcine ; elles ne devront pas entrer dans des lieux renfermant ou devant recevoir des animaux de cette espèce. D'ailleurs il est absolument prescrit à toute personne sortant d'un local infecté, que ce soit un boucher, un vétérinaire, un agent de l'administration ou une personne de la ferme ou une personne du voisinage, de se soumettre, notamment en ce qui concerne ses chaussures, aux mesures de désinfection jugées nécessaires. Il conviendra aussi d'empêcher les poules, chiens, lapins, pigeons de venir dans les lieux infectés. Il est expressément défendu de faire sortir ou de laisser sortir des locaux, cours, enclos, et pàtures infectés, des objets ou matières pouvant servir de véhicules à la contagion, tels que pailles, litières, fumiers et ustensiles souillés. Il est également défendu de déposer les fumiers sur la voie publique et d'y laisser écouler les parties liquides des déjections ; ces matières, ainsi que les litières, devront être traitées conformément aux prescriptions des arrêtés administratifs.

Lorsque la maladie se manifeste avec fréquence et sur des points rapprochés, et qu'elle prend un caractère envahissant dans une localité, il devient nécessaire d'exercer une surveillance attentive sur tous les animaux de cette espèce.

Dans ce but un arrêté préfectoral interdira, dans un périmètre déterminé, la circulation, le colportage, le déplacement, l'exposition en vente dans les marchés, foires et autres rassemblements d'animaux, de tous les sujets de l'espèce porcine, bien que l'infection des porcheries où ils sont n'ait pas été constatée.

Abatage. — L'abatage ne peut pas être prescrit par l'autorité, hormis quand il s'agit d'animaux reconnus malades dans des arrivages par terre ou par mer (art. 21, arr. min. 28 juill. 1888). Quand il s'agit de malades saisis sur les champs de foire ou sur les marchés, ou reconnus dans les fermes, la séquestration doit être appliquée ainsi qu'on l'a vu.

Toutefois (art. 22 et art. 15-3°, arr. min. 28 juill. 1888), le propriétaire peut, en prévenant l'administration municipale, faire abattre ses animaux malades. L'abatage des animaux saisis dans des arrivages par terre ou par mer sera prescrit par l'autorité ; il sera exécuté, de même que celui des animaux séquestrés chez leur propriétaire ou à la suite de leur saisie sur un champ de foire ou un marché, sous la surveillance de l'administration et du service sanitaire. On pourra procéder de diverses façons.

S'il y a lieu de penser que la viande pourra être utilisée, on pourra laisser transporter les malades à l'abattoir ou dans une tuerie, après les avoir marqués, en les faisant surveiller et en faisant prendre les précautions indiquées ci-après pour le transport des cadavres mêmes. On pourra aussi les faire abattre sur place, sauf à laisser ensuite utiliser la chair s'il y a lieu. Quand l'affection sera très violente ou très avancée, quand il sera de toute évidence que l'utilisation de la viande en vue de la consommation n'est pas possible, on pourra encore faire assommer les malades sur place ou bien les faire transporter directement au clos d'équarrissage ou au bord de la fosse pour les y assommer, en ayant soin de faire prendre, dans l'un comme dans l'autre cas, toutes les précautions nécessaires indiquées par l'article 17 de l'arrêté ministériel du 28 juillet 1888.

Dans tous les cas l'abatage doit être pratiqué sous la surveillance de l'administration, qui fera procéder à cette besogne par un boucher ou un charcutier ; et l'autopsie doit toujours être pratiquée par les soins du vétérinaire sanitaire, qui décide s'il y a lieu de laisser utiliser la viande.

Utilisation des cadavres. — Enfouissement. — Destruction. — Équarrissage. — L'utilisation de la viande des animaux simplement suspects est toujours permise ; et celle des malades abattus à temps, n'étant pas dangereuse pour l'homme, pourra également être consommée, en prenant certaines précautions.

Art. 16, arr. min. 28 juil. 1888. — La chair des animaux abattus comme atteints de rouget, ou de pneumo-entérite infectieuse, ne peut être livrée à la consommation des personnes qu'en vertu d'une autorisation du maire, sur l'avis conforme du vétérinaire sanitaire.

Les viscères (poumons, estomac, foie, rate, etc.) sont détruits.

Art. 17, arr. min. 28 juil. 1888. — Les cadavres des animaux morts du rouget ou de la pneumo-entérite infectieuse, quand ils ne sont pas détruits sur place, sont transportés soit aux ateliers d'équarrissage, soit aux fosses d'enfouissement dans les conditions suivantes :

1° Les voitures sont disposées de manière qu'aucune matière solide ou liquide ne puisse s'en échapper durant le trajet ; elles sont immédiatement nettoyées et désinfectées ainsi que tous les objets ayant été en contact avec les animaux morts ou abattus comme atteints de la maladie ;

2° Les conducteurs et autres personnes employées au chargement ou déchargement et à l'enfouissement des cadavres sont soumis aux mesures de désinfection jugées nécessaires.

En aucun cas la chair des animaux morts de la maladie ne peut être livrée à la consommation (art. 16, déc. 12 nov. 1887 ; art. 17, arr. min. 28 juill. 1888). L'article 16 du décret du 12 novembre 1887 décidait que l'on ne pourrait pas davantage livrer à la consommation la viande des animaux abattus comme atteints de rouget ; mais l'obligation de l'abatage n'était pas inscrite dans ce décret en ce qui concerne le rouget. D'ailleurs, l'arrêté ministériel de 1888, qui n'a rendu l'abatage obligatoire que dans les cas observés sur des animaux présentés à l'importation, permet l'utilisation de la viande des malades sous la condition d'une autorisation du maire, sur l'avis conforme du vétérinaire sanitaire, qui appréciera si elle n'est point trop saigneuse, ni trop fièvreuse. Ce n'est que dans les cas de maladie bénigne ou peu avancée que le vétérinaire conseillera l'utilisation, préconisant au contraire la saisie et l'enfouissement ou la destruction totale dans les cas graves et avancés.

L'intervention du maire ne sera pas nécessaire dans les communes où il existe un abattoir avec service d'inspection des viandes. Ce service, qui a une délégation de l'autorité municipale, est apte à donner l'autorisation prévue par l'article 16.

Quand l'utilisation de la viande sera permise, on se contentera de laisser livrer à la consommation les quatre quartiers. Les viscères et les abats seront enfouis, livrés à l'équarrissage, ou détruits, ou cuits.

En résumé, l'enfouissement devra être appliqué, après l'abatage, lorsque la viande sera jugée impropre à la consommation, lorsqu'elle sera fièvreuse, saigneuse, infiltrée, maigre, etc. ; en tout cas, on devra toujours enfouir les viscères et abats des animaux abattus comme étant réellement malades. D'ailleurs on devra également faire toujours enfouir suivant les règles ordinaires les cadavres d'animaux morts de la maladie. Les cadavres seront charriés suivant les règles de l'article 17 dans des véhicules convenablement agencés ; on évitera de répandre les produits morbides et on fera désinfecter les véhicules et les objets employés. ainsi que les personnes.

La livraison à l'équarrissage, la crémation et la solubilisation par l'acide sulfurique peuvent être avantageusement substituées à l'enfouissement, dans tous les cas où l'application de cette mesure est nécessaire. D'ailleurs, quel que soit le mode de destruction ou de dénaturation employé, les mesures de désinfection. jugées nécessaires, devront compléter sa mise en œuvre ; on devra notamment désinfecter tous les véhicules, instruments et objets souillés. L'enfouissement et la livraison à l'équarrissage seront pratiqués selon les règles, fixées à propos de l'étude de ces mesures envisagées d'une manière générale, tant sur le mode de transport et sur le choix de l'emplacement des fosses, que sur les conditions relatives à l'exécution de l'une ou de l'autre mesure.

Vaccination. — On a vu que les ravages du rouget peuvent être conjurés par la vaccination, qui, à l'instar de la vaccination charbonneuse, peut être conseillée dans les contrées où la maladie est fréquente et fait de nombreuses victimes.

Art. 19, arr. min. 28 juil. 1888. — Les personnes qui voudront faire pratiquer l'inoculation préventive du rouget devront en faire préalablement la déclaration au maire de la commune.

Un certificat du vétérinaire opérateur, indiquant la date à laquelle l'inoculation a été terminée et le nombre des animaux inoculés, est remis au maire immédiatement après l'opération.

Pendant les quinze jours qui suivent cette date, les animaux restent sous la surveillance du vétérinaire sanitaire, et il est interdit de s'en dessaisir, si c n'est pour les faire immédiatement abattre.

La vaccination sera pratiquée d'après les règles précédemment indiquées; et les considérations présentées à propos de la vaccination charbonneuse trouvent encore ici leur place : mêmes précautions à prendre et mêmes conseils à suivre par le vétérinaire.

Désinfection. — Lorsqu'on aura fait déplacer des animaux malades ou suspects, lorsqu'on aura fait abattre les malades, lorsque des marchés ou des locaux auront été souillés par des malades, lorsque la maladie aura cessé par suite de la mort ou de l'abatage des malades et de la livraison des suspects à la boucherie, etc.. il faudra faire procéder à une bonne désinfection (art. 15-5°-7°, art. 17 et 20, arr. min. 28 juillet 1888). On la fera porter sur tout ce qui peut recéler du virus et servir d'intermédiaire à la contagion : sur les locaux, cours, enclos et pâtures infectés, ainsi que sur tous les objets tels que auges, etc., souillés par les malades ou de toute autre façon ; sur les fumiers, purins et litières, ainsi que sur les ruisseaux, rigoles et conduits d'écoulement, fosses à purin ou à fumiers ; sur les véhicules, charrettes, wagons, bâtiments ayant servi au transport des malades, de leurs cadavres ou de leurs fumiers ; sur les chaussures des personnes ; sur les cadavres et débris cadavériques.

Les agents désinfectants qu'on devra employer de préférence sont : 1° le feu, qui pourra être employé pour détruire les objets de peu de valeur, les litières, les vieilles auges, les cadavres ou débris cadavériques ; 2° le flambage, qui pourra être utilisé pour la désinfection des objets en fer ou en pierre, des auges, des murs, des séparations, etc.; 3° les solutions bouillantes d'acide phénique, de crésyl, de sulfate de cuivre, de sublimé, d'acide phénique et d'acide chlorhydrique mélangées, etc., qui serviront à faire des lavages dans les locaux, véhicules, wagons, bâtiments et sur tous les objets souillés ; 4° la solution de sublimé et la solution d'acide chlorhydrique mélangées (eau ordinaire 10 litres, sublimé 10 à 20 grammes et acide chlorhydrique du commerce un décilitre ou deux). Ce mélange est particulièrement recommandé ; il peut être employé pour tous les lavages désinfectants.

La désinfection pourra être faite de la manière suivante :

1° *Arrosage* sur place, avec un liquide désinfectant, des litières et fumiers contenus dans la porcherie et des restes d'aliments laissés dans les auges ; puis *enlèvement* et *enfouissement* au tas de fumiers commun ;

2° *Lavage énergique*, avec un liquide désinfectant, du sol, des murs, séparations, auges, seaux, etc. ;

Grattage des auges et seaux, des séparations, du sol et des murs, etc. ;

Balayage avec un balai dur de toutes les surfaces et *nouveau lavage* ;

3° *Désinfection des ruisseaux, rigoles et conduits d'écoulement des purins* aussi bien à l'extérieur qu'à l'intérieur des bâtiments de ferme (les ruisseaux, rigoles et conduits d'écoulement des purins sont arrosés avec un liquide désinfectant) ;

4° Destruction par le feu des objets de peu de valeur ; flambage des objets en fer ou en pierre.

Pour les cours, enclos et pâtures, il conviendra de prendre certaines précautions : les cours pourront être nettoyées et arrosées avec un liquide désinfectant ; les enclos et pâtures pourront être mis en quarantaine, et abandonnés pendant quelques jours à l'influence des agents physiques. Les fumiers pourront être recouverts d'une couche de terre ou arrosés avec un liquide désinfectant, et abandonnés à la putréfaction pendant deux mois. Les véhicules employés au transport des malades ou des cadavres seront arrosés avec un liquide désinfectant, puis grattés et balayés et enfin arrosés encore avec un liquide désinfectant. On traitera de même les ustensiles divers qui auront pu être souillés. Les auges seront vidées, nettoyées, frottées et lavées avec un liquide désinfectant, puis rincées avec une solution de bicarbonate de soude ou une eau de lessive. Les personnes qui auront approché les malades, touché leurs cadavres ou débris, etc., se laveront les mains et les chaussures de préférence avec une solution d'acide phénique ou de sublimé. Les cadavres et les débris cadavériques seront enfouis ou détruits par un procédé quelconque ou stérilisés par la cuisson.

Levée de la déclaration d'infection. — Les mesures de surveillance, de séquestration, d'isolement et de quarantaine, précédemment indiquées, doivent continuer à être appliquées jusqu'à ce que l'arrêté déclaratif d'infection ait été levé.

Art. 20, arr. min. 28 juill. 1888. — La déclaration d'infection ne peut être levée que lorsqu'il s'est écoulé un délai d'un mois, sans qu'il se soit produit un nouveau cas de rouget ou de pneumo-entérite infectieuse, et après constatation, par le vétérinaire sanitaire, que toutes les prescriptions relatives à la désinfection ont été exécutées ; elle peut être levée immédiatement après la désinfection, si tous les porcs qui se trouvaient dans les locaux, cours, enclos etc., déclarés infectés ont été abattus.

Cette déclaration peut être levée (quand il s'agit du rouget), en cas d'inoculation préventive de tous les porcs ayant été exposés à la contagion, quinze jours après l'opération, si aucun nouveau cas de rouget ne s'est déclaré parmi ces animaux pendant ce laps de temps, et s'il est constaté par le vétérinaire sanitaire que toutes les prescriptions relatives à la désinfection ont été exécutées.

Avant de faire cesser toute surveillance, le préfet consultera, bien entendu, le vétérinaire délégué, qui appréciera s'il y a lieu de se contenter d'un délai d'un mois. En tous cas la déclaration d'infection ne peut pas être levée avant qu'il se soit écoulé un mois depuis le dernier cas de maladie ou quinze jours depuis l'inoculation du rouget. Ce délai n'est d'ailleurs qu'un délai minimum, et si le vétérinaire jugeait dangereux de faire cesser sitôt l'application des mesures sanitaires, il pourrait demander un sursis. On a vu que les animaux qui ont été malades peuvent rester dangereux, et il pourrait être imprudent de les soustraire trop tôt à la séquestration. La déclaration d'infection peut être levée après la désinfection, quand tous les animaux malades et suspects ont été abattus ; toutefois, malgré la désinfection, un délai de huitaine pourra être observé avant le repeuplement des locaux.

CHAPITRE XIII

Considérations générales.

En attendant que quelqu'un démontre d'une façon péremptoire, par
l'expérimentation, qu'il existe réellement une *fièvre typhoïde* chez les
solipèdes et qu'il en détermine l'étiologie exacte, je persisterai à croire
que plusieurs affections, n'ayant aucune ressemblance par leur nature
intime avec la fièvre typhoïde de l'homme, ont été confondues sous les
appellations de fièvre typhoïde, affections ou maladies typhoïdes,
typhose, etc. Ces affections ont reçu les nombreuses dénominations
suivantes : *Fièvre putride et humorale, pestilentielle, fièvre adynami-*
que, fièvre ataxique, fièvre pernicieuse, fièvre putride et maligne, fièvre
nerveuse, fièvre muqueuse, fièvre catarrhale, fièvre gastrique, fièvre adéno-
catarrhale, fièvre gastro-bilieuse, gastro-entérite épizootique, maladie
ou épizootie régnante, maladie typhoïde, affection typhoïde, maladies
typhoïdes, diathèse typhoïde, typhus, typhose, gastro-entérite typhoïde
épizootique, pneumonie typhoïde, influenza, fièvre muqueuse générale
adynamique, etc.

Parmi ces affections, dont aucune, je le répète, n'est identique à la
fièvre typhoïde de l'homme, un de mes collègues et moi (Violet et Galtier) nous avons étudié deux maladies spéciales que nous avons désignées sous l'appellation de *pneumo-entérites infectieuses des fourrages.*
Nous avons étudié, au point de vue étiologique et bactériologique, ainsi
qu'au point de vue clinique, un grand nombre de cas de ces affections,
que les praticiens désignaient comme étant de la fièvre typhoïde, et qui
revêtaient la forme enzootique ou épizootique. Nous avons pu de la
sorte isoler, cultiver et inoculer, à l'état de pureté, deux micro-organismes différents, qui avaient déjà été observés par d'autres expérimentateurs, mais dont le rôle était mal déterminé et l'origine absolument inconnue. Nous avons montré que ces deux micro-organismes, qui avaient
été considérés avant nous comme déterminant simplement des pneu-

monies ou des pleuro-pneumonies, sont des agents pathogènes qui produisent des affections générales, susceptibles de revêtir l'une et l'autre les formes les plus variées et de se présenter à l'observateur, sans perdre leur caractère de maladies de *toute la substance*, tantôt sous la forme thoracique, tantôt sous la forme abdominale et tantôt sous la forme nerveuse, avec prédominance de signes de broncho-pneumo-pleurite, de cardite, de gastro-entéro-hépato-néphrite, de localisations encéphaliques ou médullaires.

Nous avons rencontré les deux mêmes microbes dans de nombreux cas de maladies, que les autres vétérinaires civils ou militaires et nous-mêmes diagnostiquions comme étant *cliniquement* des cas de fièvre typhoïde. Nous avons, en les inoculant après les avoir cultivés, obtenu des maladies qui reproduisaient le tableau symptomatique et anatomo-pathologique de la fièvre typhoïde. D'autre part, si ces maladies nous ont paru transmissibles par l'inoculation (et elles le sont réellement), nous avons cependant peu cru à la contagion naturelle, attendu que nous avons découvert et démontré qu'elles ont leur origine dans l'alimentation par les fourrages avariés et les eaux polluées, circonstance étiologique qui explique suffisamment pourquoi elles affectent toujours un caractère enzootique ou même épizootique.

Il est aisé de saisir la grande importance de notre découverte, grâce à laquelle on pourra désormais prendre les seules mesures de préservation réellement efficaces, en même temps qu'il sera possible de remplir, dans le traitement des malades l'indication la plus impérieuse, en faisant cesser la cause qui n'est plus ignorée : *sublatâ causâ tollitur effectus.*

Quelle dénomination fallait-il imposer à ces maladies? Nous avons cru illogique de qualifier de *pneumonie* ou de *pleuropneumonie contagieuse* des affections qui amènent parfois la mort d'un animal en ne lui laissant guère que des lésions d'*entérite*, ou d'autres localisations en dehors du poumon, et dont la contagion naturelle n'est rien moins que démontrée. Ne voulant pas créer un mot nouveau, nous en avons adopté un qui a déjà cours dans la science, celui du *pneumo-entérite*.

Ce nom de *pneumo-entérite* a l'avantage de rappeler à la pensée les organes qui sont le plus souvent atteints, et il convient d'autant mieux dans la circonstance actuelle qu'il servira à désigner chez le cheval, plusieurs maladies microbiennes d'une distinction symptomatique et nécropsique assez difficile à établir sans le secours du microscope. Toutefois, il nous semblerait insuffisant s'il ne rappelait à l'esprit et l'origine de la maladie et sa nature essentiellement infectieuse; aussi avons-nous complété l'expression employée, comme on l'a déjà vu.

Les *pneumo-entérites infectieuses des fourrages*, ou affections typhoïdes des solipèdes, sont des maladies générales microbiennes qui se traduisent par de la fièvre, de l'abattement, de la prostration, de la stupeur,

de l'adynamie, quelquefois aussi par une excitation insolite, par de l'inquiétude, de l'agitation, par des alternatives d'excitation et de somnolence, de stupeur ou de coma. Elles sont ordinairement enzootiques ou
épizootiques et protéiformes, elles s'accompagnent de localisations variables et de symptômes divers suivant les formes qu'on observe. Mais en
général, quelle que soit la forme observée, elles sont caractérisées, au
point de vue anatomo-pathologique, par une altération très manifeste
du sang, et par des lésions qui, bien que souvent localisées sur certains
organes, peuvent aussi se montrer dans presque tout l'organisme. Les
localisations morbides se remarquent surtout sur les appareils digestif
et respiratoire.

Ces maladies sont dues à l'usage habituel ou passager d'eaux polluées ou
de fourrages et avoines plus ou moins avariés, sur lesquels se sont développés des micro-organismes capables de végéter aussi, de se multiplier
dans l'économie animale, en produisant une véritable intoxication, en
même temps que les lésions les plus variées. Nous en connaissons deux;
mais nous croyons fermement qu'elles doivent être en plus grand
nombre, comme les parasites eux-mêmes. D'une distinction difficile sur
l'animal vivant, car elles ont beaucoup de caractères communs, pouvant même selon toutes probabilités se superposer, ces deux maladies
ne peuvent guère être décrites séparément sous peine de redites inces-
santes. Nous en tracerons un tableau d'ensemble, après quoi nous ferons
connaître les différences que nous avons observées, en nous attachant
surtout à bien différencier les microbes infectieux.

L'altération du sang est souvent très manifeste, et elle le devient surtout lorsque la maladie a duré un certains temps. Le fluide sanguin
éprouve dans ses caractères physico-chimiques et anatomiques des modifications très accusées, qui en provoquent d'autres dans les divers
appareils. Il y a des troubles fonctionnels dans la circulation, dans l'innervation et dans la nutrition en général. Ces trois fonctions sont considérablement modifiées; et ce qui frappe particulièrement, quel que
soit du reste l'organe qui devienne le plus malade, ce sont ordinairement les symptômes adynamiques, c'est-à-dire la débilitation, qui est
progressive et très rapide dans sa marche, la stupeur, l'abattement, la
prostration. Quelquefois au début il y a de l'anxiété, de l'agitation et
même des convulsions, de véritables accès de délire ou de vertige, séparés par des intermittences de somnolence ou de coma. Il y a toujours
de la fièvre et celle-ci est plus ou moins intense. La tête est lourde, pe-
sante, portée basse ou appuyée sur la mangeoire; la démarche est mal
assurée, les membres sont traînés sur le sol; quand le malade se déplace,
on entend souvent un craquement au niveau des articulations; il y a de
la raideur, de la faiblesse, surtout au niveau des lombes, aussi observe-
t-on un signe qui ne fait presque jamais défaut, c'est la vacillation du
train postérieur pendant la marche; il peut y avoir aussi voussure de la

colonne vertébrale au niveau des reins, insensibilité des lombes ou parfois hyperesthésie ; on note quelquefois des frissons locaux ou généraux. La sensibilité générale s'émousse.

La circulation se modifie, s'accélère ; les battements cardiaques sont forts, tumultueux, tandis que les pulsations artérielles restent petites, faibles, à peine perceptibles. Il y a presque toujours embarras de la circulation capillaire ; aussi il se produit souvent des congestions. Celles-ci sont très manifestes dans les organes très vasculaires, et elles sont assez souvent accompagnées d'un phénomène particulier, qui s'explique par l'altération du sang. Il y a souvent de la diastashémie, c'est-à-dire séparation de la matière colorante du sang ; à la surface des muqueuses et ailleurs apparaissent alors des taches noirâtres ou violacées appelées pétéchies. Quelquefois ce sont de vrais points hémorrhagiques qu'on observe sur les muqueuses ou dans les organes. Dans tous les cas, la congestion s'accompagne d'une exsudation assez prononcée et par conséquent d'une infiltration du tissu conjonctif, particulièrement du tissu conjonctif sous-cutané dans les parties déclives, et du tissu conjonctif sous-muqueux. Il existe aussi des infiltrations dans les parenchymes internes ; parfois la congestion est suivie d'une mortification, d'une gangrène locale. Ces différents phénomènes se présentent plus particulièrement sur les organes les plus vasculaires, sur les téguments, sur les muqueuses, sur les séreuses et sur les organes parenchymateux internes.

A la surface des muqueuses et quelquefois à la surface de la peau, il y a une perversion de la sécrétion, il y a des vices de sécrétion. La température est souvent surélevée, et vers la fin de la maladie elle éprouve des modifications. La respiration est aussi modifiée, accélérée ; et du côté de cette fonction on peut observer en outre bien d'autres symptômes, variables avec les lésions qui se produisent. De même l'appareil digestif est quelquefois le siège de lésions importantes, et la fonction de la digestion est très modifiée. Il en est de même de l'appareil génito-urinaire.

La fièvre typhoïde du cheval est assez souvent grave, surtout si on ne la traite pas avec soin dès son début ; néanmoins, quand les animaux sont placés dans de bonnes conditions hygiéniques et quand la maladie est attaquée au début, on peut guérir le plus grand nombre des malades.

Telle est la physionomie d'ensemble des pneumo-entérites. Ce sont des maladies par altération du sang, caractérisées par des symptômes adynamiques, accompagnés d'autres symptômes, variables avec le siège des localisations morbides, et permettant de reconnaître plusieurs formes.

Ces maladies sont assez fréquentes, elles s'observent dans tous les pays de l'Europe, dans notre colonie d'Afrique, en Égypte; on les a observées en Amérique; en Europe, on les a étudiées surtout en France, en Allemagne, en Autriche, en Angleterre.

Elles attaquent tous les solipèdes, mais non pas tous avec une égale fréquence; toutes choses étant égales d'ailleurs, elles attaquent beaucoup plus souvent le cheval que le mulet, et plus souvent le mulet que l'âne, qui est presque réfractaire à ces maladies.

Comme nous l'avons déjà dit, ce sont des maladies générales; mais elles sont souvent caractérisées par des lésions plus spécialement localisées à certains organes. Elles sont protéiformes, elles se présentent avec des formes variables et qui ne sont pas toujours bien tranchées, qui sont plus ou moins mêlées plusieurs ensemble. Ainsi il n'est pas rare de trouver chez un sujet l'affection localisée aux premières voies respiratoires et aux voies digestives, ou bien elle est localisée exclusivement au poumon ou à l'intestin; chez d'autres sujets, elle est localisée aux appareils digestif et génito-urinaire, ou bien au système nerveux, etc. Ces localisations ne sont jamais aussi bien tranchées qu'il vient d'être dit, elles sont mêlées les unes avec les autres, et par conséquent il y a souvent un mélange de symptômes, parmi lesquels ceux qui prédominent sont fournis par l'appareil le plus malade.

Ce qui précède nous fait pressentir que l'étude de ces maladies est assez difficile, assez compliquée. Si on voulait suivre les errements de certains vétérinaires, il faudrait décrire, une à une, un nombre considérable de formes; mais il convient de procéder autrement, il vaut mieux tracer d'abord un tableau dans lequel seront passés en revue, un à un, tous les appareils de l'organisme, et chemin faisant seront indiqués tous les symptômes que cet appareil peut fournir. Après cette description générale, on pourra se contenter d'indiquer brièvement les principales formes que la maladie peut revêtir, car il suffira de se reporter au tableau déjà tracé, pour trouver les symptômes qui caractérisent telle ou telle forme, localisée à tel ou tel appareil.

La fièvre typhoïde du cheval débute le plus souvent d'une façon soudaine et brusque, sans qu'aucune cause apparente puisse en expliquer le développement. Les premiers signes de la maladie sont le plus souvent difficiles à constater, aussi il arrive fréquemment que les propriétaires ne la reconnaissent que quelque temps après son apparition. Les changements qui se sont opérés chez les animaux sont parfois tellement peu prononcés, que les personnes qui ont l'habitude de les voir ne les considèrent pas tout d'abord comme malades.

L'invasion est parfois annoncée par un frisson général, avec refroidissement de la peau, appréciable surtout au chanfrein et aux extrémités : c'est le signal de l'infection, ainsi que nous l'avons constaté maintes fois dans nos expériences. Bien que la durée de ce symptôme puisse être de plusieurs heures, il n'est jamais signalé par les propriétaires, soit qu'ils n'y attachent pas d'importance, soit, ce qui est plus vraisemblable, qu'ils ne l'aient pas constaté. A leurs yeux, la maladie débute par la diminution de l'appétit, surtout en ce qui concerne l'avoine, qui, souvent, est complètement délaissée; en même temps, les animaux se montrent moins ardents au travail, pendant lequel ils s'essoufflent et transpirent aisément; leur démarche est nonchalante; parfois elle mériterait d'être qualifiée de titubante. Tous les propriétaires ou conducteurs sont unanimes à signaler la perte de la vigueur; malgré cela, les malades conservent parfois une bonne physionomie, un faciès expressif, dû au moins en partie à ce que les yeux et leurs annexes ne sont pas encore intéressés. Aux symptômes d'adynamie, on peut joindre l'arrachement des crins, qui a lieu sans grand effort.

Le plus ordinairement on peut constater au début, tout au moins dans les cas graves, un plus ou moins grand nombre des symptômes suivants : l'appétit est diminué, l'aptitude au travail moindre, la fatigue plus prompte, le décubitus plus fréquent et plus prolongé; les oreilles sont portées moins droites, la tête est basse, les paupières sont plus flasques et quelquefois presque à demi tombantes au-devant des yeux qui peuvent devenir humides, larmoyants; l'attitude est nonchalante, et, quand le malade est debout, il se tient parfois à bout de longe ou appuie la tête sur la mangeoire; il change fréquemment le pied ou le bipède qui est à l'appui; les allures sont modifiées, l'animal se déplace plus difficilement, le pas est plus lourd, les membres sont moins relevés dans la marche, ils traînent quelquefois sur le sol. le trot est difficile, et pendant cette allure les membres s'entre-croisent, se heurtent, se touchent; le train postérieur est faible, vacillant; on peut entendre un craquement au niveau des articulations; il y a surtout de la difficulté dans l'action de reculer et de tourner en cercle, à cause de la faiblesse du train postérieur; les sujets sont exposés à faire des chutes, à se toucher, à se blesser. Il y a bientôt de la tristesse, de l'abattement, de la prostration. de l'adynamie, de la somnolence, quelquefois de l'anxiété, des convulsions ou du délire, de la raideur et de l'insensibilité des reins; la couleur des conjonctives et l'état des yeux sont variables. Les paupières peuvent être gonflées et la conjonctive infiltrée, rouge jaunâtre ou jaune rougeâtre. plus ou moins foncée, quelquefois tachetée, d'autres fois pâle. etc.

La circulation et la respiration ne sont pas encore bien modifiées au début, cependant la moindre fatigue les accélère; le cœur bat tumultueusement et le pouls reste petit, parfois inégal ou intermittent. La température s'élève au-dessus du chiffre normal, et cette élévation devient ensuite plus considérable. On peut observer des frissons, des trem-blements musculaires.

La maladie se caractérise bientôt mieux. Il se produit une modifica-tion de la coloration des muqueuses apparentes, oculaire, buccale et pituitaire; ces muqueuses sont plus foncées en couleur et présentent la teinte jaune rougeâtre, ictérique ou rouge jaunâtre. La conjonctive devient plus humide, plus infiltrée et souvent un peu larmoyante. L'ap-pétit est plus ou moins diminué; souvent il est capricieux et trompeur, souvent les animaux commencent à manger avec entrain, et à ne les voir qu'un moment, on pourrait croire que rien n'est changé dans leur état, mais bientôt ils s'arrêtent; la mastication est difficile, pénible, les mus-cles des mâchoires semblent fatigués. La soif, à cette période, est sou-vent accrue, mais il peut arriver qu'elle ne soit pas modifiée.

Comme on le voit, les symptômes du début ne sont pas très caracté-ristiques; cependant, pour un œil exercé, et surtout dans les pays où l'affection est enzootique, ils peuvent déjà faire soupçonner son dévelop-pement et engager à entreprendre de suite un traitement.

Mais au bout de douze, vingt-quatre, quarante-huit heures, trois jours au plus, la maladie est mieux caractérisée, et quelquefois même, elle est alors tout à fait localisée à certains organes. Il n'en est pourtant pas tou-jours ainsi; et il peut se faire que, quoique mieux caractérisée par ses symp-tômes généraux, elle ne soit pas encore localisée. Il y a même des cas où, restant bénigne, elle ne semble affecter aucune localisation spéciale.

Lorsque l'affection est plus avancée, les symptômes généraux devien-nent plus accusés. Il y a franchement adynamie et dépression de toutes les fonctions en général, abattement, état de stupeur et de prostration très prononcé, affaissement, somnolence, torpeur et immobilité; il y a en un mot exagération progressive des symptômes du début. La station devient plus pénible, les mouvements plus difficiles, et cependant les ma-lades cessent bientôt de se coucher; il y a obtusion et affaiblissement des sens en général; l'œil est terne, larmoyant, à demi caché par les paupières, qui sont plus ou moins gonflées; la sensibilité générale est très affaiblie, bientôt les malades ne chassent plus les mouches; la fièvre est alors très manifeste, et on observe des exacerbations et des rémit-tences, les premières à la fin de la journée surtout, et les secondes ordinairement le matin après le repos de la nuit.

Dans beaucoup de cas, le pouls reste à peu près normal pendant les premiers jours; puis il arrive successivement à 48, 54 et 60. Il est faible, souvent inégal et même intermittent; chez certains malades, l'artère est difficilement explorable. Lorsque la maladie se porte sur la plèvre, le pouls s'accélère généralement plus tôt. Tandis que le pouls s'éloigne encore peu de son chiffre normal, la température intérieure s'élève ra-pidement à 39°, 39°,5 et même 40°. On a signalé la chaleur excessive du bord supérieur de l'encolure.

Après les premiers jours, le pouls s'accélère de même que les battements cardiaques; mais, tandis que ceux-ci sont forts, tumultueux, les pulsations artérielles sont de plus en plus faibles. Il est important, au point de vue du pronostic, de s'assurer de l'état du pouls; le pronostic sera d'autant plus défavorable que le pouls sera plus petit, plus imperceptible; et ses modifications, dans un sens ou dans l'autre, seront toujours utiles pour suivre la marche du mal.

La température varie beaucoup suivant les cas; et durant le cours de la maladie elle est sujette à des oscillations, dont la connaissance est importante au point de vue du pronostic et surtout au point de vue du traitement. Ces variations offrent en général quelque chose de régulier. La température se modifie dans la même journée, sans que l'état du malade en soit aggravé : ainsi toujours la chaleur du malade s'accroît à la fin de la journée et diminue le matin; mais il ne faut pas tenir compte de ces oscillations diurnes et nocturnes. Outre ces variations, il s'en produit d'autres très importantes; au début, la température s'élève presque toujours et il n'est pas rare qu'elle atteigne 40°, 41°, 42°. Dans ces cas il y a lieu de porter un pronostic défavorable, car la maladie peut alors marcher rapidement et il est très difficile d'en obtenir la guérison. Mais si la température oscille aux environs de 39°, si elle ne dépasse pas 40°, on peut espérer la guérison. En général toutes les fois qu'elle s'élèvera, il y aura lieu de porter un pronostic plus grave, tandis que son abaissement sera un signe d'amélioration. Dans le cours de la maladie, il n'est pas rare d'observer des élévations brusques de température, qui se produisent par exemple quand le malade allait déjà mieux et semblait devoir guérir; ces élévations brusques de température indiquent une rechute, elles indiquent que la maladie reprend le dessus, et cette rechute est presque toujours mortelle. Quand la température s'abaisse brusquement de un, deux ou trois degrés, cet abaissement n'est un bon signe qu'autant qu'il est accompagné de l'amélioration des autres symptômes; sinon il y a lieu de craindre une complication, la septicémie ou la production d'une hémorrhagie interne; c'est en effet ce qui arrive quelquefois. Quand enfin la température descend à 35° ou 36°, c'est presque toujours le signe certain d'une mort prochaine. Il sera donc important de prendre la température pour prévoir l'issue de la maladie et graduer l'intensité du traitement.

Au fur et à mesure que la maladie se localise, on observe des symptômes plus manifestes.

Le propre des affections dont il s'agit est, tout en restant générales et laissant à peu près partout des traces de leur existence, de se porter spécialement sur l'un ou l'autre des organes suivants : les *bronches*, le *poumon*, la *plèvre*, — l'*intestin* et ses annexes, le *foie* et la *rate*, — les *reins* et la *vessie*; — le *cœur* est toujours malade : peut-être, dans certains cas, l'est-il d'une façon à peu près exclusive; — quelquefois, c'est le *tissu kératogène ;* — des lésions graves peuvent aussi intéresser les *articulations,* les *gaines tendineuses* et même les *muscles* de certaines régions. Dans ces différents cas, on observe des symptômes en rapport avec la nature et les fonctions des organes ou appareils intéressés ; mais ces symptômes ont presque toujours quelque chose d'insolite, qui vient obscurcir le diagnostic.

Du côté de la peau, on constate une sécheresse plus ou moins prononcée ; les poils sont piqués, hérissés ; il y a quelquefois, à la surface du tégument cutané, une véritable moiteur, un véritable commencement de transpiration ; la peau est plus chaude qu'à l'état normal, cependant la température ne semble pas uniformément répartie dans toutes les régions ; dans certains points la peau est chaude, tandis que dans d'autres elle est froide ; du reste on observe assez souvent des alternatives de chaleur et de froid, surtout aux extrémités, sur les membres, sur les oreilles. Les frissons observés au début sont quelquefois plus manifestes ; d'abord partiels, ils deviennent parfois généraux. On voit apparaître des sueurs, d'abord partielles, puis générales ; quand elles se montrent, ces sueurs sont quelquefois critiques, c'est-à-dire qu'elles peuvent annoncer, de même que la diurèse, une amélioration de l'état du malade ; mais il n'en est pas toujours ainsi. Les sueurs, surtout les sueurs générales, sont quelquefois épuisantes ; dues à un état fébrile très accentué, elles annoncent la fatigue du malade. La peau, avons-nous dit, est quelquefois très sèche, mais d'autres fois, il y a un accroissement de la sécrétion sébacée, la peau est plus sale, plus gluante, elle encrasse davantage la main. Sur la peau, on peut encore rencontrer des éruptions, une éruption miliaire, un exanthème, des pustules, de l'érysipèle, des boutons. Il n'est pas rare de rencontrer, principalement sur les côtes et en dessous de la poitrine, sur les côtés et en dessous du ventre, et dans les régions où la peau est fine, des boutons, des phlegmons même, des inflammations du tissu conjonctif sous-cutané, ou des infiltrations de ce même tissu, des œdèmes. Assez souvent on observe des tumeurs, qui ont à la fois les caractères du phlegmon et de l'œdème : ce sont des œdèmes chauds, qui peuvent se terminer quelquefois par abcédation. Parfois aussi il se forme des tumeurs crépitantes, c'est quand il y a complication de septicémie ; et celle-ci se montre dans quelques cas, car la fièvre typhoïde y prédispose. On peut aussi rencontrer, sur les taches de ladre, de véritables pétéchies, des ecchymoses. Les crins et les poils sont plus faciles à arracher. La région génitale, le fourreau, le scrotum se tuméfient ; le tissu conjonctif est le siège d'une infiltration œdémateuse ou œdémato-phlegmoneuse. Quelquefois à la surface du scrotum il y a des efflorescences blanchâtres, presque analogues d'aspect à celles qu'on observe à la surface des terrains salés, qui se dessèchent. La plupart de ces accidents de la peau sont la conséquence du mouve-

<table><tr><td>II.</td><td>42</td></tr></table>

ment congestionnel que nous avons signalé plus haut. Les membres sont parfois engorgés.

Du côté des muqueuses conjonctive, pituitaire, rectale, buccale, vaginale, on observe de la congestion, une teinte rouge jaunâtre, acajou ou ictérique ; on remarque aussi sur ces membranes, mais pas toujours au début de la maladie, des pétéchies ; il y a larmoiement, ébrouement et jetage séro-sanguinolent, jaune rougeâtre.

Le tissu conjonctif est, comme on vient de le voir, assez souvent le siège de certaines lésions ; il y a principalement des œdèmes et quelquefois des phlegmons. Ces œdèmes s'observent surtout sur les membres, dans les parties déclives du tronc, à la face inférieure de la poitrine et du ventre, dans la région génitale, au fourreau, au scrotum, à la mamelle ; on en observe aussi à l'encolure et à la tête, et même il peut exister une véritable anasarque, une infiltration du tissu conjonctif plus ou moins généralisée. Il n'est pas rare d'observer l'inflammation des synoviales articulaires et tendineuses ; il y a alors des symptômes d'arthrite ou de synovite. Quelquefois il y a de la fourbure ; le sang étant altéré, et la circulation embarrassée, il peut en résulter des stases sanguines dans le tissu du pied. On observe parfois des lymphangites, des adénites, et des altérations dans les muscles, d'où résultent des boiteries, de véritables conjonctivites, des conjonctivo-blépharites et de véritables ophthalmies internes, d'où peut résulter plus tard la perte de l'œil, l'amaurose.

Non seulement la circulation est toujours modifiée, mais le sang lui-même a éprouvé des altérations importantes dans ses caractères physiques, chimiques, anatomiques. Ce n'est pas au début, mais après les premiers jours, que les altérations du fluide sanguin sont manifestes. Au début, le sang est plus coagulable et plus fibrineux qu'à l'état normal ; plus tard, il devient noirâtre, moins fibrineux, moins coagulable ; il perd de ses globules rouges, qui semblent avoir une certaine tendance à se détruire ; c'est ce qui explique la formation de ces taches pétéchiales qu'on observe assez souvent. Il y a embarras de la circulation capillaire, d'où résultent les congestions, qui se montrent à peu près partout, et les infiltrations qui les accompagnent. Enfin cette altération du sang et cette modification de la circulation expliquent bien pourquoi l'affection accroît chez les malades la réceptivité pour la septicémie. Tous les observateurs ont constaté que, chez les solipèdes atteints de fièvre typhoïde, on voit survenir assez fréquemment la septicémie à la suite de plaies, d'opérations ou de sétons, etc. Ainsi quand, dans le cas de pneumonie typhoïde, on place un séton, pour produire une dérivation, il peut arriver que l'engorgement provoqué se complique de gangrène septique.

Ordinairement la maladie n'a pas une marche foudroyante ; cependant, si l'altération du sang est très prononcée d'emblée, il n'est pas rare d'observer une terminaison rapide, même foudroyante. Alors la température est surélevée, elle atteint 40°, 41° et même 42° ; il y a un empoisonnement général du sang ; la cause déterminante de la maladie a agi avec une très grande intensité ; aussi se produit-il des congestions générales, de véritables apoplexies sur les organes internes, on observe des frissons et c'est à peu près tout, le pouls devient inexplorable et l'animal succombe presque subitement. Cette marche, la plus rare, s'explique par la profonde altération du sang.

Lorsque l'état de l'appareil digestif permet encore à l'animal de s'alimenter, bien qu'imparfaitement, l'organisme pourrait dans bien des cas résister à l'infection et même en triompher, si la nourriture donnée n'était généralement la même que celle à l'usage de laquelle la maladie a dû son développement. Malgré des conditions plus ou moins favorables, de nombreux animaux peuvent guérir ; mais on peut voir des malades s'appauvrir insensiblement, s'anémier au suprême degré, tout en mangeant jusqu'au dernier jour.

Un des caractères indéniables des affections typhoïdes est, en effet, de déterminer l'altération et l'appauvrissement du sang. Dans tous les cas de quelque durée, on voit les muqueuses pâlir peu à peu et dénoncer l'anémie. Chez les animaux qui succombent rapidement, l'appareil circulatoire renferme, au contraire, une quantité considérable de sang très épais, très noir, dont les éléments se séparent avec rapidité, en donnant lieu à la formation d'un caillot superficiel peu consistant et de couleur livide, plombée. On constate aussi une grande tendance aux exsudations fibrino-albumineuses, et, par contre, une tendance peu prononcée à la suppuration, ainsi qu'on peut s'en assurer par l'application de sétons à des malades.

La fonction de l'innervation peut être plus ou moins modifiée et présenter des troubles, qui s'expliquent par les altérations du sang, par la fièvre qui en résulte et par les modifications fonctionnelles qui en sont la conséquence. Les symptômes qu'on observe de ce côté sont à peu près les suivants : les animaux sont inquiets, ils trépignent, ils se déplacent, ils ne se couchent pas, leur physionomie est plus ou moins anxieuse, ils s'agitent fréquemment, et quelquefois même ils poussent au mur ou tirent sur leur attache ; ils semblent difficiles à approcher et quelquefois ils entrent dans de véritables accès de fureur. L'agitation n'est pas constante, elle fait place à des accès de torpeur, de coma, de somnolence. Il y a aussi des grincements de dents, des convulsions dans les muscles de la face, de l'encolure, du grasset, de la paroi abdominale. Il n'est pas rare d'observer du délire, du vertige caractérisé par les signes ordinaires ou par des mouvements désordonnés. Il peut y avoir aussi du tétanos, du trismus, du tournis, et il n'est pas rare d'observer l'immobilité, soit pendant, soit après la maladie. Il y a affaiblissement des sens et il se produit parfois des paralysies, surtout de la paraplégie et des boiteries intermittentes, qu'aucune cause n'explique, et qui probablement sont dues à des modifications nerveuses ou à un affaiblissement de l'influx nerveux. Quelquefois l'amaurose peut se montrer, ainsi qu'on l'a vu.

Si l'affection se caractérise parfois par des symptômes qui n'annoncent aucune localisation sur les organes des cavités thoracique et abdominale, le plus souvent il se produit des localisations sur certains appareils, principalement sur l'appareil respiratoire et sur l'appareil digestif.

Il arrive fréquemment que des lésions multiples se produisent sur les différentes parties de l'appareil respiratoire, sur la pituitaire, sur le larynx, sur la trachée, dans les bronches, dans les poumons, sur les plèvres, dans le péricarde. On peut constater des symptômes de coryza, de laryngite, de trachéite, de bronchite, de pneumonie, de pleurésie. Il y a assez souvent de l'ébrouement, quand la pituitaire est congestionnée ; cette membrane a une coloration rouge jaunâtre, une teinte ictérique, elle offre aussi des taches pétéchiales comme la conjonctive ; elle est le siège d'une exsudation abondante, qui se traduit au dehors par un jetage séro-sanguinolent. Quelquefois on observe un véritable épistaxis. D'autres fois, dans le cas de laryngite et de coryza violents, il y a un jetage noirâtre, qu'il ne faut pas confondre avec le jetage gangreneux, dont il se distingue en ce qu'il n'est pas fétide. Ce jetage noirâtre s'explique par la congestion très intense de la muqueuse respiratoire. Assez souvent il y a une toux sèche ou grasse, laryngée ou pectorale, suivant son point de départ. Il y a parfois cornage, quand la pituitaire et la muqueuse laryngienne sont infiltrées, œdématiées, ou quand il s'est produit un œdème, un engorgement sous la gorge, dans la région sous-maxillaire, œdème qui comprime le larynx et les premières parties de la trachée. Il n'est pas rare d'entendre, dans presque toutes les inspirations, un bruit de roucoulement ou de gargouillement laryngé, perceptible à distance, et qui s'explique par la présence de mucosités à la surface de la muqueuse laryngienne, ou par un œdème sous-muqueux de cette membrane. Les lésions de la trachée, des branches, du poumon rendent la respiration difficile, pressée ; et souvent les animaux écartent les membres antérieurs pour faciliter le développement du poumon. Suivant que la maladie est localisée aux bronches ou au poumon, on peut observer les symptômes de la bronchite ou de la pneumonie. L'air expiré est presque toujours plus chaud, surtout quand on l'étudie à une période où la maladie ne marche pas encore vers une terminaison fatale. La région de la gorge est souvent douloureuse et est le siège d'une tuméfaction plus ou moins étendue. Par la pression, la percussion et l'auscultation on peut constater des symptômes de pleurésie, de pneumonie ou de bronchite. Parfois, dans le cours de la maladie, il se produit une congestion pulmonaire subite ;

cette congestion peut disparaître, comme elle est apparue, subitement et sans traitement ; elle peut se déplacer, mais le plus souvent elle persiste et elle a de la tendance à se terminer par la septicémie, par la gangrène.

Dans les localisations graves qui se font sur la poitrine, et particulièrement dans celles d'une certaine durée, on peut remarquer un symptôme particulier : les narines se laissent envahir et obstruer en partie par des poussières, des parcelles ténues de fourrages, du mucus desséché, etc., dont l'animal ne semble pas avoir conscience, car il ne cherche nullement à s'en débarrasser.

Dans l'appareil digestif il se produit souvent de nombreuses lésions, aussi observe-t-on de ce côté des modifications fonctionnelles importantes et faciles à étudier. Il y a diminution ou perte de l'appétit ; la soif est quelquefois accrue, mais il n'en est pas toujours ainsi. Souvent il y a engorgement des ganglions intra-maxillaires, du tissu conjonctif de la gorge, de la parotide, inflammation des poches gutturales ; et ces engorgements peuvent se terminer et se terminent assez souvent, dans le cas de guérison, par la formation d'abcès ordinairement multiples, qui s'ouvrent successivement. On constate assez souvent de véritables éructations, absolument analogues à celles du tic ; il y a en outre très souvent des nausées, des bâillements très fréquents, des grincements de dents. La muqueuse buccale est congestionnée, sèche et chaude, surtout celle de la langue ; la muqueuse linguale est en outre chargée, sédimenteuse, fétide ; les bords, la pointe, la face inférieure de l'organe présentent une teinte rougeâtre assez intense ou une teinte ictérique. La muqueuse gingivale est congestionnée, violacée, rougeâtre ; les papilles et les follicules de la muqueuse linguale sont congestionnés, quelquefois ulcérés. Souvent la salivation est abondante ; la mastication est difficile, l'animal essaie quelquefois de mâcher, mais il s'arrête bientôt et conserve les aliments entre les mâchoires comme le cheval immobile. La déglutition est pénible, même celle des liquides, car il y a souvent une angine laryngo-pharyngée. Le ventre est tendu, rétracté, douloureux ; quelquefois il y a météorisation, ballonnement. La pression de l'abdomen est douloureuse, surtout du côté droit, au niveau du foie ; il en est de même de la pression des lombes ; parfois cependant il y a insensibilité de ce côté. On constate aussi assez souvent des symptômes de coliques, qui peuvent disparaître momentanément et reparaître plus tard, qui sont rémittentes ou intermittentes, et qui sont plus ou moins intenses, quelquefois sourdes, d'autres fois violentes. Fréquemment on entend des borborygmes ; c'est surtout quand les animaux doivent présenter ou présentent déjà de la diarrhée. Au début, et souvent même durant tout le cours de la maladie, il y a de la constipation ; les excréments sont durs, coiffés, odorants, rendus avec peine, recouverts d'une matière jaunâtre ou grisâtre, pseudo-membraneuse, quelquefois sanguinolents. La diarrhée peut se montrer, et c'est toujours un signe défavorable ; on peut constater des alternatives de diarrhée et de constipation. La muqueuse anale est congestionnée, infiltrée et se renverse quelquefois. Ces différents symptômes et notamment les coliques, les borborygmes, la constipation, la diarrhée s'observent surtout quand la maladie est principalement localisée dans les voies digestives ; mais on les trouve aussi dans les autres formes.

Du côté de l'appareil génito-urinaire on observe aussi des modifications très apparentes. Les reins sont ou insensibles ou sensibles à l'excès. Les urines sont rendues difficilement ; elles sont rares et peu abondantes ; quelquefois elles sont claires comme de l'eau de roche, mais le plus souvent elles sont très foncées, visqueuses, filantes, plus denses qu'à l'état normal, jaunâtres ou roussâtres ou même noirâtres, toujours fétides. Les urines sont ordinairement moins riches en matières calcaires, en phosphates terreux, en acide phosphorique, en carbonate de chaux, en chlorures (chlorure de sodium) ; elles sont plus riches en urée, en mucus, en oxalate de chaux et en acide urique ; elles ont presque toujours une réaction acide ; souvent elles sont comme sanguinolentes, elles renferment les éléments du sang, elles contiennent de l'albumine, des globules rouges, des globules blancs. L'albumine vient d'une hyperhémie rénale ou même d'une véritable néphrite catarrhale ; en effet il peut y avoir une simple congestion du rein ou une véritable inflammation. Il y a aussi dans l'urine des dépôts mucoso-purulents, des cellules épithéliales, des globules de pus en dégénérescence et en plus ou moins grande abondance, de la matière colorante de la bile. Du reste dans cette maladie il semble bien que le foie ne fonctionne plus normalement et que la matière colorante de la bile passe dans le sang, d'où la couleur jaune ictérique des principales muqueuses. L'urine renferme donc les éléments de désassimilation en plus grande quantité, c'est l'urine d'animaux qui vivent de leur propre substance ; on n'y trouve pas les matériaux dérivés de l'alimentation ou ils sont peu abondants ; cela n'est pas étonnant, vu la presque complète disparition de l'appétit. Par contre, il s'y trouve des produits de désassimilation, dont la présence indique que l'animal se nourrit aux dépens de sa propre substance et dénote aussi une altération manifeste du sang. Du reste lorsque les reins sont malades, il est facile de s'en rendre compte, même dans le cas où on ne pourrait pas examiner l'urine ; il suffit de mettre en pratique l'exploration rectale ; arrivée au niveau du rein, la main, par une pression légère, détermine une réaction violente, ce qui indique que la région est malade, douloureuse. Chez le mâle le pénis est presque toujours sortant ou même pendant ou en demi-érection. Cette érection s'explique par une simple congestion passive de l'organe ; elle constitue un signe, qui ne fait presque jamais défaut, et qui à lui seul permet souvent de soupçonner la maladie. Chez la femelle la vulve est tuméfiée; les muqueuses vulvaire et vaginale sont hypérémiées, tuméfiées et présentent des pétéchies, des ecchymoses; elles sont quelquefois le siège d'un écoulement séro-sanguinolent. Les malades semblent éprouver assez fréquemment le besoin d'uriner, il y a quelquefois incontinence d'urine, mais la miction est ordinairement difficile; ils se campent et ils ont de la peine à rendre de l'urine; s'ils y parviennent, ce n'est que grâce à des efforts réitérés et après avoir poussé des plaintes. Quand la diurèse arrive, quand les urines sont plus abondantes, moins odorantes, moins visqueuses, moins chargées, etc., c'est le signe du rétablissement, de la guérison.

Comme complément à ce tableau, il nous reste à signaler les modifications qui surviennent dans la nutrition. Quand la maladie dure un certain temps, les animaux maigrissent presque à vue d'œil, il y a consomption musculaire, affaiblissement très rapide; la démarche est titubante; la station debout devient quelquefois impossible; l'émaciation, l'affaiblissement sont d'autant plus rapides que les malades présentent des symptômes plus nombreux; ils sont surtout rapides quand les malades sont atteints de diarrhée.

Les formes que les affections typhoïdes peuvent revêtir sont variables suivant les individus, suivant les épizooties, suivant les années, suivant le mode d'infection, suivant la quantité de germes infectieux introduits dans l'organisme, suivant les conditions générales ou spéciales d'hygiène, etc. Elles ne sont d'ailleurs jamais bien nettement tranchées; ainsi qu'on l'a déjà vu, il y a toujours un mélange de plusieurs d'entre elles; on les sépare en les désignant par le nom de l'appareil ou des organes les plus atteints. C'est ainsi qu'on peut distinguer : une forme suraiguë sans localisation spéciale; une forme adéno-catarrhale; une forme pectorale; une forme abdominale avec prédominance des signes de la gastro-entérite, de l'hépatite, de la néphrite; une forme nerveuse ou cérébro-spinale; une forme chronique, cachectique, anémique, œdémateuse, etc.

La forme la plus grave, la plus rapide, celle qui entraine le plus rapidement et le plus souvent la mort, mais qui est heureusement rare, est la forme suraiguë qui peut être parfois apoplectique. Elle se traduit par les symptômes suivants : abattement profond; stupeur, indifférence absolue; frissons et tremblements musculaires; tête basse et appuyée sur la mangeoire; station debout très pénible, démarche vacillante; infiltration, teinte jaune rougeâtre et pétéchies sur la conjonctive; accélération de la circulation, battements cardiaques forts, pouls petit et faible; accélération de la respiration; élévation très marquée de la température; disparition de la sensibilité; liséré violacé sur les gencives; bouche chaude et sèche, inappétence absolue; excréments durs ou ramollis, parfois sanguinolents, fétides; urine peu abondante, épaisse, quelquefois sanguinolente. Elle peut faire périr les animaux en 10, 15, 20, 30 heures.

Dans les autres formes on observe, ainsi qu'on l'a vu, des symptômes généraux plus ou moins accusés, avec prédominance de lésions et de modifications fonctionnelles dans tel ou tel appareil, dans tels ou tels organes.

La *forme adéno-catarrhale* est surtout caractérisée par l'engorgement des ganglions intra-maxillaires, par l'engorgement du tissu conjonctif qui entoure la région pharyngienne et par l'engorgement des poches gutturales, ainsi que par un état catarrhal de la muqueuse laryngo-pharyngienne et des signes plus ou moins accusés de bronchite. Cette forme est la moins grave de toutes; presque toujours, quand elle ne détermine pas l'asphyxie, et celle-ci est relativement rare, et lorsque la bronchite ne s'accompagne pas de pneumonie, elle se termine par la guérison, qui peut se produire cependant avec une certaine lenteur, entre huit jours et trois semaines. Dans ces cas on constate : de la toux ; du jetage parfois ; l'affaiblissement du murmure respiratoire ; du râle sibilant et parfois du râle muqueux. Lorsque cette forme se complique de gastro-entérite ou de pleuro-pneumonie, l'état du malade se trouve considérablement aggravé ; compliquée d'entérite, elle peut durer un temps plus long, aboutir à l'anémie avec infiltration des membres, etc.

Dans la forme pectorale, le pronostic est grave ; il y a à redouter la gangrène et la septicémie. On observe des symptômes généraux, des signes de broncho-pneumo-pleurite, qui sont prédominants, et presque toujours des signes de diverses autres localisations moins accusées. Les symptômes généraux sont : l'abattement, la stupeur, la somnolence, le coma, l'indifférence, la fièvre, l'élévation de la température ; la faiblesse, la vacillation et l'entrecroisement des membres pendant la marche ; la disparition ou la perversion de l'appétit ; l'accélération de la respiration et de la circulation, l'infiltration, la teinte violacée ou jaune rougeâtre de la conjonctive, etc. Les symptômes des localisations pectorales consistent dans des signes de bronchite, de pneumonie et de pleurésie réunies ou non.

La *pneumonie* vient parfois compliquer la bronchite préexistante ; elle peut aussi être *primitive*. Dans le premier cas, elle débute souvent par les parties supérieures de l'organe ; quand elle est primitive, elle s'annonce plutôt par la matité de la partie inférieure de la poitrine, en arrière de l'épaule ; mais elle peut aussi débuter par une sorte d'engouement général, puis un point se prend plus spécialement, pendant que les autres recouvrent leur perméabilité. La pneumonie respecte fréquemment le lobule antérieur, et elle est souvent simple ; lorsqu'elle attaque les deux poumons, sa gravité est grande. Primitivement fixée sur un côté de la poitrine, elle peut disparaître en partie, en même temps qu'on la voit se développer de l'autre côté. Il peut y avoir du jetage, mais il ne se montre pas toujours. La respiration peut devenir plaintive, mais ce n'est pas toujours.

Le râle crépitant, le souffle tubaire, le râle crépitant de retour ne s'entendent qu'exceptionnellement d'une façon nette, et quand on les perçoit, c'est par instants seulement, dans une étendue restreinte ou même dans une sorte de lointain ; ils sont souvent mêlés de murmure respiratoire affaibli. Les lésions nécropsiques rendent compte de ces particularités, en montrant qu'il s'agit de pneumonies lobulaires qui attaquent les lobules successivement, et donnent lieu à des lésions de densité différente, aussi longtemps que l'hépatisation n'est pas complète. Parfois, une couche de plusieurs centimètres affectée de congestion recouvre du tissu pulmonaire encore sain ; d'autres fois c'est le contraire, — ou bien, dans une même épaisseur de tissu, on voit des lobules sains entourés de lobules malades à divers degrés, ou ceux-ci entourés de lobules sains, etc. Dans la broncho-pneumonie, on entend quelques râles sibilants.

Sauf les cas d'hépatisation complète, où la percussion révèle une matité absolue, ce moyen d'investigation ne fournit pas des données beaucoup plus précises que l'auscultation. C'est ainsi que la sonorité normale peut être également amoindrie dans un point où le murmure respiratoire s'entend distinctement, et dans un autre où l'oreille ne le perçoit que très affaibli. Dans le premier cas, les couches superficielles du poumon respirent encore, tandis que les couches profondes ont perdu plus ou moins complètement leur perméabilité ; dans le second, c'est le contraire qui existe. Lorsque les lobules superficiels sont, les uns malades et les autres sains, une sonorité inégale dans des points voisins dénonce assez bien cet état chez les malades, dont les parois costales n'ont qu'une faible épaisseur ; mais il n'en est plus de même chez ceux qui sont chargés d'embonpoint.

L'air expiré est chaud à la main ; la respiration se montre très accélérée, et ses mouvements, d'une étendue restreinte. Leur nombre varie suivant le volume de la partie envahie : il est en moyenne de 45 par minute. La toux ne se fait guère entendre que dans le cas de broncho-pneumonie.

Il y a souvent complication de cardite et de néphrite ; enfin, les synovites et les arthrites ne sont pas rares et fatiguent beaucoup les malades, qui ne peuvent se coucher sous peine d'asphyxie. Ils résistent donc autant qu'ils le peuvent, et lorsqu'ils se couchent, ou plutôt se laissent tomber, c'est presque toujours pour mourir dans un délai rapproché.

La pneumonie est susceptible de se compliquer de pleurite qui peut d'ailleurs faire suite à la congestion pulmonaire, et en quelque sorte la dériver.

Les terminaisons de la forme pectorale sont la *résolution*, l'*état chronique* ou la *mort*. La résolution est généralement lente, les lésions peuvent persister seize à dix-sept jours, pendant lesquels l'état du malade reste stationnaire. Pas plus que dans le cours de la bronchite, on n'observe de jetage de quelque importance ou durée. Pendant que la résolution s'accomplit, les muqueuses pâlissent peu à peu et indiquent l'utilité des toniques.

En raison de la lenteur de la résolution, le passage à l'état chronique doit être très fréquent, surtout chez les sujets débilités. Les parties atteintes d'hépatisation chronique sont souvent creusées de cavernes, dans lesquelles existent, plus ou moins libres, de petites masses de tissu pulmonaire nécrosé.

La mort peut survenir plus ou moins vite par suite de l'asphyxie, qu'occasionne une poussée congestive ou l'envahissement progressif du poumon, dont la fonction se trouve peu à peu annihilée. Le malade peut aussi être emporté rapidement, lorsque surviennent des complications de septicémie ou de lésions articulaires ou tendineuses, qui le mettent dans l'impossibilité de rester debout. Enfin, la mort peut arriver à plus longue échéance, lorsque la maladie passe à l'état chronique, et l'anémie peut alors atteindre les dernières limites.

Les débuts de la pleurésie se montrent insidieux. On peut ne pas constater la sensibilité des parois pectorales, non plus que l'inspiration hésitante, entrecoupée, qui permettent ordinairement de porter de suite le diagnostic. Un peu de matité ou de sub-matité dans les parties inférieures de la poitrine, d'un seul ou des deux côtés, l'affaiblissement du murmure respiratoire dans les mêmes points, où il peut être remplacé par quelques craquements, l'exagération de ce murmure dans les régions supérieures, sont les premiers symptômes appréciables, suivis généralement après quarante-huit heures de l'apparition de la discordance dans les mouvements du flanc. L'accélération notable des mouvements respiratoires peut précéder de plus de vingt-quatre heures l'apparition de tout autre symptôme. La matité des deux côtés de la poitrine ne s'élève pas toujours à la même hauteur. Mais on peut voir, du jour au lendemain, l'égalité se produire par l'abaissement du niveau de l'un des côtés et l'élévation de l'autre, résultat dû à la rupture du médiastin. La discordance, caractérisée comme l'on sait par la dépression du flanc au moment où les côtes se soulèvent, et réciproquement, se montre, comme toujours, proportionnée à l'élévation du niveau du liquide d'épanchement. La respiration devient extrêmement laborieuse, lorsque ce niveau atteint ou dépasse le milieu de la hauteur de la poitrine. On constate alors de la part du malade, soit pendant l'inspiration, soit pendant l'expiration, de véritables efforts qui impriment à tout le corps de violentes secousses. Dès que l'épanchement s'élève à une certaine hauteur, la percussion permet de délimiter nettement trois zones : 1° une inférieure, caractérisée par la matité absolue ; 2° une supérieure, où la résonnance est en raison inverse de l'état d'embonpoint du malade ; 3° enfin, une intermédiaire, tant au point de vue de la situation que de la sonorité. Dans la zone inférieure règne parfois un silence absolu ; d'autres fois on y entend le souffle tubaire. La respiration est supplémentaire dans la zone supérieure ; enfin, dans la zone intermédiaire, on entend tantôt le murmure respiratoire extrêmement affaibli, et tantôt un râle crépitant humide. Ce dernier coïncide avec le souffle de la zone inférieure ; la réunion semble indiquer que le poumon est maintenu dans le liquide par des adhérences. Le nombre des mouvements respiratoires, ou mieux des respirations, sensiblement inférieur à celui de la pneumonie, arrive bientôt à 30 par minute, et se maintient approximativement à ce chiffre.

On peut voir des cas de pleurésie avec ou sans complication de pneumonie, de bronchite, d'endocardite, d'entérite aiguë ou suraiguë, d'hépatite, de néphrite, de cystite, de synovites articulaires ou tendineuses. Sans ces complications, la pleurésie pourrait certainement guérir ; mais elle doit presque fatalement amener la mort, soit à bref délai, soit dans un temps plus éloigné, lorsque certaines de ces complications viennent se joindre à elle.

Les localisations cardiaques sont extrêmement fréquentes. Il ne semble pas douteux qu'elles ne puissent exister à peu près isolément ; cependant on les constate surtout d'une façon bien évidente avec la bronchite, la pneumonie et la pleurésie. La maladie de cœur est complexe : le *péricarde*, le *myocarde* et l'*endocarde* sont intéressés, mais dans des proportions variables. Un pareil état se traduit par la faiblesse du pouls, qui peut être pour ainsi dire inexplorable, par son inégalité, et, parfois, par le manque assez régulièrement intermittent de quelques pulsations. La fatigue exagère ces symptômes, et tel animal qui présentera de l'intermittence après une marche de quelques heures ou un léger travail aura un pouls à peu près régulier, quoique faible, après un repos suffisant.

L'auscultation permet d'entendre, presque toujours des deux côtés de la poitrine, un premier bruit fort, mais assourdi, coïncidant avec un choc énergique contre la paroi costale. Le deuxième bruit est au contraire affaibli et se perçoit à peine.

Dans la forme abdominale avec localisation sur le tube digestif, sur le foie, sur les reins, etc., le pronostic est moins grave que dans la forme thoracique, surtout quand il ne survient pas une diarrhée persistante. Les localisations abdominales sont les plus fréquentes dans les pneumo-entérites infectieuses des fourrages. Cette forme s'accompagne d'ailleurs de symptômes généraux très ressemblants à ceux de la forme pectorale. On constate : la prostration ; l'infiltration et la teinte orangée de la conjonctive ; la raideur des reins ; la démarche incertaine ; la fièvre, l'élévation de la température, l'accélération de la respiration et de la circulation, ainsi que la faiblesse du pouls ; l'inappétence, la fétidité de la bouche, etc. L'entérite complique fréquemment les autres formes, et elle peut aussi se montrer prédominante ou isolée. Quelquefois la localisation est peu grave et se traduit simplement par de légères coliques, par de la constipation, par l'émission de crottins secs, couverts d'un vernis luisant ou d'une production pseudomembraneuse ou muqueuse, grisâtre ou jaunâtre, par l'expulsion de gaz, quelquefois par du ténesme, par la sensibilité du ventre, etc. D'autres fois l'entérite affecte le type suraigu et se traduit par des coliques violentes.

Qu'elle s'annonce ou non par des coliques, l'entérite (ces dernières étant calmées) peut céder assez rapidement, ou du moins éprouver une atténuation telle qu'après quelques jours les animaux semblent guéris. Mais il n'en est pas toujours ainsi, on peut voir cette maladie persister avec ses caractères jusqu'à la mort. D'autre part, l'autopsie de sujets dont l'organisme a porté des traces indéniables d'infection (vérifiées, du reste, par l'inoculation) nous a démontré que l'entérite aiguë dont nous nous occupons peut également passer à l'état chronique.

Si on éprouvait quelque hésitation à croire que l'*entérite*, avec ou sans coliques, puisse être à elle seule, dans certains cas, l'équivalent de la *pneumonie infectieuse* ou *contagieuse*, de la *pleuropneumonie contagieuse* de certains auteurs, on n'a, pour se convaincre, qu'à parcourir les observations et expériences suivantes :

Entérite déterminée par une injection intra-veineuse de produits virulents. — Une jument âgée d'une quinzaine d'années, ayant bon appétit et suffisamment d'embonpoint, fut inoculée dans la jugulaire avec un mélange de produits provenant du foie, du rein et du cœur d'un lapin qui avait succombé à une inoculation antérieure. La matière virulente de celle-ci avait été fournie par le cadavre d'un cheval atteint de pneumo-entérite infectieuse extrêmement généralisée, notamment sous forme de pleurésie et d'entérite suraiguë du gros intestin. Le lendemain, nous pratiquions une injection nouvelle des mêmes produits. Chacune de ces opérations fut suivie d'un trouble momentané de la respiration et d'une légère élévation de température, après quoi tout rentra dans l'ordre. Quarante-huit heures après la deuxième inoculation, la respiration était même tombée sensiblement au-dessous du chiffre normal. Cependant l'appétit devenait moins impérieux, puis diminuait d'une façon sensible, en même temps que les déjections se montraient légèrement coiffées, ramollies et odorantes; cinq jours après la deuxième inoculation, le sujet d'expérience eut de légères coliques. Ce même jour, une émulsion préparée avec la matière catarrhale qui enveloppait les crottins frais fut inoculée par la voie veineuse à deux lapins, qui succombèrent, l'un en moins de vingt-quatre heures, et l'autre un peu plus tard. Le microscope montra dans ces lésions de nombreux streptocoques.

La jument fut sacrifiée au bout de huit jours. Nous avons relevé les lésions suivantes : dans l'intestin grêle, quelques plaques inflammatoires et des surfaces assez nombreuses couvertes d'un piqueté hémorrhagique remarquable; dans le gros intestin, se voyaient également des plaques inflammatoires, et, si elles étaient moins prononcées que dans l'intestin grêle, par contre elles se montraient plus étendues; — rien de remarquable à signaler dans le foie et la rate ; — un peu de congestion des reins ; cœur hypertrophié, dont le tissu montrait çà et là quelques taches ecchymotiques ; — *rien sur la plèvre ; rien dans le poumon ; rien sur la muqueuse bronchique.*

Coliques: volvulus ; mort. — Un fort cheval de trait, atteint de violentes coliques, en pleine santé apparente, soigné pour une congestion de l'appareil digestif, succombe en vingt heures. L'autopsie montre les lésions suivantes : congestion de toute la masse intestinale, compliquée d'étranglement par torsion d'une partie du mésentère, avec hypérémie passive et gangrène de l'intestin grêle correspondant (volvulus) ; — congestion et augmentation de volume du foie, de la rate et des reins ; la rate présente en tous sens des dimensions doubles de l'état normal ; elle est ramollie et gorgée d'une véritable boue liquide d'un noir d'encre ; nombreux points hémorrhagiques dans la substance corticale des reins ; vascularisation de la muqueuse vésicale ; — dans la cavité thoracique, tout paraît être à l'état physiologique ; cependant, en explorant avec soin les poumons affaissés, on découvre dans le gauche un noyau de congestion du volume d'une noisette ; enfin, les ganglions bronchiques sont tuméfiés et noirâtres.

Deux lapins inoculés, l'un avec les lésions susdites, et l'autre avec l'urine trouvée dans la vessie, succombent en moins de vingt heures, en donnant la preuve que le cheval était atteint d'une entérite due à l'action commune des deux microbes que nous nous sommes efforcés de distinguer.

Coliques ; guérison. — Sur un cheval en proie à des coliques, dont la violence rappelle beaucoup le début de celles du cheval de l'observation précédente, la terminaison a été plus favorable ; dès le matin du lendemain il était possible de le retirer des infirmeries. Pendant la durée des coliques, des matières excrémentitielles ayant été expulsées, nous eûmes l'occasion de remarquer quelques crottins dont la surface était couverte d'une couche muco-glaireuse abondante. Le souvenir du cas rapporté ci-dessus nous suggéra l'idée d'inoculer cette matière à un lapin. Ce dernier succomba en vingt-six heures. Les préparations faites avec le foie, le rein et le sang montrèrent de très beaux streptocoques, mêlés de micrococques et de diplocoques.

Je crois devoir résumer ici un fait des plus intéressants, concernant plusieurs chevaux du 26ᵉ régiment de dragons, dont nous devons la connaissance à M. le vétérinaire principal Foucher. Ce savant et très estimable collègue, que nos recherches antérieures avaient vivement intéressé, a déployé à cette occasion un zèle qu'on ne saurait trop louer. Grâce à lui, nous avons eu en mains des pièces pathologiques et des échantillons d'avoine, qui nous ont permis de déterminer la nature de la maladie à laquelle avaient succombé quelques-uns de ces animaux, en même temps qu'il nous a été possible de remonter avec certitude à la cause de cette affection.

Mort très rapide de plusieurs chevaux de l'armée, chez lesquels on n'a rencontré que des lésions d'entérite. — Le 26 juillet 1889, à la suite d'une manœuvre de nuit à laquelle avaient pris part le 1ᵉʳ et le 3ᵉ peloton du 4ᵉ escadron, dix chevaux furent atteints presque subitement d'une grave affection à laquelle six succombèrent en quelques heures. Les chevaux des deux pelotons, sellés et bridés, avaient été attachés, pour y passer le temps disponible, sur la place de Fauvernay. Le dernier repas de la journée eut lieu à six heures du soir et consista en 4 kilogrammes d'avoine. Le lendemain, à trois heures du matin, on en donna de nouveau 2 kilogrammes, que la plupart des chevaux refusèrent ou mangèrent mal. Déjà, à deux heures, l'un de ces animaux avait éprouvé des coliques, qui persistèrent et auxquelles il succombait quatre heures après : un deuxième mourait pendant une reconnaissance à laquelle il prenait part: enfin, huit autres chevaux participant également à cette reconnaissance, à peine rentrés au quartier, « tombaient malades et présentaient tous les mêmes symptômes d'abattement général, d'anxiété, de marche difficile, titubante, etc., » mais toutefois sans coliques. Quatre de ces animaux succombaient à leur tour et présentaient à l'autopsie les lésions suivantes : « le sang était noir, diffluent, se coagulant mal; l'estomac était rempli d'avoine non digérée: *le gros intestin se montrait congestionné par places; la muqueuse de l'intestin grêle était fortement épaissie, congestionnée, avec sa cavité contenant du sang épanché; le cœur* et les poumons étaient sans lésions apparentes. »

. . . .
. . . .
. . . .

La maladie des chevaux de Fauvernay, qui présentaient surtout des lésions d'entérite, a été transmise à des lapins, et de ceux-ci à d'autres, soit par les lésions nécropsiques, soit par l'avoine trouvée dans l'estomac des cadavres; et chez tous ceux qui ont succombé, on a trouvé des microcoques, des diplocoques et aussi des streptocoques, qui caractérisent l'une des pneumo-entérites que nous étudions.

Nous avons obtenu des résultats identiques quelques jours plus tard, avec de l'avoine ramassée sur la place où avaient campé les animaux dont il s'agit.

La *congestion*, l'*engorgement* hépatique et splénique existent peut-être indépendamment de toute affection intestinale aiguë; d'autre part, ils accompagnent à peu près constamment l'entérite, avec laquelle on les rencontre dans les autopsies.

Essentiellement vasculaires et contenant un grand nombre de microbes pathogènes, le foie et la rate se tuméfient aisément et deviennent plus friables. Lorsque les animaux succombent en quelques jours, on voit constamment une masse considérable de sang noir et épais s'échapper d'une incision de ces organes. C'est, sans doute, à cet état du foie qu'il faut attribuer la teinte jaunâtre des muqueuses apparentes.

Parfois, la rate présente à sa surface des bosselures de couleur plus foncée, dont le tissu moins résistant peut se rupturer par l'effet d'une tension excessive. Dans ce cas, c'est la mort rapide, presque foudroyante des grandes hémorrhagies. Voici à l'appui le fait suivant :

Rupture de la rate; Hémorrhagie mortelle. — Le 28 juin 1889, un cheval faisant le service des messageries nous est amené dans un état fort alarmant. Après avoir parcouru la veille, dans la soirée, 4 kilomètres à une vive allure, cet animal reçut une forte averse pendant qu'il stationnait à la gare. Le 28, on le trouvait dans l'écurie en proie à de violents frissons et, de plus, inondé d'une sueur froide; il refusait tout aliment. Amené à l'École, il n'a cessé d'être couvert de sueur jusqu'au moment de sa mort, arrivée le 29, à neuf heures et demie du matin. Sous les couvertures, la surface du corps était chaude; partout ailleurs, elle était glaciale. Le faciès exprimait une douleur intense; cependant il n y avait pas d'agitation; la respiration était accélérée, temblotante (plus de 40 par minute); le pouls était misérable et la température élevée.

L'autopsie a fait voir les lésions suivantes : Vive congestion du colon flottant; congestion commençante de quelques parties de l'intestin grêle; congestion du foie et des reins; rate volumineuse, montrant sur une face des bosselures dont le tissu est ramolli, et sur l'autre une déchirure à lèvres irrégulières, infiltrées, ayant 10 centimètres de longueur, par laquelle s'est échappée une masse considérable de sang, qui submerge pour ainsi dire tous les organes abdominaux. Pas de lésions dans la cavité thoracique, si ce n'est un gonflement très appréciable des ganglions bronchiques.

Deux lapins inoculés avec ces lésions succombent rapidement et présentent de nombreux streptocoques.

Certaines hémorrhagies hépatiques également foudroyantes, n'ont peut-être pas d'autre origine que l'infection microbienne dont nous nous occupons, car la congestion s'accompagne souvent de petites hémorrhagies lobulaires.

Lorsque la maladie à laquelle se rattache l'engorgement du foie et de la rate se prolonge pendant quelque temps ou passe à l'état chronique, ces organes diminuent de volume, augmentent de consistance et présentent toujours quelques lésions de sclérose.

De même que le foie et la rate, les reins sont des organes très vasculaires, où s'accumulent à l'infini les microbes pathogènes de la pneumoentérite; rien d'étonnant qu'ils se congestionnent également, et que leur sécrétion s'en trouve modifiée. Soit par l'effet de cette modification de la fonction, soit en raison du trouble apporté à la nutrition générale par la maladie infectieuse, ou en raison des altérations éprouvées par le sang, soit enfin pour ces causes réunies, l'urine du cheval est notablement modifiée : de blanchâtre et plus ou moins sédimenteuse, telle qu'on la voit habituellement, elle devient couleur de café noir ou de purin, mousse abondamment et cesse de former un dépôt; elle est albumineuse. Lorsque la néphrite est très aiguë, le malade peut même expulser du sang en nature.

Le cheval atteint de néphrite se montre d'autant plus faible du train postérieur, sa démarche est d'autant plus vacillante que la maladie est plus aiguë; il est insensible à la pression de la colonne dorso-lombaire, et lorsque l'urine contient du sang en nature, il se campe souvent, mais avec difficulté, et en laissant échapper une plainte ; enfin il n'expulse que peu de liquide à la fois.

La couleur foncée de l'urine, due, à n'en pas douter, à la matière colorante du sang dissoute et altérée, n'existe guère que pendant la période de forte fièvre. Lorsque celle-ci tombe, l'urine s'éclaircit en même temps qu'elle coule plus abondante; quelquefois une sorte de crise urinaire annonce ou confirme l'amélioration. Lorsque la maladie se prolonge ou passe à l'état chronique, le liquide de sécrétion du rein prend la limpidité de l'eau.

La forme abdominale, suivant le nombre et l'intensité de ses localisations, peut être plus ou moins grave. Quand la mort en est la terminaison, les symptômes s'aggravent, la faiblesse se prononce de plus en plus, il se produit des œdèmes, de la diarrhée, un amaigrissement considérable, etc., à moins que les malades soient emportés rapidement à la suite de quelque hémorrhagie de l'intestin, du foie ou de la rate.

Dans la forme nerveuse, les lésions peuvent se localiser dans le cerveau ou dans la moelle. On peut observer du vertige, du tournis, de l'immobilité, des convulsions, des faiblesses, des paralysies, de la paraplégie, etc. On observe des symptômes généraux comme dans les formes thoraciques et abdominales. On constate surtout : de l'abattement, de la somnolence, du coma; des accès de vertige, etc. ; de la parésie, de la paraplégie, etc.; cette forme est très grave ; la mort en est souvent la conséquence.

Ainsi qu'on l'a déjà vu, des localisations peuvent se produire sur les articulations et les gaines tendineuses, sur les muscles, sur l'appareil kératogène, sur les yeux, etc.

Les arthrites et les synovites tendineuses constituent, ainsi que nous l'avons déjà dit, de graves complications chez les malades atteints de pleurésie ou de pneumonie, pour lesquels la station debout est une nécessité. Elles peuvent se développer pour ainsi dire instantanément. Plusieurs articulations ou gaines tendineuses peuvent être frappées à la fois. On doit craindre cette complication lorsqu'on voit le malade piétiner, changer après un temps très court le membre à l'appui. L'exploration directe peut renseigner sur l'état des gaines et des articulations superficielles; il n'en est malheureusement pas de même pour les autres, notamment pour l'articulation coxo-fémorale.

Si l'état du malade le lui permet, il se couchera plus fréquemment; dans le cas contraire, il persistera à rester debout aussi longtemps qu'il lui sera possible de résister à la souffrance, à la fatigue. C'est alors que le développement des arthrites et des synovites, surtout sur plusieurs membres à la fois, retentit fortement sur l'état général et augmente notablement la fièvre : le pouls, en particulier, peut atteindre les chiffres les plus élevés, 90, 100 et plus.

Cependant, une seule articulation peut être affectée d'une façon sérieuse. Dans ce cas, il est possible que l'arthrite continue ses ravages, alors que la localisation viscérale tend à disparaître : l'animal, guéri de sa pneumonie, de son entérite, reste donc boiteux. Nous connaissons deux exemples d'arthrite coxo-fémorale survenue dans ces circonstances. On a dû abattre les animaux comme incurables.

Afin de montrer avec quelle rapidité peuvent se produire les localisations dont il s'agit, voici le fait suivant :

Le 2 juin 1889, un cheval entier âgé, mais bien portant et parfaitement libre de ses mouvements, fut inoculé directement dans le poumon au moyen de cultures de l'agent pathogène. Immédiatement après, cet animal se montra triste, abattu et perdit complètement l'appétit; le pouls devint intermittent et la température s'éleva. Deux jours après, il éprouvait de la difficulté à se mettre debout; le troisième jour, on était dans la nécessité de le lever, et le quatrième jour, ne pouvant rester debout par impuissance ou souffrance des membres postérieurs, on dut le sacrifier. L'autopsie a montré les lésions suivantes : épanchement pleural et fausses membranes; noyau de pneumonie au point inoculé; endocardite valvulaire; zones ecchymotiques dans le tissu musculaire du cœur; — plaques congestives et piqueté hémorrhagique sur l'intestin grêle; — foie, rate et reins sains en apparence; — *violente inflammation de l'articulation coxo-fémorale droite et des deux articulations fémoro-tibio-rotuliennes*, dénotée par une synovie surabondante et floconneuse, par l'injection des franges synoviales et une infiltration séro-albumineuse des tissus périarticulaires; — enfin, entre les muscles de la cuisse et de la jambe gauches, face interne, immense exsudat fibrino-albumineux jaunâtre.

Les produits venant des articulations malades de ce cheval ont été inoculés à un lapin; un autre a reçu du liquide préparé avec l'intestin. Tous deux sont morts en moins de vingt-quatre heures, et leurs lésions ont présenté, multipliés à l'infini, les mêmes microbes (diplocoques) que ceux de la culture injectée dans le poumon du cheval.

Nous avons rencontré des lésions d'arthrite et de synovite tendineuse sur la plupart des sujets — d'expériences ou autres — que nous avons été à même d'autopsier. Les arthrites siègent surtout sur les articulations coxo-fémorales, fémoro-tibiales et huméro-radio-cubitales. Les synovites intéressent particulièrement la grande gaine sésamoïdienne.

La pneumo-entérite peut s'accompagner d'exsudation fibrino-albumineuse au milieu des masses musculaires. Une semblable exsudation ne pouvant manquer de s'organiser subira le retrait du tissu cicatriciel et entrainera avec elle les organes voisins. C'est ainsi que nous avons pu nous rendre compte de la complication survenue chez un malade que nous avons suivi assez longtemps, et qui présentait à la fois une rétraction considérable des muscles olécrâniens ne permettant pas la flexion de l'avant-bras, et une rétraction non moins prononcée des fléchisseurs du métacarpe du même membre, déterminant une arqure exagérée. Dès que ces régions musculaires étaient tiraillées par un mouvement opposé à celui que leur contraction devait produire, elles présentaient la dureté et la rigidité d'une masse ligneuse. La conséquence de ces rétractions était une boiterie des plus intenses, qui rendait la progression à peu près impossible. Nous avons eu sous les yeux, pendant quelques semaines, un autre cheval, dont l'état bien singulier nous avait donné à penser que l'infection des fourrages pourrait bien, chez quelques sujets, déterminer des lésions graves de l'appareil musculaire et aponévrotique, sans complications apparentes du côté des viscères. L'autopsie de cet animal a confirmé nos prévisions. Au dire du propriétaire, il n'avait jamais cessé de manger et de travailler, lorsque, tout à coup. la progression se montra chez lui moins libre et

II.   43

devint peu à peu extrêmement difficile. C'est alors que le malade nous fut amené. En voici l'observation.

L'affection paraît résider seulement dans les muscles de l'avant-main. Pendant la station debout, les membres antérieurs, au lieu de rester à l'aplomb normal, sont constamment croisés : par exemple, le droit se porte en avant et en dehors du gauche, puis, après quelques instants, ce dernier se dégage et va se placer en avant et en dehors du droit, et ainsi de suite d'une façon continuelle. — Si l'on fait marcher le sujet, on voit ces mêmes membres se croiser et se mouvoir avec maladresse et difficulté; tous leurs mouvements sont très bornés. De chaque côté les masses musculaires de l'épaule, du bras et de l'avant-bras, les muscles pectoraux, le mastoïdo-huméral, sont tuméfiés, plus durs que de coutume, et présentent une rigidité comme tétanique lorsqu'ils se trouvent un peu tiraillés; la flexion complète des articulations est impossible et l'abduction du membre très bornée, non seulement par la douleur à laquelle peuvent donner lieu ces mouvements, mais surtout par la résistance qu'opposent les muscles contracturés et certainement raccourcis. Cela se constate surtout bien pour le genou, qu'il est impossible de fléchir au delà d'une certaine limite. Malgré cet état, l'appétit se maintient pendant quelque temps, mais l'animal ne pouvant se coucher se fatigue enfin, et finit par se laisser tomber sur la litière, où il meurt après deux jours. L'autopsie a fait voir les lésions suivantes : Le foie est couvert de petits tractus pseudo-membraneux résistants. La plèvre pulmonaire se montre dans ses deux tiers postérieurs épaissie, opaque et doublée d'une couche de tissu conjonctif résistant; au-dessous, dans sa partie moyenne, le poumon présente des cloisons interlobulaires épaissies également et devenues fibreuses. Ces lésions doivent évidemment être rapportées à une pleuro-pneumonie méconnue. — Les muscles pectoraux attirent l'attention : leurs faisceaux sont amoindris et laissent entre eux de larges espaces occupés par une substance jaunâtre, qui paraît être un exsudat en voie d'organisation, et qui présente déjà une résistance considérable à la rupture. Dans la partie charnue de l'extenseur antérieur du métacarpe gauche, on voit, sur une longueur de plus de 10 centimètres, quelques faisceaux musculaires rapprochés qui ont subi la transformation fibreuse; — même lésion au sein du mastoïdo-huméral droit; — le tissu conjonctif sous-jacent aux extenseurs du métacarpe et des phalanges se montre, à droite comme à gauche, densifié, résistant, et s'oppose à lui seul à la complète flexion du genou. Dans tous les muscles des membres antérieurs, on constate la résistance particulière et absolument anormale de la gaîne d'enveloppe des faisceaux musculaires. Ces lésions rendent bien compte des symptômes observés pendant la vie : symptômes de myosite et de rétraction. Ajoutons que les fibres des muscles malades ont complètement perdu leur striation, et présentent la transformation granuleuse (*tuméfaction trouble*, de Rindfleisch); il est vrai que, dans les autres régions, ces lésions microscopiques se voient aussi, mais à un degré beaucoup moins prononcé. — Les parties des muscles devenues fibreuses sont hachées et soumises à la presse. Avec le liquide qu'on obtient on inocule deux lapins : l'un en reçoit 1 centimètre cube dans la veine; l'autre, qui avait été utilisé dans une expérience antérieure, en reçoit 2 centimètres cubes dans la veine, et 4 centimètres cubes dans les narines. Tous deux deviennent malades : le premier semble vouloir se rétablir; le deuxième presque expirant le 25 août, à deux heures et demie (quarante-huit heures après l'inoculation), est sacrifié. L'autopsie montre de nombreuses lésions déjà anciennes du foie, de la rate et du poumon, qui doivent être rattachées à l'inoculation antérieure. Mais le microscope montre dans le sang et le foie de beaux streptocoques, un peu plus courts dans le liquide circulatoire, qui sont dus à l'inoculation du 23. Nos recherches nous ont appris, en effet, que ces microorganismes ne conservent que très peu de temps la forme de chaînettes dans le sang.

La *fourbure* est une complication encore assez fréquente de la fièvre typhoïde. Elle peut se montrer seule ou accompagner les formes thoraciques et abdominales. L'affection typhoïde peut se porter de préférence ou exclusivement sur l'appareil kératogène. Elle peut enfin se porter sur l'œil et déterminer des ophtalmies, de la kératite, une ophtalmie interne avec trouble de l'humeur aqueuse et dépôt fibrineux, etc.

La forme abdominale est la plus fréquente, notamment dans les pays chauds ; et en général c'est la *pneumonie typhoïde* et la *gastro-entéro-hépato-néphrite typhoïde* qu'on observe le plus souvent.

Il n'est pas rare de voir des formes plus ou moins complexes et d'autres peu caractérisées, qu'on pourrait appeler incomplètes, latentes. Dans ces cas on observe quelques vagues et légers symptômes, et il n'y a pas de localisations, pas de symptômes précis apparents à l'extérieur ; la maladie alors n'est pas grave, elle se termine toujours d'elle-même, et sans traitement, par la guérison. Il est des cas enfin où la maladie, sans se localiser d'une façon évidente, peut être longue, s'accompagner d'anémie, d'œdème, etc.

On observe une grande variabilité dans la marche de la fièvre typhoïde, suivant une foule de causes et suivant les formes que revêt la maladie. Dans certains cas elle est très rapide, et la mort survient presque d'une manière foudroyante. Dans d'autres cas au contraire, la maladie marche plus lentement, et on peut la suivre, l'étudier ; dans ces circonstances elle s'aggrave peu à peu et peut déterminer plus ou moins rapidement des lésions, qui deviennent mortelles si on n'y porte pas promptement remède.

La forme nerveuse, celle qui se caractérise par l'apparition de symptômes nerveux (vertige, paraplégie), est celle qui marche le plus rapidement, et qui se termine le plus promptement par la mort.

La forme pulmonaire est plus rapide et plus grave que la forme abdominale ; il se produit quelquefois alors des congestions pulmonaires énormes, qui peuvent se compliquer de gangrène, de septicémie, qui entraînent rapidement la mort.

Puis vient par ordre de gravité la forme abdominale ; lorsqu'il y a gastro-entérite, elle donne parfois lieu à une terminaison fatale, mais le plus souvent on a le temps de suivre la maladie et de prescrire un traitement efficace. Cette forme est beaucoup plus grave lorsqu'elle s'accompagne de diarrhée, à cause de l'adynamie, de la faiblesse extrême à laquelle elle donne suite.

Il y a d'autres conditions qui peuvent accélérer ou ralentir la marche de la maladie typhoïde. Celles qui la ralentissent sont les bonnes conditions hygiéniques, une alimentation de bonne qualité, les boissons pures, etc. ; outre ces conditions ambiantes, il y a encore les conditions individuelles, telles qu'une bonne constitution et un bon tempérament. Les conditions hygiéniques contraires, c'est-à-dire une mauvaise alimentation, l'ingestion de boissons altérées, de même qu'une mauvaise constitution, un tempérament lymphatique, l'existence de lésions à la suite d'une maladie antérieure sont défavorables aux malades, aggravent le pronostic de la maladie, en font varier la marche, et nous en expliquent la terminaison plus ou moins prompte.

Quand la mort survient, elle peut être produite par intoxication et par apoplexie, lorsqu'il y a congestion intense sur l'encéphale, sur le poumon, sur les reins, sur la rate, sur l'intestin ; et dans ces cas elle peut arriver au bout de quelques heures, avant même qu'on ait eu le temps de reconnaître que les sujets étaient malades. D'autres fois la terminaison fatale vient à la suite de l'adynamie, de l'affaiblissement général, de l'intoxication lente qui se manifeste progressivement sur le sujet malade. La mort est alors précédée parfois d'une agonie plus ou moins douloureuse. Les lésions du côté de l'appareil respiratoire et de l'appareil digestif sont ordinairement multiples, aussi l'exécution de ces deux fonctions est entravée ; il en résulte des déperditions notables, qui affaiblissent rapidement le sujet, et cette faiblesse est telle que dans certains cas les malades ne peuvent bientôt plus se tenir debout, ont une marche titubante et tombent rapidement dans l'adynamie.

Lorsque les lésions sont localisées dans l'appareil respiratoire, la mort survient le plus souvent par asphyxie. La muqueuse respiratoire est congestionnée, œdématiée ; le poumon est plus ou moins engoué ; toutes ces lésions peuvent expliquer la production de l'asphyxie. La mort peut aussi arriver à la suite de complications septicémiques, car nous savons que la typhose prédispose les malades à cette nouvelle complication ; dans ce cas on observe les symptômes de la septicémie.

La maladie se termine assez souvent par la guérison, qui est complète ou incomplète. On obtient le plus souvent la guérison si on traite la maladie d'une façon rationnelle et de bonne heure, avant qu'elle se soit trop aggravée. Dans les cas de laryngo-pharingite, qui, comme nous l'avons déjà dit, est la forme la plus bénigne, on obtient la guérison sans qu'il y ait une véritable convalescence. C'est que dans ces cas on n'observe pas des symptômes de fièvre bien accentués et l'adynamie n'est jamais bien marquée. Il n'en est pas de même lorsqu'on a eu affaire à la forme abdominale, à la pneumonie, à la pleurésie, etc. ; alors le retour à la santé se fait attendre, il y a toujours une convalescence plus ou moins longue, suivant que le malade a été plus ou moins débilité, plus ou moins affaibli. La guérison s'annonce par les signes suivants : par un abaissement progressif de la température, coïncidant avec des modifications favorables du côté de l'appareil circulatoire et de l'appareil respiratoire, par une diurèse abondante et des urines moins colorées, etc.

Les malades peuvent éprouver des rechutes et l'affection subir un retour en arrière; alors les symptômes, qui avaient d'abord diminué d'intensité. s'aggravent de nouveau ou de nouvelles localisations se produisent. Dans ces circonstances, s'il n'y a pas lieu de désespérer des malades, le pronostic est néanmoins très grave.

Les sujets malades doivent recevoir des soins nombreux et bien dirigés, pour en arriver à un rétablissement progressif et à une guérison complète, qui peut, dans certaines circonstances, se produire au bout de dix à douze jours. Le plus souvent la maladie dure plus longtemps, par exemple quand elle s'est accompagnée de diarrhée, qui a affaibli les animaux; aussi la guérison pourra se faire attendre trois semaines, un mois environ, et lorsqu'on obtient un rétablissement complet, on a encore lieu de se féliciter du résultat.

La fièvre typhoïde laisse quelquefois après elle des lésions persistantes, telles que des œdèmes, des hydropisies, qui ne se résorbent pas complètement, de l'hydrocéphalie (immobilité), de l'hydropéricardite, de l'hydrothorax, de l'ascite, des boiteries, de l'amaurose ou même la perte de l'œil.

La maladie typhoïde est assez facile à reconnaître, surtout dans les pays où elle règne habituellement à l'état enzootique. Il est assez difficile de confondre cette affection avec d'autres; de plus, les symptômes qui l'accompagnent sont assez nombreux et ordinairement assez caractéristiques pour ne laisser aucun doute à tout observateur attentif, surtout si l'on considère que les symptômes énoncés, c'est-à-dire l'abattement, la somnolence, la stupeur, la faiblesse du train postérieur, la marche titubante, le craquement des articulations, la coloration jaune des muqueuses, les coliques sourdes, la haute température, les battements cardiaques violents, la pneumonie à invasion subite et se déplaçant, la diarrhée, etc., s'observent sur un animal qui n'a été soumis en apparence à aucune influence défavorable pour sa santé. Outre les symptômes énoncés, on peut en constater d'autres, en auscultant la poitrine dans laquelle il peut y avoir de l'hépatisation, etc.; et en outre les taches pétéchiales, qu'on voit souvent sur la conjonctive et sur la pituitaire, aident beaucoup à porter un diagnostic.

Il est fort difficile de confondre cette maladie avec la pneumonie, la pleurésie, la néphrite ordinaires; car dans ces maladies il n'y a pas ces formes mélangées, ni ce cortège de symptômes, ni cette coloration jaune qu'on observe sur les muqueuses des typhiques.

Pour reconnaître l'affection typhoïde, on pourra avoir recours à l'inoculation, et à l'examen bactériologique toutes les fois qu'on sera porté à la confondre avec des maladies telles que le charbon, la septicémie, etc. Pour ces inoculations, ainsi que pour l'examen bactériologique, on s'inspirera de ce qui est dit plus loin à propos des agents pathogènes des affections typhoïdes.

Le *pronostic* de la fièvre typhoïde est toujours assez grave; en effet, il s'agit d'une maladie générale, qui donne lieu à des lésions généralisées, souvent mortelles, et qui règne ordinairement à l'état enzootique; ce qui ne veut pas dire cependant qu'elle soit contagieuse, car il peut très bien se faire que les animaux, qui contractent la maladie en dernier lieu, en soient atteints parce qu'ils ont été exposés aux mêmes influences que les premiers. Nous savons que la maladie est plus ou moins grave suivant les formes qu'elle revêt, et suivant les individus atteints. Elle est plus fréquente chez le cheval que chez le mulet, elle est relativement rare chez l'âne; elle est aussi plus grave chez le premier que chez les deux autres, et la convalescence est beaucoup plus longue chez lui.

Cette affection est aussi plus ou moins grave, et la guérison se fait plus ou moins attendre, suivant que le malade a tel tempérament, telle constitution; les individus qui ont un tempérament sanguin, une forte constitution résistent mieux; sur eux on peut agir plus énergiquement, aussi la maladie est-elle bien moins grave quand on la traite rationnellement. Il est plus difficile de la guérir chez les sujets débilités ou très nerveux, qui succombent pour la plupart. La terminaison fatale se remarque surtout lorsque les individus atteints ont été malades antérieurement, lorsqu'il s'agit de chevaux poussifs, de chevaux qui ont été mal nourris, de chevaux anémiques, etc. La maladie est encore plus ou moins grave suivant les âges. Elle est beaucoup plus fréquente et plus grave chez les jeunes animaux, chez les animaux âgés de 3, 4, 5 et 6 ans; passé ce dernier âge l'affection peut s'observer, mais elle est beaucoup plus rare; et lorsqu'elle apparaît à 8, 9, 10 ans par exemple, elle est bien moins grave. Lorsque les conditions défavorables extérieures et celles venant de l'individu ne sont pas modifiées, il est difficile de guérir les malades. Aussi lorsqu'on a à traiter des animaux atteints de la fièvre typhoïde, doit-on faire changer l'alimentation et les boissons et parfois modifier les conditions de milieu.

La maladie est d'autant plus grave qu'elle s'accompagne de complications; ainsi quand il survient de la fourbure, il vaudrait presque autant dans ce cas sacrifier l'animal que de lui faire suivre un traitement, la guérison étant à peu près impossible. Les localisations cardiaques, pleurales, articulaires, sont également très graves; il en est de même de la paraplégie. Les femelles pleines avortent généralement et succombent presque fatalement. Quelquefois on observe une fièvre persistante et exagérée, des symptômes de coliques violentes; tous ces signes sont défavorables et autorisent à porter un pronostic fâcheux.

D'autres signes, tels que la diurèse, un abaissement de température, une sueur abondante et qui s'accompagne d'un pouls plus fort avec des pulsations moins nombreuses, etc., permettent de prévoir au contraire une terminaison favorable.

LÉSIONS.

Quand la maladie s'est terminée rapidement par la mort on peut n'observer qu'une congestion générale plus ou moins intense de tous les organes, qui sont remplis d'un sang noirâtre, poisseux, incoagulé, et qui présentent des ecchymoses, des hémorrhagies, etc. Dans les cas où la mort est survenue plus lentement les lésions sont plus avancées, et on peut les rencontrer sur la plupart des organes; elles consistent dans l'altération du sang, dans des hémorrhagies, des exsudations, des inflammations, etc.

Le sang est ordinairement très manifestement altéré; il est d'abord plus riche en fibrine, mais ensuite il devient moins coagulable. Il s'altère de plus en plus au fur et à mesure que l'affection s'aggrave; dans le cadavre on le trouve incoagulé, sirupeux, épais, poisseux et noirâtre; il tache les doigts; les globules rouges sont plus ou moins altérés, irréguliers, crénelés, et ont de la tendance à se détruire, à abandonner la matière colorante. Le sérum renferme des gouttelettes graisseuses; il a quelquefois une réaction acide; on y trouve des cristaux d'hématoïdine ainsi que la matière colorante du sang et de la bile. Le système circulatoire sanguin est plus ou moins altéré; le cœur est hypertrophié; il se produit des stases sanguines dans les parenchymes, et à l'autopsie on trouve des lésions intéressantes ainsi qu'on le verra ci-après.

En général les cadavres se putréfient très vite. Les ouvertures naturelles, la bouche, les naseaux, l'anus laissent écouler des produits morbides, qui sont les mêmes que ceux qui étaient excrétés pendant la vie de l'animal. Lorsqu'il y a eu localisation de la congestion à la pituitaire, au larynx, l'écoulement nasal est quelquefois sanguinolent; souvent la muqueuse rectale est renversée, et dans ce cas, il y a parfois un commencement de sphacèle, de gangrène de la région.

Des altérations se sont produites dans la peau, dans le tissu conjonctif, dans les muscles, dans les articulations, etc. Sur la peau et dans le tissu conjonctif sous-cutané on rencontre parfois des nodules, des boutons, des tumeurs, des infiltrations séreuses, gélatiniformes, qui existent surtout au niveau des régions où se trouve beaucoup de tissu cellulaire lâche, au pourtour des organes génitaux, à la base de l'encolure, etc. D'autres fois ce ne sont pas de simples infiltrations, mais de véritables phlegmons qu'on rencontre; alors le tissu conjonctif est congestionné, hyperhémié, et le centre du phlegmon a quelquefois éprouvé un commencement d'abcédation.

La face interne de la peau présente presque partout une coloration rouge intense. Il y a eu congestion, stase sanguine, imbibition de la matière colorante du sang, diffusion du plasma sanguin. Dans certains points, il y a des hémorrhagies sous-cutanées qui se présentent soit comme de simples points, soit sous forme de plaques plus ou moins étendues. Ces taches et ces plaques s'observent même dans le tissu conjonctif, qui s'enfonce dans les interstices musculaires. Le tissu conjonctif qui entoure les vaisseaux et les nerfs est aussi congestionné et infiltré de matière sanguinolente.

Les muscles sont pâles; ils ont une coloration terreuse et ressemblent, par leur aspect, au foie qui a éprouvé la dégénérescence graisseuse; ils sont infiltrés, ramollis, faciles à déchirer; on trouve des fibres qui ont éprouvé un commencement de dégénérescence; on en voit même qui sont complètement dégénérées. Dans les muscles on trouve en outre des points ecchymotiques, des taches pétéchiales, quelquefois des foyers hémorrhagiques plus étendus; parfois, mais plus rarement il est vrai, certains muscles sont frappés de gangrène, sont sphacélés, désorganisés, et les fibres musculaires sont alors presque toutes altérées.

Les séreuses des articulations sont quelquefois altérées, congestionnées; on rencontre dans leur cavité, en plus ou moins grande abondance, de la sérosité sanguinolente, jaunâtre, mêlée de grumeaux fibrineux. Les synoviales tendineuses sont souvent dans cet état. On remarque aussi des œdèmes dans les membres. Quelquefois on observe enfin les lésions de la fourbure, et il y a dans ce cas, non seulement congestion des tissus kératogènes, mais même sphacèle, gangrène, mortification de ces tissus. Voici les lésions présentées par l'articulation coxo-fémorale d'un sujet abattu comme incurable : ligament capsulaire prodigieusement distendu par une synovie purulente; séreuse partiellement transformée en membrane pyogénique; décortication et bourgeonnement des surfaces articulaires; agrandissement et déformation de la cavité cotyloïde; déformation de la tête du fémur, qui est amoindrie et présente des facettes; dans le voisinage de la tête et de la cavité, les os, après macération, sont beaucoup plus volumineux et se montrent couverts d'exostoses.

Les ganglions lymphatiques sont toujours altérés; ils sont plus volumineux, congestionnés, hyperhémiés, infiltrés, ramollis.

Le cœur est hypertrophié, décoloré, jaune terreux et comme cuit, quelquefois brun violacé, ramolli; parfois ses fibres sont en voie de dégénérescence. Dans sa trame et à sa surface on voit des ecchymoses, des taches pétéchiales plus ou moins foncées ou noirâtres, qui sont autant de points hémorrhagiques. Le péricarde est souvent congestionné, tacheté, épaissi, et contient dans certains cas une notable quantité de sérosité rougeâtre. Les vaisseaux sont remplis d'un sang noirâtre, sirupeux, incoagulé à peu près partout; les capillaires sont souvent rupturés, surtout dans les points où le tissu conjonctif est lâche et abondant. L'endocarde est épaissi, ecchymosé; les valvules semblent parfois infiltrées.

Les lésions qui se présentent dans l'appareil de la respiration, quoique très nombreuses, peuvent être indiquées en peu de mots. Ce qui domine c'est la congestion, l'hyperhémie, l'exsudation, la diastashémie, c'est-à-dire la tendance de la matière colorante du sang à se déposer dans les tissus, et l'état catarrhal à la surface des muqueuses. Outre la congestion, il y a donc un véritable fluxus inflammatoire avec diapédèse des globules blancs du sang et prolifération accompagnée de la dégénérescence des éléments inflammatoires. Dans l'état catarrhal des muqueuses, ce qui domine, c'est la coloration en rouge du produit exsudé et sécrété.

Des altérations peuvent se rencontrer sur la pituitaire, sur les muqueuses laryngienne, trachéale et bronchique, dans le poumon, sur les plèvres. On peut donc constater les lésions du coryza, de la pharyngite, de la laryngite, de l'inflammation des poches gutturales, de la trachéite, de la bronchite, de la pneumonie, de la pleurésie, suivant la localisation de la maladie. Lorsqu'il s'agit d'un coryza dû à la fièvre typhoïde, il y a, en outre de l'hyperhémie et de l'état catarrhal de la muqueuse, une infiltration sous-muqueuse considérable. Il en résulte une gêne de la respiration proportionnée à l'obstacle qui s'oppose à la rentrée de l'air dans les premières voies respiratoires. On peut constater aussi la présence de pétéchies à la surface de la pituitaire et des autres parties de la muqueuse respiratoire, ainsi que la sécrétion d'un jetage séro-sanguinolent. La muqueuse des poches gutturales est injectée, infiltrée et couverte parfois de pétéchies. Mêmes lésions dans le larynx qui peut être simplement congestionné ou enflammé et même gangrené; l'infiltration sous-muqueuse provoque parfois un engorgement considérable du côté de la muqueuse laryngienne. Quelquefois il existe de véritables plaies, des ulcères (petites ulcérations signalées sur l'épiglotte et dans les ventricules) indiquant qu'il y a eu des pertes de substance, qui se sont ordinairement produites à la suite des taches pétéchiales, des ecchymoses, les points ainsi altérés et privés du renouvellement du sang se mortifiant, se détachant et donnant ainsi des plaies, des ulcères. Il peut y avoir parfois une véritable gangrène de la muqueuse laryngienne, lorsque la congestion a été très considérable et généralisée. Cette complication s'observe dans certains pays et dans certaines circonstances, lorsque les causes extérieures ont irrité les premières voies respiratoires et en ont accru l'état congestionnel. Dans la trachée on trouve les mêmes altérations. La muqueuse trachéale est épaissie, injectée, infiltrée, maculée; elle présente des points hémorrhagiques; il y a un état catarrhal très prononcé; la muqueuse est couverte de mucus sanguinolent; ses follicules sont hypertrophiés ou même ulcérés d'où résultent quelquefois de petites plaies.

La muqueuse bronchique est catarrhale, congestionnée, d'un rouge sombre, infiltrée, épaissie, maculée; elle est couverte d'un mucus spumeux et sanguinolent; on y trouve toutes les lésions de la bronchite ordinaire. Les bronches sont quelquefois dilatées et parfois il y a aussi de la péribronchite ; dans certains cas elles deviennent imperméables à l'air, et à ce niveau le poumon peut se montrer atélectasié.

Le poumon présente presque toujours de l'œdème dans son tissu conjonctif interlobulaire et un état congestionnel plus ou moins prononcé. On voit à sa surface et dans sa trame des marbrures, des pétéchies, des foyers hémorrhagiques, des taches apoplectiques noirâtres, des extravasations, des transsudations, des hémorrhagies, de la congestion, de l'engouement, de la splénisation, de l'exsudation, de l'hépatisation, etc. Dans certains cas il y a un véritable engouement d'une partie de l'organe ; quelquefois, il s'est produit une véritable hépatisation. Le sang contenu dans les vaisseaux du poumon est toujours noirâtre, poisseux ; certains points du poumon sont fortement altérés et réduits en putrilage, il y a parfois une mortification et une désorganisation plus ou moins étendues, avec formation d'une matière brunâtre ou noirâtre, avec formation de poches analogues à celles qu'on observe à la suite des abcès, qui constituent de véritables cavernes ; d'autres fois enfin, il y a aussi les lésions de la septicémie et celles de l'asphyxie. Il peut donc y avoir gangrène, mortification pulmonaire plus ou moins étendue ; parfois une ou plusieurs bronches sont rupturées, et l'air extérieur, ayant eu communication par ces voies avec la matière mortifiée, il s'ensuit une putréfaction locale qui se généralise bientôt ; il en résulte les lésions de la gangrène septique. Dans les parties malades et dans leur voisinage on observe des artérites et des lymphangites.

Le tissu pulmonaire frappé de *congestion* ne s'affaisse pas. Cette lésion se montre sous deux aspects différents : tantôt le tissu est parsemé de points ou petites masses rouges, groupés autour des fines bronches, qui lui donnent sur les surfaces de section un aspect remarquable de granit ; — tantôt la congestion intéresse des masses plus considérables — véritables pneumonies lobulaires — et la couleur des lobules atteints varie du rouge clair au rouge foncé. Leur densité est d'autant plus grande et leur perméabilité d'autant moindre que leur couleur se rapproche davantage de cette dernière teinte. Chez tous, la pression fait apparaître sur une coupe un liquide spumeux et sanguinolent. La répartition de la congestion n'a rien de régulier : à côté de lobules très foncés s'en voient d'autres de nuance claire ou qui sont même complètement sains, et, ainsi que nous l'avons dit plus haut, une certaine épaisseur de tissu pulmonaire congestionné peut exister à la surface et recouvrir le tissu resté indemne, de même que le contraire peut aussi s'observer. Les cloisons interlobulaires sont déjà rendues plus visibles par une infiltration de sérosité. La plèvre qui recouvre les parties congestionnées peut ne pas être intéressée.

L'hépatisation se rencontre presque toujours en même temps que la congestion sur les sujets qui succombent rapidement. Elle occupe le

lobe antérieur ou la partie inférieure et moyenne, ou enfin la racine du
poumon. Elle est également lobulaire, et se distingue de la congestion
par la couleur presque noire des lobules, sur laquelle tranchent cependant de nombreux points hémorrhagiques, — par la densité plus considérable, la friabilité plus grande et la déchirure plus nettement granuleuse de ces mêmes lobules, dont les alvéoles ne contiennent plus
d'air. Les cloisons interlobulaires et la couche de tissu conjonctif sous-
pleural sont gorgées de sérosité jaunâtre ou brunâtre, qui leur donne
parfois une épaisseur de plusieurs millimètres. La plèvre de la partie

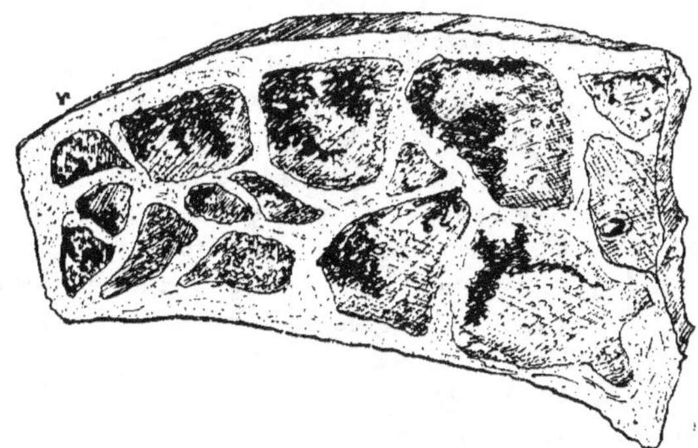

Fig. 124. — Coupe d'un poumon de cheval atteint de la pneumo-entérite
déterminée par le streptocoque.

hépatisée est noirâtre, luisante, épaissie, et, sans qu'il y ait manifestement pleurésie, cette membrane présente souvent de légères productions
pseudo-membraneuses adhérentes. La muqueuse des bronches et quelquefois celle de la trachée se montrent noirâtres ; les fines bronches sont
complètement oblitérées ; celles d'un calibre un peu plus fort contiennent un mucus épais et noirâtre. Sur une surface de section, la congestion pulmonaire et l'hépatisation rappellent beaucoup les lésions de la
péripneumonie bovine.

Un malade ayant succombé le septième jour à une pneumonie lobulaire qui occupait la presque totalité du poumon droit, nous avons
trouvé, vers la racine du poumon, une masse du volume du poing, dont
la couleur grisâtre ou gris jaunâtre tranchait sur le fond généralement
rouge de l'hépatisation. Cette masse anémiée, plutôt par l'oblitération
de ses vaisseaux que par la compression résultant des matières fibrineuses exsudées, présentait encore çà et là quelques lignes ou bandes
étroites de couleur rougeâtre, et devait, si l'animal eût vécu, subir la
dégénérescence caséeuse et se séparer des parties avoisinantes, en creusant au milieu du poumon une vaste caverne. Dans les parties inférieure
et antérieure du même poumon, on voyait, disséminées, d'autres petites

masses lobulaires grisâtres, à contour arrondi ou sinueux, dont le diamètre moyen variait de quelques millimètres à 1, 2 et même 3 centimètres.

Ajoutons à ces lésions aiguës du parenchyme pulmonaire la tuméfaction des ganglions bronchiques, qui se montrent volumineux, noirâtres, et laissent écouler d'une surface de section une abondante sérosité sanguinolente.

Les lésions *chroniques* semblent caractérisées plutôt par la décoloration graduelle de la partie hépatisée que par son organisation. Un cheval, âgé seulement de quatre ans, profondément anémique quoique doué d'un appétit insatiable, ayant été vendu à l'équarrisseur par son propriétaire fatigué de le nourrir en pure perte, et finalement destiné aux exercices opératoires de nos élèves, présentait quelques jours avant sa mort : T. 38°,1, P. 40, R. 12. — A l'autopsie, outre une pâleur remarquable de tous les tissus, nous rencontrons les lésions pulmonaires suivantes : Les lobes antérieurs apparaissent avec une teinte lilas clair, qui contraste avec la couleur normale du reste de l'organe ; leur tissu laisse écouler une sérosité abondante et presque incolore ; les lobules sont séparés par des cloisons épaisses, gorgées de la même sérosité ; la plupart d'entre eux se montrent granités ; leur friabilité, légèrement augmentée, est cependant moindre que dans l'hépatisation aiguë. Entre ces lobules s'en voient quelques-uns dont la perméabilité est conservée. Les bronches des parties malades contiennent un peu de mucus épaissi ; les ganglions bronchiques sont volumineux, pâles, gorgés de sérosité limpide, avec un noyau central caséeux. En inoculant ces lésions, nous nous sommes assurés qu'elles étaient bien dues à l'une des formes de la maladie régnante.

Un autre sujet d'opérations, âgé de huit ans, cédé à l'équarrisseur dans les mêmes conditions que le précédent, et tout aussi anémique, a présenté les lésions suivantes : Infiltration œdémateuse de la partie inférieure et antérieure du poumon gauche (le seul malade), qui, dans ce point, présente extérieurement une teinte de chair lavée ; les cloisons s'y montrent notablement épaissies ; la masse lobulaire, rendue dense et imperméable à l'air par la sérosité qui la pénètre, se trouve creusée de petites cavernes à parois mollasses, pouvant loger l'extrémité du doigt, dans lesquelles existent à l'état de liberté des fragments de tissu pulmonaire caséeux, baignant eux-mêmes dans un liquide purulent infect. Sur ces lésions ayant déjà quelque ancienneté, était venue se greffer une pleurésie aiguë double, caractérisée à droite par une légère vascularisation de la séreuse, et à gauche par des fausses membranes jaunâtres, molles et pulpeuses, qui adhéraient aux surfaces vascularisées. L'épanchement était encore insignifiant.

Les plèvres peuvent être congestionnées, infiltrées, épaissies, maculées, etc. Dans le sac pleural, il y a presque toujours un épanchement appréciable et sanguinolent, un liquide roussâtre ou séreux ou brunâtre mélangé de flocons pseudo-membraneux. Il y a parfois une exsudation pseudo-membraneuse, fibrineuse, plus ou moins abondante, à la surface des plèvres.

Comme dans l'appareil respiratoire, les principales lésions du tube digestif consistent en hyperhémie, en congestion, en diastashémie, en exsudations, en infiltrations, en macules, en épaississement des membranes muqueuses et en un état catarrhal assez prononcé à leur surface. Il y a de l'inflammation proprement dite ; il y a eu diapédèse des globules blancs du sang, prolifération des éléments cellulaires et dégénérescence de ces éléments, qu'ils proviennent du sang par diapédèse ou du travail inflammatoire local.

Dans la bouche, on peut observer les lésions de la stomatite. La muqueuse buccale est congestionnée, hyperhémiée dans toute son étendue ou dans quelques points seulement, principalement au niveau des follicules, qui sont hypertrophiés, turgides, et qui deviennent quelquefois le siège d'une véritable ulcération, par suite de la dégénérescence des éléments qu'ils renferment ; on a signalé l'existence de petites ulcérations dans l'arrière-bouche et à la base de la langue, dans les poches gutturales.

Le pharynx peut présenter les lésions de la pharyngite ; la muqueuse est congestionnée, hyperhémiée, d'un rouge sombre, ou arborisée et maculée de pétéchies ; le tissu conjonctif sous-muqueux est infiltré. La muqueuse épaissie peut être le siège d'un état catarrhal prononcé, surtout quand la maladie s'est localisée à cette région et s'est présentée sous la forme adéno-catarrhale ; il y a aussi inflammation et turgescence des glandes et des follicules dont l'ouverture dilatée simule quelque peu une ulcération. On peut rencontrer à la surface de la première partie de la muqueuse œsophagienne, quoique très rarement, certaines altérations résultant de l'inflammation qui s'y est propagée ; elle est alors rouge, épaissie, ramollie.

Dans la cavité abdominale, le péritoine est injecté, congestionné, infiltré, surtout dans le tissu conjonctif sous-séreux ; à sa surface se trouvent des pétéchies, des ecchymoses ; souvent il y a aussi dans sa cavité un épanchement de liquide coloré en rouge. Le mésentère et l'épiploon sont rougeâtres, épaissis, et les taches ou macules sont surtout abondantes sur le feuillet viscéral du péritoine ; les vaisseaux qui rampent dans son épaisseur contiennent un sang noir et incoagulé.

Ordinairement l'estomac est vide, puisque les malades ont perdu l'appétit, aussi est-il ratatiné. Cependant quelquefois on le trouve distendu par les gaz que produit la fermentation. Il est maculé, congestionné, ecchymosé extérieurement. Sa muqueuse n'est pas également altérée dans toute son étendue ; la partie postérieure est plus profondément atteinte que la partie antérieure. Celle-ci peut présenter des ecchymoses, des plaques hémorrhagiques plus ou moins étendues, que cache

plus ou moins l'épithélium très épais de la muqueuse. La partie postérieure est beaucoup plus altérée; elle peut se montrer injectée, hyperhémiée dans toute son étendue; elle est rougeâtre ou violacée, épaissie,
infiltrée; elle est enflammée, ainsi que les glandules situées dans son
épaisseur; elle est le siége d'un état catarrhal plus ou moins prononcé.
Souvent l'épithélium se détache facilement; les glandules sont turges-
centes; la muqueuse offre un aspect pointillé; on remarque à sa surface et dans sa trame des ecchymoses, des pétéchies, des vergetures, des
plaques hémorrhagiques; elle a une apparence chagrinée, qu'elle doit
aux glandules hypertrophiées, qui font saillie à sa surface. Quelquefois
on trouve même des érosions, des pertes de substance produites par
l'élimination des tissus mortifiés à la suite d'hémorrhagies plus ou moins
étendues. Les glandules, d'abord enflammées, peuvent s'ulcérer. Dans
l'épaisseur de la muqueuse et près du pylore, on a signalé parfois des
points ramollis. La muqueuse est surtout épaissie et boursouflée près
du pylore; là elle est souvent vivement congestionnée et enflammée.
Elle offre des plaques hémorrhagiques, des plaques mortifiées; ces plaques ont quelquefois fait place, après leur élimination, à de véritables
plaies rougeâtres ou violacées. Mais souvent l'élimination n'a pas été
complète et la plaque mortifiée est encore adhérente à la muqueuse.
L'estomac renferme un mucus jaunâtre et plus ou moins abondant. Dans
l'épaisseur des parois on rencontre aussi de la congestion, de l'infiltration, des exsudations.

L'intestin grêle est souvent altéré; de même que l'estomac, il est ordinairement vide; on le trouve rétréci sur toute son étendue ou seulement
de distance en distance, revenu sur lui-même, à moins que des gaz ne
l'aient dilaté. Il est ecchymosé extérieurement et présente des plaques
ou taches plus ou moins foncées: il contient un mucus jaunâtre, sanguinolent, grisâtre, puriforme, quelquefois noirâtre, plus ou moins adhérent à
la muqueuse, et simulant parfois des fausses membranes. Cette matière,
qui rappelle le pus par son aspect, est formée d'éléments cellulaires en
voie de dégénérescence granulo-graisseuse; elle est fournie par les follicules clos, par les glandules et par la muqueuse. Celle-ci est hyperhémiée, injectée, infiltrée de sérosité, épaissie, mollasse. L'infiltration
existe principalement dans le tissu conjonctif sous-muqueux; elle est
assez considérable quelquefois pour soulever la muqueuse et la séparer
du plan charnu. A sa surface on rencontre toujours, au sein d'une teinte
générale plus ou moins rougeâtre, des ecchymoses, des arborisations,
des pétéchies, des taches de dimensions variables, d'un rouge violacé ou
noirâtre, des zébrures, des plaques hémorrhagiques, des érosions, des
ulcérations, qui peuvent provenir de l'ouverture d'un ou de plusieurs
follicules clos. Ces derniers sont hyperhémiés, hypertrophiés, plus gros
qu'à l'état normal; leur pourtour est congestionné, rougeâtre, brunâtre, etc.: ils prennent une forme pustuleuse; ils font saillie à la sur-

face de la muqueuse, ils se ramollissent dans leur centre et sécrètent en abondance dans leur intérieur une matière puriforme grisâtre. Il en est qui s'abcèdent et s'ouvrent pour se transformer en véritables plaies ulcéreuses, recouvertes parfois d'un exsudat fibrino-purulent. Cette matière, qui adhère à la surface qui l'a produite, ressemble à une véritable fausse membrane. Les glandes de l'intestin sont enflammées, catarrhales, de même que la muqueuse ; elles sont le siège d'une hypersécrétion très manifeste. Les plaques de Peyer sont aussi infiltrées, enflammées, plus colorées, plus saillantes, hypertrophiées ; elles sécrètent plus abondamment qu'à l'état normal ; leurs follicules et leurs glandules ont éprouvé les altérations précitées. Les villosités sont plus vivement colorées qu'à l'état normal, plus faciles à distinguer ; elles se desquament à leur surface, elles sont hyperhémiées. Il y a donc hypertrophie des follicules solitaires et des follicules agminés, qui sont entourés d'une auréole rouge noirâtre, qui s'ouvrent et évacuent leur contenu ; leurs ouvertures se montrent dilatées, grisâtres et bordées de rouge ou de noir. Au pourtour des follicules il y a eu congestion et parfois hémorrhagie même, puis le sang s'est altéré et a produit la coloration noire que l'on observe. On a signalé aussi, au niveau de ces follicules, de véritables ulcérations. D'après la majorité des vétérinaires, les ulcérations seraient exceptionnelles ; cependant beaucoup disent en avoir vu. Il peut y avoir enfin entérorrhagie, quand la maladie est grave, lorsqu'une cause irritante vient agir sur la muqueuse intestinale.

Dans le cæcum on trouve moins de ravages ; cependant quelquefois la muqueuse est rouge noirâtre, maculée, plombée, ramollie, catarrhale ; la valvule iléo-cæcale est épaissie, couleur lie de vin, et quelquefois érodée. Des observateurs prétendent avoir vu, à la surface de la muqueuse cæcale, des ulcérations semblables à celles qui siègent dans l'intestin grêle ; jamais je n'ai pu voir cette lésion, je ne veux pas en nier l'existence, cependant je dois exprimer un doute à ce sujet, car je me suis assuré que certains vétérinaires ont pris pour des ulcérations de la fièvre typhoïde du cheval de simples nids de sclérostomes.

Le gros côlon est ecchymosé, injecté extérieurement ; sa muqueuse est également congestionnée, épaissie, infiltrée ; sa surface est tachetée d'ecchymoses, de pétéchies, de taches violacées, de plaques hémorrhagiques, et recouverte de mucus grisâtre. On a pareillement signalé la présence d'ulcérations sur la muqueuse colique ; mais il faut ici, comme à propos de celles du cæcum, faire certaines réserves.

Le côlon flottant renferme des matières assez dures, à moins qu'il y ait eu diarrhée avant la mort ; ces matières sont coiffées d'un mucus très odorant, grisâtre, gluant, visqueux, très adhérent. La congestion, que l'on rencontre à la surface de la muqueuse, se présente sous forme de bandes, de vergetures, de taches ; l'épithélium se desquame en masse.

La muqueuse rectale est congestionnée, rougeâtre, soulevée par un œdème sous-muqueux, tachetée d'ecchymoses ; elle présente des plaques plus ou moins étendues, mortifiées, rougeâtres, noirâtres ; on y a rencontré quelquefois des plaies ulcéreuses.

Les ganglions mésentériques sont également congestionnés, hyperhémiés, hypertrophiés, rougeâtres et ramollis.

Le foie est toujours malade ; il est ordinairement hypertrophié, pâle, lavé ; il a pris une coloration jaune terreuse ou brunâtre ; il est devenu plus friable ; sa coupe est brunâtre et parsemée de taches plus ou moins foncées ; le tissu conjonctif interlobulaire est infiltré, œdémateux et hypertrophié. Sous le microscope les cellules hépatiques se présentent avec une dégénérescence granulo-graisseuse assez avancée ; c'est ce qui explique la coloration jaune terreuse de l'organe.

La rate n'est pas toujours malade ; cependant on la voit quelquefois avec un développement anormal, présentant dans sa masse de véritables foyers apoplectiques, mollasses, qui étant ouverts, laissent écouler un sang noirâtre incoagulé.

Dans les organes génito-urinaires les lésions ne sont pas rares ; on les trouve bien accusées dans certains cas. L'urine dans la vessie a les caractères qu'on lui a reconnus précédemment. Les reins sont souvent hypertrophiés, plus volumineux qu'à l'état normal, congestionnés, friables, ramollis, pâles ; leur tissu est parsemé d'hémorrhagies, d'ecchymoses, de taches pétéchiales dans la couche corticale. Le tissu conjonctif qui en forme la charpente est infiltré, œdémateux. Il y a parfois un liquide jaunâtre, gélatiniforme, entre la capsule et l'organe. Souvent aussi il y a infiltration interstitielle et même inflammation parenchymateuse avec un état catarrhal plus ou moins prononcé.

Le bassinet est rougeâtre et contient parfois du sang ou un magma mucoso-purulent.

La muqueuse vésicale est hyperhémiée, infiltrée, épaissie, couverte de pétéchies, d'ecchymoses, de vergetures, surtout près du col.

La muqueuse utérine présente les mêmes altérations, avec un état catarrhal parfois à sa surface ; il en est de même de la muqueuse du vagin, ainsi que de la vulve.

On peut rencontrer des altérations dans les méninges, dans le cerveau, dans la moelle et dans les nerfs. Ces altérations consistent toujours en hyperhémie, injection, infiltrations, œdème, ecchymoses, pétéchies. L'arachnoïde est quelquefois le siège d'une inflammation évidente avec hyperhémie, épanchement, fausses membranes et hémorrhagies. Les vaisseaux de la pie-mère sont congestionnés, et il en est de même de ceux du cerveau et de la moelle. Dans les ventricules cérébraux les plexus sont congestionnés, et quelquefois il se produit un épanchement séro-sanguinolent. Dans les nerfs on trouve encore cet état congestionnel des vaisseaux ; le tissu conjonctif périnerveux est infiltré, ainsi que celui qui entre dans la charpente du cordon.

NATURE MICROBIENNE. — MICROBES PATHOGÈNES, LEUR MORPHOLOGIE, LEURS
CULTURES, LEUR ACTIVITÉ ET LEUR MODE D'ACTION, LEUR ATTÉNUATION ET
LEUR EXALTATION, LEUR RÉSISTANCE AUX AGENTS PHYSIQUES ET CHIMIQUES,
LEUR ORIGINE.

Parmi les maladies qui attaquent le cheval, et qu'on a désignées
tantôt sous l'appellation d'affections typhoïdes, tantôt sous la dénomination d'affections gastro-intestinales ou de gastro-entérite épizootique, tantôt sous le nom de pneumonies typhoïdes ou de pneumonies

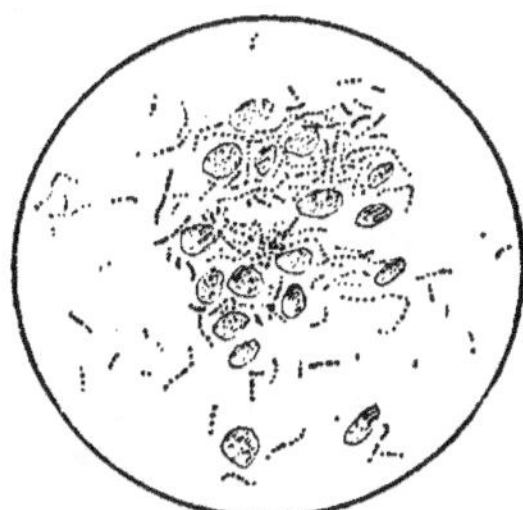

Fig, 125. — Exsudat pleural
d'un cheval atteint de la
maladie du streptocoque.

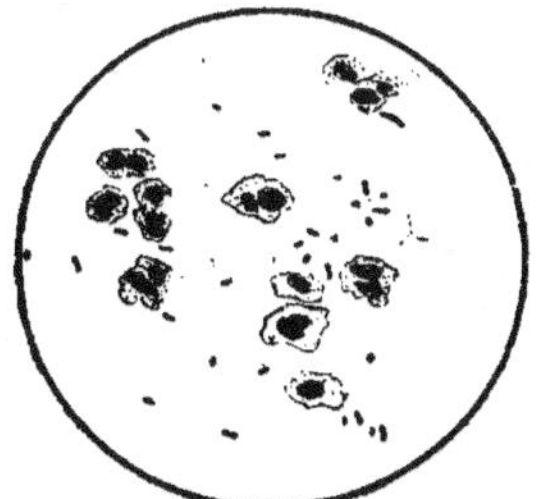

Fig. 126. — Poumon de cheval
atteint de la maladie du di-
plococque.

infectieuses, etc., il y en a deux, avons-nous vu, qui sont occasionnées
par deux espèces de microbes aujourd'hui bien connus, grâce au sur-
croit de lumières apporté par nos récentes recherches (Violet et
Galtier).

Divers auteurs (Pasteur, Siedamgrotzky, Lustig, Perroncito, Schütz,
Dieckeroff, Chantemesse et Delamotte, Rivolta, etc.) ont signalé la
présence de microorganismes dans les affections typhoïdes des solipèdes. Pasteur (1882) a trouvé un microbe en huit de chiffre, inoculable au lapin. Perroncito (1885) a isolé un pneumocoque, qui peut se
présenter sous forme de diplocoques ou de chaînes, et qui est inoculable
au cobaye ainsi qu'au lapin. Schütz (1887) a également isolé et cultivé
des bactéries ovoïdes, capsulées, se présentant aussi sous forme de
diplocoques ou de chaînes. Ces deux derniers expérimentateurs ont
considéré les microbes qu'ils ont étudiés comme les agents de la pneumonie contagieuse. Rivolta (1888) a étudié une pneumonie typhique
gangreneuse du cheval, dans les lésions de laquelle il a vu des microbes
formés de deux articles arrondis juxtaposés. Chantemesse et Delamotte
(1888) ont trouvé, dans la pneumonie infectieuse du cheval, un streptocoque qui tue rapidement le lapin et détermine l'altération du sang.
En même temps que Violet et Galtier, ou après eux, d'autres (Cadéac,

Babès, etc.) ont également trouvé des microbes ronds, des diplocoques et des streptocoques dans les affections typhoïdes ; comme Violet et Galtier l'avaient soutenu (1889), Cornil et Babès (1890) pensent que la pneumonie contagieuse des vétérinaires et la fièvre typhoïde ne se distinguent pas. Quoi qu'il en soit, les maladies, étudiées par Violet et Galtier sous la désignation de pneumo-entérites infectieuses des fourrages ou affections typhoïdes des solipèdes, sont nettement microbiennes et sont déterminées par deux espèces de microbes, ainsi que cela résulte de l'exposé qui suit.

Nature microbienne. — Nous avons satisfait aux trois conditions indispensables pour conclure au rôle pathogène de ces deux microbes :

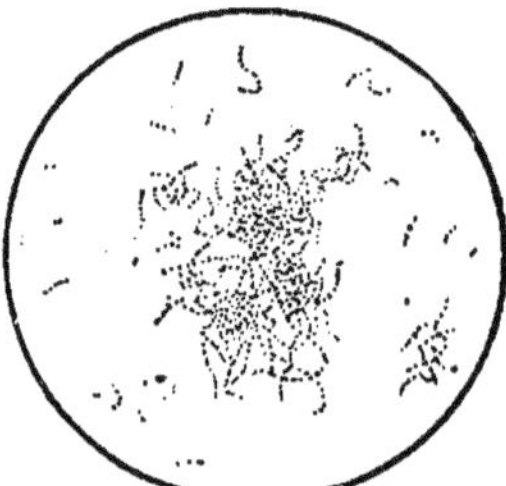

Fig. 127. — Culture de streptocoque.

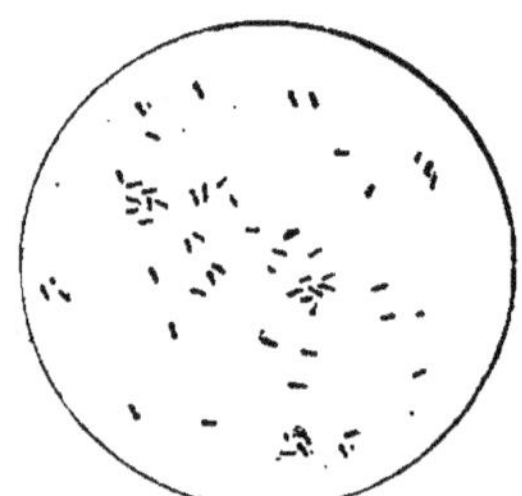

Fig. 128. — Culture de diplocoque.

1° Nous avons constaté leur existence dans les lésions récentes de l'organisme malade (ils se détruisent dans les lésions anciennes ; mais la mort peut survenir encore malgré la rareté ou l'absence des microbes) ; 2° nous les avons cultivés dans toutes sortes de milieux artificiels ; nous les avons reproduits un grand nombre de fois, et nous les avons ainsi obtenus à l'état de pureté absolue ; 3° enfin nous avons déterminé la maladie, sur des espèces animales diverses, avec les cultures les plus éloignées de leur point de départ.

Nous avons très nettement établi la nature des deux maladies ; nous avons démontré qu'il y a intervention de deux microbes spéciaux qui se distinguent par leur forme, par leurs cultures et par leurs effets sur l'organisme.

Microbes pathogènes, leur morphologie, leurs cultures. — L'un de ces microbes, celui auquel nous donnons le nom de *Streptococcus pneumo-enteritis equi*, affecte la forme de chaînette, de chapelet, ou mieux d'une enfilade de perles ; il est composé d'articles arrondis, ayant un diamètre de $0\mu,3$ à $0\mu,5$, juxtaposés en ligne ou en enfilade. Les chaînes sont tantôt longues, tantôt courtes ; elles se montrent parfois formées d'un grand nombre d'éléments ; d'autres fois elles sont réduites à quelques articles, 5, 4, 3 et même à 2 ; quelquefois enfin on trouve des articles isolés ou groupés en amas irréguliers. Le groupement et l'arrangement varient suivant le tissu et suivant le milieu dans lequel a végété le microbe. Les préparations, faites avec les cultures en bouillon, avec le foie des lapins rendus malades par inocula-

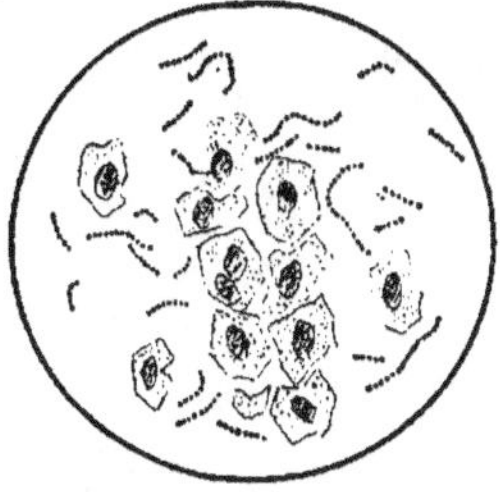

Fig. 129. — Maladie du streptocoque. — Foie du lapin.

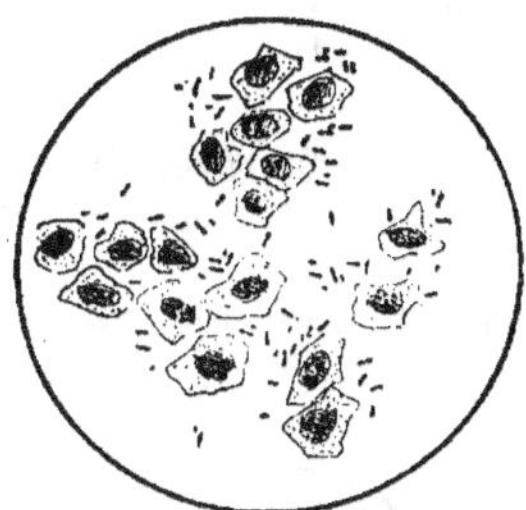

Fig. 130. — Maladie du diplocoque. — Foie du lapin.

tion, avec leur sang, avec le liquide pleurétique du cheval, etc., nous ont montré de très belles chaînettes composées parfois d'un très grand nombre d'éléments; tandis que dans les préparations faites avec les reins, la rate, etc., nous avons trouvé les chaînes généralement plus courtes. D'ailleurs, quand on examine des lésions anciennes ou des lésions de malades en voie de guérison, on trouve de nombreuses cel-

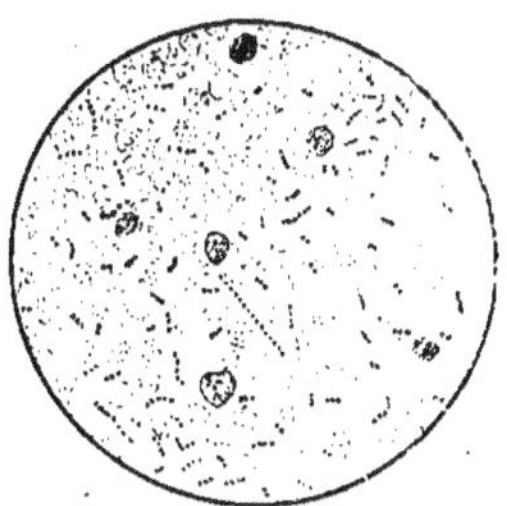

Fig. 131. — Maladie du streptocoque. — Sang du lapin.

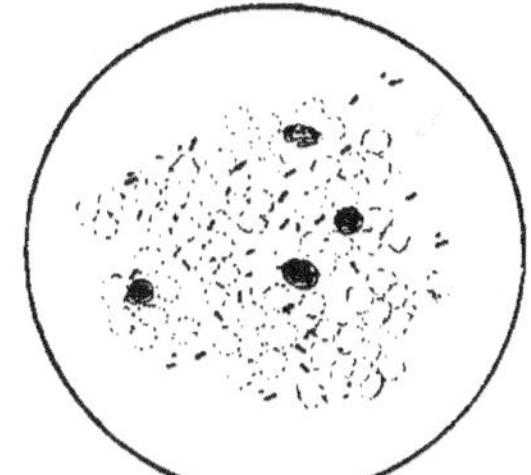

Fig. 132. — Maladie du diplocoque. — Sang du lapin.

lules gorgées de microbes isolés et déformés ; le phagocytisme se montre là avec une complète évidence. Sur tel malade, qui, à un moment donné, nous avait présenté de très beaux streptocoques dans le liquide pleurétique extrait par la thoracentèse, nous n'avons trouvé, lors de la mort, que des cellules plus ou moins gorgées de microbes.

Le second microbe dont nous avons spécifié le rôle pathogène, celui que nous désignons sous le nom de *Diplococcus pneumo-enteritis equi*, est lui aussi formé d'articles arrondis ou ovoïdes ; mais ces articles sont plus petits, plus fins que ceux du streptocoque ; leur diamètre varie entre 0μ,3 et 0μ,4. Le diplocoque, vu à un fort grossissement, offre l'aspect d'un bissac ou d'un bâtonnet arrondi à ses extrémités et étranglé en son milieu. Si telle est généralement sa forme, si tel est ordinairement son aspect, soit qu'on examine des préparations faites avec le sang, avec le foie, avec les cultures, etc., on en rencontre parfois qui ont un aspect un peu différent, qui sont groupés autrement ; on en trouve à l'état de microcoques libres, et on en voit qui forment de courtes chaînes de 3, 4, 5 articles.

Le *Streptococcus* et le *Diplococcus pneumo-enteritis equi* ont des points de ressemblance. Ils se colorent facilement par les procédés ordinaires

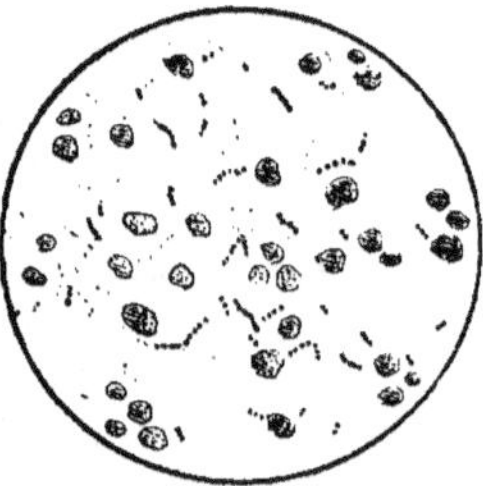

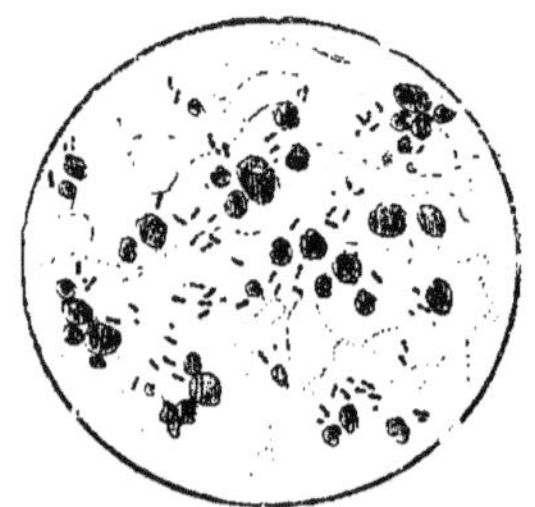

Fig. 133. — Maladie du streptocoque. — Rate du lapin.

Fig. 134. — Maladie du diplocoque. — Rate du lapin.

avec la fuchsine, avec les violets, etc. ; ils se décolorent par le procédé de Gram. Le premier est immobile ; le second est mobile, il exécute des mouvements de trépidation, de rotation et de translation. Chacun conserve sa forme et ses propriétés respectives dans l'organisme et dans les milieux de culture. Tous deux sont aérobies et anaérobies ; tous deux se cultivent à l'air et dans le vide ; tous deux s'accommodent de toutes sortes de milieux, pourvu qu'ils ne soient point acides ; tous deux viennent bien dans les bouillons, dans les infusions végétales, sur la gélose, sur la gélatine et sur la pomme de terre ; tous deux se développent à la température de 12°, 15°, 20°, bien que leur pullulation soit plus active à 35°-37°.

Si tous les deux se développent bien dans les milieux artificiels et dans certains organismes, leurs cultures et leurs effets offrent de notables différences. En pullulant dans les milieux liquides, le streptocoque donne un précipité floconneux, tandis que le diplocoque donne un précipité plus fin et comme pulvérulent. Aucun d'eux ne liquéfie la gélatine ; sur gélose et sur gélatine le streptocoque produit des colonies blanchâtres sous forme de grains assez volumineux, tandis que le diplocoque donne des colonies plus ténues, plus fines, simulant une poussière délicate ; cette différence d'aspect est surtout visible dans les cultures en profondeur. Tous les deux viennent sur la pomme de terre, mais c'est surtout le streptocoque qui semble s'y plaire ; en peu de temps sa culture recouvre la tranche d'une couche grisâtre, épaisse et à surface anfractueuse, tandis que le diplocoque y donne une couche moins épaisse et plus foncée.

Mode d'action des microbes, leur atténuation, leur exaltation. — Leurs effets sur l'organisme accusent également de notables différences. Tous les deux sont pathogènes pour le cheval ; ils peuvent se trouver réunis dans le même organisme, comme on les rencontre

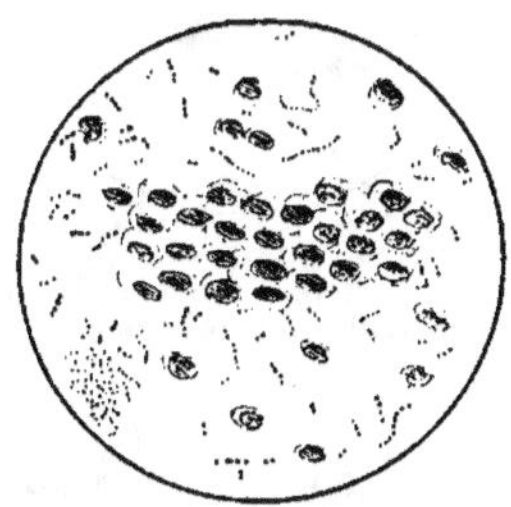

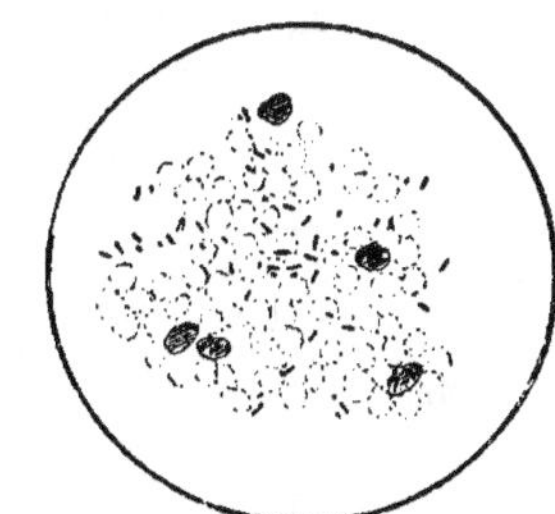

Fig. 135. — Maladie du streptocoque. — Rein du lapin.

Fig. 136. — Maladie du diplocoque. — Sang du cobaye.

associés dans certains fourrages ; ils ont entre eux des accommodements et se partagent alors l'exploitation de l'organisme. Toutefois on les trouve souvent isolés, soit qu'un seul ait été introduit, soit que la concurrence vitale en ait fait disparaître un ; et la maladie que chacun détermine est facilement obtenue par l'inoculation de chaque espèce à l'état de pureté. Le streptocoque, et cette particularité est surtout manifeste sur le lapin, s'accompagne toujours d'une altération du sang, d'une diastashémie très manifeste.

Le streptocoque et le diplocoque agissent énergiquement sur le lapin ; tous les deux le rendent malade et le tuent rapidement, quand ils ont déjà passé par l'organisme d'une série de sujets de cette espèce. Mais la maladie que chacun détermine est nettement différenciée par ses lésions. Les lapins qui meurent de la maladie du diplocoque ont le foie très congestionné et souvent criblé de nombreux points grisâtres dus à une exsudation interlobulaire ; ordinairement il y a aussi un peu de liquide épanché dans la poitrine et souvent de la pneumonie commençante avec des tractus pseudo-membraneux sur la plèvre ; le sang est bien moins altéré que dans la maladie du streptocoque ; les intestins sont moins congestionnés ; il n'y a pas d'imbibition acajou dans le tissu sous-cutané. Tout autres sont les lésions de la maladie déterminée par le streptocoque. On rencontre alors une imbibition acajou plus ou moins étendue dans le tissu sous-cutané ; le sang est toujours très

altéré; le cœur est ecchymosé, la rate est hypertrophiée et noirâtre;
l'intestin est vivement enflammé, etc. La diastashémie est très manifeste, et c'est le caractère dominant, quand le streptocoque a pullulé
dans l'organisme du lapin. D'ailleurs, si on introduit ensemble et en

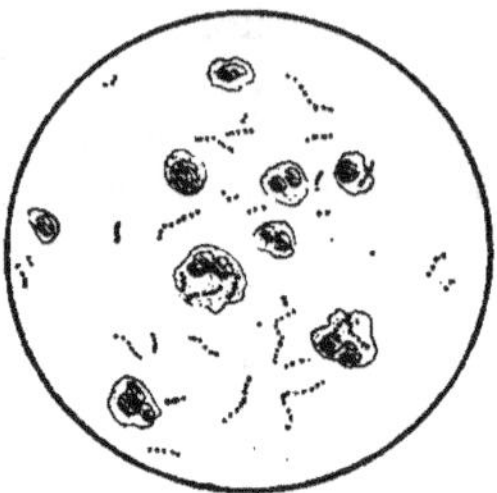

Fig. 137. — Maladie du streptocoque. — Exsudat péritonéal
du cobaye inoculé dans le péritoine.

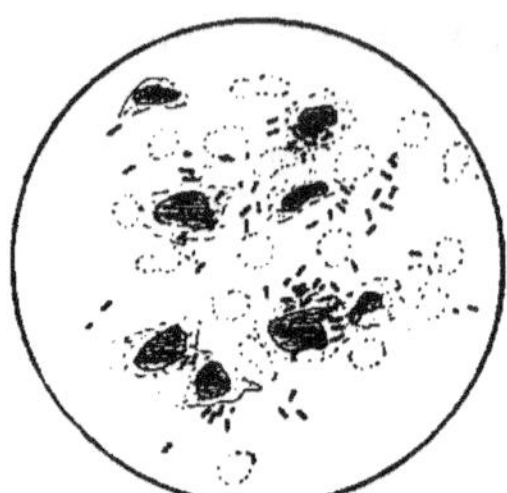

Fig. 138. — Exsudat pleural
d'un lapin inoculé de la
maladie du diplocoque.

même proportion les deux microbes dans l'organisme du lapin, il n'y
en a généralement qu'un qui agit et c'est le diplocoque, qui n'endure là
aucune promiscuité, qui traite franchement en ennemi son compagnon
et le réduit à l'impuissance.

Tout ce qui précède concourt à établir de la façon la plus péremptoire que nos deux microbes sont bien deux facteurs, deux agents de

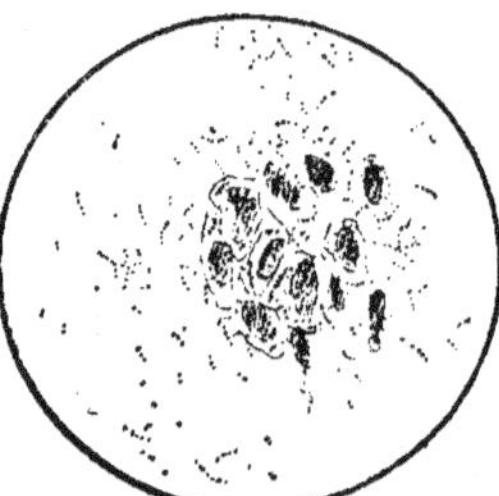

Fig. 139. — Maladie du streptocoque. — Exsudat pleural du
mouton.

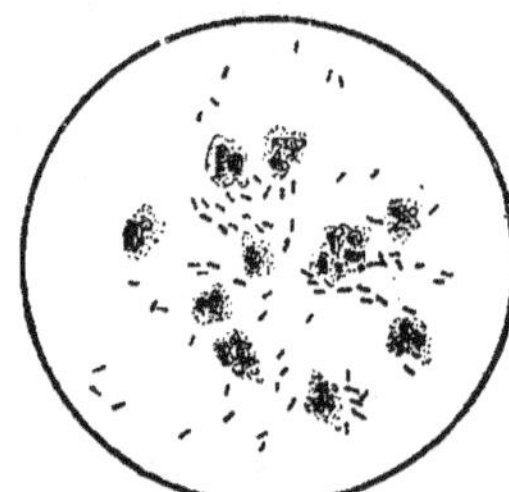

Fig. 140. — Maladie du diplocoque. — Exsudat pleural du
cobaye.

maladies différentes; chacun d'eux a des caractères propres et donne
des effets particuliers. Que si les preuves déjà accumulées laissaient
quelque place au doute, les expériences sur le cobaye seraient de nature à le faire cesser. En effet, non seulement le streptocoque n'agit pas
sur le cobaye, quand on lui inocule un mélange des deux microbes,
non seulement le diplocoque seul pullule et produit sa maladie comme

sur le lapin ; mais l'inoculation du streptocoque isolé reste sans action morbide. Nous avons toujours tué le cobaye en lui inoculant le diplocoque dans le tissu sous-cutané ; tandis qu'en lui inoculant de même le streptocoque nous ne l'avons jamais rendu malade. Deux fois nous avons pu tuer le cobaye avec le streptocoque, mais ç'a été en l'introduisant directement dans le péritoine.

Bien que nous n'ayons pas encore isolé de substances toxiques, il ne semble pas douteux que le streptocoque et le diplocoque sécrètent des matières qui jouent le rôle de poisons dans l'organisme. En effet, on peut tuer le lapin en quelques minutes, si on lui injecte dans la veine

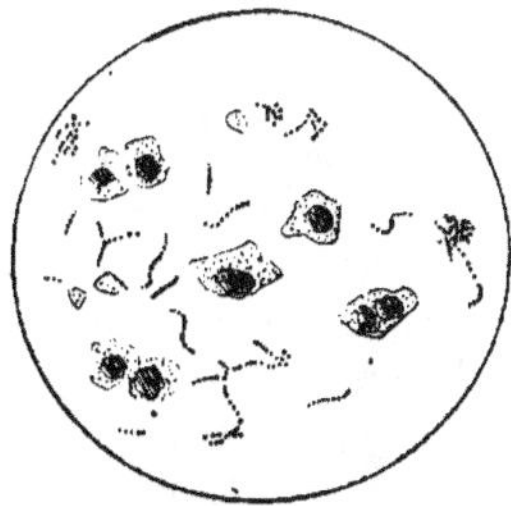

Fig. 141. — Maladie du streptocoque déterminé par le fourrage. — Foie du lapin.

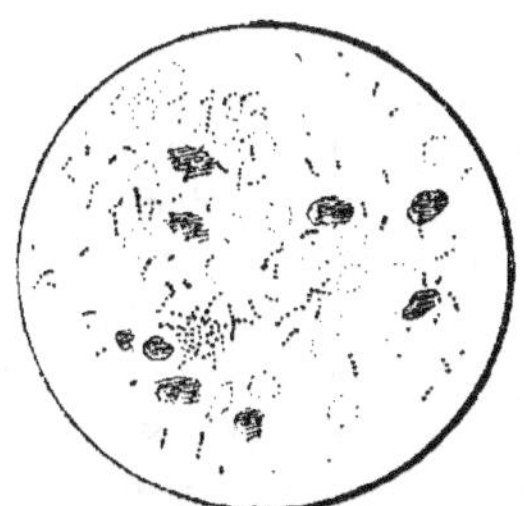

Fig. 142. — Maladie du streptocoque. — Exsudat pleural d'un chien.

une certaine dose de culture ou de matière virulente. D'ailleurs l'altération du sang et les symptômes observés sur les animaux témoignent bien que l'organisme est intoxiqué. Aussi conseillons-nous l'usage du vert, du fer, des contrepoisons et des évacuants dans le traitement des malades.

L'activité pathogène de ces microbes est très variable. Elle s'atténue progressivement dans les cultures qui vieillissent ; elle disparaît même à un moment donné. Nous avons obtenu les deux maladies, en nous servant de cultures d'un et de deux mois ; mais nous avons constaté que, à partir d'un semblable délai, l'effet pathogène devenait moins sûr et moins complet, l'incubation plus longue, la maladie moins grave et l'issue généralement favorable. Avec des cultures en bouillon nous avons échoué tant pour le diplocoque que pour le streptocoque, quand il s'était écoulé six mois depuis leur ensemencement. Dans les organismes qui résistent à la maladie, l'activité pathogène des deux microbes s'atténue également ; et l'inoculation d'une matière virulente, empruntée à des lésions anciennes ou en voie de guérison, ne s'accompagne que d'effets modérés, ou peu accusés, ou nuls. Nous avons constaté cette particularité d'une façon non équivoque. Ainsi nous avons inoculé à trois reprises différentes des lapins avec le liquide pleurétique d'un cheval atteint de la maladie du streptocoque sans déterminer leur mort. Ces inoculations ont été faites avec le liquide extrait par thoracentèse huit et onze jours après le début de la maladie. La matière inoculée était brunâtre; elle renfermait de nombreux microbes, mais ces microbes avaient perdu leur activité première. Pareille atténuation se produit aussi pour les microbes qui se trouvent dans le monde extérieur, dans les eaux, sur les fourrages, etc.; aussi conçoit-on que la prédisposition, et une prédisposition accusée, soit nécessaire pour que les sujets qui les introduisent dans leur organisme en ressentent les effets plus ou moins complets. Et de fait les maladies qu'ils sont susceptibles de déterminer ne se déclarent guère que sur des animaux préparés par des influences débilitantes ou sur des animaux qui reçoivent de grandes quantités de microbes.

Après une atténuation plus ou moins avancée, le streptocoque et le diplocoque peuvent récupérer leur activité pathogène ou même s'exalter. Ce phénomène se produit naturellement dans l'organisme des malades à grande réceptivité, et on l'obtient en quelque sorte mathématiquement, en cultivant ces microbes sur l'organisme du lapin. Après quelques passages successifs de lapin à lapin, on arrive promptement à obtenir des virus très forts, non seulement pour les animaux de cette espèce, mais aussi pour les solipèdes; on peut, dès la 3ᵉ ou la 4ᵉ génération, avoir des virus capables de tuer le lapin en quelques heures. D'ailleurs on obtient pareillement un certain renforcement par l'ensemencement dans des milieux vierges fraîchement préparés.

Résistance des microbes à la dessiccation et à la putréfaction. — La résistance du diplocoque et du streptocoque à l'action stérilisante des agents physiques et chimiques mériterait d'être bien connue, en vue de faciliter l'établissement d'une prophylaxie et d'une thérapeutique vraiment rationnelles. Nous avons entrepris quelques recherches dans ce sens, et les résultats obtenus, quoique incomplets et imparfaits parfois, ont néanmoins une certaine importance.

La dessiccation à l'obscurité et la dessiccation à la lumière et à une température oscillant entre 5°-10°-15° et 20°-25° respecte un certain temps la propriété pathogène de l'un et de l'autre. Il faut bien qu'il en soit ainsi, puisque nous avons pu obtenir l'une et l'autre maladie avec des fourrages récoltés depuis des mois, depuis un, deux et trois ans. Les nombreux cas dans lesquels nous avons pu extraire ces microbes des fourrages témoignent suffisamment de leur résistance à la dessiccation. Toutefois nous avons tenu à vérifier le bien-fondé de cette conclusion par des expériences faites avec la matière virulente empruntée à des lapins; et on peut résumer comme il suit les résultats obtenus. Une pulpe préparée avec un mélange de foie et de sang d'un lapin mort du streptocoque a été étalée sur du papier buvard et placée à l'étuve réglée à 39° pendant cinq jours; après ce temps de dessiccation, le virus n'avait rien perdu de son activité ; il a été conservé hors de l'étuve et il s'est montré actif cinq jours, vingt jours et cinq mois et demi après. Une pulpe préparée de même avec un mélange de foie et de sang d'un lapin mort du diplocoque, desséchée dans les mêmes conditions et conservée ensuite à l'obscurité, s'est montrée encore active au bout de cinq mois et demi ; mais sa virulence était plus atténuée que celle du streptocoque ; elle a rendu le lapin malade, mais ne l'a pas fait mourir. D'ailleurs le diplocoque nous a paru le moins résistant dans tous nos essais avec la matière desséchée. Les deux microbes se sont montrés encore pathogènes après une dessiccation de quelques jours à la température du laboratoire oscillant entre 12° et 25°; mais on a observé de notables différences suivant qu'il s'agissait de l'un ou de l'autre. La matière à streptocoques, étalée en couche mince sur des planchettes, et desséchée, soit à l'obscurité, soit à la lumière, soit en présence de l'acide sulfurique, a tué le lapin rapidement après une dessiccation de neuf jours. La matière à diplocoques, traitée de même, était déjà fortement atténuée dès le septième jour. Il semble donc bien que le streptocoque supporte mieux la dessiccation ; et il nous a semblé aussi que les deux microbes se conservent mieux dans les fourrages que dans les matières animales desséchées ou putréfiées.

Le diplocoque et le streptocoque supportent un certain temps la putréfaction et conservent quelque temps leur pouvoir morbigène au sein des matières organiques putréfiées et des eaux corrompues. Toutefois les pulpes et débris d'organes abandonnés à la putréfaction à l'air, à la lumière ou à l'obscurité, perdent assez rapidement leur virulence ; au bout de cinq jours de putréfaction dans ces conditions pendant le mois de juin, le streptocoque et le diplocoque avaient perdu la propriété de tuer le lapin. Mais tous les deux résistent beaucoup mieux, quand la matière virulente est mélangée à une forte proportion d'eau et abandonnée ainsi à la putréfaction : au bout de cinq jours ils tuent aussi rapidement le lapin que s'ils n'avaient subi aucune influence nuisible. Il semble donc que la conservation de l'activité virulente des deux microbes, contrariée par la putréfaction des matières animales, est mieux assurée dans les eaux et dans les dissolutions végéto-minérales ; il semble conséquemment que les purins et les fumiers doivent perdre rapidement leur virulence, tandis que les eaux souillées et infectées doivent la conserver beaucoup plus longtemps. Cette manière de voir est d'ailleurs corroborée par l'observation que nous avons faite sur les cultures en bouillon abandonnées à la putréfaction ; au bout de neuf jours d'exposition à l'air impur, elles ont perdu toute virulence. Les données qui précèdent relativement à l'action de la dessiccation et de la putréfaction sont de la plus grande utilité pour guider dans l'emploi d'une prophylaxie convenable.

Résistance des microbes aux agents chimiques. — Nous

avons fait un certain nombre d'expériences pour déterminer le pouvoir microbicide de quelques agents chimiques, dont l'emploi peut être utile pour la désinfection, pour le traitement des malades et pour la prophylaxie. Nous avons tenu à expérimenter les acides minéraux, parce que nous avons remarqué que l'ingestion de la matière virulente pouvait être rendue inoffensive par l'action probable des sucs digestifs; nous avons également tenu à expérimenter un certain nombre d'agents qui ont été préconisés dans le traitement des affections typhoïdes du cheval. Nous avons employé des solutions aqueuses, et nous avons mélangé une proportion déterminée de solution à une proportion déterminée de virus frais ou de virus préalablement desséché; ordinairement ces mélanges ont été faits dans les proportions de 3 ou 5 parties de solution pour une partie de virus; le contact a été prolongé pendant cinq, dix, quinze, vingt minutes, après quoi une partie du mélange a été injectée dans la veine du lapin. Cette manière de procéder n'est peut-être pas irréprochable au point de vue scientifique, mais les résultats obtenus sont comparables, parce que tous les agents expérimentés l'ont été de la même façon sinon à la même dose, parce que tous ont été inoculés en même temps que le virus sur lequel ils avaient agi. Nous avons de la sorte, parmi les substances essayées, trouvé des agents capables de tuer ou de rendre inoffensifs les deux microbes après un contact relativement court, réalisé avant l'inoculation, et nous avons constaté que beaucoup d'autres, parmi ceux qu'on a préconisés, sont inactifs ou trop peu actifs pour jouer un rôle microbicide.

Dans la première catégorie se placent les acides sulfurique, azotique, chlorhydrique et phénique, le perchlorure de fer et l'eau iodée. La solution à 2 p. 100 des acides sulfurique, azotique, chlorhydrique et phénique employée à raison de 5 parties d'elle-même pour une partie de virus frais ou desséché a invariablement rendu inoffensifs le streptocoque et le diplocoque après un contact de vingt-deux minutes, de vingt, quinze et douze minutes. Il a même suffi d'un contact de douze minutes, pour stériliser le streptocoque et le diplocoque desséchés, à la solution d'acide chlorhydrique et d'acide sulfurique. Le virus frais a été stérilisé au bout de cinq minutes de contact par la solution d'acide sulfurique quand il s'agissait du diplocoque. En résumé la solution à 2 p. 100 des acides sulfurique, chlorhydrique, azotique et phénique peut être considérée comme capable de stériliser les deux virus quel que soit leur état, après quinze et douze minutes de contact. L'acide sulfurique et l'acide chlorhydrique paraissent les plus actifs; cependant ils ont échoué quelquefois dans les conditions précitées. L'eau iodée à saturation, sans addition d'iodure de potassium, peut stériliser le diplocoque après un contact de quinze minutes, quand on fait un mélange de 5 parties de la solution avec une partie de virus mais son action n'est pas sûre dans ce laps de temps. Dans ces conditions elle ne stérilise pas le streptocoque. La solution à 5 p. 100 de perchlorure de fer, mélangée dans la proportion de 5 parties d'elle-même avec une partie de virus, ne stérilise pas sûrement le streptocoque frais après quinze minutes de contact; mais elle peut stériliser le diplocoque frais dans ces conditions, sans que son action soit absolument sûre.

Parmi les agents que nous avons trouvés peu actifs et peu dignes d'inpirer confiance se rangent l'acide borique, le borate de soude, le sulfate de cuivre, le sulfate de fer, le sel marin, l'émétique, le nitrate de potasse, le vinaigre, etc. La solution d'acide borique à 4 p. 100 n'a produit aucun effet sur l'un ni sur l'autre microbe après quinze minutes de contact ; il en a été de même pour la solution à 5 p. 100 de borate de soude, de sulfate de fer, d'émétique et de nitrate de potasse ; il en a été de même enfin de la solution à 10 p. 100 de sel marin et de sulfate de soude, ainsi que de l'eau fortement vinaigrée. La solution à 2,5 p. 100 de sulfate de cuivre s'est montrée quelquefois efficace ; mais son action n'est pas sûre après un contact de quinze minutes.

Origine des microbes. — Le 18 juillet 1889, à la suite d'une expérience faite sur un jeune poulain, dont le crottin ne contenait pas le streptocoque avant qu'on lui eût donné des repas infectants, mais qui en présenta à la suite de ces repas sans que le sujet parût d'ailleurs malade, nous inscrivions l'observation suivante sur notre registre d'expériences : « Le jeune solipède qui en a été l'objet n'était pas infecté avant d'ingérer la matière à streptocoques, que nous lui avons donnée les 7 et 9 juillet, attendu que son crottin ne donnait pas la maladie au lapin. Après avoir pris trois repas infectants il ne paraissait en rien malade et cependant le 18 juillet, neuf jours après son dernier repas souillé, son crottin donnait la maladie du streptocoque au lapin. » Il semble donc que l'ingestion de ce microbe par le cheval exige, pour le rendre malade, l'intervention de quelque autre influence. Il semble aussi que ce microbe passe du rôle d'agent saprogène au rôle d'agent pathogène dans des conditions qu'il reste à déterminer. Saprogène dans les milieux extérieurs où il se conserve des mois, malgré la dessiccation et les diverses influences ; saprogène dans l'organisme, quand il est introduit par certaines voies (voies digestives) et quand une prédisposition suffisante fait défaut, il devient pathogène dans certains cas et semble acquérir une activité progressive par son passage dans l'organisme, surtout quand il est inoculé au début de la maladie qu'il détermine.

Le *Streptococcus* et le *Diplococcus pneumo-enteritis equi* viennent incontestablement du sol comme ceux de la septicémie, du tétanos, etc. Ils sont soulevés du sol par les éclaboussures qu'occasionnent les pluies ; ils sont entraînés par les eaux ; on les trouve sur les fourrages, sur les foins, les luzernes, les avoines, mouillés, inondés, vasés, récoltés dans des terres marécageuses ; ils peuvent exister dans les eaux croupissantes. L'infection des fourrages est le résultat d'un mécanisme facile à comprendre. Tout fourrage trempé, mouillé, imbibé, inondé, devient un milieu de culture très apte à la pullulation de nos deux microbes ; la semence vient du sol, et la pullulation se fait d'autant plus vite que les journées deviennent plus chaudes. Quand, après cela, le fourrage se dessèche, les microbes restent adhérents à la surface des plantes et des graines, dans les fentes de l'écorce, avec toutes sortes de poussières. Ce ne sont pas là de simples vues de l'esprit ; on verra d'ailleurs ci-après qu'il est aisé d'extraire ces microbes des fourrages pour leur faire produire ensuite la maladie ; on verra comment l'infection se produit par l'intermédiaire des fourrages et de l'eau ; on s'expliquera comment la maladie peut se montrer à l'état enzootique ou épizootique.

ÉTIOLOGIE. — L'INFECTION PAR LES FOURRAGES ET LES AVOINES AVARIÉS EST LA CAUSE RÉELLE DES PNEUMO-ENTÉRITES. — EXPÉRIENCES D'INFECTION. — LA TRACHÉE EST POUR LES MICROBES DES FOURRAGES LA VOIE DE PÉNÉTRATION LA PLUS SÛRE. — LA FATIGUE ET LES REFROIDISSEMENTS CUTANÉS CONSTITUENT, SURTOUT PAR LEUR RÉUNION, DE PUISSANTES CAUSES ADJUVANTES ; IL EN EST DE MÊME DE L'ACCLIMATEMENT. — UNE PREMIÈRE ATTEINTE NE CONFÈRE PAS NÉCESSAIREMENT L'IMMUNITÉ. — LE STREPTOCOQUE PRÉMUNIT-IL CONTRE LES ATTAQUES DU DIPLOCOQUE, ET *vice versa* ? — LA CONTAGION NATURELLE EST TRÈS RARE.

L'infection par les fourrages et les avoines avariés est la cause réelle des pneumo-entérites ; expériences d'infection ; la trachée constitue pour les microbes des fourrages la voie de pénétration la plus sûre. — L'alimentation par les mauvais fourrages a été invoquée de tout temps pour expliquer le développement des maladies épizootiques, soit qu'on en fît la cause principale, soit qu'on la considérât simplement comme adjuvante ou accessoire d'une autre cause plus puissante : la contagion. Mais il faut bien dire que c'étaient les fourrages très altérés, soit par les moisissures, soit par le limon déposé par les cours d'eau débordant de leur lit, que l'on soupçonnait ainsi. Ceux qui, au moment de la récolte, avaient été lavés par des pluies abondantes, étaient considérés comme des aliments plutôt insuffisants qu'essentiellement nuisibles ; cependant, lorsque le sol n'est pas entièrement couvert par la végétation, ainsi que cela existe dans beaucoup de prairies artificielles, ou lorsqu'il a été bouleversé par le travail de nombreuses taupes, le fourrage mouillé peut se souiller à son contact ; ajoutons que la dessiccation se faisant avec lenteur et difficulté, les tiges et les feuilles ne manquent pas de se couvrir de végétaux cryptogamiques, parmi lesquels un certain nombre peuvent être pathogènes. Relativement aux fourrages qui, sans être manifestement altérés, ne présentent cependant pas une odeur aromatique franchement agréable, on constatait bien, en y apportant un peu d'attention, que la qualité laissait à désirer; mais on les acceptait, on les accepte encore partout, dans l'industrie, les administrations et même l'armée. Des fourrages moins bons encore, sans que pour cela l'envasement ou les moisissures soient absolument manifestes, sont également livrés à la consommation, soit par les propriétaires qui les ont récoltés, soit par ceux qui, en les achetant à bas prix, croient y trouver une compensation à la qualité qui fait défaut.

Or, nous avons constaté que ces différentes qualités de fourrages, auxquelles il convient de joindre les foins trop vieux et en quelque sorte *usés*, recèlent en elles, — sans doute à la surface des tiges et des feuilles, — les microorganismes caractéristiques de l'épizootie qui nous occupe.

Mais nous avons fait une autre constatation : c'est que l'avoine peut recéler également ces mêmes germes, dès qu'elle ne présente plus l'odeur franche qui caractérise le grain mûr bien récolté et bien conservé, — dès que cette odeur devient désagréable, rappelant plus ou moins l'aigre ou le moisi.

On sait dans quelles conditions se fait généralement la récolte de l'avoine. Les cultivateurs aiment à la laisser *javeler*, c'est-à-dire qu'ils la laissent étalée sur le sol en couches minces — *javelles* ou *andains* — pendant un certain temps, parfois plusieurs semaines, et il ne leur déplait pas qu'elle y reçoive un peu de pluie, prétendant que le grain y gagnera en qualité, qu'il sera plus beau, plus nourri. Lorsque la pluie est passagère et que le beau temps permet ensuite de rentrer les gerbes bien sèches, le *javelage* n'a peut-être pas de grands inconvénients; il ne peut plus en être de même lorsque les pluies sont durables, et, sans parler de la germination du grain qui, heureusement, exige un certain temps, ce dernier peut être souillé par son contact avec le sol, ou par les éclaboussures soulevées par la pluie. Inutile d'ajouter que si l'humidité ne disparait pas complètement, ce même grain, bien que mis en tas, se couvrira de cryptogames microscopiques, dont les germes rapportés du dehors n'ont pas toujours besoin du contact de l'air pour se développer.

C'est après avoir trouvé dans les matières des déjections intestinales des chevaux malades, et même, comme on l'a vu, dans les crottins de plusieurs de ces animaux qui ne présentaient aucun symptôme de l'affection régnante, les mêmes microbes que nous rencontrions toujours au sein des lésions organiques, que nous avons été conduits à suspecter les aliments. Un fait d'observation clinique nous a déterminés à vérifier sur-le-champ si cette suspicion était ou non fondée. Parmi les malades chez lesquels nous avons vu le thermomètre accuser une élévation subite de température de 2°, il s'en est trouvé un qui avait encore devant lui une poignée de très mauvaise luzerne, qu'on avait dû frauduleusement introduire au milieu d'une botte de meilleure qualité. C'est avec cette luzerne que nous avons réalisé notre première expérience démonstrative de la nocuité des fourrages.

Il est évident que si les microbes pathogènes se développent sur les tiges des plantes fourragères et sur les grains d'avoine, ils sont par cela même journellement introduits dans l'appareil digestif; de plus, ils doivent pénétrer sous forme de poussières dans les voies respiratoires: ainsi se trouveraient expliquées et la genèse de la maladie et la forme épizootique qu'elle revêt.

Quel procédé convenait-il d'adopter pour les expériences nouvelles que nous allions instituer? Il nous a paru bien inutile de nous adresser au tube digestif, attendu que l'alimentation avec des fourrages suspects, qui avait lieu chaque jour sur une vaste échelle, se présentait elle-même avec tous les caractères d'une véritable expérience, et nous savions que, parmi les animaux soumis à ce régime, quelques-uns se bornaient à avoir l'appareil digestif infecté. Il était donc préférable de recourir à la muqueuse des voies respiratoires, que des expériences antérieures nous avaient appris à considérer comme permettant une pénétration, une infection plus sûre; mais, au lieu de faire inhaler des poussières, nous avons pris le parti de soumettre les aliments suspects à un lavage avec la moindre quantité d'eau possible, et d'utiliser en injections trachéales ou en injections veineuses le liquide plus ou moins trouble ainsi obtenu.

On sait que, dans les voies aériennes, les injections d'eau pure n'ont aucune suite fâcheuse; si, au lieu d'eau pure, on se sert d'une eau inoffensive par elle-même, mais chargée préalablement de particules insolubles, inertes ou vivantes, le liquide sera absorbé et les particules se fixeront sur la muqueuse, exactement comme si elles y avaient été transportées par la colonne d'air inspiré : organiques et inertes, ces particules seront détruites ou rejetées ; minérales, elles seront susceptibles, en blessant la muqueuse, de favoriser la pénétration des particules vivantes, des microbes, qui pourraient déjà par eux-mêmes, et en vertu de leurs mouvements propres, se frayer une voie à travers les tissus.

Dans les veines, l'eau pure injectée en petite quantité est sans action nocive; mais si elle est chargée de germes vivants, ceux-ci mêlés au liquide sanguin seront transportés avec lui dans tous les organes et se multiplieront là où ils auront rencontré les conditions nécessaires à leur développement.

Pour préparer le liquide d'injection, nous avons procédé de la manière suivante. Persuadés que l'introduction d'un litre de liquide dans la trachée devrait suffire, nous avons plongé et laissé macérer plus ou moins longtemps, selon les cas, dans un litre et demi à deux litres d'eau, toute la quantité de foin qui pouvait s'en trouver humectée. Au besoin, cette quantité, que l'on malaxait de temps à autre, était remplacée par une autre qui était traitée de même, puis le tout était soumis à l'action de la presse. Le liquide recueilli était filtré à travers un linge fin et décanté après quelques instants de repos, de façon à ne conserver que le litre du fond, le plus chargé en particules vivantes ou autres. C'est ce dernier qui était injecté en une seule fois dans la trachée des chevaux d'expériences, à l'aide d'une canule-aiguille, de façon à produire le moindre traumatisme. Les injections intra-veineuses ont été pratiquées exclusivement sur des lapins ; elles ne réclamaient que quelques centimètres cubes de liquide.

Voici le résumé d'un assez grand nombre d'expériences faites avec des fourrages avariés :

1° Luzerne de très mauvaise qualité d'un jaune terreux, d'une odeur fort désagréable, évidemment vasée et quelque peu moisie, donnant beaucoup de poussière quand on l'agite, exhalant à la macération une odeur de fumier et donnant un dépôt terreux très abondant. — Sa macération tue le lapin en vingt et une heures ; les lésions sont celles que produit le streptocoque : violente congestion de tous les intestins ; congestion de la rate qui est noirâtre et d'un volume énorme ; congestion du foie et des reins ; vascularisation de l'épiploon ; poumon indemne ; diastashémie. Les préparations, faites avec le foie, montrent de beaux streptocoques isolés ou réunis en amas considérables ; on en voit aussi de dissociés, sous forme de microcoques et de diplocoques volumineux.

2° Foin fermenté, dit foin de Bourgogne, de couleur brunâtre, et d'odeur peu agréable, comme s'il avait séjourné contre une muraille humide. — Le liquide de macération, injecté dans la trachée d'un cheval, l'a rendu très malade, et, à l'autopsie, on a constaté les lésions suivantes : épanchement pleurétique, exsudat jaunâtre et adhérent ; pneumonie à droite, affectant la forme lobulaire ; hépatisation jaunâtre ; le tissu malade, très friable, infiltré de matières fibrineuses ; lobules malades, comme disséqués par la sérosité jaunâtre qui infiltre les cloisons ; reins congestionnés, avec piqueté hémorrhagique dans la substance corticale ; articulation coxo-fémorale gauche remplie d'une abondante synovie de couleur rouge foncé.

3° Foin de Bourgogne provenant d'une maison qui a eu plusieurs malades. — De deux lapins inoculés, un succombe, l'autre ne devient pas malade. Les lésions présentées par le premier sont celles du diplocoque ; du reste, ceux-ci se voient en abondance dans le sang.

4° Foin du pays, grossier, non aromatique, exhalant une odeur de marécage, fourni par une maison qui a perdu des malades. — De deux lapins inoculés, l'un succombe en moins de douze heures, en présentant les lésions de la maladie du streptocoque. Ce microbe se voit en grand nombre dans le foie, le sang et le rein.

5° Foin, pris chez un propriétaire récoltant, qui a eu des chevaux atteints de fièvre typhoïde. — De deux lapins inoculés, l'un résiste, tandis que l'autre succombe en trente heures environ. Les lésions ont été celles que détermine le streptocoque ; les préparations microscopiques ont montré ce dernier en quantités considérables, notamment dans le foie.

6° Le même foin, sert à préparer une nouvelle macération qui est injectée, à la dose d'un litre et quart, dans la trachée d'un poulain. Grâce à un refroidissement systématique, l'animal devient manifestement malade et présente à l'autopsie les lésions suivantes : congestion pulmonaire double; affection lobulaire, et lobules inégalement intéressés; cloisons conjonctives plus accusées par l'infiltration; muco-pus épais dans quelques fines bronches; aspect d'une surface de section comme granité; ganglions bronchiques un peu tuméfiés; sérosité jaunâtre et limpide dans le péricarde; quelques ecchymoses à la superficie de la rate; synovie en excès, ayant l'apparence d'une sérosité incolore et faiblement albumineuse et franges synoviales congestionnées dans les articulations coxo-fémorales, fémoro-tibiales et huméro-radio-cubitales.

7° Mélange de trois fourrages. — Sujet d'expérience : jument très vigoureuse. Lésions : rate triplée de volume; foie fortement congestionné, avec hémorrhagies insterstitielles; congestion pulmonaire avec commencement de pleurésie; plèvre soulevée par une infiltration séreuse, épaissie et couverte de petits tractus pseudo-membraneux sans organisation; aspect du poumon du bœuf péripneumonique, sur une coupe; ecchymoses sur l'endocarde et infiltration des valvules auriculo-ventriculaires; traces de congestion sur le foie, la rate et les reins; quelques tractus pseudo-membraneux à la surface du foie.

8° Foin de Bourgogne destiné à nos infirmeries, mais refusé à la livraison, d'odeur désagréable, très vieux et dégageant des poussières abondantes. — Sujets d'expérience : un cheval et des lapins. Résultat : sur le cheval, pleuropneumonie double, plaques hémorrhagiques sous l'endocarde, muqueuse du sac droit de l'estomac boursouflée et d'un rouge vif, violente congestion de l'intestin grêle, surtout du duodénum; congestion commençante du côlon flottant, reins congestionnés, vive injection de la pie-mère, réplétion considérable des vaisseaux de l'encéphale; sur les lapins, lésions de la pneumo-entérite.

9° Même foin. — Sujet d'expérience, jument bien portante. Résultat : œdème pulmonaire; ecchymoses sur l'endocarde; véritable apoplexie sanguine, avec hémorrhagie et desquamation épithéliale dans l'intestin grêle; gros côlon et côlon flottant congestionnés; pie-mère congestionnée, avec quelques petites hémorrhagies disséminées.

10° Même foin. — Sujet d'expérience : vieux cheval, bien portant. Résultat : le même que ci-devant, maladie du streptocoque.

11° Foin du 26ᵉ dragons, grossier, pâle, d'odeur aromatique à peu près nulle, poussiéreux, prenant une odeur de marécage quand on le mouille, donnant un dépôt terreux, noirâtre, assez abondant. — Injection d'un litre d'eau de macération dans la trachée d'une vieille jument saine : essoufflement, coliques, tremblements musculaires, mort en trois jours et demi. Lésions : pneumonie, cloisons interlobulaires infiltrées et épaissies; entérite intéressant le gros côlon; congestion des reins avec points hémorrhagiques dans la substance corticale.

12° Avoine, provenant d'une maison où a sévi la maladie, un peu poussiéreuse, d'odeur peu agréable. — Deux lapins inoculés succombèrent, l'un en trente heures environ, et l'autre après quatre jours, avec les lésions du streptocoque.

13° Avoine provenant de chez un propriétaire récoltant, qui avait eu des chevaux atteints par l'épizootie. — Deux lapins inoculés sont morts, l'un en trente heures environ et l'autre en quarante-deux heures. Les lésions ont été celles de la maladie du streptocoque.

14° *Spécimen de l'avoine consommée à leur dernier repas par les chevaux du 26ᵉ dragons qui ont succombé à Fauvernay; grains ramassés par terre sur la place précédemment occupée par ces animaux.* — Sujets d'expérience : lapins. Résultat : maladie du streptocoque.

15° Avoine suspecte. — Sujets d'expérience : lapins et jument âgée mais saine. Résultat : rien sur les lapins et maladie du streptocoque sur la jument.

16° Dans les premiers jours de novembre 1889, il se produisit quelques cas d'affection typhoïde parmi les chevaux du 8ᵉ cuirassiers. On avait bien songé en effet à une affection typhoïde; les malades avaient la démarche un peu titubante, la conjonctive était rouge foncé; on constatait un peu de liséré gingival; la température était élevée et il y avait de la pneumonie. Nous demandâmes des échantillons d'avoine et de foin pour les soumettre à nos recherches ordinaires. Le foin avait très belle apparence; l'avoine était moins bonne, elle était poussiéreuse et d'odeur peu agréable, quoique ayant à l'œil un assez bon aspect. C'est l'avoine qui fit l'objet de nos recherches; l'eau de lavage exhalait une odeur désagréable et donnait un dépôt terreux assez abondant; elle donna la maladie du diplocoque au lapin.

Tous les essais précédents ont été faits en 1889.

17° *Épizootie du 3ᵉ hussards.* — Dans le courant du mois de janvier 1890, une épizootie se déclara dans le quartier de la Part-Dieu sur les chevaux du 3ᵉ hussards; un certain nombre d'animaux entrèrent à l'infirmerie pour cause de pleuropneumonie infectieuse, et à la date du 3 février il en était mort une sizaine, dont deux d'une façon quasi foudroyante. Le 12 février on nous envoya, sur notre demande, des parties d'organes d'un cheval qui avait succombé assez rapidement et selon toutes probabilités à la pneumo-entérite des fourrages, ainsi que le donnaient à penser les lésions observées sur les fragments d'organes envoyés et les préparations faites avec ces lésions. En effet, voici ce que nous constatâmes : Le morceau de poumon que nous eûmes à notre disposition était simplement atélectasié; toutefois la plèvre était fortement injectée, et, au dire du vétérinaire, il y avait peu de fausses membranes, mais un épanchement liquide abondant et presque noir. Le fragment de rein était très friable et criblé d'hémorrhagies. La muqueuse vésicale était fortement ecchymosée. Celle du gros intestin était vivement enflammée, d'un rouge brunâtre, tuméfiée et friable. Le foie présentait au plus haut degré les caractères du foie muscade. Un caillot provenant de la jugulaire était très riche en microbes appartenant au *Streptococcus pneumo-enteritis equi.* On trouvait d'ailleurs le même microbe dans les lésions des organes.

Nous préparâmes une émulsion avec des fragments des lésions précitées et nous l'inoculâmes le 3 février à quatre lapins, qui moururent successivement de la maladie du streptocoque. Il était donc bien établi que l'épizootie du 3ᵉ hussards était une épizootie de pneumo-entérite due au streptocoque. Restait à établir l'origine du microbe. Dans ce but nous demandâmes des échantillons de foin et d'avoine, et nous fîmes des essais, qui furent bien concluants et démontrèrent que l'origine de la maladie était dans les fourrages, que l'épizootie du 3ᵉ hussards était une épizootie de pneumo-entérite, déterminée par le streptocoque qui se trouvait dans le fourrage; tandis que celle du 8ᵉ cuirassiers, moins grave d'ailleurs, était due au diplocoque provenant également des fourrages.

18° D'autres cas de pneumo-entérite se présentèrent, vers la même époque, dans d'autres milieux, et nous en constatâmes un à l'École vétérinaire, sur un cheval qui y était en traitement pour un catarrhe des sinus, depuis plusieurs semaines. Les fourrages de l'École lui avaient donné la maladie du streptocoque. Il avait perdu progressivement l'appétit; il avait eu la démarche chancelante, un peu d'essoufflement, de la toux, de la matité; les conjonctives étaient devenues jaunes, rougeâtres, infiltrées, etc. Une émulsion préparée avec l'enduit des crottins donna la maladie du streptocoque aux deux lapins auxquels nous l'inoculâmes.

19° *Pneumo-entérite observée à Firminy (Loire).* — A la date du 9 janvier 1890, M. Repiquet, de Firminy, nous écrivait dans les termes suivants :

« Au sujet des *pneumo-entérites infectieuses des fourrages,* j'ai conservé des

<table><tr><td>II.</td><td>45</td></tr></table>

notes sur une maladie qui a sévi sur les chevaux d'une écurie il y a quelques années, sous forme d'entérite, et que j'ai attribuée à l'usage d'une avoine avariée. On a forcé le fournisseur à enlever ladite avoine et à la remplacer par une avoine de meilleure qualité, et la maladie a disparu.

« Actuellement je soigne un cheval qui a de la faiblesse générale, qui tousse et présente les symptômes suivants : injection des conjonctives qui semblent teintées en rouge ; accélération de la respiration et de la circulation ; élévation notable de la température ; matité et abolition du murmure respiratoire, dans les parties inférieures de la poitrine ; signes d'entérite, etc. Sur les quatre chevaux de la même écurie, c'est le troisième qui est malade depuis un mois. Le foin qui entre dans leur alimentation est de mauvaise qualité ; je lui attribue la genèse de la maladie. »

Sur notre demande, M. Repiquet nous adressa un échantillon du foin incriminé. Ce fourrage était grossier, dégageant beaucoup de poussière, quand on le manutentionnait ; mouillé, il prenait une odeur désagréable, donnait à la macération un liquide noirâtre, épais, visqueux, analogue à du purin. On injecta ce liquide dans la trachée de deux chevaux. L'un des sujets mourut rapidement, en présentant des lésions de pneumonie et d'entérite ; le second, sacrifié au bout de vingt-huit heures, présenta aussi une pleuro-pneumonie double, avec infiltration du tissu interlobulaire et exsudat pleural, un épanchement dans le péricarde, des hémorrhagies sur le cœur, une entérite très manifeste disséminée dans l'intestin grêle. Les lésions de ces deux sujets présentèrent le streptocoque ; inoculées au lapin, elles le firent périr en vingt-quatre heures de la maladie du streptocoque.

Depuis la publication de notre travail commun, j'ai été sollicité de divers côtés, et j'ai dû expérimenter un certain nombre de fourrages envoyés par des confrères qui se trouvaient aux prises avec des affections ressemblant aux pneumo-entérites. Le résultat de quelques-unes de ces nouvelles expériences a été publiée récemment (1891), en voici un résumé.

20° Foin provenant d'une ferme où des chevaux étaient morts de pneumo-entérite. — Sujets d'expérience : lapins. Résultat : maladie du diplocoque.

21° Le 27 août 1890, M. le vétérinaire principal Foucher, qui venait d'être appelé à Auxonne pour donner son avis sur la nature et la prophylaxie d'une épizootie qui sévissait sur les chevaux du 16ᵉ chasseurs, ayant reconnu la pneumo-entérite, me faisait envoyer des échantillons de foin et d'avoine prélevés sur la provision de fourrages qui était en distribution. Je préparai des macérations avec l'avoine, qui n'avait pas trop mauvais aspect, et avec le foin qui était, au contraire, manifestement avarié. L'eau de lavage de l'avoine ne donna pas la pneumo-entérite ; mais la macération du foin fit périr deux lapins sur trois avec les lésions et les microbes de la pneumo-entérite (Diplococcus pneumo-enteritis equi).

22° A la date du 27 décembre 1890, M. Adrian, vétérinaire en 1ᵉʳ au 7ᵉ hussards, à Tours, m'écrivait en substance ce qui suit : Depuis un mois, des cas de congestion pulmonaire, de pleuro-pneumonie, d'entérite et de néphrite s'étaient montrés parmi les chevaux du régiment ; au début de l'enzootie, l'affection était peu grave, mais les cas récents revêtaient plus de gravité ; il venait de se produire deux cas de mort en quarante-huit heures, et, dans la journée même du 26 décembre, quatre animaux tombaient encore malades. Les symptômes observés étaient les suivants : tristesse, toux, flanc rétracté, hypéresthésie du thorax, élévation de la température, qui montait à 40°-41°, coloration rouge acajou et infiltration de la muqueuse oculaire, larmoiement, symptômes de pneumonie et de pleurésie, diarrhée liquide, jaunâtre et fétide chez certains malades, crottins recouverts de mucus et parfois de pseudo-membranes, etc... Quant aux lésions trouvées à l'autopsie, c'étaient : de la pleurite, de la pneumonie, de la péricardite, un piqueté hémorrhagique sur la muqueuse de l'estomac, une inflammation de la muqueuse du gros intestin avec macules hémorrhagiques et avec une infiltration accusée du tissu sous-muqueux, une hypertrophie manifeste des ganglions mésentériques et du foie qui était comme cuit et avait une couleur muscade, une violente congestion de la rate et des reins, l'injection et des macules sur la muqueuse vésicale, la congestion des méninges et des centres nerveux, etc... Les deux chevaux qui avaient succombé étaient restés malades, l'un sept et l'autre neuf jours. M. Adrian faisait suivre la lettre d'un envoi contenant des lésions, prélevées sur un cheval mort le 24, et un échantillon de foin ainsi qu'un échantillon d'avoine prélevés sur les rations distribuées aux chevaux du 7º hussards.

J'entrepris immédiatement deux séries parallèles d'expériences, d'un côté avec les lésions du cheval mort le 24 décembre, et d'autre part avec les fourrages.

1º Les lésions envoyées, étant arrivées congelées, furent laissées à la température de — 2º jusqu'au 29, et leur inoculation, réalisée à cette date, prouva qu'elles n'avaient pas perdu leur virulence. Trois lapins, ayant reçu dans la veine une émulsion préparée avec un mélange de sang, de rate et de foie, moururent, l'un le 2 janvier, le second dans la nuit du 3 au 4 janvier et le troisième le 5 janvier; tous les trois succombèrent à la pneumo-entérite déterminée par le diplococcus pneumo-enteritis equi, avec d'innombrables microbes dans le sang, dans le foie, etc... L'un d'eux, celui qui mourut le 5 janvier, présenta un très beau cas de pneumo-entérite à forme nerveuse; il eut des symptômes de vertige pendant la journée du 4 pour tomber et rester paralysé le 5 jusqu'à six heures du soir. — Des cultures furent faites avec le sang de ces trois lapins et les diplocoques qu'elles donnèrent servirent à transmettre la maladie à de nouveaux sujets. — Quatre lapins furent également inoculés dans la veine, le 29 décembre, avec une émulsion préparée en triturant dans de l'eau stérilisée un fragment de la muqueuse intestinale du cheval mort le 24 décembre; sur les quatre, deux ont résisté et les deux autres sont morts, le premier le 31 décembre, et le second le 8 janvier, tous les deux avec les lésions et les microbes de la pneumo-entérite.

Ces inoculations démontrent donc bien que la maladie qui a sévi au 7º hussards était la pneumo-entérite; et les expériences, faites avec le fourrage, établissent que les germes ont été fournis par les aliments.

2º Le 30 décembre, je préparai une macération avec le foin qui avait été envoyé en même temps que les lésions précitées. Ce fourrage était de mauvaise qualité; il glissait mal sous la main; il exhalait une odeur désagréable; sa couleur était celle d'un foin mal préparé; l'eau dans laquelle il avait macéré était foncée et exhalait une odeur de vase. Cette eau servit à inoculer deux lapins par injection intra-veineuse et une vieille jument par injection intra-trachéale.

Des deux lapins, un seul succomba; mais il mourut, comme ceux qui avaient été inoculés avec les lésions du cheval, de la maladie du diplococcus pneumo-enteritis equi, le 2 janvier, en présentant d'innombrables microbes dans le sang, dans le foie, dans les reins, etc. Ces microbes, cultivés parallèlement avec ceux qui provenaient des lésions du cheval, donnèrent les mêmes cultures et les mêmes résultats dans les inoculations auxquelles on les fit servir. Quant à la jument, elle mourut dans la nuit du 4 au 5 janvier; le lendemain de l'inoculation, sa température avait monté de 3 degrés et l'on constatait des symptômes de localisations thoraciques et d'entérite. A l'autopsie, on relevait des lésions de bronchite, de pneumonie, de pleurésie, d'entérite, etc. ; et ces lésions, inoculées à des lapins et à des cobayes, reproduisaient la pneumo-entérite avec le diplocoque.

La preuve de la nature et de l'origine de la maladie qui sévissait au 7e hussards, se trouvait ainsi faite.

D'autre part, M. Adrian avait, de son côté, fait une expérience qui concourait à la même démonstration. Il avait injecté en deux fois, dans la trachée d'une jument, un litre de macération préparée avec du foin semblable à celui que j'avais expérimenté. Cette jument fut abattue deux jours après la dernière injection; et elle présenta des lésions de pneumonie, de péricardite, d'entérite, de néphrite, etc... Un fragment de poumon de cette bête me fut envoyé, et je m'en servis pour transmettre la maladie du diplocoque au lapin et au cobaye.

23° Divers fourrages suspects ont donné la pneumo-entérite.

24° Le 9 mars 1891, M. Lenoir, vétérinaire en 1er au dépôt de remonte de Mâcon, croyant être aux prises avec la pneumo-entérite des fourrages, m'a envoyé : 1° un fragment de moelle provenant d'un cheval mort le 7 mars après avoir été malade depuis le 13 février et ayant présenté à l'autopsie des lésions de pleurésie et de gastro-entérite ; 2° un fragment de vessie d'une jument morte le 7 mars, après avoir eu des coliques, et ayant montré à l'autopsie des lésions de pleurésie, de pneumonie, de péricardite, d'entérite, etc.

Le même jour, j'ai inoculé ces produits à des lapins, et chacun d'eux a donné la pneumo-entérite déterminée par le diplocoque. Le 12 mars, j'ai expérimenté l'avoine qui m'avait été envoyée du dépôt (2e envoi) et j'ai, avec elle, reproduit la pneumo-entérite déterminée par le diplocoque.

En résumé, l'expérimentation démontre de plus en plus nettement le rôle pathogène des fourrages avariés, des foins récoltés dans les prairies marécageuses ou inondées au moment de la fenaison, des fourrages qui ont reçu la pluie après avoir été coupés, des avoines qui ont javelé à la pluie, etc. Quoi de surprenant, d'ailleurs, dans cette étiologie? La feuille du mûrier ne joue-t-elle pas le même rôle à l'égard du ver à soie auquel elle donne la flacherie, et l'eau polluée à l'égard de l'homme à qui elle communique la fièvre typhoïde? Il faut donc donner des soins spéciaux aux fourrages au moment de la récolte, les secouer énergiquement ou les passer à un fort ventilateur quand ils ont été vasés, mouillés, etc.; il faut passer les avoines au tarare après une bonne dessiccation. En tout temps il faut manutentionner convenablement les fourrages avariés avant de les distribuer, les secouer au grand air, les arroser au moment de la distribution avec une eau légèrement acidulée ou salée, afin de prévenir l'émission de poussières pendant le repas; il faut les utiliser de préférence quand les animaux sont moins exposés aux influences débilitantes, telles que la fatigue, les intempéries, etc. Il convient, d'autre part, de rafraîchir de temps en temps les animaux en leur donnant du vert, du sulfate de soude, etc., et de les tonifier en leur donnant un sel de fer, par exemple du sulfate de fer.

Étant donné que les fourrages avariés peuvent engendrer des maladies graves, il n'est pas inutile de rappeler quelques-uns des caractères qui permettent de reconnaître ou de soupçonner leur degré d'altération. Outre les données tirées de la couleur (teinte lavée, teinte foncée, etc.), de l'odeur (odeur forte, désagréable, odeur de vase, odeur de moisi, etc.), de l'état poussiéreux, de l'aspect tacheté et de la difficulté avec laquelle ils glissent dans la main, les fourrages avariés peuvent surtout être reconnus par le lavage ou la macération dans l'eau, et par l'inoculation de l'eau de lavage. On connaît les résultats qu'on peut obtenir par ce dernier procédé ainsi que la façon d'en réaliser l'application. Quant à la macération, elle peut fournir des données précieuses sinon toujours certaines. On pourra donc faire macérer, pendant un quart d'heure, cinq cents grammes ou un kilogramme de fourrage (foin ou avoine) à vérifier dans de l'eau tiède en quantité suffisante; on exprimera ensuite et on vérifiera l'état de l'eau ainsi que celui du fourrage. Ordinairement le fourrage avarié communique à l'eau de macération une teinte plus foncée, une odeur fade, une odeur de vase, une odeur de fumier, etc., en même temps qu'il l'exhale lui-même d'une façon plus accusée; tandis que le fourrage non avarié donne à l'eau une teinte moins foncée et lui communique une odeur aromatique agréable, qu'il exhale lui-même d'une manière bien nette. De plus, quand on filtre l'eau de macération sur un linge, ou qu'on la laisse au repos, on constate que les avoines et les foins avariés fournissent un dépôt terreux ou vaseux beaucoup plus abondant que les denrées de bonne qualité. On peut donc mal augurer d'un fourrage qui se comporte de la sorte en présence de l'eau; on est en droit, d'une façon générale, de le suspecter avec d'autant plus de raison qu'il rend l'eau plus foncée, qu'il lui communique et qu'il prend lui-même une odeur plus désagréable, qu'il fournit un dépôt plus abondant, etc.

Nous voyons dans les résultats qui viennent d'être rappelés, la preuve indéniable de l'origine fourragère des pneumo-entérites. Il n'est pas inutile de faire remarquer que, si certains échantillons de fourrages employés dans nos expériences étaient absolument défectueux, d'autres avaient été prélevés sur des foins, des avoines d'une vente courante et d'un emploi fréquent dans l'alimentation. De nombreux essais n'ont donné que des résultats négatifs; mais les résultats positifs sont assez nombreux pour entraîner la conviction.

Les expériences relatives à la maladie des chevaux du 3e hussards, qualifiée par nos confrères militaires du nom de *pleuro-pneumonie infectieuse*, ont eu en outre l'avantage de démontrer que cette dernière affection doit être assimilée aux *pneumo-entérites infectieuses des fourrages*.

S'il est vrai que les animaux s'infectent surtout par les fourrages et les avoines, ainsi que nos expériences l'ont péremptoirement établi, il est également vrai, comme l'ont encore démontré nos recherches, que la voie respiratoire constitue pour les microbes pathogènes la voie de pénétration la plus sûre. Nous avons bien transmis la maladie par inoculation sous-cutanée (lapin), par injection intra-veineuse, par injection thoracique et pulmonaire; mais, en recherchant quelle muqueuse, des voies digestives ou respiratoires, offrait le plus de chances d'absorption, nous avons été conduits à attribuer à cette dernière le rôle prépondérant. On a vu, en effet, que l'injection des émulsions virulentes et des eaux de lavage des fourrages infectieux dans la trachée amenait beaucoup plus sûrement la maladie que leur introduction par les voies digestives.

La muqueuse gastro-intestinale n'est peut-être pas par elle-même plus réfractaire à l'infection que celle des voies respiratoires; mais il convient, étant donnée la grande susceptibilité des deux microbes vis-à-vis des acides, de tenir compte de l'action stérilisante ou atténuante des sucs gastro-intestinaux. Il est de fait que l'ingestion de fourrages infectieux et de matières virulentes très riches en microbes pathogènes reste ordinairement sans résultats; les microbes sont stérilisés en partie ou atténués ou expulsés avec les excréments. D'ailleurs, s'il y a pullulation dans quelque partie de l'intestin, ce qui semble probable, l'infection peut rester localisée et les microbes se trouver plus ou moins abondants dans les excréments, sans que les sujets paraissent sérieusement malades.

Toutefois il serait peu rationnel de nier d'une façon absolue le rôle absorbant des voies digestives. Il y a tels cas dans la pratique où il est impossible de ne pas l'admettre, comme il est impossible de méconnaître le rôle des eaux croupissantes en tant que causes pathogènes. Nous connaissons des faits dont les circonstances sont telles qu'ils équivalent à de véritables expériences de laboratoire. Ainsi j'ai jadis observé des enzooties successives dans une ferme où les animaux étaient décimés tant qu'ils étaient abreuvés avec des eaux croupissantes; la maladie (c'était bien la pneumo-entérite) disparaissait, quand on remplaçait ces eaux par des eaux bouillies et décantées, pour réapparaître, quand on se lassait de cette précaution.

Je crois donc que les eaux croupissantes, les eaux des mares, celles des fossés, etc., peuvent être malfaisantes à l'instar des fourrages avariés; ingérées souvent et à fortes doses, elles peuvent déterminer des pneumo-entérites; et c'est vraisemblablement de la sorte que, dans certains cas, les affections dites typhoïdes sont engendrées à l'état enzootique ou épizootique.

Là où les eaux ne sauraient être incriminées, ce sont les fourrages qui se chargent d'engendrer les pneumo-entérites. Leur rôle est incontestablement très important; leur ingestion offre des dangers; mais c'est surtout l'inhalation des poussières qui s'en dégagent qu'il faut accuser. Les animaux, en tirant leur fourrage, en agitant leur avoine, etc., provoquent eux-mêmes le dégagement de ces poussières malfaisantes et les inhalent aussitôt. C'est de la sorte, avons-nous vu, qu'ils s'infectent; c'est par l'inhalation des poussières plutôt que par l'ingestion des fourrages infectieux qu'ils se contaminent; on en demeure pleinement convaincu, quand on se reporte à certaines de nos expériences ci-dessus exposées.

Tous les sujets qui ingèrent ou inhalent des microbes ne deviennent pas malades, et ceux qui le deviennent, le sont à des degrés divers. Le microbe n'est pas tout dans la genèse de la maladie; il faut que l'organisme se laisse faire, c'est-à-dire qu'il se défende mal ou ne se défende pas. C'est le moment d'indiquer sommairement les influences qui rendent ou tendent à rendre l'organisme apte à cultiver les microbes pathogènes, en diminuant sa résistance vitale, en l'affaiblissant, en lui enlevant de sa puissance de réaction.

Influences prédisposantes. — Pour ces maladies, comme pour bien d'autres d'ailleurs, la dose de microbes introduits exerce une grande influence. On voit tous les jours des animaux qui sont exposés à inhaler ou à ingérer les germes des pneumo-entérites, et qui les inhalent ou les ingèrent sûrement sans devenir gravement malades ou même sans le devenir aucunement. Et cela tient souvent à deux causes, soit à la faible quantité de microbes introduits qui sont détruits par les éléments des tissus, soit à la grande résistance de l'organisme, c'est-à-dire à l'absence d'influences débilitantes pour accroître la susceptibilité des sujets. Toutes choses égales d'ailleurs, on a d'autant plus de chance de voir apparaître la maladie, de la voir apparaître rapidement et de la voir se montrer grave que la dose de microbes introduite est plus considérable.

Quant au rôle des influences débilitantes, il semble très important, presque aussi important que celui des microbes pathogènes. En sorte qu'on peut presque dire que ces deux ordres de causes se complètent, que l'un est nécessaire à l'autre pour que la maladie se montre. A elles seules les influences prédisposantes sont insuffisantes; mais elles sont nécessaires; et de leur intervention plus ou moins accusée dépend la défaite de l'organisme par les microbes. Il importe d'être bien édifié sur ce point; car, s'il convient de réduire les chances d'introduction des microbes, il convient tout autant d'éloigner les influences débilitantes et de maintenir l'organisme dans toute sa force de résistance par une hygiène irréprochable.

L'observation clinique a depuis longtemps reconnu le rôle et l'importance des causes prédisposantes et occasionnelles; elle n'a même vu souvent que cela. Mais si elle a exagéré parfois le rôle de ces causes, il n'en demeure pas moins vrai que celles-ci en jouent un très considérable, et que très souvent, sans leur intervention, la maladie ne se développerait pas, les germes ne pouvant sans leur auxiliaire lutter contre l'organisme, qui les détruit ou les expulse au fur et à mesure de leur pénétration.

De nombreuses influences peuvent être considérées comme susceptibles d'accroître la prédisposition et la réceptivité des animaux. Outre les influences résultant de la jeunesse et de la faiblesse individuelle, il y a des causes préparatoires nombreuses qui peuvent se résumer dans l'énumération suivante : Ce sont les transitions d'une saison à l'autre, les refroidissements, le déplacement et l'acclimatement des animaux, l'alimentation insuffisante ou de mauvaise qualité, les fatigues, le travail excessif, etc. Que de fois la maladie s'est montrée sur de jeunes chevaux récemment importés, alors que les anciens qui recevaient la même nourriture ne devenaient pas malades; le déplacement des animaux et le changement de climat les rendent plus susceptibles: c'est là un fait trop généralement connu pour qu'il soit besoin d'insister.

De toutes les causes prédisposantes, celles qui sont les plus puissantes, abstraction faite des qualités des individus, sont incontestablement les fatigues, le travail excessif et les refroidissements. Ces influences sont surtout puissantes, quand elles agissent simultanément. L'observation a appris à connaître depuis longtemps le danger de pareilles influences: et si on se reporte aux faits et aux expériences relatés plus haut, on demeure pleinement convaincu de cette vérité. N'est-ce pas à la suite d'une fatigue suivie d'un campement en plein air que les chevaux du 26ᵉ dragons étaient tombés malades. Au 8ᵉ cuirassiers récemment arrivé à Lyon, il y avait l'influence de l'acclimatement; au 3ᵉ hussards, l'épizootie semble avoir attaqué les chevaux qui étaient le plus exposés aux courants d'air. Enfin on a pu voir, d'après une de nos expériences sur le cheval, que le refroidissement provoqué à dessein avait accru la réceptivité du sujet et aggravé la maladie.

En résumé, il nous semble bien démontré que l'étiologie des pneumo-entérites (affections typhoïdes) du cheval se réduit aux deux ordres de causes indiquées ci-dessus. Il faut, pour que l'organisme tombe malade ou tout au moins pour que l'infection soit grave, l'introduction des agents pathogènes et l'intervention de quelque influence débilitante qui diminue la résistance des éléments des tissus. Les agents pathogènes viennent des fourrages, des avoines ou des eaux; ils peuvent être ingérés sans danger, s'ils sont introduits à petites doses; mais ils deviennent dangereux, quand ils sont introduits à fortes doses, et quand l'organisme se trouve débilité. Ils sont surtout dangereux quand ils pénètrent dans les voies respiratoires; et ils sont facilement introduits de la sorte, à la suite de l'inhalation des poussières que les animaux dégagent des fourrages infectieux en les consommant. La prédisposition peut être créée ou accrue par les diverses influences précitées, surtout par les fatigues et les refroidissements ; elle est presque aussi indispensable que le microbe pour que la maladie se déclare. Tel animal, qui introduit journellement et sans danger des microbes pathogènes, tombera malade le jour où il sera soumis à l'influence des causes débilitantes ; et l'affection semblera être la conséquence de la cause occasionnelle, alors qu'en réalité celle-ci sera simplement venue en aide au microbe, en diminuant la résistance de l'organisme.

Une première atteinte confère-t-elle l'immunité ? L'un des microbes préserve-t-il contre l'autre ? — Une première atteinte ne confère pas l'immunité ; l'animal qui est sous le coup de la maladie, celui qui en est atteint d'une façon bénigne, et celui qui en est guéri, peuvent la contracter de nouveau ou devenir plus gravement malades, quand ils continuent à introduire des germes dans leur organisme. Nos observations et nos expériences relatées plus haut ont nettement établi ce premier point.

Nous avons vu et nous avons pu aggraver la maladie sur des sujets déjà atteints, par l'introduction de nouveaux germes ; nous avons vu des malades rechuter après avoir semblé guéris, et nous avons fait périr des sujets (lapins), qui avaient résisté à une première atteinte, en leur inoculant une seconde fois la maladie. Conséquemment les pneumo-entérites sont toujours à redouter, quand les animaux, même ceux qui les ont déjà eues, sont soumis à la double influence des germes pathogènes et des causes débilitantes.

Nous avons également reconnu qu'une première atteinte de l'un des deux microbes ne préserve pas contre les atteintes de l'autre ; les animaux qui ont eu la maladie du diplocoque peuvent contracter ensuite celle du streptocoque et réciproquement. Le même sujet peut d'ailleurs, au moins quand il s'agit d'animaux solipèdes, héberger et cultiver simultanément les deux microbes et avoir les deux maladies mélangées. Le fait est facile à constater et les deux microbes sont faciles à isoler par la culture sur gélatine, ou par l'inoculation dans le tissu conjonctif du cobaye qui ne cultive que le diplocoque. L'organisme du lapin, apte à les cultiver tous les deux, ne les fait pas prospérer simultanément ; le diplocoque y réduit le streptocoque à l'impuissance, quand on les inocule ensemble et dans le même point ; mais quand le diplocoque a terminé son évolution, le lapin, si la maladie guérit, peut ensuite cultiver le streptocoque. De même, le lapin qui a eu la maladie du streptocoque et qui en est guéri, peut ensuite cultiver le diplocoque. Il semble enfin que, loin de préserver l'organisme, une première atteinte a plutôt pour résultat de le prédisposer à une nouvelle atteinte du même microbe ou du microbe congénère, au moins pendant quelque temps.

La contagion par les malades est peu fréquente. — Étant donnés l'origine des microbes et le mode ordinaire d'infection par inhalation de poussières ou par ingestion des fourrages ou des boissons, et étant avéré que l'introduction d'une certaine quantité de germes semble nécessaire pour que la maladie se développe, il y a lieu de se demander si la contagion peut se faire par l'intermédiaire des malades et si des mesures sanitaires proprement dites seraient utiles, le cas échéant. Nos animaux d'expérience ont cohabité avec des sujets sains et nous n'avons jamais observé la transmission de la maladie à la suite de ces rapports intimes. Est-ce à dire qu'il n'y a aucun danger à ne pas isoler les malades, à ne pas désinfecter les locaux et les objets souillés par eux? Est-ce à dire que la contagion par leur intermédiaire et sans le secours des fourrages infectieux est impossible? Nous n'allons pas jusque-là. Nous pensons que la contagion par les malades est rare ; nous pensons que les cas les plus nombreux, même quand la maladie est épizootique, sont dus à l'infection par les fourrages ou les eaux, mais nous sommes d'avis qu'il faut néanmoins isoler les malades, désinfecter les locaux et les objets souillés par eux, etc. En tant que mesures prophylactiques, nous donnons la place la plus importante à celles qui doivent avoir pour but l'amélioration de l'alimentation et de toutes les conditions hygiéniques ; mais nous conseillons toujours l'isolement des sujets atteints et la désinfection.

TRANSMISSION EXPÉRIMENTALE. — SIÈGES DE LA VIRULENCE. — ANIMAUX
INOCULABLES, ANIMAUX RÉFRACTAIRES.

Le sang, les diverses lésions organiques, le liquide d'épanchement et l'exsudat fibrineux des plèvres, le jetage nasal quand il s'en produit, l'urine, les déjections intestinales, etc., sont virulents et doivent cette propriété, chez un sujet déterminé, soit à un même micro-organisme, soit à une même association de plusieurs de ces infiniment petits. Des expériences variées faites par centaines nous ont donné à cet égard une certitude absolue.

Virulence du sang. — C'est à l'aide de ce liquide, puisé, avec toutes les précautions de la plus rigoureuse asepsie, dans le cœur de lapins auxquels nous avions transmis la pneumo-entérite à streptocoques ou à diplocoques, que nous avons ensemencé toutes nos cultures, qui ont admirablement prospéré, et au moyen desquelles nous avons pu inoculer plus tard avec succès des chevaux, des lapins et autres animaux. La virulence du sang ne saurait donc être mise en doute ; toutefois, nous avons aussi inoculé directement ce liquide ; avant de l'utiliser pour l'ensemencement de nos cultures, nous avions dû nous assurer de son activité.

Virulence des lésions présentées par le poumon, la plèvre, l'intestin, le foie, la rate, le rein, les capsules surrénales, les ganglions lymphatiques, les articulations et l'appareil musculaire. — Nos expériences relatives à la contagiosité des *lésions pulmonaires* dues aux pneumo-entérites développées naturellement, ont été peu nombreuses, mais elles ont été concluantes; nous les avons au contraire multipliées quand il s'est agi des maladies produites artificiellement, soit par l'inoculation, soit au moyen des avoines et des fourrages avariés. Les lésions pulmonaires ont donné la maladie par inoculation.

Le liquide d'épanchement de la *pleurésie* a été inoculé avec succès, mais seulement pendant les premiers jours de la maladie; plus tard, les micro-organismes pathogènes ont disparu ou se montrent profondément altérés.

Nous avons fait de très nombreuses expériences dans le but de nous éclairer sur l'origine et la nature des *lésions intestinales*. C'est, grâce aux résultats obtenus, que nous avons acquis la certitude de l'unité de nature de ces lésions et des lésions thoraciques, aussi bien dans les maladies naturelles que dans les maladies expérimentales. Nous avons obtenu la pneumo-entérite en inoculant le produit des lésions intestinales, tout comme en inoculant les lésions thoraciques.

Avec l'intestin du cheval, rendu malade par l'inoculation du diplocoque ou du streptocoque dans le poumon, on peut donner la pneumo-entérite.

Dans nos expériences de transmission, nous avons constaté la virulence du *foie*, de la *rate*, du *rein*, des *capsules surrénales*, des *ganglions lymphatiques*, et leur grande richesse en microbes pathogènes. Nous avons également constaté la virulence des *lésions articulaires* et *musculaires*.

Virulence du jetage nasal, de l'urine et des déjections intestinales. — Nous avons obtenu la maladie en inoculant le jetage nasal; nous avons inoculé deux fois l'*urine*, dont une avec résultat positif. Il y a lieu de croire que les premiers jours de la maladie étant passés, ce liquide ne tarde pas à perdre son activité.

Les *déjections intestinales* se sont montrées virulentes chez la plupart des malades, soit qu'ils eussent contracté la pneumo-entérite naturellement, soit qu'elle leur eût été communiquée d'une façon quelconque. Il y a plus : elles se sont également montrées virulentes chez des animaux qui ne semblaient nullement atteints par l'affection régnante. L'origine fourragère de l'épizootie permet de comprendre cette particularité. Afin d'éviter les accidents de septicémie, toutes les inoculations de matières excrémentitielles ont été faites par injection intraveineuse. Pour y procéder, nous enlevions la partie superficielle d'un ou deux crottins frais, et nous la délayions dans un peu d'eau ; le tout était ensuite jeté sur un filtre de toile. Le liquide très trouble qui passait était aspiré à l'aide d'une seringue Pravaz, puis injecté dans la veine auriculaire, à la dose moyenne d'un centimètre cube pour un lapin adulte. Nous avons expérimenté de cette façon sur les matières alvines de vingt-neuf chevaux, parmi lesquels quinze présentaient les symptômes de la maladie régnante, sous différentes formes, et quatorze en étaient ou paraissaient en être complètement exempts. Sur les quinze chevaux de la première série, un seul avait été inoculé par la voie veineuse ; les autres avaient contracté eux-mêmes la maladie. Si l'on en excepte deux qui ont résisté, tous les lapins inoculés avec les matières de ces animaux sont morts. En général, l'inoculation a produit des effets d'autant plus rapides, que la maladie était de date plus récente.

Tous les lapins qui ont succombé, ont présenté, les uns les lésions du streptocoque, et les autres celles du diplocoque; les préparations microscopiques ont montré les micro-organismes que ces lésions faisaient prévoir.

Les expériences avec les déjections fournies par des animaux ne paraissant pas atteints par l'épizootie, ont porté avons-nous dit, sur quatorze chevaux de provenances diverses, parmi lesquels nous avons compté des résultats positifs dans six cas.

En résumé, les déjections intestinales (on avait déjà inoculé avec succès le produit morbide qui recouvrait les excréments des chevaux atteints de fièvre typhoïde et signalé le danger des fumiers) se sont montrées virulentes chez treize chevaux malades sur quinze ; — et sur quatorze chevaux non atteints par l'épizootie, il n'y en a eu que huit dont ces mêmes matières aient été inoffensives.

Transmission des pneumo-entérites au cheval. — Quelque forme qu'elles affectent, les pneumo-entérites des fourrages sont transmissibles expérimentalement au cheval. Nous avons fait à ce sujet des expériences nombreuses, et suffisamment variées, pour qu'il y ait intérêt à les faire connaître. Peut-être quelques lecteurs, après avoir pris connaissance de ce compte rendu, nous feront-ils le reproche de n'avoir inoculé directement qu'une seule fois du cheval au cheval. Ce reproche, s'il était formulé, n'aurait vraiment rien de sérieux, attendu que le lapin, qui nous a fréquemment servi d'intermédiaire, ne pouvait en définitive rien transmettre qui ne lui eût été préalablement communiqué à lui-même. Du reste, la maladie expérimentale du cheval a été constamment réinoculée au lapin, et a déterminé chez lui les mêmes lésions, avec multiplication des mêmes microbes, que dans les cas où l'inoculation avait été faite avec les lésions du cheval devenu malade naturellement. Ajoutons qu'il nous était rarement possible d'avoir à point nommé, pour profiter de la mort d'un malade, des sujets d'expérience de l'espèce cheval ; or, les lapins, dont l'organisme constitue dans le cas présent un excellent milieu de culture, nous étaient on ne peut plus utiles pour l'entretien et la conservation du virus. Nous avons inoculé treize chevaux, les uns avec les lésions du streptocoque, les autres avec celles du diplocoque ; neuf ont contracté la maladie sous une forme ou sous une autre. Si nous comparons les résultats obtenus aux méthodes d'inoculation qui les ont préparés, nous sommes amenés à faire des constatations qui ne manquent pas d'intérêt. Ainsi l'injection intra-veineuse a donné lieu presque exclusivement à de l'entérite ; l'injection trachéale sur trois sujets a produit une fois de la pleuro-pneumonie seule, et a développé en outre, dans deux cas, une entérite manifeste. Deux fois, l'injection intra-pulmonaire a été suivie de lésions à peu près générales. Dans un cas, l'ingestion de la matière morbifique a produit ce résultat absolument inattendu de développer de la pneumonie, tout en respectant l'appareil digestif. Enfin, l'ingestion réitérée de quantités énormes de virus, combinée avec une triple injection trachéale, a laissé intact le tube intestinal et n'a donné lieu qu'à des lésions pulmonaires sans doute très graves, mais de peu d'étendue.

L'enseignement à tirer de l'ensemble de ces expériences, au point de vue exclusif de la transmission, semblerait pouvoir se formuler ainsi : *L'appareil digestif est plus accessible aux microbes pathogènes des fourrages qui pénètrent par l'appareil respiratoire, qu'à ceux qui sont ingérés directement ;* et nos expériences d'infection par les fourrages n'ont fait que confirmer cette loi.

Transmission au mouton. — L'épizootie étudiée par l'un de nous dans les Basses-Alpes, en janvier 1889, démontre que le mouton peut contracter spontanément une pneumo-entérite, caractérisée par une bactérie particulière. Il a fait voir aussi que ce même animal pouvait être contaminé par les matières du porc atteint de la pneumo-entérite étudiée par MM. Cornil et Chantemesse. Nous avons dû rechercher s'il était également accessible à celles du cheval : deux moutons ont été inoculés dans ce but ; l'un a résisté et l'autre est mort d'une injection trachéale massive, en présentant les lésions suivantes :

Pleuro-pneumonie, avec exsudat fibrineux blanc sur la plèvre ; péricardite généralisée, avec exsudation récente faisant adhérer les deux feuillets séreux ; péritonite également exsudative ; rate couverte d'une couche blanchâtre, élastique, friable, sans trace d'organisation. Les préparations faites avec les exsudats, le foie et le rein, montrent beaucoup de microcoques ; on voit aussi quelques articles réunis au nombre de deux ou trois ; mais il n'y a pas de longues chaînettes ; le streptocoque primitif semble avoir éprouvé une modification. Afin de lever toute incertitude, on inocula un lapin avec le mélange des diverses lésions organiques. Cet animal mourut trois jours après, en présentant les lésions bien caractérisées de la maladie du streptocoque, avec d'innombrables streptocoques dans le sang, le foie, etc.

Le mouton avait donc bien succombé à la maladie provenant originairement du cheval.

La chèvre contracte naturellement plusieurs pneumo-entérites infectieuses dont une est due au streptocoque observé

sur le cheval. — Nous n'avons pas eu à rechercher si les pneumo-entérites du cheval pouvaient être transmises à la chèvre, car des faits sont venus nous démontrer que cette bête pouvait contracter natu-rellement celle de ces maladies qui est due au streptocoque.

Une chèvre en traitement à l'École vétérinaire depuis quelques jours, pour cause d'entérite diarrhéique, succombait le 16 juin 1889. A l'autopsie, on rencontrait les lésions suivantes : vive inflammation de la caillette; entérite sur-aiguë générale, avec séparations ou ruptures nombreuses de l'épithélium, accentuées surtout sur l'intestin grêle; on aurait dit que celui-ci avait subi des tractions auxquelles sa couche épithéliale n'avait pu résister; — foie, rate et reins congestionnés; muqueuse vésicale un peu vascularisée; ganglions mésentériques, tuméfiés, dégénérés, caséeux; — rien d'appréciable dans la poitrine.

Un lapin inoculé avec un mélange des lésions du foie, du rein, de l'intestin et des ganglions malades, succomba en moins de vingt-quatre heures, en pré-sentant les lésions que détermine chez les animaux de son espèce l'inoculation du streptocoque. Des préparations montrèrent, en effet, ce dernier dans le foie, la rate, le rein et le sang.

En même temps qu'elle nous montra une maladie identique à celle que le cheval peut présenter, cette observation nous apprenait que chez la chèvre, de même que chez le précédent animal ; l'infection des four-rages pouvait se traduire simplement par de l'entérite.

Une chèvre, logée dans une écurie avec plusieurs chevaux, dont quelques-uns avaient souffert de l'épizootie, et recevant les mêmes aliments que ses compagnons, tomba malade elle-même et mourut le 2 juillet 1889, après quel-ques jours de maladie. Son cadavre présenta les *lésions* suivantes : pleuro-pneumonie, avec mince exsudat grisâtre sur la plèvre pulmonaire; épanche-ment liquide dans le péricarde et très vive injection du feuillet séreux viscéral; inflammation de la caillette et de l'intestin; vascularisation du péritoine; exsudat faisant adhérer le foie au diaphragme; congestion du foie, de la rate et des reins. Les préparations faites avec ces derniers organes ont montré quel-ques streptocoques et de gros microcoques. Un lapin inoculé a succombé en moins de trois jours, et a présenté les mêmes microbes.

Transmission au lapin. — Le lapin est l'animal dont l'organisme se prête le mieux à la culture et au développement des microbes patho-gènes qui caractérisent les pneumo-entérites des fourrages. L'inocula-tion peut être sous-cutanée ou intra-veineuse : dans le premier cas, les effets en sont toujours un peu moins rapides. Suivant que la quantité injectée est forte, moyenne ou faible, le lapin succombe instantanément ou après sept, dix, quinze, vingt heures, ou même deux ou trois jours, ou enfin après plusieurs semaines. Lorsque le lapin doit succomber de suite, à peine l'injection est-elle terminée qu'on le voit s'agiter, cher-cher à s'échapper des mains de l'aide, parfois bondir subitement et tomber à terre, puis être secoué de quelques convulsions, dans quel-ques cas pousser des cris aigus, et enfin expirer, — tout cela dans l'espace de quelques secondes. Aucune lésion n'a pu se produire dans un délai aussi court ; la mort nous paraît devoir être attribuée à la sidération du système nerveux par le poison des sécrétions microbiennes.

Lorsque l'inoculation ne doit amener la mort qu'après quelques heures, un, deux ou trois jours, le lapin se montre bientôt essoufflé ; il est triste ; ses mouvements sont moins vifs ; son appétit diminue, mais se maintient presque jusqu'au dernier moment. Les lésions sont un peu différentes selon que l'animal a été inoculé du streptocoque ou du diplocoque.

Le premier produit une diastashémie manifeste ; la matière colorante du sang, dissoute par le plasma, filtre à travers les parois vasculaires et communique aux tissus, surtout aux séreuses, une teinte particulière de vin tourné ; le sang se montre lui-même noirâtre, incomplètement coagulé. Il y a congestion parfois très intense de l'intestin, congestion du foie, congestion de la rate qui est volumineuse et presque toujours noire et ramollie, congestion des reins ; chez quelques femelles pleines, l'utérus a présenté la même lésion à un degré excessif. Le poumon, très petit, revenu sur lui-même, de couleur rose pâle, est généralement indemne ; le péricarde contient de la sérosité, son feuillet viscéral est fortement vascularisé.

La mort par le diplocoque ne s'accompagne pas de diastashémie ; l'intestin et le foie peuvent être aussi congestionnés que dans le cas précédent ; de plus, le foie est souvent criblé de nombreux petits points grisâtres dus à une exsudation interlobulaire ; mais les reins sont moins malades ; il en est de même de la rate, qui ne présente jamais d'aussi fortes dimensions que par le streptocoque, non plus que le ramollissement et la teinte noire signalée plus haut. Les poumons sont emphysémateux et presque toujours ecchymosés (congestions lobulaires) ; la plèvre contient un peu de liquide épanché, qui se prend bientôt en une gelée blanchâtre ; quelquefois aussi, la séreuse présente çà et là quelques tractus pseudo-membraneux. Un liquide abondant existe dans le péricarde, dont le feuillet séreux viscéral est vivement injecté.

On rencontre parfois des lésions mixtes, dénotant l'action simultanée des deux microbes : peu de diastashémie ; poumons moins ecchymosés, moins emphysémateux ; rate moins gonflée et présentant seulement une ou deux taches noirâtres limitées.

Lorsque la mort ne doit survenir qu'après plusieurs semaines, c'est que la dose de virus a été faible, ou que celui-ci a subi, par des causes variées et souvent peu connues, une certaine atténuation. Dans ce cas, le lapin d'abord très malade semble se rétablir ; après quelques jours, sa respiration n'est plus aussi précipitée ; il mange mieux et ses mouvements reprennent en partie leur agilité. Plus tard, l'appétit redevient paresseux ; l'animal s'essouffle beaucoup au moindre mouvement ; il a de la diarrhée, maigrit notablement et finit enfin par succomber.

Les lésions consistent en adhérences du poumon aux plèvres, foyers pulmonaires caséeux, adhérences des viscères abdominaux entre eux, dégénérescence caséeuse du foie, de la rate, des reins et des ganglions lymphatiques.

Chez plusieurs lapins ne paraissant nullement malades, sacrifiés de vingt à trente jours après l'inoculation, nous avons trouvé comme lésion principale un ratatinement avec sclérose du foie, dont la surface était comme couturée de cicatrices.

Il est inutile d'insister davantage sur la transmission au lapin; rappelons seulement que le virus acquiert par son passage dans l'organisme du lapin une activité de plus en plus considérable.

Transmission au cobaye. — Le microbe aperçu par Schütz était sans action sur le cochon d'Inde, tandis qu'il se développait très bien chez le lapin; celui trouvé par Perroncito faisait au contraire périr rapidement les lapins et les cobayes. Nous avons pratiqué sur le cobaye de nombreuses inoculations sous-cutanées des deux microbes que nous avons étudiés; avec le streptocoque le résultat a été nul; par contre, toutes les fois que nous lui avons inoculé de la même façon le diplocoque pur ou mélangé de streptocoque, nous l'avons vu succomber dans un temps variable.

Relativement au streptocoque, nous devons dire que l'immunité présentée par le cobaye n'est cependant pas absolue, et semble au contraire dépendre uniquement du mode d'insertion du virus. L'injection intra-péritonéale peut le faire périr.

Ainsi un cobaye, inoculé dans le péritoine avec le streptocoque, est mort avec des signes de péritonite et d'entérite et a présenté une entéro-péritonite avec exsudat gélatiniforme blanchâtre très abondant, qui contenait beaucoup de streptocoques, tandis qu'on n'en voyait point dans le foie. Afin de lever toute incertitude, on a inoculé l'exsudat péritonéal par voie sous-cutanée à un lapin et à deux cobayes. Le premier est mort après sept jours, ce qui semble indiquer que le passage du virus par l'organisme du cobaye l'aurait atténué; néanmoins les lésions étaient caractéristiques, et le microscope fit voir dans le foie, la rate et le sang de nombreux streptocoques. Les deux cobayes n'ont pas cessé de se bien porter. Ces expériences de contrôle démontrent bien que la mort du sujet de l'expérience précédente n'est que le résultat de la pénétration du virus dans le péritoine.

Par l'inoculation sous-cutanée, le diplocoque amène fatalement la mort, soit très rapidement, soit dans un délai éloigné. Voici à ce sujet le compte rendu de deux expériences :

Inoculation d'une culture de diplocoque. — Le cobaye sur lequel cette inoculation a été faite est devenu malade très promptement, et a été conservé pendant vingt-six jours. L'autopsie a fait voir d'importantes lésions chroniques intéressant le poumon, le foie, la rate et presque tous les ganglions lymphatiques : le poumon était hépatisé et de couleur grisâtre, le foie ratatiné et sa surface comme couturée de cicatrices, la rate dure et d'un volume énorme, les ganglions volumineux, et, au milieu de toutes ces lésions, existaient de nombreux foyers caséeux.

Inoculation d'un mélange à parties égales de la culture précédente et d'une culture de streptocoque. — Cette dernière culture a été expérimentée le même jour, à l'état de pureté, à la fois sur un lapin, où elle s'est montrée d'une grande activité, et sur un cobaye, qui n'en a conservé qu'un engorgement lardacé assez considérable au point d'inoculation, avec foyer caséeux au centre. Le cobaye qui avait reçu le mélange est mort moins de deux jours après, en présentant les lésions de la maladie du diplocoque, telles que nous les avons décrites sur le lapin. Le microbe existait en abondance dans l'exsudat du point inoculé, dans le sang, le foie, etc. Avec ces lésions, un lapin fut inoculé immédiatement. Il mourut le lendemain matin, en présentant dans le sang, le foie, le liquide de la plèvre, etc., d'innombrables diplocoques.

En résumé, le mélange de cultures ayant fait mourir le cobaye beaucoup plus rapidement que la culture de diplocoque injectée pure et en quantité égale au mélange, il y a lieu de se demander si l'action du diplocoque n'est pas favorisée par la présence de son congénère, bien que celui-ci soit par lui-même impuissant?

On voit par ces diverses expériences que le cobaye constitue un excellent réactif pour distinguer l'un de l'autre les microbes des pneumo-entérites infectieuses du cheval.

Transmission au chien. — Nous avons pu, avec des doses élevées, donner la pneumo-entérite du cheval à des chiens; chez les uns, l'inoculation a fait naître de la pneumonie et de l'entérite; chez les autres elle a donné lieu à de la bronchite et à de la pleurésie.

DISTINCTION DES PNEUMO-ENTÉRITES SUIVANT L'AGENT INFECTIEUX.

C'est par l'examen microscopique des lésions et du liquide extrait de la poitrine que nous avons reconnu les premiers cas que nous avons étudiés sur le cheval. Les préparations doivent être colorées, pour rendre les microbes plus visibles; mais la technique la plus élémentaire est suffisante, pour obtenir des préparations démonstratives. Grâce à l'examen microscopique, nous avons pu reconnaitre sûrement la pneumo-entérite du diplocoque et la pneumo-entérite du streptocoque. Nous avons de la sorte diagnostiqné l'une et l'autre affection; nous avons constaté la présence du streptocoque dans le sang et dans les diverses lésions rencontrées sur le cadavre; il en a été de même pour le diplocoque. Nous avons ainsi distingué les pneumo-entérites des autres maladies, comme nous les avons distinguées l'une de l'autre.

La culture, soit dans le bouillon, soit sur les milieux solides, constitue encore un moyen sûr de diagnostic différentiel. Pour s'en convaincre, on n'a qu'à se reporter aux différences signalées plus haut entre les cultures du diplocoque et celles du streptocoque.

Le moyen de diagnostic qui est incontestablement le mieux à la portée de tout le monde est l'inoculation. Sur le cadavre on peut prélever du sang, des matières morbides, ou mieux le produit de quelque lésion, pour en inoculer avec toutes les précautions indispensables. Sur le malade vivant on peut aussi prélever du sang, extraire un liquide épanché ; on peut à la rigueur se contenter des produits morbides expulsés ou même s'adresser aux matières excrémentitielles, en procédant comme il a été dit plus haut. Quand on devra inoculer des produits impurs, il conviendra de les injecter de préférence dans la veine ; on se contentera de l'inoculation sous-cutanée si on utilise le sang ou toute autre matière non mélangée de germes étrangers. Le lapin et le cobaye, mais surtout le premier, conviennent pour ces sortes d'inoculations. Le lapin, inoculé sous la peau ou dans la veine, contracte les deux maladies ; et chacune d'elles offre chez lui des caractères bien tranchés. Le cobaye, inoculé sous la peau, ne cultive que le diplocoque ; il y a dans son emploi un moyen sûr de distinguer les deux affections.

En résumé, les affections typhoïdes des solipèdes sont provoquées par une cause spécifique, par un agent infectieux qui est introduit dans l'économie soit par les voies respiratoires, soit par les voies digestives, et qui, une fois introduit dans l'organisme, détermine l'altération du sang et produit une véritable maladie infectieuse et un véritable empoisonnement.

De nombreuses causes, de nombreuses circonstances peuvent être considérées comme prédisposant les animaux à subir l'influence de cet agent, de cette cause efficiente ; ce sont là autant de causes préparatoires. D'autres circonstances, d'autres influences peuvent être regardées comme occasionnelles, bien que la cause véritablement efficiente soit unique et consiste en un véritable agent infectieux ; ce sont toutes celles qui favorisent la production et la multiplication de l'agent morbigène. Les influences préparatoires sont nombreuses ; on a invoqué le travail excessif, les fatigues, le surmenage, la préparation des animaux à la vente, les changements de régime, la transition d'une saison à l'autre, l'humidité, la chaleur, la sécheresse, l'acclimatement, le transport des animaux, les variations de température, l'alimentation insuffisante, l'alimentation altérée, l'alimentation par les légumineuses, etc. Certaines espèces y sont plus prédisposées ; ainsi la maladie est fréquente, avons-nous vu, chez le cheval, plus rare chez le mulet et très rare chez l'âne. Elle est aussi plus commune chez les chevaux mous, à tempérament lymphatique, appartenant à des races communes. Elle est moins fréquente chez les sujets à tempérament sanguin ou nerveux, et chez eux elle ne s'accompagne pas d'une débilitation aussi marquée. L'âge semble exercer une certaine influence sur le développement de cette maladie ; les jeunes y sont surtout prédisposés, et passé l'âge de huit à neuf ans elle est plus rare. Ces diverses causes, insuffisantes par elles-mêmes, ne font que préparer les animaux à se laisser plus facilement et plus sûrement impressionner par la cause morbigène.

On peut ranger au nombre des causes occasionnelles les chaleurs, surtout les chaleurs qui accompagnent les temps humides, les effluves et les miasmes, les localités insalubres, les sous-sols argileux, l'abaissement du niveau des eaux, les aliments et les boissons altérés, l'air vicié, etc. Dans les pays où la maladie règne, elle est presque toujours enzootique, et l'enzootie dure tant que les conditions qui la font apparaître persistent.

On a vu plus haut que l'affection ne se transmet guère spontanément des malades aux sains, et qu'elle semble naître sur place par ingestion d'aliments ou de boissons altérés, ou par inhalation de poussières émises par les fourrages. On a pourtant cité des faits qui tendraient à établir qu'elle peut se communiquer par l'intermédiaire des malades. Ainsi la maladie aurait été transportée et propagée au loin par des animaux malades ou simplement contaminés dans un foyer d'infection. On aurait vu un cheval importé, d'une localité infectée dans une autre plus ou moins éloignée et non encore infectée, y devenir le point de départ d'une enzootie. On aurait vu : des régiments infectés par de jeunes chevaux venant d'un dépôt de remonte où sévissait la maladie ; l'infection d'un dépôt de remonte par des animaux venus d'un autre dépôt infecté ; un régiment infectant les écuries des logeurs dans une ville et les chevaux des paysans. La maladie se propagerait : par l'importation ou le voisinage des fumiers, par le commerce, les foires et les écuries d'auberge ; par les animaux guéris ou convalescents ; par les étalons rouleurs ayant eu antérieurement la maladie (Deglaire, etc.) ; par les étalons convalescents ou guéris ; par les juments saillies ; par les objets divers souillés de la salive des malades ; par les abreuvoirs, etc.

Sans nier le rôle de la contagion par les malades, par les objets qu'ils ont souillés, par les fumiers, etc., et tout en proclamant que la maladie est transmissible expérimentalement, puisque nous-mêmes (Violet et Galtier), et d'autres (Dieckeroff, Schütz, Lagriffoul, Cadéac, etc.), l'ont transmise un grand nombre de fois, il convient de s'attacher surtout à l'opinion que nous avons soutenue, à savoir que l'affection naît sur place le plus ordinairement, les germes en étant fournis par les fourrages ou les boissons. Grâce à la double intervention de causes prédisposantes et de germes trouvés dans l'alimentation, les animaux peuvent tomber malades en plus ou moins grand nombre, et l'affection se montrer sous la forme enzootique ou épizootique. Cela semble si bien l'exacte vérité, que souvent on a pu faire cesser l'épizootie en changeant la nourriture ou en déplaçant les animaux, ce qui aboutit au même résultat. Il est certainement arrivé que de nombreux cas attribués à la contagion par les malades dérivaient de l'alimentation.

En un mot, *contagion* par les malades et les objets souillés, mais surtout *infection* par les aliments et les boissons, telle est la vraie cause dont l'action pathogène semble exiger cependant l'intervention d'une cause prédisposante. D'ailleurs, suivant l'énergie de la cause prédisposante et l'intensité de l'infection, la maladie peut apparaître plus ou moins rapidement, dans l'intervalle d'un, de deux à neuf ou dix jours, et se montrer plus ou moins grave.

Certains observateurs ont bien cru reconnaître qu'une première atteinte conférait l'immunité; mais cela n'est pas clairement démontré. Il semble au contraire résulter de nos observations propres et de nos expériences, qu'une première atteinte ne confère pas une immunité bien réelle.

PROPHYLAXIE. — TRAITEMENT.

A. — Les indications du *traitement préventif* se déduisent des connaissances étiologiques. Nous recommanderons donc de choisir avec le plus grand soin les fourrages et les avoines, et de n'accepter autant que possible que ceux de première qualité; les autres, dont on serait contraint de faire usage, devront être privés de leurs poussières, puisqu'il est démontré que l'inhalation de celles-ci est particulièrement à redouter. Les fourrages seront donc agités, secoués, loin des écuries; les avoines seront criblées avec soin ou passées au tarare; par surcroît de précaution, on fixera les poussières restantes en humectant les fourrages; l'avoine sera mélangée à un peu de son mouillé.

Bien que le sel marin soit un condiment précieux, nous n'osons conseiller l'emploi de sa dissolution pour humecter les substances alimentaires, attendu que, dans nos expériences relatives à l'action de certains agents médicamenteux sur le streptocoque et le diplocoque, il nous a paru que cet agent favorisait plutôt le développement de ceux-ci. Mais on pourrait se servir d'une eau légèrement acidulée par les acides minéraux (à 1/2 ou 1 p. 100), qui, si elle est trop peu concentrée pour tuer les microbes, viendrait néanmoins ajouter son action à celle du suc gastrique et la rendre plus efficace.

Les microbes pathogènes paraissant exister surtout à la surface des plantes fourragères, nous conseillerions volontiers de laver les foins par trop défectueux, au fur et à mesure de la distribution des rations. L'efficacité de ce moyen ne nous paraît pas douteuse; malheureusement son exécution, plutôt longue que difficile, exigerait peut-être une main-d'œuvre dispendieuse.

L'eau des boissons sera de bonne qualité, à défaut de quoi on devra lui faire subir préalablement l'ébullition.

Il conviendra de préserver les animaux des fatigues excessives, qui mettent l'organisme dans de moins bonnes conditions de résistance; on les préservera aussi des refroidissements qui favorisent les congestions internes. Ces précautions nous paraissent surtout indispensables à l'égard des animaux qui, ayant éprouvé des déplacements considérables, ont encore à subir les effets débilitants de l'acclimatement. Il conviendra d'ailleurs de surveiller d'une façon spéciale pendant quelques jours les animaux récemmment importés.

Enfin, au premier signe de malaise, les animaux seront laissés en repos, et immédiatement soumis au traitement curatif.

Les précautions qui viennent d'être indiquées doivent être observées avec plus de rigueur, dès que la maladie s'est déclarée dans une écurie. Dans ce cas, tous les chevaux soumis au même régime étant plus ou moins infectés, on devra, chaque matin, prendre la température de chacun d'eux, afin de mettre en observation et dispenser de tout travail ceux chez lesquels le thermomètre indiquerait un chiffre voisin de 39°.

Les malades devront être isolés. Il faut en outre assainir les écuries, les désinfecter, les aérer, les tenir propres, désinfecter également les mangeoires, les râteliers, les fourches, etc. Une solution à 5 p. 100 d'acide phénique ou d'un des acides minéraux constitue dans l'espèce un excellent agent de désinfection. On pourra faire des lavages avec ces solutions ou d'autres ; faire des fumigations à l'acide sulfureux, etc. Les fumiers des malades seront mis en tas, désinfectés ou abandonnés à une putréfaction de deux mois.

B. *Traitement curatif.* — Dès le début, alors qu'on ne constate encore que des symptômes généraux, les malades doivent être considérés comme ayant subi une véritable intoxication, due aux matières excrétées ou sécrétées par les microbes qu'ils ont ingérés ou inhalés ; ils sont, en outre, menacés de complications inflammatoires sur différents organes. On doit donc s'efforcer de remplir les indications suivantes, qui se justifient suffisamment d'elles-mêmes :

1° Combattre la fièvre, prévenir l'altération du sang, s'opposer à l'absorption de nouvelles quantités des agents réputés pathogènes, et rendre inoffensifs ceux que peut renfermer l'appareil digestif ;

2° Favoriser l'élimination des substances toxiques résultant de la multiplication et des excrétions ou sécrétions des streptocoques et diplocoques, en activant certaines sécrétions, telles que la sécrétion urinaire, la sécrétion intestinale ;

3° Prévenir ou combattre les localisations sur les organes internes, les atténuer, si elles se sont produites ;

4° Combattre les formes particulières que la maladie peut affecter, en se guidant sur les symptômes, et en employant un traitement approprié à chaque forme ;

5° Favoriser le rétablissement des malades, prévenir les rechutes et abréger autant que possible la durée de la convalescence; soutenir, relever les forces de l'organisme.

Les malades étant ordinairement débilités ou se débilitant promptement, il ne faudra jamais, malgré l'existence de symptômes fébriles, abuser de la diète. Il sera bon même de ne jamais la prescrire d'une manière absolue; il faudra ordinairement proscrire la saignée, les sétons et les vésicatoires. Le sang est altéré ou a de la tendance à s'altérer, il faut donc, au lieu d'en diminuer la quantité et la richesse, lui restituer son état normal. Les sétons, en pareilles circonstances, pourraient amener des complications de septicémie; enfin l'onguent vésicatoire pourrait produire des engorgements de mauvaise nature et donner lieu à l'absorption d'une certaine quantité de cantharidine, qui irriterait les voies urinaires et digestives. Il faut rejeter d'une manière générale tous les médicaments altérants ou irritants, comme l'émétique, le nitrate de potasse, qui peut irriter les voies urinaires; il faut en un mot rejeter toute médication et tous les agents débilitants.

1° Pour remplir la première indication, il faut faire cesser l'action des causes qui agissent d'une façon défavorable sur l'organisme; il faut modifier les conditons hygiéniques, diminuer le travail, purifier les aliments et les boissons, ou en donner de meilleurs. Il est bon, lorsque les animaux se trouvent dans un milieu insalubre, de produire des émanations d'acide sulfureux, d'essence de térébenthine, de créosote, d'acide phénique, de goudron, d'iode, etc., dans l'écurie, de leur administrer des toniques, surtout des ferrugineux, de l'arséniate de fer ou de strychnine, etc. Les toniques ont pour but de soutenir et d'augmenter les forces du malade; les antiseptiques agissent comme toniques et peuvent contribuer à prévenir toute complication de septicémie. Dans l'emploi de ces agents, il ne faut jamais perdre de vue que les voies digestives sont ou plus susceptibles ou déjà malades, et qu'il importe à tout prix d'éviter de les irriter par des agents médicamenteux et de les surcharger d'aliments indigestes. On peut employer la quinine, l'antipyrine, l'aconitine, la digitaline, la vératrine contre la fièvre. En Allemagne on a préconisé l'enveloppement froid et l'arrosage du corps avec de l'eau froide.

Pour s'opposer à l'absorption de nouvelles quantités des agents pathogènes, il est nécessaire, si les malades ont conservé quelque appétit, de modifier radicalement le régime suivi jusqu'alors, et de ne donner que des aliments et des boissons exempts de toute altération. S'il est possible de se procurer du vert, on donnera la préférence à celui-ci sur les fourrages secs, dont il ne saurait présenter les altérations; ajoutons qu'il est mieux toléré par l'appareil digestif, et qu'il en favorise les évacuations; il est également diurétique. Pendant l'hiver, on adjoindra au fourrage sec des racines, débarrassées de la terre adhérente, et convenablement lavées.

Ainsi qu'on l'a déjà vu, les agents susceptibles *de rendre inoffensives les bactéries des fourrages que peut contenir l'appareil digestif* sont, d'après nos expériences, l'acide phénique, les acides sulfurique, azotique et chlorhydrique, le perchlorure de fer et l'eau iodée. Le premier s'est montré supérieur aux autres ; néanmoins les acides minéraux nous semblent mériter la préférence, en raison de leur bas prix, de leur innocuité et de la facilité de leur administration dans les boissons. En additionnant ces dernières de 1/2 à 1 p. 100 (5 à 10 grammes par litre) de l'un des acides minéraux, on obtient une sorte de limonade que les malades prennent sans difficulté, et qui vient en aide au suc gastrique pour constituer un milieu acide, dans lequel les microbes sont au moins momentanément rendus impuissants. Les boissons acidulées ont en outre l'avantage d'agir comme diurétiques, et de contribuer à remplir l'indication suivante. En raison des soins que l'on donne au régime, le malade n'absorbant plus de microbes pathogènes, il suffira d'administrer ces boissons pendant trois ou quatre jours, nécessaires pour renouveler le contenu des organes digestifs ;

2° On favorisera l'*élimination des matières toxiques résultant de la multiplication et du développement des streptocoques et diplocoques pathogènes*, en administrant des agents pris parmi les diurétiques et parmi les laxatifs. Par-dessus tout et avant tout, il faut éviter d'irriter le tube digestif. La diète doit être proscrite, il ne faut pas laisser donner aux malades leur nourriture habituelle, mais il faut les sustenter en leur faisant donner de préférence des barbotages à la farine d'orge. Il faut leur faire donner souvent, et peu à la fois, pour ne pas surcharger et fatiguer les voies digestives ; on peut leur donner une petite quantité de barbotage toutes les deux heures. Les boissons ne devront être ni froides ni tièdes, mais seulement dégourdies, afin de ne provoquer ni réaction dans le tube digestif, ni dégoût chez les malades. On associera aux boissons : des agents émollients, tels que la tisane de graine de lin ; des agents laxatifs ou purgatifs, tels que le sulfate de soude, le sulfate de magnésie, le salicylate de soude, et surtout la crème de tartre soluble, qu'on donnera à doses faibles mais souvent répétées. On prescrira des lavements émollients à la tisane de graine de lin, auxquels on pourra ajouter, pour les rendre plus efficaces, soit de l'huile, soit du miel. Les diurétiques irritants doivent toujours être rejetés ; les laxatifs et les purgatifs légers conviennent d'autant mieux qu'il y a presque toujours à combattre une constipation plus ou moins opiniâtre ; et lorsque les voies digestives ne seront le siège d'aucune irritation, on pourra avoir recours à des agents un peu plus actifs, ou employer les mêmes à doses plus fortes : on a eu conseillé l'emploi de l'ésérine, de la pylocarpine, de la vératrine pour exciter les sécrétions et activer l'élimination des poisons, celui de la caféine pour provoquer la diurèse, etc. ;

3° *Pour prévenir et combattre les localisations internes*, il importe de révulser vivement la maladie dès son apparition : agir le plus promptement possible est toujours le meilleur, sans attendre le lendemain pour vérifier son diagnostic. Il faut provoquer des localisations extérieures pour prévenir la formation de pareilles localisations dans les organes internes, ou pour atténuer celles qui se sont déjà produites et en faciliter la résolution.

Il est de toute nécessité de recourir à l'emploi des révulsifs, tels que la teinture de thapsia, l'huile de croton-tiglium, la moutarde, l'ammoniaque, l'essence de térébenthine, etc. C'est à la moutarde qu'il faut accorder la préférence : on l'emploie sous forme de lotions sinapisées, et surtout en forme d'applications sous la poitrine et sous l'abdomen. On pourrait aussi employer le liniment ammoniacal ; mais il faut délaisser l'essence de térébenthine, car elle produit simplement de la douleur et non pas une véritable révulsion. Proscrire, sauf dans les cas urgents, la saignée, les sétons et les vésicatoires, ou employer des sétons phéniqués et des vésicatoires saupoudrés de camphre ou s'en tenir à l'emploi de la moutarde : voilà la conduite qui m'a toujours mené à de bons résultats ;

4° *Pour combattre les différentes formes de la maladie*, on s'inspirera de ses caractères et de la forme sous laquelle elle se présente. Il faudra combiner, à l'occasion, avec le traitement déjà indiqué d'une manière générale, celui qui convient à chaque complication et à chaque localisation particulière ; il faudra, en d'autres termes, traiter la bronchite, la pneumonie, la gastro-entérite, l'hépatite, la néphrite, le vertige, la fourbure, etc. Ces localisations réclament les mêmes soins que les maladies inflammatoires ordinaires. Contre celles de la plèvre et du poumon, les révulsifs sont absolument indiqués : s'il y a pleurésie, l'application de la moutarde à la partie supérieure du corps et sur les membres, en un mot, loin du siège du mal et sur une grande surface, nous semble préférable au sinapisme sous la poitrine. Celui-ci, au contraire, convient mieux dans le cas de pneumonie, et peut aussi être utilisé contre la bronchite. L'engorgement sous-thoracique pourra être augmenté et fixé par une friction d'huile cantharidée. Lorsque, dans la pleurésie, la révulsion opérée sur les régions éloignées n'aura pas été suffisante, on pourra appliquer un large vésicatoire sous la poitrine.

Les localisations cardiaques réclament l'emploi des mêmes moyens révulsifs que la pneumonie, auxquels on peut encore ajouter les frictions vésicantes sur les faces latérales de la poitrine.

Si le toucher provoque une vive sensibilité du ventre, on combattra celle-ci par une application de cataplasmes de farine de lin. Les sachets émollients sur les reins conviennent dans la néphrite.

Les localisations articulaires, tendineuses et musculaires réclament l'emploi de frictions résolutives, d'applications vésicantes, etc. Les complications cérébrales devront être traitées par les réfrigérants et les dérivatifs, etc., etc.

A l'intérieur, on pourra souvent se contenter de l'administration des acides, puis des autres diurétiques et des laxatifs. S'il y a cardite, endocardite, etc., on donnera la digitale à petites doses. La toux quinteuse, fatigante, de la bronchite, de la broncho-pneumonie, sera combattue par l'extrait d'opium en électuaire. Chez certains malades, où la broncho-pneumonie constituait la principale localisation, le tartre stibié à doses moyennes et en lavage nous a rendu quelques services ; nous avons eu également recours, dans ces cas, aux fumigations émollientes, excitantes ou antiseptiques, dans le but de provoquer l'expectoration ou de favoriser la résolution ;

5° *Pour favoriser le rétablissement des malades, prévenir les rechutes et abréger la convalescence*, il faut éviter de débiliter les animaux, en proscrivant ainsi qu'on l'a vu, la saignée et la diète, en donnant aux malades un régime réparateur, auquel on combinera les toniques, les ferrugineux, les amers, l'acide arsénieux, les antiseptiques. Si, comme cela arrive quelquefois, il y a diarrhée, on doit la combattre par les astringents administrés soit par les voies directes, soit par les voies rétrogrades ; ceux qui conviennent le mieux sont les ferrugineux. Les rechutes sont très graves ; on les prévient en améliorant les conditions hygiéniques des malades, en les entourant de bons soins, en leur donnant des aliments de facile digestion et en leur appliquant un traitement rationnel. Le régime du vert, combiné avec le régime du sec, donne les meilleurs résultats, surtout quand les malades et les convalescents respirent un air pur et bien renouvelé et ont une litière hygiénique, sèche, etc. On s'est bien trouvé de la litière de tourbe.

CHAPITRE XIV

CHOLÉRA DES OISEAUX.

Le choléra des oiseaux, encore appelé *choléra des poules, maladie épizootique des oiseaux de basse-cour, typhus, affection typhique ou septicémie des volailles*, est une maladie générale, microbienne, à évolution rapide, parfois apoplectique et foudroyante. Il est déterminé par un microbe spécial, qui se trouve dans tous les produits virulents, dans le sang, dans toutes les lésions, dans tous les organes ; il se traduit par de l'abattement, de la stupeur, de l'adynamie, de la diarrhée, de la cyanose, et s'accompagne de l'altération du sang ainsi que de lésions très manifestes dans les organes de l'appareil digestif et de l'appareil respiratoire.

Cette affection avait été étudiée jadis par Renault et par Delafond ; un vétérinaire alsacien, Moritz, avait signalé (1869), dans le sang des malades, l'existence de granulations spéciales, qu'il avait considérées comme des agents pathogènes. En 1878, Perroncito figura comme un micrococoque l'agent pathogène du choléra, qu'il avait trouvé dans le sang des oiseaux morts de cette maladie. L'année suivante, Toussaint confirma cette découverte et contribua à démontrer le rôle pathogène de l'agent signalé par Perroncito. Pasteur étudia la maladie en 1880 ; il démontra péremptoirement sa nature microbienne ; il isola l'agent pathogène et l'inocula à l'état de pureté ; il réussit à atténuer sa virulence, en le cultivant hors de l'organisme, et à le transformer en une sorte de vaccin, qu'il put inoculer à des oiseaux sans les rendre gravement malades et tout en leur conférant l'immunité. Ce fut la première découverte de l'atténuation expérimentale d'un virus, découverte qui ne tarda pas à être suivie de plusieurs autres.

SYMPTOMES.

Le choléra des oiseaux a été observé et étudié dans de nombreux pays, en France, en Italie, en Autriche, en Hongrie, en Allemagne, en Russie, etc., par de nombreux observateurs, qui nous ont fait connaître sa symptomatologie et son étiologie. Certains auteurs l'avaient assimilé au choléra de l'homme, en se basant sur ce fait, que dans les pays où ce dernier apparaît, on observe parfois en même temps le choléra des oiseaux. Mais c'était aller trop loin que d'induire de cette coïncidence fortuite une identité entre les deux maladies ; car le choléra des oiseaux, dont l'agent est essentiellement différent, se montre dans des pays où n'a jamais régné le choléra de l'homme. D'ailleurs on n'a jamais signalé aucun cas de transmission de la maladie des oiseaux à l'homme.

Les oiseaux chez lesquels on observe ordinairement le choléra, sont les oiseaux de basse-cour, les poules, les dindons, les pintades, les oies, les canards, les faisans, les pigeons, etc.; la maladie peut aussi attaquer spontanément le lapin. Le choléra des volailles est ordinairement épizootique; il ne se limite pas à quelques individus; une fois introduit dans un poulailler, il attaque successivement la plupart des individus qui le composent et se propage à d'autres poulaillers.

Chez les individus qu'il attaque, le choléra aviaire débute brusquement; son apparition suit toujours de très près la contamination. On observe une période d'incubation courte, durant tout au plus de huit à soixante heures.

Quelquefois la maladie est apoplectique, foudroyante, et entraîne la mort dès qu'elle apparaît ; on voit des poules périr brusquement pendant la ponte ; alors on ne peut presque observer aucun symptôme, et à l'autopsie on ne rencontre aucune lésion particulière sur les organes. Dans tous les cas elle marche très rapidement; mais néanmoins assez souvent, quoique promptement mortelle, elle peut durer quelques heures, pendant lesquelles on peut observer les symptômes suivants.

Les malades sont très sensibles au froid; ils recherchent le soleil et se serrent en groupe. La tête est portée basse ; elle est agitée de mouvements latéraux et parfois appuyée sur le bec, qui repose à terre. Le cou devient flasque et rengorgé. Le corps s'affaisse sur les membres, sur les ailes et sur le bec; quelquefois il y a balancement longitudinal ou latéral de tout le corps. La démarche est pénible, difficile, titubante; en se déplaçant, les malades font des chutes et ils se relèvent difficilement. On constate de l'abattement, une grande tristesse, de la nonchalance, de l'indifférence chez les malades pour tout ce qui se passe autour d'eux, un état de stupeur très marquée, un affaiblissement qui progresse très rapidement, un état de torpeur très prononcée ; les animaux semblent cloués sur place, restent couchés ou se tiennent debout en chancelant, arrondis en boule, la tête basse et rengorgée et le dos voussé. Le plumage devient hérissé; les ailes s'écartent et traînent sur le sol. La crête devient bleuâtre, violacée, noirâtre ; elle perd de sa rigidité; elle devient pendante et légèrement gonflée. La peau devient cyanosée (ce symptôme, pour être constaté, exige que la maladie dure quelques heures) et elle se refroidit progressivement. L'œil s'enfonce et reste couvert par les paupières, qui sont presque closes : la vue est confuse. Les animaux tombent dans un état de coma ou de somnolence à peu près complète. Parfois on constate des convulsions dans les muscles du cou, des ailes, etc.

En même temps que les symptômes généraux on constate d'autres signes, notamment des modifications fonctionnelles du côté des voies digestives et des voies respiratoires. L'appétit disparaît. On a signalé comme signe prémonitoire la teinte jaune de plus en plus foncée que prennent les matières excrétées par les reins. Le bec laisse bientôt échapper une humeur mousseuse, gluante, blanchâtre, parfois liquide, et qui s'écoule aussi par les ouvertures nasales ; on obtient facilement cet écoulement en suspendant les oiseaux par les pattes. Le ventre est retroussé : les malades présentent des signes manifestes de coliques. Quand la maladie dure un certain temps, on observe toujours une diarrhée blanchâtre, séro-muqueuse et fétide. Cette diarrhée devient de plus en plus fréquente, claire, fétide, mousseuse et souvent striée de sang ; alors c'est une véritable dysenterie spumeuse, fétide et sanguinolente. Ces symptômes apparaissant, la maladie s'aggrave ; la fin fatale est proche, un abaissement de température se produit et on le constate facilement en appliquant la main sur la peau. La respiration est pénible, convulsive. Parfois les malades poussent un cri guttural, une espèce de hoquet convulsif ; quelquefois aussi, l'agitation convulsive se généralise et se manifeste sur toutes les parties du corps.

La maladie marche si vite, même dans les cas où elle dure le plus, qu'elle se termine en huit ou douze heures ; très souvent elle se termine plus tôt, et dans quelques rares cas elle dure un peu plus, un jour, un jour et demi ou plus. Le plus habituellement elle suit fatalement son cours ; les malades présentent de la diarrhée, de la dysenterie et alors la mort arrive. Elle est annoncée ou non par une agonie convulsive ; mais le plus souvent elle a lieu subitement, même sans période de torpeur. Elle est quelquefois précédée de symptômes de tournis liés à des lésions cérébrales ; enfin elle arrive parfois après un vomissement glaireux. La guérison est très rare ; cependant, sur le déclin des épizooties, elle peut survenir quelquefois. Dans certains cas la maladie peut durer plusieurs jours, plusieurs semaines, et faire périr les oiseaux dans le marasme après les avoir fait maigrir et devenir anémiques.

Le pronostic de cette affection est excessivement grave. La maladie est presque toujours mortelle ; elle est contagieuse, elle se transmet des oiseaux malades aux oiseaux sains, et elle peut attaquer les lapins. Les cadavres des malades, qui ont succombé, sont inutilisables : et, bien que, dans la pratique, les propriétaires les utilisent parfois, bien qu'on n'ait encore observé aucun accident résultant d'une pareille manière de faire, le vétérinaire devra toujours conseiller leur destruction.

Lorsque le choléra apparaît dans une basse-cour, il en décime la population, il attaque successivement diverses espèces (poules, canards, dindons, oies, pintades, faisans, paons, pigeons, etc.). Quelquefois il sévit simultanément sur deux ou plusieurs espèces ou sur toutes; généralement, s'il n'a atteint d'abord qu'une espèce, il se propage et se transmet successivement à toutes les autres; parfois même il se transmet au lapin. Il n'est pourtant pas absolument rare de voir une ou plusieurs espèces totalement épargnées, quoique leurs représentants aient été en contact avec les malades.

Cette affection se montre plus particulièrement sur les bêtes les plus grasses, sur les jeunes poulets, sur les bêtes âgées de un à trois ans et aussi sur les bêtes plus âgées; elle se montre le plus habituellement pendant le printemps et pendant l'été. Au printemps elle est grave, car elle coïncide avec la ponte, et sa gravité est extrême pendant l'été. Le choléra une fois introduit dans une basse-cour, presque tous les malades, jeunes et vieux, succombent; et la maladie reste ainsi très grave quelque temps. Lorsque l'épizootie arrive à son déclin, les oiseaux qui ont été réfractaires pendant quelque temps et qui l'ont contractée en dernier lieu ont parfois une affection moins grave. La résistance qu'ils ont offerte au choléra a été plus grande, quelques-uns ont pu se vacciner spontanément d'une façon plus ou moins complète; aussi cette maladie peut-elle se terminer chez eux par la guérison. Le typhus passe d'un premier poulailler à d'autres, et d'une première localité aux localités voisines, grâce aux exportations d'animaux ou de substances infectés; grâce aux relations que peuvent avoir les animaux des basses-cours du voisinage avec ceux de la basse-cour infectée. On peut, dans le cours d'une épizootie, voir la maladie se propager parfois au loin, alors qu'elle n'attaque pas certaines basses-cours voisines.

LÉSIONS.

Les cadavres des oiseaux qui ont succombé se refroidissent rapidement; la rigidité cadavérique, qui arrive instantanément, n'est jamais bien prononcée et ne dure pas longtemps. La peau est souvent cyanosée sur toute son étendue; sous le ventre, on rencontre des points et des taches verdâtres. Il s'échappe par les ouvertures naturelles (bec, ouvertures nasales et anale) les mêmes produits que du vivant des malades. La muqueuse du bec est pâle. Dans le jabot et le gésier on rencontre un liquide ou des matières molles, des fragments d'aliments à odeur fétide. Le péritoine est hypérémié, imbibé de plasma sanguin, et il présente des taches ecchymotiques. Le système porte est injecté de même que les intestins, qui offrent une forte congestion extérieure.

En ouvrant l'intestin grêle, on trouve les lésions les plus intéressantes, surtout dans sa portion initiale. Il renferme souvent une bouillie grisâtre, plus ou moins claire, muqueuse, quelquefois puriforme, très abondante, très adhérente aux parois intestinales, et quelquefois sanguinolente. Lorsqu'on étudie de près cette matière, on la voit formée d'un plasma muqueux et séreux, qui contient des cellules épithéliales dégénérées, des leucocytes, des globules de pus, des hématies, des granulations, des cristaux, de la graisse et des microbes. La muqueuse est rouge terne; sa coloration tient le milieu entre la teinte rouge et la teinte bleuâtre. On y rencontre des plaques plus ou moins étendues, dont les villosités sont hypertrophiées, plus apparentes et forment un gazon très visible. On rencontre des ecchymoses, des hémorrhagies plus ou moins étendues et sous forme de taches, dans les tissus sous-muqueux, intra-muqueux et extra-muqueux; lorsqu'elles siègent à la surface de la muqueuse, elles expliquent la teinte des matières diarrhéiques ou dysentériques. Quelquefois on voit de véritables érosions, mais elles manquent généralement; elles n'ont pas eu le temps de se produire. Il y a ordinairement un état catarrhal de la muqueuse, dont l'épithélium se détache avec une grande facilité. Les germes virulents ont irrité la muqueuse intestinale, et cette irritation s'accompagne d'hypérémie, d'exsudation, de catarrhe, d'hypersécrétion dans les glandules, de desquamation épithéliale, de formation cellulaire dans le tissu de la muqueuse, de la diapédèse des globules blancs à travers les vaisseaux, de la diffusion du plasma sanguin, de l'hyperémie des villosités et de leur desquamation; il se produit aussi, comme conséquence de la congestion, des ruptures vasculaires, des ecchymoses, des hémorrhagies.

Dans le gros intestin les altérations sont moins prononcées; on y rencontre des taches et des plaques ecchymotiques intra et sous-muqueuses, des hémorrhagies, un état catarrhal. Dans le rectum on trouve des points ecchymotiques.

Le foie est hypérémié, hypertrophié, noirâtre, brunâtre, quelquefois marbré de points jaunâtres et très friable. La rate est plus foncée, hypertrophiée; son tissu est ramolli. L'urate contenu dans le cloaque et dans les uretères est jaunâtre.

La muqueuse respiratoire est congestionnée, injectée, catarrhale, et recouverte de mucus. La plèvre est ecchymosée, le poumon est hypérémié, noirâtre, œdématié, ecchymosé; il y a parfois aussi des points pleurétiques. Le cœur présente des ecchymoses à l'intérieur et à l'extérieur; le péricarde est ecchymosé et contient parfois un liquide citrin ou sanguinolent. Le sang est ordinairement coagulé dans le cœur et les vaisseaux. Il est noir, asphyxique; mais son altération principale consiste dans la présence des bactéries pathogènes qui existent aussi partout ailleurs, dans tous les produits morbides, dans toutes les lésions, dans tous les viscères, etc. Le système nerveux offre des ecchymoses et une congestion plus ou moins vive.

La plupart des lésions qui viennent d'être signalées, notamment celles des voies digestives, font à peu près complètement défaut quand la maladie a été foudroyante. Dans les cas de choléra spontané, contracté ordinairement par ingestion, le système musculaire ne semble pas altéré.

Toutefois, quand on inocule le virus cholérique dans le muscle pectoral, on observe une lésion spéciale, un séquestre, dont les caractères varient avec la durée de la maladie ainsi déterminée. L'injection du virus dans le tissu sous-cutané ou dans le tissu musculaire provoque dans la région une infiltration gélatino-fibrineuse, jaunâtre, au sein de laquelle abondent les microbes. Cette infiltration s'accompagne, dans le voisinage de l'inoculation, de l'altération des faisceaux musculaires, qui deviennent grisâtres et se fragmentent en blocs plus ou moins dégénérés. Il se forme ainsi au point inoculé un séquestre englobant les parties nécrosées et les microbes qui s'y trouvent; et quand les inoculés résistent assez longtemps, ce séquestre finit par s'isoler et par être résorbé même après sa désagrégation.

ÉTIOLOGIE.

Le choléra des poules est une maladie contagieuse, virulente, inoculable, microbienne. Sa transmissibilité a été démontrée par de nom-

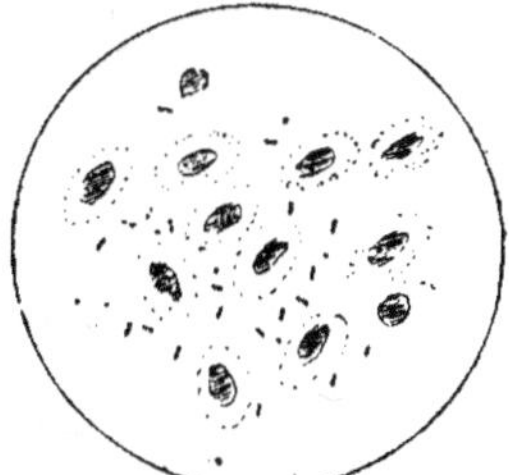

Fig. 143. — Choléra des poules.
Sang de la poule.

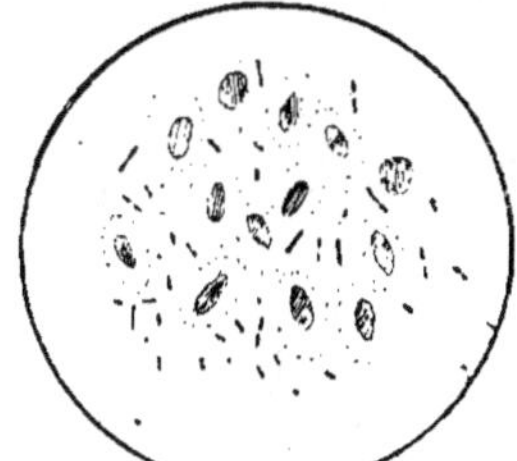

Fig. 144. — Choléra des poules.
Sang du moineau.

breux faits d'observation et d'expérimentation, ainsi que par la marche et l'extension des épizooties. Il est facilement transmissible aux oiseaux par inoculation et par ingestion. Il est également transmissible au lapin; sa nature microbienne a été bien définitivement établie par les travaux de Pasteur, qui a isolé le microbe pathogène en le cultivant dans des bouillons et qui a pu de la sorte reconnaitre ses propriétés ainsi que ses caractères.

Sièges de la virulence. Agent pathogène, ses caractères et ses propriétés, son atténuation, sa résistance aux agents physiques et chimiques. — Toutes les matières morbides, le jetage qui s'écoule du bec et des narines, les matières excrémentitielles, toutes les lésions, la pulpe des intestins, du foie, de la rate, du poumon, les liquides exsudés, le sang enfin, sont virulents et peuvent servir à transmettre la maladie. Les cadavres sont dangereux et les malades répandent autour d'eux la contagion avec les produits morbides qu'ils rejettent. Dans toutes les matières virulentes se trouve le même microbe, qui peut être cultivé dans des milieux artificiels, conserver plus ou moins longtemps son activité et reproduire la maladie après avoir été isolé et purifié de la sorte.

Le microbe du choléra des poules, vu dans le sang ou dans de la pulpe de quelque lésion, sans coloration préalable, se présente sous la forme d'une courte bactérie, arrondie à ses extrémités, étranglée en son milieu de façon à simuler un huit de chiffre ou un diplocoque, simulant même un microcoque quand elle n'est vue que par une de ses

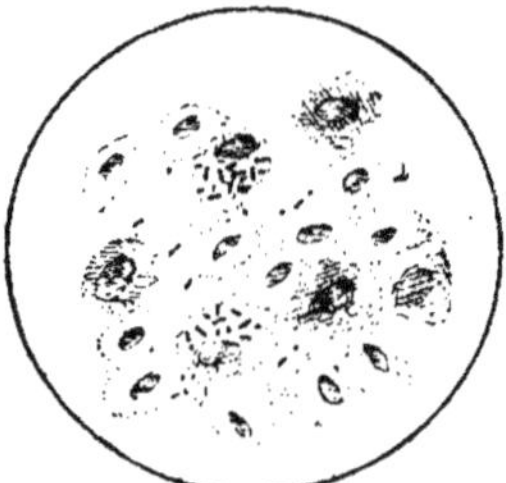

Fig. 145. — Choléra des poules.
Poumon de la poule.

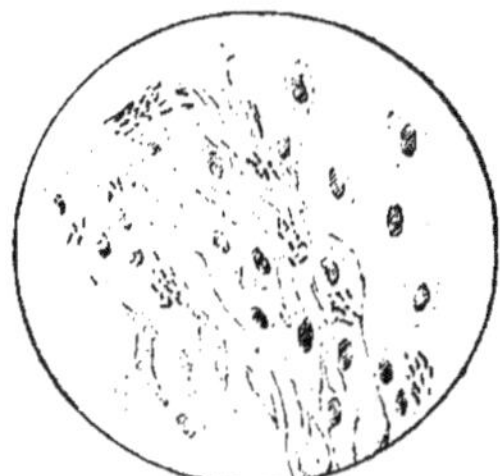

Fig. 146. — Choléra des poules.
Mucus bronchique de la poule.

extrémités; il est mobile et de très faibles dimensions. Il se colore aisément par les solutions hydro-alcooliques de violet de gentiane, de fuchsine, de violet de méthyle, par la solution de Löffler (solution alcoolique de bleu de méthyle 1 et solution potassique au 1/10000, 3) etc., mais il se décolore par la méthode de Gram. C'est surtout après avoir été coloré qu'il apparaît nettement sous sa véritable forme, qui est bien celle d'un petit bâtonnet plus fortement coloré à ses extrémités qu'à son milieu, qui paraît étranglé. Ses dimensions sont comprises entre $0\mu 6$ à $0\mu 8$ de longueur et $0\mu 3$ à $0\mu 4$ d'épaisseur; quelquefois il se montre cependant beaucoup plus long.

Il est surtout aérobie, ne se cultivant bien dans les milieux artificiels que s'il est en présence de l'air. Il ne se cultive pas dans l'urine neutralisée ni dans l'eau de levure; il vient mal sur la pomme de terre; mais il vient bien dans les bouillons, dans le sang, sur la gélatine et sur la gélose. Une goutte de sang prélevée dans le cœur ou une parcelle de rate, de foie, etc., ou encore une trace d'une précédente culture, semée dans un bouillon de poule ou de veau neutre ou légèrement alcalin, stérilisé, et maintenu à 37-38° au contact de l'air filtré, donne du jour

au lendemain une culture qui devient plus abondante les jours suivants.
Le bouillon devient louche et offre un fin nuage quand on l'agite; ensuite il redevient limpide et transparent, quand les microbes se déposent
au fond du ballon sous forme de poussière grisâtre ou un peu jaunâtre.

Cultivé sur la gélatine, le microbe du choléra aviaire ne la liquéfie pas;
semé à la surface, il donne une pellicule blanchâtre, à reflet un peu
bleuâtre et à stries concentriques. Il végète peu abondamment quand il
est semé par piqûre profonde: on voit alors se produire une culture
peu étalée à la surface de la gélatine et composée de petites colonies
blanchâtres le long du trajet de la piqûre. Les cultures sur gélatine se
modifient à l'air, deviennent grisâtres et prennent un reflet vert pâle
qui se fonce avec le temps.

Semé à la surface de la gélose et placé à l'étuve il donne rapidement

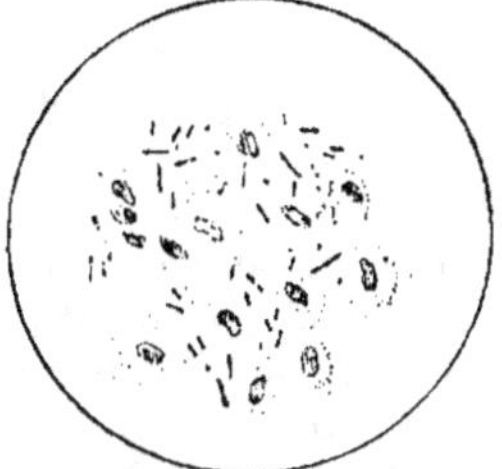

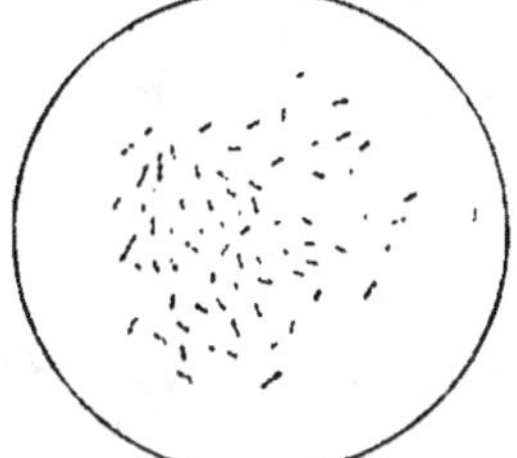

Fig. 147. — Choléra des poules. Pulpe raclée au point d'inoculation (poule).

Fig. 148. — Choléra des poules. Culture datant de 24 heures.

des cultures blanchâtres, semblables à celle de la gélatine. Sur la
pomme de terre il donne à peine une mince culture grisâtre à l'étuve.
Il peut se développer dans l'eau et dans le sol.

Les microbes provenant des cultures dans les milieux artificiels se
présentent avec les mêmes caractères que ceux de l'organisme malade
et peuvent être colorés de la même façon ; cependant ils se montrent
plus ténus et plus fins quand ils proviennent d'une culture ancienne.

Après avoir passé par des générations successives de bouillons, le
microbe du choléra des poules donne la maladie quand on l'inocule
ou quand on le fait ingérer, tout comme les produits virulents empruntés
à un malade. Il semble agir en absorbant l'oxygène du sang, et en provoquant l'asphyxie ; mais il agit surtout par ses produits toxiques. En
effet, quand on inocule à la poule une culture préalablement débarrassée de ses microbes par une filtration convenable, on observe une
courte période d'excitation accompagnée promptement d'un véritable
état maladif; l'animal cesse de manger, prend la forme en boule et offre
une grande tendance au sommeil ; ensuite il se rétablit. L'action de ces
matières toxiques se produit même sur les poules vaccinées.

Le microbe du choléra aviaire conserve son activité pathogène après

II.   47

des cultures successives dans les milieux artificiels comme après des passages successifs dans l'organisme d'animaux doués de réceptivité. Inoculé ou ingéré après avoir passé à travers des générations nombreuses d'animaux ou de milieux artificiels, il fait apparaître la maladie. Cependant son activité décroît d'abord, pour s'éteindre ensuite dans les milieux de cultures laissés en contact avec l'air; le vieillissement des cultures au contact de l'air détermine d'abord une atténuation progressive de la virulence du microbe et finalement la fait disparaître. C'est en mettant à profit cette particularité que Pasteur a pu obtenir des virus atténués capables de se reproduire avec leur atténuation et capables de conférer l'immunité aux poules auxquelles on les inocule, sans les rendre dangereusement malades.

En inoculant des cultures de quinze jours, d'un mois, de deux, trois, cinq, huit, dix mois, il a constaté que leur virulence diminuait progressivement et qu'à un moment donné elles ne tuaient plus les poules. Ces cultures ainsi atténuées, employées pour ensemencer de nouveaux bouillons, donnent des générations nouvelles de microbes ayant chacune le même degré de virulence que les microbes atténués qui ont servi à l'ensemencement. On peut donc préparer aisément des virus atténués à tous les degrés voulus, en faisant des cultures successives de plus en plus éloignées. Une culture semée dans un autre bouillon donne un nouveau produit dont la virulence est d'autant plus atténuée qu'il s'est écoulé plus longtemps depuis le premier ensemencement. Le degré d'atténuation est en raison directe de la longueur de temps qui sépare les ensemencements. Les cultures de choléra aviaire abandonnées à elles-mêmes au contact de l'air s'atténuent donc progressivement, puis perdent leur virulence et finalement leur végétabilité. La virulence atténuée reste telle dans les cultures ultérieures; l'atténuation est transmissible d'ascendants à descendants, en sorte qu'avec une gouttelette de virus atténué on peut en obtenir, à volonté et en toutes quantités de nouvelles générations en tous points semblables.

L'atténuation est due à l'action de l'oxygène de l'air. En effet, si les microbes des cultures laissées au contact de l'air perdent progressivement leur virulence, il en est différemment de ceux des cultures conservées en présence d'une faible quantité d'air dans des tubes scellés. Ces derniers conservent leur virulence initiale pendant, trois, cinq, sept, neuf et dix mois. Ce n'est donc pas le séjour prolongé dans un milieu artificiel qui produit l'atténuation; d'ailleurs, des cultures répétées de jour en jour dans les milieux artificiels gardent indéfiniment la virulence initiale, si on a soin de faire les ensemencements à des dates assez rapprochées. C'est l'action oxydante de l'air qui détermine l'atténuation des microbes laissés trop longtemps dans le même milieu. Tout d'abord l'action de l'oxygène n'atteint que le pouvoir virulent des microbes, sans altérer leur forme ni même leur végétabilité. Cependant, lorsque le pouvoir virulent a été profondément atténué, la végétation des microbes devient moins abondante.

Pour que l'action destructive ou atténuante de l'oxygène se produise, il faut que les microbes aient bien le contact de l'air. Dans un vase où le liquide de culture est en couche assez épaisse, les microbes de la superficie perdent peu à peu leur activité, tandis que ceux des couches inférieures conservent leur virulence initiale.

Il résulte de ce qui précède que, pour conserver des cultures avec leur virulence, il faut les soustraire au contact de l'air. Il suffit pour cela de les faire dans des tubes ou dans des pipettes qu'on scelle à la lampe le lendemain ou le surlendemain de leur ensemencement; l'air qui a été ainsi enfermé dans le tube est utilisé par les microbes, et, quand il n'en reste plus, la culture s'arrête, mais la virulence reste intacte, soustraite qu'elle est à l'action de nouvelles quantités d'oxygène.

Chaque degré d'atténuation, obtenu comme on vient de le voir, peut, en quelque sorte, être fixé, et reproduit à l'infini dans de nouvelles cultures en bouillon ou sur gélatine.

D'autre part, chaque culture atténuée peut servir de vaccin vis-à-vis d'une culture plus active; inoculée à la poule, une culture très atténuée la préserve contre les effets de l'inoculation d'une culture moins atténuée. On verra ci-après comment on peut tirer parti de ces faits, pour arriver à conférer l'immunité aux poules contre le choléra spontané.

La virulence du microbe du choléra aviaire, après avoir été plus ou moins atténuée, peut être progressivement exaltée et ramenée à son intensité première. Un virus atténué qui sert de vaccin pour la poule peut encore tuer les petits oiseaux, les moineaux par exemple; et la culture, à travers une série de moineaux, restitue progressivement et rapidement, après six ou sept passages, son activité initiale au virus, qui avait cessé d'être mortel pour la poule, et qui le redevient de la sorte.

Le microbe du choléra aviaire conserve sa virulence huit jours dans l'eau distillée, et trente jours dans l'eau ordinaire (Straus et Dubarry). On peut le dessécher sans lui faire perdre son activité; on aurait vu des matières virulentes desséchées depuis quinze jours et un mois transmettre la maladie. Toutefois, à cet égard, on n'est pas bien d'accord; et certains pensent (Kitt) qu'il résisterait peu de temps à la dessiccation. La résistance du virus cholérique à la putréfaction semble mieux établie. Renault avait pu inoculer avec succès le sang d'une poule morte depuis quatre jours complets, et Kitt a nettement démontré à son tour que le microbe du choléra des poules résiste à la putréfaction. Ayant abandonné à l'air des intestins de pigeons et de poules morts du choléra, il a pu ensuite transmettre la maladie, en inoculant ou en faisant ingérer des larves de mouches recueillies sur ces matières. Le microbe du choléra se conserve dans les milieux extérieurs humides, tels que la terre, les fumiers, etc. Il supporte bien le froid, mais il est très sensible à l'action de la chaleur. Il ne résiste pas trois quarts d'heure à 45°; il est tué en un quart d'heure à 50°, et en cinq à dix minutes à 80°-85°; il est rapidement stérilisé par la température de l'ébullition.

Parmi les agents chimiques réputés bactéricides, il en est plusieurs qui peuvent stériliser plus ou moins promptement les microbes du choléra. Le chlorure de chaux et le borate de soude seraient peu actifs, mais il en serait autrement du sulfate de cuivre, du chlorure de zinc, de l'acide sulfurique, de l'acide sulfureux, etc. Le microbe résiste à l'action du suc gastrique; il vivrait plusieurs heures dans la solution phéniquée à 3 p. 100: il serait, au contraire, stérilisé presque instantanément par la solution de sublimé au 1/5000.

Modes de contagion. Animaux aptes à contracter la maladie. Animaux réfractaires. Origine de la maladie. — Le choléra des poules peut se transmettre par les œufs que pondent les poules malades, soit que des germes se trouvent adhérents à leur surface, soit qu'il y en ait dans l'intérieur. Les œufs peuvent servir à propager l'affection, et à l'implanter là où ils sont transportés et utilisés en vue de la reproduction. Il a été reconnu que la poule peut transmettre des microbes aux œufs qu'elle pond pendant qu'elle est cholérique; et ceux-ci, mis en incubation, n'arrivent pas à éclore, l'embryon étant tué par les microbes, ou peuvent donner des poulets non viables. Maffucci ayant inoculé des œufs de poule dans l'albumine, et les ayant ensuite fait couver, en a vu qui ne sont pas arrivés à éclosion, l'embryon ayant été envahi par les microbes et étant mort; tandis que certains sont arrivés à éclosion et ont donné des poussins vivants, parmi lesquels les uns sont morts cholériques quelques heures après la naissance, alors que les autres ont survécu, sans avoir acquis toutefois l'immunité.

C'est surtout par ingestion, et quelquefois peut-être par inhalation, que les oiseaux de basse-cour s'infectent. Les malades rejettent du virus avec les produits qu'ils excrètent; et ce virus, se conservant un certain temps dans les milieux extérieurs, peut ensuite être introduit dans de nouveaux organismes, soit avec les aliments, soit avec l'air, quand il adhère à des poussières, ou quand il est lui-même réduit en poussière après avoir supporté la dessiccation. La maladie peut donc se transmettre par l'intermédiaire de l'air qui, à un moment donné, peut entraîner des germes à une plus ou moins grande distance. Héring affirme avoir observé des cas où le typhus se serait propagé de cette manière; Renault et Delafond ont fait des tentatives pour obtenir la contagion volatile, et ils n'ont pas réussi; mais ces faits ne peuvent pas infirmer la conclusion tirée d'un fait démonstratif bien observé. Il faut, dans la pratique, considérer comme toujours possible la contagion par l'air infecté de germes. Le choléra se transmet principalement par ingestion. Les matières virulentes, tous les corps solides ou liquides ou gazeux, qui sont souillés de matière virulente et qui sont ensuite mis en contact avec d'autres animaux, ou qui sont introduits dans les voies digestives, sont susceptibles de faire naître la maladie. Un animal malade, qui rejette des matières morbides par le bec ou par les naseaux, peut infecter ceux qui les becquètent. Renault n'avait pas réussi à infecter les chiens ni le porc, en leur faisant ingérer des matières virulentes; mais il avait réussi, et d'autres après lui ont obtenu le même résultat, en agissant sur des poules. Perroncito a rendu malades des volailles, en leur faisant ingérer des produits (ovaire, poumon) provenant d'une poule cholérique. Pasteur a communiqué la maladie à des poules, en leur donnant à manger du pain ou de la viande arrosée de quelques gouttes d'une culture du microbe. Il a vu les jeunes poussins ne pas s'infecter en mangeant des repas souillés, et pourtant ils sont inoculables. Dans les basses-cours, le choléra se communique des animaux malades aux animaux sains par les produits qui s'écoulent du bec ou du nez, et surtout par les matières excrémentitielles. Ces produits sont directement ingérés, ou bien ils souillent les aliments et les boissons que les animaux encore sains doivent ingérer. C'est donc par les voies digestives que le virus pénètre le plus ordinairement dans l'organisme. La matière virulente peut aussi se conserver sur les corps solides, se dessécher et entrer en suspension dans l'air ou être becquetée par des oiseaux sains plus ou moins longtemps après qu'elle a été excrétée. Ainsi, on aurait vu la contagion se produire sur des animaux introduits dans une habitation un mois après qu'elle avait été abandonnée par les bêtes malades.

La propagation du choléra est favorisée par la cohabitation, par l'encombrement, par la malpropreté. Elle peut être occasionnée : par l'exportation d'animaux infectés ou malades; par les œufs provenant des basses-cours infectées; par des graines, des pailles, des fourrages infectés; par les personnes qui soignent la basse-cour, et qui peuvent transporter des germes dans leurs vêtements ou avec leurs chaussures; par certains animaux mammifères qui sont susceptibles de s'infecter; par la non-destruction des cadavres et la non-désinfection; par les pigeons qui, en allant chercher leur nourriture au loin, peuvent contracter l'affection et la transmettre ensuite; par les oiseaux sauvages, etc., etc.

La transmission expérimentale du choléra peut être obtenue aisément chez la poule, en lui faisant ingérer, avec ses aliments, des matières virulentes, telles que les produits morbides, ou des fragments d'organes malades, ou simplement des cultures. On peut, d'autre part, donner la maladie à la poule en lui inoculant le virus dans la veine, dans le péritoine, ou simplement dans le tissu musculaire, ou dans le tissu conjonctif sous-cutané. Pour pratiquer ces sortes d'inoculations, on peut employer le sang, le liquide péricardique, la pulpe d'un organe, ou une culture. La maladie ainsi obtenue est d'autant plus rapide et d'autant plus grave qu'on s'est servi d'un virus plus actif, et qu'on l'a employé à plus forte dose. La mort peut survenir dans les vingt-quatre heures qui suivent, et les symptômes sont les mêmes que ceux de la maladie contractée spontanément. Cependant, la maladie peut parfois ne pas être mortelle aussi rapidement, et même elle peut se montrer plus ou moins bénigne, quand le virus inoculé est plus ou moins atténué.

Le choléra des poules est transmissible aux différents oiseaux de basse-cour, tels que les pigeons, les dindes, les canards, les oies, les pintades et les faisans. Il est transmissible aussi aux oiseaux sauvages, aux canards, aux moineaux, etc. Il est transmissible : au lapin qui peut, comme les oiseaux, le contracter spontanément; à la souris et au cobaye, qui ne présentent parfois qu'une lésion localisée au point d'inoculation.

L'organisme du lapin semble constituer un terrain encore plus favorable que celui de la poule à l'évolution du choléra. Cet animal peut s'infecter spontanément en mangeant des aliments souillés de virus; et on peut lui faire contracter l'affection, en lui servant des repas souillés intentionnellement avec des matières virulentes ou avec des cultures. Que si, dans les fermes, cet animal n'est pas souvent atteint de la maladie, cela semble seulement tenir à ce qu'il est moins exposé que les poules à ingérer des matières virulentes. Le lapin est un animal très susceptible vis-à-vis du choléra aviaire; inoculé sous la peau ou dans la veine, il succombe très rapidement, en moins de vingt-quatre heures, pour peu que la dose de virus introduit soit appréciable; et à l'autopsie, on trouve des microbes dans le sang, ainsi que dans tous les organes.

Ainsi donc le choléra aviaire se transmet facilement au lapin, qui offre plus de réceptivité que la poule, et qui s'infecte plus vite et plus facilement qu'elle. Les lapins, qui reçoivent des repas souillés de virus cholérique, contractent (Pasteur) la maladie et la transmettent aux lapins sains cohabitant avec eux. Le lapin s'infecte d'ailleurs dans les basses-cours où sévit le choléra, et aussi quand on le place dans des cages non désinfectées qui ont été occupées par des poules malades.

Partant de cette extrême susceptibilité du lapin, Pasteur conseillait jadis de détruire les innombrables animaux de cette espèce qui dévastent l'Australie et la Nouvelle-Zélande, en leur communiquant le choléra aviaire. De même que les poules saines vivant avec les malades s'infectent, en ingérant la nourriture souillée par celles-ci, de même les lapins rendus malades rentrant dans leurs terriers y sèmeraient la contagion qui se perpétuerait par les nouvelles générations de malades; et pour infecter les premiers lapins il suffirait d'arroser avec des cultures la nourriture que les animaux trouvent autour de leurs terriers. Une expérience de ce genre a été faite près de Reims dans un clos peuplé de nombreux lapins et a amené la mort de la plupart d'entre eux.

Le cobaye résiste mieux que le lapin. Quand on l'inocule dans le péritoine il succombe ; mais il ne meurt généralement pas, quand on lui inocule le virus sous la peau et présente seulement un abcès sous-cutané.

« Chez les cobayes, d'un certain âge surtout, on n'observe souvent qu'une lésion locale au point d'inoculation, qui se termine par un abcès plus ou moins volumineux. Après s'être ouvert spontanément, l'abcès se referme et guérit, sans que l'animal ait cessé de manger et d'avoir toutes les apparences de la santé. Ces abcès se prolongent quelquefois pendant plusieurs semaines avant d'abcéder, entourés d'une membrane pyogénique et remplis de pus crémeux où le microbe fourmille à côté des globules de pus. C'est la vie du microbe inoculé qui fait l'abcès, lequel devient, pour le petit organisme, comme un vase fermé où il est facile d'aller le puiser, même sans sacrifier l'animal. Il s'y conserve, mêlé au pus, dans un grand état de pureté et sans perdre sa vitalité. La preuve en est que, si on inocule à des poules un peu du contenu de l'abcès, ces poules meurent rapidement, tandis que le cochon d'Inde qui a fourni le virus se guérit sans la moindre souffrance. On assiste donc ici à une évolution localisée d'un organisme microscopique, qui provoque la formation de pus et d'un abcès fermé, sans amener de désordres intérieurs, ni la mort de l'animal sur lequel on le rencontre, et toujours prêt néanmoins à porter la mort chez d'autres espèces auxquelles on l'inocule, toujours prêt même à faire périr l'animal sur lequel il existe à l'état d'abcès, si telles circonstances plus ou moins fortuites venaient à le faire passer dans le sang ou dans les organes splanchniques. Des poules ou des lapins qui vivraient en compagnie de cobayes portant de tels abcès pourraient tout à coup devenir malades et périr sans que la santé des cochons d'Inde parût le moins du monde altérée. Pour cela il suffirait que les abcès des cochons d'Inde, venant à s'ouvrir, répandissent un peu de leur contenu sur les aliments des poules et des lapins. » (Pasteur.)

Pasteur a vu des porcs, des chiens, des chèvres, des moutons, des rats, des chevaux et des ânes manger des repas souillés sans devenir malades. Cependant il semblerait, d'après certains faits d'observation et d'expérimentation, que le cheval, le mouton et le chien ne seraient pas absolument à l'abri des effets du virus cholérique ; il paraîtrait d'autre part que l'homme pourrait contracter un accident local, un abcès, au niveau du point contaminé, quand il s'inocule accidentellement le virus.

Quant à l'origine de la maladie, sans être encore absolument fixé, on a quelque tendance à croire que le choléra aviaire n'est autre chose que la septicémie des lapins étudiée jadis par Davaine. Toussaint avait soutenu cette manière de voir, il avait vu dans le choléra une septicémie que les poules contracteraient en ingérant des matières en putréfaction. En Amérique, on aurait d'ailleurs signalé des faits qui démontreraient que le choléra peut se développer spontanément sur les oiseaux de basse-cour tenus dans la saleté ou mangeant des matières en décomposition. Enfin, selon Gamaléia le microbe du choléra aviaire existerait normalement dans les intestins de certains oiseaux et pourrait devenir pathogène à un moment donné.

En résumé, le microbe du choléra, comme ceux des pneumo-entérites, se trouverait dans les milieux extérieurs ; il pénétrerait dans les organismes avec les aliments et les poussières, et deviendrait pathogène lorsque des influences prédisposantes rendraient les tissus aptes à le cultiver et à subir son action. De la sorte la maladie résulterait d'abord d'une infection spontanée. En vivant dans l'organisme, le microbe s'exalterait, et les malades propageraient aisément la contagion par leurs produits morbides et par leurs cadavres.

Immunité. — Vaccination. — Une première atteinte de la maladie confère l'immunité aux animaux qui se sont rétablis ; et Pasteur a réussi à conférer expérimentalement l'état réfractaire aux poules, en leur inoculant des virus atténués par la culture à l'air, comme on l'a vu plus haut ; il aurait même reconnu que les poules vaccinées du choléra deviennent plus réfractaires au charbon. On peut donc, par l'inoculation de virus atténués, faire perdre aux poules la réceptivité qu'elles ont pour contracter le choléra ; on peut les vacciner.

L'inoculation de cultures suffisamment atténuées ne détermine ordinairement que des phénomènes locaux. Quand l'inoculation est faite dans le tissu sous-cutané, au niveau des muscles pectoraux, il se produit une inflammation du tissu conjonctif et d'une partie du muscle. Les microbes pullulent sur place ; il se produit une tuméfaction inflammatoire. Le muscle se tuméfie, durcit et blanchit, devient lardacé, se montre infiltré de leucocytes et d'innombrables microbes qui paraissent plus longs que dans le sang ; il se dissocie très facilement, et ses fibres sont devenues très friables. Quand le virus, qui a été inoculé, est très actif, l'organisme tout entier est bientôt envahi, et l'animal succombe ; mais quand l'inoculation a été faite avec un virus suffisamment atténué, la guérison survient, les microbes sont arrêtés dans leur développement. La partie altérée est bientôt séparée de la partie saine par du tissu embryonnaire ; elle se mortifie et forme un séquestre ; plus tard cette partie nécrosée peut être résorbée en quelques semaines ou en quelques mois, et la guérison est alors complète ; ce résultat peut être accéléré si on a soin d'extraire le séquestre. Les poules ainsi traitées et guéries sont devenues réfractaires aux inoculations de produits (sang, cultures) très virulents ; elles sont vaccinées, et leur immunité est d'autant plus complète que la force du vaccin a été plus grande et que l'inoculation a déterminé une maladie plus grave.

« Je prends quatre-vingts poules neuves. — J'appelle de ce nom des poules qui n'ont jamais eu la maladie du choléra des poules, ni spontanée, ni communiquée. — A vingt d'entre elles j'inocule le virus très virulent. Les vingt périssent. Des soixante qui restent, j'en distrais encore vingt, et je les inocule par une seule piqûre, à l'aide du virus le plus atténué que j'aie pu obtenir. Aucune ne meurt. Sont-elles vaccinées pour le virus très virulent? Oui, mais seulement un certain nombre d'entre elles. En effet, si, sur ces vingt poules, j'inocule ce virus très virulent, dix ou huit, par exemple, tout en étant malades, ne mourront pas, contrairement à ce qui a lieu pour les vingt poules neuves, dont vingt sur vingt ont péri. Je distrais de nouveau du lot primitif vingt poules neuves que je vaccine par deux piqûres appliquées successivement par un intervalle de sept à huit jours. Seront-elles vaccinées pour le virus très virulent? Afin de le savoir, réinoculons-les par ce virus. Cette fois-ci, contrairement aux résultats de la deuxième expérience, ce n'est plus six ou huit qui ne mourront pas, mais douze ou quinze. Enfin, si je distrais encore vingt poules du lot primitif et que je les vaccine successivement par le virus atténué, non pas une seule fois, mais trois ou quatre, la mortalité par l'inoculation du virus très virulent, la maladie même, seront nulles. Dans ce dernier cas, les animaux sont amenés aux conditions de ceux qui ne contractent jamais le choléra des poules. » (Pasteur.)

Ainsi donc, comme il y a des degrés dans l'atténuation du virus, il y en a dans la résistance des organismes à la création de l'immunité, c'est-à-dire dans leur réceptivité. Certains, n'étant doués que d'une faible réceptivité, seront rendus réfractaires par une seule inoculation; tandis que chez la plupart, pour arriver à conférer une immunité complète, il faut inoculer, deux, trois, quatre fois les animaux avec le virus atténué ou bien les inoculer une seconde fois à huit ou dix jours d'intervalle avec un virus moins atténué.

L'immunité ainsi conférée aux poules inoculées serait bien réelle; on aurait beau les inoculer ensuite avec le virus non atténué, ou l'introduire dans le torrent circulatoire, ou le faire arriver dans les voies digestives, on ne les rendrait pas malades (Pasteur). La préservation résultant de la vaccination serait assez longue; elle pourrait excéder une année. Toutefois la vaccination peut s'accompagner parfois d'accidents plus ou moins graves. La mort peut en être la conséquence et arriver tantôt promptement, tantôt lentement. Certaines poules inoculées, après avoir été très malades, récupèrent une santé relative, puis maigrissent et meurent après des semaines ou des mois, tout en présentant le microbe du choléra, dont la virulence n'est nullement atténuée, et qui pendant longtemps avait été relégué sans doute dans une partie impropre ou peu propre à sa culture. D'autre part il arrive parfois chez les poules, qui ont acquis l'immunité, qu'un abcès se forme dans un point du corps, dont le produit contient le microbe pathogène. Enfin, Kitt, tout en reconnaissant que les vaccins n° 1 et n° 2 de Pasteur étaient réellement atténués au point de ne plus tuer la poule, alors qu'ils tuaient encore le lapin et le pigeon, aurait constaté : que des poules inoculées successivement avec les deux vaccins ne résistaient pas ensuite à l'inoculation du virus fort ; que l'immunité peut bien être conférée parfois, mais qu'elle n'est pas donnée sûrement à la plupart des vaccinés ; que les lésions locales déterminées par l'inoculation font beaucoup souffrir les animaux ; que l'immunité s'établit trop lentement pour que l'on puisse, au moyen de la vaccination, enrayer une épizootie de choléra, qui peut ravager un poulailler en quelques jours ; que les inoculés peuvent propager la maladie, la transmettre aux oiseaux sains non vaccinés, par l'intermédiaire de leurs excréments, des pellicules épidermiques et des plumes qui se détachent de la région inoculée. Joignons à tout cela que le prix des vaccinations est trop élevé et que la diversité dans la réceptivité, des différentes races de poules rendrait nécessaire la préparation de vaccins appropriés à la susceptibilité de chacune d'elles.

Malgré les réserves qui précèdent l'inoculation préventive pourra peut-être rendre des services dans certains cas. On pourra y recourir avant l'apparition de la maladie, lorsqu'un poulailler sera menacé de la contagion, lorsqu'il s'agira de repeupler une basse-cour infectée, lorsqu'on voudra préserver des animaux de prix, etc. On pourra demander les vaccins à la maison qui fournit ceux du charbon et ceux du rouget. On suivra toutes les précautions indiquées précédemment au sujet des vaccinations charbonneuses et des vaccinations contre le rouget. On tiendra compte de la susceptibilité des races. On éclairera les propriétaires. On suivra le même manuel opératoire que pour le rouget et le charbon. On fera deux vaccinations successives à douze ou quinze jours d'intervalle en se servant de la seringue à injection hypodermique. Le premier vaccin (vaccin le plus faible) sera injecté au bout d'un aileron, et le second sera injecté à l'aileron opposé. Il convient de pratiquer l'inoculation au bout de l'aile, afin d'éviter la formation des séquestres dans une région musculaire importante. Quelques vétérinaires ont obtenu de bons résultats en pratiquant des inoculations préventives.

DIAGNOSTIC DIFFÉRENTIEL.

Le diagnostic du choléra aviaire est assez facile à établir dans la plupart des cas. Les symptômes peuvent parfois suffire à éclairer l'observateur, et un critérium est encore fourni par la marche de la maladie qui est enzootique ou épizootique. Les renseignements sur sa propagation, sur son extension, et sa marche aideront toujours à établir le diagnostic. Il en sera de même de l'examen des cadavres et de l'étude des lésions. Avec ces seules données on pourra toujours distinguer le choléra du charbon, des maladies parasitaires et des empoisonnements. Renault et Reynal ont sûrement fait une confusion, dans l'article Charbon du *Dictionnaire de médecine et de chirurgie vétérinaires*, en décrivant un charbon des volailles. Ils ont pris le choléra pour le charbon, attendu que cette dernière maladie ne se développe pas chez les oiseaux. On ne peut pas confondre le choléra avec une maladie vermineuse, cette dernière ne présentant jamais un tableau de symptômes analogues à ceux du choléra ; et d'ailleurs il suffirait de procéder à l'autopsie, qui, dans le cas de maladie vermineuse, montrerait la présence de vers dans les bronches, les intestins, etc. On ne peut pas non plus confondre le typhus avec un empoisonnement ; car, si dans certains empoisonnements les oiseaux peuvent présenter des vomissements, de la diarrhée, certains symptômes nerveux, etc., et si l'empoisonnement peut s'être produit sur plusieurs animaux, on ne constate jamais cette marche épizootique et cette transmissibilité, qui caractérisent le choléra.

Mais l'examen bactériologique et l'inoculation sont les moyens les plus sûrs d'arriver à un diagnostic toujours exact ; et ces deux moyens deviennent indispensables dans certains cas, pour distinguer le choléra d'autres maladies microbiennes susceptibles de se montrer sur les oiseaux et de revêtir plus ou moins l'expression symptomatique de la maladie dont l'étude précède. On a vu plus haut les résultats que donnent l'examen bactériologique et l'inoculation, quand il s'agit du choléra ; il suffit de s'y reporter.

Le *choléra des canards*, étudié récemment par Cornil et Toupet, ressemble beaucoup à première vue au choléra des poules. C'est une maladie microbienne, contagieuse, épizootique, transmissible aux diverses races de canards par l'inoculation expérimentale et par l'ingestion d'aliments souillés, caractérisée par de la diarrhée et par un affaiblissement rapide. Le choléra des canards, qui ressemble beaucoup à celui des poules par ses symptômes, entraîne la mort, et à l'autopsie on constate les lésions suivantes : ecchymoses sur le péricarde viscéral ; congestion de la rate ; congestion et taches jaunes de dégénérescence sur le foie ; quelquefois inflammation du péritoine ; congestion et ecchymoses de la surface péritonéale de l'intestin ; congestion de la muqueuse intestinale et liquide muqueux sanguinolent dans le gros intestin. Cette affection est occasionnée par un microbe spécial, qu'on trouve dans le sang ainsi que dans les organes, et qui se présente avec les caractères suivants : c'est une bactérie, souvent un peu étranglée en son milieu, à extrémités arrondies, mobile, facile à colorer par les solutions hydro-alcooliques des matières colorantes de l'aniline, se décolorant par le procédé de Gram et de Weigert ; cette bactérie se cultive dans les bouillons, sur la gélatine, sur l'agar et sur la pomme de terre : sur la gélatine elle donne des colonies plus volumineuses que la bactérie du choléra, sans liquéfier davantage le milieu ; elle donne surtout des cultures plus abondantes sur l'agar et principa-

lement sur la pomme de terre ; elle donne la maladie quand on la fait
ingérer au canard, ainsi que quand on l'inocule dans le tissu sous-
cutané ; et dans ce dernier cas il se produit un accident local comparable à celui que donne l'inoculation du choléra des poules.

Malgré la ressemblance de la maladie avec le choléra des poules, il
y a cependant de notables différences : tan-
dis que le virus du choléra des poules tue les
canards, les poules et les pigeons, celui du
choléra des canards est inoffensif à l'égard
des poules et des pigeons. Tous les deux
tuent le lapin ; mais celui du choléra des
poules est encore plus actif, celui du choléra des canards ne tuant le lapin qu'à forte
dose.

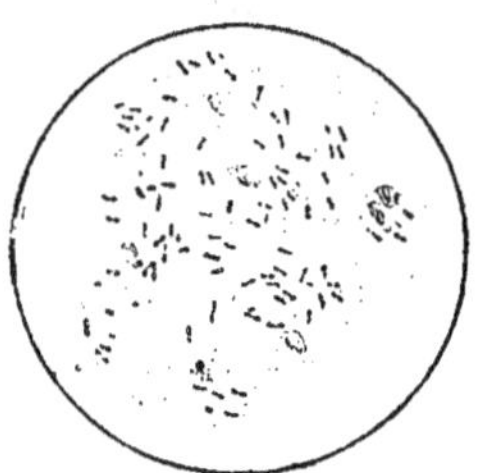

Fig. 149. — Choléra du canard. Sang de lapin.

Ces deux choléras sont-ils deux maladies
différentes ou bien le choléra des canards ne
serait-il que le choléra des poules atténué?

Il existe chez le perroquet une maladie qui se rapproche beaucoup du
choléra des poules. Il s'agit encore d'une maladie bactérienne, déterminée par un microbe qui apparaît sous la forme arrondie et sous celle
de diplocoques. C'est une affection diarrhéique ou dysentérique, caractérisée par de la diarrhée, une grande faiblesse et des convulsions qui
précèdent la mort.

Klein a étudié une maladie épizootique des oiseaux de basse-cour,
une *entérite infectieuse*, ayant des ressemblances avec le choléra, mais
s'en distinguant nettement. Les oiseaux atteints de cette affection ont
une diarrhée liquide, jaunâtre ; mais ils ne présentent pas de la somnolence comme dans le choléra ; ils meurent en un ou deux jours. Le
foie et la rate sont hypertrophiés ; le péritoine est hypérémié ; la
muqueuse intestinale est congestionnée. Les microbes, plus longs et
plus gros que ceux du choléra, se trouvent dans tous les tissus, dans le
sang et surtout dans la rate ; ils se cultivent sur la gélatine ; ils donnent
la maladie par ingestion et par inoculation ; et les cultures chauffées
vingt minutes à 55° seraient vaccinantes. Cette maladie se distingue
nettement du choléra en ce que, inoculable à la poule, elle ne l'est pas
au pigeon ni au lapin.

Gamaleia a étudié une autre maladie des oiseaux, une *gastro-entérite
bactérienne*, qui ressemble au choléra dans une certaine mesure. Les
oiseaux malades sont immobiles, comme endormis, et ont de la diarrhée et le plumage hérissé ; mais la maladie est plus longue que le
choléra, et la température, au lieu de s'élever à 43°-44°, comme dans le
choléra, reste à 41°-38°. A l'autopsie on observe une hypérémie de tout
le tube digestif avec liquide gris jaunâtre mêlé de sang dans l'intestin
grêle ; la rate est petite et pâle, au lieu d'être hypérémiée comme dans

le choléra. Dans les lésions intestinales de poules et de pigeons inoculés, ainsi que dans le sang des pigeons inoculés (mais fort peu dans celui des poulets et pas dans celui des poules adultes) on trouve les microbes pathogènes. Le microbe pathogène est un bacille large, court, courbé, arrondi aux extrémités, mobile, cultivable dans les bouillons, dans la gélatine qu'il liquéfie, sur la gélose et sur la pomme de terre, dans le lait et dans les œufs ; il est tué par un chauffage de 5 minutes à 50° ; il donnerait des spores dans certaines conditions ; c'est le *vibrio Metschnikovi*, il est pathogène pour la poule, pour le pigeon et le cobaye, il produit une toxine et une substance vaccinante soluble. Il s'exalte par les passages sur le pigeon : il ne contamine pas le pigeon par ingestion, mais bien les poules qui résistent mieux à l'inoculation que le pigeon ; il contamine le cobaye par ingestion et par inoculation ; il n'influence le lapin qu'à fortes doses.

Enfin dernièrement, Lucet a décrit une autre maladie infectieuse, diarrhéique, spéciale aux poules et aux dindes, la *Dysenterie épizootique des poules et des dindes*. Cette affection respecte les canards, les oies et les pigeons ; elle n'est inoculable au lapin que par injection intra-veineuse. Elle se montre en été ; elle se traduit d'abord par de l'inappétence, de la tristesse et de la nonchalance ; puis se déclare la diarrhée, les plumes se hérissent et la faiblesse s'accuse de plus en plus. La maladie évolue plus lentement que le choléra ; les malades meurent entre le neuvième et le treizième jour ; quelques-uns se rétablissent plus ou moins vite, et d'autres succombent après des alternatives d'amélioration et d'aggravation. A l'autopsie on observe des lésions congestionnelles, quand la mort est survenue pendant l'état aigu, et des lésions inflammatoires chroniques dans les cas où la mort s'est produite après le passage du mal à l'état chronique. Le sang, tous les produits morbides, toutes les lésions, présentent le microbe pathogène, qui est toutefois peu abondant dans le sang. L'agent pathogène est un bacille court, mobile, facile à colorer par les solutions hydro-alcooliques des matières colorantes dérivées de l'aniline, se décolorant par le procédé de Gram et de Weigert, aérobie et anaérobie, ne poussant pas sur la pomme de terre, se cultivant dans les bouillons, sur la gélatine, qu'il ne liquéfie pas, et sur la gélose. La dysenterie épizootique est inoculable et transmissible par ingestion à la poule et à la dinde ; elle n'est pas inoculable au pigeon ; elle n'est pas transmissible au cobaye, et elle n'est transmissible au lapin que par injection intra-veineuse.

PROPHYLAXIE. — TRAITEMENT.

A la date du 6 avril 1880, le ministre de l'agriculture adressait aux préfets la circulaire et l'instruction suivantes :

Paris, le 6 avril 1880.

Monsieur le Préfet,

A différentes époques, une maladie contagieuse, particulière aux volailles, a été signalée à mon administration. Cette affection, qui se nomme *choléra des poules*, bien qu'elle s'attaque également aux oies, aux canards et aux dindons, peut, en l'espace de quelques semaines, décimer, quelquefois même dépeupler entièrement une basse-cour.

En 1868, une enquête, faite dans les départements, avait permis de constater presque partout les ravages causées par cette épizootie ; mais aucun moyen n'avait été encore trouvé pour en arrêter le développement. Les cas assez nombreux, constatés en 1878 par les vétérinaires du service des épizooties dans les départements, m'ont déterminé à appeler sur cette question l'attention du Comité consultatif des épizooties.

Une instruction, indiquant les principales causes de la maladie et les procédés à employer pour la faire disparaître, a été rédigée d'après les indications de ce Comité. J'ai l'honneur de vous en transmettre ci-joints cent exemplaires, en vous priant de répandre le plus possible ces conseils pratiques dans votre département.

Recevez, Monsieur le Préfet, l'assurance de ma considération la plus distinguée.

Le Ministre de l'agriculture et du commerce,

P. TIRARD.

Choléra des poules.

Conseils donnés aux agriculteurs, d'après les indications du Comité consultatif des épizooties.

L'affection contagieuse particulière aux volailles, désignée sous le nom de *choléra des poules*, quoiqu'elle s'attaque également aux oies, aux canards et dindons, cause des pertes très sensibles à l'agriculture. Si peu d'importance qu'elle paraisse avoir lorsqu'elle n'atteint qu'un sujet isolé, elle acquiert cependant une véritable gravité, lorsque, et c'est le cas le plus habituel, elle vient à se déclarer dans une basse-cour un peu nombreuse, qu'elle peut décimer et même quelquefois dépeupler totalement en quelques semaines. Cette maladie peut donc causer un préjudice considérable à nos exploitations rurales, où la production de la volaille et des œufs constitue une spéculation très lucrative.

Toutefois, il est possible d'arrêter le développement de cette maladie, et la présente instruction a pour objet de porter à la connaissance des agriculteurs les moyens d'atteindre ce but.

Tous les cultivateurs savent reconnaître le choléra des poules. Dès que le mal les a envahies, les bêtes prennent un air de tristesse ; elles deviennent somnolentes, perdent leurs forces, ne s'éloignent plus quand on les chasse ; la température du corps s'élève ; la crête devient violette par suite d'une modification dans la circulation ; enfin, la mort arrive souvent quelques heures après l'apparition des premiers symptômes.

Des recherches scientifiques récentes ont établi d'une façon certaine que cette maladie est produite par un organisme microscopique, qui se développe dans les intestins, passe dans le sang et s'y multiplie avec une rapidité extraordinaire. Ce parasite est évacué dans la fiente et peut ensuite passer dans les animaux qui picorent les fumiers ou mangent les grains qui ont pu être salis par la fiente.

Si un animal vient à mourir et qu'il y ait lieu de craindre le choléra des poules, il faut aussitôt faire sortir les volailles de la basse-cour et les maintenir isolées les unes des autres. On doit ensuite nettoyer la basse-cour et le poulailler, en enlevant le fumier et en lavant à grande eau les murs, les perchoirs et le sol. L'eau employée contiendra par litre 5 grammes d'acide sulfurique, et on se servira pour ce lavage d'un balai rude ou d'une brosse. Quand il se sera écoulé une dizaine de jours sans qu'aucune mort se soit produite, on pourra considérer le mal comme disparu et on ne maintiendra plus dans l'isolement que les volailles qui manifesteraient de l'abattement, de la tristesse, de la somnolence.

Ces moyens, si simples dans leur emploi, suffiront pour arrêter les progrès de la contagion et en empêcher le retour ; appliqués dès le début du mal, ils limiteront les pertes à un chiffre insignifiant.

Les conseils donnés dans l'instruction du comité Consultatif des épizooties paraissent insuffisants. Il faut, le cas échéant, recourir à des mesures préservatrices plus complètes, plus nombreuses et plus minutieuses que celles qu'il a conseillées. Quand la maladie apparaît, il faut recourir à des mesures d'isolement, de séquestration, au déplacement des animaux, à l'occision des malades, à l'enfouissement ou à la destruction des cadavres et à une désinfection convenable.

Quand on aura lieu de craindre que la maladie soit introduite par des poules importées, on fera bien de les tenir isolées pendant deux ou trois semaines et de les surveiller attentivement. On fera bien également de ne pas faire couver les œufs suspects, de les laver et de faire bouillir ensuite l'eau de lavage.

Lorsque la maladie se montrera dans une basse-cour, il faudra conseiller de la tenir séquestrée et de ne pas exporter des œufs ni des animaux malades ou suspects ; il faudra conseiller encore d'éviter toute promiscuité avec les poules du voisinage ainsi qu'avec les pigeons. Il conviendra de séparer immédiatement les malades, et au besoin de les tuer. Il conviendra aussi d'évacuer la basse-cour, de faire déplacer les oiseaux qui sont encore sains et de les faire placer dans un local bien tenu et bien aéré, en ayant même la précaution de les diviser en petits lots qu'on surveillera attentivement, afin d'éliminer aussitôt les oiseaux qui viendraient encore à tomber malades. On peut de la sorte arrêter rapidement l'enzootie en soustrayant les animaux sains à la contagion. Les malades qui seront conservés pour être traités seront maintenus rigoureusement isolés loin du poulailler commun ; tandis que les sujets sains seront placés dans un endroit non infecté où les malades n'auront pas eu accès. La pratique qui consiste à diviser les sains en petits lots peut être avantageuse, car si l'un d'eux a déjà les germes de la maladie il n'infectera pas tous les autres en devenant malade. Il conviendra d'ailleurs d'examiner chaque jour les excréments avec soin, de détruire aussitôt par le feu les excréments reconnus malades et de traiter en conséquence la bête atteinte ou le lot dont elle fait partie.

Mieux vaudra sacrifier de suite les animaux reconnus malades, attendu que l'affection doit généralement les faire périr ; et en les sacrifiant on évitera dans une certaine mesure le danger qu'ils font courir aux autres. Les malades voués à la mort seront sacrifiés par la strangulation ; ou leur tordra le cou, afin d'éviter l'effusion du sang qui est très virulent. Il importe beaucoup d'éviter la dissémination de toute matière virulente afin de prévenir toute contagion ultérieure par le sang, par les cadavres, etc. A défaut de cette précaution, les mouches elles-mêmes peuvent servir à propager la maladie, quand, après avoir sucé le sang ou d'autres produits virulents, elles sont ensuite prises et mangées par les poules. Il faut se débarrasser promptement des cadavres des animaux morts ou sacrifiés, en les faisant détruire par le fer, ou en les faisant enfouir profondément dans le sol, ou bien encore en les faisant cuire pour les donner ensuite aux porcs ou aux chiens.

Lorsque la maladie aura cessé ses ravages, ou mieux lorsqu'on aura évacué les lieux infectés, il faudra toujours faire désinfecter avec le plus grand soin la basse-cour et le poulailler, ainsi que tous les objets et ustensiles souillés, les fumiers, etc.

On fera arroser sur place les fumiers avec une solution désinfectante, puis on fera procéder à leur enlèvement ; on les fera transporter dans des champs éloignés où les poules ne pourront point aller ; à la rigueur, s'ils sont en petite quantité, on pourra les détruire par le feu.

On fera arroser avec une solution désinfectante le sol de la basse-cour et du poulailler, les murs, les cloisons, les perchoirs, tous les objets souillés en un mot ; puis on fera frotter et gratter ces diverses surfaces à la brosse ou au balai dur ; on fera ramasser, pour l'ajouter au fumier, tout ce qui aura été détaché ; après quoi on procédera à un nouveau lavage avec une solution désinfectante. On pourra faire flamber superficiellement les objets susceptibles d'être soumis à cette opération ; on détruira par le feu les objets de peu de valeur, qui sont d'une désinfection difficile, ainsi que les plumes ; on pourra enfin dégager des vapeurs sulfureuses dans l'habitation, après en avoir humecté les parois et les objets divers, puis on laissera aérer pendant un jour, et l'on pourra ensuite introduire de nouveaux animaux.

Les solutions désinfectantes qu'on pourra employer sont : la solution à 1/1000 de sublimé ; la solution à 2/100 d'acide sulfurique ; un mélange des deux solutions précitées ; la solution à 5/100 de sulfate de cuivre. etc. Il conviendra de les employer à grandes doses et de les laisser en contact prolongé avec les surfaces à désinfecter.

Le traitement des malades est d'une efficacité contestable ; et d'ailleurs, vu la rapidité de la maladie, il est le plus souvent impossible d'en mettre un quelconque en pratique. Pourtant, outre l'application

des mesures prophylactiques précitées, il est bon de remplir d'autres
indications. Il faut réaliser de bonnes conditions hygiéniques au point
de vue de l'alimentation et de la propreté de la basse-cour et du poulailler ; il faut surveiller la nourriture et les boissons. On peut employer
en outre, à titre de moyens préventifs, l'acide sulfurique, l'acide phénique, le quinquina, le salicylate de soude, les sels de fer (sulfates, car-
bonates), qu'on peut mettre en dissolution dans les boissons. Lorsque
la maladie s'est développée, on peut donner encore aux animaux de
l'acide sulfurique, de l'acide phénique, du salicylate de soude, du sulfate ou du perchlorure de fer, du borate de soude, du chlorate de potasse, des composés iodurés, etc., qu'on peut mettre en dissolution très
étendue dans leurs boissons, ou administrer en injection intra-veineuse
ou tout autrement.

CHAPITRE XV

La maladie du jeune âge, encore appelée *morve, gourme, rhinite catarrhale, bronchite catarrhale, maladie des jeunes chiens, variole ou petite vérole des chiens*, est une affection générale, contagieuse, qui se montre de préférence sur les jeunes chiens et les jeunes chats, et qui ne récidive pas, une première atteinte conférant l'immunité. Elle offre des analogies avec la gourme des animaux solipèdes; elle se traduit par des manifestations plus ou moins complexes et affecte des formes diverses. Elle est ordinairement caractérisée par des inflammations catarrhales et purulentes des organes qu'elle attaque; elle peut se présenter avec les symptômes du coryza, de la bronchite, de la pneumonie, de la conjonctivite, de la gastro-entérite, etc. : elle se décèle par de la fièvre, par un état catarrhal des muqueuses, surtout de la muqueuse respiratoire, de la muqueuse oculaire et de la muqueuse digestive, par des symptômes nerveux, par une éruption assez fréquente à la surface de la peau, etc.; elle est spécifique, transmissible, inoculable, microbienne.

SYMPTOMES.

La maladie du jeune âge se montre, dans divers pays, sur les jeunes chiens et les jeunes chats, depuis la naissance jusqu'à un an et un an et demi. Elle peut atteindre les animaux adultes et même les animaux âgés de cinq, six ans, etc., qui ne l'ont pas encore eue. Elle est surtout fréquente sur les chiens de six à quinze mois. Elle est plus fréquente et plus grave à la ville qu'à la campagne.

Après une incubation qui semble comprise entre cinq, six jours et douze, quinze jours, la maladie apparaît quelquefois brusquement et évolue très rapidement, quand les animaux ont été soumis à des influences perturbatrices ou débilitantes. Ordinairement elle s'annonce par certains prodromes, qui sont plus ou moins marqués suivant que la maladie doit être plus ou moins grave. Les animaux perdent leur gaieté, deviennent tristes, paresseux, insouciants, abattus; ils sont plus sensibles au froid; ils ont une fièvre plus ou moins intense; le museau devient chaud et sec; l'appétit diminue ou disparaît; la soif persiste ou devient plus vive; la bouche devient chaude; les différentes fonctions se troublent.

Bientôt apparaissent des symptômes plus caractéristiques et plus ou moins complexes, suivant la forme que la maladie doit revêtir, suivant la localisation de ses lésions, et suivant la gravité qu'elle doit offrir. Il convient de réunir en un tableau complet les divers symptômes dont elle peut s'accompagner dans ses diverses formes, et de distinguer ensuite ses degrés et ses variétés.

L'appareil respiratoire est presque toujours plus ou moins atteint; il est généralement le siège de lésions plus ou moins étendues qui se traduisent par des symptômes de coryza, de trachéo-bronchite, de pneumonie et même parfois de pleurésie.

On constate ordinairement les symptômes d'un coryza plus ou moins intense. La pituitaire est d'abord hypérémiée, épaissie, rougeâtre, chaude, sèche au début; il y a des éternuments plus ou moins fréquents. Bientôt la sécheresse fait place à une hypersécrétion, à un état catarrhal plus ou moins prononcé, qui se traduit par un écoulement, dont les caractères varient suivant la période de la maladie. Le jetage est d'abord clair, séreux; il s'épaissit peu à peu; il devient plus abondant, mucoso-purulent, blanchâtre, grisâtre, verdâtre; quelquefois il est strié de sang; il adhère parfois aux ailes du nez, gêne la respiration, obstrue les nascaux, provoque de l'enchifrènement et l'apparition du souffle labial.

Le larynx, la trachée et les bronches, assez souvent altérés, fournissent des symptômes qui, quoique moins constants que ceux que présente la pituitaire, sont néanmoins fréquents et importants : ce sont des symptômes de laryngite, de trachéite et de bronchite. La toux, gutturale ou profonde, est d'abord sèche, douloureuse, rare, quelquefois quinteuse, plus ou moins forte, parfois avortée; elle devient plus fréquente et plus grasse. On constate les signes du catarrhe trachéo-bronchique; on entend des râles muqueux à grosses, moyennes et petites bulles, et du râle sibilant; la sonorité de la poitrine est normale; mais, lorsque l'inflammation gagne les ramifications bronchiques les plus fines, lorsqu'il y a bronchite capillaire, la résonnance diminue et on entend des râles sibilant et sous-crépitant.

Quand la bronchite capillaire se déclare, et cela arrive souvent, elle s'accompagne ordinairement de pneumonie. La fièvre est alors très intense; la respiration est gênée, accélérée, difficile, douloureuse. Cet état est très grave; la bronchite capillaire se termine presque toujours par la mort, surtout lorsqu'elle s'accompagne de pneumonie, lorsqu'il y a de la matité, du souffle tubaire, du râle crépitant. La pneumonie de la maladie du jeune âge se termine fatalement par la suppuration, par l'infiltration purulente, qui se produit presque en même temps que l'hépatisation. Il peut enfin arriver, quoique très exceptionnellement, que l'inflammation gagne la plèvre et détermine une pleurésie avec épanchement, dont on constate les symptômes.

Du côté des yeux, les altérations sont aussi fréquentes que dans les voies respiratoires. La conjonctive, les paupières et même la cornée, ainsi que les milieux de l'œil, peuvent éprouver des altérations morbides. Les yeux sont pleureurs, chassieux. La conjonctive est hypérémiée, rougeâtre, catarrhale ; plus tard elle devient infiltrée, œdématiée, pâle, anémique. La chassie ne tarde pas à devenir purulente, plus abondante, visqueuse, jaunâtre, verdâtre ; elle agglutine parfois les paupières, en sorte que les yeux peuvent être clos totalement ou en partie. Des troubles surviennent parfois dans la cornée et dans les milieux de l'œil. La cornée devient quelquefois trouble, opaque ; elle s'enflamme, elle présente parfois dans son épaisseur un abcès, elle devient le siège d'une ulcération ordinairement croissante, qui peut se terminer par la cicatrisation, en laissant à sa place une tache, ou par la perforation de la membrane et la perte de l'œil. Les symptômes fournis par la conjonctive et la cornée sont les plus fréquents ; ils manquent rarement, quelle que soit d'ailleurs la forme qu'affecte la maladie du jeune âge. Il arrive quelquefois que l'œil tout entier est malade ; il y a alors ophthalmie ; les milieux se troublent, le malade craint la lumière, il y a photophobie ; et cette ophthalmie peut aussi déterminer la perte de l'œil.

La maladie du jeune âge s'accompagne presque toujours de lésions dans l'appareil digestif, dont les différentes portions peuvent offrir des symptômes importants. La fonction digestive est toujours plus ou moins troublée ; l'appétit est diminué ou nul ; la soif est souvent accrue, surtout quand il y a de la gastro-entérite. La muqueuse buccale est parfois enflammée, congestionnée, ulcérée, catarrhale ; il y a alors un ptyalisme plus ou moins abondant. Quelquefois les malades vomissent ; les matières rejetées sont d'abord alimentaires, puis glaireuses, muqueuses, bilieuses et parfois striées de sang. On observe les symptômes de la gastro-entérite, de l'ictère, de l'hépatite, de l'invagination ; la soif est vive ; le ventre est levreté et douloureux à l'exploration ; il y a de la constipation ou de la diarrhée ; les matières diarrhéiques sont fétides, jaunâtres, noirâtres ou incolores ; parfois la dysenterie succède à la diarrhée. On a signalé l'existence d'une poche, d'un diverticulum dans le rectum, qui résulterait de l'hypertrophie d'un ou de plusieurs follicules réunis.

Fréquemment le système nerveux éprouve des altérations, qui se traduisent par des symptômes variés, appartenant à diverses formes de maladies nerveuses. On peut observer en effet, dans le cours de la maladie du jeune âge, des symptômes d'épilepsie, de chorée, de coma, d'immobilité, de tétanos, de paralysies diverses. Ces complications se montrent soit en même temps que les autres symptômes, soit après.

Les malades présentent quelquefois de simples convulsions épileptiformes ; mais souvent il se produit une véritable épilepsie, qui se montre habituellement après les symptômes ordinaires de l'affection, qui progresse rapidement et se complète vite, qui est très grave, et qui peut provoquer rapidement une terminaison fatale.

La chorée se montre fréquemment pendant la maladie du jeune âge. Elle peut apparaître au début, au milieu ou à la fin de la maladie ; elle est d'abord partielle et peut rester localisée ; mais souvent elle progresse rapidement ; elle se complète, devient générale et se termine par la mort ou par la guérison, qui se produit pendant ou après la maladie. Ordinairement sa disparition est lente.

Quelquefois on observe du coma, de l'immobilité, de la stupeur. D'autres fois c'est de la contracture dans certains muscles, et même du tétanos qui se produisent. Le tétanos est ordinairement partiel, localisé aux muscles de la tête ou des membres.

Fréquemment on constate des faiblesses et même des paralysies, qui se montrent seules ou après d'autres complications nerveuses. Ces faiblesses, ces paralysies sont habituellement partielles, localisées à certaines régions musculaires, aux muscles olécraniens, etc. Elles s'accompagnent de boiterie et d'atrophie musculaire. Parfois cependant c'est une véritable hémiplégie, ordinairement incomplète et plus ou moins accusée. D'autres fois c'est une paraplégie plus ou moins prononcée. Les paralysies, quelles qu'elles soient, peuvent disparaître à la longue, même sans traitement ; elles s'amendent d'abord rapidement, mais ensuite elles s'effacent lentement, malgré l'emploi des excitateurs.

Quelques malades présentent des convulsions et des accès rabiformes.

Il se produit assez souvent des modifications dans les nerfs de la sensibilité ; certains malades deviennent sourds, d'autres aveugles, amaurotiques ; d'autres enfin perdent l'odorat et deviennent impropres à la chasse.

La peau offre assez souvent des symptômes (des éruptions), qui sont très importants, parce qu'ils permettent de rapprocher la maladie des jeunes chiens de la gourme des solipèdes et des autres maladies éruptives. Ces éruptions sont ou des papules, ou des vésicules, ou des vésicopapules, ou des pustules. Ordinairement l'éruption cutanée débute par une tache rougeâtre, arrondie, qui s'accompagne d'une exsudation séreuse ; cette sérosité soulève l'épiderme et forme une vésicule, qui, d'abord plate, s'arrondit, devient convexe, pisiforme, et reste entourée d'une zone rougeâtre. Les vésicules ainsi formées sont peu consistantes ; elles sont faciles à détruire ; elles sont disséminées, discrètes, éparses ou confluentes ; elles apparaissent toutes ensemble ou successivement ; elles se montrent de préférence dans les régions où la peau est fine et souple, à la face interne des cuisses, à la région des organes génitaux, au-dessous du ventre, etc., mais on peut les rencontrer partout. Ces éruptions durent peu, mais elles peuvent quelquefois réapparaître dans le cours de la maladie une seconde et même une troisième fois. Elles peuvent se montrer à différentes périodes de l'affection, au début, à la période d'état, et à la période de déclin. Elles se dessèchent très vite et sans laisser ordinairement des cicatrices apparentes. Il arrive cependant, dans des cas exceptionnels, lorsqu'elles sont confluentes, qu'elles laissent après elles des plaies superficielles, qui sont le siège d'un suintement plus ou moins abondant, et qui sont suivies de taches cicatricielles visibles pendant un certain temps. On voit quelques rares cas, où l'éruption est non seulement confluente, mais encore généralisée à toute la surface du corps. L'éruption cutanée ne peut guère être interprétée dans un sens favorable ou défavorable au point de vue du pronostic. J'ai pour mon compte vu guérir tous les animaux qui l'ont présentée, même ceux qui l'ont eue confluente et généralisée.

Le produit élaboré par les vésicules ou vésico-pustules est virulent, inoculable, ainsi que l'ont démontré les expériences de Trasbot et d'autres.

On peut voir, dans des cas, très rares il est vrai, des tumeurs phlegmoneuses, ayant de la tendance à se terminer par l'abcédation, se former sous la peau.

Il y a parfois de l'otite et du catarrhe auriculaire.

On peut aussi constater les symptômes de la péricardite.

Les lésions de la maladie peuvent s'étendre à l'appareil génito-urinaire. Les urines deviennent fétides, plus chargées; la muqueuse génito-urinaire devient parfois catarrhale et sécrète un muco-pus jaunâtre, verdâtre ou grisâtre.

La nutrition est plus ou moins atteinte suivant la gravité de la maladie, suivant la généralisation des lésions. Lorsque la maladie est grave, lorsque les lésions sont généralisées, le sang s'appauvrit rapidement, et l'anémie en est souvent la conséquence, les malades s'affaiblissent, maigrissent, tombent dans le marasme.

La maladie du jeune âge peut s'accompagner d'un nombre plus ou moins considérable de symptômes; elle peut se montrer sous diverses formes plus ou moins complexes et plus ou moins graves, qu'on distingue suivant la localisation des lésions et la prédominance de tels ou tels caractères.

La forme la plus fréquente est celle qui se caractérise par des symptômes de coryza, de conjonctivite, par du jetage et de la chassie. Il arrive souvent que certains malades ne présentent que ces symptômes. La maladie est alors bénigne, et il suffit ordinairement d'une bonne hygiène et d'une bonne nourriture, pour en triompher au bout de dix à quinze jours au plus.

Une autre forme assez fréquente est celle qui s'accompagne de **coryza**, de conjonctivite et de bronchite, et qui se décèle par du jetage, de la chassie et de la toux ; elle n'est pas non plus bien grave et elle peut guérir facilement à l'aide d'un traitement convenable, surtout si l'on s'attache à prévenir les complications ultérieures.

Mais lorsque la maladie s'étend au poumon, elle est beaucoup plus grave et se termine presque toujours par la mort. En effet, la forme thoracique proprement dite, qui s'accompagne de bronchite capillaire et de pneumonie, est la plus dangereuse, c'est celle qui est le plus sûrement et le plus rapidement mortelle.

La forme abdominale, qui s'accompagne de symptômes fournis par l'appareil digestif, de symptômes de gastro-entérite, de vomissement, de diarrhée, d'invagination, est très grave aussi, surtout quand cette dernière complication se produit.

Ces diverses formes peuvent se combiner, se mélanger, et en outre elles peuvent se compliquer d'éruption et de symptômes nerveux, cas où elles se trouvent naturellement plus ou moins aggravées, surtout quand elles s'accompagnent d'épilepsie, de chorée, de paraplégie ; la guérison est plus difficile à obtenir, et elle se produit lentement ; la maladie peut durer vingt, trente, quarante jours et même laisser des traces après ce délai. En effet, après la guérison apparente, les animaux conservent parfois des infirmités, des vestiges de symptômes nerveux, des faiblesses, des quasi-paralysies, des mouvements choréiques dans certaines régions, etc.

Rien n'est donc plus variable que l'expression, la gravité, la marche, l'évolution et la durée de la maladie du jeune âge ; tout dépend du nombre, du siége et de l'intensité des lésions et des symptômes.

La terminaison de la maladie n'est pas toujours favorable, il s'en faut bien. Des statistiques montrent qu'elle peut tuer en moyenne deux malades sur trois ; mais c'est là une note trop élevée, car les statistiques ne portent ordinairement que sur les cas graves. Néanmoins la mort est souvent la conséquence de la maladie ; elle est occasionnée par l'asphyxie, par l'empoisonnement purulent, par les lésions de l'innervation, par le marasme, par l'épuisement, par la généralisation des lésions.

Lorsque la guérison a lieu, il y a souvent une période de convalescence plus ou moins longue. Parmi les infirmités, que la maladie guérie laisse parfois après elles, certaines, telles que les faiblesses, les paralysies, etc., peuvent s'atténuer à la longue et même disparaître ; mais il en est d'autres qui persistent (perte de l'œil, surdité, perte de l'odorat, etc.).

Le pronostic de la maladie du jeune âge est grave, puisque la mort est sa terminaison la plus fréquente ; cette affection est d'ailleurs contagieuse. Elle est aggravée par les mauvaises conditions hygiéniques, ainsi que par la race des animaux ; elle est souvent bénigne et peut même passer inaperçue sur les chiens rustiques, tandis qu'elle est plus grave et souvent mortelle sur les chiens de chasse, etc.

Son diagnostic n'est jamais bien difficile ; les symptômes et les formes sont faciles à apprécier, et le jeune âge des malades est toujours d'un puissant secours pour diagnostiquer la maladie dont ils sont atteints. D'ailleurs les renseignements sur les antécédents des animaux mettent souvent sur la voie.

LÉSIONS.

Les lésions, que l'on rencontre à l'autopsie des animaux qui ont succombé à la maladie du jeune âge, sont nombreuses. Les plus importantes existent dans l'appareil respiratoire, dans l'appareil de l'innervation et dans l'appareil de la digestion,

On constate les signes de la maigreur et les lésions de l'anémie. La peau présente des traces des éruptions qui ont évolué plus ou moins complètement, des plaies, etc.

Les yeux sont enfoncés dans l'orbite ; ils sont entourés d'une sanie purulente. La cornée montre les lésions de la kératite ; elle est quelquefois ulcérée. Dans l'œil existent parfois les lésions de l'amaurose. Ces altérations n'ont rien de caractéristique par elles-mêmes, cependant il n'est pas d'autres maladies du chien qui s'accompagnent de semblables lésions.

Dans l'appareil respiratoire, on observe les lésions du coryza, de la bronchite capillaire, de la pneumonie purulente. Les muqueuses pituitaire, trachéale et laryngienne, ainsi que la muqueuse bronchique, sont hypérémiées, enflammées et dans un état catarrhal très évident, qui s'accompagne de la sécrétion d'une matière mucoso-purulente, grisâtre, visqueuse et toujours très adhérente à la membrane, qui l'a sécrétée. Quand il y a bronchite capillaire, une coupe du poumon laisse échapper, par la compression, une matière mucoso-purulente, mêlée de stries sanguinolentes, qui sort des tuyaux bronchiques. La pneumonie se présente toujours avec une infiltration purulente des parties hépatisées, qui sont rouge-grisâtres, et qui donnent, au râclage, une sanie purulente. Il y a parfois de la pleurésie, que l'on reconnaît à l'inflammation des plèvres et à l'épanchement, constitué par une sérosité purulente. Il peut exister aussi une péricardite, qui s'accompagne toujours d'un épanchement dans la cavité de la séreuse.

L'appareil digestif est le siège de lésions importantes. Il y a parfois une stomatite générale ou partielle, et quelquefois la muqueuse buccale est le siège de plaies ulcéreuses. Il peut y avoir d'ailleurs des lésions de gastro-entérite, de jaunisse et d'hépatite. La muqueuse gastro-intestinale est parfois hypérémiée, enflammée, toujours catarrhale, et recouverte d'une couche de mucus grisâtre, jaunâtre, très abondant, très visqueux et très adhérent. C'est surtout dans l'intestin que cette couche de matière muqueuse est abondante. La muqueuse est rougeâtre, épaissie uniformément ou par places.

C'est dans le système folliculaire, qu'on rencontre les lésions les plus caractéristiques. Les follicules solitaires et les plaques de Peyer sont tuméfiés, enflammés. Chaque follicule a été le siège d'une prolifération intérieure exagérée, d'où est résulté la multiplication de ses éléments lymphoïdes; il est entouré ordinairement d'une pigmentation noirâtre, qui forme une zone périphérique, et qui parfois s'étend au contenu du follicule. Cette pigmentation résulte de la congestion qui s'est produite au pourtour du follicule, et qui a été suivie d'exsudation et de la diffusion de la matière colorante du sang. Il est facile de concevoir que, quand l'afflux sanguin a été considérable, la matière colorante ait diffusé jusque dans l'intérieur du follicule et coloré ses éléments. On peut rencontrer cette altération à peu près dans toute l'étendue de la muqueuse intestinale. Les follicules altérés, qui ont sécrété de nombreux éléments lymphoïdes, peuvent s'ouvrir et déverser leur contenu dans l'intestin; et alors on aperçoit très nettement de petites ouvertures, comme faites à l'emporte-pièce, et qui sont entourées de la zone de pigmentation. Le contenu des follicules est une matière jaunâtre ou pigmentée, constituée par des cellules embryonnaires ou purulentes, dans laquelle il y a peu ou point de substance liquide. Les plaques de Peyer sont plus saillantes; elles sont hypertrophiées; les follicules clos, qui entrent dans leur composition, ont éprouvé les mêmes modifications que les follicules solitaires; ils sont pigmentés, plus saillants, quelques-uns sont ouverts.

Le rein peut présenter des lésions de néphrite interstitielle ou parenchymateuse.

Dans l'appareil de l'innervation existent sans doute les lésions les plus intéressantes et les plus variées ; mais on ne les connaît guère ; il y a à ce sujet des recherches à opérer. Les méninges cérébrales et médullaires peuvent être congestionnées ainsi que la substance cérébrale et médullaire elle-même, qui offre alors sur la coupe un aspect sablé. Les plexus choroïdes sont parfois congestionnés; il y a quelquefois une hydropisie ventriculaire et une exsudation séreuse dans la trame du cerveau et de la moelle, comme dans l'arachnoïde.

ÉTIOLOGIE.

La maladie du jeune âge a été considérée souvent jadis comme pouvant naître spontanément, à cause de la difficulté plus ou moins grande qu'il y a parfois pour constater la contagion. Pour expliquer son apparition spontanée on avait invoqué bien des causes, qui sont absolument incapables de la produire. On avait accusé l'espèce, l'âge, la race, les

localités, les saisons, la nourriture, le logement, les intempéries, etc.
De ce que la maladie du jeune âge est une affection de l'espèce canine
et de l'espèce féline, on ne peut pas conclure que l'espèce est une de ses
causes. L'âge est une condition favorable à la contagion et une circonstance aggravante de la maladie, qui semble plus meurtrière chez les
plus jeunes animaux. La race, comme l'âge, peut être une circonstance
aggravante, mais elle ne peut être qu'une cause prédisposante ou aggravante et non une cause occasionnelle. La maladie se transmet à toutes
les races, seulement les animaux des races amollies, ceux qui ne sont
pas acclimatés étant plus gravement malades, la statistique n'a le plus
souvent enregistré que ceux-là, et les esprits prompts à tirer des conclusions, en ont induit que la race était une cause de la maladie. Les
localités basses, froides, humides, marécageuses, aggravent la maladie,
mais ne la font pas naître, attendu qu'elle ne s'y montre qu'autant
qu'elle y est introduite. L'affection est plus fréquente à la ville qu'à la
campagne, parce que les chances de contagion y sont plus nombreuses.
Les saisons froides à température variable, les intempéries, l'alimentation de mauvaise qualité ou insuffisante, aggravent la maladie, mais ne
peuvent jamais la faire naître. Il en est de même de la mauvaise
hygiène. Toutes ces diverses causes doivent être considérées comme
des circonstances qui favorisent la contagion, ou qui aggravent l'affection, mais non comme des circonstances capables d'engendrer la maladie du jeune âge.

Contagion. — La maladie du jeune âge est contagieuse, virulente,
microbienne ; elle ne naît et ne se propage que par contagion. A en
croire les assertions d'un auteur (d'Yauville, 1783) d'un *Traité de
vénerie*, cette affection aurait été inconnue en France avant 1763. « A la
fin de 1763 et pendant toute l'année 1764, il y eut en France et dans les
pays voisins une maladie épidémique sur les chiens de toute espèce ;
elle avait commencé en Angleterre..... » Quoi qu'il en soit de l'importation
plus ou moins récente de la maladie en France, il demeure bien établi
aujourd'hui que l'affection est transmissible. Sa transmissibilité est
démontrée par d'innombrables faits d'observation, recueillis dans des
conditions qui ne laissent aucun doute, et par l'expérimentation.

Des faits de contagion ont été observés partout où la maladie sévit ;
on en a relevé dans les meutes, dans les villes, dans les campagnes,
dans les écoles vétérinaires. On a vu un chien malade, introduit dans
une meute, l'infecter et transmettre la maladie aux autres. On a vu
fréquemment dans les écoles vétérinaires des chiens, même adultes,
amenés pour une maladie quelconque, s'y contaminer et y contracter la
maladie du jeune âge au bout de quelques jours. On a constaté des
faits semblables au Jardin d'acclimatation ; des chiens jeunes ou adultes
récemment introduits y ont contracté l'affection au bout de quelques
jours. Enfin, la maladie ne se montre pas sur les chiens même jeunes

qui sont tenus isolés et maintenus à l'abri de la contagion ; mais elle
apparaît quand les animaux, jusque-là préservés, viennent à être placés
dans un foyer de contagion, peu importe qu'il s'agisse d'animaux jeunes
ou déjà adultes. D'autre part, tandis que l'affection se déclare sur des
chiens mis dans des loges souillées par des malades et non désinfectées,
elle n'apparaît pas quand une désinfection préalable a été convenablement pratiquée.

L'observation seule a donc bien démontré que la maladie du jeune âge
est transmissible ; et l'expérimentation a fourni à son tour des preuves
péremptoires. Des tentatives fructueuses de transmission expérimentale
avaient été faites par Karle (1844. — Badigeonnage des lèvres avec le
jetage), par Weiss (1858. — Inoculation du jetage), par Venuta (1873. —
Inoculation du mucus nasal, de la chassie et de la salive). Trasbot (1879)
a démontré aussi par l'inoculation expérimentale la transmissibilité, la
virulence de la maladie. Il a inoculé fructueusement le produit des pustules et le produit du jetage des malades à de jeunes chiens, qui, au
bout de 6 à 8 jours après l'inoculation, ont présenté une éruption
locale, suivie le lendemain ou le surlendemain d'une éruption générale.
Ce résultat a été obtenu sur un grand nombre de chiens. Trasbot a
ensuite puisé du produit dans l'éruption du chien inoculé, l'a inoculé à
un second chien avec le même succès et a obtenu les mêmes résultats ;
enfin le produit du second inoculé a donné les mêmes ré-ultats sur un
troisième chien. Sur les animaux robustes et vigoureux la guérison
s'est produite en trois semaines.

Le virus siège donc dans les produits de l'éruption, dans celui du
jetage et dans les autres produits morbides, ainsi que le prouvent
d'autres faits.

Trasbot, qui a proposé d'appeler la maladie du jeune âge *variole du
chien*, l'a inoculée sans résultat à des chiens adultes, à des porcs, à des
ruminants ; il semble donc que la plupart des chiens acquièrent l'immunité avec l'âge probablement à cause d'une atteinte antérieure, qui a
pu passer plus ou moins inaperçue. Le même auteur a reconnu que la
maladie se transmet par contact immédiat et par simple cohabitation,
ainsi que l'ont également reconnu d'autres observateurs.

D'autres expérimentateurs (Friedberger, Krajewsky, Semmer, Laos-
son, Bryce-Sterling, Mathis, etc.) ont également transmis depuis la
maladie en l'inoculant.

En résumé, il est bien avéré aujourd'hui que la maladie du jeune âge
est une affection contagieuse, qui ne doit son développement qu'à la
contagion, qu'à l'introduction de l'agent pathogène dans l'organisme
des animaux. Toutefois certains vétérinaires croient encore qu'elle peut
apparaître spontanément, d'après des faits qui sembleraient exclure le
rôle de la contagion proprement dite. Il convient peut-être de ne pas
traiter avec dédain cette opinion et d'en chercher la justification dans

la vie extra-organique de l'agent pathogène qui, après s'être conservé à l'état de germe saprogène dans les milieux extérieurs, pourrait, quoique atténué, déterminer la maladie, quand il viendrait à être introduit dans l'organisme de jeunes chiens plus ou moins débilités. En sorte que la maladie serait non seulement contagieuse mais encore infectieuse, et pourrait, comme la septicémie, comme d'autres affections, résulter de l'introduction de germes existant dans les milieux extérieurs, ce qui donnerait à croire que parfois elle est spontanée.

Quoi qu'il en soit de cette origine, il demeure bien établi : que la maladie du jeune âge est transmissible ; qu'elle est contagieuse sous toutes ses formes, aussi bien sous la forme de broncho-pneumonie que sous la forme éruptive et sous la forme gastro-entérique ; qu'une forme peut engendrer la même forme ou une forme différente ; qu'elle peut se transmettre aux sujets de tout âge qu'une première atteinte n'a pas investis de l'immunité ; qu'elle atteint surtout les jeunes chiens entre l'âge de quatre, cinq, six mois et celui de quinze mois, ce qui s'explique grâce à l'isolement des animaux pendant les premiers mois de la vie et grâce à l'immunité fréquemment acquise après l'âge d'un an et demi ; qu'elle est d'autant moins fréquente, comme les maladies qui ne récidivent pas, que les chiens sont plus avancés en âge ; qu'elle est surtout grave sur les animaux jeunes, débilités, mal tenus, mal nourris, non acclimatés, etc.

Sièges du virus, sa nature, sa conservabilité. Modes de contagion. — Le virus se trouve dans tous les produits morbides, dans le contenu de l'éruption, dans la chassie, dans le jetage, dans les produits diarrhéiques ; il existe aussi dans le sang. On a pu transmettre l'affection en se servant de ces divers produits ; Trasbot et d'autres après lui ont inoculé le produit de l'éruption. Le jetage, la chassie, le sang ont été inoculés par divers expérimentateurs. Les malades qui ont des inflammations catarrhales, rejettent donc des matières virulentes en abondance ; et la contagion se trouve ainsi singulièrement facilitée, soit que les animaux atteints cohabitent avec des animaux sains, soit que ceux-ci se trouvent exposés au contact d'objets souillés ou logés dans des chenils infectés.

L'agent de la virulence, l'agent pathogène est un microbe spécial. Plusieurs expérimentateurs se sont préoccupés de le déterminer et de l'isoler ; mais les travaux faits jusqu'à ce jour fournissent des données quelque peu différentes. En 1874, Semmer observa dans le sang et dans les tissus de chiens morts de la maladie du jeune âge, des microbes arrondis et de fines bactéries. En 1881, Friedberger d'un côté et Krajewsky de l'autre observèrent aussi des microbes dans les produits morbides. Rabe (1883) découvrit à son tour des microbes arrondis, isolés ou groupés par deux ou réunis sous forme de chaînes composées de quatre, cinq ou d'un plus grand nombres d'articles ; il les constata dans le sang, dans les produits morbides, dans le produit de l'éruption. Mathis (1887) à son tour observa, dans le sang, dans les tissus, dans les éruptions et dans le jetage, un microbe arrondi affectant le groupement géminé, se présentant sous l'aspect d'un diplocoque, mobile, cultivable dans le bouillon, et inoculable aux jeunes chiens auxquels il donne la maladie ainsi que l'immunité lorsqu'ils résistent. Legrain et Jacquot (1890) ont obtenu des cultures pures d'une seule espèce de microbes en empruntant la semence à des pustules qui venaient d'éclore. Ils ont isolé un micrococque mobile sous forme d'articles isolés, de diplocoques et de chaînes composées de quatre à six articles ; ils l'ont cultivé sur la gélatine qu'il liquéfie lentement, sur la gélose, sur la pomme de terre et dans le bouillon ; ils ont inoculé leurs cultures qui n'ont provoqué que des accidents locaux (érythème, pustule, phlegmon), et ils ont cru remarquer que les chiens inoculés se trouvaient ensuite préservés.

Telles sont en résumé les principales données qui tendent à établir la nature microbienne de la maladie du jeune âge. Il y a lieu d'appeler sur ce point les investigations des expérimentateurs.

Il semble résulter des faits relevés par l'observation que le virus de la maladie du jeune âge peut bien se conserver un certain temps dans les milieux extérieurs, à la surface des objets souillés, dans l'eau et dans les aliments ; mais il semble en résulter également que la virulence serait détruite au bout de quelques semaines, peut-être même au bout de quelques jours, que le jetage perdrait sa virulence en deux semaines, etc. Ici encore il est à souhaiter que des recherches précises soient entreprises expérimentalement en vue de déterminer le degré de résistance de l'agent pathogène vis-à-vis des diverses causes de destruction des virus, vis-à-vis des agents physiques, de la dessiccation, de la putréfaction et vis-à-vis des agents chimiques. En attendant, on en est réduit à se contenter de données absolument insuffisantes et de juger la question par analogie, en s'inspirant des données scientifiques acquises pour d'autres affections.

Les modes de contagion ne sont également connus que d'une façon approximative. On sait bien que la maladie se gagne par la cohabitation des chiens sains avec les chiens malades, par le séjour d'animaux sains dans des loges souillées par des malades et non désinfectées, par l'usage d'ustensiles souillés, par l'inoculation expérimentale ; d'aucuns affirment même qu'elle peut être héréditaire, et qu'elle peut se transmettre par l'intermédiaire de l'air, bien que, généralement, on soit d'avis de croire qu'elle ne se communique pas à distance. En attendant qu'on soit mieux fixé sur les voies d'absorption du virus, et sur les modes de contagion, il y a lieu de croire que les animaux peuvent se contaminer quand ils reçoivent le contact de malades ou d'objets souillés, quand ils éprouvent des inoculations accidentelles, quand ils lèchent des malades ou des objets souillés, quand ils ingèrent des matières virulentes, quand ils ingèrent des aliments ou des boissons souillées, quand ils flairent des objets infectés, quand ils inhalent des poussières virulentes, etc. Or, tous ces modes de pénétration du virus sont facilités par la cohabitation, par la promiscuité, par la non-désinfection des locaux et des objets souillés, etc.

L'incubation de la maladie, qui peut varier, ainsi qu'on l'a vu, de six à douze, quinze jours, suivant le mode de contamination, suivant l'activité et la quantité du virus introduit, suivant l'âge et la robusticité des animaux, peut encore être influencée par d'autres causes ; elle peut être abrégée, et rendue inférieure à six-cinq jours, par les mauvaises conditions hygiéniques, par les déplacements et les changements de régime, etc.

Immunité. Vaccination. — Bien que certains aient prétendu qu'une première atteinte ne confère pas l'immunité, la croyance générale, et elle est basée sur les faits d'observation ainsi que sur l'expérience, est que l'état réfractaire en résulte, et que la maladie des chiens ne récidive pas. De la constatation de ce fait, on devait naturellement être amené à chercher un moyen pour donner expérimentalement l'immunité au chien : on a essayé d'y arriver en inoculant le virus de la maladie elle-même, et en inoculant le virus-vaccin proprement dit. On a cru reconnaître (Trasbot, Krajewsky, Mathis, Legrain et Jacquot) que la maladie produite par l'inoculation est atténuée, qu'elle fait moins de victimes, et qu'elle peut néanmoins conférer l'immunité. On a même affirmé (Bryce-Sterling) que l'injection hypodermique du sang d'un malade est le meilleur moyen pour donner une affection bénigne et conférer l'immunité. On a préconisé également l'inoculation du produit de l'éruption. On a enfin conseillé l'inoculation du virus-vaccin.

L'idée de préserver les jeunes chiens par la vaccination avait déjà cours en Allemagne, lorsque Trasbot préconisa ce moyen. Pour Trasbot, la forme éruptive pure et la forme éruptive accompagnée d'inflammations catarrhales ne sont bien qu'une même maladie, la forme variolique étant la moins grave, et une amélioration notable pouvant être obtenue dans la forme catarrhale, quand on détermine l'éruption par une médication excitante. En inoculant le liquide de l'éruption au chien, il a eu donné la maladie sous la forme ordinaire, et il a obtenu l'éruption en inoculant le jetage d'un chien. Pour lui, les catarrhes des voies respiratoires, digestives, etc., ne seraient que des complications se produisant quand l'éruption est empêchée ou entravée; pour lui, la maladie du jeune âge ne serait autre chose que la variole du chien, dont on pourrait le préserver en le vaccinant, comme on fait pour les enfants, dans son jeune âge. Il a constaté que la vaccine, qui n'est pas inoculable aux chiens adultes ni aux jeunes chiens qui ont eu la maladie, donne, sur ceux qui n'ont pas été malades, une éruption pustuleuse analogue à celle de l'affection du jeune âge. Il aurait, d'autre part, reconnu que les animaux ainsi inoculés contractent plus tard une maladie du jeune âge plus bénigne. On savait déjà que la vaccine était inoculable au chien. Jenner avait reconnu que le chien est très susceptible de prendre la vaccine par inoculation. Sacco et d'autres avaient affirmé le même fait.

En réalité, le virus-vaccin s'inocule donc au chien, et une première vaccination peut le rendre réfractaire vis-à-vis d'une seconde; et même l'injection intra-veineuse, sous-cutanée ou péritonéale lui donne l'immunité contre la vaccine sans provoquer aucune éruption. En sept, huit, neuf jours, le vaccin inoculé au chien par piqûres donne ses pustules. Malheureusement, tous ceux qui ont essayé de préserver le chien contre la maladie du jeune âge en le vaccinant (inoculation du virus-vaccin) ont échoué. C'est ainsi qu'on a vu (Leblanc, Weber, Ménard, Dupuis, etc.) des chiens vaccinés avec succès contracter ensuite la maladie du jeune âge, et réciproquement des chiens ayant eu la maladie du jeune âge ne pas se montrer réfractaires à la vaccination. Il n'y a absolument rien à espérer de ce prétendu mode de préservation, ainsi que cela découle des essais tentés par Weber, Leblanc, etc.

D'ailleurs, Weber et Leblanc pensent qu'il y a, chez le chien, une maladie vésiculeuse spéciale dite petite vérole canine, qui peut se déclarer par hasard en même temps que l'affection du jeune âge. Ils croient que la variole du chien et la maladie du jeune âge sont deux affections différentes. Quand la forme éruptive, c'est-à-dire la variole, apparaît sur un jeune chien dans un chenil, on voit les autres jeunes contracter également la variole, et non la maladie du jeune âge; et les chiens atteints de la maladie du jeune âge ne transmettent pas la variole, à moins que les deux affections coexistent sur le même malade, cas où il peut les transmettre toutes les deux, ou tantôt l'une et tantôt l'autre. On a vu (Weber) tous les chiens d'une même portée contracter la variole, et rien que la variole, quand un la présentait. Tandis que Trasbot croit qu'il n'y a pas de maladie du jeune âge sans éruption pustuleuse, et que, s'il n'y a pas éruption, il n'y a pas maladie du jeune âge, Weber et Leblanc croient donc que la variole du chien et la maladie du jeune âge sont deux maladies distinctes, de même que la variole et la gourme des solipèdes. Ils croient que la variole et la maladie du jeune âge peuvent coexister sur le même animal à un moment donné ; mais beaucoup de chiens ont la maladie sans éruption, et d'autres ont l'éruption sans la maladie, et guérissent promptement ; les éruptions survenant pendant la maladie du jeune âge sont souvent graves, tandis qu'elles sont bénignes quand elles sont seules.

La maladie éruptive (Leblanc) qui, parfois, est concomitante du catarrhe des voies respiratoires et des voies digestives, n'est d'ailleurs pas une maladie pustuleuse. L'éruption est simplement vésiculeuse; l'épiderme seul est soulevé sous forme de pellicule par un liquide citrin ; le derme est intact, sans injection manifeste ni épaississement.

PROPHYLAXIE. TRAITEMENT.

Les mesures de prophylaxie indispensables pour empêcher l'extension de la maladie sont : l'isolement et la séquestration des malades ; la désinfection des locaux et de tous les objets souillés. Tout animal reconnu malade dans une meute, dans un chenil, etc., devra être aussitôt placé seul dans un local spécial, et des objets spéciaux lui seront affectés, tant pour la distribution de la nourriture que pour les autres soins. Tout local, toute niche et tous les objets souillés, tels que gamelles, chaînes, seaux, etc., souillés, devront être désinfectés avant d'être utilisés pour d'autres chiens. La désinfection consistera en lavages avec l'eau bouillante, ou mieux avec des solutions bactéricides (solutions d'acide phénique, d'acide sulfurique, de crésyl, etc.).

Les malades devront être entourés de bonnes conditions hygiéniques, en vue d'atténuer la gravité de l'affection, et de prévenir les complications. Il faudra fournir aux malades une habitation convenable, les couvrir, les préserver du froid, leur procurer un air pur, leur donner une alimentation reconstituante et tonique. Quand la maladie sera localisée à la pituitaire, à la conjonctive, etc., quand elle sera peu grave, on pourra se contenter de ces soins hygiéniques.

Mais si l'affection est grave, il faudra recourir à un *traitement thérapeutique*, qui devra remplir des indications générales et des indications spéciales à chaque forme.

Les indications générales sont au nombre de trois :

1° *Prévenir et combattre les localisations intérieures.* — Pour remplir cette indication, il y a lieu de dériver le plus promptement possible la maladie au moyen des révulsifs, tels que la moutarde, la pommade stibiée appliquée sur les côtes du thorax. Ces deux moyens conviennent très bien lorsque la maladie menace de se compliquer de bronchite capillaire ou de pneumonie. Le séton est indiqué dans les cas de conjonctivite, de coryza, de bronchite ; on l'applique derrière la tête. On peut aussi, au début, administrer un vomitif, quand il s'agit de combattre une localisation pulmonaire. Enfin, il y a lieu de calmer et d'adoucir la souffrance des organes malades, par l'administration de médicaments calmants, émollients, adoucissants, gommeux, mucilagineux, etc., etc. On peut combattre la fièvre par l'aconitine, la vératrine, la digitaline, etc.

2° *Agir sur l'agent virulent lui-même.* — La maladie doit son développement à l'introduction d'un germe de nature bactérienne ; par conséquent, les agents indiqués sont les antivirulents, l'acide phénique, le goudron, l'acide salycilique, l'essence de térébenthine, l'acide sulfureux, etc. ; on devra préférer l'acide phénique, qui a déjà fait ses preuves ; on le donnera en boissons, en tisane, en fumigations, en lavements.

3° *Soutenir et relever les forces, reconstituer l'organisme.* — La maladie débilite rapidement les animaux, il faudra donc leur donner une bonne alimentation, le régime lacté ou le régime de la viande, des médicaments reconstituants, des toniques, des ferrugineux, surtout l'arséniate ou le perchlorure de fer; il faudra stimuler leur appétit, en leur administrant des infusions de camomille, des tisanes amères; on leur donnera des sirops ou des vins toniques au quinquina, de l'huile de foie de morue, du café non torréfié, qui est tonique et stimulant de l'appétit. Cette troisième indication devra être remplie en tout temps, pendant la maladie et pendant la convalescence. Le phosphate de chaux peut être employé dans les cas d'affaiblissement.

S'il y a ophthalmie, kératite, conjonctivite, plaie à la cornée, on emploiera le séton sur le cou, on fera des lotions avec des préparations émollientes, avec des infusions aromatiques, excitantes, de fleur de sureau, de camomille, avec des préparations anodines, calmantes, avec la décoction de pavot, avec des préparations laudanisées, avec la glycérine, avec la solution légère d'acide phénique, avec les solutions de sulfate de zinc, d'acétate de plomb, de nitrate d'argent, etc.

Quand il y a coryza, bronchite, pneumonie, il faut recourir aux aromatiques, aux calmants, aux émollients, aux adoucissants, qu'on administre sous forme de boissons ou de fumigations; ainsi, on prescrit des infusions ou des tisanes de violettes, de gomme, de pavot, etc. On peut recourir à l'emploi de l'hyosciamine, de l'atropine, de la narcéine, de la codéine, de l'arséniate de soude, etc.

Pour la stomatite, la gastrite, l'entérite, l'hépatite, on emploie les médicaments appropriés à chaque cas. Pour la stomatite et les ulcères, on prescrira des gargarismes au vinaigre, au permanganate de potasse, au chlorate de potasse, à la teinture d'iode. Pour la gastrite, l'entérite et l'hépatite, on ordonnera des tisanes et des lavements émollients, amidonnés, calmants, laudanisés, phéniqués. Pour arrêter les vomissements, on aura recours au sous-nitrate de bismuth ou à une potion laudanisée. Les tisanes de gomme, d'orge, de riz, conviennent bien contre la gastro-entérite. Dans les cas d'hépatite, on prescrira la crème de tartre. Si l'on croit que le malade est tourmenté par les vers intestinaux, on prescrira un vermifuge très doux.

Pour les accidents nerveux, on prescrira le traitement propre à chaque forme; on emploiera les antispasmodiques, les calmants, les révulsifs, les cyanurés, l'ammoniaque; s'il y a ataxie, faiblesse du système nerveux, on aura recours à la noix vomique, à l'électricité, à l'arséniate de strychnine.

Les accidents de la peau, s'ils ont quelque gravité, seront traités par des lotions émollientes, calmantes, cicatrisantes, phéniquées, etc.

Il faut proscrire la saignée, les médicaments irritants, les purgatifs et tous les remèdes empiriques, qui sont ordinairement irritants.

CHAPITRE XVI

GOURME DU CHEVAL.

La gourme des animaux solipèdes est une affection générale, contagieuse, virulente, inoculable, microbienne, catarrhale, suppurative, offrant des ressemblances avec la maladie du jeune âge. Elle est protéiforme; elle est plus ou moins nettement caractérisée, et ses manifestations sont plus ou moins complexes. Elle est surtout décelée par une tendance plus accusée de l'organisme à donner du pus, par des inflammations catarrhales des muqueuses respiratoires, et quelquefois de la muqueuse digestive; par la formation de phlegmons et d'abcès en diverses régions, surtout dans l'auge et au pourtour de la gorge. Les lésions qu'elle détermine sont celles de l'inflammation catarrhale et suppurative, et elles se montrent principalement dans l'appareil respiratoire, dans le système ganglionnaire, etc.; mais elle est transmissible, contagieuse, virulente, inoculable; elle est, d'ailleurs, de celles qui confèrent l'immunité à la suite d'une première atteinte.

On sait que l'organisme du cheval jouit d'une aptitude pyogénique marquée surtout chez les individus mous et lymphatiques; or, cette aptitude semble encore augmentée par la gourme. Aussi n'est-il pas rare de voir se produire, sur les sujets gourmeux, des inflammations suppuratives dans les lymphatiques, dans les ganglions, dans le tissu conjonctif, sur les muqueuses, dans les régions exposées aux frottements, aux irritations traumatiques, à la tête, aux membres, sur le tronc, aux régions opérées. Néanmoins, malgré cette tendance à la suppuration, qui est la caractéristique dominante de la gourme, la maladie n'en est pas moins une affection microbienne particulière, qui se localise pour disparaître, et qui est considérée comme produisant une dépuration de l'organisme.

Les hippiatres et les anciens vétérinaires considéraient la gourme comme une maladie spécifique et contagieuse. Au commencement de ce siècle, les partisans de la doctrine physiologique prétendirent qu'elle n'était qu'une affection inflammatoire ordinaire, et nièrent sa contagiosité. Aujourd'hui, tout le monde pense comme les anciens hippiatres;

tout le monde croit qu'elle est une maladie spécifique, virulente et contagieuse. La gourme, en effet, n'est pas une affection inflammatoire ordinaire; elle est bien réellement une maladie spécifique, une *pyogénie spécifique* (Ch. Martin). On a voulu (Trasbot) identifier la gourme avec le horsepox, et on a proposé de confondre ces deux affections sous le nom de *variole du cheval*. On a prétendu que, dans tous les cas de gourme, il y a une éruption primitive ou consécutive, et que, si on ne l'observe pas toujours, c'est qu'on ne sait pas bien la chercher. Il est vrai que, parfois, des éruptions vésiculeuses ou vésico-pustuleuses se produisent dans le cours de la gourme, mais ces éruptions ne sont pas toujours de nature gréasienne; et si quelquefois on observe, en même temps que les symptômes ordinaires de la gourme, les véritables pustules du horsepox, cela tient à ce que les deux maladies, gourme et horsepox, coexistent; mais elles ne se confondent pas. Il est d'ailleurs possible que le horsepox entraîne du coryza, du jetage, du glandage, etc., et simule la gourme, sans pourtant se confondre avec elle.

SYMPTÔMES.

La gourme est une affection qui s'observe fréquemment, surtout dans les pays d'élevage et dans les régions humides. Elle attaque exclusivement, semble-t-il, les animaux solipèdes; et c'est principalement sur les sujets de un à cinq ans qu'on la constate le plus souvent. Cependant on peut la rencontrer sur des animaux de tout âge, au delà de cinq ans comme avant un an, sur des animaux adultes et plus ou moins âgés ainsi que sur des poulains de quelques mois. Elle ne semble transmissible ni aux autres espèces animales domestiques, ni à l'homme.

La gourme étant une affection protéiforme dont les manifestations sont plus ou moins complexes, on peut lui reconnaître un certain nombre de formes et de variétés, suivant la localisation ou la généralisation des lésions et des symptômes, suivant sa marche et sa gravité. De tout temps on a distingué : une *gourme bénigne*, comprenant les variétés dans lesquelles se produisent des inflammations catarrhales des premières voies respiratoires, des adénites, des lymphangites et des abcès, avec accompagnement de symptômes locaux plus ou moins prononcés et d'une fièvre plus ou moins accusée, mais se terminant plus ou moins vite par la guérison; et une *gourme maligne* dans laquelle se produisent des localisations graves telles que bronchites, pneumonies, suppurations abondantes, complications dans les centres nerveux ou autres de nature à compromettre la vie des malades, à retarder la guérison ou à la rendre incomplète. Mais la distinction des variétés et des formes que la maladie peut revêtir nous paraissant mieux à sa place après la description des divers symptômes de la gourme, nous donnons d'abord un tableau symptomatique de l'affection.

Le début de la gourme s'annonce par des symptômes généraux, par des prodromes qui sont plus ou moins prononcés, plus ou moins marqués, suivant l'intensité du mal, suivant que les lésions ont plus ou moins de la tendance à se généraliser. Aussi, tantôt les premiers signes passent inaperçus, tellement ils sont atténués ; tandis que, dans d'autres cas, on constate des symptômes fébriles plus ou moins marqués. La fièvre est souvent intense quand le mal atteint le poumon. Les habitudes extérieures sont plus ou moins modifiées ; les animaux deviennent tristes ; la station est parfois pénible ; la démarche est embarrassée ; la bouche devient chaude ; l'appétit diminue ; la soif persiste ; il y a de la constipation. La circulation s'accélère ; les muqueuses s'injectent ; la conjonctive devient plus colorée ; la température du corps s'élève plus ou moins, suivant que la maladie doit être plus ou moins grave ; on constate des alternatives de chaud et de froid aux extrémités ; la respiration est parfois accélérée. Ces divers symptômes du début, quoique vagues, ont pourtant une certaine valeur ; et, si à eux seuls ils ne permettent pas de diagnostiquer la maladie, ils permettent néanmoins de la soupçonner, lorsqu'on sait que l'animal qui les présente a pu être contaminé par un malade.

La période prodromique est bientôt suivie de l'apparition de symptômes plus pathognomoniques. C'est dans l'espace de deux à cinq jours, que des modifications plus profondes apparaissent, parce que déjà la maladie s'est localisée plus particulièrement sur certains organes ; et, comme cette affection peut entraîner des lésions dans de nombreux siéges, on peut constater des modifications fonctionnelles dans les divers appareils de l'organisme. Celles que présentent la respiration et l'appareil respiratoire sont les plus importantes et les plus fréquentes.

Fréquemment, vers la fin de la période prodromique ou après, on observe de la toux, une toux plus ou moins fréquente, sèche, douloureuse et se modifiant bientôt, devenant grasse, plus facile, moins douloureuse et s'accompagnant d'expectoration ou d'écoulement nasal. La respiration s'accélère ; son rythme devient irrégulier, si des lésions se produisent dans le poumon ; on peut ausculter des bruits anormaux. La pituitaire est presque toujours congestionnée, hyperhémiée, rouge, boursouflée, plus chaude, sèche ; et il y a de l'ébrouement. Elle présente parfois des taches, des pétéchies, des plaies, des érosions épithéliales ; ses follicules sont hypertrophiés ; bientôt elle devient plus humide ; elle devient le siége d'une hypersécrétion morbide ; il se produit un écoulement plus ou moins abondant. Le jetage est d'abord séreux, jaunâtre et plus ou moins clair ; puis il devient plus abondant, plus épais, mucoso-purulent, blanchâtre, grisâtre, jaunâtre ou verdâtre ; il est plus ou moins visqueux et adhérent ; ordinairement il est bilatéral ; il est plus ou moins copieux et plus ou moins persistant, suivant les cas.

Les lésions de la maladie peuvent se propager aux sinus, au larynx, au pharynx, aux poches gutturales, à la trachée, aux bronches, au poumon. On peut donc observer les symptômes de la collection des sinus, la matité et le boursouflement de l'os ; mais ces modifications ne se produisent que lentement. Il n'est pas rare de constater la tuméfaction des poches gutturales et la formation d'une collection purulente dans leur intérieur, qui se traduit par la fluctuation. Quelquefois la gourme se localise aux premières voies respiratoires ; et dans ces cas elle n'est jamais grave ; mais les cas où elle s'étend au larynx et au pharynx sont les plus fréquents. Quand il y a laryngite, on remarque une hyperesthésie manifeste, une sensibilité anormale du larynx à la pression et au pincement, qui provoquent de la douleur et la toux. Le bruit laryngien est plus rude ; parfois même il y a du sifflement, un bruit de cornage. La respiration peut être gênée, difficile, anxieuse, pénible ; d'autres fois c'est un bruit de roucoulement, qui se produit dans le larynx, et s'entend à distance. L'inflammation laryngienne et le gonflement de la muqueuse peuvent être si prononcés et gêner à tel point la respiration, qu'il y a parfois menace et même commencement d'asphyxie. Pourtant, quand il y a danger d'asphyxie, la respiration est ordinairement gênée par d'autres lésions, soit par le gonflement de la pituitaire, soit, et par-dessus tout, par l'inflammation et le gonflement des tissus et des ganglions de la région de la gorge. L'inflammation de la muqueuse respiratoire peut s'étendre, gagner la trachée et les bronches ; on observe alors une toux pectorale, d'abord sèche, puis grasse, un râle bronchique sonore, puis des râles muqueux, qui annoncent la période catarrhale. La bronchite gourmeuse n'est pas grave par elle-même ; mais il n'en est pas de même de l'inflammation pulmonaire.

La pneumonie gourmeuse, celle qui résulte de l'extension naturelle de la maladie et non de causes extérieures, est très grave. Et du reste la pneumonie, qui se montre dans le cours de la gourme, qu'elle soit le résultat de l'extension des lésions primitives, ou qu'elle ait été provoquée par une répercussion, par un refroidissement, ou qu'elle soit l'expression d'une résorption purulente, est toujours ou à peu près toujours mortelle ; elle se termine par la suppuration, par la formation rapide de foyers purulents ou par l'infiltration purulente. On constate alors les symptômes de l'inflammation du poumon ; il y a surélévation de la température ; la conjonctive est rouge ictérique. La percussion de la poitrine dénote de la matité en certains points. A l'auscultation, on constate l'absence du murmure respiratoire dans les mêmes points ; on entend du râle crépitant, du souffle tubaire ; le murmure respiratoire est exagéré dans les parties saines ; on perçoit aussi des râles muqueux et quelquefois du râle caverneux, lorsque des foyers purulents se sont ouverts dans les bronches. Il peut arriver parfois que la maladie se complique alors de septicémie ; l'air expiré devient fétide, le jetage devient aussi fétide et sanieux. La pneumonie gourmeuse étant excessivement grave, il faut tout mettre en œuvre en temps opportun pour en empêcher l'évolution. Dans le cours de la gourme, même de la gourme bénigne, les malades peuvent, s'ils sont soumis à un refroidissement, éprouver une métastase, qui amène la formation de lésions sur le poumon et quelquefois ailleurs, et qui est presque toujours mortelle. Enfin il peut arriver que le pus, produit par les lésions gourmeuses, soit résorbé et donne lieu à une infection purulente. La gourme peut aussi s'accompagner de lésions sur les plèvres, de symptômes de pleurite avec épanchement ; cette complication, heureusement rare, est aussi très grave.

L'inflammation catarrhale de la muqueuse respiratoire est presque constante dans la gourme; elle est plus ou moins étendue et partant plus ou moins grave. L'angine laryngo-pharyngée, accompagnée de phlegmons et d'abcès sous-glossiens ainsi que de rhinite, est la plus fréquente et la moins grave des localisations qui se font dans l'appareil respiratoire. Elle ne compromet ni l'existence ni les qualités des malades ; elle se termine régulièrement par la guérison complète. Cependant elle peut parfois s'accompagner de symptômes locaux intenses et déterminer la mort des malades par asphyxie ; d'autres fois elle peut s'accompagner d'un cornage plus ou moins tenace dû à la paralysie du larynx, ou à la compression des nerfs récurrents. M. Delamotte a relaté un cas de gourme mortel observé sur un cheval qui avait présenté des abcès dans les ganglions sous-glossiens, pharyngiens et prépectoraux, ainsi qu'un cornage accompagné d'une telle dyspnée que la trachéotomie avait été indispensable.

La bronchite gourmeuse est moins fréquente que l'angine laryngo-pharyngée, mais elle est beaucoup plus grave ; elle peut s'accompagner d'emphysème et de cornage par suite de la compression que peuvent exercer sur le nerf laryngé inférieur gauche les ganglions bronchiques plus ou moins tuméfiées. Dans ces cas on peut également voir le cornage persister après la guérison, le nerf et les muscles laryngiens pouvant rester atrophiés. De toutes les localisations portant sur les organes respiratoires, la pneumonie lobaire ou lobulaire est la plus grave. Elle se termine généralement par la suppuration ou la gangrène ; et quand elle guérit, elle peut également laisser du cornage.

Dans le système lymphatique les lésions sont très fréquentes. On observe des lymphangites, des cordes plus ou moins en relief, quelquefoie moniliformes, dans diverses régions, surtout à la face. Cette localisation se comprend sans peine, attendu que la pituitaire est ordinairement malade et les vaisseaux lymphatiques, qui en partent, s'enflamment. On peut voir aussi des cordes, des lymphangites au poitrail, en avant des épaules, sur les côtés de la poitrine, à la face interne des membres, etc.

Les lymphangites gourmeuses ont une marche qui les différencie de celles qu'on observe dans le farcin ; elles évoluent plus rapidement et se terminent promptement par la suppuration. Le pus sécrété est grisâtre, crémeux, riche en éléments figurés ; il est de bonne nature et les plaies résultant de l'abcédation ne sont pas rongeantes, ulcéreuses ; elles tendent au contraire à la cicatrisation, elles ont des bourgeons réguliers, fermes et rosés, et elles se cicatrisent en effet assez rapidement ; cependant la cicatrisation peut être longue quelquefois, quand elles sont mal soignées.

Outre les lymphangites, il se produit aussi toujours des adénites, des inflammations ganglionnaires, qui ne ressemblent pas non plus aux adénites farcineuses. Ces accidents se montrent le plus habituellement dans l'auge, dans l'espace intermaxillaire, dans la région de la gorge ; et enfin ils peuvent se montrer dans toutes les régions où il existe des ganglions. L'inflammation de ces organes est phlegmoneuse ; le tissu conjonctif périganglionnaire y participe ; elle se termine toujours par la formation d'un ou de plusieurs foyers purulents, qui ne tardent pas à s'abcéder et à s'ouvrir, laissant échapper et continuant à sécréter pendant quelque temps un produit purulent, analogue à celui des lymphangites, riche en éléments figurés et très différent de l'huile de farcin.

Dans le tissu conjonctif de diverses régions, on peut voir se produire fréquemment des phlegmons, qui se terminent par l'abcédation, par la suppuration, et quelquefois par la formation de plaies fistuleuses. Ces inflammations s'observent surtout dans la région de l'auge et dans celle de la gorge ; quand elles s'abcèdent, elles peuvent intéresser la glande parotide, si elles se sont développées dans son voisinage, d'où résulte alors une fistule salivaire. On peut voir les mêmes inflammations se produire dans le tissu conjonctif d'autres régions, vers les organes génitaux, etc. M. Trélut a vu, sur un jeune cheval gourmeux, survenir, sans cause extérieure, un mal de garrot, une tumeur phlegmoneuse qui s'abcéda assez vite. On a observé d'autres fois une semblable complication. Ce mal de garrot est grave ; la tumeur apparaît brusquement d'un ou des deux côtés du garrot. Son apparition et son développement coïncident avec une atténuation ou la disparition graduelle des autres symptômes fournis par l'appareil respiratoire et le système ganglionnaire. Il se forme un ou plusieurs abcès dans la tumeur. Ordinairement ils sont profonds ; le pus fuse, peut provoquer la carie des os ; la région est très douloureuse ; la suppuration est longue à tarir.

Lorsque de pareils accidents (adénites, phlegmons) se produisent on constate tous les symptômes des phlegmons ordinaires : la tuméfaction, la chaleur et la douleur. Ils sont plus ou moins étendus et plus ou moins volumineux ; ils évoluent très rapidement ; ils se terminent quelquefois par résorption, mais le plus habituellement ils s'abcèdent, ils se ramollissent, pour peu que l'inflammation soit intense. L'abcédation se produit souvent en plusieurs points en même temps ou successivement ; on perçoit alors de la fluctuation ; les abcès se réunissent et s'ouvrent ensuite ; mais le plus souvent ils s'ouvrent isolément et successivement. Parfois des abcès s'ouvrent dans la bouche, sous la langue ou sur ses côtés; la cavité buccale exhale alors une odeur fétide, l'odeur du mélange de pus et de salive. Les phlegmons de l'auge et de la gorge peuvent s'étendre à la région parotidienne et aux poches gutturales ; des plaies salivaires, très faciles à guérir du reste et même guérissant seules, sont quelquefois produites par l'abcédation. Des abcès peuvent se former dans des parties profondes comme à la surface du corps, dans les ganglions profonds comme dans les ganglions superficiels, dans le tissu intermusculaire comme dans le tissu sous-cutané, dans le tissu du bassin, dans les parois abdominales, dans les ganglions de l'aine, dans le cordon testiculaire, dans les parois de la poitrine, dans les ganglions thoraciques, dans les ganglions sous-lombaires, dans les centres nerveux. Quand il s'agit de phlegmons développés dans le tissu conjonctif de la région inguinale ou de la région pelvienne, les abcès qui se forment peuvent s'ouvrir dans l'abdomen ; il se produit alors une péritonite, qui devient rapidement mortelle. Il en est de même pour toutes les adénites et les phlegmons pouvant se développer et s'ouvrir dans les cavités closes; aussi les ganglions bronchiques et les ganglions sous-lombaires enflammés peuvent s'abcéder et s'ouvrir dans la cavité thoracique, dans la cavité abdominale, et y provoquer une inflammation mortelle.

On peut parfois reconnaître, à certains signes, l'inflammation de ces divers ganglions. Les ganglions bronchiques, en s'hypertrophiant, compriment les organes voisins, gênent la circulation du sang veineux, d'où peut résulter un gonflement insolite des jugulaires, compriment les nerfs laryngés, d'où peut provenir le cornage, etc. Quand les ganglions mésentériques ou sous-lombaires sont malades, on peut observer des symptômes de coliques ; en outre, quand il s'agit de ces derniers, il y a hyperesthésie dorso-lombaire, et, s'il s'agit de ceux situés au voisinage du rectum, on peut assez facilement vérifier leur état, en recourant à l'exploration à travers le rectum (Ch. Martin. — Lardet).

Du côté de la peau on voit aussi se produire des symptômes assez marqués : c'est de l'eczéma ; ce sont des éruptions, des vésicules ou des vésico-papules plus ou moins analogues à celles qu'on observe dans le horsepox. Ces mêmes éruptions se montrent aussi sur certaines muqueuses, sur la pituitaire, sur la muqueuse buccale. Elles peuvent se montrer, à la peau, aux mêmes points que celles du horsepox ; on les trouve surtout à la face, au pourtour de la bouche, sur les lèvres, autour des yeux, autour des naseaux, dans les points où la peau est fine, sur tout le corps. L'éruption gourmeuse proprement dite diffère de celle du horsepox, par son évolution plus rapide, et par la propriété de son produit, qui n'est pas vaccinogène comme celui du horsepox. Il est bon de ne jamais oublier d'ailleurs que la gourme et le horsepox peuvent coexister sur le même individu, et que le horsepox peut s'accompagner parfois de coryza, de lymphangite, d'adénite, etc., tout comme la gourme. Tandis que dans le horsepox l'éruption est toujours primitive, elle est au contraire ordinairement consécutive dans la gourme et peut n'apparaître qu'après les autres symptômes. Plusieurs observateurs ont relaté des cas d'eczéma gourmeux. M. Leblanc a cité un fait relatif à deux juments gourmeuses qui avaient quelques boutons sur le corps: l'une, tout en guérissant de la gourme, présenta sur les diverses parties du corps et sur la tête, des vésicules nombreuses qui donnèrent lieu à la formation de croûtes épaisses ; des poussées successives de vésicules eurent lieu sur diverses parties du corps, aux oreilles, à l'encolure, aux membres, et donnèrent lieu à des croûtes, dont l'arrachement était suivi d'un léger écoulement de sang. La guérison s'étant fait attendre (malgré un traitement énergique) trop longtemps, la bête fut sacrifiée. Un cas analogue a été observé par M. Cagny, avec insuccès du traitement et mort du malade par épuisement. Le même cas grave a été observé par moi, et l'animal a été guéri par un traitement arsenical de deux mois avec onctions d'onguent populeum sur la partie malade. D'autres cas ont été observés par moi sur de jeunes chevaux arrivés au régiment, et la guérison a été spontanée et rapide. M. Delaforge a vu, sur un cheval gourmeux faisant partie d'une écurie de gourmeux, la maladie débuter par de la toux, puis s'accuser par le prurit et le gonflement des extrémités, ensuite par un suintement jaunâtre, poisseux, se desséchant en croûtes, par la dépilation, par l'extension du mal au tronc, au cou, à la tête, et par l'amaigrissement, etc.

On peut voir aussi pendant l'évolution de la gourme, se former des boutons, des javarts cutanés, des œdèmes, de l'anasarque; et quelquefois la gangrène fait suite à cette dernière complication; ces divers accidents se montrent principalement dans le cas de gourme maligne. Les boutons apparaissent sur la face; ils sont gros comme ceux du farcin ; ils s'abcèdent très rapidement et donnent du pus de bonne nature; les plaies qui en résultent se cicatrisent assez vite. Des infiltrations passives, froides, plus ou moins étendues, se produisent dans les régions déclives, du côté de la région inguinale, vers les organes génitaux, sur les membres, etc.; et quelquefois ces œdèmes sont tellement étendus, qu'ils constituent une véritable anasarque, complication grave, qui peut être suivie de mortification ou de nouvelles complications sur les organes internes (métastases). Quand l'anasarque s'accompagne de la mortification de la peau, la guérison est encore possible, malgré les plaies plus ou moins étendues résultant de l'élimination des parties mortes.

L'appareil locomoteur est aussi quelquefois le siège de certaines altérations. On peut rencontrer des phlegmons dans les interstices musculaires; et ces phlegmons, comme toujours, se terminent par la suppuration qui peut être très abondante, fuser au loin et occasionner l'infection générale. Il se produit parfois des arthrites, des synovites, qui ont une grande tendance à la suppuration; aussi ces accidents sont-ils très graves, surtout l'arthrite, qui peut occasionner la mort. La fourbure se montre quelquefois comme complication de la gourme, et elle est alors très grave; elle peut se terminer par la gangrène des tissus du pied. Il importe donc de se prémunir contre ces diverses complications et de les combattre aussitôt qu'elles apparaissent.

La gourme entraîne quelquefois des lésions et s'accompagne de symptômes du côté des voies digestives. Les malades perdent l'appétit, deviennent constipés et témoignent de la difficulté pour exécuter la mastication et la déglutition, à cause de la pharyngite qui accompagne toujours la laryngite, et à cause de l'inflammation de l'auge et de la gorge. La bouche est très chaude; la muqueuse buccale est congestionnée; les gencives sont plus rouges. Les aliments et les boissons reviennent en partie par le nez. La sensibilité, au niveau de la gorge, est exagérée; la compression de cette partie est douloureuse. Quelquefois les glandes salivaires sont englobées dans l'inflammation. Il n'est pas absolument rare de constater des symptômes d'entérite; il y a ordinairement de la constipation; quelquefois la muqueuse intestinale devient catarrhale et il se déclare de la diarrhée; on observe parfois des symptômes de coliques plus ou moins intenses, très intenses quand, à la suite d'une répercussion, il s'est produit une métastase sur l'intestin et le mésentère, ce qui peut arriver dans quelques circonstances; il peut même se produire une véritable apoplexie intestinale, une entérorrhagie rapidement mortelle.

M. Lapôtre a relaté un cas de gourme bénigne, qui, au bout de quelques jours, lorsque tout semblait devoir aller régulièrement, se compliqua brusquement d'entérite apparente et détermina la mort de l'animal qui, à l'autopsie, présenta des lésions inflammatoires sur le feuillet viscéral du péritoine ainsi que des abcès dans l'épiploon et le méso-cæcum.

En outre des lymphangites et des adénites, l'appareil circulatoire peut offrir les symptômes d'autres altérations. La température des malades est très variable suivant les localisations des altérations; elle s'élève surtout quand la maladie envahit le poumon et les plèvres; ce signe est important au point de vue du pronostic. Certains cas de gourme peuvent se compliquer de péricardite, d'endocardite même; mais heureusement ces complications sont fort rares. Le système vasculaire peut absorber le pus sécrété par les accidents gourmeux, et on observe alors les symptômes et puis les lésions de l'infection purulente. Les malades atteints de la gourme sont en général dans un état très propice à la formation du pus; la moindre plaie, la moindre opération est suivie chez eux d'une suppuration plus abondante que dans les conditions ordinaires; aussi est-il indiqué de ne pas pratiquer des opérations graves, notamment la castration, immédiatement avant, ni immédiatement après, ni pendant le cours de la gourme. Il y a, chez presqu tous les chevaux gourmeux, surtout chez ceux qui sont lymphatiques, un état de leucocytose plus ou moins prononcé; les globules blancs sont plus abondants dans le sang; on peut même, dans quelques cas, voir se produire de l'amaigrissement, de l'anémie, de l'hydrohémie, des infiltrations, du marasme, de la consomption, des catarrhes et des suppurations chroniques.

Chez quelques animaux, on peut voir se produire de l'ophthalmie, de la conjonctivite, de la chassie et quelquefois la perte de l'œil.

Chez les chevaux entiers, il se produit parfois des complications du côté des organes génitaux, des infiltrations du fourreau et des bourses, ou une inflammation phlegmoneuse de ces parties, une inflammation de la séreuse testiculaire, un hydrocèle. Il arrive que, chez les chevaux qui ont été castrés, alors qu'ils étaient en puissance de gourme ou qui sont devenus gourmeux après l'opération, on voit se produire des abcès dans la région inguinale; et ces abcès peuvent, en s'ouvrant dans l'abdomen, déterminer une péritonite rapidement mortelle.

On peut voir se produire sur la jument une éruption gourmeuse à la suite du coït avec un étalon gourmeux; cette éruption, qui siège sur la région des organes génitaux, s'accompagne ensuite de phlegmons et d'abcès dans d'autres régions. On a d'autre part constaté la transmission de la gourme aux animaux châtrés par les instruments ou les mains de l'opérateur qui avait touché un animal malade (Jouquan); et les symptômes de cette gourme, dite *gourme de castration*, consistent en symptômes fébriles, en phlegmons et en abcès qui se forment dans l'aine, dans le tissu qui entoure le cordon, dans le cordon testiculaire lui-même et jusque dans la cavité abdominale; en outre des abcès peuvent se former aussi dans d'autres régions du corps. La gourme de castration peut, quoique rarement, faire périr les animaux.

Dans le cours de la gourme, il peut se produire aussi des complications du côté du système nerveux. Les lésions de la maladie peuvent se former dans les centres nerveux et déterminer des symptômes de vertige, d'immobilité, de paralysies partielles, de paraplégie. Tous ces accidents sont de la plus grande gravité; ils sont ordinairement mortels; il en est ainsi du vertige et de la paraplégie, qui est occasionnée parfois par la formation d'un abcès dans la moelle. Divers observateurs ont relaté des cas de gourme accompagnée de complications nerveuses. Ainsi M. Thierry a observé un cas de gourme avec abcès dans le cerveau, sur un jeune cheval qui, après avoir paru guéri, a présenté tout à coup de la somnolence, du tournis, de la paresse de la mastication et de la déglutition, la vision obtuse, les membres faibles, etc. Ainsi encore Dieckeroff a pareillement vu un cheval récemment guéri d'une gourme grave tomber malade au bout de trois jours de travail, devenir somnolent, tourner, etc., puis mourir et présenter un abcès dans le cerveau. D'autres observateurs ont signalé pareillement des complications de vertige, de méningite cérébro-spinale, de paraplégie (Chauvrat, Perrey et Peysine, etc.), provoquées par la pénétration de pus dans le canal rachidien ou par la formation d'abcès dans la substance des centres nerveux.

On a enfin constaté parfois des complications du côté des reins; on a observé alors des œdèmes considérables, de la dysurie, de l'hématurie, de l'albuminurie, etc.

Suivant que les lésions sont localisées à tels ou tels organes, à tels ou tels appareils, suivant qu'elles sont plus ou moins nombreuses, plus ou moins étendues, suivant que les symptômes sont plus ou moins nombreux et plus ou moins intenses, on peut reconnaître à la gourme des variétés assez nombreuses. Les formes et la gravité de la maladie varient d'ailleurs dans la même écurie, pendant la même épizootie, dans la même contrée, etc.

On la dit *sthénique*, quand elle s'accompagne de beaucoup de fièvre, quand elle offre les caractères de l'acuité. Elle présente ces caractères lorsqu'elle étend ses lésions au larynx, au pharynx, aux bronches, aux poumons, etc. Elle est *asthénique*, quand les symptômes fébriles sont peu prononcés ou font défaut, quand la maladie est peu grave, peu étendue, quand elle attaque des sujets mous, lymphatiques, chez lesquels la réaction est toujours moindre. Elle est *bénigne*, promptement et facilement curable : lorsqu'elle est asthénique ou peu ou pas sthénique, localisée à un petit nombre d'organes, à la pituitaire, à la gorge, à l'auge, etc.; quand elle consiste dans une rhinite avec laryngo-pharyngite avec ou sans abcès dans l'auge. Elle est *maligne*, grave : quand elle s'étend aux organes internes; quand elle se généralise; quand elle s'accompagne de complications bronchiques, pulmonaires, intestinales, séreuses, nerveuses, etc., qu'elle soit d'ailleurs sthénique ou asthénique. La gourme maligne sthénique ou asthénique se montre sur les animaux irritables, pléthoriques, sur les animaux lymphatiques, débilités, placés dans de mauvaises conditions hygiéniques, etc. On peut d'ailleurs observer simultanément ou successivement, pendant la même épizootie, dans la même écurie, dans la même localité, ces diverses formes.

On peut distinguer aussi des *gourmes sèches*, des *gourmes catarrhales* et des *gourmes purulentes*. Les *gourmes sèches* sont celles qui sont caractérisées par des phlegmons qui ne suppurent pas, et par l'absence d'hypersécrétion ou de catarrhe à la surface des muqueuses; elles sont très rares, car l'affection gourmeuse s'accompagne presque toujours de catarrhe et même de suppuration. Les *gourmes catarrhales* sont celles ou l'état catarrhal des muqueuses est le symptôme prédominant. Les *gourmes purulentes* sont celles qui s'accompagnent de suppurations abondantes, de phlegmons, de lymphangites, d'adénites et d'abcès multiples dans diverses régions. Les gourmes catarrhales et les gourmes purulentes peuvent, si elles se prolongent longtemps, débiliter l'organisme; il importe de tarir leurs sécrétions le plus promptement possible.

Assez souvent la gourme se localise d'une manière à peu près exclusive à un certain nombre de régions, à un certain nombre d'organes. Le plus ordinairement elle se localise à la pituitaire, à l'auge, et dans la région de la gorge; elle se traduit alors par les symptômes du coryza, par du jetage, par des lymphangites, des adénites, des phlegmons et des abcès uniloculaires ou multiloculaires, par l'abcédation des poches gutturales, par l'hyperesthésie de la gorge, etc. Pourtant, assez fréquemment aussi, la maladie envahit en outre le larynx et le pharynx; et on voit s'ajouter alors, à l'expression précédente, les symptômes de l'angine laryngo-pharyngée et une plus grande intumescence des tissus de la région de la gorge, ainsi qu'une gène plus ou moins prononcée de la respiration. Tandis que le coryza gourmeux est peu grave, l'angine gourmeuse l'est au contraire davantage; elle peut s'accompagner de fièvre, devenir maligne, et amener la mort par asphyxie, si on ne la traite pas à temps. L'angine gourmeuse, outre qu'elle se complique de coryza, de lymphangites, d'adénites, de phlegmons, d'abcès, peut aussi s'accompagner d'éruptions vésiculeuses ou vésico-pustuleuses sur la face, au pourtour de la bouche et du nez, sur la pituitaire, sur la muqueuse buccale, sur diverses régions du corps. La guérison de cette forme est toujours plus longue à obtenir que celle du coryza; elle est plus ou moins longue suivant les cas, et elle peut être suivie d'une convalescence pendant laquelle les animaux ont encore besoin d'être ménagés et soignés. Le coryza gourmeux peut guérir en 10, 12, 15 jours; tandis que l'angine gourmeuse peut ne guérir qu'au bout de 20, 30 jours; et, dans l'un comme dans l'autre cas, quand on croit la maladie définitivement guérie, on peut encore voir apparaître, dans quelque région, un phlegmon, un abcès. Les formes les plus ordinaires de la gourme sont donc le coryza et l'angine accompagnés de lymphangites, d'adénites, de phlegmons et d'abcès.

Quelquefois la maladie s'accompagne de bronchite; pourtant cette forme est très rare, et, quand la bronchite se montre, elle résulte de l'extension de l'angine ou elle n'est que le prélude d'une complication plus grave du côté du poumon. La pneumonie gourmeuse, qui est heureusement rare, est en effet très grave; elle a une tendance fatale à se terminer par la suppuration, par la formation d'abcès dans le poumon, qui suit d'ailleurs de très près l'hépatisation ; aussi faut-il se hâter d'appliquer un traitement approprié, dès qu'on peut en soupçonner l'apparition, sans quoi on est exposé à n'obtenir aucun résultat, si on agit quand l'hépatisation est déjà produite. Elle se termine aussi quelquefois par la gangrène.

On distingue encore des gourmes éruptives, des gourmes erratiques externes et internes (Ch. Martin) et des gourmes nerveuses. Les gourmes éruptives sont celles qui s'accompagnent d'éruption ; mais en ce cas l'éruption n'est jamais seule, elle coexiste avec d'autres symptômes. Les gourmes erratiques sont celles qui se compliquent d'adénites, de phlegmons, d'abcès dans diverses régions extérieures ou dans diverses régions internes : elles peuvent être très graves. La gourme nerveuse est celle qui se complique de symptômes nerveux, de symptômes de paralysie, de vertige, d'immobilité, de tétanos ; elle est toujours grave, presque toujours mortelle.

Suivant les circonstances favorables ou défavorables qui entourent les malades, et suivant les formes, la maladie peut durer plus ou moins longtemps et se terminer favorablement ou d'une manière fatale. Elle n'est guère mortelle, qu'autant qu'elle s'accompagne de pneumonie, de complications nerveuses, de phlegmons et d'abcès internes ; pourtant l'angine gourmeuse peut quelquefois occasionner l'asphyxie. Quand la gourme se termine par la guérison, il n'y a pas ordinairement de convalescence, sauf dans les cas graves ; le plus souvent l'affection, en disparaissant, ne laisse aucune trace de son passage. Pourtant il peut arriver qu'elle laisse après elle un œdème, un épaississement de la pituitaire, d'où résultent une gêne dans la respiration et un bruit de sifflement ou de cornage ; le même état peut persister dans la muqueuse laryngienne. On a vu plus d'une fois des chevaux gourmeux conserver un cornage chronique qui a résisté à tout traitement. Quand la gourme se termine par la mort, celle-ci est la conséquence de l'asphyxie, de l'infection purulente, de l'épuisement, etc. La morve ne peut être la conséquence de la gourme, comme certains observateurs l'avaient avancé ; la gourme reste elle-même, mais elle peut se compliquer d'infection purulente et même de morve, si les gourmeux sont exposés à la contagion morveuse.

Les animaux guéris de la gourme ont acquis l'immunité ; et ceux qui ont bien jeté leur gourme sont plus robustes que ceux chez lesquels la maladie a été contrariée, mal guérie. En outre, il résulte des observations et des expériences de Ch. Martin, que cette affection facilite la guérison d'autres maladies, telles que le crapaud, les eaux aux jambes, les dartres, les œdèmes. Des animaux atteints de ces affections se sont guéris plus facilement et plus rapidement quand on leur a eu conféré la gourme.

Le *pronostic* de l'affection gourmeuse n'est pas grave ordinairement, bien qu'il s'agisse d'une maladie contagieuse, car le plus souvent la terminaison est favorable. Pourtant il ne faut pas oublier que la transmission est possible et même facile. Quand la gourme s'introduit dans une localité, dans une habitation, elle se propage très rapidement et devient épizootique.

Le *diagnostic* de cette maladie n'est pas toujours facile; on peut la confondre avec le coryza, avec l'angine, avec la bronchite, avec la pneumonie ordinaires, etc. La symptomatologie est souvent insuffisante pour permettre d'établir un diagnostic à peu près certain; il faut recourir aux renseignements, rechercher les antécédents des malades et la cause morbigène. Le coryza, l'angine, etc., simplement inflammatoires sont provoqués par l'action de causes ordinaires, par un refroidissement, par le contact de poussières irritantes, que l'air introduit dans les voies respiratoires, etc. La gourme, au contraire, se montre sans qu'aucune de ces causes puisse être invoquée pour expliquer son apparition; on la voit se propager d'un animal à l'autre. En 4, 8, 10 jours, elle s'est étendue, elle a attaqué successivement un nombre plus ou moins considérable d'animaux, elle s'est propagée par contagion; et cette allure suffit pour permettre de la distinguer des maladies inflammatoires simples. Dans les rhinites, laryngites, pharyngites ordinaires, les adénites qui peuvent se produire ne s'abcèdent généralement pas, et la matière catarrhale n'est pas inoculable comme celle de la gourme. Dans certains cas, le farcin et le horsepox peuvent simuler la gourme; mais il est pourtant facile de déterminer ce qui appartient à l'une et à l'autre affection, en suivant l'évolution de la maladie à diagnostiquer. Outre que les symptômes de farcin ne ressemblent jamais absolument à ceux de la gourme, celle-ci tend à se terminer par la guérison, tandis que le farcin tend toujours à s'aggraver et à prendre de l'extension. Le horsepox, comme la gourme, peut présenter des éruptions, s'accompagner de lymphangites, d'adénites, de coryza, etc.; mais l'inoculation permet de distinguer les deux affections. Le produit de la pustule du horsepox n'est virulent qu'au début; quand il devient purulent, il cesse d'être actif. Dans la gourme, au contraire, le pus est inoculable; de plus, le horsepox confère une immunité de courte durée, tandis que celle donnée par la gourme est très longue.

LÉSIONS.

L'étude des lésions de la gourme est peu importante. Cette maladie est accompagnée d'altérations, semblables à celles qu'on observe dans le coryza, la laryngite, la bronchite, etc., inflammatoires, sauf quelques variantes peu marquées.

Les lésions sont plus ou moins étendues, plus ou moins avancées et se montrent sur un plus ou moins grand nombre d'organes; elles consistent en congestions, exsudats, inflammations, phlegmons, œdèmes, catarrhes, suppuration, et quelquefois gangrène, septicémie, foyers d'infection purulente, métastases, etc.

A la surface de la peau, on retrouve les éruptions déjà signalées ou leurs traces. Dans le tissu conjonctif il y a des phlegmons, des abcès. On voit parfois des lésions de synovite, d'arthrite, qui peuvent être suppuratives, des lésions de fourbure, accompagnées ou non de la gangrène des tissus du pied. Dans le système ganglionnaire on observe des lymphangites à peu près semblables, sous le rapport de leur constitution à celles du farcin, et des adénites riches en éléments figurés, abcédées ou en voie de s'abcéder.

Dans l'appareil respiratoire, sur la pituitaire, sur la muqueuse laryngienne, sur les muqueuses trachéale et bronchique, il y a de la congestion, de l'œdème, de l'épaississement, du boursouflement, un état catarrhal caractérisé par la production de muco-pus grisâtre. Dans le poumon, indépendamment des lésions de l'asphyxie, de la septicémie, de l'infection purulente, on rencontre parfois des lésions de pneumonie avec hépatisation, de pneumonie purulente ; on constate non pas seulement de la simple congestion, de la simple hépatisation, mais des collections purulentes, des abcès, qui peuvent être en communication avec les bronches, de la suppuration disséminée ; et, dans ce dernier cas, on voit sur une coupe de l'organe, en pressant légèrement, sourdre un liquide rouge grisâtre, riche en éléments purulents. On peut rencontrer aussi des lésions de la pleurésie, résultant de l'extension de la maladie ou survenues à la suite de l'abcédation des ganglions prépectoraux ou bronchiques et de leur ouverture dans la cavité thoracique. Il y a parfois de la péricardite, etc.

La muqueuse de l'appareil digestif présente aussi parfois un état catarrhal dans toute son étendue. De même que dans la cavité thoracique il y a aussi quelquefois inflammation de la séreuse, résultant de l'extension de la maladie ou déterminée par l'abcédation des ganglions inguinaux ou sous-lombaires. On a constaté l'existence d'un foyer purulent dans l'épaisseur des parois stomacales (Salonne).

Les organes génitaux, les testicules, la séreuse testiculaire, les enveloppes testiculaires, le cordon, peuvent être enflammés, présenter des abcès.

Dans les centres nerveux on peut observer de la congestion, soit des méninges, soit du cerveau et de la moelle, un épanchement dans les ventricules cérébraux, dans l'arachnoïde, une infiltration du tissu de la moelle et du cerveau, des abcès dans le cerveau, dans la moelle.

ÉTIOLOGIE.

On a invoqué et l'on invoque encore tous les jours certaines causes ordinaires, comme pouvant exercer une influence plus ou moins efficace dans la production de la gourme. Jadis on croyait que cette maladie pouvait apparaître spontanément ; et, il n'y a pas longtemps, de nombreux vétérinaires admettaient encore qu'elle pouvait naître à la suite de certaines influences venant du monde extérieur ou inhérentes aux individus ; mais il est certain que l'on a souvent pris pour de la gourme des états morbides qui la simulaient, et qu'ainsi on a transporté, dans l'étiologie de cette affection, les causes susceptibles de faire naître un coryza, des angines, des bronchites ordinaires. En réalité, la spontanéité de la gourme n'a jamais été démontrée ; il n'y a pas lieu de l'admettre, car lorsque la maladie se développe, on peut toujours en suivre la filiation, qui montre qu'elle est le résultat de la contagion.

On a invoqué et on peut encore considérer comme causes prédisposantes ou comme causes préparatoires ou aggravantes l'espèce, le tempérament, l'âge, la domestication, la dentition, les climats, les saisons, les changements de saison, les variations atmosphériques, les migrations, l'acclimatement, le passage des animaux de l'écurie au pâturage, les changements de régime, l'encombrement et l'agglomération des animaux, la préparation à la vente, le dressage, la mise en service, etc. L'espèce constitue une prédisposition réelle et nécessaire, puisque la gourme n'attaque que les solipèdes. Le tempérament lymphatique constitue aussi une prédisposition, surtout une prédisposition à la gourme suppurative. Le jeune âge est également une condition prédisposante, mais rien de plus ; et d'ailleurs la gourme peut attaquer les animaux adultes et même les animaux vieux qui n'ont pas subi une première atteinte. Les jeunes sont plus souvent atteints, soit parce qu'ils sont déplacés, vendus, exposés à la contagion, soit et surtout parce qu'ils n'ont pas eu l'occasion d'acquérir l'immunité et peut-être enfin parce qu'ils constituent un meilleur terrain pour l'agent pathogène. La dentition qui, au dire de certains vétérinaires, favoriserait le développement de la gourme, en déterminant un afflux sanguin plus considérable vers la tête, ne joue pas un rôle bien avéré ; parmi les chevaux qui font leurs dents, il n'y a que ceux qui sont exposés à la contagion qui peuvent devenir gourmeux. La domestication, l'état de domesticité, est une circonstance favorable à la contagion ; mais la gourme se montre sur les animaux qui vivent à l'état sauvage dans certains pays. Les climats humides, les saisons froides et humides, les changements de saison, les variations atmosphériques peuvent occasionner des maladies qui simulent la gourme et non la gourme proprement dite, qu'ils aggravent en débilitant les animaux et en les rendant plus susceptibles. Les migrations, les déplacements, les voyages, les marches, les transports favorisent l'apparition de la gourme chez les animaux déplacés, en faisant naître ou en multipliant les occasions de contact avec des animaux malades ou des objets souillés ; mais quand la maladie se montre à la suite d'une migration, d'un déplacement, et elle se montre assez souvent, c'est parce qu'elle a été transmise aux animaux déplacés durant le voyage, durant le transport. Ainsi en est-il pour les chevaux envoyés dans les régiments. Quand les animaux passent de l'écurie au pâturage, ils sont exposés à l'action des refroidissements, et il peut en résulter un coryza, des angines, qu'on a pris quelquefois pour de la gourme ; ils sont aussi, dans leurs rapports, avec les animaux du voisinage, aux abreuvoirs, aux pâturages, dans les chemins, etc., exposés à contracter la gourme, si la maladie règne dans d'autres écuries. Les changements de régime ne peuvent produire la gourme qu'autant qu'on contamine les animaux avec le nouveau régime. Ils peuvent d'autre part prédisposer les animaux en les débilitant. L'encombrement et les agglomérations d'un certain nombre d'animaux sont des circonstances qui favorisent l'extension de la maladie, quand elle existe sur un ou plusieurs sujets. La préparation à la vente par l'emploi de tel ou tel régime ne peut que prédisposer l'organisme à la gourme, qui, si elle se montre après la vente, est le résultat d'une contagion produite pendant le déplacement ou pendant l'exposition en vente, ou après l'arrivée des animaux dans le lieu de leur nouvelle destination. Le dressage et la mise en service favorisent la contamination des animaux, qui sont ainsi forcément exposés à avoir des contacts directs ou indirects avec d'autres sujets.

La gourme est toujours le résultat de la contagion ; et, si on étudie attentivement les faits, on constate qu'elle est surtout fréquente chez les chevaux qui voyagent, qui sont employés au roulage ou pour le service des voitures publiques. Ces animaux finissent toujours par être mis en contact avec des chevaux malades, ou sont logés dans des habitations souillées et mangent dans des auges non désinfectées, ou reçoivent des aliments ou des boissons infectés, etc. On s'explique d'ailleurs sans peine la propagation de la gourme : les animaux gourmeux ne sont l'objet d'aucune mesure sanitaire. Ceux qui sont peu malades sont utilisés comme à l'ordinaire, et ceux qui ont été traités sont toujours remis à leur service avant d'être complètement guéris ; enfin le virus gourmeux semble doué d'une certaine puissance de résistance. On comprend aisément que toutes ces conditions réunies facilitent singulièrement la propagation de la maladie. D'un autre côté, il est avéré que, malgré l'action des causes prédisposantes, la gourme ne se montre pas fréquemment sur les chevaux de luxe, qui sont rarement mis en contact avec d'autres chevaux et qui ne sont pas exposés à la contagion. Il en est de même chez les petits propriétaires, qui n'ont qu'un ou deux chevaux et qui ne les exposent guère à la contagion, qui ne les mettent guère en rapport avec les animaux du voisinage.

Contagion de la gourme, ses modes. — La contagion avait été admise par les hippiâtres et les anciens vétérinaires ; elle fut niée par les partisans de la doctrine physiologique, qui ne voyaient dans la gourme qu'une maladie inflammatoire non contagieuse; aujourd'hui la contagion est admise par tout le monde.

L'observation ancienne et l'observation récente, comme l'observation de tous les jours, démontrent la transmissibilité de la gourme; on a cité de nombreux cas de transmission bien observés. Ch. Martin en a constaté un bon nombre; et il a reconnu que la transmission se fait ordinairement par la cohabitation, par l'intermédiaire des auges, des mangeoires, des abreuvoirs, des pâturages infectés. Il résulte de l'observation clinique que la gourme devient ordinairement enzootique dans les écuries où elle est introduite; elle ne se borne pas à un ou à quelques animaux, si on ne prend aucune précaution pour arrêter son extension. Elle atteint un plus ou moins grand nombre d'individus, elle ne respecte que ceux qui ont déjà l'immunité ou qui sont isolés. En effet un cheval gourmeux, introduit dans une écurie, infecte les autres animaux et en très peu de temps tous sont contaminés. Inversement, les animaux sains, introduits dans une écurie où existent des gourmeux, contractent la maladie; et, d'une manière générale, les animaux sains, mis en rapport direct ou indirect avec des malades, deviennent ordinairement malades à leur tour. Enfin, quand on veut que les chevaux sains d'une habitation soient épargnés, il suffit d'isoler les malades, d'empêcher tout contact direct ou indirect entre eux et les sujets sains.

La contagion de la gourme est d'ailleurs bien démontrée par l'expérimentation, par l'inoculation. On avait bien dit que cette maladie n'était pas inoculable, quoique contagieuse, mais c'était faute d'avoir su trouver le siège du virus ou pour ne l'avoir pas su inoculer. Gohier injecta, dans le nez de six animaux solipèdes, du muco-pus gourmeux; il n'obtint qu'un résultat positif, et encore ce résultat n'a-t-il aucune signification, car la suite de l'inoculation fut un simple coryza, et le pus ordinaire pourrait produire le même résultat. Toggia affirme avoir inoculé avec succès la gourme à 74 poulains et leur avoir ainsi conféré l'immunité. Ch. Martin a, de son côté, parfaitement réussi à transmettre la gourme expérimentalement et à créer l'immunité. Il a procédé de différentes manières : il a inoculé le produit gourmeux avec la lancette; souvent il s'est servi d'une baguette garnie d'étoupe à une extrémité, ou de l'index recouvert pareillement; il a imprégné l'étoupe avec de la matière gourmeuse, et ensuite il en a frictionné la pituitaire de la cloison nasale, de manière à en excorier un peu la surface. Il a inoculé différents produits avec succès : il a obtenu la gourme avec le muco-pus du jetage, avec la sérosité de ce muco-pus, avec le produit purulent des abcès ou des plaies. La première expérience positive date de 1857 : le muco-pus gourmeux avait été inoculé à un cheval de quatre ans, par piqûres, au pourtour des naseaux et à la lèvre supérieure; trois jours après l'opération, la gourme se montrait; il y eut de la lymphangite, de la toux, du jetage, de la fièvre, un abcès intermaxillaire et un autre abcès sous-parotidien douze jours après la guérison apparente. En 1857-58, il pratiqua deux nouvelles inoculations, qui furent suivies de gourme. En 1859-60-63, il eut l'occasion de faire quatorze inoculations, dont douze furent suivies de gourme ; les deux insuccès furent constatés sur deux chevaux qui avaient eu la maladie. Les inoculations suivies de succès avaient été faites : neuf avec du muco-pus ; une avec du pus ; deux avec la sérosité du muco-pus. Parmi les douze chevaux ainsi rendus malades, sept transmirent la gourme par cohabitation à d'autres animaux ; cinq étaient affectés de crapaud ; un d'eaux aux jambes ; un de dartres ; un d'œdèmes des membres ; et chez tous la gourme sembla favoriser la guérison de la maladie préexistante. La période d'incubation fut de trois, quatre, cinq jours ; elle a la même durée, quand il s'agit de la contagion naturelle ; mais il arrive parfois que les premiers symptômes, quoique manifestes déjà le 3e, le 4e ou le 5e jour, ne sont aperçus que le 6e, le 7e, le 8e jour ou le 10e jour.

La contagion joue l'unique rôle dans la production de la gourme ; toutes les causes invoquées par les spontanéistes doivent être considérées tout au plus comme de simples circonstances adjuvantes ou préparatoires.

Le contage gourmeux existe donc dans le muco-pus du jetage, dans le pus et vraisemblablement dans tous les produits de sécrétion morbide ; il existe probablement aussi dans le sang, au moins à certains moments, car la maladie est transmissible par la voie utérine ; la jument qui est gourmeuse au moment du part transmet la maladie à son poulain, et lors même qu'à l'accouchement elle semble guérie, elle peut encore mettre au jour un poulain gourmeux chez lequel la maladie est généralement mortelle (Ch. Martin) par suite des nombreux abcès qu'elle entraîne.

Il y a lieu de se demander si le virus siège dans d'autres produits de l'organisme. A ce sujet on n'est pas bien fixé, et parce qu'une jument devenue gourmeuse en allaitant son poulain lui a transmis la gourme, on ne saurait en inférer que le lait est virulent, car le jeune animal a pu puiser le virus ailleurs que dans le lait ; il y a lieu de faire à ce sujet des recherches précises.

Le virus de la gourme est ce qu'on appelle un virus fixe ; il pénètre dans l'organisme par l'intermédiaire de véhicules liquides ou solides. Il peut vraisemblablement aussi se trouver parfois en suspension dans l'atmosphère et pénétrer dans les voies respiratoires avec l'air. Ses caractères et sa nature sont mal connus encore. Il est produit en plus ou moins grande quantité, suivant l'extension des lésions ; il est excrété par les voies respiratoires, par les diverses lésions, où il est sécrété. Il existe dès le début de la maladie, aussitôt après la contamination, et l'époque de sa disparition reste à déterminer. On ne sait donc pas pendant combien de temps un animal gourmeux est dangereux ; on ne sait pas s'il cesse d'être dangereux quand il semble guéri en apparence.

Le contage gourmeux, rejeté dans le monde extérieur, peut s'y conserver pendant un temps plus ou moins long, suivant les circonstances. Ch. Martin pense qu'il se détruit lentement; et il cite des cas dans lesquels 13 jours, 49 jours après son arrivée dans le monde extérieur, il s'est encore montré actif; un froid modéré, une chaleur modérée, l'humidité et la sécheresse ne le détruiraient que lentement; il se conserverait donc sur les mangeoires, sur les râteliers, sur les fourrages et dans les boissons elles-mêmes. Ces données, que de nouvelles recherches doivent préciser davantage, permettent de prévoir et de prévenir le danger, c'est-à-dire la contagion par les objets infectés, qui devront être soumis à une désinfection.

La gourme peut se transmettre par contagion immédiate; mais le contact direct des malades avec les sains n'est pas nécessaire, et la maladie se transmet le plus souvent, suivant Ch. Martin, par les fourrages et les boissons souillés, par la promiscuité et la fréquentation des mêmes abreuvoirs dans les localités où existent déjà des gourmeux, par la contagion médiate ou indirecte; elle se transmet aussi parfois par l'intermédiaire de l'air chargé de virus desséché, attendu que, dans une écurie où règne la gourme, on peut voir la maladie se propager aux animaux qui sont éloignés des malades, tandis que les voisins ne sont contaminés que plus tard. La fréquence des lésions et des symptômes gourmeux dans les organes de la tête prouve que les animaux s'infectent ordinairement en flairant les malades, en mangeant ou buvant leurs restes, en mangeant ou buvant avec eux, etc.

Les agents de contagion sont donc les malades eux-mêmes, les objets imprégnés de virus, les fourrages, les litières, les boissons, les objets de pansage ou de pansement, les personnes qui soignent les malades.

La transmission est plus ou moins facilitée par certaines conditions, par l'agglomération d'un certain nombre d'animaux, par la cohabitation, par les repas en commun, par la fréquentation des abreuvoirs publics, des pâturages, par les transports, par les wagons et les habitations non désinfectés, par les voyages, etc., etc. Les animaux jeunes sont plus aptes à la contracter, cependant la maladie se transmet aux adultes qui ne l'ont pas eue, mais elle est alors bénigne.

Lorsque la contagion s'effectue, le virus pénètre dans le nouvel organisme, quelquefois par les voies respiratoires, souvent par les voies digestives, parfois par la voie placentaire, par la peau excoriée, ou par une muqueuse excoriée. Le système lymphatique joue un rôle important dans la généralisation de la maladie, comme dans les autres affections contagieuses; il est presque toujours le siège de lymphangites et d'adénites suppuratives.

Il n'est pas douteux que la gourme peut se transmettre par rapports directs entre malades et sains. Elle est transmissible par le coït; on a vu l'étalon gourmeux la transmettre à la jument. Elle est transmissible héréditairement de la mère au fœtus ; on a signalé (Ch. Martin, Nocard, Lourdel, Choisy, Wiart) des faits de transmission intra-utérine très probants. On a vu la jument, guérie depuis quelques jours seulement, donner un poulain gourmeux présentant des abcès dans diverses parties du corps et mourant épuisé par ces abcès (Ch. Martin). On a vu la jument gourmeuse donner un poulain mort-né dont le poumon était criblé d'abcès (Mégnin). On a vu la jument gourmeuse avorter (Wiart) ou donner (Choisy) un poulain qui succombait quelques instants après la naissance ; et on a constaté dans les organes de l'avorton ou du poulain mort prématurément les lésions de la gourme (Nocard). Ces lésions d'apparence néoplasique, sortes de petites tumeurs blanchâtres, se rencontraient dans le poumon, dans les ganglions et sur la muqueuse de l'intestin grêle, et elles renfermaient le microbe pathogène de la gourme.

On a vu d'autre part enfin que la gourme pouvait être transmise par les instruments ou par les mains de l'opérateur, lorsque, après avoir opéré ou touché un premier malade, il va, sans se laver, sans désinfecter ses mains ou ses instruments, opérer d'autres sujets.

On s'est demandé si l'affection est plus contagieuse à son début qu'à la fin. Des observations semblent prouver qu'elle se transmet plus facilement lorsqu'elle est à sa période de début que lorsqu'elle est arrivée à sa période de déclin.

Une première atteinte confère l'immunité, avons-nous vu. Si des vétérinaires prétendent encore que la gourme ne confère pas l'immunité, disant qu'un animal peut la contracter plusieurs fois, les observations et les expériences de Ch. Martin ont bien établi que la gourme, de même que la maladie du jeune âge, confère l'immunité. Cet état dure d'ailleurs pendant un temps assez long, encore indéterminé. La gourme n'atteint généralement qu'une fois le même individu, d'où cette opinion parfaitement exacte qu'un cheval qui a jeté ses gourmes acquiert de ce chef une valeur commerciale plus grande.

La gourme n'est pas une maladie inévitable, nécessaire. De ce qu'on l'observe surtout chez les jeunes chevaux, il ne faut pas en conclure qu'ils doivent fatalement la présenter un jour, car on voit des animaux qui ne la contractent jamais.

Agent pathogène de la gourme. — En examinant au microscope le pus des abcès, Schütz a constaté la présence de micrococoques groupés en chaines (streptocoques) ; il les a cultivés sur le sérum et sur la gélose. les a inoculés avec succès à la souris et au cheval, et a trouvé le cobaye. le pigeon et le lapin réfractaires. En 1886-87, ayant fait des préparations, des cultures et des inoculations avec le produit des ganglions d'un cheval mort de la gourme, j'étais arrivé aux résultats suivants : Le virus du cheval gourmeux ne s'inocule pas aux animaux bovins ; deux microbes différents se rencontrent dans les lésions du cheval gourmeux, un bacille et un microcoque affectant ordinairement le groupement sous forme de chaînes (streptocoque) ; ce dernier semble le véritable agent de la gourme, il est mobile, facile à colorer et à cultiver ; il vient dans le bouillon, sur la gélatine et sur la gélose en présence de l'air ; il est inoculable au lapin, au cobaye et au cheval ; les lésions obtenues sur le cobaye consistent en foyer purulent au point d'inoculation et en nodules grisâtres dans les viscères ; elles renferment, ainsi que le sang, le streptocoque inoculé ; sur le cheval il se produit de la turgescence, une infiltration sanguine et un abcès au point d'inoculation.

Sand a trouvé dans les lésions gourmeuses un streptocoque, qui ne lui a paru pouvoir infecter que les muqueuses déjà irritées et qui, injecté

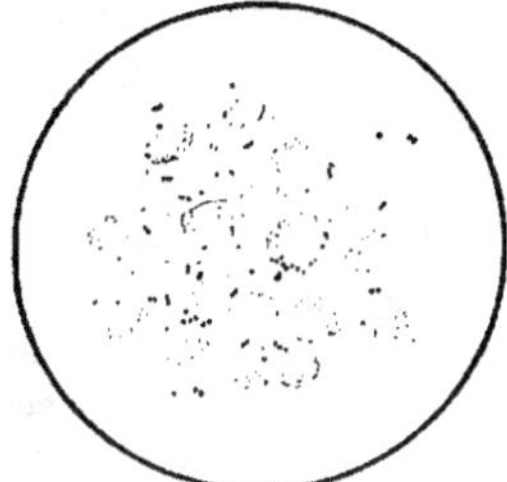

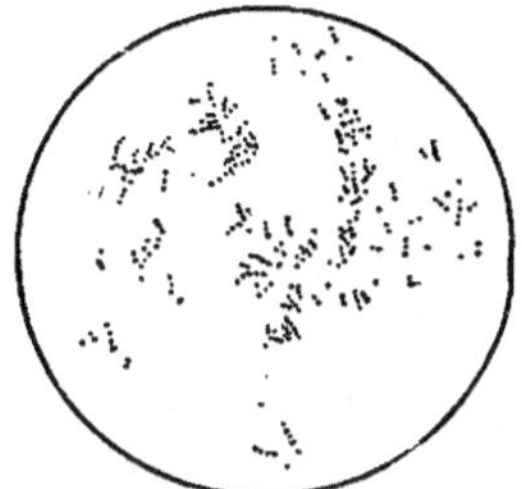

Fig. 150. — Gourme. Ganglion d'un cheval.

Fig. 151. — Gourme. Culture du microbe pathogène (culture en bouillon).

dans la veine du cheval, ne semble pas produire l'infection, mais bien donner l'immunité.

Poels a trouvé dans les produits morbides (mucus nasal, pus) un microcoque se montrant en articles isolés ou réunis par deux ou formant des chaînes de 3-4-5 articles, inoculable au cobaye, au lapin, à la souris et au cheval, cultivable dans le bouillon, sur la gélatine et sur la gélose.

Rivolta avait signalé (1873), dans la gourme, l'existence de deux microbes, d'une bactérie et d'un microcoque sous forme d'articles isolés ou geminés ou réunis par chaînes de 3-4-5 articles. Baruchello a retrouvé dans le pus des abcès et dans l'écoulement nasal ces deux microbes, l'un filamenteux et l'autre sous forme de microcoques, de diplocoques et de streptocoques. Il a transmis la maladie au cobaye, au lapin et au cheval.

En résumé, il semble découler des recherches déjà faites, que la gourme est déterminée par un microbe spécial qui se présente sous la forme d'un microcoque et qui affecte le groupement en chaînes de 2, 3, 4, 5, etc., articles.

Rapports entre la gourme et le horsepox. — La constatation de la coexistence des symptômes du horsepox avec ceux de la gourme (inflammation catarrhale des voies respiratoires), sur le même animal, a amené M. Trasbot à identifier ces deux maladies. « Il n'y a pas, dit-il, de gourme sans cette éruption pustuleuse (horsepox). Elle est plus ou moins étendue, parfois difficile à voir, mais ne fait jamais défaut. Chaque fois qu'elle manque ou n'a plus affaire à la gourme; on est en présence d'une inflammation simple non contagieuse par cohabitation et non inoculable. » D'où il résulterait que les auteurs qui ont décrit la gourme comme une inflammation spécifique et catarrhale des voies respiratoires, accompagnée d'adénites suppuratives, n'ont considéré « que ses déviations ». Le fait que M. Trasbot invoque comme étant le plus complet et le plus apte à prouver l'identité de la gourme et du horsepox est le suivant : un cheval jeune ayant un peu de fièvre et les symptômes d'une angine commençante ainsi qu'un léger jetage séreux présentait en même temps, sous la lèvre supérieure, sur les côtes et sur la croupe, quelques pustules petites mais bien reconnaissables; la sérosité des naseaux inoculée à une vache donna au bout de cinq jours de belles pustules vaccinales dont le produit fut inoculé à des enfants et y donna une belle vaccine ; le cheval eut les jours suivants un jetage abondant, une lymphangite à la face, des pseudo-ulcérations, des abcès dans les ganglions sous-glossiens. Au moment où la sérosité nasale fut inoculée il avait très probablement des pustules gréasiennes en sécrétion dans les parties inexplorables des cavités nasales ; et ce fait démontre une fois de plus que le horsepox est inoculable à la vache et qu'il peut chez le cheval s'accompagner de jetage, de lymphangite, d'adénite, de suppuration, de façon à simuler la gourme, ou qu'il peut coexister avec la gourme.

« Sur les chevaux gourmeux on finit presque toujours, dit M. Trasbot, par découvrir, en cherchant bien, quelques pustules plus ou moins nombreuses sur un ou plusieurs points de la surface du corps. » — « Que la maladie, ajoute-t-il, ait pris l'apparence d'une simple angine, d'une bronchite ou même d'une pneumonie, jamais l'éruption spécifique ne manque d'une manière absolue. Sur le cheval la forte pigmentation de la peau et l'épaisseur de la fourrure dissimulent à la vue ce signe (l'éruption) si net chez les autres espèces. Aussi est-ce seulement à un petit hérissement des poils et à la présence d'une sorte de petite nodosité lenticulaire perçue sous le doigt qu'on en reconnaît la présence. Cela explique pourquoi elles passent si souvent inaperçues. Toutefois il faut admettre la possibilité qu'aucune d'elles ne soit reconnaissable dans quelques cas extrêmement rares, lorsque par exemple dès le début de l'incubation une pneumonie grave emporte le malade en deux ou trois jours. » — « La gourme, prétend M. Trasbot, est essentiellement la variole équine, » l'éruption pustuleuse serait sa caractéristique symptomatique ; ses autres manifestations ne seraient que « des accidents inflammatoires résultant d'un obstacle quelconque apporté à son évolution ».

En résumé, pour M. Trasbot la gourme n'est autre que la variole du cheval dont le caractère essentiel réside dans les éruptions gréasiennes, mais qui, à cause de la grande aptitude pyogénique du cheval, se complique de l'état catarrhal de certaines muqueuses, de la formation de phlegmons, de lymphangites, d'adénites, d'abcès, grâce à l'extension de l'inflammation qui accompagne l'éruption, grâce à la résorption du pus des plaies de l'éruption par les lymphatiques, grâce à des irritations traumatiques, frottements, contusions, opérations. D'où les conclusions suivantes : conférer l'immunité aux animaux, afin d'éviter une gourme compliquée ; choisir pour cela le temps et le lieu ; pratiquer les inoculations avec le liquide des pustules d'un cheval atteint de horsepox, ou avec du vaccin d'enfant, ou avec du vaccin de génisse ; inoculer vers le milieu des faces de l'encolure, afin d'éviter les traumatismes ; inoculer les animaux à la fin de leur première année.

Dans la première édition de mon *Traité des maladies contagieuses*, j'avais combattu la manière de voir de M. Trasbot avec toute la déférence qu'exige le passé d'un collègue recommandable par ses services et ses travaux. Depuis, des réfutations nombreuses sont venues se joindre à la mienne. Voici comment H. Bouley s'exprimait à ce sujet dans sa vingt-sixième Leçon au Muséum (1882) :

« Comment M. Trasbot a-t-il été conduit à appliquer l'inoculation à la gourme du cheval, comme moyen prophylactique? Par la constatation d'un fait : la coexistence des symptômes caractéristiques du horsepox avec les symptômes propres à l'inflammation catarrhale des premières voies respiratoires. Cette inflammation avait été considérée, avant M. Trasbot, et est encore considérée par un grand nombre de vétérinaires qui ne se sont pas convertis à sa manière de voir, comme le fait essentiel dans la gourme, ou, pour mieux dire, comme ce qui la constitue essentiellement. « La gourme, d'après la manière de voir le plus généralement adoptée, est une inflammation franche de la muqueuse des voies respiratoires, qui se termine par une sécrétion catarrhale abondante et est accompagnée souvent de la formation d'abcès, soit dans les ganglions de la cavité sous-glossienne, soit dans ceux de l'entrée de la cavité thoracique, soit dans la région inguinale, soit enfin slmultanément dans différentes régions du corps. » C'est ainsi que je caractérisais la gourme, en 1864, devant l'Académie de médecine, dans une discussion, soulevée à propos de la pustule maligne, sur la spontanéité des maladies virulentes.

« Après avoir défini la gourme par ses caractères inflammatoires, j'ajoutais : « Souvent aussi une éruption se montre au pourtour des narines et de la bouche, sur les muqueuses de ces cavités et sur le tégument général. Cette éruption, nous le savons maintenant, est de nature *varioleuse* : c'est celle que j'ai proposé d'appeler *horsepox*; celle, enfin, dont l'inoculation donne la vaccine à la vache et à l'homme. »

« J'avais bien reconnu et établi, dès cette époque, une relation assez fréquente de *simultanéité* de manifestation entre l'éruption du horsepox et l'inflammation des premières voies respiratoires, constitutive de la gourme, d'après l'opinion reçue alors et non encore répudiée par le plus grand nombre ; je n'avais pas eu l'idée d'identifier ces deux maladies l'une avec l'autre. Cette idée appartient en propre à M. Trasbot. Pour lui, ces deux maladies n'en font qu'une...

« M. Trasbot cite, dans son mémoire, l'exemple très curieux et très démonstratif de la transmission, à un cheval, du horsepox, sous forme confluente, par l'intermédiaire de la matière de la gourme. Il venait d'ouvrir un abcès de gourme sur un cheval âgé de quatre ans, et immédiatement après, il pratiqua sur un autre sans s'être lavé les mains, l'opération du javart cartilagineux au membre postérieur droit. Cinq jours après, fièvre intense du cheval opéré, dont le membre, très douloureux, et engorgé jusqu'au jarret, est soustrait à l'appui. On le remet en position décubitale, pour examiner la plaie, dont la marche vers la cicatrisation fut reconnue régulière. Deux jours plus tard, la fièvre tombait, l'appui devenait meilleur sur le membre opéré, dont l'engorgement s'était accru, et l'on put constater, à sa surface, une éruption confluente de pustules de horsepox, donnant lieu à un écoulement très abondant d'un liquide séreux qui ruisselait sur le sabot. En même temps, d'autres pustules se manifestèrent, en petit nombre, mais très caractérisées, sur divers points de la surface du corps, aux lèvres et sur la membrane nasale. Était-ce là un mouvement éruptif, procédant de l'état général, ou bien les éruptions secondaires résultaient-elles du dépôt du liquide virulent, par les mains des élèves, sur les points où elles se sont manifestées? L'apparition des pustules, aux lèvres particulièrement, porte à l'admettre, car, dans la position couchée, c'est sur l'extrémité de la tête que l'on applique les mains pour la contenir lorsque l'animal se livre à des efforts pendant les manœuvres de l'opération.

« Quoi qu'il en soit de cette question, ici secondaire, voilà un bel exemple de transmission du horsepox par l'inoculation accidentelle de la matière d'un abcès gourmeux. La nature certaine de ce horsepox, d'origine gourmeuse, fut attestée par l'inoculation à un veau du liquide de ses pustules et par l'éruption sur cet animal d'un très beau vaccin.

« Ce n'est pas tout ; sur trois autres chevaux qui furent opérés pour la même lésion, le javart cartilagineux, dans une période d'environ trois semaines après le premier, et successivement, les mêmes phénomènes d'éruption confluente de horsepox se reproduisirent sur le membre où l'opération fut pratiquée. Suivant toutes probabilités, il y eut encore là une inoculation procédant du premier animal opéré; et le moyen de transmission fut l'entravon qui avait été placé sur le membre, siège du horsepox confluent, quand on dut procéder à l'exploration de la plaie de ce membre pour se rendre compte de la douleur anormale dont elle paraissait le siège et de l'état fébrile concomittant. Peut-être aussi que ce fut par l'intermédiaire de l'érigne mousse, qui entre dans l'appareil instrumental de l'opération, que le transport du virus s'effectua.

« Cette expérience involontaire est démonstrative, si ce n'est de la justesse absolue de la thèse de M. Trasbot, au moins de la part importante de vérité qu'elle renferme; c'est-à-dire de l'exactitude de ce fait que, dans un certain nombre de cas tout au moins, derrière la gourme classique se trouve le horsepox qui est la condition des propriétés virulentes des matières du jetage et des abcès par lesquels l'état gourmeux se caractérise.

« Mais ce qui est établi pour un certain nombre de cas, est-ce dans tous la réalité? Ou, autrement dit, toutes les fois que se manifeste l'ensemble des symptômes qui est caractéristique de la gourme classique peut-on affirmer que l'on a affaire à la variole, comme l'affirme M. Trasbot? Sur ce point les opinions sont très divergentes et l'on doit avouer que les objections faites à la thèse qu'il soutient ont une grande solidité, parce qu'elles s'appuient sur des faits d'observation rigoureuse que M. Trasbot n'a pas encore réussi à concilier avec sa théorie.

« Si la maladie du cheval qu'on appelle la gourme n'est que la variole de cet animal ou, autrement dit, le horsepox, il en découle, nécessairement, que le cheval qui a eu la gourme classique doit avoir acquis, par ce fait, l'immunité contre le horsepox ou *variole spéciale* du cheval, car c'est le propre des maladies varioleuses de ne pas se répéter sur le même individu, sauf dans de très rares exceptions. Réciproquement, tout cheval qui a eu le horsepox ne doit plus être susceptible de contracter la gourme classique, puisque cette gourme d'après la théorie, n'est autre chose que le horsepox lui-même.

« D'autre part, si gourme et horsepox ne font qu'un, le cheval contagionné par la gourme proprement dite devrait manifester l'influence de la contagion subie par l'éruption caractéristique du horsepox.

« Or, M. Weber, dans une note critique lue à la Société centrale de médecine vétérinaire sur la théorie de M. Trasbot, lui a opposé, en se basant sur l'observation clinique et l'expérimentation, que des chevaux qui avaient eu la gourme demeuraient encore susceptibles de contracter le horsepox par inoculation directe ou par les rapports de contact; et, réciproquement, que les chevaux qui avaient eu le horsepox n'étaient pas, pour cela, exemptés de la gourme.

« Enfin que la gourme contractée par des rapports de voisinage pou-

vait se traduire d'emblée par les symptômes propres à la gourme, et
non par l'éruption spéciale caractéristique du horsepox.

« D'où cette conclusion de M. Weber : que gourme et horsepox
constituent deux maladies distinctes qui ne sont pas exclusives l'une
de l'autre, puisque l'organisme reste susceptible des attaques de l'une
après avoir subi les attaques de l'autre et réciproquement. Elles peuvent même marcher de pair et coïncider sur le même organisme. Le
tort de M. Trasbot, suivant M. Weber, est d'avoir conclu à leur identité
du fait de cette coïncidence qui est possible, mais qui n'est pas constante.

« Ces objections ont de la force, parce qu'elles s'appuient sur des
faits, et M. Trasbot ne parviendra à les faire disparaître que s'il réussit
à faire concorder sa théorie avec les faits qui lui sont contradictoires,
ou tout au moins le paraissent.

« Dire, comme il le fait, que tout cheval qui demeure susceptible du
horsepox, après avoir été affecté en apparence de la gourme, n'a
eu en réalité qu'une simple maladie inflammatoire, car si cette maladie
avait été la gourme, le horsepox n'aurait pas eu de prise sur lui,
c'est supposer vrai ce qui est en question et, conséquemment, commettre ce que, dans la langue de la philosophie, on appelle une pé-
tition de principes.

« En résumé, la preuve n'est pas faite encore de la parfaite con-
formité avec les faits de la proposition principale de la thèse de
M. Trasbot, à savoir que la gourme est la variole propre du cheval.

. . . .

« C'est à cette maladie, procédant de l'influence du froid, qu'on donne le
nom de *gourme*. Si cette influence s'exerce sur des animaux actuellement
atteints ou sous le coup de la variole, les conditions seront données,
d'une part, pour que les humeurs sécrétées par la muqueuse enflammée
soient virulentes et pour que leur virulence ne soit autre que celle du
horsepox.

. . . .

« En considérant les choses de ce point de vue, la gourme ne serait
pas la variole du cheval ; mais lorsqu'elle coïnciderait avec la variole,
elle lui emprunterait sa virulence spéciale. C'est dans ces cas seulement qu'on peut dire, avec M. Trasbot, qu'elle est la variole, quoique
ce ne soit pas une formule absolument juste, car, à proprement parler,
elle n'est pas une expression symptomatique de cette maladie...

« La formule de M. Trasbot : la gourme c'est la variole, est donc
trop compréhensive, ou le paraît, tout au moins quant à présent, car
tous les faits sont loin de s'y conformer. Il faudra, pour qu'elle soit
acceptée, que la preuve de sa justesse soit donnée par l'expérimentation, c'est-à-dire que l'on fasse sortir toujours le cowpox sur la vache
par l'inoculation de la matière de la gourme, même quand elle ne
s'accompagne pas d'une éruption extérieure de horsepox.

« D'autre part, ceux qui admettent l'existence d'une gourme contagieuse, indépendante du horsepox, devront faire aussi la preuve, par l'inoculation sur la vache, que le contage de cette gourme n'est pas celui du horsepox. Que si, en effet, cette inoculation restait négative (1) alors que la contagion entre des chevaux se serait produite manifestement, il faudrait bien admettre l'existence d'une gourme contagieuse qui en serait pas la variole ou, autrement dit, le horsepox. »

M. Leblanc, comme bien d'autres, est adversaire de la théorie de M. Trasbot. Il a rappelé le cas de chevaux qui, ayant été vaccinés aux Omnibus, ont été remis dans les rangs et ont contracté la gourme dans une assez forte proportion. Sur 153 chevaux récemment introduits dans les dépôts des omnibus, 31 sont vaccinés le lendemain de leur arrivée; 4 sont réfractaires au vaccin et ensuite ne contractent pas non plus la gourme; 9 sur les 27 chez qui le vaccin a pris contractent ensuite la gourme quelques jours ou un mois après l'éruption vaccinale, ce qui fait 1/3 ; sur les 122 non vaccinés, 24 contractent la gourme, soit 1/5. L'inoculation du horsepox au cheval ne le préserve donc pas de la gourme.

M. Weber, dont on vient de lire la manière de voir, n'admet pas l'identité de la gourme et du horsepox. Il croit fermement que les deux maladies sont de nature différente. Quand on voit, dit-il, un cas de variole dans l'écurie d'un marchand de chevaux, les autres chevaux deviennent varioleux mais non gourmeux ; et quand il y a un gourmeux, les autres sont bientôt atteints de la gourme et non du horsepox (à moins que les deux affections coexistent, cas dans lequel elles peuvent être transmises toutes les deux ou tantôt une seule à l'exclusion de l'autre). La variole est plus bénigne que la gourme, elle est ordinairement sans fièvre apparente et n'empêche pas les animaux de travailler, tandis qu'il en est autrement dans la gourme. Il a vu une jument ayant eu la gourme grave, contracter ensuite six mois après le horsepox par le contact de harnais servant à une autre jument atteinte de horsepox.

M Delamotte publiait en 1887 un article intitulé « *L'inoculation du horsepox comme prophylaxie de la gourme ; insuccès complet* », qu'il terminait par les considérations suivantes :

« Je ne veux préjuger en rien de la question concernant l'unité ou la dualité de la gourme et du horsepox : ce que j'ai observé ne me permettant point de conclure qu'un animal qui a été atteint d'une éruption variolique *généralisée* (de l'éruption que j'appellerai *naturelle*, pour la distinguer de l'autre) n'est pas investi d'une très grande immunité, sinon d'une immunité complète contre la gourme. Ce que j'ai constaté, c'est qu'une éruption *locale*, comme celle qu'on provoque *arti-*

____

(1) Or elle reste négative. — Galtier.

ficiellement avec un plus ou moins grand nombre de piqûres, n'a conféré aucune espèce de privilège. J'ai vu aussi que la gourme contractée par un inoculé s'est transmise, même sur un autre inoculé, tout aussi bien que celle qui apparaît sur les non-inoculés.

« A mon humble avis, M. Trasbot aurait eu, au moins, le tort d'être trop absolu dans sa thèse ; car la règle générale qu'il a posée me semble comporter des exceptions. Je crois donc être un sage conseiller en recommandant à mes confrères qui voudront recourir à l'inoculation anti-gourmeuse préconisée par le distingué professeur de clinique d'Alfort, de montrer un peu moins d'assurance que je l'ai fait avec mon colonel lorsque, autant par conviction que par zèle, je lui ai demandé d'inoculer ses juments.

« En résumé :

« *a*. L'inoculation du horsepox n'a point préservé de la gourme ;

« *b*. Elle n'a point du tout atténué la maladie (et cela malgré une forte éruption supplémentaire de pustules varioliques) ;

« *c*. Elle ne lui a pas ôté non plus ses propriétés contagieuses ;

« *d*. Et la contagion s'est même exercée *secondairement* sur un sujet inoculé.

« Cette inoculation du horsepox n'a donc eu aucune vertu prophylactique.

« Voilà ce que je crois avoir bien vu et, par conséquent, ce que je considère comme la vérité. Loin de moi la pensée de combattre systématiquement les théories d'un maître pour lequel je professe, avec tous ses anciens élèves, la plus haute estime et la plus respectueuse sympathie. Je ne cacherai pas, du reste, que j'aurais été tout particulièrement heureux de pouvoir lui apporter des arguments absolument opposés de ceux que j'ai recueillis et confirmatifs d'une méthode prophylactique qui pouvait être partout et notamment dans l'armée, très féconde en résultats économiques. En publiant cet article, je n'ai point d'autre but que de provoquer de nouvelles expériences qui permettront d'établir définitivement ce que vaut, en réalité, dans la pratique, la méthode en question. Je fais surtout appel à mes collègues militaires et principalement à ceux des remontes, car c'est presque toujours dans leurs dépôts que nos chevaux de l'armée prennent les germes de la gourme. » (Delamotte.)

Enfin, de conversations que j'ai eues avec des vétérinaires militaires, notamment avec M. le vétérinaire principal Foucher, il ressort que ceux qui ont expérimenté comme M. Delamotte ont obtenu les mêmes résultats que lui.

En résumé, il semble bien, comme je l'avais soutenu en 1880, que la gourme et le horsepox sont deux affections distinctes et que l'une ne préserve pas contre l'autre.

TRAITEMENT.

Le traitement de la gourme consiste dans l'application de mesures prophylactiques et hygiéniques et dans l'emploi d'agents thérapeutiques.

On ne fait généralement rien pour prévenir la propagation de la gourme, et c'est un tort. L'isolement et la séquestration des animaux malades ainsi que la désinfection des locaux et objets souillés sont rationnellement indiqués, en tant que mesures propres à prévenir la propagation de la gourme.

Dans tous les cas, et quelle que soit la forme de la maladie, les soins hygiéniques sont très importants. Dans les formes bénignes, on se contente souvent d'une bonne hygiène et cela suffit. Il faut toujours tenir les habitations propres, bien aérées (j'ai vu la gourme se compliquer de septicémie dans une écurie mal tenue et mal aérée), éviter les refroidissements, les courants d'air, couvrir les malades, les laisser au repos si besoin en est, leur donner une nourriture de bonne qualité et de facile digestion, ne jamais les mettre à la diète, car la gourme est une maladie débilitante ; la diète est toujours préjudiciable, et quand elle n'entraîne pas de plus graves conséquences, elle rend la convalescence plus longue et retarde la guérison. Il faut enfin, dans tous les cas, prévenir ou faire cesser les causes défavorables qui agissent sur les malades, ou en atténuer les effets.

Le traitement thérapeutique doit répondre à plusieurs indications qui sont générales, convenant à tous les cas, ou spéciales, s'appliquant à chaque forme en particulier.

Les indications générales qu'il importe de remplir sont au nombre de trois :

1° Il faut prévenir, empêcher les localisations internes, les atténuer, les déplacer ; il faut agir énergiquement et à temps, pour dériver le mal, pour le déplacer. Certains faits, que la nature nous fournit, prouvent que la dérivation a sa raison d'être et indiquent comment il faut l'obtenir. Ainsi, quand des animaux récemment opérés de la castration contractent la gourme, il arrive parfois qu'un abcès se produise dans la région malade, parce que là il y a un stimulus (*ubi stimulus ibi fluxus*). Il faut imiter la nature et dériver la maladie, en provoquant une irritation dans une région où elle ne peut avoir aucune suite fâcheuse.

Ch. Martin a vivement conseillé dans ce cas l'emploi du séton au poitrail, sur les côtés du thorax, sur les côtés des poches gutturales, aux fesses, etc. ; il n'est pas partisan des autres moyens, pas même de la moutarde, qui néanmoins doit trouver sa place, au même titre que le séton, dans le traitement de la gourme. Le séton doit être employé avant la formation du pus. Dans certaines contrées, le séton peut se compliquer plus facilement de septicémie, notamment dans le

Midi, et la moutarde lui est préférable. Ce moyen, employé convenablement et laissé en place assez longtemps, peut amener la mortification d'une portion de peau, tout en provoquant un engorgement considérable; puis, quand l'élimination s'opère, il se produit une suppuration abondante, qui remplace bien celle du séton, et la plaie qui en résulte est toujours sans gravité.

2° Il faut abréger la durée de la maladie, en anéantissant son germe, qui est, on l'a vu, de même ordre que celui des autres maladies virulentes. Il convient donc d'employer les agents parasitaires, les antibactériens, les antiseptiques et surtout l'acide phénique, qu'on administre en électuaires, en boissons, en fumigations, les pyrogénés en général, l'essence de térébenthine, le goudron, l'assa-fœtida, l'acide arsénieux, le protosulfure d'antimoine, etc. L'acide arsénieux et l'acide phénique sont les deux agents qui conviennent le mieux ; et l'iodure de potassium convient pour prévenir, atténuer, combattre le cornage (Zundel, Trasbot) ;

3° Il faut soutenir et relever les forces des malades, et dans ce but recourir, suivant les lésions, aux toniques divers, à la gentiane, aux ferrugineux, etc., soit pendant le cours de la maladie, soit pendant la convalescence ;

4° Il faut favoriser l'élimination ou la destruction des poisons au moyen des diurétiques et des laxatifs.

Les indications spéciales sont relatives aux diverses formes que revêt la maladie. Ainsi on combattra le coryza, comme dans les cas ordinaires, par des injections astringentes, détersives, cathérétiques; suivant les cas, on emploiera l'eau blanche, la solution de sulfate de zinc, la solution de nitrate d'argent, les fumigations de goudron, etc. On ouvrira la collection des sinus et on pratiquera les mêmes injections que dans le nez. On ponctionnera les abcès divers, ceux des poches gutturales, etc. On traitera les lymphangites, les adénites, les phlegmons par des applications vésicantes ou fondantes. On pansera les plaies avec des cicatrisants, avec la solution d'acide phénique. On appliquera à l'angine et à la bronchite gourmeuses le même traitement que dans les cas ordinaires ; on fera des applications vésicantes sous la gorge ou mieux, on placera des sétons sur les faces de l'encolure, du poitrail, de chaque côté de la poitrine, on pratiquera la trachéotomie, s'il y a menace d'asphyxie; on aura recours aux fumigations de goudron, si la maladie devient chronique.

Quand il y aura menace de pneumonie ou pneumonie commençante, il faudra agir très énergiquement et sans retard ; on appliquera la moutarde sous la poitrine ; on passera un séton sur chaque face du thorax. Quand la pneumonie s'est compliquée de suppuration ou de septicémie, le cas est désespéré et la mort ne peut être conjurée.

S'il y a ophthalmie, on fera des lotions avec des collyres astringents, laudanisés, avec l'infusion de fleurs de sureau, etc.

Pour l'entérite, on aura recours aux mucilagineux.

Contre l'anasarque, on emploiera un traitement local et un traitement général ; on fixera les engorgements extérieurs au moyen de frictions légèrement irritantes ; puis on en facilitera la résorption par des frictions résolutives ; on donnera aux malades des antiseptiques, de l'acide phénique, etc.

Les arthrites et les synovites seront traitées comme d'habitude, par les vésicants et les fondants.

Les formes nerveuses seront traitées, comme le vertige, l'immobilité, la paraplégie ordinaires.

Les adénites et les phlegmons internes seront dérivés par l'application d'un ou de plusieurs sétons dans la région la plus voisine du point qu'on suppose malade ; Ch. Martin a fait avorter l'adénite du bassin, en appliquant un séton à chaque fesse.

Quand la maladie a été grave, la guérison est souvent précédée d'une période de convalescence, pendant laquelle il faut donner aux animaux une bonne alimentation et des toniques.

Dans le traitement de la gourme, il faut toujours éviter certains écueils ; il faut délaisser absolument la saignée, les purgatifs violents, qui pourraient provoquer une métastase sur l'intestin, l'émétique qui est altérant, et même les purgatifs légers, les sulfureux, les antimoniaux, sauf le protosulfure d'antimoine, etc. ; il faut en un mot délaisser les agents débilitants, les agents irritants et les altérants. Il ne faut pas non plus employer le vésicatoire à titre de dérivatif, il faut le réserver contre les accidents locaux, les adénites, les arthrites, les phlegmons, etc.

Le cheval atteint de gourme peut-il être livré à la consommation ? Non ; tous les animaux solipèdes malades de quelque affection aiguë doivent être refusés, et *a fortiori* les chevaux gourmeux, surtout lorsqu'ils présentent de la fièvre, des catarrhes, des suppurations, etc., et même on devra refuser tout cheval ne présentant que des symptômes légers de la maladie.

CHAPITRE XVII

La diphtérie' de l'homme est une maladie infectieuse, contagieuse, microbienne, caractérisée par la formation de fausses membranes fibrineuses, ainsi que par une infiltration fibrineuse, suivie de mortification, à la surface des muqueuses pharyngienne et laryngo-trachéo-bronchique ; elle s'accompagne en outre fréquemment de l'altération des ganglions, de phénomènes d'asphyxie, d'intoxication générale, d'albuminurie, de broncho-pneumonie, de la diphtérie des fosses nasales et quelquefois de la diphtérie de la peau ainsi que d'accidents nerveux.

La diphtérie de l'homme est transmissible aux personnes. Elle débute, sur la muqueuse tuméfiée et enflammée du voile du palais, de la luette, des amygdales, etc., par l'apparition de taches blanches qui s'accroissent, s'épaississent et se réunissent pour former une fausse membrane plus ou moins épaisse. Les fausses membranes diphtéritiques peuvent d'ailleurs occuper les fosses nasales, le larynx, la trachée, les bronches et les bronchioles, la bouche, la conjonctive, le vagin, les parties dénudées de la peau. La diphtérie est une affection très grave ; elle peut tuer les malades mécaniquement, en provoquant l'asphyxie, quand les fausses membranes occupent le larynx ; mais elle les fait périr le plus souvent en provoquant une réelle intoxication ; elle s'accompagne parfois de phénomènes paralytiques, qui se montrent sur le voile du palais, sur les membres, sur les muscles respirateurs et sur le cœur, d'où résulte alors la mort par asphyxie et syncope.

Dans la diphtérie de l'homme, on peut relever, à l'autopsie, les lésions suivantes : fausses membranes fibrineuses à la surface des muqueuses atteintes ; inflammation, infiltration et nécrose superficielle de la muqueuse au niveau des parties malades ; plaques pseudo-membraneuses sur la peau, avec ou sans phénomènes de mortification ; tuméfaction et infiltration des ganglions, qui sont en rapport avec les parties malades, et quelquefois même abcédation ; lésions de néphrite hémorrhagique ; lésions hémorrhagiques dans les centres nerveux ; lésions de bronchite et de broncho-pneumonie et quelquefois dégénérescence des faisceaux musculaires du cœur, etc.

La diphtérie de l'homme est déterminée par un bacille spécial, qui a été particulièrement étudié par Klebs, Löffler et surtout par Roux et Yersin. Ce bacille a été isolé, cultivé et inoculé aux animaux, chez lesquels il reproduit les fausses membranes et les paralysies qu'on observe chez l'homme. C'est donc bien l'agent de la maladie. Il sécrète une matière toxique très active. En effet, par la filtration, sur porcelaine, d'une culture du bacille, on obtient un liquide privé de microbes et dont l'inoculation provoque la diphtérie, les paralysies et la mort (Roux et Yersin). Le bacille se rencontre surtout dans les fausses membranes, mais le poison qu'il prépare, étant absorbé, provoque les symptômes, les lésions et la mort.

Le bacille de la diphtérie de l'homme est un microbe allongé, immobile, facile à colorer, offrant une ou ses deux extrémités peu colorées, se colorant par le procédé de Gram, aérobie et anaérobie, se cultivant bien à la température de 35°, dans les bouillons, sur la gélose et principalement sur le sérum peptonisé. Les cultures filtrées sur porcelaine (c'est dans les cultures ayant dépassé l'âge de vingt jours, surtout dans les cultures anciennes, principalement dans celles qu'on fait traverser par un courant d'air, que le poison est abondant) font périr les lapins et les cobayes, quand on les injecte à dose suffisante, avec les symptômes et les lésions de la diphtérie, moins la fausse membrane. L'intoxication, obtenue par ce moyen, affecte des formes variables suivant les doses, depuis celles qui amènent la mort en quelques heures, jusqu'à celles qui déterminent à plus ou moins longue échéance des paralysies mortelles ou curables. La culture dans le bouillon de veau légèrement alcalin devient d'abord acide et est moins toxique en cet état; ensuite elle devient alcaline et revêt un pouvoir toxique considérable. La matière toxique séparée du bacille par les filtrations devient presque inoffensive, quand on la chauffe deux heures à 58° ou vingt minutes à 100°. Elle peut être obtenue à l'état de substance solide par l'évaporation de la culture filtrée à 25° et en présence de l'acide sulfurique; on obtient ainsi un résidu qui se dissout dans l'eau et lui donne une grande toxicité. La toxine diphtéritique, qui est très active, quand elle est introduite sous la peau, dans la trachée ou dans la vessie, peut être ingérée en grande quantité sans danger. Elle tue le lapin, le cobaye, le pigeon, les petits oiseaux, le chien ; elle est supportée par les souris et les rats, qui sont réfractaires à la culture vivante.

Le bacille de la diphtérie semble ne se développer que sur une muqueuse déjà malade. Il peut persister dans la bouche pendant un plus ou moins grand nombre de jours après la disparition des fausses membranes. Il conserve son activité malgré une dessiccation de plusieurs mois ; et, une fois desséché, il peut supporter une heure la température voisine de 100°. Il est assez rapidement stérilisé, quand il se trouve exposé à l'action de la lumière, jointe à des alternatives d'humidité et de dessiccation. A l'état humide, il est stérilisé en quelques minutes par la température de 58°.

Le bacille diphtéritique peut se montrer avec des degrés de virulence variables dans les fausses membranes. Il peut d'ailleurs être atténué par l'action de l'air jointe à celle d'une température de 39°,5 à 40°; il s'atténue également quand on le conserve longtemps à l'état sec. Sa propriété toxigène va en s'affaiblissant à mesure qu'il s'atténue; et le bacille atténué artificiellement ou naturellement ne produit plus de poison. Mais le bacille atténué peut reprendre sa virulence; quand il n'a pas encore perdu toute action sur le cobaye, il peut le faire périr de la diphtérie et récupérer de la sorte sa virulence, lorsqu'on l'inocule en le mélangeant avec un autre microbe, celui de l'érysipèle (Roux et Yersin).

Il résulterait de recherches récentes faites par Fraenkel que le bacille diphtéritique sécréterait non seulement une toxine, mais aussi une substance vaccinante. La première serait détruite à 65°-70°, tandis que la seconde ne le serait pas et pourrait ensuite donner une certaine immunité au cobaye. D'autre part, Behring aurait pu rendre des animaux réfractaires (cobayes et lapins), par le procédé de Fraenkel, ainsi que par les procédés suivants : injection d'une culture datant de quatre semaines, atténuée par un contact de seize heures avec le trichlorure d'iode ; injection de produits sécrétés dans l'organisme des animaux infectés; injection de virus actif suivie aussitôt d'une injection de trichlorure d'iode ; injection d'eau oxygénée plusieurs jours de suite, et enfin injection du virus actif additionné d'acide sulfurique.

La diphtérie de l'homme est transmissible expérimentalement à certains animaux par divers modes d'inoculation. On peut obtenir une belle diphtérie avec fausse membrane chez le lapin, le cobaye, le pigeon, la poule, en excoriant, avec un fil de platine chargé de la culture, une muqueuse, celle de l'œil, celle du pharynx, celle de la trachée. L'injection sous-cutanée tue le pigeon et le lapin, quand elle est faite avec une dose élevée; tandis que le cobaye succombe à la suite d'inoculations faites avec de faibles doses, en présentant un exsudat pseudo-membraneux au point inoculé et des lésions congestionnelles sur les viscères. Le bacille semble se développer à peu près exclusivement au point inoculé, et encore son développement semble-t-il bientôt arrêté, car il est difficile de transmettre la maladie de cobaye à cobaye. L'injection intra-veineuse des cultures tue rapidement le lapin, et les bacilles ne peuvent guère être décélés dans le sang et les organes que par la culture. L'injection intra-péritonéale tue le cobaye, et le bacille ne se rencontre que dans le péritoine. A la suite de l'inoculation dans la trachée, sous la peau ou même dans la veine, on peut, quand les animaux ne succombent pas à une intoxication trop rapide, voir se produire ensuite des paralysies (Roux et Yersin). On aurait (Klein) pu transmettre la dipthérie de l'homme à la vache et au chat, qui d'ailleurs pourrait se contaminer spontanément dans les maisons où sévit la maladie.

La diphtérie de l'homme se transmet par contagion immédiate et par contagion médiate. Le contact des personnes malades, des convalescents et des personnes qui approchent les malades, est la principale cause de propagation, mais il n'est pas douteux que les objets divers, tels que linges, vêtements, etc., etc., souillés des produits des malades puissent servir à transmettre l'affection, même quand le virus est desséché et peut entrer en suspension dans l'air sous forme de poussières.

Le traitement de la diphtérie doit remplir une triple indication : prévenir la contagion par des mesures prophylactiques, telles que l'isolement des malades et la désinfection ; combattre les lésions locales ; et prévenir ou combattre l'intoxication générale.

On a cru parfois, et plusieurs croient encore, que la diphtérie de l'homme pouvait avoir pour origine la diphtérie de certains animaux ; on aurait plus d'une fois observé des faits qui sembleraient établir que certaines épidémies de diphtérie auraient eu pour point de départ la transmission à l'homme de la diphtérie des oiseaux ou des animaux mammifères. Mais, il est aujourd'hui bien avéré que, si la diphtérie de l'homme est transmissible à certains animaux, son origine n'est pas dans celle des oiseaux, comme on l'avait cru.

Les deux affections, celle de l'homme et celle des oiseaux, sont deux maladies essentiellement différentes. La diphtérie des oiseaux ne semble pas transmissible à l'homme ; c'est d'ailleurs une maladie beaucoup moins grave que celle de l'espèce humaine ; elle évolue plus lentement et ne s'accompagne pas de paralysies ; elle est déterminée par un microbe différent.

DIPHTÉRIE DES ANIMAUX.

Des affections diphtéritiques s'observent sur diverses espèces animales, notamment sur les oiseaux, sur les animaux bovins et sur les lapins. On a même signalé la diphtérie sur le porc, le cheval, le chat, le mouton (Turner).

La diphtérie est une affection microbienne, contagieuse, caractérisée par la formation de fausses membranes sur certaines muqueuses, sur la muqueuse respiratoire, sur la muqueuse digestive et sur la muqueuse de l'œil, avec inflammation et état catarrhal de ces muqueuses. Elle offre des différences notables suivant qu'elle évolue sur telle ou

telle espèce. Aussi convient-il de passer rapidement en revue les caractères qu'elle revêt sur les animaux qui la présentent le plus souvent.

DIPHTÉRIE DES OISEAUX.

Symptômes. — La maladie peut se montrer sur de nombreux
oiseaux, sur les diverses espèces élevées dans les basses-cours, sur les
pigeons, sur les faisans, sur les oiseaux sauvages. C'est une affection
assez fréquente sur les oiseaux de basse-cour; elle est essentiellement
contagieuse et se propage avec une grande rapidité aux oiseaux qui
vivent avec les malades; elle attaque surtout les races fines et perfectionnées. Elle se présente d'ailleurs avec des formes et une gravité
variables; elle peut consister tantôt ou une stomatite, tantôt en une
rhino-laryngite, tantôt en une conjonctivite, tantôt en une entérite, etc.,
diphtéritiques, et tantôt en des formes où plusieurs de ces localisations se trouvent réunies.

« En appliquant sur les muqueuses les matières virulentes de la
diphtérie aviaire, j'ai pu reproduire chez les oiseaux, pigeons, tour-
terelles, coqs et poules, toutes les formes que l'affection revêt dans
les conditions ordinaires, savoir : la forme catarrhale, la pseudo-membraneuse, avec exsudats sur diverses muqueuses externes ou internes,
et la forme viscérale avec dépôts disséminés, cette dernière simulant
quelquefois, à première vue, certaines affections tuberculeuses. La ma-
die s'est montrée tantôt à l'état aigu, tantôt à l'état chronique, souvent
avec de longues périodes de rémission.

« Cette diphtérie, développée expérimentalement, a une incubation
d'une durée très variable, qui est, dans certains cas, seulement de quatre à cinq jours et, dans d'autres, d'une à deux semaines, même plus.
Mais, lors de ces incubations prolongées, la maladie paraît avoir une
éclosion latente dans la gorge ou dans les viscères; elle sommeille, pour
évoluer ensuite par saccades ou par poussées à de longs intervalles.

« La durée de l'affection résultant de l'inoculation ne varie pas
moins que celle de la diphtérie née dans les conditions ordinaires.
Elle est tantôt de quelques jours, tantôt de plusieurs semaines, de deux
à six mois, même d'une à deux années. Les formes sèches ou non
catarrhales, qui n'épuisent pas les animaux, restent très longtemps
compatibles avec la vie, même quand elles s'accompagnent d'abondants dépôts dans les viscères. Celles-ci ne sont pas toujours soupçonnées ou elles paraissent guéries, car les animaux n'éprouvent pas de
malaise appréciable, conservent leur embonpoint, pondent, couvent et
élèvent leurs petits. Néanmoins il y a amaigrissement rapide, dyspnée,
signes d'asphyxie et mort, si de nouvelles poussées d'exsudats viennent à se manifester brusquement. Ces derniers résultent souvent d'un
travail si actif que les fausses membranes se régénèrent à quatre ou

cinq reprises et à deux ou trois jours d'intervalle, après avoir été autant de fois enlevées. Mais les cautérisations substitutives, lorsqu'elles sont possibles, finissent, dans beaucoup de cas, par en arrêter la reproduction. » (G. Colin.)

L'incubation semble en réalité très variable; quelquefois elle est très courte (deux ou trois jours); d'autres fois elle est assez longue (une, deux semaines); le plus souvent elle est de quatre à six jours.

La diphtérie des oiseaux affecte le plus ordinairement, à la suite de la contagion naturelle, la forme qu'on désigne vulgairement sous le nom de *pépie*; elle siège principalement sur la muqueuse linguale, sur la muqueuse bucco-pharyngienne et sur la muqueuse des fosses nasales. Elle se caractérise par la formation de fausses membranes fibrineuses grisâtres ou jaunâtres, qui apparaissent successivement et s'accroissent parfois de façon à obstruer plus ou moins complètement les premières voies.

Les oiseaux malades entr'ouvrent le bec, et il s'en échappe parfois une bave filante, blanchâtre ou grisâtre, que leurs voisins s'empressent d'ingérer, courant ainsi à tout instant le danger de s'infecter. Les muqueuses buccale, linguale, palatine et pharyngienne sont congestionnées, rougeâtres ou violacées, tuméfiées, et présentent, par places, des concrétions fibrineuses, mollasses ou croûteuses, véritables fausses membranes blanchâtres, grisâtres ou jaunâtres, formant une pellicule plus ou moins épaisse et ordinairement assez adhérente à la surface de la muqueuse, qui devient saignante lorsqu'on les enlève. Cependant il peut s'en détacher de temps à autre des fragments qui sont expulsés avec la bave. La muqueuse semble parfois érodée dans

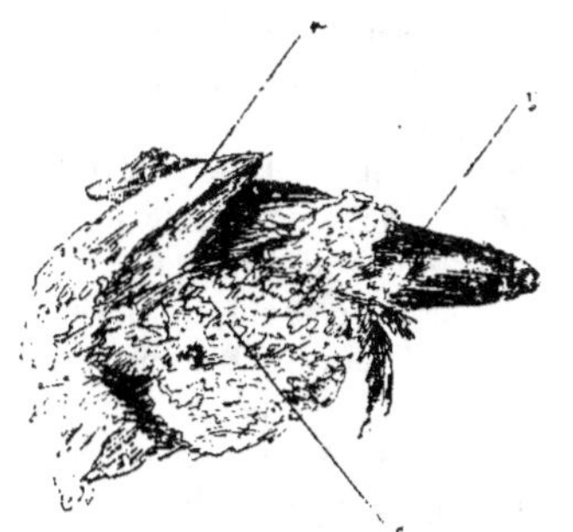

Fig. 152. — Diphtérie. Bec d'une poule. —*a*, langue; *b*, mandibule inférieure; *c*, amas pseudo-membraneux.

les endroits où le derme a été mis à nu par l'enlèvement ou la chute de la fausse membrane. La déglutition et la respiration sont gênées d'autant plus que les lésions s'étendent souvent au larynx et aux fosses nasales et que les fausses membranes acquièrent parfois un volume considérable. On peut voir en effet des masses fibrineuses jaunâtres ou grisâtres assez compactes, grosses comme des noisettes ou même de petites noix, s'accumuler dans la bouche, sous la langue et sur ses côtés.

La maladie peut borner là ses manifestations et se terminer par l'asphyxie et la mort ou par la guérison. Mais il n'est pas rare d'observer d'autres formes ou de voir la même se compliquer de nouvelles localisations morbides. Le tissu conjonctif du cou et celui de la tête peuvent s'infiltrer. On peut voir se produire parfois une complication d'entérite, mais c'est surtout la muqueuse respiratoire et la muqueuse oculaire qui deviennent généralement le siège des nouvelles complications. Des symptômes de rhinite, de laryngite, de conjonctivite, se joignent aux précédents. Des fausses membranes et l'inflammation se montrent sur la muqueuse des fosses nasales, du larynx et sur celle de l'œil. La respiration est considérablement gênée ; un mucus pseudo-purulent obstrue les ouvertures nasales. La conjonctive se couvre d'exsudat, et le tissu conjonctif de l'orbite peut devenir le siège d'une pareille exsudation, qui amène la formation d'une véritable masse fibrineuse occasionnant parfois une exophthalmie plus ou moins accusée. Des exsudats fibrineux peuvent également se produire, sous forme de nodules, dans l'épaisseur de la peau, etc.

Ainsi qu'on l'a vu plus haut, l'évolution de la diphtérie est très variable, et sa durée peut être assez longue. Quelquefois, lorsque des exsudats abondants s'accumulent sur la première partie de la muqueuse digestive et de la muqueuse respiratoire, l'asphyxie et la mort peuvent se produire en peu de jours. Mais, dans certains cas, la production des exsudats étant modérée, les malades peuvent vivre assez longtemps, pour se rétablir enfin, ou pour succomber à la suite de nouvelles poussées, après avoir maigri considérablement.

Le pronostic de la diphtérie des oiseaux est grave, car la maladie fait périr une assez forte proportion des oiseaux atteints. Il s'agit d'ailleurs d'une affection facilement transmissible à toutes les espèces de la basse-cour, dont le virus peut se conserver longtemps dans les milieux extérieurs, entretenant le danger de contagion pendant plusieurs mois, si on n'a pas pratiqué une désinfection convenable.

Lésions. — A l'autopsie des oiseaux morts de la diphtérie, on peut rencontrer les principales lésions suivantes : de petites tumeurs cutanées renfermant une matière fibrineuse jaunâtre et caséeuse ; une exsudation sur la conjonctive ou une tumeur orbitaire formée de matière fibrineuse ; quelquefois une infiltration du tissu conjonctif du cou ; des fausses membranes fibrineuses, riches en microbes, sur la muqueuse buccale, sur la langue, sur le larynx, sur la pituitaire, sur la muqueuse laryngo-trachéale, dans le poumon, dans les sacs aériens et quelquefois dans l'intestin ; la congestion, l'infiltration et la turgescence des parties recouvertes de fausses membranes.

Étiologie. — La diphtérie attaque surtout les oiseaux jeunes ; elle est transmissible aux diverses espèces d'oiseaux qu'on élève dans les basses-cours. On a prétendu même qu'elle était transmissible à certaines espèces mammifères et même à l'homme. Ainsi on aurait plus d'une fois constaté la diphtérie sur des personnes qui avaient soigné des poules malades ou qui avaient vécu dans le même milieu ; on aurait également observé l'affection sur des chats qui vivaient dans le même milieu que les oiseaux diphtéritiques. Mais l'opinion dominante à l'heure actuelle est celle qui rejette d'une façon absolue toute identité entre la diphtérie de l'homme et celle des oiseaux. Beaucoup d'observateurs et certains expérimentateurs ont bien reconnu que la diphtérie des oiseaux ne se transmettait pas à l'homme et que celle de l'homme, transmise aux oiseaux, évoluait d'une façon différente. D'ailleurs, ainsi qu'on va pouvoir en juger par les détails qui suivent, les deux maladies sont déterminées par des microbes différents qui ont une morphologie, des particularités biologiques et des propriétés pathogènes différentes.

La virulence existe dans les fausses membranes, dans les produits de sécrétion des muqueuses malades et dans les diverses lésions ; le sang serait moins actif; c'est par application sur les muqueuses dépouillées de leur épithélium que les produits virulents agissent le mieux (G. Colin). L'agent de la virulence est un bacille spécial qui a été isolé et cultivé par Löffler. Ce bacille se trouve dans tous les produits virulents, dans les fausses membranes, dans les lésions des viscères et dans le sang. Il est assez voisin de celui de la diphtérie de l'homme ; mais il en diffère cependant. Il n'est pas aussi renflé à ses extrémités ; il vient sur la gélatine, il se cultive à 17°-18° contrairement à celui de l'homme qui ne se cultive pas au-dessous de 22°-24° ; il est moins actif que celui de l'homme ; il peut bien tuer le lapin et le pigeon, mais il les tue moins vite et moins sûrement. Ses cultures, comme celles du bacille de la diphtérie de l'homme, sont virulentes et peuvent donner la diphtérie aux oiseaux de basse-cour, au pigeon, au

Fig. 153. — Diphtérie de la poule. Fausse membrane de la bouche.

lapin, quand elles sont inoculées sur une muqueuse, à la peau, dans le tissu sous-cutané. Le cobaye et le chien sont moins sensibles vis-à-vis de ce bacille que vis-à-vis de celui de l'homme. La souris semble au contraire plus susceptible (Löffler).

Le virus de la diphtérie aviaire semble se conserver assez longtemps dans les milieux extérieurs ; on aurait constaté des faits qui tendraient à établir qu'il peut se conserver dans les fumiers, à la surface des objets, et que la maladie peut réapparaître lorsqu'on place des animaux dans des locaux souillés abandonnés depuis un certain temps. La diphtérie aviaire peut se transmettre par tous les modes de contagion : par contagion immédiate, lorsque des oiseaux sains ingèrent la matière morbide au moment où elle s'échappe du bec des malades ; par contagion indirecte, quand les matières rejetées par les malades sont ingérées avec les aliments ou les boissons; par contagion au moyen de l'air, lorsque du virus, desséché et resté actif, y est entraîné en suspension. Dans la basse-cour, où vivent en promiscuité les sains et les malades, ces divers modes de contagion se réalisent à tout instant; il en est de même de la contagion par ingestion et par inhalation, quand des animaux sains sont placés dans des locaux souillés qui n'ont pas été désinfectés, etc.

DIPHTÉRIE DES ANIMAUX BOVINS.

Symptômes. — Parmi les animaux bovins ce sont encore et surtout les jeunes qui sont les plus exposés à contracter la diphtérie, qui peut sévir à l'état épizootique. Obolenski a relaté (1883) une épizootie assez grave qui se serait propagée dans des conditions qui peuvent se résumer de la façon suivante : une vache diphtéritique ayant été vendue à un boucher, « sept vaches d'un voisin de ce boucher furent malades et sur deux cent dix têtes composant le troupeau de ce pays, soixante-quatorze moururent. Un habitant du pays vendit cinq bœufs à un boucher de K...; un habitant d'un pays voisin acheta à ce boucher une pièce de viande. Il donna les lavures de cette viande à ses sept vaches qui furent malades et moururent. Un habitant d'un autre pays acheta les résidus du boucher de K... et les mit dans sa cour; le second et le troisième jour toutes ses vaches furent malades ainsi que celles de ses voisins; sur quarante-cinq têtes quinze moururent. Un paysan qui logeait dans le pays infecté, et qui avait mis ses chevaux dans une écurie avec une vache malade, apporta la maladie dans son pays, où sur trente-huit bœufs il en mourut dix-sept. Un autre paysan apporta la maladie dans son pays avec une peau qu'il avait achetée à K...; sur quatre-vingt-cinq animaux vingt-huit moururent. Dans un autre pays la maladie fut apportée par un bœuf qui provenait d'un pays infecté. Dans ce dernier pays il mourut douze animaux sur quarante-cinq. »

L'incubation de la maladie semble courte; elle peut ne durer que un, deux, trois jours ou atteindre quatre jours et peut-être plus. La diphtérie des animaux bovins s'annonce par des symptômes généraux, par une fièvre plus ou moins accusée. La circulation et la respiration s'accélèrent, la température du corps s'élève; puis surviennent de l'abattement, de la faiblesse, de la tristesse, de la prostration, des frissons, de la somnolence, de la chaleur et de la pesanteur de la tête, l'inappétence et un amaigrissement très rapide. L'intensité et la marche de ces symptômes varient du reste avec les individus, avec les saisons, avec la forme sous laquelle doit se présenter la maladie, et avec quelques autres circonstances; ces divers caractères sont surtout prononcés, quand la maladie envahit tous les organes de l'appareil respiratoire.

Les symptômes fournis par l'appareil digestif peuvent être très variés;

il y a toujours, quand la maladie est grave, de l'inappétence, une salivation plus abondante qu'à l'état de santé. Les malades ont parfois la bouche entr'ouverte et laissent voir aisément la langue, qui peut être pendante et presque toujours tuméfiée. Dans ces cas les premières portions de l'appareil respiratoire sont également malades; il y a de l'angine, et l'introduction de l'air est gênée. Les muqueuses buccale, labiale, linguale, palatine et pharyngienne sont aussi gonflées, congestionnées, tuméfiées, rougeâtres et violacées. Elles sont recouvertes par places de concrétions fibrineuses, mollasses, véritables fausses membranes blanchâtres, jaunâtres ou grisâtres, qui forment une pellicule plus ou moins épaisse et plus ou moins adhérente, dont il se détache de temps à autre des fragments qui sont expulsés au dehors, soit avec la salive, soit avec le jetage. Les muqueuses présentent aussi quelquefois de véritables érosions, dans les endroits où les fausses membranes détachées ont laissé à nu le derme. La langue, les amygdales et le voile du palais sont tuméfiés, et présentent une coloration bleuâtre, facilement visible, lorsqu'on entr'ouvre la bouche; cette tuméfaction se propage à la gorge, au cou, à la tête, et se manifeste extérieurement par des infiltrations plus ou moins considérables du tissu conjonctif sous-cutané. Il s'ensuit que la respiration et la déglutition s'exécutent très difficilement.

Fréquemment on observe les symptômes d'une entérite diphtéritique, qui s'annonce d'abord par de la constipation. Les excréments sont coiffés, recouverts de fausses membranes; peu à peu ils se ramollissent, et la diarrhée succède à la constipation, entraînant avec elle des débris de fausses membranes, sous forme de flocons ou de plaques, et des mucosités. Quelquefois les fausses membranes, mélangées aux excréments, se présentent sous forme de tubes ou d'anneaux. Il n'est pas très rare de voir la diarrhée être suivie de dysenterie. Les fausses membranes, en se séparant de la muqueuse intestinale, ont laissé son derme à nu, il en est résulté de petites plaies, de petites érosions, qui peuvent être le siège d'exsudations et d'hémorrhagies plus ou moins abondantes. Lorsque la diphtérie se complique de dysenterie, on peut dire qu'elle se présente avec une de ses formes les plus graves; l'amaigrissement est très rapide et les animaux ne tardent pas à succomber. La diarrhée elle-même affaiblit d'ailleurs rapidement les malades et provoque un prompt amaigrissement.

Du côté de l'appareil respiratoire les symptômes sont aussi intéressants. Les localisations sur les organes de cet appareil sont très fréquentes; elles se montrent sur les muqueuses pituitaire, laryngienne, trachéale, bronchique, sur le poumon et quelquefois même sur la plèvre et le péricarde. Il arrive parfois que la maladie envahit tous ces organes d'emblée ou successivement; mais souvent elle se limite aux muqueuses laryngienne, trachéale et pulmonaire. La respiration est gênée; il y a presque toujours une dyspnée plus ou moins prononcée, s'accompagnant pendant l'inspiration d'un sifflement plus ou moins rauque, produit par le passage de l'air à travers l'ouverture rétrécie des premières voies respiratoires. Pour éviter la compression sur le larynx et la trachée et faciliter autant que possible la respiration, l'animal étend la tête et la maintient dans la position la plus favorable à l'accomplissement de l'inspiration. Les naseaux sont alors fortement dilatés, et présentent souvent sur leurs bords des mucosités concrètes qui les obstruent. La bouche reste ouverte ; l'animal a un faciès indiquant une vive anxiété, à cause de la difficulté qu'il éprouve pour respirer. On observe un jetage jaunâtre, séreux ou pseudo-purulent; on entend des éternûments et de la toux. Les voies respiratoires sont obstruées par un mucus jaunâtre, séreux ou pseudo-purulent, mélangé de fausses membranes et par la tuméfaction et le gonflement des muqueuses; il n'y a donc rien d'étonnant que la respiration soit bruyante, stertoreuse. L'auscultation fait entendre, avec la plus grande facilité, un gargouillement laryngien, auquel on a donné le nom de *râle croupal*. Le même gargouillement peut se produire dans la trachée et les bronches, si les lésions énumérées ci-dessus s'y sont formées. On peut donc, dans le cours de cette maladie, rencontrer des symptômes de coryza, de laryngite, de laryngo-pharyngite, de trachéite et de bronchite diphtéritiques, avec un état catarrhal des muqueuses tuméfiées et le rejet de fausses membranes par les voies naturelles, avec des sifflements, des râles plus ou moins intenses. Des lésions peuvent également se produire dans le poumon, et à l'auscultation on entend alors des bruits anormaux; on observe souvent des symptômes de pneumonie et quelquefois des symptômes de pleurésie.

On peut voir se montrer des fausses membranes sur la conjonctive, et quelquefois même sur la cornée ; on peut observer alors des symptômes de blépharite, de conjonctivite, de kératite, etc. Le larmoiement, qui se produit en pareil cas, est jaunâtre, quelquefois sanguinolent. On observe aussi quelquefois des concrétions fibrineuses dans l'espace interdigité et même sur le bourrelet. Lorsque les malades offrent des plaies, on les voit très souvent se recouvrir de fausses membranes. L'avortement a été observé sur les femelles en état de gestation.

La diphtérie des bovins peut, suivant les cas, se présenter avec des symptômes de rhinite, d'angine, de laryngite, de bronchite, de pneumonie, de stomatite, de pharyngite, d'entérite, de conjonctivite. Ces diverses inflammations n'existent pas toutes en même temps, ni dans tous les cas ; mais elles peuvent se présenter en plus ou moins grand nombre à la fois. La localisation la plus fréquente s'observe sur la pituitaire, sur le larynx, sur le pharynx et sur la trachée. Suivant que la maladie est plus ou moins localisée, ou qu'elle envahit un plus ou moins grand nombre d'organes, elle est plus ou moins grave. L'entérite diphtéritique est la forme la plus grave de l'affection croupale ; en un, deux ou trois jours les malades succombent; elle provoque la mort en affaiblissant les individus rapidement. La laryngo-pharyngite vient ensuite par ordre de gravité; elle fait mourir les malades huit fois sur dix et amène la mort par asphyxie en un, deux, trois, quatre jours. Quelquefois la mort ne survient qu'au bout d'une à plusieurs semaines.

La diphtérie des bovins n'est pas toujours incurable, surtout lorsqu'elle est localisée à la pituitaire ou à la muqueuse buccale; mais jamais la guérison ne se produit bien rapidement; il faut toujours un certain temps pour que les animaux se remettent de l'amaigrissement et de la consomption dans laquelle les a fait tomber la maladie. La guérison est surtout longue à se produire lorsqu'il y a eu de la diarrhée, car celle-ci débilite beaucoup le malade et est toujours difficile à arrêter. C'est surtout, à l'aide d'un traitement antiseptique approprié, qu'on parvient à arrêter la formation des fausses membranes et à en provoquer peu à peu la disparition. Cette terminaison heureuse s'annonce par la diminution de volume des productions membraneuses, par leur expulsion au dehors et enfin par l'amendement des symptômes généraux.

Dans un troupeau, la maladie diphtéritique, après avoir débuté sur un individu, s'étend, se propage à d'autres, et finit par atteindre le plus grand nombre des animaux composant le troupeau. Elle peut se transmettre non seulement dans l'espèce, mais aussi à d'autres espèces. Elle semblerait plus grave, plus souvent mortelle, au début des épizooties que dans la période finale.

Le pronostic est toujours très grave, la maladie étant contagieuse et souvent mortelle, et empêchant d'utiliser, pour la consommation, les animaux qui en sont atteints.

Lésions. — Les lésions sont plus ou moins prononcées : ordinairement insignifiantes sur certains organes, elles sont au contraire fortement accusées sur d'autres, où elles semblent plus spécialement localisées. Les cadavres laissent voir, s'échappant par les ouvertures naturelles ou y adhérant, des débris de fausses membranes, avec cet écoulement morbide observé avant la mort. La peau, le tissu cellulaire et les muscles peuvent présenter des nodules pseudo-membraneux jaunâtres. On peut constater une tuméfaction plus ou moins considérable des paupières, une blépharite accompagnée d'exsudation interstitielle; la conjonctive est hyprhémiée; elle peut avoir été le siège d'une exsudation fibrineuse, qui s'est concrétée à sa surface et y est restée adhérente. La cornée est parfois malade, trouble, épaissie, blanchâtre; elle est aussi le siège d'une exsudation interstitielle. Il n'est pas rare de trouver dans l'intérieur du globe les lésions de l'ophthalmie interne; il y a congestion, exsudation, coloration rougeâtre de l'humeur aqueuse et quelquefois perte de l'œil par l'altération de ses milieux. Assez souvent, la tête, la gorge, l'encolure sont le siège d'une tuméfaction considérable, qui règne dans le tissu cellulaire sous-cutané, et qui est le résultat de l'exsudation. Cette tuméfaction peut exister aussi au pourtour des ouvertures naturelles, au pourtour des naseaux, des commissures des lèvres, etc.

C'est dans l'appareil digestif et l'appareil respiratoire qu'on trouve les altérations les mieux caractérisées et les plus prononcées. La muqueuse digestive peut être altérée depuis sa partie initiale jusqu'à sa portion terminale. Les muqueuses buccale, labiale, palatine, linguale, pharyngienne, et parfois celle de l'œsophage, présentent des lésions, qu'on retrouve aussi quelquefois dans l'estomac. La muqueuse buccale est couverte de fausses membranes, espèces de concrétions pultacées, de nature fibrineuse. Elle est congestionnée, épaissie, et on peut rencontrer des places où il y a eu desquamation épithéliale ; il y a parfois de véritables érosions produites à la suite de la chute des fausses membranes. Les régions de la muqueuse buccale, où on rencontre surtout ces altérations, sont les côtés et la base de la langue. La muqueuse du voile du palais, celle du pharynx, la muqueuse labiale sont épaissies ; leur tissu conjonctif sous-muqueux est infiltré d'une sérosité jaunâtre. Dans l'œsophage ces altérations sont très rares ; cependant il peut très bien se faire que la congestion, l'exsudation, et par suite la formation de fausses membranes se propagent à la muqueuse œsophagienne, mais ce sont là des exceptions. Il y a quelquefois une congestion légère et un peu d'exsudation à la surface de la muqueuse de l'estomac. C'est dans l'intestin que siègent les lésions les plus évidentes. Cet organe offre un contenu qui varie suivant que les malades présentaient de la constipation ou de la diarrhée ; ce contenu n'est pas différent de celui évacué par les malades durant la vie ; il consiste en matières fécales durcies, coiffées de fausses membranes, ou en matières diarrhéiques ou dysentériques mélangées de matières fibrineuses. L'intestin étant vidé de son contenu, sa muqueuse présente des altérations étendues et quelquefois diffuses. Il y a congestion, exsudation, gonflement ; les fausses membranes adhèrent à la muqueuse, elles ont une couleur grisâtre, une consistance molle, elles s'écrasent facilement, elles sont plus ou moins épaisses et adhèrent plus ou moins fortement, elles occupent une étendue plus ou moins considérable de l'intestin, ou bien elles existent sur des points circonscrits, au niveau desquels la muqueuse est altérée, congestionnée. Le tissu sous-muqueux est infiltré ; il s'est produit un œdème sous-muqueux ; et, dans l'épaisseur des tuniques, intestinales on peut observer des nodules pseudo-membraneux. Le péritoine est congestionné, hyperhémié ; la congestion est le plus souvent localisée en quelques points, et quelquefois il y a même exsudation pseudo-membraneuse à sa surface. Dans le foie on peut trouver des nodules pseudo-membraneux.

Dans l'appareil respiratoire, des lésions existent sur la pituitaire et sur les muqueuses laryngienne, trachéale, bronchique, dans le tissu pulmonaire et sur les plèvres. La muqueuse respiratoire, congestionnée, épaissie, infiltrée, montre à sa surface des fausses membranes ; et ces altérations sont surtout fréquentes sur la pituitaire et sur la muqueuse laryngienne, puisque souvent la diphtérie se montre sous forme d'angine laryngo-pharyngée croupale. Cependant on rencontre assez souvent aussi des fausses membranes dans la trachée et dans les bronches. Les altérations sont souvent disséminées. Les fausses membranes ne sont pas ordinairement continues, elles existent de distance en distance ; par leur volume elles ont pu gêner la respiration. La tuméfaction de la muqueuse respiratoire, l'infiltration du tissu conjonctif sousmuqueux, l'œdème de la muqueuse pituitaire, de la muqueuse laryngienne, gênaient ainsi l'entrée de l'air. Le poumon est souvent le siège de certaines lésions ; lorsque la maladie est grave et qu'elle se propage à cet organe, on peut rencontrer des points hépatisés, surtout des nodules pseudo-membraneux ; il arrive même que, à la suite de la congestion et de l'hépatisation, il y a gangrène pulmonaire. Sur la plèvre on peut voir de la congestion et de l'exsudation pseudo-membraneuse. Le péricarde peut être hyperhémié à sa face interne et couvert parfois de fausses membranes ; dans le muscle cardiaque lui-même on constate des points ecchymotiques et de l'infiltration.

En résumé, dans la diphtérie les muqueuses sont le siège d'une congestion, d'une infiltration et d'une exsudation plus ou moins prononcées. Les fausses membranes se présentent sous forme de pellicules molles, plus ou moins étendues, plus ou moins épaisses, plus ou moins adhérentes ; leur coloration est d'un gris jaunâtre. Au début elles sont très minces et ne constituent qu'une pellicule grisâtre, qui recouvre une portion plus ou moins étendue de la muqueuse ; en l'enlevant on enlève en même temps l'épithélium de la muqueuse, qui se trouve entraîné par la concrétion dont il fait partie. La fausse membrane résulte d'une exsudation qui s'est produite aux dépens du réseau vasculaire de la muqueuse, et qui s'est concrétée à la surface de l'épithélium, sous forme de pellicules. Elle est constituée par de la fibrine coagulée. Elle peut se présenter sous forme d'amas isolés et plus ou moins rapprochés. L'examen microscopique fait reconnaître dans son épaisseur des cellules épithéliales plus ou moins altérées, des leucocytes, des cellules du sang et des microbes de plusieurs sortes dont un semble plus spécialement jouer le rôle d'agent pathogène.

Étiologie. — La cause efficiente est un virus, un microbe spécial. La diphtérie des bovins se transmet des malades aux sains ; sa contagion est démontrée par des faits d'observation et par des faits d'expérimentation. De nombreux auteurs ont observé des épizooties diphtéritiques, pendant lesquelles la maladie s'est transmise successivement des animaux malades aux animaux sains d'une même espèce ou d'une espèce différente. La science possède des faits de contagion, observés pendant les épizooties qui ont sévi sur les animaux de l'espèce bovine. La diphtérie est d'ailleurs inoculable. On a pu transmettre la diphtérie des veaux à d'autres veaux, aux oiseaux, au lapin et au mouton. La marche de la maladie et son extension dans une ferme attestent sa transmissibilité. Quand elle s'introduit dans une étable, on constate toujours des cas nombreux et successifs de diphtérie ; elle dure plus ou moins longtemps, si on n'y remédie pas par les moyens prophylactiques.

L'agent virulent existe dans tous les produits morbides, dans les nodules pseudo-membraneux, dans les fausses membranes, dans les produits diarrhéiques, ou dysentériques et dans les produits de la muqueuse respiratoire. C'est un bacille spécial qui a été étudié par Löffler. Il semble assez résistant ; il se conserverait pendant six et neuf mois dans les locaux, à la surface des boiseries, des râteliers, etc. Aussi, lorsqu'on sera en présence d'objets souillés, il faudra toujours recourir à la désinfection. La diphtérie des bovins se gagne de la même façon que celle des oiseaux : par contagion directe, quand un veau malade tète sa mère et lui donne son mal, et quand celle-ci la transmet à son tour par son lait devenu virulent aux autres veaux qui la tètent ; par ingestion d'aliments ou de boissons souillés de matière virulente rejetée par les malades ; par inhalation d'air tenant en suspension des matières virulentes desséchées et pulvérisées. Elle est transmissible aux animaux de la même espèce, surtout aux plus jeunes. Elle est également transmissible à d'autres espèces, à l'agneau notamment. On a d'autre part relaté plusieurs cas de transmission à l'homme. Mais il semble bien qu'il y a eu simple coïncidence, et l'on est fondé à croire, jusqu'à nouvelles preuves, que la diphtérie des bovins, de même que celle des oiseaux, se distingue de celle de l'homme. Il paraît bien que ce sont là trois maladies différentes.

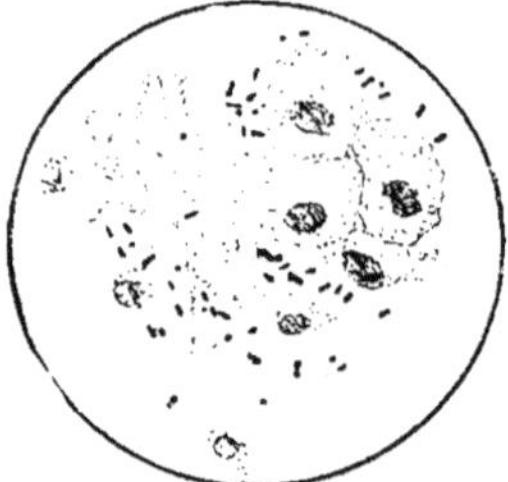

Fig. 154. — Diphtérie spontanée du lapin. Fausse membrane du larynx.

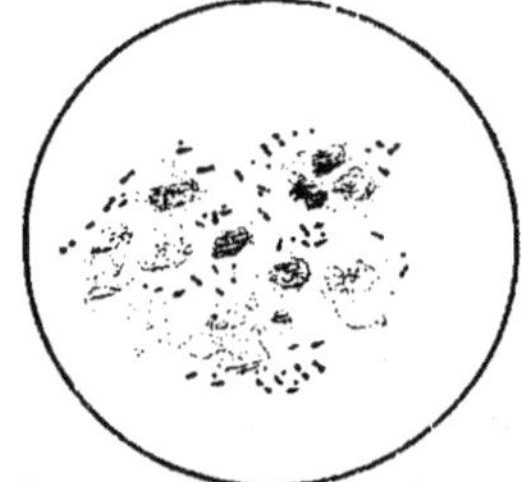

Fig. 155. — Diphtérie spontanée du lapin. Produit râclé sur une coupe du poumon.

Il semble enfin que des maladies diphtéritiques spéciales peuvent se montrer sur le porc (angine couenneuse) et sur le lapin (entérite couen-

neuse). On a d'ailleurs, comme on l'a vu, signalé des cas de diphtérie
sur le chat et le chien, ainsi que sur les divers animaux herbivores
domestiques. Était-ce toujours de la diphtérie transmise par l'homme,
par les oiseaux ou par les bovins, et n'y aurait-il pas un plus grand
nombre d'affections diphtéritiques.

PROPHYLAXIE ET TRAITEMENT DE LA DIPHTÉRIE DES OISEAUX ET DES ANIMAUX BOVINS.

Lorsque la diphtérie sera constatée, il faudra aussitôt recourir à des
mesures de préservation, qui sont : l'isolement et la séquestration
des malades et des suspects ; l'occision des malades dans certains cas,
et dans tous les cas la désinfection. Les animaux malades seront
laissés dans le local infecté ; les suspects seront logés dans un endroit
préalablement désinfecté ou dans un local vierge. Les animaux sains
formeront un troisième lot qui sera encore hébergé séparément et dans
un lieu vierge d'infection. Les malades recevront sur place un traitement curatif ; les suspects recevront également sur place un traitement
préventif. S'il s'agit d'un troupeau d'animaux bovins, on s'empressera
d'isoler et de séquestrer les sujets malades pour les traiter sur place ;
les animaux encore sains seront logés séparément dans un local vierge
de toute infection et pourront recevoir aussi un traitement préventif.

Dans certains cas, lorsque la maladie viendra d'apparaître et qu'elle
s'annoncera grave, on fera sacrifier les premiers malades, surtout s'il
s'agit de volailles, et l'on pourra ainsi arrêter l'épizootie. On demandera l'enfouissement ou l'incinération des cadavres avec toutes les
précautions désirables ; s'il y a un clos d'équarrissage aux environs,
les cadavres des animaux bovins y seront transportés. Le commerce
des animaux malades sera interdit rigoureusement, ainsi que l'exportation et la mise en vente des suspects. Lorsque la maladie aura cessé
dans le poulailler ou dans l'étable, ou lorsqu'on les aura évacués, on
procédera à une désinfection et à un nettoyage complets.

En résumé, quand la diphtérie règne dans un poulailler, dans une
basse-cour, dans une étable, il convient d'y séquestrer les animaux
déjà malades et de placer les autres dans un autre local, sauf à les
surveiller avec soin et à enlever aussitôt ceux qui tomberont malades,
pour les mettre avec les premiers. Lorsqu'on arrivera au début d'une
épizootie de diphtérie sur les oiseaux, il vaudra mieux s'attacher à prévenir l'extension de l'affection qu'à traiter les malades. Il sera bon de
faire sacrifier, dès le début, les animaux les plus malades, d'incinérer,
de faire au moins enfouir les cadavres loin de la basse-cour, de séparer
les malades des sains et de les faire soigner par des personnes différentes, d'enlever les animaux sains du poulailler pour le nettoyer et le
désinfecter.

II.   52

La désinfection mérite un soin particulier ; elle doit porter sur les locaux et sur tous les objets souillés. Le sol de la basse-cour, du poulailler, de l'étable, les perchoirs, les ustensiles employés pour la distribution de la nourriture et des boissons, les crèches, mangeoires, râteliers, moyens d'attache, bas de murs, séparations, seaux, etc., seront désinfectés avec soin, lavés une première fois avec une solution désinfectante, après que les excréments, fumiers et restes d'aliments ou de litières, auront été enlevés et brûlés ou enfouis. Après le premier lavage désinfectant on fera procéder à un raclage ou grattage énergique des surfaces souillées, et les matières ainsi détachées seront jointes aux excréments pour être détruites ou enfouies, après avoir été mélangées de solution acidulée de sulfate de cuivre (solution à 5 p. 100 de sulfate, plus solution à 2 p. 100 d'acide sulfurique). Ce grattage opéré, on fera un second lavage avec la même solution désinfectante ou une autre (solution de sublimé au 1/500, solution mixte de sublimé et d'acide chlorhydrique, solution d'acide phénique à 5/100, etc.); les objets faciles à manier seront immergés dans les mêmes solutions, qui seront employées bouillantes. On pourra enfin procéder à des fumigations sulfureuses; on pourra aussi employer le flambage toutes les fois qu'il sera possible.

Il conviendra enfin, bien que la diphtérie des animaux ne soit pas sûrement transmissible à l'homme, de prendre des précautions en vue de prévenir toute contamination des personnes (éviter le contact des matières virulentes avec des surfaces excoriées, éviter leur ingestion et leur inhalation).

Le traitement préventif des suspects comportera l'emploi de moyens hygiéniques et de certains agents thérapeutiques. Ainsi, lorsqu'on craindra l'apparition de la maladie, il y aura lieu de faire surveiller l'hygiène des aliments et des boissons, auxquels on pourra ajouter des agents antibactériens, tels que l'acide phénique, l'acide salicylique, l'acide borique, etc. Les habitations devront être tenues propres; on les désinfectera par des fumigations de chlore ou d'acide sulfureux, ou bien on les assainira par des émanations de vapeurs d'acide phénique, de goudron, de créosote, d'essence de térébenthine, d'iode, etc. D'ailleurs ces précautions ne sont pas à dédaigner pendant le traitement curatif applicable aux malades.

Le traitement curatif comprend des moyens locaux et des moyens généraux. Le traitement local doit être chirurgical et thérapeutique; il varie suivant les formes et les localisations de la maladie. Il faut s'inspirer de l'état des malades, des symptômes prédominants; il faut faire de la médecine des symptômes, en même temps que de la thérapeutique rationnelle. S'il y a gêne de la respiration et menace d'asphyxie, on peut pratiquer la trachéotomie; on peut essayer d'amoindrir la turgescence des voies respiratoires au moyen des révulsifs; il faut faciliter la chute et l'expulsion des fausses membranes. Il est utile d'employer un traitement local directement sur les surfaces malades; on aura recours à l'acide borique, à l'acide citrique, au jus de citron, à l'acide phénique, au crésyl, à l'acide salicylique, au sublimé, à la teinture d'iode, au phénate de soude, au chlorate de potasse, au tannin, à l'eau de chaux, au nitrate d'argent, à la créosote, à l'essence de térébenthine, etc.; on emploiera ces agents en vaporisations, pulvérisations, insufflations, irrigations, badigeonnages; on combinera, avec l'usage de ces moyens, le grattage, l'enlèvement, l'extraction des fausses membranes. Ainsi donc on pourra employer les agents antiseptiques, sous forme de fumigations, si les fausses membranes existent dans les voies respiratoires. Lorsqu'elles seront localisées à la bouche, on emploiera les mêmes moyens, sous forme de gargarismes et de badigeonnages. Si la maladie est localisée à l'œil, on aura recours aux collyres faits avec les mêmes substances, etc., etc.

On a préconisé l'insufflation de la fleur de soufre, de la poudre d'acide borique, de la poudre de chaux, de la poudre coaltarée, etc., à la surface des parties malades préalablement dépouillées de leurs fausses membranes.

Quoique la maladie soit localisée, le traitement général est utile, en vue d'accroître la résistance de l'organisme et de faciliter la destruction ou l'élimination des poisons et de prévenir ou de combattre les complications. Il consistera : dans une bonne alimentation ; dans l'administration de toniques, de ferrugineux, de certains antiseptiques tels que le naphtol, la naphtaline, l'acide salicylique, le salicylate de soude ; dans l'emploi de laxatifs et de diurétiques, de purgatifs, de dérivatifs, etc. Des laxatifs seront ordonnés quand la maladie sera localisée à l'intestin et accompagnée de constipation ; dans le cas de diarrhée, on s'adressera aux toniques, aux analeptiques, aux antidiarrhéiques (opiacés, astringents, etc.).

CHAPITRE XVIII

Le piétin est une maladie spécifique, contagieuse, propre au mouton, consistant en une inflammation pustuleuse et ulcéreuse du tissu kératogène, débutant à la partie supérieure et interne, à la cutidure, amenant le décollement de la corne, un suintement ichoreux, et entraînant peu à peu des altérations organiques plus ou moins graves dans les tissus du pied.

Le nom de *piétin*, qu'on donne à cette maladie, est tiré de son siège et aussi de l'action de piétiner qu'elle amène chez les animaux qu'elle atteint. On l'a encore appelée *crapaud du mouton*, *cutidite pustuleuse*, *pesogne*. Il n'y a pas longtemps qu'elle a fait son apparition en France.

SYMPTOMES.

Le piétin introduit dans un troupeau se propage peu à peu aux animaux qui le composent. Il a régné à différentes époques à l'état enzootique dans les Pyrénées, dans le Vivarais, dans le Bas-Médoc, etc.; il s'est montré à l'état épizootique dans certaines contrées depuis l'introduction des mérinos.

Il convient d'étudier la maladie évoluant sur un individu et de suivre ensuite sa marche dans un troupeau, dans une localité.

Marche du piétin sur un individu. — Le piétin débute par une inflammation pustuleuse ; il attaque un ou les deux onglons; il se montre à un ou à plusieurs ou aux quatre pieds; il débute ordinairement par un ou deux pieds et se déclare ensuite à d'autres ou à tous; on n'observe ses manifestations sur aucune autre région du corps.

L'affection s'annonce par une hyperhémie de la peau interdigitée et surtout de la cutidure, accompagnée de gonflement, de rougeur, de chaleur, de douleur et d'une exsudation plastique, qui, se produisant à la surface de l'organe sécréteur de la corne, amène un soulèvement de celle-ci, un décollement, qui va croissant; une claudication plus ou moins marquée accompagne ces premières manifestations; les animaux piétinent.

Sous le biseau de la corne et sur la cutidure, on aperçoit bientôt une ou plusieurs plaques grisâtres, tranchant sur le fond hyperhémié et rougeâtre de l'organe, et témoignant d'un travail de pustulation. Les pustules continuant leur évolution, ne tardent pas à être mieux caractérisées; elles deviennent plus saillantes, s'arrondissent, sont entourées d'une auréole rougeâtre; on voit à leur surface une pellicule grisâtre; un produit plus ou moins lactescent soulève cette pellicule; le suintement continue, s'insinue toujours entre la corne et le tissu podophylleux et augmente l'étendue du décollement, il se fait jour aussi au-dessus du biseau. Tous ces symptômes s'observent très bien en enlevant la corne décollée. Les pustules une fois formées sécrètent donc une matière grisâtre, épaisse, puriforme.

La période de sécrétion est bientôt suivie de l'ulcération, surtout quand les animaux marchent; il se produit alors, au niveau des parties malades, un frottement qui amène la rupture des pustules, l'évacuation de leur contenu, leur transformation en plaies ulcéreuses, à bords irréguliers, à fond grenu, rougeâtre, sécrétant une matière grisâtre, puriforme, qui s'altère très rapidement, devient fétide, ammoniacale et acquiert de la sorte des propriétés corrosives très marquées. La claudication devient plus intense; les malades deviennent moins gais et perdent de leur appétit. Parfois on peut constater un état fébrile assez prononcé, surtout quand la maladie évolue sur plusieurs pieds à la fois. La matière sécrétée continue à s'insinuer sous la corne, qui se décolle progressivement en dedans et en talons, qui macère et se dissout en partie au niveau des points malades. D'un autre côté, sous l'influence de la congestion et de l'inflammation, dont la membrane kératogène est le siège, la sécrétion de la corne se fait plus abondamment dans les parties non décollées, mais sa poussée est irrégulière; elle se fait surtout en dehors et en pince. La corne se cercle et devient rugueuse; et l'onglon, qui a bientôt acquis une longueur exagérée, se recourbe en haut sous l'influence de la dessiccation.

Si on donne écoulement à la matière sécrétée, si on enlève la corne décollée, on voit la matière morbide insinuée entre les lames podophylleuses, qui se sont hypertrophiées, ainsi que les papilles de la sole. Il n'y a encore que peu ou pas de tuméfaction du côté des paturons et du canon. Les accidents consécutifs à l'ulcération étant provoqués par l'action phlogogène de la matière morbide, qui reste enfermée sous l'ongle, on peut obtenir aisément la guérison du piétin, si on prévient les complications, si on donne issue au produit sécrété. Alors en effet la sécrétion se tarit vite, les produits inflammatoires sont évacués ou se résorbent, la cicatrisation s'opère, une nouvelle corne est sécrétée et reste emboîtée sous l'ancienne.

Quand des complications doivent se produire, quand elles n'ont pas été prévenues, l'action phlogogène du produit sécrété continuant à s'exercer sur les tissus, les altérations deviennent plus marquées et plus nombreuses. Le décollement s'étend toujours en dessous de la muraille et de la sole; les tissus vifs s'altèrent de plus en plus; la matière sécrétée est de plus en plus abondante, grisâtre, fétide, ammoniacale. L'altération gagne les paturons, le canon et les tissus profonds de la région podale. L'os s'enflamme, bourgeonne, forme des saillies, se nécrose, se carie. Les mêmes altérations se propagent aux tendons et aux ligaments, qui s'enflamment, se carient. Il se produit des arthrites, des synovites. Il se forme des abcès à la couronne, au paturon, au boulet, et il en résulte des plaies fistuleuses, des plaies articulaires. Il y a ordinairement complication de fourchet et de limace. L'état général des malades est plus ou moins influencé suivant l'extension du mal, suivant les complications qui se produisent; il arrive un moment où les animaux ne peuvent plus marcher, restent couchés ou marchent sur leurs genoux, tombent dans la consomption, dans le marasme.

Au début, on peut toujours arrêter ou au moins prévenir toute complication fâcheuse, en amincissant la corne de la région malade, en enlevant celle qui recouvre les pustules, celle qui est décollée, en facilitant l'écoulement de la matière morbide. Grâce à cette précaution, le piétin peut guérir en trois, quatre, cinq, six semaines. Avec un traitement prompt et rationnel, la guérison est prompte et facile, elle est favorisée par la dépaissance et par le temps sec, tandis que les temps humides, la stabulation et la malpropreté favorisent l'extension du mal et les complications; et l'affection peut alors durer des mois, déterminer même la mort ou laisser après elle certaines altérations telles que exostoses, ankyloses, etc.

Marche de la maladie sur un troupeau. — Quand la maladie a fait son apparition dans un troupeau, elle ne tarde pas à s'étendre des premiers malades à d'autres individus; mais elle se propage moins rapidement que la fièvre aphteuse. Quand des animaux sains sont mis en contact avec des animaux malades, dans des pâturages, dans des chemins communs, dans les habitations, la contagion, qui peut alors se produire sur un plus ou moins grand nombre d'individus, est ordinairement restreinte, n'atteint que quelques individus à la fois; mais elle peut se répéter de temps en temps, si on n'isole pas les malades. On a vu en effet le piétin persister pendant des mois, et même pendant des années, dans le même troupeau. Par la dépaissance en commun, par la fréquentation des mêmes chemins, etc., les troupeaux infectés peuvent transmettre le piétin à d'autres troupeaux et la maladie se propager ainsi dans une localité.

Diagnostic. — Le piétin est facile à reconnaître, quand on examine les malades au moment de l'évolution des pustules; mais, quand celles-

ci ont disparu, ou quand elles ne se sont pas encore produites, il peut
être difficile de dire si on a affaire au piétin ou à une affection locale
simplement inflammatoire. Fort heureusement dans ces cas, le diagnostic peut être facilité par les renseignements, par l'extension constatée de l'affection et par l'observation ultérieure.

On a bien à tort confondu parfois cette affection avec le crapaud, qui
est propre aux solipèdes et qui ne semble pas contagieux, avec la
limace et le fourchet, qui n'ont ni le même siège, ni les mêmes caractères initiaux et qui ne sont pas contagieux. On a aussi prétendu que
le piétin n'était autre chose que la fièvre aphteuse évoluant sur le
mouton et localisée à la région podale. L'étude de la transmission nous
prouve la fausseté de cette assertion, le piétin n'ayant jamais été
observé chez le bœuf.

D'un autre côté, il est bien prouvé que cette affection existait en
Angleterre avant que la fièvre aphteuse y fût importée. Quand des
bœufs sont mêlés à des moutons atteints de piétin, on remarque que la
maladie se transmet du mouton au mouton et non du mouton au bœuf;
il n'en serait pas de même si le piétin et la cocotte étaient une seule
affection; d'ailleurs la cocotte peut évoluer sur d'autres régions que
sur le pied.

Pronostic. — Le pronostic du piétin est peu grave ordinairement;
la maladie est le plus souvent très bénigne. Mais, dans les cas, où des
complications se produisent, elle est plus grave. Quand l'affection a
été longue, compliquée, souvent les animaux restent boiteux, ankylosés,
dépréciés, amaigris, etc. Si le pronostic de la maladie, envisagée sur
un individu, n'est pas grave, il en est tout autrement quand le piétin
devient enzootique ou épizootique, car alors il occasionne des pertes
sérieuses.

Lésions. — Il n'y a rien de particulier à ajouter au sujet de l'anatomie pathologique; on rencontre seulement les lésions précédemment
indiquées au point de vue de la symptomatologie; on peut voir les
accidents, les désordres, provoqués par le produit de sécrétion que
fournissent les plaies. Quand la maladie a été grave et s'est prolongée,
on trouve quelquefois les lésions de l'ankylose dans les articulations
interphalangiennes, et celles de l'amaigrissement, de l'anémie, etc.

ÉTIOLOGIE

Comme dans les autres maladies contagieuses, on a invoqué une
foule de causes pour expliquer l'apparition du piétin; on a accusé les
saisons, les climats humides, la mauvaise hygiène, l'humidité, les
boues, la malpropreté, les habitations mal tenues, les fumiers, l'alimentation azotée, les localités, le tempérament, la race, etc. Ces
diverses causes peuvent aggraver la maladie, retarder sa guérison,

mais non la faire naître de toutes pièces. On faisait surtout intervenir l'influence de causes générales, quand on regardait le piétin comme une maladie locale, non spécifique, quand on le confondait avec le fourchet et la limace. On a considéré la race comme cause déterminante de la maladie. Le piétin n'a été étudié chez nous que depuis l'introduction des mérinos qui l'ont importé, il n'existait pas dans notre pays avant l'introduction de cette race, mais la maladie se transmit ensuite des mérinos à nos moutons indigènes, qui cependant étaient demeurés dans les mêmes conditions; il y a donc une autre cause que la race à invoquer pour expliquer le développement du piétin. Cette cause, la seule réelle, c'est la contagion.

De nombreux faits de contagion naturelle ont été observés depuis longtemps par Pictet, Gohier, Sorillon, Delafond, par des agronomes et des vétérinaires. D'un autre côté, Gohier, Veilhan et Favre de Genève sont parvenus à inoculer la maladie à des animaux sains. Mais il faut dire aussi que de nombreux faits de non-contagion ont été observés dans la pratique et que les tentatives d'inoculation de certains expérimentateurs sont demeurées stériles. Néanmoins, dans aucun cas, ces faits négatifs ne peuvent infirmer en rien les faits positifs observés et provoqués. On a eu depuis de nombreuses occasions d'assister à l'extension de la maladie dans un troupeau, à sa transmission d'un troupeau à un autre.

La contagion peut s'effectuer par contact immédiat, mais elle a lieu presque toujours par contact médiat. Les sujets malades, qui sécrètent de la matière morbide, salissent les fumiers, les litières et les purins, les chemins, les pâturages; si, après eux, passent des moutons sains, la contamination peut avoir lieu. Le virus du piétin s'introduit toujours par la peau de la région podale; il n'est pas inoculable à d'autres régions, ni aux autres ruminants. Quand l'inoculation s'est effectuée, l'éruption ne tarde pas à se produire; trois, quatre, cinq, six jours suffisent pour qu'elle fasse son apparition (incubation). La contagion est favorisée par la dépaissance en commun, par la cohabitation, par la fréquentation des mêmes chemins, par les wagons non désinfectés, etc. On a observé de nombreux faits de transmission par la cohabitation et par la dépaissance en commun.

On ne connaît encore absolument rien sur la nature du contage; on sait que le virus existe dans le produit de sécrétion des pustules, mais on ne sait pas s'il existe dans d'autres liquides de l'économie, dans le sang par exemple. Le contage du piétin ne semble pas s'affaiblir; on ne sait pas s'il est doué d'une grande ténacité, on ne sait pas s'il se conserve longtemps dans le monde extérieur, on ne sait pas à quel moment de la maladie il cesse d'être sécrété.

PROPHYLAXIE. — TRAITEMENT.

Quoique le piétin ne soit pas une maladie grave, il sera bon néanmoins de prescrire quelques mesures propres à prévenir son extension.

On ne devra pas se montrer bien sévère ; on se contentera de l'isolement et du cantonnement des malades, qu'on séparera autant que possible des sujets sains ; on ordonnera un traitement thérapeutique, qui n'est ici qu'une particularité de la désinfection, car par ce moyen on désinfecte les malades eux-mêmes; on interdira les pâturages communs aux malades.

Quand l'épizootie aura disparu, on pratiquera une légère désinfection. Il suffira, pour prévenir tous les dangers, d'enlever la litière souillée et le fumier, de donner écoulement au purin, et de faire un lavage de l'aire de l'habitation avec un lait de chaux. Le plus souvent même on pourra se contenter de couvrir le fumier ou la litière souillée d'une nouvelle et épaisse litière.

Les malades peuvent être vendus pour la boucherie.

Le traitement curatif du piétin comprend diverses indications ; il faut traiter la partie malade, il faut prévenir l'extension de la maladie. Le traitement que l'on doit appliquer à la région podale doit surtout avoir pour but de prévenir les complications, de les combattre quand elles surviennent, et de hâter la disparition de la maladie. Il n'y a rien à faire pour empêcher l'évolution de l'affection, qui doit nécessairement suivre son cours; mais il faut prévenir les complications par des soins de propreté, par une bonne hygiène ; il faut obvier à la compression que la corne exerce sur le bourrelet tuméfié, douloureux, il faut amincir ou enlever la corne, pour prévenir la compression et la stagnation des produits sécrétés ; il faut enfin employer certains agents modificateurs, astringents, cicatrisants, caustiques, pyrogénés, etc. ; on peut faire prendre des bains dans des solutions saturnées, ferrugineuses, cupriques, phéniquées, etc. ; on peut faire des pansements soit avec les mêmes substances, soit avec de l'huile de cade ou de la térébenthine ou du goudron.

Si des complications se sont produites, il faudra les traiter ; s'il y a décollement de la corne, il faudra enlever la partie détachée et faire un pansement avec les pyrogénés, le goudron, l'huile de cade, la térébenthine, l'acide phénique ou un astringent quelconque. S'il y a inflammation, carie de l'os du pied, il faudra ruginer la partie cariée et faire un pansement avec les agents ci-dessus énumérés ; si l'inflammation a atteint l'articulation, il y aura lieu de prescrire des bains astringents, etc., etc. S'il y a des abcès, on les ouvrira ; on débridera les plaies fistuleuses. On renouvellera les pansements tous les deux jours. Les bains au sulfate de fer sont excellents ; on a conseillé aussi le sulfate de cuivre, l'onguent égyptiac, l'acide azotique, les sels de cuivre, les caustiques, le lait de chaux, l'alun, le sublimé, etc. Tous les moyens sont bons, quand ils sont appliqués rationnellement.

CHAPITRE XIX

Les expressions *Horsepox* (variole du cheval), *Cowpox* (variole de la vache) et *vaccine* sont trois appellations d'une même maladie, déterminée par le même virus, qui, emprunté au cheval et inoculé à la vache ou à l'homme donne le cowpox à l'une et la vaccine à l'autre, comme le produit du cowpox donne la vaccine à l'homme et le horsepox au cheval, et comme le vaccin emprunté à l'homme donne le horsepox au cheval ainsi que le cow-pox à la vache. Le virus de cette maladie donne d'ailleurs à chacun des trois organismes précités (homme, cheval, bœuf) l'immunité contre le virus de la variole de l'homme, qui de son côté les rend réfractaires à l'inoculation du virus vaccin. Les expressions *Horsepox*, *Cowpox*, *Vaccine*, désignent donc une seule et même maladie virulente, inoculable, contagieuse. Cette maladie est éruptive ; elle est caractérisée par l'apparition, à la surface de la peau et de certaines muqueuses, de macules, de papules, de vésicules, de pustules, qui fournissent un produit virulent, appelé *vaccin* ou *lymphe vaccinale*, susceptible d'être cultivé de cheval à cheval, de vache à vache, d'homme à homme et d'une espèce à l'autre. L'étude de cette affection est très importante, surtout au point de vue de la médecine comparée et de la médecine de l'homme, puisque son virus jouit de la bienfaisante propriété de s'inoculer aux personnes et de leur conférer l'immunité contre la petite vérole, tout en ne leur donnant qu'une éruption toujours bénigne.

HISTORIQUE DE LA DÉCOUVERTE DE LA VACCINE.

Il est intéressant pour tout le monde, même pour ceux qui ne sont pas initiés d'une façon spéciale à la pathologie de l'homme, de connaître sommairement les principaux caractères de sa variole, sa gravité et sa prophylaxie par l'inoculation préventive du virus variolique lui-même, qui est aujourd'hui remplacée par la vaccination proprement dite

Variole de l'homme. — La petite vérole ou variole de l'homme
est une maladie contagieuse, virulente, inoculable, caractérisée par de
la fièvre et par une éruption pustuleuse plus ou moins généralisée de la
peau et de certaines muqueuses. Son évolution comprend cinq périodes
ou phases successives (incubation, invasion, éruption, suppuration,
dessiccation et desquamation). L'incubation est en moyenne de dix à
douze jours, quelquefois plus, quelquefois moins. La période d'invasion
dure de deux à quatre jours ; elle se caractérise par de la fièvre (malaise,
fatigue, céphalalgie, rachialgie, frissons, anxiété, agitation, insomnie,
délire, étourdissement ; quelquefois prostration, coma, somnolence,
stupeur ; faiblesse musculaire ; convulsions et grincement des dents
chez les enfants ; hyperthermie, sécheresse de la peau et quelquefois
sueurs ; accélération de la circulation et de la respiration, perte de
l'appétit, accroissement de la soif, sécheresse de la langue qui est
rouge à la pointe et sur les bords et se recouvre d'un enduit blanchâtre, troubles digestifs, vomissements, constriction épigastrique, douleurs abdominales, constipation, quelquefois diarrhée ; souvent catarrhe pharyngo-nasal, éternûments, épistaxis, larmoiement et photophobie; urines plus chargées), et quelquefois par des efflorescences cutanées, que l'on désigne sous le nom de rash et qui sont constituées
par des taches rouges plus ou moins étendues, congestionnelles ou
hémorrhagiques. La période d'éruption est caractérisée par l'apparition à la face, au tronc, aux membres, de taches ou macules rouges,
qui se transforment rapidement en papules ou élevures arrondies ou
acuminées, entourées souvent d'une zone ou aréole rouge. Les papules
se transforment du jour au lendemain en vésicules, qui sont d'abord
remplies d'une sérosité claire, et qui, au bout de vingt-quatre heures,
contiennent un produit plus abondant, louche et trouble. Les papules
sont tantôt discrètes (séparées par des portions de peau saine) et plus ou
moins nombreuses, quelquefois très rares, tantôt cohérentes (juxtaposées)
et tantôt confluentes (empiétant les unes sur les autres) ; elles se multiplient de préférence sur les parties qui ont été irritées d'une manière
quelconque. L'éruption apparaît aussi sur certaines muqueuses (buccale, linguale, pharyngienne, conjonctive, nasale, laryngienne, trachéale, bronchique, vulvo-vaginale, anale); d'où la formation de macules,
de papules et de vésicules ; d'où encore l'hypersalivation, la dysphagie,
l'angine, la conjonctivite, le larmoiement, l'enchifrènement, la gêne de
la respiration, la raucité de la voix, l'aphasie, la toux, etc.

L'éruption dure quatre, cinq et six jours ; le huitième ou le neuvième
jour, à compter de la fin de l'incubation, la période de suppuration est
commencée, les vésicules se transforment en pustules opalescentes, souvent ombiliquées (déprimées à leur centre), jaunâtres ou laiteuses, arrondies, entourées d'une zone de congestion. La suppuration est accompagnée d'œdème sous-cutané ; et, quand l'éruption a été confluente,

la face est œdématiée, les lèvres et les paupières sont épaissies, gonflées . Le produit des pustules se concrète en croûtes qui ensuite se desquament. La dessiccation commence le neuvième jour de l'éruption et s'achève plus ou moins vite suivant les régions ; elle peut durer de cinq à sept et huit jours ; ensuite la desquamation des croûtes et de l'épiderme commence et peut durer de trois à quatre semaines, laissant après elle des cicatrices indélébiles.

La *variole* confluente est très grave ; et la variole hémorrhagique ou noire est encore plus grave. Les hémorrhagies peuvent se produire dès le début de la maladie ou dans les périodes suivantes ; la variole peut être hémorrhagique d'emblée ou tardivement. Dans la variole hémorrhagique d'emblée, on observe, à la peau, des ecchymoses, des taches, des plaques violacées, noirâtres ; des hémorrhagies peuvent se produire par diverses voies ; on peut observer de l'épistaxis, de la stomatorrhagie, de la métrorrhagie, de l'hématurie, de l'hémoptisie, de la diarrhée hémorrhagique, etc. Quand la variole devient hémorrhagique tardivement, on peut voir se produire les phénomènes précités au moment de l'éruption ou au moment de la suppuration.

Quand on inocule par piqûre, scarification ou éraflure, le virus variolique à l'homme, il se produit trois jours après une macule au point inoculé ; au bout de deux jours la macule présente une vésicule à son centre ; cette vésicule se remplit de sérosité d'abord et de pus ensuite ; elle arrive à la suppuration le septième ou huitième jour et s'accompagne souvent de lymphangite. Des symptômes généraux semblables à ceux de la période d'invasion de la variole spontanée se manifestent le cinquième, sixième ou septième jour de l'inoculation ; et trois, quatre jours après leur apparition (soit neuf ou dix jours après l'inoculation) se montre une éruption générale, qui se complète les jours suivants, offrant les mêmes caractères que celle de la variole spontanée, mais ne se composant que d'un petit nombre de pustules disséminées à la surface du corps et évoluant rapidement pour arriver à la suppuration le quatorzième ou quinzième jour. La variolisation s'accompagne donc d'abord d'une éruption locale, développée au point d'inoculation, et ensuite d'une éruption générale discrète, avec atténuation des symptômes généraux et locaux ; quelquefois même l'éruption se localise tout à fait aux points inoculés ; d'autres fois la variolisation détermine, bien que très rarement, une variole confluente.

Chez les personnes, douées d'un certain degré d'immunité naturelle, ou ayant acquis une immunité relative à la suite d'une première atteinte de variole ou d'une inoculation de vaccin, la variole se caractérise par une éruption écourtée, abortive, n'atteignant pas le stade de suppuration ; on lui donne alors le nom de varioloïde.

Diverses complications graves peuvent se produire dans le cours de la variole (laryngite, œdème de la glotte, bronchite, broncho-pneumonie, pleurésie; péricardite, endocardite, aortite, myocardite; glossite, stomatite, abcès de la langue, gangrène de la bouche; abcès péripharyngiens; parotidites, œsophagite, gastrite et colite pustuleuses, péritonite; albuminurie; orchite, ovarite, gangrène de la verge, du scrotum, de la vulve; avortement, métrorrhagie; altérations musculaires; arthrites; abcès sous-cutanés; troubles psychiques, délire, mélancolie, troubles de la sensibilité, douleurs, anesthésie, troubles moteurs, paralysies, paraplégie, ataxie; lymphangites, phlegmons, adénites, furoncles, gangrènes cutanées; complications oculaires, conjonctivite, kératites, iritis, irido-choroïdite, cécité, etc.; otite; méningite, etc., etc.).

La maladie est plus ou moins grave suivant les épidémies, suivant les phases d'une même épidémie, suivant les saisons, etc. Elle occasionne une mortalité variant du tiers au quart des malades et pouvant atteindre un chiffre plus élevé ou s'en tenir à un chiffre moins fort. Toutes choses égales d'ailleurs, la maladie est plus grave quand la période d'invasion se caractérise par des symptômes plus intenses, quand l'éruption est plus abondante, confluente, compliquée d'hémorrhagies ou d'autres accidents, quand les malades n'ont été ni vaccinés, ni atteints une première fois de variole, quand ils sont plus jeunes, ou plus éloignés de la cinquantaine, quand ils appartiennent au sexe féminin, quand les femmes sont enceintes, quand les malades sont alcooliques ou débilités par une cause quelconque.

La lésion de la peau et des muqueuses, l'éruption, est la partie la plus intéressante de l'anatomie pathologique de la variole, c'est la lésion la plus constante et la plus caractéristique. Les germes de la maladie, arrêtés dans les vaisseaux papillaires, déterminent la congestion de ces vaisseaux, l'allongement des papilles, l'œdème inflammatoire du corps muqueux, la nécrose des cellules du corps muqueux, qui forment au centre de la pustule un disque dur interposé entre les papilles et la couche cornée de l'épiderme, lequel disque arrêtant le liquide venant des papilles cause l'ombilication des pustules. A la macule initiale succède l'élevure ou papule constituée par l'hyperhémie de la couche superficielle du derme et l'épaississement du corps muqueux de Malpighi. Quand la période vésiculeuse est arrivée, le corps muqueux de Malpighi est creusé de cavités anfractueuses cloisonnés par un réticulum formé de cellules altérées, et contenant du liquide exsudé, des cellules migratrices, des filaments de fibrine, des globules rouges (surtout en cas de variole hémorrhagique), des leucocytes (surtout nombreux quand la pustulation succède à la vésiculation). Les papilles dermiques correspondantes à la pustule sont hypertrophiées: elles ont leurs vaisseaux distendus, et leurs mailles, formées par les faisceaux du tissu conjonctif, sont remplies de cellules embryonnaires. Les microbes, qu'on suppose appartenir à la variole, se trouvent dans les cavités du corps muqueux et le long des travées qui les cloisonnent;

ce sont des microbes arrondis, ovoïdes, isolés ou associés : on en trouve aussi à la partie périphérique de la pustule, à la surface des papilles, dans les interstices lymphatiques. Ils se colorent bien par le violet de méthyle. Au niveau de la pustule, l'épiderme est altéré (dégénérescence vésiculeuse et nécrose), puis est envahi et détruit par le pus, qui infiltre aussi les papilles. Les mêmes microbes se montrent dans les lésions des muqueuses, du foie, du rein.

Le virus existe surtout dans les vésicules varioliques. Quelquefois la maladie se transmet par contact immédiat ; le plus souvent elle se transmet et se propage par le pus desséché et par les croûtes ou leur poussière que les objets recèlent ou que l'air transporte plus ou moins loin. Les croûtes et les poussières conservent longtemps leur virulence ; elles sont transportées par les meubles, les linges, les vêtements, les chiffons, les voitures, etc. La variole est transmissible à toute période, même durant la période d'invasion ou même pendant l'incubation ; mais c'est surtout après l'éruption, pendant la suppuration et durant la dessiccation, qu'elle se transmet. Son virus peut être absorbé par la peau lésée ou non lésée ; et la muqueuse des voies respiratoires semble sa principale porte d'entrée. Elle est transmissible de la mère au fœtus ; aussi a-t-on relaté de nombreux faits de fœtus morts-nés, d'enfants nés avec une éruption variolique ou avec des traces de cette éruption, ou d'enfants qui ont eu l'éruption quatre ou cinq jours après la naissance.

La variole ne récidive pas ; une première atteinte confère l'immunité. Mais cette immunité est loin d'être toujours absolue ; elle peut être incomplète ou de peu de durée ; on a vu des personnes qui ont eu plusieurs fois la variole ; on en a vu qui sont mortes d'une deuxième ou d'une troisième atteinte, alors qu'elles avaient été grêlées par une première. La vaccination donne pareillement l'immunité, mais une immunité moins complète et moins durable que celle qui est due à la variolisation ou à une première atteinte spontanée de la variole ; toutefois son influence semble pouvoir se faire sentir durant toute la vie de l'individu, et en général l'immunité qu'elle confère dure de huit à dix ans. La vaccine ne préserve pas toujours d'une manière absolue contre la variole ; mais, grâce à l'immunité partielle qu'elle donne, la variole est alors bénigne. Une vaccine intense préserve mieux qu'une vaccine légère. La multiplicité et l'aspect légitime des cicatrices vaccinales sont un gage d'immunité sérieuse ou tout au moins d'une aptitude peu accusée. La variole est plus fréquente et plus grave chez les non vaccinés que chez les vaccinés ; la variole confluente ne s'observe guère que sur les non vaccinés. Des individus obstinément réfractaires à la vaccine peuvent contracter une variole grave ; aussi, en temps d'épidémie, lorsque le vaccin ne prend plus, ou lorsqu'on en manque, on pourrait donner ou confirmer l'immunité par la variolisation. La mortalité par la variole est devenue d'autant plus faible que la vaccination a été de plus en plus pratiquée. On peut renouveler l'immunité par la revaccination.

La prophylaxie de la variole comporte l'application des mesures suivantes, qu'il est souhaitable de voir appliquer : 1° Déclaration obligatoire des cas de variole ; 2° Isolement des varioleux ; 3° Spécialisation de voitures pour le transport des varioleux ; 4° Désinfection de tout ce que le malade a pu souiller ; 5° Vaccination et revaccination, d'où nécessité de créer des instituts vaccinogènes.

Variolisation. — Bien longtemps avant la découverte de la vaccine, on avait réussi à atténuer les atteintes de la variole en pratiquant l'inoculation du virus même de cette maladie. En inoculant le virus variolique à petites doses et d'une certaine façon, on fait apparaître, avons-nous dit, une maladie qui a des allures différentes de la variole contractée spontanément, qui est moins grave et qui confère néanmoins l'immunité. De temps immémorial la variolisation avait été reconnue efficace et pratiquée en tant que moyen prophylactique en Asie et en Afrique. Les données positives sur cette opération ne remontent qu'au dixième siècle ; mais la pratique est beaucoup plus ancienne. Les Chinois employaient la variolisation à la fin du dixième siècle ; elle se répandit ensuite en Tartarie, en Géorgie, en Circassie ; au seizième siècle les Géorgiens et les Circassiens variolisaient les femmes pour éviter qu'elles ne fussent enlaidies par la petite vérole. La variolisation passa en Grèce, et fut introduite, vers le milieu du dix-septième siècle, à Constantinople, où elle devint usuelle. Elle fut introduite en Angleterre au commencement du dix-huitième siècle et s'y propagea. Elle fut successivement introduite aux Etats-Unis, en Hollande, en Suisse, en Italie, en Allemagne, en Autriche, en Russie, au Brésil, etc. Elle s'implanta en France à partir de 1732 ; mais elle s'y acclimata difficilement et attendit jusqu'en 1768 « ses lettres de naturalisation ».

Elle consistait à puiser le virus dans une pustule de variole spontanée ou inoculée et à l'insérer dans une région de la peau. Trois procédés avaient été employés pour réaliser cette insertion : A, on soulevait l'épiderme par l'application d'un emplâtre vésicant, puis on recouvrait la partie dénudée avec un plumasseau imbibé de matière variolique ; B, on pratiquait une incision superficielle, et on logeait, dans cette incision, un fil imbibé de virus variolique, on appliquait sur le fil pour le maintenir en place un emplâtre ; C, on faisait une piqûre sous-épidermique avec la pointe d'une lancette chargée de virus. Ce dernier procédé, dit procédé Suttonien, du nom de son inventeur Sutton, était le meilleur, le moins dangereux surtout.

La variolisation réalisait un progrès réel. Faite par le procédé des piqûres sous-épidermiques, elle donnait généralement une maladie plus bénigne que la variole spontanée, localisée aux points inoculés ou accompagnée d'une éruption plus discrète qui laissait moins de traces. Cependant elle occasionnait parfois des varioles graves et quelquefois des cas de mort, qui allaient de 17 p. 1,000 à 1 p. 300 et à 1 p. 80. En outre l'inoculation de la variole développa plus d'une fois des épidémies graves, étendit les foyers de contagion, et arriva à faire mourir autant de monde qu'en eût enlevé la variole spontanée, qu'on eût pu arrêter dans sa marche envahissante par des mesures de prophylaxie.

Si la variolisation pouvait être rendue inoffensive, grâce à une atténuation du virus variolique, elle constituerait encore un précieux moyen de prophylaxie. Mais des tentatives faites anciennement par des médecins, qui avaient essayé d'atténuer le virus variolique en le diluant avec du lait, de l'eau, des solutions alcalines, étaient restées infructueuses. Peut-être que de nos jours la question, si elle était reprise, pourrait recevoir une solution satisfaisante, grâce à une connaissance plus complète des moyens d'atténuation, d'autant mieux que, d'après les expériences de Chauveau, le virus variolique transplanté d'abord sur un animal bovin semble s'atténuer. Aujourd'hui la variolisation est généralement remplacée par la vaccination. Pourtant elle est encore restée en honneur chez les Arabes de notre colonie algérienne, qui y sont demeurés attachés par tradition; d'ailleurs il semblerait que la prophylaxie par cette pratique serait plus efficace en Afrique que celle de la vaccination et que de plus ses suites seraient généralement bénignes. Toutefois la pratique de la variolisation usitée en Algérie a eu pour conséquence d'entretenir des épidémies de variole. Aussi est-il à souhaiter que la vaccination soit rendue possible et facile, grâce à la création d'instituts vaccinogènes, où l'on préparera du vaccin en abondance en le cultivant sur le veau. Ajoutons enfin que telle qu'elle nous a été léguée par ses derniers partisans, elle mérite de ne pas disparaître complètement des pays où la vaccination est en honneur. En temps d'épidémie variolique, elle pourrait encore rendre des services, si le vaccin venait à faire défaut; l'inoculation suttonienne d'un virus recueilli sur un malade atteint de variole discrète pourrait être employée comme moyen prophylactique.

Histoire de la découverte de la vaccine. — La vaccine, avons-nous vu, est une affection déterminée chez l'homme par l'inoculation du produit de la bête bovine atteinte de cowpox ; et le cowpox procède lui-même du horsepox ou variole du cheval. Vaccine, cowpox et horsepox sont une seule et même maladie, dont le nom seul varie suivant l'espèce qui en est atteinte. Le virus de cette affection inoculé à l'homme le préserve de la petite vérole. C'est à Jenner qu'est due la découverte de cette propriété prophylactique de la vaccine; c'est lui qui a substitué la vaccination à la variolisation. Pourtant, si le génie de Jenner a doté l'humanité d'une découverte si importante et si bienfaisante, il est juste de dire que le terrain avait été préparé par ceux qu'on a appelés ses précurseurs.

Le cowpox et le horsepox avaient été observés longtemps avant la

II.   53

découverte de Jenner. Le cowpox avait été observé de temps immémorial dans divers pays, ainsi que sa transmission à l'homme ; en Perse, dans l'Inde, en Chine, dans l'Amérique du Sud, on connaissait même sa vertu prophylactique contre la petite vérole. En Europe, et surtout en Angleterre, en Allemagne, en Italie, même en France, le cowpox, son origine équine et ses propriétés antivarioliques étaient connus dans certaines contrées avant Jenner, qui devait mettre si bien à profit les données de la tradition populaire et saisir mieux qu'on ne l'avait fait jusque-là l'importance des faits observés. En Angleterre, on avait déjà une notion sérieuse de la vaccination prophylactique ; il était admis par tradition populaire dans le comté de Glocester que les personnes, employées à soigner ou à traire les vaches, étaient communément épargnées par la petite vérole, et celles qui avaient contracté accidentellement le cowpox se croyaient hors de danger. La même croyance existait en Allemagne, aux environs de Gœttingue, où on avait observé le cowpox, sa transmission aux personnes employées à traire les vaches malades, et constaté leur préservation contre la petite vérole. Elle existait aussi, cette croyance, dans le Holstein et le Mecklembourg, aux environs de Berlin, dans la Carinthie. En Italie il était d'un usage traditionnel, dans la vallée de la Sclave, de conduire les vaches malades près de ceux qui voulaient être vaccinés.

Avant 1713 on avait inoculé dans le Holstein et le Jutland la variole de la vache pour préserver de celle de l'homme. En 1713 Salger publia un petit traité sur la variole de la vache. Le comte de Lauraguais, ayant observé un cas de variole du porc qui se serait transmise à l'homme, avait proposé, un demi-siècle avant Jenner, de pratiquer sur les personnes l'inoculation prophylactique. Plus de vingt ans avant Jenner, Sutton et Fewster en Angleterre contrôlèrent l'exactitude de la croyance populaire, en inoculant la variole à des individus qui avaient pris le cowpox en soignant des vaches, et obtinrent un résultat négatif, qui démontrait bien l'immunité créée par la variole bovine ; ils conseillaient et pratiquaient d'ailleurs l'inoculation du cowpox. En 1769 Faust publia un écrit sur l'inoculation de la variole de la vache. En 1774, un fermier du Glocestershire, Benjamin Jesty, inocula le cowpox à sa femme et à ses fils, pour les préserver de la variole régnante. En 1780, aux environs de Montpellier, Rabaud-Pommier avait constaté que les personnes qui prenaient le cowpox, en trayant des vaches malades, étaient préservées contre la variole, et avait pensé que l'inoculation de cette maladie pourrait être aussi sûre et moins dangereuse que la variolisation. En 1781 Nash donnait, à propos de la vaccine, les deux conclusions suivantes : elle préserve de la variole ; les personnes réfractaires à la variole ne prennent pas non plus la vaccine.

Le horsepox ou grease était, comme le cowpox, connu par tradition avec ses vertus dans certains comtés d'Angleterre, dans le Holstein, dans les Cordillères des Andes. Bourgelat l'inoculait déjà aux chevaux pour les préserver.

Œuvre de Jenner. — Jenner s'installa à Berkeley, dans le comté de Glocester, comme médecin variolisateur, en 1775. En pratiquant la variolisation dans les campagnes, il remarqua que ses inoculations échouaient sur des personnes qui avaient contracté antérieurement la variole des vaches ou celle du cheval. Il apprit en outre que la variole de la vache était connue de tout temps, dans les fermes de ce pays, et qu'on croyait par tradition et par observation à son effet préservateur contre la petite vérole de l'homme. Il sut tirer parti de la tradition et des observations que le hasard lui avait offertes. Il constata que la maladie de la vache est inoculable à l'homme, qu'elle le préserve de la petite vérole et qu'elle n'occasionne jamais une éruption grave. Il remarqua que certaines personnes qui avaient contracté une éruption de la vache n'étaient pas préservées, et reconnut que les vaches étaient atteintes d'éruptions autres que le cowpox, qui étaient transmissibles à l'homme mais n'avaient pas l'effet préservateur de la vaccine. Il reconnut aussi que certaines personnes pouvaient ne pas être préservées, bien qu'elles eussent eu le véritable cowpox ; et il attribuait ce résultat à la dégénération du virus inoculé tardivement.

Jenner, éclairé doublement par ce que la tradition populaire lui apprenait et par les observations qu'il avait faites, eut recours à l'expérimentation pour contrôler les données acquises. Non seulement il vérifia que l'inoculation de la variole demeure sans effets sur les personnes qui ont eu antérieurement le cowpox ; mais il fit des inoculations directes de la vache à l'homme, pour s'assurer ensuite s'il en était résulté l'immunité contre la petite vérole. Il inocula d'abord à un enfant de huit ans le produit d'une éruption de cowpox, recueilli sur la main d'une servante, qui avait contracté la maladie en trayant une vache qui en était atteinte ; des boutons analogues à ceux de la vachère apparurent aux points inoculés. L'enfant fut ensuite inoculé à deux reprises avec du virus variolique sans résultat ; le cowpox inoculé lui avait donné l'immunité. Le produit des boutons de cet enfant fut inoculé à d'autres et donna les mêmes résultats ; les enfants résistèrent plus tard à l'inoculation et à la contagion varioliques. Jenner inocula ensuite, à un enfant de cinq ans et demi, le virus recueilli directement sur la vache, et obtint également une belle éruption, dont le produit fut inoculé de bras à bras à un deuxième enfant et de celui-ci à quatre autres et à des personnes adultes, toujours avec les mêmes résultats.

Il était donc bien définitivement établi, par l'observation et l'expérimentation, que la vaccine est le préservatif contre la variole. La vaccine était bien définitivement trouvée ; et son inventeur devait à juste titre recevoir le surnom de bienfaiteur de l'humanité, pour avoir substitué la maladie la plus bénigne à une affection redoutable. La vaccination prenait dès lors (1798-99) la place de la variolisation ; elle se propagea ensuite rapidement dans le monde entier et fit baisser considérablement le chiffre de la mortalité par la variole.

La recherche et la constatation du cowpox devenaient donc de la plus haute importance ; car, si le vaccin était transmissible de bras à bras, il était à désirer de pouvoir le puiser à sa source, afin de l'avoir plus pur et plus sûr. Mais Jenner ne s'en tint pas à la découverte de la vaccination. Il remonta à la source originelle de la vaccine, et reconnut qu'elle vient du cheval. Ici encore il fit sienne, pour lui donner sa véritable portée, l'opinion régnante dans le comté de Glocester. Il était en effet de tradition que les maréchaux ferrants résistaient souvent à la contagion variolique. Jenner reconnut qu'ils résistaient parfois aussi à l'inoculation variolique. Son enquête lui apprit que le cheval était sujet à présenter une maladie, appelée grease par les maréchaux, qui consistait dans une inflammation et un gonflement des talons et qui donnait un produit capable d'engendrer sur l'homme une éruption. L'immunité des ouvriers maréchaux était donc due à une contamination par le cheval. Il constata des faits de transmission d'une maladie éruptive du cheval à l'homme. Il reconnut que les garçons maréchaux, comme les vachers, avaient l'immunité contre la variole, quand ils avaient contracté aux mains une éruption pustuleuse, en pansant des chevaux atteints de grease. Il cita notamment le cas d'individus qui contractèrent l'éruption greasienne en pansant des chevaux atteints de grease, qui eurent une éruption accompagnée d'ulcères, et qui dans la suite furent en vain inoculés de la variole et exposés à la contagion variolique, ou ne présentèrent qu'une variole avortée et bénigne. Cependant un homme, qui avait contracté le grease, prit vingt ans après la variole, mais la maladie fut bénigne. Jenner inférait de ce fait de préservation incomplète que le virus du cheval devait passer par la vache pour avoir toutes ses vertus préservatrices.

Ayant constaté que le cowpox et le grease confèrent chacun de leur côté à l'homme l'immunité contre la variole, Jenner, apprenant d'ailleurs que la vaccine ou cowpox se manifestait dans les étables dont les vachers avaient des rapports avec des chevaux et ayant observé le cowpox dans des fermes où les vaches étaient soignées par des personnes qui soignaient en même temps des chevaux, s'exprimait ainsi : « Je crois qu'il ne peut exister le moindre doute relativement à l'origine du cowpox, étant bien convaincu qu'il n'a jamais lieu parmi les vaches que lorsque les domestiques chargés de les traire prennent soin en même temps des chevaux attaqués de grease, ou à moins que la maladie n'ait été communiquée au troupeau par une vache infectée. »...
« Il peut arriver que l'un de ces domestiques, après avoir pansé les talons d'un cheval affecté de grease, n'ait pas pris soin de se laver les mains et se mette à traire les vaches, sur les mamelles desquelles ses

doigts déposent quelques particules de matière infectieuse qui y était adhérente. Lorsqu'il en est ainsi, une maladie se communique aux vaches, et par les vaches aux filles de ferme, laquelle maladie se propage dans toute la ferme à tel point que le troupeau tout entier et tous les domestiques en ressentent les fâcheuses conséquences. »... « Il peut arriver que des hommes qui soignent les chevaux soignent en même temps les vaches et soient les agents de la transmission de la maladie de ceux-là à celles-ci. »

Jenner appuya sa manière de voir sur des faits d'observation très précis, relatifs à des personnes, qui, ayant pansé des chevaux atteints de grease, avaient ensuite contaminé des vaches et s'étaient contaminées avant ou après avoir transmis la maladie à la vache. Il cita notamment les faits suivants : 1° un domestique qui pansait des chevaux atteints de grease, était également chargé de traire les vaches de temps à autre ; les vaches furent atteintes de cowpox, puis l'individu eut des ulcères aux mains, et vingt-cinq ans plus tard il résistait à l'inoculation et à la contagion varioliques ; 2° un cheval atteint de grease est pansé par un homme qui soigne en même temps des vaches ; ces vaches contractent le cowpox et l'homme présente à son tour des ulcères aux mains ; 3° un homme qui panse un cheval à grease et est employé à traire les vaches, contamine toutes les vaches d'une première ferme sans être malade lui-même, puis devient malade à son tour et contamine les vaches d'une nouvelle ferme, où il est employé ; quelques années après l'inoculation de la variole ne prend pas sur lui ; 4° trois domestiques qui soignent alternativement une jument à grease contractent la maladie, et l'un d'eux étant employé comme trayeur contamine les vaches.

L'origine greasienne du cowpox se trouvait ainsi établie par l'observation. Des personnes ayant été en rapport avec des chevaux atteints de grease avaient ensuite transmis le cowpox aux vaches en les trayant. Le virus du grease passait du cheval à la vache par l'intermédiaire de l'homme, qui se contaminait lui-même, tantôt directement dans ses rapports avec le cheval, et tantôt après avoir déjà contaminé la vache. Jenner inocula à un enfant de cinq ans le virus équin recueilli sur une personne, qui avait contracté le grease, et obtint une éruption aux points inoculés.

En résumé, l'œuvre de Jenner se trouve analysée dans les propositions suivantes : les vaches sont sujettes à une éruption pustuleuse des mamelles tellement bénigne qu'on n'y fait ordinairement pas attention ; une tradition populaire apprend que les personnes préposées aux soins et à la traite des vaches sont communément épargnées par la variole ; Jenner s'assure d'abord que la tradition repose sur la réalité, il reconnaît que les vachers et vachères sont sujets à une éruption des mains, qui est due à une contamination par les vaches, et qui leur confère l'immunité contre la variole; il établit enfin l'origine gréasienne de la vaccine.

Jenner, après avoir démontré que « la source du cowpox est une matière morbide particulière développée sur le cheval », ne donna aucune indication nette des caractères de la maladie équine qui engendre le cowpox. Il désigna cette maladie par le nom de *grease* que lui donnaient les maréchaux, mais il ne la décrivit pas. Cependant certains passages de son travail et la nouvelle appellation qu'il donna à la maladie vaccinogène montrent nettement que, dans son idée, il s'agissait d'une maladie éruptive et d'une maladie éruptive générale. En effet il la désigna sous le nom de *sore heels* (*sore*, pustule, *heels*, talons); mais il ne croyait cependant pas qu'elle fût toujours localisée à la région podale, car, dans un passage, il en parle comme d'une maladie pouvant se produire sur des régions autres que le pied. Il l'observa à la partie supérieure de la cuisse d'un poulain ; des personnes qui soignèrent le malade transmirent son affection à vingt-quatre vaches, qui eurent le cowpox ; et ce cowpox fut transmis aux personnes qui les trayaient.

Bien que, pour Jenner, le grease semblât une maladie éruptive générale, les noms qu'il lui donna ne visaient que ses manifestations podales. Aussi confondit-on plus tard, et pendant assez longtemps, le grease avec les eaux aux jambes ou avec le javart. Une erreur de traduction (sore heels traduit par javart ou mal des talons, au lieu de éruption ou pustules des talons) et l'interprétation du mot grease, dans le sens d'eaux aux jambes, motivèrent cette confusion, qui fut commise en France, en Angleterre et en Italie. Toute confusion eût été cependant évitée si l'opuscule publié par Loy en 1802 eût été mieux connu.

Œuvre de Loy. — Loy (Loï), contemporain de Jenner, avait publié en 1802 un opuscule de la plus haute importance intitulé « *Récit de quelques expériences sur l'origine de la vaccine* ». Mais ce travail, après avoir été traduit en plusieurs langues et avoir eu d'abord un grand succès, tomba dans l'oubli, à cause de l'incurie des médecins et des vétérinaires pour les recherches bibliographiques, à cause de la négligence des médecins pour les choses de la vétérinaire. En 1802, quatre ans après le premier écrit de Jenner, la vaccination s'était déjà bien répandue. Jenner, sans nier l'identité de la vaccine et de la variole qu'il semblait plutôt admettre, avait fait provenir le vaccin du cheval. Loy, dans son écrit de quelques pages, trancha définitivement la question dans le sens de l'opinion de Jenner. Il démontra péremptoirement, par l'observation et l'expérimentation, que la vaccine tire son origine d'une maladie du cheval.

Il observa en 1801 un maréchal ferrant qui, en pansant un cheval atteint de grease, avait contracté une éruption pustuleuse aux mains; le mal fut bénin et sans fièvre, le sujet avait eu antérieurement la

variole. Loy observa ensuite un nouveau cas sur un jeune homme
qui n'avait pas eu la variole, et qui s'était contaminé en pansant
un cheval atteint de grease. Cette fois le mal fut plus grave ; il y eut
des pustules aux mains, surtout vers les racines des ongles, des traînées rougeâtres et douloureuses remontant jusqu'aux aisselles où se
forma une tumeur ; il y eut aussi, sur un sourcil, une pustule semblable
à celles des mains, déterminée sans contredit par le contact des doigts
(Jenner avait aussi observé des personnes qui avaient eu l'une des boutons sur les mains et sur le nez, l'autre sur la main et sur l'avant-bras) ;
il y eut enfin une fièvre considérable. Loy inocula à son propre frère,
qui n'avait pas eu la variole, le produit des pustules de ce second malade ; il vit d'abord apparaître un peu d'inflammation, et ensuite,
avec une légère fièvre, une éruption semblable à celle de la vraie vaccine ; le virus semblait s'être purifié par un premier passage sur
l'homme. Le même produit du deuxième malade de Loy fut inoculé
au pis d'une vache, où il détermina l'apparition d'une vésicule, dont la
matière inoculée au bras d'un enfant lui donna une belle vaccine, qui lui
permit de résister à une inoculation variolique pratiquée le sixième
jour après l'inoculation du virus issu du grease. Un autre enfant fut
pareillement inoculé avec le produit du deuxième malade de Loy ; le
succès fut complet ; l'enfant eut une belle vaccine ; et l'inoculation
variolique, pratiquée après la dessiccation des pustules vaccinales,
demeura sans effet.

Loy, ayant inoculé de la matière très limpide, prise sur le membre d'un
cheval atteint de grease, au pis d'une vache, obtint une vésicule de
couleur pourpre, dont le produit inoculé à un enfant donna l'éruption
vaccinale ; l'inoculation variolique pratiquée le neuvième jour après
l'insertion vaccinale demeura sans effets. La matière du cheval, qui
avait fourni le produit inoculé à la vache, fut inoculée directement à
l'enfant qui présenta les symptômes suivants : légère inflammation le troisième jour ; élevure le quatrième jour ; vésicule couleur pourpre le cinquième jour ; vésicule volumineuse et foncée les sixième et septième
jours ; frissons, nausées, vomissements, céphalalgie, élévation de la température, accélération de la respiration et de la circulation, sueurs ;
amendement le neuvième jour. Le sixième jour l'enfant avait été inoculé
avec du virus variolique, qui détermina de la rougeur et une petite vésicule sans autres effets ; son virus avait été inoculé à trois autres enfants,
sur lesquels il réussit, et qu'il préserva des effets du virus variolique,
qui, inoculé le dixième jour après l'insertion gréasienne, ne provoqua
qu'une très légère inflammation passagère.

Loy avait donc péremptoirement établi l'origine de la vaccine. De plus
ses expériences déterminaient à peu près le temps nécessaire à la vaccine
pour conférer l'immunité contre la variole ; dans deux, le virus variolique
ayant été inoculé le sixième jour de la vaccination donna lieu à un com-

mencement de travail qui s'éteignit vite, tandis que dans les deux autres le virus variolique ayant été inoculé plus tard il n'y eut aucun travail, si ce n'est dans une où le virus inoculé le dixième jour de la vaccination donna un très léger travail local. En sorte que, dix jours après une vaccination avec un bon virus, l'organisme peut avoir l'immunité contre la variole aussi complète que cette vaccination est susceptible de la lui donner (Auzias-Turenne a conseillé de compléter l'immunité donnée par la vaccine en inoculant le virus variolique au vacciné les septième et huitième jours après la vaccination ou bien de l'auto-inoculer avec son vaccin jusqu'à épuisement de réceptivité).

Loy, après que Jenner venait de citer un exemple d'infection naturelle de grease à la suite de laquelle la petite vérole n'avait produit aucun effet, avait donc démontré expérimentalement et péremptoirement que le grease, pris directement sur le cheval, ou transmis d'abord à la vache, ou transmis à l'homme, a la propriété de donner aux personnes une maladie préservatrice contre la petite vérole. Il avait conclu en disant que ses expériences démontraient que le grease est la source de la vaccine, et qu'il a les mêmes propriétés préservatrices après avoir été soumis à l'action du corps de la vache ou du corps humain. Il faisait observer qu'il n'avait noté des différences que dans le degré de l'inflammation locale, dans la fièvre, dans la couleur de la vésicule et dans le temps de son apparition, la matière du cheval occasionnant plus de fièvre et produisant un effet plus accusé sur l'homme que sur la vache, qui semble constituer un moins bon terrain. Il reconnut que la maladie ne se transmettait pas par l'air, que son virus agissait avec plus de douceur et moins de promptitude, quand il avait passé déjà sur la vache ou sur l'homme. Il remarqua que la couleur pourpre des pustules, qui proviennent de l'inoculation directe du grease au pis de la vache et au bras de l'enfant, ne se montre pas sur l'homme ou sur la vache inoculés avec le virus qui a déjà passé par le corps de l'homme ou de la vache. Il remarqua enfin que la petite vérole empêche l'action du grease, comme il empêche lui-même celle de la petite vérole.

Les contemporains et compatriotes de Jenner, Coleman, Simmons, Woodville avaient pratiqué des expériences qui tendaient à infirmer l'opinion de l'inventeur de la vaccine sur l'origine de cette maladie; Loy leur opposa les résultats démonstratifs de ses propres expériences et expliqua leurs insuccès par la manière dont on avait employé le virus gréasien. Il fit remarquer : que la matière qui suinte des talons des chevaux à grease se convertit rapidement en croûte qui adhère aux poils et à l'épiderme; que la sécrétion continue au-dessous de la croûte; que la matière sécrétée peut s'altérer et perdre plus ou moins complètement sa qualité, au point de déterminer une maladie imparfaite ou de ne produire aucun effet, et de ne pas préserver ou de préserver incomplètement de la petite vérole; qu'elle peut, étant viciée, déterminer des accidents inflammatoires. Il dit s'être servi, dans les expériences qui ont réussi, d'une matière liquide recueillie sur l'ulcère même; tandis que Simmons, qui échouait, employait un produit vicié. Il dit que le grease doit être récent pour produire des effets. Il avait inoculé sans succès un grease du cheval à la vache. D'ailleurs il reconnaissait deux sortes de grease différant entre eux par la propriété de donner la vaccine aux animaux ou à l'homme. Il avait appris et il avait constaté que les chevaux, qui donnaient la maladie à ceux qui les pansaient ou qu'on inoculait, en étaient attaqués localement et constitutionnelle-ment, ayant de la fièvre et une éruption sur le corps en même temps qu'aux talons, tandis que ceux qui ne donnaient pas la maladie n'a-vaient qu'une affection locale.

La distinction, faite par Loy, expliquait les insuccès de Simmons, de Woodville, ainsi que ceux des expérimentateurs qui dans la suite inoculèrent les eaux aux jambes ou le javart : on inoculait le grease local et non le grease constitutionnel. Loy connaissait donc le grease vaccinogène; il le distinguait du grease ordinaire, en le dénommant grease constitutionnel; il disait que le grease constitutionnel, le seul qui pos-sédât la faculté antivariolique, était accompagné non seulement d'une éruption à la région podale, mais d'une éruption, sur la plus grande partie du corps, de pustules disséminées sur les diverses parties de la peau. Il ne connut pas l'éruption buccale, et il ne donna pas assez de détails descriptifs; mais néanmoins ses vues et ses données étaient exactes. Il détermina l'époque à laquelle le grease est inoculable, et indiqua à peu près la durée de son inoculabilité ainsi que le moment de sa plus grande activité.

Loy avait donc bien vu ; une maladie déjà existante, telle que une plaie, un javart, etc., facilite naturellement la contamination par le virus greasien; et dès lors il a dû arriver parfois que deux affections coexistaient, l'une masquant l'autre ; il a dû d'ailleurs arriver plus d'une fois que des personnes contaminées de grease ont attribué la contagion à la maladie ordinaire du pied et ont méconnu celle qu'elles s'étaient inoculée et qui siégeait ailleurs, voire même sur un autre cheval.

En résumé Jenner, s'emparant de la tradition, avait considéré le grease comme la source de la vaccine ; il considérait cette maladie comme une affection éruptive ; et, d'après le nom de sore-heels qu'il lui donnait, on pouvait croire qu'il la considérait comme se localisant aux talons, bien qu'il l'eut observée sur la cuisse d'un poulain. Mais Loy avait nettement affirmé la nature éruptive de cette affection et son extension ailleurs que dans la région podale ainsi que son invasion fébrile. Malheureusement le traducteur de Jenner a contribué à faire prendre le grease vaccinogène pour les eaux aux jambes ou le javart; et l'opuscule de Loy, bien qu'il eut été traduit, était tombé aussitôt dans l'oubli, pour n'en être tiré que bien longtemps après par Auzias-Turenne et Bouvier. Aussi, après Jenner et Loy, pendant que la vaccine se propageait. il y eut aberration partout, en Angleterre, en France, en Italie, en Allemagne, au sujet de la véritable origine du vaccin; on chercha le vaccin dans le produit des eaux aux jambes et dans le javart, tandis que la véritable maladie vaccinogène était méconnue.

Divers. — En Angleterre c'étaient les affirmations de Coleman qui l'emportaient sur celles de Jenner. Coleman, et après lui Percival, soutenaient que le grease n'engendre pas le cowpox, parce qu'ils confondaient le grease ordinaire (eaux aux jambes) et le grease constitutionnel ou vaccinogène. En France même aberration procédant de la même confusion; sur la foi de Jenner mal compris, et par ignorance ou inintelligence du travail de Loy, on chercha aussi le vaccin dans les eaux aux jambes. En Italie on le chercha dans le javart, à cause de la dénomination de sore-heels (mal des talons) adoptée par Jenner, qui pourtant avait considéré la maladie vaccinogène comme une affection éruptive. Ordinairement ces tentatives restèrent sans succès, mais parfois on obtint le cowpox, soit que le grease vaccinogène se fût greffé sur l'une de ces maladies, soit qu'il la simulât; et, faute d'avoir lu ou faute d'avoir compris Jenner et Loy, on persistait dans l'erreur. L'idée de faire sortir du javart une maladie éruptive et l'idée de transformer les eaux aux jambes en une maladie virulente nous semblent aujourd'hui pour le moins bizarres. Husson, qui connaissait l'écrit de Loy, prenait le grease constitutionnel pour les eaux aux jambes.

Sacco, de Milan, avait confirmé par des expériences la théorie de Jenner sur la connexion du grease et du cowpox. Lafont, médecin français établi à Salonique, avait obtenu (1803) les mêmes résultats que Sacco; il avait appris des paysans albanais que le cowpox existait dans le pays qu'il habitait. Les maréchaux-ferrants de Salonique connaissaient le grease, que Lafont appelait javart, et ils distinguaient un javart phlegmoneux, un javart scrofuleux et un javart variolique, accompagné d'une éruption semblable à la petite vérole. En inoculant le produit des ulcères de cette troisième variété de javart, Lafont avait obtenu, sur des enfants, des pustules semblables à la vaccine. Ce javart variolique des maréchaux de Salonique était donc le grease constitutionnel de Loy. Les enfants vaccinés avec le virus pris directement sur le cheval eurent une fièvre plus forte que ceux vaccinés avec le virus préalablement transplanté sur d'autres enfants. Une vache inoculée en même temps que les enfants avec le virus du cheval n'eut rien, ce qui fit penser à Lafont que l'organisme de la vache constituait un mauvais terrain pour régénérer le vaccin. Sacco aurait vacciné 83 chevaux en vue de les préserver de la gourme, et c'est peut-être ce fait qui a inspiré à M. Trasbot l'idée d'identifier la maladie vaccinogène et la gourme.

Un écrit de Prague (1833) du chevalier Jean de Caro enseignait que le grease vaccinogène peut affecter diverses régions et être simulé par diverses maladies. En 1834 la *Gazette médicale de Berlin* relatait le fait suivant : en 1830, à la suite de l'entrée à l'École vétérinaire de Berlin d'un certain nombre de chevaux atteints de grease, le professeur Hertwig et onze élèves furent contaminés.

Quoi qu'il en fût, on connaissait mal les exanthèmes varioliformes du cheval, et on leur donnait des noms spéciaux qui contribuaient à égarer les chercheurs. H. Bouley avait observé assez souvent à Alfort le grease constitutionnel dans les régions de la tête et particulièrement dans les cavités nasales ; et en 1843 il en avait fait l'objet d'un mémoire spécial, où il le décrivait comme une affection particulière, qu'il désignait sous le nom d'herpès phlycténoïde « sans avoir le moindre soupçon qu'il avait sous les yeux » le grease vaccinogène. Il l'avait observé sur des sujets isolés, sans avoir eu connaissance d'aucun fait de transmission au cheval, à la vache ou à l'homme. Il ignorait, comme ses contemporains, que le grease vaccinogène de Jenner pût s'accuser par une éruption généralisée et qu'il pût exister sans l'éruption de la région podale. Tout en constatant les analogies que présentait cette affection avec la morve aiguë par l'éruption et l'écoulement du nez, il la distinguait et la différenciait de la vraie morve, en reconnaissant sa bénignité et en substituant à son nom de morve volante celui d'herpès phlycténoïde.

Pendant le temps qui s'écoula jusqu'à la vulgarisation du travail de Loy, le grease constitutionnel avait été vu souvent sans être reconnu ; suivant les régions où il avait été observé, il avait reçu les noms de rhinite pemphygoïde, d'herpès phlycténoïde, de stomatite aphteuse, et l'origine équine de la vaccine restait obscure.

En 1860, se présenta un fait d'une importance capitale dans l'histoire de la découverte de l'origine de la vaccine et de la détermination de la maladie vaccinogène. Au printemps de 1860, à Rieumes, peu éloignée de Toulouse, régna une maladie contagieuse, épizootique, pustuleuse, qui se caractérisait principalement par des éruptions aux extrémités, aux membres, sur différentes régions du corps, aux narines, aux lèvres, aux fesses, et à la vulve. En moins de trois semaines, on l'observa sur plus de cent animaux ; elle fut étudiée et décrite par Sarrans, vétérinaire de la localité. Elle s'annonçait par une fièvre légère ; bientôt se montraient des symptômes locaux, un engorgement des jarrets, de nombreuses petites pustules à la surface des parties tuméfiées qui étaient chaudes et douloureuses ; en 3-5 jours le pli du paturon devenait le siège d'un écoulement ou suintement purulent qui durait 8-10 jours, pendant lesquels l'inflammation s'atténuait graduellement ; puis les pustules se desséchaient, et les croûtes commençaient à tomber, avec des faisceaux de poils hérissés, dès le quinzième jour, laissant après

elles des cicatrices plus ou moins marquées. Sarrans ne saisit pas la signification de cette affection au point de vue de sa propriété vaccinogène ;
mais il reconnut que la maladie s'était propagée aux juments, conduites
à la monte, par les entraves appliquées à une première bête qui présentait l'éruption aux paturons. Une des juments malades fut conduite
par son propriétaire à l'École vétérinaire de Toulouse, où le professeur
Lafosse constata : des symptômes fébriles d'abord ; puis de la difficulté
de la marche résultant d'un gonflement chaud et douloureux de l'extrémité du membre postérieur gauche, le hérissement des poils, et des pustules sur la partie tuméfiée, ainsi que le suintement d'une matière liquide
à odeur ammoniacale. Lafosse pensa d'abord à l'existence des eaux aux
jambes aiguës ; mais, comme il croyait, à l'instar de bien d'autres, que
le cowpox procédait des eaux aux jambes, il inocula le produit de la
maladie à une vache, qui eut, huit jours après l'inoculation, une éruption
de pustules plates, larges, fermes, régulièrement circulaires, ombiliquées. C'était bien la vaccine. Une seconde vache, inoculée avec le
produit des pustules de la première, eut un beau cowpox, qui fut
ensuite transmis à un enfant et à un cheval, sur lesquels il donna une
belle éruption vaccinale. Un deuxième enfant, inoculé avec le produit
de ce cheval, eut à son tour un beau vaccin. Lafosse avait retrouvé la
maladie vaccinogène.

Urbain Leblanc, étant allé à Toulouse, reconnut que la maladie dont le
produit avait été inoculé était différente des eaux aux jambes; et
Lafosse, revenant de sa première idée, après avoir reconnu les caractères de l'éruption podale et sa dissémination sur diverses parties du
corps, notamment aux lèvres et autour des narines, distingua cette
maladie des eaux aux jambes même aiguës, avec lesquelles elle n'avait
qu'une ressemblance tirée de son siège et d'un flux humoral abondant.
Les faits de Ricumes et de Toulouse furent communiqués à l'Académie
de médecine par Bousquet en 1862.

Désormais les eaux aux jambes étaient dépouillées de la propriété
d'engendrer le vaccin. Il devenait évident qu'on avait confondu avec elles
la vraie maladie vaccinogène, qui, tout en se caractérisant par des
symptômes dans l'extrémité des membres, différait d'elles par les dits
symptômes, par sa généralisation, par son évolution et sa transmissibilité.

A ce moment H. Bouley prit le parti d'inoculer à la vache toutes les
maladies du cheval ayant un caractère éruptif, qu'il pourrait rencontrer
dans sa clinique à Alfort, en vue de retrouver la maladie vaccinogène.
Il eut la main heureuse; la première maladie qu'il inocula fut celle
qu'il avait regardée jusque là comme une affection aphteuse; il en
obtint le cowpox. Cette maladie était localisée à la tête ; elle se caractérisait par un nombre considérable d'ampoules, grosses comme des
pois, semblables à des perles, siégeant sur la muqueuse des lèvres, de

la face inférieure de la langue, des joues, des gencives, du canal lingual, lisses, sans dépression, contenant un liquide clair, se transformant en plaies lenticulaires, finement chagrinées. H. Bouley émit d'abord cette singulière hypothèse que plusieurs maladies du cheval pouvaient donner le cowpox ; mais il ne tarda pas à reconnaître que les aphtes vaccinogènes n'étaient qu'un des symptômes d'une maladie constitutionnelle, qui avait bien d'autres manifestations et qui en présentait notamment d'essentielles à la peau.

Il reconnut : que la maladie du cheval qui donne le cowpox ou vaccine peut affecter des formes et des localisations diverses ; que son éruption peut se produire sur toute la surface du corps, ou se concentrer soit à la partie inférieure des membres, soit autour des narines et des lèvres, soit dans la bouche, soit dans les cavités nasales ; que, suivant le siège de son éruption, elle peut offrir des caractères de ressemblance extérieure, soit avec les eaux aux jambes, soit avec la stomatite aphteuse, soit avec la morve aiguë ; qu'elle peut coïncider avec le javart cutané ou cartilagineux ; qu'elle peut se compliquer de lymphangites avec abcédation, d'adénites, et simuler le farcin ; que, sous toutes ses formes, elle est *une*, toujours identique à elle-même, toujours inoculable à la vache et à l'enfant, toujours productive de cowpox ou de vaccine. Pendant l'année 1863 il observa à Alfort la maladie vaccinogène sous toutes ses formes : tantôt localisée à la partie inférieure des membres et y occupant une étendue plus ou moins considérable ; tantôt coïncidant avec le javart ; tantôt envahissant tout le corps, mais plus marquée aux extrémités et à la tête ; tantôt limitée, soit à un membre, soit aux cavités nasales et autour des narines, avec accompagnement de lymphangites, et simulant plus ou moins la morve et le farcin, soit à la muqueuse buccale.

Non seulement H. Bouley obtint le cowpox, en inoculant le produit du cheval à la vache, et la vaccine, en transportant le produit de la vache sur l'enfant, mais il constata aussi un cas de transmission accidentelle du cheval à l'homme. Un cheval opéré du javart eut la maladie vaccinogène sur le membre opéré ; et l'élève qui le soignait contracta le grease à la suite d'une blessure qu'il s'était faite à la main ; la plaie se tuméfia et devint douloureuse ; des pustules apparurent ensuite sur les doigts, au front, au niveau de la racine du nez, entre les deux sourcils ; ces pustules étaient d'une teinte rouge nuancée de bleu à leur base, bien développées, surmontées d'une cloche épidermique très grosse contenant un liquide limpide ; elles furent précédées de symptômes de malaise et de faiblesse ; il y eut de la fièvre, des lymphangites, des adénites à l'aisselle et au cou. Le produit de cette éruption donna le cowpox au taureau, et le produit de ce dernier donna la vaccine à l'enfant.

Le problème de l'origine équine de la vaccine, déjà résolu par Jenner, Loy, Lafont, mais dont la solution avait été perdue, venait d'être résolu de nouveau, lorsque l'écrit de Loy fut remis en lumière. Quand la question de l'origine de la vaccine fut discutée devant l'Académie de médecine, Bouvier avait fait connaître le mémoire de Loy; mais ce furent les recherches de H. Bouley, qui dissipèrent tous les nuages, toutes les incertitudes et tous les équivoques. Dès lors il fut bien péremptoirement et définitivement établi : que la maladie, appelée *grease constitutionnel* par Loy, *horsepox* par H. Bouley, et *grease pustuleux* par Auzias-Turenne, était bien la source du cowpox; que le *horsepox*, le *cowpox* et la *vaccine* étaient identiques; que le virus de ces trois affections était unique. Dès lors enfin il fut démontré d'une manière définitive qu'on peut obtenir le cowpox et la vaccine en inoculant soit le produit de l'éruption podale, soit le produit de l'éruption nasale, soit le produit de toute autre éruption. Dès lors il fut définitivement acquis que le horse-pox engendre la vaccine, quelle que soit sa forme et quel que soit le siège de son éruption. Dès lors il fut enfin établi que le grease ou sore-heels de Jenner, le grease constitutionnel de Loy, le jávart inoculable de Sacco, les eaux aux jambes inoculables, la maladie vaccinogène, l'herpès phlycténoïde, etc., sont bien une seule et même affection, le horsepox, qui donne le cowpox et la vaccine. Le virus du cheval donne le cowpox à la vache et la vaccine à l'enfant; le virus de la vache donne le horse-pox au cheval et la vaccine à l'enfant; celui de l'enfant donne le horsepox au cheval et le cowpox à la vache; le cheval, la vache et l'enfant qui l'ont reçu acquièrent l'immunité contre le même virus et contre la variole. Le cowpox provient donc du horsepox, et les cas, assez rares d'ailleurs, de cowpox spontané résultent d'une transmission opérée du cheval à la bête bovine, par l'intermédiaire de l'homme, qui en prend les germes dans ses rapports avec les chevaux ayant le horsepox. En effet le cowpox dit spontané ne se montre guère que sur la vache et seulement sur la mamelle ou les trayons; tandis que, chez les solipèdes, femelles et mâles la présentent indistinctement et montrent des éruptions dans diverses régions du corps, surtout à la tête, aux membres, aux organes génitaux.

En outre, les expériences de Chauveau ont démontré qu'on obtient chez le cheval un horsepox analogue à celui dit spontané, qui résulte de la contagion naturelle, en faisant ingérer ou inhaler, ou en injectant le virus vaccin dans le tissu sous-cutané ou dans un vaisseau sanguin ou lymphatique; tandis qu'il ne lui est jamais arrivé d'obtenir un cowpox généralisé, et de plus l'injection sous-cutanée et l'injection intraveineuse de vaccine ne lui ont jamais donné une éruption sur la bête bovine.

Pendant que l'Académie de médecine discutait sur les questions qu'avait soulevées la confirmation de la découverte de Jenner, de Loy

et de Lafont, des travaux de la plus haute importance se produisaient :
les travaux de Chauveau sur les virus ; ceux de la Commission
Lyonnaise, auxquels Chauveau prit la part la plus active et qui
seront analysés plus loin. Dans la suite encore d'importants travaux
ont été faits ; les résultats obtenus seront consignés plus loin. Nous
aurons notamment à faire profit des études de Chauveau relativement à l'aptitude vaccinogène des diverses espèces sur lesquelles la
vaccine est cultivée, etc.

HORSEPOX.

(Grease pustuleux. — Variole du cheval.)

Le *Horsepox* est la maladie éruptive du cheval qui donne le cowpox
à la vache et le vaccin à l'enfant. On lui a appliqué de nombreuses appellations, notamment les suivantes : *Grease, Sore-heels, Grease constitutionnel, maladie de Jenner, maladie de Loy, maladie greasienne, grease
anti-variolique, grease pustuleux ou vésico-pustuleux, variole du cheval,
maladie vaccinogène, exanthème vaccinogène ouvaccinal, Horsepox, javart inoculable, eaux aux jambes inoculables, morve volante, farcin bénin,
rhinite pemphygoïde, picotte, stomatite aphteuse, herpès phlycténoïde
vaccinogène, exanthème coïtal, vésicle équine,* etc.

La maladie vaccinogène n'est point rare chez le cheval ; elle était fréquente en Angleterre du temps de Jenner et de Loy. Elle a été d'ailleurs
observée assez souvent en France ainsi que dans d'autres pays ; elle se
montre sur les chevaux entiers, les chevaux hongres, les juments, les
ânes et les ânesses. Mais elle est souvent tellement bénigne qu'elle passe
inaperçue ; toutefois elle peut se montrer par moments à l'état épizootique dans certaines localités. Elle a une évolution successive ; elle s'annonce par un mouvement fébrile ordinairement peu accusé, qui précède
de 3 à 4 jours l'éruption ; puis apparaissent des macules (visibles seulement dans les parties où la peau n'est pas pigmentée et sur les muqueuses) qui se transforment en élevures, en papules, vésicules, pustules.
L'éruption se montre de préférence sur certaines régions de la peau, à
la région podale, aux lèvres, au pourtour des naseaux, et sur certaines
muqueuses, sur la muqueuse buccale, sur la muqueuse nasale ; mais
elle peut apparaître sur la peau de tout le corps, sur la conjonctive,
sur la muqueuse vulvo-vaginale, au pourtour de la vulve, au périnée,
sur les organes du mâle, sur l'anus. L'éruption est parfois localisée dans
une région, à la bouche, autour des ouvertures nasales et buccale, à la
sphère des organes génitaux, etc. ; mais le plus souvent elle est plus
ou moins généralisée, se montrant à la fois sur la peau et sur certaines
muqueuses, tout en étant plus abondante dans quelques régions, telles

que l'extrémité podale, la région des lèvres, celle des organes génitaux. L'éruption buccale coïncide ordinairement avec celle de la peau; quelquefois elle se montre seule. Celle de la pituitaire accompagne ordinairement celle de la face, celle des lèvres et des naseaux.

Évolution de l'éruption greasienne. — Le symptôme local du horsepox, comme celui du cowpox et de la vaccine, est une éruption, une vésicule, une pustule, une vésico-pustule. La vésicule est plus superficielle; l'inflammation atteint moins profondément le derme que dans le cas de pustule; le contenu de la vésicule reste plus séreux que celui de la pustule. Dans l'un comme dans l'autre cas, l'épiderme est soulevé; mais l'inflammation est plus profonde, quand il s'agit de la pustule, qui est d'ailleurs entourée d'une auréole plus ou moins enflammée, alors qu'une semblable auréole fait défaut autour de la vésicule. La vésicule et la pustule se détruisent assez rapidement; mais les désordres résultant de la vésicule sont moins profonds et plus vite réparés. Quand on enlève la pellicule épidermique, qui recouvre l'une et l'autre éruption, on a dans un cas une plaie très superficielle, et dans l'autre une plaie un peu plus profonde, cupuliforme. En se desséchant la vésicule ne donne qu'une mince lamelle croûteuse et ne laisse pas de cicatrice visible; tandis que la pustule se couvre d'une croûte plus épaisse et laisse une cicatrice nettement visible, au moins pendant quelque temps. D'ailleurs l'éruption greasienne est plus ou moins franchement pustuleuse ou vésico-pustuleuse ou simplement vésiculeuse, suivant son siège, suivant les régions, suivant qu'elle évolue sur la peau ou sur une muqueuse.

Éruption de la peau. — Diverses régions de la peau, les paturons, les membres, le périnée, le plat des cuisses, la région des organes génitaux, le tronc, la tête, les lèvres, peuvent être le siège des éruptions gréasiennes. Les éruptions de la peau consistent en vésicules et surtout en vésico-pustules; quelquefois, par suite d'avortement, certains accidents éruptifs restent à l'état de simples papules.

Les vésico-pustules gréasiennes intéressent le derme plus ou moins profondément; elles consistent dans une inflammation congestive de faible étendue. L'inflammation initiale s'accompagne rapidement d'une exsudation plus ou moins abondante suivant le degré de congestion; et le produit exsudé, traversant les couches inférieures de l'épiderme, arrive dans la couche moyenne du corps de Malpighi et s'y arrête, en soulevant les couches superficielles formées de cellules cornées très adhérentes, qui ne se laissent ni traverser ni désunir. On peut diviser, en trois périodes ou phases successives, l'évolution de la vésico-pustule du horsepox: une période initiale, de congestion, d'inflammation et d'exsudation; une période d'état, caractérisée par l'accumulation du produit exsudé en dessous de la couche cornée de l'épiderme, d'où résulte un changement des caractères et de l'aspect de l'éruption; une période finale, durant laquelle la vésico-pustule se modifie profondément pour se détruire et disparaître. Le produit de l'éruption s'épaissit à la troisième période et se transforme souvent en matière purulente ; toujours, à un certain moment, l'éruption se dessèche et se couvre d'une croûte, qui plus tard se desquame, mettant à nu une tache cicatricielle, plus ou moins apparente, résultant d'un travail de réparation effectué en même temps que la dessiccation.

La vésico-pustule greasienne s'annonce par une ecchymose, par une tache rouge, de grandeur variable, ordinairement peu étendue, ne dépassant guère en surface celle d'une pièce de vingt centimes, visible seulement sur les animaux à robe claire, dans les régions à peau fine et peu garnie de poils, invisible sur les animaux à peau pigmentée. Cette congestion initiale est provoquée par l'arrêt et la greffe des éléments virulents dans les capillaires du corps papillaire du derme, qu'ils irritent, dont ils gênent ou empêchent le fonctionnement et déterminent la congestion (stase du sang). L'ecchymose initiale, d'abord peu ou pas en relief, devient progressivement saillante, et forme bientôt une élevure visible à l'œil et appréciable au toucher, lenticulaire, ferme, dure et résistante à la pression du doigt. Bientôt l'élevure pâlit dans sa zone centrale, sa partie excentrique restant rouge. L'examen microscopique des pustules, arrivées à ce degré de développement, fait constater l'état congestionnel des capillaires du corps papillaire du derme, ainsi que le mouvement d'exsudation et de diapédèse qui entraîne le plasma sanguin et de nombreux globules blancs, qu'on voit en quantité autour des vaisseaux.

Il y a donc ecchymose d'abord, puis ecchymose devenant proéminente, et ensuite élevure tendant à se transformer en pustule.

L'exsudation et la diapédèse continuant à travers les parois des vaisseaux congestionnés, l'éruption devient de plus en plus proéminente et se modifie. L'élevure devient hémisphérique ou discoïde, et se transforme en vésicule ou en pustule, dès le quatrième jour après l'apparition de l'ecchymose. Ordinairement elle se transforme en vésico-pustule, se creusant d'une ou de plusieurs cavités, où s'accumule le produit exsudé des vaisseaux. Dès lors, l'éruption change d'aspect et de caractères, devient moins ferme, moins dure, bleuâtre ou gris de suie sur la peau pigmentée du cheval, gris-jaunâtre, ou plus ou moins grisâtre, mais tendant à devenir sombre, sur les régions non pigmentées, restant encore entourée d'une auréole rougeâtre ou rosée, visible seulement quand la robe est claire et ne tardant pas à s'effacer. Elle est grosse, tantôt comme une tête d'épingle, tantôt comme une lentille, comme un pois, et même comme un haricot ou au-delà, suivant les régions ; celles qui résultent directement d'une inoculation accidentelle ou expérimentale sont ordinairement les plus développées. L'épaisseur ou la proéminence des vésico-pustules greasiennes atteint deux, trois ou quatre millimètres. Arrivées à leur complet développement, elles se montrent tantôt régulièrement arrondies, tantôt aplaties; souvent elles deviennent ombiliquées, déprimées à leur centre et comme renflées sur leurs bords, qui sont gonflés par le contenu. Mais ce caractère, qui peut être plus ou moins nettement accusé, est loin d'être constant; il se montre surtout dans les pustules qui résultent de l'inoculation. On observe d'ailleurs des variations plus ou moins accusées suivant que les pustules ont été ou non grattées, irritées. La base des vésico-pustules est plus ou moins en relief, elle est plus étendue généralement que la partie superficielle; elle est foncée au début, ensuite elle devient plus pâle; elle est ferme, dure, sous la pression du doigt.

Les vésico-pustules du horse-pox peuvent être plus ou moins nombreuses et plus ou moins disséminées sur la surface du corps; quelquefois elles sont discrètes, d'autres fois elles sont confluentes; ordinairement elles se montrent plus nombreuses et plus volumineuses à l'endroit où le virus a été absorbé. On peut alors les voir larges, circulaires, empiétant parfois les unes sur les autres, plus ou moins agglomérées par groupes comme on peut en trouver en arrière du pied, aux commissures des lèvres, sur la lèvre, sur le bout du nez, etc. Il arrive souvent qu'un engorgement se produit dans les ganglions, où se rendent les lymphatiques de la région malade.

En enlevant l'épiderme qui recouvre la pustule, on voit suinter un liquide limpide, séreux, parfois un peu sanguinolent, ordinairement clair ou un peu jaune, formé d'un plasma contenant en faible quantité des éléments figurés (leucocytes, cellules épidermiques, granulations, microbes), virulent, mais moins riche en virulence que le produit obtenu en raclant la surface de la pustule dénudée, perdant d'ailleurs sa virulence ensuite, au fur et à mesure que la pustule devient purulente. La pustule, dépouillée de son épiderme, montre un aspect pointillé en cul de dé, qui témoigne de son état multiloculaire; elle laisse exsuder son produit, qui se coagule de façon à lui donner, sous forme de croûte, un revêtement en dessous duquel le travail de réparation s'opère plus tard, comme si la pustule était restée intacte.

La période de sécrétion commence 3-4 jours après l'apparition de l'ecchymose, et dure trois ou quatre jours; c'est durant son cours que le produit est le plus convenable pour des inoculations, soit les 4e, 5e, 6e jours après l'inoculation s'il s'agit du horse-pox inoculé.

Sept ou huit jours après l'apparition de l'ecchymose initiale, la pustule se déforme, s'affaisse, s'aplatit; son contenu s'épaissit, devient blanchâtre, trouble, purulent à la fin, moins virulent mais plus irritant; quelquefois la pustule se transforme en petit abcès, qui s'ouvre ensuite et laisse une petite plaie. Le plus souvent le contenu, après s'être épaissi, se dessèche et forme, avec l'épiderme, une croûte, commençant par le centre de la pustule et envahissant toute sa surface, brunâtre.

grisâtre, jaunâtre ou moirée, plus ou moins épaisse, sèche à sa surface, restant encore un certain temps humide en dessous. Quand on enlève la croûte encore adhérente, on met à découvert une petite plaie, superficielle, circulaire, cupuliforme, finement granuleuse, pointillée, rose ou un peu grisâtre. La croûte une fois formée, la pustule se dessèche; le travail de cicatrisation s'opère en dessous de la croûte, qui se dessèche complètement, et se détache ensuite du 15ᵉ au 20ᵉ ou 25ᵉ jour après le début de l'éruption, mettant à nu la cicatrice toute formée, circulaire, gaufrée, quelquefois un peu déprimée, d'un blanc mat, un peu plus claire que le tissu voisin, mais se confondant bientôt avec lui ou étant masquée par les poils.

Quelquefois certaines pustules donnent lieu, quand elles sont irritées, à des plaies suppurantes, et alors la cicatrice reste plus ou moins apparente. Elle est d'ailleurs plus visible et plus large, à la suite d'une vésico-pustule résultant de l'inoculation.

Quand le grease pustuleux a été contracté spontanément par un cheval, on observe des vésico-pustules pendant une quinzaine de jours à divers degrés de développement. Lorsque la maladie a été inoculée pendant l'hiver, et lorsqu'il n'y a qu'une éruption locale, les vésico-pustules sont plus larges et durent plus longtemps. Quand, à la suite de l'inoculation, il se forme, non seulement des pustules aux points inoculés, mais en outre une éruption secondaire, les premières se montrent à des phases diverses d'évolution, les autres sont moins développées, et évoluent plus rapidement, mais d'une façon moins complète, restant avortées et disparaissant les premières. Non seulement le virus des pustules n'est pas également actif pendant toute leur durée, mais toutes ne sont pas au même degré virulentes. L'éruption cutanée de horsepox s'accompagne de démangeaisons, de prurit; les animaux se grattent, se frottent, irritent les pustules et les plaies, d'où résulte un retard dans la cicatrisation et parfois des complications de lymphangites et d'adénites suppuratives.

Éruption des muqueuses. — Les muqueuses buccale, nasale, conjonctive, anale, génito-urinaire, peuvent être le siège d'une éruption greasienne. L'éruption des muqueuses évolue ordinairement un peu plus vite que celle de la peau; elle débute par des ecchymoses, ou taches rougeâtres, qui s'accompagnent d'un mouvement d'exsudation rapide. Le liquide exsudé soulève l'épithélium; il se forme ainsi des vésicules, plus ou moins volumineuses, et très régulièrement arrondies, grisâtres, sans ombilication, hormis quand l'éruption siège au niveau des points où la peau et la muqueuse se confondent, à l'entrée de la bouche par exemple, où on observe des pustules nettement ombiliquées. Les vésicules des muqueuses, soit que leur épithélium cède sous la pression du liquide exsudé qui le ramollit, soit que des frottements (mouvements de la langue, action des fourrages, etc.) le déchirent, se

détruisent rapidement. Elles peuvent s'ouvrir aussitôt qu'elles sont formées ; en tous cas elles ne restent guère intactes que durant 4, 3, 2
jours. Elles perdent leur épithélium et font place à une plaie, très
superficielle, d'aspect grenu, rosée ou d'un gris jaunâtre, qui se cicatrise
très promptement, quand la muqueuse n'est pas trop enflammée, quand
elle n'est pas irritée ; quelquefois, quand l'éruption est confluente,
quand la muqueuse est enflammée, irritée, les plaies peuvent exiger un
temps plus long pour se cicatriser. La cicatrice paraît un peu plus
blanche que la muqueuse, elle finit bientôt par devenir méconnaissable,
à moins que les plaies n'eussent été irritées et leur cicatrisation
retardée.

Évolution de la pustule de horsepox inoculé à la lancette.
— A la suite de l'inoculation du virus greasien à la lèvre ou dans une
autre région, par exemple sur la peau de la vulve, on voit se montrer,
dès le premier ou le second jour, une ecchymose qui se transforme ensuite
en papule rosée vers les troisième, quatrième ou cinquième jours, pour
s'agrandir encore durant deux, trois ou quatre jours. Une fois bien
développée, l'éruption devient pustuleuse ; elle est saillante, elle atteint
une largeur variable à sa base ; elle s'ombilique, se déprime à son
centre, l'épiderme étant légèrement soulevé et offrant une teinte jaune
grisâtre, autour de cette dépression centrale qui est brunâtre. La pustule
ainsi caractérisée est arrivée à sa période de sécrétion ; elle se montre encore entourée d'une petite auréole rougeâtre chez les animaux à peau peu
pigmentée. Elle laisse suinter des gouttelettes de sérosité citrine et limpide, qui se concrète en croûtes jaunâtres à la surface de l'éruption. Ce
travail de sécrétion dure plusieurs jours ; ordinairement il est terminé
du huitième ou du neuvième au quatorzième jour qui suit l'inoculation.
Au fur et à mesure que la sécrétion cesse, la pustule change d'aspect,
devient jaune brunâtre ou brunâtre, s'affaisse, se dessèche et se couvre
d'une croûte. Si on enlève la croûte, on met à nu une petite plaie rosée,
granuleuse, cupuliforme, excavée en son milieu, qui ne tarde pas ensuite
à se cicatriser. Quand on laisse l'éruption terminer son évolution
d'elle-même, la croûte formée se dessèche de plus en plus ; la cicatrisation s'opère en dessous, et ensuite, du quatorzième au vingtième jour,
la croûte tombe, mettant à nu une petite cicatrice très nettement
visible.

Si les caractères des éruptions greasiennes du cheval sont généralement tels qu'on vient de le voir, il y a pourtant des variantes dans
leurs dimensions, dans leur forme et leur aspect, dans leur évolution, etc.,
suivant les régions du corps où elles siègent, suivant les individus,
suivant leur âge, suivant leur état de santé, suivant la température,
suivant les saisons, etc. Toutes choses égales d'ailleurs, l'éruption se
produit plus vite et plus belle, quand la température est douce ou élevée,
quand les sujets sont jeunes et bien portants, etc.

SYMPTOMES ET ÉVOLUTION DU HORSEPOX SPONTANÉ.

Que la maladie ait été provoquée expérimentalement par l'un des procédés qui seront indiqués plus loin, ou qu'elle résulte d'une contamination spontanée, elle se caractérise à peu de choses près de la même façon.
Son évolution varie suivant le mode de contagion par lequel elle a été
contractée ; elle s'accompagne tantôt d'une éruption plus ou moins généralisée, et tantôt elle ne se traduit que par une éruption plus ou moins
restreinte. Après une inoculation locale, accidentelle ou expérimentale,
le virus germe ordinairement sur place ; une partie est absorbée, mais
l'éruption locale semble créer l'immunité contre l'éruption générale ; et
si on enlève le point inoculé, ou si on empêche le travail éruptif local, on
voit alors se produire une éruption plus ou moins généralisée. Il peut
donc arriver que des accidents éruptifs ne se produisent pas à la porte
d'entrée du virus et qu'il y ait généralisation de l'éruption. On verra
d'ailleurs qu'il est possible de donner l'immunité à certaines espèces
sans produire un travail éruptif.

Le grease pustuleux des solipèdes, ou horse pox, peut se montrer sur
le cheval, l'âne et le mulet. C'est un exanthème bénin ; mais il est cependant moins localisé que le cow-pox naturel. Il se montre tantôt
plus ou moins généralisé, ainsi qu'on vient de le voir, tantôt localisé
à telle ou telle région, et tantôt plus ou moins avorté, suivant le mode
de contagion, suivant le degré de réceptivité des animaux, suivant
qu'ils sont vierges de toute atteinte ou qu'ils ont eu une première fois
la maladie. Il peut se manifester sur la peau et sur des muqueuses. Il
peut être localisé : à l'extrémité inférieure de la tête, aux lèvres, à la
muqueuse buccale, au voisinage de la bouche (contagion par les fourrages ou les mors souillés) ; à la région des organes génitaux (contagion par le coït, exanthème coïtal) ; à la région podale (contagion par
les entraves, les litières, les instruments et les objets de pansements), etc. L'éruption peut rester localisée à la région sur laquelle
s'est faite l'inoculation ou l'imprégnation virulente (grease local) ; mais
une éruption plus ou moins générale peut accompagner l'éruption locale (grease constitutionnel).

L'apparition des symptômes du horse-pox est précédée d'une période
d'incubation dont la durée est courte. Lorsqu'on transmet la maladie
expérimentalement, les premiers symptômes se montrent généralement
dès le second, le troisième ou le quatrième jour, après la contamination. Cependant, à la suite de certains modes d'inoculation, on peut
attendre sept ou huit jours avant de voir commencer un travail éruptif
manifeste ; mais ordinairement quelques symptômes généraux plus ou
moins apparents précèdent l'éruption ; en sorte qu'on peut dire que,
suivant le mode de contagion, la durée de l'incubation proprement dite

est comprise entre deux et cinq jours ou sept à huit jours au maximum. D'ailleurs elle peut être abrégée par le jeune âge des animaux, ainsi que par la qualité du virus et la température ambiante, si elle est élevée.

La période d'invasion est annoncée, je le répète, par des symptômes généraux plus ou moins accusés, quelquefois si peu accusés qu'ils passent tout à fait inaperçus. Ces symptômes, qui sont d'ailleurs rapidement suivis d'accidents locaux, sont variables par leur intensité, suivant les régions sur lesquelles doit se faire l'éruption, et suivant le degré de généralisation qu'elle doit atteindre. Sur les animaux qui doivent présenter une éruption généralisée, sur ceux qui doivent avoir diverses régions atteintes, sur ceux qui doivent offrir une localisation intense sur la région podale, sur les juments contaminées par l'étalon, etc., on peut constater un certain degré de fièvre, une diminution de l'appétit, une certaine élévation de la température, un peu de tristesse, etc. Ordinairement les symptômes fébriles du début, qui peuvent d'ailleurs persister plus ou moins pendant que le travail éruptif se produit, sont peu inquiétants, peu accusés, passagers, et peu remarqués.

C'est surtout par les symptômes locaux que le horse-pox se caractérise; et ces symptômes, qui consistent dans des éruptions, des engorgements, etc., varient dans une certaine mesure suivant les régions du corps où ils se produisent; aussi convient-il d'examiner successivement les éruptions des principaux sièges que le horse-pox peut affecter.

Des symptômes locaux, autres que l'éruption proprement dite, se montrent avant ou en même temps; ils consistent dans des engorgements ou tuméfactions plus ou moins étendues, accompagnées de la chaleur et de l'hyperesthésie de la région, etc. Néanmoins c'est l'éruption proprement dite qui constitue la caractéristique dominante. Les vésico-pustules se forment et évoluent, ainsi qu'on la vu plus haut; elles débutent par de la congestion, elles sécrètent, elles se dessèchent, et enfin elles se desquament. Des complications peuvent survenir surtout quand l'éruption atteint certaines régions.

Les éruptions du horse-pox se montrent sur la peau ou sur les muqueuses ; mais le plus souvent on les observe à la fois sur certaines régions de la peau et sur certaines muqueuses.

A la surface de la peau on trouve des pustules plus ou moins nombreuses, ordinairement disséminées, isolées et discrètes, sauf dans certaines régions, telles que les paturons, la face, etc., où elles sont ordinairement confluentes. Quels que soient d'ailleurs leur nombre et leur situation topographique, elles apparaissent à peu près en même temps et marchent simultanément, chacune évoluant pour son propre compte et comme si elle était seule.

Lorsque l'éruption greasienne se produit sur les parties inférieures

des membres, sur la couronne, aux paturons, les vésico-pustules étant
nombreuses et confluentes, il y a presque toujours une dermite diffuse,
qui gêne plus ou moins la marche, et qui s'accuse par la tuméfaction
de la région, par la chaleur et la douleur de la partie tuméfiée, par
une rougeur diffuse, qui n'est visible que sur les animaux à robe claire ;
quelquefois la rougeur n'est pas générale et se montre seulement par
places. Bientôt on peut sentir, en promenant la main sur la région
malade, des nodosités qui annoncent la formation d'autant de vésico-
pustules. Les poils de la partie ainsi enflammée sont hérissés. Les vésico-
pustules, une fois formées, sont arrondies, petites, sans ombilication ;
elles sécrètent et s'ouvrent rapidement, soit parce que leur sécrétion a
été très abondante, soit parce que les mouvements du membre ont
provoqué la déchirure de l'épiderme, qui les recouvrait. Elles laissent
échapper alors un produit citrin, qui se coagule au contact de l'air, qui
adhère aux poils et les agglutine en faisceaux, comme dans les eaux
aux jambes, qui se concrète à la surface de la peau et forme des croûtes
qui masquent l'éruption.

Aussi est-il facile de se méprendre, si on se borne à un simple coup
d'œil, et de confondre le horsepox avec les eaux aux jambes, d'autant
plus que la peau est plus ou moins enflammée et parfois œdématiée,
d'autant plus que le produit sécrété se modifie vite, s'altère au contact
de l'air et répand bientôt la même odeur ammoniacale que celui des
eaux aux jambes. Mais, si on prend le soin de nettoyer la peau de la
partie malade, on constate alors les caractères propres du horsepox.
Après avoir détaché les croûtes, on aperçoit des plaies plus ou moins
nombreuses, qui sont circulaires, superficielles, grenues et cupulifor-
mes. Il n'est pas rare de les voir devenir pyogéniques et se couvrir
ensuite de bourgeons mollasses, plus ou moins exubérants. C'est surtout alors que la différenciation est difficile, d'autant plus que l'inoculation est devenue inutile, car, en supposant qu'il s'agisse du horsepox,
le produit peut avoir cessé d'être virulent. Les plaies qui sont devenues
pyogéniques se cicatrisent ensuite plus lentement.

Il peut arriver parfois que l'inflammation de la peau soit très vive,
que la congestion soit très intense, qu'une partie du derme soit frap-
pée de gangrène (javart cutané), et s'élimine ensuite. Quelquefois enfin
le membre s'engorge à une hauteur plus ou moins considérable ; et
même il peut alors se produire des lymphangites, comme dans les cas
de farcin.

On peut voir l'éruption se produire sur diverses régions du tronc,
sur les faces de l'encolure, sur les épaules, sur la croupe, sur les
membres, etc. Les vésico-pustules y sont ordinairement petites, disséminées ; elles passent souvent inaperçues ; elles sont peu nombreuses ;
elles sont arrondies, lenticulaires, hémisphériques et non ombiliquées,
de même que celles des membres ; elles se décèlent à l'observateur par

une très petite proéminence, par un suintement et par le hérissement des poils qui forment de petits pinceaux ; elles n'entraînent généralement ni dermite bien apparente, ni plaies pyogéniques ; elles évoluent d'une façon très régulière et parfois elles se détruisent très rapidement.

Au chanfrein, à la face, aux lèvres, au pourtour des naseaux, l'éruption se montre fréquemment. Là les pustules peuvent être assez volumineuses, quelquefois isolées et discrètes, mais le plus souvent confluentes ; elles deviennent lenticulaires, aplaties, discoïdes, ombiliquées ; elles donnent un produit liquide, limpide, séreux, un peu jaunâtre ; elles s'accompagnent souvent de dermite et d'une intumescence plus ou moins accusée de la région malade. Il peut arriver, lorsqu'elles sont confluentes, que l'inflammation soit très vive, et

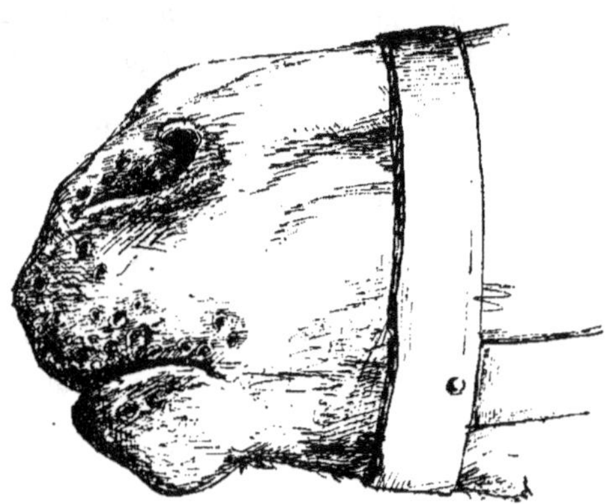

Fig. 156. — Horsepox des lèvres et du nez.

que les croûtes, une fois formées, soient ramollies par la sécrétion sous-jacente et entraînées par la suppuration. Les plaies, ainsi mises à découvert, suppurent et se cicatrisent ensuite plus lentement, en laissant des cicatrices plus apparentes.

Quand, sous l'influence d'un traumatisme, ou par suite de frottements réitérés, les parties malades sont irritées, les plaies peuvent devenir ulcéreuses et pyogéniques. Elles s'étendent alors et elles creusent ; leurs bords se renversent ; leur sécrétion est abondante ; elles donnent un produit mal lié, puriforme, qui se concrète à la surface. Elles se réunissent, si elles sont confluentes, forment des ulcérations plus ou moins étendues et prennent une forme plus ou moins irrégulière. Presque toujours il se produit alors une inflammation des lymphatiques et des ganglions ; on observe des lymphangites, des cordes, à la face, des adénites dans la région intermaxillaire. Et ces inflammations, lymphangites et adénites, donnent souvent lieu à des abcès, qui se forment dans les cordes et dans les ganglions. La même complication peut d'ailleurs se produire, quoique moins souvent, dans d'autres régions.

Il y a donc une certaine analogie entre le horsepox ainsi caractérisé

et le farcin de la face, de même qu'avec la gourme. Mais néanmoins
il est toujours possible de ne pas confondre le horsepox avec le farcin ni
avec la gourme proprement dite.

L'éruption greasienne peut se montrer dans le voisinage des organes
génitaux et sur les organes génitaux eux-mêmes. On peut l'observer
sur le périnée, au plat des cuisses, sur le fourreau, sur le scrotum, sur
la verge, sur la peau et sur la muqueuse de la vulve. L'exanthème
coïtal, si souvent observé sur les étalons et les juments, n'est autre
chose que le horsepox transmis par le coït. On l'a plus d'une fois vu
sévir d'une façon épizootique. Il se montre quelques jours après le coït
infectant. Un même étalon peut le transmettre à de nombreuses juments; et, parmi ces dernières, celles qui, devenues malades, sont présentées à d'autres étalons, peuvent leur communiquer l'affection. Le
début de la maladie peut, notamment chez la jument, être accompagné
d'un certain degré de fièvre, voire même d'un état de malaise assez
prononcé pendant un petit nombre de jours. Le grease transmis par le
coït se caractérise par l'apparition d'élevures qui se transforment
rapidement en vésicules ou vésico-pustules. Ensuite l'éruption se modifie, se dessèche, se convertit en croûte jaunâtre ou brunâtre, au-
dessous de laquelle se voit, lorsqu'on l'enlève, une plaie granuleuse, tout
à fait superficielle, qui se cicatrise assez rapidement, en laissant une
tache cicatricielle, qui semble une petite tache de ladre. Ordinairement
les vésicules ou vésico-pustules de l'exanthème coïtal sont plus ou moins
confluentes sur les organes génitaux, sur le fourreau, sur le scrotum,
sur la verge, sur le périnée, sur la peau des lèvres du vagin, au pourtour de l'anus; mais on peut en rencontrer en outre, qui sont plus ou
moins discrètes, sur d'autres parties du corps, au plat des cuisses,
aux fesses, sur certaines régions du tronc. Dans tous les cas la guérison
se produit rapidement.

Quand on observe les animaux malades une fois en passant, on peut
trouver l'affection à un degré plus ou moins avancé et l'éruption plus
ou moins dénaturée; toutefois, grâce aux renseignements obtenus sur
les antécédents des malades, on peut reconstituer le début et le mode
d'évolution de l'affection. Ainsi, sur l'étalon on peut observer des vésico-
pustules lenticulaires, aplaties, grisâtres, et de dimensions variables, à
la surface du pénis, ou bien de petites plaies superficielles, granuleuses,
grisâtres et pointillées de rouge, ou d'un rouge plus ou moins vif, ou bien
des vésico-pustules desséchées et recouvertes d'une pellicule brunâtre,
ou bien enfin des taches cicatricielles, blanchâtres et arrondies. Sur les
juments, les symptômes observés sont également très variables suivant
la phase du mal; on peut rencontrer des vésico-pustules de dimensions
variables, avec ou sans ombilication, en pleine période de sécrétion,
à la surface de la peau de la vulve, sur la peau de l'anus, etc. Quand
l'affection est plus avancée, on trouve : des éruptions plus ou moins mo-

difiées, des pustules affaissées, aplaties, desséchées, en voie de cicatrisation, recouvertes d'une croûte brunâtre ; des plaies superficielles,
granuleuses, rougeâtres ou jaunâtres et en voie de cicatrisation ; des
taches cicatricielles, variables par leur forme et leur aspect, blanchâtres, etc. Voici comment je relatais en 1887 les symptômes, observés
sur des juments, pendant une épizootie de horsepox coïtal qui sévissait
dans la Haute-Loire :

« Les juments devenues malades ont toutes présenté, à l'intensité
près, les mêmes symptômes ; elles ont été reconnues malades, 4, 6, 8
jours après la saillie ; les unes ont eu de la fièvre, de l'inappétence, de
la tristesse ; les autres n'ont présenté aucun dérangement notable dans
leur état général ; toutes ont eu la vulve enflammée et tuméfiée, les
unes modérément, les autres beaucoup ; la peau de la vulve s'est couverte d'une éruption pustuleuse, quelquefois discrète, mais le plus
souvent confluente ; la même éruption pustuleuse s'est montrée assez
souvent sur la peau du périnée, sur le plat des cuisses et quelquefois
dans d'autres régions. La muqueuse vulvaire était plus ou moins enflammée, rougeâtre, ecchymosée, érodée, catarrhale ; la tuméfaction de
la vulve gagnait quelquefois l'entre-deux des cuisses et atteignait quelque
peu parfois la région mammaire, s'accompagnant ou non d'une certaine
raideur d'un ou des deux membres. L'éruption pustuleuse, qui a été la
caractéristique dominante de la maladie chez toutes les juments contaminées, a eu une évolution rapide ; elle a consisté en boutons ou élevures, allant du volume d'une tête d'épingle à celui d'un pois chiche,
peu saillants, arrondis ou un peu aplatis, et parfois nettement déprimés
à leur centre ; ces boutons pustuleux, et notamment ceux du périnée,
de la cuisse, des régions du tronc, donnaient un léger suintement, qui,
se concrétant au contact de l'air, maintenait au niveau de chacun d'eux
les poils agglutinés ; l'éruption vulvaire était rapidement dénaturée par
les frottements de la queue, elle donnait d'abord un produit séreux et
bientôt une matière grisâtre presque purulente.

« Toutes les juments qui m'ont été présentées, étant déjà à une
période avancée de la maladie, je n'ai pu constater *de visu* tous les
symptômes précités ; mais les renseignements obtenus des intéressés
m'autorisent à les croire exacts. D'ailleurs je suis arrivé à temps pour
voir la dernière phase de l'éruption ; j'ai notamment observé les pustules en voie de dessiccation et de cicatrisation ; j'ai vu celles du périnée,
des cuisses et du tronc, recouvertes d'une croûte brunâtre englobant
un pinceau de poils ; j'ai, en détachant cette croûte, constaté l'existence
d'une plaie très superficielle, très peu étendue, légèrement pointillée
et grenue. J'ai vu les pustules de la vulve recouvertes d'une mince
pellicule jaunâtre, ou transformées en plaies ; et d'ailleurs, en détachant
la pellicule ou mince croûte de celles qui en étaient recouvertes, on
voyait, à la place, des plaies analogues à celles qui étaient découvertes ;

ces plaies étaient plus étendues que celles des autres régions, elles étaient superficielles, jaunâtres ou jaune-grisâtres, pointillées, grenues, et elles donnaient une matière grisâtre plus ou moins purulente. Aucune de ces plaies, quel que fût son siège, ne tendait à l'ulcération ; toutes marchaient vers une cicatrisation plus ou moins rapide. J'ai vu les taches cicatricielles, laissées après elles, par celles qui étaient déjà guéries ; ces taches étaient claires et tranchaient sur les parties avoisinantes, mais leur aspect régulier et leur mince épaisseur témoignaient que les plaies étaient demeurées tout à fait superficielles.

« Sur les deux poulains..... qui s'étaient contaminés en tétant, flairant ou léchant des juments malades, je n'ai relevé aucun signe de malaise, aucun symptôme annonçant une perturbation des fonctions ; la maladie se traduisait seulement par une éruption pustuleuse, et cette éruption siégeait dans les régions qui avaient pu avoir le contact de celles de la jument envahies par le mal à la suite de la saillie. Les pustules étaient caractéristiques ; celles des lèvres, du bout du nez et des naseaux étaient ombiliquées, déprimées à leur centre ; quelques-unes étaient déjà recouvertes d'une croûte brunâtre, dont l'enlèvement mettait à nu une belle plaie cupuliforme, superficielle, pointillée et grenue. Sur la muqueuse des lèvres, l'éruption, d'ailleurs très discrète, avait fait place à de petites érosions superficielles, qui étaient en voie de cicatrisation. Un des deux poulains avait de plus une éruption sur la muqueuse du nez, surtout du côté gauche ; cette éruption, qui était confluente, consistait en nombreuses vésicules blanchâtres, transparentes, petites et comme juxtaposées ; elle s'accompagnait d'une inflammation diffuse de la muqueuse nasale, d'une véritable rhinite et d'un jetage séreux.

« Quant aux étalons, ils n'offraient déjà plus que les taches cicatricielles, laissées par l'éruption sur la verge.»

L'éruption des muqueuses consiste ordinairement en une véritable vésiculation. Sur certaines parties de la muqueuse buccale, surtout dans les points où elle se confond avec la peau, on rencontre de véritables vésico-pustules discoïdes, ombiliquées. Ailleurs ce sont des vésicules qui se produisent. Elles sont plus ou moins nombreuses, isolées ou confluentes ; elles évoluent simultanément ; elles se montrent dans les diverses régions de la bouche, à la face interne des lèvres, sur la langue, aux joues, aux gencives, sur la pituitaire, sur la muqueuse oculaire, sur la muqueuse des organes génitaux, etc. Celles des régions, où la muqueuse est très épaisse (langue), donnent lieu à des plaies qui se recouvrent plus lentement d'épithélium.

Au bord des lèvres, et à leur face interne, se montrent des vésico-pustules de volume variable, plus ou moins nombreuses, bien formées, ombiliquées souvent, à base indurée, donnant, quand on les dépouille de leur pellicule épidermique, des plaies superficielles, granuleuses, qui laissent suinter un liquide jaunâtre et se recouvrent d'une croûte jaune brunâtre.

Les vésicules buccales ont un volume variable, depuis celui d'un petit pois jusqu'à celui d'un haricot ; elles sont hémisphériques ou aplaties ; elles peuvent se montrer confluentes dans certains points ; et, quand elles sont nombreuses, la muqueuse est plus ou moins enflammée, il y a de la stomatite, la salivation est plus abondante, il y a parfois une dysphagie plus ou moins accusée. L'éruption de la bouche se termine rapidement par la guérison ; elle n'est jamais grave, bien qu'elle soit parfois confluente, bien qu'elle s'accompagne quelquefois de stomatite et d'adénite sous-glossienne.

La pituitaire, qui doit présenter l'éruption greasienne, s'injecte ; elle devient rouge uniformément, ou présente çà et là des taches plus ou moins nombreuses, isolées ou confluentes, qui font ensuite place à autant de vésicules. Les phlyctènes de la pituitaire sont petites, arrondies, plates ou non à leur sommet, blanchâtres ou jaunâtres, entourées d'une auréole rouge ; de même que celles de la bouche, elles évoluent très rapidement et se terminent vite par la guérison, mais à la condition qu'elles soient discrètes ; car, si elles sont confluentes, la pituitaire est toujours enflammée dans une étendue plus ou moins considérable, et, dans ce cas, les vésicules donnent naissance à des plaies plus ou moins étendues, qui exigent un temps plus long pour se cicatriser. Quelquefois il y a un véritable coryza, une véritable rhinite unilatérale ou bilatérale, avec jetage plus ou moins visqueux, jaunâtre, mucoso-purulent, avec lymphangite et inflammation des ganglions sous-glossiens. Le horsepox peut donc simuler momentanément la morve ; mais, en cas de doute, il suffira d'attendre quelque temps, et, s'il s'agit de la maladie vaccinogène, la guérison ne tardera pas à se produire.

Il a été relaté jadis (Labat) un cas de horsepox, accompagné d'une éruption vésico-pustuleuse sur la conjonctive. L'œil atteint avait les paupières infiltrées ; un liquide visqueux et épais s'échappait de l'angle nasal. La conjonctive était hyperhimée et présentait, principalement à la face interne de la paupière, un certain nombre de vésico-pustules, petites, lenticulaires, aplaties. L'éruption greasienne existait dans d'autres régions du corps.

En résumé, le grease pustuleux du cheval est une maladie éruptive, un exanthème, caractérisé par des éruptions plus ou moins disséminées. Tantôt les éruptions greasiennes n'envahissent qu'une région ; tantôt elles en envahissent plusieurs : et tantôt l'exanthème se généralise, s'étend aux membres, au tronc, à la tête. Le horsepox est une maladie qui n'a aucune gravité. S'il n'est pas soigné, il peut durer quelques jours de plus ; mais, même dans ce cas, il ne dépasse guère une vingtaine de jours ; et généralement il se guérit en 12 ou 15 jours. Il n'est pas grave, même lorsqu'il se produit des complications d'adénite et de lymphangite, de rhinite et de dermite, etc. Lorsqu'il est déjà avancé dans son évolution, il peut se compliquer quelquefois d'une éruption

secondaire à la surface de la peau ; mais cette éruption n'a jamais les
caractères de la première ; elle reste avortée, elle se caractérise par la
formation de papules, qui ne contiennent pas ordinairement le virus
greasien.

Diagnostic du horsepox. — Dans la plupart des cas, la maladie
est facile à reconnaître ; cependant son diagnostic offre parfois quelque
difficulté, dans les cas où elle simule soit la morve, soit le farcin, soit la
gourme, soit les eaux aux jambes, soit la maladie du coït, etc.

Si l'on observe une éruption, caractérisée comme celle qui a été
décrite précédemment, autour des naseaux, autour de la bouche, à la
face, dans la région génitale, etc., on ne se trompe pas, bien qu'il y ait
d'ailleurs des analogies entre le horsepox et telle ou telle autre maladie. En effet les vésico-pustules du horsepox ne ressemblent à aucune
autre éruption du cheval ; la maladie est d'une bénignité exceptionnelle,
et elle reste aussi bénigne sur l'homme, ainsi que sur les divers animaux
auxquels elle est inoculable. Mais, quand l'éruption est dénaturée, quand
il y a du coryza, du jetage, des adénites, des lymphangites, de la dermite, des plaies pyogéniques, du suintement ammoniacal, etc., la confusion serait possible, si on se contentait d'un examen superficiel ; aussi
faut-il alors scruter attentivement le malade, se livrer à une enquête
minutieuse, et, si on est indécis, recourir à l'inoculation. On prendra,
pour la circonstance, un animal de l'espèce bovine, auquel on inoculera
le produit morbide. L'inoculation restera infructueuse, s'il s'agit d'une
maladie autre que le horsepox, telle que le farcin, la morve, la gourme,
les eaux aux jambes, la maladie du coït ; tandis qu'en cas de horse pox
elle donnera l'éruption caractéristique du cowpox. On peut d'ailleurs
se servir d'autres animaux pour ces inoculations, notamment du cheval,
du chien, de la chèvre, du porc, du lapin. S'il n'est pas possible de
recourir à l'emploi de ce moyen, on attendra, on suivra la maladie ; on
prendra néanmoins les précautions que commande la prudence en
pareils cas pour prévenir la contagion.

COWPOX

Dans le cowpox on observe une éruption quelque peu différente,
suivant qu'elle provient d'une inoculation expérimentale, ou selon qu'elle
dérive de la contagion spontanée. Elle évolue d'ailleurs, à bien peu de
choses près, comme celle du horsepox, avec cette différence qu'elle
n'est jamais aussi généralisée.

Cowpox spontané. — Le cowpox spontané, qu'on observe moins
fréquemment que le horsepox, peut être le résultat de la contagion du
horsepox lui-même ou d'un précédent cowpox. Quand le horsepox sévit
sur quelque animal solipède, la personne qui le soigne peut ensuite, en
trayant les vaches, leur inoculer la maladie. Il en est de même de la per-

sonne qui va traire, sans se nettoyer les mains, une vache saine, après avoir tiré une vache atteinte de cowpox à la mamelle. Les veaux qui tétent les vaches malades peuvent contracter le cowpox, qui évolue alors sur les lèvres, sur la muqueuse buccale, sur le nez. Ces veaux, ainsi devenus malades à leur tour, peuvent aussi contaminer les vaches saines qu'ils vont téter. Le cowpox spontané s'observe à peu près exclusivement sur les vaches laitières; et ses manifestations se montrent seulement dans les régions contaminées, sur les trayons, et sur la mamelle, à la base des trayons. Exceptionnellement la maladie se montre dans d'autres régions, par exemple quand il s'agit de jeunes animaux qui se sont contaminés en tétant des vaches atteintes de cowpox à la mamelle.

Le cowpox spontané s'observe donc principalement sur les vaches, et notamment sur les vaches qui ont vêlé depuis peu de temps; il semble rare sur le bœuf, sur le taureau, sur les génisses et les taurillons; il peut se montrer sur les jeunes veaux qui l'ont pris en tétant les vaches malades. Quand l'affection existe sur une bête dans une étable, il est bien rare qu'on n'en observe pas successivement plusieurs cas, la maladie étant propagée par la main des personnes qui tirent les vaches, par les litières, par les veaux, etc. Les vaches qui ont eu le cowpox ne le reprennent généralement pas. L'affection s'observe principalement au printemps; elle semble plus rare dans les autres saisons, mais on peut la rencontrer en tout temps; on l'observe de temps à autre dans les divers pays. Des cas très nombreux doivent passer inaperçus, à cause de l'extrème bénignité de la maladie. De loin en loin on en signale des cas sporadiques, de petites épizooties, limitées à une étable, à un troupeau, etc.

Le cowpox spontané se montrant à peu près exclusivement sur les vaches laitières et siégeant à peu près invariablement sur le pis et sur les trayons, on peut se borner à l'étudier sous cette forme; c'est la maladie de la vache, c'est le cowpox de la mamelle. D'ailleurs l'éruption, qui peut parfois se montrer ailleurs, au nez, aux lèvres, etc., ressemble à celle du cowpox artificiel ou expérimental dont il sera question ci-près.

Le cow-pox spontané de la vache se montre souvent sur les trayons seuls; quelquefois il siège en même temps sur les trayons et sur le pis, mais l'éruption est plus abondante sur les trayons; exceptionnellement il envahit le pis seul. Quand on est appelé à l'observer, on peut le trouver à telle ou telle phase de son évolution. L'incubation semble avoir une durée comprise entre deux, trois et six jours; l'invasion de la maladie est mal caractérisée, annoncée seulement parfois par la turgescence et l'hyperesthésie des trayons, ainsi que par une légère fièvre qui manque souvent.

L'éruption des trayons et du pis comprend généralement un nombre restreint de vésico-pustules, dix, quinze à vingt ou trente tout au plus.

Souvent elle se fait par poussées successives; en sorte qu'à un moment donné on peut trouver des vésico-pustules à diverses périodes d'évolutions, les unes à leur début, les autres en pleine sécrétion ou déformées, rupturées, recouvertes d'une croûte, etc. Les vésico-pustules du cowpox spontané de la mamelle et des trayons varient non seulement par leur nombre, mais encore par leur forme, par leur aspect, par leur teinte et par leur volume. Elles apparaissent d'abord sous forme de papules ou élevures rouges et dures, de dimensions variables, ordinairement très petites. Les papules se montrent successivement, et se transforment ensuite successivement en vésicules ou vésico-pustules, arrondies ou ovalaires ou oblongues.

Les vésico-pustules des trayons et du pis sont dures à leur base, et se montrent entourées d'une auréole rouge, plus ou moins visible, suivant que la peau est plus ou moins claire ; elles sont hémisphériques ou allongées, et plus ou moins régulières, suivant leur siège et selon la forme de la lésion inoculatrice, quand elles résultent d'une inoculation accidentelle ; elles sont généralement arrondies sur le pis et allongées sur les trayons. Elles sont grosses comme des lentilles ou des pois ; elles peuvent atteindre parfois un volume bien plus considérable, surtout quand il y a confluence de plusieurs vésico-pustules ou formation de pustules surnuméraires autour de la pustule mère. Elles sont aplaties ou bombées, non ombiliquées, à moins qu'elles ne dérivent d'une inoculation accidentelle, par une érosion, une gerçure, une écorchure, etc. ; elles deviennent bleuâtres, azurées, pâles, livides, grisâtres, blanchâtres, et prennent un aspect un peu chagriné. Leur contenu est peu abondant ; c'est une lymphe visqueuse, d'abord limpide, qui ne tarde pas à s'épaissir et à devenir blanchâtre ou blanc jaunâtre. Quand la maturation est dépassée, le contenu des vésico-pustules devient purulent et perd de sa virulence, pour revêtir des propriétés phlogogènes ; ensuite, dix, onze, douze jours après le commencement de l'éruption, la dessiccation se produit. Mais généralement, grâce à l'irritation occasionnée par l'action de traire, les vésico-pustules sont frottées, écrasées, crevées, déchirées, découvertes de leur pellicule épidermique. Elles sont alors remplacées par de petites plaies superficielles, granuleuses, rougeâtres, quelquefois pâles, grisâtres ou jaunâtres, à bords légèrement épaissis et à contours plus ou moins irréguliers. Quelquefois on peut voir se former des papules accessoires autour des vésico-pustules primitives ou des plaies qui en dérivent.

Après la rupture traumatique des vésico-pustules, les plaies se recouvrent d'une croûte rougeâtre ou brunâtre, qui peut rester adhérente pendant dix, quinze jours ou même plus, ou qui peut encore être détachée par la main de la personne qui fait la traite et être remplacée par une nouvelle plus ou moins fendillée. Quand la vésico-pustule a été détruite avant d'être arrivée à sa période de dessiccation naturelle, la surface, recouverte d'une croûte, continue à sécréter en dessous de celle-ci ; la croûte est alors facile à détacher et laisse à nu une plaie granuleuse qui donne une lymphe plus ou moins mélangée de sang. A cause de l'irritation entretenue par l'action de traire, la guérison peut être plus ou moins retardée ; les croûtes, formées et reformées, peuvent ne disparaître définitivement qu'au bout de trois, quatre, cinq semaines, en laissant achevé le travail de cicatrisation. Mais, lorsque les vésico-pustules ne sont pas irritées, la guérison est plus rapide ; en une quinzaine de jours tout peut être rentré dans l'ordre. Les vésico-pustules se transforment progressivement, se recouvrent d'une mince croûte jaunâtre, brunâtre ou noirâtre, qui ne tarde pas à tomber, en laissant une tache cicatricielle. La cicatrice, que laisse après elle la vésico-pustule de cowpox de la mamelle, est plus ou moins apparente, suivant que l'éruption a été ou n'a pas été irritée. Elle est ronde, ovale, allongée, régulière ou irrégulière ; elle reste visible longtemps, surtout quand la pustule et la plaie ont été irritées.

En résumé, le cowpox spontané de la mamelle et des trayons se traduit par des éruptions d'aspect variable, par des vésico-pustules, qui ne sont généralement pas ombiliquées, et par des papules, qui peuvent demeurer plus ou moins avortées. Ces éruptions apparaissent ordinairement par poussées successives ; ce qui fait qu'on observe sur la même bête des vésico-pustules à diverses phases de leur évolution. Souvent les vésico-pustules sont modifiées par diverses influences, déchirées, transformées en plaies et irritées par l'action de traire, par l'action de téter, par le frottement sur la litière. Les trayons peuvent être plus ou moins endoloris, tuméfiés, etc. : mais tout rentre dans l'ordre, quand la cicatrisation s'est opérée. Il y a rarement des symptômes généraux bien accusés ; on peut constater une légère fièvre au début, mais elle est généralement presque inappréciable.

Telle est ordinairement la symptomatologie et telle est l'évolution du cowpox spontané. Ainsi limitée, l'affection est d'une extrême bénignité. Elle peut être transmise aux personnes, qui tirent les vaches avec des mains excoriées, ou qui se frottent la figure avec la main souillée de virus. Sa virulence est de courte durée ; elle diminue quand la sécrétion devient purulente ; toutefois les croûtes peuvent encore servir à transmettre, à inoculer la maladie, surtout quand elles se sont formées sur une pustule excoriée pendant sa période de sécrétion.

On a observé le cowpox spontané sur le veau qui tétait une mamelle malade ; et l'éruption, en pareil cas, s'est montrée au nez, sur les lèvres, sur la muqueuse de la bouche. On a observé, d'autre part, des cas de cowpox généralisé. Deux faits ont été relatés récemment (Dupuis et Mosselman), qui témoignent bien que le cowpox peut s'accompagner d'une éruption généralisée. Sur une première vache on observait l'éruption mammaire, et en même temps une éruption vésico-pustuleuse dans des régions multiples, à la surface de la peau, à la face interne des cuisses, aux fesses, au dos, au garrot, sur le cou ; l'éruption cutanée s'était montrée la première, et elle était bien réellement de nature vaccinale ; il sembla même que son produit était plus actif que celui de l'éruption mammaire, bien que chacun de son côté donnât des résultats positifs par l'inoculation. Dans le second cas, observé dans la même localité, il s'agissait encore d'une vache atteinte d'un cowpox à localisations multiples ; la mamelle, les mêmes régions que sur la précédente et le poitrail, étaient le siège des éruptions. Le virus, recueilli sur ces deux bêtes, se montra plus actif que ne l'est ordinairement celui du cowpox spontané localisé à la mamelle ; ce qui laisserait penser que le vaccin « fourni par une vache atteinte du cowpox à localisations multiples est doué d'une activité plus grande que celui provenant du cowpox ordinaire. »

Cowpox inoculé expérimentalement. — Le cowpox expérimental s'obtient par l'inoculation, à un animal bovin, du produit du cowpox naturel ou du horsepox ou du vaccin humain. Il prend sur tout animal bovin qui ne l'a pas encore eu, quand on l'inocule sur une région quelconque de la peau. L'éruption est localisée aux piqûres. Le virus du cowpox spontané prend bien sur l'animal bovin, et permet d'obtenir un grand nombre de générations successives. Le cowpox artificiel obtenu, soit avec le virus de l'homme, soit avec celui du cowpox naturel, soit avec celui du horsepox, diffère peu, à la première génération tout au

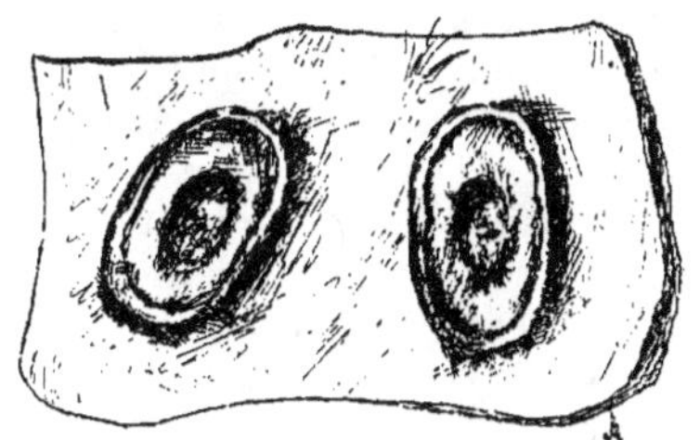

Fig. 157. — Pustules de cowpox inoculé.

moins, du cowpox naturel. Celui qui est obtenu avec le virus du horsepox se rapproche beaucoup du cowpox naturel ; et il en est de même de celui qui est produit par le virus du cowpox spontané. Cependant il est bien avéré que le virus du cowpox spontané, inoculé au veau, ne donne ordinairement, à la première génération, qu'une éruption de pustules très petites, rudimentaires, incomplètement développées ; alors que le virus, issu de ces pustules, détermine une plus belle éruption sur un second animal ; alors que l'éruption typique n'est engendrée que par le virus issu du deuxième ou du troisième veau. Cette particularité, qu'il importe de ne pas perdre de vue, quand on a recours à l'inoculation en vue d'établir le diagnostic, peut tenir à ce que le virus vaccin, obligé de s'acclimater brutalement sur un nouveau terrain, éprouve tout d'abord une atténuation, ou mieux à ce qu'au moment où il a été recueilli pour être inoculé il n'avait pas acquis toute son activité ou bien était en voie de la perdre, à ce que le cowpox d'où il est issu avait dépassé sa période de virulence maxima ; en sorte que ce virus affaibli se renforcerait progressivement en passant sur le veau.

Le cowpox inoculé se comporte en général comme le cowpox spontané, avec cette différence toutefois que ses vésico-pustules sont ombiliquées. Après l'inoculation on ne constate pas de trouble général, pas d'hyperthermie, pas de fièvre, à moins que l'on n'ait fait un trop grand nombre de piqûres. L'éruption du cowpox inoculé parcourt quatre phases successives : une phase initiale ou de congestion, une phase d'exsudation ou de sécrétion, une phase de suppuration et une phase de dessiccation, durant lesquelles elle se présente avec des aspects différents. Elle évolue rapidement et d'une façon très nette.

Quand l'inoculation a été faite par piqûres, on observe, quelques heures après l'opération, un peu de rougeur due au traumatisme, et un léger relief dû au soulèvement de l'épiderme. En trente-six ou quarante-huit heures l'éruption peut commencer à se produire ; mais le plus souvent ce n'est qu'au troisième jour qu'apparaissent de petites élevures ou papules, rougeâtres, dures, fermes et résistantes. Du troisième au quatrième jour après l'opération, ces papules se transforment en vésico-pustules. Autour de la cicatrice de la piqûre, qui occupe le centre de la papule, apparaît un cercle gris-pâle, entouré d'une auréole rouge ; puis ce cercle pâle se transforme en une zone blanchâtre, nacrée ou argentée, et l'ombilication ou dépression centrale apparaît. Cette modification est produite le quatrième ou le cinquième jour qui suit l'inoculation. Pendant les deux jours suivants, la vésico-pustule achève son complet développement. C'est donc du quatrième au cinquième et au sixième jour que l'éruption atteint son plus grand volume. C'est sa période de sécrétion proprement dite ; c'est à cette période qu'elle fournit le vaccin le plus abondant, le plus pur et le plus actif. Elle apparaît alors avec ses caractères typiques. Elle est grosse comme un pois ordinaire ou comme un pois chiche. Elle est discoïde ; très manifestement ombiliquée à son centre ; en saillie et d'un blanc mat, perlé, ou d'un blanc argenté, sur ses bords ; entourée d'une auréole rougeâtre, qui va en s'effaçant insensiblement. Elle est devenue molle ; mais elle repose sur une base indurée, plus étendue que la partie saillante qui constitue la pustule. Elle est constituée par l'épiderme et la couche la plus superficielle du derme ; elle renferme un liquide séreux, limpide, incolore ou ambré, plus ou moins plastique, appelé lymphe vaccinale, qui s'écoule quand on ouvre la pustule. Ce liquide subit plus tard des modifications.

En enlevant la pellicule qui recouvre l'éruption arrivée à sa période de sécrétion, on met à nu une surface grisâtre ou rougeâtre, qui donne un suintement de vaccin plus ou moins abondant, et qui présente à sa surface un enduit pulpeux très riche en agents virulents ; puis une croûte jaunâtre ou brunâtre se forme aux dépens de la matière exsudée, et l'éruption marche vers la cicatrisation.

Les pustules, qui sont laissées à elles-mêmes, dégénèrent ordinairement dès le septième jour après l'inoculation. Le contenu s'épaissit, devient opalescent, grisâtre, puriforme. L'éruption s'affaisse du septième au huitième jour; les pustules s'aplatissent, s'élargissent, deviennent moins saillantes, perdent leur ombilication et leur teinte argentine, deviennent ternes, jaunâtres ou brunâtres, et commencent à se recouvrir d'une croûte qui s'étend les jours suivants. Du neuvième au douzième jour, les pustules sont complètement affaissées, rétrécies, recouvertes d'une croûte brunâtre dans toute leur étendue; l'auréole et l'induration périphériques disparaissent; les pustules se dessèchent complètement, et la croûte

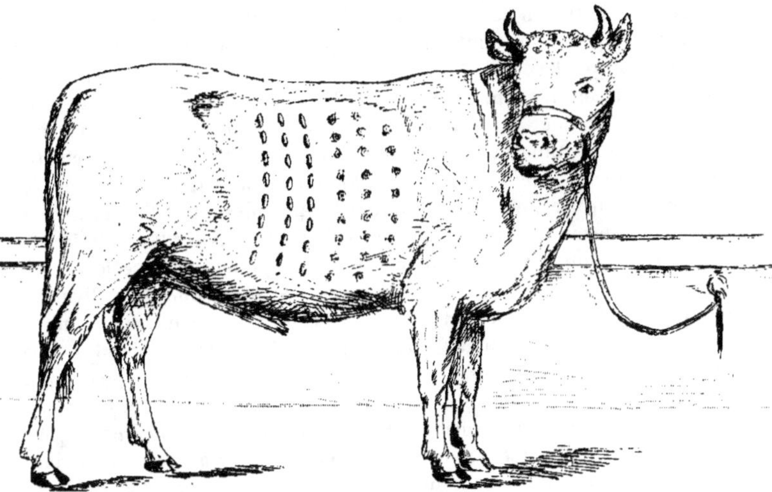

Fig. 138. — Veau vaccinifère inoculé par piqûres et par scarifications.

tombe du quinzième au vingt-cinquième jour environ, en laissant une tache cicatricielle blanchâtre, arrondie, un peu déprimée, plus ou moins profonde.

A la suite de l'inoculation par scarifications, le cowpox semble évoluer un peu plus rapidement, que lorsque l'insertion a été faite par piqûres, et arriver plus rapidement, à la purulence. A la fin du second jour, les bords de la scarification présentent un léger bourrelet gris blanc, entouré d'une auréole rouge, et reposant sur une base indurée. Le troisième et le quatrième jour le bourrelet est plus saillant autour de la cicatrice longitudinale, qui forme une dépression centrale légèrement brunâtre; il est clair, blanchâtre, nacré, rempli de lymphe vaccinale et entouré d'une zone phériphérique rougeâtre ; la pustule, ainsi allongée, repose sur une base nettement indurée. Vers le cinquième ou le sixième jour, le bourrelet lymphogène perd de sa transparence, devient louche, jaunit, prend des contours irréguliers, et la dépression centrale commence à devenir croûteuse. Pendant le sixième et le septième jour, la pustule s'aplatit, devient purulente et la croûte centrale s'étend. Enfin, au huitième ou au neuvième jour, la croûte recouvre presque toute la pustule ; il ne reste qu'un mince bourrelet jaunâtre à la périphérie ; l'auréole phériphérique devient sombre, se rétrécit, et l'induration sous-jacente tend à disparaître. La croûte tombe vers le dix-septième ou le vingtième jour, en laissant une cicatrice allongée, plus ou moins profonde.

Telle est en résumé l'évolution du cowpox inoculé.

Lorsque de très nombreuses inoculations ont été faites, dans une ou plusieurs régions, sur toute une face du thorax et de l'abdomen par exemple, on peut voir se produire un certain mouvement fébrile pendant les deux ou trois premiers jours. De même, après la formation de l'éruption, on peut constater la turgescence des ganglions voisins. D'autre part, comme la formation des pustules et le travail de cicatrisation s'accompagnent d'un prurit plus ou moins vif, l'animal peut se lécher ou se frotter, excorier ou irriter les pustules, etc., d'où l'utilité de lui mettre une muselière, et de le placer de façon à éviter les frottements.

L'évolution du cowpox peut d'ailleurs être modifiée, accélérée, retardée, rendue incomplète ou imparfaite par des conditions diverses, tenant aux individus, à leur manière d'être, ou dépendant du milieu extérieur. Ainsi les animaux maigres, chétifs, malades, débiles, fatigués, trop jeunes ou trop vieux, ceux qui ont eu déjà le cowpox depuis peu de temps, conviennent mal pour la culture du vaccin. Chez eux, le cowpox est moins luxuriant, moins prospère, évolue incomplètement, trop lentement ou trop vite, donne un vaccin moins abondant, moins actif, etc. Ainsi les mauvaises conditions hygiéniques nuisent à l'évolution du cow-pox, en affaiblissant les organismes. Ainsi la température élevée accélère son évolution, tandis que le froid la ralentit. Quand les conditions ambiantes sont convenables, quand les sujets sont bien portants, âgés de trois, quatre, cinq ... mois, bien soignés, quand la température est douce, l'évolution du cowpox est régulière, l'éruption se fait bien, la lymphe vaccinale sécrétée est abondante et de bonne qualité, si on a soin de la recueillir à temps, avant que les pustules ne soient devenues purulentes.

Diagnostic du cowpox. — Le cowpox évoluant avec une extrême bénignité, les propriétaires ne concevant aucune inquiétude, le vétérinaire n'est que très rarement appelé ; et de ce chef de très nombreux cas doivent passer inaperçus. En réalité cette affection doit être beaucoup plus fréquente que ne le laissent croire les quelques rares cas signalés de temps à autre. Il ne saurait en être autrement, attendu que la maladie a été constatée dans les pays les plus divers, en tout temps et en tous lieux, attendu qu'on ne prend nulle part aucune précaution pour prévenir sa propagation. D'autre part, il n'est pas douteux que des hommes compétents ont dû méconnaître plus d'une fois son existence, quand ils se sont trouvés en présence de cas plus ou moins défigurés par l'évolution plus ou moins avancée de l'affection. C'est qu'en effet les erreurs de diagnostic sont faciles dans certaines circonstances, quand on n'assiste pas à l'évolution de la maladie, quand on n'arrive pas à temps pour observer l'éruption au moment où elle est le plus caractéristique, quand on n'a à constater aucun cas de transmission soit aux animaux, soit à l'homme. Or il n'arrive guère que le vétérinaire soit appelé au début ; quand il est mandé, ce n'est souvent que quand l'éruption est dénaturée, quand elle est transformée en plaies ou recouverte de croûtes, etc. En pareille occurrence le diagnostic ne pourra guère être assuré qu'autant qu'on aura à constater quelques cas de transmission à des personnes ou à des animaux, ou qu'autant qu'on aura recours à l'inoculation. Et encore l'inoculation pourra ne rien produire, bien qu'il s'agisse du cowpox, si la virulence est éteinte ; ou bien elle pourra ne donner à la première génération qu'une éruption non caractéristique, qui pourra être méconnue dans sa véritable nature. Quoi qu'il en soit, c'est bien par l'inoculation que l'on pourra le mieux, dans les cas douteux, reconnaître si on est en présence du cowpox ; on se souviendra qu'une première génération peut ne faire apparaître qu'une éruption rudimentaire, et on continuera le cas échéant la culture sur l'animal jusqu'à la troisième génération, afin d'obtenir l'éruption avec ses caractères typiques.

Sur le pis et sur les trayons des vaches, on peut rencontrer diverses éruptions et divers accidents, qui peuvent simuler, dans une certaine mesure, le cowpox arrivé à telle ou telle période. Il est inutile de s'acharner à trouver des caractères diagnostiques différentiels. On a vu, au chapitre de la fièvre aphteuse, comment se comporte l'éruption de cette maladie dans la région mammaire, on n'a qu'à s'y reporter.

Les vésicules buccales du horsepox sont plus régulières que celles de la fièvre aphteuse ; elles sont souvent ombiliquées ; elles sont petites ; tandis que celles de la fièvre aphteuse sont comme soufflées au chalumeau, moins régulières, non ombiliquées, plus volumineuses, atteignant quelquefois le volume d'un petit œuf. A la desquamation de l'épithélium, les vésicules du grease laissent des plaies indépendantes ; tandis que celles de la fièvre aphteuse laissent souvent de larges surfaces dénudées. Les vésicules de cowpox, obtenues chez la vache par frictions de la muqueuse buccale avec du virus greasien du cheval, ressemblent, non à celles de la fièvre aphteuse, mais à celles du grease buccal du cheval.

Quant aux accidents ou éruptions de toute autre nature, mal étudiés encore, le diagnostic différentiel ne pourra être établi d'une façon sérieuse que par l'inoculation, à moins qu'il ne s'agisse de crevasses, gerçures, excoriations accidentelles, qui sont peu nombreuses et qu'il est aisé de distinguer d'après leur origine et leur évolution. On a signalé une sorte d'eczéma papuleux ou vésiculeux qui simulerait le cowpox, mais dont les éruptions ne seraient pas inoculables.

En résumé, dans les cas douteux, l'inoculation seule pourra permettre de déterminer exactement la nature de l'affection ; elle pourra être faite à un animal bovin ou à tout autre animal parmi ceux qui ont été indiqués à propos du diagnostic du horsepox.

HORSEPOX ET COWPOX TRANSMIS A L'HOMME. — VACCINE.

L'homme peut contracter accidentellement le horsepox et le cowpox, comme il est susceptible de recevoir l'inoculation expérimentale de l'un ou l'autre virus. D'ailleurs, outre une réaction inflammatoire parfois plus violente, le virus du cheval, inoculé accidentellement ou expérimentalement aux personnes, provoque une éruption semblable à celle que leur donne le virus de la vache ou celui qui a été cultivé sur l'espèce humaine.

On a maintes fois observé l'éruption vaccinale sur des personnes, qui s'étaient infectées avec le virus équin, ou avec le virus bovin, ou avec le virus humain, en touchant des animaux malades ou des personnes vaccinées ; on en a vu qui se sont ainsi inoculées aux mains, à la figure, aux lèvres, aux paupières, en se frottant avec la main souillée.

On verra plus loin quelles sont les variations d'intensité que le vaccin peut présenter dans sa virulence, suivant qu'il provient de l'homme ou de l'animal bovin, ou du cheval ; il suffit pour le moment d'indiquer sommairement les caractères de la vaccine inoculée aux personnes.

On désigne sous le nom de *vaccine* chez l'homme une affection, qui est produite par l'inoculation de la lymphe provenant originairement du cowpox ou du horsepox, et qui confère l'immunité contre la petite vérole. Cette affection, produite par l'inoculation du vaccin, est toujours bénigne. On peut la provoquer en inoculant du virus emprunté au cheval, ou à la bête bovine, ou à une autre personne. Dans la pratique, on emploie, pour ce but, le virus fourni par l'enfant vacciné, et de préférence le virus emprunté au veau, sur lequel on a cultivé expérimentalement le vaccin dérivant du cowpox ou du horsepox.

L'évolution du vaccin de veau, inoculé à un enfant de six mois à un an, est ordinairement caractérisée de la façon suivante : pendant les deux ou trois premiers jours qui suivent l'inoculation, on n'observe aucun travail, la piqûre, ainsi que la tuméfaction et la rougeur qu'elle détermine s'effaçant rapidement ; pendant les quatrième, cinquième et sixième jours on voit d'abord apparaître une tache rouge, qui se transforme en élevure ou papule et puis en bouton ou vésico-pustule, qui va croissant, s'aplatissant, se déprimant à son centre, devenant grisâtre ou nacrée autour de la dépression centrale, se montrant entourée d'une zone ou liséré rougeâtre, et reposant sur une base légèrement indurée. Vers le septième ou le huitième jour la vésico-pustule est bien caractéristique ; elle a alors atteint tout son développement ; elle est très nettement ombiliquée à son centre ; la zone qui entoure la dépression centrale est en saillie ; elle est blanchâtre, nacrée, azurée, gonflée par une lymphe vaccinale, claire, visqueuse, qui s'écoule, quand on éraille la surface de l'éruption. La vésico-pustule ainsi caractérisée est alors entourée d'une zone rouge, ordinairement bien manifeste. A partir du huitième ou du neuvième jour la vésico-pustule dégénère ; après s'être étendue, elle se modifie ; sa dépression centrale s'étend ; la zone lymphogène perd de sa largeur et de sa transparence, devient louche, purulente ; la zone rouge périphérique s'agrandit et devient plus foncée ; il se produit un travail inflammatoire à la base et autour de la pustule, en même temps que celle-ci dégénère, et les ganglions axillaires se tuméfient parfois. A partir du dixième ou du onzième jour la réaction inflammatoire locale diminue d'intensité ; la partie centrale de l'éruption se recouvre d'une croûte ; la zone lymphogène se flétrit, devient jaunâtre et se dessèche ; la zone périphérique devient moins étendue et moins rouge, la base moins tuméfiée et moins dure. Vers le douzième ou le treizième jour la pustule, de plus en plus flétrie et desséchée, se transforme complètement en une croûte brunâtre, qui devient de plus en plus sèche et dure, pour tomber durant la quatrième semaine, en laissant une cicatrice rougeâtre, gaufrée, devenant blanchâtre, mais restant ordinairement indélébile.

L'évolution du vaccin chez l'enfant peut varier d'ailleurs suivant certaines conditions, elle peut être retardée plus ou moins, quand le vaccin est affaibli, quand les inoculés sont malades, doués de peu de réceptivité, etc. D'autre part, outre les symptômes locaux qui viennent d'être énumérés, on observe sur les inoculés une réaction générale, une fièvre vaccinale plus ou moins accusée, ordinairement peu intense et de courte durée, se montrant surtout du sixième au huitième jour, pour tomber ensuite, s'accompagnant parfois d'un peu de malaise et quelquefois de nausées, de courbature, de céphalalgie, etc.

Les inoculations, faites avec le vaccin humain ou avec le vaccin cultivé sur le veau, se comportent comme on vient de le voir ; tandis que celles faites directement à l'enfant avec le virus du cowpox spontané ou du horsepox naturel, donnent des résultats quelque peu différents. Avec le produit du cowpox spontané on a eu plus d'insuccès, probablement parce que le virus a été parfois recueilli trop tardivement, alors qu'il était affaibli ou éteint ; on a vu aussi l'éruption s'accompagner d'une réaction locale et d'une réaction générale plus marquées, probablement parce que le virus inoculé n'était pas pur ; on a vu encore l'éruption évoluer plus lentement et moins complètement, être moins belle, moins typique, etc. Avec le produit du horsepox on a obtenu parfois une éruption accompagnée d'une réaction locale plus accusée et un mouvement fébrile plus intense ; d'autres fois on a obtenu une éruption de boutons caractéristiques, mais plus petits ; d'autres fois enfin, on a vu se produire une éruption pourpre, légèrement furonculeuse.

La période d'incubation de la vaccine, qui est ordinairement de trois jours, peut se prolonger parfois au delà de ce terme. On a vu sur certaines personnes l'éruption ne commmencer que le septième, le huitième jour, et même seulement le dixième, le quinzième, le vingtième, le trentième jour. Sur la même personne on peut constater le commencement de l'éruption au bout de trois jours sur certaines piqûres, et seulement au bout d'un laps de temps plus long pour les autres. On aurait même observé des vaccines sans éruption, caractérisées par une réaction générale et par l'acquisition de l'immunité. Dans le cours de l'évolution de la vaccine, des pustules surnuméraires peuvent se produire, à la suite d'une auto-inoculation ou d'une inoculation accidentelle nouvelle ; elles ont une évolution plus rapide. On a vu exceptionnellement des cas où la vaccination a déterminé une éruption généralisée.

Chez l'adulte, variolé ou vacciné dans son enfance, on peut voir la revaccination donner une éruption vaccinale régulière. Toutefois la réaction locale est plus vive, et se traduit par un engorgement plus accusé et plus douloureux de la région inoculée, ainsi que par la tuméfaction des ganglions axillaires ; de plus, il y a souvent de la fièvre, du malaise, de la courbature. D'ailleurs l'évolution vaccinale qui suit la revaccination est ordinairement plus ou moins modifiée, suivant que l'immunité vaccinale est de date plus ou moins ancienne. « On peut observer toutes les transitions entre une vaccine typique et les produits éruptifs les plus insignifiants. Il faut distinguer à ce point vue les succès des revaccinations en complets et incomplets. Le succès doit être considéré comme complet dès qu'il y a eu une vésicule bien nette, aplatie et ombiliquée, et incomplet dans le cas contraire. Dans le premier cas l'époque de maturation de la pustule varie ; elle est en général précipitée et tombe sur le quatrième ou le cinquième jour ; la dessiccation est aussi plus rapide que dans une première vaccination. Souvent les pustules sont à des périodes différentes d'évolution. Dans les succès incomplets, on voit tous les degrés d'une fausse vaccine, depuis le tubercule inflammatoire qui disparaît promptement, jusqu'aux éruptions variicelliformes qui se recouvrent de croûtelles. Dans tous ces cas, les phénomènes éruptifs commencent à se développer dès le premier ou le second jour de l'inoculation. » (A. d'Espine.)

ANATOMIE PATHOLOGIQUE.

Les pustules cutanées évoluent dans la couche de Malpighi. Il y a d'abord congestion du corps papillaire du derme, gonflement ou œdème inflammatoire du corps muqueux par suite de l'exsudation dont la partie congestionnée est le siège, hypertrophie et allongement des papilles dermiques, exsudation et diapédèse de leucocytes dans les papilles et dans la couche sous-jacente, hypertrophie et hyperplasie des éléments du corps papillaire, gonflement et dégénérescence des cellules de la couche profonde et de la couche moyenne de l'épiderme. Bientôt il se forme des vacuoles dans la portion médiane de la couche de Malpighi, par suite de l'arrivée en ce point du produit exsudé. Ces vacuoles sont incomplètement séparées par une charpente réticulée ; elles sont séparées, du derme et de la couche cornée de l'épiderme, par des rangées de cellules du corps muqueux, qui sont gonflées, arrondies et moins adhérentes entre elles. Les cloisons, qui séparent les vacuoles, sont formées par des cellules du corps muqueux, que la poussée du liquide exsudé a redressées, par des cellules étirées et hypertrophiées et par de la fibrine fibrillaire. Les vacuoles se forment à la fois par l'accumulation du produit exsudé du derme et par la dégénérescence et la destruction des éléments du corps muqueux. Le contenu est formé d'un plasma, dans lequel on trouve des cellules du corps muqueux plus ou moins altérées, des leucocytes, des hématies, des cellules polynucléaires, des granulations et des microcoques. La pustule une fois formée s'étend ; les cloisons primitives sont refoulées et se détruisent ; il se forme d'autres vacuoles à la périphérie et le centre s'affaisse. Quand la congestion du derme est violente, la diapédèse est abondante et la pustule peut se transformer en un petit abcès. Entre les pustules, on observe les altérations propres à la dermite.

ÉTIOLOGIE ET PATHOGÉNIE DU HORSEPOX, DU COWPOX, DE LA VACCINE.

Le horsepox, le cowpox, la vaccine, qui sont une seule et même affection, se développent toujours sous l'influence de la contagion spontanée ou expérimentale. La maladie est transmissible par le virus qu'elle fournit. Sa transmissibilité est démontrée par d'innombrables faits d'observation et d'expérimentation.

Nature, sièges et caractères du virus. — Le virus du horsepox, du cowpox, de la vaccine, est ordinairement mélangé à un véhicule liquide, produit par les vésico-pustules. Quelquefois il est associé à un véhicule solide (croûtes, objets souillés de lymphe virulente desséchée). Il est ordinairement introduit, avec l'un ou l'autre de ces véhicules dans les organismes contaminés spontanément ou expérimentalement. Il n'est pas impossible toutefois que l'infection se produise dans certains cas par l'intermédiaire de l'air, quand le virus desséché est entraîné sous forme de poussières dans l'atmosphère; mais, comme on le verra ci-après, ce mode de contagion est d'une rareté telle qu'il y a lieu de le négliger.

On a vu plus haut quels sont les caractères anatomiques du produit virulent que contiennent les pustules. Au début, ce produit est séreux et limpide, relativement pauvre en éléments figurés. Néanmoins il en contient de différentes sortes; il contient des cellules diverses et des éléments granuliformes qui ne sont pas tous de même nature, puisque les uns sont dissous par la potasse, tandis que les autres résistent à l'action de ce réactif, comme à celle de l'ammoniaque, et sont de véritables microbes. A mesure que la pustule vieillit, son produit se modifie; il devient de plus en plus trouble et purulent, tout en perdant son activité propre; les microbes vaccinogènes semblent se détruire ou devenir inertes, en présence des microbes pyogènes qui envahissent l'éruption à un moment donné. Les expériences déjà anciennes de Chauveau avaient montré que l'agent virulent du vaccin n'est pas dissous dans le plasma de l'humeur vaccinale, et qu'il consiste en éléments figurés granuliformes. En superposant une couche d'eau distillée à une certaine quantité de lymphe, et en laissant le tout au repos pendant un certain temps, il avait constaté que la couche supérieure, qui contenait les substances dissoutes de la lymphe entraînées par la diffusion, donnait des résultats négatifs à l'inoculation, tandis que les couches médianes, qui contenaient en suspension des granulations, donnaient des résultats positifs. Il avait également démontré que la virulence était inhérente aux éléments figurés, en opérant des dilutions de plus en plus étendues de lymphe vaccinale; les dilutions peu étendues donnaient presque autant de succès que de piqûres; avec les dilutions très étendues, de rares piqûres donnaient des résultats, mais, quand l'une en donnait, ils étaient aussi beaux et aussi complets que ceux d'une piqûre faite avec du vaccin non dilué. Ces résultats ne s'expliquaient que par l'hypothèse d'agents virulents, sous forme d'éléments figurés, que la dilution avait pour résultat de disséminer dans une plus grande masse de liquide.

Les recherches ultérieures, quoique nombreuses, ont encore peu ajouté aux résultats obtenus par Chauveau, qui ont été confirmés par les expériences de Reiter (1872), desquelles il découle que la lymphe vaccinale diluée exige, pour donner un résultat sûrement positif, une surface d'absorption d'autant plus grande que la dilution est plus étendue. D'ailleurs Chauveau avait démontré qu'en faisant absorber une assez grande quantité de lymphe diluée on peut sûrement obtenir un résultat positif normal; il avait obtenu une éruption de horsepox, en injectant dans la veine d'un cheval une assez forte dose d'une dilution qui, inoculée à petites doses par piqûres à la peau, ne donnait que des résultats négatifs.

Divers expérimentateurs ont constaté la présence de microbes arrondis dans la lymphe vaccinale. Ces microbes sont faciles à colorer par les solutions de violet de gentiane et de violet de méthyle ; ils sont isolés ou accolés par deux ou par quatre ; mais leur rôle pathogène n'est pas encore nettement établi.

« Quist a cultivé le liquide vaccinal dans une solution nutritive, composée de sérum de bœuf avec deux parties égales de glycérine et d'eau distillée, additionnée de carbonate de potasse ; il a employé aussi l'albumine de l'œuf, la glycérine, la gomme arabique et différents sels. Il a obtenu, avec ces liquides, une culture caractérisée par une pellicule superficielle, formée de microcoques très fins, qui se développe au bout de huit à dix jours. L'inoculation reproduit une pustule vaccinale, et l'enfant ainsi vacciné est ensuite insensible à une nouvelle inoculation faite avec du vaccin. Malgré ces résultats, en apparence satisfaisants, nous devons dire qu'il est impossible de cultiver à l'état de pureté des microbes par la méthode de Quist.

« Voigt a isolé, par la culture du vaccin sur des plaques de gélatine, trois espèces de bactéries :

« 1° Des bactéries qui donnent des colonies grisâtres, circulaires, qui ne liquéfient pas la gélatine. Examinées à un grossissement de 80 diamètres, on voit qu'elles présentent un centre grenu et un bord clair. Leur culture par piqûre sur de la gélatine contenue dans un tube montre un voile superficiel et plus tard un léger trouble le long de la piqûre. L'examen avec un fort grossissement fait reconnaître de petits cocci réunis souvent deux à deux. Les vieilles cultures, celles qui datent de cinq mois par exemple, sont devenues gris jaunâtre. Elles possèdent souvent des bâtonnets composés de cocci.

« Ces bactéries, inoculées sous la peau du veau, donnent l'immunité pour le cowpox. Cinq jours environ après l'inoculation, il se développe des nodules qui se couvrent ensuite de croûtes. Dans un cas, Voigt a réussi à inoculer avec succès la culture de ces bactéries, puis, avec le liquide de la pustule vaccinale ainsi produite, il a obtenu une culture pure : et cette culture a donné un vaccin très puissant (*cowpox* expérimental). Malgré ce succès, Voigt ne peut pas recommander l'usage du vaccin ainsi cultivé, car la virulence des cultures artificielles successives se perd très rapidement. Ainsi une culture faite pendant cinq mois est ordinairement inoffensive. Dans un autre cas, l'inoculation du vaccin artificiel a produit une éruption de vaccine généralisée, ce qui est rare dans la vaccination ordinaire.

« 2° Des cultures grenues, de couleur verdâtre, liquéfiant la gélatine, consistant en grands cocci. Ces cultures ne se développent pas constamment à la suite de l'inoculation du vaccin sur la gélatine.

« 3° De petits cocci donnant une culture gris-jaunâtre, ronde, qui liquéfie la gélatine. Ces microbes sont inoffensifs.

« Voigt a isolé un autre microbe dont la culture ressemble d'abord à celle du microbe n° 1, mais qui liquéfie plus tard la gélatine. Ce microbe inoculé a produit des éruptions pustuleuses, et a conféré l'immunité. » (Cornil et Babès.)

Quoi qu'il en soit, la nature microbienne de la vaccine n'est pas douteuse ; elle se déduirait à la rigueur des propriétés physiologiques du virus, de sa résistance à l'action de l'oxygène comprimé, de sa conservation naturelle ou artificielle, facile à réaliser comme on le verra plus loin. D'ailleurs il est avéré (Straus, Chambon et Ménard) que la lymphe vaccinale, filtrée sur le plâtre, ne donne pas l'immunité à la dose de 5 centimètres cubes en injection sous-cutanée.

Le virus du horsepox, du cowpox, de la vaccine, existe presque exclusivement dans les éruptions ; et encore s'y détruit-il assez rapidement. On l'y trouve dès que le travail éruptif commence ; mais c'est principalement quand les vésico-pustules sont bien formées, bien développées, en pleine période de sécrétion proprement dite, qu'il y est abondant et de bonne qualité. C'est du quatrième au septième jour qui suit l'inoculation, souvent pendant le cinquième ou le sixième jour, et quelquefois seulement les huitième, neuvième ou dixième jours, que le virus peut être recueilli en vue des vaccinations et des expériences de transmission. Il y a à ce point de vue des variations suivant les espèces, suivant les individus, suivant la qualité du virus inoculé, etc. ; on verra d'ailleurs ci-après des règles mieux définies en ce qui concerne le cowpox entretenu sur le veau. En tout cas, et abstraction faite de la date de l'éruption, c'est lorsque la pustule arrive à être ombiliquée et argentine ou nacrée, qu'on trouve un virus abondant et de bonne qualité. Lorsque l'éruption dégénère, devient purulente, se dessèche, le virus se détruit progressivement.

Si les vésico-pustules sont les sièges de la virulence par excellence, il peut arriver que divers produits, tels que la salive, les larmes, le jetage, le produit des organes génitaux, le suintement de la région podale, deviennent virulents, lorsqu'ils sont mélangés avec la sécrétion des pustules. L'éruption, en étant excoriée, ouverte, détruite par le frottement, peut non seulement imprégner les objets ou infecter les sujets mis à son contact, mais elle peut mêler son virus aux produits normaux ou accidentels des régions où elle siège. Ainsi, quand l'éruption siège sur la muqueuse buccale (cheval), la salive peut devenir virulente au moment de l'ouverture des pustules ; il en est de même pour le jetage et pour les larmes ou la chassie, quand l'éruption s'est produite sur la pituitaire ou sur la conjonctive (cheval) ; il en est de même encore pour le produit des organes génitaux (écoulement vaginal de la jument), lorsqu'il y a exanthème coïtal ; il en est de même également pour le lait, lorsque, en tirant la vache atteinte d'éruption mammaire, on y fait tomber le produit des pustules ; il en est de même enfin du suintement de la région podale chez le cheval atteint de grease aux jambes.

Le virus vaccin existe-t-il dans le sang et dans la lymphe des sujets atteints de horsepox ou de cowpox ou de personnes atteintes de l'éruption vaccinale ?

Il découle des recherches, qui ont été faites jusqu'à présent, que le sang des malades peut bien renfermer du virus à certains moments, mais qu'il en contient en général si peu, que sa mise en évidence est difficile. Chauveau, ayant transfusé de 500 à 1000 grammes de sang de chevaux atteints de horsepox bien développé à deux chevaux jeunes, n'a obtenu ni éruption ni immunité. Mme Raynaud a inoculé sans succès, à des enfants, le sang d'enfants vaccinés, recueilli par une piqûre au doigt, du premier au quarante-deuxième jour après la vaccination. Des expériences de cet ordre ne sauraient permettre de tirer une conclusion ferme, car elles ont été faites avec de trop minimes quantités de sang. Le même expérimentateur, ayant transfusé à une génisse 250 grammes de sang recueilli sur un veau vacciné depuis six jours, lui aurait conféré l'immunité, bien qu'aucune éruption ne se fût produite. Reiser aurait réussi, en déposant de la charpie imbibée de sang vaccinal à la surface dénudée d'un petit vésicatoire, et il en a conclu que l'activité du sang est comparable à celle d'une dilution très étendue de lymphe vaccinale. Pfeiffer a obtenu l'immunité vaccinale, en transfusant au veau le sang du veau vacciné, au huitième jour de la vaccination. D'autres expérimentateurs (Hiller, Baillet), n'ont pas réussi à inoculer le sang des vaccinifères. Dernièrement, Straus, Chambon et Ménard ont obtenu les résultats suivants : l'injection intra-veineuse de grandes quantités (4, 5, 6 kilogr.) de sang d'un vaccinifère en pleine éruption au veau vierge peut lui donner l'immunité ; mais l'injection sous-cutanée du même sang, à la dose de 60 grammes, n'a produit ni l'éruption ni l'immunité ; enfin la transfusion de la presque totalité du sang d'un veau immunisé par une vaccination antérieure, à un veau vierge, ne produit pas l'immunité.

En résumé, il semble bien qu'à un certain moment, pendant l'éruption, le sang peut renfermer du virus ; ce n'est toutefois qu'une dilution virulente très étendue. Quand on pratique une inoculation à la peau, on n'obtient le plus ordinairement qu'une éruption locale ; mais néanmoins du virus est certainement absorbé par le système lymphatique, car les ganglions voisins s'enflamment quelquefois. Il y a sûrement absorption du virus, même lorsque son action doit se localiser au point d'inoculation ; car, si on extirpe ce point quelques minutes après l'opération, l'éruption peut se produire tout de même, et se montrer aux lieux d'élection, comme dans certains cas où le virus a été introduit dans l'organisme par injection intra-vasculaire ou par inhalation, etc. Le contage doit donc exister dans le sang à un moment donné ; et peut-être même s'y trouve-t-il durant tout le cours de la maladie, mais tellement dilué, qu'il est difficile de produire un effet sans employer une forte quantité de sang.

Il résulte des expériences de Mme Raynaud que la lymphe charriée par les vaisseaux lymphatiques, qui partent du point d'inoculation ou du point malade, est virulente, mais que, pour obtenir un résultat (éruption, immunité), il faut l'inoculer à forte dose. En effet, ayant extrait, par une fistule aux lymphatiques satellites de la saphène, de la lymphe sur un cheval inoculé à l'extrémité du membre, il n'obtint rien sur le veau, auquel il en fit des inoculations par piqûres, scarifications ou injections hypodermiques ; tandis qu'une injection intra-vasculaire de 22 centimètres cubes à un cheval provoqua un horsepox généralisé, qui se manifesta le sixième jour par une éruption aux naseaux, aux lèvres et à la bouche. D'autre part, bien que la lymphe soit virulente, on s'expliquerait que le sang ne le devint pas toujours, car les ganglions, quoique engorgés à la suite de la vaccination ou de l'éruption spontanée, ne contiennent pas le virus (Mme Raynaud, Baillet), détruisant vraisemblablement celui qui y est amené par les vaisseaux lymphatiques.

En résumé, quand on veut faire des inoculations vaccinales, on ne peut s'adresser, en toute sécurité, pour obtenir le virus, qu'aux éruptions elles-mêmes. Et, ainsi qu'on l'a vu, le virus doit être recueilli du quatrième au septième jour en général. Plus tard, le virus s'affaiblit et s'appauvrit progressivement.

Cependant, on peut réussir encore parfois avec du virus recueilli les huitième, neuvième, dixième jours, et même avec des croûtes enlevées du dixième au quinzième jour. C'est qu'en effet le virus vaccin peut résister à la dessiccation, et conserver plus ou moins complètement son activité dans les produits desséchés. On verra ci-après que le virus du horsepox, du cowpox, de la vaccine, peut être conservé pendant des jours, des semaines et des mois, quand on prend les précautions convenables pour le recueillir et pour le préserver ensuite de l'action de l'air, de la lumière, de la chaleur, de l'humidité, etc.

Le virus greasien peut résister à un froid assez intense ; il peut supporter la dessiccation et se conserver ensuite longtemps à la surface des objets, sur les crèches et les mangeoires, sur les litières, sur le linge, sur les entraves, sur les divers objets, qui en ont été imprégnés. Il peut être mélangé à l'eau distillée et à la glycérine neutre, sans perdre ses propriétés. Il supporte mal la chaleur ; une température de 52° peut le stériliser ; il redoute les alternatives de température, ainsi que l'action de l'air, celle de la lumière, de l'humidité, de la putréfaction, etc. Il résiste peu aux agents germicides. Des solutions faibles d'acide acétique, d'acide chlorhydrique, d'acide sulfurique, etc., le stérilisent promptement. Il résiste mieux à l'acide phénique; mais la solution à 5 p. 100 de cet agent le stérilise. Dans les conditions ordinaires de la pratique, le virus du horsepox, du cowpox, de la vaccine, peut, suivant les circonstances, se conserver plus ou moins longtemps à la surface des objets solides, dans les eaux, etc. On manque encore de données suffisantes à ce sujet; mais il est indubitable que l'air, la lumière, l'humidité, la chaleur, l'électricité, la putréfaction, favorisent et accélèrent sa destruction.

Modes de contagion. — Procédés de transmission expérimentale et leur influence sur l'évolution de la maladie. — Espèces aptes à cultiver le virus vaccin. — La maladie vaccinogène, quoique transmissible à d'autres espèces, ainsi qu'on le verra ci-après, se montre principalement sur les animaux solipèdes (horsepox), sur les animaux bovins (cowpox), et sur l'homme (vaccine inoculée et quelquefois vaccine contractée). Elle peut être transmise d'un animal solipède à un animal solipède, du cheval à la bête bovine, du cheval et de la bête bovine à des personnes, de la bête bovine au cheval, et de l'homme au cheval et à la bête bovine.

Le horsepox et le cowpox se transmettent par contagion directe et par contagion indirecte ou médiate.

La contagion directe peut se produire :

1° Quand des juments ou ânesses malades sont accouplées avec des étalons sains, ou réciproquement lorsque des étalons, chevaux, baudets, malades, sont employés pour la saillie ; et l'on a vu qu'en pareil cas l'éruption siège principalement dans la sphère des organes génitaux :

2° Quand des animaux sains, placés à côté des malades, les flairent, les lèchent ou les mordent, ou sont flairés, léchés, mordus par eux ; lorsque, comme je l'ai constaté, un poulain vit avec une mère infectée, lorsqu'il va flairer et lécher une jument atteinte d'exanthème coïtal ; lorsqu'un veau tète une mamelle malade ; lorsque des enfants tètent le pis d'une ânesse couvert d'éruptions. — On a observé jadis (Blacher et Guinon), à la nourricerie des enfants assistés à Paris, un fait intéressant, démontrant bien la possibilité de la transmission directe de la maladie de l'animal à l'enfant et de l'enfant à l'animal par le téter. L'infirmière qui mettait les nourrissons au pis de l'ânesse, ayant pansé les pustules vaccinales ouvertes et suintant abondamment d'un enfant, contamina la bête par le contact de ses doigts avec le pis. L'ânesse ainsi contaminée, transmit la maladie à un nouvel enfant; l'épidémie s'étendit par l'intermédiaire de cet enfant, qui avait l'éruption vaccinale à la bouche et qui ne tétait pas toujours la même nourrice, et surtout par l'intermédiaire des ânons qui allaient téter indistinctement toutes les ânesses pour épuiser le lait laissé par les enfants. Il se produisit ainsi une véritable épizootie de horsepox. — Le jeune peut donc prendre la maladie en tétant ; et, quand il l'a lui-même à la bouche, il peut la transmettre à la mamelle qu'il tète ;

3° Quand des personnes touchent des régions malades ou des produits morbides avec leurs mains excoriées, et quand, après avoir souillé leurs mains, elles se frottent les lèvres, la figure, les paupières ; on a pu voir maintes et maintes fois des personnes qui s'étaient contaminées de la sorte avec le virus des vaches et avec celui du cheval ;

4° Quand des animaux ou des personnes, déjà contaminés, s'auto-inoculent leur propre virus ou celui qui leur a été inoculé. Ainsi, avant que l'immunité soit conférée, un animal qui a le horsepox et une personne qui a la vaccine peuvent s'auto-inoculer dans une autre région.

Dans la pratique, la transmission spontanée de la maladie semble se faire le plus souvent par contagion médiate. Le virus est excrété par le malade et transmis à d'autres animaux par un intermédiaire. La transmission peut se faire par l'intermédiaire de l'homme, ainsi que le prouvent les faits observés par Jenner, Loy, etc. C'est du reste de cette façon que la maladie est ordinairement communiquée, quand on l'observe sur les trayons, sur les mamelles des vaches, la personne chargée de les traire ne s'étant pas lavé les mains après avoir touché des malades. Il est possible que certains cas de horsepox ou de cowpox spontanés aient été provoqués par des mouches qui s'étaient chargées de virus, en allant sur les plaies des malades. Les fourrages et les boissons peuvent aussi servir d'agents de propagation, inoculer le virus aux lèvres, à la bouche, etc., quand ils ont été souillés par des malades. On verra d'ailleurs ci-après que les données expérimentales démontrent la possibilité de la transmission par l'ingestion de la matière virulente, qui peut provoquer de la sorte une éruption générale. La maladie se transmet également par les objets de pansage et de pansement, par les harnais, par les mangeoires, par les litières, par les moyens d'attache, qui ont servi à des malades et qui se sont imprégnés de virus. Elle peut se transmettre par les entraves qui ont servi pour des animaux atteints d'éruption podale. Les animaux, qui ont des plaies sur les régions inférieures des membres, peuvent contracter, par cette voie, la maladie, si les litières sont souillées de matières virulentes. Tous les corps solides, capables de s'imprégner de virus, peuvent devenir des agents de transmission : les éponges, qui ont été employées pour nettoyer les naseaux des malades servent d'intermédiaire sûr à la contagion, quand elles ne sont pas bien nettoyées, avant d'être employées pour d'autres animaux, etc.

On croit généralement que la maladie ne se transmet pas par l'intermédiaire de l'air ; on croit qu'elle ne se propage pas par la simple cohabitation ; elle ne serait pas infectieuse ; ses germes ne se trouveraient jamais en suspension dans l'air. Mais une pareille manière de voir est trop absolue, et de plus elle est inexacte. Il est certain que le virus, introduit dans les voies respiratoires, peut donner suite à une éruption même généralisée, et, d'un autre côté, il est non moins certain que la variole de l'homme est infectieuse ; or des expérimentateurs soutiennent que le horsepox et la variole de l'homme ne sont qu'une seule et même maladie. Quoi qu'il en soit de cette opinion, qui sera discutée plus loin, il n'est pas inadmissible que le horsepox puisse se transmettre par l'intermédiaire de l'air. Cette transmission a lieu sans doute très rarement ; mais le virus desséché et pulvérisé peut être inhalé accidentellement et infecter ainsi les animaux.

A propos des modes de contagion se pose naturellement la question de savoir si la mère, qui a eu l'éruption vaccinale pendant la gestation, transmet la maladie ou l'immunité à son descendant. Il semble bien reconnu que, si la vaccination intra-utérine est possible dans certains cas, lorsque la mère a été vaccinée avec succès dans les derniers mois de la gestation, elle est plutôt l'exception que la règle, et qu'il y a lieu en conséquence de vacciner indistinctement tous les enfants, sans compter sur une immunité héréditaire, plus qu'aléatoire. Ainsi Wolff, ayant vacciné des femmes enceintes de six à soixante-dix-huit jours avant la délivrance, et ayant vacciné leurs enfants aussitôt après la naissance, a toujours vu la vaccine prendre sur eux. Il a constaté d'ailleurs, comme d'autres, que les nouveau-nés supportent bien la vaccination par le virus animal et par le virus humain ; pourtant Gaucher a relaté le cas d'un enfant qui, vacciné dans le premier mois de sa naissance, eut une éruption vaccinale qui se généralisa, et en mourut avec une congestion pulmonaire, etc.

C'est principalement par les divers procédés d'inoculation et de transmission expérimentale que l'on a pu apprécier convenablement : l'influence du mode d'introduction du virus dans l'organisme sur l'évolution de la maladie ; le degré de réceptivité des diverses espèces ; le degré d'activité des divers vaccins, etc. Dans toute cette importante question, ce sont surtout les belles et nombreuses expériences de Chauveau qui ont depuis longtemps fixé la science, en lui fournissant des données du plus haut intérêt.

Expérimentalement, on peut déterminer l'éruption vaccinale sur le cheval, sur l'animal bovin et sur l'homme, en inoculant, sur une région quelconque de la peau, par piqûres ou scarifications, le virus emprunté à l'une ou à l'autre source. C'est à ce mode d'inoculation qu'ont eu recours les divers expérimentateurs ; c'est en procédant ainsi (1865), que Chauveau et la commission lyonnaise obtinrent les résultats qui contribuèrent à l'élucidation de la question relative à l'origine de la vaccine et à sa différenciation d'avec la petite vérole ou variole de l'homme. D'ailleurs, toute excoriation du derme peut constituer une porte d'entrée pour le virus. On peut donc transmettre l'affection vaccinale à l'homme, à la vache, au cheval et aux autres animaux doués de réceptivité, en piquant, scarifiant, excoriant, éraflant, etc., le derme. On peut également la transmettre, en frictionnant le virus sur la muqueuse buccale, sur la muqueuse du nez, sur celle des organes génitaux, etc. Le vaccin peut même être inoculé sur la cornée (Straus, Chambon et Ménard); mais alors l'immunité n'est conférée qu'au bout de quinze à vingt jours ; tandis qu'elle l'est en six à sept jours après la vaccination sous-cutanée et après l'injection dans la chambre antérieure de l'œil.

C'est à Chauveau que revient le mérite d'avoir établi les caractères que revêt l'affection vaccinale après les divers modes de transmission et d'avoir démontré comparativement le pouvoir vaccinogène du cheval, de l'animal bovin et de l'homme. Chez le cheval, chez le veau et chez l'enfant l'inoculation par piqûres, scarifications, éraflures, etc., à la surface de la peau, du virus vaccin provenant de l'une ou de l'autre de ces trois espèces, s'accompagne d'une éruption, qui est généralement localisée aux points inoculés ou imprégnés. « La vaccination classique prouve que les trois principales espèces vaccinifères, homme, bœuf, cheval, se prêtent aussi bien les unes que les autres à la transmission indéfinie de la vaccine. Sous ce rapport, elles montrent une aptitude vaccinogène égale. L'une d'elles cependant, le cheval, se distingue par la fréquence relative des vraies éruptions vaccinales généralisées, qui, chez les jeunes sujets, peuvent survenir à la suite des inoculations cutanées. » (Chauveau.) Ainsi donc, en inoculant le vaccin au cheval, par piqûres à la peau, on n'obtient bien dans la plupart des cas, comme chez l'enfant et le veau, qu'une éruption localisée ; pourtant, quelquefois sur les jeunes, il se produit une éruption généralisée, qui peut être papuleuse ou vésiculeuse, et qui peut ne pas renfermer toujours le virus.

Bien que l'éruption soit locale, à la suite de l'inoculation par piqûres, il y a néanmoins absorption d'une partie du virus par le système lymphatique, car, ainsi qu'on l'a vu, si on enlève les points d'inoculation quelques instants après l'opération, il se produit ensuite une éruption générale, qui se montre aux lieux où elle apparaît ordinairement, quand on fait pénétrer le virus par d'autres voies. Ce fait permet de se rendre compte du mécanisme suivant lequel l'inoculation par piqûres préserve d'une éruption généralisée. Le produit inséré à la peau est absorbé en partie; et pendant que le virus absorbé traverse le système lymphatique, avant qu'il arrive dans le sang et soit disséminé dans tout le corps, la partie non absorbée évolue sur place; en sorte que le plus souvent, quand le virus absorbé revient à la peau par la voie sanguine, l'immunité est déjà conférée.

On peut obtenir l'infection vaccinale, avec éruption généralisée, chez le cheval, en introduisant le virus dans les voies respiratoires ou dans les voies digestives. On l'obtient aussi en injectant le virus dans le tissu conjonctif sous-cutané, dans le système lymphatique ou dans le système sanguin. Quand, à la suite de l'une ou de l'autre de ces manières de faire, on ne voit pas l'éruption extérieure se produire, il n'en résulte pas moins, pour l'inoculé, une véritable immunité; en sorte qu'il est des cas où l'immunité peut être créee sans qu'on s'en doute, soit parce que l'éruption a passé inaperçue, soit parce qu'elle s'est faite à l'intérieur, soit parce qu'elle a fait défaut. Les solipèdes semblent récupérer promptement, au bout de quelques semaines peut-être, l'aptitude vaccinogène.

« Lorsqu'au lieu d'insérer le virus vaccin dans le corps muqueux du derme, on le fait pénétrer par la voie du tissu conjonctif sous-cutané, le virus manifeste son action par deux sortes d'effets positifs communs aux trois espèces : il se développe une tuméfaction locale plus ou moins marquée, et les sujets acquièrent l'*immunité vaccinale*, absolument comme s'ils avaient subi la vaccination classique. Ce double résultat s'obtient également bien dans les trois espèces, ce qui les rapproche encore les unes des autres, par un certain côté, au point de vue de l'aptitude vaccinogène.

« Ces effets communs et constants ne sont pas les seuls que produit l'injection du virus vaccin dans le tissu conjonctif. Chez les sujets de l'espèce chevaline, surtout les jeunes, il survient quelquefois de magnifiques exanthèmes pustuleux, qui, par leur siège et l'ensemble des autres caractères, ne diffèrent en rien des éruptions de horsepox naturel.

« Jamais ces exanthèmes vaccinaux n'ont été observés dans les expériences faites sur les sujets de l'espèce bovine, et ces expériences, dont le nombre est considérable, ont été faites dans les conditions réputées les plus favorables au développement dit spontané du cowpox.

« On n'a pas vu davantage ces exanthèmes sur l'espèce humaine ; mais le nombre des tentatives faites pour les produire est fort restreint.

« De ces résultats négatifs, constatés dans l'homme et le bœuf, on n'est pas autorisé à conclure que ces deux espèces sont rebelles à la manifestation de l'exanthème vaccinal, dans les conditions précitées. Mais ils démontrent ce fait important, que l'organisme du cheval possède, sous le rapport de l'aptitude au développement de cet exanthème, une incontestable supériorité.

« Cette supériorité se révèle de la même manière dans les expériences où le vaccin est introduit directement au sein des vaisseaux lymphatiques ou sanguins, ou pénètre par les voies naturelles de l'absorption. L'injection intra-veineuse du vaccin, la plus sûre et en même temps la plus facile de ces expériences, ne paraît pas même capable de produire l'immunité vaccinale chez les animaux de l'espèce bovine. Chez le cheval, non seulement elle fait naître cette immunité, mais elle provoque assez souvent l'éruption d'exanthèmes vaccinaux, fac-simile exacts de ceux de la maladie naturelle.

« Les résultats de cette étude expérimentale montrent, au moins aussi bien, sinon mieux, que l'observation clinique, que le cheval possède une aptitude spéciale au développement naturel ou spontané de la vaccine, soit sous l'influence de contagiums occultes, soit par l'intervention, problématique, de toute autre cause équivalente, qui reste à déterminer.

« L'espèce bovine est bien loin de manifester une pareille aptitude à l'évolution de la vaccine naturelle. On peut même dire hardiment que, sous ce rapport, le bœuf n'est pas supérieur à l'espèce humaine. Tout au moins est-il certain que l'infériorité de celle-ci sur celui-là n'est pas démontrée.

« D'après cette étude, pleinement confirmée par les faits cliniques, l'organisme du cheval serait donc, conformément aux vues de Jenner, la vraie patrie de la vaccine naturelle.

« C'est là qu'il faut aller chercher cette précieuse maladie, si l'on veut trouver au plus haut degré d'activité, et la maladie elle-même, et son virus si heureusement utilisé comme agent prophylactique. » (Chauveau.)

Cependant il résulte d'expériences récentes (Straus, Chambon et Ménard) que l'injection, dans la veine du veau, d'une dose de vaccin variant depuis une fraction de goutte ou une goutte à 3 centimètres cubes, peut produire l'immunité complète sans déterminer aucune manifestation générale ou locale, quand on a évité d'inoculer le tissu péri-veineux ; tandis que, dans les expériences de Chauveau, l'injection intra-veineuse de vaccin, qui avait donné l'immunité au cheval, ne l'avait pas donnée à l'animal bovin. D'ailleurs Warlomont et Hugues avaient, eux aussi, tiré de leurs expériences la conclusion que l'animal bovin peut être immunisé non seulement par l'injection sous-cutanée de vaccin, mais encore par l'injection intra-veineuse ou intra-lymphatique sans manifestation d'aucune éruption.

En résumé, lorsqu'on observe une éruption localisée à une région, à la région podale (cheval), à la région mammaire (vache), à la région buccale (cheval, veau), à la région nasale (cheval), à la région des organes génitaux (étalon, jument), on est en droit de penser que l'animal a été contaminé par une sorte d'inoculation ou d'imprégnation dans la région malade. Tandis que, quand on a affaire à une éruption multiple, chez le cheval par exemple, il y a lieu de croire que le virus a pu s'introduire, soit par les voies digestives, soit par les voies respiratoires, etc., quoique cependant il puisse en être autrement,

Jusqu'à présent il n'a été question que des solipèdes, des animaux bovins et de l'homme comme espèces vaccinifères. Cependant le vaccin est inoculable à un certain nombre d'autres espèces : au porc (Trasbot) ; au mouton (Hurtrel, Depaul, etc.), dont l'éruption reste petite ; au cobaye (Baillet) ; à la poule (Charlier) ; au chien (Divers), qui acquiert l'immunité vis-à-vis de la vaccine à la suite d'une première inoculation, de même qu'après l'injection intra-veineuse ou sous-cutanée ou intra-péritonéale non suivie d'éruption (Dupuis); et notamment à la chèvre et au lapin. La vaccine de ces deux dernières espèces est intéressante; et elle peut devenir utile, le cas échéant, dans la pratique des vaccinations, ne fût-ce que pour conserver et entretenir une source à laquelle on puiserait dans les moments de besoin pour inoculer le veau et ensuite l'enfant.

La chèvre, qui avait été signalée par Jenner et par Husson comme apte à contracter la vaccine par inoculation, fut jadis prise comme sujet d'expérience par Mathieu et Auzias-Turenne et ensuite par la commission lyonnaise (1863), qui obtint sur cet animal des pustules plus petites que sur l'animal bovin, mais nettement ombiliquées et très ressemblantes aux boutons de vaccin. La vaccine de la chèvre a été récemment étudiée à nouveau par Hervieux, qui a tiré de ses expériences et de ses recherches les conclusions suivantes : « Si l'on inocule une chèvre, soit avec du vaccin de génisse, soit avec du vaccin humain, le produit de cette inoculation évolue exactement comme le vaccin de génisse; la vaccination de chèvre à bras réussit bien, à la condition que l'inoculation soit pratiquée aussitôt après la récolte du vaccin; les boutons vaccinaux ont tous les caractères de la vaccine classique; l'inoculation avec du vaccin de chèvre conservé réussit aussi bien que le vaccin de génisse, quand elle est faite avec la pulpe, moins bien avec la lymphe; la vaccination d'un sujet humain avec du vaccin de chèvre humanisé donne des résultats réalisant le type le plus parfait de la vaccine classique. En résumé, les animaux de l'espèce caprine sont aussi aptes que ceux de l'espèce bovine à la culture du vaccin. »

Bard et Leclerc, de Lyon, ont étudié récemment (1891) la vaccine du lapin. Ayant inoculé du vaccin de veau sur le dos et à l'oreille de lapins, ils ont vu se former une éruption semblable à celle du veau, un peu plus lente et un peu plus petite à l'oreille que sur le dos, avec des vésicules nettement ombiliquées et très caractéristiques dès le cinquième jour après l'inoculation. Ils ont constaté : qu'une première vaccination confère l'immunité; que le vaccin du lapin donne le cowpox au veau; que le vaccin du veau ayant passé sur le lapin et étant ramené sur le veau donne à l'enfant une belle éruption vaccinale.

Le vaccin de chèvre et le vaccin de lapin pourraient être employés dans les vaccinations et revaccinations chez l'homme. Mais, à défaut de cet usage, le lapin et la chèvre pourront être avantageusement utilisés pour entretenir le vaccin, pour s'assurer de sa conservation, pour réaliser des recherches, etc., et pour remplacer dans maintes circonstances l'animal solipède ou le veau qui demeurera néanmoins le grand producteur de vaccin destiné aux vaccinations chez l'homme.

Degré d'activité du vaccin suivant l'espèce d'où il provient. — Sa
  dégénérescence, son atténuation, sa régénération. — Sa pureté;
  maladies qu'il peut transmettre.

« Le vaccin humain, qu'il procède du cowpox depuis peu de temps
ou qu'il ait passé par une longue série de générations sur l'espèce
humaine, par des inoculations successives de bras à bras, ce vaccin
est-il susceptible de retourner à la vache, et, en y repullulant, de traduire sa puissance par le développement des pustules caractéristiques ? Il y avait, sur ce point, des opinions divergentes, résultant de
nombreux insuccès dans les essais, qu'on avait faits, de reporter le
vaccin humain sur la vache. Bousquet, qui avait obtenu une série de
quinze réussites, attribuait son succès à ce qu'il avait expérimenté sur
de jeunes sujets de l'espèce bovine avec du vaccin humain qui était
nouveau, c'est-à-dire qui avait été puisé récemment sur les pustules
d'une vache affectée du cowpox primitif, autrement dit, d'un cowpox
qui ne procédait pas d'une inoculation. Cette interprétation par Bousquet du fait expérimental qu'il avait produit, impliquait sa croyance à
la dégénérescence du vaccin transmis de bras à bras.

« Qu'y avait-il donc de fondé dans cette croyance? C'est ce que la
Commission lyonnaise s'est proposé de vérifier expérimentalement.
Quantités d'expériences ont été faites sur l'espèce bovine avec du vaccin humain : soit le vaccin humain issu directement du cowpox, soit
le vaccin dit *jennérien*, conservé à *la Charité* de Lyon, après un nombre prodigieux de générations successives chez l'enfant. Des pustules
de cowpox s'élevèrent à l'endroit de chaque piqûre, sans distinction
de l'origine du vaccin inséré, témoignant toutes que le passage du
virus du cowpox par le médium de l'organisme humain, n'a pas altéré
sa faculté de repulluler sur l'organisme du bœuf, comme cela semblait résulter d'expériences antérieures à celles de la Commission de
Lyon. « Ainsi, entre le cowpox et le vaccin jennérien, point de différences essentielles entre les phénomènes produits par leur transmission croisée. Même aptitude à se communiquer aux animaux de l'espèce
bovine; mêmes effets déterminés sur ces animaux par l'inoculation :
voilà bien des caractères qui démontrent rigoureusement que la nature
du vaccin primitif n'a pas changé, quand on le fait germer sur l'homme
au lieu de l'entretenir sur le bœuf. » (Com. Lyonnaise.)

« Mais si le vaccin humain se montre doué de la même activité,
quelle que soit son origine, quand on le reporte sur la vache, cela
ne veut pas dire, aux yeux de la Commission, qu'il n'éprouve pas une
certaine atténuation en passant par l'organisme humain. Le volume
moindre sur les sujets de l'espèce bovine des pustules de source
humaine, comparées à celles qui sont produites par l'inoculation du

cowpox, semble en témoigner. Mais, d'après la Commission, cette atténuation ne résulte pas d'une action *lente* de l'organisme humain sur
le virus vaccin, puisque le vaccin dit *jennérien*, qui a passé de bras à
bras, à travers une longue série d'années, comme celui qui est entretenu à l'hôpital de la Charité de Lyon, ce vaccin jennérien se montre
tout aussi actif, dans sa pullulation sur l'homme, que celui qui est issu
directement du cowpox.

« Comment se fait-il que le vaccin humain se soit montré stérile
entre les mains du plus grand nombre des expérimentateurs qui,
avant la Commission lyonnaise, avaient tenté de le reporter sur le
bœuf? Cela est assez difficile à expliquer. Mais, quoi qu'il en soit, les
conclusions tirées des faits négatifs du passé doivent être réformées,
et il demeure aujourd'hui avéré, grâce aux expériences nouvelles,
que le vaccin humain peut refleurir sur les sujets de l'espèce bovine
qui peuvent être transformés en sources abondantes de vaccin, dans les
cas où la menace d'une épidémie varioleuse impose l'obligation de recourir, dans un temps rapide, à la vaccination d'un grand nombre de
sujets à la fois.

« Cette nouvelle étude expérimentale de la vaccine sur l'espèce
bovine était nécessaire à la Commission pour qu'elle fût à même d'apprécier, comparativement, sur cette espèce, les effets du vaccin et
du *variolin*, pour employer l'expression heureuse et utile dont s'est
servi Auzias-Turenne. Étant bien connus et déterminés les résultats
de l'inoculation du premier, la Commission avait un critérium certain
pour apprécier, par comparaison, les effets du second. Nous allons
voir, dans la suite de cet exposé, les éléments de certitude que l'étude
expérimentale et comparée des deux virus a fournis pour la solution
définitive de la question de leur identité. » (H. Bouley.)

En résumé, la Commission lyonnaise avait d'abord étudié les effets
de l'inoculation du cowpox aux animaux bovins. Sur tous ces animaux,
sans exception, elle fit naître de belles pustules vaccinales... Dans
tous les cas, ces éruptions restèrent absolument locales... La réussite
(avec le vaccin humain, vaccin récemment importé sur l'homme ou
ancien vaccin jennérien), fut presque aussi complète. En effet, l'inoculation ne manqua que sur une seule bête (sur une vingtaine)... La
Commission lyonnaise... réussit aussi bien sur les bêtes d'âge que sur
les veaux, et aussi bien encore avec l'ancien vaccin jennérien qu'avec
le vaccin récemment implanté sur l'espèce humaine... Le cowpox ainsi
obtenu (avec le vaccin jennérien) parut presque aussi beau que le
cowpox vrai. Elle put le transmettre chez l'homme et chez le bœuf
pendant plusieurs générations sans qu'il s'altérât. Aussi, faute de cowpox vrai, produisit-elle ainsi souvent du cowpox artificiel, pour inoculer des enfants, que leurs parents répugnaient à laisser vacciner avec
du vaccin humain ; et les pustules engendrées par ce cowpox furent

toujours parfaitement belles, aussi belles que les boutons produits par le cowpox vrai. Tels sont les termes, dans lesquels Chauveau résumait, devant l'Académie de médecine, le 30 mai 1865, les résultats obtenus par la Commission lyonnaise relativement à l'inoculation du vaccin humain à l'animal bovin.

Ainsi donc, il semblait bien que c'était à tort qu'on avait cru à la dégénérescence du vaccin transmis de bras à bras. La Commission lyonnaise avait tiré de ses expériences la conclusion que le vaccin, après de nombreuses générations successives sur l'enfant, donne à l'animal bovin une éruption absolument semblable à celle du cowpox, et qu'il n'a pas dégénéré sur l'homme; tout au plus a-t-il éprouvé une légère atténuation.

Certains observateurs ont même pu croire que le vaccin humain est plus actif que le vaccin animal, qu'il n'a rien perdu de son activité sur l'homme, à moins qu'il ne provienne d'un mauvais terrain ou n'ait été recueilli dans de mauvaises conditions, et qu'il peut en tout cas être promptement régénéré par son passage sur un enfant robuste et vigoureux. Il n'est pas douteux qu'un mauvais terrain ainsi que de mauvaises conditions de culture de récolte et de conservation peuvent faire dégénérer le vaccin sur l'homme; mais il en est de même sur la bête bovine. La question est de savoir si la culture successive du vaccin sur les sujets de l'espèce bovine lui conserve mieux son activité que la culture sur des individus de l'espèce humaine. On vient de voir comment la Commission lyonnaise avait résolu la question. Pourtant, des observateurs et des expérimentateurs ont obtenu des résultats différents, qui laissent croire que le vaccin s'atténue à la suite de nombreux passages sur l'homme, et que même, une fois atténué, il ne pourrait plus être régénéré par son passage sur le veau. Ainsi, tandis que Lanoix pensait que le vaccin humain inoculé à la bête bovine peut reprendre son activité première par des générations successives, d'autres (Bousquet, Auzias-Turenne, etc.), ont avancé que le vaccin de l'enfant ne se revivifie pas chez le veau, mais qu'il va s'affaiblissant avec les cultures successives; et Peuch aurait constaté que le virus, emprunté à l'homme et cultivé de veau à veau, perdrait rapidement de son activité, et cesserait de prendre à la troisième ou à la quatrième génération.

D'ailleurs, la question de la déchéance ou dégénérescence du vaccin trop longtemps humanisé est aussi vieille que la vaccination. Jenner, après s'être servi avec succès pendant de nombreuses générations de vaccin humanisé, provenant du cowpox spontané, avait recommandé de recourir à la source originelle, craignant de le voir dégénérer sur l'homme. On avait, après lui, constaté nettement que le vaccin trop longtemps humanisé donnait de moins bons résultats que le virus du cowpox fraîchement humanisé ou provenant directement de la bête bovine ; et l'opinion, qui consistait à admettre que le vaccin perd progressivement de son activité par des transmissions successives d'organisme humain à organisme humain, s'était généralisée. Aussi devenait-on partisan du vaccin animal, et conseillait-on de recourir au cowpox naturel, pour obtenir du vaccin suffisamment actif, pour régénérer le vaccin déchu, par suite d'une humanisation trop prolongée.

Il n'est donc pas douteux que le vaccin peut dégénérer par des transmissions successives d'homme à homme ; les expériences et les conclusions de la Commission lyonnaise ne sont pas en désaccord absolu avec cette manière de voir. Toutefois, la constatation de ce fait ne prouve nullement que l'organisme humain soit, à conditions égales de santé, d'âge, etc., un moins bon terrain que l'organisme bovin, qui, lui aussi, comme on le verra, peut, à la suite de générations successives, donner parfois un vaccin dégénéré. La dégénérescence s'explique, dans l'un et l'autre cas, mais principalement dans l'espèce humaine, où elle peut être plus difficilement évitée, par des conditions défectueuses tenant à l'état intrinsèque des individus, à leur degré de réceptivité, à leur état maladif, au mode de culture, de récolte et de conservation, etc. Quand on cultive le vaccin d'animal à animal, on peut choisir convenablement les sujets, les surveiller et recueillir le virus dans de bonnes conditions. Mais il en est tout autrement dans les vaccinations sur l'homme. Là en effet, peuvent, malgré le soin pris par les vaccinateurs, s'accumuler diverses causes de dégénérescence, telles que la mauvaise qualité des individus, leur réceptivité variable suivant leur état de santé, la récolte tardive du virus, etc. Aussi, suivant l'intervention plus ou moins tardive de ces causes d'affaiblissement, le vaccin humanisé peut conserver plus ou moins longtemps sont activité première.

S'il est vrai enfin que le virus vaccin, abstraction faite ou non des causes de dégénérescences précitées, peut s'affaiblir, en passant sur les individus de l'espèce humaine ; s'il est vrai que, reporté et cultivé sur les animaux bovins, il peut donner un cowpox moins beau et continuer même à s'y atténuer ; il est également vrai que, transplanté sur certains organismes humains, il peut y devenir plus apte à réussir sur les personnes même douées d'une faible réceptivité, et que, reporté de l'homme à l'animal bovin, il peut donner un cowpox bien venu et susceptible de se perpétuer ; comme il peut s'affaiblir, en passant sur certaines personnes et devenir impropre à se régénérer sur de nouvelles personnes, ainsi que sur les animaux bovins, doués d'une parfaite réceptivité. En résumé, sans qu'il soit absolument démontré que l'organisme humain constitue à conditions égales un moins bon terrain que l'organisme bovin, il est hors de doute que le vaccin est plus exposé à dégénérer sur celui de l'homme, à cause de la plus grande difficulté de l'y cultiver dans d'aussi bonnes conditions que sur les animaux. Pour cette raison, à laquelle s'en adjoignent d'autres, qui seront exposées ci-après, il vaut mieux employer, pour les vaccinations et revaccinations, le virus cultivé sur le veau.

Pourtant, ainsi qu'on l'a pressenti plus haut, le vaccin, cultivé de veau à veau, n'est pas à l'abri de toute atténuation ou dégénérescence ; et d'autre part le vaccin, une fois dégénéré, ne semble guère pouvoir être régénéré par sa culture sur la bête bovine non plus que sur l'animal solipède.

Voici comment Chauveau s'est prononcé, à la suite de ses recherches, sur la régénération du vaccin jennérien : « On a souvent recommandé, pour donner une nouvelle vigueur au vaccin jennérien, de le reporter sur une vache, voire même sur un cheval, et de l'y cultiver pendant un certain temps par inoculations spontanées. Retrempe-t-on ainsi le virus vaccin ? Je n'en crois rien. Le bœuf et le cheval le rendent comme ils l'ont reçu, ni plus, ni moins, et encore si les inoculations sont faites soigneusement avec la lymphe puisée dans de jeunes pustules. J'ajoute qu'on serait exposé à pire, dans le cas où l'on voudrait multiplier les croisements, au lieu de se contenter d'un seul. Il m'est arrivé souvent de prendre du vaccin d'enfant et de faire passer le virus successivement sur la vache et sur le cheval, puis de le reporter sur l'enfant, pour recommencer une autre série de migrations dans les deux autres espèces vaccinifères, et ainsi de suite. Or, j'ai constaté que le virus vaccin se perd assez facilement en route dans ces migrations, tandis que celui qui reste sur le terrain de l'organisme humain continue à y prospérer. Des constatations analogues ayant été faites avec les cultures croisées de vaccin de cheval et de vaccin de vache, j'en ai conclu que la vaccine, entretenue constamment dans la même espèce, y subit une sorte d'acclimatement qui contribue au succès de la culture indéfinie du virus. »

A l'instar de Chauveau, bien d'autres ont reconnu que le passage du vaccin, longtemps humanisé, sur l'organisme des animaux bovins ne le retrempe pas, ne le régénère pas ; et même il résulte de certaines expériences (Peuch) qu'il continue à s'atténuer, au point de perdre parfois très rapidement toute activité. La rétrovaccination, ou retour du vaccin humanisé sur l'animal bovin, n'est donc pas susceptible de le régénérer ; et il en semble de même de l'inoculation au cheval. De plus la rétrovaccination aurait des dangers dans la pratique, en permettant de conserver un virus dégénéré, altéré, impur, en permettant de perpétuer et de transmettre certaines maladies, dont le germe pourrait se conserver mélangé à celui du vaccin dans les pustules du veau. En sorte que, malgré la facilité donnée par la rétrovaccination d'obtenir avec le virus humain une grande quantité de vaccin sur l'animal, il faut absolument renoncer à cette pratique, tout comme à l'emploi direct, pour les vaccinations, du virus humain ; car le vaccin, mélangé de certains autres virus, de virus syphilitique même (Pissin), pris sur l'enfant et inoculé au veau, pourrait rester dangereux, syphilitique par exemple, bien que l'animal ne prenne pas la maladie dont le germe se trouve mélangé à celui de la vaccine. Il ne faut donc même pas compter sur la rétrovaccination, pour purifier le vaccin impur qui proviendrait d'une personne atteinte de certaines maladies. Nouvelle raison pour condamner l'emploi du vaccin humain, même celui qui a été transporté sur l'animal.

Il est intéressant maintenant de voir ce que deviennent le virus équin et le virus bovin cultivés artificiellement sur les animaux. Il est admis par tous ceux qui ne croient pas à la transformation du virus variolique en virus vaccin que les sources naturelles de ce dernier sont le cowpox et le horsepox spontanés; il est admis que, pour régénérer le vaccin affaibli à la suite d'une longue série de cultures sur l'homme ou sur le veau, il convient de s'adresser au cowpox ou au horsepox naturel. Le cowpox artificiel peut être obtenu sur des animaux bovins de tout âge par l'inoculation du virus humain, du virus bovin et du virus équin; mais c'est le virus du cowpox ou du horsepox naturel qui donne les meilleurs résultats, les plus nombreuses générations successives, celui de l'homme (rétrovaccine) s'épuisant vite et étant difficile à transmettre au delà de la dixième génération. Pourtant Voigt est arrivé à la trente-deuxième génération animale de la rétrovaccine. A la première génération les différences sont peu manifestes, que l'inoculation ait été faite avec du virus équin, du virus bovin ou du virus humain. Le cowpox, obtenu avec le horsepox naturel, se rapproche tout à fait du cowpox naturel. Le virus du cowpox naturel est considéré comme celui qui prend le mieux sur l'animal bovin et permet d'obtenir, sans atténuation ni dégénérescence, un grand nombre de générations successives. Mais le virus, emprunté au horsepox et cultivé de veau à veau, conserve son activité tout comme celui qui dérive du cowpox spontané : il est plus actif que celui qui a été humanisé.

De tout quoi il ressort bien qu'il est bon de puiser de temps à autre le vaccin à l'une ou à l'autre de ses sources naturelles. Il peut bien arriver que le virus du cowpox naturel par exemple, inoculé au veau, ne donne parfois à la première génération qu'une éruption lente et incomplètement développée, et que ses effets ne deviennent typiques qu'à la deuxième, à la troisième ou à la quatrième génération de veau à veau; ce résultat semble dû surtout à ce que le virus du cowpox spontané a pu être utilisé trop tardivement ; mais la culture de veau à veau, quand elle est bien faite, l'améliore promptement et le conserve pour ainsi dire indéfiniment. Cependant, s'il est vrai que le vaccin, fraîchement puisé à l'une de ses sources naturelles (cowpox, horsepox) et cultivé de veau à veau, peut s'y reproduire pendant de nombreuses générations sans s'atténuer, il a été constaté en maints endroits qu'il peut s'affaiblir au bout d'un certain temps et perdre insensiblement ses propriétés.

La dégénérescence se traduit par la formation des pustules petites et non ombiliquées, par l'insuccès d'inoculations plus ou moins nombreuses, etc. Cette atténuation peut être due à diverses causes, à la mauvaise qualité des sujets, à leur état maladif, à leur état plus ou moins réfractaire, à leur mauvaise hygiène, à la mauvaise conservation, à l'altération ou à la récolte tardive du vaccin, qui est moins actif dans les pustules de sept, huit jours, que dans celles de cinq, six jours, etc. Aussi, pour obtenir une production continue et bonne, il faut éviter avec soin les causes de dégénérescence ou bien renouveler de temps à autre la semence, en l'empruntant au cowpox spontané ou au horsepox naturel. Et c'est pour atteindre ce but qu'on a parfois proposé des primes pour ceux qui mettent les offices vaccinogènes à même de recueillir du vaccin sur des animaux atteints de cowpox naturel.

Non seulement le vaccin, emprunté directement au cowpox naturel ou au horsepox, présente une puissance d'action plus grande que le vaccin humanisé, mais le vaccin, entretenu de veau à veau, égale ou dépasse même souvent en valeur prophylactique celui qui a été humanisé.

Le virus des solipèdes est le plus actif, celui dont l'inoculation est, toutes choses égales d'ailleurs, le plus sûrement suivie de résultats positifs. Il est inoculable à la vache et à l'homme. On pourrait l'inoculer directement à l'homme, si on était bien assuré que l'animal qui le fournit est indemne de morve. On avait cru que la vaccination avec le produit du horsepox était plus dangereuse, parce qu'on avait été induit en erreur par l'expérience de Loy, dans laquelle la fièvre avait été plus violente qu'à la suite des vaccinations avec le produit du cowpox. On avait été confirmé dans cette idée par le fait observé à Alfort sur un élève qui, en soignant un cheval atteint d'eaux aux jambes (horsepox), avait contracté une affection qui s'était traduite par une éruption grave sur les mains et par une fièvre assez intense. Mais, dans ces cas, la gravité de l'éruption était due à l'action du pus ou des matières septiques, qui étaient mélangées aux produits greasiens. Le produit du horsepox, obtenu pur, puisé dans des pustules de la face et inoculé à l'homme, donne des boutons caractéristiques, quelquefois un peu plus petits que ceux déterminés par le produit du cowpox. Cette éruption s'accompagne de peu d'inflammation ; elle n'est pas suivie d'autres accidents ; elle est quelquefois légèrement furonculeuse ; elle confère une solide immunité.

D'ailleurs des accidents similaires s'observent à la suite de la transmission accidentelle ou voulue du cowpox spontané à l'homme. Aussi convient-il, afin de débarrasser le vaccin des impuretés qui ont pu s'y mêler, de le faire passer au moins une fois sur le veau, qu'il dérive du cowpox ou du horsepox. Le vaccin cultivé de veau à veau réalise les meilleures conditions : il réussit au moins aussi bien sur l'homme que le virus humanisé ; il est moins irritant que celui qui provient directement du cowpox spontané ou du horsepox ; il préserve aussi bien ; il permet mieux qu'aucun autre d'éviter toutes sortes d'impuretés, de souillures et de mélanges, etc.

Y a-t-il entre l'animal bovin et le cheval une différence de réceptivité telle qu'il soit permis d'espérer d'obtenir la régénération du vaccin affaibli sur une espèce en le cultivant sur l'autre ? Peut-on régénérer le vaccin affaibli chez le veau en la faisant passer sur le cheval ?

Auzias-Turenne soutenait que le cheval « distillait » le virus le plus actif et que la bête bovine n'était pas apte à le régénérer ni à le fortifier, qu'elle en était seulement « la pierre de touche », qu'elle le rendait de bonne qualité, mais avec son degré d'intensité. Il préconisait la régération du vaccin, affaibli chez l'homme ou chez le veau, par la culture sur de jeunes solipèdes, vierges de toute atteinte de horsepox. Or, ainsi qu'on va le voir, l'expérience ne semble pas avoir donné raison à cette manière de penser.

Voici le résumé des faits constatés par la Commission lyonnaise, dans ses tentatives d'inoculations sur l'homme, sur l'animal bovin et sur l'animal solipède :

« Le horsepox est produit par l'inoculation du cowpox au cheval ; ce horsepox, engendré du cowpox, *inoculé à la vache*, donne lieu à des pustules de cowpox qui, inoculées à l'enfant, donnent la vaccine ; le horsepox engendré du cowpox, *inoculé à l'enfant*, donne la vaccine ; le vaccin humain, engendré du horsepox, *inoculé au cheval et à l'âne*, donne le horsepox (plus développé sur l'âne) ; le vaccin humain, engendré par le horsepox, *inoculé à la génisse*, donne lieu à un beau cowpox ; le horsepox, engendré du vaccin humain, issu du horsepox, *inoculé à l'enfant*, donne lieu à des pustules avortées et fausses, reconnues telles par la contre-épreuve de l'inoculation vaccinale ; le cowpox, engendré par le vaccin humain issu du horsepox, inoculé à des enfants, donne lieu à un très beau vaccin ; le cowpox, engendré par le vaccin humain issu du horsepox, inoculé à des génisses, engendre le cowpox. » (H. Bouley.)

On a vu plus haut comment Chauveau s'est prononcé d'après ses expériences, qui lui ont permis de conclure qu'on ne régénère pas le vaccin en le cultivant sur le cheval.

De leur côté Warlomont et Hugues ont déduit de leurs expériences : que « l'organisme du cheval est, pour la culture du vaccin, un détestable terrain » ; qu'il ne faut « pas le regretter au point de vue de la pratique de la vaccination animale, celle-ci réclamant en effet des germes atténués à un plus haut degré que ceux que peut procurer l'organisme du cheval ».

Suivant les espèces qui l'ont fourni, le vaccin peut se trouver mélangé d'autres contages ou de germes phlogogènes et pyogènes. Ainsi le vaccin humain a pu, bien mieux que le vaccin animal, transmettre certaines maladies ; il a pu transmettre la syphilis, l'érysipèle, la septicémie, la lèpre, etc. On a observé d'une façon bien positive la transmission de la syphilis, en inoculant le vaccin pris sur des enfants issus de mères syphilitiques. La science a enregistré des cas bien avérés de transmismission de la syphilis par la vaccination, et tout récemment (6 août 1889) Hervieux a relaté cinq cas de syphilis vaccinale, provoquée par l'inoculation du vaccin de l'Académie de médecine (vaccin d'enfant). La syphilis, due à la vaccination, a pour « crictère le développement d'un chancre, sur la pustule infectée, qui se développe de quinze jours à trois semaines après l'inoculation, et qui est suivi cinq ou six semaines après d'accidents secondaires ». Il est bien vrai que le nombre des cas de transmission de la syphilis par ce mode n'est pas considérable ; mais néanmoins les faits démontrent que le danger existe, et qu'il est parfois d'autant plus difficile à éviter que l'enfant en puissance de syphilis peut présenter toutes les apparences de la santé, quand il est choisi comme vaccinifère. D'autre part, bien qu'il semble qu'on puisse éviter l'inoculation du virus syphilitique, en n'employant que du vaccin non mélangé de sang, il semble aussi démontré « que la syphilis peut être transmise par la vaccination, même quand on prend du vaccin avec toutes les précautions possibles pour éviter d'y mélanger du sang du vaccinifère ». Aussi la possibilité de la transmission d'une affection aussi grave que la syphilis doit-elle faire délaisser le vaccin humain pour lui préférer le vaccin animal.

Il semble d'autre part que le vaccin, recueilli sur un lépreux, peut transmettre la lèpre au vacciné (Gairdner).

L'érysipèle est encore un accident redoutable de la vaccination ; mais cette complication peut être indépendante de l'origine du vaccin. « Son point de départ est toujours la plaie vaccinale. Il peut survenir tantôt peu de temps après l'inoculation vaccinale, tantôt au septième ou au huitième jour, quand les pustules s'ouvrent spontanément ou sont ouvertes par le vaccinateur pour recueillir la lymphe. Le grattage, l'écorchure des pustules par l'enfant, sont également des voies ouvertes à l'infection à un moment où la peau irritée autour de la pustule est bien préparée pour l'inflammation érysipélateuse ». Le nombre des cas d'érysipèle vaccinal a augmenté en Allemagne depuis que la vaccination a été rendue obligatoire. Dans certains cas l'érysipèle a été communiqué au moment de la vaccination, grâce à une épidémie régnante de cette affection ; mais dans d'autres il « a été communiqué au moment de la vaccination, indépendamment d'une influence épidémique ». On a vu cette complication se produire sur des personnes vaccinées avec du virus inoculé de bras à bras. Cependant « la vaccination de bras à bras a été moins souvent compliquée d'érysipèle que la vaccination avec du vaccin conservé, soit en tube (vaccin humain), soit mélangé à de la glycérine (vaccin animal). Les conserves sèches paraissent sous se rapport plus sûres que les conserves humides ». L'érysipèle débute autour de l'inoculation, puis envahit le membre en y restant localisé, ou s'étend aux autres parties du corps, et revêt une plus ou moins grande gravité suivant son extension, pouvant faire périr un nombre plus ou moins élevé de malades.

La vaccination, que l'on emploie le vaccin humain ou le vaccin animal pour la pratiquer, peut être accompagnée d'accidents locaux et généraux plus ou moins graves, quand on s'est servi d'instruments qui n'étaient pas parfaitement propres, quand on a inoculé un vaccin recueilli trop tardivement et déjà purulent, mélangé d'impuretés ou en voie de décomposition, quand on a utilisé un vaccin mal conservé, putréfié, décomposé, etc. On peut alors voir se produire un phlegmon péri-vaccinal, de la lymphangite, de l'adénite axillaire, un abcès, de la fièvre, ou bien, ce qui est plus grave, un phlegmon diffus, une gangrène foudroyante. Ainsi, en 1879, à San-Quirico-d'Orcia (Italie), on observa des accidents septicémiques très graves sur des enfants inoculés avec un vaccin emprunté à une pustule de génisse, excisée et conservée depuis quatre jours. On a d'autre part observé des lymphangites et des adénites infectieuses, des accidents pyogéniques ou septicémiques sur des personnes, vaccinées avec du virus d'enfant maladif, débile, scro-fuleux.

Des accidents de moindre gravité peuvent se montrer à la suite de la vaccination, les uns dus à l'irritation et à la réaction de la peau et les autres à l'intervention de quelque germe étranger à la vaccine. Ces acci-dents peuvent d'ailleurs se produire quel que soit le vaccin employé. On voit parfois se produire du troisième au huitième ou au onzième jour une roséole plus ou moins généralisée, qui disparaît en un ou deux jours ; d'autres fois, quoique rarement, ce sont des papules miliaires qui peu-vent se montrer disséminées, bien que discrètes, sur tout le corps, et qui disparaissent en moins d'une semaine ; ces deux accidents sont sans gravité. On a observé du pemphigus, à la suite de la vaccine, sur des enfants malades, chétifs, cachectiques, avec éruption bulleuse sur diverses régions du corps. On a également observé parfois de l'impétigo et de l'eczéma, de la furonculose, de la vaccine ulcéreuse. Hervieux a relaté récemment un certain nombre de cas de vaccine ulcéreuse sur des enfants inoculés avec du virus humain. La furonculose est due à l'insertion de germes étrangers au vaccin. L'eczéma, qui peut rester localisé ou se généraliser, semblerait dû au réveil, par le vaccin, d'une diathèse latente. Quant à l'impétigo, on l'a eu observé sous forme épi-démique à la suite de la vaccination.

La lymphe du veau a aussi occasionné des accidents cutanés sur les personnes : de l'impetigo contagiosa ; de l'érythème, accompagné de vésicules au pourtour des régions inoculées et dans d'autres parties du corps ; du gonflement et parfois de l'abcédation des ganglions, etc. L'impétigo. survenu à la suite de la vaccination, a pu se transmettre des personnes inoculées à d'autres personnes ; sa cause efficiente est un microbe spécial qui s'est multiplié dans l'éruption vaccinale. Pourquier a attribué ces accidents à l'altération des pustules du veau par un microbe particulier, signalé par lui comme parasite du cowpox, et qui proviendrait de l'eau employée pour laver la région inoculée, les instruments, les couvertures, etc. Les pustules, envahies par ce microbe, revêtent des caractères anormaux, restent plus petites, moins gonflées, et ont une base inflammatoire plus profonde. Il ne faut pas utiliser les pustules qui offrent ces caractères ; leur contenu, inoculé au jeune veau. provoque, avec de la fièvre et de la diarrhée, une éruption de pustules rouges, douloureuses, reposant sur une base inflammatoire étendue, et devenant ocreuses, ternes, rugueuses. Les accidents de purulence dont il s'agit ont été observés en maints endroits. Chambon, ayant vu se produire des boutons purulents sur les veaux vaccinifères, les a fait cesser en ne les inoculant qu'avec du sérum vaccinal défibriné, au lieu de se servir de la pulpe raclée sur la pustule.

Il convient de se demander si le virus vaccin, emprunté à la bête bovine ou à l'animal solipède, peut se trouver mélangé d'un autre virus. quand il provient d'un sujet atteint de quelque maladie contagieuse, telle que la morve, la tuberculose, etc.

Le vaccin du cheval n'est pas inoculé à l'homme, pour les raisons précédemment déclinées. Y a-t-il lieu d'y joindre la crainte de lui voir transmettre la morve. qui peut être latente sur l'animal vaccinifère ? Cette crainte, légitimée par la gravité exceptionnelle de l'affection morveuse, est-elle justifiée, le vaccin cultivé sur un cheval morveux peut-il transmettre la morve ? Dans une première expérience, Chauveau a vu une jument morveuse présenter, après avoir reçu une injection intra-veineuse de vaccin, les deux affections morveuse et vaccinale se développant « simultanément et parallèlement, mais d'une manière tout à fait indépendante. La lésion vaccinale resta purement et simplement vaccinale ; le sang. qui souilla la lymphe fournie par cette lésion, ne réussit même pas à lui communiquer la virulence morveuse. » Dans une seconde expérience, le virus, fourni par une lésion vaccinale développée à la suite de l'inoculation cutanée du vaccin à un cheval morveux, donna la morve à l'âne ; en sorte qu'il y aurait eu, à la suite de l'inoculation cutanée, « une lésion double de vaccine et de morve ». D'autres expériences, faites sous la direction de Chauveau par le Dr Josserand, ont donné des résultats négatifs ; le vaccin, cultivé sur le cheval morveux et reporté sur l'âne, n'a donné que le horsepox. En résumé, bien que cela paraisse l'exception, le vaccin, cultivé sur un animal atteint de morve, peut se mélanger de virus morveux, une lésion mixte, morveuse et vaccinale, pouvant se former au point d'insertion du vaccin. Voilà plus qu'il n'en faut pour faire rejeter à tout jamais la vaccination avec le virus équin, puisé directement sur l'animal solipède, qui peut en outre le donner plus irritant et plus souvent mélangé de germes pyogènes ou septiques que l'animal bovin.

A tous égards c'est le vaccin entretenu sur le veau qui doit être préféré pour les vaccinations et revaccinations chez l'homme. On peut l'obtenir dans les meilleures conditions possibles d'activité et de pureté. Avec lui on conjure les dangers de transmission de la syphilis et de la morve. Que si l'animal bovin est atteint parfois de maladies qui sont transmissibles à l'homme, telles que la tuberculose, la fièvre aphteuse, la diphtérie, la septicémie, la pyohémie, il est toujours facile de choisir des sujets qui en sont indemmes, ou de ne pas utiliser le vaccin produit par un sujet qui ne serait pas reconnu sain à l'autopsie. Il suffira en effet de prendre les précautions suivantes : vérifier avec soin l'état de santé de l'animal vaccinifère ; s'assurer qu'il est bien portant, qu'il n'est atteint d'aucune maladie, d'aucun malaise, qu'il est sans fièvre, sans hyperthermie ; suivre son état pendant les jours qui s'écoulent après l'inoculation ; choisir des animaux jeunes, âgés de trois ou quatre mois, vigoureux, et de provenance non suspecte ; écarter les animaux arrivés à un certain âge, surtout les vieilles vaches qui peuvent avoir la tuberculose ; recueillir le virus dans de bonnes conditions ; s'assurer par l'autopsie de l'état de santé de l'animal vaccinifère, qui peut être livré à la boucherie, etc. La seule maladie, dont la transmission, si elle était possible, serait quelque peu à redouter, est la tuberculose. Or, cette affection n'est pas aussi fréquente sur les animaux que sur l'homme ; et de plus, très rare sur les veaux, elle est toujours reconnaissable par l'autopsie. D'ailleurs, ainsi qu'on la vu à propos de la tuberculose, le vaccin, recueilli sur un sujet phtisique, n'est généralement pas mélangé de virus tuberculeux.

Les expériences de Toussaint ont établi que le virus vaccin, recueilli sur une vache phtisique, peut donner la tuberculose ; il aurait ainsi communiqué cette maladie au lapin et au porc. Mais, en admettant, pour le moment, que le vaccin se mélange de virus tuberculeux, en passant sur des sujets phtisiques, le danger de donner la tuberculose en l'employant serait minime ou nul. En effet, Chauveau avait démontré (1872) que la tuberculose s'inocule difficilement aux bovins par les piqûres ou érosions superficielles, qui sont suffisantes pour l'insertion du vaccin. Bollinger, se fondant sur des expériences, que Schmidt avait faites sur le cobaye, concluait aussi « que le virus tuberculeux, introduit par une inoculation cutanée, par exemple par la vaccination ordinaire, ne peut pas se répandre dans l'organisme, et que la manipulation d'organes tuberculeux, les autopsies, l'abatage des bêtes phtisiques ne constituent pas un danger au point de vue de l'infection par la peau ».

D'autre part Lothar-Meyer et Guttmann, ayant examiné le vaccin de sept personnes phtisiques, n'y constataient pas la présence du bacille de Koch. Straus n'a pas non plus trouvé le bacille de Koch dans le vaccin de cinq personnes phtisiques ; et il n'a pas obtenu la tuberculose, en injectant ce vaccin dans la chambre antérieure de l'œil du lapin. Enfin Josserand, ayant expérimenté, sur quarante-sept cobayes, le vaccin fourni par treize personnes phtisiques et un bovin tuberculeux, n'a pas réussi à produire une tuberculose authentique, bien que la matière vaccinale eût été recueillie à des époques diverses, du sixième au douzième jour, sur des malades à divers stades de l'évolution tuberculeuse, et bien qu'elle eût été inoculée de diverses façons, par injection sous-cutanée ou par injection intra-péritonéale.

En résumé il n'est pas encore bien démontré que le vaccin, cultivé sur un sujet phtisique, se souille de virus tuberculeux ; et le mélange s'opérerait-il quelquefois que la vaccination avec ce produit ne serait pas dangereuse, parce que les piqûres, scarifications ou éraflures, faites pour l'inoculation du vaccin, ne se prêtent pas à l'absorption du virus phtisique. D'autre part, comme l'usage d'employer le veau en tant que sujet vaccinifère tend à se généraliser, le danger de l'infection tuberculeuse par la vaccination devient de plus en plus improbable, attendu que la phtisie est très rare sur les jeunes bovins. De plus, et afin d'exclure absolument toute chance défavorable, il conviendra d'imiter ce qui se pratique dans certains instituts vaccinogènes, dans celui de Lyon par exemple, et de n'employer le vaccin recueilli sur le veau qu'après s'être assuré par l'autopsie de son état de salubrité.

Le vaccin est-il un virus spécial ou simplement un virus variolique atténué ? Contre quelles maladies confère-t-il l'immunité ? Degré et durée de l'immunité. — Le virus vaccin confère aux personnes l'immunité contre la petite vérole. On lui a même attribué à maintes reprises le pouvoir de préserver contre d'autres maladies. Ainsi on a prétendu qu'il pouvait conférer l'immunité contre la gourme, contre la maladie du jeune âge, contre la clavelée et contre la fièvre aphteuse. Auzias-Turenne et Mathieu avaient démontré que la fièvre aphteuse n'a rien de commun avec la vaccine, qu'elle ne préserve pas la vache du cowpox. D'autre part, la Commission lyonnaise, après avoir inoculé le cowpox à des animaux qui venaient d'avoir la fièvre aphteuse, avait vu se développer une belle éruption vaccinale et avait conclu que la fièvre aphteuse ne saurait être assimilée à la vaccine. Toutefois Warlomont et Hugues, après avoir vu la cocotte et la vaccine évoluer simultanément sur le même animal, auraient ensuite reconnu que l'injection du vaccin dans le tissu cellulaire du fanon s'accompagne d'un engorgement, à la suite duquel l'animal acquiert l'immunité vis-à-vis du cowpox et vis-à-vis de la cocotte. Reste à savoir si l'animal ainsi vacciné ne se trouvait pas déjà doté de l'immunité contre la fièvre aphteuse par une première atteinte de cette affection.

La clavelée, comme la fièvre aphteuse, se distingue de la vaccine. Ces deux affections sont transmissibles à l'homme; mais elles ne lui donnent pas l'immunité contre la vaccine. Le claveau est un virus différent du vaccin et du virus variolique. Le vaccin, inoculée aux moutons, ne les préserve pas de la clavelée (Huzard, Voisin); et le claveau, inoculé aux enfants, ne les préserve pas de la vaccine. Chrestien, de Montpellier, après avoir eu la petite vérole, s'inocula le claveau avec succès; il inocula avec succès le virus variolique à des moutons, qui ensuite contractèrent la clavelée, comme les non variolisés.

Sacco et, après lui, Trasbot ont prétendu garantir de la gourme les jeunes chevaux, en leur inoculant le vaccin; mais, ainsi qu'on l'a vu précédemment, l'expérience a prononcé contre cette espérance, de même qu'elle a montré que la vaccine ne préservait pas le chien de la maladie du jeune âge.

En résumé, la vaccine n'a aucune vertu préservatrice contre aucune des quatre maladies qui viennent d'être énumérées (fièvre aphteuse, clavelée, gourme, maladie du jeune âge). Reste seulement la variole que la vaccination peut prévenir. On a bien avancé dernièrement (Goldschmidt) qu'on aurait remarqué que la revaccination avec du vaccin animal préserverait contre l'influenza; mais c'est bien en réalité l'immunité contre la variole seule qu'il reste à étudier. On verra plus loin quel est son degré et quelle est sa durée, une question préalable devant être examinée à cette place: celle de la dualité du virus vaccin et du virus variolique.

Il est reconnu que le horsepox, le cowpox et la vaccine préservent l'homme contre la variole; il est reconnu d'autre part que la variole de l'homme est inoculable aux animaux bovins et aux animaux solipèdes et qu'elle les préserve du horsepox et du cowpox; d'ailleurs la vaccine, inoculée au bœuf et au cheval, les préserve aussi contre la variole. On admet généralement que la vaccine diffère de la variole, que, tout en étant son antagoniste, elle ne se confond pas avec elle. Pourtant il est des observateurs et des expérimentateurs qui ont une manière de voir toute différente, qui prétendent que le virus vaccin est le virus varioleux lui-même atténué par son passage sur les animaux, que l'éruption vaccinale est une éruption variolique localisée. On a été même jusqu'à affirmer que l'on trouve le même virus, non seulement dans la variole de l'homme, mais encore dans la variole du porc, dans la variole du chien, dans la clavelée, dans la maladie aphteuse. On aurait vu des hommes vaccinés avec le claveau, avec le produit de la variole du porc, devenir réfractaires à la vaccine et à la variole.

En tirant toutes les conséquences que comporte une pareille doctrine, on a conclu que l'homme peut contracter la variole des animaux par infection, que la variole de l'homme est transmissible aux animaux et s'atténue en passant dans leur organisme, que les épidémies de variole peuvent s'étendre de l'homme aux animaux et réciproquement, que le vaccin peut être reproduit en inoculant la variole à la génisse.

Jenner inclinait à considérer le horsepox et le cowpox comme dérivés de la variole humaine, qui se serait modifiée par son passage à travers l'organisme des animaux. Gassner (1807) aurait transmis la variole à la vache et obtenu la vaccine sur l'enfant avec son produit. Sunderland (1831) avait transmis la variole de l'homme à la vache. Thiélé (1836-39), ayant inoculé le virus variolique à la vache, obtint une éruption dont le produit fut employé avec succès pour vacciner de nombreuses personnes ; mais l'inoculation de ce virus produisit souvent des phénomènes généraux, de la fièvre et des éruptions secondaires, comme la variolisation. Badcock aurait obtenu un vaccin excellent, en transportant la variole sur la vache. Ceely (1839) inocula aussi le virus variolique à la vache et crut obtenir une éruption semblable à celle de la vaccine. Jusque-là, rien de bien démonstratif; au contraire, Verheyen (1847) a rapporté que le virus variolique transporté de la vache à l'enfant (Berlin) a donné la variole ; et Martin (de Boston), donna aussi la variole en procédant de la sorte. Néanmoins Depaul (1863), « devant l'Académie de médecine, dans la discussion fameuse à laquelle donnèrent lieu l'exposé et l'examen critique des faits observés à Alfort dans le printemps de cette même année, s'inspirant d'analogies fondées sur des caractères objectifs, sur le mode d'évolution des éruptions, et surtout sur les immunités réciproques que l'expérience démontre résulter de l'imprégnation respective des organismes susceptibles par les virus, soit du horsepox, soit du cowpox, soit de la vaccine, soit de la variole, en vint à cette conception hardie, qui n'était pas appuyée sur une étude expérimentale suffisante des choses, qu'en définitive il n'existait qu'une seule maladie éruptive, commune à l'homme et aux animaux, la variole ».

« Désignant sous le nom de variole les maladies éruptives du cheval et du bœuf, il arguait, pour établir leur identité avec la variole humaine : des formes sporadique et épidémique qu'elles sont susceptibles de revêtir, comme la variole humaine; de l'inoculabilité facile de la variole du cheval à la vache et réciproquement; de l'inoculabilité facile de la variole de la vache à l'espèce humaine; de l'inoculabilité possible de la variole du cheval à l'espèce humaine; de l'inoculabilité de la variole de l'homme à la vache, au cheval et à plusieurs espèces; de la contagion des épidémies de variole de l'homme aux animaux (vaches, bœufs, chevaux, moutons); de la possibilité qu'une épidémie de variole débute par les animaux et s'étende à l'homme; de la bénignité de la variole inoculée ; de la localisation fréquente des pustules de la variole inoculée aux points d'insertion; de l'insignifiance des pustules secondaires. »

Chauveau communiqua, en 1865, les résultats obtenus par la Commission lyonnaise dans ses expériences sur l'inoculation de la variole aux animaux, en les résumant de la façon suivante :

« Dix-sept vaches, génisses ou taurillons..., ont été inoculés de la variole humaine..... Aucun des sujets n'a pris le cowpox. Les inoculations ne sont cependant pas restées absolument sans effet ; toutes ont déterminé la formation de très petites papules rougeâtres..... Ajoutons que ces papules ont toujours disparu rapidement par une sorte de résorption, sans laisser de croûtes.

« Et maintenant, qu'est-ce que cette éruption papuleuse déterminée par l'inoculation de la variole? A-t-elle quelque chose de spécifique?...

« Quinze de ces dix-sept animaux ont subi une contre-inoculation vaccinale, pratiquée, pour dix d'entre eux avec le cowpox vrai, pour les cinq autres, avec la vaccine humaine. Or, sur ces quinze animaux, un seul a pris un beau cowpox ; trois ont eu des pustules vaccinales rudimentaires et éphémères ; tous les autres, au nombre de onze, ont été exempts d'éruption. *C'est là un fait entièrement neuf, que la Commission lyonnaise ne craint pas de présenter comme ayant une importance considérable. Il prouve que les papules, provoquées dans l'espèce bovine, par l'inoculation de la variole, constituent une éruption spécifique, et que cette éruption possède, avec le cowpox, les mêmes relations que la vaccine et la variole dans l'espèce humaine. En effet, la variole préserve le bœuf du cowpox, comme le cowpox protège l'homme contre la petite vérole.*

« Tout à fait locale comme la vaccine, cette éruption ne serait-elle qu'un cowpox rudimentaire qui n'aurait besoin pour se développer que d'être cultivé pendant un certain temps sur les animaux de l'espèce bovine? La Commission lyonnaise a voulu s'en assurer. En excisant les pustules varioliques du bœuf, on peut en extraire par raclage une certaine quantité de sérosité. Cette sérosité a été inoculée à plusieurs animaux. Mais, à cette seconde génération, la variole n'a produit que des effets ou encore plus faibles, ou même tout à fait nuls. Quand on compare ce résultat avec les effets engendrés par l'inoculation de la vaccine au bœuf, quand on voit le cowpox ainsi produit se transmettre indéfiniment avec les mêmes caractères sur les animaux de l'espèce bovine, on ne saurait mettre en doute que l'éruption variolique du bœuf est quelque chose de tout à fait différent du cowpox.

« Il reste à s'assurer si ce n'est pas purement et simplement la variole.

« Pour cela, la Commission lyonnaise a inoculé cette même sérosité des papules varioliques bovines à un enfant non vacciné. Les planches..... représentent les résultats de cette expérience importante. La première montre, au huitième jour accompli, la pustule unique qui succéda à l'inoculation. Cette pustule, après avoir débuté absolument comme un bouton de vaccine ordinaire, se montre entourée de pustules secondaires à leur début, pustules petites d'abord, qui n'ont pas tardé à devenir très volumineuses. La planche..... fait voir, au quatorzième jour, l'éruption pustuleuse confluente généralisée, qui a fini, vers le onzième jour, par envahir toute la surface du corps.

. . . .

« Un second enfant a été inoculé avec le virus fourni par la pustule primitive du premier. La planche..... représente, au sixième jour accompli, l'éruption primitive qui a été produite par cette inoculation. On dirait trois pustules de vaccine. Mais ce deuxième sujet a eu aussi une éruption générale, très discrète, il est vrai, mais parfaitement bien caractérisée. Or, Messieurs, sur nos enfants vaccinés avec le cowpox vrai, nous n'avons jamais vu d'éruptions pustuleuses générales. Ce qui s'observe alors quelquefois, c'est, autour des points inoculés particulièrement, une légère éruption vésiculeuse, sorte de *strophulus volaticus* qu'on ne saurait jamais confondre avec des pustules de vaccine ou de variole.

« La Commission lyonnaise est cependant préoccupée de l'objection probable que, dans les deux cas qui viennent d'être racontés, l'éruption générale pouvait bien n'être que la vaccine généralisée. Elle avait un critère infaillible pour s'en assurer : l'inoculation au bœuf. Or, l'insertion sur une génisse du virus récolté sur les pustules initiales du dernier enfant, pustules si semblables à la vaccine, cette insertion n'a pas produit le cowpox, mais l'éruption papuleuse de la variole bovine.

« En résumé, la variole s'inocule au bœuf; mais elle ne se transforme point en vaccine en passant par l'organisme de cet animal. Elle reste variole, et revient à l'état de variole, quand on la rapporte sur l'espèce humaine.

« Vous savez que, chez l'homme, la vaccine et la variole peuvent se développer simultanément, et suivre chacune sa marche, sans s'influencer réciproquement. Ces faits d'évolution parallèle des deux éruptions ne sont pas rares..... Or, l'assimilation que nous avons faite de l'espèce bovine à l'espèce humaine, au sujet des rapports qui existent entre la variole et la vaccine, et de l'influence que ces deux éruptions exercent l'une sur l'autre, cette assimilation ne pouvait être complète qu'à la condition que nous constaterions chez le bœuf, comme chez l'homme, l'évolution simultanée des éruptions variolique et vaccinale.

« Nous avons donc inoculé en même temps la *variole humaine* et le *vaccin humain* sur trois animaux : une vache laitière de cinq ans et deux génisses de dix-huit mois; la variole à gauche de la vulve, le vaccin à droite. Sur tous trois, nous avons obtenu, à droite, une éruption vaccinale fort bien caractérisée, à gauche, l'éruption papuleuse type que produit la variolation. »

« Les expériences de la Commission lyonnaise sur les animaux solipèdes sont tellement semblables à celles que je viens de faire connaître, que je me bornerai à indiquer ces nouvelles expériences, malgré l'intérêt que nous y attachons à cause de leur complète originalité.

« Nous avons commencé par inoculer à sept chevaux et ânes la vaccine primitive ou cowpox. Dans les sept cas, quoique nos animaux fussent d'un âge avancé, il est survenu une belle éruption de pustules de horsepox, remarquables par l'abondance de leur sécrétion, l'épaisseur, l'étendue et l'aspect cristallin des croûtes formées par cette sécrétion.

« La variole inoculée à ces animaux n'a rien produit du tout.

« Inoculée à des animaux non vaccinés, elle a déterminé la formation de larges boutons coniques, qui, absolument comme les papules de la variole bovine, se sont résorbés, sans sécréter d'une manière appréciable et sans former de croûtes.

« En vaccinant ces derniers animaux, on n'a pu leur donner le horsepox.

« On a réussi à transmettre du cheval au cheval cette variole équine, mais sans modifier ses caractères, qui se sont, au contraire, encore plus éloignés de ceux du horsepox.

« L'inoculation du virus de cette variole équine a été tentée simultanément sur trois enfants.

« Sur l'un, échec complet.

« Le second pris d'emblée, neuf jours après l'inoculation, une variole générale, dont le premier bouton parut au bras gauche dans la région inoculée. Cette variole fut discrète et présenta tous les caractères des varioles faibles, dites varioloïdes.

« Quant au troisième enfant, les choses se passèrent chez lui, à peu de chose près, comme sur l'enfant inoculé avec la variole bovine. Il eut une éruption primitive nettement caractérisée, puis une éruption générale, confluente sur plusieurs régions du corps.

« Le liquide de la pustule primitive de ce dernier enfant servit à en inoculer un quatrième. Toutes les piqûres prirent, et l'on eut une éruption de trois pustules à chaque bras, absolument semblables à des pustules vaccinales; mais des boutons surnuméraires parurent dans la région inoculée, et il survint sur le ventre deux pustules varioliques.

« Un cinquième enfant fut inoculé avec le virus des pustules primitives du précédent. Les choses se passèrent chez lui absolument de la même manière : éruption primitive, identique à une éruption vaccinale, puis éruption secondaire extrêmement discrète, localisée aux mains et aux avant-bras.

« Malgré l'atténuation des caractères de l'éruption observée dans cette nouvelle série d'expériences, ce n'en est pas moins la variole que le cheval a communiquée à tous ces enfants, directement ou médiatement. En effet, un enfant non vacciné (le seul), placé dans la même salle que les enfants n° 2 et 3, prit une variole spontanée; de plus, la mère de l'enfant n° 3 tomba malade à son tour, et l'on constata chez cette femme, vaccinée dans son enfance, une éruption de varioloïde discrète. Enfin, rapporté au cheval et à la vache, le virus recueilli sur ces enfants n'a jamais réussi à faire naître le horsepox ou le cowpox.

« Telles sont les expériences de la Commission lyonnaise sur cette grave question des relations qui existent entre la variole et la vaccine.

« Résumons les résultats et les conclusions de ces expériences :

« 1° La variole humaine s'inocule au bœuf et au cheval avec la même certitude que la vaccine ;

« 2° Les effets produits par l'inoculation des deux virus diffèrent absolument.

« Chez le bœuf, la variole ne produit qu'une éruption de papules si petites, qu'elles passent inaperçues, quand on n'est point prévenu de leur existence.

« La vaccine, au contraire, engendre l'éruption vaccinale type, avec ses pustules larges et fort bien caractérisées.....

« Chez le cheval, c'est aussi une éruption papuleuse, sans sécrétion ni croûtes, qu'engendre la variole ; mais, quoique cette éruption soit beaucoup plus grosse que celle du bœuf, on ne saurait jamais la confondre avec le horsepox, si remarquable par l'abondance de sa sécrétion et l'épaisseur de ses croûtes ;

« 3° La vaccine inoculée isolément aux animaux des espèces bovine et chevaline les préserve en général de la variole ;

« 4° La variole inoculée dans les mêmes conditions s'oppose généralement au développement ultérieur de la vaccine ;

« 5° Cultivée méthodiquement sur ces animaux, c'est-à-dire transmise du bœuf au bœuf et du cheval au cheval, la variole ne se rapproche pas de l'éruption vaccinale. Cette variole reste ce qu'elle est ou s'éteint tout à fait ;

« 6° Transmise à l'homme, elle lui donne la variole ;

« 7° Reprise à l'homme, et transportée de nouveau sur le bœuf ou le cheval, elle ne donne pas davantage, à cette seconde invasion, le cowpox ou le horsepox.

« Donc, malgré les liens évidents qui, chez les animaux comme chez l'homme, rapprochent la variole de la vaccine, ces deux affections n'en sont pas moins parfaitement indépendantes, et ne peuvent pas se transformer l'une dans l'autre.

« Donc, en vaccinant d'après la méthode de Thiélé et de Ceely, on pratique l'ancienne inoculation, rendue peut-être constamment bénigne par la précaution qu'on prend de n'inoculer que l'accident primitif, mais ayant, à coup sûr, conservé tous ses dangers au point de vue de la contagion. »

Plus tard Chauveau, ayant fait de nouvelles recherches sur cette question, arrivait aux conclusions qu'il a résumées de la façon suivante :

« Il n'est pas possible, avec les moyens actuels, de transformer la variole en vaccine; celle-ci dépend bien réellement de la multiplication d'un virus autonome, qui trouve... son meilleur terrain de développement dans l'organisme du cheval.

« Mais, à côté de cette conclusion générale, il y a à citer la découverte de nombreux faits d'intérêt scientifique et pratique. On peut résumer les principaux de la manière suivante :

« 1° La variole humaine s'inocule au bœuf et au cheval avec la même certitude que la vaccine;

« 2° Les effets produits par l'inoculation des deux virus diffèrent absolument.

« Chez le bœuf, la variole ne produit qu'une éruption de papules si petites qu'elles passent inaperçues, quand on n'est pas prévenu de la possibilité de leur existence.

« La vaccine, au contraire, engendre l'éruption vaccinale type avec ses pustules larges et ombiliquées.

« Chez le cheval, c'est aussi une éruption papuleuse, sans sécrétion ni croûtes, qu'engendre la variole; quoique cette éruption soit beaucoup plus grosse que celle du bœuf, on ne saurait néanmoins la confondre avec le horsepox, si remarquable par les caractères de ses belles pustules;

« 3° La vaccine inoculée isolément aux animaux des espèces bovine et chevaline les préserve en général de la variole;

« 4° La variole, inoculée dans les mêmes conditions, s'oppose généralement au développement ultérieur de la vaccine;

« 5° Cultivée méthodiquement sur ces animaux, c'est-à-dire transmise du bœuf au bœuf et du cheval au cheval ou, par inoculations croisées, d'une espèce à l'autre, la variole ne se rapproche pas de l'éruption vaccinale. Cette variole reste ce qu'elle est, ou bien s'étiole et s'éteint tout à fait;

« 6° Transmise à l'homme, elle lui donne la variole;

« 7° Reprise à l'homme, et transportée de nouveau sur le bœuf ou le cheval, elle ne donne pas davantage, à cette seconde invasion le cowpox ou le horsepox;

« 8° En variant les conditions de l'opération qui met le virus variolique en rapport avec l'organisme du bœuf ou du cheval, on ne fait pas varier les résultats de l'inoculation. Ainsi, l'*inoculation simultanée, par piqûres distinctes,* du virus variolique et du virus vaccin fournis par deux sujets différents, fait n'aître ici les pustules vaccinales, là les papules varioliques, sans tendance aucune à la transformation de celles-ci en celles-là. On comprend néanmoins qu'une papule variolique pourrait, en ce cas, devenir le siège de la prolifération du virus vaccinal qui imprègne alors l'économie, sans que le fait, eût du reste, la moindre signification, au point de vue de la transformation de la variole en vaccine ;

« 9° La même *inoculation simultanée, par piqûres distinctes*, peut donner encore les mêmes résultats, si les deux virus sont pris sur le même individu (homme) où ils se sont développés simultanément;

« 10° L'*inoculation simultanée* des deux virus variolique et vaccinal mélangés intimement et introduits ensemble *dans les mêmes piqûres*, produit, sur le bœuf ou le cheval, des pustules vaccinales types ne différant en rien de celles qu'engendre le vaccin pur.

« Il est probable que les deux virus coexistent dans l'humeur extraite de ces pustules, que l'inoculation de cette humeur à l'homme est capable de lui communiquer les deux maladies, et que l'infection variolique qui en résulte est atténuée par le développement généralement plus prompt de l'infection vaccinale concomitante.

« L'expérience a démontré que, transmis d'animal à animal, sur l'espèce bovine, les deux virus contenus dans cette humeur n'ont pas la même destinée : le virus variolique ne tarde pas à s'éteindre, en sorte que l'humeur prise dans les pustules de la troisième génération ne communique que la vaccine à l'homme;

« 11° Parmi les modes employés, pour varier les conditions de l'inoculation variolique, il y a à signaler les injections intraveineuses sur le bœuf et le cheval.

« Sur le bœuf, ces injections sont absolument sans résultat.

« Sur le cheval, elles ne font jamais naître les exanthèmes qui se montrent assez fréquemment après les injections de liquide vaccinal. Mais elles communiquent aux animaux, presque aussi sûrement que ces dernières, l'immunité contre les inoculations vaccinales sous-épidermiques pratiquées ultérieurement;

« 12° De tout ce qui précède, il résulte que, malgré les liens évidents qui, chez les animaux comme chez l'homme, rapprochent la variole de la vaccine, ces deux affections n'en sont pas moins indépendantes et ne peuvent se transformer l'une dans l'autre.

« Il en résulte encore que les virus dits *vaccino-varioliques*, introduits dans la pratique anglaise par Ceely et Badcock, sont passibles du reproche de propager la variole, s'ils sont vraiment encore employés. Dans l'hypothèse la plus favorable sur la nature de ces virus, on est, en effet, obligé de les assimiler à un mélange de virus vaccinal et de virus variolique. D'après ce qui a été dit plus haut, cette double inoculation a des chances pour n'être pas aussi dangereuse que l'inoculation simple du virus variolique. Elle n'en mériterait pas moins de préoccuper l'opinion dans un pays de vaccination obligatoire. »

Warlomont, après avoir incliné à admettre qu'il n'y aurait pas originellement plusieurs virus, qu'il n'y en aurait qu'un « le variolique, que l'organisme du cheval, comme celui du bœuf ne rendrait qu'à l'état d'atténuation (vaccin) », a reconnu ensuite, dans ses expériences avec Hugues, que « l'organisme du cheval se prête mal à l'admission du principe variolique, sous quelque forme et à quelque porte qu'on le lui présente », et a conclu que « l'identité du horsepox, du cowpox et de la variole humaine n'est pas encore démontrée expérimentalement ».

Voigt (1881), en inoculant la variole et la vaccine sur un même veau, mais en des points différents, aurait obtenu le développement simultané de deux sortes de pustules ; et le virus des pustules varioliques, cultivé ensuite de veau à veau, aurait continué à provoquer l'éruption, tout en s'atténuant et donnant un cowpox excellent, qui pouvait, sans danger de transmettre la variole, être inoculé à l'enfant dès la neuvième ou la dixième génération sur la bête bovine.

Berthet (1884), expérimentant sous la direction de Chauveau, reconnaissait que « l'injection variolique dans les veines du cheval ne donne pas la vaccine, et parait plutôt produire encore la variole » tout comme l'inoculation sous-épidermique.

Bollinger et puis Fischer, d'un côté, Eternod et Haccius, de l'autre, ont prétendu plus récemment avoir démontré la transformation de la variole en vaccine et partant l'identité de ces deux affections.

Fischer, ayant inoculé, par scarifications, au veau, le virus variolique recueilli dans des pustules arrivées à des degrés divers, obtint des pustules allongées, argentées, rouges sur les bords. Le virus du premier veau provoqua une semblable éruption sur un second, et ainsi de suite jusqu'à la douzième génération, avec moins de rougeur. Ce virus, ainsi cultivé sur l'organisme du veau, se comporta sur l'enfant comme le vaccin ordinaire. Le même résultat a été obtenu avec du virus variolique n'ayant que quatre générations sur le veau. Fischer est un partisan décidé de l'*unicité*, il croit fermement : « que la variole devient vaccine par son passage à la bête bovine ; que la vaccine ainsi obtenue ne diffère en aucune façon du cowpox dit naturel, et que son inoculation à l'homme ne donne lieu qu'à une éruption localisée aux points d'insertion. » Il croit que, pour réussir dans la variolisation de la bête bovine, il faut prendre la lymphe variolique au moment où elle jouit de la plus grande virulence, c'est-à-dire à la première phase de l'éruption.

Éternod et Haccius sont arrivés à des conclusions semblables. Jugeant insuffisant le mode d'inoculation (piqûres, scarifications) des dualistes, ils ont employé un mode de transmission plus précis (vaccination en surface, par scarification et par dénudation) ; ils ont rasé, lavé, puis usé (éraflé) la peau de l'animal sur une étendue de plusieurs centimètres carrés ; ayant essuyé le sang et le suintement qui s'échappent de la lésion ils ont étendu le virus à la surface avec une spatule. A la première inoculation ainsi faite, le virus variolique a donné une éruption locale de pustules peu nombreuses et peu typiques ; mais, dans la suite, cela a changé ; au bout de la deuxième, de la troisième génération, la pustulation a pris de plus en plus les caractères et la marche de l'éruption vaccinale. Les animaux, qui ont cultivé le virus variolique, ont été de la sorte immunisés contre le vaccin. Ces deux expérimentateurs ont obtenu quatorze générations de virus variolique sur des veaux ; ce virus, récolté sur le veau et mélangé à de la glycérine, a donné des résultats parfaits au bout de trois mois. Ils ont fait évoluer côte à côte, sur le même animal, le virus variolique et le virus vaccin. Ils ont inoculé avec succès le virus variolique au mouton. Dans une seule tentative, faite sur le cheval par piqûre et incision, ils ont échoué. En résumé, selon eux, le virus variolique est inoculable à l'espèce bovine et constitue une source de nouvelles souches de vaccin, se transformant lui-même en vaccin. Chauveau a reconnu que la lymphe de ces expérimentateurs était demeurée variolique au bout de quelques générations.

Plus récemment, Chauveau revenant sur cette question, s'est encore prononcé de la façon suivante : « Le virus variolique, dans l'organisme des animaux de l'espèce bovine, reste virus variolique ; il ne se transforme pas en virus vaccinal et ne manifeste aucune tendance à subir cette transformation. » « La vaccine n'est pas la variole atténuée, le virus vaccinal ne donne jamais la variole à l'homme ; le virus variolique ne donne jamais la vaccine au bœuf ou au cheval ; la lymphe (Chauveau l'a expérimentée) recueillie sur les veaux ayant servi aux expériences de MM. Eternod et Haccius, est purement et simplement de la lymphe variolique » qui, transportée sur les bovidés adultes, ne provoque à la suite d'inoculations par piqûres, que de simples papules et perd rapidement son activité ; « si la vaccine dérive de la variole, c'est par suite d'une transfornation radicale (jusqu'à présent hors de la portée des expérimentateurs) du virus variolique. »

En résumé, le vaccin et le virus variolique sont deux virus autonomes, susceptibles tous les deux de s'exalter ou de s'atténuer, mais restant distincts. Le virus variolique s'inocule à l'animal bovin ; il semble mieux prendre sur les sujets jeunes, et à la suite de certains modes d'inoculation (scarifications, etc.) ; mais, inoculé par simples piqûres à la vache, il ne détermine que des papules et s'éteint rapidement, tandis que le vaccin, inoculé de même, donne de belles pustules ombiliquées, et se cultive indéfiniment. Le vaccin est un virus fort, tout comme le virus variolique ; il peut « s'atténuer ou s'exalter, suivant les conditions dans lesquelles on le cultive. Quand il s'est acclimaté dans un de ses terrains de prédilection (cheval, bœuf, homme), il peut se propager indéfiniment ; mais à la longue, il s'affaiblit, tant au point de vue de sa faculté germinative qu'à celui de ses propriétés défensives. Alors on cherche à y substituer une race plus forte, en provenance directe d'un de ces cas de cowpox ou de horsepox généralisé, déterminé par le mode, encore si mystérieux, d'infection spontanée qui fait entrer les germes infectants dans les voies naturelles de la contagion. Ou bien, on crée soi-même cette race plus vigoureuse, en reproduisant expérimentalement les conditions d'infection qui *exaltent* les propriétés du virus vaccin; par exemple l'injection intra-veineuse de lymphe vaccinale d'activité médiocre, chez un cheval, pourra faire naître un exanthème vaccinal généralisé, dont la lymphe sera assez active pour provoquer de belles pustules, sur des vaches déjà vaccinées avec succès au moyen d'une lymphe d'activité affaiblie » (Chauveau).

La vaccine confère l'immunité contre la variole; et cette immunité peut être variable par son degré et par sa durée. Elle confère d'ailleurs l'immunité contre elle-même. La Commission lyonnaise avait reconnu que les animaux bovins, réinoculés quatre mois après une première inoculation, avaient l'immunité. J'ai réinoculé, au bout de deux mois, des veaux qui avaient servi une première fois comme vaccinifères et jamais je n'ai obtenu d'éruption à la suite de cette réinoculation. Les animaux et les personnes chez lesquels l'éruption vaccinale commence n'ont pas encore l'immunité ; ils sont inoculables encore et ils peuvent s'auto-inoculer. On ne sait pas exactement combien de temps peut durer l'immunité conférée par la vaccine ; elle varie suivant les sujets, et suivant la qualité du virus; elle semble de moins longue durée chez les animaux solipèdes ; elle est ordinairement plus longue chez les ruminants et chez l'homme. Pourtant l'inoculation reste sans résultat sur les solipèdes, guéris depuis peu, et ne donne qu'un horsepox incomplet sur ceux qui ont été atteints à une époque déjà éloignée. L'immunité, conférée par la vaccine, peut d'ailleurs être incomplète ; on peut voir des sujets qui ne sont pas absolument réfractaires à la suite d'une première vaccination ; on a vu parfois la variole se montrer sur des personnes même récemment vaccinées.

C'est surtout l'immunité contre la variole qui est intéressante à connaître au moins approximativement, quant à son degré, quant à sa durée et quant à son commencement. Ce n'est pas d'emblée et tout de suite que l'éruption vaccinale donne l'immunité contre la variole. On sait déjà que les deux virus peuvent évoluer simultanément sur le même sujet. On a constaté plus d'une fois la coexistence de l'éruption variolique et de l'éruption vaccinale. On a vu l'inoculation vaccinale, pratiquée cinq jours pleins avant l'apparition de la fièvre variolique, évoluer complètement et ne pas empêcher la variole d'évoluer et d'être très grave, même mortelle. Cependant on admet généralement que la vaccination suivie de succès, qui précède de trois ou quatre jours l'invasion variolique, peut avoir une influence favorable sur la marche de cette variole ; on admet que la vaccine inoculée tout à fait au début de la variole peut l'atténuer. Voici d'ailleurs comment s'est exprimé Chauvau à ce sujet :

« Mais cela ne prouve même pas que l'inoculation de la vaccine, *immédiatement après* la contamination variolique, soit, *en principe*, incapable de neutraliser les fâcheux effets de cette dernière. Je n'hésite pas à dire que..., si l'on avait la certitude d'inoculer la vaccine très peu de temps après la contamination variolique, sur un certain nombre de sujets, la plupart de ceux-ci seraient sûrement préservés de la variole.

« Qui oserait affirmer, du reste, que le fait ne s'est jamais présenté et ne se reproduit peut-être couramment ? En somme, il suffit de six jours au plus à la vaccine pour créer l'immunité contre une nouvelle invasion vaccinale. Ce laps de temps a chance d'être également suffisant pour garantir les sujets vaccinés contre la variole naturelle. Or la durée de l'incubation de celle-ci est de dix jours au moins. Il n'est donc pas impossible que l'effet de la vaccine, inoculée au début de la contagion variolique, puisse entraver et prévenir les effets de cette contagion. Parmi les sujets contaminés, vaccinés ou revaccinés pendant le cours d'une épidémie de variole, n'y en a-t-il pas un certain nombre qui sont ainsi préservés de la maladie, parce que le hasard fait qu'ils subissent l'inoculation vaccinale au début même de l'invasion variolique ? Personne ne saurait démontrer que cela n'arrive pas. Il est vrai que je ne suis pas davantage en mesure de prouver que cela arrive. Mais je puis, au moins, indiquer un fait qui donne à mon opinion de grandes probabilités d'exactitude.

« Voici ce fait:

« Comme beaucoup d'autres, j'ai été appelé à constater quelquefois la coexistence de l'éruption variolique avec l'éruption vaccinale. Dans tous les cas qui m'ont passé sous les yeux, les prodromes de l'éruption variolique s'étaient manifestés *avant que l'éruption vaccinale fût arrivée au sixième jour*, c'est-à-dire avant que la vaccine eût eu le temps d'accomplir son œuvre préservatrice, de créer l'immunité. Je tiens de plusieurs praticiens qu'ils ont fait la même observation. Or, il serait bien étonnant que, dans ces cas d'infection double, le moment de la vaccination tombât toujours sur la seconde moitié de la période d'incubation de la variole. Il y a tout lieu de penser que la vaccination est parfois pratiquée au début de la première moitié de cette période et fait alors avorter complètement l'effet de l'infection variolique. Si la vaccine était impuissante dans tous les cas, sans exception, à empêcher les effets d'une infection préalable de variole, on devrait observer les éruptions varioliques tardives par rapport au moment de la vaccination, aussi souvent que les éruptions hâtives. Or, on n'observe guère que celles-ci. Qu'en conclure, sinon que l'inoculation vaccinale empêche les autres de se produire ?

« Est-il défendu d'espérer que cette importante présomption se changera un jour en preuve péremptoire ? Il suffirait pour cela que les observations sur lesquelles repose cette présomption se multipliassent en se précisant. »

Il est en effet reconnu depuis Loy que la vaccine donne l'immunité dès le sixième jour qui suit l'inoculation. Jusqu'au sixième jour le veau vaccinifère peut être réinoculé et auto-inoculé ; et l'enfant pourrait l'être (Layet) jusqu'au septième, huitième et neuvième jour ; les éruptions, résultant des réinoculations et des auto-inoculations expérimentales ou accidentelles, évoluent sensiblement de la même façon, avec un peu plus de rapidité toutefois, que celles de l'inoculation primordiale.

En résumé, la vaccination ne provoquant jamais la variole ni des accidents graves quand elle est faite convenablement, il y a lieu d'y recourir, de vacciner et de revacciner partout où il y a de la variole, parce que, pratiquée même pendant la période d'incubation de la variole, elle peut la prévenir ou atténuer sa gravité, si elle est faite peu de temps après la contagion variolique.

S'il est vrai que la vaccine préserve de la variole, il importe cependant de remarquer que l'immunité qu'elle confère peut être plus ou moins incomplète et de durée très variable. La variole peut récidiver ; les personnes, qui ont eu une première fois la maladie, et celles qui ont été variolisées peuvent être atteintes une seconde fois. Il en va de même des vaccinés. L'immunité conférée à l'homme par la vaccine n'est donc pas absolue ; elle peut durer toute la vie chez certaines personnes, vingt, dix, cinq, trois ans, et parfois seulement quelques mois, chez d'autres. On peut donc voir, ainsi que cela a été déjà dit, la variole se montrer parfois sur des personnes, même récemment vaccinées ; seulement elle est alors plus bénigne. La durée de l'immunité chez l'homme varie suivant l'âge des vaccinés ; elle est moins longue chez l'enfant vacciné dans les premiers temps de la vie ; déjà, parmi les enfants arrivés à l'âge de sept à huit ans, on peut constater que les réinoculations prennent sur un bon nombre.

Les succès des revaccinations sont moins nombreux chez les sujets déjà revaccinés ; cependant, s'il s'agit de sujets revaccinés dans l'enfance ou l'adolescence, les succès des nouvelles revaccinations augmentent avec l'âge pendant l'adolescence et s'abaissent dans l'âge adulte ; ils ne croissent que lentement avec les années. Chez les individus vaccinés à la naissance et non revaccinés, la réceptivité variolique et vaccinale arrive à son maximum de la quinzième à la vingtième année, pour décroître dans l'âge adulte.

Il est donc naturellement indiqué de revacciner tous les dix ans, tous les sept ans ou même plus souvent ; il est surtout indiqué de revacciner en temps d'épidémie variolique.

TRAITEMENT ET PROPHYLAXIE DU HORSEPOX ET DU COWPOX.

Le horsepox et le cowpox ne réclament pas l'intervention du vétérinaire. Aucun traitement n'est indispensable. La maladie est bénigne, elle évolue régulièrement et disparaît nécessairement au bout d'un certain temps. Il n'y pas lieu de suspendre le travail des animaux ni de modifier leur régime. Cependant, lorsque la maladie s'accompagne d'éruptions confluentes, de lymphangites, d'adénites, de plaies suppurantes, quand elle siège sur les régions podales, dans les cavités nasales, sur l'œil, il est sage d'intervenir pour prévenir ou faire disparaître les complications. Pour les plaies des paturons, on a recours aux astringents, aux désinfectants, aux cicatrisants, aux lotions avec l'eau phéniquée ou goudronnée, aux onctions avec des pommades calmantes ou cicatrisantes, etc. Quand il y a des plaies sur la muqueuse buccale, qui gênent la mastication, on modifie le régime, on donne des barbotages et des aliments de facile mastication, on traite les plaies avec des gargarismes ou des lotions astringentes, cicatrisantes (solution de chlorate de potasse, de teinture d'iode, etc.). Quand il y a coryza et jetage, on pratique des injections émollientes, cicatrisantes, astringentes (acétate de plomb, sulfate de zinc, acide phénique). On fait des lotions sur l'œil malade avec des collyres calmants, astringents, etc. Les lymphangites, les adénites, les plaies suppurantes doivent être traitées comme dans les cas de gourme.

On n'applique pas de mesures sanitaires proprement dites; mais, le cas échéant, si la maladie menaçait de se propager outre mesure, il conviendrait de conseiller certaines précautions. Voici comment j'envisageais la question de la prophylaxie du horsepox dans mon rapport sur l'épizootie que j'avais étudiée dans la Haute-Loire, en 1887 :

« Bien que le horsepox n'ait jamais aucune gravité, et bien que la législation sanitaire ne vise pas cette maladie, il importe néanmoins de rechercher les mesures propres à empêcher ou à arrêter sa propagation, parce que le horsepox transmis par le coït inspire une certaine frayeur aux propriétaires de juments, en les portant à considérer tout d'abord cette affection si bénigne comme étant la dourine ou maladie du coït; d'où résulte un discrédit pour la station de monte d'où la maladie a rayonné. C'est bien ce qui est arrivé dans le cas actuel; les populations, à tort effrayées, ont fait peser une injuste réprobation sur l'écurie du sieur L. et ont accablé le propriétaire lui-même d'accusations imméritées. « Il appartient au vétérinaire de rassurer les éleveurs en leur faisant connaître avec précision les suites de cette affection, telles qu'elles découlent du diagnostic qu'il aura su établir. Pour être modeste, ce rôle ne lui vaudra pas moins l'estime et la confiance de ses concitoyens; et, en agissant ainsi, il aura plus fait pour concilier les intérêts qui sont en cause (Peuch) » qu'en surexcitant la défiance des cultivateurs. C'est ce conseil si sage, que je me suis fait un devoir de suivre dans ma visite des 16 et 17 mai; partout où j'ai passé, je me suis appliqué à rassurer les propriétaires intéressés, leur disant à chacun qu'il s'agissait d'une affection très bénigne, dont la guérison serait prompte, leur indiquant les soins de propreté utiles pour accélérer la cicatrisation, et leur recommandant toutefois d'attendre la guérison de l'éruption avant de présenter de nouveau leurs bêtes à quelque étalon. J'ai également rassuré le sieur L., qui a été particulièrement atteint dans sa réputation et dans ses intérêts ; je lui ai expliqué de mon mieux la nature de la maladie et son peu de gravité ; je lui ai donné des instructions pour le présent et pour l'avenir.

« Les conseils et les instructions que j'ai donnés aux divers intéressés, peuvent être résumés sous les trois chefs suivants :

« 1° *Soins à donner aux animaux malades.* — Les juments atteintes pourront et devront même autant que possible, si le temps le permet, être envoyées au pâturage, au lieu d'être maintenues constamment enfermées. Leur état ne nécessite l'administration à l'intérieur d'aucun remède ou agent thérapeutique. On se bornera à faire soir et matin, c'est-à-dire deux fois par jour, tant que des plaies existeront dans la région de la vulve, un lavage sur la partie malade, soit simplement avec de l'eau ordinaire, soit avec de l'eau légèrement vinaigrée ou salée, soit avec une infusion refroidie de fleurs de sureau, soit avec une décoction d'écorce de frêne, dont on ne fera usage qu'après refroidissement. J'ai indiqué ces moyens très simples, parce qu'ils ont l'avantage d'être à la portée de tous, et parce qu'ils sont bien suffisants.

« Quant aux étalons qui ont eu la maladie, il n'y a plus rien à faire, puisqu'ils sont guéris à l'heure actuelle ; que si l'affection se montrait sur d'autres, de simples soins de propreté, de simples lotions journalières avec de l'eau tiède ou de l'infusion tiède de fleurs de sureau sur la région excoriée suffiraient.

« Quand, outre l'éruption, il survient de l'engorgement, de la gêne d'un membre, de la fièvre, les animaux doivent être laissés au repos ; on peut leur donner des barbotages légèrement salés ainsi que du vert ; on peut leur faire exécuter des promenades au pas ; on peut les mettre dans un pré à proximité de l'habitation ; on peut enfin laver les parties tuméfiées et endolories avec de la décoction tiède de mauve.

« En tout cas, je le répète, la guérison sera prompte ; au bout d'une vingtaine de jours chaque malade aura à peu près repris son état normal.

« 2° *Précautions à prendre en vue d'arrêter la propagation de la maladie.* — J'ai indiqué, dans mon rapport du 17 mai, les précautions à prendre pour arrêter la propagation de la maladie ; elles se réduisent d'ailleurs aux deux prescriptions suivantes :

« *Recommander* aux propriétaires de juments malades d'attendre, avant de les présenter de nouveau à l'étalon, que leur éruption ait tout à fait disparu, c'est-à-dire que les plaies de la vulve se soient cicatrisées. Toutefois, pour satisfaire les propriétaires, qui craignent que cette attente leur fasse perdre une portée, il n'y aurait pas grand inconvénient à laisser donner des juments non guéries à l'un des étalons qui ont eu la maladie, à la condition que l'étalonnier prendrait la précaution de laver après le coït la verge du mâle avec de l'eau ordinaire ou de l'eau très légèrement vinaigrée, afin qu'il ne pût pas, avec son pénis souillé de virus, contaminer les juments saines qui lui seraient ensuite présentées.

« *Recommander* aux propriétaires d'étalons de ces régions et notamment au sieur L. de vérifier journellement l'état de la verge de leurs animaux, et de tenir écartés de la saillie, jusqu'à cicatrisation, ceux qui présenteraient des pustules ou des excoriations.

« Cette dernière recommandation n'est plus applicable en ce qui concerne les trois étalons du sieur L., qui, lors de ma visite, présentaient les dernières traces de la maladie. J'avais, à ce moment, demandé que l'étalon P. et le gros B. fussent laissés en repos cinq à six jours. Ce laps de temps est aujourd'hui expiré, les étalons en question peuvent reprendre leur service ; le propriétaire sera seulement invité à surveiller les autres, qui continueront à être utilisées comme par le passé, sauf à être suspendus une quinzaine de jours de leur service, s'ils venaient à présenter la maladie régnante.

« 3° *Précautions à conseiller dans l'avenir pour éviter le retour de faits semblables.* — Les propriétaires d'étalons étant intéressés à maintenir leur station de monte à l'abri de toute maladie contagieuse transmissible par le coït, il serait bon de les inviter à prendre certaines précautions, dont ils ne devraient jamais se départir. Il conviendrait notamment de leur recommander :

« *De faire visiter* une fois par mois, durant la saison de la monte, leurs étalons par le vétérinaire sanitaire ;

« *De surveiller* assidûment l'état de leurs animaux, et de s'assurer le plus fréquemment possible de l'intégrité de la verge et des organes génitaux en général ;

« *De vérifier* avec le plus grand soin l'état de chaque jument présentée, et d'examiner surtout la région vulvaire ;

« *D'écarter* temporairement de la monte tout étalon malade ou suspect, en attendant la visite du vétérinaire sanitaire ;

« *De refuser* à la saillie toute jument dont l'état inspirerait quelque doute pouvant faire craindre l'existence d'une maladie contagieuse ;

« *De refuser* par exemple toute bête ayant un écoulement, une tuméfaction maladive de la vulve, des boutons, des pustules ou des plaies sur cette région ;

« *De n'accepter* une jument, qui leur paraîtrait suspecte pour un motif quelconque, que sur la présentation d'un certificat de santé délivré, depuis moins de quarante-huit heures, par le vétérinaire sanitaire » (Galtier).

VACCINATION.

On a vu comment on était arrivé à substituer la vaccination à la variolisation. C'est de la publication du traité de Jenner (1798-99) que date la diffusion de la vaccination dans le monde entier. Elle fut introduite en France, par Aubert et Woodville; dès 1780, fut créé à Paris un *Comité de vaccine*, dont le sécrétaire, Husson, s'appliqua à répandre la nouvelle pratique en France et dans les pays voisins. En peu de temps la vaccination se répandit dans toute l'Europe, en Asie, etc.; elle devint promptement une pratique à peu près universelle. La mortalité par la variole diminua considérablement à la suite de la diffusion de la vaccination.

Toutefois on ne tarda pas à voir se produire de nouvelles épidémies de variole et à constater de nombreux cas de l'affection sur des personnes vaccinées depuis un certain nombre d'années. On fut ainsi amené à reconnaître que l'immunité conférée par la vaccine était temporaire, et qu'il y a avait lieu de recourir à la revaccination, pour la renouveler et la perpétuer. Bientôt, afin d'imposer à tous les bienfaits de la vaccination, cette pratique était rendue obligatoire dans certains pays, en Bavière (1807), en Suède (1816), dans le Wurtemberg (1818), dans le grand-duché de Bade (1808) et le Danemark (1810) pour les établissements officiels et les écoles. En Angleterre, la vaccination devint obligatoire en 1853. Dans l'Empire allemand, une loi de 1875 a rendu obligatoire la vaccination de tous les enfants avant la fin de la première année et la revaccination de tous les enfants des écoles dans le cours de la douzième année. La revaccination est obligatoire d'ailleurs dans tout l'Empire allemand pour les recrues de l'armée.

Précautions générales.

On peut distinguer la vaccination d'urgence (celle qui est nécessitée par la survenance d'une épidémie de variole) et la vaccination ordinaire (celle qui est pratiquée en vue de conférer l'immunité en l'absence de tout danger imminent). Pour la première, il faut agir le plus promptement possible, sans se préoccuper de la saison, ni de l'âge, ni de l'état de santé des personnes, tout en se préoccupant seulement d'avoir du bon vaccin et de l'inoculer convenablement. Pour la seconde, que l'on a qualifiée de *vaccination d'opportunité*, on peut choisir les conditions réputées les plus favorables, tant au point de vue de la saison qu'au point de vue de l'âge et de l'état de santé des personnes à vacciner ou à revacciner.

On dit généralement qu'il est préférable de vacciner pendant le printemps et pendant l'automne. Il est vrai que l'hiver et l'été offrent certains inconvénients ; l'hiver ne peut toutefois être incriminé qu'à cause du danger d'exposer au froid les personnes ; et l'été n'a d'autre inconvénient que de précipiter parfois le cours de l'éruption et de favoriser l'altération du vaccin. Mais, en prenant les précautions voulues pour éviter le froid aux vaccinés pendant l'hiver et pour conserver le vaccin en été, on peut vacciner en toute saison.

On peut être vacciné à tout âge. On peut vacciner les enfants pendant les premiers jours de la vie ; ils supportent bien l'opération ; et il convient de ne pas laisser passer les six ou douze premiers mois sans leur faire subir la vaccination. Il convient d'autre part de vacciner, quel que soit son âge, toute personne qui ne l'a pas été ; il convient en outre de revacciner les enfants de la septième à la douzième année ; il convient enfin de revacciner à tout âge et de temps en temps, soit tous les huit ou dix ans, ou mieux plus souvent.

Quand il s'agit de la vaccination d'opportunité, il convient de ne vacciner que les enfants bien portants et d'attendre pour ceux qui sont maladifs.

Dans tous les cas il faut employer du bon vaccin, provenant d'un sujet vaccinifère vigoureux et en bonne santé, recueilli à point et convenablement conservé.

Dans tous les cas l'inoculation doit être faite avec des instruments d'une propreté irréprochable, nettoyés, lavés et désinfectés chaque fois qu'on doit opérer sur un nouveau sujet ; elle doit être faite sur une région (bras) très propre, lavée au savon préalablement s'il s'agit d'enfants mal tenus.

« Le nombre des insertions nécessaire pour une préservation efficace a été très discuté. Si, d'une part, une seule pustule suffit pour donner l'immunité variolique, on ne peut nier que le nombre des cicatrices vaccinales ait quelque importance et qu'on soit plus sûrement préservé d'une variole grave par cinq ou six pustules bien développées que par une seule. Les statistiques de Grégory et de Marson ont montré que la mortalité de la variole était douze fois plus forte chez les malades porteurs d'une seule cicatrice vaccinale que chez ceux qui en avaient cinq et plus. Eulenberg donne, comme maximum, dix piqûres ou cinq scarifications de 4 millimètres de long. Nous croyons qu'en faisant six scarifications de 2 à 3 millimètres, trois à chaque bras, on se met dans de bonnes conditions. Dans les vaccinations d'urgence, où l'on craint l'inflammation ou l'érysipèle, ou bien chez les enfants chétifs ou timorés, on pourra diminuer le nombre des insertions, quitte à avancer un peu l'époque de la revaccination.

« On choisit en général, pour l'inoculation, la partie supérieure et externe du bras, parce que c'est la plus commode » (A. d'Espine). On peut d'ailleurs choisir toute autre partie du corps, en évitant d'inoculer

dans des régions trop exposées aufrottement. La lancette ordinaire, la
lancette en fer de lance, la lancette cannelée, les aiguilles à vaccin etc.,
peuvent être employées pour pratiquer la vaccination.

VACCINATION JENNÉRIENNE. — VACCINATION AVEC DU VIRUS HUMANISÉ.

La vaccination avec du virus humanisé est encore pratiquée dans
maints endroits, bien que la vaccination animale se soit déjà considérablement répandue. Elle peut être faite avec du virus frais, de bras à
bras, ou avec du virus conservé. Dans tous les cas il importe que le
vaccin provienne d'un enfant vigoureux et en parfaite santé, d'une
éruption à point et de belle venue, d'une éruption consécutive à une
première vaccination et non point d'une éruption de revacciné. L'enfant
vaccinifère doit être issu de parents sains, être sain et âgé de trois à
six mois. Il faut avoir soin de recueillir le vaccin le sixième ou le
septième jour ; on n'emploie pas la lymphe des pustules altérées,
enflammées, écorchées, etc. ; on n'emploie que du vaccin tout à fait
transparent, sans mélange de sang, obtenu sans pression ni raclage de
la pustule.

Quand la vaccination se fait de bras à bras, on procède de la façon
suivante : on lave les pustules et la région qui les supporte avec un
tampon d'ouate purifié dans de l'eau bouillante et trempé dans une
solution d'acide borique à 2 pour 100 ; on ouvre les pustules par de
fines piqûres, superficielles, marginales, faites parallèlement à leur
surface ; on charge, avec les gouttelettes de lymphe qui s'échappent des
piqûres, une lancette bien propre et stérilisée par le passage à travers
une flamme ; on fait les inoculations aux bras par de simples piqûres ou
égratignures ou scarifications superficielles, en évitant de faire saigner,
et en essuyant la lymphe de la lancette sur leur surface.

Le vaccin humain peut être recueilli et conservé à l'état liquide ou
à l'état sec. Il peut être recueilli dans des tubes capillaires, renflés ou
non en leur milieu, ou enfermé entre des plaques de verre, ou desséché
sur des pointes d'ivoire.

Rien n'est plus simple que de recueillir et de conserver du vaccin
avec des lames de verre. On ouvre la pustule, on applique tour à tour
sur son produit chacune des plaques, puis on les place l'une contre
l'autre et on les lutte avec de la cire ; on les met ensuite dans l'obscurité et dans un lieu frais. Quand on veut utiliser le vaccin, on sépare
les lames, on délaie le produit, qui est sur chacune d'elles, avec une
goutte d'eau, et on l'inocule.

Pour recueillir le vaccin dans des tubes, il faut se servir autant que
possible des plus capillaires, qui sont toujours plus faciles à remplir.
On ouvre la pustule au moyen d'une ou de plusieurs piqûres ; on brise
le tube à ses deux extrémités, et on le plonge dans le produit qui perle,

par une de ses extrémités, en le tenant horizontalement entre les doigts. Quand le tube est à peu près plein, on le lutte à la paraffine ou à la cire à ses deux extrémités, ou bien on le ferme en fondant ses bouts à la flamme d'une bougie ou d'une lampe.

Le vaccin, recueilli dans des tubes, doit, pour se conserver, être placé dans un endroit obscur et frais. Pour vacciner avec un tube, il faut briser ses deux extrémités et chasser la lymphe qu'il contient sur un verre de montre, sur une lame de verre bien propre, ou sur le bras, à l'aide d'un compte-gouttes ordinaire. On ne doit se servir du vaccin conservé en tube que s'il est limpide et sans odeur. Il peut avoir gardé son activité pendant plus de six mois, s'il a été placé dans les meilleures conditions ; mais c'est exceptionnel ; le plus souvent, au bout de quelques jours ou de quelques semaines, il perd sa virulence, s'atténue ou donne des résultats incertains et inégaux.

La glycérine pure, neutre, privée de toute trace d'acide, conserve la lymphe vaccinale (E. Müller). En mélangeant intimement une partie de lymphe avec deux parties de glycérine étendues de deux parties d'eau distillée stérilisée, on a un produit qui peut conserver son activité pendant deux ans. D'autre part la lymphe peut être mélangée avec des solutions antiseptiques sans perdre son efficacité (R. Pott) ; ainsi on peut conserver de la lymphe avec son activité, en la mélangeant par parts égales avec une solution d'acide borique à 3,5 pour 100, etc.

Les pointes d'ivoire peuvent être employées pour conserver le vaccin à l'état sec. On les enduit de lymphe, en les passant sur les pustules ouvertes ; on les laisse sécher, puis on recouvre le vaccin d'une couche de gomme arabique ou d'une solution de gélatine. Quand on veut s'en servir, on les trempe dans de l'eau tiède, et on les frotte dans les scarifications faites pour l'inoculation.

Pour les raisons qui ont été développées précédemment, la vaccination avec le virus humanisé doit être délaissée de plus en plus et être remplacée par la vaccination avec du virus cultivé sur le veau, qui en a tous les avantages sans présenter les mêmes dangers.

VACCINATION ANIMALE.

La vaccination animale, qui tend à se généraliser de plus en plus, a été employée d'abord par les médecins napolitains. Dès 1842, Negri recueillait le vaccin en excisant les pustules et en en raclant le contenu. Elle a été introduite en France (1864) par Lanoix, à qui Palasciano avait enseigné ce qui se faisait à Naples. Dans le début, des insuccès l'ont fait rejeter ; mais bientôt, grâce aux progrès réalisés dans la culture du vaccin sur le veau, on n'a pas tardé à en obtenir d'aussi bons résultats que de la vaccination jennérienne. On a recueilli le vaccin sur le veau plus tôt qu'on ne le faisait avant, soit au bout du quatrième ou du cinquième jour qui suit l'inoculation; on n'a employé que le vaccin fourni par des animaux bien portants, rejetant celui des sujets qui avaient de la fièvre, de la diarrhée, des pustules anormales; on a reconnu que la partie solide de la pustule était la plus active, et on s'est appliqué à l'employer de préférence à la lymphe; on a enfin substitué l'inoculation par scarifications à l'inoculation par piqûres. Aussi est-il avéré aujourd'hui : que le vaccin animal égale, s'il ne dépasse pas en valeur, le vaccin de bras à bras ; qu'il est supérieur quand il s'agit de revaccinations; qu'il confère une immunité pour le moins égale à celle que donne le vaccin humain. Il est enfin avéré : qu'il est moins dangereux que le vaccin humain ; qu'on peut l'obtenir, en telle quantité qu'on veut, exempt de toute souillure ; qu'il peut être renouvelé, purifié, et préparé dans de meilleures conditions que le vaccin humanisé. On sait partout que la vaccination animale a tous les avantages de la vaccination jennérienne, sans en avoir les inconvénients, et qu'elle ne peut occasionner d'accidents qu'autant que le vaccin est altéré, mal inoculé, recueilli trop tard, mal conservé, etc., ce qui d'ailleurs est tout autant, sinon plus à redouter, avec le vaccin humain, qui a en plus d'autres inconvénients, comme on l'a vu plus haut. La supériorité de la vaccination animale est si bien reconnue à l'heure actuelle que d'innombrables instituts vaccinogènes se sont fondés dans tous les pays d'Europe, en Amérique, etc., pour entretenir sur le veau le virus, destiné aux vaccinations et revaccinations, que les médecins pratiquent sur l'homme. En France, il y en a à Paris, à Lyon, à Bordeaux, à Montpellier, à Saint-Étienne, à Lille, etc.

Choix des animaux vaccinifères. — Ainsi qu'on l'a vu, la vaccination animale, qui était pratiquée à Naples depuis le commencement du siècle, ne s'est généralisée que tardivement, depuis 1866, dans les principales villes de l'Europe. La crainte de la transmission de la syphilis par la vaccination de bras à bras, la dégénérescence du vaccin humanisé, les besoins toujours croissants de vaccin, les qualités du vaccin animal enfin reconnues, expliquent le rapide succès de la nouvelle méthode.

Pour cultiver, entretenir et reproduire le vaccin, qu'on doit utiliser dans la vaccination et la revaccination de l'homme, *il faut donner la préférence à un animal, à un animal de l'espèce bovine, à un animal jeune, à un veau de trois ou quatre mois et surtout à un veau mâle.* Le vaccin, pris sur l'homme, peut transmettre certaines maladies graves (syphilis); et il pourrait en être parfois de même de celui du cheval (morve). Les animaux âgés ou adultes de l'espèce bovine sont plus souvents atteints de la tuberculose que les jeunes. On peut bien employer des sujets ayant dépassé quatre mois, des animaux de cinq, six, dix, douze mois, etc.; mais, déjà, à ces âges, les cas de phtisie tuberculeuse deviennent plus nombreux, et cette affection peut être compatible plus ou moins longtemps avec des apparences trompeuses de santé. Tandis que, sur les veaux de trois à quatre mois, la tuberculose est excessivement rare. D'ailleurs, ainsi que cela se pratique dans plusieurs services de vaccination, où on ne vaccine pas de veau à bras, on peut faire sacrifier le veau pour la boucherie, après qu'on a recueilli le vaccin qu'il a produit, et ne l'employer qu'autant que l'autopsie aura démontré l'inexistence de toute maladie transmissible. A Lyon, c'est l'Administration des hospices qui fournit les veaux vaccinifères à l'Institut vaccinogène ; ensuite, elle les reprend. quand ils ont servi, et les utilise pour la consommation ; le vaccin n'est employé qu'après que l'autopsie a été faite. Bien qu'on parle souvent du vaccin de génisse, quand il s'agit de virus animal, on doit choisir de préférence, comme sujets vaccinifères, les veaux mâles qui sont un peu plus résistants. Ils donnent un aussi bon vaccin que les génisses, et ils supportent mieux les épreuves de l'inoculation et de la récolte du vaccin, qui ne laissent pas que d'entraîner des souffrances et des malaises.

Il faut enfin choisir des veaux vierges, en bon état de chair et de santé, et éviter de se servir de sujets fatigués, surmenés, malingres, chétifs ou maladifs, ou déjà vaccinés, qui donneraient un vaccin moins abondant, dégénéré, de moindre qualité. Il est également indiqué de prendre de préférence des veaux à peau fine et souple, et surtout des veaux blancs ou roux, dont la peau non pigmentée de noir est plus favorable à la marche et surtout à l'observation régulière de l'éruption vaccinale.

Hygiène des animaux vaccinifères. — Des soins particuliers doivent être donnés aux animaux vaccinifères. L'étable, destinée à les loger. doit être spacieuse, convenablement éclairée, bien aérée, sans émanations d'aucune sorte, bien agencée, bien tenue et chauffée en hiver. Les bas de murs seront cimentés à 1^m,50 de hauteur, pour faciliter le nettoyage et la désinfection ; le sol sera également cimenté, étanché, pour éviter les infiltrations et imbibitions ; il sera disposé de façon à présenter une pente légère, pour faciliter l'écoulement des urines. Le local sera divisé en stalles, s'il doit renfermer plusieurs vaccinifères à la fois ; les cloisons seront pleines et assez élevées pour empêcher les animaux de se lécher ; elles seront mobiles et recouvertes d'une peinture hydrofuge. La mangeoire et le râtelier seront construits avec soin, en pierre ou en métal, et seront entretenus dans le plus grand état de propreté. Les attaches consisteront en licols de cuir, garnis d'une chaine et d'un mousqueton. Les litières devront toujours être abondantes et sèches ; on devra avoir soin de bien les secouer au dehors avant de les placer sous les animaux. On fera enlever journellement les déjections, les fumiers, les purins et les litières mouillées. Après le passage de chaque vaccinifère, le local sera récuré à fond, lavé avec une solution désinfectante d'abord et ensuite avec une solution chaude de carbonate de soude. L'étable des vaccinifères devra être maintenue à une température oscillant entre 16° et 18° ou 20°, au moyen de la ventilation en été, et d'un appareil de chauffage en hiver.

Les sujets vaccinifères doivent être soumis à un bon régime, être pansés convenablement, être surveillés avec soin, et être traités, s'il survient des maladies. Le régime peut varier suivant l'âge des animaux et suivant les habitudes déjà contractées par eux. On peut les maintenir au régime lacté ou les soumettre à un régime végétal. Le régime lacté peut consister : dans l'emploi exclusif du lait (8, 10, 12, 14 litres par jour) ; dans l'usage du lait, combiné avec celui de la farine lactée (2, 3, 4 litres de lait et 400 à 500 grammes de farine lactée) ; dans l'usage du lait, combiné avec celui des œufs (6, 8, 10 litres de lait et 1, 2, 3 œufs frais) ; dans l'emploi du lait, combiné avec celui des farineux (2, 3, 4 litres de lait et 500 grammes de farine de maïs, d'orge, etc.). Si la provenance du lait est suspecte ou inconnue, on le fera bouillir préalablement ; en tous cas on le donnera tiède ; on s'assurera que les farines lactées ou autres, ainsi que le lait, sont bien conservés, si on ne veut pas exposer les animaux à des malaises, à des indigestions, à la diarrhée. Le régime végétal, surtout quand il s'agit d'animaux déjà sevrés, peut être substitué au régime lacté ; il se composera de boissons tièdes à la farine de maïs, d'orge, de blé, etc., et de bon foin. On peut d'ailleurs combiner, avec ce régime, l'emploi du lait dans une certaine mesure et l'administration de 2, 3, 4 œufs frais, qu'on brise dans la bouche des animaux et qu'ils avalent avec la coquille. A Bordeaux on s'est bien trouvé d'un régime composé de la façon suivante : boisson à la farine de maïs (2 litres) ; œufs frais avec leur coquille (4) ; foin de choix (à discrétion). Deux repas par jour sont suffisants.

Les animaux vaccinifères doivent être pansés régulièrement, être tenus très propres, être brossés avec soin, et être recouverts avec des couvertures en laine pendant l'hiver, et en toile pendant l'été. Ces couvertures devront être très propres ; elles seront lavées chaque fois qu'elles auront servi pour un sujet, ou mieux lavées et passées à l'étuve si c'est possible ; elles seront garnies d'un linge très fin, très propre et stérilisé, au niveau de la partie qui doit s'appliquer sur la région inoculée. Elles seront attachées avec soin. D'ailleurs, en vue de mieux préserver l'éruption contre les léchements de l'animal, on pourra faire usage d'un collier à chapelet, ou mieux encore d'une muselière en panier d'osier, qui sera fixée au moyen d'un licol en cuir, et qui ne sera enlevée que pour permettre à l'animal de prendre ses repas.

Les sujets vaccinifères seront surveillés avec un soin particulier avant et après l'inoculation, afin qu'on puisse s'assurer s'ils ne sont pas fatigués, indisposés, malades, si l'éruption se fait bien et si leur état ne réclame pas un changement de régime, l'administration de certains agents médicamenteux, etc. Les veaux, achetés en vue de la culture du vaccin. doivent être surveillés deux ou trois jours après leur arrivée dans l'étable et avant d'être inoculés; souvent les animaux ont été gorgés d'eau ou de boissons farineuses, avant d'être exposés en vente, afin d'accroître leur poids; souvent ils ont été malmenés, brutalisés, se sont fatigués, etc. Aussi peut-on les voir se ballonner, présenter des frissons, de la diarrhée, etc. Il faut de toute nécessité donner à ces animaux le temps de se remettre, les soigner, et faire cesser leur malaise ou leur état maladif, avant de les inoculer, sous peine de n'obtenir d'eux qu'un vaccin peu abondant et de mauvaise qualité. Il peut arriver d'autre part que les animaux tombent malades après l'inoculation, pendant l'évolution de la vaccine, soit à cause du changement de régime, soit à cause des souffrances résultant de l'inoculation. Ils peuvent avoir du tympanisme, de la diarrhée, de la fièvre, etc. Quand la diarrhée est grave, et lorsqu'il y a une fièvre manifeste, une élévation notable de la température, il convient de ne pas utiliser le vaccin fourni par le sujet, à moins qu'on n'ait réussi à faire cesser rapidement le malaise; dès que la diarrhée se montre, il faut la combattre. Des moyens nombreux sont à la disposition du praticien pour atteindre ce but. Quand la complication est bénigne, quand elle tient à une indigestion passagère, on peut donner des lavements émollients et administrer une infusion de café, de thé, de camomille, etc., légèrement alcoolisée. Lorsque la diarrhée se montre après la vaccination, pendant l'évolution de l'éruption, il faut l'arrêter au plus tôt, sous peine de voir l'éruption compromise, modifiée, précipitée dans son altération, rendue impropre à fournir un vaccin convenable. On a conseillé, pour arrêter la diarrhée, divers moyens, et notamment : l'administration du sous-nitrate de bismuth, à deux ou trois reprises en un jour, et à la dose de 4 à 8 grammes chaque fois; l'administration d'œufs frais avec leurs coquilles, aidée de l'administration d'eau de chaux, ou de magnésie calcinée; l'emploi de tisanes de riz, de gomme, additionnées de laudanum et de lavements laudanisés; l'administration d'infusion de camomille tenant en dissolution de l'acide salycilique et du tannin, etc. En tout cas, on est d'accord, pour reconnaître que le veau seul, maintenu en parfait état de santé, peut donner un vaccin abondant et de bonne qualité, et pour conseiller d'abandonner le vaccin venu sur un animal dont l'état de maladie ou de malaise se serait prolongé.

L'hygiène des vaccinifères comporte encore des soins spéciaux, en vue de préserver l'éruption contre les impuretés de toute sorte (soins de propreté, emploi de couvertures propres, préparation de la région, emploi d'un vaccin pur, inoculation avec des instruments très propres et suivant des règles spéciales, etc.).

Choix du vaccin pour inoculer les vaccinifères. — Pour obtenir du bon vaccin, il importe, non seulement de choisir convenablement les vaccinifères et de les entourer d'une hygiène irréprochable, mais encore de choisir une bonne semence et de l'inoculer avec soin.

Le horsepox, ou vaccin du cheval, étant assez fréquent, on peut avec lui régénérer le vaccin. On le peut également avec le produit du cowpox spontané. Toutes les fois que le vaccin, entretenu sur le veau, se sera affaibli, on ne manquera pas, à la première occasion, de le régénérer ; on inoculera au veau le virus emprunté au horsepox, ou au cowpox spontané, et on obtiendra de la sorte un vaccin qui, perpétué de veau à veau, sera utilisé avantageusement pour la vaccination des personnes. Recourir de temps à autre au virus du cowpox ou du horsepox spontané pour régénérer le vaccin, voilà un précepte qui ne doit jamais être perdu de vue.

Cependant le vaccin, entretenu sur le veau, peut être conservé presque indéfiniment avec son activité à travers les cultures successives, quand on a bien soin d'observer toujours les règles relatives au bon choix des vaccinifères, à leur bonne hygiène, à la récolte et à la conservation du virus, etc., etc. Il va sans dire que, si un sujet vaccinifère présente des pustules avortées, altérées, trop avancées, etc., on évitera d'y puiser le vaccin, qui devra servir tant pour les animaux que pour l'homme ; on choisira les pustules les plus belles, les plus caractéristiques, les mieux développées, les mieux conservées, celles dans lesquelles le vaccin n'a subi aucune altération, aucune dégénérescence ; on choisira les pustules qui ont un certain volume, qui sont luisantes, blanchâtres, perlées, argentées, qui fournissent une lymphe séreuse et limpide, et qui donnent, quand on les excorie, une surface grenue, rougeâtre, etc ; on recueillera le vaccin au bon moment ; on n'emploiera que du vaccin bien conservé, non altéré, non atténué, etc ; on évitera d'employer celui qui est laiteux, opaque, purulent, etc.

Inoculation des veaux. — L'inoculation des vaccinifères comporte : la préparation du sujet, sa fixation ; le choix et la préparation de la région où doivent être faites les inoculations ; l'inoculation proprement dite.

L'animal, qu'on doit inoculer, sera laissé à jeun trois ou quatre heures avant l'opération. Pour l'assujettir convenablement, on peut procéder de deux façons : le coucher sur une table et l'y maintenir fixé ; le maintenir debout et immobilisé contre un mur ou contre la paroi de sa stalle. Dans beaucoup de services vaccinogènes, on emploie une table à bascule. Le veau est placé debout et retenu contre la table rendue verticale ; puis on replace la table dans la position horizontale, et on y assujettit l'animal, qui se trouve ainsi dans la position couchée. On peut fort bien se passer de la table à bascule, quand on doit faire les inoculations sur un des côtés du tronc. Il suffit en effet, le veau étant attaché par la tête le long d'un mur ou de la paroi de sa stalle, de l'y faire maintenir comme appliqué par un aide, qui peut se servir d'une simple sangle ; l'opérateur se place à côté de l'animal, et, penché ou assis, il procède à la préparation de la région et à l'inoculation.

La région, choisie pour recevoir l'inoculation, varie; tantôt c'est la région des organes génitaux; tantôt une région du tronc, etc. Il nous paraît qu'il y a avantage et commodité à préférer un des côtés de la poitrine, afin de rendre plus aisées l'inoculation et la récolte du vaccin, la surveillance de l'éruption, la propreté de la région, etc. On coupe les poils sur une surface, carrée ou arrondie, occupant toute une des faces latérales de la poitrine; ensuite on savonne à l'eau tiède la région tondue et on la rase avec soin. Cela fait, on lave de nouveau la partie, d'abord avec de l'eau tiède pour entraîner le savon, puis avec de l'eau froide, stérilisée et boriquée; enfin on essuie bien avec un linge fin et aseptique.

L'inoculation peut être faite, à l'aide d'une lancette quelconque, par piqûres, par scarifications, par éraflures, avec du virus transporté directement de veau à veau, ou avec du virus recueilli pour la circonstance dans un verre de montre, ou bien avec du vaccin recueilli depuis un certain temps et conservé de l'une des façons qui seront indiquées plus loin. Les piqûres, scarifications ou éraflures sont faites en lignes parallèles, et disposées de façon que les inoculations, qui se trouvent sur une même ligne, alternent avec celles des deux lignes voisines. Les inoculations par piqûres peuvent être faites à un centimètre de distance les unes des autres, et les scarifications à un centimètre et demi ou 2 centimètres. On peut pratiquer de 80 à 100 à 150 et 200 inoculations sur le même sujet. On croit que, lorsqu'on fait de nombreuses inoculations, toutes donnent un vaccin aussi bon que si on n'en faisait que quelques-unes. Cependant, tout en supposant que le vaccin, en cas d'inoculations peu nombreuses, n'est ni plus actif ni moins prompt à dégénérer, il y a lieu de craindre que les trop nombreuses inoculations fatiguent davantage le sujet et nuisent de la sorte à la qualité du vaccin. Les inoculations par piqûres, surtout usitées quand on dispose d'un vaccin liquide, sont faites de préférence à l'aide d'une lancette cannelée, qu'on charge de virus et qu'on introduit obliquement sous l'épiderme de façon à intéresser les couches superficielles du derme; la pointe de la lancette étant engagée sous l'épiderme, on la retire en exécutant un léger mouvement de bascule; on peut d'ailleurs revenir dans chaque piqûre avec la lancette chargée une seconde fois de virus. Les inoculations par scarifications, bonnes quel que soit l'état du vaccin employé, sont surtout utiles quand on se sert du virus de conserve, et notamment quand on l'emploie sous forme de pommade, d'électuaire, de pulpe glycérinée, etc. Les scarifications sont faites avec une lancette; on peut leur donner une longueur de 3 à 6 millimètres et une direction un peu oblique de haut en bas et d'avant en arrière ou d'arrière en avant; il convient de les faire en biseau, de façon à ne pas intéresser le tégument perpendiculairement à son épaisseur, mais de

manière à inciser en biais l'épiderme et les couches superficielles du
derme, en vue de mieux assurer l'absorption du virus. On peut charger
la lancette au moment où l'on va faire chaque scarification et l'essuyer
dans la plaie ; on peut aussi déposer d'abord une parcelle de matière
virulente au niveau des points, où doivent être faites les inoculations,
sur toute une ligne, et pratiquer ensuite les scarifications au centre de
chacun de ces dépôts; on peut enfin faire d'abord les scarifications
d'une ligne entière et les garnir ensuite de virus. Dans tous les cas, s'il
importe d'intéresser les couches superficielles du derme en vue de
mieux assurer l'absorption, il faut éviter les piqûres et les entailles
trop profondes; il faut faire saigner le moins possible, laisser l'hémorrhagie, s'il y en a, s'arrêter, et puis garnir à nouveau la plaie avec du
vaccin. Quel que soit le mode d'inoculation employé, on assurera toujours
mieux le succès de l'éruption, en garnissant une seconde fois les piqûres et les scarifications. L'inoculation terminée, on attendra dix ou
quinze minutes pour laisser sécher, après quoi l'animal pourra être
remis sur pied ou rendu à la liberté de ses mouvements, tout en l'empêchant de se frotter et de se lécher, tout en évitant encore d'appliquer
la couverture sur la région opérée pendant une demi-heure ou une
heure.

Récolte du vaccin. — On a vu plus haut comment évolue la vaccine
sur l'animal bovin à la suite de l'inoculation. On sait d'autre part que,
sur le veau, la récolte du vaccin doit avoir lieu dans le cours du quatrième ou du cinquième jour après l'inoculation. Le moment le plus propice, que l'expérience apprend d'ailleurs a reconnaître, est celui où la
vésico-pustule revêt ses caractères classiques, celui où apparaît un
liséré blanc, argenté, légèrement surélevé, sur le pourtour des boutons
ou sur les bords des pustules oblongues qui ont fait suite aux scarifications. Toutes les éruptions peuvent ne pas avoir revêtu ces caractères
en même temps ; il en est qui peuvent être en retard d'un jour sur les
autres ; on peut se contenter de recueillir le virus de celles qui sont
mûres, sauf à procéder à une nouvelle récolte le lendemain lorsque les
pustules en retard la veille auront avancé davantage dans leur évolution. Le contenu des vésico-pustules, arrivées à maturité, caractérisées
par l'apparition d'un liséré blanc, argenté, entourant la cicatrice qui a
remplacé la scarification ou la piqûre, doit être recueilli dans les vingt-
quatre heures. Il peut s'altérer très rapidement ; et il importe de ne jamais
recueillir celui des pustules qui ont dépassé la période de maturité, qui
sont devenues purulentes, ou qui sont sur le point de le devenir.

Pour la récolte du vaccin animal, les pustules peuvent être ouvertes,
exprimées, pressurées, raclées, excisées, en vue d'en extraire tout le
virus qu'elles contiennent. Le vaccin du veau peut être transporté directement sur un autre terrain, être inoculé de veau à bras ou de veau à
veau ; et cette manière de procéder est suivie dans certains services

vaccinogènes, où l'on emploie de préférence le vaccin frais sans aucun mélange. Soit qu'on veuille l'inoculer immédiatement, soit qu'on veuille le recueillir pour le faire servir après une conservation plus ou moins prolongée, le vaccin du veau peut, comme celui de l'enfant, être obtenu à l'état liquide. Si l'on veut faire immédiatement des inoculations, on peut se contenter de charger la lancette inoculatrice à la pustule ouverte du vaccinifère ; on peut aussi recueillir, dans des tubes, sur une plaque de verre, dans un verre de montre, etc., la lymphe qui est fournie par les pustules, pour procéder ensuite immédiatement à l'emploi de ce vaccin. Quand on veut le conserver sous la forme liquide, on peut le recevoir dans des tubes, comme il a été dit pour celui de l'enfant.

Dans les vésico-pustules de l'enfant, la lymphe s'échappe en gouttelettes dès qu'on perce l'enveloppe. Il n'en est pas de même dans celles du veau, qui, bien qu'ouvertes, laissent échapper spontanément très peu de lymphe ; d'où l'utilité d'obtenir un écoulement plus abondant, en comprimant la base des boutons, au moyen de pinces qui permettent d'obtenir une pression continue.

Quand le veau a été inoculé sur le côté de la poitrine, la récolte du vaccin est aisée ; elle se fait sur l'animal maintenu debout et appliqué contre le mur ou la cloison de sa stalle par un ou deux aides.

Dans tous les cas, la récolte du vaccin doit être précédée de l'appropriation de la région qui supporte les pustules et de la stérilisation de tous les instruments employés. Les lancettes, pinces, verres, tubes, etc., doivent être très propres et avoir été stérilisés par leur passage à travers la flamme d'une lampe à alcool ou d'un bec Bunsen. La surface des pustules et toute la région qui les supporte doivent être lavées avec une solution tiède boriquée à 3 ou 4 p. 100, ou simplement avec de l'eau stérilisée tiède et très légèrement alcoolisée, puis séchées délicatement avec un linge aseptique.

Chaque pustule est saisie et comprimée à sa base entre les mors de la pince à expression, qu'on laisse à demeure. La lymphe vaccinale suinte rapidement à travers l'enveloppe de la pustule qui se rupture. On peut s'en servir d'emblée pour des inoculations ou la recueillir pour l'utiliser plus tard. On peut la recueillir dans des tubes capillaires, comme celle de l'enfant, en présentant une de leurs extrémités au liquide qui suinte ; ils se remplissent promptement pour la plupart, cependant il en est qui sont obstrués rapidement par la formation d'un caillot ; et d'ailleurs ce procédé n'est guère pratique, parce que, dans les tubes qui se sont remplis, il se forme ensuite un caillot qu'il est ordinairement impossible de faire sortir. Il faut donc procéder autrement pour recueillir la lymphe qui s'échappe des pustules comprimées. On peut se servir de tubes d'un calibre de 3 ou 4 millimètres et parfaitement stérilisés, terminés par des extrémités effilées mais non capillaires. Ces extrémités étant ouvertes, on en applique une contre la pustule, et par l'extrémité opposée on opère une légère aspiration au moyen d'un tube en caoutchouc, de manière à faire pénétrer toute la lymphe dans le tube. On peut ainsi aspirer dans le même tube toute la lymphe fournie par plusieurs pustules; et si quelque coagulum fibrineux en obstrue l'entrée, on l'écarte avec une aiguille ou un fil de platine flambé. Les tubes ainsi garnis peuvent ensuite être scellés aux deux extrémités avec de la cire, et être conservés quelque temps. On peut d'autre part, une fois la récolte terminée, évacuer leur contenu dans un godet, dans un verre de montre, etc., bien stérilisés, en soufflant légèrement au moyen d'un tube en caoutchouc adopté à une extrémité, ou en coupant chaque tube en son milieu par un trait de lime. Le vaccin se montre alors séparé en deux parties; une partie liquide (lymphe défibrinée), qu'on peut distribuer dans des tubes capillaires, où elle se précipite et où elle peut être conservée comme celle de l'enfant; et une partie molle, sorte de coagulum fibrineux, qu'on peut utiliser pour la préparation de pulpes ou de poudres vaccinales. On peut d'ailleurs aspirer la lymphe des pustules au moyen d'une petite seringue en verre, bien stérilisée (Perron), munie d'un piston en gutta bien adapté. L'instrument peut être stérilisé au moyen de l'acide sulfurique, puis rincé plusieurs fois à l'eau stérilisée; le piston est lubréfié avec de la vaseline. On aspire successivement la lymphe fournie par les diverses pustules, en ayant soin de chasser l'air chaque fois qu'il s'en introduit. C'est le procédé le plus expéditif pour recueillir rapidement toute la lymphe d'un vaccinifère. On peut, au lieu de la seringue, se servir de petits appareils aspirateurs imaginés dans ce but; mais la seringue peut les remplacer. Le vaccin, ainsi recueilli, est ensuite chassé dans un godet, et la partie liquide ainsi que la partie coagulée traitées chacune comme il a été déjà dit. La lymphe défibrinée, comme on vient de le voir, est en quelque sorte purifiée, le coagulum ayant englobé les impuretés qu'elle pouvait contenir; elle est d'autre part forcément un peu appauvrie en germes.

Quand on récolte le vaccin de la façon qui vient d'être exposée, on rejette tout ce qui n'est pas de la lymphe, c'est-à-dire l'enveloppe de la pustule, les débris épidermiques, les croûtes, et on ne râcle pas la surface de la pustule pour en prendre la pulpe qui la recouvre. Certains recueillent la pustule intégrale, la croûte, la lymphe, les parois de l'éruption, la pulpe, et les font entrer dans des préparations vaccinales, râclant chaque éruption pour en obtenir tout ce qu'elle peut fournir et le faire servir à la confection de pommades ou de poudres vaccinales. Beaucoup sont d'avis néanmoins qu'il faut rejeter absolument, bien qu'elles soient douées d'une certaine virulence, l'enveloppe et les croûtes qui recouvrent les pustules, parce qu'elles sont plus ou moins mélangées d'impuretés. Mais aussi beaucoup sont d'avis qu'il ne faut pas laisser perdre la pulpe, qui existe sur la plaie mise à nu par la décortication de l'éruption, parce qu'elle renferme en abondance les germes virulents et constitue une matière vaccinale très active. Aussi conseillent-ils de râcler énergiquement avec la lancette toutes les surfaces vaccinales, de façon à enlever tout le contenu mou des éruptions, qui peut être employé pour des inoculations immédiates ou pour la préparation des vaccins de conserve. La matière, obtenue par le râclage, est recueillie dans un verre de montre ou un godet stérilisé.

Conservation du vaccin animal. — Préparations diverses. — La lymphe animale semble plus altérable et d'une conservation moins aisée que celle de l'homme; elle ne paraît conserver son activité intacte que pendant un temps très limité. Diverses précautions et certaines préparations ont été conseillées, en vue de préserver le vaccin des influences qui peuvent l'altérer et d'en faciliter le maniement, la conservation ainsi que le transport. Il convient de passer successivement en revue les principales et d'en indiquer l'importance.

Le vaccin peut être conservé à l'état liquide, pur ou additionné de glycérine, dans des tubes ou entre des lames de verre.

On peut se servir de plaques de verre creusées d'une cavité sur une de leurs faces; on garnit avec du vaccin la cavité de deux de ces plaques; ensuite on les applique l'une contre l'autre par leur face excavée et garnie de lymphe; après quoi on garnit de cire les bords bien rapprochés, pour placer ensuite le tout au frais et à l'obscurité. Le virus, ainsi inclus entre lames, finit par se dessécher, quand il n'a pas été additionné de glycérine; en sorte que mieux vaut, pour conserver le vaccin à l'état liquide, employer les tubes capillaires avec ou sans renflement médian.

Ces tubes, ouverts à leurs extrémités et mis par l'une d'elles au contact de la lymphe, se remplissent par capillarité, et on n'a qu'à les sceller ensuite à la lampe, ou avec de la cire, ou avec de la gutta, ou avec de la paraffine. Tandis que le vaccin humanisé peut se conserver ainsi pendant des mois et même des années, quand il est gardé au frais et à l'obscurité, celui de l'animal bovin s'affaiblit promptement et devient sans action sur l'homme en quelques jours. En vue de favoriser la conservation du vaccin enfermé dans des tubes capillaires, il importe d'y laisser le moins d'air possible; on peut dans ce but interposer le vaccin dans les tubes entre deux index d'huile, aspirer d'abord un peu d'huile, puis la lymphe et enfin de l'huile, pour sceller ensuite les deux extrémités à la lampe, ou autrement. Il convient de n'enfermer dans les tubes capillaires que de la lymphe préalablement défibrinée, si on ne veut pas voir se former dans leur extérieur des caillots, qu'il est ensuite impossible d'en faire sortir. On a d'autre part conseillé d'additionner le vaccin liquide d'une certaine quantité de glycérine, en vue d'en faciliter la conservation. On peut par exemple ajouter à la lymphe, obtenue par l'expression des pustules, une ou deux parties d'un mélange de

glycérine neutre et d'eau distillée stérilisée ; on triture le mélange dans
un petit mortier stérilisé, pour le rendre bien homogène ; on élimine les
parties coagulées, et on garnit des tubes avec la partie liquide. On peut,
au lieu de tubes capillaires, se servir de tubes plus volumineux, de
pipettes stérilisées ; on les garnit par aspiration, et on les scelle ensuite
comme les tubes capillaires.

Le vaccin liquide, seul ou additionné de glycérine, se conservant peu
de jours entre des lames ou dans des tubes, on peut recourir à d'autres
procédés qui assurent mieux la conservation de l'activité vaccinale.

On a eu l'idée de conserver le virus dans la pustule préalablement excisée ; mais ce procédé ne mérite aucune attention sérieuse ; car, malgré
toutes les précautions prises pour exciser la pustule et pour la conserver entre des lames ou dans des tubes, elle se putréfie le plus souvent, et des accidents très graves peuvent résulter de l'inoculation de
son produit. Que si on devait parfois recourir à ce procédé, il conviendrait de placer la pustule excisée dans la glycérine neutre jusqu'au
moment de son utilisation.

Dans beaucoup d'établissements on fabrique une pulpe, une pâte, une
pommade, un électuaire glycériné, qui constitue une excellente préparation, dans laquelle la virulence se conserve assez bien, et qui est d'un
transport et d'un envoi faciles. On peut utiliser toute la matière
obtenue par l'expression et le râclage des pustules ; cependant, ainsi
qu'on l'a vu, il convient de ne pas utiliser les croûtes, qui, bien
qu'ayant une certaine activité, peuvent contenir des impuretés. C'est
donc avec la lymphe, obtenue par expression, et avec la pulpe, obtenue
par le râclage, qu'on prépare la pâte ou pommade vaccinale. Le produit des pustules est recueilli dans un godet ou un verre de montre ; et,
une fois la récolte terminée, on le met dans un petit mortier. on l'addi-
tionne d'une ou de deux parties d'un mélange fait de glycérine neutre
et d'eau distillée stérilisée en quantités égales ; on triture de façon à
rendre le mélange aussi homogène que possible ; quelquefois on ajoute
un petit morceau de sucre pour faciliter l'homogénéité de l'émulsion.
L'émulsion, ainsi obtenue, peut être introduite dans des tubes ou pipettes,
qu'on scelle ou qu'on bouche à froid. On peut d'ailleurs la transformer
en une véritable pommade, en lui incorporant, par trituration, une
quantité suffisante de poudre d'amidon ou de poudre de gomme adragante stérilisée par le chauffage à l'étuve. Cette pommade, quand elle
est bien préparée, est excellente ; elle peut être expédiée facilement ;
elle conserve son activité pendant plusieurs jours et même plusieurs
semaines. On a pu en expédier au loin ; on l'a trouvée active au bout
de sept semaines à deux mois, bien que cette durée de conservation ne
soit pas invariable ; et on a reconnu un peu partout qu'elle donnait
d'aussi bons résultats que le vaccin employé de bras à bras, ou de veau
à bras. L'inoculation de ces préparations glycérinées doit être faite

par scarifications; et si la pommade est trop épaisse, on peut l'émulsionner préalablement dans un peu de glycérine neutre. Les préparations glycérinées peuvent être conservées dans des tubes, pipettes, flacons, convenablement bouchés, ou entre des lames de verre lutées, au frais et à l'obscurité. L'expédition se fait de même dans des tubes, pipettes, petits flacons ou entre des lames concaves, etc.

Le vaccin peut enfin être conservé par la dessiccation. On peut imbiber de vaccin des fils ou des fragments de linge stérilisés, puis les sécher à l'étuve, ou en présence de l'acide sulfurique, les conserver dans des tubes ou flacons bouchés et placés au frais et à l'obscurité. Quand on veut s'en servir, on les humecte, et on applique des fragments dans des scarifications. On peut dessécher de la lymphe entre des lames de verres planes; quand on veut l'utiliser on sépare les lames, on ramollit la substance desséchée avec une goutte d'eau, et on s'en sert pour inoculer. On peut aussi laisser le vaccin se dessécher sur des pointes de lancettes ou d'aiguilles, d'épines, de cure-dents, sur des pointes d'ivoire, etc. : au moment de l'utiliser, on humecte la pointe et on inocule.

Un des meilleurs procédés de conservation est celui qui consiste à transformer en poudre la matière vaccinale.

Avec la pulpe, obtenue par le raclage des pustules, on peut préparer une poudre vaccinale, qui peut conserver assez longtemps son activité et devenir d'une grande utilité dans maintes circonstances. La pulpe vaccinale, placée dans des verres de montre, est desséchée dans un exsiccateur à acide sulfurique. Une fois la dessiccation obtenue, on recueille la matière desséchée dans un petit mortier, et on la triture finement ; on peut ensuite tamiser cette poudre à travers un linge fin et s'en servir pour faire des inoculations ou la mettre en réserve pour plus tard. La mise en réserve se fait de la façon suivante: on introduit la poudre vaccinale dans de petits tubes en doigt de gant, pouvant se boucher hermétiquement avec un bouchon en caoutchouc; les tubes garnis de poudre sont placés, ainsi que leurs bouchons, pendant quelques heures dans l'exsiccateur à acide sulfurique, puis bouchés en présence de l'acide, afin d'éviter l'hydratation de la poudre; on les garde ensuite au frais et à l'obscurité. Quand toutes les précautions sont bien prises, on obtient de la sorte une excellente préparation, donnant les meilleures garanties contre la décomposition, permettant d'accumuler des réserves considérables, en vue d'inoculations sur une vaste échelle et se prêtant mieux qu'aucune autre aux expéditions, surtout aux envois dans les pays chauds ou pendant les saisons chaudes. On peut d'ailleurs obtenir de la sorte un produit bien pur et très condensé, qui se conserve plus longtemps (trois mois et beaucoup plus) que les autres préparations. La dessiccation à l'exsiccateur peut être un peu lente : on peut l'accélérer en y mettant une grande quantité d'acide ou en le renouvelant. On peut aussi opérer la dessiccation en plaçant les verres de montre dans une étuve sèche réglée à 20°-22°, ou bien en les plaçant dans un récipient qu'on soumet à l'action d'une machine pneumatique. Quand on veut employer la poudre vaccinale pour faire des inoculations, on la mélange avec une quantité égale d'eau glycérinée ; après cinq minutes de contact, on triture ou on brasse le mélange, de façon à répartir également la matière virulente ; puis on se sert de cette pulpe pour faire des inoculations par piqûres et de préférence par scarifications. La poudre vaccinale peut être employée avec succès pour la vaccination courante des personnes ; mais elle offre surtout un réel avantage dans l'armée, permettant de conserver du vaccin actif en telle quantité qu'on le veut, pour des moments de besoin ; que si on ne l'emploie pas directement pour l'homme, on peut s'en servir pour inoculer, à un moment, donné un nombre plus ou moins considérable de veaux, destinés à fournir du vaccin pour un corps d'armée, etc.

En résumé, le vaccin animal peut être conservé, expédié et employé sous trois formes principales, à l'état de lymphe, à l'état de pulpe glycérinée et sous forme de poudre vaccinale. On peut vacciner de veau à bras, ou bien recueillir le vaccin pour l'employer ensuite sous forme de lymphe, sous forme de pulpe glycérinée ou sous forme de pulpe desséchée. Vacciner avec du virus préalablement récolté sous forme de lymphe ou de pulpe est tout aussi sûr et plus expéditif.

Voici, à propos de la vaccination dans l'armée, la partie de la note ministérielle du 21 novembre 1888, relative aux formes sous lesquelles le vaccin animal doit être fourni. par les centres vaccinogènes, et au mode d'envoi.

« Les directeurs des centres vaccinogènes vaccineront de pis à bras les hommes de la garnison, en utilisant le vaccin entre le cinquième et le sixième jour après l'inoculation, et, de plus, ils recueillent, préparent et expédient le vaccin sous l'une ou l'autre des formes suivantes, selon la demande qui leur en a été faite :

« 1° *Pulpe glycérinée*. Pour l'obtenir, on gratte les boutons vaccinaux de la génisse à l'aide d'une curette tranchante, et l'on dépose la matière obtenue dans un petit mortier *rigoureusement propre*. On ajoute au produit du raclage un volume égal de glycérine *neutre, chimiquement pure*, et on mélange, par une trituration prolongée, jusqu'à formation d'une substance homogène, melliforme, sans grumeaux. La pulpe est alors introduite dans des tubes de verre *stérilisés*, lesquels seront fermés par un bouchon et cachetés à la cire.

« Cette pulpe ne doit être utilisée pour les vaccinations humaines (par scarifications) qu'exceptionnellement et seulement pendant les quinze jours qui suivront sa récolte; pour l'inoculation des génisses, ce délai peut être porté à huit semaines (1).

« 2° *Pulpe desséchée et réduite en poudre*. On gratte les boutons de vaccin à

(1) La période de conservation assignée dans cette instruction aux différentes formes du vaccin est un minimum, dont il est prudent cependant de ne pas s'écarter si l'on veut éviter tout mécompte.

l'aide d'une curette tranchante et l'on dépose la matière obtenue en couches très peu épaisses dans un verre de montre *rigoureusement propre*. La pulpe recueillie est immédiatement soumise à la dessiccation qui doit être rapide, absolue, et s'opérer autant que possible à l'abri de l'air.

« Le meilleur moyen est le suivant : on dispose sur un plateau à faire le vide un cristallisoir rempli d'acide sulfurique anhydre et au-dessus des petites étagères sur lesquelles on place les verres de montre renfermant la pulpe ; on recouvre le tout d'une cloche qu'on lute très exactement sur le plateau et qui est mise en communication avec un appareil à faire le vide (trompe, etc.). La dessiccation est parfaite en vingt-quatre ou trente-six heures.

« A défaut d'appareil à faire le vide, on peut placer sous une cloche les verres de montre contenant la pulpe et un petit baquet rempli d'acide sulfurique ou de chlorure de calcium ; la dessiccation n'est obtenue qu'après deux ou trois jours.

« On peut encore dessécher la pulpe dans une étuve sèche chauffée à 35° ou 38°.

« Lorsque la dessiccation est achevée, la pulpe forme un amas cohérent, de consistance pierreuse, que l'on pulvérise dans un mortier *rigoureusement propre*. La poudre est tamisée à travers la mousseline et introduite dans un flacon bien sec, préalablement *stérilisé*, et que l'on ferme soigneusement soit avec un bouchon, soit avec un épais tampon d'ouate ; le flacon sera conservé à l'abri de l'humidité.

« Cette poudre vaccinale doit servir exclusivement à l'inoculation des génisses. Pour l'employer, on la délaye dans un verre de montre avec quantité égale d'eau glycérinée ; la poudre s'imbibe, se gonfle et forme au bout de quatre ou cinq minutes un mélange homogène, qu'il est facile d'inoculer à l'animal par la méthode des scarifications.

« Il convient de rappeler que le vaccin conservé agit souvent avec plus de lenteur que le vaccin frais, et que, de ce fait, l'éruption obtenue par son emploi subit quelquefois un retard de vingt-quatre ou trente-six heures dans son apparition.

« Cette pulpe conserve pendant plusieurs semaines ses propriétés virulentes.

« 3° *Lymphe vaccinale en tubes*. Pour recueillir la lymphe vaccinale, on se sert d'un tube cylindrique long de 0ᵐ,06 à 0ᵐ,08, large de 0ᵐ002 et terminé par des extrémités effilées, mais non capillaires. L'une de ces extrémités est plongée dans le liquide à recueillir ; celui-ci pénètre facilement, surtout si l'on donne au tube une position déclive et si l'on écarte avec une aiguille la couche fibrineuse qui épaissit la lymphe ; huit à dix minutes sont nécessaires pour remplir ce tube. Il est opportun de comprimer simultanément plusieurs pustules. Si des coagulations fibrineuses, filiformes, viennent obstruer l'extrémité effilée du tube, il suffit d'y introduire un crin de Florence.

« Le tube étant rempli, il s'y forme un caillot fibrineux ; après une heure ou deux, le coagulum est achevé et flotte au milieu du liquide ; au moyen d'un trait de lime, on divise le tube dans sa partie large et on en verse le contenu dans un verre de montre. On sépare et on réserve la partie coagulée pour être jointe à la pulpe, tandis qu'on recueille la lymphe dans des tubes capillaires, comme il est d'usage pour le vaccin humain, ou dans un tube semblable à celui qui a servi pour la récolte, en ayant soin de n'y pas faire pénétrer de bulle d'air. Les deux extrémités de ce tube sont fermées soit à la lampe, soit en les plongeant dans une bougie formée de trois parties de paraffine et d'une de suif, soit encore à l'aide d'une solution de caoutchouc dans l'éther.

« Le directeur du centre vaccinogène expédie le vaccin aux directeurs du service de santé. Cependant, dans les cas urgents, les expéditions peuvent être faites à l'adresse des médecins-chefs. Ces derniers en accusent réception.

« En toute circonstance, une étiquette collée sur les tubes envoyés porte les indications suivantes :

« Corps destinataire;

« Nature du vaccin (lymphe, pulpe glycérinée, pulpe desséchée);

« Date de la récolte du vaccin;

« Date de l'expédition.

« Les tubes, convenablement disposés dans des étuis en bois ou en fer-blanc, à l'intérieur desquels ils sont protégés par de l'ouate ou de la sciure de bois, sont envoyés par la poste et en franchise (décret du 7 février 1888). »

Voici d'autre part comment le professeur Alph. Degive, de Bruxelles, rendait compte jadis des modes opératoires usités à l'office vaccinogène de l'État :

« La production du vaccin animal comprend quatre opérations principales : l'insertion ou ensemencement, la récolte, la préparation et la conservation.

« 1. *Insertion du vaccin*. — L'insertion du vaccin se fait par la méthode des incisions sur des veaux âgés de deux à quatre mois, destinés à la boucherie.

. . . .

« Après avoir préalablement rasé et soigneusement lavé les régions à inoculer, l'opérateur tend légèrement la peau et la divise avec la pointe d'une lancette ou d'un bistouri droit bien tranchant.

« Les incisions étant faites, on passe un linge mouillé pour enlever le sang qui a pu s'écouler, puis l'on procède à l'insertion du vaccin. La semence vaccinale qui nous réussit le mieux dans nos cultures est la *pulpe glycérinée*, que nous aurons à faire connaître tantôt, en parlant de la préparation du vaccin.

« Cette pulpe est déposée dans les incisions au moyen d'une petite spatule en ivoire. Pour l'insérer plus facilement, on tend le tégument de manière à faire bâiller légèrement les ouvertures.

« Après dix à quinze minutes, quand l'évaporation a quelque peu concentré la matière inoculée, on détache le veau et on le reconduit à l'étable.

. . . .

« L'étable, assez spacieuse et bien aérée, est maintenue, nuit et jour, à une température moyenne de 18°. Par les temps froids, elle est chauffée au moyen d'un thermo-siphon.

« Dès le sixième, et parfois le cinquième jour, les pustules sont suffisamment développées pour la récolte. Elles sont alors bien saillantes et montrent de chaque côté d'une croûte centrale, jaune brunâtre, une zone grisâtre, argentée, plus ou moins développée, entourée d'une légère auréole de couleur rouge.

« 2. *Récolte*. — Il y a deux choses principales à prendre dans la pustule vaccinale, une partie séreuse, limpide, la *lymphe*, et une partie demi-solide, grisâtre, plus ou moins molle, la *pulpe*. Celle-ci est particulièrement constituée par le tissu, le parenchyme même de la pustule.

« Il est aujourd'hui bien acquis que, de ces deux parties, la seconde, c'est-à-dire la pulpe, l'emporte de beaucoup sur la première par la richesse en éléments virulents, et partant par l'activité vaccinogène. Aussi avons-nous abandonné complètement l'usage de la lymphe pure, pour nous en tenir essentiellement à l'emploi de la pulpe.

« Voici le procédé, suivant lequel nous pratiquons la récolte de cette dernière. Le veau étant fixé sur la table, comme pour l'inoculation, on opère d'abord le lavage de la région inoculée, au moyen d'un linge trempé dans l'eau froide ou légèrement tiède. On étrangle ensuite successivement la base de chaque pustule avec une pince à pression continue et à branches élastiques, une pince de Péan, pourvue de deux mors droits, longs et forts, crénelés sur la face interne. On sait que les branches de cette pince sont à anneaux et munies d'un appareil à crémaillère, qui sert à maintenir fixe le rapprochement des mors.

« Une fois la pustule ainsi fixée, on prend une lancette peu acérée, on détache et on rejette la croûte qui la recouvre, on étanche, s'il y a lieu, avec un linge propre, le sang qui s'écoule par la pression de la pince, puis on enlève par raclement toute la substance molle, pulpeuse, d'aspect grisâtre, susceptible d'être détachée.

« La pulpe ainsi recueillie est déposée dans un petit godet en porcelaine.

« Immédiatement après la récolte du vaccin, le veau est abattu et autopsié. S'il est reconnu malade, le vaccin n'est pas utilisé.

« 3. *Préparation du vaccin*. — La pulpe vaccinale, récoltée ainsi qu'il vient d'être dit, est utilisée pour faire les diverses préparations suivantes : la pulpe glycérinée, la pulpe glycérolée, le vaccin liquide, le vaccin sec sur pointes d'ivoire ou en poudre.

« (a) *Pulpe glycérinée*. — La pulpe vaccinale brute est mise dans un mortier pour y être divisée, triturée, au point de fournir une masse pultacée aussi homogène que possible. On ajoute et on mélange à cette matière, une certaine quantité — un tiers ou la moitié de sa masse — de glycérine chimiquement pure ou additionnée d'acide phénique à un pour cent. On obtient ainsi une pulpe assez fluide, de consistance sirupeuse, une sorte d'électuaire très mou, doué d'une énergie virulente très prononcée, qu'il peut conserver pendant plusieurs semaines, et même plusieurs mois. Cette pulpe, nous l'avons déjà dit, sert à inoculer les veaux destinés à la production du vaccin. Nous la réservons même exclusivement à cet usage.

« En attendant qu'elle soit utilisée, on la conserve dans des tubes de verre blanc ou brun, en forme de doigt de gant, mesurant une longueur de 2 à 3 centimètres et une largeur de 5 à 8 millimètres. Ces tubes sont fermés avec des bouchons de liège et entourés d'un papier d'étain.

« (b) *Pulpe glycérolée*. — La pulpe glycérolée se prépare de la même manière que la pulpe glycérinée. Elle est formée par un mélange à parties égales de pulpe brute et de glycérolé d'amidon. Elle constitue la matière la plus efficace et la plus employée pour la vaccination des personnes. Elle est conservée et expédiée entre deux petites plaques de verre ou dans des tubes en doigt de gant, identiques à ceux qui servent à la conservation de la pulpe glycérinée.

« Les plaques de verre sont un peu plus longues que larges ; l'une des deux présente une dépression centrale, de forme elliptique, dans laquelle on dépose le vaccin, elles sont enveloppées dans une feuille de papier métallique. Il existe des plaques contenant du vaccin en quantité suffisante, les unes pour 2, les autres pour 4 et 5 personnes. Les tubes renferment de plus grandes quantités de pulpe, des quantités pour 10, 20, 40, 60, 80 et 100 personnes, suivant leurs dimensions.

« (c) *Vaccin liquide*. — Après le raclement, la pustule, restant étranglée, laisse suinter un liquide séreux, assez limpide ; c'est la *lymphe vaccinale*. Ce liquide est recueilli au moyen d'une spatule en ivoire et déposé dans un godet en porcelaine. La lymphe vaccinale seule ou additionnée de glycérine ou d'eau glycérinée et d'une petite quantité de pulpe constitue le *vaccin liquide*.

« Pour préparer ce dernier, nous délayons la pulpe fraîche dans un mélange, à parties égales, de glycérine et de *lymphe vaccinale*, puis nous filtrons sur une fine toile en fil de cuivre. Quand la lymphe est peu abondante et que l'on a à faire beaucoup de tubes, on la remplace par de l'eau distillée.

« Comme le liquide filtré contient en certaine proportion les éléments solides de la pulpe, il présente quelque difficulté à pénétrer dans les tubes capillaires. Pour vaincre cette résistance, on aspire le liquide dans ces tubes, soit directement avec la bouche, devant un miroir, soit de préférence par l'intermédiaire d'un tuyau en caoutchouc à canal très étroit, pourvu d'une embouchure en verre.

« Une extrémité du tube capillaire étant introduite dans le tuyau en caoutchouc et serrée entre deux doigts, il suffit de tenir l'embouchure de ce dernier entre les lèvres et d'aspirer légèrement pour attirer le liquide dans le tube capillaire. Grâce à cet appareil très simple et très commode, dont l'idée nous a été donnée par notre estimable collègue M. Gratia, on prévient tout accident qui pourrait résulter de l'introduction d'une certaine quantité de vaccin dans la bouche.

« On remplit ainsi le tube capillaire jusqu'à un centimètre environ de l'extrémité adaptée à l'aspirateur, on le bouche ensuite à froid, en le poussant dans un composé obtenu par la fusion de parties égales de suif et de paraffine. On commence par enfoncer l'extrémité tout à fait remplie de manière à faire remonter le liquide jusqu'à l'ouverture opposée, puis on retourne le tube pour obturer l'autre bout en le poussant dans le mélange susdit jusqu'à la profondeur d'un demi-centimètre environ. En opérant de la sorte, le tube est bouché à chaque extrémité par un petit cylindre blanchâtre, de la longueur moyenne d'un demi-centimètre, sans qu'il y ait interposition de la moindre bulle d'air.

« Le simple exposé qui précède doit suffire pour démontrer combien ce mode de bouchage à froid est supérieur, et par la simplicité de son application et par la sûreté de ses résultats, à tous les modes de bouchage à chaud (procédé à la cire d'Espagne, procédé Melsens, etc.) préconisés jusqu'à ce jour.

« (*d*) *Vaccin sur pointes d'ivoire*. — Les pointes usitées sont longues de 3 centimètres et larges de 6 millimètres.

« Pour les charger, on prépare une certaine quantité de vaccin liquide riche en éléments solides : on délaie la pulpe triturée dans de la lymphe vaccinale pure ou additionnée d'eau distillée et on filtre ensuite sur la toile métallique sus-mentionnée. On plonge les pointes dans ce liquide à deux reprises différentes, en ayant soin de ne mouiller qu'une de leurs faces et de les faire sécher chaque fois. Au fur et à mesure de leur préparation, elles sont rangées, l'extrémité effilée en bas, sur le rebord qui garnit le dessous d'une assiette commune. La dessiccation se fait au soleil ou à la chaleur émanant d'un foyer ordinaire. Celle-ci ne doit pas dépasser 35° c. Pour assurer la conservation du vaccin, on plonge la partie revêtue de matière dans une solution de gomme arabique et on laisse sécher.

« (*e*) *Vaccin en poudre*. — Nous obtenons le vaccin en poudre par un procédé des plus simples et très économique. Nous étalons la pulpe fraîche, telle qu'elle vient d'être récoltée, sur une plaque de verre ordinaire.

« Nous plaçons cette dernière sous une cloche dont le bord rodé repose sur une plaque de verre dépoli, et dans laquelle se trouve un réservoir contenant une certaine quantité d'acide sulfurique.

« Un tube en caoutchouc met l'intérieur de cette cloche en communication avec un ajutage très simple, en verre, qui, adapté à un robinet des eaux de la ville, permet d'y faire un vide se rapprochant à très peu près du vide barométrique.

« Sous la double influence du vide et de l'acide sulfurique, la pulpe vaccinale se dessèche bientôt. Après vingt-quatre heures au plus, elle peut être réduite en poudre très fine que l'on place dans des petites boîtes en carton.

« 4. *Conservation du vaccin*. — Pour conserver autant que possible au vaccin, préparé comme il vient d'être dit, sa puissance transmissible, il importe de le placer dans certaines conditions, de le mettre à l'abri de toutes les influences qui peuvent en altérer ou diminuer l'activité.

« Parmi ces influences, on doit particulièrement citer celles de la chaleur, de la lumière, de l'*air* (oxygène) et de l'humidité. En vue de prévenir l'action de ces agents sur notre vaccin, nous renfermons les pointes d'ivoire et les boîtes contenant la poudre vaccinale dans des flacons dessiccateurs de Cornélis, en verre brun, placés dans un local sec, et nous mettons le vaccin liquide et le vaccin en pulpe dans une armoire située dans une place aussi fraîche que possible. Pendant les saisons chaudes et tempérées, l'été, le printemps et l'automne, nous conservons les tubes et les plaques dans une glacière appropriée.

« Telle est la méthode opératoire usitée à l'office vaccinogène central de l'État. Les résultats qu'elle donne sont on ne peut plus satisfaisants. Elle nous met à même de produire un vaccin très efficace, en quantité suffisante pour faire face à toutes les demandes qui nous sont faites par les médecins, les administrations communales et même les particuliers.

« La quantité moyenne de vaccin récoltée sur un veau dont les pustules sont bien développées peut largement suffire pour vacciner 3,000 à 3,500 personnes.

« En 1883, d'après les résultats consignés sur les bulletins qui ont été retournés à l'office, on constate que la proportion des succès a été de 96 à 97 p. cent.

« L'inoculation de la pulpe et de la poudre, préparées depuis trois et quatre mois, a donné lieu à l'évolution de magnifiques pustules. »

Il convient de joindre, aux documents qui précèdent, ceux qui suivent, et qui sont relatifs au fonctionnement et au mode d'opérer du service vaccinogène de Lyon.

« Le service municipal de vaccination existe depuis le mois de janvier 1883, et l'initiative de sa création appartient à M. le docteur Gailleton, maire de Lyon et professeur à la Faculté de médecine.

. . . .

. . . .

« Son personnel est composé d'un médecin, d'un vétérinaire et d'un employé de bureau. Le médecin a pour attribution la vaccination des personnes, la distribution du cowpox aux médecins et aux sages-femmes, et la délivrance des certificats de vaccination.

« Le vétérinaire est chargé de la production du cowpox, de sa récolte et de sa conservation ; il a naturellement pour mission de veiller à l'hygiène des animaux et de pratiquer les autopsies.

. . . .

« *Hygiène du vaccinifère*. — Les veaux qui servent à produire le cowpox sont fournis au service vaccinal par l'administration des hospices.

« Le boucher qui en fait l'acquisition les expédie, le jour même, à l'hôtel de la rue du Bât-d'Argent. L'étable qui leur est affectée est une pièce vaste et bien aérée, que l'on maintient à une température de 20°, au moyen d'un poêle ou de la ventilation, suivant la saison. Cette prescription est d'une importance majeure.

« Ordinairement, à leur arrivée du marché, les veaux sont dans un état de fatigue excessive.

« Quelquefois même, par suite de la coutume blâmable que suivent certains marchands ou toucheurs de bestiaux, ils ont été gorgés d'eau avant la vente, afin de leur donner plus de poids ; on s'aperçoit alors qu'ils sont ballonnés et couverts de sueur. Dans ces conditions, il convient d'attendre un, deux ou trois jours, leur complet rétablissement, avant de les inoculer. L'inoculation immédiate (j'en ai fait l'expérience) produirait un vaccin hâtif, des pustules avortées passant rapidement à l'état purulent, un vaccin, en un mot, peu abondant et qui n'aurait pas une innocuité complète.

« En général, il faut soumettre chaque sujet à un régime hygiénique et thérapeutique spécial. Si le veau a été gorgé d'eau, on lui fera prendre un breuvage excitant : l'alcool en solution réussit très bien dans ce cas. On administrera, dans une infusion de thé de foin, de thé ordinaire ou de café, 10 grammes d'alcool absolu associés à 10 grammes de sel de nitre ; on donnera ensuite, au bout de trois à quatre heures, un repas léger, et on laissera l'animal bien couvert, sur une litière sèche et dans un repos absolu.

« La nourriture doit être choisie d'excellente qualité ; elle se compose de lait, d'échaudés et de farine lactée.

« Lorsque le veau est en bonne santé, 3 litres de lait et 500 grammes de farine lactée, distribués en trois repas par jour, suffisent à son entretien. Si, pendant la fièvre de vaccination, le sujet prend la diarrhée, il faut chercher à la couper sans délai : l'addition d'échaudés au lait (un, deux ou trois par repas) suffit souvent ; sinon, il faut recourir aux médicaments préconisés en pareil cas : l'addition de quelques gouttes de laudanum, ou mieux, de jaunes d'œuf dans le lait, constitue un moyen curatif excellent.

« En résumé, l'hygiène du veau vaccinifère doit être l'objet d'une attention minutieuse, la qualité et la quantité du vaccin, aussi bien que la qualité et la quantité de la viande, étant sous la dépendance directe de l'état de santé qu'on aura su conserver à l'animal.

« *Inoculation du veau.* — Le choix du veau a aussi son importance. Il est indispensable de choisir un veau robuste, ayant, au minimum, de deux à trois mois, et pesant de 80 à 120 kilogrammes. Un veau mâle résiste mieux qu'une génisse. Un sujet à peau blanche et fine est préférable ; il donne des pustules plus larges et mieux dessinées, et une matière vaccinale de plus belle apparence.

« La région choisie (1) pour l'inoculation comprend tout un côté de la poitrine. Cette vaste surface est préalablement tondue ; puis l'animal est couché et fixé sur une table à bascule (modèle Chambon). Toute la partie tondue est alors savonnée à l'eau tiède et soigneusement rasée.

« On sèche la peau avec un linge très propre, et on procède à l'inoculation. Ces diverses opérations doivent être faites avec rapidité, en évitant tout bruit, tout mouvement brusque de nature à impressionner le sujet.

« L'inoculation se fait avec la lancette à grain d'orge. La matière inoculée est l'électuaire vaccinal dont la fabrication est indiquée plus loin. Cet électuaire est déposé par points et en lignes parallèles, écartés d'un centimètre les uns des autres ; il s'ensuit un dessin semblable au tracé d'un feu en pointes. Au centre de chaque point, on pratique une scarification d'un centimètre de longueur, en intéressant, avec la pointe de l'instrument, toute l'épaisseur de l'épiderme jusqu'à la couche papillaire. De la sorte on évite les hémorrhagies ;

(1) Cette région est à l'abri de la langue de l'animal et des impuretés de la litière ; son étendue permet d'y semer de nombreuses pustules, et sa situation facilite la cueillette du vaccin, à laquelle on procède sans coucher de nouveau le vaccinifère.

c'est à peine si le fond du sillon laisse sourdre quelques fines gouttelettes de sang. Aussitôt après la dernière scarification, l'animal est relevé, remis en place, muselé avec un panier qu'on lui conserve jusqu'après la récolte du vaccin, et laissé sans couverture pendant dix minutes, afin d'assurer l'absorption du vaccin.

« Le nombre des scarifications ainsi faites peut varier, suivant la taille des sujets, entre 150 et 180, et jamais nous n'avons observé une seule scarification qui n'ait pas donné lieu à l'évolution ultérieure de la pustule de cowpox.

« *Cueillette du vaccin.* — Il faut attendre le quatrième jour après l'inoculation avant de récolter le vaccin.

« Dès le lendemain de l'inoculation, ou, au plus tard, deux jours après, la température de la surface d'insertion s'élève et devient sensible au toucher; quelquefois une véritable fièvre vaccinale se manifeste. Au troisième jour, l'éruption se dessine; on voit et on sent des élevures à chaque point d'insertion du vaccin. Certains auteurs prétendent qu'il faut recueillir le vaccin à cette période; mais la quantité qu'on en recueille alors ne saurait suffire aux besoins d'un service public, et j'ai lieu de conclure, de quelques essais que j'ai pu faire, que le vaccin du troisième jour n'est pas suffisamment actif.

« Il faut donc attendre le quatrième jour pour commencer la cueillette. A cette date, sur les veaux à peau dépourvue de pigment, la pustule est visiblement formée; elle apparaît plate et entourée d'un liséré argenté, avec ses caractères classiques. En général, ce sont les pustules des rangées supérieures et les plus antérieures des rangées inférieures qui se montrent les premières à ce degré de développement.

« Grâce au lieu d'élection des pustules, la récolte se fait sur l'animal debout, dans des conditions de facilité très grandes.

« Les instruments employés sont les suivants :

« Un verre de montre;

« Une lancette à grain d'orge;

« Une paire de pinces fixes (modèle Péan) avec les mors et les branches plus allongés;

« Un aspirateur vaccinal.

. . . .

« Les instruments doivent être préalablement flambés ; à cet effet, l'aspirateur se démonte, et chacune de ses parties doit être passée à travers la flamme de la lampe à alcool.

« Avant de commencer, les pustules sont lavées à l'eau tiède, au moyen d'un linge bien blanc.

« Deux aides maintenant le sujet et protégeant l'opérateur contre ses défenses, chaque pustule est comprimée, à sa base, avec les pinces, qu'on laisse à demeure. Quelques secondes après, le liquide suinte au pourtour de la pustule. On le recueille en entier, en deux fois, avec l'aspirateur vaccinal. Dès qu'il n'apparaît plus, on enlève, avec la lancette promenée à plat, la croûte, les parois de la pustule et les parties superficielles du derme, par un raclage assez énergique. La pulpe ainsi obtenue est déposée dans le verre de montre. On agit ainsi sur chaque pustule dont le développement est suffisant. On a, de la sorte, séparé le vaccin en deux parties : la lymphe vaccinale, qui se trouve réunie dans l'aspirateur, et la pulpe, ou mélange des croûtes et des raclures du derme, qui sont rassemblées dans le verre de montre.

« Après avoir ainsi vidé et raclé 40 à 50 pustules, il y a lieu de suspendre la cueillette, afin de ne pas provoquer chez le sujet un degré d'excitabilité et de douleur exagéré. On la reprend le soir même, le lendemain et même le surlendemain, si le vaccin n'est pas trop avancé ; il faut renoncer à toute cueillette sur les pustules arrivées à la période de suppuration.

« Consécutivement, les pustules décortiquées se transforment en plaies simples et se cicatrisent par première intention.

« Il me reste maintenant à faire connaître les précautions à prendre pour conserver le vaccin recueilli et la manière de le préparer pour en faire usage, si toutefois le veau n'a pas été reconnu malade à l'autopsie qui se pratique immédiatement : auquel cas le vaccin ne doit pas être utilisé.

« *Vaccin de réserve. — Conservation et mode d'emploi.* — La cueillette du vaccin terminée, on procède immédiatement à la mise en tubes de la lymphe.

« A cet effet, le caillot qui s'est formé dans la lymphe est retiré et ajouté à la pulpe déposée dans le verre de montre.

« La sérosité est additionnée d'une égale quantité de glycérine neutre et d'eau distillée, associées dans des proportions égales. Ce mélange est introduit par capillarité dans des tubes cylindriques, qu'on bouche à la cire.

« Quant à la pulpe, on la dépose également dans un godet de verre, contenant encore un mélange semblable d'eau distillée et de glycérine neutre.

« Les tubes doivent être déposés dans un endroit frais et à l'abri de la lumière ; on les expédie et on les emploie sans autres manipulations. La durée d'activité de la sérosité qu'ils contiennent est forcément limitée, étant admis qu'elle est dépouillée de la plus grande partie de ses principes actifs, retenus et emprisonnés dans le caillot. Son maximum d'activité peut être considéré comme perdu au bout de huit jours.

« La pulpe, qui est un vaccin intégral, est de beaucoup plus active, et conserve cette activité très longtemps. Il résulte, de certains faits observés dans le service de Lyon, qu'elle peut conserver son activité complète au bout de 45 jours.

« Voici la formule de sa préparation, telle qu'elle a été imaginée par mon excellent ami, M. le docteur Chambard, il y a déjà près d'une année :

« Les croûtes, la pulpe et le caillot sont d'abord broyés dans un mortier de verre, avec un peu de sucre en morceaux, de manière à pouvoir les diviser mécaniquement. A la poudre humide ainsi obtenue, on ajoute, goutte à goutte, la glycérine du godet de verre dans lequel on les avait déposés ; cette glycérine est devenue active au bout de quelques jours seulement. Puis, on jette dans cette préparation une pincée de gomme adragante, qui la transforme en une pâte semi-liquide.

« On obtient ainsi une sorte d'électuaire qu'on expédie facilement, sans aucune déperdition, entre deux plaques de verre creusées d'une cupule.

« Les effets de ce vaccin sont incomparablement supérieurs à ceux du vaccin en tubes ; ils se traduisent, d'après nos statistiques, par les résultats suivants :

« Pour les vaccinations.............................. 99 p. 100.
« Pour les revaccinations .... 50 —

« Mais ces résultats, pour être obtenus, nécessitent un procédé d'inoculation spécial, auquel les médecins se sont accoutumés facilement, en raison de son extrême simplicité. C'est l'inoculation par scarification, que M. le docteur Chambard décrit comme il suit :

« La scarification est, en effet, la meilleure méthode, sinon la seule bonne, d'insertion du vaccin animal conservé. Elle est facile, rapide, nullement douloureuse, et voici comment nous la pratiquons :

« Saisissant, à pleines mains, le bras du sujet par sa face antéro-interne et au niveau de son tiers supérieur, nous tendons avec le pouce et l'index, ramenés vers sa surface externe, la peau de la région de l'empreinte deltoïdienne, dans une direction perpendiculaire à l'axe du membre. Sur la surface ainsi tendue, nous pratiquons, avec une lancette bien acérée, chargée d'électuaire et tenue légèrement de la main droite, trois scarifications dont la direction est parallèle à l'axe du bras. Les scarifications doivent avoir une longueur moyenne de 4 millimètres et une profondeur telle qu'elles intéressent toute l'épaisseur de l'épiderme, sans dépasser la couche papillaire du derme. Bien que le contact du vaccin avec le réseau lymphatique interépithélial du corps muqueux suffise à en assurer l'absorption, il est bon que la plaie de scarification se dessine en rouge sur la peau ; mais le sang ne doit pas en sortir sous la forme d'une goutte dont la coagulation pourrait emprisonner et dont l'écoulement pourrait entraîner le virus vaccinal.

« Une partie suffisante de l'électuaire, dont la pointe de la lancette est chargée, est retenue entre les lèvres de l'incision que la tension de la peau a pour but de maintenir écartées ; mais il est bon, après avoir vacciné un bras, d'essuyer la lancette sur les plaies que l'on vient de faire et de répartir entre elles l'excès de vaccin dont elle reste humectée. » (*Leclerc*, 1884.)

« *Institut municipal de vaccine à Lyon, par J. Boyer (1888)*. — La discussion récemment soulevée, au sein du Conseil municipal de Paris, au sujet de la création projetée d'un Institut vaccinal, les arguments inattendus qui ont été formulés contre cette création et qui ont abouti au rejet pur et simple du projet, enfin une communication faite antérieurement à l'Académie de médecine par M. le professeur Layet, de Bordeaux, nous ont paru donner un véritable intérêt d'actualité au présent article et motiver la publication des renseignements qui suivent sur l'organisation et le fonctionnement du service municipal de vaccine de Lyon. Ce service mérite d'autant mieux d'attirer l'attention qu'il a été le premier fondé en France sur le pied d'un véritable Institut vaccinogène, sur l'initiative du professeur Gailleton, maire de Lyon, par MM. Chambard et Leclerc.

« Cette question de priorité, à laquelle on n'attache d'ailleurs ici qu'une importance très secondaire, inquiète très sérieusement, nous affirme-t-on, le savant directeur du service municipal de Bordeaux. Afin de la trancher une fois pour toutes et pour faire cesser des inquiétudes très légitimes, il suffira de faire remarquer que le système de vaccination de *veau à bras*, anciennement pratiqué à Lyon (en 1864), utilisé depuis par plusieurs particuliers, notamment par M. Chambon, à Paris, repris en 1881 par la ville de Bordeaux, système d'une utilisation très restreinte, à fonctionnement intermittent et irrégulier, ne comportant que des séances isolées, ne pouvant fournir, au fur et à mesure d'une culture à la merci du moindre accident, que quelques tubes d'une lymphe vaccinale réduite au minimum de virulence, très souvent infidèle, et toujours prompte à s'atténuer, que ce système, disons-nous, ne présente aucun terme de comparaison avec l'organisation des Instituts de Milan, Bruxelles, Lyon, qui répondent d'une façon permanente aux besoins d'un grand centre, disposent quotidiennement d'une grande quantité de vaccin, sont munis d'avance d'une importante réserve de pulpe vaccinale parfaitement *conservée*, prêts à tout évènement, et peuvent, du jour au lendemain, protéger toute une région menacée de variole.

« En somme les créateurs de l'Institut lyonnais ne se sont pas contentés d'organiser un service de vaccinations *directes* de bras à bras ou de veau à bras, ouvrant ses portes au public tous les huit jours, ou tous les quinze jours, au hasard des circonstances et au gré des aptitudes et des susceptibilités d'un vaccinifère ; ils ont voulu, à l'exemple de Milan et de Bruxelles, avoir constamment sous la main un fond de réserve, et un dépôt permanent de vaccin.

« L'organisation a été des plus simples et des moins coûteuses, et on peut affirmer, sans exagération aucune, qu'après avoir traversé une période inévitable de tâtonnements, elle répond complètement aujourd'hui à ce que l'on attendait d'elle.

« L'*installation* a été faite au centre de la ville, rue Bât-d'Argent. Le local se compose : à l'entresol, de deux salles d'attente, d'un cabinet de vaccination et d'une salle de dégagement ; au rez-de-chaussée, d'une étable vaste et bien aérée, maintenue à une température de 20°, au moyen d'un poêle en hiver et de la ventilation en été ; enfin d'une cave où doit rester à demeure le vaccin de réserve.

« Le *personnel* se compose : d'un *médecin* ayant pour attributions les vaccinations publiques, la distribution du cowpox aux médecins et aux sages-femmes et la délivrance des certificats ; d'un *vétérinaire* chargé de la production, de la récolte et de la conservation du vaccin, de l'hygiène des animaux vaccinifères et de leur autopsie ; enfin un employé de bureau a pour fonction de consigner sur des registres spéciaux toutes les opérations faites : vaccinations et délivrance du vaccin.

« Le personnel relève de la municipalité. En outre, le département contribuant, au moyen d'une subvention votée par le Conseil général, aux dépenses de cette organisation, le Préfet du Rhône exerce son droit de contrôle au moyen d'une Commission permanente se réunissant une fois par mois.

« Les différentes opérations qui constituent le *fonctionnement* du service sont : la production du cowpox, sa conservation, son inoculation et sa délivrance au dehors.

« *Production du cowpox* :

« Les veaux sont fournis par l'administration des Hospices ; à leur arrivée, ils sont dans un état de fatigue assez accusé ; pour augmenter leur poids les marchands les gorgent d'eau avant la vente ; dans ces conditions l'inoculation immédiate produirait du vaccin hâtif, des pustules avortées, passant rapidement à la purulence ; on attend deux ou trois jours pendant lesquels l'animal est soumis à un régime spécial : breuvage excitant, alcool en solution, infusion de thé de foin, sel de nitre, repas léger, repos absolu sur une litière sèche ; nourriture d'excellente qualité, lait, farine lactée, etc. En un mot l'hygiène du veau est l'objet d'une attention minutieuse, car la *qualité* et la *quantité* du vaccin en dépendent directement.

« Le choix du sujet a aussi son importance : un veau robuste de deux ou trois mois, pesant de 80 à 120 kilogrammes, de sexe mâle, à peau blanche et fine, est un sujet de choix.

« L'*inoculation* du veau est précédée des précautions suivantes : région opératoire comprenant tout un côté de la poitrine, préalablement tondue, savonnée à l'eau tiède et soigneusement rasée (l'animal est couché et fixé sur une table à bascule, modèle Chambon)(1) ; peau séchée avec un linge très propre.

« L'*inoculation* se fait avec la lancette à grain d'orge ; la substance inoculée est l'électuaire vaccinal, dont la fabrication est indiquée plus loin. Cet électuaire est déposé par points et en lignes parallèles, écartés d'un centimètre les uns des autres ; au centre de chaque point on pratique une scarification d'un centimètre de longueur, en intéressant avec la pointe de l'instrument toute l'épaisseur de l'épiderme jusqu'à la couche papillaire ; après la dernière scarification l'animal est relevé, muselé avec un panier jusqu'après la récolte du vaccin, et laissé sans couverture pendant dix minutes, pour assurer l'absorption du vaccin. Le nombre des scarifications varie entre 50 et 150, suivant la taille des sujets.

« La *cueillette* du vaccin est commencée le quatrième jour après l'inoculation ; l'éruption s'est dessinée dès le troisième jour, mais le vaccin recueilli ce jour-là serait de quantité et de qualité insuffisantes.

---

(1) Nous pratiquons actuellement le rasement et l'inoculation sur l'animal debout ; la table est devenue inutile. A. L.

« La récolte se fait sur l'animal debout, deux aides le maintiennent solidement ; les pustules sont lavées à l'eau tiède ; chaque pustule est comprimée à sa base avec des pinces fixes (modèle Péan avec le mors et les branches plus allongées), les pinces sont laissées à demeure. Le liquide, qui est ainsi exprimé, était, au début, recueilli avec l'aspirateur Brunel, pour être mis en tube ; l'infidélité de la lymphe vaccinale a depuis longtemps fait abandonner ce temps de l'opération. Aujourd'hui, immédiatement après l'application de la pince, la pustule est intégralement excisée par un raclage énergique ; croûtes, parois de la pustule et parties superficielles du derme sont, avec la lymphe, déposées dans un verre de montre. L'opération de la cueillette doit être suspendue, après l'excision de quarante ou cinquante pustules, pour être reprise le soir ou le lendemain matin, à moins que les pustules ne soient arrivées, dans cet intervalle, à la période de suppuration.

« Le veau est ensuite rendu aux hôpitaux avec une valeur diminuée d'environ vingt francs ; l'autopsie est pratiquée immédiatement ; en cas de maladie le vaccin est détruit. Depuis la création du service, sur cent cinquante veaux qui ont fourni la quantité de vaccin signalée plus loin, un est mort, sans avoir été inoculé, d'une entérite suraiguë ; quant à la tuberculose du veau, elle est excessivement rare ; sur quatre cent mille veaux abattus depuis cinq ans dans les abattoirs de Lyon, M. Leclerc, vétérinaire du service et inspecteur principal de la boucherie, n'a trouvé que cinq cas de tuberculose.

« La cueillette du vaccin terminée, la pulpe constituée par les croûtes, les parois de la pustule et les parties superficielles du derme, qui avait été déposée provisoirement dans un verre de montre, est additionnée d'une égale quantité de glycérine neutre et d'eau distillée, associées dans des proportions égales ; ce mélange subit au mortier un commencement de trituration, afin que la pulpe soit pénétrée de toutes parts par la solution conservatrice ; il est ensuite déposé dans un godet de verre contenant une solution glycérique semblable ; le godet est bouché et cacheté, puis déposé, à l'abri de la lumière et de l'air, dans la cave. Telles sont les précautions indispensables pour la *conservation* du vaccin. Cette pulpe, qui est un vaccin *intégral*, conserve son activité assez longtemps. Les observations et les recherches faites dans le service démontrent que la durée de cette activité peut atteindre environ cinquante jours. C'est plus de temps qu'il n'en faut pour procéder à de nouvelles cultures et renouveler la provision sur plusieurs nouveaux vaccinifères.

« Pour l'*emploi* du vaccin, la pulpe doit subir une nouvelle manipulation. Les croûtes qui ont été déposées dans la solution glycérique à l'état de division très incomplète, doivent être, pour les inoculations, réduites à l'état de pulpe parfaitement homogène. Pour cela, suivant les instructions données par le docteur Chambard, la pulpe est déposée dans un mortier de verre avec un peu de sucre en morceaux, comme moyen mécanique de division. On ajoute goutte à goutte la glycérine du godet de verre dans lequel a séjourné le vaccin ; chose remarquable, ce liquide est devenu lui-même actif au bout de quelques jours. On ajoute à la préparation une pincée de gomme adragante, et après trituration de deux à trois minutes, on obtient une pâte semi-liquide, une sorte d'électuaire très facile à manier et à expédier.

« Pour les *expéditions* la pulpe est déposée entre deux plaques creusées en cupule, les bords en sont ensuite cachetés à la cire ; la plaque unique qui en résulte est soigneusement enveloppée, puis déposée dans le pli d'une lettre imprimée contenant les instructions nécessaires pour le mode d'emploi. Le poids de la plaque ordinaire a été calculé de façon que le transport par la poste ne dépasse pas quinze centimes d'affranchissement.

« Le mode *d'emploi* pour les *vaccinations*, adopté dans le service, est le suivant :

« Le bras du sujet est saisi en arrière par la main gauche de l'opérateur : avec le pouce et l'index la peau de la face antéro-externe est tendue : sur cette surface ainsi tendue, la lancette chargée d'électuaire vient déposer d'abord une petite quantité de vaccin sur trois points, puis dans chaque gouttelette l'instrument pratique une *scarification* n'intéressant que l'épaisseur de l'épiderme, et mesurant 5 millimètres de longueur dans une direction parallèle à l'axe du bras. La scarification est la meilleure méthode, sinon la seule bonne, d'insertion du vaccin animal conservé. Elle est facile, rapide et nullement douloureuse.

« Bien que le contact du vaccin avec le réseau lymphatique, interépithélial, du corps muqueux, suffise à en assurer l'absorption, il est bon que la plaie de la scarification se dessine en rouge sur la peau; mais le sang ne doit pas sortir sous la forme d'une goutte dont la coagulation pourrait emprisonner, ou dont l'écoulement pourrait entraîner le virus vaccinal.

« Le nom, l'adresse, l'âge, les antécédents varioliques ou vaccinaux de chaque personne vaccinée à l'Institut sont consignés avec la plus grande exactitude : un numéro d'ordre est remis à chacun. Au bout de huit jours l'opéré doit se représenter : un certificat de vaccine lui est délivré et les résultats sont recueillis sur le registre avec le nombre des pustules, et si besoin est, des observations en marge, le tout devant servir aux statistiques, et tenant chaque jour le médecin vaccinateur au courant de l'évolution du vaccin, de son efficacité, de sa conservation ou de son atténuation.

« Comme on le voit, l'organisation et le fonctionnement de l'Institut vaccinal lyonnais n'offrent rien de complexe. La difficulté, si difficulté il y a, est toute dans l'observation attentive de tous les détails de ce fonctionnement. Le succès est à ce prix; l'oubli en apparence le plus insignifiant peut compromettre sérieusement les résultats. Par contre, une fois l'éducation faite, une fois les habitudes prises, dès que vétérinaire et médecin ont, comme on dit, leur service dans la main, rien n'est plus simple et il semble vraiment que tout le mécanisme de cette délicate organisation en soit venu à fonctionner automatiquement.

« Il nous reste à donner un aperçu sommaire des résultats obtenus, depuis la création du service (janvier 1883) jusqu'à ce jour, soit une période de cinq ans et demi.

« Les documents fournis par les statistiques mensuelles et insérés dans le *Recueil officiel des actes administratifs de la ville de Lyon*, peuvent se diviser en trois catégories :

« 1° Statistique des vaccinations pratiquées à l'Institut municipal;

« 2° État des délivrances de vaccin faites au dehors ;

« 3° Marche de la variole.

« *Statistique des vaccinations.*

« En ce qui concerne les *vaccinations*, les résultats constatés sur les personnes, qui ont été représentées, donnent successivement :

        87 p. 100 en 1883
        98   —   1884 et 1885
        99   —   1886
        97   —   1887
        98   —   1888

« Il importe de remarquer, suivant les observations consignées dans le Rapport officiel de 1883 (documents de l'administration municipales, 1885, page 179), que « les résultats des *vaccinations*, tels que les donnent les statistiques, ne portent que sur un petit nombre d'opérés et précisément sur les moins favorables. Il est, en effet, démontré que les personnes les plus exactes à se représenter sont celles dont la vaccination n'a pas été suivie de succès, et que, par contre, celles qui ont eu un résultat positif, non seulement ne voient pas l'utilité d'une nouvelle démarche, mais de plus, sont retenues par la crainte d'être mises à contribution pour la cueillette du vaccin humain ».

« Quant aux revaccinations, leurs succès oscillent entre 35 et 45 p. 100. C'est d'ailleurs un élément d'appréciation très secondaire et très variable.

« Les chiffres précédents ne comprennent pas les vaccinations faites en masse, au cours de l'épidémie de 1884, sur des agglomérations (1) (telles que les écoles, les théâtres, les lycées, les régiments, etc., etc.), qui par exception, en raison des circonstances, sont venues se faire vacciner à l'Institut municipal, sans être enregistrées. On peut évaluer le nombre de ces vaccinations approximativement au chiffre de 20,000. Depuis cette période le vaccin animal qui occupait, dans la série des vaccins préconisés par les instructions ministérielles à l'armée, la *dernière place*, a été classé officiellement au premier rang ; par suite, la direction du service de santé de Lyon a organisé à l'hôpital militaire de la Charité un institut vaccinal sur le modèle de l'Institut municipal. En outre de l'électuaire il produit la poudre vaccinale suivant les procédés conseillés par M. le professeur agrégé Vaillard, du Val-de-Grâce.

« Délivrance du vaccin au dehors.

« L'Institut municipal a fourni du vaccin :

<pre>
En 1883   pour   3.782 personnes.
En 1884   —   27.629   —
En 1885   —   19.685   —
En 1886   —   44.095   —
En 1887   —   35.543   —
En 1888 (1er semestre) pour 33.816   —
              Total........ 164.050 personnes.
</pre>

« L'importance des opérations auxquelles a présidé le service, se traduit donc par les chiffres suivants, depuis la création :

<pre>
Vaccinations intérieures.......... (25.696 (inscrites au registre).
                                    (20.000 non inscrites.
Vaccinations extérieures.......... 164.050
              Total général........ 209.746
</pre>

« Certaines expéditions ont dû être faites dans des conditions exceptionnelles de quantité et de rapidité, qui auraient singulièrement trouvé au dépourvu un service public encore attardé dans le système des vaccinations de veau à bras. Exemple : les villes de Marseille et de Grenoble qui nous demandaient un beau jour, lors de leurs dernières épidémies, par dépêche télégraphique, une fourniture quotidienne de plaques pour mille vaccinations.

« La délivrance du cowpox au dehors du département du Rhône, quoique non prévue par les règlements administratifs, a été faite jusqu'à ce jour, à

____

(1) C'est à cette époque que la vaccination directe (de veau à bras) a été quelquefois pratiquée à Lyon.   A. L.

titre gracieux, comme moyen de vulgarisation. Nous croyons savoir que l'administration municipale étudie actuellement un projet qui lui permettra de fournir régulièrement, moyennant une rétribution modérée, à tous les départements, la quantité de pulpe vaccinale qui leur sera nécessaire.

. . . .

. . . .

. . . .

« En terminant, ajoutons, au point de vue financier, que le service vaccinal figure au budget de la ville pour une somme de 7,000 francs, dont 2,000 sont payés par le département, et nous en aurons fini avec l'histoire de notre Institut.

« Si nous avons eu l'idée de ce travail, si nous sommes entré dans des détails peut-être fastidieux, ce n'est pas dans une pensée de vanité et pour rechercher une petite satisfaction d'amour-propre. Le signataire de cet article n'a aucune part à réclamer dans l'œuvre si méritante de ses amis, MM. Chambard et Leclerc ; il n'a eu qu'à suivre le sillon largement tracé par le premier (son prédécesseur), en s'abandonnant à la précieuse collaboration du second. Ce qu'il nous importait surtout de démontrer, c'est que l'organisation d'un institut vaccinal est chose simple, pratique, facile, peu coûteuse, à la portée de tous, même d'une grande municipalité. Quant à l'utilité de cette création, nous en sommes ici fermement convaincus, elle résulte amplement des documents analysés plus haut ; et puis, faut-il l'avouer ? nous retardons un peu sur quelques édiles parisiens, probablement étrangers aux choses de la médecine ; nous avons tous, en effet, administrateurs et médecins, la faiblesse de croire, pour l'avoir quelquefois observée, à l'existence de la variole, à sa gravité, à sa *contagion* et à la nécessité de nous en préserver. »

(J. BOYER.)

. . . .

. . . .

« 1° Le système de vaccination de *veau à bras* qui fonctionne à Bordeaux n'a *jamais été pratiqué* par l'Institut actuel de Lyon, parce qu'il est incommode, coûteux, insuffisant, peut-être dangereux, qu'il ne répond pas aux besoins d'un grand service, et que comme conservation de vaccin sa valeur égale zéro ;

« 2° A Lyon, il a été fondé en 1883 un Institut vaccinogène, basé sur la *conservation* d'une pulpe intégrale. Le service est permanent, quotidien, toujours nanti d'une réserve considérable. Ce système, en 1883, *n'était pratiqué dans aucune ville de France*.

. . . .

. . . .

. . . .

« M. Pourquier procède avec plus de prudence ; il cherche à prendre une attitude intermédiaire et veut concilier les méthodes en discussion ; mais la tâche est ardue, et sur cette pente glissante, on tombe rapidement dans la contradiction ; d'ailleurs, j'aurais mauvaise grâce de m'en plaindre ; M. Pourquier qui, lui au moins, a derrière lui plus de dix ans de pratique vaccinale, me restitue d'une main ce qu'il me retire de l'autre. Sur presque tous les points, il déclare qu'il ne saurait être de mon avis ; mais, dit-il, au cours de son article, « la pulpe vaccinale glycérinée bien préparée, permettant d'ob-« tenir autant de succès qu'avec le virus puisé directement sur la génisse ou « sur l'enfant, *est destinée à se substituer* entièrement à la lymphe vaccinale « pure qui, s'altérant trop vite, perd rapidement ses propriétés vaccinales ».

« Sa troisième conclusion est ainsi conçue :

« Le seul moyen économique et pratique d'organiser, en France, un bon

« service de vaccination ne peut reposer que sur *l'emploi des conserves vacci-*
« *nales,* très pures et très actives. »

« Que serait-ce si M. Pourquier était entièrement de mon avis ? En attendant, je me contente de cette adhésion formulée en des termes qui pourraient
servir de conclusion et de résumé à tous mes articles.

« Donc, notre pulpe peut inspirer à la pharmacopée moderne les compa-
raisons les plus désobligeantes; cela me laisse insensible; elle se *conserve* parfaitement; elle n'a jamais provoqué le moindre accident, n'a jamais présenté
la moindre altération; c'est assez dire qu'elle est rigoureusement *aseptique,*
ce qui vaut mieux que toutes les antisepsies de l'ancien et du nouveau Codex.

« Au surplus, je ne tiens pas outre mesure à convaincre mes honorables
confrères de Bordeaux. J'ai voulu démontrer par comparaison, qu'un système
qui condamne un service public à inoculer un veau tous les cinq jours, à
entretenir un parc aux génisses, à promener partout ses vaccinifères, tout
cela pour obtenir des statistiques à peine égales à celle des autres systèmes,
faire une malheureuse séance de vaccination par semaine et délivrer au
dehors quelques tubes d'une lymphe atténuée à la vaseline, que ce système,
je le répéterai toujours, donne dix fois plus de peine qu'il ne vaut. Bordeaux
a le droit de se montrer moins exigeant et de s'en contenter; on peut même
y trouver le procédé commode, pratique et avantageux. Ceux qui connaissent notre organisation et celle des autres instituts n'auront pas de peine à
se prononcer. D'ailleurs, l'épreuve de l'avenir invoqué par M. Perron est déjà
commencée. Après Milan et Bruxelles, les instituts allemands, Lyon, Genève,
Saint-Étienne, Alger, le Val-de-Grâce, les hôpitaux militaires, partout on
cherche à créer des conserves de vaccin. Lorsque le Conseil municipal de
Paris a voulu substituer un institut au service privé de vaccination de veau
à bras de M. Chambon, c'est l'exemple de Genève et de Lyon qui a été mis
en avant. Récemment encore, la ville de Nantes nous a demandé tous les renseignements nécessaires pour créer un institut semblable au nôtre.

« Là, en effet, est l'avenir.

« Tôt ou tard l'État devra rendre la vaccination et la revaccination obligatoires; le premier pas dans cette voie consistera à les rendre pratiques.

« Seul l'emploi du vaccin conservé réalise cette condition capitale. **Lui seul**
doit s'imposer, et il s'imposera. »   (J. BOYER.)

. . . .

« J'interviens à mon tour dans le débat...

. . . .

« Je tiens tout d'abord à m'expliquer sur le titre que j'ai donné à cette
longue série d'articles. Il ne peut pas entrer dans mes intentions de m'occuper
un instant, un seul instant, de l'organisation vaccinale la plus favorable à
des intérêts privés; ainsi donc, en substance, l'*institut* de M. Pourquier, l'établissement de M. Chambon, quelle que soit leur importance, quelques services qu'ils aient rendus au point de vue de la propagation de la vaccine
animale — et ces services ne peuvent être contestés, — ne sont pas en cause.
L'un et l'autre, en effet, sont dirigés vers un but spécial, sous l'action de
préoccupations que j'appellerai personnelles; leur *caractère rationnel* peut ne
pas ressembler à celui d'un service public bien organisé et se trouver même
à l'opposite. Je suis réellement fâché d'avoir à spécifier ainsi le cas de
M. Chambon, à qui je dois d'être initié à la pratique de la vaccination animale, et celui de mon collègue Pourquier; non seulement l'importance de
ma thèse m'y oblige, mais c'est aussi l'explication des contradictions relevées
par le Dr Boyer, qui se rencontrent dans l'article de mon confrère de Montpellier.

« En toute loyauté, il m'est agréable de le dire une dernière fois, il ne saurait y avoir entre le service de Lyon et MM. Chambon, Pourquier et le professeur Layet, de discussion de priorité. J'ai reconnu... que l'établissement de M. Chambon, de Paris, que l'*institut* de M. Pourquier, de Montpellier, et que le service municipal de Bordeaux ont été créés avant celui de Lyon ; et M. Boyer ne l'a pas nié dans ses articles.

« Voilà donc un fait acquis ; nulle contradiction ne peut s'établir à cet égard ; c'est donc l'organisation même du service de Bordeaux et, pour généraliser, la méthode de la vaccination directe qui est en cause.

« Eh bien ! je n'hésite pas à l'affirmer nettement, ce système, appliqué par un service public, est une erreur.

« Je ne reproduirai pas tous les arguments que le D\u02b3 Boyer a fait valoir contre le procédé de vaccination de veau à bras ; je me contenterai d'insister sur les principaux, en y ajoutant, toutefois, ceux qui résultent de mes observations dans la production du vaccin.

« Le premier inconvénient d'un service de vaccination directe consiste à ne pas atteindre son but, d'être constamment à la disposition du public : pour une grande ville, tout au moins, ce n'est pas contestable.

« Le second (il est moindre) résulte de la nécessité d'inoculer des animaux, que le besoin de vaccin pour le public se fasse ou non sentir ; d'où des dépenses non justifiées, si ce n'est pour éviter d'être vite et complètement dépourvu de vaccin.

. . . .

. . . .

« Au début du service de Lyon, en 1883, nous avons, mon ami le docteur Chambard et moi, fait la même constatation. C'est là encore un point acquis : au bout de huit jours, dix jours au plus, le cowpox en tubes est devenu inerte. Donc, demander à un service de vaccination animale de la lymphe vaccinale, c'est, suivant l'expression d'un de nos correspondants, s'exposer à recevoir de l'eau claire.

« Voilà pourquoi le docteur Chambard a imaginé la pulpe vaccinale intégrale, qui ressemble quelque peu aux préparations des instituts de Bruxelles et de Milan, mais qui n'en est pas moins une innovation très heureuse à laquelle le service de Lyon doit son importance et la régularité facile de son fonctionnement.

« Cette pulpe, depuis la fin de 1883, a été employée dix mille fois, sur près de deux cent cinquante mille personnes, par les médecins et les sages-femmes, sans accident connu.

. . . .

. . . .

« L'activité et la source du vaccin ne peuvent être entretenues qu'avec les conserves vaccinales.

« Il n'est pas contestable, pour quiconque s'occupe de vaccination animale, que des cultures successives doivent fatalement aboutir à l'atténuation du virus. Pour M. Pourquier, la cause en est dans le développement d'un microbe spécial des pustules ; pour M. Baillet, elle s'explique autrement (Rapport cité). Je suis enclin à croire qu'il faut exclusivement l'attribuer au terrain de culture, à un certain état réfractaire du vaccinifère que les médecins constatent quelquefois chez les enfants. Les faits que je citerai plus loin viennent à l'appui de cette opinion.

« Quoi qu'il en soit, dans un service dépourvu de vaccin de conserve, l'atténuation du vaccin est synonyme de sa disparition.

« Il est, au contraire, facile d'y obvier avec la pulpe.

« Je m'explique par un exemple :

« Le 10 février dernier, j'inocule le veau n° 142 avec un électuaire 141 très actif, en conservation depuis dix jours. L'éruption, au 5ᵉ jour, laisse un peu à désirer ; les pustules sont petites et quelques-unes sont purulentes. Le vaccin se montre atténué sur l'enfant.

« Le veau suivant (143) est alors inoculé, le 3 mars, dans deux régions distinctes et séparées ; quarante scarifications sont ensemencées avec l'électuaire 142, et quarante avec l'électuaire 141 (ayant 31 jours de conservation). Les unes et les autres donnent encore des pustules peu développées ; cependant, sur l'enfant, le vaccin se montre suffisamment actif.

« Enfin, les vaccinifères 144 et 145 sont inoculés, le 21 mars, mi-partie avec l'électuaire 141 (50 jours de conservation), et 143 (au 14ᵉ jour) ; l'un et l'autre donnent une cueillette très abondante de croûtes et de lymphe très actives.

« Je pourrais citer d'autres faits, le cas que je viens de relater s'étant plusieurs fois reproduit dans le service de Lyon en quelques années. Mais je crois avoir suffisamment établi qu'un service basé sur l'emploi des conserves vaccinales est par cela même organisé pour éviter de se trouver dépourvu de vaccin, et pour avoir toujours du vaccin très actif. La règle (on l'a déjà deviné) consiste à ne pas dépenser la totalité du vaccin très actif en réserve, avant d'en avoir reproduit de même qualité .» (A. LECLERC).

Voici enfin un extrait du compte rendu du service de vaccine de Lyon en 1889 :

« *Méthode employée.* — Cette méthode, d'abord pratiquée à Bruxelles, à Milan et à Lyon, puis adoptée presque par tous les instituts, repose sur l'emploi du *vaccin animal conservé*.

« Les différents temps du fonctionnement de ce système sont les suivants : production du cowpox, sa conservation, son inoculation et sa délivrance au dehors. Il est parfaitement inutile d'insister ici sur ces différentes opérations. Les précautions qu'elles exigent ont été longuement énumérées ailleurs. Il suffira d'en donner un résumé très succinct.

« Sujet choisi : veau robuste de 2 ou 3 mois, laissé au repos pendant vingt-quatre heures et soumis à un régime spécial. Paroi latérale de la poitrine tondue, savonnée à l'eau tiède et rasée ; inoculations en lignes parallèles intéressant toute l'épaisseur de l'épiderme ; nombre de scarifications variant de 50 à 150 suivant la taille du sujet. Cueillette commencée le cinquième jour ; après lavage soigné, pustules pincées à leur base par une forte pince de Péan ; raclage de toute la pustule ; lymphe et pustules enlevées ensemble et soumises à une première trituration après addition d'une égale quantité de glycérine neutre et d'eau distillée ; pulpe ainsi obtenue, déposée dans des godets qu'on bouche et qu'on laisse ensuite à la cave. Cette préparation conserve toute son activité pendant au moins 50 jours.

« La pulpe, au moment de son emploi, est soumise à une trituration plus complète, avec addition d'un morceau de sucre, comme moyen mécanique de division, et d'une petite quantité de glycérine et de gomme adragante. L'électuaire ainsi rendu homogène est prêt pour l'inoculation et les expéditions. Celles-ci sont faites entre deux plaques creusées en capsule, dont les bords sont cachetés à la cire.

« Les inoculations sont faites par *scarifications*, intéressant l'épaisseur de l'épiderme et mesurant 5 millimètres de longueur, dans une direction parallèle à l'axe du bras dont la peau est préalablement tendue. Il est bon que la plaie de la scarification se dessine en rouge sur la peau, mais le sang ne doit pas sortir sous forme de goutte.

« L'installation et l'organisation occupent à l'entresol un local composé de plusieurs pièces ; salles d'attente, de vaccination, de dégagement ; au rez-de-chassée une étable vaste et bien aérée, maintenue à une température de 20° ; enfin une cave où est déposé le vaccin.

« Le fonctionnement de ce système, il est très facile d'en juger, ne présente rien de complexe. La difficulté, si difficulté il y a, est toute dans l'observation attentive de tous les détails. Le succès est à ce prix ; l'oubli en apparence le plus insignifiant peut compromettre les résultats. Par contre une fois l'éducation faite, une fois les habitudes prises, dès que vétérinaire et médecin ont leur service dans la main, rien n'est plus simple et il semble que tout le mécanisme de cette organisation en soit venu à fonctionner automatiquement.

« Donc la base de ce système, ce qui en fait la caractéristique, c'est la *conservation* du vaccin. La présence permanente d'un vaccinifère n'est plus nécessaire. La vaccination animale est ainsi complètement assimilée à la vaccination humaine.

« Les avantages de ce procédé sont considérables. Grâce à lui, le service est muni toute l'année d'une grande quantité de pulpe ; il peut en mettre *tous les jours* à la disposition des vaccinateurs de la ville, en expédier de grandes quantités au dehors, il est en un mot toujours prêt à combattre une épidémie ; c'est en somme un véritable centre vaccinogène. Il associe largement à son œuvre de vulgarisation tous les médecins de la ville et de la campagne ; il permet au public de choisir son jour et son vaccinateur. Les séances sont quotidiennes, son fonctionnement est permanent. Il emploie la partie de la pustule qui contient le principe actif, c'est ce qui lui permet d'obtenir des statistiques supérieures à celles de tous les autres systèmes. C'est ce qui lui permet d'entretenir sûrement la source du vaccin.

« Si, pour des causes accidentelles, une culture échoue sur une génisse, la réserve du veau précédent permet immédiatement de créer un nouveau vaccinifère. Si cette deuxième tentative échouait encore (ce qui ne s'est pas encore produit ici) le service n'en serait pas davantage pris au dépourvu ; les séances quotidiennes ne sont pas interrompues pour cela, la règle étant de ne pas dépenser la totalité du vaccin très actif en réserve, avant d'en avoir reproduit de même qualité.

« Le vaccin cultivé est entièrement utilisé, au fur et à mesure des besoins, ce qui explique qu'avec 150 veaux seulement l'Institut lyonnais a pu assurer plus de 200,000 vaccinations. .

« Les frais spéciaux de transport des vaccinifères sont supprimés. Enfin la pulpe, par la force des choses, n'est jamais inoculée à l'enfant sans que l'autopsie de la génisse n'ait été faite. C'est une garantie de plus. La tuberculose est très rarement transmissible par cette voie, mais il suffit qu'il y ait une chance sur dix mille pour que la précaution de l'autopsie s'impose.

« Si on fait la comparaison de cette méthode avec les autres, ses avantages n'en sont que plus évidents.

« Le *vaccin humain*, comme quantité, est absolument insuffisant. Les vaccinations de bras à bras ou les cueillettes présentent des inconvénients et des difficultés très sérieuses ; elles ne peuvent être faites que dans quelques milieux restreints, en petite quantité. Elles ne peuvent suffire à un service public, en présence de 50,000 vaccinations à assurer dans une année.

« L'activité de ce vaccin est incontestable quoi qu'on ait dit de sa dégénérescence ; mais cette activité n'est pas supérieure à celle du vaccin animal ; la durée de l'immunité créée par ce dernier est aussi grande. Donc, *pour la vaccination en grand* il ne présente que des désavantages.

« Une autre méthode, est celle de la *vaccination animale de veau à bras*.

« Celle-ci a le premier tort de s'adresser exclusivement à la *lymphe* dans laquelle le principe actif est à peine représenté.

« On sait que « le principe actif est contenu dans la partie solide de pustule » (Chauveau, d'Espine, Cornil et Babès, etc.). Donc le vaccin employé par cette méthode est menacé d'une atténuation certaine et rapide. Pour combattre à temps cette atténuation il est nécessaire d'inoculer une génisse tous les *cinq jours*, bien même qu'aucune demande de vaccination ne serait faite par le public.

« La seule nécessité de conserver la source du vaccin, impose la vaccination ininterrompue d'une génisse tous les cinq jours. C'est donc une cause de dépenses non justifiées.

« Les séances de vaccinations sont intermittentes, irrégulières ; la culture étant à la merci du moindre accident, si elle échoue, le public est forcé d'attendre qu'un nouveau vaccinifère soit préparé ; au cours d'une épidémie, c'est une situation fâcheuse et dangereuse. Des avis doivent être publiés dans les journaux pour apprendre aux populations le jour et l'heure de la précieuse séance ; si le vaccinifère se dérobe au quatrième jour, nouvelles annonces d'ajournement et de reprise des opérations.

« S'il s'agit d'agglomérations (écoles, asiles, hôpitaux) qui ne peuvent ou ne veulent se transporter à l'étable de l'Institut, c'est la génisse qui est obligée de se rendre à domicile au prix de difficultés pratiques, de dépenses et d'incidents plus ou moins agréables qu'on devine ! Les complications ne s'arrêtent pas là.

« En effet, le défaut le plus grave, le véritable vice rédhibitoire de cette méthode, c'est de réduire un service public au rôle de service vaccinateur, de ne pas être un centre de prodution et de distribution du vaccin, de manquer ainsi au premier et au plus important de ses devoirs, de ne pouvoir délivrer au dehors que quelques rares tubes d'une lymphe réduite en quantité et en qualité, de rendre difficiles les vaccinations à domicile, en un mot, par la force des choses, de centraliser et de monopoliser entre quelques mains les vaccinations de toute une région.

« Il faut entendre, il faut lire dans les comptes rendus d'une société médicale, les doléances publiquement formulées dans ce sens et restées sans réponse.

« La lymphe, il faut le répéter, s'atténue promptement. C'est démontré scientifiquement et pratiquement.

« Au bout de huit à dix jours (l'expérience a été faite partout et répétée ici) le cowpox en tubes est devenu inerte ; demander à un institut de la lymphe c'est, comme on l'a dit, « s'exposer à recevoir de l'eau claire ».

« D'autre part le médecin qui, à tous risques, et faute de mieux dans sa région, veut recourir à cette source, avec l'espoir de devancer l'atténuation, doit passer par un certain nombre de tribulations. Il est obligé de parcourir attentivement les journaux pour connaître le jour et le moment de la cueillette ; à l'heure dite il doit tout quitter pour aller quérir quelques tubes. Si les demandes affluent, si quelques praticiens ont une agglomération nombreuse à vacciner, cette affluence n'ayant pu être prévue, chaque médecin ne pourra obtenir qu'une quantité insuffisante de vaccin ; il devra attendre cinq ou dix jours pour continuer ses opérations, ou pour les recommencer en cas d'insuccès. On prévoit les conséquences de cet état de choses : médecins de la ville et du dehors arrivent rapidement à la lassitude ; ils finiront par se désintéresser de la vaccine pour en laisser tout le soin aux instituts ; c'est ainsi qu'on pourra voir un service placé au centre d'une grande agglomération, se prévaloir avec une fierté sincère de vingt-deux *demandes écrites* qui lui auront été adressées dans le courant d'une année !

« Ce résultat, qui peut être favorable à quelques intérêts privés, ne saurait être l'objectif d'un service public. Il serait l'obstacle le plus puissant à la diffusion de la vaccine.

« La portée de ces objections a été d'ailleurs comprise et on a cherché à l'atténuer. On a affirmé qu'une épidémie de variole ne fond pas comme la foudre sur une région et qu'elle s'annonce ; que dans les petites localités on pourrait, chaque trimestre, ou en cas d'invasion variolique menaçante, se contenter de préparer les génisses nécessaires, que tout médecin de campagne, dans la plus humble bourgade, pourrait préparer cette génisse ! Il serait peut-être intéressant de connaître l'opinion des médecins de campagne sur ce que cette idée présente de pratique, et il serait facile de prévoir leur réponse. D'ailleurs, outre la complexité de toute cette organisation, croire que la culture du cowpox par un médecin, qui n'y est pas préparé, est chose simple et facile, est une illusion complète, comme l'a reconnu un partisan lui-même de la méthode en question.

« Le manuel opératoire n'est rien ou presque rien, et cependant il réclame une certaine habitude ; le choix du vaccinifère, les soins à lui donner, l'application rigoureuse de l'asepsie, la constatation de l'état de maturité ou de la purulence de la pustule, tout cela est moins simple qu'on ne le suppose. Pour s'en convaincre, il faut avoir vu les échecs successifs qui ont marqué les débuts ou les tentatives d'hommes du métier et de médecins très instruits. Ici comme en toutes choses pratiques, il y a une technique, et cette technique, si simple qu'elle soit, ne s'improvise pas, il faut l'acquérir. Non, le médecin ne pourra pas ou ne voudra pas s'improviser vaccinateur de génisses ; à la première tentative infructueuse il y renoncera. Il trouvera toujours plus pratique, plus commode et plus prudent de demander son vaccin à un institut. Donc, le premier devoir d'un service public sera toujours d'être abondamment pourvu. Seul, l'emploi des conserves vaccinales lui permet de remplir cette condition.

« Une autre question se pose maintenant. Le vaccin *conservé* suivant toutes les règles, présente des avantages incontestables ; il a rendu et est appelé à rendre de grands services ; mais ne présente-t-il aucun inconvénient ? N'est-il pas responsable à quelque degré des accidents qu'on a voulu lui attribuer ? En d'autres termes, depuis qu'il est employé, le chapitre des complications de la vaccine s'est-il augmenté de nouveaux accidents ? Ou bien les accidents se sont-ils multipliés ? Là est toute la question.

« Les principales affections qui ont été décrites à titre de simples additions morbides ou de véritables complications vaccinales sont les suivantes : vaccine généralisée ou fièvre éruptive vaccinale ; pullulations secondaires par auto-inoculation ou par migration ; toute la série des dermatoses vulgaires suscitées ou rappelées par la vaccination : rash érythémateux, morbilliforme, scarlatiniforme, papuleux, ortié ; éruption eczémateuse, impétigineuse, ecthymateuse ; miliaire, pemphigus, purpura (vaccine ecchymotique, pétéchiale, etc.) ; érysipèle, lymphangites, adénites ; enfin accidents généraux septicémiques.

. . . .

. . . .

. . . .

« Donc le rôle nuisible des conserves vaccinales n'est pas démontré. Aucun des faits invoqués contre elles ne résiste à l'examen et à la discussion. Cela est si vrai que c'est au pays même où on prétend que la méthode s'est sérieusement compromise, qu'elle s'est le plus rapidement généralisée.

« Les Belges, les Allemands, « ces gens si pratiques », emploient les conserves comme des préparations de choix.

. . . .

« Comme on le voit, les praticiens belges et allemands qui s'occupent de la vaccination avec une compétence incontestable, sont unanimes à considérer les conserves vaccinales comme des produits recommandables par excellence et à considérer la lymphe comme un pis-aller. La pulpe glycérinée préconisée ici, est employée en Allemagne, en Belgique, en Hollande avec de grands avantages. Il faut croire que les dangers qui lui sont attribués leur ont paru tout à fait imaginaires.

« A Lyon, le service municipal, après cinq années de fonctionnement et plus de 200,000 vaccinations faites avec sa pulpe glycérinée, en est encore à attendre l'apparition des fameux accidents. L'évolution du cowpox provoque assez souvent autour des pustules une inflammation assez intense, avec rougeur vive et légère tuméfaction; mais tout se borne là; l'inflammation tombe d'elle-même vers le douzième jour, sans aucune intervention.

. . . .

« Donc, de toutes les observations faites ici et ailleurs, se dégage le même enseignement : le vaccin conservé n'expose à aucune espèce de danger. Il n'est ni plus ni moins nuisible que les autres vaccins. Ce n'est donc pas dans l'emploi de telle ou telle méthode qu'il faut chercher la raison de tous les incidents qu'on a trop facilement qualifiés d'accidents vaccinaux. Il y a là, comme on la proclamé partout, une question de terrain, de la part des vaccinifères quelquefois, de la part du vacciné le plus souvent.

(J. BOYER).

FIN.

DOCUMENTS DIVERS

Arrêté du ministre de l'agriculture du 15 décembre 1890.

Le ministre de l'agriculture,

Vu l'arrêté ministériel du 17 décembre 1888 qui a réglé les mesures probibitives édictées en vue de prévenir l'invasion de la peste bovine ;

Vu la loi du 21 juillet 1881 sur la police sanitaire des animaux ;

Vu le décret du 22 juin 1882 portant règlement d'administration publique pour l'exécution de ladite loi ;

Vu les ordonnances de M. le préfet de police, en date du 3 décembre 1890, qui porte que les animaux de boucherie et de charcuterie introduits dans les abattoirs ne pourront sortir de ces établissements qu'à l'état de bêtes abattues, et du 13 décembre 1890 qui concerne le sanatorium établi à Paris aux abattoirs de la Villette ;

Vu l'avis du comité consultatif des épizooties ;

Sur le rapport du conseiller d'État, directeur de l'agriculture ;

Arrête :

ART. 1er. — Les animaux de l'espèce ovine provenant de la Russie, expédiés de l'un des ports russes de la mer Noire, à destination de Marseille, peuvent être transportés en wagons plombés de Marseille au sanatorium des abattoirs de la Villette.

ART. 2. — L'importation des animaux expédiés dans ces conditions reste soumise à l'obligation de production des pièces mentionnées à l'article 2 de l'arrêté ministériel précité du 17 décembre 1888.

ART. 3. — Lesdits animaux devront être chargés dans les wagons immédiatement après leur mise à terre et leur visite sanitaire.

ART. 4. — Le préfet de police et le préfet du département des Bouches-du-Rhône sont chargés, chacun en ce qui le concerne, de l'exécution du présent arrêté.

Fait à Paris, le 15 décembre 1890.

Arrêté du ministre de l'agriculture du 7 septembre 1891.

ART. 1er. — Les animaux vivants de l'espèce ovine provenant de la Russie et amenés par voie de mer peuvent être admis à l'importation et à la libre circulation en France :

1° S'ils sont importés par navires français ayant à bord un vétérinaire, diplômé des écoles nationales vétérinaires de France et agréé par le gouvernement français pour surveiller l'état sanitaire des animaux pendant la traversée, qui atteste qu'il ne s'est produit pendant ladite traversée aucun cas de maladie contagieuse dans le chargement ;

2° S'ils ont été introduits par Marseille ou par Port-Saint-Louis-du-Rhône, et que les importateurs, justifiant qu'ils disposent d'emplacements convenables, aient obtenu l'autorisation d'y déposer lesdits animaux pour y subir une quarantaine d'au moins dix jours.

Cette autorisation sera accordée par le ministre de l'agriculture sur une demande accompagnée d'un plan de l'emplacement proposé et des aménagements qu'il comporte.

Les établissements de quarantaine seront placés sous la surveillance permanente du vétérinaire inspecteur ; ils seront entièrement clos et disposés de telle sorte que les animaux de deux arrivages consécutifs ne puissent être mélangés ; la sortie des animaux ne pourra avoir lieu que sur un laisser-passer délivré par le vétérinaire inspecteur. Toute transgression aux ordres de ce dernier entraînera le retrait immédiat de l'autorisation.

Art. 2. — Cette admission des animaux vivants de l'espèce ovine provenant de Russie reste subordonnée à la production des certificats mentionnés à l'article 2 de l'arrêté du 17 décembre 1888.

Elle ne pourra en outre être prononcée qu'à la condition que l'expédition aura été faite sans transbordement et sans escale dans les pays dont les animaux des espèces bovine et ovine ainsi que leurs débris frais sont frappés de prohibition à l'entrée en France.

Art. 3. — Dès l'entrée du navire dans le port, le vétérinaire-inspecteur se transportera à bord pour procéder à un premier examen des animaux et vérifier les certificats et papiers de bord concernant leur état sanitaire.

Si ce vétérinaire a des motifs légitimes de craindre qu'une maladie contagieuse ne se soit manifestée à bord pendant la traversée, le navire sera mis en observation pendant trois jours francs, à l'expiration desquels la cargaison sera repoussée si la suspicion est confirmée.

Arrêté du ministre de l'agriculture du 27 octobre 1891.

Cet arrêté modifie en ces termes l'article 2 de l'arrêté du 7 septembre 1891, relatif à l'importation et à la libre circulation en France des animaux vivants de l'espèce ovine provenant de la Russie :

« Les animaux vivants de l'espèce ovine provenant de la Russie et amenés par voie de mer peuvent être admis à l'importation et à la libre circulation en France sous les conditions fixées à l'article 1er de l'arrêté ministériel du 7 septembre 1891, alors même que le navire qui les transporte aura fait escale dans les pays dont les animaux des espèces bovine et ovine, ainsi que leurs débris frais, sont frappés de prohibition à l'entrée en France, s'il est attesté par le consul de France dans le port d'escale qu'il n'a été, dans ce port, embarqué sur le navire aucun animal des espèces bovine, ovine et caprine, et que les animaux constituant le chargement n'ont été en contact pendant l'escale avec aucun animal desdites espèces. — Le certificat délivré à cet effet par le consul de France devra être remis aux agents du service des douanes. »

Arrêté du ministre de l'agriculture du 12 janvier 1892.

Art. 1er. — Les animaux vivants de l'espèce ovine provenant de Russie et amenés par voie de mer sont admis à la libre circulation en France : s'ils sont importés par navires français ayant à bord un vétérinaire français, diplômé des écoles nationales vétérinaires de France et agréé par le gouvernement français pour surveiller l'état sanitaire des animaux pendant la traversée, qui atteste qu'il ne s'est produit pendant ladite traversée aucun cas de maladie contagieuse dans le chargement, ou s'ils ont subi une quarantaine de trois jours au port de débarquement.

Dans les deux cas, les animaux devront avoir quitté le port d'embarquement depuis au moins dix jours. Il sera justifié par les papiers du bord que la cargaison est restée à bord du navire pendant ce laps de temps.

ART. 2. — La quarantaine prévue à l'article précédent aura lieu dans les locaux aménagés à cet effet, appartenant soit aux importateurs, soit à des tiers. Ces locaux ne pourront être affectés audit usage qu'après autorisation du ministre de l'agriculture.

La demande en autorisation devra être accompagnée d'un plan de l'emplacement proposé et des installations qu'il comporte.

ART. 3. — Les établissements de quarantaine seront placés sous la surveillance permanente du vétérinaire inspecteur; ils seront entièrement clos et disposés de telle sorte que le vétérinaire inspecteur puisse circuler librement entre les animaux, et que ceux de deux arrivages consécutifs ne puissent être mélangés ; la sortie des animaux ne pourra avoir lieu que sur un laisser-passer délivré par le vétérinaire inspecteur. Toute transgression aux ordre s de celui-ci entraînera le retrait immédiat de l'autorisation.

ART. 4. — L'admission à l'importation en France dans les conditions prévues à l'article 1er des animaux vivants de l'espèce ovine provenant de la Russie reste subordonnée à la production des certificats mentionnés à l'article 2 de l'arrêté du 17 décembre 1888 ci-dessus visé.

Elle ne pourra en outre être prononcée qu'à la condition que l'expédition aura été faite sans transbordement et qu'il n'aura été chargé sur le même bateau ni animaux vivants ni débris frais d'animaux des espèces bovine, ovin e et caprine dans les pays dont les animaux desdites espèces ainsi que leurs débris frais sont frappés de prohibition à l'entrée en France.

Dans le cas d'escale dans l'un des ports desdits pays, il sera justifié par un certificat des autorités locales visé par le consul de France, que cette dernière prescription a été observée.

ART. 5. — Dès l'entrée du navire dans le port, le vétérinaire inspecteur se transportera à bord pour procéder à un premier examen des animaux et vérifier les certificats et papiers de bord concernant leur état sanitaire.

Si ce vétérinaire a des motifs légitimes de craindre qu'une maladie contagieuse ne se soit manifestée à bord pendant la traversée, le navire sera mis en observation pendant trois jours, à l'expiration desquels la marchandise sera repoussée si la suspicion est confirmée.

ART. 6. — L'arrêté ministériel du 17 décembre 1888, ceux des 7 septembre et 27 octobre 1891 sont et demeurent rapportés en tout ce qu'ils ont de contraire au présent arrêté.

Ordonnance du préfet de police concernant le Sanatorium de La Villette,
du 13 décembre 1890.

ART. 1er. — Les moutons de provenance étrangère admis à l'importation sous condition d'être expédiés en wagons plombés au Sanatorium de La Villette ne seront reçus à ce Sanatorium que les mardis et vendredis, de 8 heures du matin à 4 heures du soir, du 1er octobre au 1er mars, et de 7 heures du matin à 5 heures du soir pendant le reste de l'année.

ART. 2. — Les wagons plombés dans lesquels seront amenés ces animaux ne pourront être ouverts que sur le quai de débarquement situé dans l'enceinte du Sanatorium.

Art. 3. — Dès leur sortie du wagon, les moutons étrangers seront l'objet d'une visite du service d'inspection sanitaire.

Art. 4. — La vente des animaux débarqués au Sanatorium aura lieu le mercredi et le samedi seulement, de onze heures du matin à trois heures du soir.

Art. 5. — Qu'ils aient été vendus ou non, tous ces animaux devront être abattus avant le jour de l'arrivée au Sanatorium des animaux destinés au marché suivant.

Pendant ce temps, ils ne pourront sortir de la bergerie que pour être conduits aux échaudoirs et resteront sous la surveillance du service sanitaire.

Art. 6. — Immédiatement après chaque arrivage, il sera procédé à la désinfection complète des wagons et du quai de débarquement, ainsi que des chemins parcourus par le bétail pour se rendre à la bergerie du Sanatorium.

Il sera fait de même pour les chemins parcourus par les animaux pour se rendre aux échaudoirs et pour les locaux où ces animaux auront séjourné et où ils auront été abattus.

La bergerie du Sanatorium sera désinfectée immédiatement après évacuation complète de tous les animaux.

Art. 7. — En cas de maladie contagieuse constatée sur un ou plusieurs sujets, il sera agi ainsi qu'il suit pour tous les animaux composant le troupeau.

Les animaux malades seront conduits directement à l'échaudoir spécial du service sanitaire et abattus immédiatement ; les cadavres avec les peaux seront dénaturés à l'aide de liquides désinfectants, aux frais des détenteurs, et livrés à l'équarrissage.

Les animaux simplement contaminés seront directement conduits au lazaret, où ils resteront consignés jusqu'à leur abatage, qui aura lieu dans les vingt-quatre heures à l'échaudoir spécial du service sanitaire ; leurs peaux seront désinfectées, conformément aux prescriptions et sous la surveillance du service sanitaire, aux frais des détenteurs.

Les chemins parcourus par le troupeau pour se rendre soit au lazaret, soit à l'échaudoir spécial, seront désinfectés immédiatement après son passage.

Art. 8. — Après le passage d'un troupeau se rendant du quai de débarquement à la bergerie du Sanatorium, le chemin qui conduit du marché aux bestiaux à l'abattoir de la Villette restera fermé à la circulation dans sa portion commune avec la voie du Sanatorium, jusqu'à ce que cette voie ait été nettoyée et désinfectée.

Art. 9. — Quel que soit le service qui en sera chargé, les opérations de désinfection devront être effectuées d'après les prescriptions et sous le contrôle des vétérinaires sanitaires.

FIN.

TABLE DES MATIÈRES

TOME PREMIER

PREMIÈRE PARTIE

MALADIES CONTAGIEUSES BACTÉRIENNES ENVISAGÉES AU POINT DE VUE DE LEURS CARACTÈRES COMMUNS. — NOTIONS GÉNÉRALES SUR LA POLICE SANITAIRE.

CHAPITRE PREMIER

CHAPITRE II

CHAPITRE III

CHAPITRE IV

CHAPITRE V

CHAPITRE VI

CHAPITRE VII

CHAPITRE VIII

CHAPITRE IX

CHAPITRE X

CHAPITRE XI

CHAPITRE XV

SECONDE PARTIE

MALADIES CONTAGIEUSES ENVISAGÉES AU POINT DE VUE DE LEURS CARACTÈRES PARTICULIERS. — MESURES APPLICABLES A CHAQUE MALADIE.

CHAPITRE PREMIER

II.   61

CHAPITRE II

CHAPITRE III

CHAPITRE IV

CHAPITRE V

CHAPITRE VI

CHAPITRE VII

TOME II

___

CHAPITRE VIII

CHAPITRE IX

CHAPITRE X

CHAPITRE XII

CHAPITRE XIII ·

CHAPITRE XIV

CHAPITRE XV

CHAPITRE XVI

FIN DE LA TABLE DES MATIÈRES.

4583-89. CORBEIL. — Imprimerie E. CRÉTÉ.